Peter Dilg (Hg.)
Natur im Mittelalter

Natur im Mittelalter

Konzeptionen – Erfahrungen – Wirkungen

Akten des 9. Symposiums des Mediävistenverbandes,
Marburg, 14.–17. März 2001

Herausgegeben
von

Peter Dilg

Akademie Verlag

Die Darstellung der ,Natura' auf dem Einband wurde entnommen Mechthild Modersohn: Natura als Göttin im Mittelalter. Berlin 1997. S. 381 [Ausschnitt aus Abb. 185]. Siehe auch Abb. 1 zu Modersohns Beitrag in diesem Band.

ISBN 3-05-003778-4

Das eingesetzte Papier ist alterungsbeständig nach DIN/ISO 9706.

Einbandgestaltung: Ingo Ostermaier, Berlin
Druck und Bindung: Druckhaus „Thomas Müntzer", Bad Langensalza

Gedruckt in Deutschland

Inhalt

III. Sektionsbeiträge

Vorwort

Unter dem Generalthema 'Natur im Mittelalter' fand vom 14. bis 17. März 2001 an der Philipps-Universität in Marburg das 9. Symposium des Mediävistenverbandes statt. Dazu waren die Redner für den Eröffnungsvortrag und die sieben Hauptreferate vorab eingeladen worden, während alle anderen der in diesem Band vereinigten 30 Texte auf einen *call for papers* zurückgehen, der in Form von drei Sektionen zugleich die intendierten Problemaspekte vorgegeben hatte. Demgemäß sollten sich die erbetenen Beiträge an der Trias 'Konzeptionen – Erfahrungen – Wirkungen' orientieren und das Zentralthema exemplarisch aus jeweils fachspezifischer Sicht behandeln, um somit insgesamt und einmal mehr die Wahrnehmungs-, Deutungs- und Erklärungsvielfalt zu dokumentieren, die das unerschöpfliche 'Buch der Natur' in der mittelalterlichen Welt hervorgebracht hat.

Die Systematik dieser ursprünglichen Gliederung, der im Rahmen des Symposiums denn auch die programmbedingte Zuordnung der einzelnen, aus organisatorischen Gründen stets parallel gruppierten Beiträge folgte, wurde für deren Publikation indes nicht beibehalten: einmal, weil die eingereichten Texte insbesondere die dritte Sektion quantitativ nicht adäquat ausfüllen; zum anderen, weil sich im Falle der ersten und zweiten – von wenigen Ausnahmen abgesehen – die Themenstellungen tendenziell mehr oder minder überschneiden und daher nicht eindeutig in das anfänglich konzipierte Strukturschema einfügen lassen. Es erschien deshalb ratsam, die Resultate des Symposiums in der nun vorliegenden Form zu präsentieren: Demnach enthält der erste Teil den Eröffnungsvortrag, der einleitend und sachlich grundlegend Aspekte des antiken Naturbegriffs erörtert und damit zugleich deren unterschiedliche bzw. nur partielle Relevanz für das Naturverständnis des Mittelalters demonstriert; im zweiten Teil sind sodann die Hauptreferate zusammengefaßt, die aus der Perspektive einzelner Fächer – hier der Philosophie, der Geschichts- und der Literaturwissenschaft, der Kunst-, der Medizin- und der Naturwissenschaftsgeschichte sowie der Byzantinistik – in die je eigene Problematik des zentralen Themas einführen; der dritte Teil schließlich bietet in nunmehr grob chronologischer Reihung die Sektionsbeiträge, unter denen sich auch die letzte Publikation von Willi Erzgräber findet, der am 9. Dezember 2001 verstorben ist, während auf den Text von Heiner Lück (Halle), der über 'Natur als Erklärungshilfe in den Bilderhandschriften des Sachsenspiegels' vorgetragen hatte, ebenso verzichtet werden mußte wie auf denjenigen von Thomas Lentes (Münster), dessen Referat dem Thema 'Körper – Raum – Schöpfung: Zur religiös-kulturellen Determination des Natürlichen im Mittelalter' gewidmet war. Im übrigen wurde darauf geachtet, daß die Artikel dieses Bandes zumindest jeweils in sich die wünschenswerte formale Homogenität aufweisen, wohingegen eine übergreifend-allgemeine Angleichung der differierenden Zitiermethoden, der Schreibvarianten bei den Eigennamen oder den Bibelstellen u. ä. wie auch eine Vereinheitlichung der unterschiedlich verwendeten (alten bzw. neuen) Rechtschreibung weder als sachlich notwendig erschien noch zeitlich hätte geleistet werden können.

Abschließend gilt es, ein Wort des Dankes zu sagen: zunächst den Referenten, den Sektionsleitern und den Sponsoren (Akademie-Verlag GmbH, Berlin; Chiron-Behring GmbH & Co, Marburg; Marburger Universitätsbund e.V.), die allesamt die Durchführung des Symposiums überhaupt erst ermöglicht haben; ferner den beiden wissenschaftlichen Mitarbeiterinnen des Marburger Instituts für Geschichte der Pharmazie: Frau Tanja Pommerening, M.A., und Frau Katja Schmiederer, ohne deren tatkräftige Unterstützung bei der redaktionellen und technischen Aufbereitung des vorliegenden Bandes dessen Publikation wohl kaum innerhalb der gebotenen Frist zustande gekommen wäre; endlich dem Verlag, der das Unternehmen auch diesmal kommerziell betreut und in bewährter Weise für eine angemessene Verbreitung des Buches Sorge tragen wird.

Marburg, im Januar 2003 PETER DILG

I. Eröffnungsvortrag

GUNDOLF KEIL

Physis. Aspekte des antiken Naturbegriffs

Hesse, der Jude von Salms[1], eine der herausragenden Gestalten altdeutscher Medizin, hat von seinem westdeutschen Wohnsitz aus um 1430 ein Bildungsprogramm entworfen, das auf den *natürlichen meister* zielt und das sein Verfasser mit einem umfangreichen Korpus an Lehrschriften begleitet. Aus dem westlothringischen Salms vom Nordrand des Wasgenwaldes (oder aus dem west-lützelburgischen [Viel-]Salm[s] in den Ardennen) ruft er seinen deutschen Landsleuten zu, sie sollten als praktizierende Ärzte sich der Natur zuwenden und hinsichtlich der Natur kundig machen. Als nichtausgebildete Empiriker blieben sie im Können und in ihrem sozialen Status zurück: *die unnatürlichen meister* [...], *sie wissent nichts von der natürlichen kunst, <sie wissent nichts> zu dem schaden, das vücht und kalt <ist und sie wissent nichts> zu eime schaden, das kalt und dürre ist;* sie behandeln *alle mit einer kunst* [...], *und horet zu inen nichts zu kumen wanne buren und grob volk.* – Ganz anders der *natürlich meister*, der im Gegensatz zum unnatürlichen *nach der schrift* [...] *kunt* geworden ist und von *dem menschen* durchaus *<weiß>, als der genaturt ist.* Zu einem solchen *natürlichen meister*, dem gegenüber man hinsichtlich des Heilerfolges höher gespannte Erwartungen hegt, kommen nun ganz andere Patienten, nämlich *große herren*, deren *nutz* beträchtlich und deren *lon groß* ist.

Nach dem Bildungsprogramm für deutsche Chirurgen aus dem spätmittelalterlichen Lothringen lohnt es sich also, zwischen 'heiß' und 'kalt', 'trocken' und 'feucht' unterscheiden zu lernen und – nachdem man selbst *natürlich* geworden ist, indem man es in der *natürlichen kunst* zur Meisterschaft gebracht hat – genau zu wissen, *wÿ man dÿ natur eines yeglichen menschen* [...] *erkennen* kann. Und damit nicht genug: Auch die Arzneimittel sind in das 'natürliche' System eingebunden, so daß auch hier die Notwendigkeit gilt, sich hinsichtlich ihrer Natur kundig zu machen und zu wissen, wie man *der wurze nature unde ir kraft irkennen* soll; denn nur, wer die Natur seines Patienten

1 Vgl. hierzu Gundolf Keil: Jude von Solms. In: Verfasserlexikon. Bd. 4 (^{2}1983). Sp. 889–891; dazu Nachtrag in: Bd. 11 [im Druck].

kennt und ihr naturgerecht die erforderlichen Heilmittel zuordnen kann, vermag naturgemäß zu therapieren und darf mit dem erstrebten Heilerfolg rechnen.

Als Hesse der Jude allen *unnatürlichen meistern* den Kampf ansagte und sein naturorientiertes Programm für die handwerklich Ausgebildeten unter seinen deutschen Kollegen vorstellte, war das Konzept von 'Natur', mit dem er arbeitete, schon über 2000 Jahre alt und hatte in seiner Begrifflichkeit nicht unerheblichen Wandel erfahren. Was – unabhängig von allem Wandel – dieses Konzept indessen für das abendländische Denken bewirkt hat und welch kognitive Dimensionen in kaum begrenzten Freiräumen es dem abendländischen Geistesleben erschloß, wird am besten sichtbar, wenn wir in kontrastivem Vorgehen die ägyptischen Bedingungen vergleichen und als repräsentativ für altägyptische Denkprozesse den Papyrus Ebers wählen[2]: Der bedeutendste Vertreter pharaonischer Heilkunde umfaßt 108 Textspalten und bietet ein aus zahlreichen Schriften zusammengefügtes Kompendium, das als Lehrbuch angelegt wurde, wahrscheinlich aus einer Medizinschule stammt und zu Beginn des Neuen Reichs unter Beteiligung zweier Hände um 1550 v. Chr. kompiliert worden ist. Ähnlich wie im gleichalten Papyrus Edwin Smith sind magische Texte kaum verfügbar und tritt der Heilzauber vordergründig nur mit einigen Segen in Erscheinung, was gute Kenner des Lehrbuchs veranlaßte, die magischen Anteile zu bagatellisieren oder (wie Bendix EBBELL) lediglich von einer Begleitmagie zu sprechen. Kamal Sabri KOLTA hat jedoch davor gewarnt, den magischen Anteil altägyptischer Therapieversuche zu gering zu schätzen[3], und in der Tat haben jüngste Studien zur *materia medica ex animalibus* gezeigt, daß die Magie im Papyrus Ebers allgegenwärtig ist[4] und hinsichtlich Organotherapie, Sympathiezauber, Analogisieren und mythologische Bezüge auf Schritt und Tritt begegnet. Von der Indikationsmotivierung für pflanzliche Drogen sowie mineralische Arzneistoffe läßt sich Vergleichbares sagen; hinzu tritt iterativ angewandter Wort- und Handlungszauber; in jüngeren Zauberpapyri wird die Kontakt-Magie zusätzlich um Verfahren der Distanz-Magie ergänzt. Der Erwerb von neuem Wissen und die Umsetzung empirischer Beobachtungen waren also nur in engem, magisch-mythologisch

2 Vgl. hierzu Reinhold Scholl: Der Papyrus Ebers. Die größte Buchrolle zur Heilkunde Altägyptens. Leipzig 2002 (Schriften aus der Universitätsbibliothek Leipzig 7); Gundolf Keil: Der Papyrus Ebers und die Medizin des Abendlandes. In: Hans-Werner Fischer-Elfert u. a. (Hgg.): Therapie – Tabu – Magie. Der Papyrus Ebers und die Antike Heilkunde. Verhandlungen des Internationalen ägyptologischen Kolloquiums, Leipzig [in Vorbereitung]; Christian Leitz: Die Rolle von Religion und Naturbeobachtung bei der Auswahl der Drogen im Papyrus Ebers. In: Fischer-Elfert [w. o.].

3 Vgl. Kamal Sabri Kolta u. Doris Schwarzmann-Schafhauser: Die Heilkunde im Alten Ägypten. Magie und Ratio in der Krankheitsvorstellung und therapeutischen Praxis. Stuttgart 2000 (Sudhoffs Archiv, Beiheft 42). S. 143–145: „Singularitätsmagie stand hinter der therapeutischen Empfehlung, Exkremente verschiedenster Tiere zu verwenden [...]. Der vorherrschende [...] Grundsatz der Papyri lautet jedoch 'similia similibus', [...] wobei [...] auch mythologische Bezüge [...] eine Rolle spielten. [...] Auch die Zubereitung der Heilmittel aus den einzelnen Drogen [...] stand in dieser Tradition. Sie begann mit der Auswahl und dem Abmessen einer oder mehrerer Drogen [...]".

4 Vgl. Leitz [wie Anm. 2].

umgrenztem Rahmen möglich. Das mag – zumindest teilweise – die Innovationsarmut von Heilkunde und Technik im Mittleren und Neuen Reich erklären. Nicht zu Unrecht hat man in solch magisch-aspektivischem Denken die Ursache für die Rigidität altägyptischer Kultur gesehen.

Es ist entscheidend für die abendländische Kultur, daß sie sich von diesem magischen Denken gleich von Anfang an freigemacht hat. Das soll nicht heißen, daß es keine Kontinuität gegeben hätte und daß nicht Reste altägyptischer Magie – etwa bei Plinius – wieder greifbar würden[5]; aber die Tilgungsspuren in hippokratischen Texten zeigen doch deutlich, mit welcher Konsequenz man ärztlicherseits gegen zaubermedizinische Relikte vorgegangen ist, und sie lassen etwas von jenen Anstrengungen erahnen, die erforderlich waren, um den Weg für die ionische Naturphilosophie freizumachen[6].

Bei Hesiod um 700 zeigt sich noch mythische Dominanz. Neben der Theogonie seines Weltentwurfs begegnet in γαία und φιλία indessen schon eine tastende Begriffsbildung, die aus dem Chaos heraus das Seiende entstehen läßt und in ihrem Deutungsanspruch sich der mythischen Kosmogonie als zukunftsweisende Struktur einfügt.

Die Loslösung der Kosmogonie von magisch-mythologischen Grundlagen ist jedenfalls erst den Milesiern gelungen, wobei die Frage nach dem Anlaß mit dem Schlagwort 'Vertrauensverlust' ebensowenig beantwortet ist wie mit dem Hinweis auf technischen Fortschritt. Selbstverständlich muß die frühe griechische Technologie (und ein Blick auf die Instrumentenfunde beweist dies) als ebenso hochentwickelt wie innovativ gelten; aber diesen technischen Fortschritt zeigten die Hethiter tausend Jahre früher auch, ohne daß es dadurch zu einem Akzeptanzverlust bei den babylonischen Astralgottheiten gekommen wäre. Und die Frage nach dem 'Grund aller Dinge' stellte sich die frühe indische Philosophie ähnlich wie die abendländische, ohne daß sie dadurch ihrem *prakrti*-Modell φύσις-Begrifflichkeit hätte verleihen können und ohne daß es ihr gelungen wäre, sich von den Implikationen einer Erlösungsreligion zu befreien.

Die Emanzipation aus magisch-mythologischem Denken ist erst an der Wende zum 6. Jahrhundert der ionischen Naturphilosophie geglückt, und es ist ihr Natur-Modell gewesen, das sie zum Niederreißen magisch-mantischer Einfriedungen befähigte: Die milesische Schule versucht, das Seiende in seiner Gesamtheit zu deuten, und leitet das

5 Vgl. hierzu Joachim Stephan: Medizinschulen im Alten Ägypten und der Einfluß ihrer Lehren auf die griechische Medizin. In: Fischer-Elfert [Anm. 2]; Sabine Vogt: Magie und wissenschaftliche Theorie in der Behandlung von Schlangen- und Tierbissen von Nikander bis Galen. In: Fischer-Elfert [Anm. 2].

6 Vgl. zum Folgenden Fritz Peter Hager: Natur, I: Antike. In: Historisches Wörterbuch der Philosophie. Bd. 6 (1984). Sp. 421–441; Ernst von Aster: Geschichte der Philosophie. 15. Aufl. besorgt von Franz Josef Brecht u. Gerd Schröder. Stuttgart 1975 (Kröners Taschenausgabe 108). S. 38–108; Karen Gloy: Das Verständnis der Natur. Bd. 1: Die Geschichte des wissenschaftlichen Denkens. München 1995. S. 74–76; Lothar Schäfer u. Elisabeth Ströker (Hgg.): Naturauffassungen in Philosophie, Wissenschaft und Technik. Bd. 1. Freiburg i. Br. 1993. S. 117–160; Franjo Kovačić: Der Begriff der Physis bei Galen vor dem Hintergrund seiner Vorgänger. Stuttgart 2001 (Philosophie der Antike 12).

Wesen bzw. die Beschaffenheit der einzelnen φυά aus deren Gewordenheit – will sagen: aus deren Werden, Beschaffenheit, Wuchs – ab, wobei sie für dieses Gewordensein den Terminus φύσις verwendet. Thales, Anaximander, Anaximenes von Milet – sie alle haben gemäß doxographischer Überlieferung je ein Werk Περὶ φύσεως geschrieben.[7] Dabei ging es ihnen nicht nur um den Ursprung, sondern genauso um das Prinzip der natürlichen Dinge und Abläufe, aus deren prozessual gesehener Entstehung sie ihre Weltentwürfe ableiteten. Im 7. und 6. Jahrhundert dominierte zunächst ein monistischer Hylozoismus: Thales von Milet leitet seine Seinsdeutung aus dem Urstoff Wasser ab, den er in den drei Aggregatzuständen 'fest', 'flüssig', 'gasförmig' kennt und dessen lebenspendende Wirkung er beim Bewässern erleben konnte. Daß er Ägypten bereist hat, ist wahrscheinlich; daß er hydrologische Gestaltungsvorgänge auch im Küstenversatz beobachten konnte, liegt auf der Hand. Aber wenn sein Grundstoff im Sinne eines Hylo-Zoismus auch belebt ist, so postuliert der Milesier doch in seiner Wissenschaftsdefinition die Zweckfreiheit[8].

An Jahren jünger, und nicht im selben Jahr[9] gestorben wie Thales, ist dessen Schüler Anaximander von Milet bei seinem Naturbegriff von jenem Unbegrenzten, Undefinierten (ἄπειρον) ausgegangen, das qualitative Bestimmtheit und gestalthafte Struktur durch das Auseinandertreten polar entgegengesetzter Qualitäten findet. Bei Thales war das Weltmodell noch halbkugelig: In seiner Mitte schwamm die Erde wie ein Schiff auf dem Wasser, umgürtet vom Okéanos. Bei Anaximander ist die Welt kugelig geworden: In ihrer Mitte schwebt jener Zylinder, der – ursprünglich ganz von Wasser bedeckt – die Erde darstellt, deren landbewohnende Lebewesen sich aus fischartigen Vorfahren entwickelt haben. Die 'drei Weltteile' waren schon Hesiod bekannt; Anaximander entwirft nun die erste Weltkarte und gestaltet die Weltkugel als Himmelsglobus.

Was die aus lebenspendendem Wasser sich entwickelnde Welt betrifft, so sah sie Thales als von Göttern erfüllt, die dank ihrer Vielzahl freilich nur eingeschränkte Gestaltungskraft besitzen konnten; für Anaximander verfügt der unbegrenzt-gestaltlose Urgrund des *Apeiron* über etwas Göttliches, was die zur Gestalt hin strebende Trennung von ihm zur Sünde macht und den Tod als unausweichliche Buße nach sich zieht. Anaximenes, der jüngste unter den drei Milesiern, verzichtet bei seinem Natur-Konzept

---

7 Für Thales ist es nicht bezeugt, aber wahrscheinlich. Vgl. O[lof] Gigon: Thales von Milet. In: Lexikon der Alten Welt (1965). Sp. 3023f.

8 Ich folge hier Hans-Georg Gadamers Vorsokratiker-Vorlesung, die ich in meiner Heidelberger Studienzeit zu wiederholten Malen hören konnte. Nach Gadamer hatte der Milesier anhand der hälftigen Kreisteilung mittels des Durchmessers drei Kriterien festgelegt, aufgrund derer er Wissenschaftlichkeit definierte; Wissenschaft müsse sein: 1. beweisbar, 2. <in ihren Aussagen jederzeit> überprüfbar und 3. zweckfrei. Vgl. auch Fritz Krafft: Die Begründung einer Wissenschaft von der Natur durch die Griechen. Freiburg i. Br. 1971. S. 87–90.

9 Vom gemeinsamen Todesjahr – nämlich 547 – ist die Forschung inzwischen wieder abgerückt; die Lebensspanne für Thales wird mit ca. 650–560 umrissen, für Anaximander gilt um 610–546. Vgl. Fritz Krafft (Hg.): Vorstoß ins Unerkannte. Lexikon großer Naturwissenschaftler. Weinheim 1999. S. 14–16 u. 401f.

zwar auf Götter und Göttliches, bedarf zum Steuern der prozessualen Physis-Abläufe aber doch eines lenkenden Logos: Sein Urstoff ist die Luft, die durch Verdichtung und Verdünnung alles an Erscheinungen – vom Feuer bis zur Erde – aus sich hervorgehen läßt, den menschlichen Körper als materielle Gestalt bildet und ihn gleichzeitig als seelenartiger, belebender Hauch durchdringt. Das Erdenrund als zarte Scheibe schwebt auf dem Lufthauch wie ein Laubblatt im Wind; der Himmel als halbkugelige Glocke umgreift es und dreht sich um eine schräggestellte Achse; die Sterne aus verdichteter Luft sind wie Nägel in die Glockenwand geschlagen; der Mond leuchtet im Widerschein fremden[10] Lichts.

Vom Urstoff weg, vom Hylozoismus fort sucht Heraklit zu kommen, indem er die Dinge analytisch zu zerlegen und so vom Gesetz ihres Werdens her zu deuten trachtet. Im Gegensatz zum beharrenden Urstoff der Milesier ist seine ἀρχή immateriell; als Feuer gebiert sie aus sich heraus die Dinge und nimmt sie verzehrend wieder in sich auf. Der dadurch gegebene Kreislauf zeigt den Einfluß der orphischen Bewegung, die aus Asien kam, durch die Perser (im Jahr 494) ins Abendland gebracht wurde und ständige Wiedergeburt lehrt. Πάντα ῥεῖ ('alles fließt'): Gab es bei Anaximander mehrere Welten nebeneinander, so sind die Welten bei Heraklit nun nacheinander gesetzt, was dem einzelnen Menschen zwar Wiederkehr seiner Existenz verhieß, dem naturbeobachtenden Philosophen das Erfassen des innersten Weltgesetzes (des Logos) aber erschwerte. Denn bei oberflächlichem Hinsehn bleibt die Natur der Dinge unerkannt, deren Physis sich in ständigem Wechsel zu verbergen trachtet und nur in tiefsinnigen Paradoxien zu erkennen gibt. Aber grade darin, daß sie sich in Gegensätzen äußert, zeigt sie letztlich ihre Ordnung und Harmonie. Menschliches Bestsein: die ἀρετή, die sich in menschlicher Weisheit vollendet, besteht in nichts anderem als das zu tun und das zu sagen, was der Wahrheit entspricht gemäß dem Wahrnehmen des wahren Wesens aller Dinge, d. h. ihrer Natur.

Xenophanes von Kolophon, in der Antike meist als Lehrer des Parmenides bezeichnet, hat die Schwierigkeit des Erkenntnisgewinns dahingehend zum Ausdruck gebracht, daß er in seiner Schrift Περὶ φύσεως das wahre Wesen der Phänomene, wie es sich aus deren Entstandensein ergibt, der oberflächlichen, dem Augenschein verhafteten Meinung der Menschen, dem Mythos, gegenüberstellt.

Alles fließt, alles steht in ständigem Wechsel, in ständiger Veränderung: Diese Auseinandersetzung mit dem Wandel führt die eleatische (Natur-)Philosophie zu einem wesenhaft neuen Ansatz der Weltdeutung, der sie die Vielfalt der Dinge nicht mehr aus einem gemeinsamen Seinsprinzip ableiten läßt, sondern der die Vielfalt und die Veränderung in Gegensatz bringt zum Unveränderlichen, zum Einen und dadurch wahrhaft Seienden. Das Seiende ist gekennzeichnet durch Unveränderlichkeit und Einheit; es bildet die eigentliche, wesenhafte Welt, die in Opposition steht zur Schein-Welt, die dem Trug der Sinne entspringt und durch φύσις, durch Werden und Vergehen gekenn-

10 Anaximenes (ca. 580–520) gilt als der erste, der das Leuchten des Mondes durch Fremdlicht erkannt hat. Vgl. Krafft [Anm. 9], S. 16f.

zeichnet ist, d. h. in Wandel und Vielfalt sich ausdrückt. Sie ist nicht existent, und da Nichtsein überhaupt nicht ist, wird auch das Werden, das Entstehen und Vergehen implizit unter Nichtsein begriffen.

Dieser neue, um 480 von Parmenides formulierte Denkansatz, der die materielle Welt im Anschluß an Heraklit als veränderlich definierte und damit als nicht-existent vom wahren Sein ausschloß, bildete in seiner schroffen, unvereinbaren Gegenüberstellung von Sein- und Schein-Welt eine Herausforderung für alle nachfolgenden Denker des 5. Jahrhunderts. Und die eleatische Philosophie hat sich dieser Herausforderung in unterschiedlicher Weise gestellt.

Zenon von Elea hatte den parmenideischen Ansatz insofern noch gestützt, als er das Konzept von der Ausdehnungslosigkeit des Seienden (das als nicht-existent auch nicht-dimensioniert sein mußte und entsprechend keinen Raum einnehmen durfte) indirekt durch sein Raumlosigkeitsmodell bewies, das er auf den – infinitesimal tendierenden – Wettlauf zwischen Schildkröte und Achill gründete (es bedurfte des Kontinuum-Begriffs von Aristoteles, um den homerischen Läufer das langsame Kriechtier schließlich einholen zu lassen).

Um die schroffe Scheidung zu überbrücken und die veränderliche Schein-Welt in die seiende Welt wieder einzubeziehen, bedurfte es zahlreicher Integrationsversuche, von denen mehrere eine weitreichende Wirkungsgeschichte aufweisen. Eine nicht unbedeutende Rolle spielte das (nicht nur von Pythagoras und den Pythagoräern vorgetragene) Bestreben, ein σώζειν τὰ φαινόμενα[11] dadurch zu erzielen, daß man den Raum mit Zahlen und geometrischen Figuren füllte. Der Achill-Schildkröten-Wettlauf von Zenon hat dieser frühpythagoräischen Ganzzahligkeit freilich den Todesstoß versetzt. – Ergiebiger waren Korpuskulartheorien, die der materiell-veränderlichen Welt unveränderliche Partikel unterlegten und somit das unveränderlich Seiende in der sich wandelnden Schein-Welt aufspürten. Auf diese Weise gelang es ihnen, die aus der *Aletheia* ausgegliederte Physis (bzw. Génesis) in den Bereich des wahrhaft Seienden zurückzuholen.

Selbstverständlich hat Zenon es nicht gewollt, aber er ist ungewollt doch zum Begründer der Korpuskulartheorie geworden – wenngleich mit einem Negativ-Atom: Genauso wie er mit seinem Achill-Schildkröten-Wettlauf die Unmöglichkeit beweisen wollte, daß nicht-existente Materie Raum ausfüllt, versuchte er mit seinem Teilungskonzept zu belegen, daß Materielles an sich nicht-existierend sei. Wenn man nämlich – so argumentiert der scharfsinnige Eleate – einen materiellen Körper halbiere, dann setze eine solche Zerteilung die Existenz von Leere voraus. Und wenn man ihn weiter halbiere und ad infinitum immer weiter halbiere, dann komme man mit solchem Zerteilen schließlich an einen Punkt, wo nichts mehr zum Zerteilen bleibt, weil die Stofflichkeit nur noch aus Hohlraum besteht und die Materie ihre Nicht-Existenz durch Nicht-Sein zu erkennen gibt.

11 Im Sinne von Jürgen Mittelstraß ('Die Rettung der Phänomene' [1962]).

Und an dieser Stelle hat Leukipp angesetzt, indem er Zenons Negativ-Atom ins Positive wendet: Nicht Hohlraum wiesen diese Feinstteilchen auf, nicht Leere, sondern sie seien ganz 'voll' und aufgrund ihrer absoluten Dichte auch nicht mehr zerschneidbar – eben ἄ-τομοι. Unterschiedliche Form und Farbe gibt Leukipp seinen Atomen, die so winzig sind, daß man sie nur denken, nicht wahrnehmen kann. Unveränderlich sind sie, seiend und nicht entstanden. Der eleatische Schüler Zenons verleiht ihnen die Gestalt von Haken, Ösen und Kugeln; in Wirbeln kommen sie zur Kohäsion und durch mechanisches Ineinandergreifen schaffen sie die einzelnen Dinge sowie ganze Welten und lassen das aus sich hervorgehen, was wir als Natur wahrnehmen.

Um 450 aus Elea ins thrakische Abdera ausgewichen, fand Leukipp als Schulgründer dort seinen Meisterschüler, den Abderiten Demokrit, der – eine Generation jünger – neunzig Jahre alt werden und erst gegen 370 sterben sollte. Demokrit hat die Atome größer gemacht und sie bis in den Bereich der Sichtbarkeit angehoben; in einer Vielzahl von Schriften gelang es ihm, die Atomistik auf alle seinerzeitigen Wissensgebiete auszudehnen und als ubiquitär anwendbares Paradigma einzuführen. Die hohe hermeneutische Leistungsfähigkeit seines Atom-Konzepts zeigt sich beispielhaft in der Genetik, wo Demokrit das gelang, was hundert Jahre später Aristoteles nicht so recht glücken wollte, nämlich die Erklärung des gekreuzt-geschlechtlichen Erbgangs: Was der Stagirite mühsam nur und unter In-Kauf-Nehmen eines Systembruchs schaffte, erklärte der Abderite mühelos aus der Komplexitäts-Hierarchie seiner Atome bloß unter Zuhilfenahme des *Epikrateia*-Mechanismus und des Modells der kompetitiven Hemmung[12]. Den Denkprozeß leitet Demokrit aus sich bewegenden Seelenatomen ab, die er in Anlehnung an Heraklit als feurig ansetzt.

Auch Anaxagoras hat die Ontologie des Parmenides zu deuten und die Veränderlichkeit der Natur durch eine eigene Korpuskulartheorie aufzufangen versucht: Alle Stoffe sind nach seinem Konzept aus unendlich vielen winzigen Teilchen aufgebaut, die aber gleichartig sind und durch jeweils stoffspezifische Gleichartigkeit die materielle Individualität der einzelnen Stoffe bewirken. Von solchen molekülartigen Homoiomeren gibt es in der Natur so viele Sorten wie es nach ihrem Zusammentreten Stoffe gibt. In ihrem Bestand unverändert und damit dem ontologischen Ansatz der Eleaten entsprechend, waren die Teilchen ursprünglich ungeordnet durcheinandergemischt und bildeten eine ungestalte qualitätslose Masse. Durch den Weltgeist (νοῦς) in Bewegung versetzt und aufgewirbelt, haben die jeweils gleichen Teilchen sich stoffspezifisch zusammengefunden und damit materielle Stofflichkeit erwirkt. Ihr Zusammentreten läßt die Dinge entstehen; durch ihre Zerstreuung wird das scheinbare Vergehen bewirkt. Den lenkenden νοῦς läßt Anaxagoras in die Masseteilchen nicht eingehen; vielmehr hat

12 Vgl. hierzu Roman Hippéli u. Gundolf Keil: Zehn Monde Menschwerdung. Biberach a. d. Riß 1982. S. 35–38; ferner S. 42 u. 52. – Demokrit arbeitete selbstverständlich mit dem Modell eines doppelten Erbgangs, wobei er die somatischen Merkmale auf der zweiten Komplexitätsstufe (nämlich jener der Gewebe) weitergeben ließ, während er für die Vererbung des Geschlechts die dritte Komplexitätsstufe (nämlich die der Organe) benutzte.

er die Trennung von Geist und Stoff erstmals konsequent durchgeführt, was ihn zum Begründer des Dualismus von Geist und Materie machte. Das Weltbild des Anaximenes hat Anaxagoras übernommen und durch nennenswerte astronomische wie meteorologische Beobachtungen ergänzt. Bemerkenswert scheint, daß er zwischen erdnahen und erdfernen Himmelskörpern zu unterscheiden wußte und daß er die Mondphasen mit der Stellung des (als bewohnt gedachten) 'Planeten' zur Sonne in Verbindung brachte.

Auch das Viererschema in die Überwindung des eleatischen Akosmismus eingeführt zu haben, ist Verdienst des scharfsinnigen Zenon. Unter Rückgriff auf die milesisch(-eleatisch)e Gegensatzlehre und durch Anleihe aus der 'pythagoräischen Gegensatztafel' wählte er das thermische wie das hygrische Gegensatzpaar aus und gewann dadurch die vier Grundqualitäten 'heiß' – 'kalt' sowie 'feucht' – 'trocken', die er in Auseinandersetzung mit Empedokles als Primär-, d. h. Elementarqualitäten auswies und zur Seinsdeutung heranzog: Aus dem Zusammentreten und aus der Umwandlung dieser vier Elementarqualitäten ergibt sich für ihn 'die Natur aller Dinge'[13].

Empedokles von Agrigent, der wandernde Redner, Arzt und Naturphilosoph, hatte zur Überwindung des Gegensatzes zwischen Seiendem und Schein-Welt die 'Vier Elemente' angeboten. In seinem Lehrgedicht Περὶ φύσεως geht er in Anlehnung an den ionischen Hylozoismus von den 'Wurzelkräften' oder Elementen 'Feuer', 'Wasser', 'Luft' und 'Erde' aus. In der parmenideischen Kugel des Seienden waren die vier Konstituenten ursprünglich gleichmäßig verteilt. Durch Entmischung und erneute μῖξις ließen sie dann die makrokosmisch-mikrokosmische Stofflichkeit aus sich hervorgehen. Sie sind in jedem Stoff, in jedem Ding vorhanden, und nur ihr stoffspezifisches Mischungsverhältnis bewirkt die jeweilige stofflich-dingliche Spezifität. Liebe (φιλία) führt sie zusammen; Haß, Streitsucht (νεῖκος) löst ihre Verbindung wieder auf. Eine gewisse Partikel-Eigenschaft verleiht ihnen 'Poren', die ineinanderpassen und gangartige Strukturen (πόροι) zustandekommen lassen. Diese führen beispielsweise dazu, daß bestimmte Stoffe durchsichtig erscheinen; sie ermöglichen darüber hinaus insofern sinnliche Wahrnehmung, als die Sinnesorgane für das Riechen, Hören und Sehen mit sinnesspezifischen, nach außen gewendeten Poren ausgestattet sind, die dann ihrerseits spezifische, wenngleich ganz feine Ausflüsse der wahrzunehmenden Dinge aufnehmen können. – Eine solche Physis von Stoffen und Dingen ergibt sich zufällig, geleitet lediglich von νεῖκος und φιλία; sie zeigt entsprechend eine diachrone Entwicklung, und zwar insofern, als zufällig zustande gekommene Misch- und Mißgestalten den tauglicheren Formen von Lebewesen mit besseren Organen beim Kampf ums Dasein weichen müssen. Die bestmögliche Mischung laut Empedokles besitzt das Blut; es ist als einziger Stoff in der Lage, Empfindungen zu reflektieren und zu denken.

Empedokles, der Arzt, erinnert mit zahlreichen physiologischen Konzepten daran, daß sich in seinem, dem 5. Jahrhundert der abendländische Ärztestand herausgebildet hat, und es nimmt nicht wunder, daß unter den Ärzten seine Elementenlehre lebhafte

13 Vgl. hierzu Konrad Goehl (Hg.): Guido d'Arezzo der Jüngere und sein 'Liber mitis'. Bd. 1. Pattensen bei Hannover 1984 (Würzburger medizinhistorische Forschungen 32). S. 99–116.

Beachtung fand. Die praxisgerechte Umformung erfuhr sie gegen 405 durch den Koer Polybos, der seitens der Doxographen als Schwiegersohn von Hippokrates vorgestellt wird und in seiner Lehrschrift Περὶ φύσεως ἀνθρώπου die Anpassung des Viererschemas an die Bedürfnisse medizinischer Pragmatik vornahm. Als Humoralpathologie[14] erlangte sein synkretistisches Modell weitreichende Bedeutung und wurde zu jenem naturwissenschaftlichen Paradigma ausgeformt, das sich als dominant durchsetzte und wegen hoher hermeneutischer Leistung seine Gültigkeit über zweieinhalb Jahrtausende behauptete. Wie Empedokles verwendete der Hippokratiker vier Konstituenten, die er als *chymoi* (lat. humores) einführt und als Leibesfeuchten vorstellt. Jedem dieser Leibessäfte ordnet er zwei der vier zenonischen Grundqualitäten zu, wobei er beide Gegensatzpaare für jeden *chymos* gleichermaßen heranzieht, aber jeweils nur mit einer ihrer Grundqualitäten zum Zuge kommen läßt: So ist das *phlegma* (Schleim oder Rotz) 'feucht' nach dem hygrischen und 'kalt' nach dem thermischen Gegensatzpaar; der Leibessaft *haima* (Blut) gilt als ausgeglichen aufgrund seiner Primärqualitäten 'heiß' und 'feucht', die als komplementär gedeutet wurden und einander kompensieren sollten. Zu solchem Kompensieren ist die *chole* (Gelbe Galle) mit ihren synergistischen Qualitäten 'heiß' und 'trocken' nicht in der Lage, ebensowenig wie bei der *melaina chole* (Schwarzen Galle) die erdigen Grundqualitäten 'kalt' und 'trocken' einander ausgleichen können. – Eine solche qualitativ ergänzte Viererreihe trug dazu bei, auch für die ursprünglich zweigliedrige Jahreszeitenfolge eine Vierteiligkeit einzuführen[15], wobei der Winter dem kalt-feuchten Schleim, der Frühling dem feucht-warmen Blut an die Seite gestellt wurde, während für den Sommer und den Herbst dieselben konträren Primärqualitäten 'heiß' und 'trocken' bzw. 'kalt' und 'trocken' galten, wie Polybos sie für die Leibesfeuchten Gelbe und Schwarze Galle angesetzt hatte.

Ursprünglich für den menschlichen Leib gedacht, zeigte das koische Viererschema bald grenzübergreifend-paradigmatische Prägekraft. Den entsprechenden Schritt zur Doppelqualität hat Aristoteles vollzogen, der – nicht anders als Polybos dies bei den Leibessäften getan hatte – den einzelnen Elementen je zwei von den zenonischen Grundqualitäten zuordnete und dadurch die Entsprechungen erhielt: Wasser = kalt und feucht (wie der Schleim), Luft = heiß und feucht (wie bei Polybos das Blut), Feuer = heiß und trocken (wie die Gelbe Galle), Erde = kalt und trocken (wie bei Polybos die

14 Vgl. hierzu Georg Harig: Das Verhältnis zwischen Primär- und Sekundärqualitäten in der theoretischen Pharmakologie Galens. In: NTM 10 (1973). S. 64–81; Ders.: Die Bestimmung der Intensität im medizinischen System Galens. Ein Beitrag zur theoretischen Pharmakologie, Nosologie und Therapie in der Galenischen Medizin. Berlin 1974 (Deutsche Akademie der Wissenschaften zu Berlin: Zentralinstitut für alte Geschichte und Archäologie. Schriften zur Geschichte und Kultur der Antike 11). S. 40f., unter Rückgriff auf Erich Schöner: Das Viererschema in der antiken Humoralpathologie. Wiesbaden 1964 (Sudhoffs Archiv, Beiheft 4). S. 17–21.

15 Vgl. Jan-Dirk Müller: Jahreszeitenrhythmus als Kunstprinzip. In: Peter Dilg, Gundolf Keil u. Dietz-Rüdiger Moser (Hgg.): Rhythmus und Saisonalität. Kongreßakten des 5. Symposions des Mediävistenverbandes in Göttingen 1993. Sigmaringen 1995. S. 29–47, hier S. 30f. mit weiterführender Literatur.

Schwarze Galle). Im Gegensatz zu Empedokles und den Korpuskulartheoretikern geht Aristoteles jedoch nicht von einer Unveränderlichkeit der Konstituenten bzw. Elementarteilchen aus, sondern vertritt die Ansicht, daß die Elemente bei ihrer Vermischung aufgrund der entgegengesetzten Qualitäten aufeinander einwirken müßten, sich dementsprechend veränderten und folglich ineinander übergehen bzw. auseinander hervorgehen könnten. Platonisch beeinflußt, beschränkt er den Geltungsbereich der Vier Grundstoffe auf den irdischen Raum; hinsichtlich einer Priorität der zenonischen Grundqualitäten oder der empedokleischen Elemente hat er keine Entscheidung getroffen. – Auch das koisch-hippokratische Modell der Vier Leibessäfte hat Aristoteles übernommen: Es lassen sich bei ihm alle vier Säfte nachweisen einschließlich der ihnen von Polybos zugeteilten Primärqualitäten; doch hat er die Leibesfeuchten nicht mit den Elementen korreliert, geschweige denn als Konstituenten des Leibes gelten lassen. Den menschlichen Körper baut der Stagirite – was den stofflichen Bereich betrifft – mit Hilfe der Vier Elemente auf; was aber die Leibessäfte anbelangt, so hat er nur einen von ihnen – das Blut – als physiologisch gelten lassen, während er die übrigen drei – Schleim, Gelbe und Schwarze Galle – als überschüssig (περιττόματα) wertet, mit wechselnden Primärqualitäten ausstattet und sie mit den anderen Ausscheidungen bzw. ‘Überflüssigkeiten’ (Kot, Harn, Samen und Monatsfluß) auf eine Stufe stellt. Lediglich in bezug auf die vier Komplexionstypen oder Temperamente macht er andeutungsweise von ihnen Gebrauch.

Die Gleichsetzung von Elementen und Leibessäften hat erst ein halbes Jahrtausend später Galen von Pergamon vollzogen, der in jenem für ihn kennzeichnenden Rückgriff auf koisch-knidische Schriften den zentralen Text des Polybos zugrundelegt und von dessen *natura hominis* ausgeht: In bezug auf Hippokrates behauptet er, daß der Koer analog zu Empedokles bereits die Entstehung ‘aller Körper auf der Erde’ aus den Vier Grundstoffen abgeleitet habe. Einen Unterschied zwischen dem Koer und dem Agrigenter läßt der Pergamener nur insofern gelten, als er die empedokleische μῖξις als mechanische Aneinanderlagerung deutet, während er für Hippokrates (will sagen: Polybos) das Konzept einer echten Vermischung akzeptiert. Die Vermischungstheorie gipfelt für Galen in der Temperamentenlehre, die – von hippokratischen Ansätzen ausgehend und die pneumatische Lebensalter-Charakterisierung einbegreifend – freilich erst im hochmittelalterlichen Komplexionen-Schema ihre endgültige Ausprägung fand[16].

Indessen ist es erforderlich, von diesem wirkungsmächtigen, nahezu zweieinhalb Jahrtausende Gültigkeit beanspruchenden[17] Viererschema hippokratischer Natur-Kon-

16 Vgl. die Nachweise bei Goehl [Anm. 13] und die einschlägigen, von Klaus Bergdolt bzw. mir gezeichneten Artikel in: Lexikon des Mittelalters. Bd. 5 (1991). Sp. 211–213; Bd. 7 (1995). Sp. 353f.; Bd. 8 (1997). Sp. 533f.; ferner Hippéli u. Keil [Anm. 12], S. 66–68.

17 Auf humoralpathologischer Grundlage beruhten (bzw. beruhen bis heute) zahlreiche naturheilkundliche Konzepte (darunter das von Vinzenz Prießnitz, Johannes Schroth, Sebastian Kneipp) sowie die auch jetzt noch angewandte Konstitutionstypologie von Ernst Kretschmer (1888–1964),

zeption und dessen Ausprägung im Hochmittelalter noch einmal zu den Hippokratikern selbst und damit ins 5. Jahrhundert v. Chr. zurückzukehren: Das ἡ μὴν τέχνη μακρὰ, ὁ δὲ βιὸς βραχύς-Beispiel des ersten hippokratischen Aphorismus macht bereits deutlich, daß das Leben des Einzelnen – Arztes oder Philosophen – vor der zeitlichen Tiefendimension der Wissenschaft sich klein ausnimmt, und ein Blick in die Epilepsie-Schrift Περὶ ἱερᾶς νόσου ('De morbo sacro') läßt vollends die in die Zukunft weisende Perspektive erkennen: Die im 6. und 5. Jahrhundert konstituierte Medizin versteht sich als offenes System, als nicht-abgeschlossen, entsprechend als progressiv-fortschrittlich, und ist weit entfernt davon, Ganzheitlichkeit ihrer Welterkenntnis zu behaupten bzw. sich als Ganzheitsmedizin anzubieten – dies in bezug auf sich selbst wie im Hinblick auf ihr Objekt, den leidenden oder bedrohten hilfsbedürftigen Menschen. Sie verfügt über einen funktionalen Naturbegriff, der Transzendenz und Immanenz zusammenführt und der gleichzeitig als Normbegriff Richtung und Intention ärztlichen Tuns festlegt. Die ärztliche Kunst ist nur dann erfolgreich, wenn sie sich innerhalb der natürlich gesetzten Bedingungen bewegt, wenn sie die Natur als wirkende begreift und wenn sie sich damit begnügt, die Natur in ihrem Wirken zu unterstützen. Nicht die Medizin – die Natur ist die Heilende; der Arzt begreift sich als Diener, als Helfer der Natur: *medicus curat, natura sanat*, d. h. der Arzt trägt lediglich zum natürlichen Heilerfolg bei. Er ist bestrebt, εἰς τὴν φύσιν ἄγειν, will sagen: das aus der naturgesetzten Norm Hinausgeratene wieder 'in die Natur zurückzubringen'. Und eine solche Sichtweise impliziert zugleich, daß die heilende Natur nicht bloß eine lediglich wirkende ist, sondern fordert folgerichtig, daß der Natur eine entelechiale Intentionalität innewohnt. Die Richtung dieser Intentionalität bzw. das Ziel an sich erkennt die Medizin als Durchschnitt, als Normalität. Bei allem, was aus diesem Durchschnitt herausfällt, gilt es für den Arzt zu erwägen, ob ein 'In die Natur Zurückbringen' angezeigt ist.

Εἰς τὴν φύσιν ἄγειν: Daß die Medizin eine normorientierte Intentionalität der Natur voraussetzte, ließ sich mit der Erscheinungsvielfalt des Menschlichen nur dadurch vereinbaren, daß die hippokratische Heilkunde das normative Streben der Natur im Begrifflichen der Individualität auffing und teilweise wieder auflöste. Denn ebenso wie die normgerichtete Natur auf ein einheitliches Erscheinungsbild hinwirkte, garantierte das naturerklärende Paradigma der Humoralpathologie Varianz und Vielfalt: durch die unterschiedliche Säftemischung, durch die vier daraus hervorgehenden Temperamente, durch den dual konstituierenden Gegensatz des Geschlechts, durch das tetradische Konstituieren der vier einander folgenden Lebensalter, durch die Konditionierung aufgrund der saisonalen Rhythmik im zirkannalen Vierer- und Zwölferschritt[18] bzw.

die schon in ihrem 'Temperament'-Begriff zu erkennen gibt, daß sie auf der hippokratischen Viersäftelehre des Polybos aufbaut.

18 Vgl. hierzu das Sammelstichwort 'Monatsregeln' in: Verfasserlexikon. Bd. 6 (^{2}1987). Sp. 646 sowie Gundolf Keil: Krankheit und Zeit in der Medizin des Mittelalters und der Frühmoderne. In: Trude Ehlert (Hg.): Zeitkonzeptionen, Zeiterfahrung, Zeitmessung: Stationen ihres Wandels vom Mittelalter bis zur Moderne. Paderborn u. a. 1997. S. 117–138.

aufgrund der *sex res non naturales*[19]. Die hippokratische Medizin erweist sich als in hohem Maße individualisierend, und sie weiß diese ausgeprägte Differenzierung ihres Umgangs mit dem Patienten in Einklang zu bringen mit der Sicht von einer entelechial wirkenden Natur, deren normative Zielsetzung sich im humoralpathologischen Viererschema bricht und die große Vielfalt im Erscheinungsbild des Menschen ermöglicht.

Εἰς τὴν φύσιν ἄγειν: Ungeachtet aller individualtypischen Varianz ist das ärztliche Tun darauf aus, die naturgesetzten Normen einzuhalten und außerhalb der Norm stehende Patienten wieder 'in die Natur zurückzubringen'. Und dies bewirkt die Medizin mit ihrer Therapie, die durch Operationen, durch innerliche und äußerliche Behandlung das Zurückgeleiten in die – wie auch immer individuell variierten – Toleranzbereiche der Natur zum Ziel hat.

Εἰς τὴν φύσιν ἄγειν: Das auf Rückführen des Patienten in naturgesetzte Normalität zielende Bemühen des Arztes wird hingegen überflüssig, wenn der Patient gar nicht erst zum Patienten wird, indem er gesund bleibt – will sagen: indem er die Toleranzbezirke naturgegebener Normalität gar nicht erst verläßt. Und hier eröffnet sich für die antike Medizin ein innovatives Betätigungsfeld, das nicht auf das Rückgewinnen, sondern auf das Bewahren der Gesundheit aus ist und sich nach seinem Ziel ὑγιής, ὑγιεία (Hygiene) nennt. Was ärztlicherseits in Richtung Gesunderhaltung geboten wird, sind Ratschläge für den Patienten, die der Methode die Bezeichnung 'Diätetik', also 'Kunst der Beratung' eingetragen haben. Das Mittelalter wird einmal im Hinblick auf das ärztlicherseits gegebene Regulativ von *regimen sanitatis* sprechen und den danach sich richtenden Patienten *râtes lëben* lassen. Gesundheitsregeln als überindividuelle literarische Gattung hat schon die Antike ausgebildet; das individuell zugeschnittene Konsilium trat im 13. Jahrhundert hinzu.

Unterstützung in ihrem diätetischen Anliegen erhielt die antike Ärzteschaft durch die Pädagogik, die im sophistisch geprägten Umfeld Spekulationen aufgreift, wie sie latent schon in der gesamten vorsokratischen Phase vorhanden waren, formuliert aber erst in deren Spätzeit wurden: Parallel zur Auffassung der Ärzte, die im Normalzustand die Resultante einer entelechial gerichteten Physis sehen, die als heilende Naturkraft den gesamten Kosmos durchwirkt und dabei den Ausprägungen des Göttlichen durchaus nahekommt, zeigt sich auch bei späten Vorsokratikern die Tendenz, die Physis als göttlich wirkende Kraft darzustellen und mit intellektuellen Fähigkeiten auszustatten. Der νοῦς von Anaxagoras hatte selber noch materielle – wenngleich die feinstmögliche – Beschaffenheit; Züge einer göttlichen Wesenheit haften den naturgegebenen Seinsprinzipien bei Heraklit und Empedokles an und zeigen sich auch im kosmischen Zentralfeuer des Pythagoräers Philolaos; das berühmte Epicharmos-Fragment läßt die Natur in bemerkenswerter Ausschließlichkeit über 'die Weisheit' verfügen; bei Georgias und

19 Vgl. hierzu Wolfram Schmitt: Sex res non naturales. In: Lexikon des Mittelalters. Bd. 7 (1995). Sp. 751f.; Gundolf Keil: 'regimen sanitatis – râtes lëben': Gesundheitsregeln des Mittelalters. In: Ria Jansen-Sieben u. Frank Daelemans (Hgg.): Voeding en geneeskunde. Brüssel 1993 (Archief- en bibliotheekwezen in België. Extranummer 41). S. 95–124.

Euripides erscheint die Physis als göttlich personifiziert, und in den pneumatisch-teleologischen Spekulationen des Diogenes von Apollonia hat schließlich die Natur die Gestalt einer göttlich wirkenden Macht angenommen.

Und daß diese göttliche Natur-Macht in Widerspruch steht zu dem ihre Toleranzgrenzen überschreitenden Menschen, hatte sich in der Gesundheit-Krankheit-Antithese der Hippokratiker schon angedeutet und wird durch den 'Natürlich'-'künstlich'-Gegensatz von Protagoras noch weitergeführt: Während beim Ahnherrn der Sophistik sich die τέχνη als menschliche Kunstfertigkeit gegen das von der φύσις Hervorgebrachte stellt und als menschliches Machen sich in Opposition zum Wirken der Natur bringt, wird dieser Gegensatz bei den Nachfolgern des Protagoras auf das gesellschaftliche Feld transponiert und hier als rechtlich-politische Antithese in polemischer Schärfe vertieft. Ohne auf die Argumentation des Antiphon, Alkidamas, Hippias von Elis und anderer im einzelnen einzugehen und ohne deren Vorstellungen bis in den Bereich von Kultur- und Zivilisationskritik hinein zu verfolgen, läßt sich zusammenfassend doch sagen, daß der vom Anaxagoras-Schüler Archelaos anscheinend als erstem herausgearbeitete φύσις-νόμος-Gegensatz bei ihnen mit zunehmender Intensität eine Rolle spielt und das Argumentationsmuster abgibt für ein weitgehendes Infragestellen nahezu aller politischen, gesellschaftlichen sowie mythologisch begründeten Strukturen. Ob es sich um den Staat, seine Organe, gesellschaftliche Differenzierungen, religiöse Rituale, Glaubensinhalte oder mythologisch-moralisch gestützte Wertsetzungen handelt – all das wird auf den Prüfstein gelegt, ob es von Natur aus (φύσει) bestehe oder menschlicher Satzung (νόμῳ) entspringe; und wenn letzteres der Fall zu sein scheint, wird es als Produkt menschlichen Machens eingestuft und als künstlich-unnatürliches Konstrukt dem Verdacht unterworfen, ob es nicht aus zweifelhafter Motivation heraus geschaffen worden sei und lediglich dem Machterhalt von Einzelnen, von privilegierten Gruppen, Institutionen oder staatstragenden Körperschaften diene. Die öffentliche Meinung als Instrument des Machtstrebens gerät entsprechend mit in die Kritik; pädagogische Zielvorstellungen werden in gleicher Weise angezweifelt wie Brauchtum, Ethik und Moral, und wenn wir Platons Darstellung zugrunde legen, dann haben Polos und Kallikles, aber auch Trasymachos die Forderung vertreten, man verfüge naturgewollt über das Recht, seinen Begierden zu folgen und hemmungslos seine Triebe auszuleben. Auf jeden Fall sei es angezeigt, dem Naturgesetz zu folgen, das naturgemäß einem jeden Menschen nur das wesenhaft Zuträgliche abverlange, während die menschlichem Machen entsprungenen Gesetze willkürlich und demgemäß oft widernatürlich-unzumutbar seien; auf jeden Fall sei es ohne Konsequenzen, sie zu übertreten, was nur dann Strafe nach sich ziehe, wenn die machtausübende Institution vom Verstoß Kenntnis erhalte und ihn somit auch zu ahnden in der Lage sei. Bei der Natur sei dies ganz anders: Bei ihr bleibe nichts ungeahndet, und jede Mißachtung ihres Gesetzes ziehe unvermeidlich Strafe nach sich. Das Naturrecht als etwas natürlich Gewachsenes stellt sich antithetisch gegen das auf menschlicher Konvention beruhende artifizielle Gesetzeswerk; Hellenen und Barbaren sind entsprechend vom Naturrecht her alle gleich und unterscheiden sich nur nach den vom Menschen gemachten Gesetzen. Das Gesetz des Stärkeren ist auf jeden Fall naturgegeben und setzt sich gegenüber allen νόμῳ geschaffenen Rechtskonventionen durch. Demokrit und Kratylos haben diese Problemstellung von den Gesetzen weg auf die Namen der Dinge übertragen und die Frage aufgeworfen, ob die Benennungsmotivation direkt vom Wesen der Dinge abgeleitet und somit φύσει gegeben oder ob sie vom Menschen entworfen und damit νόμῳ geschaffen sei – mit allen negativen Konsequenzen wie Variabilität und begrenzter Geltungsdauer. Während Demokrit und der Athener Sophist die Frage konventionell beantworten, hat Platon die Nomina-Problematik in seinen Versuch, die Grund-Aporie eleatischer Ontologie aufzulösen, mit eingebracht.

Aus dem Gegensatz zwischen Physis und Nomos, aus der Antithese von natürlich Gewordenem und jenem künstlich vom Menschen Gemachten hat Pindar insofern die Konsequenz gezogen, als er von weitgehender Vergeblichkeit pädagogischen Bemühens ausgeht und eine Adelsethik vertritt des Inhalts, daß wahre Tüchtigkeit nicht artifiziell anerzogen werden könne, sondern daß echte Vortrefflichkeit – die des Sportlers, des tapferen Kämpfers, des Helden, aber auch die des Dichters – immer naturgegeben sei und daß eine derartige natürliche Anlage (er nennt sie φυά) erblich weitergegeben werde, wodurch die Natur mittels Abstammung den erblichen Adel begründe und dessen personale Hochleistungsträger zugleich normativ setze. Eine solche naturgegebene Erbanlage könne mitnichten anerzogen werden, vielmehr sei es bestenfalls möglich, sie durch Übung zu wecken, zu fördern und weiter zu entwickeln.

Schon bei Herodot ist das Normative indessen nicht in der singulären Sonderleistung, sondern im Durchschnittlichen gegeben, das sich der Pädagogik – um mit Antiphon zu sprechen – als geeigneterer Ackerboden darbietet: bereit, den Samen der Erziehung aufzunehmen und zur Reife zu bringen. Kritias behauptet entsprechend, daß weit mehr Menschen durch Erziehung ἀγαθοί, also tüchtig geworden seien als durch natürliche Anlage, und eine solche, sich im Politischen bewährende ἀρετή durch Belehrung (διδαξή) wie durch Übung (ἄσκησις) anerzogen werde. Dabei bringt Protagoras – entgegen Demokrit und Epicharmos –aber auch hier die φύσις ins Spiel, indem er darauf hinweist, daß ohne vorhandene Begabung Askesis und Didaxe frustran blieben und nur bei verfügbarer natürlicher Anlage die Erziehung erfolgreich sein könne. Das Spätmittelalter hat dieses lineare Verhältnis zwischen Erziehungserfolg und natürlicher Begabung in folgendem Exempel zum Ausdruck gebracht: Ein bildungsbeflissener Esel erbte das erforderliche Vermögen, schrieb sich an einer renommierten Hochschule – sagen wir: an der Universität Paris – ein, durchlief als erstes die *Artes*, indem er zunächst die trivialen und dann die quadrivialen Fächer studierte, um sich danach den Oberen Fakultäten zuzuwenden, die er alle drei in der Reihenfolge Medizin, Juristerei und Theologie absolvierte; und als er abgeschlossen hatte und von der Universität abging, soll er ausschließlich 'Item' und nie mehr 'Ia' geschrien haben.

Entsprechend hat Platon sich in die Diskussion um die Zweckmäßigkeit des Erziehens eingebracht, indem er Paideia und Physis als gleichberechtigte Faktoren wertet und der Didaxe bzw. Askesis dieselbe Bedeutung beimißt wie einer guten Anlage des Zöglings. Aristoteles indessen hat die Pindarsche Gewichtung umgekehrt zugunsten der Erziehung: Zwar anerkennt auch er die natürliche Anlage, die als naturgegebene Beschaffenheit den 'natürlichen' Tugenden zugrundeliegt, aber diese seien nicht den eigentlichen Tugenden zuzurechnen, weil sie im Gegensatz zu jenen weder gewollt noch verantwortet würden und deswegen keiner ethischen Wertung unterlägen. Wertvoll seien nur die durch Erziehung und Übung erworbenen ethischen Tugenden, während die veranlagten natürlichen an sich weder als gut gelten noch als böse ausgewiesen werden könnten: Keine der ethischen Tugenden kommt von Natur; gut und weise werden die Menschen nicht durch φύσις, sondern durch ἄσκησις bzw. παιδεία.

Die kynische Pädagogik ist dem Ansatz von Aristoteles insofern gefolgt, als auch sie anerzogene Eigenschaften in den Vordergrund stellt, ohne dabei den Bogen zu überspannen: Die Askesis, die zur Tugend geleitet und damit zur Glückseligkeit führt, dürfe dem Übenden nicht übermäßige Anstrengungen abverlangen; dies vermeide sie (wie Diogenes von Sinope lehrt), wenn sie 'naturgemäß' ist. Und damit hat die kynische Philosophie ihr Erziehungskonzept doch wieder den naturgegebenen Bedingungen genähert und auf die natürlichen Anlagen abgestellt. Ihre Zielsetzungen hoffte sie durch Beobachten gewinnen zu können. Da sie die Auffassung vertrat, daß die Natur den Menschen stiefmütterlich behandle, den Tieren sich dagegen 'wie eine Mutter' zuwende, erwartete sie aus der Beobachtung von Kulturen und Zivilisationen wenig Erhellendes und meinte, zur Kenntnis dessen, was gut und böse sei, eher durch das Studium von Tieren und Naturvölkern gelangen zu können. In ihren asketischen Anforderungen ging sie nichtsdestoweniger so weit, daß sie triebhafte Lust verwarf und rein menschliche Liebe geringschätzte; auf sexuellem Gebiet glaubte sie die Voraussetzungen für eine 'Verderbnis' der Natur annehmen zu können. Auf jeden Fall sollte der Weise dem Gesetz der Natur folgen, das die Kyniker höher einstuften als alle konventionellen Gesetzeswerke und sonstigen gesellschaftlichen Konstrukte.

Zenon von Kition, durch den Kyniker Krates ausgebildet, ist aus der kynischen Philosophie hervorgegangen, was die frühe Stoa an die kynische Bewegung heranrückt und zahlreiche von deren pädagogischen Ansätzen in ihr wiederfinden läßt. So begegnet in ihr das Ideal des naturgemäßen Lebens (τὸ ὁμολογουμεῶς τῇ φύσει ζῆν), das als einziges das Attribut des wahrhaft Sittlichen trägt und sich als ein 'Der-Natur-Nachfolgen' versteht (τὸ ἀκολουθῶς τῇ φύσει ζῆν): Der Weise stellt sich in die Gefolgschaft der Natur, die ihn gradewegs auf das tugendhafte Leben zuführt. Dabei ergibt sich bei Chrysipp eine bemerkenswerte makrokosmisch-mikrokosmische Korrespondenz, die in das Konzept einer individuell variierten Teil-Natur mündet: Denn der Weise, der naturgemäß leben will, hat selbstverständlich die Physis des Weltganzen zu beobachten; er findet deren Gesetzmäßigkeit (λόγος) freilich auch in sich selbst bzw. in den Menschen, und zwar insofern, als die menschliche Physis Teil der kosmischen ist. Das tugendhafte Leben ist entsprechend naturgemäß, weil es auf der Erkenntnis der Naturvorgänge beruht. Deswegen ist von ausschlaggebender Bedeutung, die Physis des

Alls und genauso die Physis des Menschen zu kennen. Denn die All-Natur, die als ὅλη τῶν ὅλων bzw. als κοινὴ φύσις im Kosmos waltet, ist dieselbe wie jene, die sich in allen Lebewesen ausprägt und insonderheit im Menschen manifestiert. Der einzelne Mensch findet von dieser All-Natur in sich eine Teil-Natur (μερικὴ φύσις), die der All-Natur gewiß entspricht, als ἰδία φύσις aber doch auch individuelle Varianz zuläßt. Sie steht der kosmischen All-Natur, die überall dieselbe ist und stets mit sich selbst identisch bleibt, als ἡ ἐπὶ μέρους φύσις gegenüber, die als Teil-Natur jedem Menschen eignet und durchaus mit dem überall wirkenden Weltgesetz im Einklang steht, aufgrund ihrer unterschiedlichen Stückhaftigkeit (ἐπὶ μέρους) aber doch gerade jene Varianz hervorbringt, wie sie die Menschen in diachroner, diatopischer und individueller Hinsicht kennzeichnet.

Auf den Spoliencharakter der stoischen Philosophie, die Versatzstücke aus dem Umfeld Heraklits ebenso übernahm, wie sie sich bei Platon und Aristoteles bedient hat, soll hier nicht weiter eingegangen werden. Eine diachrone Entwirrung der drei Traditionsstränge, die sich in ihr – miteinander konkurrierend – verflochten haben, dürfte sich auch heute noch als mühsam und zeitaufwendig erweisen: Vieles, was die Stoa aufgelöst zu haben glaubte (so den Gegensatz zwischen φύσις und τέχνη), hat aufgrund komplexer Beweisführung nur bedingt überzeugen können. Bemerkenswert an der späteren Stoa ist, daß sie aus den Teil-Naturen das Konzept der 'Keimformen' entwikkelt, mittels derer die als Logos gedachte All-Natur sich aus der Einheit in die Vielheit entläßt und in Gestalt von λόγοι σπερματικοί sich den belebten Wesenheiten mitteilt, durch die sie das organische Leben auf der Erde erzeugt. Bemerkenswert an der späteren Stoa ist des weiteren, daß sie die κοινὴ φύσις sich als unveränderlich, zeitlos und unvergänglich vorstellt, wodurch sie die All-Natur unzerstörbar macht und als einziges nach Vernichtung des Kosmos unversehrt aus dem heraklitischen Weltenbrand hervorgehen läßt. Bemerkenswert an der Stoa ist schließlich, daß sie die Natur – gleich ob in Teilen oder als All-Natur – sich als etwas Geistiges, als einen Logos denkt, der die Welt von innen durchdringt, ihr geistige Struktur verleiht und als göttlicher Intellekt jene Ordnung schafft, die über durchgängige Kausalketten Schicksal bewirkt (εἱμαρμένη) und die Fähigkeit zur Vorsehung bekundet (προνοία). In diesem schicksalhaften Geschehen zeigt sich die unumstößliche Notwendigkeit des aus der Natur hervorgehenden Wirkens, läßt sich zugleich aber auch das fürsorgliche Wohlwollen der als göttlicher Logos sich bekundenden All-Natur ablesen. Gott gebe es – so hat der Kyniker Antisthenes gelehrt – als normativ (und damit schicksalhaft) wirkenden nur einen; erst die Menschen mit ihren glaubenschaffenden Setzungen haben aus dem einen eine Vielzahl gemacht. Und so ist es nur folgerichtig, wenn Zenon – der Begründer der Stoa – die Physis des Ganzen als göttlich wertet und die All-Natur mit dem Namen 'Zeus' zu belegen für angebracht hält; den Gegensatz zwischen Gott und Natur hat er in dieser Formel aufgelöst.

Weder Platon noch Aristoteles sind den gleichen Weg holistischer Weltsicht gegangen; in ihrem Denken entfaltet sich vielmehr ein duales System, das Gott und Natur nicht in eins setzt, sondern in unterschiedlichen Zusammenhängen und hierarchischen Zuordnungen nebeneinander führt, ohne ϑεός und φύσις je zusammenfallen zu lassen. Platon, zunächst sophistisch geprägt, hat sich dialogisch mit seinen Vorgängern und hier insbesondere mit den Naturphilosophen auseinandergesetzt, die er verächtlich als 'Physiker' bezeichnet und deren Materialursachen er in allen natürlichen Dingen und Vorgängen bekämpft; ebenso weist er die Vorstellungen einer Physis zurück, die ohne Vernunft, wenn nicht gar durch Zufall die Erscheinungen und Vorgänge der sichtbaren Welt aus sich entläßt. Bei seinem Versuch, die Körperwelt von seelisch-geistigen Strukturen abhängig zu machen, hat er seiner Weltdeutung eine sechsstufige Seinspyramide zugrunde gelegt, die den Kosmos (entsprechend seiner 'Politeia') folgendermaßen hierarchisiert:

An der Spitze der Pyramide begegnet der göttliche φυτούργος, der als 'Idee des Guten' die Ideen aus sich entläßt und als deren Erzeuger zugleich die Natur hervorbringt. – Die zweite Stufe der Hierarchie machen dann die Ideen aus, die als Urbilder des Seienden die Orientierungsgrößen bzw. Muster abgeben für all das Belebte und Unbelebte, Dingliche und Prozessuale, das die Welt des Wahrnehmbaren ergibt. – Die dritte Stufe der Seinspyramide nimmt der göttliche Demiurg ein, der sich an die Ideen erinnert, wenn er die Weltseele zusammensetzt und für Ordnung und Harmonie im Weltganzen sorgt. – Ihm folgt auf vierter Stufe die Weltseele selbst, die alle Einzelseelen einbegreift und das umfassend Seelische in der Natur darstellt. – Die Einzelseelen sind es dann, die sich der Weltseele auf der fünften Hierarchieebene anschließen. Als individuelle Varianten und Teile der Weltseele bewegen sie sich selbst und tragen das bewegende Prinzip in die von ihnen beseelten Körper, die – als sechste Hierarchiestufe die Pyramide nach unten hin abschließend – von sich aus passiv sind, von ihrer jeweiligen Seele bewegt werden und lediglich als passiv Bewegte ihrerseits Bewegung mitteilen können: Das ihnen von ihren Seelen verliehene bewegende Prinzip vermittelt ihnen also zugleich das Leben.

Platon, der den Begriff der Physis in allen semantischen Varianten seiner Vorgänger kennt, verwendet ihn selber nur für zwei Stufen seiner Seinspyramide: zunächst für die Teil- oder Einzelseelen, die das Dinglich-Wahrnehmbare gestalten, selber unsterblich sind und in die vergänglichen Körper Leben und Bewegung bringen; sie sind es mit ihren drei Funktionsbereichen Wahrnehmen, Denken und Erinnern, die bis heute über moderne Konstrukte (wie dasjenige Sigmund Freuds) einen Großteil psychologischer Krankheitsfindungs- und Therapieversuche bestimmen. In gleicher Weise hat Platon den Terminus Physis sodann auf seine Welt der reinen Begriffe angewandt: Die ewigen, wahrhaft seienden Ideen machen die höchste und eigentliche Physis aus. Und von dieser Definition her wird verständlich, wenn Platon von der Physis des Kreises oder der Physis von Zahlen spricht, indem er die zugrundeliegende Idee als das wahrhaft seiende Wesen aller Dinge begreift: Die Ideen als Urbild aller Dinge verharren im Seienden und machen die urbildliche Ursache all dessen aus, was von Natur aus (κατὰ φύσιν) ist und die vergängliche Welt des Wahrnehmbaren bestimmt. Platons

Welt der reinen Begriffe als Welt des unveränderlich beharrenden Seins entspricht dem eleatischen unveränderlichen Einen und stellt seine Weltsicht in die Tradition jener weltdeutenden Seinsentwürfe, die ab Zenon und Leukipp den von Parmenides herausgearbeiteten Gegensatz zwischen unveränderlich existierendem Einen und der veränderlichen Vielfalt einer nicht-existierenden Schein-Welt zu überbrücken trachteten.

Auch Aristoteles ist mit seiner Weltdeutung in diese Tradition, die unvereinbaren Gegensätze eleatischer Ontologie aufzuheben, noch einzuordnen[20]. Die Herkunft des Stagiriten aus der Akademie hat wesentliche Ansätze seines Philosophierens geprägt, doch sind auch Einflüsse des Diogenes von Apollonia zu spüren und Versatzstücke von dessen Pneumalehre nachzuweisen. Als Sproß einer Asklepiadenfamilie ist Aristoteles darüber hinaus von hippokratischem Gedankengut ausgegangen: Er kennt das Viererschema des Polybos und verwendet dessen Humoralpathologie, die er in Richtung auf die Temperamentenlehre ergänzt. In seinem dualen System entspricht – göttlich attribuiert – der Unbewegte Beweger dem göttlichen Phyturgen platonischer Philosophie: Er ist, und er ist als solcher unentstanden, unveränderlich, unvergänglich, wenngleich nicht unendlich (andere Welten als jene, die er umschließt, läßt Aristoteles nicht zu). Als der 'erste Körper' zeigt der göttliche αἰϑήρ parmenideische Kugelgestalt; und das, was er aus sich entläßt: nämlich Materie und Bewegung, ist die Natur, die durch den Stagiriten in einer Weise dynamisiert wird, die weit über die kinetischen Ansätze Platons hinausgeht.

Grundsätzlich kennt Aristoteles zwei Bewegungsarten, aus denen er sein anisotrop begrenztes Weltengebäude aufbaut: zunächst in Anlehnung an den späten Platon (der davon ausging, daß allem zeitlichen Geschehen die Kreisbewegung wesenhaft sei) die rotierende Bewegung ineinandergelagerter Hohlkugeln, die unter Geschwindigkeitsverlust die vom Unbewegten erwirkte Bewegung von außen nach innen vermitteln und die dank ihrer Äther-Struktur – beginnend mit den Fixsternen und endend mit den erdnahen Planeten Sonne und Mond – entweder sehr viele oder jeweils nur einen Himmelskörper auf sich tragen; Reibungsverlust bei der Verlangsamung läßt sie heiß werden und Wärme abstrahlen. Da Aristoteles dem Aufbau des Ringmodells von Philolaos folgt und die Verbesserungen des Eudoxos von Knidos bzw. des Kallippos einarbeitet, wird verständlich, daß sein sphärisches Rotationsmodell über gleichmäßig, aber (bezogen auf die Umdrehungszahl je Zeiteinheit) mit unterschiedlicher Schnelligkeit sich drehende Hohlkugeln verfügt, die – obschon konzentrisch ineinandergelagert – hinsichtlich ihrer Rotationsachse gleichwohl unterschiedliche Neigungswinkel aufweisen[21]. – Im sublunaren Bereich, wo die Elemente den Äther ablösen, herrscht dagegen die lineare Bewegung, was sich schon an den gradlinig sich entmischenden Elementen zeigt: Unter dem Einfluß der Schwerkraft tendiert die Erde in den Mittelpunkt, wird

20 Vgl. zum Folgenden Hellmut Flashar (Hg.): Ältere Akademie: Aristoteles – Peripatos (= Friedrich Ueberweg: Grundriß der Geschichte der Philosophie. Völlig neubearbeitete Ausgabe: Die Philosophie der Antike. Bd. 3). Basel, Stuttgart 1983.

21 Vgl. Krafft [Anm. 9], S. 141.

vom gleichfalls schweren Wasser umgürtet und von der leichten Luft überwölbt; das noch leichtere Feuer strebt nach oben in die Peripherie.

Der Bereich unterhalb der Sphäre des Mondes wird bestimmt durch Stoff und Bewegung. Der Stoff als ὕλη, als amorphe Urmaterie, ist eigenschaftslos, bevor er durch das Auseinandertreten der beiden zenonischen Gegensatzpaare elementare Beschaffenheit erhält und sich den gestaltenden Bewegungskräften öffnet. Diese Kräfte – vektoriell gerichtet, aus mehreren Bewegungskomponenten gebündelt und mit unterschiedlichen Valenzgraden ausgestattet – entsprechen einem Wesensbegriff, den sie als Wesensursache aus seiner immateriellen Potentialität heraus in die Aktualität der materialisierten Verwirklichung zu überführen trachten, indem sie sich an Materie binden und als Formursache über unterschiedliche Gestalten (σχήματα) des Formungsprozesses hinweg ihn in seiner Wesensform (μορφή) auszuprägen versuchen. In ihrer zielstrebigen Bewegung vektoriell gleichgerichtet, stellen sie zudem die Bewegungsursache des Formungsprozesses (μεταβολή) dar. Über den Verlust von Bewegungskomponenten und die Abschwächung von Valenzgraden machen sie bei Zeugung und Keimentwicklung deutlich, daß die Wesensursache keine unveränderliche Konstante ist, sondern ihrerseits eine Entwicklung durchläuft, die teleologisch gerichtet ist und auf Höheres, Vollendeteres hinstrebt. Letztlich wird sie in den Unbewegten Beweger zurücklaufen. Da das substanzbegründende Zusammenführen von Stoff und Form auch materielle Voraussetzungen in das werdende Wachsen der Dinge (γένεσις) einbringt, ist es sinnvoll, zusätzlich von einer Stoffursache zu sprechen, da die ὕλη über ihre reine Verfügbarkeit hinaus auch andere Komponenten in den Formungsprozeß einführt – und zwar insofern, als ihr noch Bewegungskräfte (κινήσεις) früherer Aktualisierung anhaften können, als sie besondere elementare Mischungsverhältnisse aufweist oder als sie gar bereits gestaltet in den Formungsprozeß eingeht, wobei sie im letzteren Fall von einer niedrigeren auf eine höhere Aktualisierungsstufe gehoben wird.

All das ist laut Aristoteles Natur: die gleichmäßig sich drehenden Sphären; die Vier Elemente mit ihren Qualitäten; die von innen her aktivierenden Kräfte, die den Stoff der angestrebten Wesensform näherbringen; auch die Ernährungs- und die Bewegungsseele, die als Formursache im Menschen wirken und ihn mit jenen physiologischen Fähigkeiten ausstatten, wie sie dem Tier und teilweise auch der Pflanze eignen. All das ist Natur: die Welt der Dinge in deren Entstehen und Wachsen und nicht zuletzt die Stofflichkeit, aus deren Gestaltwerden alle Substanzen hervorgehn; als ungestalte *prima materia* (ὕλη) ist sie unbegrenzt teilbar, als über den Elementarzustand hinaus aktualisierter Stoff toleriert sie Teilbarkeit nur bis zur Partikelgröße der *minima naturalia*. All das ist Natur, was ein Prinzip der Bewegung in sich trägt.

Und was ist Nicht-Natur? All das, was die Techne gemacht hat und was als Artefakt ein eignes Prinzip der Bewegung vermissen läßt. Dazu gehören vorrangig die Maschinen, die zu ihrem Antrieb ständig eines äußeren Einwirkens bedürfen und deren Leistung auf dem Prinzip ungleicher konzentrischer Kreise beruht; gewaltsam in den natürlichen Ablauf sich einbringend, lassen sie artefiziell aus der gradlinigen eine kreisförmige Bewegung werden. Kunst steht nicht unbedingt in Antithese zur Natur, obwohl Aristoteles weiß, daß sie die Körperwelt zu stören (wenn nicht zu zerstören) vermag: Nicht die Physis ahmt (wie bei Platon) die Techne nach, sondern umgekehrt: Die menschliche Kunst kann nur ergänzen, was die Natur zu komplettieren ihr übrigläßt. Nicht-Natur ist selbstverständlich der immaterielle Unbewegte Beweger, der die gesamte bewegte Körperwelt aus sich entläßt. Nicht-Natur ist darüber hinaus jener dritte, noëtische Seelenteil, der – zusätzlich zur vegetativen Ernährungs- und sensitiven Bewegungsseele – allein dem Menschen eignet und ihn so vor allen Wesenheiten der Körperwelt auszeichnet; er entstammt unmittelbar dem göttlichen Ersten Einen, fällt im Moment der Menschwerdung (und das ist der Augenblick der Zeugung) als νοῦς θύραθεν in den Menschen ein und verläßt ihn wieder in der Stunde des Todes. Mit den formenden Bewegungskräften hat er nichts zu tun.

Andeutungen autonomer Erscheinungen führen dazu, daß Aristoteles von der Natur nicht nur als von einer 'göttlich wirkenden Kraft' (die vom Unbewegten Beweger ausgeht) spricht, sondern daß er sie gelegentlich auch als etwas Dämonisches erahnt. Trotz derartigen Brüchen, trotz entwicklungsbedingten Verwerfungen und trotz Verstößen gegen das System ist es dem Stagiriten aber doch gelungen, aus Eigenem sowie aus unzähligen Spolien seiner Vorgänger und Zeitgenossen ein Weltbild zu zimmern, dessen Versatzstücke in der Regel paßgenau gefügt sind und das mit seiner dualen Geschlossenheit in einer Intensität zu überzeugen vermochte, deren Faszination bis weit in die Moderne ausstrahlte und auch in der Postmoderne noch fortwirkt.

Wie stringent die Wirkungsmächtigkeit aristotelischer Seinsdeutung war, läßt sich beispielhaft am peripatetischen Konzept der Kreisbewegung aufzeigen. Ausgehend von den mathematisch errechneten Sphären des Eudoxos hatte Aristoteles die ungleichförmig erscheinende Planetenbewegung in einem System gleichförmig rotierender Kugeln aufgelöst, die konzentrisch (wenn auch mit verschiedenen Achsen) ineinandergelagert waren und durch zwischengelagerte Äther-Sphären ergänzt wurden; damit bewies er nicht nur die Geozentrizität seines Weltentwurfs, sondern vermochte er auch alle (Teil)-Bewegungen der Gestirne in einem physikalischen (will sagen: natürlichen) System von gleichförmigen Kreisbewegungen aufzufangen. Dieses Konzept von Konzentrizität, Gleichförmigkeit und Kreisbewegung galt seither als unantastbares Dogma, obwohl 'die Phänomene zu retten' es nur unvollkommen in der Lage war und schon die Antike – von Hipparch über Apollonios von Perge bis Ptolemäus – sich gezwungen sah, von der strengen Konzentrizität abzuweichen und mittels gewagter Hilfskonstruktionen (wie jener von Epizykel und Konzenter) sich über die Ungenauigkeiten hinwegzuretten. Für die Astronomie war das Konzept auf jeden Fall tauglicher als die konkurrierenden heliozentrischen Weltentwürfe eines Aristarch von Samos, Seleukos von Seleukia oder später Klas Koppernik[22]. Gesprengt wurde es erst, als Tycho Brahe die Veränderlichkeit

22 Vgl. hierzu Fritz Krafft: Hypothese oder Realität: Der Wandel der Deutung mathematischer Astronomie bei Copernicus. In: Gudrun Wolfschmidt (Hg.): Nicolaus Copernicus (1473–1543),

auch der Äthersphären belegte und damit den Weg wies für Johannes Kepler und dessen 'Weltharmonik', die – durch Fahrstrahlen gesteuert – getragen wurde von elliptischen Bahnen.

Als ähnlich wirkungsmächtig erwies sich das Konzept der formvermittelnden Gestaltungskräfte, die – vektoriell gerichtet und zielorientiert gebündelt – die Welt des Wahrnehmbaren entstehen ließen. Ihrem Beispiel folgt das Modell der λόγοι σπερματικοί, das die spätere Stoa beherrschte und das erstmals makrokosmisch-mikrokosmische Homologien ins Blickfeld rückt[23]. In deutlicher Anlehnung an aristotelische Vorstellungen gehen die Stoiker des 3. Jahrhunderts bei ihrer Sicht der Weltentstehung vom Urpneuma aus, das – dem Unbewegten Beweger vergleichbar – die Weltwerdung auslöst, indem es sich der Stofflichkeit mitteilt, diese durchströmt (so wie das Feuer das glühende Eisen durchdringt) und sich dabei in jene Vielzahl von *lógoi spermatikoí* aufteilt, die als gestaltende Kräfte die Materie formen. Insofern entsprechen diese *lógoi* den aristotelischen Formursachen; sie sind indessen nicht nur in der Lage, als 'vernunftbegabte Keimkräfte' die Stofflichkeit planvoll zu gestalten, sondern sie stellen genauso wie die Formursachen je eine Ganzheit dar, die einem Wesensbegriff entspricht und sich in eine Vielzahl von Teilen untergliedert. Diese Teile sind jedoch nicht immateriell als dynamistische Bewegungskomponenten gedacht, sondern als Pneumaströme definiert, wobei die Vorstellung des Strömens und Fließens bereits die Körperlichkeit des Pneuma zum Ausdruck bringt, das im stoischen Denken eine ähnliche Zwischenstellung zwischen Materiellem und Immateriellem einnimmt wie der entsprechende Begriff bei Diogenes von Apollonia (und später bei Athenaios von Attaleia[24]).

Der Gegensatz zwischen Ganzheit und Teil begegnet in der älteren Stoa auf zwei Stufen: zunächst beim Urpneuma, das sich in 'vernunftbegabte Keimkräfte' aufteilt, um mit ihnen die Welt zu formen und zu lenken; sodann bei der einzelnen Keimkraft, die im Gestalten und Erhalten der von ihr entworfenen Wesenheit sich in eine Vielzahl von Pneumaströmen unterteilt. Beide Ganzheiten sind in sich geschlossen und stehn untereinander in sympathetischem Zusammenhang, indem die kleinere ein Teil der größeren ist und ihrerseits die größere wiederholt. Das aber ergibt die Relation von Mikrokosmos und Makrokosmos, auf der die Seelenlehre der Stoa aufbaut: Wie der Makrokosmos im Urpneuma beschlossen liegt, so umgreift das Seelenpneuma den Mikrokosmos Mensch; wie das Urpneuma sich in den gestaltenden Keimkräften dem Weltganzen mitteilt, so durchdringen die *lógoi spermatikoí* die Ganzheit Mensch und durchfließen sie mit ihren Pneumaströmen; wie die *lógoi* als Teile des Urpneumas durch ihre spezifische Unterschiedlichkeit die Vielfalt der Dinge bewirken, so verursachen die unterschiedlichen

Revolutionär wider Willen. Stuttgart 1994 (Begleitbuch zur Copernicus-Ausstellung [Berlin]). S. 103–116.

23 Vgl. hierzu Hippéli u. Keil [Anm. 12], S. 54f.

24 Zu diesem Arzt, der im 1. vorchristlichen Jahrhundert die Pneumatikerschule begründete, die das Modell makrokosmisch-mikrokosmischer Homologie weiter ausgestaltete, vgl. Fridolf Kudlien: Poseidonios und die Ärzteschule der Pneumatiker. In: Hermes 90 (1962). S. 419–429.

Pneumaströme des Menschen die Vielzahl seiner Funktionen und Strukturen; wie der *lógos spermatikós* schließlich Ableger des Urpneumas ist, so gilt der menschliche Same als 'losgerissener Seelenteil', als 'Absenker der Seele'. – Und damit nicht genug: Zu diesen strukturellen Homologien und funktionellen Analogien tritt ein enges Geflecht von reziproken Wechselwirkungen, die von der Erde zu den Gestirnen und vom Himmel wieder in den sublunaren Bereich führen, die alles mit allem über ein Ursache-Wirkungs-Gefüge in Verbindung bringen und über ein solches Kontinuum gegenseitiger Abhängigkeiten den Kosmos als einen einzigen Organismus erscheinen lassen: Poseidonios hat für ein derartiges Wirkungsgefüge den Terminus συμπάθεια eingeführt. Der großartige Hydrologe, der von Gades (ursprünglich Gadir, heute Cádiz) aus die Gezeiten erforschte und über lunare wie solare Rhythmen die Zeitgestalt der Natur skizzierte, ist es auch gewesen, der den stoischen Holismus aufbrach, indem er die Natur dem Göttlichen entgegenstellte und für eine gestufte Dreierfolge von Zeus über die Physis bis zur Heimarmene (dem schicksalhaften Geschehen) eintrat. Von der Stringenz des Ursache-Wirkungs-Gefüges überzeugt, versuchte er, anhand eines ätiologischen Zusammenhangs die Vorhersage künftiger Geschehnisse auf kausalanalytisch sichere Grundlagen zu stellen. Auf diese Weise wird verständlich, daß er sich für eine Neubegründung der Mantik einsetzte und der Astrologie eine wissenschaftliche Basis erarbeiten zu können glaubte. Für den Naturphilosophen Poseidonios lag es auf der Hand, daß eine kausal begründbare Natur sich dem Ursachen-Forscher erschließen und in ihren Abläufen vorhersehbar zeigen mußte[25].

Eine kausal erschließbare, vorhersehbare Natur! Strabon hat Poseidonios des ἀριστοτελίζειν bezichtigt, und Plotin hat von der Peripatetik weg sich Platon zuzuwenden versucht[26]. Von ursprünglichem Bemühen, sich der persischen oder indischen Philosophie anzuschließen, zeugt noch eine gewisse Vorliebe für die Seelenwanderung. Im übrigen war Plotin überzeugt, die gesamte Wirklichkeit in eine logische Stufenfolge von fünf Welten auflösen zu können. Ausgehend von einem Sein, das sich zunächst in drei geistigen Wesenheiten (ὑποστάσεις) ausprägt, stellt er das 'Eine-Gute' an die Spitze seiner Seinsstufen, läßt als zweites die Hypostase des Geistes und der von diesem gedachten Ideen folgen (die potentialiter der νοῦς selber sind und nur actualiter als Einzelgeister bzw. dynamische Kräfte in Erscheinung treten), um als dritte Hypostase die noch immaterielle Weltseele anzuschließen, die auf dieser Seinsstufe bereits die (noch nicht aktualisierten) Einzelseelen ausbildet, die sich an den form-bezogenen Ideen orientieren. Die vierte Hypostase ist abermals der Weltseele gewidmet, die jetzt aber, sich aktualisierend, in die Materie hineinwirkt und die Erscheinungswelt gestaltet. Diese abgestiegene Weltseele, die aus sich *lógoi spermatikoí* als formende Wirkkräfte

---

25 Vgl. hierzu Hellmut Flashar (Hg.): Die hellenistische Philosophie (= Friedrich Ueberweg: Grundriß der Geschichte der Philosophie. Völlig neubearbeitete Ausgabe: Die Philosophie der Antike. Bd. 4). Basel 1994. S. 686–690.

26 Vgl. hierzu Fritz Peter Hager: Neuplatonismus. In: Theologische Realenzyklopädie. Bd. 24 (1994). S. 341–363.

entläßt und die über ihre Einzelseelen alle jeweils individuell geschauten Ideen im Dinglichen als Wesensursache zu verwirklichen trachtet – diese der Körperwelt immanente seelische Gesamtkraft hat Plotin als 'Natur' bezeichnet, wobei er wiederum makrokosmisch-mikrokosmische Analogien setzt: Ebenso wie die seelische Gesamtkraft mit dem Körper der Welt verbunden ist, ist die Seele des Menschen mit dessen Leib verbunden, und ebenso wie die aktualisierende Weltseele Einzelseelen aus sich entläßt, teilt sich die menschliche Seele in die Teile des menschlichen Körpers (was freilich rein funktionell und nicht wesentlich-ontologisch geschieht). Dabei erzeugt sie beispielsweise Bewußtsein, das in besonderem Verhältnis zu einem (gleichfalls von Seelenteilen bewirkten) Überbewußtsein sowie zu einem ebensolchen Unterbewußtsein steht. Gerade mit diesem Konzept dreier Bewußtseinsteile hat Plotin eine bis weit in die Gegenwart reichende Nachwirkung erzielt. Das gleiche gilt für die magistralen Kräfte, mit denen Plotin – eine gewisse Autonomie voraussetzend – seine wirkende Natur ausgestattet hat. Jedenfalls wirken sich diese natürlich-autonomen Kräfte seinskonstituierend bis in die fünfte Hypostase aus, die Plotin für die Dinge und Erscheinungen der Körperwelt bereithält. Und diese Körperwelt nun ist fern von aller Harmonie und Einheit: In ihrer unüberschaubaren Vielheit droht sie ständig in Teile auseinanderzufallen; das Austragen von unüberwindbaren Gegensätzen führt in ihr zu Diskordanz und nie ganz aufhörendem Streit. Und schlimmer noch: Es treten in ihr nicht nur Artefakte auf, sondern es kommen auch Mißbildungen vor und obendrein widernatürliche Erscheinungen, die nicht als Körper zu definieren sind, weil sie dem Bösen entspringen, weil sie unbeseelt sind und weil für sie keine Ideen existieren. Zwar bietet die Körperwelt noch einen Abglanz jener geistigen Schönheit, wie sie in der zweiten (und dritten) Hypostase begegnet, und sie ist auch nicht verschlossen gegenüber den Einwirkungen des Geistes; doch kann sich in ihr die Vernunft nicht durchsetzen, da deren Entfaltung materielle Notwendigkeiten hemmend entgegenstehn. Und damit sind wir schon bei der sechsten Hypostase angekommen und beim untersten Grund der Erscheinungswelt angelangt, den die Materie ausmacht. In ihrer Begrifflichkeit läßt Plotin zahlreiche, meist negative Qualifikationen zusammenfallen: Sie ist ungestalt, unkörperlich, bar jeder Form und fern von allem Guten; sie ist die reine Privation, der reine Mangel; sie erweist sich als das Urböse und bildet den untersten, dunklen Grund in der sichtbaren Welt.

Mit diesem Konzept einer extremen Antithese, die auf der einen Seite die radikale Nichtigkeit und Vielheit als das Prinzip des Bösen bietet, auf der Gegenseite das vollkommene Eine als Idee des Guten ausweist und dieses Gute noch dahingehend transzendiert, daß sie es über die Welt des Geistigen stellt und jenseits der höchsten Erkennbarkeit ansiedelt – mit diesem Konzept des radikalen Gegensatzes hat Plotin eine Entwicklung vorbereitet, die in der metaphysischen Theologie bei den Neupythagoräern sowie im mittleren Platonismus einsetzt, bei Vertretern der Stoa faßbar wird und auf ein Zusammenfallen von Gott und Natur hinausläuft: Für Epiktet sind Natur und Gott ein und dasselbe; Seneca hat Physis und Logos als eines angesetzt und 'Gott' genannt; Caelius Aurelianus, der große Afrikaner, redet die Natur als Gott an; bei Epikur wird im

Sinne einer göttlich wirkenden Kraft die Allnatur personifiziert; Lukrez läßt die Natur in den Gestalten von Venus, Fortuna bzw. Natura auftreten, und bei Philon von Alexandrien verschmilzt unter eindrucksvoller Lichtmetaphorik die Natur schließlich mit dem Gott des Alten Testaments. Diesen Verschmelzungsprozeß vollzieht Augustinus über eine Drei-Stufen-Folge, die nach Veränderlichkeitsgraden differenziert, wobei sie Gott in die Natur einbezieht und zugleich die Natur aus Gott entläßt:

1.	deus	=	natura(m) creatrix/(creator)	=	unveränderlich nach Raum und Zeit
2.	anima	=	natura creata	=	veränderlich in der Zeit
3.	corpus	=	natura creata	=	veränderlich in Raum und Zeit

Auf die zahlreichen mythologischen Elemente, die der spätantike Neuplatonismus aufnimmt und die ihn zur philosophierenden Theologie eines absterbenden Polytheismus machen, ist hier ebensowenig einzugehn wie auf die hellenistische Physik, die sich in eine religiöse Kontemplation der Welt verwandelt. Abzuheben ist indessen auf die Ärzte, die einer Gleichstellung von Gott und Natur nur selten das Wort geredet haben (Caelius bildet hier eine Ausnahme), sondern aus dem Verfügbaren eigene Systeme der Seinsdeutung entwickelten, mittels derer sie physiologische wie pathologische Phänomene zu verstehen hofften und zusätzliche Sicherheit bei der Diagnose, beim diätetischen Ratschlag und selbstverständlich bei der Therapie zu gewinnen suchten. Von Athenaios von Attaleia und seiner Pneumalehre war weiter oben schon die Rede, so daß wir uns nun Galen – dem wirkungsmächtigen Pergamener im kaiserzeitlichen Rom – zuwenden können.

Clarissimus Galenus, umweht vom *flatu divinitatis* – der *prudentissimus et doctissimus vir* aller Zeiten[27] ist bezüglich seiner Weltsicht und Naturdeutung durch ein ganzes Heer von Philosophiehistorikern heimgesucht worden, die ihn als Platoniker auswiesen, der Stoa zuschlugen, als platonisch-stoisch deklarierten, als Mittelplatoniker vereinnahmten, als Vertreter eines aristotelisierenden Platonismus hinstellten, ihn unter der Kategorie der Iatromathematiker und Astromediziner subsumierten oder nach Strukturen peripatetischer Vorsehungslehre abklopften. In der Deutung von Galens Weltseelen-Konzept und seiner Vergöttlichung der Gestirne ist es zwischen Owsei TEMKIN, F. BRENNER und Pierluigi DONINI gradewegs zu einem Gelehrtenstreit gekommen, aus dem dann erst Willem J. VERDENIUS mit seiner Gottesbegriff- und Franjo KOVAČIĆ mit seiner Physisbegriff-Analyse herausführten[28].

In eingehender Hermeneutik der eklektisch versammelten Physis-Spolien Galens hat KOVAČIĆ eine atemberaubende Geschlossenheit in der Naturbegrifflichkeit des Pergameners aufzeigen können, die das Geheimnis seines (bis ins eben beendete

27 Zur spätantiken Galen-Verehrung vgl. Gundolf Keil: „Ipokras". Personalautoritative Legitimation in der mittelalterlichen Medizin. In: Peter Wunderli (Hg.): Herkunft und Ursprung. Historische und mythische Formen der Legitimation (Akten des Gerda-Henkel-Kolloquiums [...] 1991). Sigmaringen 1994. S. 157–177, hier S. 159.

28 Eine gute Zusammenfassung der 1952 von Willem J. Verdenius vorgelegten Ergebnisse gibt Kovačić [Anm. 6], S. 231 in einem Fußnoten-Exkurs.

20. Jahrhundert reichenden) Erfolges zu lüften vermag. Galen verzichtet nämlich auf einen ganz draußen angesiedelten Phyturgen oder Unbewegten Beweger; seine Natur ist immerzu und überall, und sie ist überall (wenngleich nicht immerzu) dieselbe – d. h. sie ist in höchstem Maße immanent und sie ist die gleiche in der Transzendenz des gestirnten Kosmos wie in der Immanenz des (ständiger Veränderung unterworfenen) sublunaren Bereichs. Dabei will sie – zielgerichtet wie sie ist – im transzendenten wie im immanenten Bereich stets dasselbe, nämlich Unvergängliches wie die Gestirne. Aber während sie Unveränderlich-Ewiges im kosmisch-transzendentalen Bereich zu schaffen vermag, mißlingt ihr das Unvergänglich-Dauernde im Sublunar-Immanenten. Ursache allein ist die unterschiedlich verfügbare Materie: Während sie im Kosmischen als 'geeignete' vorhanden ist zur Gestaltung dauernder Schöpfung, versagt sie sich im sublunaren Bereich wegen schlechterer Beschaffenheit der angestrebten Vollendung: Denn die sublunare, irdische Materie zeichnet sich laut Galen gegenüber der kosmischen dadurch aus, daß sie 'schlammig' und entsprechend 'schwer formbar' ist; die Natur kommt deswegen im irdischen Bereich nie zum Ziel vollendeter Form und ewiger Dauer und muß demzufolge immer und immer wieder neu ansetzen. Sie strebt stets nach dem Besten, ohne es im Sublunar-Irdischen jemals zu erreichen; ihr Gut-Sein resultiert einzig und allein daraus, daß sie auf dieses Bessere hin gerichtet ist. Sie ist weise (ἔχει τὸν νοῦν), besitzt σοφίαν, und ihre Finalität verfolgt für jede Art einen bestimmten Plan, der noch dazu individualisierend variiert wird – und zwar insofern, als die artspezifische Norm genügend Raum dafür freiläßt, daß die Natur bei jedem Individuum zusätzlich einer gewiß artkonformen, aber doch individualspezifischen Zielvorgabe folgt (Galen nennt sie εἶδος).

Galen hat viel seziert, hat embryologisch gearbeitet, hat das Geformt-Werden des Keimlings beobachtet, das Gestaltet-Werden der ἄν-ὁμοιομερῆ (der Organe) verfolgt, hat erkannt, daß die Natur (dieses weise, mächtige, transzendente Agens) beim Gestalten sich der Elemente bedient, daß diese Vier Elemente aber nur mittelbar formen und aus sich heraus zum Gestalten nicht in der Lage sind. Die gestaltenden Kräfte der Natur, die der sublunaren Materie zweckdienliche Form geben und sich dabei der Elemente bedienen, bleiben beim Gestaltungsprozeß unsichtbar. Ihre philosophische Deutung in der kontroversen Vielstimmigkeit blieb für den Pergamener unbefriedigend; in der ihm eigenen Bescheidenheit nahm er Aporien lieber in Kauf als daß er sie vorschnell zu lösen bereit gewesen wäre.

Galen gibt keine Antwort auf die Frage nach dem Wesen der Natur. Sie zu stellen hält er zwar nicht für abwegig, aber viel wichtiger als zu ergrübeln, was die Natur wesenhaft ausmache, ist ihm die Erforschung dessen, was die Natur bezwecke. Denn 'die Natur tut alles um eines Zweckes willen und nichts zwecklos (μηδὲν μάτην)', nichts planlos, nichts zufällig. Ihre Weisheit in ihren Werken zu erkennen macht glücklich, vermittelt ästhetische Befriedigung – vorausgesetzt freilich, daß man Wissenschaftler (φιλόσοφος) ist und die Schönheit der Natur zu erkennen vermag. Die Natur bedient sich beim Formen der Gestalt (wie auch bei deren 'Verwalten') bestimmter

Mediatoren, und zwar der Vier Elemente, die von ihren je zwei Primärqualitäten her definiert sind. Dieser Vier Elemente sich zu bedienen, um naturgemäß die Physis in ihrem Gestalten bzw. Verwalten der Form zu unterstützen, macht recht eigentlich die ärztliche Kunst aus. Deren therapeutische Erfolgsaussicht ergibt sich aus dem Galenschen Naturbegriff, der von einer Konstanz der Physis ausgeht und mit der Idee des jüdisch-christlichen Schöpfergottes nicht kompatibel ist: Galens Natur erzeugt nicht, was sie will, verfügt nicht über göttliche Allmacht, kreïert nicht ex nihilo, bewirkt keine Wunder. Galens Physis als weiser νοῦς ist rational, final verläßlich und bietet die geeigneten Voraussetzungen für ärztliches Wirken, für den Einsatz von Medikamenten als χείρες θεῶν (wobei die θεοί mit dem Demiurgen und dadurch mit der Natur wesensgleich sind).

Es ist das Verdienst Galens, daß er auf dieses Fundament einer rationalen Konstanz und verläßlichen Finalität die Systematik seiner Arzneimittellehre setzte, die von den Vier Leibessäften des Polybos ausging und mehr als anderthalb Jahrtausende allgemeine Gültigkeit beanspruchen konnte. Daß er dieses elementare Viererschema wählte und nicht auf die Gestaltungskräfte der Natur zurückgriff, resultiert aus der Tatsache, daß diese gestaltenden und verwaltenden Kräfte der Physis für ihn – und, wie er meinte, für jedermann – zwar evident waren, aber für ihn und seine Zeitgenossen noch unsichtbar bleiben mußten und nicht erkennbar gemacht werden konnten. (Und wenn wir uns ins 20. Jahrhundert zurückversetzen, wird deutlich, wie recht er mit dieser Ansicht hatte; auch zeigt sich, daß der Prozeß des Sichtbar-Machens grade erst begonnen hat und unter den Resultaten von Molekularchemie, Molekulargenetik und Physikalischer Chemie ansatzweise erste Konturen erahnen läßt.)

Galen ist vom Viererschema des Hippokratikers Polybos ausgegangen und hat es von der sinnlichen Wahrnehmung der vier Primärqualitäten 'heiß', 'kalt', 'feucht' und 'trocken' her zu erschließen vermocht. Dabei hat er sich mit schlichten Qualitäten wie undifferenziert 'heiß' oder undifferenziert 'trocken' nicht begnügt, sondern sich für das Einführen eines Intensitätsprinzips entschieden, das er in vierfacher Abstufung anwandte: So begann er beim Heiß-Sein mit dem ersten Grad, um die Primärqualität 'heiß' dann im zweiten Grad zu steigern und im dritten Grad abermals zu vermehren, um sie im vierten Hitze-Grad schließlich ihre äußerste thermische Intensität erreichen zu lassen. Genauso verfuhr er bei der negativen Hitze (der Kälte), die im ersten Kälte-Grad als gelinde Kühle einsetzt, um sich im zweiten und weiter im dritten Grad zu verschärfen und schließlich im vierten in höchster Intensität auszuprägen. Es versteht sich, daß in der Galenschen Gradelehre auch die Feuchte mit vierfach abgestufter Intensität begegnet, und selbstverständlich hat der Pergamener auch die Trockenheit analog in vier Intensitätsstufen unterteilt. Beim Übertragen dieser viermal vier Intensitätsstufen in ein Koordinatennetz ergeben sich 64 Felder.

Und nicht genug damit: Aus der graduellen Intensivierung der Primärqualitäten ließen sich Interferenzphänomene ableiten, die Galen dynamistisch umsetzte und zur Entwicklung seines Systems der Sekundärqualitäten nutzte, welch letztere er mit physiologischer, pathologischer und vor allem therapeutischer Finalität ausstattete. Und so finden wir in seinem System eine *vis aperitiva*, eine *vis digestiva*, eine *vis expulsiva* und darüber hinaus mollifizierende, humefaktive, attraktive, mundifikative, korrosive, zikatrisierende, konsolidative und sonstige dynamistisch konzipierte Sekundärqualitäten, die in ihrem Wirkungsprofil so weit auffächern, daß sie bis heute allen Versuchen[29], sie unter der *contraria-contrariis*-Kategorie zu subsumieren, getrotzt haben.

Galen hat mit seiner Natursicht und Natursystematik die Medizin der Spätantike in einer Nachhaltigkeit geprägt, wie das vor ihm kein anderer Wissenschaftler – sei er Philosoph gewesen oder Arzt – jemals vermocht hatte. In Gondischapur durch Johannitius und andernorts durch andere Übersetzer ins Syrische bzw. Arabische übertragen, formte sich seine Dominanz bis zur Unanfechtbarkeit aus[30]. Über zahlreiche Traditionswege im hochmittelalterlichen Abendland rezipiert, wurde er von aristotelischen und andern Naturkonzepten begleitet und war maßgebend an der Gestaltung des mittelalterlichen Weltbildes beteiligt, das die Physis-Vorgaben der Antike in faszinierender Intensität ausformt und harmonisiert. Das Bild vom gesunden wie vom kranken Menschen ist in diese Weltsicht mit einbezogen, die den Menschen als Mikrokosmos zum Makrokosmos in Beziehung setzt und pflanzliche, tierische wie mineralische Arzneimittel in diese Relationen einbegreift. Primär- und Sekundärqualitäten werden um zusätzliche Intensitätsabstufungen bis zur Mathematisierung hin ergänzt; die physiologischen, diätetischen wie pathologischen Bereiche finden sich in den *res naturales*, den *res non naturales* und den *res contra naturam* wieder; zur humoralpathologischen Dominanz bilden die *semina morborum* den infektiologischen Kontrapunkt. Mit der komplexen Astrologie konkurrieren laienastrologische Entwürfe wie die Krankheitslunare, und im *natura-hominis*-Modell wächst dem Arzt seit dem 11. Jahrhundert jene Bedeutung zu, die ihn zum *natürlichen meister*, mithin zum *physicus* macht.*

---

29 Derartige Tendenzen lassen sich gelegentlich bei 'homoiopathisch' ausgerichteten Ärzten, Patienten und Medizinalpersonen beobachten.

30 Vgl. hierzu u. a. Gundolf Keil, Ahmed Mohammed Mokhtar u. Hans-Jürgen Thies: Galenkritik bei Rhazes. Zur Wertung der Autoritätskritik im islamischen Mittelalter. In: Medizinische Monatsschrift 25 (1971). S. 559–563.

* Meinem Mitarbeiter Dr. Josef Domes danke ich für Hinweise und das Lesen der Korrektur.

II. Hauptreferate

CHRISTOPH KANN

Zeichen – Ordnung – Gesetz: Zum Naturverständnis in der mittelalterlichen Philosophie

I

Unter 'Natur' verstehen wir nicht etwas ein für allemal Vorhandenes, Statisches, sondern etwas Veränderliches, Dynamisches. Dieses Verständnis erschließt sich schon aus der Etymologie des Begriffs selbst, wonach 'Natur' bekanntlich auf das lateinische Verb *nasci* (entstehen, geboren werden) zurückzuführen ist.[1] Als die Natur erkennende Menschen sind wir Teil der Natur und sind daher ihrer Veränderlichkeit, ihrem Werdeprozeß mit unterworfen. Nicht nur die Natur als außersprachliche Wirklichkeit, sondern auch unsere sprachliche Bezugnahme auf diese, unser Naturbegriff, unterliegt Fluktuationen. Mit unserem Naturbegriff ändert sich offenbar nicht nur die Peripherie unserer Sprachkonvention, sondern auch das, was wir für natürlich halten und damit unser Selbst- und Weltbezug, der insbesondere als reflektierter Weltbezug immer auch ein sprachlich fixierter Weltbezug ist. Diejenige Epoche, in der sich der moderne, selbstverständlich nach wie vor Wandlungen unterworfene Naturbegriff konstituiert, ist das Mittelalter. Daran ändert auch die Tatsache nichts, daß das mittelalterliche Naturverständnis selbst ein keineswegs voraussetzungsfreies, geschichtsfreies, sondern ein stets von antiken Naturbildern geprägtes Verständnis ist. Wie *nasci* bezeichnet auch der griechische Parallelbegriff φύειν ein Wachsenlassen oder – allgemeiner – ein prozeßhaftes Geschehen, in das wir als Menschen einschließlich unserer kognitiven und sprachlichen Strukturierungsleistungen eingebunden sind.

Unser Naturbegriff ist allerdings mehr als ein amorpher Sammelbegriff für das Entstandene und immer wieder neu Entstehende und Hervorbringende, mehr als ein indif-

---

1 Die Bedeutung von *natura* wird gelegentlich auch mit 'Ort der Geburt' angegeben. Vgl. Andreas Graeser: Das Naturverständnis der Antike. In: Karen Gloy (Hg.): Natur- und Technikbegriffe. Bonn 1996 (Abhandlungen zur Philosophie, Psychologie und Pädagogik 242). S. 19–28, hier S. 19.

ferenter Zentralbegriff für das vorwissenschaftliche Welt- und Selbstverständnis des Menschen. Neben seinen normalsprachlichen Verwendungen weist der Naturbegriff fachterminologische Bedeutungen auf. Einerseits ist 'Natur' ein Begriff, mit dem seit jeher religiöse, emotionale und ästhetische Konnotationen verbunden sind, andererseits ein Begriff, dem Naturphilosophie und moderne Naturwissenschaften ihre Bezeichnung verdanken, also ein wissenschaftsklassifikatorischer Begriff. Eine zentrale Rolle spielt der Naturbegriff auch in kosmologischen, medizinischen und moralphilosophischen Fragestellungen. Offensichtlich stellt sich der Naturbegriff im Rahmen der üblichen Dichotomien wie Natur und Kultur, Natur und Geist, Natur und Gnade, Natur und Technik, Natur und Kunst, Natur und Sitte usw. jeweils ganz unterschiedlich dar, die komplementären Gegenbegriffe erschließen jeweils andere Bedeutungsmomente des Naturbegriffs. Das gesamte wissenschaftliche und außerwissenschaftliche Bedeutungsspektrum ist im Mittelalter bereits greifbar, was auch die Vielseitigkeit heutiger Perspektiven auf den mittelalterlichen Naturbegriff ausmacht.[2] Ich will mich an dieser Stelle auf drei m. E. besonders prägnante Bedeutungsaspekte des mittelalterlichen Naturbegriffs konzentrieren: die Bedeutungsaspekte von Zeichen, Ordnung und Gesetz. Dieser Trichotomie, die auf verschiedene Perspektiven verweist, die der Mensch zu dem als *natura* Bezeichneten einnimmt, entspricht zwar eine latente historische Abfolge, auf die ich zum Schluß zurückkommen werde, sie dient mir aber vor allem zur systematischen Differenzierung. Zeichen, Ordnung und Gesetz sind – wenigstens aus philosophischer Sicht – entscheidende Konstituentien des mittelalterlichen Naturverständnisses. Ich beginne mit Natur als Zeichen und damit bei dem Naturbegriff des Augustinus.

II

Der Naturbegriff des Augustinus ist wesentlich von der vorgängigen antiken Tradition geprägt. Für Augustinus ist 'Natur [...] nichts anderes als das, wovon man erkennt, daß es in seiner Art etwas ist',[3] wobei der Naturbegriff im Sinne von bzw. in Affinität zu den Begriffen von Wesen (*essentia*) und Substanz (*substantia*) verwendet wird. Demnach gilt auch Gott als Natur, die aber einen Sonderstatus erhält, insofern sie als erschaffende (*natura creatrix*) der übrigen Natursphäre, d. h. der geschaffenen Natur

2 Die Rede von 'dem' mittelalterlichen Naturbegriff oder Naturverständnis stellt angesichts der beschriebenen Vielfalt eine pragmatisch bedingte Verkürzung dar. Vgl. in diesem Sinne auch Heribert M. Nobis: Die Umwandlung der mittelalterlichen Naturvorstellung. In: Archiv für Begriffsgeschichte 13 (1969). S. 34–57, hier S. 35.

3 Augustinus: De moribus ecclesiae catholicae et de moribus Manichaeorum 2, 2. In: Migne, Patrologia Latina [im Folgenden zitiert als MPL] 32, Sp. 1346: [...] *natura nihil est aliud, quam id quod intelligitur in suo genere aliquid esse.* Bemerkenswert ist, daß die Natur hier nicht im Hinblick auf ihr Sein, sondern auf die Erkennbarkeit dieses Seins definiert wird.

(*natura creata*), kontrastierend gegenübergestellt wird.[4] Diese Gegenüberstellung führt Augustinus zu einer näheren Differenzierung unter der Perspektive der Veränderlichkeit: Als Natur, die nach Ort und Zeit veränderlich ist, gilt der Körper; als Natur, die keinesfalls örtlich, sondern nur zeitlich veränderlich ist, gilt die Seele; diejenige Natur, die weder örtlich noch zeitlich verändert werden kann, ist Gott.[5]

Der hier verwendete Begriff von Natur grenzt diese innerhalb der Sphäre des Seienden nicht irgendwie aus, wie es in einigen der anfangs genannten Dichotomien von Natur und Kunst, übernatürlichem Gott und natürlicher Schöpfung, Natur und Geist usw. geschieht, sondern transzendiert entsprechende Dichotomien und Differenzierungen. Es handelt sich um einen Naturbegriff, der nicht etwa auf die Sphäre des sinnlich Faßbaren, Veränderlichen beschränkt ist, sondern über dieses hinaus- und auf eine göttliche Ursprungsinstanz hinweist und damit als metaphysischer Naturbegriff charakterisierbar ist.

Die augustinische Naturkonzeption hat jedoch noch eine andere wichtige Facette. Augustinus ist als Hauptvertreter der christlich-platonischen Spekulation an der Schwelle von Spätantike und Mittelalter weniger an der Natur als Gegenstandsbereich genuin metaphysischer oder rudimentär-physikalischer Untersuchungen als vielmehr an Naturaspekten interessiert, die moralisch und religiös motiviert sind. Die Schlüsselrolle Gottes als Schöpfer der Welt läßt da, wo Prinzipien von Erzeugung und Veränderung des sinnlich Erfahrbaren thematisiert werden, zunächst an eine *voluntas Dei* denken, so daß Augustinus die Frage stellt, wie denn Wunder (*portenta*) als widernatürlich (*contra naturam*) angesehen werden können, während doch 'der Wille des so großen Schöpfers jedenfalls die Natur jeglichen geschaffenen Dinges ist'.[6] Die Perspektive einer dominierenden göttlichen Instanz, der die geschaffene Natur in der Weise nach- und untergeordnet ist, daß sie primär als Medium der Offenbarung jener Instanz verstanden wird, hat wesentlich dazu beigetragen, die Natur als ein von Gott geschriebenes Buch aufzufassen. Für diesen Naturbegriff ist – im Gegensatz zu dem zuvor angeführten metaphysischen Naturbegriff – charakteristisch, daß er die geschaffene Sphäre als natürliche der schaffenden, göttlichen Sphäre, die sich in der natürlichen Sphäre offenbart, dichotomisch gegenüberstellt.

Die Buch-Metapher, die wohl bei Augustinus erstmals vorkommt und für die gesamte christliche Folgetradition bedeutsam bleibt, macht die Natur zu etwas, das nicht unmittelbar als an und für sich Seiendes erkannt bzw. anerkannt wird, sondern das vermittelnd auf etwas von sich selbst Verschiedenes verweist, auf Gott. Damit sagt die Buch-Metapher zunächst auch weniger über die Natur an sich aus als über das Verhältnis der Natur zur Ursprungsinstanz Gott, der für Augustinus nicht der Verfasser eines

4 Augustinus: De trinitate 15, 1, 1 u. 14, 9, 12. In: MPL 42, Sp. 1057 bzw. 1046. Die Unterscheidung weist sachlich voraus auf die Dichotomie von *natura naturans* und *natura naturata*.

5 Augustinus: Epistulae 18, 2. In: MPL 33, Sp. 85.

6 Augustinus: De civitate Dei 21, 8, 2. In: MPL 41, Sp. 721: [...] *voluntas tanti utique Conditoris conditae rei cuiusque natura sit?*

einzigen Buches ist, sondern eben zweier: Neben die Heilige Schrift tritt – im Sinne einer unmittelbaren Analogie – das Buch der Natur. Beide Bücher (*liber scripturae* und *liber creaturae*) verweisen auf einen einzigen Urheber und Schöpfer (*auctor et conditor*),[7] beide sind gleichermaßen Mittel oder Medien, durch die Gott sein Wort an den Menschen richtet.[8]

Unter Voraussetzung der Buch-Metapher bzw. der Natur als Medium göttlicher Offenbarung hat die Naturbetrachtung als Deutungs- und Sinnermittlungsvorgang dem Anspruch nach denselben hermeneutischen Prinzipien zu folgen wie die Interpretation der Heiligen Schrift. Natur geht in ihrem Verweisungscharakter auf, in der Fähigkeit, ganz im Sinne der auf Augustinus zurückführbaren mittelalterlichen Zeichentheorie etwas von sich selbst Verschiedenes zur Kenntnis zu bringen bzw. zu repräsentieren. Das Naturverstehen wird zum Zeichenverstehen, das sich einer Semantik der Natur bedient.

Zwar tritt die Natur in diesem Modell gleichsam hinter das zurück, was sie zeichenhaft repräsentiert, nämlich den göttlichen Willen, jedoch erfährt sie gerade hierdurch eine entscheidende Bewertung. Insofern nämlich die Natur den göttlichen Willen repräsentiert bzw. als Manifestation dieses Willens erscheint, liegt es im Begriff der Natur, daß sie als solche und als ganze gut (*bona*) ist und daß das Übel nicht positiver Bestandteil der Natur sein, sondern nur als Seinsmangel oder Beraubung des Guten (*privatio boni*) aufgefaßt werden kann.[9]

Augustinus' Naturkonzeption wird nicht zuletzt infolge der Buch-Metapher häufig als Paradigma eines im mittelalterlichen Denken immer wiederkehrenden sog. symbolischen Naturbegriffs angesehen, wonach die Natur Erscheinung Gottes und zeichenhafte Repräsentation seines Schaffens ist. Nach diesem Verständnis hat die Natur keine Selbständigkeit und ihre Erforschung keinen Selbstzweck. Vielmehr verdankt sich das Naturinteresse theologischen, heilsgeschichtlichen Motiven. Naturphänomene sind nicht Gegenstand der Betrachtung und Erforschung um ihrer selbst willen, sondern als Ausdruck von Weisheit und Allmacht des Schöpfergottes.

Die enge Parallele vom Lesen des Wortes Gottes einerseits und dem Lesen des 'Universums' andererseits prägt auch die Wissenschaftskonzeptionen im Umkreis der Karolingischen Renaissance, besonders die mystische Weltdeutung des Rabanus Maurus,[10] und mündet in die von Pseudo-Dionysius beeinflußte Vorstellung einer umfassenden göttlichen Theophanie oder Selbstmanifestation bei Johannes Scotus Eriugena.[11] Die gesamte augustinisch geprägte Traditionslinie des Mittelalters läßt den Symbolismus der Buch-Metapher fortleben. 'Jedes Geschöpf der Welt ist uns gleichsam Buch, Bild

7 Augustinus: De Genesi ad litteram 2, 15, 30. In: MPL 34, Sp. 276.

8 Augustinus: Enarrationes in Psalmos 45, 7. In: MPL 36, Sp. 518.

9 Augustinus: De libero arbitrio 3, 13, 36. In: MPL 32, Sp. 1289.

10 Rabanus Maurus: De universo 9, Prologus. In: MPL 111, Sp. 257D–261D.

11 Johannes Scotus Eriugena: Super ierarchiam caelestem S. Dionysii 1, 3. In: MPL 122, Sp. 136C–143A.

und Spiegel' heißt es bei Alanus ab Insulis.[12] Bonaventura unterscheidet Bibel und Natur als 'innere Schrift' (*scriptus intus*) und 'äußere Schrift' (*scriptus foris*)[13] und betont, daß Gott als erstes Prinzip sich durch beide Werke zu erkennen gebe.[14] Das Motiv vom Buch der Natur begegnet kontinuierlich, u. a. bei Raimundus Lullus und Nicolaus Cusanus, um schließlich unter Abwandlungen in die neuzeitliche Philosophie (Montaigne, Galilei, Kepler, Descartes) tradiert zu werden.

Was hinter dem metaphysischen Naturbegriff einerseits und dem metaphorischen Naturbegriff andererseits bei Augustinus fast zwangsläufig zurücktritt, ist die Vorstellung einer Natur als Gesamtheit natürlicher Dinge, die in der Sinnenwelt begegnen. Diese Vorstellung wird maßgeblich im 12. Jahrhundert.

III

Im 12. Jahrhundert findet eine Sichtweise der Natur Verbreitung, wonach deren eigene ontologische Realität oder Valenz, ihre eigene Stellung innerhalb der göttlichen Vorsehung und innerhalb der Strukturen von Wissen und Wissenschaft, neu gefaßt wird. Man hat diese veränderte Sichtweise, wonach die Natur nicht mehr allein oder vorrangig in ihrem Zeichen- und Verweisungscharakter aufgeht, sondern ihr Selbstsein zum Thema wissenschaftlich-philosophischer Reflexion wird, als 'Entdeckung der Natur' und diese Entdeckung wiederum als Charakteristikum einer sog. Renaissance im 12. Jahrhundert zur Geltung gebracht.[15] Die Erneuerung der Naturphilosophie wurde durch die Übersetzung bislang nicht rezipierter spätantiker Texte z. B. des Euklid, des Ptolemäus und des Galen, aber auch von Texten des Alfarabi und des Avicenna entscheidend begünstigt. So kam es zu einer wegweisenden Erweiterung der verfügbaren Arbeitsbibliothek der Gelehrten und damit zu Perspektiven und Fragestellungen, die – wie sich ohne Übertreibung sagen läßt – in eine Revolution der mittelalterlichen Naturphilosophie mündeten.

Hauptvertreter des neuen Naturverständnisses wie Thierry von Chartres und Wilhelm von Conches entwerfen kohärente Naturbilder, wonach die Wechselwirkung der Elemente bis zur Entstehung lebendiger Organismen führt. Dieser Prozeß ist für Thierry wesentlich Ausdruck einer natürlichen Ordnung (*ordo naturalis*)[16] und zugleich Fortset-

12 Alanus de Insulis: Opera omnia. In: MPL 210, Sp. 579A: *Omnis mundi creatura, Quasi liber, et pictura Nobis est, et speculum.*

13 Bonaventura: Breviloquium II, 11. In: Opera omnia. Bd. 5. Quaracchi 1891. S. 229.

14 Bonaventura: Breviloquium II, 5. In: Opera omnia [Anm. 13], S. 222.

15 Vgl. Georg Wieland (Hg.): Aufbruch – Wandel – Erneuerung. Beiträge zur Renaissance des 12. Jahrhunderts. Stuttgart-Bad Cannstatt 1995; Andreas Speer: Die entdeckte Natur. Untersuchungen zu Begründungsversuchen einer 'scientia naturalis' im 12. Jahrhundert. Leiden, New York, Köln 1995 (Studien und Texte zur Geistesgeschichte des Mittelalters 45).

16 Thierry von Chartres: Tractatus de sex dierum operibus, § 9. In: Nikolaus M. Häring (Hg.): Commentaries on Boethius by Thierry of Chartres and his School. Toronto 1971. S. 559.

zung des göttlichen Schöpfungsgeschehens. Hierbei bleibt der Theophanie-Gedanke der Buch-Metapher wirksam – allerdings nicht in einem symbolisch-semantischen, sondern in einem genuin metaphysischen Sinn. Die Erklärungsansätze der neuen Naturphilosophie des 12. Jahrhunderts verstehen sich somit nicht ohne weiteres als Alternative zum biblischen Naturbild und Schöpfungsbericht, sondern durchaus auch als dessen Ergänzung oder Weiterführung. So formuliert Thierry von Chartres die Absicht einer kosmologischen Interpretation der Genesis *secundum phisicam*, während er zugleich programmatisch eine *allegoricam et moralem lectionem* zurückweist.[17] Wilhelm von Conches betont die Fähigkeit der *ratio* zu einer Wissenschaft von der Natur, an deren Prinzipien sich auch die Interpretation der Heiligen Schrift zu orientieren habe. Generell kritisiert Wilhelm die Fokussierung der Naturforschung auf Gott als erste Ursache, die gegenüber der Erfahrung der Natur als nächste oder nächstliegende Ursache zurückzustellen sei, und geht sogar so weit, tradierte Lehren wie die von der Erschaffung des Mannes aus Lehm und der Frau aus der Rippe des Mannes als *contra rationem* zu bezeichnen.[18] So können wesentliche Entwicklungslinien der Naturphilosophie des 12. Jahrhunderts als vernunftzentristisch, als programmatische Rationalisierung gelten, wobei der für das Mittelalter nicht nur naturphilosophisch, sondern auch epistemologisch, metaphysisch und methodologisch bedeutsame *ordo*-Gedanke mit seiner Hierarchisierungs- und Klassifizierungsintention im Mittelpunkt steht.

Im 12. Jahrhundert stehen sich Naturphilosophie und biblisches Naturbild also nicht von vornherein antagonistisch gegenüber. Das Verhältnis ist subtiler: Die tradierten Vorstellungen erscheinen angesichts der naturphilosophischen Theoriebildungen nicht mehr alternativlos oder selbstverständlich, sondern werden zum Gegenstand neuartiger philosophisch-kritischer Reflexion, wobei sie teils erheblichem Legitimationsdruck unterliegen. Die Naturphilosophie nimmt platonische sowie stoische Elemente auf und betrachtet insbesondere Platons zuvor schon bekannten, aber vernachlässigten 'Timaios' und das ihm entnommene Lehrstück von der Weltseele (*anima mundi*) als maßgeblichen Entwurf einer philosophischen Kosmologie. Der 'Timaios' wird in der Übersetzung und mit dem Kommentar des Calcidius rezipiert, wobei der dort präsente wissenschaftliche Platonismus gegenüber dem Platonismus der pseudo-dionysischen und augustinischen Tradition dominiert. Nach wissenschaftlich-platonischem Verständnis wird der Kosmos als lebendige, organische Ganzheit begriffen, deren Kohärenz sich der platonischen Weltseele als Ordnungsinstanz verdankt. Die Orientierung am 'Timaios' zwingt nicht zur Distanzierung von der mosaischen Genesis, sondern kann mit dieser leicht in eine grundsätzliche Übereinstimmung gebracht werden, indem nämlich der Demiurg durch einen christlichen Schöpfergott ersetzt wird, der nicht mehr auf externe Ideen angewiesen ist, nach denen er den Kosmos gestaltet, sondern die Welt nach eigenen Gedanken erschafft. Der üblicherweise betonte Gegensatz, wonach das

17 Thierry von Chartres: Tractatus de sex dierum operibus, § 1. In: Häring [Anm. 16], S. 555.

18 Wilhelm von Conches: Philosophia I, 13 u. II, 1. Hrsg. von Gregor Maurach. Pretoria 1980. S. 38f. bzw. 42.

antike Denken der Natur ihren Ursprung in sich selbst zuschreibt, während das mittelalterliche Denken diesen Ursprung im Schöpfergott sieht,[19] ist daher mit Blick auf den platonischen Kosmos als das Werk eines Demiurgen zu relativieren. Ein Unterschied bleibt freilich insofern bestehen, als der platonische Demiurg vermöge seiner Kunst und mit Blick auf die Ideen aus ungeordneter Materie, dem Chaos, eine Welt fertigt, während der christliche Schöpfergott eine *creatio ex nihilo* vollbringt.

Neue Impulse erfährt das mittelalterliche Naturverständnis im frühen 13. Jahrhundert durch die Rezeption und Verbreitung der aristotelischen Schriften und ihrer arabischen Kommentare. Die Verbindung der – trotz erheblicher Spannungen zwischen neuer Wissenschaftsorientierung und kirchlicher Orthodoxie – allmählich dominierenden aristotelischen Naturphilosophie mit dem ptolemäischen Weltbild erzeugt die Vorstellung eines geschlossenen und endlichen Kosmos, der in das hierarchische Ordnungsschema eines supralunaren und eines sublunaren Bereichs eingeteilt wird. Der supralunare Bereich ist geprägt durch die gleichförmigen Kreisbewegungen der unvergänglichen Planetensphären. Für den sublunaren Bereich ist die beständige Verbindung und Trennung der Elemente charakteristisch, welche die Naturdinge konstituieren. Auf dem Streben der Naturdinge zu ihren natürlichen Örtern beruhen die Prozesse des Entstehens und Vergehens sowie der Bewegung und Veränderung.

Im Sinne dieser beiden distinkten Ordnungssysteme unterscheidet Avicenna eine *natura universalis* – eine umfassende kosmische Kraft, die alle Werdensprozesse durchwirkt, koordiniert und lenkt – von einer *natura particularis*, die den einzelnen Körpern der sublunaren Welt eigen ist und ihren spezifischen Verwirklichungsprozeß in die Ordnung der umfassenden Natur einfügt und darauf abstimmt.[20] Auch diese Weltsicht ist für die scholastischen Denker kompatibel mit der christlichen Auffassung der Lenkung der Welt durch Gott, der gleichsam als regulierende und koordinierende Instanz, als – wiederum an Platons Demiurgen erinnerndes – planvolles Agens der Entwicklung jedes Naturdings fungiert. Das so verstandene Gott-Welt-Verhältnis kommt pointiert in dem Begriffspaar von 'schöpferischer Natur' (*natura naturans*) und 'geschaffener Natur' (*natura naturata)* zum Ausdruck, das offenbar auf die lateinischen Kommentare des Averroes zur aristotelischen Physik und zu 'De caelo' zurückgeht.[21] Die Unterscheidung einer *natura naturans* und einer *natura naturata* trennt einerseits Gott als Schöpfer der Natur und andererseits die geschaffene Natur mit ihren verschiedenen subalternen Ordnungsstrukturen, faßt zugleich aber – schon von der gemeinsamen Kennzeichnung als Natur her – beide Instanzen als komplementäre Aspekte einer einheitlichen Zusammenordnung von bestimmender und bestimmter Natursphäre auf, wie

19 Vgl. Karen Gloy: Das Verständnis der Natur. Bd. 1. München 1995. S. 147; Andreas Speer: Natur. In: Lexikon des Mittelalters. Bd. 6 (1999). Sp. 1040–1043, hier Sp. 1040.

20 Avicenna: Metaphysica sive prima philosophia. Venedig 1495. [Neudruck Frankfurt a. M. 1966]. VI, 5.

21 Vgl. Klaus Hedwig: Natura naturans / naturata. In: Historisches Wörterbuch der Philosophie. Bd. 6 (1984). Sp. 504–509.

sie in vergleichbarer Weise bereits bei Johannes Scotus Eriugena begegnet.[22] Autonomie, spezifische Wesensmerkmale und Wirkfähigkeit der Naturdinge innerhalb der göttlich gewollten und verfügten Ordnung können als neue Akzentuierungen des zunehmend aristotelisch geprägten Naturverständnisses im 13. Jahrhundert gelten. Das spannungsvolle Verhältnis von christlicher Philosophie und Aristotelismus bildet den Ausgangspunkt von Debatten über die Möglichkeit göttlichen Eingreifens in die Ordnung der geschaffenen Natur.

Entscheidend für die Aristoteles-Vermittlung und -Rezeption im 13. Jahrhundert ist die Naturphilosophie des Albertus Magnus. Dieser grenzt die Philosophie von der Theologie ab und stellt im allgemeinen den aristotelischen Naturbegriff in den Mittelpunkt seiner naturphilosophischen Überlegungen. Üblicherweise wird Albertus mit dem „Beginn der beschreibenden Naturbetrachtung" in der mittelalterlichen Philosophie Westeuropas gleichgesetzt, ein Zugang, der „sich nicht mehr mit scholastischer Überlieferung begnügt, sondern auf aristotelischer Grundlage den Begründungszusammenhang empirisch zu analysieren versucht".[23] Im Rahmen dieser beschreibenden Naturbetrachtung entwickelt Albertus Magnus ebenso wie Robert Grosseteste und Roger Bacon erste experimentelle Forschungsprogramme.[24] Er bestimmt den beweglichen Körper unter ausführlichen Differenzierungen als Gegenstand jeder *scientia naturalis*.[25] Unter Naturdingen (*naturalia*) versteht Albertus Tiere, Pflanzen, zusammengesetzte materielle Körper und Elemente. Charakteristisch für diese *naturalia* ist 'eine gewisse Fähigkeit oder Kraft, die Prinzip der Bewegung und des Stillstandes oder der Ruhe ist'.[26] Hierdurch unterscheiden sie sich (wie z. B. auch bei Bonaventura) von den Kunstprodukten (*artificialia*) und von dem, was durch äußere Einwirkung bewegt wird – eben von demjenigen, dem ein entsprechendes inneres Prinzip der Bewegung und der Ruhe fehlt. Durch die Vorstellung eines inneren Prinzips der Bewegung und der Ruhe wird neben den beweglichen Körpern auch die Seele, insofern sie Prinzip bestimmter beweglicher Körper ist, Gegenstand der *philosophia naturalis* oder *scientia naturalis*.[27] Im Anschluß an Aristoteles nimmt Albertus Magnus drei Prinzipien der Natur an: Materie, Form und

22 Johannes Scotus Eriugena: De divisione naturae I, 1. In: MPL 122, Sp. 441B.

23 Heinrich Schipperges: Natur. In: Otto Brunner, Werner Conze u. Reinhart Koselleck (Hgg.): Geschichtliche Grundbegriffe. Bd. 4. Stuttgart 1978. S. 215–244, hier S. 226.

24 Mittelalterliche Frühformen des neuzeitlichen Empirismus lassen sich demnach am ehesten im 13. Jahrhundert feststellen. Daß bereits der „Parallelismus von Bibel und Natur [...] einen für das Mittelalter typischen Empirismus" mit sich bringe (Gloy [Anm. 19], S. 148), sehe ich so nicht. Vielmehr drückt die Buch-Metapher, die ihrerseits einer erheblichen geistesgeschichtlichen Entwicklung unterliegt, erst in ihren spätscholastischen und frühneuzeitlichen Verwendungen eine rudimentäre empiristische Position aus.

25 Albertus Magnus: Physica I, lib. 1, tr. 1, c. 3–4. In: Opera omnia. Bd. 4,1. Hrsg. von Paul Hoßfeld. Münster 1987. S. 5–8.

26 Albertus Magnus: Physica I, lib. 2, tr. 1, c. 2. In: Opera omnia [Anm. 25], S. 78: [...] *quandam virtutem sive vim, quae est principium motus et status sive quietis* [...].

27 Albertus Magnus: De anima I, tr. 1, c. 1. In: Opera omnia. Bd. 7,1. Hrsg. von Clemens Stroick. Münster 1968. S. 1.

Privation.[28] Alles, was sich diesen Prinzipien verdankt, verhält sich *secundum naturam*. So ist für Albertus nicht nur das Gegenständliche, was sein Sein *ex principiis naturae* hat, naturgemäß, sondern auch die Prozesse des Leidens und Tätigseins, die aus der Natur als innerem Prinzip einer Sache resultieren.[29] Er unterteilt die Erfahrungswirklichkeit danach, was sich 'gemäß der Ordnung des natürlichen Wirkens' (*secundum ordinem operationis naturalis*) verhält und was nicht, und gelangt zu einer Abgrenzung von Natürlichem und dem, was *praeter naturam*, *contra naturam* und *supra naturam* ist.[30]

Im 13. Jahrhundert gewinnt die Natur nicht nur die erwähnte Selbständigkeit und Eigenvalenz, die sich in der wachsenden Bedeutung der damaligen *scientia naturalis*, besonders in Astronomie und Medizin, manifestiert; die neue Beziehung zwischen Mensch und Natur geht zugleich einher mit einer neuen Technikorientierung. Diese Technikorientierung verweist auf eine veränderte Rolle, die der Naturforschung besonders bei Roger Bacon innerhalb seiner Vorstellung einer *scientia experimentalis* erstmals zugewiesen wird. Naturforschung dient nicht mehr – philosophisch gefaßt – primär dem Verstehen der Natur und ihres Wesens und auch nicht – platonisch-theologisch gefaßt – dem epistemischen Aufstieg der menschlichen Seele zu Gott, sondern die irdischen Zwecke des Menschen treten in den Vordergrund. Das kontemplative, rezeptive Verhältnis des erkennenden Subjekts zur Natur geht über in ein produktives. Zieht man die mechanistischen und alchimistischen *artes* in Betracht, dann läßt sich sagen, daß diese mit Hilfe der Spekulation Naturerscheinungen nicht nur zu modifizieren und zu reproduzieren, sondern sogar selbst zu produzieren vermögen,[31] was freilich die tradierte Unterscheidung der Ordnungsbereiche von *naturalia* und *artificialia* verschwimmen läßt. Das von Roger Bacon vertretene Naturbild ist somit nicht mehr vorrangig das einer zeichenhaften Repräsentation Gottes und seines Willens und auch nicht nur das eines nach internen Prinzipien funktionierenden eigenen Ordnungsbereichs, sondern es ist das Bild einer Natur, die menschliche Eingriffe in ihre Funktionszusammenhänge ermöglicht. Erst dieses Naturbild legt die von Roger Bacon geforderte Erfahrungswissenschaft mit ihren experimentellen Verfahren nahe, in denen sich das profane Interesse der Naturbeherrschung, die Einsicht in die gegenseitige Zubringerfunktion von Wissenschaft und Lebenspraxis, exemplarisch manifestiert. Damit aber deutet sich eine Wandlung des Naturwissens vom „Orientierungswissen" zum „Verfügungswissen", die üblicherweise als Charakteristikum der Neuzeit gilt,[32] bereits im 13.

28 Albertus Magnus: Physica I, tr. 3, c. 8. In: Opera omnia [Anm. 25], S. 50–53, bes. S. 53.

29 Albertus Magnus: Physica II, tr. 1, c. 4. In: Opera omnia [Anm. 25], S. 82.

30 Albertus Magnus: Super Dionysium De divinis nominibus VI, 12. In: Opera omnia. Bd. 37,1. Hrsg. von Paul Simon. Münster 1972. S. 334.

31 Vgl. Günther Mensching: Metaphysik und Naturbeherrschung im Denken Roger Bacons. In: Albert Zimmermann u. Andreas Speer (Hgg.): Mensch und Natur im Mittelalter. Berlin, New York 1991 (Miscellanea Mediaevalia 21/1). S. 129–142, bes. S. 130.

32 Jürgen Mittelstraß: Das Wirken der Natur. Materialien zur Geschichte des Naturbegriffs. In: Friedrich Rapp (Hg.): Naturverständnis und Naturbeherrschung. München 1981. S. 36–69, hier S. 37.

Jahrhundert an: Die Natur wandelt sich von einem *vehiculum actionis Dei* zu einem *vehiculum actionis hominis*.[33]

Andere Akzentuierungen einer ontologischen Eigenvalenz der Natur, deren Prinzipien zu untersuchen und deren Phänomene zu erklären sind, finden sich bei Thomas von Aquin. Da Gott der Natur die ihr eigene Beschaffenheit und Wirkfähigkeit verliehen hat, ist die Naturordnung (*ordo rerum naturalium*) – im Gegensatz zu den drei anderen von Thomas angeführten *ordines* – kein Werk der Vernunft, sondern nur Gegenstand ihrer Betrachtung.[34] Somit unterscheidet sich die Naturordnung von derjenigen Ordnung, die die Vernunft selbst hervorbringt, sei es durch Überlegung, d. h. im Bereich des Denkens, sei es durch Wollen, d. h. im Bereich des Handelns. Natur ist für Thomas primär dasjenige, aufgrund dessen eine Sache als *res naturalis* angesprochen wird.[35] Sie fungiert als inneres Prinzip der Erzeugung und Bewegung von allem, was beweglich ist. Der Begriff der Natur, den Thomas nicht nur auf *nasci*, sondern zugleich auf die substantivische Form *nascitura* zurückführt,[36] wird so bezogen auf das Wesen einer jeden im aristotelischen Sinn aus Form und Materie zusammengesetzten Sache.[37] Paradigma des naturhaften oder natürlichen Seins ist das Lebewesen als Träger einer immanenten Idee, die das Ziel seiner Entwicklung und Verwirklichung vorgibt und die das Prinzip der Bewegung ist, auf welches das Lebewesen seine Materie ausrichtet. Der – schon bei Bonaventura und Albertus Magnus zentrale – Unterschied von Naturding und Artefakt begegnet auch hier: Im Gegensatz zum Artefakt verfügt das Naturding über eine immanente Entwicklungsidee, die das Artefakt nicht hat. Zugleich ist aber auch die Gemeinsamkeit von Naturding und Artefakt deutlich: Eine *res artificialis* gelangt zur Vollendung, indem ihre *forma artis* dem Ziel bzw. der Idee im Geist des Künstlers entspricht. Analog gelangt eine *res naturalis* zu ihrem Was-Sein, z. B. zu ihrem Sein als Pferd, wenn sie die *forma naturae suae* erreicht hat.[38] So repräsentieren also die Naturunterschiede verschiedene Ordnungen bzw. Ordnungstypen innerhalb der von Gott geschaffenen und regulierten Welt; Gott reguliert die Welt gemäß der Verschiedenheit der Naturen. Für den Ordnungstyp der sublunaren Körper ist es natürlich, daß diese von den himmlischen Körpern beeinflußt werden, die ihrerseits der Naturordnung nach (*secundum naturae ordinem*) höher stehen. Ebenso ist es für jedes Geschaffene natürlich, von Gott nach seinem Willen beeinflußt zu werden. Insofern handelt Gott, wenn er unmittelbar in das Naturgeschehen eingreift, nicht etwa gegen die Natur (*contra naturam*),

33 Vgl. Nobis [Anm. 2], S. 47.

34 Thomas von Aquin: In librum Ethicorum I, lect. 1.: *Est enim quidam ordo quem ratio non facit, sed solum considerat, sicut est ordo rerum naturalium.*

35 Thomas von Aquin: Summa contra Gentiles IV, 35: *Natura est secundum quam res aliqua dicitur res naturalis.* Zu der – von Thomas selbst betonten – Vieldeutigkeit des Naturbegriffs vgl. Jan A. Aertsen: Natur, Mensch und der Kreislauf der Dinge. In: Zimmermann u. Speer [Anm. 31], S. 143–160, bes. S. 147–152.

36 Thomas von Aquin: Summa theologiae III, 2, 1 c.

37 Thomas von Aquin: Summa theologiae I, 29, 1 ad 4; III, 2, 1 c.

38 Thomas von Aquin: Summa contra Gentiles IV, 35; In librum De anima II, lect. 7.

sondern – wie Thomas übereinstimmend mit Augustinus[39] bemerkt – lediglich gegen den gewöhnlichen Naturverlauf (*contra solitum cursum naturae*).[40]

Ein wiederum rein metaphysischer Naturbegriff, der von der Vorstellung distinkter Ordnungsbereiche wegführt, begegnet bei Johannes Duns Scotus, für den – neben einer Vielfalt traditionell vorgegebener Bedeutungen von *natura* als Gegenbegriff zur Kunst, zum Willen, zum Übernatürlichen, zum Gewaltsamen usw. – die wenigstens bis Johannes Scotus Eriugena zurückführbare Vorstellung einer allen Dingen gemeinsamen Natur (*natura communis*) zentral wird.[41] Diese Natur ist indifferent sowohl gegenüber der Allgemeinheit, die die erkennende Vernunft hervorbringt, als auch gegenüber der Individuation, die von der individuierenden Differenz bewirkt wird, welche das Individuum konstituiert.[42] Avicenna folgend nimmt Duns Scotus eine eigene Seiendheit und eine entsprechende Einheit der *natura communis* an, so daß sie als der in einer Definition zum Ausdruck kommende „reine Sachgehalt des vollbestimmten Wesens" beschreibbar ist.[43] Gegen die Auffassung einer gemeinsamen Natur wendet sich der Nominalismus Ockhams, der die Identität der Natur des Individuums mit dem Individuum selbst behauptet[44] und von der strikten Singularität und numerischen Einheit der extramentalen Dinge ausgeht. Auch wenn die Wissenschaften mit Aussagen arbeiten, in denen Allgemeinbegriffe vorkommen, stehen diese Allgemeinbegriffe doch immer nur für Einzeldinge. Das Allgemeine ist lediglich Teil des Verständnisaktes als ein vom Intellekt abstrahierend hervorgebrachtes Bild.[45] Daher kann auch der Begriff *natura* in sachbezogener, signifikativer Verwendung bei Ockham ausschließlich für das jeweilige natürliche Individuum stehen bzw. supponieren, während die Annahme einer allgemeinen Natur oder Naturhaftigkeit im Sinne des bekannten ontologisch-methodologischen Ökonomieprinzips zurückgewiesen wird. Unter der Voraussetzung, daß die Realwissenschaften wie die Physik sich eigentlich mit den Intentionen, den Begriffen von der Realität, nicht aber mit dieser selbst beschäftigen, versteht auch Ockham Natur im

---

39 Augustinus: De civitate Dei 21, 8, 2. In: MPL 41, Sp. 721: *Portentum ergo fit, non contra naturam, sed contra quam est nota natura.*

40 Thomas von Aquin: Summa theologiae III, 44, 2 ad 1; II–II, 104, 4 ad 2.

41 Johannes Duns Scotus: Ordinatio II, d. 3, p. 1, q. 1, nn. 1–28. In: Opera omnia. Bd. 7. Rom 1973. S. 391–402.

42 Johannes Duns Scotus: Ordinatio II, d. 3, p. 1, q. 1, nn. 32–34. In: Opera omnia [Anm. 41], S. 403–405.

43 Wolfgang Kluxen: Bedeutung und Funktion der Allgemeinbegriffe in thomistischem und skotistischem Denken. In: De doctrina Ioannis Duns Scoti. Bd. 2. Rom 1968 (Studia scholastico-scotistica 2). S. 229–240, hier S. 236.

44 Wilhelm von Ockham: Scriptum in librum primum Sententiarum. Ordinatio, d. 2, q. 6. In: Opera Theologica II. Hrsg. von Stephanus Brown. St. Bonaventure, N. Y. 1970. S. 160–224.

45 Wilhelm von Ockham: Summa logicae I, 12–15. In: Opera Philosophica I. Hrsg. von Philoteus Boehner u. a. St. Bonaventure, N. Y. 1974. S. 41–54.

Sinne der aristotelischen Tradition als inneres Prinzip von Ruhe und Bewegung eines Seienden.[46]

An der Schwelle zum Humanismus kommt Nicolaus Cusanus auf den Naturbegriff der platonischen Tradition zurück: Jedes Geschaffene ist einzig durch seine eigene Natur oder sein Wesen. Jedes Geschaffene hat sein Sein unmittelbar von Gott, nicht jedoch unmittelbar durch eine allgemeine Natur oder Wesenheit.[47] Die Individualisierung des Wesens- oder Naturbegriffs modifiziert den unveränderlich-wirklichen Kosmos platonischer Ideen zu einem unerschöpflichen Repertoire von Seinsmöglichkeiten.[48] Cusanus erneuert den Gedanken des Thierry von Chartres, wonach Natur die Aus- oder Entfaltung (*explicatio*) der göttlichen Schöpfermacht ist und komplementär die Einfaltung (*complicatio*) all dessen, was durch Bewegung entsteht.[49] Hierbei ist aber die göttliche Ordnung der Natur nur unserem konjekturalen, mutmaßenden Denken zugänglich. Zum Modell für diese konjekturale Erkenntnis der Natur wird die nicht zuletzt im theoretischen Experiment explizierte mathematische Beziehung zwischen den Dingen.

IV

Betrachtet man den Ordnungsgedanken als zentral für das mittelalterliche Naturverständnis wenigstens seit dem 12. Jahrhundert, so liegt es nahe, dieses Naturverständnis zusätzlich auf den Gesetzesbegriff hin zu befragen. Dabei sind *ordo*-Gedanke und Gesetzesbegriff keineswegs miteinander zu identifizieren, wie dies zuweilen versucht wird.[50] Im Gesetzesbegriff ist der Ordnungsbegriff vorausgesetzt, während der Ordnungsbegriff seinerseits vom Gesetzesbegriff prinzipiell unabhängig ist. Indessen ist der mittelalterliche Begriff des Naturgesetzes auch nicht ohne weiteres mit dem der neuzeitlichen Physik gleichzusetzen, sondern kann allenfalls als sein Vorläuferbegriff verstanden werden.

Im Mittelalter ist sowohl in Philosophie und Theologie als auch in der Jurisprudenz von Naturgesetzen primär in moral- und sozialphilosophischer Bedeutung die Rede; 'Naturgesetz' bzw. 'natürliches Gesetz' (*lex naturalis*) und 'Naturrecht' (*ius naturale*) werden in der Regel synonym verwendet. Verantwortlich dafür ist das Verständnis von

---

46 Wilhelm von Ockham: Expositio in librum physicorum Aristotelis IV, 1, § 4. In: Opera Philosophica V. Hrsg. von Rega Wood u. a. St. Bonaventure, N. Y. 1985. S. 6f.

47 Nicolaus Cusanus: De docta ignorantia III, 1–3. In: Opera omnia. Bd. 1. Hrsg. von Ernst Hoffmann u. Raymund Klibansky. Hamburg 1932. S. 119–129.

48 Nicolaus Cusanus: De venatione sapientiae, 29. In: Opera omnia. Bd. 12. Hrsg. von Raymund Klibansky u. Hans Gerhard Senger. Hamburg 1982. S. 81–84.

49 Nicolaus Cusanus: De docta ignorantia II, 3–7 u. II, 10. In: Opera omnia [Anm. 47], S. 69–84 bzw. S. 96–99; De venatione sapientiae, 25. In: Opera omnia [Anm. 48], S. 70f.

50 Vgl. Gloy [Anm. 19], S. 150.

Natur als systematische Grundlage ethischer Normierung, die Verankerung natürlicher Regelhaftigkeiten in der göttlichen Vorsehung. Wirkungsgeschichtlich entscheidend und das Mittelalter prägend ist hier wiederum Augustinus. Dieser übernimmt, vermittelt durch Cicero, den stoischen Gedanken einer *lex aeterna*, die er als *ratio divina vel voluntas Dei* deutet[51] und von der her er die Wahrung einer natürlichen Ordnung (*ordo naturalis*) fordert, was eine das Mittelalter beständig prägende Vermischung von naturalistisch und theologisch fundiertem Gesetzesbegriff bedeutet. Entsprechend definiert Thomas von Aquin das Naturgesetz als Teilhabe der vernünftigen Kreatur an der *lex aeterna* und hält damit an der die Welt regulierenden göttlichen Vorsehung fest.[52] Hinsichtlich der Verbindlichkeit des Naturgesetzes erklärt Thomas, Verstöße gegen dasselbe seien ein Übel (*malum*), weil verboten, und begründet das Verbotensein der Verstöße damit, daß dasjenige, was gegen die natürliche Ordnung verstoße, dem *ius naturale* widerstreite.[53] Während Augustinus von einer unmittelbar gebietenden *lex aeterna* ausgeht, ist diese bei Thomas erst wirksam durch die praktische Vernunft und deren Vermögen, erkennend wirksam zu werden, indem sie praktische Vorsehung übt und Normen konstituiert. Insofern ist nach Thomas das Naturgesetz nicht von außen auferlegt, sondern selbst durch die natürliche Vernunft konstituiert, da es ein der Vernunftnatur inhärentes und von ihr unmittelbar erkanntes Gesetz ist. Für Thomas ist weder Gottes Macht noch Gottes Weisheit zu der tatsächlich gegebenen Ordnung determiniert. Hätte Gott eine andere Welt mit einer anderen Ordnung schaffen können? Gewiß, doch der Welt, die er tatsächlich geschaffen hat, ist eben jene Ordnung angemessen, die das natürliche Gesetz verfügt.[54] Bei Johannes Duns Scotus und Wilhelm von Ockham begegnet insofern eine metaphysische Umdeutung des Naturgesetzes, als nicht mehr Gottes Erkenntnis bzw. Vorsehung, sondern sein Wille als Prinzip des Naturgesetzes und seiner Geltung angesehen wird, während wiederum bei Gregor von Rimini die *lex naturalis* nicht als *lex imperativa*, sondern als *lex indicativa* bestimmt wird. Demnach gilt das Naturgesetz nicht durch göttliche Verfügung, sondern aufgrund von Einsicht der *recta ratio*, deren Urteilsfähigkeit von Gottes Gebot und Verbot prinzipiell unabhängig ist.

Im 14. Jahrhundert entwickelt sich indessen ein schon im 13. Jahrhundert vorbereitetes Naturverständnis, das über das genuin mittelalterliche hinaus- und auf das neuzeitliche vorausweist. Hauptvertreter dieses Naturverständnisses sind Johannes Buridan, Nikolaus von Oresme und Albert von Sachsen.[55] Das Naturgeschehen folgt demnach

---

51 Augustinus: De libero arbitrio I, 5–7. In: MPL 44, Sp. 887–889.

52 Thomas von Aquin: Summa theologiae I–II, 90–105, bes. 94, 2.

53 Thomas von Aquin: Summa theologiae I–II, 71, 6 ad 4.

54 Thomas von Aquin: Summa theologiae I, 25, 5.

55 Vgl. Anneliese Maier: Die Anfänge des physikalischen Denkens im 14. Jahrhundert. In: Philosophia Naturalis 1 (1950). S. 7–35. Maier sieht im 14. Jahrhundert „zum ersten Mal in der Geschichte des abendländischen Denkens einen Versuch, eine wirkliche Physik zu schaffen, d. h. eine geschlossene und einheitliche, auf wenige Grundprinzipien von universaler Geltung gestützte Erklärung der damals bekannten Vorgänge in der anorganischen Natur zu geben“ (S. 8).

unveränderlichen und erkennbaren Gesetzmäßigkeiten, die der menschlichen Vernunft zugänglich sind und – wie schon besonders von Roger Bacon anvisiert – in technische Ordnungsbereiche umgesetzt werden können. Die Vertreter der Buridan-Schule sowie die Vertreter der sogenannten Oxforder *Calculatores* unternehmen Versuche, natürliche Vorgänge der Erfahrungswirklichkeit quantitativ-mathematisch zu verstehen und experimentell zu erproben. Ockham will die *causa finalis* und damit die Teleologie als anthropomorph aus der Naturphilosophie ausschalten.

Johannes Buridan und Albert von Sachsen entwickeln erstmals systematisch die schon bei Aristoteles angelegte Impetus-Theorie als rein physikalische Theorie der Bewegung. Ausgehend von der an Johannes Philoponos orientierten Tradition der Bewegungslehre entwickelt Buridan im Rahmen seiner kritischen Rezeption der aristotelischen Theorie von der natürlichen Bewegung einen (dem heutigen Impulsbegriff entsprechenden) Impetusbegriff, wonach der *impetus* quantitativ in Abhängigkeit von Materiemenge und Geschwindigkeit des bewegten Körpers definiert wird.[56] Erst diese Theorie weist den Weg zu einer durchgehend mechanistischen Naturauffassung, nach der etwa äußere Instanzen, die die Himmelskörper bewegen, überflüssig werden. Zugleich begegnen bei Buridan allerdings die Annahme eines kreisförmig wirksamen *impetus* und dessen peripatetische Erklärung unter Rückgriff auf eine *vis impressa*. Wissenschaftstheoretisch bedeutsam ist die Tatsache, daß Buridan im Gegensatz zur Mehrheit der Aristoteles-Kommentatoren die Annahme zurückweist, die Prinzipien der Physik seien in der Metaphysik begründet. Für Buridan sind die Prinzipien der Physik gerade unabhängig von Metaphysik und haben insofern keinen absoluten Charakter. Ihre Annahme verdankt sich vielmehr der Erfahrung als einziger Bewährungsinstanz. Diese Konzentration auf eine erfahrungsgestützte Untersuchung der Natur und ihrer Funktionszusammenhänge führt zwangsläufig zu einer Ab- und Ausgrenzung des Übernatürlichen, das als Faktor keinesfalls negiert, aber in der Naturphilosophie eben auch nicht thematisiert wird: „Die Konzession des Nicht- und Übernatürlichen ist eine abstrakte, die nicht in den faktischen Vollzug der naturphilosophischen Erörterung eingeht".[57]

Bedeutende Naturphilosophen in der Nachfolge Buridans waren Albert von Sachsen und Nikolaus von Oresme, die die Impetus-Theorie übernahmen. Insbesondere Nikolaus von Oresme leistete wichtige Beiträge zur weiteren Ausarbeitung des spätscholastischen Mechanizismus. Die traditionelle Vorstellung einer *machina mundi* ersetzte er – wohl als erster – durch das Bild der Weltuhr. Methodologisch richtungweisend ist Oresmes Standpunkt, daß die Erklärung von Phänomenen im Bereich der Naturforschung nur mittels Hypothesen erfolgen kann. Tritt dabei der Fall ein, daß zwei Hypo-

56 Vgl. Anneliese Maier: Das Wesen des Impetus. In: Dies.: Zwischen Philosophie und Mechanik. Rom 1958. S. 341–373, bes. S. 354–370; Michael Wolff: Geschichte der Impetustheorie. Untersuchungen zum Ursprung der klassischen Mechanik. Frankfurt a. M. 1978. S. 218–228.

57 Rolf Schönberger: Eigenrecht und Relativität des Natürlichen bei Johannes Buridanus. In: Zimmermann u. Speer [Anm. 31], S. 216–233, hier S. 228.

thesen dieselben Phänomene erklären – z. B. daß sich die Erde um die Sonne dreht und daß sich die Sonne um die Erde dreht –, dann kann nicht mehr auf metaphysische Überlegungen und ebensowenig auf die Heilige Schrift als Entscheidungsinstanz zurückgegriffen werden. Als einziges Kriterium fungiert bei Oresme die Einfachheit, so daß an derjenigen Hypothese festzuhalten ist, die mit weniger Grundvoraussetzungen auskommt, worin wiederum eine Anwendung von Ockhams Ökonomieprinzip gesehen werden kann.

Eine entscheidende Rolle spielt im 14. Jahrhundert der Gedanke der Mathematisierbarkeit der Naturgesetze. Thomas Bradwardine versucht, die Bewegungsgesetze in einer allgemeingültigen Regel zu fassen, die die Vorstellung funktionaler Zusammenhänge belegt und in die moderne mathematische Schreibweise übertragbar ist.[58] Richard Kilvingtons 'Sophismata', die vor allem Problemen der Sprache der Naturphilosophie gewidmet sind, lassen erkennen, daß die Mathematik eine wichtige Rolle bei der Beschreibung physikalischer Vorgänge übernimmt.[59] Die spätscholastische Mathematik wie die Lehren von Bewegung und Veränderung führen, wenngleich sie sich erst partiell von metaphysischen Spekulationen lösen konnten, zum Begriff des Naturgesetzes im neuzeitlichen Sinn bzw. bilden eine fruchtbare Basis dafür. Versteht man unter einem Naturgesetz im Sinne der klassisch gewordenen Bestimmung Pierre DUHEMs eine mathematische Formel zusammen mit der empirischen Interpretation der verknüpften Symbole,[60] so können im 14. Jahrhundert durchaus Ansätze für dieses Verständnis gesehen werden. Im Gegensatz zur neuzeitlichen Naturwissenschaft betreiben die Denker der Spätscholastik ihre Naturforschung, wie schon bei Kilvington beobachtet, wesentlich als Sprachanalyse. So behandelt z. B. Richard Swineshead zwar Themen der Naturphilosophie, jedoch weniger in Form eines eigentlichen Sachbezugs oder sachbezogener mathematischer Berechnungen, sondern vielmehr in Form einer Analyse der Sprache der Mathematik in Naturphilosophie bzw. Physik.[61] In diesem Sinne konnte die spätscholastische Naturforschung auch als 'Wissenschaft von der Natur ohne Natur' charakterisiert werden.[62]

58 Vgl. Maier [Anm. 55], S. 30.

59 Richard Kilvington: The Sophismata. Übers. von Norman Kretzmann u. B. Ensign Kretzmann. Cambridge 1990.

60 Vgl. Pierre Duhem: Ziel und Struktur der physikalischen Theorien. Leipzig 1908. S. 222–227.

61 Richard Swineshead: Liber Calculationum. Padua 1477.

62 John E. Murdoch: The Analytic Character of Late Medieval Learning: Natural Philosophy without Nature. In: Lawrence D. Roberts (Hg.): Approaches to Nature in the Middle Ages. New York 1982 (Medieval & Renaissance Texts & Studies 16). S. 171–220.

V

Ein Resümee: Während nach Augustinus' Vorstellung die Natur wesentlich im Sinne eines zeichenhaften Offenbarungsmediums der göttlichen Schöpfungsinstanz begriffen wird (zumindest beiläufig ein bis Nicolaus Cusanus fortlebender Gedanke), bildet sich im 12. Jahrhundert ein Naturbegriff heraus, wonach die Naturdinge nach dem Willen des Schöpfers durch ihre natürlichen Eigenschaften bewegt werden – eine Geordnetheit im Sinne normativer Strukturierung. Im 13. Jahrhundert dominiert die aristotelische Naturvorstellung, wonach das Streben aller Dinge nach ihrer eigenen, spezifischen Vollendung als Ursache für die Bewegung im Universum gilt, das in unterschiedliche Ordnungsbereiche differenziert wird. Das Grundmotiv, die Natur als *ordo* zu fassen, liegt darin, bestimmte Seinsbereiche dem Umfang nach – extensional – als Natur oder natürlich auszuweisen und zugleich inhaltlich – intensional – zu bestimmen, worin die Natürlichkeit des für natürlich Erklärten der Sache nach besteht, wobei aristotelisch auf die Gesichtspunkte eines inneren Bewegungs- und Ruheprinzips rekurriert wird. Ein zusätzliches historisch-systematisches Profil erhält das Naturverständnis des 13. Jahrhunderts dadurch, daß die Sphäre der Naturdinge zunehmend zum Bereich menschlicher Verfügbarkeit wird. Im 13. und besonders im 14. Jahrhundert verselbständigt sich die Erforschung der Natur in dem Sinne, daß zwar nicht ohne weiteres eine moderne Naturwissenschaft inszeniert wird, daß aber doch wenigstens Weichenstellungen hierfür geleistet werden. Die Vorstellung funktionalen Zusammenwirkens im Binnenbereich der Natur ersetzt zunehmend die von einer äußeren Instanz veranlaßte normative Strukturiertheit, womit einer eigenständigen Entwicklung der Philosophie – namentlich der Naturphilosophie – gegenüber der Theologie Raum gegeben wird. Schöpfungstheologische und metaphysische Begründungen sowie heilsgeschichtliche Einordnungen des Naturgesetzes treten zurück bzw. werden abgelöst. Die Natur gerät als die gegebene Schöpfungswirklichkeit, die sich nach unveränderlichen und erkennbaren Gesetzmäßigkeiten entwickelt, in den Zuständigkeitsbereich der Erfahrungswissenschaften und distanziert sich eindeutiger von Problemstellungen der Metaphysik.

Die Trichotomie von Zeichen, Ordnung und Gesetz hatte ich als eine systematische Trichotomie im Sinne idealtypisch unterschiedener Konstanten eingeführt, hinsichtlich derer sich der mittelalterliche Naturbegriff herausbildet. Daneben sind diese drei Grundkonzepte in spezifischem Sinn auch als Wegmarken einer historischen Entwicklungslinie zu verstehen. Dabei darf freilich die Komplexität des entwicklungsgeschichtlichen Ablaufs nicht vernachlässigt und überdeckt werden, der nicht auf eine distinkte Abfolge, sondern auf eine Überlagerung und Durchdringung verschiedener Bedeutungen des Naturbegriffs verweist. Wenn der Zeichenbegriff mit einer ersten, auf Augustinus konzentrierten Etappe des mittelalterlichen Naturverständnisses identifiziert wird, soll nicht verdeckt werden, daß der Theophanie-Gedanke – verdichtet zu der Metapher vom Buch der Natur – bis hin zu Renaissance und frühneuzeitlicher Philosophie immer wieder auftritt, also nicht ohne weiteres abgelöst wird. Gleichwohl ist zu betonen, daß die Vorstellung von Natur als Zeichen bei Augustinus erstmals zentral wird, dort andere Naturbegriffe dominiert und eine eigentliche, unmittelbare Naturbetrachtung nicht zur Entfaltung kommen läßt, sondern auf eine Gottesbetrachtung fokussiert oder ihr untergeordnet scheint. Wenn der Ordnungsbegriff mit einer zweiten, eigentlich naturphilosophischen Phase identifiziert wird, muß zugestanden werden, daß der *ordo*-Gedanke bereits für Augustinus besonders in kosmologisch-ethischer Perspektive maßgeblich ist und dies für die nachfolgende Tradition bis hin zur Spätscholastik bleibt. Jedoch ist hervorzuheben, daß der *ordo*-Gedanke im 12. und 13. Jahrhundert in genuin naturphilosophischem Sinn, d. h. für die Entdeckung der Natur als an und für sich seiende zentral wird: und zwar erstens für Differenzierungen dessen, was natürlich ist und was – in verschiedenem Sinn – außer- oder übernatürlich ist, und zweitens für Differenzierungen innerhalb der Sphäre des als natürlich Anerkannten. Wenn schließlich der Gesetzesbegriff mit einer dritten Stufe identifiziert wird, soll nicht verdeckt werden, daß eine göttliche *lex aeterna* bereits bei Augustinus das Naturgeschehen reguliert, daß in der Folgetradition der Begriff des Naturgesetzes als Grundlage ethischer Normierung relevant bleibt, daß der Ordnungsbegriff seinerseits in den unterschiedlichen spätscholastischen Konzeptionen von bleibender Bedeutung ist und daß offensichtlich der Gesetzesbegriff wiederum selbst ein Ordnungsbegriff ist. Ich möchte aber geltend machen, daß eine sich herausbildende Neufassung des Gesetzesbegriffs in der Spätscholastik geeignet ist, eine dritte Etappe mittelalterlichen Naturverständnisses im Sinne der Anbahnung des neuzeitlichen Naturgesetzesbegriffs anzunehmen – eines Gesetzesbegriffs, für den eine ordnungsstiftende göttliche Instanz keine Rolle spielt. Diese göttliche Instanz wird dabei nicht als solche negiert, sondern aus der Perspektive genuiner Naturforschung ausgeklammert, wodurch der im Binnenbereich der Naturforschung vorausgesetzte Gesetzesbegriff nicht unbeeinflußt bleiben kann. In diesem Sinne ist das Naturverständnis des Mittelalters als Weg von der Theophanie über die Theonomie hin zur Autonomie, einer Eigenständigkeit der Natur als mathematisch faßbarer Funktionszusammenhang, zu charakterisieren. Diese Entwicklung ist keineswegs auf die metaphysische Infragestellung einer göttlichen Urheberinstanz angewiesen, sondern betrifft wesentlich die epistemologische und methodologische Grenzziehung zwischen verschiedenen Untersuchungsperspektiven.

JÜRGEN SARNOWSKY

Zur Entwicklung der Naturerkenntnis an den mittelalterlichen Universitäten

Im modernen, alltäglichen Verständnis von 'Natur' spielen die Naturwissenschaften eine zentrale Rolle.[1] Ohne die naturwissenschaftlichen Entdeckungen der letzten Jahrhunderte – und ohne ihre technische Umsetzung – würden wir ein anderes Leben führen und ohne die naturwissenschaftliche Perspektive würden wir auch 'Natur' – von unserer konkreten natürlichen Umwelt bis hin zu den Himmelsphänomenen – völlig anders wahrnehmen, als es für uns selbstverständlich geworden ist. Wer sich der Vergangenheit zuwenden will, um die eigene Gegenwart besser verstehen zu können, muß daher diese Selbstverständlichkeiten aufbrechen. In diesen Zusammenhang gehört auch die Frage nach der historischen Entwicklung der Naturwissenschaften, die zumindest innerhalb der Geschichtswissenschaft vielfach immer noch als Randproblem verstanden und nur von wenigen Vertretern des Fachs betrieben wird, die gewissermaßen, freundlich belächelt, als 'Orchideenzüchter' gelten. Dabei eröffnet die Geschichte der Naturwissenschaften – ungeachtet des ohnehin notwendigen interdisziplinären Ansatzes – der Geschichtswissenschaft vielgestaltige Zugänge zu historischen Phänomenen und Einstellungen, und umgekehrt können die Ansätze und Fragestellungen der Geschichtswissenschaft die Beschäftigung mit den historischen Naturwissenschaften beleben. So läßt sich z.B. die Geschichte der mittelalterlichen Universitäten nicht auf die eher – modern gesprochen – geisteswissenschaftlichen Disziplinen reduzieren[2], denn auch mittelalter-

1 Die Naturwissenschaften dominieren damit zugleich das allgemeine Verständnis von Wissenschaft, wie Wolfgang Frühwald unlängst in einem Artikel für die 'Frankfurter Allgemeine' (Nr. 42, von Montag, dem 19. Februar 2001, S. 16) zu Recht beklagt hat.

2 Auch wenn dieser Eindruck durch die Universitätsgeschichten gefördert wird (z. B. Hastings Rashdall: The Universities of Europe in the Middle Ages. Neubearb. von Frederick Maurice Powicke u. Alfred Brotherston Emden. 3 Bde. Oxford 1936; Walter Rüegg [Hg.]: Geschichte der Universität in Europa. Bd. 1: Mittelalter. München 1993), die der mittelalterlichen Naturerkenntnis immer nur sehr kurze Kapitel widmen.

liches Naturverständnis wurde bereits vielfach von den Grundannahmen mittelalterlicher Naturerkenntnis geleitet.[3] Auf der anderen Seite fragt ein geschichtswissenschaftlicher Ansatz nicht nur nach einzelnen Ideen und zufälligen 'Vorwegnahmen' oder 'Vorbereitungen' der Konzepte und Lösungen der modernen Naturwissenschaften, sondern nach tatsächlichen Zusammenhängen, Vermittlungsprozessen, Texttraditionen und Wirkungen – nicht zuletzt in einem weiteren, nicht nur einzelne Autoren, Milieus und Institutionen umfassenden Umfeld. Mein Beitrag versteht sich deshalb als doppelter Anstoß zum Gespräch: sowohl innerhalb meines eigenen Fachs, der Geschichtswissenschaft, als auch zwischen den Disziplinen.

Die Entdeckung, daß es zwischen der griechisch-römischen Antike und der 'Wissenschaftlichen Revolution' des 17. und 18. Jahrhunderts eine eigenständige Naturwissenschaft bzw. – um sie begrifflich abzugrenzen – Naturerkenntnis gegeben hat, geht wesentlich auf den französischen Naturwissenschaftler und Wissenschaftstheoretiker Pierre DUHEM zurück, der sich dem Verständnis der modernen Naturwissenschaften historisch nähern wollte und dabei 1904/1905, während der Arbeit an seinen 'Origines de la Statique', eher zufällig auf die mittelalterlichen Texte stieß. DUHEMS These, daß „die mechanische und physikalische Wissenschaft [...] in einer ununterbrochenen Folge kaum wahrnehmbarer Vervollkommnungsprozesse aus den an den mittelalterlichen Schulen gelehrten Doktrinen" hervorgegangen sei[4], löste heftige Diskussionen aus, die trotz aller Relativierung durch Alexandre KOYRÉ, Anneliese MAIER und andere letztlich bis heute nachwirken.[5] DUHEM war es auch, der in diesem Zusammenhang als erster die bedeutende Rolle der Pariser Universität im 14. Jahrhundert herausarbeitete. Auch wenn er dabei die Leistungen anderer Universitäten und Autoren unterschätzte, hat er damit doch die Aufmerksamkeit der Forschung auf die spätmittelalterlichen Universitäten gelenkt, deren Beitrag zur Geschichte der Naturerkenntnis im Folgenden anhand ausgewählter Entwicklungen vorgestellt werden soll.

---

3 Beispielsweise wenn im Reisebericht des John of Mandeville davon ausgegangen wird, von England nach Jerusalem reise man, der Kugelgestalt der Erde entsprechend, gewissermaßen 'bergauf'. Vgl. Rudolf Simek: Erde und Kosmos im Mittelalter. München 1992. S. 49.

4 Pierre Duhem: Les Origines de la Statique. Bd. 1. Paris 1904. S. 111. Vgl. auch Michel Fichant: Die Idee einer Wissenschaftsgeschichte. In: Michel Fichant u. Michel Pêcheux: Überlegungen zur Wissenschaftsgeschichte [1969]. Frankfurt a. M. 1977. S. 41–114, hier S. 58–68; John E. Murdoch: Pierre Duhem and the History of Late Medieval Science and Philosophy in the Latin West. In: Ruedi Imbach u. Alfonso Maierú (Hgg.): Gli Studi di Filosofia fra Otto e Novecento. Contributo a un bilancio storiografico. Rom 1991 (Storia e Letteratura, Raccolta di Studi e Testi 179). S. 253–302. – Grundlegend ist immer noch Pierre Duhem: Le Système du Monde. Histoire des doctrines cosmologiques de Platon à Copernic. 10 Bde. Paris 1958–1984 [versch. Aufl.].

5 Vgl. u. a. (kritisch) Alexandre Koyré: Études Galiléennes. Paris 1939 [Neudruck Paris 1980]. S. 15f.; (mittlere Position) Anneliese Maier: Die Vorläufer Galileis im 14. Jahrhundert. Rom 1949 (Studien zur Naturphilosophie der Spätscholastik 1). S. 1; (wieder stärker im Sinne Duhems) Edward Grant: The Foundations of Modern Science in the Middle Ages. Cambridge 1996. S. 203–205. – Zum grundlegenden Beitrag Maiers vgl. Alfonso Maierù: Anneliese Maier e la filosofia della natura tardoscolastica. In: Imbach u. Maierù [Anm. 4], S. 303–330.

Die ersten Universitäten entstanden aus dem Impuls der 'Renaissance des 12. Jahrhunderts' sowie vor dem Hintergrund der Wiederentdeckung und Rezeption des 'ganzen' Aristoteles.[6] Sie gehören somit in den Kontext jenes 'Aufbruchs', den das christliche Europa seit der Mitte des 11. Jahrhunderts in politischer, demographischer, sozialer, wirtschaftlicher, religiöser und kultureller Hinsicht erlebte und der auch einen grundlegenden Wandel im Verhältnis zur Natur nach sich zog, die – nach den Thesen von Marie-Dominique CHENU – im 12. Jahrhundert desakralisiert und der Interpretation und Exegese geöffnet wurde.[7] Infolge der Aristoteles-Rezeption wurde der traditionelle Lehrplan der Sieben Freien Künste an den Universitäten durch die aristotelischen Schriften ergänzt[8], und die Auseinandersetzung mit der aristotelischen Naturphilosophie bildete seit dem 13. Jahrhundert in den meisten Fällen die Grundlage der universitären Diskussionen um Fragen der Naturerkenntnis, wie selbst der Begriff der Naturphilosophie (*philosophia naturalis*) erst eigentlich für die aristotelischen Werke und im universitären Umfeld geprägt wurde.[9] Dabei galt die Naturphilosophie teils als eine der die *artes* ergänzenden 'drei Philosophien' (Natur-, Moral- und erste Philosophie [oder Metaphysik])[10], teils wurde sie in die Fächer des Quadriviums integriert, d.h. Arithmetik, Geometrie, Astronomie und eine als Harmonielehre verstandene Musik wurden – im weiteren Sinne – anhand aristotelischer Schriften gelehrt. So standen z. B. an zen-

6 Vgl. hierzu u. a. Jacques Verger: Grundlagen. In: Rüegg [Anm. 2], S. 49–80, hier S. 58–65; Bernard G. Dod: Aristoteles Latinus. In: Norman Kretzmann, Anthony Kenny u. Jan Pinborg (Hgg.): The Cambridge History of Later Medieval Philosophy. Cambridge 1982. S. 45–80; (grundlegend und auch im Folgenden heranzuziehen) Charles Lohr: Mediaeval Latin Aristotle Commentaries. In: Traditio 23 (1967). S. 313–413; 24 (1968). S. 149–245; 26 (1970). S. 135–216; 27 (1971). S. 251–351; 28 (1972). S. 281–396; 29 (1973). S. 93–197 sowie (Addenda et Corrigenda) in: Bulletin de philosophie médiévale 14 (1972). S. 116–126; Ders.: Renaissance Latin Aristotle Commentaries. In: Studies in the Renaissance 21 (1974). S. 228–289 sowie in: Renaissance Quarterly 28 (1975). S. 689–741; 29 (1976). S. 714–745; 30 (1977). S. 681–741; 31 (1978). S. 532–603; 32 (1979). S. 529–580; 33 (1980). S. 623–734 u. 35 (1982). S. 164–256.

7 Marie-Dominique Chenu: La théologie au douzième siècle. Paris [3]1976. S. 18–21. Vgl. ferner Andreas Speer: Zwischen Naturbeobachtung und Metaphysik. Zur Entwicklung und Gestalt der Naturphilosophie im 12. Jahrhundert. In: Georg Wieland (Hg.): Aufbruch – Wandel – Erneuerung. Beiträge zur Renaissance des 12. Jahrhunderts. Stuttgart-Bad Cannstadt 1995. S. 155– 180.

8 Vgl. u. a. Gordon Leff: Das *trivium* und die drei Philosophien; John D. North: Das *quadrivium*. Beide in: Rüegg [Anm. 2], S. 279–302 bzw. 303–320; Jürgen Sarnowsky: Die *artes* im Lehrplan der Universitäten. In: Ursula Schaefer (Hg.): *Artes* im Mittelalter. Berlin 1999. S. 68–82, hier S. 76–80.

9 Erste Belege für den Begriff *philosophia naturalis* finden sich in diesem Kontext in den Verboten der aristotelischen Naturphilosophie an der Universität Paris (vgl. dazu unten): so im Verbot von 1210 und in den Statuten von 1215. Vgl. Chartularium Universitatis Parisiensis. Hrsg. von Heinrich Denifle u. Émile Châtelain. Bd. 1. Paris 1889. S. 70 u. 78f.; kommentierte Übersetzung bei Lynn Thorndike: University Records and Life in the Middle Ages. New York 1944 [Neudruck New York 1975]. S. 26–30.

10 Vgl. u. a. Grant [Anm. 5], S. 47; James A. Weisheipl: The Interpretation of Aristotle's Physics and the Science of Motion. In: Kretzmann, Kenny u. Pinborg [Anm. 6], S. 521–536, hier S. 521.

traleuropäischen Universitäten des späteren Mittelalters die aristotelische 'Physik' und 'De anima' im Lehrplan für das Quadrivium an erster Stelle, teilweise noch durch die astronomische Einführungsschrift 'De sphaera' des Engländers Johannes de Sacrobosco aus dem 13. Jahrhundert ergänzt.[11] Zentrale Bedeutung kam dabei der 'Physik' zu, die die Prinzipien der aristotelischen Naturphilosophie formuliert: Aristoteles bestimmt am Beginn des zweiten Buchs 'Natur' (im Gegensatz zu 'Kunst') als das, was den Ursprung der Bewegung und der Ruhe in sich selbst hat.[12] Unter anderem auf dieser Grundlage definierten seine scholastischen Kommentatoren den Gegenstand der Naturerkenntnis (*scientia naturalis*) als das 'bewegliche Seiende' (*ens mobile*) oder auch den beweglichen Körper[13], wobei der Bewegungsbegriff im aristotelisch-scholastischen Verständnis alle Formen von Veränderung einschloß.

Diese Beschäftigung mit der Natur im so bestimmten Sinne war folglich nicht – wie an modernen Universitäten – Sache einer eigenen Fakultät oder Institution. Sie fand im wesentlichen an der Artistenfakultät statt, als ein Teil der für alle Studenten der höheren Fakultäten verbindlichen Grundausbildung in den *artes liberales*. Daneben wurden naturphilosophische Fragen aber auch an den höheren Fakultäten diskutiert. Dies galt einmal für die Medizin, die naturphilosophische Theorien wie die Lehre von den vier Elementen voraussetzte[14], zum anderen ebenso für die Theologie, weil dort unter anderem naturphilosophische Argumente in der Kommentierung der 'Sentenzen' des Petrus Lombardus herangezogen wurden. Die erste positive scholastische Formulierung der Impetustheorie als Lösung des Wurfproblems entstammt so nicht zufällig einem Sen-

11 Vgl. Sarnowsky [Anm. 8], S. 78.

12 *Est igitur natura principium alicuius et causa movendi et quiescendi, in quo est primum per se et non per accidens* [...]. Aristoteles: Physik. [Buch] 2. [Kapitel] 1. T[extus] c[ommenti] 3. [Bekker] 192b 22–24, hier zitiert nach der im späteren Mittelalter wohl am meisten benutzten Moerbeke-Übersetzung in: S. Thomae Aquinatis In octo libros Physicorum Aristotelis expositio. Hrsg. von P. M. Maggiòlo. Turin, Rom 1954. S. 73. – Auf die komplexe Geschichte des heute als 'Physik' überlieferten Texts kann hier nicht eingegangen werden.

13 So z. B. bei Johannes Buridan und Albert von Sachsen; vgl. Jürgen Sarnowsky: Die aristotelisch-scholastische Theorie der Bewegung. Studien zum Kommentar Alberts von Sachsen zur Physik des Aristoteles. Münster 1989 (Beiträge zur Geschichte der Philosophie und Theologie des Mittelalters N. F. 32). S. 83f. mit Anm. 60. – Zur Bestimmung des Gegenstands von *scientia naturalis* schon bei Thierry de Chartres als *in motu* und nicht abstrakt vgl. Andreas Speer: The Discovery of Nature. The Contributions of the Chartrians to Twelfth-Century Attempts to Found a *scientia naturalis*. In: Traditio 52 (1997). S. 135–151, hier S. 139; ferner allgemein Leo Elders: The Philosophy of Nature of St. Thomas Aquinas. Nature, the Universe, Man. Frankfurt a. M. 1997. S. 56–61.

14 Zur Entwicklung der Medizin an den Universitäten vgl. u. a. Charles H. Talbot: Medicine. In: David C. Lindberg (Hg.): Science in the Middle Ages. Chicago 1978. S. 391–428, hier S. 402–404.

tenzenkommentar: dem des Franciscus de Marchia, der diese Frage im Kontext einer *Quaestio* zur (Fern-)Wirkung der Sakramente behandelt.[15]

Allerdings mußte sich die aristotelische Naturphilosophie während des 13. Jahrhunderts erst an den Universitäten durchsetzen, nicht zuletzt wegen einzelner Lehren wie derjenigen der Ewigkeit der Welt, die dem Dogma der Schöpfung widersprach – eine Frage, die im übrigen wiederum die Theologen in Debatten über das Wesen der Zeit verwickelte.[16] Reagierten die kirchlichen Autoritäten zunächst, so in Paris 1210 und 1215, mit absoluten Verboten, ging man bald dazu über, die aristotelischen Schriften über die Natur nur bis zu einer 'Reinigung' der anstößigen Passagen aus dem Lehrbetrieb zu verbannen, etwa im Privileg 'Parens Scientiarum' und in einem damit verbundenen Schreiben Papst Gregors IX. an die Pariser Universität von 1231.[17] Dies unterblieb jedoch; vielmehr setzte schon bald die Kommentierung auch dieser Schriften ein, wie die ältesten Statuten der Artistenfakultät von 1255 belegen, die faktisch die Lektüre der gesamten aristotelischen Naturphilosophie vorschrieben: von der 'Physik', 'De caelo', 'De anima' und 'De generatione' bis hin zu pseudo-aristotelischen Schriften.[18] Die grundsätzlichen Probleme blieben jedoch ungeklärt. Vor diesem Hintergrund kam es 1270 bzw. 1277 zu Verurteilungen einzelner Sätze durch den Bischof von Paris, Étienne Tempier. 1270 waren es nur 13 Artikel, die als widersprüchlich zum christlichen Glauben verurteilt wurden und nicht mehr positiv vertreten werden durften; doch 1277 stellte man immerhin 219 'Irrtümer' zusammen: Sätze aus Aristoteles, Averroes und ihren lateinischen Kommentatoren. Wenn in diesem Kontext immer wieder Einschränkungen der göttlichen Allmacht aufgehoben wurden, bot dies auch der Naturphilosophie neue Ansatzpunkte. So bedeutete das Verbot der These, Gott könne nicht die Welt als ganze bewegen, weil dann ein Vakuum zurückbliebe, nicht nur eine Ausweitung des endlichen Kosmos, sondern in seiner Umkehr die übernatürliche, d. h.

---

15 Vgl. Sarnowsky [Anm. 13], S. 389f.; Text bei Anneliese Maier: Zwei Grundprobleme der scholastischen Naturphilosophie. Das Problem der intensiven Größe. Die Impetustheorie. Rom ³1968 (Studien zur Naturphilosophie der Spätscholastik 2). S. 166–168 u. (zum Inhalt) S. 180–197. – Zu naturphilosophischen Problemen in der Theologie vgl. u. a. Stephen F. Brown: The Reception and Use of Aristotle's Works in the Commentaries on *Book I of the Sentences* by the Friar Preachers in the Early Years of Oxford University. In: John Marenbon (Hg.): Aristotle in Britain during the Middle Ages. Turnhout 1996 (SIEPM. Rencontres de Philosophie Médiévale 5). S. 351–369; Eleonore Stump: Theology and Physics in *De sacramento altaris*. Ockham's Theory of Indivisibles. In: Norman Kretzmann (Hg.): Infinity and Continuity in Ancient and Medieval Thought. Ithaca, London 1982. S. 207–230.

16 Vgl. u. a. R. James Long: The First Oxford Debate on the Eternity of the World. In: Recherches de Théologie et Philosophie médiévales 65 (1998). S. 52–96 (zu Richard Fishacre, Robert Grosseteste und Richard Rufus of Cornwall).

17 Vgl. Chartularium [Anm. 9], S. 136–139 u. 143f.; Übersetzung bei Thorndike [Anm. 9], S. 35–40. – Zum Kontext der Verurteilung von 1210 vgl. Johannes M. M. H. Thijssen: Master Amalric and the Amalricians. Inquisitorial Procedure and the Suppression of Heresy at the University of Paris. In: Speculum 71 (1996). S. 43–65.

18 Vgl. Dod [Anm. 6], S. 73.

logische, Möglichkeit des von Aristoteles strikt abgelehnten Vakuums.[19] Die aristotelische Naturphilosophie blieb so zwar grundlegend, wurde aber durch logische Möglichkeiten korrigiert und ergänzt.

Ähnliches galt für Oxford, wo der Erzbischof von Canterbury, Robert Kilwardby, 1277 nur wenige Tage nach den Ereignissen in Paris 30 'Irrtümer' in Grammatik, Logik und – vor allem – Naturphilosophie brandmarkte und ihre Verteidigung verbot.[20] Denn auch in Oxford hatten die aristotelischen Schriften zur Naturphilosophie rasch breite Aufmerksamkeit gefunden.[21] Erste Anzeichen dafür finden sich schon zwischen 1190 und 1200 in den naturphilosophischen Schriften Alfreds von Sareshel, der unter anderem seine eigenen Übersetzungen von 'De plantis', 'De mineralibus' und 'De generatione' glossierte. Das 'Corpus Aristotelicum vetustius', die auch sonst weit verbreitete Sammlung älterer arabisch-lateinischer Übersetzungen der aristotelischen Schriften zur Naturphilosophie und Metaphysik, wurde spätestens seit den 1240er Jahren intensiver rezipiert und bildete auch die Grundlage für das naturphilosophische Textbuch eines nur mit der Initiale seines Vornamens bekannten englischen Dominikaners, die 'Compilatio librorum naturalium' des R. de Stantingtona; es umfaßt Auszüge aus der 'Physik', 'De caelo', 'De generatione', den 'Meteora', 'De anima', der 'Metaphysik', aber

---

19 Nach Artikel 49 der Verurteilung von 1277; deren Text in Chartularium [Anm. 9], S. 543–555. – Allgemein sowie zu den Folgen für die Naturphilosophie vgl. u. a. John F. Wippel: The Condemnations of 1270 and 1277 at Paris. In: Journal of Medieval and Renaissance Studies 7 (1977). S. 169–201; Roland Hissette: Enquête sur les 219 articles condamnés à Paris le 7 mars 1277. Louvain-la-Neuve 1977 (Philosophes médiévaux 22); Edward Grant: Physical Science in the Middle Ages. New York u. a. 1971 [Neudruck Cambridge 1977]. S. 27–35; Ders.: The Condemnations of 1277, God's Absolute Power and Physical Thought in the Late Middle Ages. In: Viator 10 (1979). S. 211–244; Ders. [Anm. 5]. S. 70–80; Jürgen Sarnowsky: God's Absolute Power, Thought Experiments and the Concept of Nature in the ‚New Physics' of XIVth Century Paris. In: Stefano Caroti u. Pierre Souffrin (Hgg.): La nouvelle physique du XIVe siècle. Florenz 1997. S. 179–201; John E. Murdoch: 1277 and Late Medieval Natural Philosophy. In: Jan A. Aertsen u. Andreas Speer (Hgg.): Was ist Philosophie im Mittelalter? / Qu'est-ce que la philosophie au Moyen Âge? / What is Philosophy in the Middle Ages? Akten des X. Internationalen Kongresses für mittelalterliche Philosophie. Berlin, New York 1998 (Miscellanea Mediaevalia 26). S. 111–121.

20 Vgl. Leland E. Wilshire: The Oxford Condemnations of 1277 and the Intellectual Life of the Thirteenth-Century Universities. In: Gunar Freibergs (Hg.): *Aspectus et affectus*. Essays and Editions in Grosseteste and Medieval Intellectual Life. New York 1993 (AMS Studies in the Middle Ages 23). S. 113–124. – Der Text in Chartularium [Anm. 9], S. 558–560.

21 Zur frühen Rezeption der aristotelischen Naturphilosophie in England vgl. Charles Burnett: The Introduction of Aristotle's Natural Philosophy into Great Britain. A Preliminary Survey of the Manuscript Evidence. In: Marenbon [Anm. 15], S. 21–50. – Zur Artistenfakultät allgemein vgl. J. M. Fletcher: The Faculty of Arts. In: Jeremy I. Catto (Hg.): The History of the University of Oxford. Bd. 1. Oxford 1984. S. 369–399; Ders.: Developments in the Faculty of Arts. In: Jeremy I. Catto u. Ralph Evans (Hgg.): The History of the University of Oxford. Bd. 2. Oxford 1992. S. 315–345.

auch aus Averroes und den Glossen Alfreds von Sareshel.[22] In diesem Kontext kam jedoch auch Robert Grosseteste, dem späteren Bischof von Lincoln, eine zentrale Rolle zu. Seine Zuwendung zum Aristotelismus markiert seine Schrift 'De luce seu de inchoatione formarum', die zwischen 1225 und 1228 entstanden und die der Sprache nach noch platonisch ist, sich aber bereits an der aristotelischen Wissenschaftstheorie und Naturphilosophie orientiert. Sie präsentiert eine eingeschränkte Lichtmetaphysik, die sich auf die physikalische Seite des Lichts konzentriert und dieses als erste körperliche Form versteht. Nicht zufällig schrieb Grosseteste danach, zwischen 1228 und 1232, seine Kommentare zur aristotelischen 'Physik' und zu den 'Analytica Posteriora'.[23] Bald darauf, in den 1240er Jahren, entstanden die Kommentare Adams von Buckfield zum gesamten 'Corpus Aristotelicum vetustius', und Autoren wie Richard Rufus von Cornwall diskutierten einzelne Probleme der aristotelischen Naturphilosophie, so die Frage nach der zeitlichen Zuordnung von Veränderungen.[24] Auf dieser Grundlage entwickelte sich schließlich eine englische Tradition von Physikkommentaren, von denen allein zehn – zumeist anonyme Kommentare in Quaestionenform – den Jahren zwischen 1250 und 1270 zuzuordnen sind.[25] Sie zeichnen sich durch eine Reihe von

22 Vgl. Roberto Plevano: Two British Masters and the Instant of Change. In: Marenbon [Anm. 15], S. 91–115, hier S. 97–100; Richard C. Dales: R. de Stantingtona. An Unknown Writer of the Thirteenth Century. In: Journal of the History of Philosophy 4 (1966). S. 199–208; Burnett [Anm. 21], S. 35–40 u. 43 (zum 'Corpus Aristotelicum vetustius').

23 Vgl. hierzu Andreas Speer: Physics or Metaphysics? Some Remarks on Theory of Science and Light in Robert Grosseteste. In: Marenbon [Anm. 15], S. 73–90; Alistair C. Crombie: Robert Grosseteste and the Origins of Experimental Science, 1100–1700. Oxford 1953 [Neudruck Oxford 1962]. S. 44–60.

24 Vgl. hierzu Plevano [Anm. 22], S. 91f. u. 101–103; Burnett [Anm. 21], S. 40–42; Roberto Plevano: Richard Rufus of Cornwall and Geoffrey of Aspall. Two Questions on the Instant of Change. In: Medioevo 19 (1993). S. 222–232.

25 Zuweisen lassen sich nur die Kommentare von William von Clifford und Geoffrey von Aspall; vgl. hierzu den Überblick bei Francesco del Punta, Silvia Donati u. Cecilia Trifogli: Commentaries on Aristotle's Physics in Britain, ca. 1250–1270. In: Marenbon [Anm. 15], S. 265–283, hier S. 268f. – Vgl. ferner Silvia Donati: Per lo studio del commenti alla Fisica del XIII secolo. I: Commenti di probabile origine inglese degli anni 1250–1270 ca. In: Documenti e studi sulla tradizione filosofica medievale 2 (1991). S. 361–441 und 4 (1993). S. 25–133; Cecilia Trifogli: Le questioni sul libro III della Fisica in alcuni commenti inglesi intorno alla metà del sec. XIII. In: Documenti e studi sulla tradizione filosofica medievale 2 (1991). S. 443–501 und 4 (1993). S. 135–178; Dies.: Le questioni sul libro IV della Fisica in alcuni commenti inglesi intorno alla metà del sec. XIII. In: Documenti e studi sulla tradizione filosofica medievale 7 (1996). S. 41–116; Albert Zimmermann: Bemerkungen zum Physikkommentar des William of Clifford. In: Marenbon [Anm. 15], S. 299–309; Silvia Donati: Physica I, 1. L'interpretazione dei commentatori inglesi della *Translatio vetus* e la loro recezione del commento di Averroè. In: Medioevo 21 (1995). S. 75–255; Dies.: Materie und räumliche Ausdehnung in einigen ungedruckten Kommentaren aus der Zeit von etwa 1250–1270. In: Jan A. Aertsen u. Andreas Speer (Hgg.): Raum und Raumvorstellungen im Mittelalter. Berlin, New York 1998 (Miscellanea Mediaevalia 25). S. 16–51.

Gemeinsamkeiten aus, sowohl bei den Fragestellungen als auch bei den Lösungen, die auf einen gemeinsamen Hintergrund, wahrscheinlich eben die Lehre an der Oxforder Artistenfakultät, schließen lassen. Dazu zählt insbesondere eine antiaverroistische Haltung, d. h. eine bewußte Stellungnahme gegen Lösungen des Averroes, die von den aristotelischen Vorgaben abwichen. Zugleich war die Haltung der Oxforder Gelehrten durch einen ontologischen Realismus geprägt, der wahrscheinlich auf den Einfluß der Metaphysik Grossetestes zurückgeht. Dies zeigt sich unter anderem in der Diskussion des Wesens der Bewegung, die entgegen Averroes die Oxforder als eigene Form verstehen.[26]

Der Aristotelismus spielte in Oxford auch nach den Verurteilungen von 1277 eine zentrale Rolle. So entstanden zwischen 1301 und 1304 Thomas Wyltons Quaestionen zur 'Physik', die wiederum andere Kommentatoren beeinflußten, zumal Wylton später in Paris Theologie lehrte[27]: Wahrscheinlich in den 1320er Jahren wandte sich William von Ockham der aristotelischen 'Physik' sowohl in einer Expositio wie in Quaestionenform zu, in zeitlicher Nähe zu seinem Sentenzen-Kommentar[28], und wohl zur selben Zeit schloß der seit 1301 in Oxford wirkende, um 1310 bei Thomas Wylton Theologie studierende Walter Burleigh in Paris seinen einflußreichen Physikkommentar ab.[29] Jedoch regten sich in Oxford schon früh auch kritische Stimmen gegen die Vorherrschaft des Aristotelismus, insbesondere die von Roger Bacon. Einerseits war Bacon einer der ersten, der die neuen naturphilosophischen Positionen aufnahm, in Paris schon in den 1240er Jahren die aristotelische 'Physik' kommentierte, naturphilosophische Probleme in eigenen Schriften wie den 'Communia naturalium' diskutierte und auch zu astronomischen Fragen Stellung bezog[30]; andererseits suchte er in späteren Arbeiten –

26 Vgl. Del Punta, Donati u. Trifogli [Anm. 25], S. 277–280.

27 Vgl. hierzu Cecilia Trifogli: Thomas Wylton on the Immobility of Place. In: Recherches de Théologie et Philosophie médiévales 65 (1998). S. 1–39; Dies.: Thomas Wylton on Motion. In: Archiv für Geschichte der Philosophie 77 (1995). S. 135–154; Dies.: Due questioni sul movimento nel commento alla Physica di Thomas Wylton. In: Medioevo 21 (1995). S. 51–73; Dies.: Thomas Wylton on the Instant of Time. In: Albert Zimmermann (Hg.): Mensch und Natur im Mittelalter. Berlin, New York 1991 (Miscellanea Mediaevalia 21/1). S. 308–318.

28 Vgl. hierzu u. a. André Goddu: The Physics of William of Ockham. Leiden, Köln 1984 (Studien und Texte zur Geistesgeschichte des Mittelalters 16). S. 3–6.

29 Vgl. hierzu u. a. Rega Wood: Walter Burleigh's 'Physics' Commentaries. In: Franciscan Studies 22 (1984). S. 275–327; Edith D. Sylla: Transmission of the New Physics of the Fourteenth Century from England to the Continent. In: Caroti u. Souffrin [Anm. 19], S. 65–110. – Burleighs Stellung zwischen Oxford und Paris erschwert seine Einordnung; in gewissem Sinne gehört er mit Schriften wie 'De primo et ultimo instanti' auch zur ersten Generation der *Mertonenses*.

30 Vgl. hierzu Jeremiah Hackett: Roger Bacon and Aristotelism. Introduction. In: Vivarium 35 (1997). S. 129–135, hier S. 129; Cecilia Trifogli: Roger Bacon and Aristotle's Doctrine of Place. In: Vivarium 35 (1997). S. 155–176; Silvia Donati: The Anonymous Questions on Physics II–IV of MS Philadelphia, Free Library, Lewis Europ. 53 (ff. 71ra–85rb) and Roger Bacon. In: Vivarium 35 (1997). S. 177–221; Rega Wood: Roger Bacon. Richard Rufus' Successor as Parisian Physics Professor. In: Vivarium 35 (1997). S. 222–250; Jeremiah Hackett: Experientia, Experimentum and Perception of Objects in Space – Roger Bacon. In: Aertsen u. Speer [Anm.

wie seinem mit Förderung von Papst Clemens IV. entstandenen Hauptwerk, dem 'Opus maius' – einen eigenen Weg zu gehen, der die Naturerkenntnis aus der zu engen Orientierung an den aristotelischen Texten lösen sollte. Nicht zuletzt beeinflußt durch die Auffassungen Robert Grossetestes entwickelte er das Modell einer „Erfahrungswissenschaft" (*scientia experimentalis*), in der der Mathematik eine entscheidende Bedeutung zukam, so daß man hier von einem „pythagoreischen" Ansatz der Naturphilosophie gesprochen hat.[31]

Obwohl sich Bacon in seinen letzten Lebensjahrzehnten wahrscheinlich nur noch selten in Oxford aufhielt, insbesondere seit er in Konflikt mit seinem Orden, den Franziskanern, geraten war, wirkten dort seine Vorstellungen fort. Die Einflüsse der Logik und der Mathematik gingen so weit, daß es dabei gelegentlich sogar zu einer 'Mathematisierung' der Theologie kam, indem die Theologen ihre Argumente mit Hilfe des axiomatischen Modells der euklidischen Geometrie präsentierten.[32] Einer der hervorragendsten Vertreter dieser Richtung war Thomas Bradwardine, der 1349 kurz vor seinem Tod zum Erzbischof von Canterbury aufstieg. Seine Beschäftigung mit naturphilosophischen Fragen, für die er auf intensive Kenntnisse sowohl der euklidischen Geometrie als auch der aristotelischen 'Physik' zurückgreifen konnte, fand vor allem in eigenständigen Schriften ihren Niederschlag und nicht in Aristoteles-Kommentaren. So setzte er sich in einem eigenen Traktat mit den Problemen des aristotelischen Kontinuum-Begriffs auseinander, und in der theologischen Summe 'De causa Dei adversos Pelagianos' vertrat er – als einer von wenigen scholastischen Philosophen – die These eines unendlichen, mit Gott zu identifizierenden Raums jenseits der Welt.[33] Den größten Einfluß erlangte jedoch sein 'Tractatus de proportionibus', mit dem er 1328 die von Aristoteles und den älteren Kommentatoren der 'Physik' mathematisch nur im Ansatz diskutierte Frage der Verhältnisse von bewegenden und widerstehenden Kräften auf eine neue Grundlage stellte. Sein 'Bewegungsgesetz' geht dabei erstmals – modern gesprochen – von einer logarithmischen Abhängigkeit der Geschwindigkeit vom Ver-

25], S. 101–120; Edward Grant: Celestial Motions in the Late Middle Ages. In: Early Science and Medecine 2 (1997). S. 129–148, hier S. 135f. u. 141f.

31 Weisheipl [Anm. 10], S. 522 (mit Verweis auf Albertus Magnus). – Vgl. auch Crombie [Anm. 23], S. 139–162.

32 Vgl. William J. Courtenay: Schools and Scholars in Fourteenth-Century England. Princeton, N. J. 1987. S. 262f.; Edith Wilks Dolnikowski: Thomas Bradwardine. A View of Time and a Vision of Eternity in Fourteenth-Century Thought. Leiden, New York, Köln 1995 (Studies in the History of Christian Thought 65). S. 73.

33 Vgl. hierzu Sarnowsky [Anm. 13], S. 207 u. 276f.; John E. Murdoch: Atomism and Motion in the Fourteenth Century. In: Everett Mendelsohn (Hg.): Transformation and Tradition in the Sciences. Essay in Honor of I. Bernard Cohen. Cambridge 1984. S. 45–66; Andrew George Molland: An Examination of Bradwardine's Geometry. In: Archive for the History of Exact Sciences 19 (1978). S. 113–175; Edward Grant: Much Ado about Nothing. Theories of Space and Vacuum from the Middle Ages to the Scientific Revolution. Cambridge 1981. S. 135–144.

hältnis von Kraft und Widerstand aus.[34] Diese Lösung fand rasche Verbreitung, unter anderem in Paris und in Italien – und zwar nicht nur im Traktat Bradwardines selbst, sondern auch in einer Kurzfassung, in zahlreichen Kommentaren und daran orientierten ähnlichen Schriften, so daß so etwas wie eine eigene Literaturgattung 'De proportionibus' entstand. So verfaßte z.B. Franciscus de Ferrara 1352 an der Universität Padua seine 'Quaestio de proportionibus motuum' in enger Anlehnung an Bradwardine.[35]

Wohl vor dem Hintergrund des Wirkens von Thomas Bradwardine bildete sich in Oxford die Schule der *Mertonenses* oder *Calculatores*, in der die Mathematik starkes Gewicht besaß.[36] Ihre wichtigsten Vertreter: William Heytesbury, Richard und Roger Swineshead, Richard Kilvington sowie John Dumbleton behandelten naturphilosophische Fragen zumeist in eigenständigen, mathematisch-logisch ausgerichteten Schriften mit ähnlichen Lösungen, obwohl hier wie im etwa gleichzeitigen Fall der 'Pariser Schule' die konkreten persönlichen Zusammenhänge unklar sind. Namengebend war der um 1350 entstandene 'Liber calculationum' Richard Swinesheads (des *Calculator*), der eine Summe der offenbar seit den 1330er Jahren geführten Diskussionen darstellt. Neben diesem Werk fanden insbesondere William Heytesburys 'Regule solvendi sophismata', John Dumbletons 'Summa philosophie naturalis' und Richard Kilvingtons 'Sophismata' auf dem Kontinent recht weite Verbreitung[37] und gaben der Literaturgat-

34 Vgl. hierzu Dolnikowski [Anm. 32], S. 73–99; Sarnowsky [Anm. 13], S. 328f., jeweils mit weiterer Literatur.

35 Francesco of Ferrara's 'Questio de proportionibus motuum'. Hrsg. von Marshall Clagett. In: Annali dell'Istituto e Museo di Storia della Scienza di Firenze 3 (1978). S. 3–63. – Die Rezeption des Bradwardineschen 'Bewegungsgesetzes' schloß aber auch Ablehnung ein; vgl. Anne Harrison: Blasius of Parma's Critique of Bradwardine's 'Tractatus de proportionibus'. In: Antonino Poppi (Hg.): Scienza e filosofia all'università di Padova nel Quattrocento. Padua 1983. S. 19–69.

36 Einen Überblick über die ältere Literatur zu den *Calculatores* (bis 1988) bieten Janet Coleman: The Oxford Calculatores: Richard and Roger Swineshead; Jürgen Sarnowsky: The Oxford Calculatores. Beide in: Guttorm Fløistad (Hg.): Contemporary Philosophy. Bd. 6: Philosophy and Science in the Middle Ages. Dordrecht, Boston, London 1990. S. 467–471 bzw. 473–480. – Allgemein vgl. Edith D. Sylla: The Oxford Calculators and the Mathematics of Motion 1320–1350. Physics and Measurement by Latitudes. New York, London 1991. – Zur Bedeutung der Mathematik vgl. u. a. George Molland: The Geometrical Background to the „Merton School". In: British Journal for the History of Science 4 (1968/69). S. 108–125; Steven J. Livesey: Mathematics *iuxta communem modum loquendi*. Formations and Use of Definitions in Heytesbury's *De motu locali*. In: Comitatus. A Journal of Medieval and Renaissance Studies 10 (1979/80). S. 9–20; Edith D. Sylla: Mathematical Physics and Imagination in the Work of the Oxford Calculators: Roger Swineshead's On Natural Motions. In: Edward Grant u. John E. Murdoch (Hgg.): Mathematics and Its Applications to Science and Natural Philosophy in the Middle Ages. Essays in Honor of Marshall Clagett. Cambridge 1987. S. 69–101. – Neben Bradwardine gehört in gewissem Sinne auch Walter Burleigh zur ersten Generation der *Mertonenses* (s. Anm. 29).

37 Vgl. Jürgen Sarnowsky: Natural Philosophy at Oxford and Paris in the Mid-Fourteenth Century. In: Michael Wilks u. Anne Hudson (Hgg.): From Ockham to Wyclif. Oxford Scholarship in the

tung der 'Sophismata' wichtige Impulse. Im Zentrum stand dabei die logische Analyse von Sätzen, doch führten z.B. die Diskussionen um Anfang und Ende von Bewegung, um *incipit* und *desinit*, weit in die naturphilosophische Auseinandersetzung mit der aristotelischen Theorie des Kontinuums hinein.[38] Weniger verbreitet, aber zumindest in gewisser Hinsicht ebenso folgenreich war Roger Swinesheads 'De motu', indem er für die Untersuchung von Bewegungen erstmals begrifflich zwischen Ursachen und Wirkungen, d. h. zwischen dem dynamischen und dem kinematischen Aspekt, unterschied. Diese Differenzierung fand dann in Paris, namentlich bei Albert von Sachsen, Eingang in die Physikkommentare, zusammen mit Bradwardines 'Bewegungsgesetz'.[39]

Während die aristotelische Naturphilosophie in Oxford durch andere Traditionen ergänzt wurde, suchten Pariser Gelehrte des 13. Jahrhunderts den aristotelischen Theorien durch eine engere Anlehnung an seinen Kommentator, den spanischen Araber Averroes, näherzukommen. Dieser 'radikale Aristotelismus' bzw. 'lateinische Averroismus' stieß nach 1260 auf die scharfe Kritik Roger Bacons, der so möglicherweise zu den Verurteilungen von 1270 und 1277 beitrug.[40] Obwohl der Einfluß des Kommentators in

---

Later Fourteenth Century. Oxford 1987 (Church History, Subsidia 5). S. 125–134, hier S. 126. – Auszüge aus den genannten Werken bei Marshall Clagett: The Science of Mechanics in the Middle Ages. Madison, Wisconsin 1959 (Publications in Medieval Science 4). S. 235–250 u. 270–325 (letzteres zum „Theorem der gleichförmigen Beschleunigung"). – Zu den Swinesheads vgl. u. a. John E. Murdoch u. Edith D. Sylla: Swineshead (Swyneshed, Suicet, etc.), Richard. In: Dictionary of Scientific Biography. Bd. 13 (1976). S. 184–213; Michael A. Hoskin u. Andrew George Molland: Swineshead on Falling Bodies. In: The British Journal for the History of Science 3 (1966/67). S. 150–182. – Zu Kilvington vgl. u. a. Norman Kretzmann: Richard Kilvington and the Logic of Instantaneous Speed. In: Alfonso Maierù u. Agostino Paravicini Bagliani (Hgg.): Studi sul XIV secolo in memoria di Anneliese Maier. Rom 1981 (Storia e letteratura. Raccolta di studi e testi 151). S. 143–178; Elźbieta Jung-Palczewska: Motion in a Vacuum and in a Plenum in Richard Kilvington's Question *Utrum aliquod corpus simplex posset moveri aequae velociter in vacuo et in pleno* from the ‚Commentary on the Physics'. In: Aertsen u. Speer [Anm. 25], S. 179–193. – Zu Dumbleton vgl. u. a. James A. Weisheipl: The Place of John Dumbleton in the Merton School. In: Isis 50 (1959). S. 439–454.

38 Vgl. hierzu Norman Kretzmann: Incipit / Desinit. In: Peter K. Machamer u. Robert G. Turnbull (Hgg.): Motion and Time. Space and Matter. Columbus, Ohio 1976 S. 101–136; John E. Murdoch: Propositional Analysis in Fourteenth-Century Natural Philosophy. A Case Study. In: Synthese 40 (1979). S. 117–146; Francesco Bottin: Analisi linguistica e fisica aristotelica nei ‚Sophysmata' di Richard Kylmington. In: Carlo Giacon (Hg.): Filosofia e politica e altri saggi. Padua 1973. S. 125–145.

39 Vgl. Sarnowsky [Anm. 37], S. 131f.; Sylla [Anm. 29], S. 67. – Zum Einfluß in Italien vgl. u. a. Charles B. Schmitt: Hieronymus Picus, Renaissance Platonism and the Calculator. In: International Studies in Philosophy / Studi Internazionali di Filosofia 8 (1976). S. 57–80; Henk A. H. Braakhuis: Paul of Pergulas' Commentary on the ‚Sophismata' of William Heytesbury. In: Alfonso Maierù (Hg.): English Logic in Italy in the 14th and 15th Centuries. Neapel 1982 (History of Logic 1). S. 343–357; Francesco Bottin: Gaetano da Thiene e i ‚Calculatores'. In: Poppi [Anm. 35], S. 125–134.

40 Vgl. hierzu Jeremiah Hackett: Roger Bacon, Aristotle, and the Parisian Condemnations of 1270, 1277. In: Vivarium 35 (1997). S. 282–314; zum Kontext Silvia Donati: A New Witness to the

der Naturphilosophie des 13. und 14. Jahrhunderts an vielen Stellen eine Rolle spielte[41], gewann er in diesem Umfeld besondere Intensität. Boetius von Dacien, Siger von Brabant und andere entwickelten nicht nur die Lehre einer doppelten, philosophischen im Gegensatz zur theologischen Wahrheit, sondern beharrten auf naturphilosophischen Lehren wie denen von der Ewigkeit der Welt oder der Einheit der Seele (*unitas intellectus*)[42]; dazu kam vielfach ein weitreichender Determinismus. Nach 1277 wirkte diese Ausrichtung des mittelalterlichen Denkens bis ins 16. Jahrhundert vor allem in Italien weiter. Zu den italienischen Averroisten zählt z.B. der zwischen 1334 und 1347 in Bologna nachgewiesene Matthäus von Gubbio, von dem unter anderem Quaestionen zur Rolle der Intelligenzen in der Himmelsbewegung, zum Problem des Unendlichen, zu den Eigenschaften der Elemente, über das Sehen und die Ausbreitung des Lichts im Medium sowie über die Himmelspole erhalten sind, während sein Physikkommentar verloren ist. Fast immer folgte er dabei – oftmals wörtlich – den Lösungen des Averroes, und wo sich ein Widerspruch zur christlichen Auffassung ergeben konnte, wich er durch eine Differenzierung der grundlegenden Begriffe aus.[43] Averroisten lassen sich daneben während des 14. Jahrhunderts auch in Deutschland nachweisen: so etwa Theoderich von Erfurt, der wohl 1341 in Paris einen Physikkommentar verfaßt hat, in dem er die Fragen um Ort, Vakuum und Bewegung im wesentlichen im Sinne des Averroes entscheidet und die in dieser Zeit von der 'Pariser Schule' vertretene Impetustheorie zugunsten der aristotelischen Lösung des Wurfproblems ablehnt.[44]

Die Averroisten hatten jedoch nur geringe Bedeutung für die weitere Auseinandersetzung mit der aristotelischen Naturphilosophie. Zentral waren vielmehr in Paris die Physikkommentare der großen scholastischen Philosophen und Theologen wie Albertus Magnus, Thomas von Aquin und Ägidius Romanus, letztere schon auf der Grundlage der neuen, griechisch-lateinischen Übersetzung des Wilhelm von Moerbeke, die im

---

Radical Aristotelism Condemned by Étienne Tempier in 1277. In: Aertsen u. Speer [Anm. 19], S. 371–382.

41 Vgl. hierzu z. B. Graham J. McAleer: The Presence of Averroes in the Natural Philosophy of Robert Kilwardby. In: Archiv für Geschichte der Philosophie 81 (1999). S. 33–54; allgemein Jürgen Sarnowsky: Averroes als ‚scholastischer' Kommentator der Physik des Aristoteles. In: Albert Zimmermann (Hg.): Orientalische Kultur und europäisches Mittelalter. Berlin, New York 1985 (Miscellanea Mediaevalia 17). S. 254–273.

42 Vgl. u. a. Edward Grant: Issues in Natural Philosophy at Paris in the Late Thirteenth Century. In: Medievalia et Humanistica N. S. 13 (1985). S. 75–94, hier S. 78–80.

43 Vgl. hierzu Maier [Anm. 5], S. 251–278 (Matthäus' Quaestionen nach einer vatikanischen Handschrift auf S. 258–261).

44 Vgl. künftig auch Jürgen Sarnowsky: Ein Albert von Sachsen zugeschriebener Physikkommentar aus der Mitte des 14. Jahrhunderts. In: Medioevo 27 [im Druck]. – Zu Belegen für eine an Alexander von Aphrodisias ausgerichtete und mit dem Buridanismus verbreitete 'Schule' vgl. Olaf Pluta: Der Alexandrismus an den Universitäten im späten Mittelalter. In: Bochumer Jahrbuch für Antike und Mittelalter 1 (1996). S. 81–109.

Folgenden maßgeblich wurde.[45] Während Albertus Magnus unter anderem indirekt, d. h. durch ein folgenreiches Mißverständnis seines Bewegungsbegriffs wirkte, das die Debatte über die Bestimmung der Bewegung als Abfolge von Formen oder als eigene fließende Form (d.h. Bewegung als *fluxus formae* oder als *forma fluens*) auslöste[46], bildeten die Erläuterungen der beiden jüngeren Gelehrten die Basis der weiteren Kommentierung. So haben z. B. Thomas und Ägidius den Anstoß zwar nicht zu einer Revision, wohl aber doch zu einer notwendigen Ergänzung des problematischen aristotelischen Ortsbegriffs gegeben, indem sie – mit den Worten des Ägidius – Ort nicht mehr nur *materialiter* als äußerste begrenzende Fläche des lokalisierten Körpers verstanden, sondern *formaliter* in ein Bezugssystem innerhalb der Welt einbanden.[47]

Auf diesen älteren Pariser Aristoteles-Kommentaren, zu denen bis ins zweite Viertel des 14. Jahrhunderts noch weitere Texte dazukamen[48], baute schließlich eine weitere Schule auf: die schon von Pierre DUHEM intensiv erforschte ‘Pariser Schule’ um Johannes Buridan, bei der das Zusammenwirken – hier über die verschiedenen Nationen der Artistenfakultät hinweg – ebenso offen ist wie bei den Oxforder *Calculatores*. Neben Buridan, der etwa zwischen 1328 und 1358 – immerhin rund 30 Jahre lang – an der Artistenfakultät tätig gewesen ist, sind zumindest zwei akademische Generationen von Schülern zu nennen: zunächst Nicole Oresme und Albert von Sachsen, dann Marsilius von Inghen, der sein Magisterexamen erst abschloß, als die beiden anderen die Pariser Universität wahrscheinlich schon verlassen hatten.[49] Die Beziehungen zwischen den Werken aus dieser Schule sind allerdings teilweise so eng, daß die Zuschreibung der Texte zu Problemen führt, wenn sie nicht eindeutig aus den Manuskripten hervorgeht. So ist – sicher zu Unrecht – die erst in späterer Hand nachgetragene Autorschaft Nicole

45 Zu Wilhelms Übersetzungen vgl. u. a. David C. Lindberg: The Transmission of Greek and Arabic Learning to the West. In: Ders. [Anm. 14], S. 52–90, hier S. 73f.

46 Vgl. u. a. Weisheipl [Anm. 10], S. 527f.; Ernest J. McCullough: St. Albert on Motion as *Forma fluens* and *Fluxus formae*. In: James A. Weisheipl (Hg.): Albertus Magnus and the Sciences. Commemorative Essays 1980. Toronto 1980 (Studies and Texts 49). S. 129–153.

47 Vgl. Sarnowsky [Anm. 13], S. 182f.; Elders [Anm. 13], S. 85.

48 Vgl. u. a. Silvia Donati: Commenti parigini alla Fisica degli anni 1270–1300 ca. In: Andreas Speer (Hg.): Die Bibliotheca Amploniana. Berlin, New York 1995 (Miscellanea Mediaevalia 23). S. 136–256.

49 Zu den einzelnen Autoren vgl. Clagett [Anm. 37], S. 337–340 u. 521f.; Bernd Michael: Johannes Buridan. Studien zu seinem Leben, seinen Werken und zur Rezeption seiner Theorien im Europa des späten Mittelalters. Phil. Diss. Berlin 1985. Bd. 1. S. 79–285; Nicole Oresme: De proportionibus proportionum, Ad pauca respicientes. Hrsg. von Edward Grant. Madison, Wisconsin 1966 (Publications in Medieval Science 9). S. 3–10; Edward Grant: Scientific Thought in Fourteenth-Century Paris. Jean Buridan and Nicole Oresme. In: Madeleine Pelner Cosman u. Bruce Chandler (Hgg.): Machaut's World. Science and Art in the Fourteenth Century. New York 1978 (Annals of the New York Academy of Sciences 314). S. 105–124; Sarnowsky [Anm. 13], S. 11–71; Gerhard Ritter: Studien zur Spätscholastik: Marsilius von Inghen und die okkamistische Schule in Deutschland. Heidelberg 1921 (Sitzungsberichte der Heidelberger Akademie der Wissenschaften. Philosophisch-historische Klasse 1921, 4).

Oresmes an der einzigen bekannten Fassung seines Physikkommentars bezweifelt worden[50], und bei Marsilius von Inghen ist immer noch offen, inwieweit von ihm neben einer weiterverbreiteten Kurzfassung längere Quaestionen zur 'Physik' erhalten sind.[51] Dies liegt wohl auch daran, daß die Kommentare in Quaestionenform selten die Unterschiede zwischen den Autoren hervortreten lassen und Gegenpositionen so gut wie nie anderen Philosophen zugewiesen sind.[52] Ein wichtiges Kriterium für die Zuordnung ist jedoch die Übernahme zentraler naturphilosophischer Theorien dieser Schule, insbesondere die Wesensbestimmung der Bewegung, die Diskussion des Vakuums und die Impetustheorie, d.h. die Erklärung der Wurfbewegung durch eine dem geworfenen Gegenstand innewohnende Qualität, wie sie von Buridan formuliert und auf natürliche Bewegungen wie den Freien Fall und die Himmelsbewegungen übertragen wurde.[53]

Buridan und die jüngeren Magister gehören im Hinblick auf die Wissenschaftstheorie und Logik in einen weiteren Zusammenhang, den des Nominalismus oder 'Terminismus'. Dies ergibt sich insbesondere aus mehreren universitären Statuten des 15. Jahrhunderts, die vor allem durch den Streit zwischen Nominalisten und Realisten, zwischen *via moderna* und *via antiqua*, geprägt waren. So schrieb ein Dekret der Kurfürsten 1425 für die Artistenfakultät in Köln die *via moderna* und die Lektüre der Schriften Buridans, Marsilius' und ihrer Nachfolger vor, während 1427 in Löwen die Lehren Buridans, Marsilius', Ockhams und ihrer Anhänger ausdrücklich verboten wurden. In Paris mündeten diese Auseinandersetzungen schließlich 1474 in ein durch König Ludwig XI. erlassenes Verbot von *doctores renovatores*, zu denen neben Ockham Adam Wodeham, Johannes Buridan, Gregor von Rimini, Johannes von Mirecourt, Marsilius von Inghen, Albert von Sachsen, Johannes Dorp und Pierre d'Ailly gezählt

---

50 Vgl. hierzu grundlegend Stefan Kirschner: Nicolaus Oresmes Kommentar zur Physik des Aristoteles. Kommentar mit Edition der Quaestionen zu Buch 3 und 4 der aristotelischen Physik sowie von vier Quaestionen zu Buch 5. Stuttgart 1997 (Sudhoffs Archiv, Beiheft 39). S. 17–28. – Vgl. auch Mieczysław Markowski: Les 'Questiones super I-VIII libros Physicorum Aristotelis' de Nicolas Oresme retrouvées? In: Medievalia Philosophica Polonorum 26 (1982). S. 19–41, der zu Unrecht einen älteren Buridanschen Physikkommentar Oresme zuschreiben will.

51 Vgl. hierzu u. a. Thomas Dewender: Einige Bemerkungen zur Authentizität der Physikkommentare, die Marsilius von Inghen zugeschrieben werden. In: Stanisław Wielgus (Hg.): Marsilius von Inghen. Werk und Wirkung. Akten des Zweiten Internationalen Marsilius-von-Inghen-Kongresses. Lublin 1993. S. 245–269; Johannes M. Thijssen: The Short Redaction of John Buridan's Questions on the Physics and their Relation to the Questions on the Physics Attributed to Marsilius of Inghen. In: Archives d'histoire doctrinale et littéraire du Moyen-Age 52 (1985). S. 237–266.

52 Vgl. Edith D. Sylla: Aristotelian Commentaries and Scientific Change: The Parisian Nominalists on the Cause of the Natural Motion of Inanimate Bodies. In: Vivarium 31 (1993). S. 37–83, hier S. 73f. u. 77–79.

53 Zur Impetustheorie vgl. u. a. Maier [Anm. 15], S. 113–314 (und Nachträge); Sarnowsky [Anm. 13], S. 381–404.

wurden.[54] Diese Gruppe konstituiert jedoch keineswegs so etwas wie eine Schule, sondern steht vielmehr für Konflikte zwischen Verfechtern verschiedener methodischer Ansätze, die nach dem zeitweiligen Verbot der Schriften Ockhams zwischen 1340 und etwa 1360 aufbrachen und sich bereits nach 1378 im Sentenzenkommentar des späteren Pisaner Papstes Alexander V., Peter von Candia, fassen lassen.

Die Lehren der engeren 'Pariser Schule' um Johannes Buridan fanden – zusammen mit dem Oxforder Hintergrund – weite Verbreitung an den europäischen Universitäten, so daß die Forschung inzwischen vom „Buridanismus" des späteren Mittelalters spricht.[55] Selbst als an der Pariser Universität um 1410 der Einfluß Buridans und seiner Schüler schwand, wirkten ihre Aristoteles-Kommentare und andere Schriften vielerorts weiter. So spielten diese Texte in Prag, Wien, Erfurt und Krakau sowie in Italien eine wichtige Rolle: In Prag erließ man Vorschriften gegen Mißbräuche beim Kopieren der Werke Buridans; in Wien waren sowohl der Physikkommentar Buridans wie der 'De caelo'-Kommentar Alberts von Sachsen als Textbuch in Gebrauch; in Italien nahmen Biagio Pelacani von Parma, Paolo Veneto, Giovanni Marliani, Luca Pacioli und andere die Vorstellungen der Pariser auf. In Krakau entstanden um 1420 eigene Kommentare zur aristotelischen Naturphilosophie, die auf den Pariser Lehren aufbauten und letztlich bis in die Zeit des Nicolaus Copernicus fortwirkten.[56] Der wichtigste dieser Physikkommentare ist zweifellos der von Benedikt Hesse, der wahrscheinlich 1421 geschrieben wurde, unter anderem auf Johannes Buridan und Marsilius von Inghen zurückgriff

54 Vgl. hierzu u. a. William J. Courtenay: Was there an Ockhamist School?; Zénon Kaluza: La crise des années 1474–1482. L'interdiction du nominalisme par Louis XI. Beide in: Maarten J. F. M. Hoenen, J. H. Josef Schneider u. Georg Wieland (Hgg.): Philosophy and Learning. Universities in the Middle Ages. Leiden, New York, Köln 1995 (Education and Society in the Middle Ages and the Renaissance 6). S. 263–292 bzw. 293–327. – Text des Dekrets bei Franz Ehrle: Der Sentenzenkommentar Peters von Candia des Pisaner Papstes Alexander V. Münster 1925 (Franziskanische Studien, Beiheft 9). S. 310–316.

55 Vgl. Mieczysław Markowski: Burydanizm w Polsce w okresie Przedkopernikaniskim. Warschau u. a. 1971 (Studia Copernicana 2); Michael [Anm. 49], S. 321–389.

56 Vgl. hierzu Michael [Anm. 49], S. 335, 341 u. 354–356; Sarnowsky [Anm. 13], S. 40 u. 66–68. – Zu Italien u. a. Graziella Federici Vescovini: A propos de la diffusion des oeuvres de Jean Buridan en Italie du XIVe au XVIe siècle. In: Jan Pinborg (Hg.): The Logic of John Buridan. Acts of the 3rd European Symposium on Medieval Logic and Semantics. Kopenhagen 1976 (Opuscula Graecolatina 9). S. 21–45; Johannes M. M. H. Thijssen: The Circulation and Reception of Marsilius of Inghen's *Quaestiones super libros de generatione et corruptione* in Fifteenth- and Sixteenth-century Italy. The Problem of Reaction. In: Wielgus [Anm. 51], S. 227–244; Ders.: The Book-collection of Bernardus a Campanea de Verona (fl. end 14th / beginning 15th century): the Dissemination of English and French Natural Science in Italy. In: Scriptorium 44 (1990). S. 299–312; Stefano Caroti: Note sulla biblioteca di Nicoletto Vernia. In: Vincenzo Fera u. Augusto Guida (Hgg.): Vetustatis indagator. Scritti offerti a Filippo di Benedetto. Messina 1999. S. 183–206. – Zu Krakau allgemein Mieczysław Markowski: Der Buridanismus an der Krakauer Universität im Mittelalter. In: Olaf Pluta (Hg.): Die Philosophie im 14. und 15. Jahrhundert. In memoriam Konstanty Michalski (1879–1947). Amsterdam 1988 (Bochumer Studien zur Philosophie 10). S. 245–260.

und die Impetustheorie der 'Pariser Schule' übernahm, aber auch eigenständige Lösungen z. B. zu den Fragen um Raum, Vakuum, Zeit und Bewegung entwickelte. Seine Quaestionen wurden für mehrere Jahrzehnte an der Krakauer Universität zum Textbuch, zunächst in der ursprünglichen Form, dann in Überarbeitungen.[57]

Während der Einfluß des Buridanismus nicht nach Spanien und England – letzteres wohl in Konsequenz des Hundertjährigen Krieges – vordrang, spielte er seit dem Anfang des 15. Jahrhunderts für rund 100 Jahre in Schottland eine wichtige Rolle. Den Anstoß dazu gab Lawrence von Lindores, der seit 1393 in Paris als Magister tätig war und nach seiner Rückkehr nach Schottland 1410 Gründungsrektor der ersten schottischen Universität in St. Andrews wurde. Die Statuten von 1415 schrieben dann auch nicht zufällig Textbücher *more Parisiensi* vor. Seine beiden erhaltenen Kommentare zur 'Physik' und 'De anima' zeichnen sich durch einen besonders klaren Aufbau aus, weichen aber auch in einigen Punkten von den Lösungen Buridans ab. So fällt die Behandlung der Impetustheorie sehr knapp aus, nur in einem *dubium* über die Kraft des Ersten Bewegers, und diese wird – wie später häufiger – zu einer schon von Aristoteles vertretenen Auffassung.[58] Lawrence's Physikkommentar bildete seinerseits die wichtigste Basis für den in Krakau grundlegenden Kommentar Benedikt Hesses, der etwa 15 Prozent des Textes wörtlich übernahm.[59]

Die Verbote der *via moderna*, speziell das Dekret Ludwigs XI. von 1474 für die Pariser Universität, signalisieren das Aufkommen einer Konkurrenz für den Buridanismus und die mit ihm verbundenen Vorstellungen. Diese Konkurrenz war, wie schon der Sammelbegriff der *via antiqua* nahelegt, an älteren Vorbildern orientiert: so an Albertus Magnus, Thomas von Aquin und Johannes Duns Scotus, auch wenn die nach dem ersten Patron benannte Strömung des 'Albertismus' überhaupt erst im 15. Jahrhundert entstand. Während in Paris – speziell am Collège de Montaigu – um 1500 noch einmal der Buridanismus kurzfristig wiederbelebt wurde[60], beeinflußte z.B. der in Paris um 1420 durch Jean de Nova Domo begründete Albertismus seinerseits die Kölner Universität.[61] Auch in diesem Kontext entstanden eigene Kommentare zur aristotelischen Naturphilosophie: so die anonymen Kölner 'Reparationes librorum totius naturalis phi-

---

57 Vgl. Stanisław Wielgus: Ausgewählte Probleme der 'Quaestiones in libros Physicorum' des Benedikt Hesse von Krakau. In: Pluta [Anm. 56], S. 85–101, bes. S. 85–87.

58 Vgl. Thomas Dewender: Lawrence of Lindores and his Commentaries on Aristotle. In: Marenbon [Anm. 15], S. 323–335, hier S. 328 u. 334. – Vgl. ferner allgemein Lawrence Moonan: The Scientific Writings of Lawrence of Lindores (d. 1437). In: Classica et Mediaevalia 38 (1987). S. 217–266 und 39 (1988). S. 273–317.

59 Vgl. Wielgus [Anm. 57], S. 50.

60 Vgl. Sarnowsky [Anm. 13], S. 66 u. 70.

61 Vgl. hierzu grundlegend Gérard Gilles Meersseman: Geschichte des Albertismus I: Die Pariser Anfänge des Kölner Albertismus. Paris 1933. – Zu weiteren Einflüssen des Albertismus vgl. Mieczysław Markowski: Albert und der Albertismus in Krakau. In: Albert Zimmermann (Hg.): Albert der Große. Seine Zeit, sein Werk, seine Wirkung. Berlin, New York 1981 (Miscellanea Mediaevalia 14). S. 177–192.

losophiae secundum processum Albertistarum et Thomistarum'[62] oder die 'Questiones perutiles supra tota philosophia naturali' des Parisers Jean le Maistre (Johannes de Magistris), die eine Aristoteles-Interpretation *secundum mentem doctoris subtilis Scoti* präsentieren.[63] Etwa zur selben Zeit entstanden auch anderenorts an den Universitäten neue Aristoteles-Kommentare für den Lehrbetrieb, etwa in Erfurt der 'Parvulus philosophie naturalis' des Bartholomäus Arnoldi von Usingen.[64]

Damit sind jedoch nur einige Grundlinien der Entwicklung umrissen. Gerade für das 14. und 15. Jahrhundert wachsen die Zahlen der immer noch weitgehend unbekannten Texte und Autoren, die sich einer Einordnung entziehen. Daneben bildeten sich neue Textgattungen, die hier nicht angesprochen werden konnten: etwa im Gefolge des 'Tractatus de configurationibus qualitatuum et motuum' von Nicole Oresme[65], der die zweidimensionale Darstellung für Veränderungsprozesse systematisch begründete, oder in Gestalt eines Brieftraktats, mit dem die Pariser Astronomen Jean de Murs und Firmin de Beauval 1345 auf Pläne Papst Clemens' VI. für eine Kalenderreform antworteten.[66] Das Netz müßte somit viel weiter ausgeworfen werden, als es hier möglich war, und sicher würden dann noch zahlreiche weitere Tendenzen und Entwicklungen hervortreten. Aber eine vollständigere Übersicht über die Entwicklungen müßte zugleich die Frage nach den Hintergründen und nach den Zusammenhängen für die beobachteten Veränderungen stellen. So ist z.B. für die Oresmesche Methode graphischer Repräsentation plausibel auf das Vorbild der Musik aufmerksam gemacht worden[67], und auch

62 Ausgabe Köln 1494 (bei Ulrich Zell); vgl. hierzu Maarten J. F. M. Hoenen: The ‚Reparationes librorum totius philosophiae' (Cologne 1494) as source for the late medieval debates between Albertistae and Thomistae. In: Documenti e studi sulla tradizione filosofica medievale 4 (1993). S. 307–344.

63 Zit. nach dem Kolophon der Ausgabe Venedig 1497 (bei Octavianus Scotus).

64 Vgl. Erich Kleineidam: Universitas Studii Erfordensis. Bd. 2. Leipzig 1969 (Erfurter Theologische Studien 22). S. 162.

65 Nicole Oresme and the Medieval Geometry of Qualities and Motions. A Treatise on the Uniformity and Difformity of Intensities Known as *Tractatus de configurationibus qualitatuum et motuum*. Hrsg. von Marshall Clagett. Madison, Wisconsin 1968 (Publications in Medieval Science 12). – Zu weiteren Beispielen (so für die 'Gattung' *De latitudinibus formarum*) vgl. Clagett [Anm. 37], S. 331–408.

66 Vgl. Chris Schabel: John of Murs and Firmin of Beauval's Letter and Treatise on Calendar Reform for Clement VI. In: Cahiers de l'Institut du Moyen-Age Grec et Latin 66 (1996). S. 187–215 (mit Edition des Brieftraktats).

67 Vgl. Ulrich Taschow: Die Bedeutung der Musik als Modell für Nicole Oresmes Theorie *De configurationibus qualitatuum et motuum*. In: Early Science and Medicine 4 (1999). S. 37–90. – Zur Rolle der Musik an den spätmittelalterlichen Universitäten vgl. André Goddu: Music as Art and Science in the Fourteenth Century. In: Ingrid Craemer-Ruegenberg u. Andreas Speer (Hgg.): *Scientia* und *ars* im Hoch- und Spätmittelalter. Berlin, New York 1994 (Miscellanea Mediaevalia 22). S. 1023–1045.

Vergleiche zwischen den neuen naturphilosophischen Vorstellungen des 14. Jahrhunderts und ökonomischen Theorien sind überaus sinnvoll.[68]

Zusammenhänge können insbesondere dann deutlich werden, wenn man – wie dies hier im Ansatz vor allem am Beispiel der Kommentare zur aristotelischen 'Physik' und verwandter Schriften geschehen ist – Texttraditionen verfolgt: Sei es in intensiver Analyse einzelner Schriften, sei es in Auseinandersetzung mit analogen Stellen aus verschiedenen Schriften, immer unter Berücksichtigung der besonderen Formen der Überlieferung; denn Quaestionen können z.B. als *scripta*, *pronunciata*, *reportata*, *questiones breves*, *disputata*, *collecta* usw. erhalten sein.[69] Dabei bedarf es zugleich, wie unter anderem das Beispiel der 'Pariser Schule' zeigt[70], auf mehrfache Weise der sorgfältigen Abgrenzung, sowohl zwischen den Lösungen eng miteinander verbundener Autoren wie auch zwischen diesen Autoren auf der einen und ihren Vorbildern sowie Rezipienten auf der anderen Seite. Texttraditionen zeichnen sich nicht zuletzt dadurch aus, daß in späterer Perspektive die Lehre einer Gruppe von Autoren – einer 'Schule' – besonders hervortritt, ohne daß sie bei ihren Urhebern schon diese zentrale Rolle spielte oder – gelegentlich auch – ohne daß sie überhaupt von dieser 'Schule' entwickelt worden wäre. So haben insbesondere italienische Gelehrte des 14. bis 16. Jahrhunderts immer wieder das 'Bewegungsgesetz' Bradwardines als zentrale Theorie der Pariser verstanden und – je nach Standpunkt – kritisch oder zustimmend dazu Stellung genommen.[71] Gerade aus dem Blickwinkel der Geschichtswissenschaft muß dabei zudem die Komplexität der spätmittelalterlichen Diskussionen hervortreten, dürfen Autoren wie Theoderich von Erfurt, Benedikt Hesse, Lawrence von Lindores, Jean le Maistre und viele andere nicht vernachlässigt werden. Im Hinblick auf das hier skizzierte Vorgehen steht die Erforschung der Naturerkenntnis an den spätmittelalterlichen Universitäten jedoch noch am Anfang.

Erst vor diesem Hintergrund kann die Frage nach Zusammenhängen und Entwicklungslinien zwischen der spätmittelalterlichen Naturerkenntnis und der modernen Naturwissenschaft erneut gestellt werden. Wenn man, wie dies bisher oft geschehen ist, die bahnbrechenden Neuerungen der Oxforder und Pariser Naturphilosophen des 13. und 14. Jahrhunderts mit den Protagonisten der 'Wissenschaftlichen Revolution' des 17. und 18. Jahrhunderts – mit Galilei, Kepler, Descartes, Newton und anderen – in

68 Vgl. hierzu Joel Kaye: Economy and Nature in the Fourteenth Century. Money, Market Exchange, and the Emergence of Scientific Thought. Cambridge 1998.

69 Vgl. hierzu grundlegend Christoph Flüeler: Die verschiedenen literarischen Gattungen der Aristoteleskommentare. Zur Terminologie der Überschriften und Kolophone. In: Jacqueline Hamesse (Hg.): Manuels, programmes de cours et techniques d'enseignement dans les universités médiévales. Louvain-la-Neuve 1994 (Publications de l'Institut d'Études médiévales. Textes, Études, Congrès 16). S. 75–116.

70 Vgl. Sylla [Anm. 52], S. 74–79.

71 Bis hin zur Verspottung der Pariser als *Captiunculatores* (= *Calculatores*) durch Agostino Nifo; vgl. Sarnowsky [Anm. 13], S. 66f.

Verbindung bringt[72], stellt sich immer die Frage des großen zeitlichen Abstands bzw. der Vermittlung. Zweifellos waren die Aristoteles-Rezeption, die Entstehung der Universitäten und die Formierung einer philosophisch gebildeten Theologenschicht, die bereit war, paganes Wissen innerhalb der Rahmenbedingungen der eigenen Vorstellungswelt und gemäß den eigenen Bedürfnissen zu übernehmen, notwendige Voraussetzungen, ohne die auch die 'Wissenschaftliche Revolution' nicht denkbar wäre.[73] Andererseits bedarf eine Feststellung wie die mittlerweile klassische These von Anneliese MAIER, „die spätscholastischen Naturphilosophen [...] haben das Werk eines Galilei, Leibniz, Newton, und wie sie alle heißen, nicht vorweggenommen, sie haben es vorbereitet“[74], in mehrfacher Hinsicht der konkreten Ausfüllung. Dies gilt insbesondere für den Begriff der 'Vorbereitung', der wegen der deutlichen Unterschiede zwischen den Lösungen der spätscholastischen Naturphilosophie und den Ansätzen z.B. der klassischen Physik keinesfalls im Sinne einer 'Vorarbeit' verstanden werden kann, die die unmittelbare Übernahme von Ergebnissen erlaubte. Vielmehr ist nur eine gedankliche Vorbereitung vorstellbar, die gewissermaßen Gemeinsamkeiten des – notorisch schwer faßbaren – 'Zeitgeists' zugrundelegt.[75]

Allerdings wird die Entwicklung von Bildung und Wissenschaft nur in Ausnahmefällen durch einen Dialog der „Riesen“ über Jahrhunderte „lärmenden Gezwerges“ hinweg getragen, so daß z.B. die These wenig weiterhilft, die Schriften der 'Pariser Schule' hätten wegen der Kommentarform erst mit Verzögerung gewirkt.[76] Denn wahrscheinlich kannte Galilei diese Texte nicht direkt, auch wenn er in seinen Jugendschriften *doctores Parisienses* und namentlich Marsilius von Inghen bzw. Albert von Sachsen erwähnt.[77] Die Vertrautheit von Galileis Lehrer Francesco Bonamico mit den Lösungen der Pariser verweist dagegen auf einen anderen Weg der Beeinflussung, dem auch sonst einige Bedeutung zugekommen sein dürfte: die Vermittlung durch spätere

72 Vgl. z. B. Pierre Souffrin: Sur l'histoire du concept de vitesse. Galilée et la tradition scolastique. In: Bernard Ribémont (Hg.): La temps, sa mesure et sa perception au Moyen Âge. Caen 1992. S. 243–268; Edward Grant: Bradwardine and Galileo. Equality of Velocities in the Void. In: Archive for History of Exact Sciences 2 (1962–66). S. 344–364; Edith D. Sylla: Imaginary Space. John Dumbleton and Isaac Newton. In: Aertsen u. Speer [Anm. 25], S. 206–225; William A. Wallace: Galileo and Scholastic Theories of Impetus. In: Maierù u. Paravicini Bagliani [Anm. 37], S. 275–297; Stillman Drake: A Further Reappraisal of Impetus-Theory. Buridan, Benedetti and Galileo. In: Studies in the History and Philosophy of Science 7 (1976). S. 319–336; Stefano Caroti: Nicole Oresme precursore di Galileo e di Descartes? In: Rivista critica di storia della filosofia 32 (1977). S. 11–23 u. 413–435.

73 So zu Recht Grant [Anm. 5], S. 171–176.

74 Anneliese Maier: Die Stellung der scholastischen Naturphilosophie in der Geschichte der Physik. In: Dies.: Ausgehendes Mittelalter. Bd. 1. Rom 1964. S. 413–424, hier S. 414.

75 Vgl. hierzu Sarnowsky [Anm. 13], S. 419–430 (mit einer Differenzierung nach direkter, zufälliger, thematischer, indirekter und negativer Vorbereitung).

76 Vgl. Edward Grant: 'Aristotelianism' and the Longevity of the Medieval World View. In: History of Science 16 (1978). S. 93–106, hier S. 98; ferner Sylla [Anm. 52], S. 37 u. 78f.

77 Vgl. Sarnowsky [Anm. 13], S. 67–69 (auch zum Folgenden).

Werke innerhalb einer Texttradition. Die genauere Analyse einer 'Vorbereitung' führt somit in die Details der Rezeptions- und Textgeschichte, in der alle Autoren und ihre Stellungnahmen einen Baustein zum Gesamtbild beitragen. Dies läßt sich auch für den Prozeß verfolgen, in dem während des 16. und 17. Jahrhunderts das astronomische Modell der festen Sphären zugunsten eines unendlichen, offen gestalteten Universums aufgegeben wurde. Die Diskussionen darüber fanden nicht nur zwischen Astronomen und Naturforschern wie Tycho Brahe, Galilei, Kepler und vielen anderen statt, auch zahlreiche Theologen waren daran beteiligt, nicht zuletzt im Kontext von Genesiskommentaren. Dabei wurden traditionelle Vorstellungen übernommen oder ganz bzw. teilweise verworfen, vielfach aber auch eigene Theorien entwickelt, die ihrerseits fortwirkten oder Modifikationen bzw. Ablehnung erfuhren, so daß sich ein Geflecht von Stellungnahmen aufzeigen läßt, das die Strukturen des Prozesses insgesamt deutlich macht.[78] Allerdings darf der grundlegend andere Charakter der Argumentation, in der naturphilosophische, logische und theologische Aspekte eine Rolle spielten, nicht zugunsten 'linearer' Vergleiche mit der modernen Naturwissenschaft zurücktreten. Eine Aufarbeitung dieser verschiedenen Texttraditionen verspricht jedenfalls nicht nur für die Wissenschafts-, Bildungs- und Vorstellungsgeschichte des späteren Mittelalters wie der Frühen Neuzeit reiche Erträge.

78 Vgl. hierzu die detaillierte Untersuchung von William G. L. Randles: The Unmaking of the Medieval Christian Cosmos, 1500–1760. From Solid Heavens to Boundless Aether. Aldershot, Hants, 1999.

UDO FRIEDRICH

Die Ordnung der Natur. Funktionsrahmen der Natur in der volkssprachlichen Literatur des Mittelalters

Die Frage nach dem Stellenwert der Natur in der volkssprachlichen Literatur des Mittelalters steht vor nicht unerheblichen Problemen des methodischen Zugriffs. Natur ist ein universaler Begriff und entsprechend semantisch vieldeutig, er ist überdies Legitimationsinstanz für eine Vielzahl von Interessen. Ethische, wissenschaftliche und literarische Perspektivierung etwa rücken Natur in jeweils eigene Funktionszusammenhänge, die sich nicht gegeneinander ausspielen lassen. Sie operieren vor dem Hintergrund fundamental differenter Wertvorstellungen, wobei der Begriff der Natur jeweils mit ganz spezifischen Hypotheken an Sinn belastet wird: dem Guten, dem Wahren, dem Schönen. Zu den pragmatischen Implikationen dieser Konkurrenzsituation gehört, daß die einzelnen Auffassungen ihre Geltungsräume gegeneinander durchzusetzen suchen. Natur wird damit vor allem zur Projektionsfläche rivalisierender Sinnbedürfnisse. Das Feld dieser Konkurrenzen aber ist im Mittelalter anders konfiguriert als in der Moderne.

Zu den methodischen Problemen gehört auch die Art des Zugriffs auf die Quellen. Ein wortgeschichtlicher Ansatz wird anders verfahren als ein begriffsgeschichtlicher, dieser wieder anders als ein diskursgeschichtlicher. Eine wortgeschichtliche Analyse geht vom konkreten Wortgebrauch der Quellen aus und rekonstruiert im engeren oder weiteren Ausschnitt semantische Bedeutungsfelder. Sie wird immer auch auf die beiden anderen Perspektiven hin dimensioniert sein. Ihre Ergebnisse und kontextuellen Zuordnungen finden vor allem in Wörterbüchern ihren Niederschlag.[1] Eine begriffsgeschichtliche Untersuchung überschreitet den Rahmen des Wortgebrauchs, bezieht Synonyme und disziplinäre Konzepte mit ein, analysiert historisch spezifische Vorstellungskomplexe von Natur und zeichnet deren Veränderung nach.[2] Sie steht der Ideengeschichte

1 Vgl. hierzu Klaus Grubmüller: *Natûre ist der ander got*. Zur Bedeutung von *natûre* im Mittelalter. In: Alan Robertshaw u. Gerhard Wolf (Hgg.): Natur und Kultur in der deutschen Literatur des Mittelalters. Colloquium Exeter 1997. Tübingen 1999. S. 3–17.

2 Vgl. Hans K. Schulze: Mediävistik als Begriffsgeschichte. In: Reinhart Koselleck (Hg.): Historische Semantik und Begriffsgeschichte. Stuttgart 1978 (Sprache und Geschichte 1). S. 242–261, hier S. 244.

näher und findet ihren Ort in weiter gefaßten Sach- oder eigens konzeptualisierten Begriffslexika.[3] Eine Diskursgeschichte hätte demgegenüber die verschiedenen pragmatischen Implikationen zu thematisieren, die mit der Berufung auf Natur verbunden sind: nämlich die Strategien, gruppenspezifische Interessen durch Rekurs auf eine natürliche Basis zu legitimieren, und zwar in Theologie, Recht und Politik, aber auch in Wissenschaft und Literatur.

Mehr noch als der Literaturwissenschaftler der Moderne steht der Mediävist auch vor dem Problem der Einschätzung seiner Quellen, d.h. ihres wechselseitigen Verhältnisses und ihres Differenzierungsgrades. Eine Ausdifferenzierung der Disziplinen ist dem Mittelalter weitgehend unbekannt. Zwar existieren mit dem akademischen Fächerkanon relativ unabhängige Disziplinen: Theologie, Medizin, Recht und *Artes*, doch weisen sie weit mehr Interferenzen auf als in der Moderne. Das weite Feld der praktischen Künste jenseits der Universitäten ist damit noch gar nicht erfaßt. Vor allem aber ist der Stellenwert dessen, was mit Literatur im engeren Sinn bezeichnet wird, ungeklärt. Er liegt irgendwo zwischen funktionaler Ausrichtung und autonomer Selbstbestimmtheit, zwischen moralischer Anleitung und selbstreflexiver Fiktion.

Bezogen auf die Vorstellung von Natur – Wort, Begriff, Diskurs – liegt ein heterogener Quellenbefund vor. Das lateinische gelehrte Schrifttum des Mittelalters gibt dem volkssprachlichen die Orientierung vor. Es handelt sich hier zum einen um Fachprosa, um theologische, medizinische, juristische und didaktische Textsorten, die ihre eigenen Naturkonzepte entwerfen, zum andern um das weite Feld der mittellateinischen Dichtung. Die Theologie entfaltet ihren Naturbegriff unter der Prämisse von Schöpfungsordnung und Sündenfall, die Medizin knüpft an die antike Humoralpathologie an, die Jurisprudenz postuliert, ausgehend von theologischen Vorgaben, die nicht hintergehbaren naturrechtlichen Rahmenbedingungen sozialen Zusammenlebens und die Philosophie schließlich versucht, die theologischen Anforderungen mit antiken Naturvorstellungen zu harmonisieren oder zu konfrontieren. In all diesen akademischen Feldern wird seit dem 12. Jahrhundert ein Prozeß der Rationalisierung konstatiert, durch den Natur als eine zunehmend eigenständige Berufungsinstanz etabliert wird.[4]

Die verschiedenen Aspekte können in der gelehrten Dichtung des 12. Jahrhunderts zusammenlaufen. Der Einfluß theologisch-philosophischer Konzepte etwa findet sich im Kontext der Schule von Chartres in den Werken eines Bernardus Silvestris und Alanus ab Insulis. Des Alanus 'Anticlaudianus' bietet einen Schöpfungsmythos in literarischer Form, der sich gleichermaßen an theologischen und naturphilosophischen Prämissen orientiert. Hier ist die Natur tätige Schöpfungsinstanz, die in Kooperation mit

3 Vgl. etwa Heinrich Schipperges: Natur. In: Otto Brunner, Werner Conze u. Reinhart Koselleck (Hgg.): Geschichtliche Grundbegriffe. Bd. 4. Stuttgart 1978. S. 215–244; T. Gregory u. A. Maierù: Natur. In: Historisches Wörterbuch der Philosophie. Bd. 6 (1984). Sp. 421–455.

4 Vgl. hierzu Gregory u. Maierù [Anm. 3], Sp. 444–453; Andreas Speer: Die entdeckte Natur. Untersuchungen zu Begründungsversuchen einer 'scientia naturalis' im 12. Jahrhundert. Leiden, New York, Köln 1995 (Studien und Texte zur Geistesgeschichte des Mittelalters 45).

Gott nicht die Welt, sondern den neuen Menschen formt. Die spezifisch literarische Leistung solch gelehrter Werke liegt zum einen darin, daß sie gegenüber den orthodoxen Positionen der Theologie die Relation der Schöpfungsinstanzen – Gott, Natur, Mensch – alternativ fassen; zum anderen darin, die Funktion der Natur über den Status eines Topos (*natura formatrix*) hinaus zu einem eigenständigen Prinzip (*mater generationis*) zu erweitern.[5]

Ein solcher Ansatz wirkt dann seit dem 13. Jahrhundert zunehmend in die volkssprachliche Literatur hinein.[6] Die Natur spielt dort als Kraft und Ordnungsmacht eine eigene Rolle – in Fachprosa und didaktischer Literatur, aber auch in Spruchdichtung, Lyrik oder höfischer Epik. Sie wird dabei in ganz unterschiedlichen diskursiven oder metaphorischen Zusammenhängen zum *argumentum*: In der Theologie ist sie Garant einer stabilen Schöpfungsordnung; in der Naturkunde und Medizin wird *natûre* zur elementaren Grundlage physischer Ordnung; im didaktischen Schrifttum repräsentiert sie den Sollwert individueller Ethik und sozialer Hierarchie; im politischen Kontext feudaler Literatur steht Natur für den Wert genealogischer Bindung ein; im psychologischen Rahmen der höfischen Minnedoktrin schließlich wird sie zur *causa amoris* bzw. zur Instanz affektiver Bindung. Über die rhetorische Figur der Personifikation etabliert sie sich neben anderen (Wunsch, Glück) als eine zusätzliche Berufungsinstanz, z.B. im Rahmen literarischer *descriptio* bzw. ausgeweitet in ihrer Funktion als Schicksalsmacht. Die literarische Adaptation von Wort- und Begriffsfeldern sowie von diskursiven Strategien aber fällt von Werk zu Werk unterschiedlich aus. Hartmann und Wolfram meiden bekanntlich das Wort *natûre*, ohne indes gänzlich auf ein Konzept von Natur zu verzichten: Bei Wolfram ersetzt *art* im feudalen Sippenkontext wohl das Wort, nicht aber die Instanz der Natur.[7] Gottfried bezeichnet mit *natûre* außer verwandtschaftlicher Bindung vor allem die gestörte Natur, die er am Beispiel der Natur der Frau beschreibt: Er kombiniert einen feudalen und einen theologischen Bedeutungsaspekt. In Thomasins 'Welschem Gast' wird die moralische Ordnung der Gesellschaft auf eine kosmische Ordnung abgebildet.[8]

Als Ordnungsbegriff ist Natur neben Gott die große Legitimationsinstanz im Mittelalter; rechtfertigt sie doch für die verschiedenen Korporationen – etwa Adel, Welt- und Ordensklerus – Grundaxiome des Rechts, der Ethik und der Politik bis hin zu Auffassungen von den Möglichkeiten der Kunst. Gerade weil Natur als Gottes Dienerin (Pru-

5 Vgl. hierzu Ernst R. Curtius: Zur Literarästhetik des Mittelalters. In: Zeitschrift für romanische Philologie 58 (1938). S. 180–197.

6 Vgl. hierzu – entgegen Curtius – Julius Schwietering: Natur und *art*. In: Zeitschrift für deutsches Altertum und deutsche Literatur 91 (1961/62). S. 108–137; Christoph Huber: Die Aufnahme und Verarbeitung des Alanus ab Insulis in mittelhochdeutschen Dichtungen. Untersuchungen zu Thomasin von Zerklaere, Gottfried von Straßburg, Frauenlob, Heinrich von Neustadt, Heinrich von St. Gallen, Heinrich von Mügeln und Johannes von Tepl. München 1988 (Münchner Texte und Untersuchungen 89). S. 103f.

7 Vgl. Schwietering [Anm. 6], S. 119.

8 Vgl. Huber [Anm. 6], S. 25–33.

dentius) eine Funktionsinstanz darstellt, gilt für das Mittelalter eine konstitutive Wechselwirkung von natürlichen und kulturellen Instanzen, die zuerst in der metaphysischen Imprägnierung der Natur durch Technik und Schrift durchscheint: primär in der Vorstellung von Gott als Handwerker (*opifex naturae*), der die Welt 'fabriziert' hat, oder als Autor (*auctor libri naturae*), der ihr seine Botschaft 'eingeschrieben' hat.[9] Damit ist nicht nur der Horizont menschlichen Verstehens, sondern auch der menschlicher Fertigkeiten umrissen: *ars imitatur naturam*.

Die Auseinandersetzung mit Natur erfolgt im Mittelalter nicht nur auf semasiologischer Ebene, sondern weist über das engere Wortfeld hinaus. Eine mehr als metaphorische Verbindung von Natur- und politischen Ordnungsvorstellungen kommt im organologischen Gesellschaftsmodell zum Ausdruck: der Staat als Körper und der Körper als Staat. Das platonische psychomorphe Staatsmodell, das die Gesellschaft nach den Seelenvermögen (Vernunft, Mut, Begehren) hierarchisiert, und das aristotelische Organonmodell, das die gesellschaftliche Hierarchie nach natürlichen Funktionen ordnet, werden in Theologie und politischer Theorie des Mittelalters rezipiert. Gerhard DOHRN-VAN-ROSSUM hat gezeigt, daß das Modell des Organismus sowohl für die Kirche (*corpus Christi*) wie für den Staat (*corpus regni*) verwendbar war und für beide gleichermaßen die Notwendigkeit von Hierarchie und Gemeinschaftssinn evident machte.[10] Solche organologischen Konzepte finden ihren letzten Bestätigungsgrund in der Natur: *vita civilis naturam imitetur*, heißt es bei Johannes von Salisbury (VI, 21).[11]

Außer zur Ordnungsmetapher wird der konkrete Körper mit seinen zahlreichen Codierungen zur Folie natürlicher und kultureller Einschreibungen: Zum einen wirken die natürlichen Faktoren der Humoralpathologie, der Klimatheorie und der Physiognomik auf die Charakterlehre und schreiben ihr eine differenzierte Semantik ein; ethisches Verhalten wird dadurch auf Natur zurückgeführt und physiologisch verankert. Andererseits schlagen sich 'historische' Ereignisse, wie der Sündenfall, auf Physis und innere Disposition nieder, sichtbar in den Zerrbildern des Menschen, in Krankheit und Sterblichkeit, aber auch im Trugbild des schönen Scheins (Frau Welt-Allegorie). Am Anfang der Geschichte steht mit der Verwilderung auch eine Naturkatastrophe, eine Spaltung der Natur selbst: *natura turbata*.[12] Zwar wird Natur noch weitgehend als strukturierte

---

9 Vgl. hierzu Hans Blumenberg: Die Lesbarkeit der Welt. Frankfurt a. M. 1983; Friedrich Ohly: Zum Buch der Natur. In: Ders.: Ausgewählte und neue Schriften zur Literaturgeschichte und zur Bedeutungsforschung. Hrsg. von Uwe Ruberg u. Dietmar Peil. Stuttgart, Leipzig 1995. S. 728–843.

10 Gerhard Dohrn-van-Rossum: Politischer Körper, Organismus, Organisation. Zur Geschichte naturaler Metaphorik und Begrifflichkeit in der politischen Sprache. Phil. Diss. [masch.] Bielefeld 1977.

11 Ioannis Saresberiensis episcopi Carnotensis Policratici sive de nugis curialium et vestigiis philosophorum libri VIII. Hrsg. von Clemens C. I. Webb. Bd. 2. London, Oxford 1909. [Neudruck Frankfurt a. M. 1965]. S. 59f.

12 Lotharii Cardinalis (Innocentii III.) De miseria humane conditionis. Hrsg. von Michele Maccarrone. Lugano 1955. S. 33. Vgl. auch Migne, Patrologia Latina 217, Sp. 715.

Form aufgefaßt, doch ist das komplizierte Verhältnis von Ordnung und Unordnung samt seinen ethischen Aufladungen schon hier nebeneinander vorhanden, wird allerdings noch in anderen Begriffsoppositionen gefaßt: *plantatio–solitudo, mansuetus–silvestris, disciplina–affectus, homo–bestia, anima–corpus*. Das Mittelalter kennt also ganz spezifische Formen der Interferenz natürlicher und kultureller Einschreibungen, die jedoch noch nicht unter dem Signum Natur–Kultur gefaßt werden. Im Folgenden möchte ich einige Funktionsräume skizzieren, in denen Natur zu einer Berufungsinstanz wird.

I. Natur als *voluntas Dei: similia ex similibus*

Seit der Spätantike (Claudian) diskutieren Kosmogonien den Status von Schöpfungsinstanzen im Spannungsfeld antiker und christlicher Konzepte. Für die christliche Naturphilosophie ist das Verhältnis von Natur und Gott bis ins 12. Jahrhundert hierarchisch determiniert: Die Natur fungiert als Wille Gottes. Im Hintergrund steht die Vorstellung, daß Gott jedem Geschöpf in der Kette der Wesen – von den Gestirnen über die Menschen, Tiere und Pflanzen bis hin zu den Steinen – spezifische Eigenschaften zugewiesen und die Obhut für diese Dispositionen an die Natur delegiert hat: *similia ex similibus*.

Natur stellt auch im volkssprachlichen Bereich nicht ein dem menschlichen Gestaltungswillen gegenüberstehendes Feld dar, sondern ist vielmehr selbst Inbegriff wirkender und normsetzender Qualitäten. *Natûre* ist jedem Wesen als eine Art Entelechie eigen, wobei diese Prägung im Mittelalter weitere Felder abdeckt als in der Gegenwart, außer physischer (Gestalt/Säftemischung) und psychischer (Temperament) auch soziale (Stand) Determination miteinbeziehen kann. *Natûre* zieht alle Wesen in eine ihnen vorgegebene Richtung. Die 'Mainauer Naturlehre' (1,17b) bestätigt das Prinzip auf der Ebene der physischen Naturprägung: *diu erde ist von ir nature durre unde kalt. also der naturen sint och ein teil lůte. den sprechint die azzate Melancholici. die artent nach der erden.*[13] Naturprägung bezeichnet hier das Temperament, das im Rahmen der Humoralpathologie jedem Wesen als Teilhabe an den Elementen und damit als spezifische Komplexion eignet. Damit ist der Mensch auf elementare Art in den Zusammenhang der Natur eingebunden, doch setzt sich jedes Geschöpf aus ganz unterschiedlichen Naturen zusammen: zum einen als Gattungswesen, zum anderen nach seiner Temperamentenklasse. Aus humoralpathologischer Perspektive besitzen sogar die zentralen Organe ihre eigene Natur: *Diu gall ist haiz und trucken und feureinr nâtûr*, was wiederum Auswirkungen auf jene Menschen zeitigt, deren Leber und Galle getrennt voneinander liegen, da diese *sänftiger von nâtûr* sind.[14] Darüber hinaus gibt es in der Natur des Menschen auch geschlechts- und altersspezifische Unterschiede: So heißt es von den

13 Zit. nach Grubmüller [Anm. 1], S. 10.

14 Konrad von Megenberg. Das Buch der Natur. Die erste Naturgeschichte in deutscher Sprache. Hrsg. von Franz Pfeiffer. Stuttgart 1861. [Neudruck Hildesheim, New York ²1994]. S. 28f.

Frauen, *daz si kelterr natûr sint wan die man*; junge Menschen wiederum sind *von natûre* [...] *der art*, daß sie nur Vergnügen suchen, während *daz alter vröuden hazzen / von natûre gerne wil.*[15] Die Humoralpathologie bietet ein komplexes System, um den Menschen über seine jeweilige Säftemischung zu typisieren.

Neben dem humoralpathologischen Ordnungsrahmen kann sich auch die Zuschreibung singulärer Eigenschaften auf Natur berufen, wie etwa beim Phönix: *sein nature ich dir beschaine,* schreibt der Priester Johannes und erklärt dessen sonderbare Form der Selbstverbrennung und Wiederauferstehung.[16] Diese besondere Eigenschaft läßt sich im naturmagischen Kontext sogar übertragen: In der Wiener Handschrift des 'Brief des Priesters Johannes' wird dem Salamander die *nature* zugeschrieben, nur im Feuer leben zu können. Wie weit die Natur hier wirkt, zeigt sich daran, daß die Eigenschaft sich auf die aus dem Tierleder verfertigte Kleidung überträgt: *Des gewandes nature ist so getan / wenn es von alter verdirbet / vnd die schoene an im erstirbet /* [...] *man bringet es ze einem prynnenden fewre, /* [...] *so es ye lennger in dem feure leyt, / so es ye pesser zierde geit.*[17] Magisch behauptet sich auch über den Tod hinaus die Natur des Tieres in dessen Teilen.

Als Ordnungsinstanz setzt die Natur offenbar feste Grenzen. Christoph HUBER verweist mit dem 'Katzenauge' auf ein *bîspel* des Strickers, in dem ein König sein fehlendes Auge durch ein Katzenauge ersetzt, allerdings um den Preis, daß dieses Auge seiner Natur folgt und immer nur nach Mäusen Ausschau hält: *Swie we dem künege mite wart, / er mohte nature unde art / von ir rehte niht enbringen.*[18] Wie einzelne Organe in der mittelalterlichen Medizin ihre eigene Komplexion besitzen, so wird hier dem Auge eine eigene Natur zugeschrieben. Indem das Exempel suggeriert, daß das Auge mehr ist als ein Sehinstrument, daß es nämlich zugleich an der ganzen Natur der Katze teilhat, beutet der Stricker den naturmagischen Kontext aus und dehnt ihn zu einer Situation der verkehrten Welt. Im literarischen Entwurf variiert er dabei die klassische These von der Macht der Natur über die Erziehung (*natura plus valet quam nutritura*), indem er sie auf die physische Ebene überträgt. Es geht nicht um Erziehung, sondern um den Verfügungsanspruch über die Natur. Die Naturen von Mensch und Tier erweisen sich als nicht kompatibel, und wie beim Salamanderkleid kommt es im Exempel zu einer magischen Übertragung der Eigenschaften: Teil und Ganzes sind nicht getrennt. Das Exempel thematisiert dennoch einen für das Mittelalter elementaren Sachverhalt, dem gemäß

15 Konrad von Megenberg [Anm. 14], S. 7; Konrad von Würzburg: Der Trojanische Krieg. Nach den Vorarbeiten K. Frommanns u. F. Roths zum erstenmal hrsg. durch Adelbert von Keller. Stuttgart 1858. V. 2718–2721, V. 10298f.

16 Friedrich Zarncke: Der Priester Johannes. Erste Abhandlung, enthaltend Capitel I, II, III. In: Abhandlungen der philologisch-historischen Classe der Königlich-Sächsischen Gesellschaft der Wissenschaften. Bd. 7. Leipzig 1873–1879. S. 827–1030, hier S. 960 (Wiener Handschrift, V. 318).

17 Zarncke [Anm. 16], S. 963 (Wiener Handschrift, V. 616–626).

18 Der Stricker: Tierbispel. Hrsg. von Ute Schwab. Tübingen 1983. S. 53. (V. 109–111). Vgl. Huber [Anm. 6], S. 373–376.

es einen homogenen Naturbegriff nicht gibt, vielmehr jedem Wesen eine eigene Disposition und Eigenschaft eignet, so daß der Austausch von (Funktions-)Teilen zugleich einen Austausch von Eigenschaften bedeuten kann. Man kann das als naturmagischen Funktionsrahmen der Natur bezeichnen.

Die Natur ist auf ihre durch Gott gestiftete Konstanz und Kontinuität hin angelegt: *Si enim Deus sicut ab initio constituit unamquamque creaturam, sic eam dimittet et immutabiliter semper in ordine suo permanere, natura rerum ipsa se regere aestimaretur* [...], zitiert Vinzenz von Beauvais (31, 118) Chrysostomos.[19] Solcher Zwangsmechanismus artikuliert sich außer auf physischer Ebene im genealogischen Zusammenhang, in dem Natur die angeborene Standes- oder Familienart garantiert. In bezug auf Identität denkt vor allem der mittelalterliche Adel substantialistisch, denkt Natur als Geblützusammenhang. Der Vater galt schon in der antiken Zeugungslehre als *principium generationis*, weshalb mittelalterliche Erzählungen wiederholt die Ähnlichkeit von Vater und Sohn akzentuieren[20] – Ähnlichkeit aber auch an inneren Anlagen. So heißt es von Parzival, der von seiner Mutter vor der ritterlichen Existenzform bewahrt werden soll: *der junge süeze âne bart, / den twanc diu Gahmuretes art / und an geborniu manheit.*[21] Natur bricht gegen alle Behinderungen durch. Julius SCHWIETERING hat darauf verwiesen, daß Parzivals *art* vor allem Familienart ist.[22]

Familienart aber impliziert zugleich eine wechselseitige Attraktion, eine natürliche Gleichgerichtetheit der Neigung. Der junge Paris in Konrads von Würzburg 'Trojanerkrieg' erscheint unerkannt vor seinen Eltern, die ihn einst ausgesetzt hatten. In Priamus regen sich offenbar unversehens verwandtschaftliche Gefühle: *in lêrte diu natûre daz / und der sippeschefte reht, / daz im der junge süeze kneht / wart unmaezeclîchen trût* [...]; der Erzähler gibt auch eine Erklärung: *wan sippebluot daz hât die kraft, / daz ez vil kûme sich verhilt.*[23] Auch in Paris setzen sich mit Schönheit und Tugend vermeintliche Adelsqualitäten gegen den fremden Sozialisationsraum auf natürliche Art durch. Körperliche Stärke, Tugend und Schönheit sind somit nicht nur rhetorische Topoi, sondern

19 Vinzenz von Beauvais: Speculum naturale. Douai 1624. [Neudruck Graz 1964]. Sp. 2387.

20 *Pater est principium generationis. Naturaliter enim desiderat pater suam speciem multiplicare in filiis, ut naturam quam non potest servare, in se custodiat in sua prole, ut dicit Constant.* [...] *Generat autem filium sibi similem in specie et etiam in effigie, maxime, quando virtus in semine patris, vincit virtutem in semine matris, ut dicit Aristot. lib. 8.* Bartholomaeus Anglicus: De rerum proprietatibus. Frankfurt a. M. 1601. [Neudruck Frankfurt a. M. 1964]. S. 247 (VI, 14).

21 Wolfram von Eschenbach: Parzival. Hrsg. von Karl Lachmann. Berlin, Leipzig 1926. [Neudruck Berlin 1965]. S. 23f. – Entsprechend heißt es vom ausgesetzten Ödipus in Ulrichs von Etzenbach Alexanderroman: *nâch manheit sîn herze ranc. / sîn edel art in des twanc / die niht blîbens dâ verjach.* Ulrich von Etzenbach: Alexander. Hrsg. von Wendelin Toischer. Tübingen 1888 (Bibliothek des Litterarischen Vereins 183). V. 2909–2911.

22 Schwietering [Anm. 6], S. 119.

23 Konrad von Würzburg [Anm. 15], V. 3204–3213. – Tristan zieht es entsprechend unmerklich zu seinem Onkel Marke: *sîn herze in sunder ûz erlas, / wan er von sînem bluote was: / diu natiure zôch in dar.* Gottfried von Straßburg: Tristan. Hrsg. von Karl Marold. Berlin 1969. V. 3241–3243. – Vgl. auch Grubmüller [Anm. 1], S. 6.

kulturelle, die im Horizont sozialer Wertediskussion als natürliche ausgegeben werden. Das ist der genealogische Funktionsrahmen von Natur.

Über die verwandtschaftliche Bindung hinaus fungiert Natur seit Ende des 13. Jahrhunderts, wohl zuerst bei Konrad von Würzburg, als *causa amoris*, die ebenfalls eine wesensmäßige Gleichheit der Personen impliziert.[24] Was bei den Medizinern und den Legisten weitgehend Konsens war, der Ursprung der Liebe aus der Natur, wird in den Minnekonzeptionen der höfischen Literatur zum neuen Mythos. In psychologischer Hinsicht wird nun die wechselseitige Attraktion von Liebenden über das Argument der Ähnlichkeit der inneren Natur begründet: *Nâture ist alsô liste rîch: / wâ si mac vinden ir gelîch, / daz wol ir art gehillet, / dem grebets' unde billet / biz ûf den grunt der sêle.*[25] Im 'Reinfried von Braunschweig' erkennt Yrkane den durch eine Rüstung verdeckten Reinfried durch die Kraft des Herzens: *diu nâtûre twinget dich / daz dîn sin muoz minnen dar / dâ sî iender wirt gewar / daz ir gelîch nâtûre lît.* [...] *sô minnet sîn gelîchen / ein ieclîch crêâtiure. / diz kunt von der nâtiure, / von irre maht und ouch ir kraft.*[26] Gleichheit der Natur bedingt also Attraktion. Der Gültigkeit des Mechanismus *similia ex similibus* korrespondiert die wechselseitige Anziehung.

Im politischen Feld weist Natur mit den Eigenschaften auch die ständische Position und den sozialen Ort zu. So schreibt Thomasin über die notwendige Differenz von Herrschern und Beherrschten: *ich han gehoeret unde gelesen / swer ûz sînr natûre komen wil, / daz ez im schadet dicke vil.*[27] Die natürlichen Eigenschaften des Menschen setzen sozial Grenzen. Das richtet sich hier gegen die Anmaßung der Bauern, als Herren auftreten zu wollen. Der Rekurs auf die Natur zur Legitimation der Ständeordnung korrespondiert mit der Funktion der Organismusmetapher. Ein weiteres Beispiel bietet der Prosa-'Lanzelot': *Das ist auch werlich war das die natur den man wiset was er zu recht thun sol, und wiset yn das er sinen rechten herren vor allen andern herren habe*, formuliert König Claudas und meint damit, daß die Usurpation fremder Territorien notwendig daran scheitere, daß der Aggressor im fremden Land nicht auf Unterstützung rechnen könne.[28] Die Bindung von Herr und Vasall wird als natürliche Basis gedacht: Soziale Gemeinschaft und ihre Hierarchie finden ihren letzten Legitimationsgrund in

---

24 Vgl. hierzu Rüdiger Schnell: Causa amoris. Liebeskonzeption und Liebesdarstellung in der mittelalterlichen Literatur. Bern, München 1985. S. 286–321.

25 Konrad von Würzburg [Anm. 15], V. 7806–7810. – Vgl. auch Schnell [Anm. 24], S. 305.

26 Reinfried von Braunschweig. Hrsg. von Karl Bartsch. Stuttgart 1871 (Bibliothek des Litterarischen Vereins 109). V. 8764–8774 u. 8799–8801. – Vgl. auch Herfried Vögel: Naturkundliches im 'Reinfried von Braunschweig'. Zur Funktion naturkundlicher Kenntnisse in deutscher Erzähldichtung des Mittelalters. Frankfurt a. M. 1990 (Mikrokosmos 24). S. 60; Schnell [Anm. 24], S. 292 u. 305f.

27 Der wälsche Gast des Thomasin von Zirklaria. Hrsg. von Heinrich Rückert. Quedlinburg, Leipzig 1852. [Neudruck Berlin 1965 (Deutsche Texte des Mittelalters)].V. 3100–3102.

28 Lancelot. Nach der Heidelberger Pergamenthandschrift PAL. GERM. 147 hrsg. von Reinhold Kluge. Berlin 1948. S. 70. – Oder bezogen auf soziale Ordnung: *Waer hêrschaft guot in ir natûre, / si tet daz ieglîch crêatûre / von ir selbr natûre tuot.* Der wälsche Gast [Anm. 27], V. 3173–3175.

der Natur. Die Botschaft sozialer Differenzierung wird sogar auf höchster Ebene von der personifizierten Natur selbst verkündet: So weist Konrad Fleck seinem Helden Flore ein unvergleichliches Pferd zu, in das die Natur selbst ihre Botschaft eingeschrieben hat: *man las / geschriben an sînen sîten / 'mich sol niemen rîten / wan der wert sî der krône' / daz was von natûre schône / entworfen âne mannes list.*[29] Das ist das Buch der Natur in feudaladeliger Lesart.

Die Natur als providentiell abgesicherte Ordnungsinstanz steckt den Spielraum menschlicher Handlungsmöglichkeiten in physischer, ethischer, ständischer und künstlerischer Hinsicht ab. Im werkschaffenden Prozeß der Künste ist die Natur für den Menschen traditionell Vorbild – ein Sachverhalt, der von den darstellenden Künsten über die *artes mechanicae* bis hin zur organologischen Form der Staatslehre sich erstreckt. Solche Vorbildlichkeit der Natur, ob aristotelisches oder stoisches Erbe, erreicht im Kontext mittelalterlicher Volkssprache selten den Status einer reflektierten Regel. In Ulrichs von Etzenbach Anhang zum Alexanderroman kommt Alexander darauf zu sprechen, wenn er Möglichkeiten und Grenzen der Technik bestimmt: *diu kunst gêt der nâture nâ.*[30] Wird der Mensch ethisch und technisch auf das Vorbild der Natur verpflichtet, so werden alle Überschreitungen als Akte gegen die Natur begriffen. So klagt in Albrechts von Halberstadt Ovid-Übersetzung die als Knabe erzogene Iphis anläßlich ihrer bevorstehenden Hochzeit: *sol ich nu wider natûre minne, / daz wirt mir sûre.*[31] Anders dagegen artikuliert sich Gottes Fähigkeit, *contra naturam* zu handeln. Vinzenz von Beauvais zitiert in seinem 'Speculum naturale' (31, 118) zur Erklärung von Wundergeburten Chrysostomos, um zu demonstrieren, daß Gott die Natur zwar zunächst unveränderlich geschaffen habe und daher jedes Geschöpf in seiner Ordnung verbleiben solle; doch weil die Werke Gottes durch den Menschen in Vergessenheit geraten seien, durchbreche Gott bisweilen die Schöpfungsordnung, um den Menschen an ebendiese Ordnung zu erinnern.[32] In Konrads von Würzburg 'Partonopier und Meliur' wendet sich der Protagonist in seiner Minnekrise verzweifelt an die Jungfrau Maria: *du braeche der nâtiure / site gar mit dîner tugent, / wan du gebaere in dîner jugent / den almähtigen schepfer dîn.*[33] Das Wunder der Jungfrauengeburt wird als Ereignis *contra naturam*

---

29 Konrad Fleck: Flore und Blancheflur. Hrsg. von Emil Sommer. Quedlinburg, Leipzig 1846. V. 2772–2777.

30 Ulrich von Etzenbach [Anm. 21], V. 1265; vgl. auch den Beitrag von Ruth Finckh in diesem Band. – In Albertus Magnus' Kommentar zur Tiergeschichte des Aristoteles findet sich im Zusammenhang mit der naturnahen Erziehung der Falken dafür ein lateinischer Beleg: *ars enim naturam imitari debet et silvestres semper inveniuntur in petris vel in terra.* Albertus Magnus, De animalibus XXIII,1,17.

31 Albrecht von Halberstadt. Ovid im Mittelalter. Hrsg. von Karl Bartsch. Quedlinburg, Leipzig 1861. S. 469f. – Vgl. hierzu Jacques Chiffoleau: Contra naturam. Pour une approche casuistique et procédurale de la nature médiévale. In: Micrologus 4 (1996). S. 265–312.

32 Vinzenz von Beauvais [Anm. 19].

33 Konrad von Würzburg: Partonopier und Meliur. Hrsg. von Karl Bartsch. Wien 1871. V. 9796–9799.

aufgefaßt. Während der Mensch ethisch gegen die Natur handelt, besitzt Gott die Macht, *supra naturam* einzugreifen.

II. Die gestörte Schöpfungsordnung: *natura turbata*

Neben der Naturordnung bezeichnet *natûre* auch die seit dem Sündenfall gestörte Ordnung. Die Theologie legt einen normativen Naturbegriff zugrunde, der auf den Menschen ausgerichtet, seit dem Sündenfall aber gestört ist. Der Mensch fällt aus der Naturordnung heraus:

ein ieglich dinc sin orden hat,
daz ist von der nature rat,
ane alters eine der man,
der sinen orden niht halten kan.[34]

Manifest wird diese Störung schon im Antagonismus der Elemente: *die vier natur sint widerwerte*[35], d. h. der Sündenfall zeitigt ganz elementare Auswirkungen. Zugleich wird die Spaltung der Schöpfung aber auch im Verhältnis des Menschen zum Tier sichtbar. So konstatiert Augustinus in einem wirkungsmächtigen Satz: *Tantae namque excellentiae est in comparatione pecoris homo, ut vitium hominis natura sit pecoris.*[36] Diese problematische Verbindung verändert die Semantik von Natur. Sichtlich unterliegt der Mensch hier dem Einfluß einer artfremden Natur. Das bezieht sich zwar noch auf die Eigenschaft des Menschen, doch geht es nicht mehr um die Differenz von *genus* und *species* oder um Temperamentenkonstellationen, sondern um die Überschreitung der Grenze im moralischen Sinn[37]:

Der mensch ist recht als ander tyer
mit natůr und mit der gier.
wann er lebt nach seinem můt
daz er sich nicht twingen tůt,
so ist er ein viech in menschen pild,
und ward nie chain tyer so wild
der mensch mocht dannoch wilder sein.[38]

---

34 Der wälsche Gast [Anm. 27], V. 2611–2614. Vgl. auch Huber [Anm. 69], S. 26f. – Auf diese Ambivalenz des Naturbegriffs hat schon Schwietering [Anm. 6], S. 114f. verwiesen.

35 Der wälsche Gast [Anm. 27], V. 2286.

36 Augustinus: De peccato originali. In: Migne, Patrologia Latina 44, Sp. 408 (Kap. 46).

37 In der Antonius-Legende heißt es: *quoniam sunt tres motus corporales, unus quidem naturae, alius ex ciborum plentitudine, tertius ex daemone.* Jacobi de Voragine Legenda aurea. Hrsg. von Theodor Graesse. Breslau 1890. S. 106. Nicht nur Verführung von außen, auch nicht nur schlechte diätetische Gewohnheit, sondern schon die innere Natur selbst setzt also offenbar Triebenergie frei.

38 Heinrich der Teichner: Gedichte. Hrsg. von Heinrich Niewöhner. Bd. 2. Berlin 1954 (Deutsche Texte des Mittelalters 46). S. 102. – Vgl. auch Meinolf Schumacher: Über die Notwendigkeit der

Solche Natur des Animalischen kann in der Heldenepik durchaus positiven Wert annehmen: In der ältesten, nur fragmentarisch überlieferten Fassung (13. Jahrhundert) des 'Wolfdietrich' (C) wird der Protagonist in ein Wolfsnest entführt, in dem er wohl die Qualitäten seiner späteren Exorbitanz vermittelt bekommt: *Mit wilder nâtûre spîstens den degen hie.*[39] Im theologischen Kontext dagegen hat animalische Natur durchweg negative Bedeutung. Schon der Stricker läßt im 'Katzenauge' eine signifikante Lehre folgen, die darauf verweist, daß die Natur auch schlechte Anlagen disponiert: *swenne den valschen misseschiht, / daz ist nature gebot: / nature ist der ander got, / siu gebiutet unde twinget. / daz ir gebot volbringet / der mensch und allez daz da lebet.*[40] Natur erweist sich hier nicht mehr als Gottes Schöpfung, sondern als durch den Menschen gestörte Ordnung. Medizinische Charakterlehre und Sündenlehre können hier parallel gehen. In der 'Crône' Heinrîchs von dem Türlîn wird nach allen Regeln der Wildheits- und Krankheitstopik ein monströser Knappe beschrieben, so daß der Erzähler resümiert: *Natûre hât an ime gespart / Alle menschlîch art!* [...] und weiter:

Ich enmac iu niht gesüezen
An ime iht als umb ein hâr,
Sît in natûre sô gar
Von ir schulde het verswachet,
Dâ er von ir gemachet
Wart ze einem unbilde;
Sie was im vil wilde,
Dâ sie im solte wesen gezam;
Reht menscheit sie im benam
Und worhte in zeinem conterfeit,
Dâ mantuom unde menscheit
Vil wol mohte kiesen an
Der menscheit, doch an gewan
Ime den sige ein valscher schîn.
Natûre wolt unschuldec sîn
An ime, als sie selbe jach,
Dô si in von êrste an sach
'Ich enworht dich niht', sie dicke sprach.[41]

Über die Funktion einer schlichten Personifikation hinaus ist Natur hier Schicksalsinstanz. Die Natur produziert Monster und entschuldigt sich zugleich dafür. Wenn die personifizierte Natur hier in die Reserve geht, scheint im Hintergrund noch ihre Funk-

---

kunst für das Menschsein bei Thomasin von Zerklaere und Heinrich dem Teichner. In: Ursula Schäfer (Hg.): Artes im Mittelalter. Berlin 1999. S. 376–390, hier S. 380.

39 Ortnit und die Wolfdietriche. Nach Müllenhoffs Vorarbeiten hrsg. von Arthur Amelung u. Oskar Jänicke. In: Deutsches Heldenbuch. Vierter Teil. Berlin 1871. [Neudruck Dublin, Zürich 1968]. II, V. 16.

40 Der Stricker [Anm. 18], S. 15 (V. 117–122). Vgl. Huber [Anm. 6], S. 373–376.

41 Heinrîch von dem Türlîn: Diu Crône. Zum ersten Male hrsg. von Gottlob Heinrich Friedrich Scholl. Stuttgart 1852 (Bibliothek des Litterarischen Vereins 27). V. 19656f. u. 19783–19800.

tion als Ordnungsinstanz durch. In den verzerrten Kreaturen des Erdrandes, in den Wundervölkern des Ostens schlägt sich diese Spaltung ethnographisch nieder. Zurückgeführt werden solche Monster u.a. auf die Töchter Adams, die von verbotenen Kräutern gegessen und damit eine Art sich physisch fortpflanzenden und vererbenden Sündenfall in Gang gesetzt haben. Auch die gestörte Natur bleibt an das Prinzip *similia ex similibus* gebunden:

schiuhige bild sint worden
ûz menschlîchem orden
in frömde figûre.
Ir anerborn nâtûre
von menschlicher wildet,
wan ir lîp gebildet
ist anders dan diu liute.
[...]
swie daz ir figûre
von menschlîcher nâtûre
hie vor bî erste kaeme,
sô waer doch ungenaeme
solten ez heiʒen liute.
nein sî, nein beniute,
ir menschlîcher orden
der ist vihic worden
von der enderunge, [...].[42]

In solcher Verbindung zum heilsgeschichtlichen Umschlagpunkt steht noch die These, daß Frauen eine natürliche Disposition zur Überschreitung von Verboten zugeschrieben wird – so etwa im 'Tristan':

sus sint si alle Êven kint,
din nâch der Êven gêvet sint. [...]
die durch verbot
sich selben liezen unde got!
und sît in daz von arte kumet
und ez diu natiure an in vrumet,
diu sich es danne enthaben kan,
dâ lît vil lobes und êren an.[43]

Der Sündenfall hatte das Prinzip *similia ex similibus* negativ gewendet, indem nun eine verdorbene Natur (Lüge, Trieb, Gewalt) sich fortpflanzte. Deshalb lügen Kinder aufgrund ihrer natürlichen Disposition, deshalb auch verfallen sie nur allzu leicht ihren Affekten. Die volkssprachliche Literatur folgt hier den gelehrten Konzepten der politischen Theorie: *In twanc dar zuo diu blüende jugent / und sîn angeborniu tugent, / daz sîn gemüete ûf minne stuont. / er tet alsam die jungen tuont, / die von natûre sint der art, / daz in sô liebes nie niht wart, / sô vröude ist und wunnespil. / der witze enahtent si*

42 Reinfried von Braunschweig [Anm. 26], V. 19845–19851 u. 20571–20579.
43 Gottfried von Straßburg [Anm. 23], V. 17965–17974.

niht vil [...].[44] Minne wird hier zwar auf Natur zurückgeführt, doch zieht sie aufgrund des frühen Entwicklungsstandes fatale Folgen nach sich. Konstitutiv für Frauen und Kinder ist offenbar eine mangelnde rationale Kontrolle (*privatio rationis*), eine allzu große Affinität, ihren Neigungen nachzugeben.

Das Mittelalter kennt zwei dominante Formen von Innen-Außen-Relation: Die Physiognomik geht von einer weitgehenden Korrespondenz von Innen und Außen aus; die markanten Körperzeichen werden zu Indizes des Charakters, und auch diese gestörte Natur erhält in den ungehorsamen Töchtern Adams ihr eigenes Ursprungsereignis. Bis ins 18. Jahrhundert hinein behauptet sich diese Art von physiognomisch gestützter Charakterlehre, obgleich schon die antiken und die mittelalterlichen Theoretiker auf die Kraft der inneren Korrektur verwiesen haben. Im Regelfall bilden Innen und Außen komplementäre Größen: Der Schönheit entspricht Tugend, der Häßlichkeit innere Sündhaftigkeit oder Bosheit. – Das gegenläufige Modell zur Innen-Außen-Korrespondenz der Physiognomik kommt dann in der vom Christentum entworfenen Figur der Frau Welt zum Ausdruck: Äußerem Glanz entspricht innere Sündhaftigkeit; gerade das aber signalisiert eine kompliziertere Form der gestörten Naturordnung als Folge des Sündenfalls. Im 'Rolandslied' wird dem Verräter Genelun, einem Antitypus des Judas, eine ausführliche *descriptio* zuteil, die auf seine äußere Schönheit abhebt. Der luziferische Glanz besitzt indes seine innere Kontrafaktur: *Genelûn was michel unde lussam, / er muose sîne natûre begân.*[45] Hier setzt sich böse Natur durch gegen jede äußere Form der positiven Erscheinung. Das physiognomische Modell wird durch ein christlich-ethisches problematisiert.

Im 'Parzival' werden die Sündenfolgen am Beispiel von Kundrîe und Malcrâtiure illustriert: Nachfahren der ungehorsamen Töchter Adams, die von verbotenen und mißbildenden Früchten gegessen haben. Die Deformation pflanzt sich zwar äußerlich sichtbar als Schuldzusammenhang über Generationen fort, aber schon in diesem christlichen Entwurf müssen Außen und Innen nicht korrespondieren, kann sich hinter dem monströsen Äußeren eine zivilisierte Gestalt verbergen: Man denke hier auch an den *gebûren* des Iwein, an dessen Figur das Verhältnis von Innen und Außen kompliziert reflektiert ist. Die Legendendichtung hat in der Anachoreten-Vita, z.B. der des heiligen Benedikt, eine besondere Ausprägung dieser Diskrepanz von wilder äußerer Erscheinung und innerer Reinheit ausgebildet.

Es ist schließlich der Mensch, der die Folgen des Sündenfalls für die Natur, die äußere wie die innere, durch eigene Initiative korrigieren kann: durch Gewohnheit als zweite Natur. Ein Zitat Konrads von Megenberg mag abschließend diesen Spielraum des Menschen beleuchten, der in weiten Teilen der didaktischen Literatur den Erziehungsoptimismus speist:

---

44 Konrad von Würzburg [Anm. 15], V. 2715–2722.

45 Das Rolandslied des Pfaffen Konrad. Hrsg. von Carl Wesle. 3., durchgesehene Aufl. besorgt von Peter Wapnewski. Tübingen 1985 (Altdeutsche Textbibliothek 69). V. 1960f.

iedoch gewonhait verändert vil der nâtûr an dem menschen zuo guotem oder zuo poesem, und dar umb list man, daz ein alter maister von der nâtûr frâgt ainen andern grôzen maister in nâtürleichen dingen und sprach 'sag mir, waz menschleicher nâtûr hab ich an mir'. dô antwurt im der grôz maister und sprach 'ich hân kainen poesern noch scherpfern menschen gesehen von nâtûr wann dich und hân kainen pezzern gesehen von üebung der tugend und von gewonhait guoter siten wann dich [...]*'. dar umb ist der spruch wâr, der dâ spricht: diu gewonhait ist ain wechslerin der nâtûr.*[46]

46 Konrad von Megenberg [Anm. 14], S. 29.

Mechthild Modersohn

Natura als Göttin – eine Personifikation zwischen Mythos und Aufklärung

Auf dem Umschlag des vorliegenden Bandes (wie auch schon auf Plakat und Programmheft des 9. Symposiums des Mediävistenverbandes) prangt eine Frau in langem buntem Kleid. Es geht um diese Person, die im Folgenden[1] näher vorgestellt werden soll (Abb. 1). Auf ihrem Gewand sind Blumen und Vögel dargestellt. Ein Baum im Hintergrund und die Wiese, auf der sie steht, unterstützen die Natursymbolik. Wäre die Dame auch zu identifizieren, erschiene sie unabhängig vom Thema der Tagung, ohne Beischrift und Kontext? Ihr Dialogpartner ist der Tod – ein Skelett mit Leichentuch und Speer, eine Personifikation, die auch ohne Bezeichnung sofort erkennbar ist. Das Bild stammt aus einer Handschrift in Den Haag, einem Klagelied auf den Tod von Philippe de Commines (1447–1511), den Diplomaten und Geschichtsschreiber im Dienste der Burgunder; es ist kurz nach dessen Tod 1512 entstanden, kennzeichnet also gewissermaßen den Schlusspunkt des Themas 'Natur im Mittelalter'. *Natura* beschuldigt Atropos[2], ihr Meisterwerk zerstört zu haben. Doch Atropos verteidigt sich und beruft sich auf den Willen Gottes. Seine Verteidigungshaltung ist aber nicht sehr überzeugend. An den Rand der Darstellung gedrängt, erscheint er eher wie ein Untergebener der *Natura* denn als Beauftragter Gottes.

Die Gegenüberstellung von Natur und Tod, von Werden und Vergehen, wird in fast allen Werken thematisiert, in denen die Natur als Personifikation auftritt. Auch Jean de Meun stellt im 'Roman de la Rose'[3] *Natura* und Tod einander gegenüber. In einer der

1 Ausführlicher dazu Mechthild Modersohn: Natura als Göttin im Mittelalter. Ikonographische Studien zu Darstellungen der personifizierten Natur. Berlin 1997.

2 Atropos ist eine der drei Moiren, der griechischen Schicksalsgöttinnen. Als Personifikation des Todes kann Atropos sowohl männlich als auch weiblich oder abstrakt dargestellt werden.

3 Le Roman de la Rose par Guillaume de Lorris et Jean de Meun. Hrsg. von Ernest Langlois. 5 Bde. Paris 1914–1924; Guillaume de Lorris et Jean de Meun. Le Roman de la Rose. Hrsg. von Felix Lecoy. 3 Bde. Paris 1965–1970; Guillaume de Lorris und Jean de Meun. Der 'Rosenroman'. Übersetzt u. eingeleitet von Karl August Ott. 3 Bde. München 1976–1979. Nach dieser zweisprachigen Ausgabe mit dem Text von Langlois wird im Folgenden zitiert.

letzten Handschriften des Rosenromans[4], etwa zeitgleich, ist *Natura* in ihrer Schmiede fast serienmäßig mit der Erschaffung neuer Menschen beschäftigt und arbeitet unablässig gegen den Tod an, der im Hintergrund der Szene die Wesen vernichtet (Abb. 2). Man sieht durch eine geöffnete Tür in eine Landschaft, in der Atropos die Geschöpfe der *Natura* mit einer Lanze ersticht – getreu dem Text von Jean de Meun, zwischen 1270 und 1280 in Paris in der Volkssprache geschrieben, in dem es heißt: 'Doch wenn die milde und barmherzige Natur sieht, wie der neidische Tod und gemeinsam mit ihm Verwesung alles vernichten kommen, was sie in ihrer Schmiede vorfinden, dann hämmert, dann schmiedet sie immer wieder und unablässig erneuert sie ihre Einzelwesen durch neue Erzeugung' (V. 16005–012). Der Tod befindet sich in dieser Darstellung nicht am Rand, sondern im Hintergrund des Bildes, er kann nur reagieren auf die Arbeit der *Natura*: 'Und doch kann er sie nicht alle auf einmal erwischen, so dass er niemals dazu gelangt, die Arten ganz zu vernichten' (V. 15969). *Natura* bleibt die Herrin über den Kreislauf von Werden und Vergehen. – Im Folgenden möchte ich mit einigen thematischen Schwerpunkten die personifizierte *Natura* vorstellen; dabei stütze ich mich weitgehend auf Miniaturen aus Rosenroman-Handschriften.

1. Die Klage der *Natura*

'Natur, die so erfindungsreich ist [...], nannte sich trotzdem elend und leidvoll und weinte so heftig, [...] über eine Tat, die sie bereute, dass sie ihre Werke aufgeben und mit all ihrem Denken aufhören wollte [...]' (V. 16149–160). Diese Textstelle aus dem 'Roman de la Rose' illustriert eine Miniatur einer Pariser Handschrift um 1350 (Abb. 3): *Natura* sitzt zwischen zwei Bäumen und hält ihren Kopf im Melancholiegestus in der Hand. In ihrer Verzweiflung entschließt sie sich, bei ihrem Priester Genius Rat und Hilfe zu suchen und bei ihm zu beichten (Abb. 4): ''Genius', sagte sie, 'lieber Priester, der Ihr Gott und Herr der Orte seid [...] über eine Torheit, die ich begangen habe und von der ich nicht abgelassen habe, doch drückt mich die Reue schwer, möchte ich Euch meine Beichte ablegen'' (V. 16285–294). In einem Raum, der durch Altar mit Altartuch, Kelch und Messbuch als Kirchenraum zu erkennen ist, kniet die Göttin *Natura* – *Nature la deesse*, wie sie in den Bildtiteln oft heißt – vor Genius, ihrem Priester, im Beichtgespräch: *La Confession Nature*. Genius trägt ein weißes Priestergewand und eine schwarze Kopfbedeckung, unter der eine Tonsur sichtbar ist. Er hat seinen Kopf in die rechte Hand gestützt und hört die Frau an. Die Handschrift der Vaticana (Urbinatus 376)[5] wird um 1280 datiert, stammt also noch aus der Lebenszeit des Autors, der 1305

---

4 Margareta Friesen (Hg.): Der 'Rosenroman' für François I. New York, Pierpont Morgan Library, M. 948. Graz 1993 [Faksimile u. Kommentar].

5 Eberhard König (Hg.): Der 'Rosenroman' des Berthaud d'Achy. Codex Urbinatus latinus 376. Mit einem Beitrag von Gabriele Bartz. Zürich 1987 [Faksimile u. Kommentar].

starb. Eine etwas spätere Miniatur in einer heute in London aufbewahrten Handschrift (Abb. 5) zeigt eine ähnliche Szene: *Natura* kniet weinend vor ihrem Priester, der hier als Bischof gegeben ist. Vergleichbare Darstellungen habe ich in 84 von etwa 300 überlieferten Rosenroman-Handschriften gefunden. Die Klageszenen verbinden Antikenrezeption (den römischen Genius) mit einem neuen Mythos der Göttin *Natura* und fügen beide in gut mittelalterlichen Kontext: die Beichte. Es gibt aber auch, um 1450, den fast antik anmutenden Klagegestus (Abb. 6).

Worüber klagt *Natura* und weshalb ist sie so verzweifelt? Sie klagt über den Menschen, den sie ihren Feind nennt und der ihr die Nachfolge verweigert. Vor allem aber, so *Natura*, nehme er seine Pflicht zur Fortpflanzung nicht mehr wahr. Das sei eine Sünde gegen sie, die Natur, und erschwere ihre Aufgabe, die goldene Kette des Lebens zu bewahren. Ihre eigene Torheit aber sei es, den Menschen so erschaffen zu haben: 'Gott der Gekreuzigte stehe mir bei, ich bereue sehr, den Menschen geschaffen zu haben' (V. 19206–210). Sünde gegen die Natur – das heißt hier Askese. *Natura* bittet ihren Priester, die Asketen zu exkommunizieren und die Fortpflanzung zu predigen.

Mit dem Motiv der Klage der Natur knüpft Jean de Meun an eine Tradition an, die ihren Höhepunkt in dem Werk 'De planctu naturae' des Alanus ab Insulis (um 1170) hatte. Auch bei Alanus klagt *Natura* über den Menschen, der seine Aufgabe der Erhaltung der Schöpfung nicht erfülle, sie klagt über die Homosexualität. Das Motiv der Klage der Natur lässt sich zurückverfolgen über Bernardus Silvestris und Claudian bis zu Lukrez. Klage steht oft am Anfang eines Reformprogramms, geklagt wird über einen Zustand, der veränderungsbedürftig erscheint. Um so überraschender und unerklärlicher ist es, dass dieses Bildthema, das uns heute so nah erscheint, das Mittelalter nicht überlebt hat und verlorengegangen ist.

2. *Natura* als Schöpferin und Künstlerin

Nachdem sie ihre Klage beendet und Genius ihr Absolution erteilt hat, trägt er *Natura* als Buße auf, ihre Arbeit wie bisher fortzusetzen: 'Da war Natur, die an die Dinge dachte, die unter dem Himmel eingeschlossen sind, in ihre Schmiede eingetreten, in der sie ihren ganzen Sinn darauf richtete, einzelne Wesen zu schmieden, um die Arten fortzusetzen [...]' (V. 15893–900). Dieser Passus stellt Natur in eine Schöpfungsordnung, in der ihr die Aufgabe der *creatio continua* von Gott übertragen wurde. Genius sowie Venus und Amor arbeiten in ihren Diensten. Mit dieser Schöpfungsvorstellung knüpft der Autor des Rosenromans wiederum an den Theologen Alanus ab Insulis an, der *Natura* einen Platz in der göttlichen Schöpfungsordnung zugewiesen hatte: Als Geschöpf und Schülerin Gottes sei diese als Mitgöttin (*prodea*) und Helferin (*vicaria*) beauftragt worden, den Schöpfungsprozess in Gang zu halten; als Mitschöpferin (*procreatrix*) und Stellvertreterin Gottes auf Erden müsse sie die Ordnung des Werdens und Vergehens aufrechterhalten. Dieses uns heute häretisch anmutende Modell war im

12. Jahrhundert verbreitet und theologisch verankert. Wir finden den Text in der Patrologia Latina und Bildbelege in den Rosenroman-Handschriften, die über 250 Jahre lang illustriert wurden – ungeachtet der Tatsache, dass um 1400 im Streit um den Rosenroman Zweifel an der Rechtmäßigkeit dieser Schöpfungsvorstellung aufkamen. Dem Kanzler der Universität Paris, Jean Gerson, der zur Verbrennung des Rosenromans aufrief, konnte Pierre Col entgegenhalten, dass die *Conscience Chrétienne* sehr lange geschlafen habe, da sie erst über hundert Jahre später ein Buch verurteile, das inzwischen in der ganzen Christenheit verbreitet und in mehrere Sprachen übersetzt worden sei.[6]

Die Miniaturen zeigen indes nicht nur, dass *Natura* Mensch und Tier erschafft, sondern auch, warum und wie sie es tut. Wie also arbeitet sie? Auf einer Miniatur der Handschrift der Bibliothèque Sainte-Geneviève in Paris (Abb. 7) sieht man *Natura* nachdenklich vor einem Kamin stehen, im Begriff, ihr Konzept zu entwickeln. Die linke Hand hat sie im Denkgestus an das Kinn gelegt, die rechte mit überbetontem Zeigefinger erhoben. Sie ist mit einer Schürze bekleidet, vor ihr steht ein Holzklotz mit Amboss und Hammer. Im Kamin brennt Feuer, das ein Blasebalg hinter dem Ofen in Gang hält. Damit ist das Inventar einer Schmiede im wesentlichen dargestellt. 'Natur, die so erfindungsreich ist' (V. 16149), denkt nach und macht dadurch deutlich, dass sie nicht nur ausführendes Organ eines göttlichen Auftraggebers ist, sondern ein eigenes Konzept entwickelt und sich selbst schöpferisch betätigt. Auch über die Gründe ihrer Tätigkeit geben Text und Bild Auskunft. Es geht, wie wir in der Opposition von *Natura* und Tod gesehen haben, um die Erhaltung des Lebens.

In einer Handschrift in Paris (MS fr. 25526) ist *Natura* sitzend und einen unförmigen Gegenstand mit einem Hammer bearbeitend dargestellt (Abb. 8). Zwei Abbildungen, beide in New Yorker Handschriften, zeigen *Natura* mit Werkstücken auf dem Amboss: einer Hand und einem Arm, die sie mit dem Hammer bearbeitet (Abb. 9–10). Das Produkt ihrer Tätigkeit nimmt Formen an. Während im ersten Bild der Hintergrund noch gemustert ist, sitzt *Natura* im zweiten Bild auf einem Schemel inmitten einer Wiese vor gemustertem Goldgrund und schmiedet Menschenteile: Zwei Arme, zwei Füße und ein Kopf liegen auf und neben ihrem Amboss. Der Goldgrund beleuchtet die Szene.

Schon bald aber, um 1400, hat sich die Außenraumwerkstatt etabliert (Abb. 11). Die Miniatur einer Handschrift der British Library in London zeigt die Bearbeitung eines Kopfes. *Natura* hält diesen mit einer Zange fest und beschlägt ihn mit einem Hammer. Sie steht auf einer Wiese, neben ihr liegt ein gewickeltes Kleinkind, ein Produkt ihrer Arbeit. Während der Kopf auf dem Amboss noch als Kunstprodukt interpretiert werden könnte, ist das gewickelte Kind bereits als ein Lebewesen aufgefasst, das frieren könnte. Dieses Bild bietet damit gleichermaßen ein Werkstück in Arbeit und ein Endprodukt. Am Motiv des Einzelteiles lässt sich zugleich der Prozess der Herstellung ablesen. Dieser ist abgeschlossen in einer Miniatur in London (Abb. 12). Das Bild zeigt eine

6 Vgl. Eric H. Hicks: Le débat sur le Roman de la Rose (Christine de Pisan, Jean Gerson, Jean de Montreuil, Gontier et Pierre Col). Édition critique, introduction, notes. Paris 1977. S. 111.

kleine fertige menschliche Figur nackt auf dem Amboss. Obwohl alle Teile zusammengefügt sind, holt *Natura* mit ihrem Hammer bis über den Darstellungsrand aus. Der Schlag, der die Figur zu zertrümmern scheint, entspricht zwar der Arbeitsweise des Schmiedes, wird hier aber doch zum Überschussmotiv und demonstriert die Kraft der Natur, vielleicht sogar die zerstörerische Kraft.

Auf dem Höhepunkt ihres Schaffens ist *Natura* in zwei Miniaturen einer Handschrift im Getty-Museum, um 1400, dargestellt (Abb. 13–14). Sie ist von ihren Produkten umgeben: einem Hirsch, einem Bären, Vögeln und einem nackten Mann. *Natura* selbst trägt ein langes Gewand und eine rote Kopfbedeckung, die in seltsamem Kontrast zur Nacktheit des Mannes stehen; dieser hält die Arme vor die Brust, eine Haltung, die man als Schamgestus deuten kann. Das zweite Schmiedebild dieser Handschrift betont die Verbindung von *Natura* und Gottvater, der aus einem Himmelssegment segnend herabblickt.

In einer anderen Handschrift der British Library (Abb. 15) ist zu sehen, dass *Natura* Menschen nun in Serie produziert. Sie hat ein fast fertiggestelltes Kind auf ihrem Amboss in Arbeit, daneben liegen einige Prototypen auf der Erde, die durch ihre graue Farbe als vorgefertigtes Material zu erkennen sind. Mit diesem Motiv erlebt das Thema der *Natura* als Schöpferin einen letzten Höhepunkt um 1500, bevor es sich zusammen mit der Buchmalerei verabschiedet.

Der Zyklus der Bilder lässt sich als Fortsetzung lesen: von der geistigen Konzeption eines Werkes, dem Schmieden eines unförmigen Gegenstandes, einer Hand, eines Armes und eines Kopfes bis zu der Fertigstellung einer Ganzfigur, der Erschaffung eines neuen Adam, dem Segen Gottes zu diesem Werk und einem rationell fortschreitenden Herstellungsprozess. Die Bilder zeigen *Natura* bei der Arbeit einer Handwerkerin oder Künstlerin, die ab Mitte des 14. Jahrhunderts eine Kunst vorwegnimmt, die es zur Zeit der Entstehung dieser Bilder kaum gab, nämlich die der figürlichen Großplastik aus Metall. Im Gegensatz zu Bildern oder Skulpturen der Zeit handelt es sich bei den Produkten der *Natura* um profane nackte menschliche Körper oder Körperteile. Auch die Haltung dieser Figuren, liegend auf dem Amboss oder daneben stehend, hat keine Entsprechung in der zeitgenössischen Kunst oder Ikonographie. Die hier besprochenen Bilder gehören damit in die Geschichte der Künstlerdarstellung und erweitern die bisher bekannten Belege. Künstler, genauer: die Buchmaler des 14. Jahrhunderts, haben ein neues ikonographisches Modell entwickelt und *Natura* als Schöpferin akzeptiert und abgebildet.

3. Die Selbstdarstellung der *Natura*

Mit ihrer Klage über den Menschen gibt *Natura* zugleich eine Selbstdarstellung und berichtet autobiographisch über die Entstehung der Welt in der Tradition der Bekenntnisse: *La Confession Nature*, wie es in den Bildtiteln oft heißt. Unterhalb einer Beichtszene in einer Handschrift in Tournai (Abb. 16), die 1330 datiert ist und für einen Klosterkonvent angefertigt wurde, wird in drei Sequenzen verbildlicht, wie *Natura* ihre Position innerhalb der Schöpfungshierarchie beschreibt. Die Reihe beginnt links mit einer Darstellung Gottes als Schöpfer, vergleichbar einer Genesis-Darstellung. Nachdem Gott sein Werk vollendet hat, wendet er sich zu der vor ihm knienden *Natura* und zeigt oder übergibt ihr das Orbis-Symbol: die Welt; er weist sie, dem Text zufolge, in die Aufgabe der ewigen Erneuerung der Welt, der *creatio continua*, ein. Ihr Auftrag ist es, den Prozess der Schöpfung und die Ordnung des Werdens und Vergehens in Gang zu halten. Im dritten Bildabschnitt hat sich *Natura* erhoben und einer Gruppe von Menschen zugewendet, die sie unterweist. Diese kleine marginale Zeichnung definiert in komprimierter Form, gleichsam wie ein Kommentar, die Schöpfungsvorstellung von Alanus ab Insulis bis Jean de Meun und die Notwendigkeit der Unterweisung des Lesers in der Erhaltung der Schöpfung. Sie markiert zugleich eine Abwendung von der traditionellen Schöpfungsvorstellung, und zwar im buchstäblichen Sinne durch ein wiederholtes Wendemanöver: Gott wendet sich von seinem Schöpfungswerk weg zu *Natura* hin, *Natura* wiederum wendet sich von Gott ab und den Menschen zu. Diese doppelte Wendung weist zugleich auf den zeitlichen Verlauf der Schöpfung, an deren Beginn Gott steht. *Natura* aber erscheint größer als Gott, was man wohl als chronologische Nähe, als Zeitperspektive interpretieren kann.

Zur Unterweisung, wie die Natur zu erhalten sei, gehört die Kenntnis der Natur. Dies zeigt beispielhaft ein Miniaturen-Zyklus in einer Handschrift der ehemaligen Sammlung Astor: *Natura* beschreibt ihrem Priester, hier als Kardinal dargestellt, den Kosmos (Abb. 17). Ihr Vortrag wird illustriert durch Kreisschemata, die schulmäßig demonstrieren, was sie erläutert: das Firmament (Abb. 18), Mond und Planeten (Abb. 19), die Sonne (Abb. 20) und die vier Elemente (Abb. 21). – Diesen Lehrcharakter weist auch die Miniatur einer Handschrift in Oxford (um 1380) mit *Natura* und Genius bei der Himmelsbetrachtung (Abb. 22) auf. Im Text heißt es dazu: 'Über den Himmel brauche ich mich nicht zu beklagen, der sich ständig dreht, ohne zu zögern, und in seinem glänzenden Kreisbogen all seine Sterne mit sich trägt, die mehr funkeln und mächtiger sind als alle kostbaren Steine [...]. Jedoch wird von den Menschen jener andere Himmel, von dem ich hier spreche, nicht wahrgenommen, nur die Vernunft bezeugt ihn demjenigen, der die Beweisgründe dafür findet' (V. 16801–832). *Natura* beklagt sich also darüber, dass 'jener andere Himmel', d. h. der empirische, von den Menschen nicht wahrgenommen werde. Der 'Himmel' ist demnach theologisch besetzt, sie aber erklärt den 'anderen' Himmel. Genius steht mit nach oben gewandtem Kopf und sieht in den Himmel mit Sonne, Mond und Sternen, den *Natura* ihm zeigt und beschreibt – eine Lehrsituation, in der eine Frau einen Mann im Dialog unterweist. Beide erscheinen ebenbürtig. *Natura* aber weiß, wovon sie spricht, denn sie selbst kann auf die Anschauung verzichten und sieht nicht in den Himmel. Der Dialog zwischen *Natura* und Genius wird auch in formaler Hinsicht zwischen Goldgrund, Farbe und Grisaille aufgenommen: Gegen die Farbe, die von oben und unten ins Bild drängt, scheint sich die Goldfolie des

Hintergrundes wie eine Mauer verräumlicht zu haben, um dieser Verdrängung Widerstand zu leisten. Genius und *Natura* beobachten mit dem Eindringen der Farbe die ins Bild drängende Natur: Himmel, Bäume und Wiese. Doch obwohl die Sonne am Himmel steht, hat sie noch keine Leuchtkraft; die Beleuchtung der Szene geht vielmehr vom Goldgrund aus. *Natura* muss gegen diese Widerstände, gegen die Unkenntnis der Naturvorgänge anpredigen; sie erläutert die Leuchtkraft der Sonne, ihren Lauf, Tag und Nacht und die Wirkung der Wärme. Zugespitzt könnte man sagen, dass ihre Unterweisung zeigen will, dass und wie Dinge der Natur wahrgenommen und im Bild anschaulich gemacht werden können.

In diesem Zusammenhang soll auf ein anderes Werk hingewiesen werden, das etwa gleichzeitig entstand: die allegorische Dichtung im italienischen Volgare 'Il tesoretto' von Brunetto Latini.[7] Der Florentiner Jurist, Lehrer der Rhetorik und Politiker, lebte im Exil in Paris und war – wie Jean de Meun – Magister an der Artistenfakultät der Universität.[8] Er beschreibt, wie er in verzweifelter Lage bei Donna *Natura* Trost suchte und diese ihn unterweist, berät und leitet. Die Zeichnungen einer Florentiner Handschrift um 1300 zeigen Latini zusammen mit *Natura* (Abb. 23–24). Hier nun wird nicht mehr ein Genius durch *Natura* unterwiesen, sondern ein bekannter Florentiner Politiker, der Lehrer Dantes. Das erste Bild schildert seine Ankunft im Reich der *Natura*. Der Autor, im Bild mit *S(er) burnetto* bezeichnet, nähert sich auf einem Pferd reitend einer Schar von Tieren, die sich wie ein Berg vor ihm auftürmen. Sein nach vorn gereckter Kopf und seine halb erhobene Hand drücken Staunen und Überraschung aus. Er sieht eine Frau auf einem Hügel sitzen, die sich ihm als *Natura* zu erkennen gibt. Zwischen ihr und *Ser Brunetto* tut sich das Tierreich auf: Schlangen, Widder, Hund, Katze, Hirsch, Esel, Ochse, Pferd, Einhorn, Löwe, Hase, Adler, Eule und andere Vögel, eine Schnecke und weitere Kriechtiere; Schmetterlinge, Fliegen und Insekten umgeben *Natura*, Fische schwimmen zu ihren Füßen. Brunetto Latini und *Natura* erscheinen wie Stifter des Bildthemas 'Naturbeobachtung'. – Im zweiten Bild erklärt *Natura* dem Autor das Meer. Latini und *Natura* blicken nach rechts auf das Mittelmeer, das gesüdet ist: Afrika ist oberhalb des Mittelmeeres zu sehen, der untere Teil der Mittelmeerkarte zeigt den Norden mit dem Adriatischen, dem Ägäischen und dem Schwarzen Meer, Süden und Norden sind also vertauscht. Die Karten des Mittelalters waren in der Regel geostet, die Südung ist ein Charakteristikum arabischer Karten. *Natura* thront, geographisch gesehen, im Nahen Osten und blickt in Richtung Westen, wo sich rechts am Bildrand die Meerenge von Gibraltar mit den Säulen des Herkules befindet, dem Symbol für das Ende der bewohnten Welt. Ihr Gestus weist auf den arabischen Teil Afrikas. Mit dem geographischen ist so zugleich der geistesgeschichtliche Standort der *Natura* des 13. Jahrhunderts definiert, und zwar – belegt durch das Motiv der Südung – konkret und

7 Brunetto Latini: Il tesoretto (The Little Treasure). Hrsg. u. übersetzt von Julia Bolton Holloway. New York 1981.

8 Zu den beiden Autoren vgl. Palémon Glorieux: La Faculté des Arts et ses Maîtres au XIIIe siècle. Paris 1971. S. 117f. u. 224–226; ferner Modersohn [Anm. 1], S. 58ff. u. 73ff.

nicht zufällig. Besser als jede Textanalyse vermag dieses Indiz der Südung, das nur in Bildern fassbar ist und eine optische Erfahrung voraussetzt, den geistesgeschichtlichen Hintergrund zu beleuchten.

Brunetto Latini geht aber noch einen Schritt weiter. Nachdem er in der allegorischen Dichtung durch *Natura* selbst belehrt worden war, gibt er die Unterweisung in einer französisch-volkssprachlichen Enzyklopädie, dem Werk 'Li livres dou trésor', weiter.[9] Hier nun erklärt er systematisch Tiere, Pflanzen, Geographie, Planeten – kurz: das gesamte Naturreich. Im 'Tesoretto', dem kleinen Schatz, weist der Autor immer wieder darauf hin, dass der Leser im 'Trésor', dem Schatz, weiterlesen solle. Wenn der Leser das tut, findet er im 'Trésor' mehrere Kapitel zum Thema *Mappa mundi*. Eine ganzseitige Weltkarte in einer Oxforder Handschrift des 'Trésor' kann zeigen, wie Latinis Text ins Bild gesetzt und die verkürzte Darstellung des Mittelmeeres weitergeführt wurde (Abb. 25). Auch die Weltkarte wird um 1300/10 datiert und ist gesüdet wie die des 'Tesoretto', wenn man von der Leseposition der Handschrift ausgeht; die Siedlungssymbole aber gehen von einer Drehbarkeit aus, einem Kennzeichen der Portolane. Anna-Dorothee von den BRINCKEN, die sich mehrfach mit dieser Karte beschäftigt und den Einfluss der Seekarten festgestellt hat, kommt zu dem Schluss, dass Latini am Hofe Alfons des Weisen Frühformen der Portolane gesehen und die Karte vielleicht sogar selbst konzipiert habe, die „eine der fortschrittlichsten des Spätmittelalters"[10] sei.

Die Beschreibung der Natur in enzyklopädischer Weise führte schließlich zur Auflösung der Personifikation *Natura*. Aus den Miniaturen des 'Trésor' ist sie verschwunden. Diese fragile Personifikation war schnell in Naturdarstellungen selbst umzusetzen. Das beweisen die Handschriften des 'Trésor', die viele Personifikationen zeigen, *Natura* aber nicht mehr, sondern stattdessen Tiere, Pflanzen, Himmelssphären und die *Mappa mundi*. Die Gegenstände der Natur, die jederzeit und jedermann vor Augen sind, bedurften der personifizierten *Natura* nur als Initialfigur, um ein theoretisches Bewusstsein für Dinge der Natur zu begründen. Im 'Tesoretto' verlässt Brunetto Latini schließlich das Reich der *Natura*, um in das Reich der Philosophie weiterzuwandern, wie *Natura* ihm empfohlen hatte. Er verabschiedet sich und bedankt sich bei ihr mit einem Fußkuss (Abb. 26). Ihre Unterweisung hatte Wirkung gezeitigt.

Auch in den Miniaturen des Rosenromans wird diese Wirkung in fortschreitendem Prozess sichtbar (Abb. 27–28). Eine Handschrift in Montpellier zeigt Beichte und Absolution auf einer Wiese. Altar und Beichtstuhl erscheinen im Außenraum – ein für das 14. Jahrhundert überraschender Vorgang, Gegenstände des christlichen Kultes in den Naturraum zu übertragen. Auch in der Oxforder Handschrift Douce 371 werden

9 Brunetto Latini: Li livres dou trésor. Hrsg. von Francis J. Carmody. Berkeley 1948.

10 Anna-Dorothee von den Brincken: Fines terrae: Die Enden der Erde und der vierte Kontinent auf mittelalterlichen Weltkarten. Hannover 1992. S. 97; vgl. auch Dies.: Das geographische Weltbild um 1300. In: Peter Moraw (Hg.): Das geographische Weltbild um 1300. Politik im Spannungsfeld von Wissen, Mythos und Fiktion. Berlin 1989 (Zeitschrift für Historische Forschung, Beiheft 6). S. 9–32, hier S. 25.

Beichte und Absolution in der Landschaft gezeigt. – Das späteste Beispiel, das die Wirkung der Naturunterweisung belegt, befindet sich wieder in der New Yorker Handschrift M 948 (Abb. 29): *Natura* und Genius beobachten spazierengehend den Ackerbau sowie das Pflanzen und Beschneiden von Bäumen. Mit Bildern aus Rosenroman-Handschriften beginnen fast alle Bücher zur Geschichte des Gartens.

Aus heutiger Sicht erscheint es als normaler Entwicklungsprozess, dass Gegenstände der Natur die Hintergründe der Miniaturen eroberten. Die Bilder aber zeigen, dass dies ein Prozess der Widerstände war, den *Natura* als Personifikation anregte, beobachtete, kommentierte und schließlich für sich entschied. Das heißt, dass dieser Prozess durch die Personifizierung der Natur theoretisch begleitet wurde: Sie hat das Feld bereitet, auf dem die naturalistische Darstellungsweise gedeihen konnte.

4. Die Predigt des Genius oder Appell gegen die Askese

Die Beichte der *Natura* endet mit dem Auftrag an ihren Priester, die Naturgesetze zu verkünden, die Menschen zur Fortpflanzung aufzurufen und die Asketen zu exkommunizieren. In der Pariser Handschrift 24392 (um 1460) sieht man, wie sie Genius ihr Gesetz diktiert (Abb. 30). Um dieses Gesetz nun zu verkündigen, wird Genius als Bischof eingekleidet und geweiht. Die Botschaft der *Natura* verkündet er in einer Predigt, die in vielen Handschriften dargestellt ist, z. B. in Montpellier und in Paris (Abb. 31–32). Genius predigt: 'Kraft der Autorität der Natur, die die Sorge für die ganze Welt trägt als Verweserin und Statthalterin des ewigen Kaisers [...] exkommuniziert seien alle die Treulosen und die Abtrünnigen und ohne Aufschub verdammt, die die Werke verachten, durch welche Natur unterstützt wird. Und derjenige, der sich mit aller Kraft darum bemüht, die Natur zu bewahren, und sich anstrengt, gut zu lieben, [...] der soll blumengeschmückt ins Paradies eingehen' (V. 19505).

Wenn in der Marginalzeichnung einer Pariser Handschrift um 1330 (Abb. 33) Genius als Mönch anderen Mönchen predigt, 'gut zu lieben', so wird die Satire noch deutlicher. Die Klage der *Natura* und die Predigt des Genius im Rosenroman richten sich nicht nur gegen die neuen Orden der Dominikaner und Franziskaner und deren Askeseforderung, sondern zielen tiefer und greifen eine Grundposition der christlichen Kirche an. Sie haben damit, so meine ich, aufklärerischen, wenn nicht gar revolutionären Charakter. Diese Tendenz klingt auch heute noch an, wenn es heißt: 'Auch die Frauen sind frei geboren, nur das Gesetz hat sie ihrer Freiheit beraubt, in die sie Natur eingesetzt hatte; denn Natur ist nicht so töricht, dass sie Marietta allein für Robichon zur Welt bringen ließe [...], noch Robichon für Marietta oder für Agnes oder für Petra, sondern sie hat uns, lieber Sohn, zweifle nicht daran, jede für jeden und jeden für jede gemacht [...]' (V. 13879).

5. Aufklärung im Mittelalter?

Kann man hier von aufklärerischen Tendenzen sprechen?[11] Zunächst einmal werden christliche und theologische Grundannahmen nicht nur in Frage gestellt, sondern säkularisiert, ja fast vulgarisiert und in dieser Form einem breiten Publikum angeboten. Die Bilder von *Natura* erscheinen fast immer in volkssprachlichem Zusammenhang und sind Teil einer fast enzyklopädischen Ausbildung von Laien. Säkularisierung dogmatischer Positionen, die Lehre von der Diesseitigkeit der Welt und Laienbildung können als Signale aufklärerischer Tendenzen gelten. Hinzu kommt der zeitliche Hintergrund der Entstehung der angeführten Texte.

Die Klage der *Natura*, ihr Auftrag an Genius und ihre schöpferische Tätigkeit müssen als radikaler Verstoß gegen die Zensur bezeichnet werden, denn der Bischof von Paris, Étienne Tempier, hatte mit Exkommunizierung und Verbannung gedroht, wer solche Irrlehren verbreite: 'Wir verwerfen es ganz und gar und exkommunizieren alle, die die genannten Irrlehren oder eine von ihnen lehren [...] ebenso ihre Hörer'[12]. Zu diesen Irrlehren, von denen er behauptete, sie würden an der Fakultät der *Artes liberales* in Paris gelehrt, und die er 1277 verurteilte, gehörten sechs Thesen über die christliche Sexualmoral, wie z. B. 'Vollkommene sexuelle Enthaltsamkeit zerstört die Tugend und die menschliche Art' (§ 169). Ebendies behauptet der Rosenroman, der in einer Zeit entstand, die geprägt war von einem Konflikt, der – so Kurt FLASCH – „auch aus der Sicht der Gegenwart zu den bedeutendsten gehört, die in der Epoche zwischen 500 und 1600 ausgetragen wurden [...], er betrifft auch die Entstehung der modernen Welt“[13]. Es war ein Konflikt zwischen Universität und Kirche, ein Konflikt um Aristoteles und dessen Bewertung, um die Befreiung der Philosophie von der Vorherrschaft der Theologie. Mehr als dreißig Thesen richteten sich gegen Irrtümer über die Schöpfung, die die Philosophen verbreiteten (§ 184–219).

Auch die Gegenüberstellung von *Natura* und Tod führt in diese Debatte über die Diesseitigkeit des Lebens und dessen ewige Erneuerung. Dem Tod ist der Stachel genommen, nicht aber, wie es die christliche Tradition kennt, durch den Erlösungstod Christi, der den Tod besiegt hat, sondern durch *Natura*, die die Welt ewig erhält. Jean de Meun, Autor des Rosenromans und Magister an der Artistenfakultät, verbreitete einen Teil dieser Irrtümer ungehindert in der Volkssprache, die sich ganz offensichtlich dem lateinisch-theologischen Überbau entzog; er schuf damit zugleich eine Laienphilosophie, die nicht nur an den Höfen beliebt war. Auch Brunetto Latini lehrte an der Artistenfakultät; seiner Enzyklopädie fügte er eine volkssprachliche Paraphrase der

---

11 Vgl. dazu Kurt Flasch: Aufklärung im Mittelalter? Die Verurteilung von 1277. Das Dokument des Bischofs von Paris eingeleitet, übersetzt und erklärt. Mainz 1989; Kurt Flasch u. Udo R. Jeck (Hgg.): Das Licht der Vernunft. Die Anfänge der Aufklärung im Mittelalter. München 1997.

12 Zit. nach Flasch 1989 [Anm. 11], S. 93.

13 Flasch 1989 [Anm. 11], S. 7.

Nikomachischen Ethik ein, so dass die Laien schon um 1266 auf den neuesten Stand der philosophischen Debatte gebracht wurden.

Daraus folgt die These: *Natura* ist Teil des Autonomieprozesses der Philosophie – als Teil der Philosophie wurden die *Libri naturales* von Aristoteles gelehrt. Sie verkörpert und transformiert die gedankliche Initialzündung einer Beschäftigung mit der Natur in vielen Lebensbereichen und steht für den fortschreitenden Dialog zwischen Mensch und Natur, für Naturbetrachtung und Naturerklärung. Sie erläutert den 'anderen Himmel'. Die Entstehung und Beschreibung der Welt wird nicht mehr wie bisher mit Genesis-Darstellungen verbildlicht, sondern in Form eines unterweisenden Dialoges, im Rosenroman zwischen *Natura* und Genius, im 'Tesoretto' zwischen *Natura* und dem Autor selbst. Mit den Bildern von *Natura* beginnt eine von der christlichen Ikonographie sich lösende Bildtradition. *Natura* selbst, Synonym für Werden und Wachsen, hat diesen Prozess in vielen Stationen befördert.

Es bleibt die Frage nach dem Bruch, der sich zwischen der *Natura* des Mittelalters und jener der Renaissance vollzogen hat. Die vorgestellten Motive haben das Mittelalter nicht überlebt und blieben ohne Wirkung auf die weitere Ausbildung der *Natura*-Ikonographie. *Natura* erscheint in der Folge mit den Erkennungsmerkmalen der Nacktheit und des Milchspendens, als Ernährerin von Mensch und Tier. Der Topos, der die Wiederentdeckung der Natur der Renaissance zuschreibt, hat seine Geltung verloren – überflüssig, noch daran zu erinnern. Verstummt ist seit der Renaissance die Klage der *Natura* über den Menschen. Verlorengegangen ist auch das Bild der schöpferischen *Natura*. Zugleich begann die Vorherrschaft der Kunst über die Natur. Dieser Substanzverlust hat sich fortgeschrieben, und die Besiegte hat sich in eine Hypothek verwandelt. Wohlfeil prangt sie heute auf Werbeplakaten an Hauswänden und ist zum Kunstprodukt geworden. Das Bild von *Natura* als Göttin (Abb. 34), vor der die Kunst kniet, soll noch einmal an ihre verlorengegangene Würde erinnern.

Abb. 1
Den Haag, Koninkl. Bibl., MS 76 E13, f. 13v

Abb. 2
New York, Pierpont Morgan Library, M. 948, f. 156

Abb. 3
Paris, Bibl. Nat., fr. 1567, f. 118v

Abb. 4
Rom, Bibl. Vat., Cod. Urb. Lat. 376, f. 101

Abb. 5 London, British Library , Yates Thomsen 21, f. 108

Abb. 6 Stockholm, Kungl. Bibl., MS Vu 39, f. 114v

Abb. 7 Paris, Bibl. Sainte-Geneviève, 1126, f. 115

Abb. 8 Paris, Bibl. Nat., fr. 25526, f. 120

Abb. 9 New York, Pierpont Morgan Library, M. 324, f. 106v

Abb. 10 New York, Pierpont Morgan Library, Glazier 32, f. 108

Abb. 11 London, British Library, Egerton 1069, f. 110

Abb. 12 London, British Library, Egerton 881, f. 124

Abb. 13
Santa Monica, The J. Getty Museum, MS 83.M.177, f. 121v

Abb. 14
Santa Monica, The J. Getty Museum, MS 83.M.177, f. 124v

Abb. 15
London, British Library, Harley 4425, f. 140

Abb. 16
Tournai, Bibl. de la Ville, MS 101, f. 280

Abb. 17 Privatbesitz, ehem. Sammlung Astor
MS A 12, f. 141v

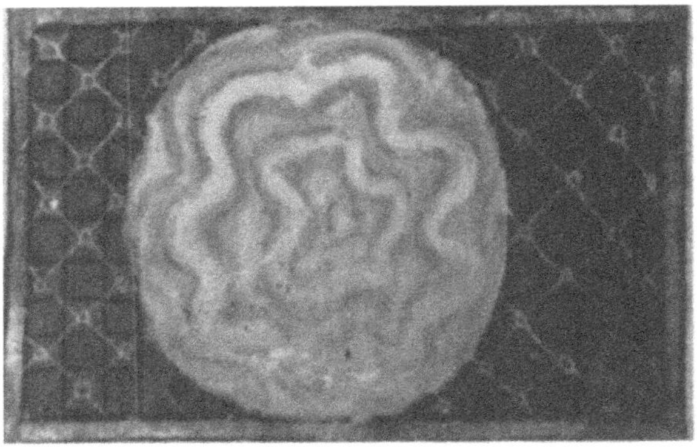

Abb. 18

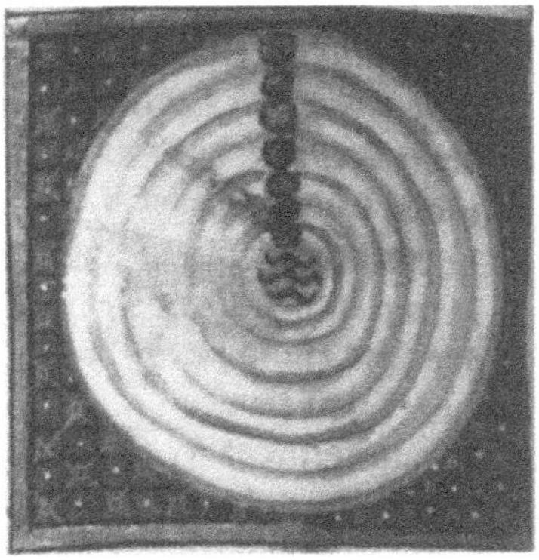

Abb. 19

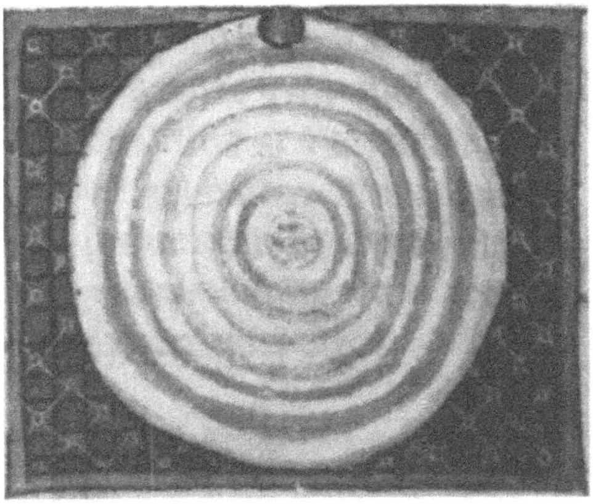

Abb. 20

Abb. 21

Abb. 18–21 Privatbesitz, ehem. Sammlung Astor MS A 12, f. 142–143v

Abb. 22
Oxford, Bodleian Library, MS e Musaeo 65, f. 131

Abb. 23 'Il tesoretto', Florenz, Bibl. Laur., MS Strozz. 146, f. 2v

Abb. 24 'Il tesoretto', Florenz, Bibl. Laur., MS Strozz. 146, f. 10

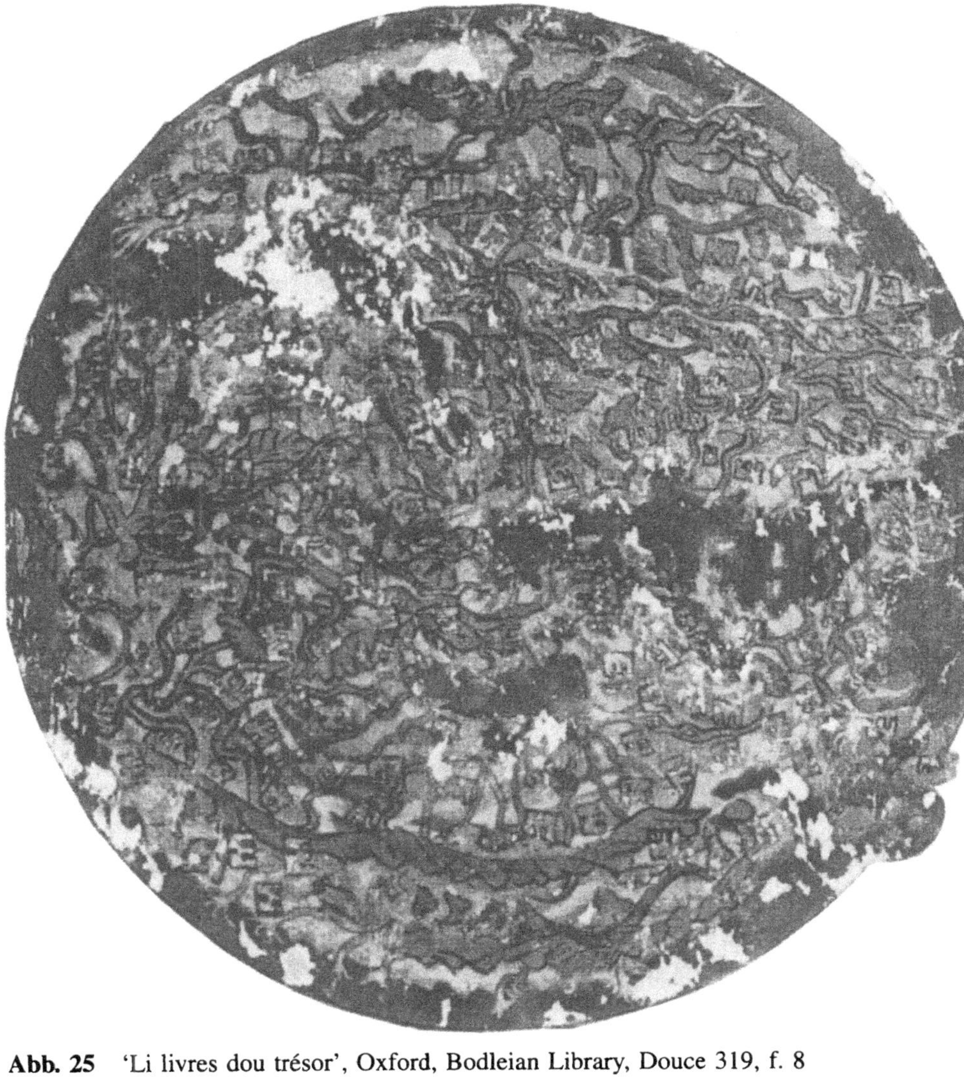

Abb. 25 'Li livres dou trésor', Oxford, Bodleian Library, Douce 319, f. 8

Abb. 26 'Il tesoretto', Florenz, Bibl. Laur., MS Strozz. 146, f. 11

Abb. 27 Montpellier, Bibl. Interunivers. Med. H 245, f. 102v

Abb. 28
Oxford, Bodleian Library, Douce 371, f. 127

Abb. 29
New York, Pierpont Morgan Library, M. 948, f. 180

Abb. 30 Paris, Bibl. Nat., fr. 24392, f. 156

Abb. 31 Montpellier, Bibl. Interunivers. Med. H 245, f. 119

Abb. 32
Paris, Bibl. Nat., fr. 24392,
f. 157v

Abb. 33
Paris, Bibl. Nat., fr. 25526,
f. 120 (wie Abb. 8)

Abb. 34 Oxford, Bodleian Library, Douce 195, f. 115v

ORTRUN RIHA

Mikrokosmos Mensch. Der Naturbegriff in der mittelalterlichen Medizin

'Den' Naturbegriff 'der' Medizin 'des' Mittelalters darzustellen, ist ein Unterfangen, das angesichts des langen Zeitraums von der Spätantike bis zur Epochenschwelle, wegen der unterschiedlichen Anspruchs- und Reflexionsniveaus medizinischen Wissens sowie wegen der auch innerhalb der Fachdisziplin verschiedenen Kontexte des Wortes 'Natur' nicht unerhebliche Probleme in sich birgt. Nicht von ungefähr gibt es bisher keine Darstellung, die sich eine solche Abstraktion – denn um gleichsam den kleinsten gemeinsamen Nenner zwischen heterogenen Autoren und Argumentationsrichtungen wird es sich handeln müssen – zur Aufgabe gemacht hat. Es wird also im Folgenden darum gehen, Konstanten in der medizinischen Bedeutung und im medizinischen Verständnis von 'Natur' aufzuzeigen, die sich zum einen in Texten niedergeschlagen haben, deren konkrete, über den allgemeinen Wissenshintergrund hinaus gehende Alltagsrelevanz nicht eigens untersucht wird, und die sich zum andern tatsächlich über das gesamte Mittelalter hinweg verfolgen lassen. Wenn die zitierten Quellen zu einem großen Teil aus der Antike stammen (Hippokrates[1] [um 400 v. Chr.] und Galen von Pergamon[2] [129 – nach 204] in lateinischer Übersetzung), dann deswegen, weil die mittelalterlichen Autoren die entsprechenden Gedanken von dort rezipiert, fortentwikkelt und weitergetragen haben[3] – und das, obwohl jahrhundertelang von diesen unbestrittenen Autoritäten nur aphoristische Bemerkungen und Kurztraktate, die noch in der

---

1 Der Nachweis der Zitate folgt, wie heute üblich, der Ausgabe von W[illiam] H[enry] S[amuel] Jones: Hippocrates with an English translation. 8 Bde. London, Cambridge/Mass. 1967–1995 (Loeb classical library 147–150, 472, 473, 477, 482).

2 Der Nachweis der Zitate folgt der Ausgabe von Karl Gottlob Kühn: Claudii Galeni opera omnia. 20 Bde. Leipzig 1821–1833 (Medicorum Graecorum opera quae extant 1–20). [Neudruck Hildesheim 1964/65].

3 Vgl. dazu Wesley D. Smith: The Hippocratic tradition. London 1979 (Cornell Publications in the history of science 8); Owsei Temkin: Hippocrates in a world of pagans and Christians. Baltimore 1991; Ders.: Galenism. Rise and decline of a medical philosophy. Baltimore 1973.

Spätantike den Weg ins Lateinische gefunden hatten[4], und seit dem 11. Jahrhundert weitere Kenntnisse nur aus zweiter (arabischer) Hand zur Verfügung standen.[5] Die spezifische Fachtradition hat sich einer Christianisierung konsequent widersetzt.

Eine zweite Vorbemerkung ist zu machen: Die mittelalterliche Medizin interessiert sich für naturphilosophische Grundsatzfragen[6] – wenn überhaupt – nur am Rande und nur insoweit, als ihr ureigener Gegenstand, der Mensch, betroffen ist, und zwar der einzelne Mensch. 'Natur' ist daher zuallererst die Natur des jeweiligen Menschen, den der Arzt als Patient vor sich hat.[7] In Galens Schrift 'Definitiones medicae' werden philosophische Aspekte lediglich der angestrebten Vollständigkeit halber mit erwähnt.[8] Weder Platons Diktum von der göttlichen Schöpferkraft der Natur (*ars divina, natura artifex*) noch die aristotelische Konzeption des selbstständigen Bewegungsprinzips (*principium motus*) sind für die Handlungsanforderungen des ärztlichen Alltags hilfreich. Philosophische und theologische Überlegungen der Antike und des Mittelalters zum Wesen des Menschen an sich (*natura omnium hominum communis*) und zu den Gesetzmäßigkeiten der Weltordnung gehören anderen diskursiven Kontexten an. Dem widerspricht nicht, dass umfassend gebildete Autoren nebeneinander medizinische, theologische und philosophische Werke verfassten.[9] Man vermisst deshalb auch in den anspruchsvollen lateinischen Grundlagenwerken für das universitäre Medizinstudium[10]

---

4 Vgl. dazu Pearl Kibre: Hippocratic writings in the middle ages. In: Bulletin for the History of Medicine 18 (1945). S. 311–412; Gerhard Baader: Galen im mittelalterlichen Abendland. In: Vivian Nutton (Hg.): Galen. Problems and prospects. London 1981. S. 213–228.

5 Vgl. dazu Heinrich Schipperges: Die Assimilation der arabischen Medizin durch das lateinische Mittelalter. Wiesbaden 1965 (Sudhoffs Archiv, Beiheft 3); Ders.: Die Rezeption der arabisch-griechischen Medizin und ihr Einfluß auf die abendländische Heilkunde. In: Peter Weimar (Hg.): Die Renaissance der Wissenschaften im 12. Jahrhundert. Zürich 1981 (Zürcher Hochschulforum 2). S. 173–196; Gerhard Baader: Die Schule von Salerno. In: Medizinhistorisches Journal 13 (1978). S. 124–145.

6 Vgl. dazu z. B. Albert Zimmermann: Grundfragen der mittelalterlichen Naturphilosophie. In: Rainer E. Zimmermann (Hg.): Naturphilosophie im Mittelalter. Cuxhaven, Dartford 1998 (Kosmophilosophie 4). S. 9–20.

7 Diese Programmatik entwirft Galen in seinem Kommentar (2. Buch, Nr. 1) zu Hippokrates' 'De humoribus', Kap. 4 (Kühn [Anm. 2], Bd. 16, S. 208).

8 Vgl. Galen, Definitiones medicae, Kap. 95 (Kühn [Anm. 2], Bd. 19, S. 371).

9 Vgl. dazu z. B. James A. Weisheipl (Hg.): Albertus Magnus and the sciences. Toronto 1980. Gleiches gilt für Arnald von Villanova (1240–1311), auf den ich später noch kurz eingehen werde. – Zu medizinischem Wissen in fachfremdem Kontext vgl. Richard Toellner: Der Körper des Menschen in der philosophischen und theologischen Anthropologie des Spätmittelalters und der frühen Neuzeit. In: Klaus Schreiner u. Norbert Schnitzler (Hgg.): Gepeinigt, begehrt, vergessen. Symbolik und Sozialbezug des Körpers im späten Mittelalter und in der frühen Neuzeit. München 1992. S. 131–146.

10 Vgl. dazu Eduard Seidler: Der literarische Hintergrund der Pariser Medizin im 14. Jahrhundert. In: Gesnerus 22 (1965). S. 30–58; Ders.: Die Heilkunde des ausgehenden Mittelalters in Paris. Studien zur Struktur der spätscholastischen Medizin. Wiesbaden 1967 (Sudhoffs Archiv, Beiheft 8). – Zu den Kontroversen in den anderen Fakultäten vgl. Albert Zimmermann (Hg.): Die Aus-

– selbst in deren theoretischen Abschnitten – eine Auseinandersetzung mit der zeitgenössischen Philosophie. Die Grundidee von der Welt als Kosmos bzw. *ordo* wird jedoch implizit überall erkennbar und wird ohne Diskussion als gegeben vorausgesetzt[11], denn ohne eine verlässliche, kalkulierbare Ordnung ist wissensbasiertes, rationales medizinisches Handeln – und diesen Anspruch hatte die mittelalterliche Heilkunde – nicht möglich.

Der Naturbegriff ist für die Medizin aber auch in expliziter Weise von zentraler Bedeutung. Die 'Definitiones' Galens heben zunächst den Aspekt von 'Natur' als *spiritus calidus* bzw. *ignis artificialis* hervor, denn der *calor naturalis* unterscheidet zum einen Lebendiges vom Toten und ist zum andern das Grundelement der menschlichen Physiologie. Die aufgenommene Nahrung wird erst im Magen, dann in der Leber und schließlich in der Peripherie erhitzt (Lehre von den drei Kochungen), wobei der Körper das Nützliche assimiliert und sich durch Ausscheidungen vom Überflüssigen befreit. Dieses Konzept ist die wissenschaftliche Basis für praktisch die gesamte Diagnostik der Alten Medizin, welche die Abfallprodukte Harn, Kot, Blut, Schweiß und Schleim beurteilt, um daraus Rückschlüsse auf pathologische Veränderungen im Körperinneren zu ziehen.[12]

Unter ebenfalls diagnostischen, vor allem aber unter therapeutischen Gesichtspunkten interessierte sich die Medizin für die *natura rerum*. Die *res* sind hier die sichtbaren Dinge der Welt: Menschen, Tiere, Pflanzen, Mineralien und Gestirne (*elementa et quae ex eis fiunt*). Dieser Focus blendet die Spiritualität aus, die sonst die naturkundliche Literatur mit Titeln wie 'De natura rerum' oder 'De proprietatibus rerum' durchzieht.[13]

---

einandersetzungen an der Pariser Universität im 13. Jahrhundert. Berlin, New York 1976 (Miscellanea Mediaevalia 10).

11 Vgl. dazu Albert Zimmermann: Ontologie oder Metaphysik? Die Diskussion über den Gegenstand der Metaphysik im 13. und 14. Jahrhundert. Texte und Untersuchungen. Leuven 1998 (Recherches de théologie et philosophie médiévales: Bibliotheca 1). – Zu diesem Zentralbegriff der Ordnung, der in den verschiedensten Kontexten auftaucht, vgl. Hermann Krings: Ordo. Philosophisch-historische Grundlegung einer abendländischen Idee. Hamburg [2]1982; Gregor F. Gässler: Der Ordo-Gedanke unter besonderer Berücksichtigung von Augustinus und Thomas von Aquino. St. Augustin 1994 (Academia-Hochschulschriften: Philosophie 5); Martin Kintzinger: Norma elementorum. Studien zum naturphilosophisch-politischen Ordnungsdenken des ausgehenden Mittelalters. Stuttgart 1994 (Sudhoffs Archiv, Beiheft 34).

12 Vgl. dazu Gerhard Baader u. Gundolf Keil: Mittelalterliche Diagnostik. In: Christa Habrich, Frank Marguth u. Jörn Henning Wolf (Hgg.): Medizinische Diagnostik in Geschichte und Gegenwart. Festschrift Heinz Goerke. München 1978 (Neue Münchener Beiträge zur Geschichte der Medizin und der Naturwissenschaften, medizinhistorische Reihe 7/8). S. 121–144.

13 Vgl. beispielsweise Bartholomaeus Anglicus: De rerum proprietatibus. Frankfurt a. M. 1601. [Neudruck Frankfurt a. M. 1964]; dazu Heinz Meyer: Die Enzyklopädie des Bartholomäus Anglicus. Untersuchungen zur Überlieferungs- und Rezeptionsgeschichte von 'De proprietatibus rerum'. München 2000 (Münstersche Mittelalter-Schriften 77). – Thomas von Cantimpré: Liber de natura rerum. Editio princeps secundum manuscriptos. Teil 1: Text. Hrsg. von Helmut Boese. Berlin, New York 1973. – Dagmar Gottschall u. Georg Steer (Hgg.): Der deutsche 'Lucidarius'. Tübingen 1994 (Text und Textgeschichte 35); dazu Monika Sick: Der 'Lucidarius' und das 'Buch

Die typische Verbindung von weltlichem (*scientia*) und heilsbezogenem Wissen bzw. allegorischem Verweischarakter (*sapientia*), wie man sie in den großen Enzyklopädien findet, geht den medizinischen Texten völlig ab; das Wissen, das in den Gesamtdarstellungen kumulativ zusammengetragen wird, ist säkular.[14] Eine Zwischenstellung mag allenfalls die Ausnahmeerscheinung Hildegards von Bingen (1098–1179) einnehmen, in deren heilkundlichen Schriften 'Physica' und 'Causae et curae' sich therapeutische mit moralischen Aspekten verbinden. Erst Paracelsus (1493/94–1541) – auch er eine singuläre Persönlichkeit – hat wegen seines ganzheitlichen Medizinverständnisses mit anspruchsvollen ethischen Forderungen den Gedanken eines spirituell verstandenen 'Lesens im Buch der Natur' aufgegriffen und fortgeführt. Mittelalterliche Rezeptarien[15], Kräuterbücher[16] und Drogenmonographien[17] stehen in antik-heidnischer Tradition. Die *natura rerum* hat darin drei Dimensionen: Primärqualitäten (die beiden Gegensatzpaare heiß-kalt und trocken-feucht), spezifische *virtutes* oder *facultates* und magische Kräfte.

Die vier Elemente, aus denen die Welt besteht, sind folgendermaßen zu beschreiben: Das Feuer ist heiß-trocken, das Wasser kalt-feucht, die Luft heiß-feucht und die Erde kalt-trocken.[18] Gleiches gilt für die vier Körpersäfte (*humores*) des Menschen, aus

---

Sidrach'. Eine wissenssoziologische Untersuchung zweier mittelalterlicher Wissensbücher. Phil. Diss. Bonn 1994.

14 Ein gut untersuchtes Beispiel für Summenbildung in der Medizin ist das 'Compendium medicinae' des Gilbertus Anglicus (ca. 1240), das auch in die Volkssprache Eingang gefunden hat. Vgl. dazu Ortrun Riha: Ortolf von Baierland und seine lateinischen Quellen. Hochschulmedizin in der Volkssprache. Wiesbaden 1992 (Wissensliteratur im Mittelalter 10). S. 151–208 u. 213–221; Dies.: Gilbertus Anglicus und sein 'Compendium medicinae'. Arbeitstechnik und Wissensorganisation. In: Sudhoffs Archiv 78 (1994). S. 59–79; Faye M. Getz: Healing and society in medieval England. A Middle English translation of the pharmaceutical writings of Gilbertus Anglicus. Madison 1991; Dies.: Medicine in the English middle ages. Princeton 1998.

15 Vgl. dazu etwa Dietlinde Goltz: Mittelalterliche Pharmazie und Medizin. Dargestellt an Geschichte und Inhalt des Antidotarium Nicolai. Stuttgart 1976 (Veröffentlichungen der Internationalen Gesellschaft für Geschichte der Pharmazie, N. F. 44).

16 Vgl. z. B. Bernhard Schnell: Von den wurzen. Text- und überlieferungsgeschichtliche Studien zur pharmakographischen deutschen Literatur des Mittelalters. Med. Habil.schrift [masch.] Würzburg 1989. Vgl. auch den Beitrag des Autors in diesem Band.

17 Auch hierzu seien einige Beispiele genannt wie Gundolf Keil: Der deutsche Branntweintraktat des Mittelalters. Texte und Quellenuntersuchungen. In: Centaurus 7 (1960/61). S. 53–100; Ders.: Zauberpflanzen und Wunderdrogentraktate. In: Leuvense Bijdragen 57 (1968). S. 165–175; Joachim Stürmer: „Von deme gire". Untersuchungen zu einer altdeutschen Drogenmonographie des Hochmittelalters. Pattensen 1978 (Würzburger medizinhistorische Forschungen 12); Joachim Telle: Zur altdeutschen Monographie über Salbeiaquavit. In: Gundolf Keil (Hg.): „gelerter der arzenie, ouch apoteker". Beiträge zur Wissenschaftsgeschichte. Festschrift Willem F. Daems. Pattensen 1982 (Würzburger medizinhistorische Forschungen 24). S. 479–519.

18 Dies ist eine für die Medizin typische Vereinfachung. In der Naturphilosophie wird komplexer diskutiert. Vgl. etwa Richard C. Dales: Marius 'On the elements' and the twelfth-century science of matter. In: Viator 3 (1972). S. 191–218; Martin Kintzinger: „Quis terram aut aquam neget vivere?" Das Problem der Lebendigkeit in der spätmittelalterlichen Elementenlehre. In: Albert

denen sein jeweiliges *temperamentum* gemischt ist: Beim Choleriker überwiegt die heiß-trockene Gelbe Galle, beim Phlegmatiker der kalt-feuchte Schleim, beim Sanguiniker das heiß-feuchte Blut und beim Melancholiker die kalt-trockene Schwarze Galle. Beschwerden und Krankheiten entstehen durch Entgleisungen des individuellen Säftegleichgewichts, daher wird dieses Konzept als Humoralpathologie bezeichnet.[19] Eine wissenschaftlich fundierte Therapie setzt auf den Ausgleich und verabreicht 'kalte' Drogen gegen Überhitzung, 'feuchte' gegen Austrocknung usw. Die Intensität der Wirkung lässt sich dabei in vierfach abgestuften Graden weiter differenzieren. Dieses planmäßige Handeln gilt seit der Antike als typisch für eine rational begründete Medizin, wie man sie in Hippokrates erstmals beispielhaft verwirklicht sah.[20] Die über die Primärqualitäten hinausgehenden spezifischen Eigenschaften wirken nicht allgemein modulierend, sondern nehmen direkt auf Körperfunktionen Einfluss. Ärztliche Aufgabe ist die Nutzung dieser natürlichen Kräfte, worunter Galen die *facultas attractrix, commutatrix et concoctrix* sowie die *facultas retentrix utilium et expultrix alienorum* versteht.[21] Weitere *virtutes* sind beispielsweise Schmerzlinderung oder Steigerung der Fruchtbarkeit. Die innewohnenden magischen Kräfte schließlich geben sich im Aussehen oder im Namen der Drogen zu erkennen. Die Wirkungsweise der *natura magica* zu kennen, verleiht Macht, und deshalb ist Magie in der gelehrten wie in der 'Volksmedizin' bis weit in die Moderne hinein omnipräsent: als Heilzauber oder Heilsegen[22], in der Mantik[23] sowie als Schutzamulett.

Die drei Dimensionen der medizinrelevanten *natura rerum* lassen sich auf engstem Raum zusammenfassen, wie beispielhaft das Beifuß-Kapitel aus dem 'Buch der Natur'

Zimmermann u. Andreas Speer (Hgg.): Mensch und Natur im Mittelalter. 1. Halbbd. Berlin, New York 1991 (Miscellanea Mediaevalia 21/1). S. 330–345.

19 Vgl. dazu Klaus Schönfeldt: Die Temperamentenlehre in deutschsprachigen Handschriften des 15. Jahrhunderts. Phil. Diss. Heidelberg 1962; Erich Schöner: Das Viererschema in der antiken Humoralpathologie. Wiesbaden 1964 (Sudhoffs Archiv, Beiheft 4).

20 So etwa bei Ps.-Galen, Introductio seu medicus, Kap. 2–3 (Kühn [Anm. 2], Bd. 14, S. 677f.). Zu diesem Ansatz in anderen Schriften vgl. Fridolf Kudlien u. Richard J. Durling (Hgg.): Galen's method of healing. Leiden 1991. – Die Tradition, sich auf Hippokrates zu beziehen, reicht bis heute fort. Vgl. dazu Karl-Heinz Leven: Hippokrates im 20. Jahrhundert. Ärztliches Selbstbild, Idealbild und Zerrbild. In: Karl-Heinz Leven u. Cay-Rüdiger Prüll (Hgg.): Selbstbilder des Arztes im 20. Jahrhundert. Medizinhistorische und medizinethische Aspekte. Freiburg i. Br. 1994 (Freiburger Forschungen zur Medizingeschichte, N. F. 16). S. 39–96.

21 Galens Kommentar (Buch 5, Nr. 1) zu Hippokrates' Epidemien, 6. Buch (Kühn [Anm. 2], Bd. 17/2, S. 228).

22 Vgl. dazu u. a. Gerhard Eis: Altdeutsche Zaubersprüche. Berlin 1964.

23 Vgl. dazu Gerhard Eis: Wahrsagetexte des Spätmittelalters. Aus Handschriften und Inkunabeln. Berlin, Bielefeld, München 1956 (Texte des späten Mittelalters 1); Joachim Telle: Funde zur empirisch-mantischen Prognostik in der medizinischen Fachprosa des späten Mittelalters. In: Sudhoffs Archiv 52 (1968). S. 130–141; Ders.: Beiträge zur mantischen Fachliteratur des Mittelalters. In: Studia neophilologica 42 (1970). S. 180–205.

Konrads von Megenberg (1309–1374) zeigen soll[24]: *Artemisia haizet peipoz. daz kraut ist haiz und trucken und den guot, die unperhaft sint von übriger fäuhten.* In diesem Fall steht die spezifische *virtus* mit den Primärqualitäten in logischer Verknüpfung und ermöglicht eine Kausaltherapie, denn das Kraut beseitigt die Ursache der Unfruchtbarkeit. Eine weitere *virtus* ist magischer Art: *ez sprechent auch die maister: wer ez an diu pain pind, ez benem den wegraisern ir müed.* Der spätmittelalterliche Autor distanziert sich zwar bereits von der onomatologischen Simile-Magie der älteren Tradition, die aus dem Namen 'Beifuß' auf eine positive Kontaktwirkung gegen Krampfadern an der Wade schließt, er zweifelt jedoch nicht grundsätzlich an der Macht der Zauberei; es zeichnet sich nur die Ablösung der immanenten Kräfte durch eine externe Einflussnahme ab, wie es für die neuzeitliche Magie typisch sein wird: *daz versuoch, wan ich gelaub sein niht, ez waer dann bezaubert.*

Doch kommen wir auf den Menschen zurück und betrachten wir zunächst sein Verhältnis zur 'Natur' als Gesamtheit der Dinge. Über die Primärqualitäten ist die ganze Welt in allen ihren Erscheinungen miteinander vernetzt; auch der Mensch und sein Schicksal sind eingebunden. Nach dieser Vorstellung steht der Mensch nicht der Welt gegenüber, sondern ist Teil davon.[25] Aufgabe der Naturwissenschaft ist die Offenlegung von Mikrokosmos-Makrokosmos-Analogien, und Aufgabe der Medizin ist deren Nutzanwendung in allen vier Tätigkeitsbereichen: in der diätetischen Prävention, in Diagnostik, Therapie und Prognostik. Eine wichtige Rolle spielt die Korrespondenz von Körperregionen und Organen mit Planeten und Tierkreiszeichen, die über Fachkreise hinaus auch gebildete Laien interessierte. Das verbreitetste astromedizinische Kompendium ist das volkssprachige 'Iatromathematische Hausbuch'[26], das seine Beliebtheit der übersichtlichen und knappen Präsentation des Wissens ebenso verdankte wie seiner attraktiven Bebilderung.[27]

Dort finden sich folgende Angaben zur Planetenmelothesie: Der Sonne zugeordnet sind Herz, Mund und Augen, dem Mond Hirn, Kehle, Magen, Darm und Bauch, zu

---

24 Konrad von Megenberg. Das Buch der Natur. Hrsg. von Franz Pfeiffer. Stuttgart 1861. [2. Neudruck Hildesheim, New York 1971]. S. 385. – Zum Autor vgl. Georg Steer: Konrad von Megenberg. In: Die deutsche Literatur des Mittelalters. Verfasserlexikon. Bd. 5 (^{2}1985). Sp. 221–236.

25 Zu anderen, teils sogar umgekehrten Verhältnissen vgl. Gerhard E. Sollbach: Die mittelalterliche Lehre vom Makrokosmos und Mikrokosmos. Hamburg 1995; Susan J. Ridyard (Hg.): Man and nature in the middle ages. Sewanee 1995; Carlos Barros: Die „Vermenschlichung" der Natur im Mittelalter. In: Konrad Spindler (Hg.): Mensch und Natur im mittelalterlichen Europa. Archäologische, historische und naturwissenschaftliche Befunde. Klagenfurt 1998 (Schriftenreihe der Akademie Friesach 4). S. 282–310.

26 Lorenz Welker: Das „Iatromathematische Corpus". Untersuchungen zu einem alemannischen astrologisch-medizinischen Kompendium des Spätmittelalters mit Textausgabe und einem Anhang in der handschriftlichen Fassung des Codex Zürich, Zentralbibliothek, C 102 b. Zürich 1988 (Zürcher medizingeschichtliche Arbeiten 196).

27 Vgl. Gundolf Keil, Friedrich Lenhardt u. Christoph Weißer (Hgg.): Vom Einfluß der Gestirne auf die Gesundheit und den Charakter des Menschen. Faksimile-Ausgabe des Manuskripts C 54 der Zentralbibliothek Zürich (Nürnberger Kodex Schürstab). 2 Bde. Luzern 1981–1983.

Mars gehören Galle, Penis und Hoden (das astrologische Zeichen für diesen Planeten steht noch heute in der Biologie für männliche Exemplare), zu Merkur Zunge, Kehlkopf und Hände, zu Jupiter Leber, Lunge und Rippen, zu Venus Lippen, Nabel, Leiste und weibliche Genitalien (dieses Planetensymbol wird für weibliche Individuen benutzt) sowie zu Saturn Milz, Ohren und Knochen. Eine explizite Begründung liefert der spätmittelalterliche Text nicht, sondern er setzt voraus, dass die Leser die Motivationen erkennen. Die Verbindungen sind zum kleinen Teil hierarchisch motiviert: Sonne und Jupiter regieren die lebenswichtigen Organe, außerdem strahlen die Augen eigenes Licht aus. Bedeutender sind jedoch die Primärqualitäten: Der Mond ist kalt-feucht wie das Hirn als Schleimproduzent, Mars ist heiß-trocken wie das männliche Geschlecht, Venus kalt-feucht wie das weibliche, Jupiter ist heiß-feucht wie das in der Leber entstehende Blut, Saturn ist kalt-trocken wie die Milz als Sitz der Schwarzen Galle. Umgekehrt kann man nun daraus die Primärqualitäten der jeweils anderen mitgenannten Strukturen ableiten. Schließlich wird auf die Mythologie zurückgegriffen: nicht nur bei Jupiter, Mars und Venus, sondern vor allem bei Merkur, dessen Funktionen als Bote mit dem Sprechen und als Gott der 'Händler' und Diebe mit den Händen zu tun haben.

Um die Planetenmelothesie nutzbar zu machen, braucht man kein Astrologe zu sein, denn jeder der sieben Wochentage steht unter der Regentschaft eines entsprechenden Sterns, was in den romanischen Sprachen und im Englischen leichter erkennbar ist als im Deutschen: Die Sonne beherrscht den Sonntag, der Mond den Montag, ferner gehört Mars zum Dienstag, Merkur zum Mittwoch, Jupiter zum Donnerstag, Venus zum Freitag und Saturn zum Samstag. Der Wochentag der Geburt beeinflusst so die Anfälligkeit eines Körpersystems, und der Erkrankungszeitpunkt kann den Verdacht auf ein bestimmtes Organ lenken oder in der Therapie die qualitativ passenden Arzneimittel nahe legen.

Ähnlich funktioniert die Zodiakalmelothesie, die vor allem für Aderlassempfehlungen genutzt wird. In Wort und Bild (Lassmännlein) markiert der Tierkreis die für die Blutentnahme besonders günstigen bzw. ungünstigen Körperregionen. Die Zuordnung der Zwillinge zu den Armen leuchtet unmittelbar ein, während die anderen, weniger nahe liegenden Korrespondenzen nicht so konsistent überliefert sind, zumal sich die sieben Planeten und die zwölf Sternzeichen nicht leicht zur Deckung bringen lassen. Dafür kann man die vier Temperamente je dreimal zuordnen. Wenn also beispielsweise heiß-trockene Widder eher Choleriker und kalt-feuchte Krebse eher Phlegmatiker werden sollen, dann mag das *prima facie* wegen der Charakteristik dieser Tiere überzeugen, was jedoch nicht immer so plausibel zutrifft. Dazu kommen weitere Probleme: Weder die vier Jahreszeiten (Frühling heiß-feucht, Sommer heiß-trocken, Herbst kalt-trocken, Winter kalt-feucht) noch die zwölf Monate (der Mai gilt als besonders ausgeglichen, ebenso September und Oktober, schädlich ist die feuchte Kälte im Februar sowie die trockene Kälte im November) passen von ihren Primärqualitäten her durchgängig zu den jeweils regierenden Tierkreiszeichen. Weitere astrale Einflüsse sind durch die Mondphasen gegeben[28] – kurzum: Auf den Menschen wirkt eine Vielzahl kosmischer Kräfte ein, deren Vernetzung einerseits und Konkurrenz anderseits alle denkbaren Entwicklungen zu erklären vermögen. Das System geht allerdings in seiner Komplexität an die Grenzen des Praktikablen und individualisiert[29] das Krankheitsgeschehen derart, dass es nur in pragmatischer Reduktion und vor allem streng symptombezogen alltagstauglich ist. Die Leistungsfähigkeit liegt weniger in der aktuellen diagnostischen Anforderungssituation als in den Erklärungsmöglichkeiten *ex post.* Eine Merkwürdigkeit der mittelalterlichen Medizin liegt demzufolge darin, dass sie von ihrer Theorie her besser ihr Scheitern als ihren Erfolg begründen kann: Wer vermag schon gegen die Macht der Gestirne etwas auszurichten! Der Faktor 'Zeit' erhält auf diese Weise jedenfalls eine zentrale Bedeutung für die Medizin und verdeutlicht deren Geschichtlichkeit. So gelesen, verweist der berühmte Satz aus dem ersten hippokratischen Aphorismus ('Der rechte Augenblick ist rasch enteilt') sowohl auf die Historizität als auch auf die Kontingenz ärztlichen Handelns: Dieses mag rational begründet sein, doch hängt sein Erfolg vom Ort in der Zeit, vom Zufall und sonstigen schicksalhaften Unwägbarkeiten ab.

Unter diesen Umständen nimmt es nicht wunder, dass sich die meisten medizinischen Texte weniger für den Menschen in der Natur als für die Natur des Menschen (*natura hominis cuiusque propria*)[30] interessieren, wo man festeren Boden unter den Füßen hat. Aber auch hier stoßen wir sofort auf Einschränkungen: Ist doch das Individuum durch die (seit Galen so genannten) *res naturales* charakterisiert[31], die diese Bezeichnung deshalb tragen, weil es sich um angeborene und nicht durch äußere (also auch nicht durch medizinische) Maßnahmen veränderbare Konstanten handelt, die in ihrer Summe eben die 'Natur' des jeweiligen Menschen ausmachen. Der Betroffene muss damit leben und der Arzt seine Behandlung darauf abstimmen. Die *res naturales* umfassen zunächst die materielle Seite des Körpers, der aus den Elementen, den Körpersäften und den *membra principalia* (Herz, Gallenblase, Hirn, Milz; auch Nieren und Leber werden oft dazu gerechnet, auch wenn dies das Viererschema sprengt) besteht. Weitere Faktoren sind das Geschlecht (*sexus*) und das Lebensalter (*aetas*). Aus der individuellen Säftemischung ergibt sich das (seinerseits durch Geschlecht und Alter modifizierte) *temperamentum* mit der entsprechenden körperlichen Konstitution (*habitus*) und den

28 Vgl. dazu Christoph Weißer: Studien zum mittelalterlichen Krankheitslunar. Ein Beitrag zur Geschichte laienastrologischer Fachprosa. Pattensen 1982 (Würzburger medizinhistorische Forschungen 21).

29 Dieser Aspekt ergänzt die Ausführungen im Sammelband von Jan A. Aertsen u. Andreas Speer (Hgg.): Individuum und Individualität im Mittelalter. Berlin, New York 1996 (Miscellanea Mediaevalia 24).

30 Galens Kommentar (2. Buch, Nr. 1) zu Hippokrates' 'De humoribus', Kap. 4 (Kühn [Anm. 2], Bd. 16, S. 208).

31 Diesem Thema ist beispielsweise Galens gesamter Kommentar zu Hippokrates' 'De natura hominis' gewidmet (Kühn [Anm. 2], Bd. 15, S. 1–173).

zugehörigen besonderen Fähigkeiten und Eigenschaften des Einzelnen (*virtutes, facultates*).

Das berühmte Arzneibuch Ortolfs von Baierland[32] aus der zweiten Hälfte des 13. Jahrhunderts kann stellvertretend diese Vorstellungen illustrieren (Kap. 5): Der *sanguineus* zeichnet sich durch einen schönen Teint, ein angenehmes Gesicht, guten sympathischen Charakter und ein fröhliches großzügiges Wesen aus; der Arzt stellt goldfarbenen Harn mittlerer Viskosität und unauffälligen Puls fest. Die *signa naturae* des Phlegmatikers sind dagegen ein aufgedunsenes Gesicht, krauses helles Haar, Neigung zu Fettleibigkeit, Langsamkeit und Vorsicht; sein Harn ist weißlich, der Puls langsam und kräftig. Den Choleriker erkennt man am feuerroten Haar, den Melancholiker an der dunklen Gesichtsfarbe und dem dürren Körper. Das Temperament ordnet über die individuelle Ausstattung hinaus den Einzelnen in das makrokosmische Geschehen ein, definiert günstige und problematische Zeiträume im Jahreslauf, aber auch an jedem Tag (Blut-Morgen, Gelbe Galle-Mittag, Schwarze Galle-Abend, Schleim-Nacht)[33]; es ist allerdings keine einfache medizinische Entschuldigung für moralisches Fehlverhalten: Zwar neigt der Choleriker von seiner 'Natur' her zur Todsünde des Zorns, und besonders gefährdet ist der ebenso traurig-gehemmte (Todsünden der Verzweiflung und der Trägheit) wie hinterlistig-missgünstige (Todsünde des Neides) Melancholiker, doch ist das Temperament eben die Bürde, die jeder tragen und mit der man sich als persönliche Herausforderung auseinander setzen muss. Das soll nicht darüber hinwegtäuschen, dass die 'Schwarzgalligkeit' in hohem Maße suspekt war. So ist die wissenschaftliche Begründung für die den Aussätzigen zugeschriebenen negativen Eigenschaften, die deren Sequestration aus der Gemeinschaft (mit)bedingten, in der vermeintlichen Ätiologie dieser Krankheit zu sehen[34]; der Name des großen Aachener Leprosoriums 'Melaten' etwa verweist auf die *melaína cholé* als Krankheitsauslöser.

Die Diskussion um die ethischen Implikationen der menschlichen Natur kam im Mittelalter nicht zum Abschluss; sie wird im Gegenteil jenseits der Epochenschwelle mit oft großer Erbitterung weiter geführt und reicht bis in die Gegenwart. Es sei hier nur darauf hingewiesen, welch heftige Auseinandersetzungen es in der frühen Neuzeit um die Schuldfähigkeit der Hexe als intellektuell unterlegener Frau einerseits und als Me-

32 James Follan (Hg.): Das Arzneibuch Ortolfs von Baierland nach der ältesten Handschrift (14. Jhdt.) (Stadtarchiv Köln W 4° 24*). Stuttgart 1963 (Veröffentlichungen der Internationalen Gesellschaft für Geschichte der Pharmazie, N. F. 23); dazu Gundolf Keil: Ortolf von Baierland (von Würzburg). In: Die deutsche Literatur des Mittelalters. Verfasserlexikon. Bd. 7 (²1989). Sp. 67–82.

33 Dazu äußerte sich bereits Galen in seinem Kommentar (3. Buch, Nr. 17) zu Hippokrates' 'De humoribus', Kap. 16 (Kühn [Anm. 2], Bd. 16, S. 422–425).

34 Vgl. dazu Gundolf Keil: Der Aussatz im Mittelalter. In: Jörn Henning Wolf (Hg.): Aussatz, Lepra, Hansen-Krankheit. Ein Menschheitsproblem im Wandel. Teil 2: Aufsätze. Würzburg 1986. S. 85–102.

lancholikerin anderseits gab.[35] Die obsolet geglaubte Theorie vom 'geborenen Verbrecher' hat durch neueste Ergebnisse der Hirnforschung und vor allem durch den Aufschwung der Genetik wieder Auftrieb erhalten. Aus der Moderne stammt auch eine Erweiterung der Temperamentenlehre, die durchaus fatale Folgen hatte: nämlich der Schritt vom Individuum zu den Bewohnern der vier Erdteile, die mit den vier Grundfarben der *humores* charakterisiert wurden (weiß, gelb, rot, schwarz). Noch heute dürften die meisten Menschen überzeugt davon sein, dass es diese vier Rassen gibt. Wie der Melancholiker kommen die *nigri* dabei am schlechtesten weg, und ihnen wird genau das Gleiche vorgeworfen, nämlich triebhaft, faul und kriminell zu sein. Gerade aufgeklärt-säkulare Zeiten, in denen das mittelalterliche Argument von den Folgen der Verfluchung der respektlosen Noah-Söhne keine Rolle mehr spielte, konnten das Konzept der Säftelehre nutzen, um die Unterdrückung von Völkern auf naturwissenschaftlicher Grundlage – also mit körperlicher, intellektueller und moralischer Minderwertigkeit – zu legitimieren. Dabei war das Modell blind für seine eigene Modellhaftigkeit und erkannte den Zuschreibungscharakter der unterstellten Eigenschaftsensembles nicht. Dies gilt jedoch auch für unser heutiges Weltbild und – von wenigen Grenzbereichen abgesehen – für unsere heutige Naturwissenschaft und Medizin; insofern sollte man nicht in anachronistischer Weise urteilen. Problematischer ist, dass diese Vorstellungen dem wissenschaftlichen Paradigmenwechsel zum Trotz unerkannt Teil des kollektiven abendländischen Gedächtnisses geblieben sind und bis heute mangels historischer Kenntnisse als vermeintliche Realität weiterwirken können.

Auch wenn im Mittelalter weder Gesundheit noch Krankheit von Seiten der Ärzte moralisch belegt waren (die Analogisierung von Gesundheit und Tugend ist eine Entwicklung des 17. und 18. Jahrhunderts)[36], deutet sich in einem zentralen Begriff zumindest ein möglicher Brückenschlag an: *Temperantia*, das rechte Maß, ist nicht nur eine Kardinaltugend, sondern auch ein Schlüsselbegriff der Medizin; Isidor von Sevilla (570–636) leitete nicht umsonst in seinen 'Etymologiae' (4. Buch, II, 1) das Wort *medicina* von *modus* ab. Ausgeglichenheit kennzeichnet den *ordo* der Natur (*in elementorum commoderatione natura suam habet substantiam*)[37] und gleichzeitig den Idealzustand menschlicher Gesundheit (*sanitas est integritas corporis et temperantia naturae ex calido et humido*)[38]. Aus beidem ergeben sich Handlungsanforderungen an den Arzt, der mit seiner Therapie für Ausgleich zu sorgen hat. Schon prophylaktisch muss die Heilkunde den rechten Weg zwischen Zuviel und Zuwenig (*omne nimium naturae*

35 Einen Überblick über die verschiedenen Argumente bietet Manuel Simon: Heilige, Hexe, Mutter. Der Wandel des Frauenbildes durch die Medizin im 16. Jahrhundert. Berlin 1993 (Historische Anthropologie 20).

36 Vgl dazu Alfons Labisch: Homo hygienicus. Gesundheit und Medizin in der Neuzeit. Frankfurt a. M. 1992.

37 Galens Kommentar zu Hippokrates' Aphorismen, 2. Buch, 51 (Kühn [Anm. 2], Bd. 17/2, S. 556).

38 Isidor von Sevilla, Etymologiae, 4. Buch, V, 1–2.

inimicum)[39] weisen, denn nur so lassen sich ernste Krankheiten vermeiden, und darauf liegt wegen der vergleichsweise wenigen effektiven Interventionsmöglichkeiten das besondere Augenmerk der Alten Medizin. Diätetik in diesem Sinn ist umfassend und erstreckt sich auf die *sex res non naturales* nach Galen[40], die – da nicht angeboren, sondern veränderbar – einen modulierenden Einfluss auf Körpervorgänge ausüben können. Am leichtesten gelingt dies über Speisen und Getränke (*cibus et potus*), deren Zutaten durch ihre Qualitäten und *virtutes* erwünschte Wirkungen entfalten und deren Geschmacksrichtungen mit den Körpersäften korrespondieren (süß – Blut, salzig – Schleim, bitter – Gelbe Galle, sauer und scharf – Schwarze Galle), wodurch sie auch ungünstige jahreszeitliche Einflüsse ausgleichen können.[41] Jeder kennt das mit vielen 'heißen' Gewürzen versehene süße Weihnachtsgebäck, das wegen seines segensreichen Beitrags zur Gesundheitserhaltung nicht von ungefähr 'Lebkuchen' heißt. Unter den diätetischen Texten sind es die Monatsregeln, die mit ihrer Verbindung von *res non naturales* und dem Faktor 'Zeit' so beliebt und verbreitet waren, dass es keine medizinische Sammelhandschrift ohne mindestens einen derartigen Gattungsvertreter gibt.[42] Erwähnung findet darin sowie in den sonstigen *Regimina sanitatis*[43] neben der Ernährung auch der Wechsel zwischen Ruhe und Bewegung (*quies et motus*) sowie der Schlaf-Wach-Rhythmus (*somnus et vigilia*). Der Aspekt von Füllung und Entleerung (*repletio et inanitio*) schließt den Geschlechtsverkehr ein und gewinnt durch Aderlaß, Schröpfen und Schwitzbad besondere medizinische Relevanz. Nicht zuletzt gehört auch eine ausgeglichene Gefühlslage als Schirm gegen aufwühlende *accidentia animi* dazu, was nicht nur in der Goethezeit wieder aufgegriffen wurde[44], sondern auch in der rezenten Ordnungstherapie eine große Rolle spielt. Ebenfalls modern mutet die Berücksichtigung von Umwelteinflüssen an (*aer*), die auf Hippokrates zurückgeht ('De aere, aquis et locis').

---

39 Hippokrates, Aphorismen, 2. Buch, 51 (Jones [Anm. 1], Bd. 4, S. 121).

40 Vgl. insbesondere Galens Schrift 'De sanitate tuenda' (Kühn [Anm. 2], Bd. 6, S. 1–452).

41 Vgl. dazu Melitta Weiss Adamson: Medieval dietetics. Food and drink in Regimen sanitatis literature from 800 to 1400. Frankfurt a. M. u. a. 1995 (German studies in Canada 5).

42 Eine Zusammenfassung solcher Vorschriften bietet Ortrun Riha: Die diätetischen Vorschriften der mittelalterlichen Monatsregeln. In: Josef Domes u. a. (Hgg.): Licht der Natur. Medizin in Fachliteratur und Dichtung. Festschrift Gundolf Keil. Göppingen 1994 (Göppinger Arbeiten zur Germanistik 585). S. 339–364.

43 Als bedeutendes Beispiel vgl. hier insbesondere Christa Hagenmeyer: Das Regimen Sanitatis Konrads von Eichstätt. Quellen – Texte – Wirkungsgeschichte. Stuttgart 1995 (Sudhoffs Archiv, Beiheft 35). – Eine Übersicht über die frühmittelalterliche Tradition findet sich bei Wolfgang Hirth: Studien zu den Gesundheitslehren des sog. 'Secretum secretorum' unter besonderer Berücksichtigung der Prosaüberlieferung. Phil. Diss. Heidelberg 1969.

44 Vgl. dazu Ortrun Riha: Diät für die Seele. Das Erfolgsrezept von Hufelands 'Makrobiotik'. In: NTM. Internationale Zeitschrift für Geschichte und Ethik der Naturwissenschaften, Technik und Medizin N.S. 9 (2001). S. 80–89.

Mit dieser Handlungsweise tut die Medizin nichts anderes, als die Prinzipien der Naturordnung zu imitieren: *Medicinae rationis initium primum natura est* [45]. So unterscheidet sich der professionelle Arzt, der gelernt hat, wie die Natur selbst zu handeln (*par est efficere medicum ut naturam semper facere*), vom *pharmacopola*, der aufs Geratewohl einfach verschiedene Mittel ausprobiert und den Galen in scharfer Polemik als zum Scheitern verurteilten *inimicus et adversarius naturae* anprangert.[46] Damit ist der (zunächst theorielosen) empirischen Medizin eine strikte Absage erteilt, mit wenigen Sätzen so das induktive Vorgehen medizinischer Forschung für Jahrhunderte abgetan und das deduktive festgeschrieben. Die Nachahmung ist jedoch weniger wirkungsstark als das Vorbild. Nichts bringt das deutlicher zum Ausdruck als die bekannten Aphorismen *medicus curat, natura sanat* bzw. *morborum naturae medicae*[47], wobei auf die Doppelbedeutung des Wortes *natura* ausdrücklich hingewiesen sei: Ärztliche Aufgabe ist es, die Zeichen des Körpers als Hinweise auf dessen Beschaffenheit und Verfassung bzw. deren Störungen zu deuten und die Kräfte der Heilmittel therapeutisch zu nutzen.[48] Der Mediziner ist deswegen aber keineswegs der Beherrscher, sondern nur der demütige Diener der Natur (*medicus naturae minister*)[49] und im günstigen Fall ihr Verbündeter (*medicus socius naturae*)[50]. Die Natur macht die Vorgaben, nach denen sich die Ärzte richten müssen. Heinrich von Mondeville (ca. 1260 – ca. 1320) gebraucht dafür das Bild vom Geiger (*viollator*), nach dessen Musik sich die Tänzer (*choreatores*) bewegen.[51] Die Therapie soll daher nicht voreilig und kurzschlüssig, sondern abwartend, defensiv und reagierend ausgelegt sein.

Wir müssen hier noch einmal auf den medizinischen Begriff der *virtus* als einer wichtigen *res naturalis* zurückkommen und einen zentralen Aspekt ergänzen. Eingeschlossen ist nämlich die Vorstellung von der unterschiedlichen Fähigkeit, Krankheiten zu überwinden, was ungefähr der (im 18. Jahrhundert so genannten) 'Lebenskraft' oder einem individuellen 'Gesundheitspotenzial' entspricht. Hildegard von Bingen benutzte

45 Ps.-Galen, Introductio seu medicus, Kap. 2, mit ausdrücklichem Bezug auf Hippokrates (Kühn [Anm. 2], Bd. 14, S. 677).

46 Galens Kommentar (3. Teil, Nr. 14) zu Hippokrates' 'De alimento' (Kühn [Anm. 2], Bd. 15, S. 310).

47 Hippokrates, Epidemien, Buch 6, 5, 1 (Jones [Anm. 1], Bd. 7).

48 So auch der Galen-Kommentar zu der in Anm. 47 zitierten Stelle (Kühn [Anm. 2], Bd. 17/2, S. 224).

49 Galens Kommentar (3. Teil, Nr. 14) zu Hippokrates' 'De alimento' (Kühn [Anm. 2], Bd. 15, S. 309). Die Sentenz begegnet häufig, z. B. auch bei Konrad von Eichstätt, Regimen Sanitatis, Traktat I, Kap 4.5 [!], Satz 8 (Hagenmeyer [Anm. 43], S. 90).

50 So Arnald von Villanova (zit. nach Max Neuburger: Die Lehre von der Heilkraft der Natur im Wandel der Zeiten. Stuttgart 1926. S. 22).

51 Zit. nach Neuburger [Anm. 50], S. 22. – Zum Autor vgl. ansonsten Julius Pagel: Die Chirurgie des Heinrich von Mondeville. Berlin 1892; Marie-Christine Pouchelle: The body and surgery in the middle ages. Cambridge 1990.

dafür in ihrer Schrift 'Scivias' das (vieldeutige) Wort *viriditas* ('Grünkraft').[52] Wenn also ein Patient gesund wird, dann ist das auf seine starke Natur zurückzuführen, die im Kampf gegen die Krankheit, der sich in der Krise zuspitzt, gewonnen hat. Auch Avicenna (980–1037) gebraucht die Kriegsmetapher von der Krankheit als äußerer Feindin und der Natur als Schutzherrin.[53] Die Kraft der Natur reicht in vielen Fällen aus; wo sie fehlt, bleibt auch die ärztliche Kunst wirkungslos. Rhazes (865–925) stellt unmissverständlich fest: Wenn die Krankheit stärker ist als die Natur, dann ist keine medizinische Hilfe möglich, wenn die Natur stärker ist, dann ist sie nicht nötig.[54] Es ist essentieller Teil der ärztlichen Kunst, diese Situationen zu erkennen und sich dann zurückzuhalten. Nicht umsonst verweist auch Ortolf gleich im dritten Kapitel seines Arzneibuchs[55] auf die Übermacht der Eigendynamik von Krankheitsgeschehen und natürlicher Lebenskraft, noch bevor er irgendwelche therapeutischen Empfehlungen abgibt. Nur wenn Natur und Krankheit gleich stark sind, muss der Arzt unterstützend eingreifen, um das Pendel zu Gunsten des Patienten ausschlagen zu lassen. Aber auch dann gilt: *Curans est virtus naturalis, non medicus, quoniam medicus facit pervenire instrumenta ad virtutem.*[56] Diese Bescheidenheit dürfte der größte Unterschied zwischen mittelalterlicher und moderner Medizin sein. *Humilitas* ist nicht literarischer Topos oder kalkulierte Pose, auch nicht resignative Folge der täglichen Erfahrung des Scheiterns, sondern Teil des wissenschaftlichen Konzepts. Trotz aller Differenziertheit und trotz der Fülle des angehäuften Wissens durchzieht die mittelalterliche Heilkunde stets das Bewusstsein ihrer Grenzen: 'Natur' ist gleichzeitig erkenntnis- und handlungsleitendes Prinzip der Medizin und ihr – extrinsisch wie intrinsisch – limitierender Faktor.

---

52 Vgl. dazu Heinrich Schipperges: Hildegard von Bingen. München [3]1997 (Beck'sche Reihe Wissen 2008).

53 Avicenna, Canon medicinae, Buch 4, Fen 1, Tract. 1, Kap. 3 (zit. nach Neuburger [Anm. 50], S. 22f.). – Bis zum heutigen Tag sind diese Kriegsmetaphern in der Immunologie üblich, die von körpereigener Abwehr, Erregerinvasion oder Killerzellen spricht.

54 Zit. nach Neuburger [Anm. 50], S. 23 – Weitere dort genannte Autoren mit gleicher Position sind Isaac Judaeus (ca. 860–940) und Moses Maimonides (1135–1204).

55 Follan [Anm. 32], S. 81.

56 Avicenna, Canon medicinae, Buch 4, Fen 2, Tract. 1, Kap. 2 (zit. nach Neuburger [Anm. 50], S. 23).

CHRISTIAN HÜNEMÖRDER

Traditionelle Naturkunde, realistische Naturbeobachtung und theologische Naturdeutung in Enzyklopädien des Hohen Mittelalters

Für jene Gebildeten, die als Welt- oder Ordensgeistliche im Mittelalter die Natur betrachteten, stellte sich die Frage nach dem Schöpfer überhaupt nicht. Sie glaubten im Wortsinne an Gott als den Schöpfer des Himmels und der Erde, so wie es am Anfang der Genesis mitgeteilt wird. Sie sahen es deshalb als ihre Aufgabe an, die Wunder der Schöpfung zu untersuchen, um aus dieser Erkenntnis der Einzigartigkeit der Erde mit allen ihren Geschöpfen die Verehrung und Verherrlichung Gottes abzuleiten. Die Anbindung ihrer Erkenntnisse an die Theologie war also von vornherein gegeben und ist auch dort vorauszusetzen, wo keine Moralisationen vorliegen. Die Erkenntnis Gottes führte daher nahezu automatisch über diejenige seiner Schöpfung.

In diesem Sinne ist auch die Zitierung des Römerbriefs 1,20 (*Invisibilia enim Dei per ea quae facta sunt intellecta conspiciuntur*) im Gesamtprolog des Bartholomaeus Anglicus zu deuten. Eine mittelalterliche Bearbeitung seiner Enzyklopädie in der Universitätsbibliothek von Salamanca aus dem 14. Jahrhundert (MS 2088, f. 1ra)[1] hat dieses leicht veränderte Incipit. Es geht Bartholomaeus, wie er ausdrücklich am Anfang seines Gesamtprologs sagt, darum, durch seine Enzyklopädie die Rätsel der Heiligen Schrift zu verstehen (*ad intelligenda aenigmata scripturarum*).[2] Obwohl sich Bartholomaeus an wenigen Stellen durchaus mit der Allegorese befaßt, wie z.B. in den beiden letzten Kapiteln des 1. Buches von 'De proprietatibus rerum'[3], tragen vor allem die von Heinz MEYER als Regelausstattung von zwei Dritteln der erhaltenen Handschriften gewerteten 10500–11000 Randhinweise auf mögliche Moralisationen in den meisten Manuskripten diesem Bedürfnis Rechnung. Sie stammen zwar nicht von Bartholomaeus selber, sind aber bereits vor 1280 nachweisbar; denn der vermutliche Verfasser des

1 Heinz Meyer: Die Enzyklopädie des Bartholomaeus Anglicus. Untersuchungen zur Überlieferungs- und Rezeptionsgeschichte von ,De proprietatibus rerum'. München 2000 (Münstersche Mittelalter-Schriften 77). S. 163.

2 Meyer [Anm. 1], S. 28.

3 Meyer [Anm. 1], S. 281–283.

'Liber septiformis de moralitatibus' – der Franziskaner Marcus von Orvieto[4] – benutzte sie bereits. Diese mir schon 1973 an englischen Handschriften aufgefallene, aber nicht publizierte Tatsache des Vorhandenseins der Randhinweise hat erst MEYER in seiner Münsteraner Habilitationsschrift näher untersucht.[5] Es ist klar, daß die knappen Randhinweise, die er für die Kapitel über den Pelikan und den Löwen sowie zwei Tiere des 'Physiologus' zusammen mit dem Kontext des Bartholomaeus abdruckt[6], sich auf positives Verhalten von Zielgruppen wie Prediger und 'Doktoren' oder auf Christus sowie Kardinaltugenden, aber auch auf Negatives wie Kardinalsünden beziehen. Diese wegen des in den Manuskripten fehlenden Platzes kurzen Randnoten sind von dem Typus *Nota de humilibus* oder *Nota quod religio est refugium peccatorum*. MEYER weist übrigens nachdrücklich darauf hin, daß trotz des ursprünglichen Fehlens der spirituellen Exegese die Zielsetzung der Naturenzyklopädie des Bartholomaeus „in der Hilfestellung bei der Entschlüsselung der allegorischen Sinnbezüge“[7] liegt. Auch betont Bartholomaeus in mehreren Prologen zu den einzelnen Büchern, daß er nur jene Gegenstände behandeln will, welche die Heilige Schrift erwähnt (*quorum Sacra pagina facit mentionem*).

1990 habe ich auf einem Symposium in Eichstätt folgende These aufgestellt: „Es gibt keine christliche Deutung der Natur im Mittelalter ohne ein reales Fundament, auf das eben jene aufgebaut werden konnte“.[8] Es ist jedoch manchmal schwierig zu erkennen, worin die von der Theologie bestimmte Fehldeutung etwa tierischen Verhaltens liegt. Mein damaliges Beispiel[9] ist ebenso einfach wie überzeugend: Wenn Thomas von Cantimpré (De natura rerum 5,113) vom Verhalten des Männchens der Turteltaube sagt, daß es 'einsam wandelnd auf trockenen Zweigen von Bäumen stöhnend und traurig sitze' (*solitarie incedens siccis arborum ramis insidet gemens et tristis*), wozu dann etwas später der erklärende Zusatz geliefert wird, es habe 'Stöhnen als Gesang', so wird damit das angebliche Trauern des Turteltaubers um seine tote Gattin gekennzeichnet, da dieser Vogel ja das theologische Paradebeispiel für treue Witwerschaft war. Der Ornithologe freilich deutet das einschließlich der auffallenden Sitzposition richtig beschriebene Verhalten ganz anders: Der einem unterdrückten Stöhnen ähnliche Ruf des Taubers im Frühling ist vielmehr der Balzruf, der ein neues Weibchen anlocken soll. Hier sieht man, daß die Theologie einem richtigen Verständnis der Beobachtung geradezu entgegengearbeitet hat. Wem immer Thomas diese Szene verdankt – sie ist jedenfalls gut beobachtet. An anderen Stellen nennt der Autor übrigens seine Quelle: nämlich mehrfach 'das Buch der Dinge', wozu wahrscheinlich 'der Natur' zu ergänzen ist. Die-

4 Vgl. hierzu Meyer [Anm. 1], S. 298–317 [mit Artikelproben].
5 Vgl. Meyer [Anm. 1], S. 205–218.
6 Vgl. Meyer [Anm. 1], S. 284–290.
7 Meyer [Anm. 1], S. 281.
8 Christian Hünemörder: Zur empirischen Grundlage geistlicher Naturdeutung. In: Benedikt K. Vollmann (Hg.): Geistliche Aspekte mittelalterlicher Naturlehre. Wiesbaden 1993 (Wissensliteratur im Mittelalter 15). S. 59–68, hier S. 59.
9 Vgl. Hünemörder [Anm. 8], S. 59f.

sem 'ziemlich kleinen Büchlein, das auch über die Naturen der Dinge sehr viel enthält' *(libellum admodum parvum [...] qui etiam de naturis rerum plurima comprehendit)*[10] – so seine Charakterisierung im Prolog – verdankt Thomas u.a. die hervorragende Beschreibung der lauernden Pfahlstellung der zu den Reihern gehörenden Großen Rohrdommel sowie ihres Verhaltens gegenüber dem Netzfänger. Das Zitat (5,20)[11] sei hier in eigener deutscher Übersetzung wiedergegeben:

> 'Die Rohrdommel, wie das Buch der Dinge sagt, ist ein nach dem Ton der Stimme so benannter Vogel. Sie hat lange Beine, einen ausgedehnten Hals und einen langen und spitzen Schnabel wie der Reiher. Dennoch unterscheidet sie sich in der Färbung von jenem; denn sie ist der Erde sehr ähnlich. Sie wohnt um die Teiche herum, begierig auf Fischnahrung. Sie steht am Ufer zur Zeit des Sonnenscheins an einem Ort, an dem sich die Fische, wie sie weiß, häufiger aufhalten, so still, daß man, wenn man nicht genau auf sie schaut, sie für einen toten Vogel oder die Materie einer unbeweglichen Sache hält. Daher kommt es, daß sie unvorsichtigen Fischen weniger verdächtig ist. Aber obgleich sie einen langen Hals hat, macht sie ihn durch Krümmung kurz, damit sie, wenn sich Fische jenem gleichsam nichts planenden und in sicherer Entfernung sitzenden Hals genähert haben, diese unter Ausstreckung des Halses zu sich heranzieht. Wenn dieser Vogel sich von einem Netz umgarnt weiß, stellt er sich ruhig. Wenn der herankommende Vogelfänger ihn mit der Hand ergreifen zu können glaubt, verwundet jener ihn unversehens, indem er die Lanze seines Schnabels, so kräftig er kann, hervorschnellt'.

Diese erstaunlichen Beobachtungen sind niemandem vor Thomas aufgefallen; sie sind wahrscheinlich im niederländischen Raum zu Beginn des 13. Jahrhunderts angestellt worden. Daß man diesen Vogel zu Speisezwecken fing, ist nicht nur durch gelegentliche Erwähnungen in höfischen Versromanen, sondern auch durch erhaltene Küchenrechnungen u. a. des englischen Hofes nachgewiesen. Leider ist die interessante Quelle des von Thomas benutzten 'Liber rerum', der ein würdiges Gegenstück zur trefflichen Beschreibung der Beizjagd durch den Hohenstaufenkaiser Friedrich II. darstellt, bis heute noch nicht aufgefunden worden. Es handelt sich dabei sicherlich um ein reales Buch; denn erst das 'Lumen anime' täuscht im 14. Jahrhundert durch fiktive Angaben eine solide Quellenbenutzung vor.[12]

In jenem Thomas-Kapitel (5,20) folgt anschließend eine zweite wichtige Quelle, in der sich auch Elemente empirischer Naturbetrachtung finden: nämlich der 'Experimentator'. Dieses Werk bezeichnet Thomas als anonym und zeitgenössisch: *librum quendam suppresso auctoris nomine, quem modernis temporibus compilatum audivi.*[13] Der Fachausdruck *compilatum* deutet darauf hin, daß es sich dabei wahrscheinlich auch um eine Naturenzyklopädie gehandelt hat. Mit meiner Schülerin Janine DEUS, die 1998 als

10 Thomas Cantimpratensis: Liber de natura rerum. Hrsg. von Helmut Boese. Teil I: Text. Berlin, New York 1973. S. 4.

11 Thomas [Anm. 10], S. 186.

12 Vgl. hierzu Mary A. Rouse u. Richard H. Rouse: The Text called Lumen Anime. In: Archivum Fratrum Praedicatorum 41 (1971). S. 5–113.

13 Thomas [Anm. 10], S. 4.

Dissertation eine Teilausgabe des Vogel- und Tierbuches sowie der vollständigen Epitome vorgelegt hat[14], nehme ich an, daß die von MEYER als besondere Bearbeitung des Textes von Bartholomaeus Anglicus behandelte 13-Bücher-Fassung[15] auf den im Original nicht erhaltenen 'Experimentator' zurückgeht. Das einschlägige Zitat lautet: 'Wie nämlich der Experimentator sagt, hat die Rohrdommel einen langen und sehr spitzen Schnabel, den sie beim Schlafen oder Wachen immer emporrichtet, um sich zu verteidigen' (*Ut enim dicit Experimentator, rostrum habet longum et acutissimum, quem dormiendo atque vigilando semper erigit ad defendendum se*). Da dieses Kapitel sowohl der Normalfassung des 'Experimentator' als auch der Epitome leider fehlt, läßt sich nicht sagen, ob der gesamte Kapitelrest ebenfalls aus dieser Quelle stammt.

Statt dessen sei hier eine Probe aus dem 'Experimentator' angeführt, die von Thomas im Kapitel über die Lerche (5,14) wiedergegeben wird; sie findet sich allerdings nur in der Wolfenbütteler Epitome des 'Experimentator' (Herzog August Bibliothek, Cod. 8.8 Aug. 4°, 13./14. Jahrhundert, f. 30r): 'Beim Aufsteigen singt sie, selten im Sitzen. [...] Sie steigt allmählich auf, aber fällt plötzlich wie ein Stein herab. Beim Herabfallen verbindet sie die Flügel mit dem Körper und lenkt sich unter leichter Bewegung mit dem Schwanz'. Die Gegenüberstellung der beiden lateinischen Texte beweist die Abhängigkeit, obwohl Thomas wie üblich leichte Änderungen an der Formulierung vorgenommen hat:

'Experimentator'-Epitome	Thomas-Kapitel 'De alauda'
In ascendendo cantat, raro in sedendo.	*Sedens in terra vix unquam cantat. Cantat autem in ascendendo.*
Paulatim ascendit, set subito quasi lapis descendit. In descendendo alas corpori coniungit et levi motu cum cauda se regit.	*Sicut dicit Experimentator, paulatim ascendit, sed subito descendit instar lapis. In descendendo alas corpori coniungit et levi motu cum cauda se regit.*

Es gibt neben den beiden genannten Texten: nämlich dem 'Liber rerum' und dem 'Experimentator', die – wie die Beispiele zeigten – mitteleuropäische Tiere offensichtlich aus bester Beobachtung beschrieben haben, jedoch noch einen weiteren, recht bekannten, aber in diesem Sinne bisher nicht betrachteten Text aus dem 12. Jahrhundert. Ich meine das 'Aviarium' genannte Vogelbuch des Hugo de Folieto, worin dieser u. a. genaue Kenntnisse der Beizjagd beweist. Im Kapitel 14[16] heißt es nämlich über den

14 Janine Deus: Der 'Experimentator' – eine anonyme lateinische Naturenzyklopädie des frühen 13. Jahrhunderts. Phil. Diss. Hamburg 1998.

15 Vgl. Meyer [Anm. 1], S. 149–160.

16 Hugo de Folieto: De bestiis et aliis rebus. In: Migne, Patrologia Latina 177, Sp. 21.

Habicht (*accipiter*), wobei ein wilder (*silvester*) von einem zahmen (*domesticus*) unterschieden wird:

> 'Es gibt zwei Arten von Habichten, nämlich den zahmen und den wilden. Sie sind aber das gleiche, doch zu verschiedenen Zeiten kann er wild oder zahm sein. Der wilde pflegt zahme Vögel zu rauben und der zahme wilde. Diejenigen, die der wilde raubt, verzehrt er sofort, der zahme bewahrt die gefangenen Vögel auf, indem er sie seinem Herrn überläßt. Aber sein Herr öffnet die Bäuche der gefangenen Vögel und nimmt ihre Herzen heraus, um sie dem Habicht als Nahrung zu reichen. Er wirft die Innereien des Bauches mit dem Kot heraus, welcher, wenn er drinnen bleibt, Fäulnis des Fleisches mit Gestank hervorruft'.

Leider hat diese schöne Unterscheidung des Verhaltens von Wild- und Beizhabicht ihren Weg nicht zu Thomas gefunden, da dieser (5,9) inhaltlich Vergleichbares aus dem 'Liber rerum' zitiert:

> 'Den Vogel, den er gefangen hat, durchbohrt er sofort mit dem Schnabel an der Flanke, um sich nur mit dem Herzen zu sättigen. Daher beschenkt sein Herr nur mit dem Herzen des Vogels den Sieger, indem er das übrige sich selbst zu seinem Gebrauch aufhebt' (*Avem, quem ceperit, statim in latere rostro forat, ut corde tantummodo satietur. Unde dominus illius solo avis corde victorem remunerat, cetera in suos usus sibi ipse reservans*)[17].

Bei Hugo de Folieto ist die diesbezügliche Beschreibung aber nicht Selbstzweck, sondern dient als konkrete Vorlage für die mit *Moraliter* überschriebene geistliche Deutung, die folgendermaßen lautet:

> 'Der wilde Habicht raubt und verzehrt die gefangenen Vögel, da ein jeder verkehrter Mensch die Handlungen und Gedanken der einfachen Menschen zu zerstreuen nicht zögert. Der zahme Habicht aber ist der geistliche Vater, der so viele wilde Vögel raubt, wie er weltliche Menschen durch Predigen zur Umkehr zwingt. Er tötet die Gefangenen, indem er die weltlichen Menschen in der Welt durch die Abtötung des Fleisches abzusterben zwingt. Sein Herr aber und der allmächtige Gott eröffnet ihre Bäuche, wenn er die Weichheit der fleischlichen Dinge durch Anprangern durch die Heiligen Schriften auflöst. Er nimmt aber die Herzen heraus, indem er die Gedanken der weltlichen Menschen durch das Bekenntnis offenbar macht. Er wirft die inneren Teile des Bauches mit dem Kot heraus, wenn er dem Sünder die stinkende Erinnerung zurückgibt. Die gefangenen Vögel kommen daher auf die Tafel des Herrn, indem die von den Zähnen der Gelehrten zerkleinerten Sünder sich zum Körper der Kirche hinwenden' (*Moraliter: silvester accipiter captas volucres et rapit et devorat, quia quilibet perversus actus et cogitationes simplicium dissipare non cessat. Domesticus vero accipiter est spiritualis pater, qui toties silvestres volucres rapit, quoties saeculares ad conversionem praedicando trahit. Captas occidit, dum saeculares mundo mori per carnis mortificationem cogit. Dominus autem ejus et omnipotens Deus ventres earum aperit, quando mollitiem carnalium per Scripturas increpando solvit. Corda vero extrahit, dum cogitationes saecularium per confessionem manifestas facit. Interiora ventris cum fimo ejicit quando memoriam peccanti fetentem red-*

17 Thomas [Anm. 10], S. 182.

dit. Ad mensam itaque Domini captae volucres veniunt, dum in corpus Ecclesiae peccatores doctorum dentibus masticati sese convertunt).

Die Parallelität der realen Geschehnisse zu der entsprechenden Moralisation ist für uns heutige Menschen erschreckend, ja geradezu brutal deutlich. Die Entsprechungen sind folgende:

Silvester accipiter	=	quilibet perversus (sc. homo)
Domesticae volucres	=	simplices (sc. homines)
Domesticus accipiter	=	spiritualis pater
Silvestres aves	=	saeculares (sc. homines)
Captae (aves)	=	saeculares (sc. homines)
Dominus	=	omnipotens Deus
Corda	=	cogitationes
Interiora ventris cum fimo	=	memoriam fetentem
Mensa Domini	=	corpus Ecclesiae.

Merkwürdigerweise gibt es textliche Übereinstimmungen zwischen Hugo de Folieto und dem 'Experimentator', der also diese Quelle benutzt und fast wörtlich ausgeschrieben hat:

Hugo de Folieto (1,14)	'Experimentator' (9,3)
Duae sunt species accipitrum, domesticus scilicet et silvester. Iidem tamen sunt. Sed diversis temporibus potest esse silvester et domesticus. Silvester rapere consuevit domesticas volucres et domesticus silvestres. Silvester quas rapit, continuo devorat, domesticus captas domino suo relinquendas servat. Porro dominus ejus captarum volucrum ventres aperit et eorum corda accipitri in cibum tribuenda sumit. Interiora ventris cum fimo ejicit, qui intus remanens putredinem carnium cum fetore gignit.	*Sunt autem due species accipitris. Quidam enim est domesticus et quidam silvestris. Domesticus consuevit capere siluestres aves et econverso. Domesticus silvestres aves, quas capit, captas domino suo relinquendo servat, porro dominus avium captarum ventres aperit et <earum> corda in cibum accipitri dat, interiora ventris cum fimo eicit, qui intus remanens putredinem carnis cum fetore gignit.*

Ein weiterer Satz – daß nämlich der Habicht auf der linken Hand getragen wird, damit er auf die rechte fliegt, um etwas zu fangen – wird von Thomas zwar auch zitiert, jedoch mit Recht dem 'Experimentator' zugeschrieben: *In sinistra manu accipiter porta-*

tur, ut dicit Experimentator, ut in dextram aliquid capturus volet. Wieder zeigt die Gegenüberstellung der Texte die Abhängigkeit des 'Experimentator' von Hugo:

Hugo de Folieto (1,16)	'Experimentator' (9,3)
Accipiter in sinistra manu gestari solet, ut in dextram ad aliquid capiendum emissus volet.	*Accipiter in sinistra manu gestari solet, ut in dextram ad aliquid capiendum emissus volet.*

Wir haben also festgestellt, daß es eine Verbindungslinie von Hugo de Folieto zum 'Experimentator' und von diesem zu Thomas gibt. Damit lassen sich die realistischen Elemente des 'Experimentator' wenigstens zum Teil auf diese Quelle aus dem 12. Jahrhundert zurückführen. Der von Thomas 'Experimentator' genannte Verfasser dieser anonymen Enzyklopädie war also auch ein hochmittelalterlicher Stubengelehrter, dessen Interesse eher auf die Weitergabe älteren Wissens über die Natur gerichtet war als auf die dahinterstehenden Moralisationen. Daß er jedoch diese höhere Ebene prinzipiell bejahte, beweist der Prolog, demgemäß er eine Hilfestellung für das Verständnis der hinter den Dingen der Natur verborgenen Weisheiten sowohl zu seinem eigenen Nutzen als auch zu dem seiner Leser bieten wollte.

Als Beispiel für den Charakter der Moralisation bei Heinrich von Schüttenhofen[18], dem vermutlichen Autor der 'Moralitates de naturis animalium', wähle ich die Hausgans (f. 43^{v}):

> 'Sie, die ohne Beschädigung das Wasser durchschreitet, hat unversehrte und breite Füße. Gut befiedert, nährt sie sich gerne mit langem Hals von den grünen Kräutern auf der Erde. Die Moralität: Wir können sie als den diskreten Menschen verstehen, der einen langen Hals hat, um Worte hervorzubringen, die lange auf der Waage des Verstandes gewogen werden. Jakob I [1,19]: Jeder Mensch sei schnell im Hören, langsam im Zorn und im Sprechen, so daß vorbedachte Worte zu sprechen zu einem Weisen gut paßt. Er hat unversehrte Füße für einen standhaften Gang in wahrer Einfachheit und lobenswerter Unantastbarkeit, der in den Wassern der Not deswegen nicht stürzt. Sprüche Salomons X [11,3]: Die Einfachheit der Gerechten wird euch leiten. Psalm [65,6]: Sie werden mit ihrem Fuß die Flüsse durchschreiten; denn diejenigen Vögel, die gespaltene Füße haben, werden, wenn sie unter welcher Bedingung auch immer in den Wassern bleiben, untergehen' (*Integros pedes habet et latos qui sine lesione aquas transit. Bene plumata* [!] *longo collo viriditate herbarum in terris libenter pascitur. Moralitas: Per quem accipere possumus hominem discretum, qui longum habens collum ad verba proferenda, que diu pensantur trutina rationis. Ja-*

18 Vgl. hierzu Christian Hünemörder: Des Zisterziensers Heinrich von Schüttenhofen 'Moralitates de naturis animalium'. Beobachtungen zu seiner Quellenbenutzung und zur frühen Rezeptionsgeschichte von Bartholomaeus Anglicus und Thomas III. In: Josef Domes u. a. (Hgg.): Licht der Natur. Medizin in Fachliteratur und Dichtung. Festschrift für Gundolf Keil zum 60. Geburtstag. Göppingen 1994 (Göppinger Arbeiten zur Germanistik 585). S. 195–224.

> *cobus I: Sit omnis homo uelox ad audiendum, tardus ad iram et ad loquendum, vnde verba premeditata loqui bene conueniunt sapienti. Integros pedes ad stabilem gressum in vera simplicitate et integritate laudabili habens, qui in aquis aduersitatis ideo non succumbit. Proverbia X: Simplicitas iustorum diriget eos. Psalmus: Flumina pertransibunt pede, nam fissos pedes habent volucres cuiuscumque conditionis in aquis manentes submerguntur).*

Die Ebene der durchgängigen Moralisation haben zwar weder Thomas noch Bartholomaeus Anglicus oder der 'Experimentator' betreten, aber sie lieferten dafür das notwendige naturkundliche Basiswissen. Zwei Werke sind besonders typisch: einmal dasjenige des soeben zitierten Heinrich von Schüttenhofen aus der zweiten Hälfte des 13. Jahrhunderts und zum anderen der ebenfalls schon erwähnte 'Liber septiformis de moralitatibus', von dem MEYER 16 erhaltene Handschriften nachgewiesen hat.[19] Letzteres Werk wird in einer Handschrift (M14 = Rom, Biblioteca Apostolica Vaticana, Vat. Lat. 5935) einem Franziskaner namens Marcus von Orvieto zugeschrieben und von MEYER auf das Jahrzehnt 1281–1291 datiert.[20] Die sieben Teile umfassen: 1. Die himmlischen Körper (*De corporibus celestibus*), 2. Die Elemente (*De elementis*), 3. Die Vögel (*De avibus*), 4. Die Fische (*De piscibus*), 5. Die vierfüßigen Tiere (*De animalibus*), 6. Die Bäume, Sträucher und Kräuter (*De arboribus seu plantis et herbis*) und 7. Die Mineralien und kostbaren Steine (*De mineralibus et lapidibus pretiosis*). Eine kritische Ausgabe bereitet Girard J. ETZKORN von der St. Bonaventura-Universität in New York vor. Der Einfachheit halber nehme ich ein Beispiel aus der ersten Artikelprobe von MEYER[21] über den Pelikan.[22] Das Kapitel beginnt mit den Worten: 'Der Pelikan wird befunden, daß er nach den Gelehrten diese Bedingungen oder Eigenschaften hat'. Dann werden insgesamt neun solcher Eigenschaften aufgezählt, nämlich:

1. daß er nach Isidor ein ägyptischer Vogel ist, der in der Einsamkeit nahe dem Nil wohnt,
2. daß er – nach der gleichen Quelle – alles, was er frißt, zunächst im Wasser mit dem Fuß benetzt und das Benetzte mit dem Fuß gleichsam wie mit der Hand zum Munde führt und hineinsteckt,
3. daß – ebenfalls nach Isidor – der Pelikan als einziger unter den Vögeln außer dem Papagei den Fuß wie eine Hand benutzt,
4. daß – wie die Glosse zum 101. Psalm und derselbe Philosoph sagen – der Pelikan ein sehr großer Liebhaber seiner Kinder ist. Wenn er nämlich die Jungen hervorgebracht hat und diese zu wachsen beginnen, stoßen sie ihren Eltern ins Gesicht. Deswegen stößt die Mutter zurück, tötet sie und trauert zwei Tage lang. Am dritten

19 Vgl. Meyer [Anm. 1], S. 298–300.

20 Vgl. Meyer [Anm. 1], S. 302.

21 Meyer [Anm. 1], S. 304–307.

22 Vgl. hierzu auch Christoph Gerhardt: Die Metamorphosen des Pelikans. Exempel und Auslegung in mittelalterlicher Literatur. Frankfurt a. M., Bern, Las Vegas 1979 (Trierer Studien zur Literatur 1).

Tag aber stößt sich die Mutter zwischen die Rippen bis zum Hervorsprudeln des Blutes und gießt daraufhin das warme Blut über die Körper der toten Jungen. Aufgrund von dessen Eigenschaft leben die toten Jungen wieder auf,

5. daß er ein Vogel mit großen Schwingen ist,
6. daß er von sehr großer Magerkeit ist, da er alles, was er verschlingt, sofort durch den After ausscheidet; er hat nämlich einen schlüpfrigen Darm und behält deshalb die Nahrung nicht bis zur vollen Einkörperung,
7. daß er von Natur aus von der Schlange gehaßt wird,
8. daß – wenn das Weibchen (die Mutter) durch reichliches Verströmen von Blut, mit dem sie die Jungen wiederbelebt, geschwächt wird – die so erhaltenen Jungen zur Nahrungssuche ausfliegen und aus natürlicher Liebe das geschwächte Weibchen füttern. Dies aufmerksam beobachtend, hudert sie nach Wiedererlangung ihrer Kräfte ihre sie fütternden Jungen und liebt sie,
9. daß der Pelikan manchmal gewisse, von den vorgenannten abweichende Jungen hat, die in der Erkenntnis, daß das Weibchen aufgrund des Blutverlustes, um sie am Leben zu halten, geschwächt ist, sich überhaupt keine Sorgen um sie machen. Wenn dies das Weibchen bemerkt, wirft es nach Wiedererlangung ihrer Kräfte diese fort und gestattet keineswegs, daß sie mit ihm zusammenbleiben.

Wir wollen nun den lateinischen Text dem des 'Experimentator'[23] gegenüberstellen:

'Liber septiformis de moralitatibus'	'Experimentator'
Pellicanus has conditiones siue proprietates inuenitur habere secundum doctores:	
Primo enim, ut dicit Ysidorus, est avis Egyptia habitans in sollitudine iuxta Nilum. Significat predicatores [...]	*(1) Pellicanus, qui in Levitico porphyrion vocatur, est avis in Egiptia habitans in solitudine Nili fluminis.*[...]
II°, ut dicit idem, quecumque comedit, primo in aqua pede tingit et intincta quasi cum manu cum pede ori applicat et apponit. Significat doctores siue predicatores [...]	*(3) Solo morsu omnem cibum aqua intingit, deinde pede veluti manu cibum ad rostrum porrigit nec aliter cibum sumeret.* [...]
III°, ut dicit idem, solus pellicanus inter aues preter etiam psittacum pede utitur loco manus. Significat religiosum deuotum [...]	
IIII°, ut dicit Glossa super Psalmum CI et idem dicit philosophus, pellicanus est nimius amator filiorum suorum.	*(4) Phisiologus dicit, quod amator est nimis filiorum. Cum enim gignit*

23 Vgl. Deus [Anm. 14], S. 50–52.

Cum enim gignit natos et incipiunt crescere, parentes suos in faciem percutiunt. Propter quod ipsos mater repercutit et occidit et eos duobus diebus luget. Tertio vero die mater se in costa usque ad effusionem sanguinis percutit et calidum sanguinem super corpora mortuorum filiorum post effundit. Ex cuius virtute pulli mortui reuiuiscunt. Significat amorem excessivum [...]	*natos et incipiunt crescere, parentes suos in faciem percutiunt, qua de re ipsos mater repercutit et interficit.* *Tertio vero die mater percutiens costam suam sanguinem sui corporis super corpora filiorum effundit et sic suscitat eos a mortuis.*
V°, ut dicit idem, est auis magnarum alarum. Significat et in viro contemplatiuo expansiones latas supernorum desideriorum [...]	*(5) Est autem pellicanus magnarum alarum,*
VI°, ut dicit idem, est maxime maciei, quia, quidquid deglutit, cito emittit per secessum. Lubricum enim habet intestinum et ideo usque ad plenam incorporationem non tenet cibum. Significat macerantes carnem suam [...]	*nimie tamen maciei, quia quicquid deglutit, statim emittit per secessum ex intestinorum lubricitate. Unde cibus ipsum non impinguat, substinet tamen et confortat.*
VII°, ut dicit idem, oditur naturaliter a serpente. Significat religiosos et sanctos viros [...]	*(2) Naturaliter odit serpentem. Unde serpens re<pens> per arborem pullos suos interficit, quod dum percipit, per triduum lugere fertur, deinde se in pectore proprio vulnerat et aspersione sui sanguinis filios mortuos vivificat, tandem post sanguinis effusionem debilitatur.*
VIII°, ut dicit idem, quando mater effuso copiosius sanguine, de quo filios resuscitat, debilitatur, pulli sic suscitati exeunt pro cibo, et naturali affectu matrem debilitatam pascunt. Quod diligentius aduertens mater receptis viribus filios se pascentes refouet et diligit. Significat homines gratos deo [...]	*Unde pulli eius pro cibo de nido exire coguntur. Quorum quidam naturali affectu matrem debilitatam pascunt,*
IX°, ut dicit idem, pellicanus aliquando habet pullos aliquos degeneres a predictis, qui cognoscentes matrem debilitatam ex sanguinis effusione pro se suscitandis nullam curam penitus de ea gerunt. Quod aduertens mater resumptis viribus eos abicit et secum nullatenus commanere permittit. Significat deum et ecclesiam [...]	*quidam de patre et matre nichil curantes omnia devorant. Quod attendens mater post convalescentiam pullos ipsam pascentes nutrit, alios autem rostro percutiens eicit a se.*

Aus der Gegenüberstellung wird deutlich, daß die Textgrundlage der 'Liber de proprietatibus rerum' des Bartholomaeus Anglicus gewesen ist, mit der dann vom Autor selbstgefundene, aber meistens naheliegende Moralisationen verbunden wurden. Es ist jedoch interessant, daß der 'Experimentator' zwei verschiedene Versionen des Todes der Jungen bringt, Marcus von Orvieto dagegen nur diejenige des 'Physiologus' (Version Y, Kap. 6) – denn so ist in Abschnitt IIII° statt *philosophus* zu lesen – vom Erstechen durch das Weibchen übernommen hat.

Kehren wir jetzt noch einmal zu Heinrich von Schüttenhofen zurück, dessen 'Moralitates de naturis animalium' in 14 Handschriften überliefert sind, darunter in dem Manuskript 1599 vom Jahre 1299 aus dem Zisterzienserkloster Heiligenkreuz bei Wien.[24] Dieser Moralisator, dessen kritische Ausgabe Walter ZECHMEISTER vorbereitet, wählte seine Realien abwechselnd entweder aus Thomas III oder aus Bartholomaeus Anglicus. Wir wollen sehen, wie er den Pelikan behandelt, über den es bei ihm drei Abschnitte gibt. Wir beschränken uns auf den ersten; die Gegenüberstellung beweist die Abhängigkeit von Thomas III[25]:

Heinrich von Schüttenhofen	Thomas III
Pellicanus est auis dicta quasi pellem canam habens, vnde dicunt Augustinus et Ysidorus, quod plumas habet canas. Hec auis habitat in Egypto in solitudinibus circa Nilum fluuium frequenter. Pullos suos diligens, ut dicitur in libro de naturis animalium, eis alis aplaudit, illi vero ei indignati de aplausione oculos eruere moliuntur. Qua re commota pullos suos occidit. Quod cum conspexerit auis, non modico dolore affecta veste plumarum se ipsam exuit. Rostro latus aperit et sanguine suo pullos cruentatos viuificat eis vitam pristinam inducendo. Dicitur etiam ibidem in libro de naturis animalium, quod pullos suos viuificat, dum eos a serpente, qui eis insidiatur, inuenerit interemptos.	*Pelicanus dicitur quasi pellem canam habens. Unde dicunt Augustinus et Ysidorus, quod plumas habet canas. Hec avis habitat in Egypto; circa Nilum frequenter est. Hec avis pullos suos diligens eis applaudit, illi vero ei oculos eruere moliuntur. Quare pullos occidit, sed se ipsam veste plumarum exuit dolore non modico affecta per triduum. Rostro latus aperit et sanguine suo pullos cruentatos vivificat. Dicitur autem, quod hoc ipsum facit, dum pullos a serpente, qui eis insidiatur, invenerit interemptos.*

24 Vgl. Meyer [Anm. 1], S. 321 f.

25 Thomas von Cantimpré, Liber de naturis rerum, Redaktion III (Thomas III): Text der Handschrift M 1 [...] verbessert nach den Handschriften [...]. Erarbeitet von der Projektgruppe B2 des SFB 226 Würzburg-Eichstätt unter Leitung von Benedikt K. Vollmann. 1992 [masch.]. S. 72f.

Die Moralisation von Heinrich lautet: *Significat Christum dominum nostrum qui pullos suos Adam scilicet et Euam in nido paradisi collocatos a serpente dyabolo per virus peccati immissum interemptos inuenit, quos compasciendo proprio sanguine de suo corpore sanctissimo manante a peccato lauit et eos cum suis posteris ad uitam celestis patrie revocauit.* Die drei folgenden Bibelstellen habe ich nicht notiert. – Wer den Normaltext des Thomas von Cantimpré damit vergleichen würde, könnte erhebliche Änderungen in der Formulierung von Thomas III feststellen. Diese sind der Enzyklopädie von Pseudo-John Folsham mit dem Incipit *Triplex est esse* entnommen, die mein Doktorand Dmitri ABRAMOV in Kürze in einer kritischen Erstedition vorlegen wird.

Kommen wir zum Schluß. An einigen Beispielen wurde aufgezeigt, daß gewisse gute Beobachtungen – vor allem bei Hugo de Folieto und im 'Liber rerum' – von Thomas von Cantimpré aufgegriffen und mit vielen, der traditionellen Wissensliteratur (wie z. B. Plinius und Solinus) entnommenen Informationen verbunden worden sind. Durch die enorme, aber erst nach der Edition und Untersuchung der lateinischen Predigtsammlungen des Hohen und Späten Mittelalters[26] in Zukunft annähernd erfaßbare Rezeption seiner Naturenzyklopädie wurden diese empirischen Elemente weiterverbreitet, ohne daß man – wie es Thomas offensichtlich tat – die nur mühsam nachweisbare realistische Grundlage zu schätzen wußte. Dem Geist des Mittelalters entsprechend, war ja auch diese nur Material für eine geistliche Deutung, die von der Kirche gefordert und gefördert worden ist.

26 Vgl. hierzu Christian Hünemörder: Naturbeispiele in einer anonymen lateinischen Predigtsammlung (15. Jhdt.) aus bayerischen Klöstern. In: Bernhard Fritscher u. Gerhard Brey (Hgg.): Cosmographica et Geographica. Festschrift für Heribert M. Nobis. München 1994 (Algorismus 13). S. 223–248.

PETER SCHREINER

Die Byzantiner und ihre Sicht der Natur. Ein Überblick*

Etwa im Jahre 820 weilte ein junger Mann auf der Insel Andros. Er hatte sich bereits in Konstantinopel viel Wissen angeeignet, hörte aber von einem Weisen auf der ägäischen Insel, von dem er glaubte, noch mehr lernen zu können. Er wurde aber enttäuscht und suchte statt dessen in den Klöstern der Insel nach Handschriften, nahm sie mit sich und 'studierte sie mit höchstem Eifer auf den Gipfeln der Berge' (πρὸς τὰς κορυφὰς τῶν ὀρέων σπουδαιότερον ταύτας ἐμμελετῶν).[1]

---

* Die umfangreiche und teilweise kontroverse Diskussion dieses Beitrages im Rahmen des Symposiums hatte ihren Grund vielleicht auch im ursprünglichen Titel 'Die Byzantiner und ihre Natur', der für die schriftliche Fassung etwas präzisiert wurde. Eine solche Thematik (in der einen oder anderen Art der Formulierung) bietet verschiedene Möglichkeiten der Darstellung: Sie kann an einem oder wenigen Beispielen *in nuce* Sachverhalt und Problematik aufzeigen (etwa in der byzantinischen Kommentierung einer antiken naturwissenschaftlichen Schrift oder der Interpretation eines Bildes oder Textes) oder versuchen, eine möglichst große Anzahl an Gesichtspunkten aus den verschiedenen Lebensbereichen dem Leser zu präsentieren. Dieser Weg, der bei beschränkter Seitenzahl notwendig zu einer eher essayistischen Darstellung (mit einer auf das Wesentliche zentrierten Anzahl und Auswahl an Anmerkungen) führt, wurde hier gewählt, zumal die Fragestellung als Ganzes bisher in der byzantinistischen Forschung nicht begegnet. Relativ kurz vor der Fertigstellung dieser Druckfassung erschien allerdings ein Beitrag von Erich Schilbach: ... folgte dem Worte des Erlösers ein symphonisches Fröschequaken. Naturerfahrung, Naturgefühl, Naturerkenntnis in einer Umbruchszeit. In: Byzantina 21 (2000). S. 331–360, in dem der Autor, fast ausschließlich auf der Basis von Heiligenviten, das 7. bis 9. Jahrhundert mit Ausblicken auf das 10. Jahrhundert behandelt. Der glänzend gearbeitete Aufsatz ergänzt und bestätigt verschiedene, in der vorliegenden Arbeit gewonnene Ergebnisse und zeigt zugleich, wie sehr Heiligenbiographien, fern von jeder Topik oder sachlich-inhaltlichen Fehlern, in hervorragender Weise in der Lage sind, die Mentalität der Byzantiner wiederzugeben.

1 Theophanes Continuatus: Chronographia. Hrsg. von Immanuel Bekker. Bonn 1838. S. 191, lin. 22–192, lin. 12. – Zum Topos der Bergbesteigung (in der lateinischen Literatur) siehe u. a. Chr. Dröge: Antikenimitation und Neuentdeckung: die Reise im Humanismus. In: Wolf-Dieter Lange (Hg.): Diesseits- und Jenseitsreisen im Mittelalter. Bonn 1992. S. 65–77. Zu Byzanz siehe Hans-Veit Bayer: Der Heilige Berg in der byzantinischen Literatur. In: Jahrbuch der Österreichischen Byzantinistik 30 (1981). S. 171–205. – Die zitierte Stelle wurde ausführlich untersucht von Chri-

Der junge Mann wurde später einer der größten Mathematiker, die in Byzanz gewirkt haben. Ebenso wie Petrarcas Vergillektüre auf dem Mont Ventoux gehört auch diese Legende in die Topik der Bergbesteigung, und wir brauchen ihr keine biographische Realität zuzubilligen. Aber wir können ihr einen Platz in der Mentalität byzantinischen Denkens zuweisen: Der geniale Gelehrte verläßt die Großstadt Konstantinopel und findet in der Natur die Ruhe zu tieferen Gedanken, denn – so heißt es im Text weiter – durch dieses Studium stieg er zur Höhe der Erkenntnis empor (πρὸς τὸ τῆς γνώσεως ὕψος).

I. Die Natur als Faktor des Lebens

1. Der Lebensraum

An Natur mangelte es den Byzantinern nicht. Dafür haben rechtzeitig seit dem späten 6. Jahrhundert – und dort sollte die Forschung Byzanz und den byzantinischen Staat beginnen lassen – in erster Linie die Feinde gesorgt, indem sie, zunächst Avaren und Slaven auf dem Balkan und in Griechenland, die Städte zerstörten und die Bewohner zur Flucht trieben. Seit der Mitte des 7. Jahrhunderts gehörten die Stadtregionen in Syrien und Palästina durch die arabischen Eroberungen nicht mehr zu Byzanz, und im Verlauf des folgenden Jahrhunderts schrumpften auch die kleinasiatischen Städte zu Fluchtburgen oder verschwanden ganz. Sie erholten sich auch später nie mehr zu Städten im früheren Sinn, d. h. Zentren eines selbständigen kulturellen und administrativen Lebens, sondern blieben mit dem Land verbundene regionale Mittelpunkte, vielleicht gerade noch als Bischofssitz hervorgehoben.[2]

Wie können wir uns ein solches Zentrum vorstellen? Ein Metropolit des 14. Jahrhunderts auf der Reise zu einem neuen Sitz berichtet: ‘Als wir es zum ersten Mal betraten, glaubten wir, wir seien in einer Stadt angekommen. In Wirklichkeit aber ist es ein ganz kleines Städtchen [...]. Es zählt nur wenige Herdstellen, und davon sind die meisten aus Gras. Von gleichem Zuschnitt sozusagen wie die Stadt sind auch Wandel und Charakter der Menschen. Ihre Lebensweise ist teils die von Nomaden und Hirten, teils die von Bauern und Handwerkern, was sonst noch übrigbleibt, verteilt sich auf Schlächter und Schankwirte’[3]. Auch der Hafenort Pylai in Bithynien kommt in einem

stine Angelidi: Le séjour de Léon le mathématicien à Andros: Realité ou confusion. In: Εὐψυχία. Mélanges offerts à Hélène Ahrweiler. Paris 1998. S. 1–7; die Verf. vermutet zu Recht, daß ‘Andros’ hier identisch mit ‘Zurückgezogenheit in der Natur’ ist, also einen fernen, unberührten Ort bedeutet.

2 Zu dieser vielbehandelten Frage siehe nach dem jüngsten Forschungsstand zusammenfassend Wolfram Brandes: Byzantine Cities in the Seventh and Eight Centuries – Different Sources, Different Histories. In: G. P. Brogiolo u. Bryan Ward-Perkins (Hgg.): The Idea and Ideal of the Town between Late Antiquity and the Early Middle Ages. Leiden u. a. 1999. S. 25–57.

3 Die Schilderung stammt aus der Feder des Matthaios, des späteren Metropoliten von Ephesos, und bezieht sich auf die thrakische Bischofsstadt Brysis (heute Pinarhisar in der europäischen Türkei).

Brief aus dem 10. Jahrhundert nicht besser weg: 'In Pylai mußte ich plötzlich Station machen, einem elenden und entlegenen Platz, der nicht die mindesten Notwendigkeiten für eine menschliche Existenz besaß, der nur eine Attraktion hatte, nämlich daß seine Bewohner dort Schweine und Esel, Rinder, Pferde und Schafe mit eifriger Fürsorge zum Weitertransport aufnahmen, nicht dagegen uns Menschen!'[4]

Die Natur, die den Byzantiner umgab, war geprägt von einem Seekomplex und einem Landkomplex.[5] Hier war zunächst die in sich vielfältige Landmasse Kleinasiens mit dünner Besiedlung im Inneren, mit Hochgebirgsregionen und kontinentalen Klimazonen, an den Rändern dagegen der maritime Einfluß. Ähnlich gegliedert war der gebirgige Norden des Reiches, die Balkanhalbinsel und Teile Griechenlands. Die Donau ausgenommen spielten Flüsse als Verkehrswege eine eher geringe Rolle und waren (wie Euphrat und Tigris) mehr Verteidigungsgrenzen. Große Niedrigebenen existierten nicht, dagegen Hochebenen in Kleinasien und hügeliges Land in der Balkanregion, letzteres gut für die Landwirtschaft geeignet. Schwarzes Meer und Ägäis waren *maria interna* der Byzantiner. Mit dem politischen Verlust Kleinasiens und weiter Teile des Balkans im 12. und 13. Jahrhundert war Byzanz zunehmend auf die Ägäis und die daran angrenzenden Küstenregionen hin orientiert.

Wenngleich Byzanz mit der Mittelmeerwelt verbunden war, so trifft insgesamt die Bezeichnung Mittelmeerland mit den dafür charakteristischen Natureigenschaften nur auf die Küstenzonen zu. Die Natur des byzantinischen Reiches war geprägt von Bergen mit Schnee und Regen im Winter, schwer befahrbaren Meeren von November bis März, langen und heißen Trockenperioden im Sommer. Außerdem hat das Klima als Ganzes (durch Abkühlung zwischen dem 5. und 7. Jahrhundert) besonders im asiatischen Teil des Reiches auch Veränderungen der Naturformationen und der Lebensweise der Bevölkerung mit sich gebracht.[6] Eine zephyrische Lieblichkeit der Natur war wohl nur ganz wenigen byzantinischen Regionen eigen.

2. Fiktion und Wirklichkeit

Wie haben die Byzantiner nun diese ihre Natur gesehen? Wir wüßten gerne, wie der eingangs genannte Leo die Natur empfunden hat, als er von seinem Berggipfel auf Andros aus die ägäische Inselwelt sah, oder vielmehr (da er selbst kaum dort war), welche Gefühle ihm sein Biograph zubilligt. Dies in der byzantinischen Literatur zu erwarten, ist freilich eine weitgehend vergebliche Hoffnung, da allenfalls die hagiogra-

---

Zit. nach Diether Reinsch: Die Briefe des Matthaios von Ephesos im Codex Vindobonensis Theol. Gr. 174. Berlin 1974. S. 378f.

4 Leo, Metropolitan of Synada and Syncellus: The Correspondance. Hrsg. von Martha Pollard Vinson. Washington 1985 (Corpus Fontium Historiae Byzantinae 23). S. 86, lin. 28–35.

5 Siehe hierzu Johannes Koder: Der Lebensraum der Byzantiner. Historisch-geographischer Abriß ihres mittelalterlichen Staates im östlichen Mittelmeerraum. Graz 1984. [Neudruck mit bibliographischen Nachträgen Wien 2001].

6 Siehe hierzu Johannes Koder: Climatic Change in the Fifth and Sixth Centuries? In: Paläoklimaforschung/Palaeoclimate Research 7 (1992). S. 219–233.

phische und die epistolographische Literatur vereinzelte Hinweise in diese Richtung geben.[7] Aber vielleicht ist es in unserem Zusammenhang zunächst wichtig festzustellen, daß die Beschreibung der Natur oder von Vorgängen in der Natur generell einen bedeutenden Platz in der byzantinischen Literatur einnimmt – ganz unabhängig von der Frage, wie konkret diese Natur ist, wo die Grenze zwischen Imitation, Phantasie und Wirklichkeit liegt.

Leider gibt es dazu keine zusammenfassenden Arbeiten, und der beschränkte Rahmen dieses Beitrages erlaubt nur einige punktuelle Hinweise. Die Naturbeschreibung ist ein Teil des rhetorischen Genus der Ekphrasis und damit, bis zu einem gewissen Grad, eine rhetorische Zwangskür im höheren Ausbildungssystem.[8] Gerade deshalb wird seltener die Natur, wie man sie sich vorstellt (ganz zu schweigen, wie sie ist), beschrieben, sondern wie sie auf einer bildlichen Darstellung gegeben war: also Bildbeschreibung im konkreten Sinn. Dies gilt besonders für Einzelobjekte wie Tiere oder für Jagdszenen, die in erster Linie dazu dienten, seltene Ausdrücke für Mimik, Farbe, Bewegungen in die Sprache einzubringen. Es war Genredarstellung, aber auch eine schriftliche *nature morte*. Ins Größere gehen die vielen Gartendarstellungen[9], vor allem im Roman des 12. Jahrhunderts, und eine Naturschilderung im weitesten Sinn haben wir dort vor uns, wo eine Stadt wie Trapezunt im Rahmen ihrer Umgebung beschrieben ist.[10]

Vielleicht hat aber gesehene und erlebte Natur in irgendeiner Weise doch einen literarischen Ausdruck gefunden. Da schildert etwa (wenngleich in den antiken Anakreonten) der kaiserliche Gesandte Leon Choirosphaktes die heißen Quellen bei Pylai, von denen wir jedenfalls wissen, daß sie konkret existiert haben.[11] Erlebbare, aber im vorliegenden Fall sicher nicht konkret gesehene Natur vermittelt ein Historiker des 7. Jahrhunderts über die Lage eines Ortes am südlichen Rand des Balkangebirges: 'Der Platz ist wunderschön und in der Höhe, ganz im Zentrum des Gebirges flach hingestreckt gelegen; darunter zieht sich eine Ebene geschmückt mit blumentragenden Gärten hin. Die grünenden Wiesen sind eine Augenweide. Schattige Plätze zum Aufenthalt gibt es, die durch die Dichte des Pflanzenwuchses den Spaziergänger verbergen und

7 Siehe etwa bei Schilbach [* vor Anm. 1], S. 359 die Frühlingsschilderung in der Vita des Euarestos. Auch die briefliche Reiseschilderung des Matthaios von Ephesos [Anm. 3] steht der tatsächlich erlebten Natur recht nahe.

8 Siehe hierzu Armin Hohlweg: Ekphrasis. In: Reallexikon zur byzantinischen Kunst. Bd. 2 (1967). Sp. 33–75; Herbert Hunger: Die hochsprachliche profane Literatur der Byzantiner. München 1978. S. 170–180.

9 Literatur zum byzantinischen Garten jetzt bei Henry Maguire: Gardens and Parks in Constantinople. In: Dumbarton Oaks Papers 54 (2000). S. 251–264, bes. Anm. 1.

10 Siehe Spiros Lampros: Βησσαρίωνος ἐγκώμιον εἰς Τραπεζοῦντα. In: Neos Hellenomnemon 13 (1916). S. 145–204. – Zur Interpretation siehe Anthony Bryer u. David Winfield: The Byzantine Monuments and Topography of the Pontos. Washington 1985. S. 184–186.

11 Siehe Epigrammatum Anthologia Palatina. Hrsg. von Edouard Cougny. Bd. 3. Paris 1890. S. 408–412 (Nr. 75) u. S. 434–437 (Kommentar).

ihm Schutz gewähren zur Zeit der Mittagssonne [...]. Eine Unmenge Wasser umfließt ihn, und es enttäuscht weder den Trinkenden durch die Überfülle der Frische noch bereitet es dem, der sich kühlt, Beschwerden wegen seiner Milde. Vögel geleiten die Beschauer und wiegen sich mit Gesang in den frischtreibenden Zweigen der Bäume [...] und Unbeschwertheit gewähren sie mit ihrem Gesang den Wanderern [...]'[12]. Dies alles klingt eher nach *locus amoenus*, Idylle und Ideallandschaft, verrät aber doch Liebe zur Natur oder möchte sie auf jeden Fall vermitteln. Der Autor, so scheint es, wäre gern dort gewesen oder hat einen ihm bekannten Ort an diese Stelle übertragen. In eine ähnliche Richtung geht eine kleine Landschaftsschilderung bei Michael Psellos im 11. Jahrhundert oder seine Schilderung des bithynischen Olymps, wo er immerhin eine Zeitlang im Kloster weilte.[13]

Man muß bei allem bedenken, daß diese Formen der Naturschilderung auf dem Schreibtisch des literarisch Gebildeten in Konstantinopel entstanden sind. Im Gegensatz zu dieser friedlichen Natur steht die rauhe Welt des anatolischen Grenzlandes. Hier genügen zwei Verse aus dem Amurislied, um ein echtes Naturbild in der sprichwörtlichen epischen Kürze erkennen zu lassen. Der Held steht am Grenzfluß Euphrat: 'Gewaltig war der Euphrat, er war aufgewühlt, er hatte tiefe Wogen, pechschwarz war er' (ἦταν ὁ 'Αφράτης δυνατός, ἦταν καὶ βουρκομένος / εἶχεν καὶ κύματα βαθέα, ἦταν καὶ ἀποχυμένος)[14].

Ein Problem für sich stellt die Natur in der Kunst dar. Auch dieser Aspekt hat in der Forschung noch keine zusammenhängende Betrachtung gefunden. Er läßt sich, vom Material her, nur am Beispiel der kirchlichen Kunst abhandeln, mit ganz wenigen Ausnahmen, die später zu erwähnen sind. Zunächst einige statistische Beobachtungen. Victor LAZAREV bringt in seiner 'Storia della pittura bizantina' 576 Abbildungen von byzantinischen Objekten.[15] Auf ganzen sechs Abbildungen begegnen Landschaften, Pflanzen, Bäume, Tiere. Was wird dargestellt? Wir gehen dabei auf die – kunsthistorisch selbstverständlich grundlegende – Frage der Vorlagen und Abhängigkeiten nicht ein. Es interessiert hier nur das Faktum. Da sind etwa (im Pariser Psalter aus dem 10. Jahrhundert) David inmitten einer bukolischen Landschaft oder im 'Menologium Basilii' vom Ende des 10. Jahrhunderts zwei Heilige in einer stilisierten Gebirgsgegend zu sehen. Ganz in den Bereich der Bukolik fallen Illustrationen zu den Homilien des Gregor von Nazianz.[16] Der Garten Gethsemane in San Marco in Venedig gleicht einem

---

12 Theophylaktos Simokates: Geschichte. Übersetzt u. erläutert von Peter Schreiner. Stuttgart 1985. S. 76.

13 Michael Psellos: Scripta Minora. Hrsg. von Eduard Kurtz u. Franz Drexl. Bd. 2. Mailand 1936. S. 219, lin. 2–12; Konstantin Sathas: Μεσαιωνικὴ Βιβλιοθήκη. Bd. 4. Paris, Athen 1874. S. 442, lin. 13–443, lin. 27.

14 Georgios Th. Zoras: Βυζαντινὴ Ποίησις. Athen 1956. S. 30, lin. 43f.

15 Victor Lazarev: Storia della pittura bizantina. Mailand 1967.

16 Siehe George Galavaris: The Illustrations of the Liturgical Homilies of Gregory Nazianzenus. Princeton 1969. Abb. 102–108; Stylianos M. Pelekanides u. a.: Θησαυροὶ τοῦ 'Αγίου Ὄρους. Bd. 2. Athen 1975. Abb. 300 (Cod. 6 des Klosters Panteleemon).

Alpinum mit Gewächsen aus dem Herbarium.[17] Einige Menäenhandschriften bringen Naturidyllen, die man sich auch in der Landschaft des südlichen Balkans denken könnte.[18] Aber auch bei der Illustration des Barlaam-Romans bleibt die Natur ein seltener Gegenstand.[19] Nur einmal scheint sie in den Mittelpunkt gerückt zu sein – als nämlich im 8. Jahrhundert bildliche Darstellungen abgenommen oder übertüncht wurden. An ihre Stelle '(traten) Bäume und alle möglichen Arten von Vögeln und wilden Tieren und Efeu-Ranken, die Kraniche, Krähen und Pfauen umschließen. Die Kirche ist in einen Fruchtgarten und ein Vogelhaus verwandelt'[20]. Sofern diese Worte aus der Vita Stephans des Jüngeren (zur Blachernenkirche in Konstantinopel) nicht ganz die übertriebene Phantasie der postikonoklastischen Zeit widerspiegeln, gibt es in der Tat archäologische Beispiele für Zierwerk dieser Art aus jener Zeit, ganz zu schweigen von der ständigen Präsenz anikonischer Kunst.[21] Sie zeigen, daß für einen kurzen Zeitraum Naturinteresse mit Ideologie verbrämt war. Auf jeden Fall kehrten die Byzantiner in ihren bildlichen Darstellungen wieder zur ursprünglichen, eher personenbezogenen Form zurück. Wie läßt sie sich charakterisieren? Wie haben die Künstler die Natur gesehen? Natur ist Staffage, ist Bildumrandung, Contorno. Im Mittelpunkt steht der Mensch, dem gegenüber die Natur klein ist. Erst ganz am Ende der byzantinischen Epoche, und nur an einer einzigen Stelle, gibt es auch eine Ausnahme: In der Kirche des Pantanassa-Klosters in Mistras ist die Landschaft übergroß im Verhältnis zu den Menschen.[22] Es muß weiteren Überlegungen vorbehalten bleiben zu untersuchen, ob dies auf westlichen Einfluß zurückzuführen ist, der durch eheliche Verbindungen im moreotischen Fürstenhaus gegeben war.[23]

Ein wegen der dünnen Quellenlage nur ganz kurzes Wort zur Landschaft in der profanen Kunst: Wenn wir fachbezogene Handschriften zur Pharmazie oder Illustrationen antiker Schriften beiseite lassen, so verbleiben nur sehr wenige Beispiele in den einzigen überlieferten literarischen Bilderhandschriften: der in Madrid aufbewahrten des

---

17 Zur theologischen Interpretation solcher 'Naturszenen' in der kirchlichen Malerei siehe Demetrios D. Triantaphyllopulos: 'Ἄνθρωπος καὶ περιβάλλον στὴ βυζαντινὴ τέχνη. 'Η ἐκκλησία ὡς ἐμπρακτικὴ οἰκολογία. In: Χαριστήριο τόμο πρὸς τιμὴν τοῦ οἰκουμενικοῦ πατριάρχου Κ. Βαρθολομαίου. Athen 2000. S. 641–668.

18 Siehe Pelekanides [Anm. 16], Abb. 345–347 (Cod. 14 des Klosters Esphigmenu).

19 Siehe Sirarpie Der Nersessian: L'illustration du Roman de Barlaam et Joasaph. Paris 1937.

20 La Vie d'Etienne le Jeune par Etienne le Diacre. Introduction, édition et traduction de Marie-France Auzépy. Aldershot 1997. S. 220f. – Zu dieser Form der Ornamente in frühchristlicher Zeit siehe Henry Maguire: Christians, Pagans, and the Representation of Nature. In: Begegnung von Heidentum und Christentum im spätantiken Ägypten. Riggisberg 1993. S. 131–160.

21 Siehe hierzu André Grabar: L'iconoclasme byzantin. Dossier archéologique. Paris 1957.

22 Siehe Doula Mouriki: The Wallpainting of the Pantanassa. In: Slobodan Ćurčić u. Doula Mouriki (Hgg.): The Twilight of Byzantium. Princeton 1991. S. 217–231, bes. Tafel 16–18 (Einzug in Jerusalem, um 1430 zu datieren).

23 Siehe hierzu Silvia Ronchey: Malatesta/Paleologhi. Un'alleanza dinastica per rifondare Bisanzio nel quindicesimo secolo. In: Byzantinische Zeitschrift 93 (2000). S. 521–567.

Historikers Skylitzes und der venezianischen des Alexanderromans.[24] Aber auch hier tritt die Natur dem Menschen gegenüber ganz zurück. Profankunst in öffentlichen Bauten ist nicht erhalten, weil diese fast ausnahmslos zerstört worden sind. Es wurde aber schon oben darauf hingewiesen, daß viele literarische Landschaftsbeschreibungen auf bildliche Darstellungen zurückgehen, so daß der Mangel in diesem Bereich dem Verlust der materiellen Quellen zuzuschreiben ist.[25]

Zusammenfassend läßt sich somit feststellen: Die Natur war im Bild seltener vertreten als in der Literatur (auch weil es billiger und einfacher war zu schreiben, als zu malen); es scheint aber auch, daß die Darstellung der Natur im Bild noch viel abstrakter, normierter, artifizieller war als im Wort. Von der Wirklichkeit waren beide gleich weit entfernt.

Die Byzantiner haben sich mit der Natur jedoch nicht nur in ihren Gefühlen abgegeben, sondern versuchten auch, sie als Wissenschaft zu begreifen. Dabei blieben sie freilich meist hinter den antiken Vorbildern zurück. In gewissem Sinn konnten sie dies ungestraft tun, da ihnen (d. h. natürlich den Gelehrten) der gesamte Schatz der antiken griechischen Naturwissenschaften zur Verfügung stand, der – wie dessen Überlieferung aus byzantinischer Zeit zeigt – auch reichlich verwendet und benutzt wurde. Wir können uns hier kurz fassen, da die Literaturgeschichten über die Entwicklung in byzantinischer Zeit hinreichend Auskunft geben.[26] In der Geographie, die Natur- und Weltbild zugleich umfaßt, bleiben Strabon und Ptolemaios die führenden Namen. Interessanter in unserem Zusammenhang ist freilich, daß sie ein christliches Pendant erhalten in der 'Christlichen Topographie' des Kosmas Indikopleustes aus dem 6. Jahrhundert, die sich – wie ihre Übersetzungen in slavische Sprachen und die mit Miniaturen versehenen Fassungen zeigen – einer großen Beliebtheit erfreute.[27] Das Werk war aber nicht wissenschaftlich und wurde von den Gelehrten abgelehnt, da es mehr Fabeln als Wahrheiten erzähle, wie Photios in seiner 'Bibliothek' berichtet.[28] Es gab, grosso modo, zwei Naturvorstellungen der Byzantiner: eine für die Gelehrten und eine für das Volk, ohne daß man immer sagen könnte, wo die genaue Trennlinie liegt.

Noch deutlicher wird dieses Verhalten in Fragen der Zoologie und Botanik, um damit Termini zu wählen, die die Byzantiner in unserem Sinn gar nicht verstanden hätten. Man kannte auch in diesen Bereichen Aristoteles und Theophrast, aber deren strenge, bisweilen auf dem Experiment beruhende Methode war schon den Griechen späterer Jahrhunderte nicht nachvollziehbar und noch weniger den Byzantinern. Eine Theorie

24 Joannis Scylitzae synopsis historiarum. Codex Matritensis Graecus Vitr. 26–2 [Facsimile Edition]. Athen 2000; Nicolette S. Trahoulias: The Greek Alexander Romance. Athen 1997.

25 Beispiele dafür finden sich vor allem in der Epigrammliteratur; siehe Hohlweg [Anm. 8], Sp. 56–61.

26 Siehe etwa Hunger [Anm. 8], S. 219–340.

27 Siehe hierzu Georgios Makris: Geographische Kenntnisse bei den Griechen am Übergang vom Mittelalter zur Neuzeit. In: Reinhard Lauer u. Peter Schreiner (Hgg.): Die Kultur Griechenlands in Mittelalter und Neuzeit. Göttingen 1996. S. 89–105.

28 Photios: Bibliothèque. Hrsg. von René Henry. Bd. 1. Paris 1959. Codex 36.

der Naturwissenschaften war den Byzantinern fremd, auch wenn sie die antiken Schriften reichlich kommentierten.[29] Sie interessierten sich, was die Pflanzen anbelangt, entweder für deren praktische Anwendung in der Heilkunst oder, und noch mehr, für deren Wunderwirkungen. Die Byzantiner fesselte das Seltsame und Paradoxe an der Natur, und wo die Texte es nicht von sich aus boten, hat Interpretation und Erfindung das Ihre getan. An den Steinen haben die Zauberkräfte interessiert. Das Werk 'Über die Eigenart der Tiere' des spätkaiserzeitlichen Autors Claudius Aelianus war deshalb so beliebt, weil es auch an Tieren menschliche Eigenschaften feststellte. Auf diesem Nährboden entstand schließlich das bekannteste 'zoologische' Werk der Spätantike, der 'Physiologos' (was man mit 'Naturforscher' übersetzen muß). Die 'byzantinische' Version, die frühestens dem 11. Jahrhundert zuzuweisen ist, könnte man auch als 'christliche Zoologie' bezeichnen.[30] Wie sehr für den Byzantiner die Naturwissenschaften in die 'schöne Literatur' übergingen, zeigt der Gedichtzyklus des Manuel Philes (Anfang des 14. Jahrhunderts) mit dem von Aelianus entlehnten Titel 'Über die Eigenheiten der Tiere'. Die sich darin über 50 Verse erstreckende Behandlung des Elefanten endet in der Überlegung von der 'Frömmigkeit' der Elefanten.[31] Diese von der Wirklichkeit entfernte Betrachtungsweise hat freilich keinen Schaden angerichtet, da Elefanten schon seit Kaiser Herakleios (7. Jahrhundert) im byzantinischen Heer nicht mehr verwendet wurden. Weit weniger phantasievoll waren Darstellungen dort, wo ihr Inhalt unmittelbare Bedürfnisse der Menschen betraf: in der Landwirtschaft, der Pferdezucht sowie der Zähmung und Pflege der Falken.[32]

29 Der Großteil dieser Kommentare und Randscholien ist nur in den Handschriften zugänglich und daher nur punktuell ausgewertet. Bibliographische Angaben an dieser Stelle würden den gegebenen Rahmen sprengen; man vergleiche aber die Hinweise in der Byzantinischen Zeitschrift, Abt. III, Sektion 11 (Fachschriften). Erst eine genaue Analyse dieser Kommentare wird eine fundierte Aussage erlauben, inwieweit etwa doch Ansätze zu theoretischen Überlegungen feststellbar sind.

30 Siehe hierzu Hans-Georg Beck: Geschichte der byzantinischen Volksliteratur. München 1971. S. 33–35. Der 'Physiologos' war aber dank seiner Bebilderung (weitgehend vollständig nur in der heute zerstörten Smyrnaer Handschrift nachweisbar) auch ein zoologisches Anschauungsbuch zu moralisch-didaktischen Zwecken; siehe hierzu die jüngste Arbeit von Glenn Peers: Peter, Iconoclasm and the Use of Nature in the Smyrna Physiologus (Evangelical School, B. 8). In: Jahrbuch der Österreichischen Byzantinistik 50 (2000). S. 267–292.

31 Manuel Philes: Περὶ ζώων ἰδιότητος. In: Siegfried Lehrs u. Friedrich Dübner (Hgg.): Poetae bucolici et didactici. Paris 1862. vv. 923–971.

32 Die landwirtschaftlichen Traktate der Geoponika (Hunger [Anm. 8], S. 273) und die Schriften zur Pferdemedizin (Hunger [Anm. 8], S. 306) zeigen trotz ihres antiken Hintergrundes auch für die byzantinische Zeit genügend aktuelle Bezüge; siehe hierzu Johannes Koder: Gemüse in Byzanz. Die Versorgung Konstantinopels mit Frischgemüse im Lichte der Geoponika. Wien 1993. – Obwohl dem Falken als Helfer bei der Jagd in Byzanz keine geringere Bedeutung zukommt als im Westen, ist, soweit ich sehe, nur ein spätbyzantinischer diesbezüglicher Traktat bekannt (Claudii Aeliani Varia Historia, Epistula, Fragmente. Hrsg. von Rudolf Hercher. Leipzig 1866. S. 335–516), und die wissenschaftliche Forschung hat sich ihm kaum zugewandt (siehe W[olfram] Hörandner: Falkentraktate, V. In: Lexikon des Mittelalters. Bd. 4 [1989]. Sp. 243f. und Apostolos Karpozilos: Hawking. In: Oxford Dictionary of Byzantium. Bd. 2 [1991]. S. 903f.).

Wenn wir Literatur und Kunst verlassen, zeigt sich schnell, daß die Natur im byzantinischen Reich in der Wirklichkeit alles andere als ein *locus amoenus* war. Sie war (wie überall) mit ihren Überschwemmungen, Hitze- und Kälteperioden, Vulkanausbrüchen und Erdbeben auch ein Gegenstand der Furcht.[33] Keine Region des mittelalterlichen (und auch schon des antiken) Europa war so sehr den Erdbeben ausgesetzt wie die meisten Landschaften des byzantinischen Reiches – lag es doch im Grenzbereich mehrerer tektonischer Großplatten.[34] Eine sicher nicht vollständige Liste[35] zählt zwischen Justinian (527) und dem Fall Konstantinopels (1453) nicht weniger als 139 Erdbeben auf, die in schriftlichen Quellen erwähnt werden. Dabei gab es Perioden besonderer Dichte, etwa in der Regierungszeit Justinians, insgesamt 18 in 33 Jahren: 528 (Antiocheia), 529 (Amaseia), 530 (Myres), 533 (Konstantinopel), 536 (Mysien), 538 (Kilikien), 539 (Antiocheia), 541 (Laodikeia), 542 (Konstantinopel), 543 (Kyrikos, Korinth), 546 (Konstantinopel), 551 (Palästina), 554 (Konstantinopel), 555, 557 (Konstantinopel mehrmals), 558 (Kos), 559 (Palästina), 561 (Syrien).

Wie auch heute waren es die Erdbeben, die ihrer Häufigkeit und weitreichenden Folgen wegen den stärksten Eindruck von der Gewalt der Natur hinterließen. Nicht ohne Grund finden sie in der chronistischen Literatur so regelmäßig Erwähnung, wenngleich meist nur als Faktum, eher selten mit Hinweisen auf das Leid, wie in einer Notiz aus dem 6. Jahrhundert: 'Die Erde spaltete sich durch das Beben und die Hälfte der Stadt [Pompejupolis in Mysien] wurde in die Tiefe gerissen. Und die Bewohner waren nun unter der Erde, und man hörte ihre Stimmen, wie sie riefen, daß man sich ihrer erbarme'[36]. Ein Rekurs auf physikalische Erklärungen von Erdbeben scheint aus Byzanz nicht überliefert zu sein, obwohl die antiken Theorien und Beobachtungen prinzipiell bekannt waren.[37] Die moderne Baugeschichte hat festgestellt, daß die zahlreichen Zisternen unter den Kirchen Konstantinopels insofern auch dem Erdbebenschutz galten, als damit eine in gewissem Sinn elastische Zone geschaffen wurde. Das waren Erfahrungswerte, die schriftlich nirgends niedergelegt worden sind. Einen wirklichen Bautenschutz gab es natürlich noch weniger als heute, und wir wissen aus zahlreichen Berichten, daß die Kuppel der Hagia Sophia bei jedem Erdbeben beschädigt wurde. Schon Leo der Mathematiker, von dem eingangs die Rede war, hat auch Erdbeben beobachtet und Verhaltensregeln gegeben: 'Leo der Philosoph, der dort [d. h. in der Muttergotteskirche] anwesend war, gab den Rat herauszugehen; alle, die ihm nicht

33 Eine umfassende statistische Zusammenstellung der Naturkatastrophen existiert nicht.

34 Siehe Horst-Günter Wagner: Mittelmeerraum. Darmstadt 2001. Abb. 72 [Karte]; Brian Croke: Earthquake. In: Oxford Dictionary of Byzantium. Bd. 1 (1991). S. 669f.

35 Siehe V. Grumel: La chronologie. Paris 1958. S. 470.

36 Peter Schreiner: Die byzantinischen Kleinchroniken. 1. Teil: Einleitung und Text. Wien 1975. S. 42: Chronik I/8.

37 Überlegungen zur Entstehung der Erdbeben gab es auch in Byzanz, wie eine Stelle beim Geschichtsschreiber Michael Attaleiates (11. Jahrhundert) zeigt, an der er die Lehrmeinung des Aristoteles (der nicht ausdrücklich genannt ist) zurückweist; siehe Michael Attaleiates: Historia. Hrsg. von Immanuel Bekker. Bonn 1853. S. 88, lin. 22–89, lin. 21.

folgten, fanden den Tod. Der Philosoph, der sich mit zwei anderen an eine Säule unter einen Bogen gestellt hatte, blieb unversehrt, und sonst nur neun weitere, die unter dem Ambo waren'[38].

Die Ursache der Erdbeben war für die Byzantiner aber nicht die Natur selbst, sondern Gott, der durch die Naturgewalt die Sünden und Verfehlungen der Menschen bestrafte. Schon Johannes Chrysostomos und Gregor von Nazianz hinterließen Erdbebenpredigten oder wiesen ausführlich auf Erdbeben hin.[39] Patriarch Photios, der das von Leo vorhergesagte Erdbeben (es war im Jahr 869) erlebte und in zwei Briefen davon erzählt, sagt ausdrücklich, daß der 'Zorn Gottes' (ὀργὴ θεοῦ) hervorgerufen worden sei.[40] Das erinnert ganz an antikes Denken, demzufolge ebenfalls ein Gott oder eine dämonische Macht das Erdbeben verursachte.[41] Die Naturgewalt des Erdbebens hat immer wieder auch die freie Phantasie des Künstlers angeregt, der hierin keinem überkommenen Schema zu folgen scheint: Chaos in der Natur als Gegensatz zur Idylle – eine Miniatur in einer bald nach 869 kopierten Handschrift führt uns das Erdbeben vor Augen.[42] Naturgewalten als Ausdruck des Zorns Gottes konnten sogar politische Folgen haben: Nahe den Inseln Thera und Theresia war im Sommer 726 ein Vulkan ausgebrochen, und es hatte sich eine Insel gebildet. 'Man sagt, als der Kaiser davon hörte, daß er dies für ein Zeichen göttlichen Zorns hielt und darauf aus war, die Ursache zu ermitteln. Von diesem Augenblick an bezog er Position gegen die Frömmigkeit und sann auf die Beseitigung der heiligen Bilder, da er glaubte, daß das Unheil [τεράστιον] seine Ursache in deren Aufstellung und Verehrung habe'[43]. Es ist bekannt, daß wir hier an den mehr oder weniger legendären Anfängen des byzantinischen Bilderstreites stehen.[44]

38 Symeon Magistros in: Theophanes Continuatus [Anm. 1], S. 688, lin. 14–21.

39 Siehe Migne, Patrologia Graeca 48, Sp. 1027–1044.

40 Photios: Epistulae et Amphilochia. Hrsg. von B. Laouras u. L. G. Westerink. Bd. 1. Leipzig 1983. Nr. 101–102. – Auch Attaleiates (siehe Anm. 37) spricht im Zusammenhang mit Erdbeben vom 'Willen Gottes'.

41 Siehe hierzu Jannis Mylonopoulos: Poseidon, der Erderschütterer. Religiöse Interpretationen von Erd- und Seebeben. In: Eckart Olshausen u. Holger Sonnabend (Hgg.): Naturkatastrophen in der antiken Welt. Stuttgarter Kolloquium zur historischen Geographie des Altertums 6, 1996. Stuttgart 1998. S. 82–90.

42 Athen, Ethnike Bibliotheke, cod. 211, f. 87 (abgebildet bei Anna Marava-Chatzinicolaou u. Christina Toufexi-Paschou: Catalogue of the Illuminated Byzantine Manuscripts of the National Library of Greece. Athen 1997. Tafel 21). – Ein weiteres Erdbebenbild bei André Grabar: Les miniatures de Grégoire de Nazianze de l'Ambrosiane. Paris 1943. Album Tafel 7, 1.

43 Nikephoros, Patriarch of Constantinople: Short History. Hrsg. von Cyril Mango. Washington 1990. S. 128 (Cap. 60, lin. 1–7).

44 Zur nicht unumstrittenen Interpretation dieser Stelle siehe Peter Schreiner: Der byzantinische Bilderstreit. In: Settimane di Studio del Centro Italiano di Studi sull'Alto Medioevo 34 (1988). S. 319–427, hier S. 338f.

II. Der Mensch und die Natur

1. Das byzantinische Reich als Agrarlandschaft

Wenn wir davon ausgehen, daß bis ins 14. Jahrhundert Konstantinopel und Thessalonike die einzigen Städte des byzantinischen Reiches im eingangs skizzierten Sinn waren, so lebten 90 oder 95 Prozent der Bevölkerung auf dem Lande. Auch die kirchlichen und administrativen Zentren, von denen oben schon die Rede gewesen ist, glichen großen Dörfern mit Gehöften, die Scheunen und Ställe beherbergten.[45] Das Leben auf dem Lande nahm einen so bedeutenden Platz ein, daß im 7. Jahrhundert ein eigenes Ackerbaugesetz entstand – nur so kann man sagen, da es nie 'erlassen' wurde. Die 62 Handschriften, die für dessen moderne Edition herangezogen wurden[46], sind ein beredtes Zeichen für die Wichtigkeit des Textes, selbst wenn viele Paragraphen in späteren Jahrhunderten vielleicht nicht mehr angewandt wurden. Wie sehr auch Kopisten von Handschriften mit dem Landleben verbunden waren, zeigen die Darstellungen von Ackerbaugeräten in den Handschriften von Hesiods 'Werken und Tagen', die durchaus unterschiedlich in Gestalt und Anordnung ausfallen und auch auf persönliche Erfahrung zurückgehen.[47]

Auf dem Lande lebten aber nicht nur kleine Bauern. Aus der Provinz stammten alle großen Familien des byzantinischen Reiches, und sie lebten dort wenigstens bis ins 11. Jahrhundert, ehe sie Konstantinopel vorzogen. Dies bedeutet, daß die staatstragende Schicht des Reiches bis zu diesem Zeitpunkt mit dem Land verbunden und auch selbst dort ansässig war: 'Es gab im Land der Paphlagonier einen Mann namens Philaretos und er gehörte zu den Vornehmen unter den Bewohnern von Pontos und Galatien. Er besaß zahlreiche Herden: 600 Rinder, 100 Paar Ochsen, 800 Weidepferde, 12.000 Schafe'[48]. So beginnt die bald nach 900 verfaßte Vita des späteren Heiligen, die trotz ihrer literarischen und hagiographischen Verbrämung die Verbundenheit auch der großen Herren mit dem Land erkennen läßt. Man erfährt aus dem Text, daß eine Ursache des Reichtums die gute Bewässerung war, die aus den höher gelegenen Regionen kam.[49] Und es scheint kein hagiographischer Topos zu sein, daß der Held der Erzählung selbst das Land bestellte, auch wenn er sich dabei auf das Bibelwort vom Schweiß im Angesichte beruft: 'Eines Abends nahm er ein Paar Ochsen und seinen Pflug, begab

45 Dies zeigen Ausgrabungsergebnisse im spätbyzantinischen Pergamon. Siehe hierzu Klaus Rheidt: Altertümer von Pergamon. Die Stadtgrabung. Teil 2: Die byzantinische Wohnstadt. Berlin 1991.

46 Nomos Georgikos. Hrsg. von Igor P. Medvedev. Leningrad 1984.

47 Siehe Anthony Bryer: Byzantine Agricultural Implements: The Evidence of Medieval Illustrations of Hesiod's Works and Days. In: The Annual of the British School of Athens 81 (1986). S. 45–80.

48 M. H. Fourmy u. M. Leroy: La vie de S. Philarète. In: Byzantion 9 (1934). S. 85–170, hier S. 113, lin.1–11.

49 Fourmy u. Leroy [Anm. 48], S. 117, lin. 11–115, lin. 2

sich auf seinen Acker, um zu pflügen'[50]. Was Philaretos vielleicht freiwillig tat, mußte die große Mehrzahl der Bauern gezwungenermaßen tun, weil sie über keine Hilfe verfügten (was bei Philaretos nachweislich gegeben war) oder überhaupt im Dienste anderer tätig waren. Nehmen wir einen beliebigen Kleinbauern aus dem 14. Jahrhundert: Basileios, verheiratet mit Eudokia, ein Sohn, drei Töchter und zwei Schwiegersöhne; sie besitzen zwei Ochsengespanne, vier Kühe, 30 Schafe, vier Schweine und etwas Land für Weinbau.[51]

2. Sorge um den Erhalt der Natur

Für diese Menschen, ob reich oder arm, war der Erhalt der Natur eine Frage der Existenz. Die Vita des Philaretos erzählt von zahlreichen Fällen, in denen Tiere verendeten, so daß die Bauern das Land nicht mehr bestellen konnten und verarmten. Wenn ein Bauer nicht aufpaßte und den Pflanzenwuchs nicht genau beobachtete, konnte schnell das Malheur geschehen: 'Das Rind des Bauern verschlang ein Giftkraut, begann zu zittern, fiel auf die Erde nieder und verendete'[52].

Um den Erfolg zu sichern und Schaden abzuwehren, half nur Gebet oder Aberglaube. Uns sind zahlreiche Gebete und liturgische Formulare überliefert, die Gedeihen und Wohlbefinden in der Natur sichern sollten: 'Gebet auf einen verunreinigten Brunnen oder Wasser: Man muß aus dem Brunnen vierzig Eimer herausschöpfen und gießt Wasser vom Tag der Epiphanie hinein. Dann beräuchert der Priester den Rand des Brunnens mit Weihrauch und spricht danach folgende Gebete'[53]. Wesentlich in dieser Anweisung war natürlich das Ausschöpfen des Wassers. Wenn ein Brunnen gegraben wurde, konnte ein Gebet gesprochen werden, damit das Wasser immer ausreichend fließe und für den Genuß keine schadhaften Stoffe enthalte (ἀβλαβῆς πρὸς ἀπόλαυσιν).[54] Der Bedeutung des Weinbaues entspricht auch die Anzahl der Gebete, die für ein gutes Gelingen überliefert sind. Beim Einpflanzen der Reben wurde Gottvater als Bauer (πατὴ ὁ γεωργός) angerufen.[55] Am 6. August folgte ein Gebet, daß die Trauben rechtzeitig befruchtet, gleichzeitig aber auch Unwetter abgewehrt würden (καιρῶν γαλήνη, d. h. ruhiges Wetter).[56] Gegen die Gefahr von Insekten gab es keine

50 Fourmy u. Leroy [Anm. 48], S. 117, lin. 18–22.

51 Eine Fülle von Beispielen dieser Art findet sich in byzantinischen Steuerveranlagungstraktaten; siehe hierzu bes. Franz Dölger: Sechs byzantinische Praktika des 14. Jahrhunderts für das Athoskloster Iberon. München 1949.

52 Fourmy u. Leroy [Anm. 48], S. 123, lin. 25–28.

53 J. Goar: Εὐχολόγιον sive Rituale Graecorum. Venedig 1730. S. 480.

54 Goar [Anm. 53], S. 550. – Solchen 'Hygienevorschriften' (wie man heute sagen würde) begegnen wir auch in einer 'städtischen' Quelle: dem Eparchenbuch aus dem 10. Jahrhundert, wo etwa die Seifensieder wegen der verwendeten 'Chemikalien' (ein Ausdruck, der in der Quelle nicht vorkommt) einer besonderen Überwachung unterliegen; siehe Johannes Koder: Das Eparchenbuch Leos des Weisen. Wien 1991. S. 117, bes. § 3.

55 Goar [Anm. 53], S. 551.

56 Goar [Anm. 53], S. 553.

Insektizide, sondern nur das Gebet: 'Liturgische Ordnung, durchzuführen auf dem Grundstück, im Weinberg oder im Garten, wenn von Kriechtieren oder anderen Wesen sich Schaden einstellt. Es ist die Liturgie durchzuführen. Man muß die Lampe des hl. Tryphon, des hl. Eusthatios oder des hl. Julian des Afrikaners oder beide anzünden. Und nach der hl. Liturgie nehme man Öl aus den Lampen und Wasser vom Epiphanias-Tag, und der Priester verteilt es kreuzförmig auf das Grundstück, den Weinberg oder den Garten'[57].

An diesem Einfluß auf die Natur war nicht immer nur die Kirche beteiligt. Einen wesentlich breiteren Raum nahmen Astrologie, Magie und Aberglaube ein. Dies ergibt sich allein schon aus der Fülle der vorhandenen Texte, die oft weitgehend nahtlos von antik-heidnischen in byzantinische Praktiken übergehen. Ein astrologisches Beispiel für viele: 'Wenn der Mond im Sternzeichen des Widders ist, dann soll man pflanzen, säen, Umzäunungen vorbereiten, unbebautes Land umpflügen und brauchbar machen, dann wird es schnell fruchtbar'[58]. Der Text, der diese und andere Ratschläge bringt, ist in 28 Handschriften – einer für Byzanz vergleichsweise sehr hohen Zahl – aus dem 12., dem 14. und dem 15. Jahrhundert überliefert. Für den Bauern war dies natürlich mündlich tradierte Weisheit.

3. Flucht in die Natur

Die Natur war aber nicht nur ein Feld der Arbeit; sie bot auch Schutz, Rückzug, Freiheit – dies freilich nicht allein in Byzanz, dort aber vielleicht in einem besonderen Maße bzw. gegenüber einer sozialen Gruppe, der in Byzanz höhere Bedeutung zukam als im westlichen Europa: nämlich den Mönchen.[59] Die Bewegung des Mönchtums ist im 4. Jahrhundert an der Südgrenze des Reiches aus dem Wunsch nach Rückzug in die Einsamkeit der Natur entstanden, und das byzantinische Mönchtum stand diesem Ideal stets näher als das westliche; doch bot auch die Weite des Raumes dafür mehr Möglichkeiten. Ein Beispiel aus der Vita des hl. Gregorios Dekapolites im rauhen Kilikien, der zu den großen charismatischen Gestalten des 9. Jahrhunderts gehört: 'Nachdem er vierzehn Jahre im Kloster seines Onkels verbracht hatte, bat er ihn, sich eine Wohnung in der Einsamkeit wählen, den Leib in einem kleinen Häuschen einschließen [...] und auf Gott harren zu dürfen [...]. Er gestattete ihm, sich in eine sehr tiefe, am Steilhang schwebende Höhle zurückzuziehen'. Die Gewalten der Natur, denen er dort ausgesetzt war, finden – nach dem Vorbild der Vita Antonii und der Vitae Patrum – ihren Ausdruck in Dämonen und wilden Tieren.[60] Durch Gebete und die Hilfe Gottes gelingt es

57 Goar [Anm. 53], S. 554f.

58 Paola Radici Colace: Le parafrasi bizantine del περὶ καταρχῶν di Massimo. Messina 1988. S. 111f.

59 Schilbach [* vor Anm. 1], S. 354f. hebt diesen Bereich besonders hervor und spricht zu Recht von der „antiurbanen Haltung“ des frühen Mönchtums.

60 Georgios Makris: Ignatios und die Vita des Hl. Gregorios Dekapolites. Stuttgart, Leipzig 1997. S. 68–75 (Cap. 6–11).

jedoch dem 'heiligen Mann', und nur diesem, sich die Natur zu unterwerfen. Gott, der Schöpfer der Natur, bezwingt in der Person des Heiligen die Natur.[61]

4. Gefahren in der Natur

Was dem Heiligen (fast) mühelos möglich war, nämlich den Gefahren der Natur zu begegnen, bereitete dem normalen Menschen entsprechende Probleme. Sie sind literarisch am ehesten greifbar in Schilderungen von Reisen. Auf See – sie ist leider in unserer Wanderung durch die byzantinische Natur zu wenig berücksichtigt worden – waren es Stürme und ungünstige Winde, die am meisten zu schaffen machten. Der Sturm ist ein obligater Bestandteil jeder Seereise, dem man ausgesetzt sein mußte, weil dieses Unglück auch dem Apostel Paulus widerfahren war.[62] Er gehörte aber auch in der Realität zum Alltag fast jeder Schiffsreise, erfuhr jedoch nur dann eine spätere literarische Erwähnung, wenn der Kapitän – wie bei Thomas Magistros' Reise von Thessalonike nach Konstantinopel – rechtzeitig eine rettende Bucht erreichte.[63] Andernfalls bleibt keine schriftliche Erinnerung, und es kann sich nur noch die Unterwasserarchäologie damit beschäftigen.

Ziemlich hoffnungslos war der Kampf gegen die Winde zur See. Im September 1429 wollte der Mönch Isidor (der spätere Metropolit von Kiev) von Konstantinopel in die Peloponnes segeln. Durch starken Nordwind wurde indes das Schiff bei der Insel Milos so weit nach Süden abgetrieben, daß es nicht mehr auf Kythera landen konnte, sondern ins offene Ionische Meer geriet, wo nun auch noch Regen einsetzte und Windhosen (σίφωνες) zu beobachten waren. Um (wenigstens im Rahmen dieses Beitrages) die ungemütliche Reise abzukürzen: Isidor landete in Syrakus, wo er den Winter zubringen mußte, da die einsetzenden Herbststürme keine Rückfahrt mehr erlaubten.[64]

Während Isidor, trotz aller Beschwernisse der Seereise, den Winter im warmen Syrakus verbringen konnte, erging es Theodoros Metochites im Winter 1299 weniger gut. Er leitete eine Gesandtschaft, die Ende Januar/Anfang Februar durch Thrakien zog: 'Und damit Du weißt: die thrakischen Winde! Das war das Schlimmste im Winter, mit ihren Schnee- und Regenschauern!'. Auf den Wegen bildete sich Eis, so daß die Reiter die Pferde führen mußten und die mitgeführten Karren abrutschten. Man war froh, schließlich ein armes, ausgeplündertes Dorf zu finden.[65] Froh waren auch andere Gesandte über ein solches Dorf, als sie – ein Vierteljahrhundert nach Metochites – durch die Berge, das Flußtal des Strymon verlassend, gen Serbien zogen. Die Schilderung des

---

61 Siehe hierzu auch Nancy P. Ševčenko: The Hermit as Stranger in the Desert. In: Dion C. Smythe (Hg.): Strangers to themselves: The Byzantine Outsider. Aldershot 2000. S. 75–86.

62 Siehe Apostelgeschichte, Kap. 27.

63 Siehe Georgios Makris: Studien zur spätbyzantinischen Schiffahrt. Genua 1988. S. 225–227.

64 Siehe Ewald Kislinger: Die Sizilienfahrt des Isidoros von Kiev (1429). In: Diptycha 6 (1994/95). S. 49–65.

65 Leonidas Mavromatis: La fondation de l'empire serbe. Le Kralj Milutin. Thessaloniki 1978. S. 93, lin. 144–95, lin. 211. Siehe hierzu Elisabeth Malamut: Sur la route de Théodore Metochite en Serbie en 1299. In: Voyages et voyageurs au moyen-âge. Paris 1996. S. 165–175.

Historikers Nikephoros Gregoras hat fast romantische Züge: 'Inzwischen fiel die Nacht ein, denn die Sonne war untergegangen, und Dunkelheit verbreitete sich über alle Wege, und der Mond war nicht zu sehen [...]. Zu jener mondlosen Nacht kam noch der Schatten der uns umringenden Hügel hinzu. Ihre Gipfel nahmen uns derart die Sicht auf den Himmel, daß wir nicht einmal mit Hilfe der Sterne jenen unglücklichen Weg ausmachen konnten. Da brach mir wahrhaftig das Herz!'[66]

III. Zusammenfassung

Es ging hier darum, anhand einiger weniger Punkte und Beispiele zu zeigen, wie die Byzantiner, unterschiedlich nach sozialen Schichten, an der sie umgebenden Natur interessiert waren, wie sie selbst sich darüber geäußert und darin ihre Mentalität zum Ausdruck gebracht haben. Man mag sich fragen, was sie hierin von den mittelalterlichen Bewohnern Italiens, Frankreichs oder Deutschlands unterschieden hat. Dies zu beantworten, könnte Gegenstand eines eigenen Themas sein, und man müßte sehr den zeitlichen Ansatzpunkt differenzieren. Der Raum des byzantinischen Reiches hat nie Kulturlandschaften entwickelt, wie wir sie aus Italien, Südfrankreich, Nordwesteuropa kennen, da dies untrennbar mit Stadterhalt (also einer aus der Antike tradierten Stadtkultur und Stadtentwicklung) verbunden ist. Erst die Peloponnes im 15. Jahrhundert bietet dafür Ansatzpunkte, die jedoch die osmanische Eroberung wieder zunichte machte. Es entwickelte sich, gegenüber der Antike, kaum technischer Fortschritt, um die Natur zu beherrschen, wenngleich zur Widerlegung oder Untermauerung dieser Behauptung noch viele Studien in den Kommentaren und Marginalien der naturwissenschaftlichen Handschriften notwendig sind. Auch in hohen Schichten war die numinose Nähe zur Natur stärker eingewurzelt als der Versuch rationalen Verstehens, wie die Beispiele des Photios und Nikephoros Gregoras (beides höchst gebildete Gelehrte) zeigen. Ob auf dem legendären Berggipfel von Andros im 8. Jahrhundert oder in der mondlosen Nacht im Gebirgstal des 14. Jahrhunderts: Die Natur blieb dem Byzantiner Erlebnis und Rätsel, auch wenn er ihre Schilderung mit Homerzitaten schmückte.

---

66 Nicephori Gregorae epistulae. Hrsg. von Petrus Aloisius M. Leone. Bd. 2. Bari 1982. S. 103–115 (Nr. 32 a). Siehe hierzu Peter Schreiner: Die Gesandtschaftsreise des Nikephoros Gregoras nach Serbien (1326/1327). In: Zbornik radova 38 (1999/2000). S. 331–341.

III. Sektionsbeiträge

KURT SMOLAK

Dum tremet mundi machina: Reflektiertes Naturerleben im Frühmittelalter

Vom Frühling bis zum Spätherbst des Jahres 2000 wurden das östliche Mitteleuropa, also der Osten Österreichs, die Slowakei und Ungarn, sowie die Balkanhalbinsel und der Süden Italiens von großer Hitze und Trockenheit heimgesucht. Zugleich verursachten Unwetter in der westlichen Hälfte des Erdteils, von den Schweizer und den oberitalienischen Alpen bis zu den Britischen Inseln, verheerende Überschwemmungen. Die entsprechenden Berichte in den Medien waren sich bezüglich beider Phänomene in einem Punkt beinahe durchwegs einig: Der weltweite Klimawandel, bedingt durch den Temperaturanstieg der Atmosphäre, sei Ursache der Katastrophen; schuld und schuldig, also in kausallogischer und in moralischer Hinsicht verantwortlich, sei der Mensch, der durch das Verbrennen fossiler Energieträger die Natur aus ihrem Gleichgewicht bringe. Nur selten wurde erwogen, die klimatischen Veränderungen mit Vorgängen auf der Sonne in Zusammenhang zu bringen; niemals jedoch fiel der Begriff Gott – er hätte wohl die säkularisierte Welt verwirrt –, und wenn von Sünde gesprochen wurde, dann ausschließlich von Umweltsünde, das heißt von einem Vergehen an der als Summe biologischer und materieller Gegebenheiten gesehenen Natur, die nicht als eine zum Wohl des Menschen handelnde, von diesem aber bisweilen mißachtete Potenz, wie in Alanus' 'De planctu naturae', verstanden wird[1]. Alle Verantwortung und alle Ethik ist somit auf den Menschen konfiniert.

Diesem aus der westlichen Zivilisation erwachsenen Konzept des Verhältnisses zwischen Mensch und Natur sei zunächst eine Zeichnung aus einer Handschrift westgoti-

1 Vgl. hierzu – noch immer grundlegend – Ernst Robert Curtius: Europäische Literatur und lateinisches Mittelalter. Bern, München ^{7}1969. S. 116–137 („Göttin Natura"); ferner Winthrop Wetherbee: Some Implications of Nature's Feminity in Medieval Poetry. In: Lawrence D. Roberts (Hg.): Approaches to Nature in the Middle Ages. Papers of the Tenth International Conference of the Center for Medieval and Early Renaissance Studies. Binghampton N.Y. 1982 (Medieval and Renaissance Studies 16). S. 47–62; Kurt Smolak: Der Hymnus des Mesomedes an die Natur. In: Wiener Humanistische Blätter 29 (1987). S. 1–13.

scher Provenienz gegenübergestellt[2], einem Orationale, das wahrscheinlich in Tarragona geschrieben wurde und sich heute in der Kapitelbibliothek von Verona unter der Signatur LXXXIX (84) befindet. Mit sparsamen Mitteln ist auf f. 3r die Macht Gottes, genauer gesagt Christi, über die Winde zum Ausdruck gebracht. Das zentrale Kreuzmonogramm, das für Christus steht, der schon in den spätantiken Kuppelgewölben des sogenannten Mausoleums der Galla Placidia in Ravenna und des Baptisteriums S. Giovanni in Neapel durch das Kreuz vertreten wird[3], hält die in vier Kreisen neben den Kreuzarmen als Köpfe mit drei Gesichtern dargestellten Winde im Zaum, in gewissem Sinn ein Nachfolger des antiken Windgottes Aeolus. Eingeschrieben ist die Zeichnung in den dezent angedeuteten Ringstrom Oceanus. Nicht zufällig weisen die Winde dämonische Züge auf: Die langgezogenen Luftblasen, die aus ihren Mündern treten, erinnern an herausgestreckte Zungen, von der antiken Gorgo an bis zum alpenländischen Krampus ein Attribut böser Mächte[4]. Es ist die zerstörerische Kraft der Winde, in deren Gefolge Regen, Hagel, Blitz und Donner auftreten und die somit sowohl auf dem Land als insbesondere auf dem Meer größte Gefahr bedeuten – Vergil symbolisiert am Beginn seines Epos die bedrohte Situation der Trojaner um Aeneas bewußt mittels der auf göttliches Geheiß tobenden Winde und des von ihnen hervorgerufenen Seesturms[5]. Doch nicht das römische Epos ist es, das den westgotischen Zeichner inspirierte, sondern die Johannes-Apokalypse. In ihr ist in 7, 1 von den Winden in den vier Ecken der Welt, das sind die vier Weltgegenden, die Rede; den Winden bzw. den vier Engeln, die sie zurückhalten, wird die Macht zugesprochen, Erde, Meer und Bäumen im Zuge der endzeitlichen Katastrophen Schaden zuzufügen. Klärlich entsprechen den vier *anguli terrae* der Apokalypse in der Handschriftenzeichnung die vier Kreise – übrigens eine

2 Abgebildet bei John Williams: Frühe spanische Buchmalerei. München 1977. S. 10.

3 Besonders deutlich wird die Stellvertretungsfunktion des Kreuzes bzw. des aus diesem gebildeten Christusmonogramms für Christus selbst in einem Relief des sogenannten Passionssarkophags des Museo Pio Cristiano im Vatikan (Sarkophag Nr. 171, Mitte des 4. Jahrhunderts). Abgebildet bei Renate Pillinger: Die Tituli Historiarum oder das sogenannte Dittochaeon des Prudentius. Wien 1980. Abb. 66; zur Interpretation siehe S. 58. – Vgl. auch Ernst Sauser: Frühchristliche Kunst. Innsbruck, Wien, München 1966. Abb. 4, S. 161–163: Dort ist die Grabesruhe (wie die unter dem Kreuz kauernden Soldaten beweisen) bzw. die Zeit des Aufenthalts des Siegers Christus in der Unterwelt durch ein Kreuz mit Chrismon, umgeben von einem Lorbeerkranz, dargestellt.

4 Aus der römischen Literatur ist die bekannte Stelle des Historikers Claudius Quadrigarius aus dem 1. Jahrhundert v. Chr. zu nennen, an der er über den höhnenden, den Römern die Zunge zeigenden Gallier berichtet (Vgl. Historicorum Romanorum Reliquiae I. Hrsg. von Hermann Peter. Leipzig [2]1914. S. 208) und worauf Livius 7, 10, 6 Bezug nimmt; daß *linguam exserere* bzw. *exsertare* hier nicht – wie Thesaurus linguae Latinae. Bd. 5 (1855). S. 55f. unter Vorwegnahme einer später belegten, metaphorischen Bedeutung der Wendung meint – 'großsprecherisch reden' bedeutet, beweist Plinius, Naturalis historia 35, 25: eine Stelle, die ihrerseits auf die angeführte Historikertradition zurückzugehen scheint und von einer figuralen Darstellung eines Galliers berichtet, der 'seine Zunge herausstreckt'. – Wenn Williams [Anm. 2], S. 10 die langgezogenen Luftblasen der Windköpfe als Trompeten bezeichnet, so ist dies irreführend.

5 Vgl. hierzu Viktor Pöschl: Die Dichtkunst Virgils. Darmstadt [2]1964. S. 23–41.

Vorwegnahme der später häufigen Deutung der vier Kreuzarme als Symbol der vier Himmelsrichtungen und damit der Universalität des Christentums. Die jeweils drei Gesichter der vier Windköpfe ergeben schließlich die Zahl zwölf der antiken Windrose, die Stelle der apokalyptischen Engel nimmt Christus selbst ein, der eine dämonische Natur zügelt.

Der Veroneser Codex wird von Elias A. LOWE[6] und von John WILLIAMS[7] um 700 (jedenfalls vor 732) datiert. Etwa um die gleiche Zeit – nicht vor 675, aber wohl nach 705 – setzt Rudolf EHWALD, der Herausgeber der Werke Aldhelms von Malmesbury in den 'Monumenta Germaniae Historica', ein lateinisches Gedicht in 200 gereimten rhythmischen Achtsilbern an[8], das nur in der aus mehreren Teilen zusammengesetzten Handschrift 751 der Österreichischen Nationalbibliothek erhalten ist, jenem berühmten Textzeugen der Bonifatiusbriefe sowie lateinischer und althochdeutscher Zaubersprüche aus dem 9. Jahrhundert [9]. Jener Teil, in dem sich auch das erwähnte Gedicht befindet, wurde nach dem Urteil Bernhard BISCHOFFS in Mainz geschrieben[10]. Die Überschrift lautet in dem Codex einfach *Carmen Al*, was EHWALD wohl richtig zu *Carmen Al(dhelmo datum)* auflöst, denn ebendieser ist in Vers 1 mit der etymologisierenden, sich an die paulinische Waffenmetaphorik (Eph. 6, 17) anlehnenden Periphrase *casses* (sic!) *catholice* ('katholischer Helm') als Widmungsträger angesprochen. Nach sieben Versen Einleitung, die den Exordialtopos enthält, demgemäß der Autor nur auf Bitten des Adressaten zu schreiben unternommen habe, wie er z. B. auch im Geleitbrief zur Martinsvita des Sulpicius Severus (Epistola ad Desiderium 1) und in den beiden ersten Versen des Pseudohilarius-Gedichtes auf die Weltschöpfung aus dem 5. Jahrhundert begegnet[11], beginnt der anonyme Dichter einen außergewöhnlichen Erlebnisbericht: Auf einer Reise, einer *peregrinatio*, deren Ziel das Gebiet von Aldhelms Diözese Sherborne im Südwesten der größeren britischen Insel war, erlebte er, ein Kleriker und – wie Ludwig TRAUBE annimmt [12] – Gast in einem Klosterhospiz, ein elementares Naturereignis, ein gewaltiges Unwetter. Die Reise hat der Autor vielleicht von Irland aus unternommen. Das könnte aus den Versen 8–10 hervorgehen, die folgendermaßen beginnen: 'Als ich mich nach dem unwirtlichen Devon durch das karge Cornwall auf den Weg gemacht hatte' (*Quando profectus fueram / usque diram Domnoniam / per carentem*

6 Elias A. Lowe: Codices Latini Antiquiores IV. Oxford 1947. S. 32 (Nr. 515).

7 Williams [Anm. 2], S. 10.

8 Vgl. MGH, Auctores antiquissimi 15. Berlin 1919. [Neudruck München 1984]. S. 523–528, hier S. 524.

9 Eine Beschreibung der Handschrift findet sich in: Tabulae codicum manuscriptorum praeter Graecos et orientales in Bibliotheca Palatina Vindobonensi asservatorum I. Wien 1864. S. 126.

10 Bernhard Bischoff: Paläographische Fragen deutscher Denkmäler der Karolingerzeit [1971]. In: Ders.: Mittelalterliche Studien. Bd. 3. Stuttgart 1981. S. 73–111, hier S.107.

11 Vgl. Corpus Scriptorum Ecclesiasticorum Latinorum 23. Hrsg. von Rudolf Peiper. Wien 1891. S. 230.

12 Ludwig Traube: Karolingische Dichtungen. Berlin 1888 (Schriften zur Germanischen Philologie I). S. 130.

Cornubiam). Der Verfasser ist also vom Westen ostwärts gereist; allenfalls könnte er von Cornwall selbst aufgebrochen sein. Allein das macht übrigens die mehrfach vermutete Autorschaft Aethilwalds, des Königs von Mercien, trotz formaler Ähnlichkeiten im Versbau und des auch bei jenem vorkommenden[13], schon erwähnten Wortspiels mit dem Namen Aldhelm fraglich[14]. Dazu kommt, daß der gesamte südwestbritannische Raum im allgemeinen und Aldhelm als Schüler Maildubs im besonderen mit Irland in Kontakt standen.

Doch zurück zu dem Gedicht, und zunächst eine mit einer Aufbauanalyse verbundene Wiedergabe des Inhalts. Die Darstellung des Unwetters ist so klar zweigeteilt, daß Leo BÖNHOFF in seiner Dissertation von 1894 vermuten konnte[15], es habe sich ursprünglich um zwei Gedichte gehandelt. Dies muß jedoch zurückgewiesen werden, da ein erkennbarer innerer Zusammenhang zwischen den zwei Teilen besteht. Der erste, der bis einschließlich V. 114 reicht, gibt sich nämlich als objektive Schilderung des Naturereignisses, in der keine Menschen vorkommen, ausgenommen die schon erwähnte einleitende Selbstnennung des Dichters, dem aber gewissermaßen die Funktion eines historischen Zeugen zukommt, der Glaubwürdigkeit garantiert bzw. – literaturwissenschaftlich gesprochen – der sich selbst als auktorialen Erzähler angibt. Die daran anschließende eigentliche Schilderung wird von der allgemeinen und, wie zu zeigen ist, wertenden Aussage der Verse 13–18 präludiert, daß der ganze Kosmos von den zerstörerischen Kräften betroffen sei und, was bereits in antiken Beschreibungen von Unwettern angelegt ist, ein Rückfall in das Chaos drohe[16]; dies entspricht in christlichem Denkhorizont dem Weltende: 'Die Elemente gerieten aus ihrer Ordnung und wurden gestaltlos' (*elementa inormia* [d. i. *enormia*] *atque facta informia*), heißt es in den Versen 13f. Mit der deiktischen Interjektion *ecce* setzt in V. 19 die objektive Schilderung ein. An erster Stelle, bis einschließlich V. 44, ist die verheerende Wirkung der Winde und des von ihnen herbeigeführten Regens auf der Erde dargestellt. Danach wird ausführlich, V. 98 eingeschlossen, der Bereich Himmel behandelt, zunächst und über eine lange Strecke in negativer Form: Es werden nämlich Gestirne aufgezählt, die infolge der Gewitterwolken eben nicht am Himmel leuchten (darüber noch später) – ein Kennzeichen des nächtlichen Chaos, wie es etwa um 400 Prudentius, Cathemerinon 5, 3 ausdrückt: 'Nach Sonnenuntergang nimmt das schauerliche Chaos überhand' (*merso sole chaos ingruit horridum*); und Chaos ist seit dem frühen Griechentum der diame-

13 Vgl. MGH [Anm. 8], Carm. IV, 51f.

14 Vgl. z. B. Max Manitius: Geschichte der christlich-lateinischen Poesie. Stuttgart 1891. S. 493.

15 Leo Bönhoff: Aldhelm von Malmesbury. Ein Beitrag zur angelsächsischen Kirchengeschichte. Dresden 1894. S. 118.

16 Vgl. etwa Vergil, Aeneis 1, 81–92; Lucan 5, 597–636 (634: *extimuit natura chaos*). – In diesem Zusammenhang sei auf das Gemälde 'Snowstorm, avalanche and inundation – a scene in the upper part of Val d'Aout, Piedmont' aus dem Jahre 1837 von J. M. W. Turner im Art Institute of Chicago hingewiesen, auf dem eine lokale Naturkatastrophe dadurch, daß sie nicht erkennbar lokalisiert ist, ebenfalls eine universelle, apokalyptische Dimension erhält. Abgebildet bei Andrew Wilton: J. M. W. Turner. Leben und Werk. München 1979. Nr. P 371.

trale Gegensatz zu Kosmos. Der Leser erfährt damit indirekt, daß es sich um ein Unwetter zur Nachtzeit, jedenfalls nach Sonnenuntergang oder vor Sonnenaufgang handelte – eine Information, die mit den Angaben der Verse 123f. (*quarta gallicinia / quasi quarta vigilia*) im zweiten Hauptteil des Gedichtes korreliert und somit einen Hinweis auf die Zusammengehörigkeit beider Hauptteile gibt. Erst im zweiten Teil dieses Abschnitts des ersten Hauptteils nennt der Autor gewissermaßen als negativ besetztes Gegenstück zu den Gestirnen die vom nächtlichen Gewitterhimmel niederfahrenden Blitze (Verse 93f.). Den objektiv schildernden Teil des Gedichtes schließt eine Darstellung der Naturvorgänge auf dem Meer ab; aus naheliegenden Gründen ist diese hier auf das Toben der Winde abgestellt (Verse 101f.; 112). Im Verein mit dem ersten Abschnitt bildet sie aber einen Rahmen, der der Naturkraft Wind die Priorität innerhalb der Potenzen der Verheerung einräumt. Über dieses Strukturprinzip hinaus ist in dem objektiv schildernden Gedichtteil die Gesamtheit der Phänomene des Naturereignisses also auf die traditionelle Dreiheit von Erde, Himmel und Meer aufgeteilt – das 'dreifache Gerüst der Natur' (*trina rerum machina*), wie wiederum Prudentius, Cathemerinon 9, 14, mit einer Modifizierung der auf den römischen Epikureer Lukrez zurückgehenden Metapher der *machina mundi* (5, 96), die Gesamtheit der Schöpfung umschreibt.

Der bisher analysierte Hauptteil ist von dem zweiten, dem subjektiven, wie noch zu zeigen ist, durch die Übergangsverse 115–122 getrennt[17]. In ihnen werden die Werke Gottes erwähnt, und zwar, wie sich im nachhinein herausstellt, in doppeldeutiger Weise, die den Leser den Übergang von der objektiven zur subjektiven Darstellung ein und desselben Naturereignisses mitvollziehen läßt, ohne daß dieser es zunächst merkt. Denn der in den Versen 115f. verwendete Ausdruck 'gewaltige Werke' (*ingentia opera*) Gottvaters – der übrigens mit dem von dem spätantiken Bibelepiker Iuvencus (Praefatio 24), einem Lieblingsautor des Frühmittelalters, geprägten poetischen Wort 'der Hochthronende' (*altithronus*) umschrieben wird – bezeichnet zunächst natürlich die durch die entfesselten dämonischen Naturkräfte gefährdete materielle, gewissermaßen objektive, das heißt in Objekten vorhandene, Schöpfung. Doch die unmittelbar folgende Erwähnung der wunderbaren Güte Christi (*Christi clementia*), die sich – was paradox

17 Der Text Ehwalds lautet: *Quid dicam de ingentibus / Altithroni operibus, / Quae nullus nequit numero / Conputare in calculo? / En, multa in miraculo / nunc apparent propatulo: / Clara Christi clementia / Per haec facta recentia!* ('Was soll ich sagen über die gewaltigen Werke des Hochthronenden, die keiner zahlenmäßig errechnen kann? Siehe, viele zeigen sich jetzt in einem offenkundigen Wunder: Deutlich wurde die Milde Christi in diesem jüngsten Ereignis!'). – Es wäre übrigens sehr zu erwägen, eine kleine Konjektur anzubringen, nämlich den Plural *apparent* durch den Singular *apparet* zu ersetzen, *multa* auf *clementia* zu beziehen und *facta* als Pluralneutrum zu verstehen: Dies ergäbe einen vierzeiligen Satz (der von Ehwald gesetzte Doppelpunkt nach V. 120 kann leicht weggelassen werden), analog zu der ebenfalls vier Zeilen umfassenden syntaktischen Einheit der Verse 115–118; dann wären der ersten und der zweiten göttlichen Person je vier Verse zugedacht, und die Übersetzung von 119–122 müßte lauten: 'Siehe, reichlich erweist sich jetzt in einem offenkundigen Wunder die herrliche Milde Christi durch die jüngsten Ereignisse!'.

klingen mag – eben im Zusammenhang mit dem Unwetter geoffenbart habe, erscheint angesichts des universalen Aspekts, unter dem das Naturereignis gesehen wird, als Modell der Wiederschöpfung und weist auf die konkrete Rettung einer Gruppe von Menschen, zu denen auch der Dichter selbst gehört, voraus: auf das subjektive Heil inmitten einer dämonisierten, Gottes Werke bedrohenden Natur. Auch seien zwei Dinge nicht vergessen: nämlich daß gemäß christlicher Theologie Christus als Wort Gottes ja der Schöpfungsmittler auch der ersten Schöpfung gewesen war und daß ebenjene erste Schöpfung als erster Erweis der Güte Gottes verstanden werden konnte, wie etwa in der spätantiken Dichtung 'De laudibus Dei' des Dracontius (1, 115–117).

In V. 123 setzt – mit einem Temporalsatz wie im ersten Teil – eine zweite Schilderung des Unwetters ein, die subjektiv gehalten und auf die betroffenen Menschen abgestimmt ist. Der Leser erfährt, daß das Gewitter den Autor überraschte, als er mit den Mönchen seines Gastklosters gerade zur vierten Vigil, also noch zu nachtschlafender Zeit, wie in den Versen 125f. ausdrücklich betont wird, in Halbchören Psalmen sang. Die Menschenschar, offenbar die Bewohner nahegelegener Weiler, 'suchte Schutz im Hafen der Kirche' (*portum petit basilicae* [V. 147]), wohl weil diese anders als die Hütten der Bevölkerung ein massiver Steinbau war. Zugleich läßt die Metapher vom Hafen die alte, weitverbreitete Vorstellung des auf dem Ozean der Welt bedrohten Menschenlebens assoziieren, dem allein die Kirche als Gemeinde und als Nachfolgerin der Philosophie Sicherheit bietet[18]. In diesen subjektiven, auf die Menschen bezogenen Teil sind auch Angaben über das Ende des Unwetters – dies in Form einer referierten direkten Rede des Dichters – und über die entstandenen Sachschäden eingebaut. Dieser Teil endet mit V. 180. Der die letzten zwanzig Verse umfassende Schlußteil enthält keine unmittelbare Aussage über das Naturereignis. Auf ihn wird am Ende einzugehen sein.

Vorerst aber seien die drei Fragen formuliert, die an das Gedicht zu stellen sind, um zu eruieren, wie sich das Verhältnis zwischen den Menschen, konkret dem Dichter, und einer sich gegen diese richtenden Natur im Europa lateinisch geprägter Kultur um 700 gestaltete und wie es sich darstellen ließ: (1.) Ist anzunehmen, daß ein reales Erlebnis zugrunde liegt, anders als in schulmäßigen Naturschilderungen wie jener in dem spätantiken trochäischen Gedicht Tiberians auf den Idealort[19] oder den Unwetterdarstellungen der römischen Literatur, allen voran der schon erwähnten Seesturmschilde-

18 Daß die Hafenmetapher antik-philosophischen Ursprungs ist, zeigt nicht zuletzt das Präludium zu Ciceros bekanntem Hymnus auf die 'Lebensretterin' Philosophie (Tusculanae disputationes 5, 2, 5); es ist kein Zufall, daß Augustinus (De moribus ecclesiae catholicae 1, 62–64) ebendiesen Prosahymnus auf die 'Mutter Kirche' applizierte. Vgl. Kurt Smolak: ΣΩΤΕΙΡΑ. Zur Mimesis bei Cicero (Tusc. 5, 5–11) und Augustinus (mor. eccl. 1, 62–64). In: Wiener Studien 107/8 (1994/95). S. 357–375, hier S. 368–375.

19 Zuletzt herausgegeben von Silvia Mattiacci: I carmi e i frammenti di Tiberiano. Florenz 1990. S. 55f. – Für Curtius [Anm. 1], S. 202 ist dieses Gedicht „die schönste Ausführung des *locus amoenus* in der spätlateinischen Poesie“, und Walther Killy: Elemente der Lyrik. München 1972. S. 35–39 unterzieht es einer eingehenden Analyse.

rung am Anfang der Aeneis? (2.) Welche sprachlichen und gedanklichen Ausdrucksmittel werden verwendet? Mit anderen Worten: Wie wird Natur sprachlich vermittelt? (3.) Welche Interpretation erhält das Naturereignis bzw. wie wird das Negative bewältigt, das in der zerstörerischen Wirkung eines Unwetters nun einmal liegt?

Zur ersten Frage: Sie ist allen schulmäßigen Elementen, die das Gedicht enthält, zum Trotz positiv zu beantworten. Dafür sprechen nicht so sehr die genauen Orts- und Zeitangaben, wie Cornwall, Devon (Verse 9f.), die vierte Vigil (Verse 123f.) und am Ende der Festtag Pauli, also der 29. Juni (Verse 181f.), als vielmehr Details, die nicht durch schulisch-ekphrastische Tradition oder durch antike oder spätantike Bezugsautoren erklärbar sind, aber auch schwerlich als poetische *inventio* verstanden werden können: der Einsturz des Giebels des Gebäudes, in dem die Mahlzeiten eingenommen wurden (Verse 167–170), und die für die britischen Inseln charakteristischen Ginsterbüsche, die der Sturm von den Hauswänden, vor denen sie gepflanzt waren, fortgerissen hat (Verse 170–173). Nach Beantwortung dieser Frage ist es möglich, die zweite – die sprachliche Gestaltung des Erlebnisses betreffende – präziser zu stellen, da diese sprachliche Gestaltung nun nicht als Quelle des Sujets selbst anzusehen ist, sondern als dessen Vehikel. Wie also wird Natur um 700 in einer schulisch erlernten und daher normiert und gegenüber der Muttersprache kontrastierend rezipierten Sprache artikuliert? Um das Ergebnis vorwegzunehmen: Nach heutigen Maßstäben, die freilich billigerweise nicht anzulegen sind, höchst unnatürlich. Denn die Dominanz von Faktenwissen und lexikalischen Extravaganzen rückt im Verein mit dem äußerst sparsamen Gebrauch von Wörtern für Furcht und Schrecken (V. 138: *terrorum*, V. 139: *pavent*) das Naturerleben in merkliche Distanz. Mitunter wühlt der Berichtende geradezu in seinem Bildungsreservoir, wie er in den Versen 21f. selbst angibt, wenn er die Winde als 'jene, denen die Bücher zwölf Namen gegeben haben' bezeichnet und sich dabei auf Isidor von Sevilla (De natura rerum 37) bezieht – auch in der eingangs erwähnten Veroneser Handschrift sind übrigens am Rand die Namen der Winde hinzugefügt. Die Art der Artikulierung ist in der Schilderung des nächtlichen Gewitterhimmels *ex negativo* am auffälligsten, wofür, von den Blitzen abgesehen, ein Attribut wie schwarz oder düster genügen würde. Dagegen erscheint der elaborierte Katalog von nicht sichtbaren (!) Gestirnen, von dem bereits die Rede war; darüber hinaus wird die antike Theorie der Entstehung von Blitzen aus dem Zusammenprall der Wolken referiert, wieder nach Isidor (De natura rerum 35). Dieselbe Haltung zeigt sich bereits auf lexikalischer Ebene: Namen der antiken Mythologie werden ohne innere Notwendigkeit, sondern nur zu ornamentalen Zwecken gebraucht, wie das in der lateinischen Dichtung häufige Wort 'Titan' für die Sonne (V. 37) oder 'göttliche Schwester des Phoebus' (*germanae Phoebi numina* [V. 63]) für den Mond und 'Nachkommenschaft des Atlas' (*Athlantis prosapia* [V. 78]) für die Plejaden. Überdies begegnen griechische und hebräische Begriffe: *monarchia* (V. 18), *archon* (V. 33) für Herrscher und *Mazaroth* für den Zodiacus – dies nach Hieronymus (Epistola 64, 19), einer der Hauptquellen insularer Gelehrsamkeit neben Isidor. All das darf jedoch nicht als Eigenheit des Autors gesehen werden, sondern – um einen von Walter BERSCHIN geprägten Terminus zu verwenden – als Epochenstil[20]. Denn Vergleichbares findet sich in den 'Hisperica famina', jenen aus seltenen Glossenwörtern geformten, in mehreren Fassungen vorliegenden schulmäßigen Schilderungen einzelner Szenen, in denen ebenfalls das isidorische (Etymologiae 1, 3, 4), von den Iren bereitwillig übernommene Ideal der drei heiligen Sprachen Hebräisch, Griechisch und Latein[21] kenntlich wird und in denen auch Naturschilderungen enthalten sind, z. B. – wie in der spätantiken Schule – die eines Sonnenaufgangs ohne individuelle Details[22]. Aber auch der mutmaßliche Lehrer des Dichters, Aldhelm, pflegt, wenn auch in sehr moderater, klassizistisch gebändigter Form, ein Stilideal, das sich aus dem gleichen Fundus speist. Diese Art der sich distanzierenden sprachlichen Präsentation des Naturerlebnisses erfüllt somit eine Erwartungshaltung der Ästhetik der Rezipienten. Auf einer Ebene, die höher liegt als jene punktuellen Fachwissens und lexikalischer Delikatesse, bewegt sich die Anordnung der komplexen und simultanen Sinneseindrücke im ersten, objektiven Teil; höher deshalb, weil die Komposition eine implizite Aussage enthält: Denn die diversen simultan apperzipierten Sinneseindrücke sind, wie schon zuvor gesagt, gemäß der traditionellen Dreiteilung des Kosmos in Erde, Himmel und Meer, die *machina mundi* des Lukrez, aufgegliedert – übrigens in derselben, vom Anfang der Genesis abweichenden Reihenfolge wie in den 'Hisperica famina'[23]. Dies bedeutet eine sekundäre Ordnung der Sinneseindrücke, die den Effekt hat, die in den präludierenden Versen 13–18 ausgesprochene kosmische Dimension des Geschehens zu unterstreichen. Diese kosmische Dimension ist aber nichts anderes als eine Evozierung des Weltendes am 'Tag der Finsternis und des Qualms, des Nebels und des Wirbelsturms', wie sich Zephanija in der bekannten Einleitung seiner Prophetie (1, 15) ausdrückt. Auf diesen endzeitlichen Aspekt wird am Anfang und am Ende des ersten, objektiven Hauptteils auch mit lexikalischen Mitteln hingewiesen: in den einleitenden Versen unmittelbar neben *mundi machina* durch die Worte 'Alleinherrschaft der Winde' (*ventorum monarchia* [V. 18]). Davon, daß die Winde als dämonische Wesen vorgestellt sind, war schon die Rede. Der Begriff *monarchia* aber ist von der patristischen

20 Walter Berschin: Biographie und Epochenstil im lateinischen Mittelalter. Stuttgart 1986ff. [zuletzt erschienen Bd. IV, 2. 2001].

21 Vgl. hierzu Bernhard Bischoff: Das griechische Element in der abendländischen Bildung des Mittelalters [1951]. In: Ders.: Mittelalterliche Studien. Bd. 2. Stuttgart 1967. S. 246–275, hier S. 248f.; Walter Berschin: Griechisch-lateinisches Mittelalter. Von Hieronymus bis Nikolaus von Kues. Bern, München 1980. S. 121–129.

22 Hisperica famina 133–148 (Michael W. Herren [Hg.]: Hisperica famina I. Toronto 1974. S. 74). – *De aurora et sole* ist das Thema von Tetrasticha der sogenannten *XII sapientes* aus dem Kreis des Ausonius, einem typischen Schulprodukt der Spätantike (Anthologia Latina I 2, 579–590).

23 Hisperica famina 133–137 (Tagwerk auf der Erde [*lex diei*]), 358–380 (Himmel), 381–425 (Meer).

Zeit an theologisch besetzt[24], seine Anwendung auf dämonische Wesen erweckt also vollends die Vorstellung eines bösen Gegengottes – noch dazu, wenn bald darauf (in V. 22) von dem Herrscher der Winde als *archos* gesprochen wird, der 'wild, Staub aufwirbelnd, tobend und rasend aus der Höhe niederfuhr' (*atrociter, fumam* [sic!] *verrens, ferociter, furibundus* [...] *veniebat a cardine*): ein Gegenstück zu dem wie ein Wirbelsturm vom Himmel herabkommenden Heiligen Geist des Pfingstwunders (Actus 2, 2). *Archos* aber, eine im Mittellatein erst im 9. Jahrhundert belegbare Nebenform von *archon*[25], ist eine der Bezeichnungen für Gott, z. B. in dem bekannten Veroneser Klagegedicht aus dem 9. Jahrhundert über den Raub eines Lieblingsknaben, worin es heißt (Verse 3f.): 'Der Herrscher beschütze dich, der Sterne und Himmel schuf, Meere und Land hervorbrachte' (*archos te protegat, qui stellas et polum fecit et maria condidit et solum*)[26], wo also ebenfalls *archos* und der Bereich Himmel in Zusammenhang gebracht sind. Der endzeitlich-apokalyptische Aspekt läßt sich auch in der Aussage von V. 25 erkennen: Die Winde zerreißen die Fesseln, die sie zurückhalten, und vollbringen ihr Zerstörungswerk im Diesseits (*in saeculo*). Dieser christliche Terminus zwingt den Leser geradezu, den Gegenbegriff eines ewigen Jenseits, *saeculum saeculi* oder *saecula saeculorum*, zu assoziieren. Unter den hier angedeuteten gedanklichen Voraussetzungen liest sich auch das Verb zu *mundi machina*, nämlich 'erbebt' (*tremet* – so statt der klassischen Lautung *tremit*), das in V. 41 in dem Satz 'die Erde erbebte' (*tremebat tellus*) aufgenommen wird, wie ein Hinweis auf einen der Begleitumstände der göttlichen Gerichtsepiphanie: das Beben der Erde, von dem in den Psalmversen 17, 8 und 76, 17–19 zusätzlich zu den Unwetterelementen, wie sie Zephanija anführt und wie sie auch im hier behandelten Gedicht begegnen, die Rede ist. Mit den eben angegebenen Bibelstellen ist auch der Deutungshorizont abgesteckt, vor dem der Autor das Naturgeschehen reflektiert: Endzeit und Rechenschaft über die Sünden. Das als kosmisches Ereignis geschilderte lokale Unwetter wird als Modell der apokalyptischen Vorgänge verstanden: des Endkampfes und des scheinbaren Endsieges (der Ausdruck, die wörtliche Übersetzung von *victoria ultima*, geht auf Augustinus [De civitate Dei, praefatio] zurück) des Bösen; dieser Endsieg ist in den Versen 39f. mit den Worten 'nicht ruhmloser Kampf des wehenden Sturmes' (*flatus victoriae non ingloriae*) angesprochen. *Flatus* ist auch das Wort, mit dem in der Zusammenfassung der Ereignisse gegen Ende des Gedichts (V. 179) sowohl der Verheerung bringende Winddämon (*flatus saevus*) bezeichnet wird als auch im letzten Vers (200) im Rahmen der abschließenden Doxologie

24 Stellen bieten Thesaurus linguae Latinae. Bd. 8 (1961). Sp. 1400,61–1401,2; Albert Blaise: Dictionnaire latin-français des auteurs chrétiens. Turnhout 1954. s. v.; René Braun: Deus Christianorum. Recherches sur le vocabulaire doctrinal de Tertullien. Paris 1962. S. 70–74.

25 Vgl. Otto Prinz: Zum Einfluß des Griechischen auf den Wortschatz des Mittellateins. In: Johanne Autenrieth u. Franz Brunhölzl (Hgg.): Festschrift Bernhard Bischoff zu seinem 65. Geburtstag. Stuttgart 1971. S. 1–15, hier S. 4f.

26 Zit. nach Ludwig Traube: O Roma nobilis. Philologische Untersuchungen aus dem Mittelalter. In: Abhandlungen der bayerischen Akademie der Wissenschaften I. Cl., 19. Bd., 2. Abth. München 1891. S. 299–393, hier S. 301 [Übersetzung und Anmerkungen S. 307–309].

der Heilige Geist (*sanctus flatus*). Die bewußt gesetzte, die Deutung des Naturereignisses unterstützende Antithese ist offenkundig. Die soteriologische Reflexion wird aber noch weiter unterstrichen, und zwar durch zwei Elemente, die zwischen den doxologischen Schluß mit dem 'heiligen Wind' und dem 'bösen Wind' eingeschoben sind. Da ist zunächst die Errettung durch Vermittlung eines Heiligen, und zwar eines der mächtigsten, Paulus, dessen Festtag gerade gefeiert wurde, der aber auch aus einem anderen Grund besonders kompetent erscheinen mußte – sonst hätte man vielleicht doch eher Petrus genannt, den zweiten, noch mächtigeren Patron des Tages: Paulus selbst wurde nämlich nach seiner eigenen Angabe (2 Cor. 11, 25) und nach dem Bericht der Apostelgeschichte mehrfach aus Stürmen und Unbilden zur See gerettet, am eindrucksvollsten vor Malta, wo er bei dieser Gelegenheit sich auch als Sieger über das Böse erwies, als er eine Viper ins Feuer warf und deshalb von den Einwohnern der Insel für einen Gott gehalten wurde (Actus 28, 6). Unmittelbar zuvor tröstet der Apostel in großer Seenot seine Mitreisenden, indem er die Rettung aller mit seiner Person in Zusammenhang bringt (Actus 27, 14–26). All dies ist in dem Gedicht zwar nicht ausgesprochen, aber aus dem Großkontext für jeden Bibelkundigen leicht zu assoziieren. Ausdrücklich hingewiesen wird dagegen auf eine andere Bibelstelle (übrigens das einzige Stellenzitat und die einzige unmittelbare Bibelapplikation im ganzen Gedicht): den Tod von achtzehn Personen bei dem Einsturz des Turmes von Siloam nach Luc. 13, 4. In dieser Evangelienperikope wird über die Sündhaftigkeit der Menschen reflektiert, konkret der Bewohner Jerusalems: Nicht bloß die zu Tode Gekommenen seien sündhaft gewesen, sondern alle anderen Jerusalemiten ebenfalls. Der Inhalt dieser Perikope lenkt in den erwähnten Komplex des endzeitlichen Gottesgerichts ein – vorausgesetzt, der Leser hat sie in ihrem gesamten Umfang präsent, was aber bei einem monastischen bzw. klerikalen Publikum, jedenfalls bei dem Adressaten Aldhelm, anzunehmen ist. Vor dem apokalyptischen Hintergrund erhält die Danksagung an Christus, der die Sünder verschont habe, in den Versen 193–196 besonderes Profil: Er rettet die Sünder, also alle Menschen, solange es noch Zeit ist; verheerende, dämonische Naturgewalten erfüllen somit die Funktion einer Probe für das Endgericht. Denn mit dem Ende der materiellen Natur wird auch die Chance zu Ende sein, von dem Weltenrichter Christus für Sünden Vergebung zu erhalten und so gerettet zu werden.

Zum Abschluß einige Fragen: Wie groß ist der Unterschied dieses Konzepts zu dem eingangs skizzierten vom Anfang des dritten Millenniums? Ist mit den von allen begangenen Sünden gegen die Umwelt auch an irgendeinem Jüngsten Tag die Chance der Menschheit vertan? Bieten die Unwetter auf den Britischen Inseln im Jahr 2000 eine vergleichbare Möglichkeit zur Reflexion über die Natur wie der Sturm in Devon vor rund 1300 Jahren? Die Antworten möge jeder für sich geben!

MICHELE C. FERRARI

Aura levatitia. Naturbeherrschung und Naturexegese im Frühmittelalter

Seltsame Vorgänge ereigneten sich zu Beginn des 9. Jahrhunderts in der Umgebung von Lyon. Es ging die Kunde um, Wolkenschiffe aus dem Himmelsreich Magonien legten regelmäßig an, und man habe ein buntes Treiben um sie herum beobachtet. Die *nautae aerei*, die Himmelsmatrosen, lüden Getreide an Bord, das sie von Menschen, genannt *tempestarii*, kauften, bevor sie verschwänden. Man erzählte, das Getreide, das sie mitnähmen, sei durch Hagel und Unwetter zerstört worden, die sie verursachten: *Plerosque* [...] *vidimus et audivimus tanta dementia obrutos* [...], *ut quandam esse regionem, quae dicatur Magonia, ex qua naves veniant in nubibus, in quibus fruges, quae grandinibus decidunt et tempestatibus pereunt, vehantur in eandem regionem, ipsis videlicet nautis aereis dantibus pretia tempestariis et accipientibus frumenta vel ceteras fruges.*[1]

Der Bischof von Lyon Agobard († 840)[2] schildert die Szene in einer kurzen Schrift, die in der einzigen sie überliefernden Handschrift mit 'Liber contra insulsam vulgi

---

1 Agobardus Lugdunensis: Liber contra insulsam vulgi opinionem de grandine et tonitruis. In: Opera omnia. Hrsg. von L[ieven] van Acker. Turnhout 1981 (Corpus Christianorum, Continuatio Mediaevalis 52). S. 3–15, hier S. 4.

2 Zur Orientierung über Agobards Leben und Werk nenne ich nur folgende Arbeiten: Karl Eichner: Agobard, Erzbischof von Lyon. In: Zeitschrift für wissenschaftliche Theologie 41 (1898). S. 526–588; Max Manitius: Geschichte der lateinischen Literatur des Mittelalters. Bd. 1: Von Justinian bis zur Mitte des zehnten Jahrhunderts. München 1911 (Handbuch der Altertumswissenschaft IX.2.1). S. 380–390; Egon Boshof: Bischof Agobard von Lyon. Leben und Werk. Köln, Wien 1969 (Kölner Historische Abhandlungen 17); Franz Brunhölzl: Geschichte der lateinischen Literatur des Mittelalters. Bd. 1: Von Cassiodor bis zum Ausklang der karolingischen Erneuerung. München 1975. S. 415–427; Raoul Manselli: Magia e stregoneria nel medio evo. Turin 1976 (Corsi universitari). S. 89–92; Valerie J. Flint: The rise of magic in early medieval Europe. Princeton 1991. S. 110–113; Henri Platelle: Agobard, évêque de Lyon († 840), les soucoupes volantes, les convulsionnaires. In: Alain Dierkens (Hg.): Apparitions et miracles. Brüssel 1991 (Problèmes d'histoire des religions 2). S. 85–93, hier S. 85–89; Albert Castes: Lyon et sa région au travers des écrits de l'archevêque Agobard 814–840. In: Bernard Guidot (Hg.): Provinces, régions, terroirs au moyen âge de la réalité à l'imaginaire. Actes du colloque international des Rencontres européennes de Strasbourg (Stras-

opinionem de grandine et tonitruis' ('Buch gegen die alberne Meinung des Volkes über Hagel und Donner') betitelt ist. Er fügt hinzu, daß man ihm vier solcher *nautae* – drei Männer und eine Frau – vorgeführt habe, die aus den Schiffen herausgefallen sein sollen. Die aufgebrachte Menge hatte sie gefesselt und stand im Begriff, sie zu steinigen: *Sed tamen vincente veritate post multam ratiocinationem ipsi, qui eos exhibuerant, secundum propheticum illud confusi sunt, sicut confunditur fur, quando deprehenditur*[3] ('Aber schließlich triumphierte die Wahrheit, und nach viel Überzeugungsarbeit wurden diejenigen, welche jene vorgeführt hatten, gemäß dem Spruch des Propheten [Ier 2, 26] zuschanden, wie der Dieb zuschanden wird, der ertappt wird').

In diesen wenigen Zeilen liegen *in nuce* Sinn und Methode des ganzen Pamphlets: die Überwindung von *dementia* und die darauf folgende Erkenntnis durch *ratiocinatio* – man mag das Wort auch mit 'kritischer Erörterung' übersetzen – und aufgrund der biblischen *auctoritas*. Hauptzweck des Traktates ist es, die Meinung zu widerlegen, das Unwetter könnte von Menschen verursacht worden sein, was alle in der Gegend glaubten, wie Agobard selbst berichtet. Das Werkchen bietet damit ein lehrreiches Beispiel für die Naturauffassung im Frühmittelalter, die es im Folgenden näher zu betrachten gilt.

1. Luftschiffer und Sturmbeherrscher

Die von Agobard beschriebenen Wolkenschiffe vermögen einen modernen Menschen zu faszinieren, sie beflügelten aber auch schon die Phantasie früherer Generationen. Der französische Okkultist Abbé Montfaucon de Villars z. B. deutete 1670 die Szene als Auftritt der Sylphen, die sich den Menschen „sur des navires aeriens d'une structure admirable, dont la flotte volante voguoit au gré des zephirs"[4], offenbarten. Agobards Erzählung fällt auf, weil sie einer in dieser frühen Epoche ungewöhnlichen Fabulierlust entspringt. Dies gilt um so mehr, als hier ein kompliziertes Gebilde vorliegt, in dem man zwei miteinander verbundene Bestandteile erkennt: die Luftschiffe, die an einem

---

bourg, 19–21 septembre 1991). Nancy 1993 (Collection Littérature française). S. 15–27; Christof Geisel: Die Juden im Frankenreich. Von den Merowingern bis zum Tode Ludwigs des Frommen. Frankfurt a. M. 1998 (Freiburger Beiträge zur mittelalterlichen Geschichte 10). S. 553–723 [zu den antisemitischen Schriften Agobards]; Compendium auctorum latinorum medii aevi (500–1500). Bd. 1. Florenz 2000. S. 86–88 [Liste der Werke, Editionen, Literatur]. – Zwei neuere Arbeiten standen mir leider nicht zur Verfügung: Karl Heidecker: Agobard en de onweermakers. Magie en rationaliteit in de vroege Middeleeuwsen. In: Marco Mostert u. Albert Demyttenaere (Hgg.): De betovering van het middeleeuwse christendom. Studies over rituel en magie in de middeleeuwsen. Hilversum 1995. S. 171–194; Pier Angelo Gramaglia: Magia e demonia in Agobardo di Lione. In: Archivio teologico torinese 4 (1998). S. 165–211.

3 Agobardus [Anm. 1], S. 4.

4 Montfaucon de Villars: Le comte de Gabalis, ou: Entretiens sur les sciences secrètes. [Paris 1670]. Nouvelle édition, augmentée des genies assistans et des gnomes irréconciliables. 2 Bde. London 1742. Hier Bd. 1, S. 165.

bestimmten Ort andocken (ein Motiv, welches das Interesse der Volkskundler zu Recht erregt hat[5]), und der verbreitete Glaube an Menschen, welche das Wetter beherrschen.

Zu Agobards Luftschiffen existiert keine unmittelbare Parallele. Die wichtigsten Vergleichsstücke sind spätere irische Legenden und eine Passage in den 'Otia imperialia' des Gervasius von Tilbury († ca. 1220). Dieser berichtet vom Anker eines Himmelsschiffes, den die Besucher eines Gottesdienstes in England vor der Kirche entdeckten. Unsichtbare Matrosen in den Wolken versuchten, den Anker zu heben, bis einer von ihnen gezwungen wurde, am Tau hinunterzugleiten. Dabei allerdings erstickte er und mußte von den anderen seinem Schicksal überlassen werden: *Cumque iam anchoram evulsisset, a circumstantibus capitur et inter manus contrectantium, quasi in mari naufragium faceret, crassi aeris nostri humectatione praefocatus exhalavit. Sed et superiores nautae, arbitrati socium naufragatum, post unius horae spatium funem anchoralem praeciderunt, relicta anchora navigantes.*[6] – Anderthalb Jahrhunderte älter ist eine vergleichbare Geschichte, die man in Irland erzählte und die der Dubliner Bischof Patrick († 1084) in sein Gedicht 'De mirabilibus Hibernie' ('Über die Wunder Irlands') aufnahm.[7] Demnach erlebten ein *rex Scottorum* und sein Gefolge Wunderbares. Sie erblickten ein Schiff in der Luft und sahen daraufhin Unglaubliches: 'Aus dem Schiff schleudert ein Mann den Speer nach einem Fisch; das Geschoß schlägt auf den Boden, und der Mann holt es (durch die Luft) schwimmend zurück'[8]. Das Motiv scheint

5 Vgl. Stith Thompson: Motif-index of folk-literature. A classification of narrative elements in folktales, ballads, myths, fables, mediaeval romances, exempla, fabliaux, jest-books and local legends. Revised and enlarged edition. 6 Bde. Bloomington, London 1975. D 1118 (magic airships) u. F 30 (inhabitant of upper world visits earth). Von den Erzählungen über solche Luftschiffe sind Berichte über die Flüge von Menschen (Magier, Heilige, Daedalus-Imitatoren; vgl. D 1520.2: magic transport by cloud, D 2121: magic journey in cloud, D 2135: magic air journey und F 1021: extraordinary flights through air) zu unterscheiden. – Zu den Legenden mit Wolkenschiffen vgl. auch Louis Gougaud: L'aéronef dans les légendes du moyen-âge. In: Revue celtique 41 (1924). S. 354–358, hier S. 354f.; Katharine M. Briggs: A dictionary of British folk-tales in the English language incorporating the F. J. Norton collection. Part B: Folk legends, Bd. 2. London 1971. S. 488f.; Michael Meurger: Zur Diskussion des Begriffs 'modern legend' am Beispiel der 'airships' von 1896–1897. In: Fabula 26 (1985). S. 254–273, hier S. 266; Wolfgang Maaz: Gervasius von Tilbury. In: Enzyklopädie des Märchens. Bd. 5 (1987). Sp. 1109–1122, hier Sp. 1114.

6 Gervasius von Tilbury: Otia imperialia. Dec. 1, 13 (De mari). In: Scriptores rerum Brunsvicensium [...]. Hrsg. von Gottfried Wilhelm Leibniz. Bd. 1. Hannover 1707. S. 881–1004, hier S. 894. Vgl. auch Gervasius von Tilbury: Otia imperialia. In einer Auswahl hrsg. und mit Anm. begleitet von Felix Liebrecht. Hannover 1856. S. 2f.

7 The writings of Bishop Patrick 1074–1084. Hrsg. von Aubrey Gwynn. Dublin 1955 (Scriptores Latini Hibernie 1). S. 56–70. – Vgl. auch Dieter Schaller u. Ewald Könsgen (Bearb.): Initia carminum Latinorum saeculo undecimo antiquiorum. Bibliographisches Repertorium für die lateinische Dichtung der Antike und des früheren Mittelalters. Göttingen 1977. Nr. 12076.

8 Bishop Patrick [Anm. 7], S. 64, V. 128–132: *Rex fuit in theatro Scottorum tempore quodam / turbis cum variis, cum milibus ordine pulcris. / Ecce repente vident decurrere in aere navim, / de qua post piscem tunc unus iecerat hastam, / que ruit in terram, quam natans ille retraxit. / Ista quis auditurus erit sine laude Tonantis?*.

beliebt gewesen zu sein, denn man gab es in verschiedenen Versionen auf Latein und in der Volkssprache noch Mitte des 13. Jahrhunderts wieder.[9]

Bei aller Gemeinsamkeit gilt es jedoch, die Unterschiede zwischen Agobard und den anderen Erzählern zu beachten. Im Gegensatz zu Agobard stehen im Mittelpunkt der oben genannten Geschichten bestimmte Einzelobjekte, etwa die *hasta*, die zum Fischfang eingesetzt wird, oder die *anchora*, die sich verfängt. Wie zentral solche Gegenstände sind, zeigt sich daran, daß sie eigene Erzähltypen begründeten.[10] Darüber hinaus kann man diese Geschichten als Variationen des Themas 'Verkehrte Welt' ansehen, die entsprechend groteske Züge aufweisen: Ein Wolkenmatrose erstickt in der Luft, ein anderer fliegt zurück in das Schiff. Das ist bei Agobard nicht der Fall. Doch gibt es noch einen anderen wichtigen Unterschied. In den genannten Quellen wird von einem Wunder erzählt, das sich durch Einmaligkeit auszeichnet – ein *mirabile* eben, das sich nie mehr wiederholte, dafür aber um so mehr kraft des Besonderen in der Erinnerung der Zuschauer einprägte. Bei Agobard haben wir es hingegen mit der Erklärung eines sich stets wiederholenden Naturphänomens zu tun, an dem sich nicht nur fremde Wesen aus dem Weltall beteiligen, sondern auch Menschen vor Ort, die *tempestarii*, welche die Funktion einer Schnittstelle zwischen der oberen und der unteren Welt übernehmen.

Diese Sturmbeherrscher sind alte Bekannte. In der Antike war der Glaube verbreitet, bestimmte Menschen könnten Unwetter abwenden: Zarathustra und Pythagoras gehörten etwa dazu.[11] Da man in der Antike, im Mittelalter und in der Frühen Neuzeit (so noch bei Luther[12]) die Fähigkeit, Stürme zu entfesseln, vielfach als Attribut verschiedener Gottheiten und Geister höheren und niedrigen Ranges ansah[13], entwickelten sich mannigfaltige Praktiken zur Abwehr insbesondere des Hagels. Dafür waren die *tempestarii* zuständig, aber alle fühlten sich befugt, kleinere Handlungen in einer Notsituation auszuführen. Bei drohendem Unwetter versuchte man z. B. das Unheil durch Lärmerzeugung abzuwenden, was Dante Alighieri besonders unvernünftig vorkam.[14] In den

---

9 Vgl. Kuno Meyer: The Irish Mirabilia in the Norse 'Speculum regale'. In: Ériu 4 (1910). S. 1–17, hier S. 12f.; Gougaud [Anm. 5].

10 Was den Anker angeht vgl. Miceal Ross: Anchors in a three-decker world. In: Folklore 109 (1998). S. 63–75.

11 Vgl. Wolfgang Speyer: Hagel. In: Reallexikon für Antike und Christentum. Bd. 13 (1986). Sp. 314–328, hier Sp. 316f.

12 Vgl. Erich Klingner: Luther und der deutsche Volksglaube. Berlin 1912 (Palaestra 56). S. 47–65 u. 76f.

13 Vgl. z. B. Elard Hugo Meyer: Germanische Mythologie. Berlin 1891. S. 119f. u. 284ff.

14 Risposta di Dante a messer Cino, Rime del tempo dell'esilio 50A (CXI), V. 5–8. In: Dante Alighieri, Opere minori. Bd. 1/1. Hrsg von Domenico de Robertis u. Gianfranco Contini. Neapel 1984 (La letteratura italiana. Storia e testi 5/1.1). S. 473: *Chi ragione o virtù contra gli sprieme / fa come que' che'n la tempesta sona / credendo far colà dove si tona / esser le guerre de' vapori sceme.* – Zum Lärm als Mittel gegen Sturm vgl. Adolph Franz: Die kirchlichen Benediktionen im Mittelalter. 2 Bde. Freiburg i. Br. 1909. Hier Bd. 1, S. 38f.; Stegemann: Hagel, Hagelzauber. In: Handwörterbuch des deutschen Aberglaubens. Bd. 3 (1931). Sp. 1304–1320, hier Sp. 1307 u. 1311f. Das Tohuwabohu gehörte offenbar zu den apotropäischen Allerweltsmitteln.

mittelalterlichen Quellen begegnen die *tempestarii* immer wieder.[15] Im 13. Jahrhundert berichtet der Enzyklopädist Bartholomaeus Anglicus von den Bewohnern eines Landes im hohen Norden (wohl Finnland), welche die Winde so beherrschten, daß sie diese zu einer Einnahmequelle machten, indem sie ihre Dienste den vor ihren Küsten Vorbeischiffenden anboten.[16] Und noch im 15. Jahrhundert gehörte das Anprangern der Wetterzauberei zum Standardrepertoire der Prediger.[17]

Im Früh- und Hochmittelalter kommen die Wetterbeherrscher in Canones-Sammlungen wie in Bußbüchern, im Stammesrecht wie in Schriften pastoraler Art häufig vor.[18] So fehlen sie denn auch nicht in den 'Dicta' des Missionars Pirmin († um 750), in denen es lapidar heißt: *Tempestarios nolite credere* ('Ihr sollt an die *tempestarii* nicht glauben').[19] Verurteilt werden sie ebenfalls in der 'Admonitio generalis' Karls des Großen vom März 789, die *malefici, venefici, sortiarii, calculatores, tempestarii* anprangert.[20] Das spanische 'Paenitentiale Vigilanum', das in der zweiten Hälfte des 9. Jahrhunderts entstand und für Laien gedacht war, empfiehlt für die *emissores tempestatum* eine besonders harte Strafe: 15 Jahre Buße.[21] Noch Burchard von Worms († 1025) nahm entsprechende Bestimmungen in sein 'Decretum' auf.[22] In den Canones kommen solche Maßnahmen später nicht mehr häufig vor (Gratian z. B. nennt sie nicht).[23]

Solche Quellen begnügen sich in der Regel mit der Verdammung der Wetterzauberer, Näheres über ihre Tätigkeit erfahren wir nicht. Anders bei Agobard: Er bettet ihre Nennung in einen größeren Rahmen – den Mythos der Wolkenschiffe – ein und liefert weitere spannende Details: Die *tempestarii* seien verantwortlich für das Unwetter, meine der Volksmund, indem sie die Luft sich 'erheben' (*levare*) ließen; nach einem Blitz und einem Donner würden deswegen alle *Aura levatitia* ausrufen, was wir als eine

15 Zu den Wetterzauberern in der Antike und im Mittelalter vgl. z. B. Jakob Grimm: Deutsche Mythologie. Vierte Ausgabe besorgt von Elard Hugo Meyer. 3 Bde. Berlin 1875–1878. Hier Bd. 2, S. 530 ff.; Franz [Anm. 14], Bd. 1, S. 27–37; Flint [Anm. 2], S. 108–116.

16 Bartholomaeus Anglicus: De proprietatibus rerum 15, 172: *Gens* [...] *est barbara, agrestis et saeva, magicis artibus occupata. Unde et navigantibus per eorum litora vel apud eos propter venti defectum moram contrahentibus ventum venalem offerunt atque vendunt* (zit. nach Grimm [Anm. 15], Bd. 1, S. 532).

17 Vgl. Franz [Anm. 14], Bd. 1, S. 33.

18 Vgl. hierzu Flint [Anm. 2], S. 36–51 u. 110f.

19 Der Heilige Pirmin und sein Pastoralbüchlein. Eingeleitet und ins Deutsche übertragen von Ursmar Engelmann. Sigmaringen 1976. S. 62.

20 Monumenta Germaniae Historica [im Folgenden zitiert als MGH] Capitularia regum Francorum 1, S. 58f.

21 Paenitentialia Hispaniae. Adiuvante Ludger Körntgen edidit Francis Bezler. Turnhout 1998 (Corpus Christianorum, Series Latina 156A). S. S. 3–13, hier S. 12.

22 Burchard von Worms: Decretum 10, 8. In: Migne, Patrologia Latina [im Folgenden zitiert als MPL] 140, Sp. 834.

23 Vgl. Franz [Anm. 14], Bd. 1, S. 31f.

sonst nicht belegte apotropäische Formel anzusehen haben.[24] Agobard, einer der schärfsten Geister in seiner an scharfen Geistern nicht armen Epoche, erzählt, wie er Nachforschungen über die Bedeutung dieses Ausdrucks angestellt habe. Alle glaubten, die 'Hagelbeherrscher' könnten durch Zauberformeln Stürme heraufbeschwören und genau steuern. Der neugierige Bischof entdeckte dabei das, was wir 'urbane Mythen' nennen: Viele gäben nämlich nur Gehörtes wieder, niemand habe aber den *tempestarii* bei ihren Handlungen zugeschaut.[25] Ferner berichtet Agobard darüber, daß die Bewohner den Sturmbeherrschern eine spontane Spende – einen sogenannten *canonicus* – entrichteten, um vor dem Unwetter durch sie geschützt zu werden. Agobard, der sich als rühriger *recuperator* des Lyoner Kirchengutes und als Gegner von Wallfahrtsgaben hervorgetan hatte[26], entrüstet sich darüber und fordert, sie sollten lieber ihren Zehnten der Kirche abliefern.[27] Man versteht seine Besorgnis: Die Stelle scheint Formen der Eigenorganisation zum Schutz vor Natureinwirkungen zu bezeugen, welche sich der kirchlichen Kontrolle oder auch nur der bischöflichen Aufsicht völlig entzog (man kann ja nicht ausschließen, daß der Lokalseelsorger mitmachte). Ob und inwiefern die *tempestarii* mit dem Klerus darin konkurrierten, bleibt freilich unserer Kenntnis verborgen.

2. Ernteverlegung und Warentausch

Wie schon erwähnt, kann die Erzählung von den Wolkenschiffen in der bei Agobard bezeugten Form sonst nirgends nachgewiesen werden. Sie verbindet die Vorstellung einer wunderbaren physischen Verlegung der Ernte (von der Erde auf die Schiffe) mit jener eines Warentausches zwischen Erden- und Himmelsbewohnern. Die Verlegung der Ernte gehört zu den traditionellen Motiven magischer Praktiken seit der Antike, wenn auch nicht unbedingt in Zusammenhang mit Hagel und Sturm. Schon im fragmentarisch überlieferten Zwölftafelgesetz aus der Mitte des 5. Jahrhunderts v. Chr. wurden entsprechende Zaubereien verboten: 'Wer Feldfrüchte weggezaubert hat [Lükke] und nicht eine fremde Saat [durch Zauberei] an Dich herübergezogen hast'[28]. Der Glaube daran kam mit Vergil gar zu dichterischen Ehren. Er schildert in der 8. Ekloge die Wirksamkeit von Kräutern und Giftmischungen, mit denen man sich in einen Wolf umwandeln, aber auch Seelen aus den Gräbern auferstehen lassen und Getreide auf ein anderes Feld verlegen kann (V. 95–99). Beides – das altrömische Gesetz und die Ver-

24 Agobardus [Anm. 1], S. 3. Das Adjektiv *levatitius* kann ich nirgends sonst nachweisen.

25 So zwang Agobard einen, der behauptet hatte, den magischen Handlungen eines *tempestarius* beigewohnt zu haben, zuzugeben, daß er nicht dabei gewesen sei: *confessus est, se eodem tempore praesentem non fuisse*. Agobardus [Anm. 1], S. 8 (vgl. Abb.2).

26 Vgl. Agobards Brief an Bartholomaeus von Narbonne, in: MGH Epistolae 5, S. 206–210 u. Agobardus [Anm. 1], S. 237–243.

27 Agobardus [Anm. 1], S. 14.

28 Das Zwölftafelgesetz. Texte, Übersetzungen und Erläuterungen von Rudolf Düll. München ^{2}1953. S. 50.

gil-Stelle – war dank Augustinus im Mittelalter gut bekannt. Der Kirchenvater erinnert daran im 19. Kapitel des achten Buches von 'De civitate Dei'. Darin verurteilt er die Verlegung des Getreides und ähnliche Späße als ein Werk der Dämonen: *Omnia miracula magorum doctrinis fiunt et operibus daemonum*.

Die Angst vor dem Verlust des lebensnotwendigen Unterhalts hat zweifelsohne das Phantasieren begünstigt. Daß in Agrargesellschaften, wie die antike und die karolingische es waren, der Schutz der Ernte von vitaler Bedeutung war, braucht hier wohl nicht ausgeführt zu werden. Indes muß man unterstreichen, daß die Geschichte über den Handel zwischen *nautae aerei* und *tempestarii* eine besondere Färbung aufweist. Agobards Schrift beginnt mit folgenden Worten: *In his regionibus pene omnes homines, nobiles et ignobiles, urbani et rustici, senes et iuvenes, putant grandines et tonitrua hominum libitu posse fieri* [29] ('In dieser Gegend glauben fast alle Menschen, vornehme und weniger vornehme, Städter und Bauern, Jung und Alt, daß Menschen Hagel und Donner beliebig auslösen können'). Mit seiner Auflistung möchte Agobard sicherlich die allgemeine Verbreitung des Irrglaubens vor Augen führen. Dabei fällt die ausdrückliche Nennung höherer sozialer Kategorien, der *nobiles* und insbesondere der *urbani*, auf. Denn seit eh und je war nicht die Stadtbevölkerung die Zielscheibe der missionarischen Eiferer, welche nach versprengten Heiden Ausschau hielten, sondern vor allem das Landvolk, etwa bei Martin von Braga († 579) und Gregor von Tours († 594).[30] Ohne die Interpretation überstrapazieren zu wollen, kann man zumindest die Frage stellen, ob Agobards Bericht nicht eher auf ein städtisch-merkantiles als auf ein ländliches Ambiente hinweist. Dafür spräche ein bisher in der Literatur nicht genügend beachtetes Grundelement, nämlich die zentrale Rolle des Handels in der Erzählung. Denn eigentlich schildert Agobard nichts anderes als regelmäßige kommerzielle Transaktionen zwischen den *tempestarii* und den Bewohnern Magoniens: 'Die Himmelsmatrosen bezahlen den Sturmbeherrschern einen Preis und erhalten dafür Weizen und andere Getreide-Arten'[31].

Schließlich könnte der sonst nirgends belegte Name *Magonia* ebenfalls auf diesen Bereich anspielen. Schon die frühe Forschung interessierte sich für den sprechenden Namen des Landes, aus dem die Wolkenschiffe kommen. Felix LIEBRECHT sah darin 1856 das althochdeutsche *maganwetar* (*turbo*, Wirbelwind): Das Wort gebe „einen sehr passenden, aber in seiner Ganzheit unbiegsamen Stoff, der daher die zweite Hälfte verlor“[32]. Es geht auch einfacher (und überzeugender), denn es bietet sich an, *Magonia* als Ableitung von *magus* zu sehen und als „Zauberland“ zu übersetzen, wie es schon

29 Agobardus [Anm. 1], S. 3.

30 Vgl. z. B. Manselli [Anm. 2], S 56–59.

31 Agobardus [Anm. 1], S. 4: *ipsis videlicet nautis aereis dantibus pretia tempestariis et accipientibus frumenta vel ceteras fruges*. – *Nautae aerei* ist eine Junktur, die nur bei Agobard vorkommt.

32 So Liebrecht in seiner Ausgabe des Gervasius [Anm. 6], S. 62, Anm. *. – Zu *maganwetar* vgl. auch Grimm [Anm. 15], Bd. 2, S. 276 u. 526.

Johann Friedrich MARCKS 1888 getan hat.[33] Oder steckt doch etwas Konkreteres dahinter? Zum einen kann man an geographische Namen aus biblischen, patristischen und frühmittelalterlichen Quellen erinnern: etwa an das Land Magog, woher der apokalyptische Fürst Gog 'wie ein Unwetter' (*quasi tempestas*) aus dem Norden kommen wird (Ez 38, 9), oder an den von Hieronymus[34] und anderen Autoren mehrmals erwähnten Hafen Majoma bei Gaza, aber auch an Portus Magonis (Port Mahón) auf Menorca.[35] In den beiden letzten Fällen wäre ein Hinweis auf Handelsstädte und -beziehungen vorhanden, was in unserem Kontext von Bedeutung ist.[36] Als Denkanstoß möchte ich zum anderen auf italienisch *magona* (*maona*) aufmerksam machen, das im Spätmittelalter und in der Frühen Neuzeit eine Handelsgesellschaft bezeichnete. *Magona* ist eine Entlehnung aus dem arabischen *ma'úna* (etwa 'gegenseitige Hilfe'). Beides verweist wiederum auf die Sphäre des Handels. Agobard, 769 geboren, war Spanier und kam erst um 782 in das Frankenreich. Er könnte eine Bezeichnung für das Land der Himmelsmatrosen mißverstanden und mit einem ihm bekannten Terminus in Verbindung gebracht haben.

3. Natur, Ratio und Exegese

Was strebte nun Agobard insgesamt mit seiner Abhandlung an? Der Bischof von Lyon gilt nach wie vor als ein Hauptrepräsentant des sogenannten Karolingischen Rationalismus.[37] Bei Ludovico Antonio MURATORI 1741 und Hermann REUTER 1875 mußte er gar als ein Frühvertreter der Aufklärung herhalten.[38] Im Traktat über Hagel und Donner und in anderen Schriften (es sei zumindest das Werk über die Bilder ausdrücklich erwähnt[39]) bietet Agobard in der Tat eine in ihrer Strenge immer noch beeindruckende Erörterung prinzipieller Fragen, deren Reichweite ähnliche Versuche von Zeitgenossen und späteren Autoren übertrifft. Vielleicht würde dementsprechend ein Begriff wie

---

33 Johann Friedrich Marcks: Die politisch-kirchliche Wirksamkeit des Erzbischofs Agobard von Lyon mit besonderer Rücksicht auf seine schriftstellerische Tätigkeit. Viersen 1888. S. 12.

34 Hieronymus: Vita Hilarionis. In: MPL 23, Sp. 29–54, hier Sp. 30 u. 36.

35 Für die Anregungen bezüglich Menorca bzw. Ezechiel danke ich Herrn Professor Dieter Schaller (Bonn) und Frau Christiane Dobelmann M.A. (Pölich).

36 Eine Reminiszenz an Magon, einen bei Arrian (ind. 4, 4) genannten Zufluß des Ganges, ist hingegen wohl ausgeschlossen.

37 Vgl. z. B. Arnold Angenendt: Das Frühmittelalter. Die abendländische Christenheit von 400 bis 900. Stuttgart ²1995. S. 379f.

38 Ludovico Antonio Muratori: Antiquitates Italicae medii aevi, sive dissertationes de moribus, ritibus, religione [...]. Bd. 5. Mailand 1741. Sp. 65–78 (vgl. hierzu Daniele Gatti: Ragione cristiana e fantasia popolare nella LIX dissertazione del Muratori. In: Quaderni medievali 33 [1992]. S. 35–51); Hermann Reuter: Geschichte der religiösen Aufklärung im Mittelalter vom Ende des achten Jahrhunderts bis zum Anfange des vierzehnten. 2 Bde. Berlin 1875–1877. Hier Bd. 1, S. 25–41.

39 Agobardus [Anm. 1], S. 151–181.

'intellektueller Rigorismus' eher zutreffen. Gerade der kurze Traktat über den Hagel zeigt, was damit gemeint ist. Viele diesbezügliche Texte enthalten Verbote, die durchscheinen lassen, daß die Wirksamkeit magischer Praktiken nicht in Zweifel gezogen wurde. Agobard geht es indes nicht in erster Linie um das Verbieten kultischer Handlungen, die als heidnisch angesehen wurden, sondern er enttarnt den Glauben an solche Praktiken als lügnerisches Märchen.

Sein Ziel ist es, das, was er an Gerüchten über die *tempestarii* sammeln konnte, *ex auctoritate divinarum scripturarum* zu überprüfen, wie er am Anfang der Abhandlung behauptet. Im Hauptteil der Beweisführung operiert er aber zunächst nicht mit Bibelstellen, sondern beschäftigt sich mit dem Begriff des *mendacium*, der Lüge. Als substanzloses 'Nicht-Sein' wird sie Gott, der als einziger das wahre Sein (*verum esse*) verkörpert, gegenübergestellt. Mit anderen Worten: Es gibt die *tempestarii* nicht, weil es sie nicht geben kann.[40] Der philosophischen Fundierung der Argumentation folgt eine eingehende Erörterung der Ursache von Hagel und Donner. Valerie J. FLINT hat darauf hingewiesen, daß schon vor Agobards Zeit diese meteorologischen Phänomene naturwissenschaftlich (wie wir sagen würden) erklärt wurden, etwa in Isidors oder Bedas Traktaten 'De natura rerum'.[41] Einige wenige Leser werden sich auch mit antiken Erörterungen wie jenen Senecas in den 'Naturales quaestiones' (4b, 3ff.), wovon im 9. Jahrhundert auf der Reichenau ein Exemplar vorhanden war[42], auseinandergesetzt haben. Agobard schlägt aber einen anderen Weg ein: Er greift auf das Alte Testament zurück.

Auf uns konkordanzverwöhnte Kinder eines anderen Zeitalters mag die Anhäufung von Bibelzitaten, wie sie Agobard bietet, wenig Eindruck machen. Seine Gelehrsamkeit gebietet jedoch Respekt, denn er braucht den Vergleich mit den besten Bibelauslegern seiner Zeit nicht zu scheuen. Wie diese Magistri übernimmt er die Rolle des einzig autorisierten Vermittlers zwischen der göttlichen Botschaft und der christlichen Gemeinde. Denn im Zentrum des Werkes steht eine grundsätzliche Frage, nämlich die Beziehung zwischen Gott und Natur. Die diesbezügliche Botschaft, die Agobard seinen Schafen mit auf den Weg gibt, ist – auf den Punkt gebracht – denkbar einfach: Die Natur ist Gott und Gott ist die Natur. Gott allein ist somit der Ursprung jener Phänomene, welche man in und um Lyon vielfach den 'Hagelbeherrschern' in die Schuhe schob. Anhand einer Stelle aus dem Buch Sirach (Kap. 43) und anderer Passus führt Agobard aus, daß keine Naturgesetze außerhalb des Willens Gottes möglich sind. Der Glaube an Menschen, welche den ewigen Lauf der Dinge vermeintlich beeinflussen, ja beherrschen können, ist demzufolge nicht einfach falsch, sondern entbehrt jeglicher Berechti-

40 Agobardus [Anm. 1], S. 4f.

41 Flint [Anm. 2], S. 113.

42 Vgl. Mittelalterliche Bibliothekskataloge Deutschlands und der Schweiz. Bd. 1: Die Bistümer Konstanz und Chur. Bearb. von Paul Lehmann. München 1918. S. 266. – Zur Überlieferung des Werkes vgl. L. D. Reynolds (Hg.): Texts and transmission. A survey of the Latin Classics. Reprinted with corrections. Oxford 1986. S. 376–378.

gung: Man kann nicht daran glauben, ohne Zweifel an der Allmacht des *rerum omnium conditor, rector, gubernator, ordinator et dispensator* zu hegen. Und weil die Ahnungslosen, die einer solchen Mär Vertrauen schenken, nicht nur an Gott, sondern auch an Menschen glauben, machen sie sich gemäß Agobard des größten Vergehens, der *infidelitas*, schuldig.

Schon am Anfang der Schrift hatte Agobard behauptet, daß diejenigen, die Erzählungen über Himmelsschiffe und Sturmbeherrscher verbreiteten, den Häretikern gleichzustellen seien. Doch erst gegen Ende des Traktates – nachdem er all seine Argumente ins Feld geführt hat – wird ersichtlich, in welch tiefem Sinne sie es sind, indem sie nämlich das Gebot der allein Gott gehörigen *spes* und *fides* mißachten.[43] Agobard selber mag eine solch theologische Sicht der Dinge als allzu hochstehend erschienen sein, denn er fügt danach noch ein (freilich schwächeres) Argument hinzu – ein Argument, wenn man so will, *e silentio*: Er stellt die Frage, warum in bestimmten Situationen keine *tempestarii* zur Hand gewesen seien, um Regen herbeizuführen oder die Heere Gottes niederzuschlagen. Wenn sie über eine entsprechende Macht verfügten, würde man ja erwarten, daß sie diese auch in heiklen Situationen einsetzten.[44]

So brillant Agobards Argumentation auch ist, sind ihre Schwächen doch nicht zu übersehen. Auf der einen Seite möchte er die Unmöglichkeit der Naturbeherrschung durch den Menschen beweisen, auf der anderen muß er sich aber notgedrungen mit zwei Kategorien von Personen befassen, deren Handlungen dieser Meinung auf verschiedene Weise zu widersprechen scheinen: den Heiligen und den ägyptischen Zauberern im Buch Exodus.

Das kleinere Hindernis stellen die Wunder der Heiligen dar. Zwar verfügt Gott über das Monopol über den *thesaurus grandinis*, wie Agobard ihn aufgrund von Hiob 38 nennt, doch können die Heiligen durch ihre Verdienste bei Gott Wunder erwirken, also auch Hagel niederprasseln lassen. Die *tempestarii* vermögen hingegen nichts dergleichen vor den Himmelsthron zu legen und finden bei Gott kein Gehör. Sie sind somit wunderunfähig. In einer hochrhetorischen Passage spricht Agobard diejenigen an, welche die Wetterbeherrscher verwünschen, wenn sie einen Blitz einschlagen hören: Dem Spruch *Aura levatitia* würden sie hinzufügen 'Vermaledeit sei jene Zunge, und verdorrt und längst abgeschnitten sollte sie sein, die das macht'. Agobard kommentiert: 'Wen verwünschst Du? Einen Gerechten oder einen Sünder? Ein Sünder kann nämlich gar nichts erheben [*levare*], weil er das aufgrund seiner Kraft nicht tun und den bösen Geistern keine Befehle erteilen kann [...]. Er hat ja Gott nicht darum angefleht, um es durch sein Gebet zu bewirken'[45]. Mit dem Hinweis auf die bösen Geister greift Agobard auf ähnliche Diskussionen in den Schriften der Kirchenväter zurück. Bei der Besprechung eines Passus in Psalm 77 erklärt er, daß der Wille zum Bösen den Dämonen eigen sei, aber nur Gott die Macht habe, sie gewähren zu lassen, wofür man etwa auf

43 Agobardus [Anm. 1], S. 14.
44 Agobardus [Anm. 1], S. 11f.
45 Agobardus [Anm. 1], S. 11.

Augustinus (De civ. Dei 18,18) verweisen kann, auf den Agobard anspielt, ohne ihn ausdrücklich zu erwähnen.

Weniger geschickt ist Agobard in der Handhabung der ägyptischen Magier. Schon am Anfang der Schrift kommt er auf die zehn Plagen Ägyptens zu sprechen. Man erinnert sich: Moses vollbringt mehrere Wunder, auf welche die Hofzauberer des Pharao Schlag auf Schlag mit identischen *mirabilia* antworten: Sie können ebenfalls Stäbe in Schlangen usw. umwandeln (Ex 7–8). Wer bibelfest ist, wird die Bedeutung dieses bizarren Wettbewerbes für Agobard auf Anhieb erkennen: Die Zauberer gaben sich nämlich nach der dritten Plage geschlagen und konnten deswegen etwa keinen Hagel produzieren. Die Exodus-Episode ist innerhalb von Agobards Beweisführung indes problematisch, denn die Hofzauberer sind der biblische, also authentische Beweis dafür, daß Menschen durchaus zur Naturbeherrschung fähig sind. Es sind keine Heiligen, die das Wasser zu Blut werden lassen und als Werkzeuge Gottes handeln, ja nicht einmal Christen, sondern Diener eines bösen Heiden, die sich von den inspirierten Künsten des Moses zuerst wenig beeindrucken ließen.

Mehrere Exegeten erkannten in der Tat, wie heikel diese Stelle im christlichen Diskurs ist, und gingen differenziert mit dem Problem um. Isidor und – sich auf ihn stützend – Hraban deuten z. B. die *virga* des Moses, welche die Stäbe der ägyptischen Zauberer frißt, allegorisch als Sinnbild der Erlösung des Menschen durch Christus.[46] Augustinus hatte sich seinerseits im Heptateuch-Kommentar gewundert, daß mal von Stäben, mal von Schlangen die Rede ist, und dabei seine Theorie von den *rationes seminariae* in aller Kürze dargelegt, welche vom Schöpfer in die Objekte gelegt werden und bei entsprechenden Bedingungen ihre Wirksamkeit entwickeln.[47] Radikaler geht der anonyme Autor der drei Bücher 'De mirabilibus sacrae scripturae' vor, der Augustinus' Ausführungen offenbar gekannt hat: Eine Wesensveränderung *contra naturam* komme nicht in Frage, sondern höchstens ein Wechsel von schon vorhandenen Eigenschaften. So könne man leicht die Umwandlung von Wasser in Blut erklären. Was allerdings den Stab Moses' angehe – für die *naturae inquisitores* eine harte Nuß zu knacken, wie der anonyme Autor selbst schreibt –, könne es sich nur um eine Scheinumwandlung (*imaginarie*) gehandelt haben, denn eine physische Umwandlung sei durch nichts zu erklären.[48]

Hat Agobard, der große Kenner der Patristik, die Diskussionen über diesen Passus wirklich nicht gekannt? Oder hat er sich vor einer unlösbaren Aporie gescheut? Mit

46 Isidor: Quaestiones in Vetus Testamentum. In: MPL 83, Sp. 207–424, hier Sp. 290; Hraban: Commentaria in Exodum. In: MPL 108, Sp. 9–246, hier Sp. 33f.

47 Augustinus: Quaestionum in Heptateuchum libri VII – Locutionum in Heptateuchum libri VII – De octo questionibus ex Veteri Testamento. Turnhout 1958 (Corpus Christianorum, Series Latina 33). S. 1–377, hier S. 77f.

48 De mirabilibus sacrae scripturae 1, 17–18. In: MPL 35, Sp. 2164f. – Man vergleiche dazu auch Augustinus' Ausführungen in 'De civitate Dei' (18, 18), wo er die scheinbaren Verwandlungen der Dämonen behandelt: Diese täuschen die Sinne der Menschen, ihr eigenes Wesen (*naturae*) können sie jedoch keineswegs ändern.

seinem Schweigen unterminiert er auf jeden Fall die eigene Beweisführung. Die Exodus-Stelle deutet nämlich darauf hin, daß Menschen naturwidrige Umwandlungen durchaus ausführen können. Dies widerspricht jedoch dem Tenor von Agobards Schrift, in der die Allmacht Gottes als Herr der Natur auf der einen Seite und die bedingungslose Unterworfenheit des Menschen unter die Naturgesetze auf der anderen unmißverständlich klar behauptet werden.

4. Ein Werk ohne Publikum?

Das auf den ersten Blick imposante Konstrukt Agobards erweist sich somit letztendlich als brüchig. Haben die Zeitgenossen das gemerkt? Reaktionen darauf sind nicht bezeugt, aber das soll uns nicht überraschen. Agobards *opusculum* ist mit den anderen Schriften nämlich nur in einer einzigen, wahrscheinlich in seinem Umkreis hergestellten Handschrift überliefert (Abb. 1–2).[49] Es blieb unbekannt, bis es 1605 im Druck erschien, nachdem Papire Masson die Handschrift bei einem Buchbinder in Lyon entdeckt hatte und ihrem traurigen Schicksal als Lieferantin von Einbandmaterial entriß.

Für seine Schrift 'gegen die alberne Meinung des Volkes über Hagel und Donner' konnte der gelehrte Agobard auf die Modelle eines Martin von Braga ('De correctione rusticorum', wovon Pirmin mehrere Teile in den 'Scarapsus' übernahm) oder eines Maximus von Turin (Sermo 30 'De defectione lunae') zurückgreifen. Die Predigten des letzteren waren im Mittelalter sehr selten, Agobard hatte aber den Sermo 30 in einer – vielleicht eigens für ihn hergestellten – Sammlung von Homilien zur Verfügung.[50] In

49 Paris, Bibliothèque Nationale de France lat. 2853. Der Codex weist Korrekturen auf, die auf den Autor selber zurückzugehen scheinen (vgl. z. B. Abb. 2, Zeile 10 von oben: *quid verum esset* statt *veritatem*), doch der moderne Herausgeber äußert Zweifel am philologischen Wert der Handschrift (vgl. L. van Acker in: Agobardus [Anm. 1], S. X–XIII). Dabei handelt es sich um eine geschlossene, mit einem originalen Register (f. 1r) versehene Sammlung von Agobards Gesamtœuvre (monoautorialer Supertext). Die Entscheidung, den Inhalt des Codex nicht vollständig wiederzugeben (ein Traktat 'De divina psalmodia' ist z. B. ausgelassen, weil die Autorschaft unsicher ist; vgl. L. van Acker in: Agobardus [Anm. 1], S. XXII), und die Zerstörung der im Codex bezeugten Reihenfolge der Texte, wodurch L. van Acker überraschenderweise den schlechten Lehrmeister Ernst Dümmler (MGH Epistolae 5) nachahmt, sind durch nichts zu rechtfertigen. Wie kann man eine chronologische Anordnung einführen und gleichzeitig zugeben, daß die Datierung der Traktate teilweise unüberwindbare Probleme aufweist (vgl. L. van Acker in: Agobardus [Anm. 1], S. XXXVIII–XLVII)? Supertexte sind wichtige Zeugnisse der Kulturgeschichte, die man ernst nehmen sollte. Vgl. hierzu Michele C. Ferrari: Il 'Liber sanctae crucis' di Rabano Mauro. Testo, immagine, contesto. Bern 1999 (Lateinische Sprache und Literatur des Mittelalters 30). S. 112–227.

50 Lyon, Bibliothèque municipale Cod. 1236 (1108). – Vgl. Maximus Taurinensis: Collectio sermonum antiqua nonnullis sermonibus extravagantibus adiectis. Hrsg. von Almut Mutzenbecher. Turnhout 1962 (Corpus Christianorum, Series Latina 23). S. XLVII. Auch Sermo 31 behandelt das Thema, ist aber im Lyoner Codex nicht vorhanden. – Auf die Parallele zu Maximus hat übrigens schon 1605 der gelehrte Papire Masson hingewiesen (vgl. MPL 104, Sp. 17). Die Predigten

dieser Predigt bekämpft Maximus den verbreiteten Aberglauben in seiner Gemeinde, nach dem Gesänge, Schreie und Lärm den verschwundenen Mond zurückbrächten, nimmt also zu einem Naturphänomen und dessen Wahrnehmung in der Bevölkerung eine ähnliche Stellung wie der Lyoner Bischof ein. Doch wie bei ihm haben die weisen Worte nicht viel genutzt, denn das Verbot der kakophonischen Mondserenaden mußte in den folgenden Jahrhunderten noch mehrmals wiederholt werden.[51]

Über eine praktische Verwendung von Agobards 'Liber contra insulsam vulgi opinionem de grandine et tonitruis' etwa als Predigt oder als Gutachten könnte man lange spekulieren. Mir scheint am wahrscheinlichsten, daß Agobard sich damit an den Klerus seiner Diözese wenden wollte. Er beschwert sich anderswo bitter über die schlechte Ausbildung der Priester und behauptet, einige unter ihnen würden gar falsche Lehren verbreiten.[52] Er nennt zwar keine Geistlichen unter denjenigen, welche an die *tempestarii* glauben, aber die in der Eingangspassage des Traktates erwähnte allgemeine Bekanntheit des Mythos läßt vermuten, daß auch sie die Gerüchte über die unheimlichen Begegnungen mit den Himmelsmatrosen verbreiteten.

Oder war eine solche Abhandlung einfach praxisfern? Dies mag uns so erscheinen, die wir die *longue période* der Magie im Mittelalter überblicken und wissen, daß Agobards Rigorismus sich als völlig unpraktikabel erwies.[53] Praxisfern war sein Traktat indes dennoch nicht, wenn wir ihn als das typische Produkt eines karolingischen Bibelgelehrten ansehen. Er begnügte sich nicht damit, Irrmeinungen pauschal zu verurteilen, sondern nahm die intellektuelle Herausforderung, die sie beinhalteten, ernst. Solche Naturexegese war gegen den Glauben an die Naturbeherrschung durch Menschen, die mit besonderen Kräften ausgestattet waren, freilich chancenlos. Doch Agobard wehrte sich tapfer, und sein Kampftraktat gewährt uns dankenswerterweise einen faszinierenden Einblick in die Naturvorstellungen des Frühmittelalters.

---

des Maximus scheinen in der Karolingerzeit eine gewisse Verbreitung gehabt zu haben, die bisher m. W. noch nicht untersucht wurde. Hrabanus Maurus († 856) zitiert z. B. wortwörtlich den Sermo 30 in seiner Homilie 42 (vgl. MPL 110, Sp. 78–80).

51 Es findet sich z. B. auch im 'Scarapsus' des Pirmin; vgl. Pirmin [Anm. 19], S. 54.

52 Vgl. Agobards Brief an Bernhard von Vienne, in: MGH Epistolae 5, S. 203–206 u. Agobardus [Anm. 1], S. 53–69.

53 Aus der in den letzten Jahren stark angewachsenen Literatur zur Magie nenne ich nur folgende Überblicke: Manselli [Anm. 2]; Richard Kieckhefer: Magic in the middle ages. Cambridge 1989 (Cambridge medieval textbooks); Flint [Anm. 2]; Christa Habiger-Tuczay: Magie und Magier im Mittelalter. München 1992; Henry Maguire (Hg.): Byzantine Magic. Washington 1995; Charles Burnett: Magic and divination in the middle ages. Texts and techniques in the Islamic and Christian worlds. Aldershot 1996 (Variorum Collected studies series 557); Fritz Graf: Gottesnähe und Schadenzauber. Die Magie in der griechisch-römischen Antike. München 1996 (Kulturwissenschaft); Marina Montesano: 'Supra acqua et supra ad vento'. 'Superstizioni', *maleficia* e *incantamenta* nei predicatori francescani osservanti (Italia, sec. XV). Rom 1999 (Istituto storico italiano per il medio evo: Nuovi studi storici 46); Matthew W. Dickie: Magic and magicians in the Greco-Roman world. London 2001.

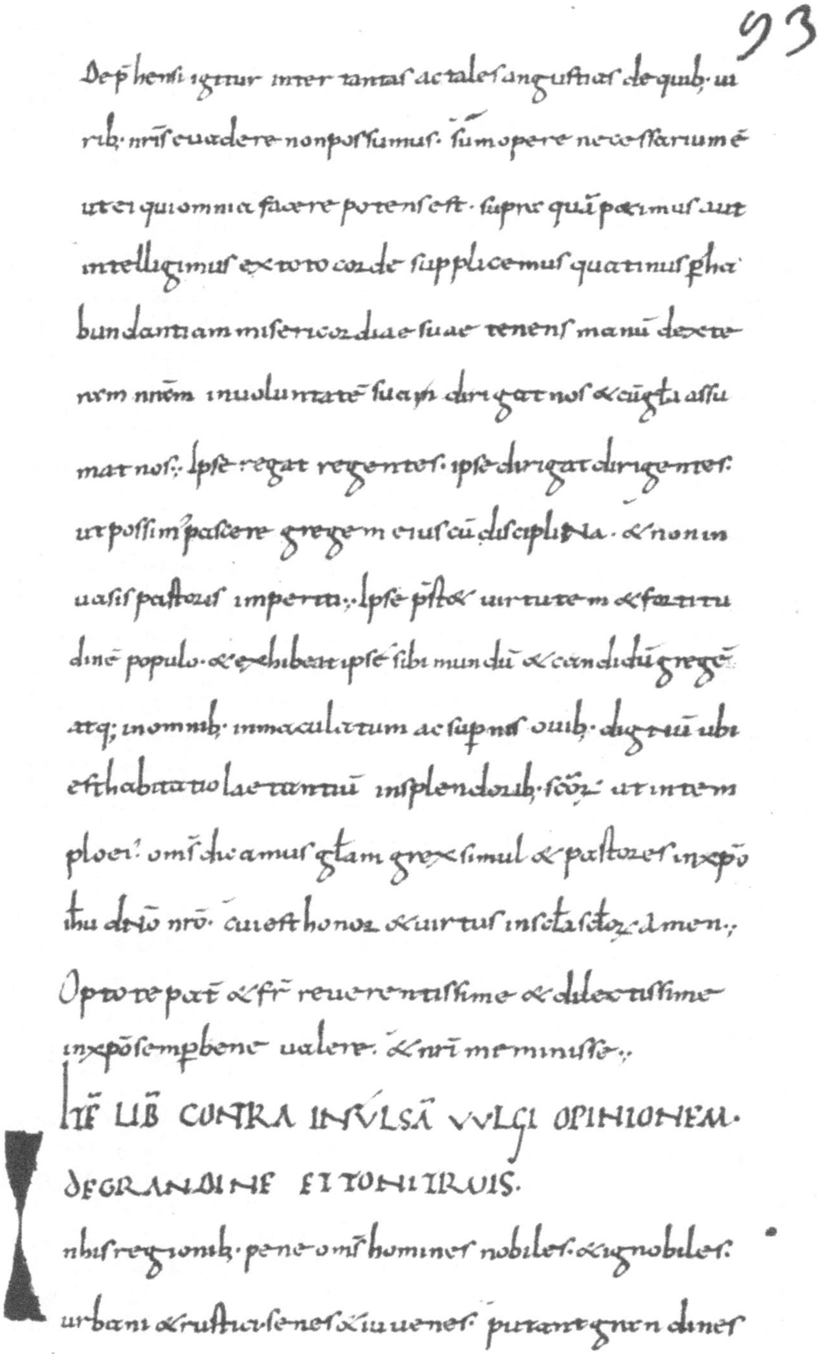

Abb. 1 Paris, Bibliothèque Nationale de France lat. 2853, f. 93r

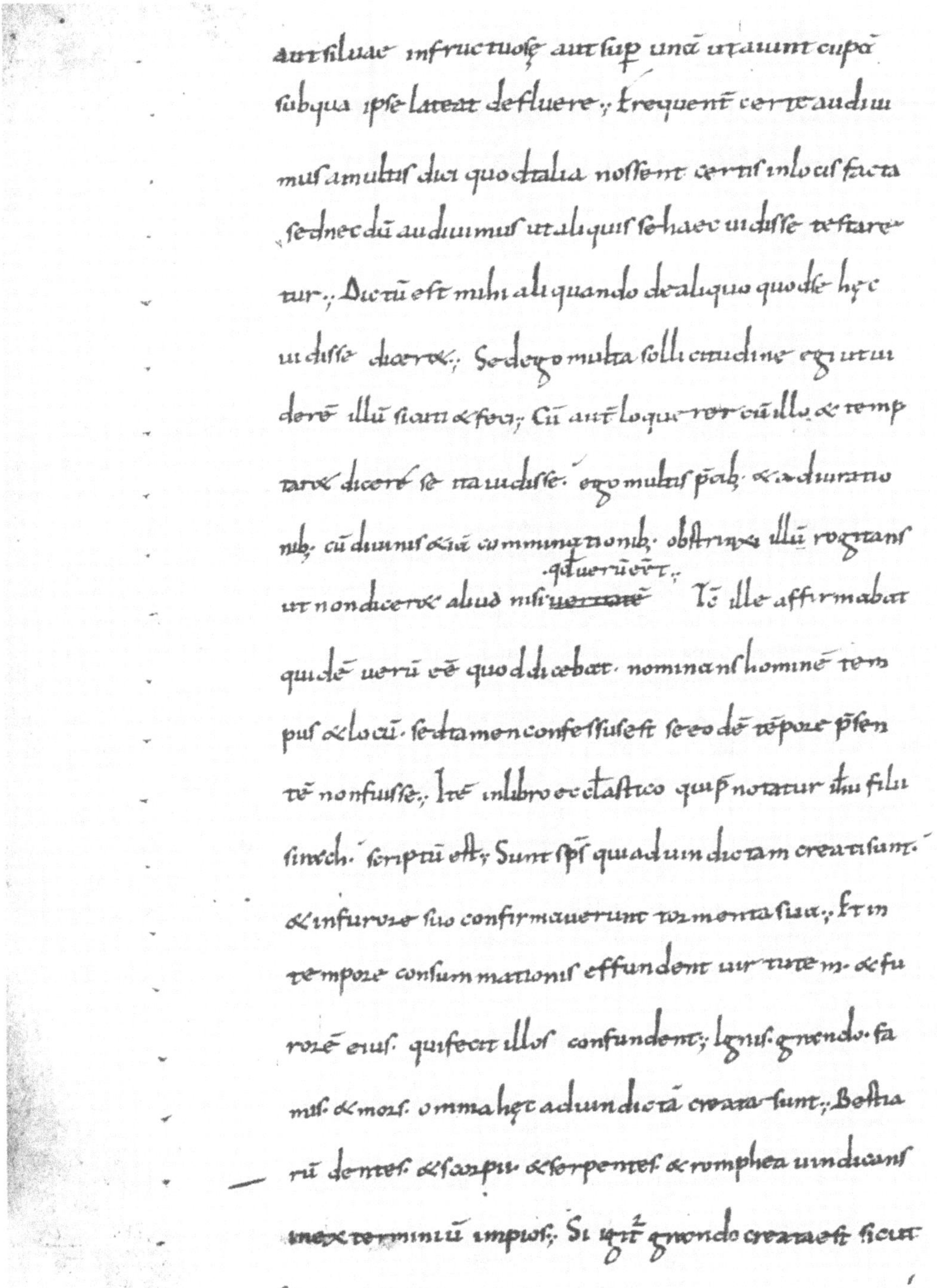
aut siluae infructuose aut sup unā [illegible] cupā
sub qua ipse lateat defluere. frequent certe audiui
mus a multis dici quod talia nossent certis in locis facta
sed nec dū audiuimus ut aliquis se haec uidisse testare
tur. Dictū est mihi aliquando de aliquo quod se hec
uidisse diceret. Sed ego multa sollicitudine egi ut ui
derē illū sicut et feci. Cū autē loquerer cū illo et temp
taret dicere se ita uidisse. ego multis p̄cib. et adiuratio
nib. cū diuinis etiā communicationib. obstrinxi illū rogitans
ut non diceret aliud nisi q(uo)d uerū eēt. Tū ille affirmabat
quidē uerū eē quod dicebat. nominans hominē tem
pus et locū. sed tamen confessus est se eo dē tempore p̄sen
tē non fuisse. Itē in libro ecclastico qui p̄notatur ihu filii
sirach. scriptū est. Sunt sp̄s qui ad uindictam creati sunt.
et in furore suo confirmauerunt tormenta sua. Et in
tempore consummationis effundent uirtutem. et fu
rorē eius. qui fecit illos confundent. Ignis grando fa
mis et mors. omnia haec ad uindictā creata sunt. Bestia
rū dentes et scorpii et serpentes et romphea uindicans
in exterminiū impios. Si igitur grando creata est sicut

Abb. 2 Paris, Bibliothèque Nationale de France lat. 2853, f. 98v

THOMAS HAYE

Erfahrene Natur in lateinischen Reisegedichten des Mittelalters

Wer alles, was von den Menschen wahrgenommen, aber nicht erschaffen werden kann, d. h. das Wetter, die Pflanzen, Tiere und Landschaften, somit alles außerhalb menschlicher Kunst und Zivilisation Liegende, als Produkte der Natur versteht und sie unter diesem Namen subsumiert, muss sich bewusst sein, dass er hiermit eine terminologisch riskante Konstruktion wagt. Trotz oder gerade wegen dieses begrifflichen Wagnisses ist die Zahl der Konstruktionsansätze, welche in den unterschiedlichen Wissenschaftsdisziplinen zum Einsatz kommen, recht hoch: So existiert eine philosophische, eine theologische, eine physikalische, aber eben auch eine literaturwissenschaftliche Konstruktion der Natur.[1] Gerade letztere zu betrachten ist den Philologen allerdings schon deshalb gestattet, weil die so konstruierte Natur bereits in der antiken, mittelalterlichen und frühneuzeitlichen Literatur sowohl explizit, d. h. personifiziert in der Göttin *Natura*[2], als auch implizit, und zwar in vielfachen Ausformungen, Verwendung findet.

Wenn man sich dieser Göttin *Natura* auf literaturwissenschaftlichem Pfad mit entsprechend demütiger Haltung zu nähern versucht, so sollte man dabei stets die methodologischen Gesetze dieses Pfades beachten. Es ist nicht nur zu berücksichtigen, wie, d. h. in welcher sprachlichen Gestalt, *Natura* dem Betrachter entgegentritt, sondern auch wo, d. h. philologisch ausgedrückt: in welchen Texttypen und literarischen Gattungen. Denn Naturdarstellungen sind vielfach texttypologisch gebunden; so unterscheiden sich etwa die Funktionsbereiche und Darstellungsmodi der lyrischen *Natura* von denen des allegorisch-didaktischen Epos oder Prosimetrums.[3]

---

1 Vgl. hierzu Albert Zimmermann u. Andreas Speer (Hgg.): Mensch und Natur im Mittelalter. 2 Bde. Berlin, New York 1991 (Miscellanea Mediaevalia 21/1–2).

2 Vgl. hierzu George D. Economou: The Goddess Natura in Medieval Literature. Cambridge (Mass.) 1972; Mechthild Modersohn: Natura als Göttin im Mittelalter. Ikonographische Studien zu Darstellungen der personifizierten Natur. Berlin 1997.

3 Einige Beobachtungen zur Verwendung der *Natura* bei den römischen Klassikern findet man bei André Pellicer: Natura. Étude sémantique et historique du mot Latin. Paris 1966 (Publications de la Faculté des lettres et sciences humaines de l'Université de Montpellier 27). S. 459–478 („Natura chez les poètes").

Im Folgenden soll eine einzelne literarische Gattung, nämlich das bislang wenig untersuchte lateinische Reisegedicht[4], näher betrachtet werden, welches sich von Lucilius an bis in das 17. Jahrhundert hinein großer Beliebtheit erfreut hat. Die Wahl gerade des Reisegedichts folgt keineswegs dem Prinzip der Beliebigkeit, vielmehr existiert ein konzeptioneller Zusammenhang zwischen dieser texttypologischen Form und dem literarischen Motiv der Naturerfahrung und Naturdarstellung. Aufgrund des Aspekts der räumlichen und geographischen Mobilität liegt allen Reisegedichten die Vorstellung einer Konfrontation mit dem Andersartigen und (im wörtlichen Sinne) Merkwürdigen zugrunde, und dieses Merkwürdige wird vielfach in einer dem Dichter merkwürdigen Natur verdeutlicht. Die natürliche Umgebung des Alltags ist aus einer statischen Position heraus kaum wahrzunehmen; erst durch die Bewegung des Betrachters und seine poetische Distanzierung von der Selbstverständlichkeit wird die Natur als darstellungswürdiges Objekt erfahren.

Aus diesem konzeptionellen Grund spielt die Naturbeschreibung in der Reisedichtung eine prominente Rolle, ja manche Gedichte erschöpfen sich sogar in der Konfrontation mit einer als merkwürdig und ungewöhnlich erfahrenen Natur. Gerade die lateinische Reisedichtung hält eine Vielzahl von Naturbildern und Naturkonstruktionen bereit, in denen – je nach Motiv und Interesse des Autors – der Aspekt des Exotischen, des Bedrohlichen, des Vergnüglichen oder des Metaphysischen in den Vordergrund tritt. Hierbei führen die verschiedenen literarischen Funktionen des Naturerlebnisses zu je eigenen Darstellungsformen. Es liegt auf der Hand, dass – wie in allen anderen Gattungen, so auch hier – die Darstellung der Natur nicht als schlichte Abbildung der sog. Wirklichkeit auftritt, sondern den Gesetzen der Rhetorik und Poetik folgt.[5] Der besondere Reiz der Reisedichtung liegt in der Kontamination von realer Naturerfahrung und deren literarischer Überformung. Eine gleichsam objektive Darstellung ist schon deshalb unmöglich, weil der Naturdarstellung stets die Naturerfahrung, d. h. ein subjektives Moment, vorausgeht. Dieses subjektive Moment ist gerade im Medium der lateinischen Sprache entscheidend durch die literarischen Erfahrungen des reisenden Beobachters geprägt.

Zwar hat weder die antike noch die mittelalterliche Dichtungslehre das Genre des Reisegedichts explizit behandelt, jedoch lassen sich die Vorgaben zu zwei anderen poetischen Formen *per analogiam* auch für das Reisegedicht nutzbar machen: Zum einen gelten die sprachlichen Vorgaben zur *descriptio loci* und speziell zum *locus*

4 Zum Genre vgl. Luigi Illuminati: La satura odeporica latina. Mailand 1938 (Biblioteca della Rassegna 22); Heinrich Grupp: Studien zum antiken Reisegedicht. Phil. Diss. [masch.] Tübingen 1953; Thomas Haye: Das *Novale* des William Pore. Ein Beitrag zur mittellateinischen Reisedichtung. In: Studi Medievali, 3ª Ser., 37 (1996). S. 387–442; Hermann Wiegand: Hodoeporica. Studien zur neulateinischen Reisedichtung des deutschen Kulturraums im 16. Jahrhundert. Baden-Baden 1984 (Saecula Spiritalia 12).

5 Vgl. hierzu Ernst Robert Curtius: Rhetorische Naturschilderung im Mittelalter. In: Romanische Forschungen 56 (1942). S. 219–256 (ohne Bezug zur Reisedichtung).

amoenus[6], welcher in den hochmittelalterlichen Dichtungen stets als Werk der *Natura* vorgestellt wird[7], vielfach auch für das Reisegedicht. So hat etwa Iulius Caesar Scaliger in seinen berühmten 'Poetices libri septem' ausführliche Anweisungen zum dichterischen Lob eines Ortes erteilt, in denen auch die Bedeutung und Rolle der *Natura* mehrfach angesprochen wird.[8] Reisegedichte lassen sich daher als kumulierte und dynamisierte *descriptiones loci* interpretieren.[9] Zum anderen kann man das Reisegedicht als eine in die Realität verlängerte Form des Propemptikon interpretieren, welches eine Reise lediglich gedanklich antizipiert oder den Scheidenden mental geleitet. Erneut ist es Scaliger, der hierfür ein illustratives Beispiel bietet:

> *Loci ratio duplex: quo et qua.* [...] *Veluti si discedens Roma Veronam petat, huiusce urbis divinitatem collaudabis, situm incomparabilem, Athesis amoenitatem, vetera monumenta, aquaeductus, pontes, theatra. Alterius loci ratio, qua illi est iter faciendum: Apenninus, quem tot fluviorum patrem appellare poteris, in primis sese offeret, deinde Florentia, omnium paene urbium elegantissima, tum Padus fluviorum rex, postremo Ferraria, qua nihil mundius nihil illustrius videt Sol. Universa quoque natura locorum alias atque alias admittit dicendi occasiones. Etenim ei si est navigandum: quot quanta e mari? Votum adversus pericula, sacrificia tempestatibus. Neptunus, nereides, delphin, pompilegatus, aquilones, cauri, aurae tibi praesto sunt.*[10]

---

6 Vgl. hierzu Dagmar Thoss: Studien zum locus amoenus. Wien, Stuttgart 1972 (Wiener Romanistische Arbeiten 10).

7 Vgl. Thoss [Anm. 6], S. 55f. u. 71.

8 Vgl. Iulius Caesar Scaliger: Poetices libri septem. Bd. 3. Hrsg., übersetzt, eingeleitet und erläutert von Luc Deitz. Stuttgart, Bad Cannstatt 1995. S. 176 (Liber III. Caput CXIX. Locus): [...] *quia locorum laudes per se frequenter celebrantur* [...] . Übersetzung (S. 177): '[...] weil Orte auch an sich häufig gepriesen werden [...]'. – S. 180: *Terrae autem natura suam quaeque laudem ex poetae ingenio parabit sibi.* Übersetzung (S. 181): 'Die verschiedenen Beschaffenheiten der Erde dagegen können das ihnen angemessene Lob der Phantasie des Dichters entlocken'. – S. 180: *Illarum quidem laudes communes, tenuis vero et sterilis quaenam excogitari poterit? Salubritas aeris, ut quod de cibo demat de vita cibi minus egente addat. Strenui, seduli, gnavi incolae tantum ab se ponant operae ad opes, quantum a natura denegatum sit; ipsi sibi natura sunt.* Übersetzung (S. 181): 'Nun sind die Lobreden auf Üppigkeit und Fruchtbarkeit Allgemeingut, aber welches Lob kann man wohl auf ein karges und unfruchtbares Land ersinnen? Die gesunde Luft, so daß die Unfruchtbarkeit das, was sie an Nahrung nimmt, an Leben, das weniger Nahrung braucht, hinzutut. Die wackeren, fleißigen, tatkräftigen Einwohner sollen für ihren Besitz die Mühen auf sich nehmen, die ihnen die Natur nicht abgenommen hat; sie sind sich selbst die Natur'. – S. 180 u. 182: *Tum autem laudis partem sibi vindicent fontes, lacus, flumina, portus.* [...] *Ubi portus sit naturalis, naturae gratias ages.* Übersetzung (S. 181 u. 183): 'Sodann mögen Quellen, Seen, Flüsse und Häfen ihren Anspruch auf Lob erheben. [...] Wo es einen natürlichen Hafen gibt, kann man der Natur danken'.

9 Die sprachlichen Schemata solcher *descriptiones* wurden dem Mittelalter insbesondere durch Matthäus von Vendôme (Ars versificatoria, I 110f.) bereitgestellt.

10 Übersetzung: 'Der Ort muß unter zwei Gesichtspunkten betrachtet werden: Wohin führt die Reise und auf welchem Weg? [...] Gesetzt, jemand verläßt Rom, um sich nach Verona zu begeben: dann wird man die Göttlichkeit dieser Stadt loben, ihre unvergleichliche Lage, die Lieblichkeit der Etsch, die alten Bauwerke, die Wasserleitungen, die Brücken, die Theater. Bei dem zweiten örtli-

Im Gegensatz zu manchen anderen Texttypen hat die Natur innerhalb der Reisedichtung nicht lediglich die Funktion eines szenischen Hintergrundes, vor dem eine menschliche Handlung spielt, sondern ist selbst vielfach das primäre Objekt des Betrachters. Die Natur wird nicht nur en passant registriert, sondern als bedeutend 'erlebt'.

Hiermit ist bereits ein erster Funktionsbereich der Naturdarstellung angesprochen, wie er in der Reisedichtung begegnet: die Natur als Theater und Schauspiel. Exemplarisch sichtbar wird diese Funktion etwa bei Ausonius, der im Jahre 371 während seines Aufenthaltes am kaiserlichen Hof in Trier sein berühmtes Lobgedicht auf die Mosellandschaft verfasst hat.[11] Schon in der Einleitung des Gedichts, welche eine ebenso reale wie poetische Reise andeutet (v. 1: *Transieram*), wird vom Autor ausdrücklich vermerkt, dass er nun in eine ausschließlich natürliche, von Menschenhand nicht gestaltete Umgebung eintrete[12]: *Unde iter ingrediens nemorosa per avia solum // et nulla humani spectans vestigia cultus* [...] (vv. 5f.).[13] Der Betrachter entdeckt eine – im primären Wortsinn – unberührte und (wie sich auch noch zeigen wird) unberührbare Natur. Die 'Mosella' ist zudem geprägt durch eine ästhetische Perspektive: In Übereinstimmung mit den Vorgaben der Poetik beschreibt der Dichter mit großer Bewunderung die natürliche Schönheit des Flusses, die Klarheit seiner Fluten, die zahlreichen Fischarten sowie die grünende Uferlandschaft. Hierbei wird die ästhetische Qualität der Natur mit den Artefakten menschlicher Kultur und Zivilisation konfrontiert:

I nunc et Phrygiis sola levia consere crustis
tendens marmoreum laqueata per atria campum:
ast ego despectis quae census opesque dederunt,
naturae mirabor opus, non cura nepotum
laetaque iacturis ubi luxuriatur egestas.

---

chen Gesichtspunkt – nämlich auf welchem Wege die Reise vonstatten gehen soll – bietet sich vor allem der Appenin an, den man den Vater so zahlreicher Flüsse nennen kann. Danach kommt Florenz, unter allen Städten wohl die kultivierteste. Hierauf folgt der Po, der König der Flüsse; schließlich kommt man nach Ferrara, der schmucksten und glanzvollsten Stadt unter der Sonne. Auch bietet die natürliche Beschaffenheit der Örtlichkeiten im ganzen immer wieder Anlässe, etwas zu besingen. Wenn nämlich jemand zur See fahren muß, wie Bedeutendes, wie Vielfältiges ergibt sich dann nicht aus dem Meer? Ein Gebet gegen die Gefahren, Opfergaben für die Stürme. Neptun und die Nereiden, der Delphin und der Lotsmann, der Nord- und der Nordwestwind, die leichten Brisen – alles ist zur Hand'. Scaliger [Anm. 8], S. 110–113.

11 Gerade an diesem Beispiel kann man nachweisen, dass sich Hodoeporica poetologisch auf *descriptio loci*-Gedichte zurückführen lassen: Das primäre literarische Vorbild des Ausonius sind die *Laudes Italiae* in Vergils 'Georgica' (II 136–176).

12 Auf die weitgehende poetische Ausblendung des Menschen (als literarische Technik) in der 'Mosella' verweist R. P. H. Green: The Works of Ausonius. Edited with Introduction and Commentary. Oxford 1991. S. 458: „[...] the human world is excluded from the central picture and confined for the most part, as it were, to the ‚frame', that is, the clearly marked introduction and conclusion".

13 Übersetzung: 'Dorther betrat ich auf einsamem Steg eine waldige Wildnis. Nirgends gewahrte ich Spuren von menschlichem Schaffen [...]'. Ausonius: Mosella. Hrsg. und in metrischer Übersetzung vorgelegt von Bertold K. Weis. Darmstadt [2]1994. S. 26f.

hic solidae sternunt umentia litora harenae,
nec retinent memores vestigia pressa figuras.
Spectaris vitreo per levia terga profundo, // [...] (vv. 48–55).[14]

Opus naturae, das Werk der Natur, lässt sich durch kein menschliches Artefakt übertreffen. Die Mosel und ihre Umgebung sind gleichsam natürliche Kunstwerke, wobei es sich keineswegs um ein Oxymoron handelt, da diese Kunstwerke als Artefakte Gottes zu verstehen sind.[15] Gerade in der Konfrontation mit einer überzüchteten Kunst des Menschen wird im übrigen auch deutlich, dass die ästhetische Qualität der Natur bei Ausonius letztlich ethisch begründet ist: Nur die unberührte Natur wahrt den Gleichklang von Schönheit und Moral. Nicht nur an dieser, sondern auch an vielen anderen Stellen der 'Mosella' wird das Moment des *spectare*, d. h. des Schauens und Bestaunens, hervorgehoben. Das visuelle Vergnügen beruht auf einer Selbstinszenierung der Natur, die gleichsam ein optisches Fest veranstaltet oder – in Analogie zur menschlichen Kultur – ein Theaterstück aufführt[16]:

Iam liquidas spectasse vias et lubrica pisces
agmina multiplicesque satis numerasse catervas.
Inducant aliam spectacula vitea pompam
sollicitentque vagos Baccheia munera visus (vv. 150–153).[17]

An anderer Stelle heißt es treffend: *Nec solos homines delectat scaena locorum* (v. 169).[18] Und ähnlich liest man in einer weiteren Passage: *qua* [...] // [...] *rupes et aprica iugi flexusque sinusque* // *vitibus adsurgunt naturalique theatro* (vv. 154–156).[19] Die *scaena*, d. h. die Bühne, ist – anders als im menschlichen Theater – keineswegs nur der Hintergrund, vielmehr gibt ebendiese *scaena locorum*, d. h. die Landschaftsbühne, das Theaterstück; sie fungiert somit als Bühne und Handlung zugleich. Der Mensch hin-

14 Übersetzung: 'Geh nur, verlege auf glattem Estrich die Platten aus Phrygien, spanne Kassettendecken aus Marmor über die Hallen: Ich verzichte auf alles, was Stellung und Reichtum bescheren und bewundre das Werk der Natur: Dort macht nicht des Prassers Aufwand sich breit, amüsiert sich Dürftigkeit nicht im Vergeuden. Hier überzieht gefestigter Sand die benetzten Flußufer und an den Abdruck der Sohle erinnert kein bleibender Umriß. Durch deinen glatten Spiegel dringt der Blick in die Tiefe [...]'. Ausonius [Anm. 13], S. 28f. (Angesprochen ist hier die personifizierte Mosel).

15 Über eine in der Mosel vorkommende Fischsorte sagt Ausonius: *Quis te naturae pinxit color!* [...] (v. 110). – Übersetzung: 'Wie hat Natur dich mit Farbe verwöhnt! [...]' Ausonius [Anm. 13], S. 32f.

16 Zur Natur als Theater vgl. die Belege bei Green [Anm. 12], S. 481 (zu Vers 156).

17 Übersetzung: 'Sattsam sind nun die fließenden Straßen, der flüchtigen Fische Heere betrachtet und aufgezählt ihre endlosen Scharen. Jetzt soll ein anderer Festzug einziehn ins Rebentheater, Gaben des Bacchus mögen das schweifende Auge entzücken'. Ausonius [Anm. 13], S. 36f.

18 Übersetzung: 'Nicht für den Menschen allein ist der Schauplatz der Landschaft verlockend'. Ausonius [Anm. 13], S. 36f.

19 Übersetzung: '[...] wo [...] Felsgruppen, sonnige Halden, Partien von Windungen, Falten rebenumkränzt als natürliche Schaubühne aufwärts sich recken'. Ausonius [Anm. 13], S. 36f.

gegen ist kein Akteur, sondern begnügt sich mit der Rolle des applaudierenden Zuschauers.[20]

Mit dieser Art der Naturerfahrung steht Ausonius indes keineswegs einzigartig da. So beschreibt zu Beginn des 12. Jahrhunderts etwa der Franzose Rodulf von Torte (ca. 1063–1114) in einem lateinischen Gedicht[21], wie er im Gefolge eines hochgestellten Geistlichen namens Petrus die Normandie bereist. Während Petrus seinen Amtsgeschäften nachgeht, genießen Rodulf und andere Mitglieder der Entourage ihre freie Zeit: Sie suchen am Strand nach Steinen und bemühen sich, mit bloßen Händen Fische zu fangen.[22] Mit großem Interesse beobachtet der Dichter, wie die professionellen Fischer mit ihren Booten hinausfahren und einen Wal zu fangen suchen (vv. 281–290). Aus den Versen spricht das Vergnügen des Autors am naturhaften Schauspiel des Meeres und seiner exotischen Tiere. Der Dichter nimmt die Position des Beobachters ein, welcher von der perzipierten Szene emotional berührt wird. – Solche Passagen, wie sie in den Texten des Ausonius, des Rodulf und anderer Vertreter lateinischer Reisedichtung begegnen, solche Passagen also, in denen die Natur in dieser Weise inszeniert wird, könnte man unter der Überschrift 'Theatertypus' subsumieren.

Die emotionale Beteiligung des menschlichen Betrachters am naturhaften Geschehen schlägt bereits eine Brücke von diesem ersten Typus zu einer zweiten, ebenfalls funktional definierten Art der Naturerfahrung und Naturdarstellung. In vielen Reisegedichten wird die Natur nicht nur als wunderbares Objekt beobachtet und genossen, sondern als eine Bedrohung erfahren. Wie im antiken Epos, so dient auch im Reisegedicht das bedrohliche Einwirken der Naturelemente als poetisches Instrument zur Dramatisierung der Szene. Die Natur wird auf diese Weise dynamisiert, sie figuriert nicht lediglich als ein perzipiertes Objekt, sondern ist ein Faktor, der das Bühnengeschehen, in das sich der reisende Mensch gestellt sieht, in bedrohlicher Weise beeinflusst. Sie avanciert somit zum Gegenspieler des Menschen, der ebenso wie sie selbst als ein Protagonist des Schauspiels agiert. Wie beim ersten Typus, so wird auch hier die Natur 'erlebt', doch ist das Erlebnis negativer Art.

Venantius Fortunatus, der berühmte Poet des 6. Jahrhunderts, schildert in einem seiner kleineren Gedichte (carmen 11, 25) eine winterliche Bootsfahrt, die sich durch das stürmische Einwirken der Naturelemente zu einem gefährlichen Abenteuer entwickelt; die Reise wird somit dramatisch ausgestaltet. Ähnliche Dramatisierungen beobachtet

---

20 Vgl. auch: *Illa fruenda palam species*, [...] (v. 189). – Übersetzung: 'Volles Genießen erlaubt jenes Bild [...]'. Ausonius [Anm. 13], S. 38f.

21 Epist. IX, in: Rodulfi Tortarii Carmina. Hrsg. von Marbury B. Ogle u. Dorothy M. Schullian. Rom 1933 (Papers and Monographs of the American Academy in Rome 8). S. 319–330.

22 *Fluctibus atritos lego cum ductore lapillos, // Crure tenus limphas pervagor aequoreas. //* [...] *// Me praesente truci piscem clamore secuti, // Frustrati, casses nam deerant, redeunt.* (vv. 265f. u. 269f.). Rodulfi Tortarii Carmina [Anm. 21]. – Übersetzung: 'Zusammen mit unserem Reiseführer sammle ich Steinchen, die von den Fluten geglättet sind. Bis zu den Oberschenkeln durchnässt, laufe ich durch das Wasser. [...] Ich bin Zeuge, wie sie mit wildem Geschrei dem Fisch folgen, doch ohne Erfolg zurückkehren, da ihnen ein Netz fehlte'.

man in zahlreichen mittellateinischen Texten, in denen insbesondere die Gefahren einer Seereise plastisch vorgeführt werden. Laurentius von Durham, der Dichter des frühen 12. Jahrhunderts, erzählt in seinen poetischen 'Dialogi'[23] von einem Sturm, in den er mit seinem Schiff gerät:

Nec satis hoc: nox atra fretum caelumque recondit,
Nec quibus obruimur paene videmus aquas:
Grandine praeterea consternimur, imbre mademus,
Fluctibus impetimur, multa procella furit.
Concordes rupisse putes elementa catenas,
Haec et in antiquum sponte redisse chaos (III 167–172).[24]

Der Sturm wird von Laurentius als eine für den Menschen potenziell tödliche Erfahrung erlebt[25], als eine Entfesselung der Naturelemente, somit als eine temporäre Rückkehr in jenen chaotischen Urzustand, wie er in der 'Cosmographia' des Zeitgenossen Bernardus Silvestris seitens der personifizierten Natura beklagt wird. Beide, Bernardus Silvestris und Laurentius von Durham, schöpfen hierbei sprachlich aus dem ersten Buch der 'Metamorphosen' des Ovid (I 5–31).

Noch weiter ausgearbeitet ist dieses literarische Konzept der Naturdarstellung in einem als 'Carmen novale' betitelten Reisegedicht des englischen Lehrers William Pore, das im ersten Drittel des 13. Jahrhunderts entstanden ist.[26] Pore möchte nach eigener Aussage die *casus viales*, d. h. die Gefahren und Unglücksfälle während einer Reise, in das Zentrum des Textes stellen.[27] Die Gefahren aber gehen von der natürlichen Umgebung der Reisenden aus, weshalb Pore das Gedicht u. a. als *carmen topographale*, als landschaftsbeschreibendes Gedicht, charakterisiert.[28] Der Autor erzählt, wie er zusam-

---

23 Dialogi Laurentii Dunelmensis monachi ac prioris. Hrsg. von J. Raine. Durham 1880 (Surtees Society Publications 70).

24 Übersetzung: 'Und nicht allein dies: Schwarze Nacht verbirgt das Meer und den Himmel, und nur mit Mühe sehen wir die Wassermassen, welche auf uns einstürzen. Zudem werden wir vom Hagel niedergeworfen, sind vom Regen durchnässt, werden von den Fluten bedrängt; es tobt ein heftiger Sturm. Man hätte meinen können, dass die Elemente ihre Eintracht stiftenden Ketten zerrissen haben und dass sie aus eigenem Antrieb in das frühere Chaos zurückgefallen sind'.

25 Vgl. z. B.: *Mors etenim venti, mors aequora, mors ibi grando, // Mors aqua, mors frigus, mors fera turbo fuit* (III 175f.). Dialogi [Anm. 23]. – Übersetzung: 'Denn dort bedeuteten die Winde den Tod, die Fluten den Tod, der Hagel den Tod, das Wasser den Tod, die Kälte den Tod, der wilde Sturm den Tod'.

26 Vgl. die Edition von Haye [Anm. 4].

27 *Nostros, quando placet, casus metrabo viales* (v. 138). Zit. nach Haye [Anm. 4]. – Übersetzung: 'Ich werde unsere Erlebnisse während der Reise besingen, wenn es beliebt'.

28 *Nam metrum tale tibi continet hic speciale, // Tangit penale, tangit quandoque iocale, // Nunc est morale, proprium nunc, nunc generale, // Nunc cronographale, nunc sistit gramaticale, // Nunc topographale, per causam fit variale* (vv. 6–10). Zit. nach Haye [Anm. 4]. – Übersetzung: 'Denn dieses Gedicht hält etwas Besonderes für dich bereit; es berührt Aspekte der Buße, bisweilen auch Witziges; bald ist es moralisierend, bald spezifisch, bald allgemein gehalten; bald erzählt es eine

men mit seinen Schülern während einer winterlichen Bootsfahrt durch Frost, Sturm, Regen, Gewitter und schlammigen Untergrund existenziell bedroht wird; die entfesselte Natur agiert somit auch hier als Gegenspieler des Menschen. Pore beschreibt eine von den Lebewesen verlassene, gleichsam evakuierte Flusslandschaft, die in scharfem Kontrast zur zivilisierten Welt steht: Die Reisenden sehen kein Vieh auf der Weide, sie hören keine Vögel zwitschern, selbst die wilden Tiere des Waldes sind verschwunden (vv. 210–262). Es herrscht eine geradezu gespenstische Atmosphäre[29], in der die Reisenden den Gewalten der unbelebten Natur ausgesetzt sind:

Nam nothus et zephirus cum magna peste ruentes
Et boreas dirus sunt terras, astra moventes.
Nubes densantur ymbresque, nives generantur.
Lumina quassantur mundo, tenebrosa creantur.
Ymbres descendunt, sunt nix et grando sequentes.
Ad nos se tendunt, nimium sumus inde dolentes (vv. 307–312).[30]

Bei allen Beispielen, in denen die dramatisierte Natur als eine elementare Bedrohung des Menschen erscheint, fällt auf, dass sie sprachlich und motivisch durch die Sturmszenen antiker Epen beeinflusst sind, d. h. mittelbar durch Homers 'Odyssee', unmittelbar vor allem durch Vergils 'Aeneis'[31] und Ovids 'Metamorphosen' (XI 474–569). Man darf daher von einem 'epischen Typus' funktionaler Naturdarstellung sprechen.

Nach den vielen ungemütlichen Naturerfahrungen ist es ratsam, nunmehr wieder zu einer entspannteren und völlig undramatischen Form des literarischen Reisens überzugehen. Im sog. Moselgedicht des bereits erwähnten Venantius Fortunatus (carmen 10, 9 'De navigio suo') fungiert die Flusslandschaft – ähnlich wie bei Ausonius – als Objekt und Thema des reisenden Dichters.[32] Ebenso wie in der 'Mosella' wird dort der optische Genuss durch zahlreiche Verben des Sehens und Staunens zum Ausdruck gebracht.[33] Allerdings zeigt sich zumindest an einer zentralen Stelle des Textes ein klarer Unterschied in der Funktionalisierung der Natur. Als nämlich während der Bootsfahrt auf der

Geschichte, bald tritt es als Grammatik auf, bald als Landschaftsbeschreibung; je nach dem Einzelfall verändert es sich'.

29 *Heumenides vere per mundum tunc patuere* (v. 263). Zit. nach Haye [Anm. 4]. – Übersetzung: 'Wahrhaftig zeigten sich damals die Rachegöttinnen überall auf der Welt'.

30 Übersetzung: 'Denn der Südwind und Westwind und der grausame Nordwind stürmen mit großer Wut heran und bewegen die Landschaft, die Sterne. Es verdichten sich die Wolken, und es entstehen Regen- und Schneeschauer. Verjagt werden die Lichter am Himmel, und Finsternis zieht herauf. Der Regen strömt herab, und es folgen Schnee und Hagel. Sie richten sich gegen uns, und dann haben wir sehr zu leiden'.

31 Grupp [Anm. 4], S. 126 weist zu Recht darauf hin, dass insbesondere das dritte Buch der 'Aeneis' als kohärentes Reisegedicht verstanden werden kann; vgl. Aeneis III 716f.: *Sic pater Aeneas* [...] // [...] *cursusque docebat.* – Übersetzung: 'So beschrieb Vater Aeneas [...] seine Fahrten'.

32 Zur Interpretation des Gedichts vgl. Judith W. George: Venantius Fortunatus. A Latin Poet in Merovingian Gaul. Oxford 1992. S. 182–184.

33 Vgl. z. B. *cernere* (v. 11); *prospicimus* (v. 25); *respicis* (v. 31).

Mosel zum Vergnügen der Reisenden musiziert wird, hallen die Berge und der Fluss wie in einem naturhaften Konzert vom Klang der Instrumente wider[34]:

laxabat placidos mox aerea tela susurros,
respondit cannis rursus ab alpe frutex.
nunc tremulo fremitu, modo plano musica cantu
talis rupe sonat qualis ab aere meat.
carmina divisas iungunt dulcedine ripas,
collibus et fluviis vox erat una tropis (vv. 55–60).[35]

Die Natur ist hier offenkundig nicht als göttliches Schauspiel inszeniert; denn der Mensch fungiert nicht nur als distanzierter Beobachter, vielmehr gehen mit Hilfe der Musik, welche vom Menschen kommt und in der natürlichen Landschaft ihren Widerhall findet, der humane Mikrokosmos und der naturhafte Makrokosmos eine im doppelten Wortsinn harmonische Verbindung ein. Allerdings kennt dieser Wechselgesang nur eine Richtung: Der Mensch agiert und die Natur reagiert. – Solche Texte oder Textpartien, in denen der Mensch in eine harmonische Verbindung mit der Natur eintritt und die Landschaft den seelischen Zustand des Reisenden spiegelt, begleitet oder als Echo repliziert, könnte man mit dem Begriff des ‘lyrischen Typus’ belegen.

Bereits im Zusammenhang mit der ‘Mosella’ des Ausonius hat sich gezeigt, dass die Schönheit der Natur als Artefakt einer göttlichen Instanz verstanden werden kann. Dieser Gedanke verweist auf einen weiteren, vorläufig den letzten, ebenfalls funktional definierten Typus der Naturdarstellung. Man könnte ihn den ‘metaphysischen’ nennen, da er die äußere Gestalt der Natur transzendiert und hinter der Landschaftsfassade einen Sinn zu entdecken sucht. In der zweiten Hälfte des 5. Jahrhunderts verfasst Rutilius Claudius Namatianus ein Reisegedicht ‘De reditu suo sive Iter Gallicum’, in dem er eine Fahrt entlang der italienischen Küste beschreibt. Nach der Ausfahrt aus dem Hafen Pisas erblickt Rutilius die Hänge des Appennin, von denen er sich (so wie Scaliger es ein Jahrtausend später in seiner Poetik empfiehlt)[36] zu einer *laus Italiae* anregen lässt:

Si factum certa mundum ratione fatemur
consiliumque dei machina tanta fuit,
excubiis Latiis praetexuit Appenninum
claustraque montanis vix adeunda viis.
invidiam timuit natura parumque putavit

34 Grupp [Anm. 4], S. 180 verweist auf Ausonius’ Mosella, vv. 167 u. 295–297 als motivische Vorlagen.

35 Übersetzung: ‘Gleich darauf brachte das klingende Gewebe [sc. der Leier] sanfte Töne hervor; hierauf antwortet mit dem Schilfrohr vom Hügel das Gebüsch. Bald mit trillerndem Ton, bald mit ruhigem Gesang, erklingt die Musik auf dem Fels, so wie sie vom Erz [sc. der Saiten] kommt. Die Lieder verbinden durch ihre Süße die voneinander getrennten Ufer; auf den Bergen und in den Fluten ertönten die Melodien nur mit einer einzigen Stimme’. Text nach Venanti Honori Clementiani Fortunati presbyteri Italici opera poetica. Hrsg. von Friedrich Leo. Berlin 1881 (MGH, Auctores antiquissimi IV 1). S. 242–244.

36 Siehe Anm. 10.

Arctois Alpes opposuisse minis,
sicut vallavit multis vitalia membris
nec semel inclusit quae pretiosa tulit.
iam tum multiplici meruit munimine cingi
sollicitosque habuit Roma futura deos (II 29–40).[37]

Die gestaltete Natur trägt nach Ansicht des Reisenden Rutilius in sich einen Sinn, der ihr von einer göttlichen Macht eingegeben worden ist. Die Natur wird hier verstanden als sinnhaftes Konstrukt, als eine *machina dei*, welche für den Menschen eine Funktion erfüllt, die über das visuelle Vergnügen weit hinausgeht: Der reisende Betrachter kann nach dem Sinn der Natur fragen, und diese Natur wird ihm durch ihre Gestalt antworten. Berühmt ist ein dem hochmittelalterlichen Theologen Alanus ab Insulis zugeschriebenes Gedicht, welches mit den Versen beginnt: *Omnis mundi creatura quasi liber et pictura nobis est in speculum.*[38] – Die Natur ist für den Menschen wie ein Buch, durch dessen Lektüre Gott erkennbar wird. Dieses *Natura loquax*-Konzept[39], wie es insbesondere die Schrift 'De doctrina christiana' des Augustinus dem Mittelalter vorgegeben hat, wird in dem eben erwähnten Gedicht des Alanus ab Insulis nur auf die belebte Welt, speziell auf die Pflanzenwelt bezogen. Rutilius hingegen sieht – und hier steht er ganz in der Nachfolge des in diesem Falle stoisch beeinflussten Philosophen Cicero[40] – auch die unbelebte Natur als Trägerin eines göttlichen Zeichens und als Ausfluss göttli-

37 Übersetzung: 'Wenn wir zugeben, daß die Welt nach einem bestimmten Plane geschaffen und ein so gewaltiges Kunstwerk Absicht eines Gottes gewesen ist, so hat er Latium, dem Vorland und Außenposten Roms, den Appenninus vorgeschoben und damit einen kaum auf Bergpfaden ersteigbaren Gebirgsriegel vorgelegt. Die Natur fürchtete den Neid, und sie begnügte sich nicht damit, den Drohungen aus dem Norden die Alpen entgegengesetzt zu haben, so wie sie die lebenswichtigen Organe des menschlichen Körpers mit vielen Schutzwällen umgab und nicht bloß einmal einschloß, was sie Kostbares hervorbrachte. Schon damals ward es dem zukünftigen Rom zuteil, mit einer vielfachen Schutzwehr umgürtet zu werden, und schon damals erfreute es sich der sorgenden Liebe der Götter'. Text und Übersetzung nach Rutilius Claudius Namatianus: De reditu suo sive Iter Gallicum. Hrsg., eingeleitet und erklärt von Ernst Doblhofer. 2 Bde. Heidelberg 1972 u. 1977. Hier Bd. 1. S. 138f.

38 Übersetzung: 'Jegliches Geschöpf auf Erden ist so, wie ein Buch und Bild, für uns eine Spiegelung'. Lateinische Lyrik des Mittelalters. Ausgewählt, übersetzt und kommentiert von Paul Klopsch. Stuttgart 1985. S. 302f.

39 Vgl. hierzu Wolfgang Harms u. Heimo Reinitzer (Hgg.): Natura loquax. Naturkunde und allegorische Naturdeutung vom Mittelalter bis zur frühen Neuzeit. Frankfurt a. M., Bern 1981 (Mikrokosmos. Beiträge zur Literaturwissenschaft und Bedeutungsforschung 7). Bes. S. 7–16.

40 Vgl. Cicero, De providentia 34: *Alpibus Italiam munierat antea natura non sine aliquo divino numine; nam si ille aditus Gallorum immanitati multitudinique patuisset, numquam haec urbs summo imperio domicilium ac sedem praebuisset* (Vgl. hierzu den Kommentar von Doblhofer [Anm. 37], Bd. 2, S. 271 zu Vers 2, 36 u. 31–40). – Übersetzung: 'Nicht ohne Einwirken eines Gottes hatte die Natur Italien zuvor durch die Alpen geschützt. Denn wenn dieses Einfallstor den riesenhaften und zahlreichen Galliern offengestanden hätte, so hätte diese Stadt niemals der höchsten Macht Wohnsitz und Heimstatt geboten'.

cher Vorsehung (*Pronoia*). An der Gestaltung dieser Natur kann der Mensch ablesen, ob er die Gunst der Götter genießt.

Es ist nicht zu bestreiten, dass auch im Bereich der anderen Funktionstypen, d. h. beim Theatertypus sowie beim epischen und lyrischen Typus, stets die Möglichkeit einer metaphysischen Aufladung besteht. So kann etwa die Bedrohung des Menschen durch die Natur als göttliche Prüfung oder Strafe für humanes Fehlverhalten gedeutet werden. Selbstverständlich ist bei diesen und allen anderen Formen der Naturdarstellung mangels ideologischer Alternative die Natur stets als göttliche Schöpfung gedacht, und daher wird durch das Medium der Natur eine Verbindung von menschlicher und göttlicher Sphäre angedeutet. In den 'Etymologiae' des Isidor von Sevilla heißt es dazu lapidar: *Natura dicta ab eo, quod nasci aliquid faciat. Gignendi enim et faciendi potens est. Hanc quidem Deum esse dixerunt, a quo omnia creata sunt et existunt* (XI 1, 1).[41] Wenngleich somit dieser numinose Aspekt bei jeder Naturdarstellung mitzudenken ist, wird er doch bei den einzelnen Funktionstypen, die hier präsentiert wurden, unterschiedlich stark herausgestellt und gewichtet. Der sog. metaphysische Typ zeichnet sich dadurch aus, dass bei ihm das eigentlich Selbstverständliche expliziert und gedanklich weiter ausgearbeitet wird. – Es liegt auf der Hand, dass mit der Vorstellung von vier Funktionstypen noch keine erschöpfende Behandlung des gestellten Themas erreicht ist. Zweifellos lässt sich die Zahl der Formen und Funktionen von Naturdarstellung, wie sie in Reisegedichten begegnen, noch erheblich vermehren. Dennoch dürfte sich zumindest angedeutet haben, dass die lateinische Reisedichtung eine überaus ergiebige Quelle für die Untersuchung mittelalterlicher Naturkonzeptionen ist.

41 Übersetzung: 'Die Natur heißt deshalb so, weil sie etwas entstehen lässt. Sie ist nämlich in der Lage, etwas zu erzeugen und zu schaffen. Man hat sie ja als Gott bezeichnet, durch den alles geschaffen ist und existiert'.

ADELHEID KRAH

Wahrnehmung und Funktionalisierung der Natur im Krieg aus der Perspektive des 9. Jahrhunderts

Bekanntlich ist die Art der menschlichen Wahrnehmung subjektiv und situationsbedingt, d. h. deren Intensität abhängig von der Stimmung und vom Willen der Person, von Motivation und Absicht. Die Art der menschlichen Wahrnehmung wird ferner ganz entscheidend von zeitgeschichtlichen Strömungen beeinflußt, wodurch einerseits die Bereitschaft zur Erkenntnis der Phänomene stimuliert und motiviert wird, andererseits ein vorgefertigtes Werte- und Ordnungssystem auch sprachlich zur Verfügung steht, in das die erkannten Phänomene ganz selbstverständlich eingeordnet, Bekanntem zugeordnet werden. Die Frage nach dem Modus der Wahrnehmung des Eigenen und des Anderen, auch der Natur, ist zunächst eine erkenntnistheoretische Fragestellung, dann eine soziologische und zuletzt ein Problem der Historik, die vor allem die unterschiedliche Art der Wahrnehmung in den Gesellschaftssystemen vergangener Epochen thematisiert. Die Theorie der Erkenntnislehre ist freilich dem Historiker nützlich. War doch zu allen Zeiten eine in den Quellen dokumentierte Standortbestimmung des einzelnen Menschen abhängig von der Erkenntnis des eigenen Seins, dem Wert der Gesellschaft und dem Rang der Stellung, den die Person in ihr einnimmt. Hinzukommt stets die Ausrichtung von Mensch und Gesellschaft nach moralisch-ethischen Wertekategorien, die nie erreicht werden.[1]

Im eschatologischen Weltbild des Mittelalters nimmt der Mensch als Gottes Geschöpf und Ebenbild innerhalb der nach dem Genesisbericht sukzessiv kreierten Harmonie der Schöpfung den ersten Platz ein. Damit ist ihm die Verpflichtung auferlegt, die Harmonie dieses göttlichen Ordo zu bewahren. Daneben ist allerdings mit dem Verlust des Paradieses und dem tödlichen Ausgang des biblischen Bruderstreits zwischen Kain und Abel die Disharmonie als ein das Weltgeschehen prägendes Prinzip

1 Vgl. zu dieser Problematik das noch immer grundlegende Werk von Martin Heidegger: Sein und Zeit. Tübingen 2001[neueste Ausgabe]; ferner Hans-Georg Gadamer: Wahrheit und Methode. Grundzüge einer philosophischen Hermeneutik. Tübingen 1960 sowie die kleine Standortbestimmung von Reinhart Koselleck u. Hans-Georg Gadamer: Hermeneutik und Historik. Heidelberg 1987 (Sitzungsberichte der Heidelberger Akademie der Wissenschaften, Phil.-hist. Kl., Jg. 1987, 1).

institutionalisiert und durch die Rezeption der biblischen Dogmatik legalisiert. Augustinus etwa hat die Konsequenz des Brudermordes (Genesis 4), daß nämlich die Ordnung der Gesellschaft durch die Nachkommen Kains entstanden und durch den Brudermord belastet ist, intensiv beschäftigt.[2]

Der Krieg bestimmt im Wechsel mit den Friedenszeiten den Rhythmus der Weltgeschichte. Dies lehrt schon die Bibel. Das zerstörerische Element als solches konnte allerdings in den Geschichten des Alten Testaments auch häufig Mittel zum Zweck sein, mit dem sich – wie in vielen Beispielen anschaulich dokumentiert – die gestörte Ordnung zwischen Gott und den Menschen wiederherstellen ließ. Denn war das göttliche Prinzip, die Ausrichtung des auserwählten Volkes auf den einen Gott und seine Gebote durch deren Mißachtung, die Abwendung der Menschen von Gott und die Negierung dieser gesellschaftlich-ethischen Vorgaben, somit durch Sündhaftigkeit verletzt worden, dann folgten als schicksalhafter Wechsel und Strafe Gottes auf Friedenszeiten Krieg und Gefangenschaft. Eine Friedenszeit wurde erst wieder nach eingehender Buße der Kollektivschuld für spätere Generationen möglich.[3]

Unter dem Schlagwort *peccata omnium*, *peccata nostrorum* begegnet eine biblisch orientierte Sichtweise in den Quellentexten bereits gegen Ende der Regierungszeit Kaiser Ludwigs des Frommen und in den folgenden mittleren Jahrzehnten des 9. Jahrhunderts – als gedankliche Vorgabe, gesteuert von kirchlichen Kreisen. Die Kollektivierung der Schuldfrage wird zur plausiblen Erklärung für den Bruderkrieg unter den Söhnen Ludwigs des Frommen und für die Plünderung der dänischen Wikinger im Frankenreich.[4] Das Ende der Friedenszeit schien erreicht und nur als Strafe Gottes erklärbar, die im Ablauf des biblischen Welt- und Heilsgeschehens eben durch das

---

2 Vgl. hierzu Erich Zenger: Schöpfung. In: Lexikon für Theologie und Kirche. Bd. 9 ([3]2000). Sp. 217–220; Udo Rüterswörden: Kain und Abel. In: Lexikon für Theologie und Kirche. Bd. 5 ([3]1996). Sp. 1126f.; Christoph Dohmen: Paradies. In: Lexikon für Theologie und Kirche. Bd. 7 ([3]1998). Sp. 1359–1363 und Genoveva Nitz zur Ikonographie des Begriffs Sp. 1363f. – Zur 'Stadt des Kain' bei Augustinus vgl. zuletzt Donald X. Burt: Cain's City: Augustine's Reflections on the Origins of the Civil Society. In: Christoph Horn (Hg.): Augustinus De civitate Dei. Berlin 1997 (Klassiker Auslegen 11). S. 195–210. – Nicht verkannt werden soll die ethnologische Dimension des Problemfeldes Aggression und Krieg. Vgl. hierzu aus der neuesten Literatur die Überlegung von Robert A. Hinde: Is war a consequence of human aggression? In: Seymour Fleshbach u. Jolanta Zagrodzka (Hgg.): Aggression: biological, developmental and social perspectives. New York 1997. S. 177–183; ferner Harold P. Blum: Gerechtfertigte Aggression und Alterationen des Überichs. In: Inge Scholz-Strasser (Hg.): Aggression und Krieg. Wien 1994. S. 148–167 und die Beiträge im Sammelband von Jo Groebel u. Robert A. Hinde (Hgg.): Aggression and war. Their biological and social bases. Cambridge u. a. 1989 (mit weiterer Literatur); schließlich soll hier der Hinweis auf das Buch von Alexander Alland: Aggression und Kultur. Frankfurt a. M. 1974 nicht fehlen, das die wohl zu allen Zeiten aktuelle Kohärenz von Territorialität und Aggression im Spannungsfeld sozialer Vorgaben und Strukturen diskutiert.

3 Vgl. Buch der Könige 2, VIII sowie Buch Esra 1.

4 Vgl. Adelheid Krah: Die Entstehung der 'potestas regia' im Westfrankenreich während der ersten Regierungsjahre Kaiser Karls II. (840–877). Berlin 2000. S. 154f. (mit weiterer Literatur).

schuldhafte Handeln der Menschen provoziert wird. In einem solchen Weltbild ließ sich Fehlverhalten schlechthin, vor allem aber das eigene, a priori unterstellte moralische plazieren, das dann schicksalhaft immer Bedrohung und Aggression nach sich zieht.

Der Topos *peccata omnium* ist Ausdruck eines fatalistischen Zeitgeistes in den Werken von Autoren monastisch-klerikaler und konservativer Kreise, denen ohnehin Bewaffnung und Gegenwehr kirchenrechtlich verboten waren, so daß den Konventen nur die Flucht vor der aggressiven Bedrohung ihres Lebensraumes durch die dänischen Wikinger als Ausweg blieb. Eine Legitimierung der bewaffneten Gegenwehr für Mönche wurde offenbar angedacht und war in visionären Erzählungen artikulierbar.[5] Der Verlust des Lebensraumes und des harmonischen Gleichgewichtes von Mensch und Natur durch die Flucht wurde als emotionale Belastung empfunden, die in den Schilderungen der hagiographischen Translationsberichte – sowohl der Vorbereitung der Flucht als auch der späteren, glücklichen Rückkehr der Konvente – sehr plastisch zum Ausdruck kommt. Das größere Problem der Autoren scheint jedoch die Rechtfertigung der Entscheidung gewesen zu sein, das Stammkloster, das durch die Präsenz des Klosterpatrons das harmonische Gleichgewicht von Gott, Mensch und Natur garantierte und das Lebenszentrum war, aufzugeben und auf entfernt gelegene Besitzungen mit den Reliquien der Heiligen auszuweichen.[6] Um einen derartigen Schritt bei drohender Gefahr auch theologisch rechtfertigen zu können, bedurfte es einer Reihe von Zeichen und Wundern, von Fiktionen und Visionen sowie von Naturerscheinungen, die außergewöhnlich und im Kanon visionärer Literatur bekannt waren, und zwar als Reflexionen eines gütigen Gottes auf Erden, die der Klosterpatron seinem Konvent vermittelte. Wenn etwa am Karsamstag des Jahres 845 kurz vor der drohenden Ankunft der Nor-

5 Sehr subtil ist die Kritik am Zeitgeschehen des Jahres 846 in der Germanus-Vision eines Mönches aus St-Germain-des-Prés: Dieser wird vom Heiligen in der Abteikirche gebeten, ihm beim Ablegen der Rüstung und der Waffen nach dem Kampf mit den Normannen behilflich zu sein (cap. 29). Hiermit korrespondiert im folgenden Kapitel die Äußerung des Normannenführers Ragnar, daß auf christlichem Boden die Toten mehr Tapferkeit als die Lebenden bewiesen hätten; denn niemand habe Widerstand geleistet außer der greise, von den Seinen aus dem Grab, in dem er 300 Jahre lang ruhte, geholte Germanus (cap. 30). Vgl. Translatio S. Germani Parisiensis. Hrsg. von Carolus de Smedt, Gulielmus van Hoff u. Josephus de Backer. Paris, Brüssel 1883 (Analecta Bollandiana II). S. 69–98, hier S. 90f. u. 92. – Das Ganze ist etwas anders, aber ebenfalls kritisch arrangiert in der jüngeren Fassung der Translatio durch den Mönch Aimoin von St-Germain-des-Prés: Dieser wählte eine elegantere sprachliche Darstellung durch die Form eines Zwiegesprächs zwischen dem Visionär und dem Heiligen, die ihm die Möglichkeit gibt, eine Interpretation mit lehrhaftem Charakter anzuschließen und eine etwaige Kritik an der mangelnden Verteidigung und vielleicht auch an der Translatio geschickt abzuwenden (cap. 12 u. 18): Der Heilige ist immer ein wirkungsvoller metaphysischer Helfer. Vgl. Aimoin: De miraculis Sancti Germani, in: Migne, Patrologia Latina 126. Paris 1879. Sp. 1027–1050, hier Sp. 1035 u. 1038.

6 Eine kleine Übersicht über wichtige Translationen als Reaktionen auf Normanneneinfälle findet sich bei Adelheid Krah: Reliquienverehrung und Reliquienerwerbung im 9. Jahrhundert. In: Renate Pillinger u. Erich Renhard (Hgg.): The Divine Life, Light and Love. Festschrift in Honour of Petro B. T. Bilaniuk. Graz 1992. S. 97–109, hier S. 99.

mannen in Paris die ganze Stadt evakuiert wurde und im Germanuskloster ein *ignis divinus* die Kirche erhellte[7], dann wird bei solcher Wahrnehmung die Natur funktionalisiert.

Als Zwischenergebnis ist also festzuhalten, daß um die Mitte des 9. Jahrhunderts in den Klöstern die Natur bewußt als Teil der Schöpfung miteinbezogen und somit der Ordo Gott-Mensch-Natur als ein harmonisches Ganzes verstanden wurde. Dieses befindet sich in einem statischen Gleichgewicht, ist aber auch eine flexible Konstante, die den zeitlichen Veränderungen standhält und aggressive Bedrohung überdauert. Der Ordo Gott-Mensch-Natur bietet in Zeiten der Unruhe Schutz, wenn der Mensch auf diesen Kreislauf achtet und ihn sich erhält, indem er vor existentiellen Gefahren an einen besseren Ort flieht, eben weil ein solcher Schritt die Kontinuität des geregelten Lebensrhythmus garantiert. Der Exodus ist kein Randthema, sondern als Lösungsmöglichkeit autorisiert; denn auf die Flucht folgte die glückliche Rückkehr an den Gott gefälligen Ort – ins gelobte Land. Der biblische Exodus ließ sich also leicht auf die Situation in Neustrien und an der Loire transponieren, wie Felice LIFSHITZ richtig erkannt hat.[8] Ein Paradebeispiel für den Exodus der Klöster ist der mehrfache Ortswechsel des Konvents des hl. Philibert von der Insel Noirmoutier in der Loiremündung in das Landesinnere. Bereits 836 mußten die Mönche ihr angestammtes Kloster auf der Flucht vor den Wikingern verlassen. Zunächst schien der Platz Déas/St-Philibert-de-Grand-Lieu sicher; doch Ende des Jahres 845 wurde dem Konvent von Karl II. Cunault, zwischen Angers und Tours an der Loire, als weiterer Zufluchtsort bestätigt und 858 dann auch aufgesucht. Von dort flohen die Mönche 862 nach Messay-en-Poitou und zuletzt 875 nach Tournus.

Die folgenden Ausführungen sollen mit einem Hinweis zum Verständnis der Quellentexte beginnen. Es fällt auf, daß in den Translationsberichten die räuberischen Einfälle der dänischen Wikinger in das Frankenreich über die Flußläufe und im Bereich der Küstengebiete immer als kriegerische Auseinandersetzungen, als *bella*, bezeichnet werden. Die Plünderung und die Brandschatzung der Landschaften und Handelsstädte an den Flußläufen wurden als Verwüstungszüge heidnischer Aggressoren verstanden, nicht als räuberische Piraterie. Hieraus resultieren die schon früh unternommenen Versuche, den Gegner militärisch im Landesinneren anzugreifen, die jedoch fehlschlugen. Natürlich hängt dies auch mit unterschiedlichen Vorstellungen von der Kriegsstrategie zusammen: Im Karolingerreich wurden kriegerische Attacken und deren Abwehr von Heeresverbänden in offener Feldschlacht ausgetragen. Für die skandi-

---

7 Vgl. Translatio S. Germani Parisiensis [Anm. 5], S. 75f. (cap. 9) sowie Aimoin [Anm. 5], Sp. 1031 (cap. 3).

8 Felice Lifshitz: The migration of Neustrian relics in the Viking Age: the myth of voluntary exodus, the reality of coercion and theft. In: Early Medieval Europe 4 (1995). S. 175–192. Vgl. zum Folgenden auch Krah [Anm. 6] und Krah [Anm. 4], S. 244f. (mit weiterer Literatur).

navischen Wikinger waren dagegen die Schiffe die Basis ihrer aggressiven Beutezüge.[9] Daß Piraterien aber generell als *bella* in westfränkischen Texten bezeichnet wurden und als Landkriege galten – was nach unserem heutigen Verständnis die Sache nicht trifft und zu falschen Abwehrmechanismen führte – dürfte mit dem Bekanntheitsgrad der 'Etymologiae' des Isidor von Sevilla zusammenhängen. Dort findet sich nämlich als Worterklärung *bella* [...] *interna, externa, servilia, socialia, piratica*, wobei auch Isidor die Verständnisschwierigkeit von *bella piratica* erkannt hat, denn er erklärt den Begriff mit dem Hinweis auf die Verwüstung des Landes: *Nam piratica bella sunt sparsa latronum per maria* [...] *non solum navibus commeatus, sed etiam insulas provinciasque vastantibus.*[10] Weil sich Isidor am Wissensstand seiner Zeit und damit an den Quellen der Antike orientierte, läßt eine solche Definition die Bedeutung der Flußläufe als Gefahrenquelle unberücksichtigt und erfaßt deshalb auch nicht die Taktik der dänischen Wikinger. So könnte es möglich sein, daß die Rezeption dieser Definition in westfränkischen intellektuellen Kreisen aufgrund der Autorität ihres Urhebers verhindert hat, die Flußläufe als Gefahrenquelle frühzeitig zu erkennen. Denn erst relativ spät – zu den Jahren 862 und 864 – finden sich in der annalistischen Geschichtsschreibung Hinweise auf gezielten Brückenbau und neue Befestigungsanlagen in der Seine, wodurch es gelang, den Wikingern die Schiffahrt und die gewohnten Verwüstungs- und Plünderungszüge entlang des Flusses zu verwehren.[11]

Bleiben wir an der Seine: Diese durchfließt Neustrien von Süden nach Norden und teilt das Land in östlich und westlich gelegene Gebiete; die westlichen werden im Süden von der Loire begrenzt, südlich der Loire liegt Aquitanien. Zahlreiche Flüsse münden von Ost und West in die Seine und bilden ein Verkehrsnetz für die Schiffahrt bis

---

9 Eine sehr abgewogene Darstellung zum Problem der nordischen Expansion bietet Torsten Capelle: Die Wikinger. Darmstadt 1988. S. 85–103. Vgl. hierzu ferner Jens Peter Schjødt: The Ship in Old Norse Mythology and Religion. In: The Ship as Symbol in Prehistoric and Medieval Scandinavia. Copenhagen 1995 (Publications from the National Museum. Studies in Archeology and History 1). S. 20–24 sowie sehr konkret die experimentellen Forschungen von Erik Nylén: Das Wikingerschiff im Ostseeraum und die Flußwege gegen Südosten. In: Sven-Olof Lindquist u. Birgitta Radhe (Hgg.): Society and trade in the Baltic during the Viking Age. Uddevalla 1985. S. 251–264. – Ein hervorragender Forschungsansatz – allerdings bezogen auf die Kiewer Rus und den angelsächsischen Raum – wurde vorgelegt von Niels Lund: Peace and Non-Peace in the Viking Age – Ottar in Biarmaland, the Rus in Byzantium and the Danes and Norwegians in England. Oslo 1987 (Proceedings of the tenth Viking Congress). S. 255–269. – Eine Untersuchung der Problematik im Westfrankenreich bereitet die Verfasserin dieses Beitrags vor. Die beste Darstellung der Normanneneinfälle im Westfrankenreich ist derzeit immer noch Albert D'Haenens: Les invasions normandes, une catastrophe? Paris 1970 (allerdings nach der nicht unumstrittenen Methode der 'histoire événementielle'). Vgl. auch John M. Wallace-Hadrill: The Vikings in Francia. University of Reading 1975 (The Stenton Lecture 1974).

10 Isidori Hispalensis Episcopi Etymologiarum sive originum libri XX. Hrsg. von Wallace M. Lindsay. Oxford 1911. Lib. XVIII, 5 [ohne Seitenangaben].

11 Vgl. hierzu etwa Brian Dearden: Charles the Bald's Fortified Bridge at Pîtres (Seine): Recent Archeological Investigations. In: Anglo-Norman studies 11 (1989). S. 107–112.

zur Nordsee und für den Fernhandel. Wohlstand und Reichtum waren durch den Fluß gesichert. Das Germanuskloster bei Paris muß so viele Schiffe besessen haben, daß sich der Konvent ein Jahr nach der erwähnten Plünderung des Klosters und der Rückkehr der Mönche die wirtschaftliche Sicherheit zusätzlich durch zollfreie Schiffahrt auf allen Flüssen des Westfrankenreiches zusichern ließ, verbrieft in dem königlichen Privileg vom 7. August 846; genannt werden insbesondere die Seine mit ihren Nebenflüssen Marne, Yonne, Oise und Aisne.[12]

Der Reichtum der zentralen Landschaft an der Seine lockte nicht nur plündernde Wikinger an, die den Handel als Vorwand für Aggression benutzten; er dürfte auch der Grund dafür gewesen sein, daß gerade die Seinegebiete im Bruderkrieg zwischen Kaiser Lothar und Karl II. immer wieder stark umkämpft waren. Lothar zwang Karl zweimal in die Defensive am linken Seineufer – das erste Mal im März des Jahres 841, indem er ihm zunächst erfolgreich den Übergang verwehrte und dann das rechte Ufer abschnittweise durch Feldwachen sichern ließ. Doch der Geschichtsschreiber der Bruderkriege weiß von glücklicher Fügung zu berichten und von einem Naturereignis, durch das der Wandel der Kriegstaktik möglich wurde: Durch den Wechsel der Gezeiten wurden nämlich am 1. April des Jahres 841, einem Freitag, bei Rouen 28 Handelsschiffe von der Flut an Land getrieben, auf denen Karl und seine Gefolgschaft die Seine überquerten, um noch am gleichen Tag im nahegelegenen Kloster Fontenelle einzutreffen. Damals erhielt Abt Fulco die Leitung des Konvents zurück, den Lothar zuvor offenbar abgesetzt hatte; die Abwehr der drohenden *bella piratorum* sollte der Königsvasall Wulfardus übernehmen.[13]

Die Lage des Klosters Fontenelle inmitten seiner Besitzungen wird in den 'Gesta abbatum Fontanellensium' in Kapitel 5(6) nahezu zeitgleich als paradiesische Landschaft beschrieben.[14] Dies geschieht nicht nur, um den Gründer, den hl. Wandregisil, zu loben, weil er den richtigen, geschützten Platz gewählt und Sümpfe in fruchtbare Äcker und Wiesen verwandelt hat, sondern auch deshalb, um die Lieblichkeit der Flußlandschaft zu schildern. Dabei ist auffällig, daß der Autor nicht von der Seine spricht, sondern vom paradiesischen Fluß *Geon*, der hier als Synonym für den Wohlstand fungiert, den der Fluß den Menschen bringt: *maximus fluviorum Geon, qui et Sequana, commertiis navium gloriosus, habundantia piscium praestantissimus*. Und weiter schreibt er, daß dieser Fluß in das britannische Meer münde und dem ägyptischen Nil gleiche, weshalb der Ort des Klosters so fruchtbar und so angenehm sei, daß beim Anblick der Obstgärten und frischen Wiesen ein Fremder sogleich die biblischen Worte rezitiere: *Quam pulchra*

12 Vgl. Recueil des actes de Charles le Chauve, roi de France 1. Hrsg. von Georges Tessier. Paris 1943. Nr. 88, S. 238–241.

13 Vgl. hierzu Krah [Anm. 4], S. 64f.

14 Vgl. Gesta abbatum Fontanellensium. Hrsg. von Samuel Loewenfeld. Hannover 1886 (MGH. Scriptores rerum Germanicarum in usum scholarum). S. 13–16. Vgl. auch die neuere Edition von Fernand Lohier u. Jean Laporte (Hgg.): Les premières annales de Fontenelle. Rouen u. a. 1936. S. 7f.

tabernacula tua, Iacob, et tentoria tua Israel (Numeri 24, 5), und diesen Segensspruch des Bileam über das auserwählte Volk auch ganz weiß: *Ut valles nemorosae, ut horti iuxta fluvios irrigui, ut tabernacula quae fixit Dominus quasi cedri prope aquas* ('Wie Bachgründe, die sich weit hinziehen, wie Gärten längs des Stromes hin, wie Zelte, die Gott errichtet hat, wie Zedern am Wasser' [Numeri 24,6]).

Das Bild der vollkommenen Harmonie von Gott, Mensch und Natur ist dogmatisch am Alten Testament ausgerichtet, nicht an den bekannten rhetorischen Topoi der Antike, sondern an einem eschatologischen Kosmos, wobei sich der monastische Konvent wie das Volk Israel einen paradiesischen Lebensraum geschaffen hat – freilich nur als Ersatz für den verlorenen Garten Eden. Wie es ideengeschichtlich möglich war, die Vorstellung des Flusses Geon/Gichon, die durch den Hinweis auf den ägyptischen Nil noch intensiviert erscheint, nach Neustrien zu transponieren, hat unlängst Maximilian DIESENBERGER in einem Beitrag gezeigt: Er verweist zu Recht auf das in den 'Gesta abbatum Fontanellensium' inserierte Bücherverzeichnis des Klosters aus früher karolingischer Zeit und vermutet eine Orientierung des Autors bei dessen Beschreibung der paradiesischen Lage des Klosters an der Kosmographie des Pseudo-Aethicus, die in einer Sammelhandschrift der Bibliothek vorhanden gewesen sein dürfte.[15]

Es ist gut möglich, daß Karl II. bei seinem Besuch Anfang April des Jahres 841 das Kloster als einen *locus amoenus* in einer Vorfrühlingslandschaft vorfand, der unter den Belastungen des Bruderkrieges noch wenig gelitten hatte. Um so stärker wirkt allerdings der Kontrast der historischen Ereignisse der vorhergegangenen und der folgenden Wochen, weil der Fluß seine in den 'Gesta' gerühmte Funktion verlor: Graf Gerhard von Paris, ein Anhänger Lothars, hatte die Brücken niederreißen und die Fähren versenken lassen. Das für den Handel und den Schutz der Städte und Klöster entlang der Seine bisher intakte verkehrstechnische System war dadurch enorm geschwächt worden und ein ausgedehnter Plünderungszug der dänischen Wikinger vom 12. bis 31. Mai die Folge: Rouen und das Kloster Jumièges wurden dabei in Brand gesteckt, Fontenelle freilich durch Zahlung eines Lösegeldes vor einem ähnlichen Schicksal bewahrt, wie die 'Annales Fontanellenses Priores' berichten.[16] Man könnte daher ein Zwischenergebnis so formulieren: Der paradiesische Fluß verlor im Krieg seine für das Leben der Menschen so wichtige Funktion; er wurde zur strategischen Linie reduziert, der Handel stagnierte und der Reichtum der Städte bot Anreiz für Aggression und Zerstörung.

Und doch war die Lebenskraft der Landschaft am Fluß nur vorübergehend geschwächt. Wenige Monate später, im September und noch Mitte Oktober, befand sich Karl II. ein zweites Mal in der Defensive am linken Seineufer, und zwar um aufzurü-

15 Vgl. Maximilian Diesenberger: Wahrnehmung und Aneignung der Natur in den Gesta abbatum Fontanellensium. In: Christoph Egger u. Herwig Weigl (Hgg.): Text – Schrift – Codex. Wien 1999. S. 9–33, hier S. 25f.

16 Vgl. Pierre Dardel, Henri de Frondeville u. Jean Laporte (Hgg.): Les premières annales de Fontenelle (Chronicon Fontanellense). Rouen u. a. 1951 (Société de l'histoire de Normandie 15e série, 9). S. 65–91, hier S. 75f.

sten.[17] Denn im Wettlauf um die Gebiete zwischen Seine und Maas blieb Karl nach seinem Sieg von Fontenoy nur so lange erfolgreich, wie Lothar am Rhein abgelenkt schien, bevor er ihn dann bis an die Seine, an das linke Ufer bei St-Cloud zurückdrängte. Der Erfolg des Sieges von Fontenoy vom 25. Juni des Jahres verblaßte – zum einen, weil Lothars Übermacht am anderen Ufer bei St-Denis eine Bedrohung war, zum anderen, weil eine Sonnenfinsternis als Zeichen, das Gott gesetzt hatte, verstanden werden konnte und so emotional die Perspektive vorgab: Der Bruderkrieg war fragwürdig geworden. Gleichwohl hatte der Fluß noch im September Karl und sein Gefolge geschützt, da der Wasserpegel für die Jahreszeit ganz ungewöhnlich gestiegen war und für Lothar dadurch die Verfolgung des Bruders unmöglich wurde, wie Nithard, der Historiograph der Bruderkriege, vermerkt (Historia III, 3). Auch an dieser Textstelle will der Autor das Zusammenwirken von Natur und menschlichem Handeln vermitteln, wobei das Naturgeschehen meditativ verstanden wird, um das Wirken Gottes sichtbar zu machen: Die Fluten der Seine schützten Karl vor seinen Verfolgern, so wie die Fluten des Roten Meeres nach dem Durchzug der Israeliten den Ägyptern den Weg versperrt hatten[18] (Exodus 14) – eine naheliegende Analogie. – Mehr als dieses sicher günstige Naturereignis überzeugen die folgenden Maßnahmen zur Verteidigung der Seinelinie: Paris und Melun wurden besetzt sowie alle bekannten Furten und Lagerplätze der Schiffe von Karls Streitkräften kontrolliert; man brachte Posten nach dem System der Küstenwache entlang dem Ufer in Stellung – und das Blatt wendete sich. Der Fluß war jetzt zum natürlichen Schutzwall geworden, um an den besetzten Orten und Furten ungehindert hinüber zu wechseln, und wenige Wochen später waren auch die Gebiete am rechten Ufer zurückgewonnen. Lothar konnte freilich zuvor durch einen Trick abgelenkt werden, indem ein Zug Karls vom linken Seineufer in die bretonische Mark und den Bereich der Rorgoniden, seiner getreuen Gefolgsleute, vorgetäuscht wurde. Daraufhin überquerte Lothar die Seine und verwüstete die bretonische Mark, wo er Karl vermutete und zu fassen glaubte.[19]

Über strategische Planung und Taktik berichtet Nithard sehr genau, und so könnte man seine Schilderung der karolingischen Bruderkriege durchaus auch als Dokumentation der damals möglichen Kriegsführung verstehen. Manches deutet darauf hin, daß in Karls Lager die 'Epitomae rei militaris' des Vegetius bekannt waren und auch benutzt wurden. Die umgekehrte Überlegung, ob Nithard das Werk des Vegetius als willkommenes Material für seine Darstellung verwendet hat, um neben der moralischen Rechtfertigung von Aggression und Gegenwehr auch Karls Kriegsstrategie durch bekannte Handlungsmuster zu legalisieren, ist indessen eher abzulehnen. Das wichtigste Argument gegen eine solche Überlegung ist, daß bei unterstellter gekonnter Textselektion

---

17 Vgl. hierzu Krah [Anm. 4], S. 114–117.

18 Vgl. Nithard: Histoire des fils de Louis le Pieux. Hrsg. von Philippe Lauer. Paris 1964 (Les classiques de l'histoire de France au moyen âge 7). S. 94.

19 Zu Karls Täuschungsmanöver und Lothars Vorgehen vgl. im einzelnen Krah [Anm. 4], S. 129–131.

die von Nithard berichteten strategischen Vorgaben nicht von anderen Quellen bestätigt worden wären, was sogar aus der Sicht des Gegners geschah.[20]

Taktik und Kriegsstrategie sind für Nithard adäquate Reaktionsmöglichkeiten auf Aggression und existentielle Bedrohung, und er macht deutlich, daß dies zum Erfolg führt: Durch Eil- und Nachtmärsche gelingt es Karl II. immer wieder, große Distanzen zu überwinden, sich strategische Vorteile zu sichern und den Gegner dadurch zu verblüffen.[21] Entscheidend ist die Wahl des richtigen Zeitpunktes und des richtigen Geländes, wobei nicht nur die traditionelle Abstimmung militärischer Aktionen auf den Jahreszeitenrhythmus durch die Terminierung der Waffenstillstandsabkommen bis in den Frühling und Frühsommer beachtet wird, sondern auch eine exakte Naturbeobachtung auffällt. Es war Aufgabe der Kundschafter und Späher, die regelmäßig im Vorfeld militärischer Aktionen im Text erwähnt werden, sowohl den Gegner und dessen Vorhaben ausfindig zu machen als auch die Schritte Karls II. in sensibler Abstimmung der Kräfte auf Entfernungen, Gelände und Witterung vorzubereiten. Nur so konnte dem Autor eine Beschreibung der Natur gelingen, und zwar formal und sprachlich reduziert auf den sachlichen Bereich der Strategieplanung.

Besonders deutlich wird dies im Vorfeld der Schlacht von Fontenoy, wozu Nithard Folgendes (Historia II, 10) berichtet: Nachdem die beiden Könige Ludwig und Karl Anfang Juni südlich von Châlons-sur-Marne ihre Truppen zur Schlacht gegen Lothar zusammengeführt hatten, war dieser mit seinem Heeresaufgebot an ihnen in südlicher Richtung vorbeigezogen und weiter nach Burgund vorgerückt. Es gelang, ihn einzuholen, so daß die Heere am 21. Juni bei Auxerre in aggressiver Haltung einander ansichtig wurden. Der Platz für das Lager wurde dann sorgfältig ausgewählt. Nithard gibt eine Entfernung von drei gallischen Meilen (6,75 km) zu Lothar an – offenbar der übliche Abstand. Er vermerkt für Karl und Ludwig Geländevorteile, und zwar hinsichtlich der von ihnen damals noch beabsichtigten Defensive: *Intereat paucula palus saltusque.*[22] Bei einem Angriff hätte Lothar demnach zunächst sumpfiges Gelände überwinden und anschließend ein unübersichtliches Waldstück durchqueren müssen – *ac per hoc erat utrique ad alterum difficilis accessus.*[23] Im Schutz des Geländevorteils wurde das vorbereitende Ritual zur Schlacht inszeniert und Lothar übermittelt, daß der Angriff im Rükken des Gegners zu unterbleiben habe, was beispielsweise bei Vegetius erlaubt ist; Isidor aber disqualifiziert einen Gegner moralisch, der mit solchen Mitteln kämpft: *Nam turpis est dolo quaesita victoria.*[24] Daher enthielt die Botschaft an Lothar auch den

20 Den freundlichen Hinweis auf dieses Argument in der Diskussion meines Vortrags verdanke ich Herrn PD Dr. Frank Fürbeth. – Zur Frage, inwieweit Vegetius am Hofe Karls bekannt gewesen ist, vgl. Krah [Anm. 4], S. 83–86 („Die Konzeption der Strategie").

21 So etwa bei der Belagerung und Einnahme der Stadt Laon oder dem Überfall auf Bernhard von Septimanien zu Beginn des Jahres 841. Vgl. Krah [Anm. 4], S. 126 u. 60.

22 Nithard [Anm. 18], S. 70.

23 Nithard [Anm. 18], S. 70.

24 Isidor [Anm. 10]. XVIII, 11.

Hinweis, daß der Kampfplatz vielmehr in unmittelbarer Nähe zum Lager seiner Brüder liegen müsse, und mit ironischem Unterton wurde ihm Friedensbereitschaft angezeigt; denn wolle er zu ihnen herüberkommen, so werde ihm kein weiteres Hindernis in den Weg gelegt.[25] Lothar ließ noch am gleichen Tag sein Lager abbrechen und zog in südlicher Richtung dem Heer seines Bündnispartners Pippin II. entgegen. Er scheint seine Truppen allerdings dermaßen langsam vorwärts bewegt zu haben, daß es seinen Brüdern erneut gelang, die Wahl des Geländes vorteilhaft zu arrangieren. Sie überholten Lothar und zwangen ihn, in der Niederung von Fontenoy das Lager aufzuschlagen. Karl und Ludwig hingegen kampierten auf den südlich gelegenen Anhöhen bei Thury, sperrten ihm den Durchzug und überblickten die Landschaft nach allen Richtungen von oben herab. Von dieser Position aus ließen sich alle Aktionen in Lothars Lager im Norden leicht beobachten, ebenso die Annäherung der Truppen Pippins vom Süden her. Truppenstärke und Aufgebot des Gegners sind Ludwig und Karl also vor der Schlacht bekannt gewesen. Damit kann gesagt werden, daß die Wahl des Geländes als gezielte Form der Wahrnehmung der Naturgegebenheiten eines Landschaftsraumes für ihren Sieg ausschlaggebend war.

Aus Nithards kurzem Bericht über die Schlacht von Fontenoy vom 25. Juni 841 läßt sich die Lage des Geländes gut erschließen. Noch in der Morgendämmerung erstiegen Ludwig und Karl mit ihren Truppen die höchste Anhöhe des Höhenzuges, um zur verabredeten Stunde Lothar ihre Bereitschaft zur Schlacht augenscheinlich zu demonstrieren. Dieses Hochplateau befand sich zwischen beiden Lagern. Nachdem dann auch Lothar seine Truppen zur Schlacht Aufstellung nehmen ließ, ist der Kampf vom Höhenzug aus hinunter zu den Niederungen am *rivolus Burgundionum* geführt worden. Dieses Flüßchen bildet die horizontale Grenzlinie nördlich der Hügellandschaft; es fließt dann in einer Rechtskurve an Fontenoy vorbei nach Norden. Der Kampf verteilte sich entsprechend der Truppenaufstellung in dreigeteilter Schlachtordnung auf drei Gefechte an den im Text genannten Orten Fagit, Brittas und Solemnat; der letzte liegt bereits in der Niederung, die beiden anderen werden an den Abhängen vermutet. Man kämpfte so lange, bis an allen Fronten Lothars Parteigänger die Flucht ergriffen. Sein Lager bei Fontenoy wurde gestürmt.[26]

Eine ausführliche Rekonstruktion des Schlachtverlaufes soll hier vernachlässigt werden. Ein Blick auf die topographische Karte (Abb. 1) genügt, um die Landschaft zu skizzieren: die Position der beiden Lager, das Plateau des Höhenzuges, das Karl und Ludwig mit ihren Truppen erstiegen und das auf dem Buisson Hery vermutet wird, die Abhänge nach Norden und der Verlauf des *rivolus Burgundionum*, heute Ruisseau de St-Bonnet, der in geringer Entfernung rechts vorbei an Fontenoy nach Norden fließt und in die Ouanne mündet.[27] Nithards sachliche Beschreibung der Landschaft läßt sich demnach kartographisch fixieren. – Ein Gedicht, das ein Anhänger Lothars namens

25 Vgl. Nithard [Anm. 18], S. 70.

26 Vgl. Nithard [Anm. 18], S. 76–78.

27 Vgl. zum Forschungsstand zuletzt Krah [Anm. 4], S. 78–80.

Angilbert verfaßte, bestätigt Nithards Angaben. Angilbert hatte auf der Gegenseite gekämpft: zunächst auf dem Plateau, das von Lothars Truppen beim Anblick des Heeres seiner Brüder erstürmt worden war. Von hier aus blickte Angilbert zurück ins Tal. Er weiß, daß der Ort Fontenoy seinen Namen von einer Quelle erhalten hat und daß er von Feldern, Wäldern und sumpfigem Gelände umgeben ist. Aber Angilbert kennt auch die Richtung des Schlachtverlaufes vom Höhenrücken zum Bach hinunter, die für ihn freilich die Fluchtrichtung ist. In der retrospektiven Vergegenwärtigung des Erlebten wird dem Dichter gleichwohl der erste Blick zurück ins Tal zum lyrischen Naturerlebnis; der Augenblick des Innehaltens im Kampf verdichtet sich zur „ästhetischen Landschaftserfahrung"[28], selbstverständlich im Rahmen der damals sprachlich möglichen Ausdrucksformen. Der kleine Ort Fontenoy mit dem Lager des Kaisers ist ein *locus amoenus*, den er so beschreibt: *Ima vallis retrospexi verticemque iugeri* und *Fontaneto fontem dicunt, villam quoque rustici.*[29] Quelle und Tal sind Topoi der antiken Landschaftsschilderung, die hier in einen eigenartigen Kontrast zu dem Schlachtgeschehen gesetzt sind. Es mag aber auch sein, daß Angilbert auf das Klösterchen des Ortsheiligen Marien anspielt, eines Mönchs aus Auxerre, der sich im 6. Jahrhundert hierher zurückgezogen hatte.[30] Wenn am Ende der 12. Strophe der Dichter mit dem Dunkel der Dämmerung die Totenklage anhebt, so symbolisiert die erlebte Naturstimmung die Geschehnisse des Tages, die die Nacht nicht vor dem Licht des nächsten Morgens verbergen kann.

Man könnte nun von Nithard, der auf der Seite der Sieger gekämpft hatte, und zwar in der linken, von dem berühmten Grafen Adalhard angeführten Phalanx, einen heroischen Bericht erwarten, zumal er den Stolz auf seine Leistung und den Sieg nicht verbirgt. Doch als er Zeit für die Niederschrift des Schlachtberichtes fand, war die Lage der Sieger prekär. Karl II. war mit seinem Gefolge vor Lothar von der Maasgegend aus nach Westen bis über die Seine geflohen und befand sich am linken Ufer in St-Cloud, in der Seineschleife gegenüber von St-Denis, wo Lothar kampierte. So schien Mitte Oktober des Jahres 841 trotz des Sieges von Fontenoy nur wieder der Stand der Dinge vom Frühjahr erreicht. Auch war der Sieg fragwürdig geworden, weil auf *victoria* keine *pax* folgte, wie dies doch allgemein und auch nach dem Ordnungsschema bei Isidor von Sevilla die Regel sein sollte, denn: *Quattuor (autem) in bello aguntur: pugna, fuga, victoria, pax.*[31] Ein tiefes Unrechtsbewußtsein, wohl mehr bei den Siegern als den Besiegten, zumindest aber eine große Unsicherheit dürfte allgemein präsent gewesen sein, weil der Krieg durch die Schlacht nicht beendet und zudem der Bruderkrieg bei

28 Hans-Henning Kortüm: Menschen und Mentalitäten. Berlin 1996. S. 222.

29 Angilbert: Versus de bella quae fuit acta Fontaneto. Hrsg. von Ernst Dümmler. Berlin 1884 (MGH, Poetae Latini aevi Carolini II). S. 138f. – Vgl. auch Ortrun Riha: Ideallandschaft. In: Peter Dinzelbacher (Hg.): Sachwörterbuch der Mediävistik. Stuttgart 1992. S. 378.

30 Vgl. Claudiane Fabre: Deux planctus rythmique en latin du IXe siècle. In: La chanson de geste et le mythe carolingien. Vézelay 1982 (Mélanges René Louis 1). S. 177–252, hier S. 215.

31 Isidor [Anm. 10]. XVIII, 11.

Isidor als äußerst negative Form des Krieges eingestuft ist, was sicher bekannt war, als *plus quam civile bellum* [...] *ubi non solum cives certant, sed et cognati.*[32]

Nithards Art der Berichterstattung über die Schlacht von Fontenoy wurde aber sicher von einem ganz singulären Naturereignis, einer Sonnenfinsternis, beeinflußt, die im Zeichen des Skorpions an den 15. Kalenden des November, also am 18. Oktober 841, in der Morgenstunde eintrat, als er gerade mit seinem Bericht über die Schlacht beginnen wollte: *Dum haec super Sequanam, juxta Sanctum Fludualdum consistens, scriberem, ecclipsis solis hora prima feria tertia, XV kal. novembris in Scorpione contigit.*[33] Diese morgendliche Sonnenfinsternis ist von Theodor von OPPOLZER in seinem noch heute gültigen 'Kanon der Finsternisse' von 1883 berechnet und bestätigt worden.[34] Entsprechend den Berechnungen auf der Basis der derzeit aktuellen astronomischen Computerprogramme (Abb. 2) können Nithards Angaben nur bestätigt werden.[35] Demnach gab es am 18. Oktober 841 gregorianischer Kalenderrechnung eine ringförmige Sonnenfinsternis, die ihr Maximum über dem Indischen Ozean erreichte, dann in Afrika zu beobachten war und auch in Frankreich, dort allerdings sehr eingeschränkt. Am Ort St-Cloud – etwa 5 Kilometer nordwestlich von Meudon, dessen geographische Koordinaten für die Berechnung zugrunde gelegt wurden – blieb die Sonne zu 40 Prozent verfinstert. Richtig ist auch Nithards Zeitangabe – der Beginn der Sonnenfinsternis war in St-Cloud um 6.24, sie endete um 7.20 Uhr. Das Erscheinungsbild läßt sich so beschreiben: Die Sonne war am rechten unteren Rand vom Mond überlagert, der dann ringförmig nach links wanderte; infolgedessen ging die Sonne in St-Cloud verfinstert auf. Der Sonnenaufgang verzögerte sich etwa um eine Stunde, es blieb also länger dunkel.

Für Nithard konnte diese Sonnenfinsternis nur ein Zeichen Gottes sein. Naheliegend war der Gedanke, daß ob der Sündenschuld der Menschen den Siegern nach der Schlacht kein Friedensschluß gelang. Über den Stand der Dinge vom Frühjahr 841 sollte man offensichtlich nicht hinauskommen: Lothar beherrschte noch immer die zentralen Gebiete der Francia bis zur Seine und drohte erneut mit militärischer Übermacht. Der Ordo Gott-Mensch-Natur blieb gestört. – Diese Textstelle korrespondiert mit dem Ende der Aufzeichnungen Nithards. Hier ist es eine Mondfinsternis am Abend des 19. März des Jahres 843, auf die der Autor seinen Text abstimmt (Historia IV, 6). Wiederum war ein Waffenstillstand bis in den Frühsommer vorgesehen, den Nithard lediglich für saisonal bedingt hält. An die Friedensbereitschaft der Menschen glaubt er nämlich nicht mehr. Er hatte für sich längst eine andere Lebensperspektive gewählt: den

32 Isidor [Anm. 10]. XVIII, 4.

33 Nithard [Anm. 18], S. 76.

34 Theodor von Oppolzer: Kanon der Finsternisse. Wien 1883 (Denkschrift der kaiserlichen Akademie der Wissenschaften, math.-naturwiss. Kl. 52). S. 356.

35 Möglich sind eine Simultandarstellung sowie exakte Aussagen über die Wahrnehmung des Naturereignisses vom 18. Oktober des Jahres 841 in St-Cloud / St-Denis. Berechnung und Simultandarstellung wurden für mich freundlicherweise von Herrn Gerhard Hartl, Konservator für Astronomie am Deutschen Museum in München, durchgeführt.

Rückzug ins Kloster als Weltflucht und als Versuch, Gott und dem Mythos der vergangenen Friedenszeit Karls des Großen (der sein Großvater war) auf diese Weise näher zu sein. So werden die Mondfinsternis und der Schnee, der in der Nacht fällt, für ihn zum Sinnbild der Trauer. Die Harmonie der Schöpfung ist durch die Kälte gestört, und zutreffend erscheint ihm der Ausspruch des biblischen Königs Salomon: *Et pugnabit orbis terrarum contra insensatos* ('Und der Erdkreis kämpft gegen die Toren' [Sapientia V, 21]).[36] Nithard hat sich mit seiner Zukunftsprognose getäuscht und die Zeichen der Natur überbewertet. Der Erfolg der Bruderkriege und die Reichsteilung von Verdun waren greifbar nahe.

Fassen wir zusammen: Da das Weltbild im 9. Jahrhundert eschatologisch am Weltbild des Alten Testaments orientiert war, wurden die Einfälle der dänischen Wikinger in das Westfrankenreich mit dem eigenen moralischen Fehlverhalten erklärt. Schlagworte wie *peccata omnium* oder *peccata nostrorum* bilden einen Topos in den Quellen, der den Verlust des harmonischen Gleichgewichts von Gott-Mensch-Natur ausdrücken und begründen soll. Anstelle der Abwehr der Aggressoren wurde in den Klöstern Neustriens der Exodus auf entfernte Besitzungen mit den Reliquien der Heiligen praktiziert. – Die Landschaft an der Seine wird in den Quellen zur Zeit der Bruderkriege ganz unterschiedlich beschrieben. Aussagekräftig ist der Vergleich mit dem verlorenen Paradies, wenn die Seine in den 'Gesta abbatum Fontanellensium' als paradiesischer Fluß Geon und als Nil bezeichnet wird. Hingegen wird in Nithards Chronik der Bruderkriege der Fluß zur strategischen Linie reduziert und als natürlicher Schutzwall funktionalisiert. Auffällig sind ferner Naturbeobachtungen, die für die Taktik und die Kriegsstrategie Karls II. wichtig waren: Die Natur war der Partner des Menschen, etwa bei der Auswahl des Geländes. In den beiden Quellentexten über die Schlacht von Fontenoy ist die Struktur der Landschaft konkret beschrieben: Für Nithard ist es der funktionalisierte Raum, für den Dichter Angilbert bleibt die Hügellandschaft trotz des Geschehens ein *locus amoenus*. – Die unterschiedliche Darstellungsweise kann mit der unterschiedlichen Schreibsituation und Schreibperspektive der Verfasser erklärt werden: Der Dichter Angilbert gebraucht die antiken Topoi des *locus amoenus*, um seine Klage – auch über die Niederlage Lothars – anzustimmen. Als Nithard hingegen am Morgen des 18. Oktober 841 seinen Schlachtbericht verfaßte, hatte gerade eine Sonnenfinsternis stattgefunden. Der Mond war am Sonnenrand von rechts nach links gewandert und hatte so die aufgehende Sonne verdeckt. Beeindruckt von diesem Himmelszeichen entstand ein sachlicher Kurzbericht von wenigen Sätzen.

---

36 Vgl. Nithard [Anm. 18], S. 144. – Zu Nithards Darstellungsweise in Buch IV seiner 'Historia' vgl. zuletzt Krah [Anm. 4], S. 168–186.

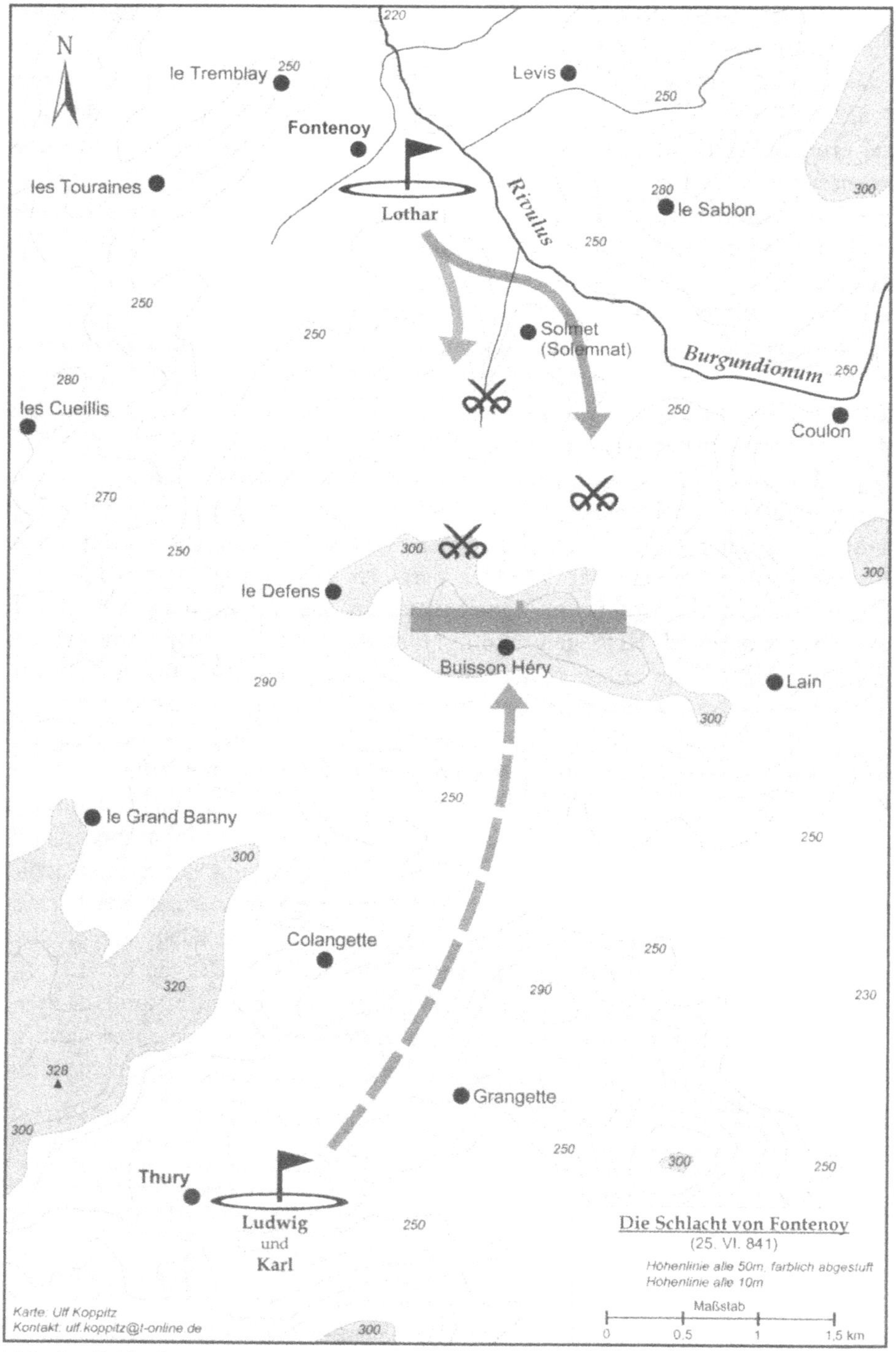

Abb. 1 Schlacht von Fontenoy

Zeit:	Standort:	Ansicht:	Fixpunkte:
Ortszeit	Erde		Raster:
18/10/0841 nC	Län: 2° 13' O	h: +1° 41'	versteckt
06 : 28	Br: 48° 48' N	A: 106° 17'	Blickfeld 06° x 04°
	Höhe : 0.1620000 km	Horizont Ebene: +0°	

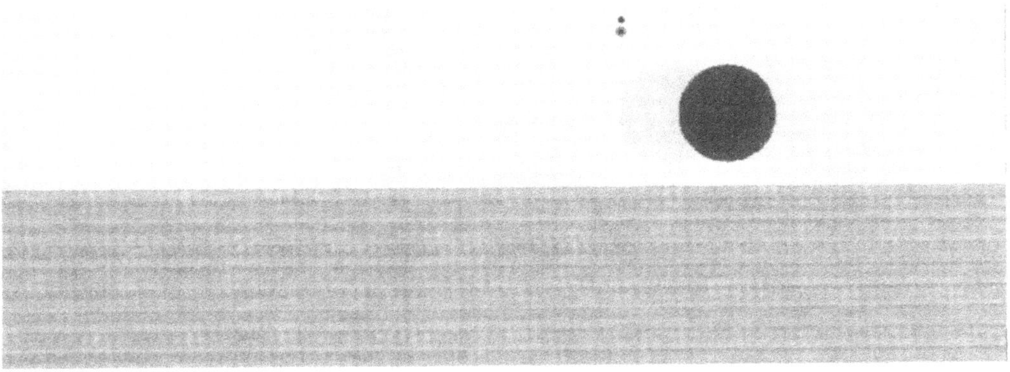

Abb. 2 Sonnenfinsternis am Morgen des 18. 10. 841 am geographischen Ort St-Cloud/Meudon (Darstellung nach Redshift, United Soft Media Verlag)

BRIGITTE ENGLISCH

Die Umsetzung topographischer Strukturen in den *Mappae mundi* des Mittelalters

Wollte man der bisherigen Beachtung der topographischen Gegebenheiten in den mittelalterlichen Weltkarten Rechnung tragen, wäre diese Untersuchung hier an ihrem Ende angelangt, denn im allgemeinen gelten die *Mappae mundi* im Hinblick auf die Naturerkenntnis und Naturinterpretation dieser Epoche als nicht relevante Quellengruppe. Noch in der Studie von Józef BABICZ und Heribert M. NOBIS aus dem Jahre 1992 haben die Abbildungen der Erde aufgrund der ihnen beigelegten Attribute einer realitätsabgewandten Weltsicht und einer religiösen Ausrichtung die Bedeutung von „mit christlicher Symbolik versehenen primitiven Kartenskizzen“[1]; erst mit dem Auftreten der wissenschaftlichen Kartographie im 15. Jahrhundert ist die Natur – gemäß ihrer Ausführungen – als bedeutender Faktor raumbildender Darstellungen erkannt worden. Konform dazu bleiben auch in den jüngsten Arbeiten zur mittelalterlichen Kartographie – so bei Evelyn EDSON[2], John B. HARLEY und David WOODWARD[3] sowie Anna-Dorothee von den BRINCKEN[4] – die mittelalterlichen Erddarstellungen unter dem Aspekt einer epochenspezifischen Naturauffassung unbeachtet.

---

1 Józef Babicz u. Heribert M. Nobis: Die Entdeckung der Natur in der geographischen Literatur und Kartographie an der Wende vom Mittelalter zur Renaissance. In: Albert Zimmermann u. Andreas Speer (Hgg.): Mensch und Natur im Mittelalter. 2 Bde. Berlin, New York 1991–1992 (Miscellanea Mediaevalia 21/1.2.). S. 939–951, hier S. 940. – Das einzige Werk, das sich zumindest partiell mit dieser Thematik beschäftigt, stammt von Paul Dean Adshead Harvey: The History of Topographical Maps. Symbols, Pictures and Surveys. London 1980. Bes. S. 84–98 u. S. 122–132. Beachtet werden jedoch auch dort nicht die *Mappae mundi*, sondern vornehmlich Stadtdarstellungen, Pläne und Itinerare, also lediglich ein Teil der mittelalterlichen Abbildungen topographischer Gegebenheiten.

2 Evelyn Edson: Mapping time and space: How medieval mapmakers viewed their world. London 1997.

3 John B. Harley u. David Woodward (Hgg.): The History of Cartography. Bd. 1: Cartography in Prehistoric, Ancient and Medieval Europe and the Mediterranean. Chicago, London ²1995.

4 Anna-Dorothee von den Brincken: Fines terrae: Die Enden der Erde und der vierte Kontinent auf mittelalterlichen Weltkarten. Hannover 1992 (MGH Schriften 36).

Demgegenüber läßt eine Reihe jüngerer Untersuchungen zur Wissenschafts- sowie zur Mentalitätsgeschichte Zweifel an einer Sichtweise aufkommen, die den Grad umgesetzter Vermessungstechnik und projizierender Kartographie zum Indikator von Naturerkenntnis erhebt. Grundlegend erscheint unter diesem Aspekt der wissenschaftstheoretische Ansatz von Michael HAMPE. Dieser hebt die Prägung der mittelalterlichen Naturauffassung durch das Weltverständnis dieser Jahrhunderte von einem hierarchischen, durch einen überirdischen Schöpfer geordneten *Mundus* hervor[5], was aber zugleich eine epochenspezifische Auseinandersetzung mit den Konditionen der natürlichen Mundanität impliziert. In ähnlicher Weise betont die mentalitätsgeschichtliche Forschung (für die hier stellvertretend auf die Studien von Peter DINZELBACHER[6], Hans-Henning KORTÜM[7] und Harry KÜHNEL[8] verwiesen sei), daß die mittelalterliche Kultur sich eine Vorstellung von dem naturgegebenen Lebensraum und damit auch von der sie umgebenden Geographie gemacht hat, wobei insgesamt ein Wandel vom Frühen bis zum Späten Mittelalter konstatiert wird.[9] Es stellt sich damit die Frage, ob einer Quellengruppe, welche die Gesamtheit irdischer Natur – nämlich den der Menschheit zur Verfügung stehenden Lebensraum – zum Thema hat, tatsächlich keinerlei Reflexionen über dessen Art und Ausprägung zugrunde liegen oder ob hier nicht vielmehr eine ganz spezielle Form der Abbildung anzunehmen ist; dies gilt insbesondere deshalb, weil die diesbezüglichen antiken Zeugnisse, wenn überhaupt, nur bruchstückhaft auf uns gekommen sind. Demnach wird die bildliche Darstellung der erfahrbaren wie der entfernten Umgebung – und dies meint im Folgenden der Terminus 'Natur' – in den Weltkarten des Mittelalters erstmals auf breiter Basis faßbar.

Ziel der nachfolgenden Ausführungen ist es, die Repräsentation des natürlichen bzw. naturhaften Raumes in den mittelalterlichen Karten an einigen signifikanten Beispielen nachzuweisen. Anschließend sollen die Darstellungen der topographischen Gegebenheiten der Erde – also die Gestaltung von Flüssen, Gebirgen, Küstenlinien, aber auch menschliche Eingriffe in die natürliche Umwelt, wie z. B. Städte, in den Abbildungen des *Mundus* – in ihren Intentionen und mittelalterlichen Bedeutungen eruiert und interpretiert werden. Ausgehend von der Definition ihrer Funktion und Struktur wird die Entwicklung hin zu den frühneuzeitlichen Karten aufgezeigt und somit das Verhältnis des mittelalterlichen Menschen zu der ihn umgebenden, aber auch zu der ihm fernen Landschaft beleuchtet.

---

5 Michael Hampe: Gesetz, Natur, Geltung. Historische Anmerkungen. In: Peter Mittelstaedt u. Gerhard Vollmer (Hgg.): Philosophia naturalis. Was sind und warum gelten Naturgesetze. Frankfurt a. M. 2000. S. 241–253, hier S. 242.

6 Peter Dinzelbacher: Raum. Mittelalter. In: Ders. (Hg.): Europäische Mentalitätsgeschichte. Hauptthemen in Einzeldarstellungen. Stuttgart 1993. S. 604–615.

7 Hans-Henning Kortüm: Menschen und Mentalitäten. Einführung in die Vorstellungswelten des Mittelalters. Berlin 1996.

8 Harry Kühnel: Natur/Umwelt. Mittelalter. In: Dinzelbacher [Anm. 6], S. 562–580.

9 Siehe Kortüm [Anm. 7], S. 215f.

Bereits eine erste Sichtung der *Mappae mundi* zeigt, daß die Thematisierung des naturhaften Raumes Kernbestandteil aller Darstellungen des *Orbis terrae* ist. Das ist um so eindrucksvoller, als diese Berücksichtigung der Natur ausgesprochen differenziert erscheint. Schon in den ältesten Karten aus dem 8. Jahrhundert ist eine bemerkenswerte Spannbreite des Umgangs mit topographischen Elementen zu beobachten, die von ihrer schematisch-abstrakten Variante bis hin zu einer unter naturräumlichen Gesichtspunkten ausgeführten Erddarstellung reicht. Dabei präsentieren auf den ersten Blick die Schemakarten die wohl rudimentärste Form der Abbildung irdischer Realität; aufgrund der mangelnden topographischen Ausgestaltung werden sie zumeist als Beleg für die Naturferne mittelalterlicher Erdbilder herangezogen. Dennoch kann gerade für diesen Kartentyp die Bedeutung der naturgemäßen Gegebenheiten im Weltverständnis des Mittelalters erwiesen werden, wie sich am Beispiel der sogenannten Isidor- oder Palimpsestkarte von St. Gallen (Stiftsbibliothek, Codex 237, f. 1r) demonstrieren läßt (Abb. 1). Zunächst wird offenkundig, daß die Erde dort nicht als ungeformte Masse dargestellt ist, sondern sich aus den strukturgebenden Komponenten der Meere, Flüsse und Festlandteile zusammensetzt, die in strenger Ordnung unter Nutzung der geometrisch perfekten Formen Linie und Kreis gezeichnet sind; sie erscheinen dort in bewußter Abstraktion, die aber die Erkenntnis der Natur und die Reflexion über ihre Gestalt voraussetzt. Hierfür spricht insbesondere auch, daß es sich um ein Modell handelt, das bereits in der klassischen Antike geläufig war, wie Uta LINDGREN verschiedentlich nachgewiesen hat.[10] Dies gilt sowohl für die schon von Plinius referierte, exakt den Schemakarten entsprechende Gliederung der drei Erdteile Asien, Afrika und Europa durch Nil, Don und Mittelmeer wie auch für die Darstellung des als *terra inhabitabilis* bezeichneten, durch einen Mittelozean von der Ökumene separierten vierten Kontinents, der auf das Weltbild des Krates von Mallos zurückgeht. Bei den Schemakarten handelt es sich also um eine Form der Abbildung, welche die Komponenten des naturhaften Raumes konform zum ererbten Wissensstand – vergleichbar modernen Piktogrammen – auf ein Minimum der notwendigen Konturen reduziert. Dies geschieht keineswegs absichtslos; vielmehr macht die Assoziation der Erdgliederung mit den Noahsöhnen Sem, Ham und Japhet wie die Hinzufügung des die Abbildung beschirmenden Christus auf eine spezielle, mit den mittelalterlichen Schemakarten verknüpfte Intention aufmerksam: Durch die Bezugnahme auf Anfang und Ende, auf Schöpfung und Erlösung wird die Erde als Ausdruck göttlicher Planmäßigkeit erkennbar, wobei die strenge Abstraktion der topographischen Komponenten den Einklang des naturhaften Raumes mit dem *Ordo* des Weltenschöpfers symbolisiert. Diese Qualität, die Quint-

10 Siehe z. B. Uta Lindgren: Warum wurde die Erde für eine Kugel gehalten? Ein Forschungsbericht. In: Geschichte in Wissenschaft und Unterricht 41 (1990). S. 562–574; Dies.: Schematische Zeichnungen in der Geographie der Antike und des Mittelalters. In: Menso Folkerts u. Uta Lindgren (Hgg.): Mathemata. Festschrift für Helmuth Gericke. Stuttgart 1985. S 69–82; Dies.: Eine Abstraktion des Weltbildes: Schemakarten. In: Geschichte in Wissenschaft und Unterricht 36 (1985). S. 23–32.

essenz mittelalterlicher Weltanschauung auf den ersten Blick erkennbar darzustellen, dürfte die Popularität dieser Karten bis in das 15. Jahrhundert hinein erklären, wie anhand eines Druckes der 'Etymologiae' Isidors von Sevilla aus dem Jahre 1472 (Zainer, Augsburg) belegt werden kann.

Doch ist dies keineswegs der einzige Modus der Behandlung des naturhaften Raumes; in den ältesten ausgeformten *Mappae mundi* wird die Erddarstellung im Hinblick auf die Topographie vielmehr nachhaltig erweitert. Ein Beispiel hierfür sind die sogenannten Beatuskarten, d. h. die Varianten der Weltdarstellung, die auf eine *Mappa mundi* zurückgehen, die der spanische Mönch Beatus von Liébana ca. 776 seinem Kommentar zur Apokalypse beilegte, um die Aussendung der Apostel in alle Länder der Erde zu verdeutlichen.[11] Das Original ist nicht überliefert, jedoch vermittelt das Exemplar aus dem sogenannten Maius-Beatus (New York, Pierpont Morgan Library, Ms. 644, f. 33v–34r)[12] einen guten Eindruck von der ursprünglichen Karte des Beatus (Abb. 2). Wiewohl die Gestaltung der Kontinente an die Schemakarten gemahnt, wird doch auf den ersten Blick deutlich, daß den topographischen Merkmalen in diesem Erdbild eine klare Funktion zugewiesen wurde, indem sie nicht nur die Erdteile Asien, Afrika und Europa sowie den vierten Kontinent voneinander trennen, sondern auch das Binnenland weiterreichend gliedern. So ist Spanien, im äußersten Westen, korrekt durch die asturischen Gebirgszüge und die Pyrenäen vom restlichen Europa abgetrennt, Alpen und Apennin begrenzen Italien, in Nordafrika findet sich der Höhenzug des Atlas und in Asien u. a. Libanon und Taurus. Neben Don und Nil, die nun als wellenförmige Linien abgebildet werden, enthält diese Karte erstmals die Donau, die nördlich von Konstantinopel in das Schwarze Meer mündet. Es entsteht so durch die Nutzung der Topographie eine Aufgliederung des Erdbildes, die es dem Verfasser ermöglicht, seine Intention, eine Karte der Evangelisation der Erde unter dem Signum des Neuen Bundes zu zeichnen[13], bildlich umzusetzen. Da aber keine unmittelbar erkennbare Assoziation

11 Siehe hierzu John Williams: The illustrated Beatus. A Corpus of the Illustrations of the Commentary on the Apocalypse. 5 Bde. [bisher erschienen Bd. 1–3] London 1994 ff., bes. Bd. 1. S. 22–100; Wilhelm Neuss: Die Apokalypse des Heiligen Johannes in der altspanischen und christlichen Bibelillustration. Das Problem der Beatushandschriften. 2 Bde. Münster 1931 (Spanische Forschungen der Görresgesellschaft, 2, Reihe 2 und 3); Peter K. Klein: Der ältere Beatus-Codex Vitrina 14–1 der Biblioteca Nacional zu Madrid. Studien zur Beatus-Illustration und der spanischen Buchmalerei des 10. Jahrhunderts. 2 Bde. Hildesheim, New York 1976.

12 Zu dieser Handschrift bzw. der Weltkarte siehe John Williams (Hg.): Beatus Liebanensis. Beatus-Apokalypse der Pierpont Morgan Library: ein Hauptwerk der spanischen Buchmalerei des 10. Jahrhunderts. Einführung und Kommentar von John Williams. Kodikologische Beschreibung von Barbara A. Shailor. Übers. von Mara Huber. Stuttgart, Zürich 1991; Ders. [Anm. 11], Bd. 2, S. 24–27; Vicente Garcia Lobo: El Beato de San Miguel de Escalada. In: Archivos Leoneses 33 (1979). S. 205–270 (mit ausführlicher Bibliographie der älteren Literatur).

13 Dies formulierte Beatus in der Passage (Prolog 2. Buch), die der Karte unmittelbar vorangeht; siehe Sancti Beati a Liebana Commentarius in Apocalypsin. Hrsg. von Eugenio Romero-Pose. 2 Bde. Rom 1985. Hier Bd. 1. S. 192f.: *Haec est ecclesia per universum orbem terrarum dilatata. Hoc est semen sanctum et electum, regale sacerdotium per universum mundum seminatum.* [...]

von Landstrichen und Aposteln vorliegt, scheint es das Bedürfnis des Autors gewesen zu sein, diesbezüglich auf die natürliche Vielfalt der erschaffenen Erde in all ihren zeitlichen und räumlichen Dimensionen als umfassender Hintergrund des christlichen Weltzeitalters hinzuweisen. Hierfür spricht auch die Dekoration anderer topographischer Elemente, wie des Randozeans, der durch Fische als natürlicher Lebensraum erkennbar wird, der Inseln, die als Festlandsbrücken im Meer erscheinen, oder auch der Gebirge, deren ornamentale Ausgestaltung an Pflanzenbewuchs erinnert. Die Topographie ist also in dieser Karte nicht nur Ausdruck der erschaffenen Weltordnung, sie symbolisiert auch die Vielgestaltigkeit des irdischen Lebensraumes, dem – in Einklang mit den realen Gegebenheiten – durch die Gesandten Christi in allen Elementen die Erlösung verheißen wird.

Eine weitere Deutungsvariante topographischer Merkmale findet sich in der sogenannten Vatikanischen Isidorkarte (Biblioteca Apostolica Vaticana, Vat. Lat. 6018, f. 64v–65r)[14], die in einer südfranzösischen Sammelhandschrift aus dem 8. Jahrhundert überliefert ist (Abb. 3). Auf diesem reich dekorierten Bild der Erde tritt die mannigfaltige Ausführung der topographischen Bestandteile auf den ersten Blick hervor, die neben den wenigen Städten wie Konstantinopel, Jerusalem und Alexandria diese *Mappa mundi* dominieren. Zwar bildet auch hier eine perfekte Kreislinie die äußere Kontur der drei bekannten Erdteile, doch zeigt deren innere Gestaltung ebenso wie die der vielfältig gezeichneten Inselformen im Mittelmeer und im Randozean eine bemerkenswerte Differenzierung, die in engem Zusammenhang mit dem enzyklopädischen Wissen der Epoche steht. Generell ist jede Region der drei Kontinente gemäß ihrer bedeutendsten

---

Et quo falcibus haec seminis grana per agrum huius mundi, quem profetae laboraverunt et hi metent, subiectae formulae pictura demonstrat. – Siehe hierzu auch Edson [Anm. 2], S. 188, Anm. 6.

14 Eine Transkription der Einträge in diese Karte findet sich bei Fredericus Glorie: Mappa Mundi e codice Vat. Lat. 6018. In: Corpus Christianorum, Series Latina 175 (Itineraria et Alia Geographica 1). Turnhout 1965. S. 455–466, der damit die ältere Studie von Richard Uhden: Die Weltkarte des Isidorus von Sevilla. In: Mnemosyne, Tertia series, 3 (1935–37). S. 1–28 ersetzte; siehe dazu u. a. Marcel Destombes: Mappemondes A. D. 1200–1500. Amsterdam 1964 (Monumenta Cartographica Vetustioris Aevi 1). S. 55; Brincken [Anm. 4], S. 49f. Jörg-Geerd Arentzen: Imago mundi cartographica. Studien zur Bildlichkeit mittelalterlicher Welt- und Ökumenekarten. Unter besonderer Berücksichtigung des Zusammenwirkens von Text und Bild. München 1984. S. 149. – Die neueren Ergebnisse von Evelyn Edson: The Oldest World Maps: Classical Sources of Three VIIIth Century Mappaemundi. In: Exploration and Colonization in the Ancient World 24 (1993). S. 169–184; Dies.: World Maps and Easter Tables: Medieval Maps in Context. In: Imago mundi 48 (1996). S. 25–42; Dies. [Anm. 2], S. 48 u. S. 61–64 ermöglichten eine Neubewertung der Karte als Teil einer komputistischen Sammelschrift; siehe dazu auch Patrick Gautier Dalché: De la glose a la contemplation. Place et fonction de la carte dans les manuscrits du haut moyen âge. In: Testo e immagine nell' alto medioevo, 15–12 aprile 1993, Settimane di Studio del centro italiano di studi sull' alto medioevo 41 (1994). S. 695–763, hier S. 759. – Den eindeutigen Nachweis der Entstehung der Karte im 8. Jahrhundert lieferte Leonid S. Chekin: Easter Tables and the Pseudo-Isidorean Vatican Map. In: Imago mundi 51 (1999). S. 13–23, der dafür die Zeitspanne zwischen 762 und 777 annimmt.

topographischen Komponenten illustriert, sei es durch Gebirge, die als zackenförmig in die Ebene geklappte Silhouetten erscheinen, sei es durch Flüsse. Ein Beispiel hierfür ist die zentrale Wasserader Israels, der Jordan, der entsprechend den Weisungen des Isidor von Sevilla in den 'Etymologiae' (XIII, 21, 18) abgebildet wurde: Er hat die Quellflüsse Dan und Ior, fließt durch den See Genezareth und mündet ohne Abfluß in das Tote Meer.[15] Auch der Nil wurde als Hauptfluß Afrikas mit seinem teils über-, teils unterirdischen Lauf, ergänzt durch Seen und die Nilinsel Meroë, in der Weise gezeichnet, wie sie Solinus (32, 1–8) oder Martianus Capella (6, 676) beschrieben hat.[16] Religiöse Bezugnahmen auf biblisches Gedankengut sind dabei in Gestalt (der Verzeichnung) einer Paradiesvignette oder in der Betonung des Heiligen Landes zwar existent, aber verhalten; darauf deutet auch hin, daß die Paradiesflüsse hier nicht im Garten Eden, sondern in den ihnen real entsprechenden Regionen entspringen, nämlich der Nil (Geon) in Afrika sowie Euphrat und Tigris neben Indus, Ganges (Fison) und Crisocoras in einem als Taurus bezeichneten, bis in den Fernen Osten reichenden Gebirgszug, der in seiner östlichen Ausdehnung real dem Himalaya entsprechen dürfte. Neben den topographisch bedeutsamen Elementen entfernter Länder wurde aber auch den naturgegebenen Konditionen Süd- und Mitteleuropas vermehrt Beachtung geschenkt. So sind die Halbinseln Spanien, Italien und Griechenland durch den Küstenverlauf klar erkennbar, es finden sich ferner korrekt angeordnete topographische Details im Inneren des Festlandes, wie die Gebirgszüge der Pyrenäen und der Alpen oder die richtig positionierten Flüsse Garonne, Loire und Rhein. Generell wird jedoch auch dabei das konventionelle Handbuchmaterial nicht überschritten.[17] Die Karte präsentiert sich damit als enzyklopädische Zusammenfügung der wesentlichen topographischen Bestandteile der Erde, die gemäß den Kenntnissen der Epoche in realistischer Weise arrangiert wurden. Als Auswahlkriterium fungierte hier das Bedürfnis, den irdischen Raum stellvertretend in seinen bedeutsamsten Ausprägungen zu erfassen, wobei das etablierte Handbuchwissen die vorherrschende Informationsquelle war.

---

15 Isidor von Sevilla: Etimologias. Hrsg. von José Oroz Reta u. Manuel A. Marcos Casquero, eingeleitet von Manuel C. Diaz y Diaz. 2 Bde. Madrid ²1993–1994. Hier Bd. 2, S. 158.

16 Caius Julius Solinus: Collectanea rerum memorabilium. Hrsg. von Theodor Mommsen. Berlin ²1895. S. 137–139; Martianus Capella: De nuptiis Philologiae et Mercuri. Hrsg. von James Willis. Leipzig 1983. S. 239f.; siehe dazu die anders lautende Darstellung des Paulus Orosius: Historiarum adversum paganos libri VII/Histoires (Contre les Païens). Hrsg. u. übers. von Marie-Pierre Arnaud-Lindet. Paris 1990. S. 19; Isidor von Sevilla: Traité de la nature. Hrsg. u. übers. von Jacques Fontaine. Bordeaux 1960. S. 312f.; Beda Venerabilis: De natura rerum. Hrsg. von Charles W. Jones. In: Bedae opera 1 (Corpus Christianorum, Series Latina 123 A). Turnhout 1975. S. 189–234, hier S. 227 (Kap. 43). – Zu diesem ganzen Komplex des Nillaufes mit Auswertung aller diesbezüglichen Quellen siehe Michael Herkenhoff: Der dunkle Kontinent. Das Afrikabild im Mittelalter bis zum 12. Jahrhundert. Pfaffenweiler 1990. S. 122–130.

17 Allein die Garonne wird nicht bei Isidor erwähnt in dem Kapitel, das sich der Beschreibung Europas widmet (XIV, 4); siehe Isidor [Anm. 15], Bd. 2, S. 179–187.

Bereits diese drei Beispiele reichen aus, um die These von der Außerachtlassung der Natur in den *Mappae mundi* eindeutig zu widerlegen. Alle drei Karten enthalten nicht nur eine Auseinandersetzung mit dem irdischen Raum, sondern zeugen auch von einer anderen Behandlung der Topographie, bei der die Parameter der räumlichen Natur in unterschiedlicher Manier ausgewählt und abgebildet wurden. Die darin eingeschlossene Spannbreite reicht von der schematischen, an die Schöpfungsordnung gemahnenden Reduktion auf die Basisbestandteile Meer, Land und Fluß in den T-Karten über die Illustration der räumlich-naturhaften Szenerie des Neuen Bundes bis hin zur differenzierten Abbildung aller zentralen topographischen Komponenten des natürlichen Lebensraumes im Zusammenhang eines enzyklopädisch orientierten Erdbildes. Diese vielfältige Art der Naturinterpretation legt die Folgerung nahe, daß man sich je nach Intention, Sachkontext und Anforderungspotential in unterschiedlicher Weise mit dem Faktor Natur in den *Mappae mundi* auseinandergesetzt hat. Damit ist die Abbildung von Flüssen, Bergen, Inseln, Ozeanen und Meeren aber kein willkürliches, Flächen füllendes Beiwerk, sondern Ausdruck einer konkreten Auffassung von dem irdischen, naturhaften *Orbis terrae*, die sich in den einzelnen Weltkarten in unterschiedlichen Formen manifestiert.

Eine Erweiterung der Naturdarstellung mittels Nutzung topographischer Elemente zeigt sich in den hochmittelalterlichen *Mappae mundi* etwa seit dem 11. Jahrhundert. Diese betrifft – unter Beibehaltung der bereits erwähnten Merkmale – vornehmlich die Gestaltung des direkt erfahrbaren Lebensraumes, der in den zuvor betrachteten Beispielen eher verhaltene Beachtung fand. Dem Bereich des persönlichen Lebensumfeldes wird erstmals in der vermutlich um das Jahr 1000 in England entstandenen sogenannten Cottonia (London, British Museum, Cotton Tiberius B. V., f. 56v)[18] besondere Aufmerksamkeit gewidmet (Abb. 4): So beeindruckt diese Karte im Bereich Nordeuropas und der britischen Inseln durch eine annähernd realistische Darstellung des Küstenverlaufes; dasselbe gilt für die zentralen Flüsse Mitteleuropas, die nun erstmals als mäandernde Wasserläufe in einer den naturhaften Konditionen entsprechenden Weise Aufnahme finden. Der natürliche Raum erscheint in der Cottonia als empirisch erfaßbarer Bestandteil der irdischen Geographie, der die etablierten Weltdarstellungen in den Abschnitten ergänzt, die in den Überlieferungen der antiken, mittelmeerzentrierten Kultur nur bedingt Aufmerksamkeit genossen. Es ist angesichts der insularen Entstehung der Karte naheliegend, darin eine Reaktion auf die Seefahrten der Angelsachsen und Normannen zu erblicken, die sich im Bereich der Nord- und Ostsee und durch die

18 Siehe hierzu Patrick McGurk: The Mappa mundi. In: Ders. u. a. (Hgg.): An Eleventh Century Anglo-Saxon Miscellany: British Library Cotton Tiberius B. V., Part I. Together with Leaves from British Library Cotton Nero D. II. Kopenhagen 1983. S. 79–87, hier S. 79 (mit älterer Literatur), der dort auch eine umfassende Analyse der Legenden der Karte präsentiert; siehe ferner Edson [Anm. 2], S. 74 ff.; Konrad Miller: Mappaemundi. Die ältesten Weltkarten. 6 Bde. Stuttgart 1895–1898. Hier Bd. 3, S. 29.

Mündungsgebiete flußaufwärts in den europäischen Kontinent hinein abspielten.[19] Hingegen entspricht die Cottonia in der auf die antik-enzyklopädische und biblisch-christliche Überlieferung gegründeten Darstellung der übrigen Erdteile vornehmlich ihrem frühmittelalterlichen Vorbild, wofür etwa die Gestaltung des Nil oder des Jordan anzuführen ist. Dennoch sucht der Zeichner auch in diesen Bereichen den Flüssen und den Gebirgen durch eine individuellere Gestaltung ein realitätsnäheres Ambiente zu verschaffen.

Auch die Beatuskarte aus dem französischen Pyrenäenkloster St-Sever, um 1076 entstanden (Paris, Bibliothèque Nationale, Ms. lat. 8878, f. 45bis v–45ter r)[20], zeigt eine ähnliche Betonung des persönlichen Lebensraumes in einer gemäß den konventionellen Methoden gezeichneten *Mappa mundi*, die erneut mit Hilfe der Topographie ins Bild gesetzt wurde (Abb. 5). Obzwar diese Karte durch die Paradiesszene und die Aufnahme des vierten Kontinents unschwer als Beatuskarte zu erkennen ist, zeigt die detaillierte Ausformung der Binnenländer doch ein über die Abbildung der Apostelmission hinausreichendes Interesse am natürlichen Lebensraum. Folgt der Zeichner für Größe und Anordnung der Kontinente Asien und Afrika noch der teils aus der enzyklopädischen, teils aus der biblischen Überlieferung schöpfenden Tradition, so sprengen die Dimensionen Frankreichs mit ca. einem Sechstel der Gesamtfläche schon quantitativ den Rahmen der älteren Karten. Dieses Vorgehen ist nicht als Bruch mit der Realität zu deuten; der Zeichner schafft vielmehr Platz, um das persönliche Lebensumfeld im Kontext eines umfassenden Weltbildes abbilden zu können. Diese Region wird durch die Flüsse Adour, Loire, Rhône, Mosel und Rhein gegliedert, die neben den zackenförmig stilisierten Höhenzügen der Pyrenäen und der Alpen die zentralen Elemente des abgebildeten Naturraumes formieren. In Bezugnahme auf die durch den Menschen geprägte Topographie sind zwischen ihnen alle bedeutenden Städte in annähernd korrekter Reihenfolge verzeichnet, so daß die Karte zu Recht als älteste differenzierte

19 Zu den Nordfahrten z. B. des Wulfhere und Othmar siehe Richard Hennig: Terrae incognitae. Eine Zusammenstellung und kritische Bewertung der wichtigsten vorcolumbischen Entdeckungsreisen anhand der darüber vorliegenden Originalberichte. 4 Bde. Leiden ²1944–1956. – Eine solche Betonung des eigenen Lebensraumes, wie sie sich gerade im Bereich der Küstenbeschreibung manifestiert, findet sich auch in der im späten 11. Jahrhundert entstandenen Kirchengeschichte des Adam von Bremen, besonders in Buch 4 (*Descriptio insularum aquilonis*); siehe Adam von Bremen: Gesta Hammaburgensis ecclesiae pontificum. Hrsg. von Bernhard Schmeidler. Hannover, Leipzig ³1917 (MGH, Scriptores 2). S. 226–280. Wiewohl sich, wie schon Miller [Anm. 18], Bd. 3, S. 37 erwähnte, keine direkte Verbindung zwischen beiden Überlieferungen herstellen läßt, entstammen diese vermutlich doch einer ähnlichen Motivation; zu diesem Problem siehe zuletzt McGurk [Anm. 18], S. 81. Zur friedlichen Erschließung der Meere siehe Detlev Ellmers: Frühmittelalterliche Handelsschiffahrt in Mittel- und Nordeuropa. Neumünster 1992. Bes. S. 227–232.

20 Siehe neben Millers Nachzeichnung der Weltkarte (Abb. 7) vornehmlich die Faksimile-Editionen von Emil van Moe: L'Apocalypse de Saint-Sever. Ms. lat. 8878 de la Bibliothèque Nationale (XI siècle). Paris 1943 und Beato de Saint-Sever. Ms. lat. 8878 de la Bibliothèque Nationale de Paris. Madrid 1984; dazu Williams [Anm. 11], Bd. 3, S. 44–55.

Darstellung einer Region gelten kann. Da im Mittelalter einerseits die Flüsse als Reisewege schlechthin fungierten und man andererseits Reisewege in überschaubare Strekken einteilte[21], mag auch hier ein auf die Erschließung des erfahrbaren Raumes begründetes Motiv anzunehmen sein. Dieses Interesse an der topographischen Realität beschränkte sich jedoch nicht auf die Nahumgebung des Klosters, wie die erstmaligen Abbildungen des Genfer Sees oder der norditalienischen Nebenflüsse des Po verdeutlichen. Das Ausgreifen des Menschen selbst in entfernte Regionen wird durch die Illustration von Booten im Randozean zumindest intendiert. Wiewohl der Kontext der Karte – der Beatuscodex – derselbe bleibt, zeigt sich auch in dieser *Mappa mundi* eine Erweiterung und veränderte Gewichtung der natürlichen Topographie. Ebenso wie in der Cottonia finden auch hier die Komponenten des naturhaften Raumes nicht mehr nur als Teile der von Gott erschaffenen Ordnung oder als etabliertes Bildungsgut ihren Platz; in beiden Karten tritt ergänzend das Element des naturräumlichen Lebensumfeldes hinzu[22], dem breite Aufmerksamkeit geschenkt wird. Gerade im Hinblick auf die Topographie manifestiert sich somit ein Wandel innerhalb der mittelalterlichen Naturdeutung im Zusammenhang der Weltvorstellung, der um so gravierender scheint, als er sich offenkundig unabhängig voneinander in den *Mappae mundi* zweier weit entfernten Regionen und mit divergenter Akzentuierung manifestiert.

Diese Bevorzugung der topographischen Faktoren des eigenen Lebensraumes fand auch Eingang in die mittelalterlichen Großkarten, für die hier stellvertretend auf die Ebstorfkarte aus dem 13. Jahrhundert verwiesen sei (Abb. 6). Eingeschrieben in das perfekte Erdenrund zeigt zunächst auch sie in ihren meisten Teilen ein Bild der Welt, das der enzyklopädischen Bildungsliteratur der Antike und des Mittelalters entsprach. Diese Bestandteile wurden – in Reaktion auf den nun zur Verfügung stehenden Platz –

21 Zur Problematik der Reisewege siehe Dietrich Denecke: Straße und Weg im Mittelalter als Lebensraum und Vermittler zwischen entfernten Orten. In: Bernd Hermann (Hg.): Mensch und Umwelt im Mittelalter. Stuttgart ²1986. S. 207–223. – Zur Bedeutung der Flüsse als Transportmittel siehe Dieter Hägermann: Technik im Frühen Mittelalter zwischen 500 und 1000. In: Dieter Hägermann u. Helmuth Schneider (Hgg.): Landbau und Handwerk 750 v. Chr. bis 1000 n. Chr. Berlin 1997 (Propyläen Technikgeschichte 1). S. 338–505, hier S. 460–487.

22 Diese geänderte Haltung des Menschen zu seiner räumlich-naturhaften Umgebung, die sich in den Karten manifestiert, könnte eine Parallele zu den von Kühnel [Anm. 8], S. 563f. beschriebenen Bemühungen darstellen, Ödland in Kulturlandschaften umzuwandeln, d. h. die natürlichen Konditionen planvoll den eigenen Bedürfnissen anzupassen, für die er ebenfalls in der Zeit nach dem 10. Jahrhundert viele Beispiele findet; siehe dazu auch Konrad Spindler (Hg.): Mensch und Natur im mittelalterlichen Europa. Archäologische, historische und naturwissenschaftliche Befunde. Akten der Akademie Freisach 'Stadt und Kultur im Mittelalter', 1.–5. September 1997, Klagenfurt 1998. Bes. S. 169 ff. Insgesamt setzen solche Aktivitäten aber die Erkenntnis des Naturraumes ebenso voraus wie das Bestreben, sich mit den Konditionen der erfahrbaren Umwelt auseinanderzusetzen. Es könnte somit durchaus die Frage gestellt werden, ob der „Rationalisierungsschub" des 12. Jahrhunderts hinsichtlich der Naturauffassung, von dem Kortüm [Anm 7], S. 217 spricht, nicht in diesem geänderten Umgang mit den natürlichen Gegebenheiten eine seiner Ursachen findet.

sogar stark ausgeweitet, wobei die topographischen Kennungen, die ihre Grundlage in der Sagenwelt der Antike oder in den Nachrichten des Alten und des Neuen Testaments haben, große Aufmerksamkeit genossen. Die Illustrationen von Flüssen, Gebirgen, Wüsten, Seen und Küsten erfuhren eine ergänzende Ausgestaltung durch sagenhafte Wesen, Tier- und Pflanzendarstellungen, so daß die Abbildung des natürlichen Raumes zu einer Repräsentation der belebten Natur erweitert wurde. Daneben enthält diese Karte aber auch eine nicht minder eindrucksvolle Darstellung der mitteleuropäischen Region, die im allgemeinen als Herrschaftsraum der Welfen im 12. und 13. Jahrhundert identifiziert werden kann (Abb. 7). Die Ebstorfkarte zeigt erstmals Saale, Fulda und Aller sowie den Rhein, der die Insel Reichenau umfließt. Aachen wird samt den benachbarten heißen Quellen abgebildet, Goslar liegt korrekt am Harz und Mainz am Zusammenfluß von Rhein und Main, um nur einige Beispiele zu nennen. Auch diese Karte enthält also ein detailliertes Bild des umgebenden natürlichen Raumes, gewissermaßen als logischer Teil eines umfassenden Weltbildes.

Demnach ist festzustellen, daß seit dem 11. Jahrhundert der Naturraum in seinen realtopographischen Komponenten in den *Mappae mundi* eine explizite Bedeutung aufweist, die den konventionellen enzyklopädischen oder biblisch-christlichen Elementen irdischer Topographie in bezug auf die persönliche Lebenswelt ergänzend beigeordnet wird. Dabei liegt es nahe, ein konkretes Erfahrungswissen anzunehmen, das in die einzelnen Karten eingearbeitet wurde. Hinsichtlich der epochenspezifischen Deutung von Natur läßt dies auf eine partiell modifizierte Haltung zur natürlichen Umwelt schließen, indem die Details der topographischen Naherfahrung neben den bedeutenden Stätten der Antike und des Christentums zu Bestandteilen der abgebildeten Weltordnung avancierten.

Angesichts des so dokumentierten Bewußtseinswandels im Hinblick auf die Bedeutung und den Nutzen der kartographisch abgebildeten Topographie erscheint das seit dem 12. Jahrhundert belegte Aufkommen von Reise- bzw. Pilgerkarten als logischer Schritt in einer folgerichtigen Entwicklung (Abb. 8). Diese Karten, für die hier stellvertretend auf die Englandkarte des Matthew Paris (1200–1259) verwiesen sei[23], lösten die sie interessierende Region aus dem Zusammenhang des *Orbis terrae* heraus, so daß diese erstmals in adäquatem Umfang berücksichtigt werden konnte; sie sind somit als älteste separate Darstellungen einer jeweils festdefinierten geographischen Einheit zu bezeichnen. Die in den 'Chronica maiora' (London, British Museum, Cottonia, Ms. Claudius D. VI, f. 8v) enthaltene Englandkarte präsentiert sich insbesondere bezüglich des Küstenverlaufs wie auch der Flußläufe als realitätsnahe Abbildung, die das Gepräge einer in unserem Sinne topographischen Karte aufweist. Aufgrund ihrer Funktion, für Reisen notwendige Informationen bereitzustellen, sind entlang der von Nord nach Süd verlaufenden Hauptroute Städte und erstmals auch Klöster in ihrer richtigen Reihenfol-

23 Zu dieser Karte siehe J. B. Mitchell: Early Maps of Great Britain. In: The Geographical Journal 81 (1933). S. 27–45; Richard Vaughan: Matthew Paris. Cambridge 1958. S. 236–244; Paul Dean Adshead Harvey: Medieval Maps. London 1991. S. 71–78.

ge aufgeführt[24], wobei ein besonderes Augenmerk auf ihrer Bindung an topographische Faktoren, wie z. B. die Übergänge über Flüsse in Gestalt von Brücken[25] oder Fähren[26], liegt. Ergänzend zu dieser Hauptverbindung erhält der Reisende weitere Informationen über die natürliche Beschaffenheit einzelner Regionen, wie etwa die Gegend der heutigen Provinz Inverness, die eine Charakterisierung als *regio montuosa et nemorosa*[27] erfährt. Ferner werden zentrale Bauwerke, beispielsweise der Pictenwall, ebenso erwähnt wie die der englischen Küste vorgelagerten Inseln.[28] Die Englandkarte des Matthew Paris räumt also, entsprechend der ihr zugedachten Funktion, der natürlichen oder der von Menschen gestalteten Topographie einen besonderen Stellenwert ein: Flüsse und Geländeformationen sind nicht Teil religiöser oder gelehrter Weltinterpretation, sondern werden als das Diesseits prägende Parameter erkannt und – gemessen an den darstellerischen Möglichkeiten der Epoche – in realitätsnaher Weise abgebildet.

Diese den Umgang mit dem natürlichen Raum innovativ prägenden Anforderungen an die Kartographie bewirkten im Bereich der Seefahrt die Entwicklung einer speziellen Form kartographischer Abbildungen, der sogenannten Portolankarten.[29] Hierbei handelt es sich um Seekarten, die – gegründet auf ein durch die Kombination von Windrosen und Rhomben errichtetes Liniensystem – mittels Triangulation eine planmäßige Navigation ermöglichten[30]; dies setzte aber die Notwendigkeit voraus, die Ausgangs- und Zielpunkte der Reisen, d. h. den jeweiligen Küstenverlauf einzelner Regionen, in einer der Realität entsprechenden Weise abzubilden. Am Beispiel des Spanien und einen Teil Nordafrikas zeigenden Blattes aus dem ca. 1321 entstandenen Atlas des Petrus Vesconte kann demonstriert werden, welch hohe Präzision bei der Verzeichnung der Küstenlinien erreicht wurde, die modernen Abbildungen kaum nachsteht. Dabei fällt nicht nur die Konzentration auf einen bestimmten Abschnitt der Erde auf, sondern auch die bewußte Beschränkung auf die topographischen Bestandteile, die für die Benutzer

24 Siehe hierzu auch Harvey [Anm. 1], S. 140. Das von ihm konstatierte Faktum, daß Colchester auf der Karte westlich anstatt östlich der Basisroute liegt, scheint angesichts der ansonsten vorhandenen Genauigkeit eine marginale Ungenauigkeit zu sein; zudem bietet Harvey als Erklärungsansatz an, daß dieser 'Fehler' möglicherweise auf die Abbildung der Hauptroute als gerader Linie anstelle des tatsächlichen Bogens zurückzuführen ist, was folglich den Bezug zwischen Itinerar und Englanddarstellung in einigen Punkten gestört haben könnte.

25 Miller [Anm. 18], Bd. 3, S. 80 nennt z. B. *Pons Burgi* (Boroughbridge in York) und *Pons Fractus* (Pontefract in York).

26 So etwa *Transitus reginae* (Queensferry) und *Transitus comitis* (Earls-Ferry in Fife).

27 Hierbei handelt es sich um eine Gegend nördlich des *Castrum Dinkeval* (Dingwall); ein weiteres Beispiel ist das Sumpfland östlich von Lincoln, das als *mariscus et harundinetum* auftaucht. Siehe Miller [Anm. 18], Bd. 3, S. 78.

28 Etwa die Isle of Man, Thanet oder auch Anglesey.

29 Zu diesen Karten siehe Monique de la Roncière u. Michel Mollat du Jourdin: Portulane. Seekarten vom 13. bis zum 17. Jahrhundert. München 1984.

30 Dafür waren zudem Angaben über die Entfernungen der aufeinanderfolgenden Häfen notwendig, welche die *portolani* bereitstellten; siehe hierzu Roncière u. Mollat du Jourdin [Anm. 29], S. 12–20.

dieser Karten von Interesse waren. Die Karte zeigt allein die Küstenlinien, an denen in korrekter Folge die einzelnen Städte und Häfen verzeichnet wurde; auf eine Ausschmückung des Binnenlandes sind bis auf die Markierung der Mündung bedeutender Flüsse gänzlich verzichtet. Dies verweist erneut auf die enge Verknüpfung von Zweckbestimmung und dargestellter Topographie, die zu einer sachgemäßen Auswahl der verfügbaren Materialien und damit zu einer konsequenten und hinsichtlich der benötigten Informationen sinnvollen Darstellung führte. Demnach bleibt festzuhalten, daß spätestens seit dem 13. Jahrhundert der kartographische Umgang mit der Topographie zu einem Hilfsmittel praktischen Reisens avancierte und somit auch konkrete Desiderate die Gestaltung dieser Karten prägten. Es wird in diesen Karten nicht über die Bedeutung der Natur reflektiert, sondern man adaptierte die Konditionen des natürlichen Raumes als vorgegebene Parameter der erfahrbaren Umwelt, mit denen man sich auseinanderzusetzen hatte, um den angestrebten Grad an Information zu erreichen. Konform dazu zeichnete man auch nicht mehr ein Weltbild, sondern hob den Landstrich oder die Küstenformation hervor, deren reale Beschaffenheit für den jeweiligen Zweck von Relevanz war. Damit setzen diese Karten einen Weg fort, der bezüglich der Bewertung und Abbildung topographischer Bedingungen der erfahrbaren Nahumgebung in den hochmittelalterlichen *Mappae mundi* seit dem 11. Jahrhundert begründet worden war.

Betrachten wir abschließend ein Beispiel der frühneuzeitlichen Kartographie: die Romwegkarte des Erhard Etzlaub von 1492/1500 (Abb. 10)[31], so wird deutlich, daß die Darstellung der Topographie nicht das trennende Element, sondern vielmehr das Bindeglied zwischen der Kartographie des Mittelalters und der Frühen Neuzeit bildet. Dies gilt ebenso für die Gebirge, die erneut als in die Ebene geklappte Silhouetten erscheinen, wie für die Flußläufe, die nur in einigen Punkten konkret bestimmt und dazwischen in stilisierter Form ausgeführt sind. Bedeutsam ist, eingedenk der Zweckbestimmung der Karte, auch der durch eine gestrichelte Route angedeutete Pilgerweg von Norddeutschland nach Rom, der sich – ähnlich wie schon bei Matthew Paris – an Städten und Flußübergängen orientiert. Wiewohl die Karte auf einer stereographischen Projektion basiert, die eine innovative Nutzanwendung kartographischer Darstellungen ermöglicht, kommt diese im Kartenbild selbst nicht erkennbar zum Tragen. Die Abbildung mutet zwar insgesamt etwas detaillierter an, sie wurde aber in keiner Weise durch eine gegenüber den spätmittelalterlichen Reisekarten geänderte Deutung der Topographie bestimmt. Hinsichtlich der Darstellung, Anordnung und Gewichtung der naturräumlichen Gegebenheiten läßt sich somit eine ununterbrochene Entwicklungsfolge von den mittelalterlichen zu den modernen Karten konstatieren.

Als Ergebnis ist demnach festzuhalten, daß entgegen den bisherigen Einschätzungen die Abbildungen topographischer Formationen wie Flüssen, Seen oder Küstenlinien etablierte Bestandteile der mittelalterlichen Karten sind, die somit eine bedeutsame Quellengruppe zur Erforschung des mittelalterlichen Naturverständnisses darstellen;

31 Siehe hierzu zuletzt Brigitte Englisch: Projection and methods of mapping in Erhard Etzlaub's cartographical works. In: Imago mundi 48 (1996). S. 103–123.

dies gilt insbesondere deshalb, weil dort die Wiedergabe naturräumlicher Faktoren je nach Kontextbindung, Intention und Zweckbestimmung variiert, so daß von einer aktiven Auseinandersetzung mit dem Faktor Natur in den Karten auszugehen ist. Grundsätzlich gelten die topographischen Merkmale selbst in den schematischen Erdkarten als bedingende Elemente, um in der Strukturierung der Welt die Ordnung der göttlichen Schöpfung zu demonstrieren. Hinzu tritt schon in den ältesten ausgeformten *Mappae mundi* das Bedürfnis, den Naturraum im Einklang mit dem etablierten Wissen der Epoche weiterreichend zu illustrieren. Spätestens seit dem 11. Jahrhundert finden sich zudem Weltkarten, welche die persönliche Umwelt mittels differenzierter Darstellung der Topographie im Zusammenhang eines konventionellen Erdbildes betonen, wobei ein konkretes, d. h. aus der vermehrten Reisetätigkeit resultierendes Motiv wahrscheinlich ist. Seit dem 13. Jahrhundert erwachsen hieraus eigenständige Reise- und Regionalkarten, die vornehmlich vom Interesse an den natürlichen bzw. topographischen Konditionen des umgebenden Raumes bestimmt sind und deren Art der Naturrepräsentation eine bemerkenswerte Kontinuität zwischen der mittelalterlichen und der frühneuzeitlichen Kartographie belegt.

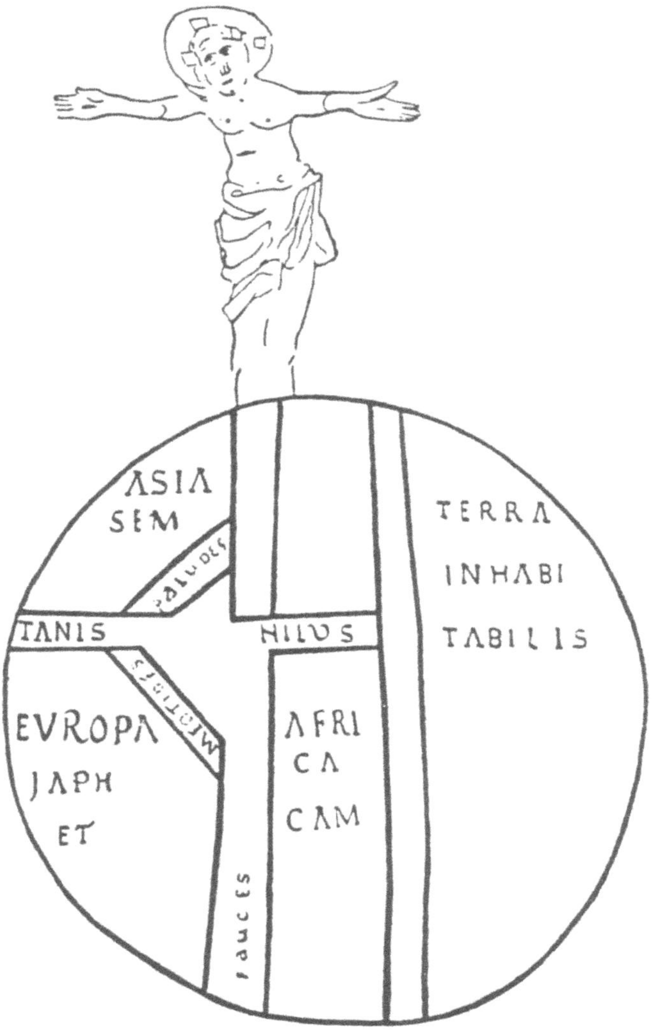

Abb. 1
Die sog. Isidor- oder Palimpsest-karte, St. Gallen, Stiftsbibliothek, Codex 237, f. 1 r (Aus: Miller [Anm. 18], Bd. 6, S. 58, Abb. 27)

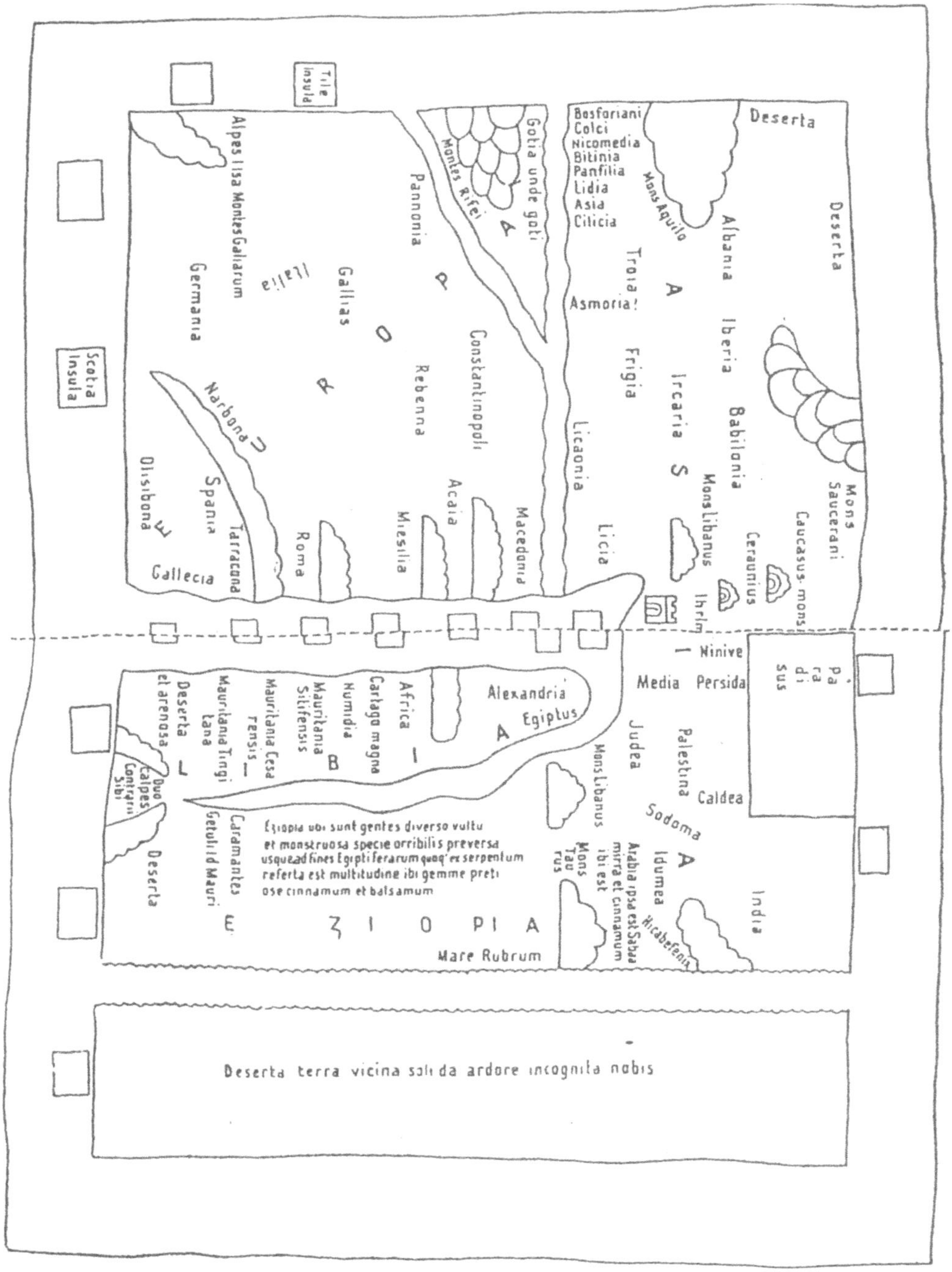

Abb. 2 Die Weltkarte aus dem Maius-Beatus, New York, Pierpont Morgan Library, Ms. 644, f. 33 v–34 r (Aus: Gonzalo Menéndez-Pidal: Mozárabes y asturianos en la cultura de la alta edad media. In: Boletin de la Real Academia de la Historia 134 (1954). S. 137–291, hier S. 235)

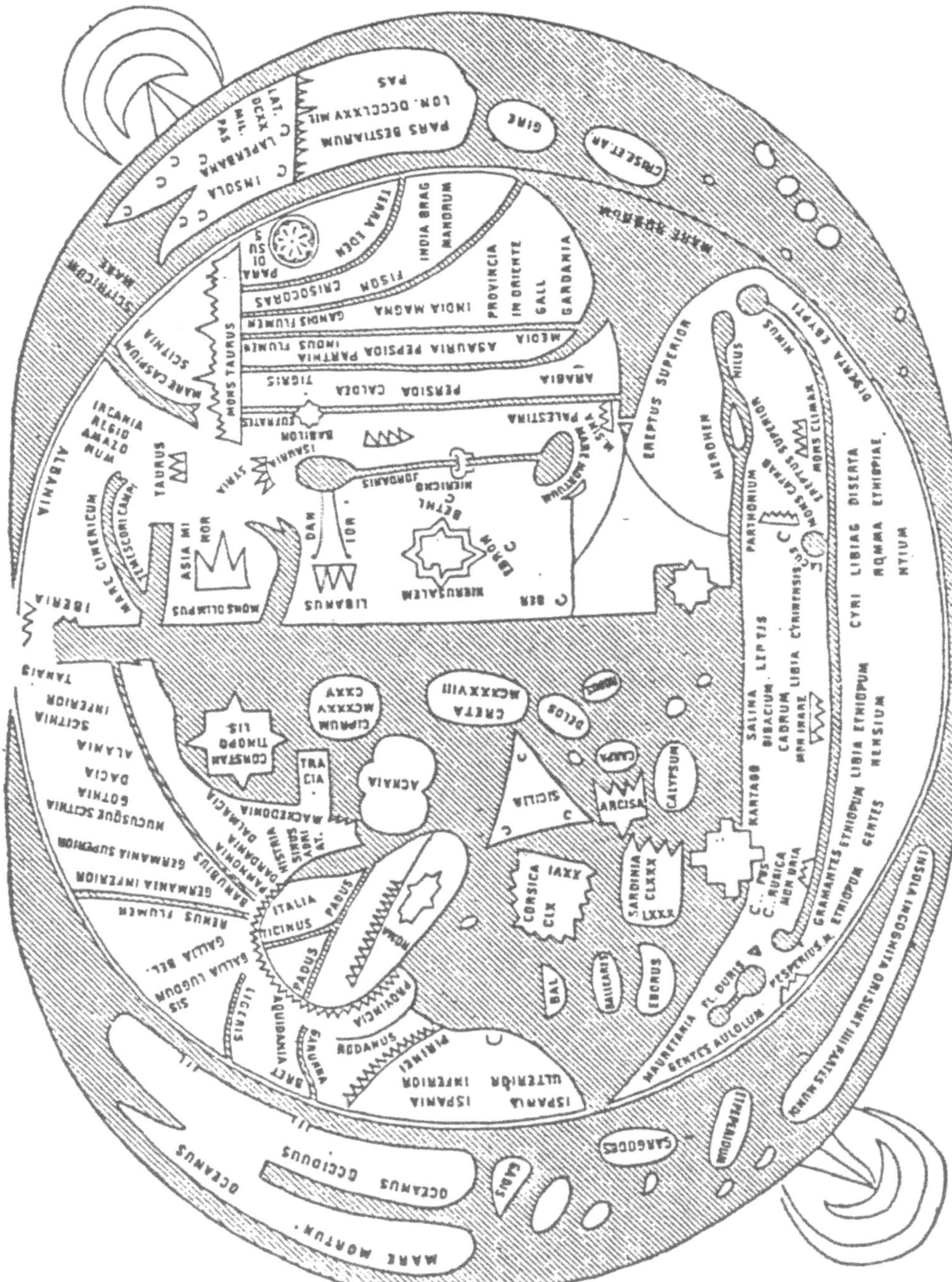

Abb. 3 Die sog. Vatikanische Isidorkarte, Biblioteca Apostolica Vaticana, Vat. Lat. 6018, f. 64 v–65 r (Aus: Menéndez-Pidal [Abb. 2], S. 254)

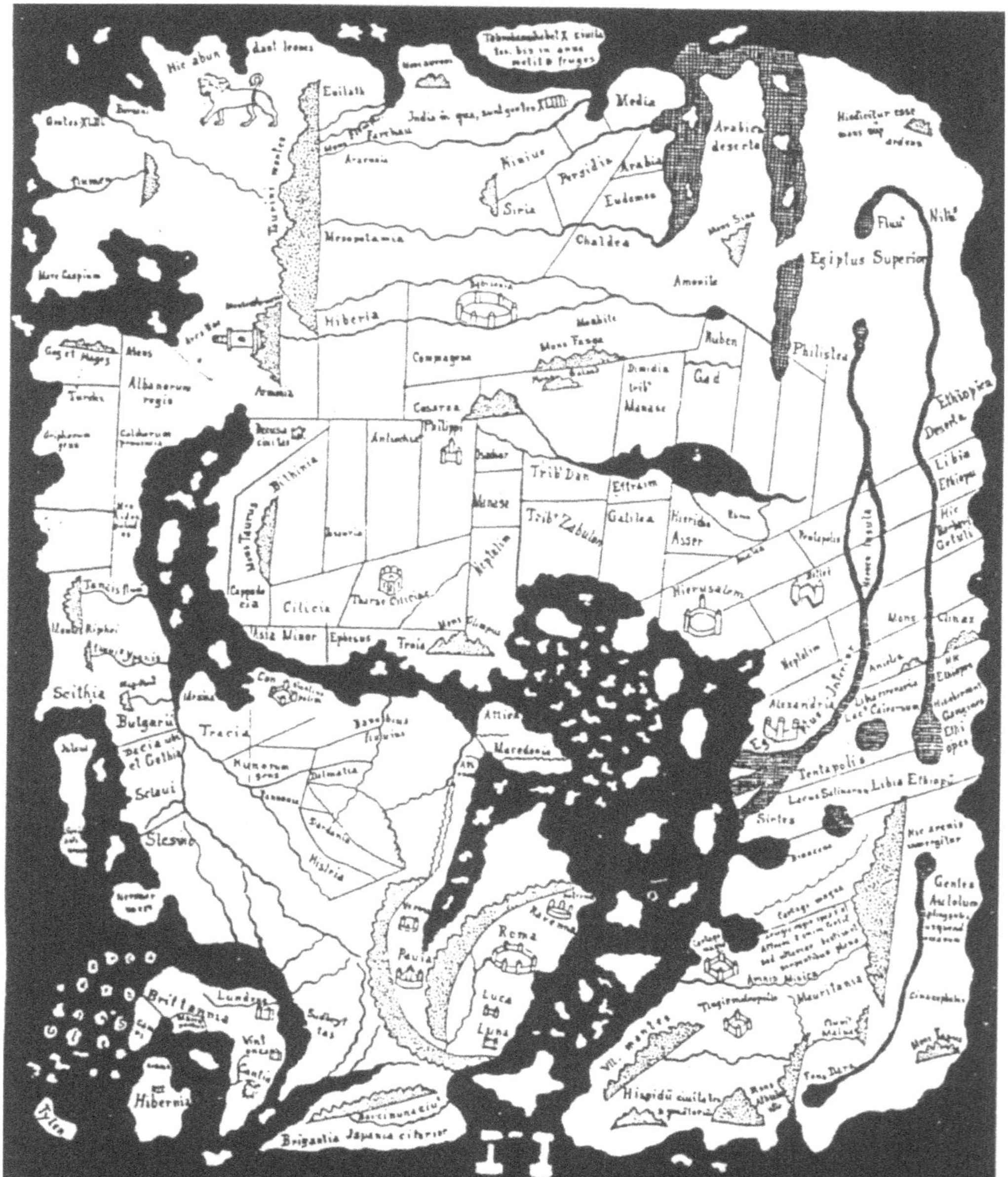

Abb. 4 Die Cottonia, London, British Museum, Cotton Tiberius B. V., f. 56 v (Aus: Miller [Anm. 18], Bd. 3, S. 33)

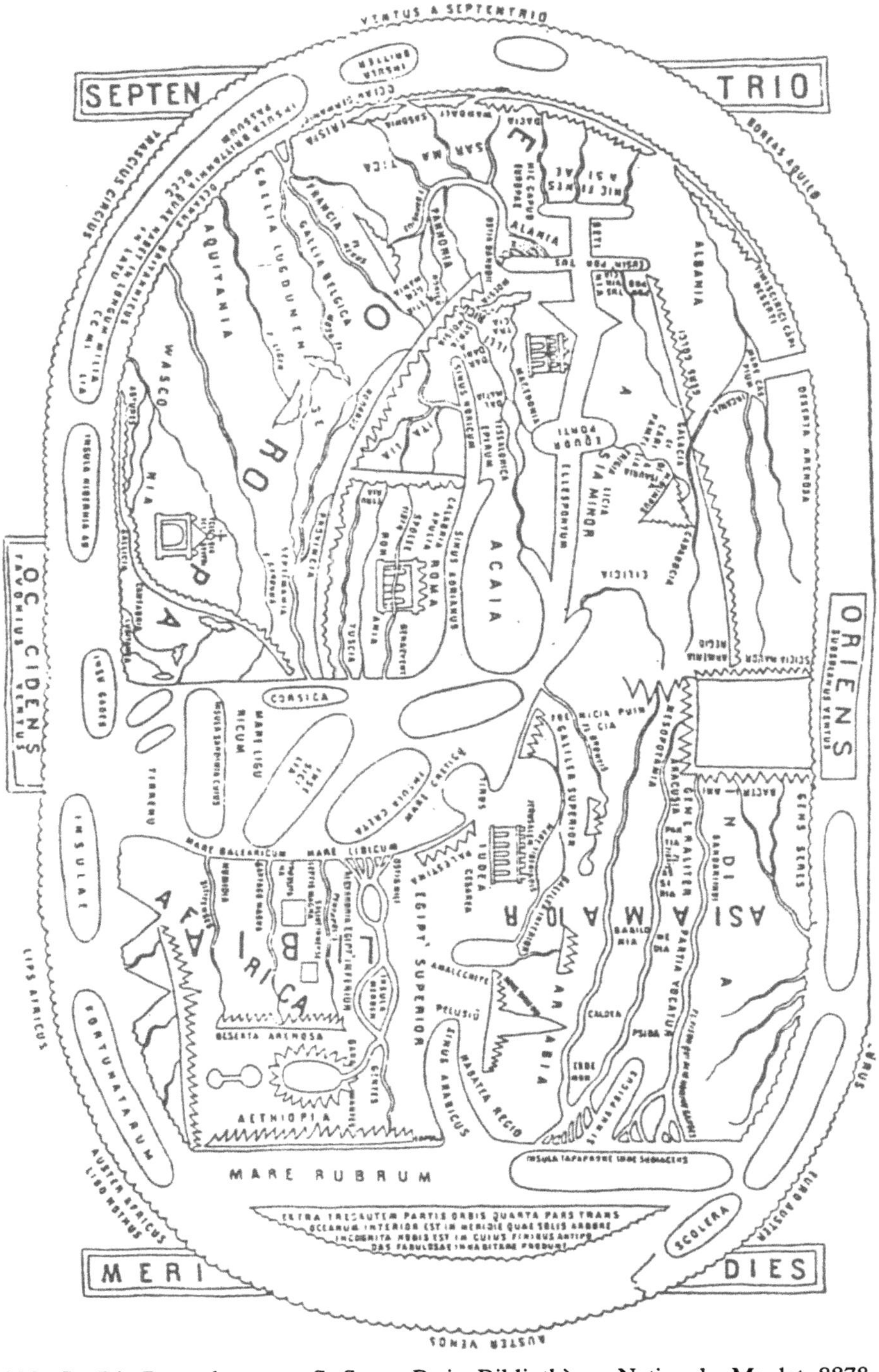

Abb. 5 Die Beatuskarte aus St-Sever, Paris, Bibliothèque Nationale, Ms. lat. 8878, f. 45 bis v–45 ter r (Aus: Menéndez-Pidal [Abb. 2], S. 235)

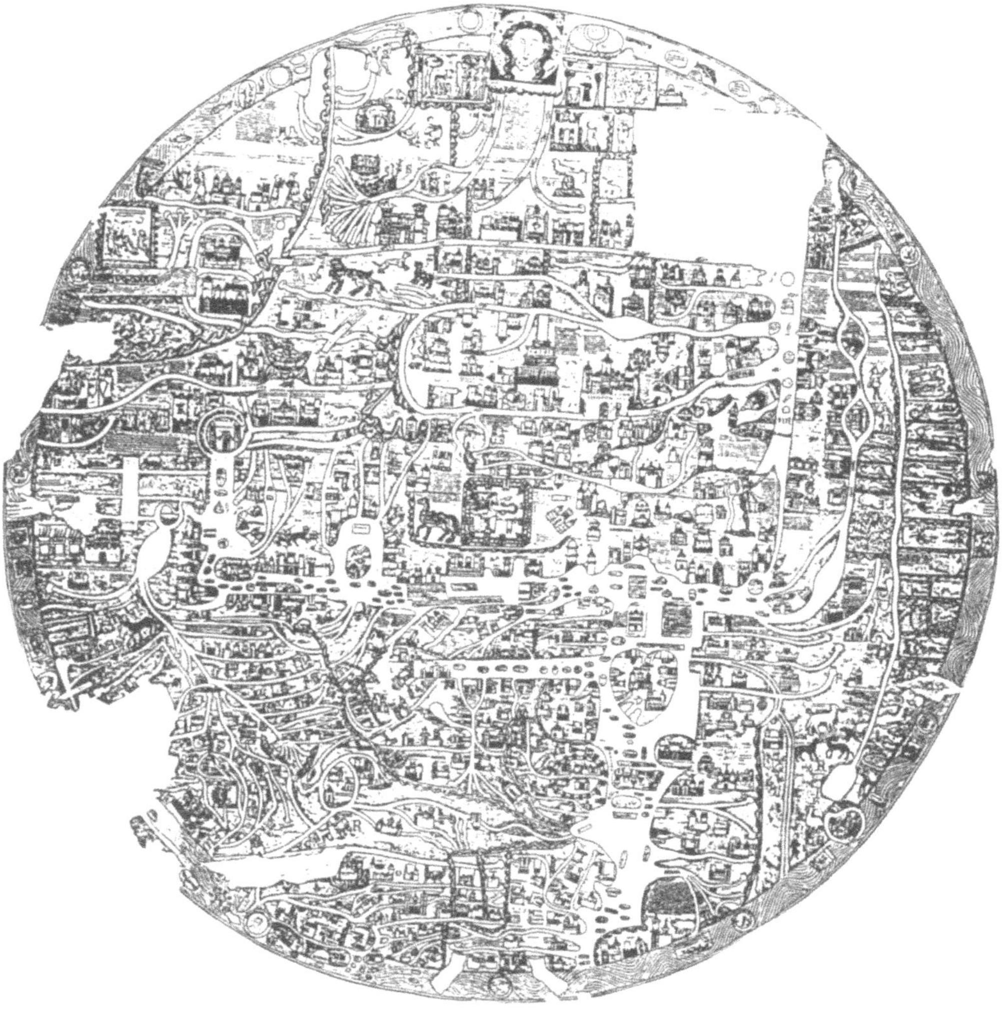

Abb. 6 Die Ebstorfkarte (Verkleinerte Abbildung der Nachzeichnung von Miller [Anm. 18], Beilage zu Bd. 5)

Abb. 7 Detail aus der Ebstorfkarte (Ausschnitt aus der Nachzeichnung von Miller [Anm. 18], Beilage zu Bd. 5)

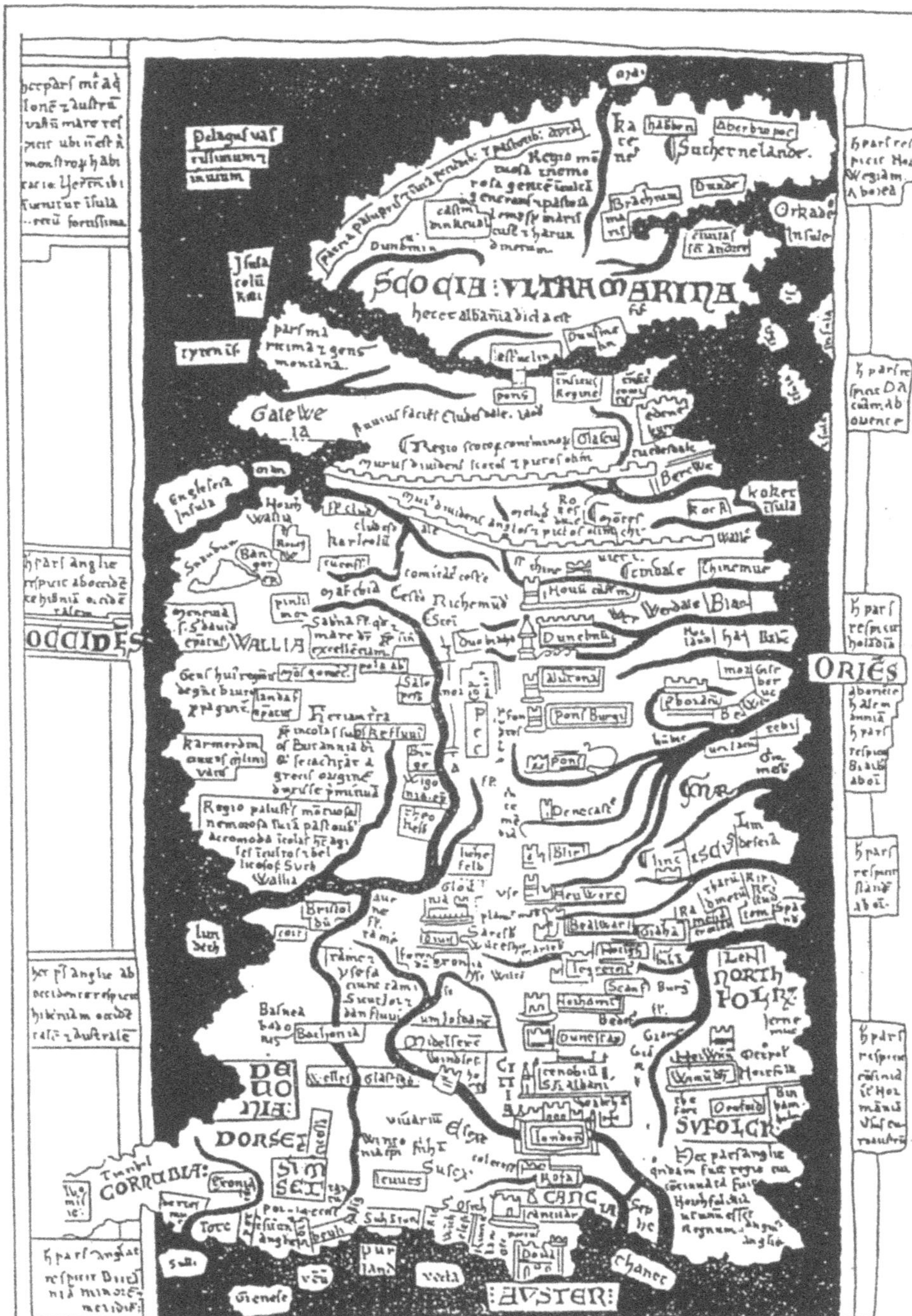

Abb. 8 Die Englandkarte des Matthew Paris, London, British Museum, Cottonia, Ms. Claudius D. VI, f. 8 v (Aus: Miller [Anm. 18], Bd. 3, S. 77)

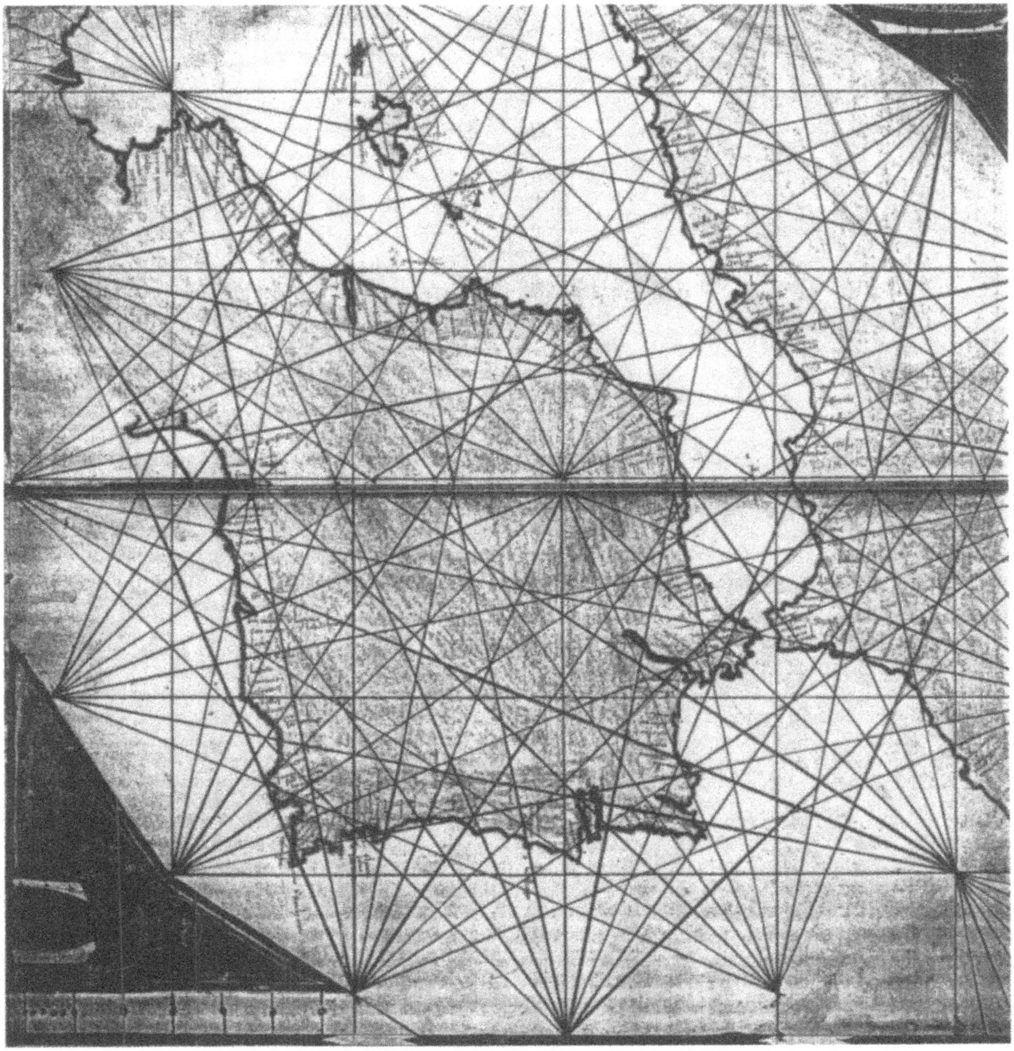

Abb. 9 Blatt für Spanien und einen Teil Nordafrikas aus dem Atlas des Petrus Vesconte, ca. 1321 (Eigene Nachzeichnung)

Abb. 10 Die Romwegkarte des Erhard Etzlaub, um 1500 (Aus: Georges Grosjean u. Rudolf Kinauer: Kartenkunst und Kartentechnik vom Altertum bis zum Barock. Bern, Stuttgart [2]1975. S. 45)

ELKE FREIFRAU VON BOESELAGER

Sturmfluten an der norddeutschen Küste im Mittelalter – Erlebnis und Konsequenz

> [...] *Und hat es allenthalben ein jämmerliches Ansehen gehabt massen man gesehen / wie das unzehlich viele todte Menschen herumb getrieben / Kisten und Schappen / Bette und Bettgewand / Laden und allerhand herrlicher und kostbahrer Haußgerath auf dem Wasser geschwemmet / wie viele Männer / Weiber und Kinder auf stücken Häuser / Breter / Balcken / und dergleichen /neben und unter den annoch stehenden Häusern hingefahren / und Gott und Menschen umb Hülffe und Errettung angeschrien. Und ist das aller grösseste Elende gewesen / das die solches gehört / ihnen auf ihr klägliches jammer-Geschrey nicht haben können helffen*[1].

Diese Schilderung eines Unglücks, das die Menschen angesichts einer Sturmflut überfiel, stammt – das ist ganz offensichtlich – nicht aus einer mittelalterlichen Quelle, sondern aus dem Jahr 1634. Damit wird schon ein wesentliches Problem der Erforschung von mittelalterlichen Sturmfluten berührt, nämlich die Überlieferungslage. Der Eloquenz des 17. Jahrhunderts haben selbst Beschreibungen des 15. Jahrhunderts kaum etwas Ähnliches an die Seite zu setzen, von den früheren Chroniken oder gar Annalen einmal ganz abgesehen. Bei der Beschäftigung mit der mittelalterlichen Geschichte in Norddeutschland stößt man immer wieder an die Grenzen der Überlieferung: Sie ist disparat, lückenhaft und erst im Spätmittelalter etwas ergiebiger. Damit ist auch der Grund genannt, weshalb hier nur eine erste Skizze des Projektes der Erforschung der Sturmfluten im Mittelalter vorgelegt werden kann. Die systematische Suche nach einschlägigen Quellen, die vor allem ungedruckt und noch in den Archiven aufzuspüren sind, steht erst am Anfang[2].

---

1 Zit. nach Marcus Petersen u. Hans Rohde: Sturmflut. Die großen Fluten an der Küste Schleswig-Holsteins und in der Elbe. Neumünster 1977. S. 43 (aus der Heimreichschen Chronik zu 1634). Die Manuskripte befinden sich in der königlichen Bibliothek in Kopenhagen, NKS 304, 8'; dort sind auch 'Supplementa' von ca. 1684 und der 'Catalogus vetustus' überliefert. Zur Heimreichschen Chronik vgl. zuletzt: Hans Joachim Kühne u. Albert Panten: Der frühe Deichbau in Nordfriesland. Archäologisch-historische Untersuchungen. Bredstedt [2]1995. S. 75–77.

2 Die bisher zusammengetragenen Quellen beziehen sich nicht nur auf die deutsche Nordseeküste; erhellende Aspekte finden sich auch bei Beda Venerabilis oder in den 'Regesta Scotorum'. Vgl.

Woher kommt also die Kenntnis von Sturmfluten, ist demnach zunächst zu fragen, um dann einen weiteren Punkt aufzunehmen, nämlich die Reaktionen auf solche Naturkatastrophen. Daraus wiederum ergibt sich nicht nur die Frage, welche Konsequenzen Sturmfluten auf die Gestalt der Landschaft hatten, sondern auch die Überlegung, inwieweit ihre Auswirkungen an den politischen und ökonomischen Strukturen erkennbar sind. – Im Rahmen der Naturkatastrophen nehmen die Sturmfluten eine besondere Stellung ein. Es handelt sich hierbei um ein Phänomen, das – anders als etwa das Vorkommen von Kometen und Sonnenfinsternissen – nicht allenthalben auf der besiedelten Erde anzutreffen, sondern regional gebunden, nämlich auf das Küstengebiet und auf den Unterlauf der großen Flüsse beschränkt ist. Sturmfluten können auch in gezeitenfreien Meeren auftreten, etwa an der Ostsee oder im Schwarzen Meer[3]. Sie sind im Mittelalter aber vor allem von der Nordseeküste berichtet worden, und deshalb soll hier auch der Schwerpunkt liegen[4].

An dieser Stelle ist einzuflechten, dass die Bezeichnung Sturmflut eine ganz und gar moderne ist, der die mittelalterlichen Quellen nichts Entsprechendes entgegensetzen; dort geht es in erster Linie um *inundatio*, also schlicht Überschwemmung: Diese kann sich entweder auf die Küstenregion oder auf Flusstäler beziehen, wobei die Zusammenstellung der Erwähnungen von meteorologischen Phänomenen – wie sie Pierre ALEXANDRE vorgelegt hat – zeigt, dass die frühen Nennungen überwiegend Überschwemmungen im Zusammenhang mit heftigen Regen, die die Flüsse über die Ufer treten lassen, betreffen[5]. Es ist festzustellen, dass die Ergebnisse einer Naturkatastrophe, also ihre mehr oder weniger bleibenden Auswirkungen eher Eingang in die Quellen fanden als der Ablauf der Katastrophe selbst. Berichte wie der eingangs zitierte sind erst für die nachmittelalterliche Zeit überliefert.

Wie wenig wirklich aussagekräftige Texte vorhanden sind, kann man auch an der bereits genannten Zusammenstellung ablesen, die ALEXANDRE aus Annalen und Chroniken für die Zeit von 1000 bis 1425 vorgenommen hat[6]; nicht ohne Grund klammerte er

---

dazu Hubert Lanb u. Knud Frydendahl: Historic Storms of the North Sea. Cambridge 1991. – Es ist geplant, die Frage der Sturmfluten in einem größeren geographischen Raum, nämlich der Nordsee insgesamt, zu betrachten, was sich schon wegen der relativ gut aufgearbeiteten niederländischen Überlieferung anbietet. An französischen Quellen orientiert sich Jacques Berlioz: Catastrophes naturelles au Moyen Age. Paris 1998, allerdings mit dem Schwerpunkt auf binnenländischen Ereignissen.

3 Vgl. Petersen u. Rohde [Anm. 1], S. 9.

4 Die geographisch-geologischen und klimatischen Bedingungen des Küstenraums sind bei Joachim Goldbeck: Die Deichgenossenschaften. Eine Analyse ihrer historischen Entwicklung auf der Basis der Kollektivgüter- und Genossenschaftstheorie. Münster 1991. S. 47–55 eingehend dargestellt.

5 So beispielsweise für das Jahr 1041 Überschwemmungen des Eisack bei Bozen und der Etsch bei Verona, verzeichnet in den Annalen von Niederaltaich. Vgl. Pierre Alexandre: Le climat en Europe au Moyen Age. Contribution à l'histoire des variations climatiques de 1000 à 1425, d'après les sources narratives de l'Europe occidentale. Paris 1987. S. 338.

6 Vgl. Alexandre [Anm. 5], passim.

dabei die Überlieferung vor dem Jahr 1000 aus[7]. Sieht man sich etwa im 1. Band der Reihe 'Scriptores' der 'Monumenta Germaniae Historica' die frühen Annalen an, so stellt man nicht nur immer wieder fest, dass die Wahrnehmung der Natur und ihrer Erscheinungsformen darin eher marginal vorkommt, sondern auch, dass meist nur solche Phänomene berichtet werden, die sich unmittelbar in der Umgebung des Schreibers abgespielt haben oder von denen er aufgrund seiner Verbindungen etwa zu anderen Klöstern Kenntnis erlangen konnte.

Es wurde bereits erwähnt, dass die Sturmflut ein regional gebundenes Naturereignis darstellt. Dies ist besonders dann im Auge zu behalten, wenn man nach frühen Notizen sucht, die möglichst nahe dem Ort des Geschehens niedergeschrieben wurden und deshalb eine größere Unmittelbarkeit des Erlebens vermuten lassen. Dabei ist zu berücksichtigen, dass eine Katastrophe nur dann als solche auch bekannt wurde, wenn sie ein unübersehbares Ausmaß erreicht und – das ist aktuell in den täglichen Nachrichten ja nicht anders – besonders viele Menschen betroffen hat. Abgesehen davon fehlte einfach die Infrastruktur zwischen der Küstenregion und dem Hinterland, um einen Informationsfluss gewährleisten zu können. Die Handelsbeziehungen intensivierten sich nach dem Jahr 1000, und eine engere Anbindung ist vermutlich erst für die Zeit nach 1250 verstärkt anzunehmen. Bis dahin orientierten sich die Küstenbewohner eher auf das Meer hinaus, und ihr Medium der Kommunikation waren die Schiffe und deren Verbindungen zu anderen Häfen. Dieser Nachrichtenaustausch spielte sich in der Regel ohne schriftlichen Niederschlag ab. – Es ist aber keineswegs nur das Fehlen von erzählenden Quellen zu beklagen. Auch Urbare, Einkünfteverzeichnisse oder sonstige Wirtschaftsaufzeichnungen sucht man für die Küstenregion im frühen und hohen Mittelalter vergebens. Dazu kommt noch der Überlieferungszufall, auf den hier aber nicht näher eingegangen werden soll. Zudem ist aufgrund der Rezeptionsforschung recht gut bekannt, in welchen Abhängigkeiten die früh- und hochmittelalterlichen Annalen zueinander stehen, so dass die Zahl der Primärquellen sich noch weiter reduziert. Es macht also mehr Sinn, sich über die bloße Erwähnung einer Naturkatastrophe hinaus mit Überlieferungszusammenhängen zu beschäftigen, die auch die Frage nach der Konsequenz aus dem Erleben eines solch existenzerschütternden Ereignisses beleuchten.

Die Weise, in der die Naturkatastrophen geschildert werden, ist in den Annalen nahezu stereotyp. Meist wird nur in einem Satz auf die Art des Ereignisses eingegangen [8]. Dabei ist kaum von Formulierungsvarianten auszugehen – *inundatio pluviarum*, also

7 Die Untersuchung von H. H. Lamb: Climate. Present, Past and Future. 2 Bde. London 1977 wird von Alexandre [Anm. 5], S. 791 vor allem wegen der umstrittenen Quellengrundlage verworfen.

8 Vgl. beispielsweise die 'Annales Sangallenses, continuatio tertia' zum Jahr 867: *Terrae motus. Papa Nicolaus obiit, et nimia superfluitas imbrium*; zum selben Jahr die 'Annales Augienses': *Terre motus, et nimia superfluitas ymbrium*; ferner die 'Annales Colonienses' zum Jahr 987: *Rheni et Mosellae fluminum inundatio insolita*. In: MGH, Scriptores 1, S. 66, 76 bzw. 98. – Auf das Sterben von Menschen oder Vieh wird meist nur dann verwiesen, wenn angeblich ein Himmelszeichen, also ein Komet oder ein besonderes Licht, erschienen war.

eine Überschwemmung im Gefolge von starken Regenfällen, herrscht vor, während im Zusammenhang mit Küsten oft lediglich von *inundatio aquarum* die Rede ist, ohne dass weitere Informationen angefügt werden[9]. Die 'Annales Fuldenses' bieten für das Jahr 868 die Schilderung eines Naturphänomens, das mit der Erscheinung eines Kometen begann: *Eodem anno stella cometes per aliquot noctes apparuit.* Das Auftauchen dieses Himmelszeichens erklärt gleichsam das folgende Geschehen: [...] *fontes quoque et flumina propter nimiam ymbrium inundationem crescendo intumuerunt et per diversa loca in frugibus et aedificiis dampnum fecere non modicum. Hanc plagam fames etiam magna cum ingenti pernicie humani generis per totam Germaniam et Galliam secuta est*[10]. Die Überschwemmung war also von großem Ausmaß gewesen und hatte nicht wenig Schaden an der Ernte und den Gebäuden angerichtet. Andere Quellen erwähnen zu diesem Jahr zwar auch Naturphänomene, fast immer das Auftauchen eines Kometen, das Hunger und Tod nach sich zog, bringen damit aber keine Flut in Zusammenhang[11], wie z. B. die 'Annales Alamannicorum continuatio Sangallensis prima'[12]. Die Verbindung der Überschwemmung nach Sturmfluten mit der Sintflut, die eigentlich auf der Hand liegt, findet sich vor allem in spätmittelalterlichen Chroniken. Als Beispiel sei hier die Preußenland-Chronik des Peter von Dusburg angeführt, die für *Anno domini 1304* vermerkt: [...] *circa nativitatem eius tanta fuit aquarum inundacia, quod homines putabant se diluvio perituros*[13], woraufhin die Schilderung diverser Schäden folgt.

Gelegentlich ergibt sich auch der Fall, dass Kenntnisse von einer Sturmflut und Überschwemmung etwa durch archäologische Untersuchungen vorliegen, die Chroniken dazu jedoch ein anderes Katastrophenbild entwickeln. Dies trifft etwa auf das Jahr 1094 zu, für das die 'Annales Brunwilarenses' vermelden: *hoc anno circa festivitatem ad vincula sancti Petri ignis magnus apparuit circa vespertinum tempus per totum mundum, et mortalitas magna facta est*[14]. Die geschilderte Erscheinung am 1. August ist vermutlich als schweres Gewitter zu bezeichnen, das durchaus auch mit einem eine Flutwelle auslösenden Sturm in Zusammenhang gebracht werden kann. Sieht man die Aussage im Kontext der Überlieferung, so ist hier kein eindeutiger Hinweis auf einen

---

9 Eine Zusammenstellung der Ausdrücke für „pluies abondantes" findet sich bei Alexandre [Anm. 5], S. 642, der bei den Formulierungen *abundantia aquarum* und *inundatio aquarum* auch darauf hinweist: „Ces deux formules peuvent également servir à désigner les inondations des cour d'eau ou les raz-de-marée".

10 Annales Fuldenses, pars tertia. In: MGH, Scriptores 1, S. 380.

11 Vgl. etwa die 'Annales S. Columbani Senonensis': *Extitit eo anno fames et mortalitas inaudita per totum fere imperium Francorum, sed maxima per Aquitaniam et Burgundiam, ita ut prae multitudine morientium non essent qui sepelirent.* In: MGH, Scriptores 1, S. 103.

12 Annales Alamannicorum, continuatio Sangallensis prima: *Stella cometis. Fames accerima et mortalitats hominum et animantium.* In: MGH, Scriptores 1, S. 51.

13 Peter von Dusburg: Chronik des Preußenlandes. Hrsg. von Klaus Scholz u. Dieter Wojtecki. Darmstadt 1987 (Freiherr vom Stein-Gedächtnisausgabe. Ausgewählte Quellen 25). S. 525 (*De undacione aquarum*).

14 Annales Brunwilarenses. In: MGH, Scriptores 1, S. 100.

geographischen Raum gegeben; es bleibt also offen, ob diese Beobachtung sich auf eine Naturerscheinung im Binnenland bezieht und die Koinzidenz mit einer Sturmflut in demselben Jahr eher zufällig ist.

Bei all jenen Katastrophen in den Wintermonaten erhebt sich die Frage, inwieweit sie nicht auch mit Überschwemmungen an den Küsten verbunden waren; denn – das hat die seit ca. 200 Jahren durch Messungen belegbare Küstenbeobachtung herausgefunden – die meisten schweren Sturmfluten mit großen Schäden für Menschen, Tiere und Land finden in den Wintermonaten statt. Die Chronikberichte unterstützen diese naturwissenschaftliche Erkenntnis, da Fluten dort immer mit dem jeweiligen Tagesheiligen bezeichnet werden: Man spricht etwa von der Allerheiligenflut, die am 1. November 1170 stattfand, von der Marcellusflut vom 16. Januar 1219 oder der Clemensflut vom 23. November 1334. Auch außerhalb des engeren Küstenraumes der Nord- und Ostsee sind Winterüberschwemmungen immer wieder zu beobachten, und zwar vorwiegend im November, also nicht unbedingt im Zusammenhang mit der Schneeschmelze. So berichtet die Chronik vom Mont-Saint-Michel für 1178 von einer *inundatio* im Winter, und um 1290 ist eine große Überschwemmung des Rheins bei Arnheim sowie der Ijssel bei Deventer und der Betuwe verzeichnet[15]. Für 1322 berichten die Quellen aus Egmont von einer Flut in Holland, die vom Winter bis in den Mai hinein das Land bis Utrecht beeinträchtigt habe[16]; die Zerstörung der Ernten war die Folge.

Die schweren Schadensfluten fielen allesamt auf die Wintermonate. Zu ebendieser Zeit manifestiert sich in der Tat eine auch heute wahrnehmbare, wiederkehrende Klimasituation: Die kalte Polarluft liegt über der Nordsee und aus ihrem Gegensatz zur warmen Luft über dem Atlantik entstehen Wetterlagen, die zu schweren Winden und schließlich zu Sturmfluten führen können[17]. Betrachtet man diese Klimaphänomene in der chronologischen Eingebundenheit, so konstatiert Pierre ALEXANDRE, dass zwischen 1240 und 1400 sehr viele regenreiche Winter lagen[18]. Gerade in Jahren, in denen das Klima nicht den Erwartungen entspricht (denn regenreiche Winter sind besonders mild und nahezu frostfrei), findet man auch relativ viele Sturmfluten. Die besonders schweren Sturmfluten des 14. und 15. Jahrhunderts passen hier ins Bild.

Die Überschwemmungen hingen auch mit der Veränderung des Meeresspiegels zusammen[19]. Die Transgressionsphasen, die durch zahlreiche Bohrungen untersucht sind, zeigen bis zum Jahre 1000 einen Anstieg des Meeresspiegels etwa auf heutige Höhe. Allerdings ist das Erklärungsmodell für die Transgressionen – etwa für die als 'Dünkir-

---

15 Vgl. Alexandre [Anm. 5], S. 419.

16 Vgl. Alexandre [Anm. 5], S. 444.

17 Vgl. Petersen u. Rohde [Anm. 1], S. 24.

18 „La tendance est donc à un accroisement de la pluviosité hivernale correspondant à un réchauffement des températures de cette saison, sans pour autant que les variations à court terme [...] coincident chaque fois dans le sens: hiver doux – hiver pluviaux / hiver rude – hiver sec". Alexandre [Anm. 5], S. 787.

19 Die Entwicklung der Transgressionsphasen ist beschrieben bei Kühne u. Panten [Anm. 1], S. 12f.

chen III' bezeichnete Phase, die seit etwa 1130 zu beobachten sein soll – in der letzten Zeit immer wieder in Zweifel gezogen worden, da die aufgetretenen Schwankungen recht unterschiedlich waren und bei ungefähr 2 bis 10 cm pro Jahrhundert lagen[20]. Der Anstieg um 20-25 cm in den letzten 100 Jahren ist somit ein besonderes säkulares Ereignis.

Die Sturmfluten, die zu einschneidenden Veränderungen in der Küstenlinie und für die vorgelagerten Inseln führten, fanden im 12.-14. Jahrhundert statt. Durch die Julianenflut von 1164, in deren Verlauf auch der Rhein besonders stark betroffen war, wurde durch erste schwere Einbrüche die Bildung des Jadebusens eingeleitet. 1287 sorgte die Luciaflut am 14. Dezember für den Beginn der Entstehung des Dollarts. Die weitreichendsten Auswirkungen hatte indes die Marcellusflut vom 16. Januar 1362[21]. Mit dieser Sturmflut verbindet man die Überschwemmung des Jadebusens, des Dollarts, der Harle- und der Leybucht. Damals versank auch der Hauptort Nordfrieslands, Rungholt, östlich des heutigen Pellworm, für immer. Die verheerenden Landverluste dieser Sturmflut sind durch verschiedene Faktoren ausgelöst worden: Zum einen hat die Scheitelhöhe des Wassers wohl deutlich über der anderer Fluten gelegen, zum anderen war der Zustand der Deiche wohl schon seit einer Reihe von Jahren als besorgniserregend zu bezeichnen gewesen. Ganz Norddeutschland hatte zuvor mit einer vollkommen anderen, aber gleichfalls grausamen Katastrophe zu kämpfen gehabt, nämlich mit der Pest. Um die Mitte des Jahrhunderts waren weite Landstriche so dünn besiedelt, dass für die erforderlichen Arbeiten zur Aufrechterhaltung der Deiche nicht genug Hände zur Verfügung standen. Vermutlich führte eher der desolate Zustand der Küstenschutzbauten massenhaft zu Bruchstellen. – Die von Marcus PETERSEN und Hans ROHDE zusammengestellte Liste der Sturmfluten an Nord- und Ostsee verzeichnet für das einigermaßen dicht dokumentierte 13. Jahrhundert 27, für das 14. Jahrhundert immerhin 23 solche Ereignisse[22]. Die Zahl der Toten ist dabei immer etwas mit Vorsicht zu betrachten. So sollen bei der frühen Marcellusflut vom 16. Januar 1219 etwa 36.000 Tote zu beklagen gewesen sein. Auch wenn man annimmt, dass dies wirklich eine der verheerendsten Katastrophen an der Küste war, erscheint angesichts der Besiedlungsdichte diese Zahl doch sehr stark überzeichnet. Es finden sich aber auch Angaben bis zu 50.000 Toten – etwa für die Luciaflut vom 14. Dezember 1287, die die Bildung des Dollarts eingeleitet haben soll[23]. Letztlich ist die Auseinandersetzung mit diesen Zahlen wenig gewinnbringend, denn weder weiß man, wieviele Menschen damals im betroffenen Gebiet gelebt

---

20 Vgl. Johannes Schreiner: Der Schauzwang auf Deich und Schleuse. Die Entwicklung der Deichschauen am unteren Niederrhein vom Spätmittelalter bis zur Mitte des 17. Jahrhunderts. Bielefeld 1995. S. 25.

21 Diese als Große Mandränke bezeichnete Sturmflut ist die erste mittelalterliche Katastrophe, über die umfangreichere Informationen vorliegen. Kühne u. Panten [Anm. 1], S. 51 halten sie für die erste „glaubhaft überlieferte Flutkatastrophe".

22 Vgl. Petersen u. Rohde [Anm. 1], Anhang.

23 Vgl. Petersen u. Rohde [Anm. 1], S. 38.

haben, noch können dadurch die Auswirkungen dieser Ereignisse eingeschätzt werden. Derartige Angaben sind demnach in erster Linie als Indikator für die Ungeheuerlichkeit und Unfassbarkeit der erlebten Naturkatastrophe anzusehen.

Diese Bemerkungen zu den Sturmfluten mögen erläutern, wie sehr man als Historiker bei der Erforschung mittelalterlicher Naturphänomene auf transdisziplinäre Zusammenarbeit angewiesen ist. Erst die Ergebnisse der Archäologie, der historischen Geographie und der Klimakunde können das Bild vervollständigen und verifizieren; die Naturwissenschaften tragen zur Klärung von Phänomenen bei, beschreiben deren Entstehungsgründe und zeigen die Auswirkungen auf. Die Reaktionen der Menschen, die sich dieser besonderen Art der Naturerfahrung ausgesetzt sahen, sind dagegen andernorts zu erfragen. Hier wird man wieder auf die Schriftquellen verwiesen, so spärlich sie auch für das Früh- und Hochmittelalter sein mögen: Ereignisse wurden nämlich nur protokolliert, ihr Erleben selbst aber nicht reflektiert; auch fehlen Hinweise auf die Auseinandersetzung mit den Folgen. Die Beantwortung der zweiten Frage, nämlich nach den Reaktionen auf eine solche Naturkatastrophe, ist also kaum für die frühe Zeit des Mittelalters zu leisten. Dabei hat man sich zu vergegenwärtigen, dass die Auswirkungen einer Sturmflut weitreichender waren und sind, als sie durch den einleitend zitierten Chroniktext beschrieben werden. Das Erleben der Flut selbst als lebensbedrohlich oder gar lebensvernichtend war unmittelbar; langfristiger blieben hingegen die Beeinträchtigungen, die das in das Land eindringende Salzwasser auslöste. Die Überschwemmung der Wiesen und Äcker führte zu einer Versalzung der Böden, die dadurch unbrauchbar wurden. Es kam fast bei jeder Sturmflut vor, dass einige Landstriche so stark überflutet wurden, dass sie ständig unter Wasser blieben und nicht mehr für Siedlung oder Landwirtschaft zur Verfügung standen. Eine andere Beeinträchtigung betrifft die Wasserläufe: einmal der Flüsse selbst und dann der Priele, die letztlich einen großen Teil des heranströmenden Flutwassers aufnahmen und ins Binnenland leiteten. Wurde die Wassermenge zu groß, dann veränderten die Priele ihren Lauf und damit nicht nur die Landschaft, sondern auch Verkehrsverbindungen zwischen den Ansiedlungen. Diese Auswirkungen auf die Infrastruktur einer Region konnten dazu führen, dass beispielsweise Orte zu peripherer Bedeutung absanken oder ihre Attraktivität verloren und schließlich sogar aufgegeben wurden.

Angesichts der schweren Sturmfluten mußten sich die betroffenen Küstenbewohner die Frage stellen: Bleiben oder gehen. Das überschwemmte Land zu verlassen und in höhere, relativ überflutungssichere Gebiete zu ziehen, war indes nur so lange möglich, wie dort noch keine endgültige Güter- und Besitzstruktur bestand. In dem Moment, in dem Besitzverhältnisse festgeschrieben waren, überlegte sich jeder, ob er sein ganzes Eigentum aufgeben solle, nur weil es für eine bestimmte Zeit unbrauchbar geworden war. Beschlossen die Küstenbewohner nach der Naturkatastrophe, an ihrem angestammten Ort zu bleiben, dann mussten sie Maßnahmen ergreifen, die einer zukünftigen Zerstörung entgegenwirkten. Das einfachste Mittel war die Erhöhung der Wohnplätze über das normale Hochwasserniveau hinaus[24]. Diese Warfen oder Wurten wurden bis zum 5./6. Jahrhundert angelegt, dann aber verlassen; ein Beispiel ist etwa Feddersen Wierde im Land Wursten[25]. Eine zweite Besiedlungswelle setzte im 8. Jahrhundert ein; sie wurde wesentlich von den niederländischen Friesen getragen, die vor allem aufgrund ihrer Wasserbaukenntnisse gesuchte Neusiedler waren. In der Bremer Überlieferung werden 1091 Friesen erwähnt, die von der Bremer Kirche Ländereien zu besonderen Konditionen erhalten hatten[26]. Wenig später, im Jahre 1106 oder (nach neuester Datierung) 1113[27], schloss Erzbischof Friedrich von Bremen mit holländischen Siedlern einen Vertrag, in dem sie als *cis Renum commanentes, qui dicuntur Hollandi*[28] beschrieben werden. Das ihnen zugewiesene Land war noch unkultiviert und sumpfig. Es wurde ein Zins in Höhe von einem *denarius* pro Jahr pro *mansus* erhoben, den die Siedler dem Erzbischof zu leisten hatten. Damit es mit der schon im Bremer Umland wohnenden Bevölkerung nicht zu Unstimmigkeiten kam, legte man auch das Ausmaß eines *mansus* genau fest, nämlich: *in largitudine septingentas et viginti, in latitudine vero triginta habet regales virgas, cum rivulis terram interfluentibus*, was 30 mal 720 Ruten entspricht, während die *rivuli* (Bächlein) vermutlich alte Priele waren. Über den Landzins hinaus wurden noch weitere Zehnte bestimmt, so etwa ein Lämmer- und ein Schweinezehnt, ferner die Abgaben von Gänsen und Enten sowie von Leinen. Die Ausführungen zur jurisdiktionellen Einbindung der Neusiedler beziehen sich vor allem auf deren Eingliederung in die schon bestehenden Sendgerichtssprengel der Bremer Kirche. Dass die Holländer auch die Erlaubnis zum Bau neuer Kirchen erhielten, versteht sich fast von selbst; doch auch hier war der Erzbischof besonders gründlich und legte zugleich fest, wie umfangreich die Ausstattung einer neuen Pfarrei sein sollte, damit der amtierende Pfarrer davon leben konnte. Dieser Vertrag, dessen Bedingungen für die Siedler sich im Vergleich mit dem schon im Erzstift lebenden Bremern recht großzügig anhören, wird als Beginn der planmäßigen Kolonisation und des Landesausbaus angesehen[29]. Dass dazu auch Maßnahmen des Küstenschutzes oder der Hochwas-

24 Zur Frage des Wurtenbaus bzw. wikingerzeitlicher Flachsiedlungen vgl. Kühne u. Panten [Anm. 1], S. 30.

25 Vgl. hierzu Wilhelm Haarnagel: Die Grabung Feddersen Wierde. Methode, Hausbau, Siedlungs- und Wirtschaftsformen sowie Sozialstruktur. Wiesbaden 1979.

26 Vgl. Bremisches Urkundenbuch. Bd. 1. Hrsg. von Dietrich R. Ehmck u. Wilhelm von Bippen. Bremen 1873. Nr. 26.

27 Vgl. Schreiner [Anm. 20], S. 22.

28 Bremisches Urkundenbuch [Anm. 26], Nr. 27.

29 Zu sehen sind diese Kolonisationsmaßnahmen etwa auch im Siedlungsbild, das die typischen Marschhufensiedlungen zeigt. Vgl. Kühne u. Panten [Anm. 1], S. 30f. – Für die Kolonisation der Elbmarschung grundlegend ist die Untersuchung von Adolf Hofmeister: Besiedlung und Verfassung der Stader Elbmarschen im Mittelalter. 2 Teile. Hildesheim 1979–1981.

serprävention ganz allgemein gehörten, ist anzunehmen. Es waren ja gerade die Holländer, die früh auf diesem Gebiet Erfolge erzielt hatten[30].

Das Interesse des Landesherrn an der Binnenkolonisation war natürlich in erster Linie auch ein fiskalisches, denn mit der Verbesserung der Böden ging eine intensivere Nutzung einher. So konnte etwa an bestimmten Orten sogar Getreide angebaut werden, das dem Grundherrn – in der Regel ist dies der Landesherr – einen weitaus höheren Zehnten bescherte als mehr oder weniger brachliegendes Moorland[31]. – Die zuvor erwähnten Wurten als erste Form der Hochwasserabwehr wurden anfangs nur für Einzelhöfe angelegt. Erst allmählich entstanden Wohnhügel für mehrere Häuser, bis hin zu Dorfwurten. Besonders eindrucksvoll ist die Dorfwurt von Wesselburen mit 25 Hektar Grundfläche; das entspricht, würde man dieselbe Bodenbewegung in Deichbau umrechnen, einer Länge von 12 km Deich. Somit gehört Wesselburen mit seiner Dorfwurt zu den größten Bauwerken Norddeutschlands und ist eine ganz herausragende Gemeinschaftsleistung, auch wenn man dies nur bei genauem Hinsehen ermessen kann.

Eine mit der Überschwemmungsprävention verbundene Frage ist die nach dem Beginn des Deichbaus. Nachdem man durch lokale Aufschüttungen den Siedlungen eine gewisse Sicherheit vor Hochwasser gegeben hatte, war es eine Frage der Zeit, bis man Verkehrswege höher anlegte und schließlich die Felder mit Eindämmungen schützte. Für den Beginn dieser Bedeichung wurde von der älteren Forschung weitgehend das 11. Jahrhundert angesetzt[32]. Diese Datierung geht auf die schriftliche Überlieferung zurück, in der vor diesem Zeitpunkt nirgends Deiche in Norddeutschland erwähnt werden. Die jüngere Forschung sieht diese Frage dagegen etwas anders, weitet ihren Blick auf den Deichbau im allgemeinen und zieht eben auch die Ergebnisse der Nachbarwissenschaften heran, um die spärlichen schriftlichen Quellen zu ergänzen. Allerdings steht hier die Archäologie noch am Anfang, denn die Zahl der bisher gelegten Deichschnitte und der Grabungen ist, an der Länge der norddeutschen Deiche gemessen, doch noch sehr gering[33]. Stellt man sich die ersten Dämme vor, mit denen die Küstenbewohner die Fluten von ihren Gärten und Äckern fernhalten wollten, so sind dies in der Regel Ring-

---

30 Den Kolonisationsvorgang als Vorbedingung für das sich entwickelnde Deichwesen betonen Kühne u. Panten [Anm. 1], S. 29.

31 Vgl. hierzu auch die Überlegungen von Schreiner [Anm. 20], S. 26–28. – Auf die enge Verbindung zwischen Landesausbau und Deichverwaltung geht auch P. A. Henderikx: De zorg voor de dijken in het baljuwschap Zuid-Holland en in de grensgebieden ten oosten daarvan tot het einde van de 13e eeuw. In: Geografisch tijdschrift, N.R. Bd. 11 (1977). S. 407–427 vor allem auf S. 407–409 ein.

32 Vgl. z. B. Dirk P. Blok: Wie alt sind die ältesten niederländischen Deiche? Die Aussagen der frühesten schriftlichen Quellen. In: Probleme der Küstenforschung im südlichen Nordseegebiet. Bd. 15. Hrsg. vom Niedersächsischen Landesinstitut für Marschen- und Wurtenforschung. Hildesheim 1984. S. 1–7. – Eine Übersicht über die Forschungslage findet sich bei Schreiner [Anm. 20], S. 19, Anm. 2.

33 Deichquerschnittgrabungen gab es in Eiderstedt erstmals 1989; Grabungen wurden u. a. auf Sylt, Pellworm, Nordstrand und Hallig Hooge durchgeführt. Vgl. Kühne u. Panten [Anm. 1], S. 16 u. 51.

deiche aus Wällen von geringer Höhe gewesen, die meist nur das Eigentum einer einzelnen Familie sichern sollten[34]. Erst durch gemeinsame Anstrengung wurde es möglich, größere Dämme und schließlich den Seedeich aufzuschütten. Die Quellen erwähnen ja nicht nur die Existenz von Deichen, sondern schildern deren Errichtung als ein Gemeinschaftswerk, das durch die Solidarität der Küstenbewohner zustande kommt; erst jetzt werden Deiche als Bauwerke von Bedeutung wahrgenommen, während die vormals aufgerichteten Schutzwälle nur Maßnahmen von Einzelnen, also geradezu alltäglich gewesen waren und deshalb kaum für erwähnenswert gehalten wurden.

Lenkt man kurz den Blick auf andere Regionen, dann ist festzuhalten, dass Dämme als Hochwasserschutz – allerdings an Flüssen – schon in einem Kapitular von 821 genannt werden[35]; diese Quelle ist insofern interessant, als sie zeigt, dass die Deiche unter königlicher Banngewalt und Aufsicht standen: Ludwig der Fromme befahl seinem Sohn, der als Unterkönig in Aquitanien herrschte, einen Sonderbeauftragten zur Vollendung der Reparaturarbeiten an den Loire-Deichen zu bestellen[36]. In der etwa gleichzeitigen, als 'Lex Chamacorum' bezeichneten Quelle geht es um Bußzahlungen derer, die eine Mitarbeit an der Wiederherstellung bzw. Instandhaltung der Deiche verweigern[37]. Konkreter auf die Verhältnisse an der Nordseeküste beziehen sich die Angaben im 'Capitulare missorum' Karls des Großen von 802. Darin ist von den Menschen, *qui circa maritima loca habitant*, die Rede, denen bestimmte Strafen auferlegt werden, falls sie sich den Anweisungen des königlichen Sendboten hinsichtlich der auszuführenden Arbeiten an den Deichen entziehen. Dabei sind die Bußen gestaffelt nach Freien, Halbfreien und den *servi*; die beiden letzten Gruppen haben neben einer Geld- auch die Prügelstrafe zu gewärtigen. Das eingenommene Geld sollte zumindest zum Teil *ad populum* verwendet werden[38], es kam somit den dort lebenden Küstenbewohnern zugu-

---

34 Kühne u. Panten [Anm. 1], S. 15 geben die Höhe der mittelalterlichen Deiche in der Frühphase mit ca. 1,60 m über Normalnull an. Im 13./14. Jahrhundert besaßen sie eine Kronenhöhe von 2 m, die nach der Großen Mandränke von 1362 auf 2,80 m angehoben wurde. Die 4-m-Marke wurde erst im 16./17. Jahrhundert erreicht. – Von kleinen örtlichen Deichsystemen geht auch H. van der Linden: Die Besiedlung der Moorgebiete. Emden 1984. S. 86 für die Niederlande aus.

35 Die im Folgenden angeführten Quellen beziehen sich auf Deiche im Reichsgebiet oder auf daran angrenzende Regionen. Noch frühere Erwähnungen von Deichen finden sich bei Beda in seiner Kirchengeschichte (lib. I, cap. 5), bezogen auf Befestigungen des römischen Kaisers Severus: *And hit begyrde and gefaestnade mid dice and mid eorthwealle from sae to sae.* Zit. nach Johann Samuel Ersch u. Johann Gottfried Gruber (Hgg.): Allgemeine Enzyklopädie der Wissenschaften und Künste. Bd. 23. Leipzig 1832. S. 337 (s. v. Deich).

36 Vgl. das 'Capitulare missorum' von 821: *De aggeribus iuxta Ligerim faciendis, ut bonus missus eidem operi praeponatus, et hoc Pippino per nostrum missum mandetur ut ille hoc missum ordinet quatenus praedictum opus perficiatur.* In: MGH, Legum sectio II: Capitularia regum Francorum 1, S. 301, Nr. 148.

37 Vgl. Schreiner [Anm. 20], S. 20.

38 Vgl. das 'Capitulare missorum' von 821: *De liberis hominibus qui circa maritima loca habitnat, si nuntius venerit, quod ad succurendum debent venire, et hoc neglexit, unusquisque sol. XX componat, medietatem ad populum. Si litus fuerit, sol. XV componat ad populum et fredo domi-*

te. – Die Bemerkung wurde so interpretiert, dass schon damals ein genossenschaftliches Miteinander vorhanden war und die Menschen sich in einer Solidargemeinschaft zusammengeschlossen hatten. Da diese Quelle weitgehend allein steht und keine Angaben etwa über die Regelmäßigkeit von Deichpflichten enthält, ist eine solche Aussage allerdings mit Vorsicht zu betrachten. Man erfährt, dass ein Königsbote kommt, der die Pflicht zur Unterhaltung der Bauwerke anmahnt; ob seine Reisen an die Küste jeweils nur im Bedarfsfall oder nach einem festen Turnus erfolgten, kann freilich nicht gesagt werden. Das Aufteilen der Bruchgelder zwischen der königlichen Kasse und dem Volk ist auch in späteren Deichrechten, etwa in den Kodifizierungen des 15. Jahrhunderts, durchgängig zu finden.

Die Frage nach dem Entstehen der Genossenschaften impliziert, dass diese sich in einem gewissen Antagonismus zur Obrigkeit entwickelt haben. Vermutlich ist dies zu sehr überzeichnet und folgt den Befunden, die aus der spätmittelalterlichen Situation gezogen werden. Richtig ist vielmehr, dass beide – die übergeordnete Herrschaftsgewalt und die an der Küste lebenden Menschen – ein und dasselbe Interesse hatten, nämlich die Unversehrtheit ihres Landes zu erhalten. Die Bewohner wollten ihr Hab und Gut und letztlich ihr eigenes Leben gegen das Wasser schützen; der König oder Landesherr war daran interessiert, dass aus dem Land die erwarteten Abgaben erwirtschaftet wurden. Es ist deshalb – wie auch Johannes SCHREINER in seiner Arbeit über die Deichschauen festgestellt hat – davon auszugehen, dass bestehende Strukturen verwendet wurden, um die gesuchte Sicherheit zu garantieren[39]. Die Verbindung der Deichsorge mit überregionaler Herrschaftsausübung war schon deshalb wünschenswert, weil die Arbeit, die im Deichbau anfiel, zumal nach der Aufbauphase, nicht von Kleingruppen bewältigt werden konnte. Die Funktionsfähigkeit der Sicherheitsstrukturen bedingte geradezu eine Integration in größere Zusammenhänge. Für den Deichbau war der Faktor der Großräumigkeit zumal im Hochmittelalter, als der Seebanddeich projektiert wurde, von entscheidender Bedeutung. Dass letztlich die genossenschaftliche Organisationsform sich in den Deichgemeinschaften durchsetzte und diese aus den überregionalen Herrschaftsstrukturen herausbrachen, ist vermutlich hauptsächlich mit dem Zerfall des Karolingerreiches und der daran anschließenden mangelnden Herrschaftsdurchdringung der Küstengebiete zu begründen. Denn auch als die Hand des Königs als Schutz wegfiel und seine Boten ausblieben, waren die Küstenbewohner nach wie vor denselben Gefahren ausgesetzt; die Sturmfluten nahmen keine Rücksicht auf Herrschaftsverhältnisse. Es galt also, die bisherigen Sicherheitsstrukturen den neuen Gegebenheiten anzupassen, woraus sich mit einer gewissen Zwangsläufigkeit die Genossenschaftsorganisation entwickelte.

---

nico in dorso accipiat. Si servus fuerit, sol. X. ad populum et fredo dorsum. In: MGH [Anm. 36], S. 100f., Nr. 34.

39 Vgl. Schreiner [Anm. 20], S. 20.

Neue Ordnungsformen werden erst im späten 11. Jahrhundert mit dem Entstehen der Landesherrschaft sichtbar[40]. An den Bremer Beispielen ist zu erkennen, dass sich nun der Landesherr, hier also der Erzbischof von Bremen, nicht nur um den Küstenschutz, sondern auch um die Binnenkolonisation, d. h. um die Ansiedlung und die Urbarmachung, kümmerte[41]. Daneben haben sich andere Korporationen gebildet – an der Bremer Küste vor allem die Kirchspiele, die als geistliche und zugleich weltliche Verwaltungseinheiten sich organisierten und den Bau von Deichen, Koogen und Schleusen in Angriff nahmen. Die Kirchspiele waren auch die Träger von anderen Baumaßnahmen. Ein Beispiel ist etwa die Verlegung der Kirche in Imsum in Wursten nach einer schweren Sturmflut weiter in das Landesinnere[42], die sehr wahrscheinlich von der Gemeinde selbst veranlasst wurde, ohne dass der Erzbischof oder der zuständige Archidiakon hier eingegriffen hätte. Von diesen Instanzen war lediglich die Zustimmung einzuholen und um die Weihe des neuen Gotteshauses nachzusuchen[43]. Dass die Neusiedler für das Bremer Bruchland aus den Niederlanden kamen, hat mit einem generell zu konstatierenden Migrationsdruck aus diesen Gebieten zu tun. Die Aufnahme der Friesen bedeutete für den Erzbischof nicht nur eine intensivere Erschließung und Nutzung seines Landes, sondern auch den Import von technischem Wissen auf dem Sektor des Wasserbaus.

Die spätmittelalterlichen Organisationsformen für den Küstenschutz, wie sie etwa auch im 'Sachsenspiegel' zutage treten, sind immer weniger Zusammenschlüsse von einzelnen Personen, sondern vielmehr von Personengruppen, in der Regel von ganzen Dörfern zu einer Gemeinschaft, die in sich gegliedert den Erfordernissen des Deicherhalts Rechnung trägt. Im 'Sachsenspiegel' heißt es etwa: *Swerlke dorph bi wazzere legen und eynen dam haben, die se vor der vlût bewaret, iewelk dorph sol sînen teil des dammes vestenen vor der vlût. Kumt aber de vlût unde brikt den dam, unde ladet men mit gerûchte dazu, die binnen dem lande gesetzen sîn, swelk ir nicht ne hilpht bûtzen*

---

40 Für die hier betrachtete Region vgl. Heinz Stoob: Landausbau und Gemeindebildung an der Nordseeküste im Mittelalter. In: Die Anfänge der Landgemeinde und ihr Wesen I. Konstanz, Stuttgart 1964 (Vorträge und Forschungen. Hrsg. vom Konstanzer Arbeitskreis für mittelalterliche Geschichte 7). S. 365–422.

41 Zur Situation nördlich von Bremen vgl. Ludwig Andresen: Bäuerliche und landesherrliche Leistung in der Landgewinnung im Amte Tondern bis 1630. In: Westküste 2/3 (1939). S. 85–149.

42 Zur Gründung der Pfarrei Imsum vgl. Elke Weiberg: Das Niederkirchenwesen in der Erzdiözese Bremen im Mittelalter, insbesondere im Archidiakonat Hadeln und Wursten. Stade 1990. S. 112f. (Ortsartikel „Imsum").

43 Auf die Auswirkungen der Sturmfluten bezüglich der administrativen Gliederung norddeutscher Kirchensprengel ist hier nur hinzuweisen. Erste Untersuchungen dazu bietet Weiberg [Anm. 42]. – Zu solchen Veränderungen gehören beispielsweise Inkorporationen, die die Überschwemmungen des Kirchspielgebiets als Grund angeben, oder die verschlechterte wirtschaftliche Situation. Auch Ablässe sind in der Folge von Überschwemmungen ausgestellt worden, z. B. für Itzehoe 1432. Vgl. Urkundenbuch des Klosters Itzehoe 1256–1564. Bearb. von Hans Harald Hennings. Neumünster 1993. Nr. 177.

den dam, die hât vorwarcht sô getân erbe, alse her binnen dem damme hât [44]. Damit wird deutlich, dass an jedem Stück Land auch der Zwang zur Mitarbeit am Deich hing und derjenige, der sich seinen Pflichten zu entziehen versuchte, mit dem Verlust seines Besitzes, der innerhalb des Schutzdeiches lag, bestraft wurde. Mit der Deichpflicht, also der aktiven Mitarbeit an der Pflege der Deiche, trat der Landbesitzer sofort in eine Zwangsgenossenschaft ein[45]. Diese Verpflichtung konnte nicht abgelöst werden, wenn es auch an Versuchen, dies zu erreichen, nicht fehlte, wie etwa ein Beispiel aus Xanten zeigt. 1371 reiste der Kanoniker Reyner de Meer zum herzoglichen Richter nach Dinslaken, um für das Xantener Kollegiatkapitel die Unterhaltung der Rheindeiche abzuwenden, zu der es angehalten war[46]. Das Stift sah sich wegen der Deichlast jahrelangen Streitigkeiten gegenüber, mit wechselndem Erfolg.

Der Küstenschutz wurde immer mehr als eine besondere Form der Landesverteidigung angesehen. Diese war nur in der Gemeinschaft zu leisten, denn man konnte nie voraussagen, wen die nächste Sturmflut treffen, wo der Deich brechen und welche Köge überflutet werden würden. In gewisser Hinsicht ist die Organisation der Küstenschutzmaßnahmen mit der in den Städten üblichen Regelung für den Unterhalt der Stadtmauer zu vergleichen. Auch dort motivierte das Schutzbedürfnis der Gemeinschaft der Einwohner den Einsatz des Einzelnen. Die zu leistende Arbeit war zu umfangreich, als dass sie auf eine Personengruppe delegiert werden konnte; es mußten vielmehr alle, denen an einem wirksamen Schutz gelegen war, zusammenarbeiten. Auf der anderen Seite hatten alle Maßnahmen des Wasserbaus – seien es Schleusen oder die Abdeichung von Prielen – immer auch Auswirkungen auf das gesamte Abfluss- und Entwässerungssystem des Küstenlandes, das ebenfalls als Ganzes gesehen werden mußte und keine Privatangelegenheit war[47]. Land, das an einem Ort durch eine Sturmflut abgerissen wurde, konnte an anderer Stelle anwachsen. Diese Phänomene erforderten es, in der Rechtsprechung und der Gemeindeorganisation gleichermaßen normative Sicherheit zu erreichen[48].

Die Aufzeichnung von Deichrechten zur Regelung der gemeinschaftlichen Lasten, der Zuständigkeiten und – ganz wichtig – der Bußen für jene, die sich der überlebenssichernden Arbeit an den Deichen entzogen, ist seit dem 15. Jahrhundert verstärkt zu finden; zuvor war das im wesentlichen im Gewohnheitsrecht verankerte Deichrecht

44 Sachsenspiegel. Lehn- und Landrecht. In: MGH, Fontes Iuris Germanici Antiqui, Nova Series I. II 56, § 1, S. 96.

45 Vgl. Schreiner [Anm. 20], S. 469.

46 Vgl. Schreiner [Anm. 20], S. 133f.

47 Priele führten in der Küstenregion dazu, dass die Pfarreibezirke sehr klein zugemessen wurden und sich am Lauf der Wasserrinnen orientierten, um den Gemeindemitgliedern den Gottesdienstbesuch zu ermöglichen. Gerade in Eiderstedt mit seinen 18 relativ kleinen Gotteshäusern, die zwischen 1000 und 1200 entstanden sind, wird dies sichtbar. Vgl. Petersen u. Rohde [Anm. 1], S. 36.

48 Zur Entwicklung des Grafenamts, in Norddeutschland auch als Deichgrafenamt bezeichnet, im Zusammenhang mit dem Deichwesen in Holland vgl. Schreiner [Anm. 20], S. 30f.

mündlich tradiert worden. Die älteste Niederschrift von Deichbestimmungen für die Küstenbewohner ist die 'Siebenhardenbeliebung' der Nordfriesen aus dem Jahre 1426 in Eiderstedt[49]. Den auf dem Deich Arbeitenden wurde ein besonderer Deichfriede während der Ausübung ihrer Tätigkeit gewährt[50]. Als Garant dieses Schutzes trat nun der Landesherr auf, der sich die Ordnungen von den Deichgenossen zur Genehmigung vorlegen ließ und sie verabschiedete. Damit blieb das genossenschaftliche und in Jahrhunderten gewachsene eigenverantwortliche Handeln der Deichgenossen zwar erhalten, sie stellten sich aber unter den Schutz einer überregionalen Machtstruktur gleichsam in einer Art Rückgriff auf karolingische Verhältnisse. Mit der Verschriftlichung des Deichrechts ging eine weiterführende Detaillierung der Regelungen einher[51]. Die Deichordnungen des 17. und 18. Jahrhunderts sind zudem auch Ausdruck einer sich immer weiter spezialisierenden Verwaltung und spiegeln die jeweilige Herrschaftspraxis. Wenn man allerdings Neuerungen im Zusammenhang mit Präventivmaßnahmen oder überhaupt innovative Tendenzen aufspüren will, muß man bis zum 18. Jahrhundert warten[52]. Erst in den Regulativen, die unter dem Einfluß der Ideen der Aufklärung entstanden sind, finden sich Ansätze, die darauf schließen lassen, dass die Praxisorientierung der Deichordnungen zunimmt und diese das reflektierte Ergebnis eines längeren Erkenntnisprozesses darstellen[53].

Die Territorialverwaltung der Küstenregion lässt sich gerade auch an der Ausformung des Deichrechts aufzeigen. Eine Frage jedoch muß zumindest für das Mittelalter ohne Antwort bleiben, nämlich die nach der Initiative zum Deichbau und zum Landes-

---

49 Die Siebenharden bestanden bis ca. 1460 und wurden dann auf Fünfharden reduziert; sie sind später identisch mit Nordstrand. Am 4. Januar 1593 erfolgte die Zusammenfassung der Fünfharden zu dreien. Vgl. Otto Fischer: Die nordfriesischen Inseln vor und nach der Sturmflut vom 11. Oktober 1634. Berlin 1934. S. 19; ferner Albert A. Panten: Die nordfriesischen Landrechte von 1426. In: Nordfriesland 10 (1976). S. 70–74.

50 Vgl. Petersen u. Rohde [Anm. 1], S. 123.

51 Grundlegende Forschungen zum Deichrecht sind in der letzten Zeit nicht mehr erarbeitet worden. Man muß z. B. zurückgreifen auf Julius von Gierke: Die Geschichte des deutschen Deichrechts. 2 Teile. In: Otto von Gierke (Hg.): Untersuchungen zur deutschen Staats- und Rechtsgeschichte. Breslau 1901/1917 sowie auf Ernst Feikes: Die geschichtliche Entwicklung der Deichlast in Nordfriesland. Stuttgart, Berlin 1937 (Schriften des Instituts für Wirtschafts-, Arbeits- und Verkehrsrecht der Universität Königsberg); Walter Grube: Das Deichrecht Norddithmarschens. Iur. Diss. Leipzig 1917; Dieke V. Noosten: Die Entwicklung des Deichrechts in Ostfriesland und im Harlingerland von den Anfängen bis zur Gegenwart. Iur. Diss. Göttingen 1930.

52 Dies gilt nicht nur für die Beobachtungen auf dem administrativen Sektor, sondern vor allem für die technischen Innovationen. Erst mit dem Beginn des 18. Jahrhunderts erscheinen wissenschaftliche Werke, die sich eingehend mit der Wasserbaukunst beschäftigen. Vgl. etwa Albert Brahms: Anfangs-Gründe der Deich- und Wasser-Baukunst, oder gründliche Anweisung, wie man tüchtige haltbare Dämme wider die Gewalt der grössesten See-Fluthen bauen, auch dieselben jederzeit in unverringertem Zustande erhalten könne, damit das Land für verderblichen Einbrüchen und Ueberschwemmungen verwahret sey [...]. Aurich 1757.

53 Schreiner [Anm. 20], S. 479f. hat dies exemplarisch an den Deichordnungen für den klevischen Sprengel untersucht und weist besonders auf das Deichreglement von 1767 hin.

ausbau überhaupt. Daraus, dass der Landesherr gegen Ende des Mittelalters eine starke Position innerhalb der eigenen Administration, also auch der Deichaufsicht, besaß, kann nicht ohne weiteres auf seine persönliche Initiative für die ergriffenen Maßnahmen geschlossen werden. Motivationen lassen sich, zumal aus den normativen Quellen, kaum herauslesen. Dass das Ausmaß der jeweiligen Katastrophen das Tempo der Entwicklung bestimmte, wie SCHREINER meint[54], ist wohl etwas überzeichnet. Auch andere Faktoren trugen dazu bei, etwa eine voranschreitende Effizienz in der Verwaltung, eine gesteigerte Herrschaftsdurchdringung und nicht zuletzt technische Innovationen. – Für den niederländischen Bereich ist die Situation einigermaßen gut aufgearbeitet worden. Dort trifft man mit der Groten Waard auf einen der ältesten Regionaldeichverbände Südhollands, der nach 1200 durch Graf Dietrich VII. von Holland begründet wurde[55]. Die großen Bedeichungsmaßnahmen waren etwa um das Jahr 1282 abgeschlossen, zu Beginn des 14. Jahrhunderts hatte sich der Verband auch administrativ gefestigt. Die Aufsicht in der Groten Waard übernahm ein Kollegium von landadligen Heimräten unter dem Vorsitz des Grafen. Die Zusammenfassung mehrerer regionaler Deichverbände etwa zur Umsetzung größerer Projekte erfolgte unter der Aufsicht des Landesherrn[56]. Nur so war es möglich, die Interessengemeinschaft zu führen, Ausgleich zu schaffen und Streitigkeiten zu schlichten, die vor allem im Zusammenhang mit der Binnenwasserregulierung auftreten konnten.

Die Gegenwart des Wassers zeigt sich an der Küste in verschiedenen Formen und nicht nur in der Organisation der Deichunterhaltung. Interessant ist auch der Aspekt, wie mit dem Land umgegangen wurde, das durch eine schwere Sturmflut überschwemmt war und vom Meer nicht oder nur teilweise zurückgewonnen werden konnte. Meistens entschied man sich dafür, diese Gebiete auszudeichen[57]; in den Urkunden begegnet man dann der Bezeichnung *terra superflua, dicta overlant*, wie etwa in einem Kaufvertrag zwischen einem Schleswiger Domherrn und einem Lübecker Bürger 1351[58]. In der Regel erfährt man aus den Quellen nur mittelbar, dass jemand unter den Auswirkungen von Überschwemmungen zu leiden hatte. Oft sind es Beschwerdeschreiben über die auferlegten Abgaben, die wegen der fehlenden Einnahmen nicht geleistet werden konnten[59]. Gelegentlich hat die Flut die Wasserläufe so verändert, dass

54 Schreiner [Anm. 20], S. 479 geht von einem überwiegend reaktiven Handeln der Betroffenen aus, die in erster Linie an konsensfähigen Lösungen interessiert waren, die ihnen keine Mehrbelastungen aufbürdeten.

55 Vgl. Schreiner [Anm. 20], S. 34f.

56 Vgl. Schreiner [Anm. 20], S 38f.

57 Vgl. Fischer [Anm. 49], S. 31. Hiervon waren besonders die Köge betroffen, deren Binnenwasserentsorgung nicht mehr geregelt werden konnte.

58 Schleswig-Holsteinische Regesten und Urkunden. Bd. 4. Hrsg. von Volquart Pauls. Kiel 1924. Nr. 497; vgl. auch Nr. 595 (Kaufurkunde des Hamburger Kapitels vom 21. September 1353) und Nr. 825 (Verkaufsurkunde vom 2. Februar 1360).

59 Ein Beispiel von 1330 betreffend Kleve findet sich bei Schreiner [Anm. 20], S. 129.

sie unpassierbar blieben[60]. Hinweise auf Überschwemmungen, vielleicht auch im Gefolge von Sturmfluten, können vereinzelt auch Stadtrechnungen entnommen werden, die z. B. auch solche für Reparaturen an öffentlichen Bauten enthalten, wie SCHREINER für Wesel gezeigt hat[61]. Unter diesem Aspekt wäre auch die Überlieferung der Küstenstädte näher zu betrachten. Nicht selten waren die Verwüstungen nach Sturmfluten so gravierend, dass die Bevölkerung den Abgabenforderungen des Landesherrn nicht mehr nachkommen konnte. Selbst das Hamburger Kollegiatkapitel wehrte sich gegen die Zahlungen an den Bremer Erzbischof, der im Jahre 1350, wie stets, die Einkünfte erwartete. Als Begründung der Verweigerung erwähnen die Kanoniker in ihrem Schreiben an den Papst, dass ihre Stadt und die umliegenden Gemeinden wegen der großen Überschwemmung *quasi penitus desolate* seien[62]. Leider ist nicht zu ermitteln, ob der Erzbischof auf diese Argumentation einging und auf die Zahlungen verzichtete.

Zusammenfassend läßt sich aus dieser kurzen Skizze also festhalten: Die Auseinandersetzung mit der vernichtenden Kraft von Sturmfluten als einer die Küste ständig bedrohenden Katastrophe wirkte sich prägend auf das Leben, die Landschaft und die Sozialstruktur der Küstenbewohner aus. Nur in der Gemeinschaft, deren genossenschaftliche Organisationsform eine Konstante ist, waren die Menschen in der Lage, die großen Bauwerke – denn als solche sind die seit dem frühen Mittelalter entstehenden Küstenschutzmaßnahmen zu sehen – überhaupt aufzurichten und zu unterhalten. Der allgegenwärtigen Bedrohung durch Sturmfluten, deren existenzzerstörende Auswirkungen nahezu jede Generation einmal erfuhr, setzten die Küstenbewohner ein Deichsystem entgegen, das sich nicht nur im Laufe der Jahrhunderte durch den technischen Fortschritt immer weiter verbesserte, sondern für sich genommen auch der Ausgangspunkt ihres korporativen Handelns gewesen und bis heute geblieben ist. Die Ausformung von Deichgenossenschaften als regionale Verwaltungseinheiten, deren rechtliche und normative Grundlagen und deren Eingebundenheit in überregionale Herrschaftsstrukturen zur Sicherung ihrer Effizienz sind Merkmale der Gesellschaftsordnung in den Küstenregionen der Nordsee. Insofern wurde hier eine Bedrohung auch zur Chance, wurde der Druck der Natur zum Motor für soziale Entwicklungen.

---

60 Dies veranlasste Erzbischof Gottfried von Bremen dazu, den Hamburgern die Reise nach Bremen zur Ordinierung zu ersparen: *Cum itaque clerici prepositure et decanatus Hamburgensis ecclesie predicte propter tempestuosi fluvii Albie periculosum transitum ac propter multiforme viarum discrimina, predonum insultus et nimiam locorum distanciam ad civitatem Bremensem pro recipiendis ordinibus* [...]. Schleswig-Holsteinische Regesten und Urkunden [Anm. 58], Nr, 380; weitere Beispiele mit Hinweisen auf Überschwemmungen bieten Nr. 986 (Dotierung einer Vikarie in Itzehoe) und Nr. 1051 (Inkorporation der Pfarrei Wilster in das Hamburger Dekanat).

61 Vgl. Schreiner [Anm. 20], S. 132.

62 Schleswig-Holsteinische Regesten und Urkunden [Anm. 58], Nr. 465. In dieser Urkunde wird auch auf die gerade überstandene Pest verwiesen.

JÜRGEN SCHULZ-GROBERT

Narrative 'Wetterfühligkeit'. Naturbilder in witterungsbedingten Ereignisfolgen der mittelhochdeutschen Epik

I

'Alle reden vom Wetter. Wir nicht!' Diese vor allem von der Deutschen Bundesbahn als Werbeslogan popularisierte Devise[1] drängt sich unweigerlich auf, wenn es darum geht, den Stellenwert zu bestimmen, den das Wetter im Spektrum von Forschungsinteressen der deutschen Philologie des Mittelalters derzeit hat. Denn während tatsächlich fast alle volkssprachlichen Autoren mehr oder weniger ausführlich vom Wetter reden, interessierte und interessiert sich bislang kaum jemand für die verschiedenen wissenschaftlichen Betrachtungsmöglichkeiten dieses Themas.

Der Grund dafür liegt auf der Hand: Es ist wohl die Art, wie mittelalterliche Autoren aus der Sicht moderner Interpreten vom Wetter reden. Und diese Art scheint der Forschung mit Prädikaten wie rhetorische Artistik oder schablonenhafte Formkunst bislang eben hinreichend gekennzeichnet worden zu sein. Seinen – wenn man so will – für den wissenschaftlichen Diskurs ertragreichsten Niederschlag gefunden hat das literarische Wetter denn auch als – freilich nur marginaler – Bestandteil von Katalogisierungsversuchen solcher Versatzstücke, die zum rhetorisch-schulmäßigen Inventar antiker und mittelalterlicher Landschafts- bzw. Naturschilderungen gezählt werden.

Das in jeder Beziehung klassische Beispiel lieferte Ernst R. CURTIUS mit seiner berühmten Definition des *locus amoenus*: Demnach bildet der Lustort „von der Kaiserzeit bis zum 16. Jahrhundert das Hauptmotiv aller Naturschilderung. Er ist [...] ein schöner, beschatteter Naturausschnitt. Sein Minimum an Ausstattung besteht aus einem Baum (oder mehreren Bäumen), einer Wiese und einem Quell oder Bach. Hinzutreten können

1 Vgl. Wolfgang Hars: Nichts ist unmöglich! Lexikon der Werbesprüche. 500 bekannte deutsche Werbeslogans und ihre Geschichte. München 2001 (Serie Piper 3010). S. 16f.

Vogelgesang und Blumen. Die reichste Ausführung fügt noch Windhauch hinzu"[2]. Für die philologische Wahrnehmung des witterungsspezifischen Ausstattungsdetails wie Windhauch in der deutschen Literatur des Mittelalters hat Rainer GRUENTER wohl als einziger eine ausgeprägtere Sensibilität entwickelt. So lieferte er neben einem neuen Katalog der „typischen Ingredienzien"[3] volkssprachlicher Lustortschilderung in seiner großen Abhandlung 'Das *wunnecliche tal*' auch eine Detailanalyse ihrer einzelnen Komponenten: „Baum, Schatten, Wiese, Blumen, Quell, Bach, sanfte Winde, Vögel samt ihren Eigenschaften und Funktionen sind die Elemente der topischen Lustortschilderung"[4]. Konkretes Beispiel der Detailanalyse ist bei GRUENTER die Minnegrotte im 'Tristan' Gottfrieds von Straßburg, deren Klima nach allen Regeln rhetorischer Gestaltungskunst als „ideal" für das Protagonistenpaar beschrieben wird.

Daß die volkssprachlichen Dichter und unter diesen eben nicht zuletzt die Lyriker durchaus auch widrigere Witterungsbedingungen heraufbeschwören konnten, geht aus dem bislang aktuellsten Bestandskatalog von topischen Elementen der Naturschilderung hervor. Er findet sich in L. Peter JOHNSOHNs Aufsatz '[...] zur Kultur des Natureingangs' und verbucht neben „Naturerscheinungen wie Vogelgesang, Blumen, Laub, Klee, Heide, Wald [...]" nun auch „Kälte" und „Schnee" [5]. Noch etwas rauher wirkt das Klima bei Aaron J. GURJEWITSCH. In seinem 'Weltbild des mittelalterlichen Menschen' hat er den zweifellos populärsten und detailreichsten Bestandskatalog von Komponenten der Naturschilderung präsentiert. Bei diesem dürfte es sich in seiner abstrahierenden Verallgemeinerung aber auch um einen der problematischeren handeln: „Wenn in der mittelalterlichen Literatur von der Natur gesprochen wird, fehlen ihren Beschreibungen lokale Besonderheiten, sie sind schablonenhaft und konventionell. [...] Im Rolandslied zum Beispiel spielt die Natur keine selbständige Rolle. Die Hinweise auf Sterne, Sonne, Tag und Morgenröte sind nicht mehr als sich wiederholende Schablonen. [...] Drohende Naturerscheinungen (Regengüsse, Donner, Sturm, Hagel, Blitze, Finsternis) sind Zei-

2 Ernst R. Curtius: Europäische Literatur und lateinisches Mittelalter. Bern, München [9]1978 S. 202.

3 Zit. nach Dieter Seitz: Das Buch der Natur. Zur Naturwahrnehmung in theologischer und weltlicher Literatur des Mittelalters. In: Der Deutschunterricht 44 (1992). H. 2, S. 50-63, hier S. 62.

4 Rainer Gruenter: Das *wunnecliche tal*. In: Euphorion 55 (1961). S. 341–404, hier S. 353 [Wieder abgedruckt in Ders.: Tristan-Studien. Hrsg. von W. Adam. Heidelberg 1993 (Beihefte zum Euphorion 27). S. 65–140].

5 L. Peter Johnson: Nochmals zur Kultur des Natureingangs. In: Alan Robertshaw u. Gerhard Wolf (Hgg.): Natur und Kultur in der deutschen Literatur des Mittelalters. Colloquium Exeter 1997. Tübingen 1999. S. 31–40, hier S. 37. Bemerkenswert an diesem Katalogisierungsansatz ist – ganz unabhängig von den extremeren Witterungsbedigungen – die Verbindung mit sehr weitreichenden Überlegungen zur Rolle der Rezipienten, die Johnson folgendermaßen definiert: „Diese, ebenso wie die wenigen sich in der bildenden Kunst der Zeit wiederholenden Bestandteile der Naturschilderung sind nicht als undifferenzierte, automatische Konventionen zu interpretieren, sondern als Sprachelemente: Vokabeln, die die Szene heraufbeschwören, ohne sie zu schildern. [...] Der Zuhörer hat aufgrund der konventionellen Komponenten aus eigener Erfahrung selbst eine individuelle Szene auszumalen".

chen, die politische Ereignisse ankündigen, oder Ausdruck der Trauer der Natur über den im Kampf gefallenen Roland"[6].

Gerade mit Blick auf die witterungsspezifischen Details literarischer Naturbilder stellt sich hier automatisch der Gedanke an den sprichwörtlichen Theaterdonner ein, mit dem sich dann das Thema 'Wetter' als Gegenstand wissenschaftlicher Betrachtung schon wieder weitestgehend erledigt hätte. Nun habe ich das GURJEWITSCH-Zitat natürlich nicht in dieser Absicht an das Ende meiner klimatologischen Spurensuche gestellt, sondern deshalb, weil ich ihm mit seinem Hinweis auf das 'Rolandslied' mein erstes ausführlicher zu diskutierendes Textbeispiel verdanke. Es lenkt tatsächlich direkt zu den Anfängen epischer Wetterberichte in der deutschen Literatur. Prädestiniert ist dieses Beispiel im übrigen auch als Begründung für meine methodische Vorgehensweise in ihrer Konzentration auf erzählende Quellen und die damit verbundene Leitfrage nach der Sensibilität – um nicht zu sagen nach der 'Wetterfühligkeit' – volkssprachlicher Autoren für witterungsdeterminierte Naturbilder.

Das von GURJEWITSCH ermittelte Bild „der Trauer der Natur über den im Kampf gefallenen Roland" führt dabei genau in das Zentrum der Problematik von modernen – selbst fast schon topisch gewordenen – Deutungsmustern mittelalterlicher Naturschilderung.[7] Die von ihm vorgelegte Interpretation der katalogisierten Unwetterphänomene erweist sich nämlich allein schon im Zusammenhang mit den unterschiedlichen Fassungen – altfranzösisch und mittelhochdeutsch – auf einer ganz elementaren Ebene als kommentierungsbedürftig. GURJEWITSCH kann sich nur auf die altfranzösische Fassung beziehen. In ihr ist der Held Roland freilich zu dem erzählten Zeitpunkt des Unwetters damit beschäftigt, im Kampf gegen die Heiden seine größten Taten zu vollbringen. Diesen zentralen Auftritt und Aktivitätsgrad des Helden flankiert das Unwetter aber eben nicht am Ort des Schlachtgeschehens, sondern im heimatlichen Frankenland, wo es umgehend als *La fin del secle*[8] gedeutet wird. Apokalyptische Visionen dieser Art hat der altfranzösische Erzähler allerdings nur deshalb provoziert, um sie ausdrücklich als abwegig erklären zu können: Nicht der Weltuntergang drohe, sondern eben Rolands Tod, womit diese dem Text immanente Unwetter-Exegese das Ereignis als episches Mittel der Vorausdeutung in der altfranzösischen 'Rolandslied'-Version weitgehend entzaubert.

Von der pseudo-rationalisierenden Position des altfranzösischen Erzählers mit seiner Kritik an der semiotischen Gleichsetzung von Gewitter und Weltuntergang findet sich im 'Rolandslied' des Pfaffen Konrad nichts, im Gegenteil: Die von den Augenzeugen vorgenommene Deutung des Unwetters als Vorzeichen des Jüngsten Gerichts bildet bei ihm den eigentlichen und unkommentiert bleibenden Schlußpunkt der Unwetterszene,

---

6 Aaron J. Gurjewitsch: Das Weltbild des mittelalterlichen Menschen. München 1980. S. 63.

7 Vgl. hierzu allgemein auch Walter Blank: Naturanschauung im Mittelalter. Freiburg i. Br. 1994 (Wolfgang Stammler-Gastprofessur, Vorträge 1).

8 Das altfranzösische Rolandslied. Hrsg., übersetzt und kommentiert von Wolf Steinsieck. Stuttgart 1999 (Reclams Universal-Bibliothek 2746). S. 114, V. 1435.

die gegenüber der Quelle im übrigen konzeptionell völlig umgestaltet erscheint. Dadurch, daß sich die Naturkatastrophe ereignet, *dô Ruolant von der werlt verschiet*[9], bekommt sie in ihrer Zeichenhaftigkeit auf mehreren Ebenen einen völlig anderen Stellenwert. So verleiht sie der Roland-Figur nun die absolute Dignität des Märtyrers, dessen Ende nach legendentypischem Muster von Wunderzeichen begleitet wird. Deren naturbildliche Intensität hat der Pfaffe Konrad zudem systematisch ausgebaut: So erweitert er zum einen das Einzugsgebiet des Unwetters über Frankreich hinaus bis nach Spanien und damit an den Ort des Schlachtgeschehens; zum anderen kommentiert er konsequent das Verwüstungs- und Zerstörungspotential der einzelnen Unwetterfaktoren:

> *sâ nâch der wîle*
> *kom ain michel ertbîbe,*
> *doner unt himelzaichen*
> *in den zwain rîchen,*
> *ze Karlingen unt ze Yspaniâ.*
> *die winte huoben sich dâ.*
> [...]
> *si sâhen vil dicke*
> *die vorchlîchen himelblicke.*
> *der liechte sunne, der relasc.*
> *den haiden gebrast.*
> *diu scheph in versunken,*
> *in dem wazzer si ertrunken.*
> [...]
> *die sternen offenten sich.*
> *daz weter wart mislich.*[10]

In ihrer additiven Reihung von Blitzen, Wasser, Erdbeben und Sturmwinden decken sie im übrigen das Inventar der vier Elemente[11] vollständig ab, so daß ein naturkundliches Reflexionsniveau bei dem Pfaffen Konrad an dieser Stelle durchaus auch noch im Bereich des Möglichen liegt.

Mit Blick auf das von GURJEWITSCH generell evozierte Deutungspotential des epischen Wetters als konventionell, schablonenhaft und unselbständig bleibt festzuhalten, daß gerade bei witterungsspezifischen Details der Naturschilderung deren erzähltechnische Funktionalität einer evidenten Verselbständigungstendenz keineswegs zu widersprechen braucht, im Gegenteil: Das weiterentwickelte Interesse des Erzählers am Zerstörungspotential der Naturkatastrophe läßt sich für das zentrale Ereignis eines Glaubenskrieges ohne weiteres dadurch nutzen, daß sich Furcht und Schrecken im gegnerischen Feldlager der Heiden mit besonderer Intensität ausbreiten. Es geht hier

9 Das Rolandslied des Pfaffen Konrad. Hrsg., übersetzt und kommentiert von Dieter Kartschoke. Stuttgart 1993 (Reclams Universal-Bibliothek 2745). S. 468, V. 6924.

10 Das Rolandslied [Anm. 9], S. 468–470, V. 6926–6945.

11 Vgl. hierzu allgemein Gernot Böhme u. Hartmut Böhme: Feuer, Wasser, Erde, Luft. Eine Kulturgeschichte der Elemente. München 1996 (Kulturgeschichte der Natur in Einzeldarstellungen).

also nicht um die Darstellung einer trauernden Natur, sondern um eine Stilisierung der Naturgewalten als Kampfeshelfer in dem aus christlicher Perspektive gerechten Krieg.

Mit seiner – gerade vor dem Hintergrund der altfranzösischen Fassung – sich als eminent ausgeprägt erweisenden Sensibilität für die erzähltechnische Modellierbarkeit von witterungsbedingten Ereignisfolgen, die sich im 'Rolandslied' auch noch in anderen Textpassagen – wie z. B. der berühmten Tauwunder-Episode[12] – nachweisen ließe, steht der Pfaffe Konrad keineswegs isoliert in seiner Zeit. Eine ganz ähnlich gelagerte narrative Unwetterfühligkeit dokumentiert das 'Alexanderlied' des Pfaffen Lambrecht etwa in der Geburtsszene des Helden, wo im übrigen durch die höchst subversive Vaterfigur des Sterndeuters Nektanabus das die Geburt des Helden begleitende Unwetter noch wesentlich deutlicher in kosmologisch-naturkundliche Dimensionen ausgreift.[13]

II

Um das in diesem Rahmen zwangsläufig recht begrenzte Quellenspektrum wenigstens etwas auch in diachroner Hinsicht zu erweitern, werde ich mich im Folgenden vor allem dem besonderen Reizklima des Seesturms zuwenden. Gerade in der mittelhochdeutschen Epik dürfte es sich dabei um das wohl populärste Modell literarisch-konzipierter Witterung handeln, das allerdings ein schlicht vergessenes Motiv geblieben ist.

Seine Einführung in die deutsche Literatur des Mittelalters – genauer gesagt: die weltliche Epik – verdankt das Motiv des Seesturms Heinrich von Veldeke. In dem wohl in den siebziger Jahren des 12. Jahrhunderts entstandenen 'Eneasroman' wirbelt ein gewaltiger Seesturm gleich zu Beginn der Handlung die aus Troja fliehende Flotte des Helden durcheinander, in der Art seiner Gestaltung zugleich aber auch ganz grundsätzliche Fragen der Veldeke-Philologie auf – etwa die Frage nach dem Verhältnis des geistlich gebildeten Autors und Klerikers zu den heidnischen Göttern der Antike. Auf einschlägige Details der Bearbeitungsstrategie Veldekes gegenüber seinen Quellen wurde bereits von Dieter KARTSCHOKE hingewiesen: „Die auffälligste und das Verständnis am entschiedensten beeinflussende Reduktion findet statt im Bereich des für die antike Interpretation der Weltereignisse konstitutiven mythologischen Apparats. Iupiter, der Göttervater, wird im 'Roman d'Eneas' zwar noch einige Male genannt,

---

12 Vgl. Das Rolandslied [Anm. 9], S. 308, V. 4452–4457 u. S. 386, V. 5626f. – Vgl. auch Lina Kirchenbauer: Raumvorstellungen in frühmittelhochdeutscher Epik. Phil. Diss. Heidelberg 1931. S. 40f.

13 Vgl. Christoph Mackert: Die Alexandergeschichte in der Version des 'Pfaffen' Lambrecht. Die frühmittelhochdeutsche Bearbeitung der Alexanderdichtung des Alberich von Bisinzo und die Anfänge weltlicher Schriftepik in deutscher Sprache. München 1999 (Beihefte zu Poetica 23). S. 117–122.

kommt im deutschen 'Eneasroman' aber überhaupt nicht mehr vor"[14]. Während Jupiter von Veldeke also vollständig verabschiedet worden ist, darf Juno ihr traditionell böses Spiel mit dem Helden noch etwas weiter treiben. Es ist *frouwe* (V. 21,30) bzw. *diu gotinne Jûnô* (V. 22,15), *die sich mit starkem ungewidere* [...] *beide storm unde wint, mit regene und mit hagele* (V. 21,36ff.) den von Troja aus aufs Meer Geflüchteten entgegenstellt – nicht etwa nur um sie aufzuhalten, sondern um sie zu vernichten (vgl. auch V. 22,14f.). In dieser Rolle als regelrechte Wettergöttin bleibt Juno im Text ausdrücklich noch so lange präsent, bis die Boten des Eneas in Karthago von ihrer dann doch glücklich überstandenen Seereise berichten können.

So quellenkonform die Bereitschaft Heinrichs von Veldeke auch sein mag, mit Juno einer heidnischen Gottheit (nebenbei bemerkt: ohne größere erzähltechnische Not) Verfügungsgewalt über das Wetter und damit naturbestimmende Qualitäten zuzubilligen – in der zweiten Hälfte des 12. Jahrhunderts ist sie schon obsolet geworden. Das beweist auch eine frühe volkssprachlich-enzyklopädische Naturkunde wie der 'Lucidarius', der gerade im Kontext seiner Hagel-Passage darauf verweist, daß Wind, Sturm und Unwetter *in welhes lant in got verhenget*[15] zu ziehen haben.

In der höfischen Epik wird dieser Grundgedanke an einen allein wetterbestimmenden christlichen Schöpfergott gerade in Verbindung mit dem Motiv des Seesturms ebenso verbindlich wie vielgestaltig entwickelt. Aufschlußreich sind dabei solche Gestaltungsdetails, wie sie zunächst im 'Gregorius' Hartmanns von Aue begegnen.[16] Während bei der Aussetzung des neugeborenen Helden aufs Meer *der süeze Krist* [...] *den vil rehten wunschwint* (V. 785f.) schickt, heißt es nach einigen hundert Versen dort, wo der Erzähler einen Anknüpfungspunkt zur Weiterführung des unterbrochenen Handlungsstranges sucht: *daz* [ihn] *die wilden winde wurfen swar in got gebôt* [...] (V. 926f.), um daraus schließlich dessen gnädige und mit der biblischen Jonas-Figur assoziierte Errettung zu entwickeln. Das Seesturm-Motiv wird von Hartmann indes keineswegs nur als Folie des Heilsgeschehens genutzt. Sein Sinn für die dramaturgisch-narrativen Möglichkeiten einer aufgepeitschten See zeigt sich nämlich beim Auftauchen von zwei durch den Sturm erfolglos gebliebenen Fischern. Sie werden dadurch zu Rettern wider Willen, daß sie die Barke des Schiffbrüchigen piratengleich entern. Deren Inhalt unbesehen zu bergen und umgehend an das rettende Ufer zu bringen, sehen sie sich dann deshalb genötigt, weil *daz wintgedoeze wart sô grôz / daz si ûf dem sê verdrôz.* (V. 965f.).

Als unmittelbar aktiv werdender Herrscher über Wind und Wellen bleibt der christliche Schöpfergott allerdings keine spezifische Erscheinung legendarischer Erzähltypen,

14 Heinrich von Veldeke: Eneasroman. Hrsg., übersetzt und kommentiert von Dieter Kartschoke. Stuttgart 1986 (Reclams Universal-Bibliothek 8303). S. 866f.

15 Der deutsche 'Lucidarius'. Bd. 1: Kritischer Text nach den Handschriften. Hrsg. von Dagmar Gottschall u. Georg Steer. Tübingen 1994. S. 56.

16 Hartmann von Aue: Gregorius. Hrsg. von Hermann Paul. Neu bearb. von Burghart Wachinger. Tübingen [14]1992 (Altdeutsche Textbibliothek 2).

wie sie Hartmanns 'Gregorius' repräsentiert oder auch die Brandan-Tradition.[17] – Dem höfischen Roman entstammt die folgende Textpassage:

dô widerschuof ez allez der,
[...]
dem winde, mer und elliu craft
bibenende sint dienesthaft.
als der wolte unde der gebot,
dô huop sich ein sô michel nôt
von sturmwetere ûf dem sê [...].[18]

Es handelt sich um den 'Tristan' Gottfrieds von Straßburg, wo der von Gott gesandte Seesturm eine Entführung des noch jugendlichen Helden durch Norweger vereitelt.[19]

An den Anfang des 13. Jahrhunderts gehört wie Gottfrieds 'Tristan' auch 'Der guote Gêrhart' Rudolfs von Ems – ein Text, den mit unterschiedlicher Intensität geschilderte, in jedem Fall aber folgenreiche Seestürme fast leitmotivisch durchziehen.[20] Verknüpft mit diesem Motiv erscheinen sogar küsten- bzw. seerechtliche Grundsätze, denen zufolge angelandete Schiffbrüchige als Sklaven in den Besitz des jeweiligen Landesherrn übergehen. Dieses Schicksal erleidet an der nordafrikanischen Küste eine skandinavische Prinzessin mit ihrem Gefolge, um allerdings recht bald vom Helden des Romans, einem Kölner Großkaufmann namens Gerhard, losgekauft zu werden; diesen hatte seinerseits ganz zufällig ein Seesturm *mit ungewitter winde vil* (V. 1223) an besagte Küste verschlagen. Mit im wahrsten Sinne des Wortes merkantilem Weitblick nähert er sich dem vorsorglich ausspionierten Hafen nach abgewarteter Wetterbesserung unter vollen Segeln, um damit in weiser Voraussicht – rechtliche Konsequenzen des unwetterbedingten Reiseverlaufs umgehend – die Planmäßigkeit seiner Ankunft zu suggerieren. So entgeht er nicht nur dem Schicksal seiner schiffbrüchigen Vorgänger, sondern es gelingt ihm sogar, mit dem heidnischen Marktherrn und Burggrafen ins Geschäft zu kommen, der ihn schließlich mit bemerkenswerter Freundlichkeit verabschiedet:

Mîn lieber got Jûpiter
dich saeliclîcher vart gewer;
[...]
Machmet und Mercûrius,
Thêtis unde Neptûnus,
die der wazzer hânt gewalt,
in der helfe sî gezalt

17 Vgl. z. B. die ausführliche Einleitung zu: St. Brandans wundersame Seefahrt. Hrsg., übertragen und erläutert von Gerhard E. Sollbach. Frankfurt a. M. 1987.

18 Gottfried von Straßburg: Tristan. Hrsg., übersetzt und kommentiert von Rüdiger Krohn. Stuttgart ³1984 (Reclams Universal-Bibliothek 4471). Bd. 1. S. 152, V. 2406–2413.

19 Die Verbindung zu biblischen Motiven dokumentiert Ulrich Stökle: Die theologischen Ausdrücke und Wendungen im Tristan Gottfrieds von Straßburg. Ulm 1915. S. 62–64.

20 Rudolf von Ems: Der guote Gêrhart. Hrsg. von John A. Asher. Tübingen ³1989 (Altdeutsche Textbibliothek 56).

dîn hinvart mit disem her;
mit ringer franspüet ûf dem mer
helfe dir durch sîn gebot
Êolus, des windes got [...] (V. 2555–2566).

Daß Eolus und Neptun in diesem Götternamenkatalog in ihrer witterungsspezifischen Bedeutung mythologisch absolut korrekt realisiert erscheinen, ist für die volkssprachliche Literatur um 1200 bemerkenswert; denn solche Detailkenntnisse antiker Mythologie, die bei Rudolf als Figurenrede eines Heidenfürsten sanktioniert werden, sind sonst nicht einmal im Traditionszusammenhang des antiken Romans selbstverständlich.[21]

Als Texttyp verdient natürlich auch die sogenannte Spielmannsepik Aufmerksamkeit. Zu den Zeitgenossen Gottfrieds und Rudolfs gehört der gattungstypisch anonym bleibende Verfasser des 'Herzog Ernst B'.[22] Sein Erzählinteresse gilt der christlichen Symbolik von Seestürmen, die er im Kontext einer Pilgerreise des Helden nach Jerusalem folgendermaßen kommentiert:

sie muosen lîden grôze nôt
ûf des meres ünden.
dô wart in ir sünden
abe gewaschen harte vil [...] (V. 3886–3889).

Seine Seesturmepisoden zeigen allerdings auch, daß zum narrativen Ensemble solcher Naturbilder die Ruhe nach dem Sturm gehört:

fruo wider einen morgen,
dô der tac ûf gienc,
der luft lûtern gevienc.
dô wart gestillet diu nôt.
lieht wart der morgen rôt
und wart daz weter harte guot,
als ez nâch ungewitere tuot.
der himel wart vil wol gevar,
daz mer lûter unde clâr:
ouch gelâgen die winde
die sie dâ vor sô swinde
wurfen her unde dar [...] (V. 2190–2201).

Ein demgegenüber eher böses Erwachen gibt es am Ende von 'Der Wîner Mervart'[23], einer Verserzählung aus der Mitte des 13. Jahrhunderts, in der eigentlich alles ganz harmlos beginnt. In einer vornehmeren Weinschenke trifft sich die bessere Gesellschaft

21 Vgl. Manfred Kern: Edle Tropfen vom Helikon. Zur Anspielungsrezeption der antiken Mythologie in der deutschen höfischen Lyrik und Epik von 1180–1300. Amsterdam, Atlanta 1998 (Amsterdamer Publikationen zur Sprache und Literatur 135). S. 395.

22 Herzog Ernst. Hrsg., übersetzt und kommentiert von Bernhard Sowinski. Stuttgart 1998 (Reclams Universal-Bibliothek 8352).

23 Der Freudenleere: Der Wîner Mervart. In: Hans Lambel (Hg.): Erzählungen und Schwänke. Leipzig ²1883 (Deutsche Classiker des Mittelalters 12). S. 225–250.

von Wien, um in fröhlicher Weinseligkeit eine Pilgerfahrt per Schiff ins Heilige Land zu verabreden. Mit dem kontinuierlich steigenden Alkoholpegel stellt sich bei den Beteiligten dann recht bald die Wahnvorstellung ein, man befände sich schon auf dem Schiff und müsse diesen Umstand mit noch mehr und noch besserem Wein feiern. So stehen die Zeichen bald auf Sturm, für dessen Nahen einer der Saufkumpane eindeutige Indizien zu haben glaubt:

> *mir tût daz houbet sêre wê.*
> [...]
> *uns wil ein stúrmwéter kumen,*
> *daz wirt uns allen kleine vrumen* (V. 330–334).

Durch den nun konsequent weitergetriebenen Alkoholkonsum wird diese individuell-wetterfühlige Vorahnung bald zur kollektiven Gewißheit, so daß sich der Fußboden der Wiener Wirtschaft in der toxisch-stimulierten Einbildungskraft der Gäste in einer immer bedrohlicher werdenden Frequenz dem Wellenschlag anzupassen scheint. Und da *der wint den kîl zu sêre jaget* (V. 350), sieht man sich nun dem baldigen Untergang preisgegeben. In der Hoffnung, diesem Schicksal zu entgehen, wird eine vermeintliche Leiche über Bord geworfen: eine plötzlich wieder sehr lebendig werdende Schnapsleiche, deren unsanfte Landung auf dem Straßenpflaster mit einigen Knochenbrüchen verbunden ist.

Mit dem virtuellen Seesturm in 'Der Wîner Mervart' ist zwar ein parodistisch-satirischer Höhepunkt, aber noch keineswegs der Schlußpunkt einer möglichen Motivgeschichte markiert. Allerdings dürfte allein schon die vorgeführte Beispielreihe deutlich machen, daß im Spektrum narrativer Naturbilder der mittelhochdeutschen Epik der Seesturm eine nicht weniger klar profilierbare Kontur bekommen könnte, als es für das lyrische Naturbild des *locus amoenus* traditionell im Raume steht. Mit Blick auf diese lyrische Naturtopik hat Burkhardt KRAUSE schon 1991 die folgenden Überlegungen zur mentalitätsgeschichtlichen Bedeutung einer solchen Form von Naturbetrachtung angestellt: „Natur ist immer das Resultat einer [...] langfristigen *histoire de l'imaginaire*, ein vielschichtig überformtes Produkt 'normativer' Setzungen, zu denen auch die poetologischen Anschauungen, aber auch die theoretischen Diskurse, über sie zu sprechen und über sie zu denken, gehören. Sie gehen in die Qualität der Wahrnehmungen von Wirklichkeit ein. Naturgeschichte ist Kulturgeschichte. Solche Setzungen machen auch vor den 'imaginären' Konstruktionen der Natur, wie sie etwa in der Lyrik oder der bildenden Kunst ihren Ausdruck finden, nicht halt, sie 'begründen' sie recht eigentlich erst mit"[24].

Eine solche wahrnehmungskonstituierende Qualität literarischer Naturbilder reklamiere ich auch für die noch zu schreibende Kultur- und Literaturgeschichte des erzähl-

---

24 Burkhardt Krause: Natur – Naturlyrik – Naturanschauung. Anmerkungen zur 'Mentalität' lyrischer Natur im Mittelhochdeutschen. In: Theo Stemmler (Hg.): Natur und Lyrik. 4. Kolloquium der Forschungsstelle für europäische Lyrik des Mittelalters. Mannheim 1991. S. 233–286, hier S. 242.

ten Wetters, dessen mögliche Erscheinungsformen sich natürlich nicht im Seesturm erschöpfen. Im Fall dieses konkreten Witterungsphänomens dokumentieren dessen übergreifend paradigmatische Bedeutung freilich auch epochenspezifische Schlüsselquellen anderer ästhetischer Textsorten wie etwa Leonardo da Vincis Malereitraktat[25] mit seiner theoretischen Beschreibung einer idealen Darstellungsweise des Unwetters auf See im Bild.[26]

III

Mit Blick auf die allgemeine wissenschaftliche Wetterlage sei allerdings noch auf die aktuellen Forschungsinteressen der historischen Klimatologie verwiesen, als deren Hauptvertreter Rüdiger GLASER einen Ansatz formuliert hat, der die Gemeinsamkeiten zwischen mediävistischer Mentalitätsgeschichte und klimatologischer Perzeptionsforschung verdeutlicht: Es geht um die Frage „wie und in welchen Formen das menschliche Denken und Erkennen vergangener Epochen sich konstituiert und verändert hat und welchen Einfluß dies auf die Klimawahrnehmung hatte“[27].

Die Zeitachse des von GLASER skizzierten Diagramms zur „Entwicklung des Informationsstandes und der Erkenntnisformen zur Klimatologie in Europa“[28] (Abb. 1) weist in dem mediävistischen Zuständigkeitsbereich zwischen 500 und 1500 eine ausgeprägte Spannbreite aus, für die er selbst durchaus das Medium volkssprachlicher Literatur mit Werken wie dem ‘Lucidarius’, der ‘Mainauer Naturlehre’ oder Texten Konrads von Megenberg einkalkuliert.[29] Daß über solche Texte mittelhochdeutscher Fachliteratur hinaus auch die fiktionalen Werke der höfischen Epik aufschlußreich sein können, steht wohl fest. Und so gäbe es – wenn über Natur gesprochen wird – gerade für die germanistische Mediävistik einige gute Gründe, eben auch vom Wetter zu reden.

---

25 Vgl. Sabine Mertens: Seesturm und Schiffbruch. Eine motivgeschichtliche Studie. Rostock 1987. S. 45.

26 Vgl. z. B. die Abbildung bei Carlo Pedretti: Leonardo da Vinci, Natur und Landschaft. Naturstudien aus der Königlichen Bibliothek in Windsor Castle. Stuttgart, Zürich 1983. Tafel 47.

27 Rüdiger Glaser, Enrico Vincelli u. Stefan Militzer: Klima-, Witterungs- und Wettervorstellungen als Ideen- und Naturwissenschaftshistorie. Ein Beitrag zum Problem der historischen Klimawahrnehmung. In: Würzburger Geographische Arbeiten 87 (1993). S. 465–490, hier S. 466.

28 Rüdiger Glaser: Klimageschichte Mitteleuropas. 1000 Jahre Wetter, Klima, Katastrophen. Darmstadt 2001. S. 31.

29 Vgl. Glaser, Vincelli u. Militzer [Anm. 27], S. 479.

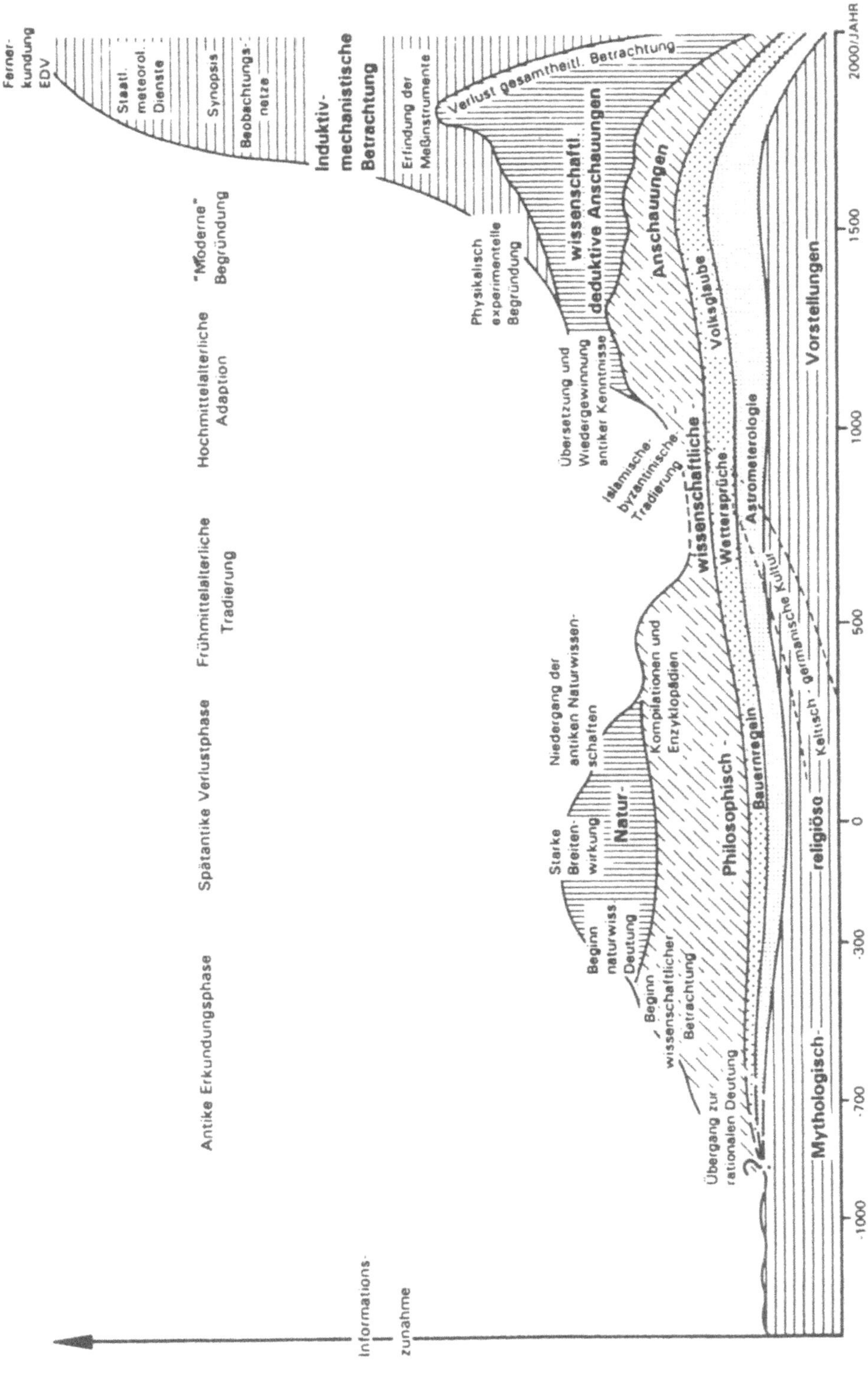

Abb. 1 Historische Erkenntnisformen zur Klimatologie (Aus: Glaser, Vincelli u. Militzer [Anm. 27], S. 468)

BERNHARD PABST

Elemente und Atome als Träger der Naturprozesse – neue Wege in der Physik des 12. Jahrhunderts

Wenn man neuen Wegen im menschlichen Denken nachspürt und ihre innovative Kraft aus ihrem historischen Umfeld heraus abschätzen möchte, so bietet sich eine Methode geradezu an: Man blickt auf die Reaktionen ausgesprochen konservativer Kreise. Ein heftiger Aufschrei in diesem Umfeld bietet ein gutes Indiz dafür, daß der betreffende Denker die eingefahrenen Gleise unübersehbar verlassen hat.

Genau einer solchen Konstellation begegnen wir etwa im Jahre 1145. Unser Zeitzeuge ist der Benediktinerabt Wilhelm von St. Thierry, ein enger Vertrauter Bernhards von Clairvaux. Einige Jahre zuvor hatte Wilhelm den entscheidenden Anstoß zu dem Häresieprozeß gegen Abaelard gegeben. Nun richtete sich sein Angriff gegen den wohl führenden Naturphilosophen dieser Zeit, gegen Wilhelm von Conches. In einem an Bernhard von Clairvaux adressierten Brief listet Wilhelm von St. Thierry die *errores* des Philosophen auf.[1] Im Zentrum stehen vermeintliche Irrlehren, die Fragen der Theologie betreffen und hier nicht zu interessieren brauchen; entscheidend ist, was der Abt quasi beiläufig über die Naturauffassung des Philosophen schreibt. Es heißt dort: 'Dabei scheint er freilich der Lehre einiger dummer Philosophen zu folgen, die behaupten, es gebe überhaupt nichts anderes als Körper und Körperliches; Gott in der physischen Welt sei nichts anderes als der Zusammenstoß von Elementen und die richtige Mischung der Natur'[2]. Wer die *stulti philosophi* sind, mit denen Wilhelm von Conches hier in einen Topf geworfen wird, war jedem mittelalterlichen Leser aus dem Kontext absolut klar: Es sind die Epikureer, jene antike Philosophenschule, die wegen ihres Materia-

---

1 De erroribus Guillelmi de Conchis ad Bernardum (Hrsg. von J. Leclercq: Les Lettres de Guillaume de Saint Thierry à Saint Bernard. In: Revue Bénédictine 79 [1969]. S. 375–391, hier S. 382–391).

2 De erroribus Guillelmi de Conchis ad Bernardum (Leclercq [Anm. 1], S. 390, Z. 283–287): *Ubi in altero quidem stultorum quorundam philosophorum videtur sententiam sequi, dicentium nihil prorsus esse praeter corpora et corporea, non aliud esse Deum in mundo quam concursum elementorum et temperaturam naturae* [...].

lismus von den christlichen Theologen mit den heftigsten Attacken bedacht wurde.[3] Daß die Epikureer gemeint sind, macht nicht zuletzt die Kennvokabel *concursus* deutlich – der seit Cicero und Laktanz immer wieder gebrauchte Terminus technicus für den zufälligen Zusammenstoß von Atomen, der nach der Lehre Demokrits und Epikurs die Entstehung der Welt und der Körper auslöst.[4] Warum bei Wilhelm von St. Thierry nicht vom *concursus atomorum*, sondern vom *concursus elementorum* die Rede ist, wird noch zu erörtern sein.[5]

Unzweifelhaft steckt in dem Angriff eine gehörige Portion Bosheit. Einem Platoniker wie Wilhelm von Conches zu unterstellen, er erkenne wie die Epikureer nur Körperliches an, ist ein starkes Stück. Nichtsdestoweniger verbirgt sich hinter der Polemik eine treffende Charakterisierung dessen, was den konservativen Zeitgenossen am Denken Wilhelms und einiger anderer Naturphilosophen so revolutionär erschien: Man störte sich an einer Naturauffassung, bei der Gott ohne direkten Einfluß auf das Naturgeschehen bleibt. Bestimmende Faktoren aller natürlichen Vorgänge sind vielmehr die Elemente, ihre Interaktionen und ihre Mischungsverhältnisse.

Besonders deutlich zeigt sich diese neue Naturkonzeption an der speziellen Textstelle, gegen die sich die Kritik des Theologen richtete: in der Erklärung der Schöpfung oder – vielleicht besser – der Weltentstehung, die sich in Wilhelms erstem großem Werk findet, der um 1125 verfaßten 'Philosophia'.[6] Die Rolle Gottes bei der Entstehung der Körperwelt beschränkt sich für den Philosophen auf die Erschaffung der vier Elemente. Durch sie etabliert er ein Naturgesetz, das alle Vorgänge der Natur bestimmt. Der gesamte weitere Schöpfungsprozeß läuft so ganz von selbst ab, gesteuert allein von den Wechselwirkungen der vier Grundstoffe. Man hat für diese Konzeption den treffenden Begriff der „autonomen Natur" geprägt[7]; sie kennzeichnet nicht nur das

---

3 Die wichtigsten Textstellen aus der Zeit der Patristik und des Mittelalters werden besprochen bei Bernhard Pabst: Atomtheorien des lateinischen Mittelalters. Darmstadt 1994. S. 30–44, 61 u. 81–84.

4 Vgl. besonders Cic. nat. deor. I, 66: [...] *esse corpuscula quaedam* [...], *ex iis effectum esse caelum atque terram nulla cogente natura, sed concursu quodam fortuito* [...]; II, 93: *quod si mundum efficere potest concursus atomorum, cur porticum cur templum* [...] *non potest* [...]*?* (ebenso: Tusc. I, 42). Lact. ira dei 10, 3: [...] *minuta illa semina, quorum concursu fortuito cohaesisse mundum locuntur* [...]; 10, 39: [...] *concursus atomorum vel carens mente natura ea quae videmus efficit* [...] (ähnlich: op. dei 2, 10; 4, 13; 6, 12). – Später etwa Ambr. hex. I, 2, 7 (*atomorum concursione*); Aug. ep. 118, 28 (*corpusculorum concursu fortuito*) u. 31; Isid. orig. VIII, 6, 16 (*fortuitis concursionibus*).

5 Bezeichnenderweise ist der unerbittlichste Gegner aller progressiven Tendenzen im Denken des 12. Jahrhunderts, Walter von St. Victor, in seiner um 1178 verfaßten Streitschrift noch expliziter. Vgl. Contra quatuor labyrinthos Franciae IV, 26 (Hrsg. von Pierre Glorieux: Le Contra quatuor labyrinthos Franciae de Gauthier de Saint-Victor. In: Archives d' Histoire Doctrinale et Littéraire du Moyen Age 27 [1952]. S. 187–335, hier S. 289): *Inde Willelmus de Conchis ex atomorum, id est minutissimorum corporum concursione fieri omnia* [sc. *inquit*].

6 Philosophia I, 40–44 (Hrsg. von Gregor Maurach. Pretoria 1980. S. 36–39).

7 Vgl. dazu vor allem Tullio Gregory: Platonismo medievale. Studi e ricerche. Rom 1958 (Studi storici 26–27). S. 54f.

Denken Wilhelms von Conches, sondern auch das der meisten anderen Philosophen, die man gemeinhin als die Schule von Chartres bezeichnet.[8]

Nicht nur die Entstehung der unbelebten Natur, auch die Ausbildung des tierischen und menschlichen Lebens wird von Wilhelm dabei als rein physikalischer Prozeß aufgefaßt.[9] Er läßt sich kurz so zusammenfassen: Die Himmelskörper, die sich durch bestimmte Gesetzmäßigkeiten in der oberen Region der Welt gebildet hatten, gerieten aufgrund ihrer feurigen Bestandteile sofort in schnelle Kreisbewegung. Dadurch erhitzten sie die Luft und über sie auch das Wasser. An manchen Stellen verdampfte die Wasserschicht vollständig, so daß die darunterliegende Erde zum Vorschein kam. Die ganz mit Wasser vollgesogene Erde bildete nun – um mit modernen Termini zu sprechen – eine Ursuppe, in der es unter Einwirkung der Hitze zur Urzeugung des tierischen Lebens kam. Die Natur der neuen Lebewesen richtete sich ganz nach der am jeweiligen Ort vorhandenen Mischung der vier Elemente: Wo das Feuer vorherrschend war, entstanden etwa cholerische Tiere wie der Löwe, wo das Wasser dominierte, phlegmatische wie das Schwein. Nur an der einen Stelle, wo alle vier Elemente in genau ausgeglichenem Mischungsverhältnis vorlagen, entstand der Mensch. Basis dieser originellen Gedanken sind natürlich die Lehren der griechisch-arabischen Medizin, die dem Autor u. a. durch die Übersetzungen des Constantinus Africanus bekannt waren; von dort stammt die Zuordnung der vier Körpersäfte zu den vier Elementen aufgrund ähnlicher Qualitäten – dem Feuer etwa entspricht in den Qualitäten 'warm' und 'trocken' die Gelbe Galle (*cholera*).[10] Auch die Theorie, daß allein beim Menschen die vier Säfte und damit die vier Elemente in ausgewogenem Verhältnis zueinander stehen, hat dort ihren Ursprung.[11] Die naturalistische Erklärung der Weltentstehung ist jedoch ganz Wilhelms eigene Leistung. Einzige Agentien bei der Entfaltung der Schöpfung sind für ihn die vier Elemente – ein direktes Eingreifen Gottes ist zur Erklärung nicht nötig. Die ganze Vielfalt des Lebens läßt sich dabei aus einem einzigen Faktor ableiten: den unterschiedlichen Mischungsverhältnissen der vier Elemente. Wilhelm kann damit auch erklären, warum es unzählige verschiedene Tierarten gibt, den Menschen aber nur in einer Art. Eine unausgewogene Mischung der vier Elemente, bei der ein Grundstoff mehr oder weniger stark dominiert, kann in zahllosen verschiedenen Mischungsverhältnissen auftreten. Um einmal fiktive Beispiele zu benutzen: Die Relation von Feuer,

8 Entscheidend ist für unseren Kontext das Bekenntnis der betreffenden Philosophen zu einer gemeinsamen Naturauffassung. Zur Frage, ob die Schule eine institutionelle Basis (an der Kathedralschule von Chartres) hatte, vgl. die Diskussion zwischen Richard William Southern: Medieval Humanism and other Studies. Oxford 1970. S. 61–73 und Peter Dronke: New Approaches to the School of Chartres. In: Annuario de estudios medievales 6 (1969, ersch. 1971). S. 117–140, bes. S. 117–123.

9 Vgl. Philosophia I, 40–43 (Maurach [Anm. 6], S. 36–38).

10 Vgl. dazu den Beitrag von Ortrun Riha in diesem Band.

11 Vgl. etwa Constantinus Africanus: Pantegni, Theorica I, 7. In: Opera omnia Ysaac. Lyon 1515. Pars B, f. 1r–144r, hier f. 2r–v. Es heißt dort u. a.: *Homo enim omnibus temperatior est animalis speciebus.*

Luft, Wasser und Erde kann genausogut 100 : 99 : 50 : 32 betragen wie 23 : 100 : 75 : 16 – und daraus resultieren jeweils ganz andere Tierarten. Eine völlig ausgewogene Mischung hat jedoch stets nur eine Form, nämlich das Verhältnis 1 : 1 : 1 : 1 – entsprechend gibt es nur eine Art Menschen.[12] Zugleich ist klar, warum es nicht an mehreren Stellen der Ursuppe zur Bildung von Menschen kam: Eine so völlig gleichmäßige Mischung der vier Elemente, wie sie zur Urzeugung des Menschen nötig war, tritt rein statistisch viel seltener auf als alle anderen Kombinationen. Es gab daher nur einen Platz auf Erden, der diese Bedingung erfüllte, einen Ort völliger Ausgeglichenheit. Das traditionelle irdische Paradies erhält so eine neue naturphilosophische Funktion.

Es ist leicht nachzuvollziehen, daß die gerade skizzierten Gedanken bei einem konservativen Denker wie Wilhelm von St. Thierry Anstoß erregten. Entsprechend bemerkt dieser dazu nicht ganz unzutreffend, Wilhelm von Conches betrachte den menschlichen Körper nicht als Werk Gottes, sondern als Werk der Natur.[13] Der Philosoph hatte diesen Einwand allerdings schon vorausgeahnt und versuchte ihm bereits in seiner 'Philosophia' zu begegnen: Seine Erklärung des Schöpfungsprozesses, so schreibt er, setze Gottes Rolle dabei nicht herab, sondern lasse sie noch größer erscheinen. Statt einer direkten Tätigkeit des Schöpfers lehre er nämlich, daß Gott in seiner Voraussicht ein solches Naturgesetz in die physische Welt eingeführt habe, daß es durch das Wirken der Natur (*per naturam operantem*) zur Erschaffung des menschlichen Körpers kam.[14] Sowohl das Naturgesetz als auch – mittelbar – der menschliche Körper sind also Werke Gottes.

Wir befinden uns in der glücklichen Lage, daß wir die Debatte noch ein Stück weiter verfolgen können: Das große Spätwerk des Wilhelm von Conches, das zwischen 1146 und 1149 verfaßte 'Dragmaticon'[15], ist nämlich in vielen Punkten als Reaktion auf den Angriff Wilhelms von St. Thierry konzipiert. Die schlimmen Folgen, welche die Agitation des Benediktinerabtes rund fünf Jahre zuvor für Abaelard gehabt hatte, waren dem Philosophen Warnung genug, und so zog er bereitwillig einige Thesen aus den Gebieten der Theologie und Bibelexegese zurück. Ganz anders verhält es sich mit seinem eigentlichen Gebiet, der Naturphilosophie. Er behält hier alle seine zentralen Lehren

12 Philosophia I, 43 (Maurach [Anm. 6], S. 38): *Unde, cum diversa melancolica creata sunt et infinita flegmatica et colerica, unus solus homo creatus est, quia (ut ait Boethius in Aritmetica* [I, 21]*) „omnis aequalitas pauca est et finita, inaequalitas numerosa et multiplex".*

13 De erroribus Guillelmi de Conchis ad Bernardum (Leclercq [Anm. 1], S. 389f., Z. 280–282): *Deinde creationem primi hominis philosophice, seu magis physice, describens, primo dicit corpus eius non a Deo factum, sed a natura, et animam ei datam a Deo* [...].

14 Philosophia I, 44 (Maurach [Anm. 6], S. 39): *Iterum dicet hoc esse divinae potestati derogare sic esse hominem factum dicere. Quibus respondemus: e contrario, id est ei conferre, quia ei attribuimus et talem rebus naturam dedisse et sic per naturam operantem corpus humanum creasse.*

15 Dragmaticon (Hrsg. von I. Ronca. Turnhout 1997 [Corpus Christianorum. Continuatio Mediaevalis 152]. S. 3–273). – Zur Datierung des Werkes vgl. etwa Tullio Gregory: Anima mundi. La Filosofia di Guglielmo di Conches e la Scuola di Chartres. Florenz 1955 (Pubblicazioni dell' Istituto di Filosofia dell' Università di Roma 3). S. 7, Anm. 5.

bei, so auch die eben besprochene Analyse des Schöpfungsprozesses.[16] Nichtsdestoweniger bezieht er zu den referierten Vorwürfen seines Kritikers Stellung. Dabei bedient er sich geschickt der für dieses Spätwerk gewählten Form des philosophischen Dialogs: Sie gibt ihm die Möglichkeit, die Einwände in modifizierter Form seinem Gesprächspartner in den Mund zu legen und ausführlich darauf zu antworten.

Die wichtigste Stelle findet sich im ersten Buch. Wilhelm hat gerade die Grundzüge seiner Lehre von den Elementen vorgestellt – die Einzelheiten werden in Kürze besprochen werden. Der Dialogpartner kommentiert dies mit folgenden Worten: 'Wie mir scheint, fällst du heimlich in die Lehre der Epikureer zurück, die behaupteten, daß die Welt aus Atomen besteht'[17] – hier wird eindeutig der Angriff Wilhelms von St. Thierry aufgenommen. Der Einwurf bietet dem Philosophen den Anlaß dazu, seine Haltung zur epikureischen Lehre klarzustellen.

Seine Antwort fällt überaus bemerkenswert aus. Mancher hätte vielleicht erwartet, daß sich Wilhelm als Platoniker scharf von den Epikureern distanziert und ausschließlich die Unterschiede seiner Lehre gegenüber jener Schule hervorhebt. Damit hätte er dem gesamten Angriff Wilhelms von St. Thierry den Boden entzogen. Im Lichte dieser Ausgangssituation kann die differenzierte Entgegnung des Philosophen nur überraschen: Er gibt nämlich seinem Dialogpartner im wesentlichen recht und bringt klar zum Ausdruck, daß er in einer Hinsicht mit den Epikureern übereinstimmt. In einem Punkt, so erklärt er, hätten diese nämlich die Wahrheit gesagt: Die Welt besteht tatsächlich aus Atomen. Allerdings hätten sie diese richtige Erkenntnis durch die Beimischung von Falschem entstellt: Die Atome sind nicht ewige Entitäten ohne Ursprung, wie die Epikureer lehren, vielmehr wurden sie von Gott erschaffen. Falsch ist auch ihre Theorie, daß die Atome durch den leeren Raum geflogen seien und sich durch Zufall miteinander zur Ausbildung der sichtbaren Welt verbunden hätten. In Wahrheit schuf Gott die Teilchen so, daß sie – ohne leere Zwischenräume – miteinander verbunden waren und sofort auch das Weltganze bildeten.[18]

Wie man sieht, heißt Wilhelm die physikalische Theorie der Epikureer vom atomaren Aufbau der Welt ausdrücklich gut[19]; dezidiert abgelehnt wird dagegen ihre materialisti-

---

16 Vgl. Dragmaticon III, 3, 1–4, 5 (Ronca [Anm. 15], S. 63–67) mit teilweise wörtlicher Übernahme aus Philosophia I, 40–43 (Maurach [Anm. 6], S. 36–38).

17 Dragmaticon I, 6, 8 (Ronca [Anm. 15], S. 26): *DUX: Ut michi videtur, in sententiam Epicureorum furtim relaberis, qui dixerunt mundum constare ex athomis.*

18 Dragmaticon I, 6, 8f. (Ronca [Anm. 15], S. 26): *PHILOSOPHUS: Nulla tam falsa est secta quae non habeat aliquid veri admixtum, sed tamen illud admixtione cuiusdam falsi obfuscat. In hoc vero quod dixerunt Epicurei, mundum constare ex athomis, vere dixerunt. Sed quod dixerunt illas athomos sine principio fuisse et divisas per magnum inane volitasse, deinde in quatuor magna corpora coactas fuisse, fabula est: non enim sine principio et loco aliquid praeter Deum potest esse. Dicimus igitur has particulas Deum simul creasse non divisas* [...].

19 Wilhelms eindeutiges Bekenntnis zum Atomismus – er bezeichnet die Aussage, daß die Welt aus Atomen bestehe, im obigen Zitat [Anm. 18] explizit als wahr – wurde von der überwältigenden Mehrheit der bisherigen Forschung erkannt und der Philosoph folgerichtig als Atomist eingestuft.

sche Kosmogonie, die Lehre von der Ewigkeit der Atome, von der zufälligen Entstehung der Welt und vom leeren Raum. Nichtsdestoweniger muß man den Mut und die Aufrichtigkeit des Philosophen hervorheben: Trotz der Angriffe Wilhelms von St. Thierry stellt er sich – wenn auch nur in einer Hinsicht – explizit in die Tradition der antiken Philosophenschule, die als Inbegriff des heidnischen Irrtums galt und von den Kirchenvätern ebenso heftig bekämpft wurde wie von den mittelalterlichen Theologen. Dies zeigt, welch großen Stellenwert Wilhelm den atomistischen Elementen in seiner Naturlehre beimaß.[20] Der Atomgedanke ist ihm so wichtig, daß er dafür in Kauf nimmt, mit den schlecht angesehenen Epikureern in Verbindung gebracht zu werden.[21]

Es drängt sich daher die Frage nach den Ursachen auf: Was hat Wilhelm von Conches veranlaßt, für eine atomare Struktur der Körperwelt einzutreten? Es lassen sich dabei zwei Faktoren anführen, die beide mit seiner oben skizzierten Naturauffassung zusammenhängen. Den ersten und wichtigeren spricht er selbst in mehreren Passagen

---

Aus Platzgründen nenne ich nur wenige Beispiele: Kurd Lasswitz: Geschichte der Atomistik vom Mittelalter bis Newton. Erster Band: Die Erneuerung der Korpuskulartheorie. Hamburg, Leipzig 1890. S. 76; Heinrich Flatten: Die Philosophie des Wilhelm von Conches. Koblenz 1929. S. 188; Gregory [Anm. 15], S. 206; Alistair C. Crombie: Von Augustinus bis Galilei. Die Emanzipation der Naturwissenschaft. München 1977. S. 34 und jüngst Bernard Pullman: The Atom in the History of Human Thought. New York, London 1998. S. 99. Allein Andreas Speer: Die entdeckte Natur. Untersuchungen zu Begründungsversuchen einer „scientia naturalis" im 12. Jahrhundert. Leiden, New York, Köln 1995. S. 185f. mit Anm. 159 streitet eine atomistische Position Wilhelms kategorisch ab. Bedenklich stimmt dabei – neben einer in wesentlichen Punkten verfehlten Interpretation (S. 182–192) der zentralen Passagen des 'Dragmaticon', die hier im Detail zu widerlegen nicht der Raum zur Verfügung steht –, daß er es in einem wissenschaftshistorischen Fauxpas so hinstellt, als sei meine Studie (Pabst [Anm. 3], S. 107–132) die einzige, die Wilhelm atomistische Positionen attestiert (S. 186, Anm. 159), und daß er das eindeutige Bekenntnis Wilhelms an der zitierten Stelle durch eine fehlerhafte Paraphrase verschleiert; auf S. 185 schreibt er: „[...] und doch sei der Lehre der Epikureer, die Welt bestünde aus Atomen, Falsches beigemischt". Daß die Lehre vom Aufbau der Welt aus Atomen explizit als wahr bezeichnet wird, wird dabei unterschlagen.

20 Wilhelms atomistische Position wird auch von den zeitgenössischen Rezipienten seiner Lehren klar erkannt. Dies gilt nicht nur für den boshaften Kritiker Walter von St. Victor (siehe Anm. 5), sondern vor allem für den anonymen Autor des zwischen 1200 und 1230 entstandenen 'Carmen de mundo et partibus' (Hrsg. von Axel Bergmann. Frankfurt a. M. u. a. 1991 [Lateinische Sprache und Literatur des Mittelalters 26]): Der Verfasser schließt sich aufs engste an die Lehre Wilhelms im 'Dragmaticon' an, ersetzt aber den von Wilhelm bevorzugten Ausdruck *particulae* (Teilchen) generell durch *atomi* – eine Gleichsetzung, die nach der zitierten Stelle des 'Dragmaticon' durchaus den Intentionen Wilhelms entsprach. Zur ausführlichen Analyse des Carmen vgl. Pabst [Anm. 3], S. 241–255.

21 Dieses Faktum stellt Speer [Anm. 19] vor die unlösbare Aufgabe zu erklären, warum Wilhelm ein so kompromittierendes Bekenntnis der Übereinstimmung mit den Epikureern ablegt, obwohl nach Speers (irriger) Interpretation (S. 182–192) die wahren Elemente Wilhelms, die dieser als Teilchen (*particulae*) bezeichnet, gar keine Atome, sondern (unkörperliche) Prinzipien sind.

seiner Werke explizit an.[22] Die entscheidenden Gedanken sind dabei die folgenden: Wie wir gesehen haben, bilden für Wilhelm die vier Elemente die einzigen Agentien aller natürlichen Prozesse; ihre Wechselwirkungen lösen chemische und physikalische Veränderungen aus, ihr Mischungsverhältnis bestimmt die Natur aller Dinge und Lebewesen. Es ergab sich nun aber die Frage, wie man sich diese Elemente genau vorzustellen hat. Erschwert wurde sie durch die in zahlreichen Texten, besonders aber in medizinischen Werken aus der Schule Galens propagierte Lehre, daß alle sichtbaren Stoffe keine reinen Elemente darstellen, sondern daß z. B. das sichtbare Wasser bereits Beimischungen der anderen drei Elemente aufweist.[23] Sofern man nun mit Aristoteles die Elemente als potentiell unendlich teilbare Stoffe auffaßt[24], verlagert sich das Problem ad infinitum: Wenn – um in modernen Maßen zu sprechen – ein Liter Wasser eine Mischung aus 94% Wasser, 3% Luft, 2% Erde und 1% Feuer bildet, so kann auch ein Millionstel davon, ein Kubikmillimeter, das gleiche Mischungsverhältnis besitzen. Und so geht es beliebig weiter: Jede noch so kleine Stoffmenge bleibt ja unendlich teilbar und kann daher neben dem dominierenden Element noch die verschiedensten Beimischungen anderer Elemente aufweisen. Das reine Element bliebe so eine bloße Idealvorstellung, von dem keiner weiß, ob es in der Natur jemals vorkommt. Für Wilhelm ist es unannehmbar, eine solche Abstraktion zum Träger des Naturgeschehens zu machen: Die reinen Elemente müssen als physikalische Realität existieren. Die einzige Lösung des Problems bietet ihm die Annahme, daß man bei der Teilung irgendwann auf eine Grenze stößt: Wie ein Atom unteilbar ist, so kann es auch keine Beimischungen von anderen Elementen aufnehmen. Die kleinsten Teilchen sind daher für ihn die wahren Elemente, die sichtbaren Stoffe dagegen nur *elementata*, also aus Elementarteilchen zusammengesetzte Substanzen, die lediglich nach der dominierenden Teilchensorte benannt werden.[25]

Natürlich mußten sich die Atome der vier Elemente voneinander unterscheiden. Wilhelm erreicht dies, indem er den kleinsten Teilchen einfach die traditionellen Primärqualitäten der Elementenlehre zuweist: Die Feueratome sind 'warm' und 'trocken', die

22 Die zentralen Stellen sind Philosophia I, 20–27 (Maurach [Anm. 6], S. 26–30); Dragmaticon I, 6, 2–7, 1 (Ronca [Anm. 15], S. 22–29); Glosae super Platonem § 68–69 u. 164 (Hrsg. von Edouard Jeauneau. Paris 1965. S. 128–130 u. 272–274); sie werden detailliert analysiert bei Pabst [Anm. 3], S. 111–132.

23 Vgl. etwa Constantinus Africanus: Pantegni, Theorica I, 4 (Opera omnia Ysaac [Anm. 11], f. 2ra): *Palam est ergo elementa esse quattuor que sensu apparent simpla intellectu vero composita: numquam enim subsistit terra sine aqua, ignis sine aeris parte aliqua; neque cetera similiter.* Grundlage ist Galen: De elementis secundum Hippocratem, c. 5 (Hrsg. von Karl Gottlob Kühn: Claudii Galeni opera omnia. Bd. 1. Leipzig 1821 [Neudruck Hildesheim 1997]. S. 452).

24 Vgl. vor allem Arist. phys. VI, 1–4, 231b–234b.

25 Philosophia I, 22 (Maurach [Anm. 6], S. 28): [...] *illae simplae et minimae particulae elementa sunt* [...]. *Cum ergo haec IIII quae videntur ex illis composita sunt, illud in quo dominantur particulae frigidae et siccae, nomine illius elementi dicitur terra* [...]. *Si ergo illis digna velimus imponere nomina, particulas praedictas dicamus 'elementa', ista IIII quae videntur 'elementata'.* Ähnlich Dragmaticon II, 2, 1 (Ronca [Anm. 15], S. 35).

Luftatome 'warm' und 'feucht', die Wasseratome 'kalt' und 'feucht', die Erdatome 'kalt' und 'trocken'.[26] Die Vielfalt der Körperwelt erklärt sich einfach aus den mannigfaltigen Variationsmöglichkeiten, die bei der Mischung und Verbindung zwischen diesen vier Teilchensorten bestehen.[27] Denn – so sagt Wilhelm explizit – jeder Körper ist nichts anderes als miteinander verbundene Atome.[28] Diese Atome sind für Wilhelm von Conches, wie gezeigt, zugleich die wahren Elemente, und so hat sein Kritiker Wilhelm von St. Thierry nicht ganz unrecht, wenn er vom *concursus elementorum*, dem Zusammenstoß von Elementarteilchen spricht.

Mit dem eben Gesagten deutet sich schon der zweite Grund an, der für Wilhelm und mehrere andere Naturphilosophen des 12. Jahrhunderts die Annahme der atomaren Struktur nahelegte. Man begreift die Körper allgemein als Produkte einer rein mechanischen Mischung der Elemente – d. h. es findet bei physikalischen und chemischen Prozessen keine substantielle Verwandlung statt, sondern die Grundstoffe lagern sich zur Bildung des Endprodukts lediglich in anderer Weise aneinander. Das Entscheidende bei einer solchen mechanischen Mischung ist nun, daß das Resultat homogen ist, d. h. daß die elementaren Bestandteile in jedem noch so kleinen Teil des Endprodukts im gleichen Mischungsverhältnis vorliegen. Dies ließ sich jedoch nur mit Hilfe des Atomgedankens erklären. Nehmen wir zur Erläuterung einmal das einfache Beispiel, daß zwei Elemente zu genau gleichen Teilen gemischt werden. Bei atomarer Struktur zerfallen diese bei der chemischen Reaktion in ihre atomaren Bestandteile, diese werden dann vollständig durchmengt, und am Ende kommt neben ein Teilchen des einen Elements stets ein Teilchen des anderen zu liegen; das Endprodukt ist homogen. Betrachtet man die Elemente hingegen als unendlich teilbare Stoffe, bietet sich diese Lösung nicht: Es gibt keinen Grund, warum sie bei der Reaktion in Portionen genau gleicher Größe zerfallen sollten. Die Folge wäre, daß an einer Stelle ein größerer Brocken des einen Elements neben einen kleinen des anderen gelagert wird, an anderer Stelle umgekehrt: Das Resultat kann weder homogen noch stabil sein.[29]

Wie wir gesehen haben, sind es für Wilhelm von Conches allein die kleinsten Bausteine, die mit Qualitäten ausgestatteten Elementarteilchen, die das Naturgeschehen bestimmen; nach der dominierenden Teilchensorte richtet sich die Grundnatur eines Lebewesens: Der Löwe z. B. ist ein cholerisches Tier, weil er besonders viele Feuera-

---

26 Vgl. Philosophia I, 22 (Maurach [Anm. 6], S. 28); Dragmaticon I, 6, 6 (Ronca [Anm. 15], S. 25).

27 Dragmaticon I, 6, 7 (Ronca [Anm. 15], S. 25f.): *Ex his quatuor generibus particularum diversis coniunctionibus creavit Deus corpora* [...].

28 Dragmaticon I, 6, 11 (Ronca [Anm. 15], S. 27): *Quid autem aliud est corpus quam particulae simul iunctae?*

29 Das Problem hatte bereits Aristoteles in De gen. et corr. I, 10, 328a 5–12 erkannt. Als Gegner atomistischer Konzeptionen mußte er daher die Erklärung der Mischung als rein physikalische Zusammensetzung verwerfen und sich für eine substantielle Verwandlung aussprechen, bei der die gemischten Stoffe nicht mehr aktuell im Mixtum vorhanden sind.

tome enthält.[30] Genau bestimmt wird die Beschaffenheit jedoch erst durch den jeweiligen Anteil aller Teilchensorten. Um ein Beispiel aus der unbelebten Natur anzuführen: Die Luft wird durch ein hohen Anteil von Wasser- oder Erdatomen dichter, durch viele Feueratome dünner.[31] Das Wachstum der Pflanzen erklärt Wilhelm aus der Wirkung aller vier Elemente: Das Wachstum nach oben geht auf die Feueratome zurück, das Breitenwachstum auf Wasser- und Luftteilchen, die Festigkeit und Verbindung mit der Erde auf die Erdatome – wobei natürlich in einer Pflanze die Erdteilchen dominieren.[32] Eine ganz ähnliche Erklärung des Pflanzenwachstums hatte im übrigen einige Jahre zuvor der Engländer Adelard von Bath präsentiert, der sich in vieler Hinsicht als Geistesverwandter Wilhelms erweist, vor allem im Streben nach streng rationaler Naturerklärung aus der Beschaffenheit der Grundstoffe und im Bekenntnis zur Atomstruktur der Welt.[33]

Im 6. Buch des 'Dragmaticon' äußert sich Wilhelm von Conches grundsätzlich zu den Faktoren, welche die Natur eines Körpers bestimmen. Es sind deren zwei: Die Grundbeschaffenheit richtet sich nach der Zahl der Teilchen, die er von den einzelnen Elementen enthält, d. h. nach dem exakten Mischungsverhältnis der Elemente; eine Pflanze wird daher, da in ihr die Erdatome dominieren, immer ein erdartiger Körper sein. Als zweiter Faktor tritt die Steigerung oder die Abschwächung einzelner Qualitäten hinzu: So kann einer Pflanze, obwohl die dominierenden Erdatome 'kalt' und 'trocken' sind, doch die Qualität 'warm' zugesprochen werden, wenn die Wärme in ihr gesteigert, die Kälte abgeschwächt ist.[34] Wilhelm macht in dieser Hinsicht eine Konzession an die medizinische Lehre von den Graden, die für jede Qualität vier Gradstufen annimmt und so etwa eine Pflanze als – relativ gesehen – 'warm' einstuft.

Wenn man das Natursystem des Wilhelm von Conches zusammenfassend bewerten will, so ist vor allem die ebenso einfache wie ingeniöse Verbindung von Atomtheorie und Elementenlehre hervorzuheben. Mit Hilfe des Atomgedankens kann er die reinen Elemente nicht als abstrakte Prinzipien, sondern als konkrete physikalische Agentien

30 Philosophia I, 42 (Maurach [Anm. 6], S. 38): [...] *si* [...] *plus abundaverit ignis, colerica nata sunt ut leo.* Ähnlich Dragmaticon III, 4, 3 (Ronca [Anm. 15], S. 66).

31 Vgl. dazu etwa Dragmaticon III, 3, 1 (Ronca [Anm. 15], S. 63) über den Zustand von Luft- und Feuersphäre vor der Entstehung der Sterne: *Aer vero et ignis spissiores quam modo sint; quae spissitudo ex particulis terrae et aquae, quae illis inerant, proveniebat.*

32 Dragmaticon VI, 6, 7 (Ronca [Anm. 15], S. 201): *quod enim adhaerent* [sc. *herbae et arbores*], *terrae est; quod in altum crescunt, ignis; quod dilatantur et spissantur, aquae et aeris.*

33 Vgl. Adelard von Bath: Quaestiones naturales, c. 1 (Hrsg. von Charles Burnett: Adelard of Bath. Conversations with his Nephew. Cambridge 1998 [Cambridge Medieval Classics 9]. S. 81–235, hier S. 92). – Zur Naturauffassung und Atomlehre Adelards vgl. Pabst [Anm. 3], S. 98–106.

34 Dragmaticon VI, 6, 9-10 (Ronca [Anm. 15], S. 202): *Physici in corporibus tria considerant: numerum particularum quas ex singulis elementis contrahunt, intensiones qualitatum, remissiones earum. Et a numero particularum nomen materiale corporibus attribuunt, sed a qualitate intensa unum de his quatuor nominibus: calidum, frigidum, humidum, siccum. Omnis igitur herba vel arbor plures partes habet e terra quam ab alio elemento, unde terreum corpus dicitur. Quaedam tamen habet calorem intensum et frigus remissum: ista calida dicitur* [...].

fassen: als unteilbare Teilchen, die durch Mischung und Aneinanderlagerung alle Körper aufbauen. Der Begriff der Elemente dient ihm andererseits dazu, die Schwächen der klassischen Atomlehre zu vermeiden: Es gibt nicht wie bei Demokrit und Epikur unendlich viele Atomformen, die sich nach den Gesetzen des Zufalls miteinander verbinden; vielmehr existieren lediglich vier verschiedene Sorten von Atomen, wobei jedem Element eine spezifische Sorte von Teilchen zugeordnet ist, welche die für das betreffende Element charakteristischen chemischen Eigenschaften, speziell die Primärqualitäten, besitzen. Sieht man einmal von der heute höheren Zahl der Elemente ab, stimmt Wilhelms These weitgehend mit der Position der modernen Chemie seit John Dalton überein.

Die durch Wilhelm von Conches begründete Lehre von den qualitativ bestimmten Elementaratomen hatte im 12. und frühen 13. Jahrhundert beträchtlichen Erfolg und fand eine ganze Reihe bedeutender Anhänger, darunter auch einen so bekannten Mann wie Abaelard.[35] Eine gewisse Verfeinerung der Theorie wurde durch Urso von Salerno vorgenommen. Dieser unterteilte jedes Element in drei Unterarten, welche die betreffenden Qualitäten in unterschiedlicher Intensität aufweisen. Jeder dieser Unterarten ordnete er wieder eine spezifische Teilchensorte zu, so daß sich insgesamt zwölf Arten von Elementarteilchen ergeben.[36]

Die Lehre von den qualitativ bestimmten Elementarteilchen bildet jedoch nur einen der Wege zur Verbindung von Atomistik und Elementenlehre, die im 12. Jahrhundert erstmals beschritten wurden. Daneben findet man noch eine ganz anders geartete Lösung, die sich noch stärker von den traditionellen Vorstellungen freimacht. Ich will sie einmal als die dynamisch-mechanistische Theorie bezeichnen. Der Hauptvertreter dieser Richtung ist uns leider nicht einmal namentlich bekannt. Wir kennen von ihm nur einen unvollständig erhaltenen Traktat aus der zweiten Hälfte des 12. Jahrhunderts, der nach seinem zentralen Thema als ‘De elementis’ betitelt wird.[37] Entscheidende Anstöße empfing der Anonymus jedoch von einem berühmten Vertreter der Schule von Chartres: nämlich Thierry von Chartres und dessen Traktat ‘De sex dierum operibus’,

---

35 Zu den Ansichten Abaelards vgl. Pabst [Anm. 3], S. 151–158; weitere Vertreter der Lehre von den qualitativ bestimmten Elementarteilchen werden dort S. 133–141, 158–166, 195–202, 241–255 u. 306–316 vorgestellt.

36 Vgl. Urso von Salerno: De commixtionibus elementorum libellus. Hrsg. von Wolfgang Stürner. Stuttgart 1976 (Stuttgarter Beiträge zur Geschichte und Politik 7 – Edition). – Eine ausführliche Analyse der relevanten Stellen findet sich bei Pabst [Anm. 3], S. 202–210.

37 Eine kritische Ausgabe der zentralen Passagen von ‘De elementis’ findet sich bei Pabst [Anm. 3], S. 332–340. – Der Gesamttext ist im Moment nur in einer sehr unzuverlässigen Transkription der einzigen Handschrift zugänglich, die eine große Zahl von sinnentstellenden Lesefehlern (etwa durchgehend *minus* für *inde*) aufweist. Vgl. Richard C. Dales: Anonymi De elementis. From a Twelfth-Century Collection of Scientific Works in British Museum MS Cotton Galba E. IV. In: Isis 56 (1965). S. 174–189. – Eine neue Gesamtausgabe wird gegenwärtig von mir für den Druck vorbereitet. Eine ausführliche Analyse der präsentierten Atomtheorie bietet bereits Pabst [Anm. 3], S. 175–192.

entstanden zwischen 1130 und 1150.[38]

Ausgangspunkt war die in der Antike und im Mittelalter weithin akzeptierte Lehre von der Umwandlung der Elemente ineinander, dergemäß sich z. B. Wasser bei Erhitzung in Luft verwandeln kann. Thierry kam nun bei seinen Überlegungen zu dem Ergebnis, daß eine solche Umwandlung der Elemente kaum zu erklären ist, wenn die Atome von Wasser und Luft – wie in der Lehre Wilhelms von Conches – ganz unterschiedliche Qualitäten und sogar verschiedene Schwere aufweisen.[39] Also müssen die Atome bei allen vier Elementen gleichartig sein.[40] Der Unterschied zwischen den Elementen resultiert einzig und allein aus dem verschieden starken Zusammenhalt und der verschieden großen Beweglichkeit der einzelnen Atome. Von der Erde bis zum Feuer nimmt der Zusammenhalt der Atome stufenweise ab und die Beweglichkeit wird immer stärker.[41] Thierry sieht also in den Elementen nichts anderes als vier verschiedene Aggregatzustände einer einheitlichen, atomar gegliederten Materie.

Dies sind die Anregungen, die der anonyme Verfasser von 'De elementis' von seinem Vorgänger erhielt. Er geht jedoch weit über diese Ansätze hinaus und entwickelt sie zu einer der gedanklich geschlossensten und selbständigsten physikalischen Theorien des Mittelalters. Von besonderem Interesse für uns ist, daß diese Theorie auf einem völlig neuartigen Naturverständnis beruht. Bezeichnenderweise beginnt das zentrale Kapitel des Werkes mit einer Definition der Natur: *Phisis proprie est principium motus ex se et non secundum accidens* ('Natur im eigentlichen Sinne ist ein Urgrund der Bewegung aus sich heraus und nicht gemäß einer akzidentellen Bestimmung')[42]. Der Kundige wird sofort die Herkunft dieses Satzes erkennen: Er stammt aus dem 2. Buch der aristotelischen 'Physik', die seit etwa 1150 auch in mehreren lateinischen Übersetzungen zugänglich war.[43] Im Originalkontext dient diese Definition dazu, das, was von

38 De sex dierum operibus (Hrsg. von Nikolaus M. Häring: Commentaries on Boethius by Thierry of Chartres and his School. Toronto 1971. S. 553–575). – Für detailliertere Analysen der enthaltenen Korpuskulartheorie vgl. Pabst [Anm. 3], S. 167–173 und Edouard Jeauneau: Note sur l' Ecole de Chartres. In: Studi Medievali, 3ª serie 5 (1964). S. 821–865, bes. S. 825.

39 Vgl. etwa die Ausführungen zu den Ursachen für die Schwere und Festigkeit der Erde in De sex dierum operibus c. 18 (Häring [Anm. 38], S. 563): *Quod vero terra talis est non contingit hoc ex natura particularum ex quibus ipsa constat quia tunc non possent transire in levia i. e. in aera vel ignem. Quod tamen manifestum est. Particule enim elementorum in se invicem transeunt.*

40 So auch die Deutung von Peter Dronke: Thierry of Chartres. In: Ders. (Hg.): A History of Twelfth-Century Western Philosophy. Cambridge u. a. 1988. S. 358–385, hier S. 378: „The elements [...] consist of particles of the same kind [...]".

41 In De sex dierum operibus c. 21 (Häring [Anm. 38], S. 564) heißt es von den beiden oberen Elementen: *At agilitas eorum et levitas ut diximus ex motu est quia per singulas partes moventur et non tenaciter sibi partes adherent.*

42 De elementis II, 1 (Pabst [Anm. 37], S. 332).

43 Arist. phys. II, 1, 192b 21–23. Die Formulierung stimmt weder mit der Translatio Vaticana. (Hrsg. von Augustinus Mansion. Bruges, Paris 1957 [Aristoteles Latinus VII 2]. [Neudruck Leiden, New York 1990], hier S. 23) noch mit der Translatio vetus (Hrsg. von Fernand Boissier u. Jozef Brams. Leiden, New York 1990 [Aristoteles Latinus VII 1], hier S. 43) exakt überein.

Natur aus besteht, von dem zu unterscheiden, was andere, nicht-natürliche Ursachen hat. Naturbeschaffenheit heißt, so will Aristoteles hervorheben, daß etwas in sich die Disposition zur Bewegung hat – wobei 'Bewegung' im aristotelischen Sinne neben der Ortsbewegung auch die Veränderung von Eigenschaften sowie Wachstum und Schwinden bedeutet.

Der anonyme Verfasser von 'De elementis' verwendet die Definition jedoch in einem ganz anderen Sinne; er benutzt sie als stützende Autorität für seine eigene Theorie, in der es nur einen einzigen bestimmenden Faktor in der Natur gibt: die Bewegungsenergie von Atomen. Bei der Weltentstehung führt die vom Schöpfer an die atomar strukturierte Materie vermittelte Bewegungsenergie zur Ausbildung der vier Elemente[44] – und aus diesen entstehen dann die zusammengesetzten Körper. Die Elemente definieren sich dabei ausschließlich über die spezifische Intensität der Eigenbewegung ihrer Atome – oder um es etwas modernisiert zu formulieren: In jedem Element haben die Atome eine ganz spezifische kinetische Energie. Beim Feuer befinden sich die einzelnen Atome in einer rasend schnellen Vibrations- oder Wirbelbewegung völlig unabhängig voneinander[45], bei der Erde dagegen gibt es keine Bewegung der Teilchen in Relation zueinander.[46] Wasser und Luft bilden hinsichtlich der Eigenbewegung der Atome Zwischenstufen zwischen den zwei äußeren Elementen. Die Elemente erfüllen damit als einzige die aristotelische Definition der Natur, sie sind die Träger des gesamten Naturgeschehens. Sie haben, so betont der Autor, in sich den Urgrund der Bewegung[47], nämlich die spezifische Bewegungsenergie ihrer Atome; alle anderen Substanzen – das ist darin impliziert – entstehen nur sekundär aus den Elementen, ihre Beschaffenheit ist aus der Natur der vier Grundstoffe abgeleitet.

Das Revolutionäre ist nun, daß es dem Autor gelingt, alle Eigenschaften eines Elements auf diesen einen quantitativen Faktor zurückzuführen: auf das charakteristische Maß der Eigenbewegung der Atome. Dies gilt auch für die Primärqualitäten der traditionellen Elementenlehre. Wie gezeigt, hafteten für Wilhelm von Conches die Qualitäten 'warm'–'kalt', 'trocken'–'feucht' den Atomen selbst an und bildeten daher ebenso bedeutende Faktoren des Naturgeschehens wie die kleinsten Teilchen. Für den Verfasser von 'De elementis' ist dies eine naive Vorstellung[48]: Die sinnlich erfahrbaren Qua-

---

44 Vgl. vor allem De elementis II, 4 (Pabst [Anm. 37], S. 332): *Motus autem veniens ab artifice in materiam statim in principio fecit duo extrema et contraria elementa, ignem et terram* [...]. *Itaque per motum facta sunt elementa* [...].

45 De elementis III, 3 (Pabst [Anm. 37], S. 333): *Mobilis est, quia usque ad simplicissimas partes, id est attomos, totus est in motu et singule eius particule per se moventur.*

46 De elementis III, 17 (Pabst [Anm. 37], S. 336): *(terra)* [...] *non movetur per partes, sed una alii adheret nec sine se moveri possunt.*

47 De elementis II, 6 (Pabst [Anm. 37], S. 332): *Sed elementa proprie dicuntur que ex se principium motus, non ex materia nec ex alio habent.*

48 Man vgl. den Seitenhieb in De elementis III, 10 (Pabst [Anm. 37], S. 335) auf die *rudes phisici qui dicunt in igne vel in aliquo alio elementorum esse aquam et omnia elementa.* Dies entspricht der Lehre Wilhelms von Conches, daß der sichtbare Stoff Feuer Beimischungen von qualitativ

litäten sind nur sekundäre Erscheinungen, die ihre Ursache in dem einzigen Charakteristikum der Atome, nämlich ihrer Bewegung haben.

Als Beispiele will ich hier die Erklärung der Qualitäten 'warm' und 'trocken' vorstellen. Bei der Erläuterung der Wärmewirkung des Feuers zeigt sich besonders klar die Stringenz des Denkansatzes: Aufgrund ihrer hohen Bewegungsenergie dringen die Atome des Feuers in einen festen Körper ein, stoßen mit dessen Atomen zusammen, lockern die Verbindungen zwischen ihnen und verleihen durch die Zusammenstöße den einzelnen Atomen des festen Stoffes eine mehr oder weniger starke Eigenbewegung.[49] So wird der Stoff flüssig oder sogar gasförmig. – Die Qualität 'trocken' ist ja bekanntlich eine gemeinsame Eigenschaft der beiden äußeren Elemente Feuer und Erde. Der Anonymus führt diese Qualität auf den Effekt des Abtrocknens zurück. Dies bedeutet nach seiner Lehre, daß ein flüssiger Stoff durch Veränderung der Eigenbewegung der Atome in ein anderes Element verwandelt wird – wir würden sagen: in einen anderen Aggregatzustand übergeht. Im einzelnen geht der Effekt des Abtrocknens bei Feuer und Erde auf ganz unterschiedliche Weise vonstatten. Beim Feuer verläuft der Vorgang analog zur Wärmewirkung: Die heftig bewegten Atome des Feuers dringen in die Flüssigkeit ein, trennen deren Teilchen voneinander und verleihen ihnen durch die Zusammenstöße so große Eigenbewegung, daß der Stoff in gasförmigen oder feurigen Zustand übergeht – die Flüssigkeit also vollständig verdunstet.[50] Bemerkenswert ist in diesem Zusammenhang das Interesse des Autors für meteorologische Phänomene: Wenn die heftig bewegten Teilchen auf eine große Wassermenge einwirken, so reicht ihre Energie zunächst nicht aus, um alle Wasseratome voneinander zu trennen und so in gasförmigen Zustand zu verwandeln. Daher steigt das Wasser zunächst in Form feiner Tröpfchen auf und bildet eine Wolke. Im Sommer, wenn die Wärme sehr groß ist, lösen sich die hohen Wolken schnell auf, da die heftige Bewegung der benachbarten Luft- oder Feueratome die einzelnen Wasserteilchen voneinander trennt und in gasförmigen Zustand versetzt. Wenn jedoch weniger Wärme vorhanden ist, verbinden sich die feinen Tröpfchen miteinander zu größeren Tropfen und fallen aufgrund ihrer Schwere als Regen auf die Erde.[51] – Bei der Erde verläuft der Effekt des Abtrocknens genau umge-

---

verschiedenen Teilchen der anderen Elemente enthält, wobei jedoch die Feuerteilchen dominieren.

49 De elementis III, 6 (Pabst [Anm. 37], S. 333): *Calidus est, quia per virtutem sui motus penetrat aliquam materiam aqueam vel terream et singulas eius particulas movet et dividit et ad modum sui unamquamque particulam moveri facit. Et inde fit combustio circa solida tantum, quia calor est virtus ignis divisiva solidorum.*

50 De elementis III, 13 (Pabst [Anm. 37], S. 335): *Ignis enim siccus est: penetrat aliquid sicut humorem et ex motu separat eius particulas et facit transire in aeream naturam vel igneam et ita desiccat aliquam materiam auferendo ei humorem quo humescit et per motum trahendo in suam vel aeris naturam, sicut si mense alicui superfundatur aqua et apponatur ignis, humor ille paulatim deficiet et mensa desiccabitur; tamen humor ille non adnichilatur, sed quia incumbit ex motu eius partes eius separantur et transit in aera.*

51 Vgl. De elementis III, 14–15 (Pabst [Anm. 37], S. 335).

kehrt wie beim Feuer. Die Erde ist ja bekanntlich dadurch charakterisiert, daß ihre Teilchen keinerlei Eigenbewegung aufweisen. Beim Zusammenprall der Atome eines flüssigen Stoffes mit denen der Erde werden die Teilchen der Flüssigkeit so weit abgebremst, daß sie sich nicht mehr relativ zueinander bewegen. Sie nehmen also starre Positionen zueinander ein, die Flüssigkeit erstarrt und verwandelt sich in einen festen, erdartigen Stoff.[52]

Diese Beispiele sollen genügen, um einen Eindruck davon zu vermitteln, wie konsequent der Autor seinen Lösungsansatz anwendet. Er präsentiert uns ein Natursystem, in dem die Veränderungen auf den Kontakt zwischen Atomen zurückgehen; dabei beeinflussen sich diese wechselseitig in ihren Bewegungen bzw. übertragen ihre Bewegungsenergie auf das andere Teilchen. Das grundlegend Neue ist die Erkenntnis, daß die Bewegungsintensität der einzelnen Teilchen die Eigenschaften eines Stoffes prägt, und daß Wärme nichts anderes ist als eine Form heftiger Teilchenbewegung; dagegen hatten etwa Demokrit und Epikur noch spezielle kleine und runde Atome zur Erklärung der Wärme benötigt. Besonders überzeugend wirkt das Erklärungsmodell des Anonymus dort, wo es um den Übergang zwischen den Aggregatzuständen geht – hier entspricht seine Lösung im wesentlichen jener der modernen Physik. Inwieweit er seinen Ansatz auch bei der Erklärung komplexerer Prozesse oder gar des tierischen oder menschlichen Lebens einbringen konnte, ist schwer zu sagen – der zweite Teil des Traktats ist nämlich vollständig verloren.

Generell stoßen alle hier vorgestellten Theorien des 12. Jahrhunderts an ihre Grenze, wenn es um die Erklärung sehr komplexer natürlicher Vorgänge geht: Das Wachstum einer Pflanze aus den physikalischen Eigenschaften der vier Elemente oder gar die Entstehung des Löwen aus dem Vorherrschen der Feuerteilchen in diesem Bereich der Ursuppe herzuleiten, erscheint uns heute als sehr naive Lösung. Man kann deshalb sogar einiges Verständnis dafür aufbringen, daß man sich im 13. Jahrhundert von diesen Denkmodellen ab- und dem aristotelischen Hylemorphismus zuwandte. Mit den substantiellen Formen des Aristoteles gewann man ein ontologisch-teleologisches Prinzip, das die scheinbare Zielgerichtetheit natürlicher Prozesse erklärte – etwa das Wachstum der Pflanze als Streben hin zur Verwirklichung der entsprechenden Wesensform. Nichtsdestoweniger muß man den Rationalismus der Naturphilosophen des 12. Jahrhunderts bewundern – den Versuch, Vorgänge der Körperwelt ausschließlich aus den in den Grundstoffen vorhandenen Kräften herzuleiten: Die kleinsten Bausteine, die als Atome verstandenen Elemente, bestimmen mit ihren Eigenschaften, Bewegungen und Interaktionen sämtliche Vorgänge der Natur. Die betreffenden Denker eröffneten damit nicht nur der mittelalterlichen Reflexion über die Natur und ihre gestaltenden Kräfte neue Wege – sie betraten zum Teil auch schon Bahnen, die sich nach Jahrhunderten für die moderne Wissenschaft als gangbar erwiesen.

---

52 De elementis III, 27 (Pabst [Anm. 37], S. 337): *Ignis aliter dicitur siccus, quia desiccat; terra, quod desiccat per constrictionem. Ignis desiccat consumendo et dividendo humorem, terra vero constringendo et per partes coadunando, quia eius proprium est constringere.*

WENDELIN KNOCH

Gesegnete Schöpfung – von Sünde gezeichnete Welt: Beobachtungen zum biblischen Hintergrund scholastischer Deutung von Naturerfahrungen

I

Das Thema ergreift in einer lebhaften Diskussion mit vielschichtigen, auch ethischen Implikationen eindeutig Partei. Noch zu Beginn der Neuzeit hatte nämlich auch die naturwissenschaftliche Betrachtung der Welt aus einer selbstverständlichen Verankerung im Schöpfungsglauben gelebt. So stellte z.B. Johannes Kepler (1571–1630)[1] fest: 'Die Geometrie, vor der Entstehung der Dinge von Ewigkeit her zum göttlichen Geist gehörig, [...] hat Gott die Vorbilder für die Erschaffung der Welt geliefert, und mit dem Bild Gottes ist sie in den Menschen übergegangen'[2]. Daß sich hier aktuell ein radikaler Umbruch vollzogen hat, ist unübersehbar. Tatsächlich scheint „die Welt der neuzeitlichen Technik [...] jede Transparenz für ein jenseits ihrer selbst liegendes Geheimnis verloren zu haben; sie hat aufgehört, sich als Schöpfung Gottes zu verstehen"[3]. Aber auch im Horizont der Geisteswissenschaften markieren Extrempositionen einen grundsätzlichen Widerspruch; dabei stimmen sie in der Überzeugung überein, um der Welt bzw. der Natur oder aber der Freiheit des Menschen willen sei das christliche Bekenntnis zu Schöpfer und (Welt-Menschen-)Schöpfung grundsätzlich zu verwerfen. Haben

1 Zu Kepler und seiner „Suche nach der göttlichen Weltharmonie" vgl. F. Graf-Stuhlhofer: Naturforscher und die Frage nach Gott. Berneck 1988. S. 121–126.

2 Zit. nach E. Scheibe: Gibt es eine Annäherung der Naturwissenschaften an die Geisteswissenschaften? In: Universitas 42 (1987). S. 5–18, hier S. 10.

3 Christian Link: Die Transparenz der Natur für das Geheimnis der Schöpfung. In: G. Altner (Hg.): Ökologische Theologie. Stuttgart 1989. S. 166–195, hier S. 193.

Autoren wie Carl AMERY[4] oder Dennis L. MEADOWS[5] bis hin zu Eugen DREWERMANN[6] die Aussagen des Buches Genesis (besonders Gen 1,26f.) zur gottgegebenen Herrschaft des Menschen über die Welt und die sich auf dieses biblische Fundament stützende christliche Begründung der Weltüberlegenheit des Menschen für die Umweltzerstörungen verantwortlich gemacht[7], so wird aktuell andererseits in radikaler Verabsolutierung der Freiheit des Menschen die unantastbare Schutzwürdigkeit des menschlichen Lebens um der Natur bzw. des Fortschrittes in der Naturerkenntnis willen weithin geleugnet.[8] Solchermaßen herausgefordert, wird eine theologisch begründete kritische Reflexion grundsätzlich auf einer präzisen Beschreibung von Natur (als Um- und Mitwelt des Menschen wie auch in den Dimensionen des Kosmos) und einer sorgfältig ausgeloteten Verhältnisbestimmung des Menschen zur Natur bestehen. Weder klärt nämlich die These vom Urknall die Frage nach dem Ursprung der Welt noch verleugnet die Evolution, daß – menschlichem Willen vorgängig – der Mensch sich mit der Natur nicht selbst erschafft.

Das alles Sein umgreifende Bekenntnis zur Schöpfung bestimmt das Miteinander von Mensch und Natur dahingehend, daß das Kultivieren und das Renaturieren als Aufgaben des Menschen zu benennen und seine Verpflichtungen zum Schutz der Natur, zur Fürsorge gegenüber der Kreatur sowie die Notwendigkeit einer Bewahrung der Schöpfung hervorzuheben sind. Gerade „die kritische Verletzlichkeit der Natur durch die technische Intervention des Menschen“[9] macht es deshalb um so dringlicher, das zu klären, was das Buch Genesis tatsächlich über das Verhältnis von Gott, Welt (Natur) und Mensch aussagt. Ist nämlich die bleibende Bedeutung dieser biblischen Aussagen erkannt, leuchtet zugleich die Aktualität des hier zu bedenkenden Themas unmittelbar ein: die Doppelgesichtigkeit scholastischer Interpretation von Naturerfahrungen in der Spannung von Last und Lust, theologisch gesprochen von Sünde und Gnade.

Die aktuelle konfessionsübergreifende Schriftauslegung stimmt darin überein, daß auch dort, wo der sogenannte erste Schöpfungsbericht von der Erschaffung und Beauftragung des Menschen redet, das Schlüsselwort der ‘göttliche Segen’ ist (Gen 1,22; 1,28; 2,3). Nachdem Gott bereits Wassertiere und Vögel ausdrücklich unter sein Segenswort gestellt und darin deren Begabung mit Lebenskraft zur Wahrung und Entfal-

---

4 Carl Amery: Das Ende der Vorsehung. Die gnadenlosen Folgen des Christentums. Reinbek bei Hamburg 1972.

5 Dennis L. Meadows u. a.: Wachstum bis zur Katastrophe? Pro und Contra zum Weltmodell. Hrsg. von Horst E. Richter. Stuttgart 1974.

6 Eugen Drewermann: Der tödliche Fortschritt: Von der Zerstörung der Erde und des Menschen im Erbe des Christentums. Regensburg 1981.

7 Vgl. Wendelin Knoch: Die Welt – Gottes gute Schöpfung? Die Ökologiekrise als Anfrage an die christliche Gotteslehre. In: Communio 20 (1991). S. 165–178, hier S. 167.

8 Siehe dazu die Diskussionen um die sogenannte aktive Sterbehilfe, Fötenexperimente, Klonen u.a.

9 Hans Jonas: Das Prinzip Verantwortung. Frankfurt a. M. 1979. S. 26.

tung ihrer Geschöpflichkeit[10] bezeugt hat, so ergeht nunmehr an die Menschen „der Auftrag zur Herrschaft über die Erde und die Tiere“[11]. Damit gibt dieser Text zu erkennen, daß die Natur mit Pflanzen und Tieren als Lebensraum für den Menschen geschaffen ist.[12] Im gestaltenden Umgang mit ihr soll der Mensch seine Gott-Ebenbildlichkeit einlösen.

Es entspricht also nach biblischem Zeugnis dem Willen Gottes, daß in der Welt nicht nur ihr gottgesetzter Anfang zum Ausdruck kommt, sondern auch das die Schöpfung in ihrem Anfang verändernde Eingreifen des Menschen, denn: „Die Idee einer unberührten Schöpfung (ist) allenfalls eine romantische, keinesfalls eine theologische Idee“[13]. Dieses Herrscherhandeln des Menschen kann allerdings nur insoweit Anerkennung der göttlichen Schöpfungsmächtigkeit sein, als es – geformt durch die dem Menschen eigene Freiheit – in Verantwortung gegenüber der Schöpfung geschieht, die Erfüllung des an den Menschen ergangenen göttlichen Herrscherauftrags also der Welt zum Segen wird. Die unbestreitbaren Gewaltkonnotationen, die mit der biblischen Benennung der Herrschaft des Menschen (‘füllt die Erde und unterwerft sie euch’ [Gen 1,28]) verbunden sind, werden jeder Willkür und Grenzenlosigkeit entkleidet. Heißt es zunächst (Gen 1,22): ‘Und es segnete sie [die Tiere des Wassers und das Fluggetier] Gott folgendermaßen: Seid fruchtbar und werdet zahlreich und füllt die Wasser in den Meeren, und das Fluggetier soll zahlreich werden auf der Erde’, so heißt es über die Erschaffung des ersten Menschenpaares (Gen 1,26–28): ‘Und Gott sprach: Laßt uns Menschen machen als unser Bild, uns ähnlich! Und sie sollen herrschen über die Fische des Meeres und über die Vögel des Himmels und über das Vieh und über alle Tiere der Erde und über jeden Wurm, der auf der Erde kriecht! Und Gott schuf den Menschen als sein Bild, als Bild Gottes schuf er ihn, männlich und weiblich schuf er sie. Und Gott segnete sie, indem er zu ihnen sprach: Seid fruchtbar und werdet zahlreich und füllt die Erde und unterwerft sie euch! Und herrscht über die Fische des Meeres und über die Vögel des Himmels und über alles Lebendige, das sich auf der Erde regt!’ Damit wird deutlich: Die Herrschaft des Menschen ist gleichsam Auslegung, d.h. authentischer Kommentar und Realisierung der Erschaffung des Menschen als Mann und Frau zum Bilde Gottes. Gott befähigt den Menschen, „dem Auftrag zu entsprechen, und innerhalb der von Gott gesetzten, heilvollen Grenzen zu erfüllen und sich dabei an seinen Weisungen zu orientieren. Mit dem Schöpfungssegen eröffnet Gott den Menschen den Spielraum zur Bestätigung ihrer Geschöpflichkeit, teilt ihnen die Begabung mit, die sie brauchen, um ihr spezifisches geschöpfliches Wesen zur Entfaltung zu bringen, gründet

---

10 Vgl. Magdalene L. Frettlöh: Theologie des Segens, biblische und dogmatische Wahrnehmungen. Gütersloh 1998. S. 354.

11 Frettlöh [Anm. 10], S. 359.

12 Vgl. hierzu Felix Gradl: Alttestamentlicher Schöpfungsglaube und seine Konsequenz für die Beziehung zwischen Mensch und Natur. In: Franziskanische Studien 71 (1989). S. 42–57.

13 Gisbert Greshake: Gott in allen Dingen finden. Schöpfung und Gotteserfahrung. Freiburg 1986. S. 48.

ihr durch Arbeit vermitteltes Weltverhältnis und schenkt ihnen darin Freiheit zur Geschichte. Bild Gottes zu sein ist ebenso Ursprungs- wie Zielbestimmung des Menschen [...]. Mit dem Schöpfungssegen entläßt Gott die Menschen in die Eigenständigkeit und begleitet sie zugleich darin; mit dem Schöpfungssegen schenkt er ihnen Freiheit, deren Bewahrung und Bewährung aber an die Wahrnehmung von Grenzen gebunden bleibt; mit dem Schöpfungssegen ermächtigt er sie dazu, das zu werden, was sie schon sind: Bilder Gottes. [...] Mit dem Segen verabschiedet sich Gott nicht aus der Schöpfung, sondern wirkt – zielgerichtet auf ihre Vollendung hin – erhaltend an und in ihr weiter"[14].

Daran ändert auch der Sündenfall mit der diesem folgenden Vertreibung aus dem Paradies sowie die Sintflut nichts. Der wiederholte Schöpfungssegen erweitert (Gen 9,1ff.) sogar den Herrschaftsbereich des Menschen, indem diesem ein Töten der Tiere zur Nahrung (nicht in Willkür!) zugestanden wird; zugleich aber schließt er eine Gewaltherrschaft des Menschen über andere Menschen aus.[15]

II

„Das mittelalterliche Naturverständnis knüpft [...] an antike Traditionen an, unterscheidet sich aber von diesen generell dadurch, daß die Natur ihren Ursprung nicht in sich, sondern in dem Schöpfergott hat. Diese Spannung bestimmt die unterschiedlichen Verständnisweisen von Natur, gleich ob diese stärker das Ursprungsverhältnis oder die Autonomie der Natur betonen, eher symbolisch oder begrifflich-spekulativ argumentieren"[16]. Fokussiert auf die Aussagen der biblischen Schöpfungsberichte im Buch Genesis wird der göttliche Schöpfungsakt zum einen als eine *creatio ex nihilo* in den Blick genommen, zum anderen die so geschaffene Natur in ihrer doppelten Relationalität gewichtet, und zwar hin zu Gott als dem Creator und zum Menschen. Damit gewinnt der Naturbegriff feste Konturen. Auf dieser Wahrnehmungsebene ist nämlich festzumachen, „daß die Natur (*natura, physis*) [...] das umfaßt, was entstanden ist und entsteht (*nasci*), und sich sowohl auf den Kosmos als ganzen als auch auf die Geschaffenheit der natürlichen Einzeldinge bezieht"[17]. Diese Natur ist „um des Menschen willen geschaffen". Die Relationalität der Natur zum Menschen ist gottgewollt. Das göttliche Schöpfungsmotiv, die Liebe, begründet, daß der Mensch von Anfang an in der Natur die Spuren des trinitarischen Schöpfergottes erkennen kann.

Ein anderer Natur-Begriff liegt dort vor, wo im Nachdenken über sich selbst der Mensch, der von Gott her einen herrscherlichen Zugriff auf die Natur hat, in seiner Relationalität zu Gott seine eigene 'Natur' thematisiert. – Unbeschadet der notwendigen

---

14 Frettlöh [Anm. 10], S. 363.

15 Vgl. Frettlöh [Anm. 10], S. 365.

16 Andreas Speer: Natur. In: Lexikon des Mittelalters. Bd. 6 (1993). Sp. 1040–1043, hier Sp. 1040.

17 Speer [Anm. 16], Sp. 1040.

Unterscheidung der Natur-Begriffe nötigt die Eigengewichtigkeit beider dazu, den sogenannten Sündenfall (Gen 3) als einschneidend-veränderndes Ereignis auch in diese theologische Reflexion einzubeziehen. Die Ursprungssünde bewirkt nämlich beim Menschen eine *natura corrupta*; überdies ist als Folge dieser Sünde die *natura* aus ihrer schöpfungsgemäßen Dienstfunktion gegenüber dem Menschen herausgetreten. Er selbst muß nun – nach der Vertreibung aus dem Paradies – Hand anlegen 'im Schweiße seines Angesichts' (Gen 3,19), d. h. diese Natur ist ihm zur Last und Bedrohung geworden.

Im Folgenden sei unter dem Aspekt der Schöpfung wie auch der Ursünde das Augenmerk vor allem auf die Natur gelenkt, wie sie die Bibel in der Schilderung des Hexaemeron vorstellt: in jenem bereits genannten Schöpfungsbericht, der den göttlichen Schöpfungsakt als mit der Erschaffung des Menschen gekrönt und abgeschlossen vorstellt. Diese Einschränkung unseres Untersuchungsgegenstandes gilt es zu beachten. Auch die scholastische Theologie hat nämlich den Natur-Begriff als solchen zum Objekt detaillierter Reflexionen gemacht.[18] Dabei führt der Weg von Augustinus ('Alles Geschaffene ist gut; und das Böse ist als *privatio boni* zu verstehen') über Boethius hin zur Hochscholastik.[19] Für die frühscholastischen Magistri ist hier, dem neuplatonisch-augustinischen Erbe verpflichtet, vor allem Johannes Scotus Eriugena eine gewichtige Autorität. Im Rückgriff auf Dionysius Areopagita hat er 'Natur' dahingehend verstanden, daß sie „Selbstwerdung Gottes und Theophanie (De div. nat. 1,54) (ist), in der sich der Übergang von der unaussprechlichen Einheit zur sinnlichen Vielfalt wie ein Erscheinen Gottes darstellt. Gott wird jedoch nicht zur Natur, er wird vielmehr das in dieser wirksame, in jeder Erscheinung (*apparitio*) und in jedem Werden sich zeigende kreative Prinzip von Natur"[20]. Dieser Theologe denkt somit „den Weltprozeß neuplatonisch als Entfaltung des trinitarischen Gottes in die Vielheit und als durch das fleischgewordene Wort vermittelte Rückkehr aller sinnlichen Kreaturen zu Gott. Gott ist der entzogen-gegenwärtige Grund alles Seienden"[21].

Die Tatsache, daß „das kulturtragende abendländische Mönchtum religiös-kontemplativen, metaphysisch-theologischen und wissenschaftlich-technischen Naturzugang (vereinte)"[22], läßt leicht übersehen, welchen „Sitz im Leben" das Nachdenken über die Natur in der Epoche der Frühscholastik gehabt hat. Da ist zum ersten die persönliche Betroffenheit des Gläubigen zu nennen. Ihm „zeigt sich Gott in allen Menschen und allen Dingen der Welt. Sie werden transparent auf Gott hin, der für die ihn liebende Seele alles geworden ist. Dem Menschen, in dem Gott wohnt, enthüllt sich, wie insbe-

18 Vgl. Speer [Anm. 16], Sp. 1041–1043.

19 Hier tritt dann der symbolisch-spekulativen Interpretation der Natur, die – Augustinus folgend – als „Werkzeug der Offenbarung Gottes" Gottes Wille (als ihr Wesen) enthüllt, „zunehmend ein physisch-physikalischer Begriff von Natur" zur Seite, „Bedingung für eine rationale Naturerkenntnis". Speer [Anm. 16], Sp. 1041.

20 Speer [Anm. 16], Sp. 1041.

21 Hans Kessler: Schöpfung, IV. Theologie- und dogmengeschichtlich, 2. Mittelalter. In: Lexikon für Theologie und Kirche. Bd. 9 (^{3}2000). S. 226–228, hier S. 226.

22 Kessler [Anm. 21], S. 226.

sondere Hugo von St. Victor erschließt, in der Natur die Schönheit und Gutheit der Welt sowie die Transparenz Gottes, denn das Auge dieses Menschen wird nicht durch den äußeren Glanz der Welt geblendet. Er vermag vielmehr die Welt in ihrem Zusammenhang, in ihrem Seinsgrund und in ihrer Stellung im Ganzen der gegenwärtigen Heils- und Unheilsordnung zu deuten und zu erfahren“[23]. – Zum zweiten sind – wie die im Folgenden exem-plarisch zitierten und kommentierten Äußerungen einzelner Magistri dieser Epoche ausweisen – auch die Aussagen über die Natur weithin dem Schulunterricht zuzurechnen, was ihre inhaltliche Ausgestaltung bedingt. Im Blick auf die Schöpfung werden hier neben Feststellungen zur Christologie (insbesondere zur Inkarnation) und zur Eschatologie (Vollendung der Natur, der Welt bzw. des Kosmos) vor allem das Ehesakrament ausgelotet[24] und zudem pneumatologische Akzente gesetzt (der Hl. Geist als ‘Weltseele’).

Des weiteren bildet schließlich das gesamte Lebensumfeld den Hintergrund der theologischen Erörterung. Nicht nur der ländliche Bereich, auch das Leben im städtischen Kulturkreis kannte sehr gespaltene Naturerfahrungen: „Die Natur wird erlebt als eine dem Menschen feindliche, als eine ihm gleichgültige und dann auch wieder hilfreiche Macht. Sie gewährt dem Menschen nur widerwillig seinen Lebensraum und entreißt ihm ihn wieder, wenn er nicht um ihn kämpft. [...] Wald ist gleichbedeutend mit Wildnis. Luft, Wasser, Erde und Feuer in der Gestalt des Klimas und der zerstörenden Stürme, des Frostes und der Überschwemmungen, des Erdbebens und der Brände suchen den Menschen heim, und dies wortwörtlich: sie bringen ihm den Tod. [...] Die Menschen erfahren, daß die Natur sich nicht um sie ‘kümmert’: als Erde, als Bergwelt oder als Meer ist die Natur lange vor dem Menschen da und sie wird das im Vergleich zu ihrer Lebensdauer knapp bemessene Menschenleben überdauern. [...] Andererseits bietet die Natur ihren Reichtum den Menschen an“. Die Natur zeigt stets zwei Gesichter: „Sonne und Regen lassen die Saat, aber auch das Unkraut gedeihen: was wächst, kann nützen, kann aber auch wie das tollwütige Tier oder der stürzende Baum bedrohlich werden. Hinzu kommt die Gespaltenheit, die der Mensch in seiner eigenen Natur erlebt. Kräfte sind in die Hand des Menschen gelegt zum Heilen oder auch Vergiften, zur Abtreibung und zur Lebensstärkung geeignet. Der Mensch muß auswählen, den Gebrauch bestimmen und um den möglichen Mißbrauch wissen. Die Menschen erfahren an sich selbst die ihnen gegebene Macht zum Guten und zum Bösen und daß sie sich selbst mißbrauchen können“[25]. Vor diesem Hintergrund seien nun einige wichtige Stimmen aus der Epoche der Frühscholastik zu Gehör gebracht.

23 Heinz Robert Schlette: Die Nichtigkeit der Welt. Der philosophische Horizont des Hugo von St. Victor. München 1961. S. 109f.

24 Die Ehetraktate sind in dieser Epoche zum Teil sogar monographisch behandelt worden.

25 Norbert Brieskorn: Finsteres Mittelalter? Über das Lebensgefühl einer Epoche. Mainz 1991. S. 60.

Wilhelm von St. Thierry (ca.1075 – ca.1148/49)

Wilhelm, der seine Studien in Reims (nicht Laon) absolvierte, trat 1090 in den Benediktinerorden ein. Ab 1118 verband ihn eine enge Freundschaft mit Bernhard von Clairvaux, die auch dann noch fortbestand, als er 1121 zum Abt des alten Klosters von St. Thierry gewählt wurde, das im 5. Jahrhundert von dem hl. Remigius gegründet worden war. Erst nach dem Ende seiner Amtszeit konnte er sich (nach 1135) mit dem Eintritt in das Zisterzienserkloster von Signy seinen Lebenswunsch erfüllen.[26]

Wilhelm bringt dort, wo er von Schöpfung redet, vor allem das Verhältnis des Menschen zu Gott zur Geltung. Von der Schöpfung her sieht er die Identität des Menschen begründet: dessen Gott-Ebenbildlichkeit. Sie ermöglicht nicht nur eine naturhafte Gotteserkenntnis[27], sondern auch jenes enge Band, das die Liebe von Gott und Mensch umschlingt. Gottes und des Menschen Liebe korrespondieren unserer Liebe zu unserem Körper.[28] Das große Thema der Liebe, das Wilhelm seinen Mönchen wohl in den Kapitelkonferenzen nahebrachte, schließt für ihn nicht nur ein, daß diese der menschlichen Seele von dem Schöpfer naturhaft eingesetzt worden ist[29], sondern auch, daß bei der Schöpfung des Menschen seine Ähnlichkeit mit der Trinität gottgegeben ist.[30] Es ist der nämliche Gedanke, den z.B. auch Hugo von St. Victor nachdrücklich zur Geltung bringt: 'Die rationale Kreatur, Engel und Menschen, besitzt eine vollkommenere Ähnlichkeit mit Gott als die Dinge, die *foris*, draußen in der Welt sind. Sie ist vor der unvernünftigen Kreatur dadurch ausgezeichnet, daß sie *excellenter et proprie* als Gottes *similitudo* geschaffen ist, weshalb sie auch den Schöpfer, den sie nicht sieht, am leichtesten erkennt, wenn sie sich zu sich selbst wendet'[31].

---

26 Vgl. die Einführung von Hans Urs von Balthasar in: Wilhelm von St. Thierry: Der Spiegel des Glaubens. Hrsg. von Hans Urs von Balthasar. Einsiedeln 1981. S. 15–19.

27 'Weil der Mensch ein Abbild der höchsten Wahrheit und Güte ist, wird von jedermann die Wahrheit, auch wenn sie nicht klar erkannt wird, geliebt, und nur weil das Gute geglaubt oder begriffen wird, wird das Ewige und Unvergängliche geliebt'. Wilhelm von St. Thierry [Anm. 26], S. 77f. (Nr. 58).

28 Wilhelm verdeutlicht: 'Ist sie in ihm, so lebt er, ist sie es nicht, so ist er nicht besser als eine Leiche, die nichts mehr von dem fühlt, was gefühlt werden kann'. Wilhelm von St. Thierry [Anm. 26], S. 82 (Nr. 65).

29 Wilhelm von St. Thierry [Anm. 26], S. 128 (Nr. 1).

30 'Als der dreifaltige Gott den Menschen nach seinem Bilde schuf, formte er ihm eine gewisse Ähnlichkeit der Trinität, worin auch das Bild der schaffenden Dreifaltigkeit widerstrahlen und wodurch der neue Erdbewohner, im naturgemäßen Hinstreben des Abbildes zu seinem Urbild, seinem Urgrund, seinem Schöpfer-Gott unlöslich anhangen sollte, wenn er es nur wollte, damit nicht etwa diese untere geschaffene Trinität, von der bunt wechselnden Vielfalt der Geschöpfe gerückt, abgelenkt und zerstreut, von der allerhöchsten schaffenden Dreifaltigkeit abfiele'. Wilhelm von St. Thierry [Anm. 26], S. 131f. (Nr. 5).

31 Zit. nach Schlette [Anm. 23], S. 133.

Hugo von St. Victor (gest.1141)

Der Begründer der Schule von St. Victor in Paris macht im Blick auf die Schöpfung, dem *opus conditionis*, auf das Fundament aufmerksam, auf dem alle theologischen Überlegungen beruhen: die Heilige Schrift. Sie muß stets mit größter Sorgfalt ausgelegt werden. Hugo ist das, wie Bonaventura betont, vollendet gelungen. Bonaventura, der *Doctor Seraphicus*, schreibt dazu: 'In allen Büchern der Heiligen Schrift läßt sich neben dem buchstäblichen Sinn, den die Worte äußerlich kundgeben, dreifacher geistiger Sinn erfassen: der allegorische, der uns lehrt, was über die Gottheit und die Menschheit zu glauben ist; der moralische, der uns lehrt, wie wir leben sollen; und der anagogische, der uns lehrt, wie wir Gott anhangen müssen. Daher lehrt die ganze Heilige Schrift diese drei Dinge: 1. die ewige Zeugung und die Menschwerdung Christi, 2. die Ordnung des Lebens und 3. die Einigung Gottes und der Seele. Das erste bezieht sich auf den Glauben, das zweite auf die Sitten, und das dritte auf das Ziel beider. Um das erste muß sich der Eifer der Lehrer bemühen, um das zweite der Eifer der Prediger, um das dritte der Eifer der Beschaulichen. [...] In Hugo von St. Victor finden wir alles dies vereinigt'[32]. Für Hugo zeigt die Schöpfung Spuren des trinitarischen Gottes, der sie *ex nihilo* im Sechstagewerk, wie die Schrift bezeugt, geschaffen hat. Darin wurzelt die Gutheit alles Geschaffenen; diese „meint die gründende Aufgehobenheit aller Dinge in dem erschaffenden und erhaltenden Gott, der als der im höchsten Maße Gute, Weise und Mächtige nur Gutes erschaffen kann“[33]. Jedoch ist Natur, die eine positive Grundqualität hat, durch die Sünde denaturiert und so die „Unheilssituation der Welt“[34] gegeben. Die Natur ist verwundet, krank und bedarf der Heilung durch die Gnade.

Hugo reflektiert also über die Natur als Natur des Menschen. Die Schöpfung läßt nämlich einen gottgewollten Ordo erkennbar werden: *Prius siquidem opifex deus mundum fecit; ac deinde hominem possessorem et dominum mundi, ut ceteris omnibus iure conditionis dominaretur homo, ipsi a quo factus fuerat soli voluntaria libertate subiectus* (De Sacramentis [DS] 1,2,1; Migne, Patrologia Latina [PL] 176, 205 B).In Freiheit und Verantwortung demnach einzig Gott unterworfen, ist der Mensch das verbindende Glied zwischen Gott und Welt. Darüber hinaus kann Hugo den Menschen sogar als *causa omnium* bezeichnen, da alles um seinetwillen und auf ihn hin geschaffen worden ist: *Unde constat creationem hominis rerum omnium visibilium conditione posteriorem quidem tempore, sed causa priorem fuisse: quia qui factus est omnia, propter eum omnia facta sunt. Causa ergo conditionis humanae ante omnia est. [...] Si enim omnia deus fecit propter hominem, causa omnium homo est* (DS 1,2,1; PL 176, 205 B–C). Für den Menschen ist die Welt freilich ein Kampfplatz, auf dem er sich bewähren muß; dessen unbeschadet ist von der Schöpfungsordnung her aber auch einsichtig: *Factus est propter Deum homo, qui non erat et mundus propter hominem*

---

32 Bonaventura: De reductione artium ad theologiam. Hrsg. von Julian Kaup. München 1961. S. 247.

33 Schlette [Anm. 23], S. 30.

34 Schlette [Anm. 23], S. 33.

necdum erat; et quasi eadem causa videbatur quod factus est homo propter Deum et quod propter hominem mundus factus est; und er fügt hinzu: *Nam et homo factus est, ut Deo serviret propter quem factus est; et mundus factus est, ut serviret homini propter quem factus est* (DS 1,2,1; PL 176, 205 C–D). – Andererseits nimmt Hugo die Wirklichkeit der Sünde sehr ernst. In ihr sieht er begründet, daß die Welt diesen Dienst gegenüber dem Menschen verneint. Im Beschreiben der Seefahrt (DS 1,2,1; PL 176, 706 A–B) macht Hugo seinem Schüler deutlich, daß der Mensch „der numinosen Übermacht der Naturgewalten schutzlos ausgeliefert ist; die ihn beherrschenden Naturkräfte bringen den Menschen zur Erfahrung der Begrenztheit seines Wesens durch Tod und Vernichtung"[35].

Petrus Lombardus (ca.1095 – 1160)

Diese Doppelgesichtigkeit der Welterfahrung wird von Petrus Lombardus im zweiten seiner vier Sentenzenbücher mit einem wörtlichen Zitat der genannten Aussage Hugos wiedergegeben: *Ita enim voluit Deus sibi ab homine serviri, ut ea servitute non Deus, sed homo serviens iuvaretur; et voluit ut mundus serviret homini, et exinde similiter iuvaretur homo*[36]. Die Sünde aber hat diese Beziehung außer Kraft gesetzt. Das verdeutlicht Petrus Lombardus im Rückgriff auf die 'Glossa Ordinaria' mit Hinweis auf die Tierwelt: *Sane dici potest quod creata nihil homini nocuissent si non pecasset. Puniendorum namque vitiorum et terrendorum, vel probandae et perficiendae virtutis causa nocere coeperunt. Fuerunt ergo creata innoxia, sed propter peccatum facta sunt noxia*[37].

Wilhelm von Auxerre (ca.1150 – 1231/37)

Hatte die 'Zwettler Summe', in der zweiten Hälfte des 12. Jahrhunderts wohl von Magister Peter von Wien verfaßt, nach porretanischem Muster lediglich Trinität, Menschwerdung und Sakramente reflektiert[38] und deshalb die Schöpfung nur von Gott her in den Blick genommen (sie ist also nicht eigens als *natura* bedacht[39]), so ist dies bei

35 Schlette [Anm. 23], S. 72.

36 Dieser Aussage geht die Feststellung voran: *Sicut factus est homo ut Deo serviret, sic mundus ut serviret homini. Et sicut factus est homo propter Deum, id est, ut ei serviret, ita mundus factus est propter hominem, scilicet ut ei serviret. Positus est ergo homo in medio, ut et ei serviretur et ipse serviret; ut acciperet utrimque et reflueret totum ad bonum hominis: et quod accepit obsequium, et quod impendit.* Petrus Lombardus: Sententiae in IV libris distinctae. Grottaferrata 1971. Bd. 1. S. 333.

37 Petrus Lombardus [Anm. 36], S. 401.

38 Vgl. die Einleitung von Nikolaus M. Haering in: Zwettler Summe. Hrsg. von Nikolaus M. Haering. Münster 1977 (Beiträge zur Geschichte der Philosophie und Theologie des Mittelalters, NF 15). S. 13.

39 Wörtlich heißt es: *Quae omnia quoniam Deo inceperunt omnium auctore dicuntur Deum habere principium.* Zwettler Summe [Anm. 38], S. 84.

Wilhelm von Auxerre[40] gänzlich anders: „Wilhelms Schöpfungstheologie setzt – im Sinne einer christlich interpretierten platonischen Ideenlehre – voraus, daß die sichtbare Welt nach einem Vorbild (*exemplum*), einer Idee (*idea*) geschaffen wurde. Für Wilhelm steht dabei fest, daß Gott kein anderes Vorbild hatte als sich selbst: Wie schon die *magistri* sagten, erkannte er allein durch sich selbst von Ewigkeit alle Dinge, die er erschaffen würde. Diese Kenntnis kommt den drei göttlichen Personen gemeinsam zu. Insofern ist die Trinität als ganze das Vorbild, in dem die Begriffe (*rationes*) aller Dinge, der gesamte Plan (*dispositio*) der sichtbaren Welt liegen“[41]. Wie bezeugt (Gen 1,1), geschieht die Schöpfung 'im Anfang', und das heißt 'im Sohn, in der Weisheit' (*In principio, id est in Filio sive in sapientia*)[42]. Auch für Wilhelm steht deshalb fest, daß sich in allen Geschöpfen Spuren des dreifaltigen Gottes finden: *In omnibus creaturis relucet vestigium trinitatis*[43] (hier Augustinus aufgreifend). Alles Geschaffene ist nämlich in der Trias 'Maß, Zahl und Gewicht' angelegt, einer geschaffenen Trinität. Doch sind diese kreatürlichen *vestigia trinitatis* nur vom Menschen her zu entschlüsseln; einzig der Mensch ist nach Gottes Bild und Gleichnis geschaffen.[44] Deshalb legt Wilhelm den Akzent auf das Bedenken des Menschen, der Bild der Trinität ist.[45] Die Doppelgesichtigkeit der von Sünde gezeichneten Natur wird nicht eigens thematisiert.

III

Wenn sich die Theologie der Bedeutung von 'Zeichen' heute neu vergewissert, wird zwar die Signifikanz der Welt im Rückgriff auf die Heilige Schrift, näherhin das Buch Genesis ins Blickfeld gerückt; denn – so die Feststellung in einem aktuellen 'Handbuch der Dogmatik' – „die vorfindliche Welt trägt nicht nur die Spuren des Schöpfers. ‚Dornen und Disteln' (Gen 3,18), die Härte der Arbeit (Gen 3,19), ‚Mühsal' und ‚Schmerzen' bei Schwangerschaft und Geburt (Gen 3,16), die mißlingende Partnerschaft zwischen Mann und Frau (Gen 3,16), das Gesetz der Blutrache (Gen 4,14), die in Kriegen sich entladende Unversöhnlichkeit der Menschen (Gen 4,23f.) sind Zeichen dafür, daß die Schöpfung durch menschliche Schuld entstellt ist. Deshalb ist die Welt, und in ihr der Mensch, ein zwiespältiges Zeichen: Zeichen der wohlwollenden und mächtigen Zuwendung Gottes, aber auch Zeichen der Sünde und der Erlösungsbedürftigkeit“[46]. Es

40 Guillelmus Altissiodorensis: Summa aurea. Hrsg. von Jean Ribaillier. Paris, Grottaferrata 1982.

41 Johannes Arnold: *Perfecta communicatio*. Die Trinitätstheologie Wilhelms von Auxerre. Münster 1995 (Beiträge zur Geschichte der Philosophie und Theologie des Mittelalters, NF 42). S. 267.

42 Zit. nach Arnold [Anm. 41], S. 277.

43 Zit. nach Arnold [Anm. 41].

44 Zit. nach Arnold [Anm. 41].

45 Vgl. Arnold [Anm. 41], S. 277–284.

46 Franz-Josef Nocke: Allgemeine Sakramentenlehre. In: Handbuch der Dogmatik. Bd. 2. Hrsg. von Theodor Schneider. Düsseldorf 1992. S. 188–225, hier S. 193.

bleibt aber unausgesprochen, daß sich diese Einsicht – hier exemplarisch zitiert – auf das Erbe der Scholastik stützen kann. Die frühscholastischen Magistri, so zeigte sich, erweisen sich nämlich in ihren Aussagen zur Natur als weithin kongruent. In ihrer Auslegung des biblischen Schöpfungsberichtes, näherhin des Hexaemeron, begründen sie in akademischer wie mystisch-kontemplativer Argumentation den Zwiespalt aktueller Naturerfahrung. Das farbig geschilderte Paradies, der Garten Eden, ist durch den Sündenfall verloren. So ist die von Gott um des Menschen willen geschaffene Natur zur Gegenspielerin des Menschen geworden. Vom göttlichen Akt der Schöpfung her dem Menschen ursprünglich zugeordnet, hat die Natur ihm seit dem Sündenfall ihren Dienst aufgekündigt. Sie trägt ihm Dornen und Disteln, und nur in schweißtreibender Arbeit läßt sie sich vom Menschen das für ihn Lebensnotwendige abtrotzen. In ihr lasten Leid und Tod neben Glück und Erfüllung. Vor diesem biblischen Hintergrund klärt das Bekenntnis zu Gott als dem Schöpfer und Pantokrator die Ambivalenz der Naturerfahrungen dahingehend, daß als Segen Gottes erkannt wird, wenn die Natur menschliches Leben ermöglicht und birgt. Andererseits wird der Fluch der Sünde dort greifbar, wo Katastrophen, Krankheit und Tod als vitale Bedrohung wahrgenommen bzw. als unausweichliches Widerfahrnis erlitten werden. Dem Kreislauf von Werden und Vergehen, der Natur eingestiftet, korrespondiert auf seiten des Menschen nicht nur seine Erfahrung, selbst Leben wecken zu können, sondern auch die Überzeugung, daß dem *memento mori* das Bekenntnis zur Seite treten muß, daß der Schöpfergott als Gott des Lebens das Irdisch-Vergängliche im Unvergänglich-Ewigen vollenden wird. Damit verdeutlichen die Magistri der Scholastik, daß das christliche Credo mit seinem Bekenntnis zur Schöpfung und zur Vollendung keine billige Vertröstung über das Dunkle des Diesseits hin auf ein strahlendes Jenseits ist, sondern den Schlüssel dafür bietet, die Natur auf ihre Tiefenschicht hin zu entziffern.

Noch einmal darf exemplarisch an Hugo von St. Victor erinnert werden. Auch dieser überragende Theologe der Frühscholastik kennt die Würde der Kreatur und die Schönheit der sichtbaren Welt ebenso wie deren Vergänglichkeit, von ihm als *vanitas* reflektiert.[47] Dabei ist ihm die systematische Darlegung nicht der eigentliche Zweck; ihm geht es um innere Formung der Schüler, also um die religiöse-moralische *disciplina*. Ohne einem „Kulturpessimismus“[48] zu verfallen, macht Hugo deutlich: Allein die Öffnung hin zu Gott ermöglicht ein Verstehen der Welt. Nur „der Mensch, in dem Gott wohnt, (kann) Schönheit und Gutheit der Welt sowie die Transparenz Gottes in ihr vernehmen, denn das Auge dieses Menschen wird nicht durch den äußeren Glanz der Welt geblendet. Er vermag vielmehr die Welt in ihrem Zusammenhang, mit ihrem Seinsgrund und ihrer Stellung im Ganzen der gegenwärtigen Heils- und Unheilsordnung zu deuten und zu erfahren“[49]. Für Hugo ist also die Auslegung des Buches Genesis und damit das Bekenntnis zur Welt als Schöpfung mehr als ein nüchterner Umgang mit Schriftaussa-

---

47 Vgl. Schlette [Anm. 23], S. 100f.

48 Schlette [Anm. 23], S. 103.

49 Schlette [Anm. 23], S. 110.

gen. Er weiß um die Gefährdung, der der Mensch in dieser Welt durch die Macht des Teufels ausgesetzt ist, der immer noch in ihr wohnt. Und gerade deshalb gilt: „Wenn die Erfahrung der Schönheit und Transparenz der Welt um so dichter wird, je mehr der Erfahrende ein geistlicher Mensch wird und ist, so muß der Blick doch immer wieder über die Welt hinaus gehen“[50]. Diese innere Distanz läßt neben dem Wert und der Schönheit der sichtbaren Welt zugleich auch deren Relativität erkennen.

Halten wir fest: Die scholastischen Theologen, so hat sich gezeigt, waren davon überzeugt, daß das Verständnis der Natur nicht von Gott zu lösen ist. Deshalb wird eine heutige Naturbetrachtung, die meint, um der Welt und ihrer Eigenwertigkeit willen diese religiöse Perspektive, die Schöpfungsdignität, übergehen oder sogar leugnen zu müssen, in diesen Magistri keine Gesprächspartner finden. Wer sich aber durch sie und ihre Schriftauslegung die Augen öffnen läßt, wird die Natur, die Umwelt und Mitwelt des Menschen ist, weder nur als Bedrohung und Gefährdung wahrnehmen noch ihre Geschöpflichkeit gegen den Eigenwert der Weltlichkeit der Welt – und damit gegen den die Welt verantwortenden Menschen – ausspielen. Die Transparenz hin auf den Schöpfer der Natur, der alles als ‘sehr gut’ (Gen 1,31) erschaffen hat, verheißt mehr: am Ende eben nur Gutes (Röm 8,20f.).

50 Schlette [Anm. 23], S. 112.

Milène Wegmann

Die 'Entdeckung der Natur' in der monastischen Historiographie des 12. und 13. Jahrhunderts

I. Einleitung

Das Verhältnis von 'Naturgeschichte' und 'Heilsgeschichte' ist durch den grundsätzlichen Konflikt zwischen dem Streben nach profanem Wissen und der augustinischen Beschränkung des Wertes von Naturerkenntnis und Geschichte als 'Hilfswissenschaften' zum Verständnis der Heiligen Schrift gekennzeichnet. 'Naturgeschichte' ist im 12. und 13. Jahrhundert noch nicht wie bei Kant in einem evolutionären Sinne zu verstehen[1], sondern in der Tradition von Plinius' 'Naturalis historia' als Erkundung der Natur, als Beschreibung ihrer Wirkungsweise, ihres normalen Verlaufs, aber auch ihrer Fehlgriffe. Kosmologische Phänomene wie Blitz und Donner gehören nach Plinius zur Geschichte der Natur. Aufzeichnungen über Pflanzen und Tiere, astronomische und meteorologische Erscheinungen waren in der monastischen Annalistik und Chronistik jedoch an den universalgeschichtlichen Anspruch der mittelalterlichen Historiographie gebunden. Ihre Legitimation findet letztere in der Heilsgeschichte. Die Geschichte der Natur wie die Universalgeschichte sind dem Zweck der Belehrung unterworfen.

Die monastische Kultur wird in der Literatur allgemein mit dem intellektuellen Abseits gleichgesetzt, dem von der augustinischen Ablehnung weltlicher *curiositas* her der Zugang zur profanen Natur versperrt war, während sich in Chartres, Paris und Oxford Philosophen mit der platonischen und aristotelischen Naturphilosophie befaßten. Anknüpfungspunkt dieses Urteils ist unter anderem die Zurückhaltung gegenüber den

1 Vgl. Immanuel Kant: Von den verschiedenen Rassen der Menschen. Hrsg. von Ernst Cassirer. Berlin 1912 (Immanuel Kants Werke 2). S. 451; Ders.: Metaphysische Anfangsgründe der Naturwissenschaft. Hrsg. von Ernst Cassirer. Berlin 1913 (Immanuel Kants Werke 4). S. 370; Ders.: Über den Gebrauch teleologischer Prinzipien in der Philosophie. Hrsg. von Ernst Cassirer. Berlin 1913 (Immanuel Kants Werke 4). S. 491–493.

Wissenschaften, die in den Konstitutionen des Dominikanerordens von 1228 (Dist. 2. C. 28: *De magistro studencium*) in Erscheinung tritt.[2] In krassem Widerspruch zu der Geringschätzung des Interesses von klösterlichen Kreisen an der antiken Naturwissenschaft bzw. Naturphilosophie steht die Tatsache, daß mittelalterliche Bibliothekskataloge des deutschen Raumes den chalkidischen 'Timaios' und aristotelische Schriften von der 'Physik' über 'De caelo' bis zur 'Metaphysik' aufweisen, und zwar schon im 13. und 14. Jahrhundert (also noch vor den Auswirkungen der Quattrocento-Renaissance).[3]

Unmittelbare Anregung zu vorliegendem Thema gaben die Akten der 27. Kölner Mediävistentagung 1990[4], auf der festgehalten wurde, daß eine Studie zur 'Naturwahrnehmung' auf der Basis einer größeren Auswahl historiographischer Quellen noch fehlt. Diese Arbeit ist ein Beitrag zur Vorgeschichte und zur Motivation der Plato- und Aristoteles-Rezeption. Annalistische und chronikalische Aufzeichnungen bieten, verglichen mit philosophisch-theologischen Traktaten, für die Frage nach der Naturwahrnehmung den Vorteil, daß mit Hilfe der Quellenkritik die Grenzen zwischen selbständiger Beobachtung und Reflexion etwa unter Rückgriff auf antike und zeitgenössische Modellvorstellungen deutlicher erkennbar werden. Andreas SPEER hat aufgrund seiner Beurteilung der Chartreser Naturphilosophie ein „originäres" Interesse an der Natur entdeckt, das im 12. Jahrhundert neu erwacht ist und die theoretische Auseinandersetzung mit den Phänomenen der Natur angeregt hat.[5] Vorliegender Beitrag stützt sich auf eine größere, noch unpublizierte Studie zu den gesamten, in den Bänden 1 – 32 der 'Monumenta Germaniae Historica, Scriptores' kritisch edierten Annalen und Chroni-

2 Vgl. Die Constitutionen des Prediger-Ordens vom Jahre 1228. Hrsg. von Heinrich Denifle. Berlin 1885 (Archiv für Litteratur- und Kirchengeschichte des Mittelalters 1). S. 222.

3 Vgl. hierzu Loris Sturlese: Die deutsche Philosophie im Mittelalter. Von Bonifatius bis zu Albert dem Großen 748–1280. München 1993. S. 281f.; Bernard G. Dod: Aristoteles latinus. In: Norman Kretzmann u. a. (Hgg.): The Cambridge History of Later Medieval Philosophy. Cambridge, New York 1988. S. 45–79, hier S. 50 u. 70; Charles H. Lohr: Medieval Latin Aristotle Commentaries. In: Traditio 23 (1967). S. 313–413, hier S. 404f.; Günter Glauche: Bistum Freising. In: Mittelalterliche Bibliothekskataloge Deutschlands und der Schweiz. Hrsg. von der Bayerischen Akademie der Wissenschaften in München. Bd. 4, Teil 2. München 1979. S. 659; Hermann Knaus: Bistum Würzburg. In: Mittelalterliche Bibliothekskataloge [w. o.]. S. 1019; Theodor Gottlieb: Niederösterreich. In: Mittelalterliche Bibliothekskataloge Österreichs. Hrsg. von der kaiserlichen Akademie der Wissenschaften in Wien. Bd. 1. Wien 1915. S. 30 u. 518.

4 Albert Zimmermann u. Andreas Speer (Hgg.): Mensch und Natur im Mittelalter. Berlin, New York 1991/92 (Miscellanea Mediaevalia 21/1.2.). Marie Bláhová hat (S. 831–850) das Thema 'Natur und Naturerscheinungen' am Beispiel der böhmischen Geschichtsschreibung der Przemyslidenzeit abgehandelt.

5 Andreas Speer: Die entdeckte Natur. Untersuchungen zu Begründungsversuchen einer 'scientia naturalis' im 12. Jahrhundert. Leiden, New York, Köln 1995 (Studien und Texte zur Geistesgeschichte des Mittelalters 45).

ken, die in den mittelalterlichen Klöstern des *Orbis latinus* zwischen dem 8. und 16. Jahrhundert in lateinischer Sprache entstanden sind.[6]

II. Eigenschaften des Naturbegriffs

Trotz des Nebeneinanders verschiedener Möglichkeiten der Naturbetrachtung zeichnen sich bei den Naturbeobachtungen in den Annalen und Chroniken des 12. und 13. Jahrhunderts bestimmte Eigenschaften des Naturbegriffs ab.

1. Die Natur wird als Gesamtheit alles natürlichen Seienden wahrgenommen

Annalisten und Chronisten des 12. und 13. Jahrhunderts brachten (im Unterschied zu den früheren Historiographen) die Entwicklung der Vegetation und das Verhalten der Tiere mit der Witterung in Zusammenhang. Natur begegnet in den unter dem Eindruck der Persönlichkeit Alberts des Großen verfaßten 'Annales Basileenses' und 'Annales Colmarienses maiores' in umfassendem Sinn: Das breite Spektrum von Naturbeschreibungen des Dominikaner-Historiographen schließt Flora und Fauna, Witterungserscheinungen, Astrologie/Astronomie, Gesteine und geographische Berechnungen mit ein. Der Autor der Basler bzw. Colmarer Annalen, der nach einem längeren Aufenthalt in Paris, dem geistigen Zentrum des Ordens, Mitte der 1260er Jahre in den Basler Konvent einzog, dürfte Albertus Magnus persönlich begegnet sein, als der berühmte Gelehrte und Ordensmann nach Basel kam, um die Kirche des Predigerklosters am 9. September 1269 zu weihen.[7] Über seine der Welt zugewandten intellektuellen Beschäftigungen unterrichtet der Autor seine Leser unmittelbar, wenn er festhält, er habe auf zwölf Pergamentblättern einen Atlas gezeichnet und diesen (aufgrund seiner Reisen) 1276 verbessert. Dieser Tätigkeit entstammt denn auch seine Berechnung der Distanz zwischen dem 'Zentrum der Erde und dem Ozean'.[8] Ob im Hinblick auf 'morphologische' Pflanzenbeschreibungen[9], ob im Zusammenhang mit der Regeneration oder dem Jagdverhalten[10] von Tieren – der Annalist untermauert seine Angaben mit Zahlen und Vergleichen. Das vergleichende Betrachten ist eine wesentliche Grundlage von Albertus' Denken in der Naturkunde. Wenn Albertus Magnus sich in seinem Metaphysik-Kommentar gegen eine auf Mathematik reduzierte Naturwissenschaft ausgesprochen hat, so bedeutet dies dennoch nicht, daß er darauf verzichtet hätte, seine Tier- und

6 Vgl. Milène Wegmann: Naturwahrnehmung im Mittelalter im Spiegel der lateinischen Historiographie des 12. und 13. Jahrhunderts [Erscheint in: Lateinische Sprache und Literatur des Mittelalters].

7 Vgl. Rudolf Pfister: Kirchengeschichte der Schweiz. Bd. 1. Zürich 1964. S. 267.

8 Vgl. Annales Basileenses, in: MGH, Scriptores 17, S. 200 (zum Jahr 1276).

9 Vgl. Annales Basileenses [Anm. 8], S. 199 (zum Jahr 1276); Annales Colmarienses maiores, in: MGH, Scriptores 17, S. 213 (zum Jahr 1286), S. 228 (zum Jahr 1303) und S. 229 (zum Jahr 1303.

10 Vgl. Annales Basileenses [Anm. 8], S. 199 (zum Jahr 1276).

Pflanzensystematik mit Maß und Zahl zu erhärten. Mittels zweier Figuren (Eintragungen von Streckenlängen) veranschaulicht der Basler/Colmarer Annalist gar den Durchmesser eines Kristalls bzw. eines bestimmten Baumes.[11] Die religiöse Rechtfertigung für das Bemühen, Naturdinge in Zahlen zu fassen, fanden die Naturphilosophen im 12. und 13. Jahrhundert im Buch der Weisheit: 'Du aber hast alles geordnet nach Maß, Zahl und Gewicht' (Sap. 11.21). Mit Blick auf Bernhard von Chartres, der die Mathematik als Grundlage der Physik heranzog mit dem Ziel, den *mundus sensilis* als sinnfälligen Ausdruck mathematischer Gegebenheiten einsichtig zu machen, ist die Idee einer 'Mathematisierung' der Natur nicht erst als Entdeckung des späten Mittelalters zu beurteilen.

2. Die Natur manifestiert sich im Werden und Wachsen, das Leben ist ein prozeßhafter Vorgang

In der historiographischen Literatur läßt sich im 12. und 13. Jahrhundert insofern ein qualitativer Wandel in der Naturwahrnehmung feststellen, als Phänomene der belebten Natur vielschichtiger und sorgfältiger beschrieben wurden. Im Vergleich zu den vorangegangenen Jahrhunderten setzte nunmehr auf breiterer Front eine Betrachtungsweise ein, welche die Entwicklung oder das Verhalten von Organismen im Jahresablauf mit der Witterung in Beziehung brachte. Im Gegensatz zu den älteren Aufzeichnungen treten die verschiedenen Stadien des Wachstums der Pflanzen vermehrt in das Blickfeld. Knospung, Blütenbildung, Laubfall bei Pflanzen, das Auftreten fliegender Imagines bei Insekten sowie Paarungszeiten, Brutverhalten und Zug der Vögel begegnen in der historiographischen Literatur seit dem 12. Jahrhundert, in einzelnen Quellen sogar systematisch. In der Terminologie der modernen Biologie wären diese Aufzeichnungen mit dem Begriff 'phänologisch' zu charakterisieren. Das Prozeßhafte kommt zum Ausdruck im Gebrauch von Präsenspartizipien (*seget*[es] *candescent*[es][12]; *vinee* [...] *vix ad maturitatem pervenientes*[13]; *ariste florentes*[14]; *marcescentes segetes facte virentes*[15]), in Verben bzw. substantivierten Verben, die Vorgänge wie Bewegung bzw. Wachstum wiedergeben (*in germen prorumpere*[16]; *in herbam procedere*[17]; *erumpere*[18]; *pervenire*[19]; *provenire*[20]; *pauca folia proferre*[21]; *botros et folia proferre*[22]; *flores/flores et folia pro-*

11 Vgl. Annales Colmarienses maiores [Anm. 9], S. 204 u. 220 (zum Jahr 1279).

12 Lambert Waterlos: Annales Cameracenses, in: MGH, Scriptores 16, S. 531 (zum Jahr 1157).

13 Annales S. Nicasii Remenses, in: MGH, Scriptores 13, S. 84 (zum Jahr 1204).

14 Annales Colmarienses maiores [Anm. 9], S. 228 (zum Jahr 1303).

15 Annales Veterocellenses, in: MGH, Scriptores 16, S. 44 (zum Jahr 1303).

16 Annales Egmundani, in: MGH, Scriptores 16, S. 467 (zum Jahr 1172).

17 Roger de Hoveden: Chronica, in: MGH, Scriptores 27, S. 171 (zum Jahr 1194).

18 Wilhelm Neuburg: Historia Anglicana, in: MGH, Scriptores 27, S. 246 (zum Jahr 1194).

19 Annales S. Nicasii Remenses [Anm. 13], S. 84 (zum Jahr 1204).

20 Annales S. Pantaleonis Coloniensis, in: MGH, Scriptores 22, S. 544f. (zum Jahr 1249); Continuatio Zwetlensis III, in: MGH, Scriptores 9, S. 684 (zum Jahr 1347).

21 Annales Colmarienses maiores [Anm. 9], S. 205 (zum Jahr 1279).

22 Annales Colmarienses maiores [Anm. 9], S. 210 (zum Jahr 1283).

ducere[23]; *prodire*[24]; *botros, folia, flores proferre*[25]; *prodire*[26]; *uberes fructus producere*[27]; *pulchra processio*[28]; *processus florum*[29]; *motus florum*[30]; *productio florum*[31]) sowie in Fügungen (darunter Verba inchoativa), die das Eintreten eines Zustandes bzw. eines Vorganges anzeigen (*foliis incipere vestire*[32]; *incipere* [...] *prima folia* [...] *ostendere*[33]; *stare ad nascendum*[34]). Als Berufungsinstanz der jeweils aufgeführten Beobachtungen tritt keine tradierte Autorität in Erscheinung; vielmehr erhält die Sinneserfahrung den Status der alleinigen Erkenntnisquelle. Verben der sinnlichen Wahrnehmung kommt in diesem Zusammenhang eine besondere Bedeutung zu, wobei im Vordergrund der Gesichtssinn steht: [...] *vinee floruisse vise sunt* [...][35]; *Sicut a veridicis relatoribus audivimus, flores visi sunt* [...][36]; [...] *botri videbantur* [...][37]; *Fraga, pisa, cerusa matura reperiebantur in magna quantitate in festo pentecoste, quod raro vidimus contigisse.*[38]; [...] *blave steterunt ad nascendum taliter, quod viderentur super terram usque ad mensem Aprilis*[39]; [...] *ariste florentes in Columbaria videbantur.* [...] *fraga recentia videbantur*[40]; [...] *multa capecia siliginis in campo cernerentur, omni etati hominum ante incognitum invisum et inauditum* [41]. Das zuletzt zitierte Beispiel aus der 'Continuatio Annalium Polonorum' gibt über das Erkennen Aufschluß, wenn der Annalist *incognitum* erläuternd zuerst auf *invisum* und dann auf *inauditum* zurückführt.

Der Ansatz zur Rationalisierung der Naturbetrachtung darf jedoch nicht darüber hinwegtäuschen, daß selbst der Dominikaner-Historiograph aus Colmar neben Beobachtungen zum Jagdverhalten von Hunden, Falken, kleinen Füchsen, einer Kröte und eines Adlers auch – nicht weiter hinterfragte – Berichte von einäugigen Chimären und von Schweinen wiedergibt, die ihren Hirten aufgefressen haben sollen.[42] In dieser Hin-

23 Annales Colmarienses maiores [Anm. 9], S. 217 (zum Jahr 1289).
24 Annales Colmarienses maiores [Anm. 9], S. 217 (zum Jahr 1289).
25 Annales Colmarienses maiores [Anm. 9], S. 217 (zum Jahr 1289).
26 Annales Colmarienses maiores [Anm. 9], S. 228 (zum Jahr 1303).
27 Annales Zwifaltenses, in: MGH, Scriptores 10, S. 62 (zum Jahr 1347).
28 Sigeberti Continuatio Aquicinctina, in: MGH, Scriptores 6, S. 434 (zum Jahr 1197).
29 Reineri Annales, in: MGH, Scriptores 16, S. 666 (zum Jahr 1213).
30 Reineri Annales [Anm. 29], S. 672f. (zum Jahr 1215).
31 Annales Colmarienses maiores [Anm. 9], S. 218 (zum Jahr 1290).
32 Emo: Chronicon, in: MGH, Scriptores 23, S. 499 (zum Jahr 1224).
33 Menko: Chronicon, in: MGH, Scriptores 23, S. 543 (zum Jahr 1249).
34 Annales Parmenses maiores, in: MGH, Scriptores 18, S. 727 (zum Jahr 1303).
35 Annales Colonienses maximi, in: MGH, Scriptores 17, S. 803 (zum Jahr 1194).
36 Reineri Annales [Anm. 29], S. 661 (zum Jahr 1208).
37 Annales Basileenses [Anm. 8], S. 199 (zum Jahr 1276).
38 Annales Colmarienses maiores [Anm. 9], S. 211 (zum Jahr 1284).
39 Annales Parmenses maiores [Anm. 34], S. 727 (zum Jahr 1303).
40 Annales Colmarienses maiores [Anm. 9], S. 228 (zum Jahr 1303).
41 Continuatio Annalium Polonorum, in: MGH, Scriptores 19, S. 658f. (zum Jahr 1332).
42 Vgl. Annales Colmarienses maiores [Anm. 9], S. 225 (zum Jahr 1300) und S. 203 (zum Jahr 1278).

sicht kennzeichnet die 'Gleichzeitigkeit des Ungleichzeitigen' nicht nur historiographische Quellen, sondern muß auch für die Naturbeschreibungen des Albertus Magnus gelten.[43] In 'De animalibus' greift Albertus gemäß seiner Vorlage – 'De natura rerum' des Thomas von Cantimpré – in den Büchern 22–26 nochmals Fabeln auf, die er im vorangehenden 'biologischen' Teil bereits als unrichtig zurückgewiesen hat. Weder die Existenz des Vogels Greif noch diejenige des Phoenix werden von Albertus in Frage gestellt.[44] Entscheidend im Hinblick auf Marie-Dominique CHENU's These von der „désacralisation de la nature"[45] ist die Tatsache, daß der Basler bzw. Colmarer Annalist wie Albertus davon absieht, Fabelwesen oder Zauberbäume mit Gott in Beziehung zu bringen. Auch Mißbildungen, ansonsten in der historiographischen Literatur und in anderen Quellen als Werk des Teufels verdammt, erhalten in den Basler bzw. den Größeren Colmarer Annalen so wenig wie in Albertus' Texten [46] eine religiös-moralisierende Deutung.

3. Die Phänomene der Natur sind einer Regelmäßigkeit und determinierten Rationalität unterworfen

Während ältere historiographische Dokumente Naturphänomene meist isoliert und ohne Hinweis auf Kausalzusammenhänge darstellten, legten Geschichtsschreiber des 12. und 13. Jahrhunderts Wert auf das Erkennen von Ursache und Wirkung sowie von Interdependenzen verschiedener, an sich unabhängiger Beobachtungen. Formal schlägt sich dieses Bemühen in der Satzkonstruktion nieder, indem der Autor versucht, mittels Ablativi absoluti und Kausal- bzw. Konsekutivsätzen der Dichte und Konsistenz der Natur als Zusammenhang von Ereignissen Ausdruck zu geben.

In der Historiographie des 12. und 13. Jahrhunderts ist also ein verstärktes Interesse an rationalen Erklärungen von Naturphänomenen zu beobachten sowie eine Hinwendung zu antiken und zeitgenössischen theoretischen Modellen. Obwohl Isidors und Bedas Kompendien den Geschichtsschreibern früherer Jahrhunderte an sich ebenfalls zur Hand waren, fanden erst die Chronisten und Annalisten in den hier untersuchten Quellen den Zugang zu den durch Isidor und Beda vermittelten antiken Konzepten über die Natur. Indirekt drangen auf diese Weise Naturvorstellungen ein, die von Aristoteles

---

43 Widerspruch gegen den Versuch, Albertus Magnus zum Kronzeugen einer einsetzenden Wissenschaftskritik zu machen, erhebt in verschiedener Hinsicht Klaus Grubmüller: Überlegungen zum Wahrheitsanspruch des Physiologus im Mittelalter. In: Frühmittelalterliche Studien 12 (1978). S. 160–177.

44 Albertus Magnus: De animalibus libri XXVI. Hrsg. von Hermann Stadler. Bd. 2. Münster i. W. 1920. S. 1493f.

45 Marie-Dominique Chenu: Decouverte de la nature et philosophie de l'homme à l'école de Chartres au XIIe siècle. In: Cahiers d'histoire mondiale 2 (1954/55). S. 313–325.

46 Vgl. Albertus Magnus [Anm. 44], S. 1225 (siamesische Zwillinge beim Menschen), S. 1226 (Kryptorchismus), S. 1218 (Polydaktylie) bzw. Albertus Magnus: De animalibus libri XXVI. Hrsg. von Hermann Stadler. Bd. 1. Münster i. W. 1916. S. 457 (siamesische Zwillinge bei Gänsen).

und Plato entscheidende theoretische Vertiefung und damit den Impuls zur Verbreitung erhalten hatten. In den Bereichen Astronomie, Meteorologie und Geologie (modern gesprochen) suchten die Geschichtsschreiber des 12. und 13. Jahrhunderts aus der Fülle antiker konkurrierender naturwissenschaftlicher Erklärungsansätze Antworten, die von den zeitgenössischen Vertretern der Chartreser Naturphilosophie und von dem unter aristotelischem Einfluß stehenden Albertus Magnus theoretisch fundiert und anerkannt wurden. Damit war in der monastischen Kultur der Schritt zur aktiven Aneignung der naturphilosophischen/naturwissenschaftlichen Vorstellungen Wilhelms von Conches und zur Öffnung gegenüber platonisch-aristotelischen Theorien über die Natur vorbereitet.

Mit Bezug auf nicht näher bestimmte Autoritäten führt Emo, Vorsteher und Chronist des Prämonstratenserklosters Bloomenkamp und Roozenkamp in Wierum (Groningen), das Phänomen der Mondfinsternis auf den Schatten der Erde zurück: *De eclipsi dicunt, quod dum sol est in inferiori emisperio, luna in superiori, terra in medio, tumor terre interpositus non permittit radios solis ascendere ad lunam. Patitur enim eclipsim, sed nonnisi in 15. luna, quia tunc est soli opposita; non tamen omni 15, sed quando contingit, in ea contingit* [47]. – Als erster in der Geschichte der antiken Naturwissenschaften hat Aristoteles die Kugelgestalt der Erde mit astronomisch-mathematischen Methoden bewiesen, indem er vom kreisförmigen Schatten, den die Erde bei verschiedenen Mondfinsternissen auf den Mond projiziert, auf die Gestalt der Erde schloß (De caelo 2,14,297a8/ b24ff.).[48] Das Werk 'De caelo' in der Übersetzung des Gerhard von Cremona wurde in das sog. Corpus vetustius, eine Art Standardsammlung von aristotelischen und pseudo-aristotelischen Schriften, integriert und auf diese Weise weit verbreitet. Der 'Aristoteles Latinus'-Katalog beschreibt fast 100 solcher Ausgaben, meist aus dem 13. Jahrhundert. Den starken Einfluß von 'De caelo' bezeugen auch die 35 überlieferten Handschriften[49] von Albertus' Kommentar. Die aristotelische Erklärung der Mondfinsternis haben Plinius (Naturalis historia 2,47) bzw. Isidor (Etymologiae 3,59; De natura rerum 21) und Beda (De natura rerum 22; De temporum ratione 27) aufgegriffen. Emos Text allerdings lehnt sich an keinen dieser drei Autoren unmittelbar an. Ein Vergleich mit Buch 2 §73 – §74 der 'Philosophia mundi' des Wilhelm von Conches läßt dagegen erkennen, daß Emo die Erklärung der Mondfinsternis aus diesen beiden Paragraphen fast wörtlich abgeschrieben hat[50]:

---

47 Emo [Anm. 32], S. 496 (zum Jahr 1222).

48 Vgl. dazu Alfred Stückelberger: Einführung in die antiken Naturwissenschaften. Darmstadt 1988. S. 187.

49 Albert Fries: Albertus Magnus. In: Verfasserlexikon. Bd. 1 (^{2}1978). Sp. 129.

50 Thomas von Cantimpré folgt in den Büchern 18 (*De passionibus aeris*) und 20 (*De ornatu celi et eclipsis solis et lune*) von 'De natura rerum' teilweise der 'Philosophia mundi' des Wilhelm von Conches. Da Thomas' Werk (und insbesondere das Buch 20, wenn es mit Helmut Boese als späte Zufügung des Autors gelten darf) erst um 1240 fertiggestellt worden ist, hat Abt Emo Wilhelms von Conches Naturphilosophie direkt aus der 'Philosophia mundi' und nicht aus Thomas' von Cantimpré Traktat übernommen. Einige kritische Hinweise zu Thomas von Cantimpré gibt Hel-

> §73 *Eclipsis vero lunae talis est ratio: sole et luna in praedicta ecliptica linea sic dispositis, quod sol est in inferiori hemisphaerio, luna in superiori, terra vero in medio sic, quod, si linea descenderet a medio lunaris corporis, transiret per medium terreni et solaris ad hunc modum: Tunc tumor terrae interpositus altius dirigit umbram, scilicet usque ad ipsam lunam, unde radii solis eam non possunt accendere patiturque eclipsim, donec movendo se tumorem transierit et splendor in ea incipiat apparere.*
> §74 *Inde est quod non deficit nisi in quinta decima luna, quia tunc est soli opposita, non tamen in omni quinta decima hoc contingit, sed quando contingit, in ea contingit*[51].

Emo muß in Paris mit der Chartreser Naturphilosophie in Berührung gekommen sein und verfügte möglicherweise über eine Kopie der 'Philosophia mundi' Wilhelms von Conches in seinem Kloster in Wierum. Der Mönch hatte in Oxford, Paris und Orléans studiert. Menko, der Fortsetzer von Emos Chronik, unterrichtet uns über dessen herausragende Kenntnis antiker Autoren: *Omnes auctores, videlicet ethicos, Ovidianos, Virgilianos, satiricos et alia opera poetarum, et metrica opera theologie, ut Auroram* [oder: Aratoris], *Sedulium, Theopistam* [unbekannt] *et similia, Priscianum maiorem et minorem et Petrum Heliam, ac alios libros et Summas artis grammatice, nec non et summas dyalectice, cum fratre suo bono memorie domno* [sic!] *Addone plene conscriberet* [sic!][52]. Im Hinblick auf die 'neue Philosophie' sind besonders die zuletzt genannten Werke, die dialektischen Summen, hervorzuheben.

Im Anschluß an seine Wiedergabe der auf der Transmutationslehre beruhenden Gezeitenlehre Wilhelms von Conches beschreibt Emo die Anziehungskraft der *stellae*, die auf das Feuchte wirken sollen:

> *Secundum opinionem philosophorum diluvium fit ex elevatione et depressione stellarum, ut si omnes planetae simul eleventur plus solito a terra remoti, minus de humore consumunt; unde humor excrescens per terras se diffundit, et fit diluvium. Sed si unus vel duo eleventur sine aliis, tunc non tantum humor excrescit. Quod enim ex istorum elevatione crescit, desiccatur aliorum propinquitate, et fit particulare diluvium. Si vero omnes simul deprimantur, ex vicinitate terras adurunt*[53].

Emo scheint sich mit der Formel *secundum opinionem philosophorum* auf Vertreter der Chartreser Naturphilosophie zu beziehen; zitiert er doch beinahe Wort für Wort Wilhelms von Conches astronomische Erklärung für die Entstehung einer Sintflut.[54] Die

---

mut Boese: Zur Textüberlieferung von Thomas Cantimpratensis' Liber de natura rerum. In: Archivum Fratrum Praedicatorum 39 (1969). S. 53–68.

51 Wilhelm von Conches: Philosophia. Hrsg. von Gregor Maurach. Pretoria 1980. 2, § 73–§ 74.

52 Menko [Anm. 33], S. 524 (zum Jahr 1237).

53 Emo [Anm. 32], S. 490 (zum Jahr 1219).

54 Vgl. Wilhelm von Conches [Anm. 51], 3, § 39: *Sunt qui dicunt ex communi elevatione planetarum vel depressione ea contingere. Si enim omnes planetae simul eleventur plus solito, a terra remoti minus de humore consumunt. Unde humor crescens per terras se diffundit fitque diluvium. Sed si unus vel duo vel tres eleventur sine aliis, non tamen humor excrescit. Quod enim crescit ex isto-*

Axiome, die diesem Ansatz zugrunde liegen, sind den in der Transmutationslehre begründeten Theoremen der Gezeitenlehre analog, nur daß die Vorstellung der in verschiedener Anzahl auf- und absteigenden Planeten sowohl einer kleineren (*diluvium particulare*) als auch einer allgemeinen, sintflutartigen Überschwemmung (*diluvium commune*) gerecht wird. An dieser Stelle ist festzuhalten, daß Wilhelm von Conches in seinem naturphilosophischen Denken den christlichen Weltdeutungsrahmen bewahrt: Wie er im ersten Buch die Schöpfungsgeschichte thematisiert, so wendet er sich am Ende des dritten Buches den apokalyptischen Visionen von Sintflut und Weltbrand zu. Emo macht seine eigene aktuelle Erfahrung – die sintflutartige Überschwemmung des Jahres 1219 – zum Bezugspunkt, um Wilhelms Argumentation zu überprüfen. Schloß dieser den Weltuntergang durch eine Sintflut ausdrücklich aus (*Unde quia in tempore Noae per diluvium mundi fuit destructio, per exustionem mundus iste finietur* [Philosophia 4, § 39]), so befürchtet Emo: *terrena modo diluvio modo incendii adustione finiri*[55].

Die Lehre vom Zusammenhang der auf- und niedersteigenden Planeten mit teilweisen bzw. umfassenden Überschwemmungen läßt sich keinem heute noch bekannten antiken Autor zuordnen.[56] Dieselbe Vorstellung scheint sich in der 'Historia scholastica' des Petrus Comestor (12. Jahrhundert) niedergeschlagen zu haben. Eine moderne kritische Edition dieser äußerst verbreiteten Schulbibel steht bisher aus [57]; möglicherweise finden sich in einer der (weit auseinandergehenden) Überlieferungen dieses Werks nähere Hinweise. Den von Wilhelm im Ausgang des Kapitels über den Weltuntergang noch kurz angesprochenen Bezug zu Noah nimmt Abt Emo zum Anlaß, eine Stelle über Genesis 15 aus der 'Historia scholastica' anzufügen.[58] Den Bezug zwischen

---

rum elevatione, desiccatur ex aliorum propinquitate. Si enim omnes simul deprimantur, ex vicinitate adurunt terras fitque exustio. Sed si duae vel tres sine aliis deprimantur, non fit exustio, quia quod istae ex propinquitate magis faciunt, aliae remotae faciunt minus.

55 Emo [Anm. 32], S. 490 (zum Jahr 1219).

56 Persönliche Mitteilung von Professor Dr. Alfred Stückelberger, Bern.

57 Zur Verbreitung der 'Historia scholastica' vgl. Hans Vollmer (Hg.): Eine deutsche Schulbibel des 15. Jahrhunderts. Historia scholastica des Petrus Comestor in deutschem Auszug mit lateinischem Paralleltext. Berlin 1925 (Materialien zur Bibelgeschichte und religiösen Volkskunde des Mittelalters 2.1). S. XVI–XXVI.

58 Emo [Anm. 32], S. 490 (zum Jahr 1219): *Sed et sidera et stelle sunt insignia tempestatis vel serenitatis, sicut de ortu iubilei dicit magister in Historia Scolastica* [sic!], *quia ab hoc institutus est annus quinquagesimus, quia Abraham peritus erat in astris, et noverat, quod intemperies aeris, que fit ex elevatis vel depressis planetis, semper usque ad quinquaginta annos ad temperiem redeat, et quod vidit fieri in astris, voluit fieri in terris. Contigit autem diluvium propter scelera nostra, quia scriptum est, quod sub Noe filii Chain abutebantur uxoribus fratrum suorum nimiis fornicationibus, iratusque Dominus peccatis hominum dixit: 'Penitet me fecisse hominem. Delebo hominem, quem feci; disperdam eum cum terra, videlicet cum fertilitate terrae. Terra enim vigorem suum et fertilitatem perdidit per diluvium.'* – Vgl. Petrus Comestor: Historia scholastica, in: Migne, Patrologia Latina 198, Sp. 1093: [...] *vel Abram peritus astrorum, in quibus etiam secundum quosdam Zoroastren magicae artis inventorem instituit, noverat quod intemperies aeris, quae fit ex elevatis, vel depressis planetis, semper usque ad quinquaginta annos ad temperiem redeunt, et quod vidit fieri in astris voluit imitari in terris.*

der aus Wilhelms 'Philosophia' zitierten Theorie und dem Genesis-Kommentar der Schulbibel schafft Emo, indem er sich mit Augustinus (Paraphrase aus De Trinitate Lib. 3, cap. 4) vor Augen hält, dies seien nur 'Zeichen', der Wille Gottes aber sei der erste und letzte Grund aller Erscheinungen und Bewegungen.[59] Mit dieser Bemerkung entfernt sich der Chronist keineswegs von Wilhelms Gedanken – bekennt sich der Naturphilosoph doch zu der von Plato, Aristoteles (dessen Schriften über die Natur Wilhelm allerdings noch nicht vollumfänglich kannte) und Cicero vertretenen Ansicht, die Welt sei weder durch Zufall (*casus*) entstanden, noch habe Naturwirken (*natura operans*) die Elemente zusammengefügt.[60] Wilhelm bezieht zynisch gegen die Lehre der vielfach des Atheismus verdächtigten Atomisten Position.[61] Von einem 'Künstler', von Gott sei die Welt geschaffen und geordnet: 'Was geordnet wird, wird weise geordnet, also aufgrund einer Weisheit, nichts nämlich wird ohne Weisheit geordnet'[62]. Diese sei nicht menschliche, sondern göttliche Weisheit.[63] An diesem Punkt angelangt, integriert Wilhelm die Lehre von der Welt als Abbild Gottes, wie sie etwa von Augustinus (Ep. 3,3) formuliert wurde. Erst die Annahme, daß die Welt 'Spuren Gottes' enthalte, legitimiert bei Wilhelm eine intensive 'Naturwissenschaft'. Insofern als sie aber immer Erklärung von Gottes Willen bleiben muß, wird sie nie frei und neugierig forschen. Im Zusammenhang mit der Erschaffung und Lenkung der Welt durch Gott bezeichnet Wilhelm die dritte Person der Trinität nicht wie üblich als 'Güte', sondern als 'Willen'.[64] *Potentia operandi*, *Sapientia* und *Voluntas* Gottes stehen also am Anfang der Welterschaffung und der *cotidiana dispositio*, nicht Zufall.

4. Die Natur erscheint als komplexes Zusammenspiel von Ereignissen

Seit dem 12. und 13. Jahrhundert setzten regelmäßige, bisweilen sogar monatliche Beobachtungen von Witterung und Vegetation ein, die in den Annalen und Chroniken notiert wurden. Dabei gewann der gewohnte Verlauf der Natur neben der Beschreibung von Extremereignissen ebenfalls an Interesse. Auch Versuche zu 'astronomischen' Wettervorhersagen, vor allem für die Landwirtschaft, wurden seit dem 12. Jahrhundert üblich[65], als das Abendland die von den Arabern weitergepflegte ptolemäische Astro-

59 Emo [Anm. 32], S. 490 (zum Jahr 1219): *Signa igitur causam esse futurorum, crediderunt gentiles, quia, ut dicit beatus Augustinus, superiorem ceteris omnibus causam, id est voluntatem Dei, videre non potuerunt. Voluntas nanque Dei prima et summa est causa omnium specierum et motionum, que etiam propter raritatem mira videntur.* – Vgl. Augustinus: De Trinitate [Aurelii Augustini Opera 16.1]. Hrsg. von W. J. Mountain u. Fr. Glorie. Turnhout 1968 (Corpus Christianorum, Series Latina 50). S. 136.

60 Wilhelm von Conches [Anm. 51], 1, § 6.

61 Wilhelm von Conches [Anm. 51], 1, § 6.

62 Wilhelm von Conches [Anm. 51], 1, § 7.

63 Wilhelm von Conches [Anm. 51], 1, § 7.

64 Wilhelm von Conches [Anm. 51], 1, § 7; vgl. auch 1 § 44.

65 Vgl. Alistair C. Crombie: Von Augustinus bis Galilei. Die Emanzipation der Naturwissenschaft. München 1977. S. 95.

Meteorologie ('Tetrabiblos') rezipierte. Tendenzen, alle Jahreszeiten auch mit als normal betrachteten Charakteristiken zu beschreiben, zeigen die 'Annales Augustani' am Übergang zum 12. Jahrhundert.[66] Erst seither begegnen Reihen von monatlichen Witterungs- und Vegetationsbeschreibungen.[67]

5. Die Natur ist verstandesmäßig faßbar

Nicht nur in mittelalterlichen Wundererzählungen aus Viten, Annalen und Chroniken, sondern auch schon in der antiken Literatur – etwa bei Cicero (De Divinatione 2,58) und Plinius (Naturalis historia 2,147) – gibt es zahlreiche Berichte über den sog. Blutregen. Der Bezug auf Gott ist dabei in der antiken wie in der christlich-mittelalterlichen Literatur kennzeichnend. In den hier untersuchten Quellen trachtet nur ein einziger, namentlich nicht bekannter Mönch aus dem Zisterzienserkloster Great Coggeshal (Essex) im 13. Jahrhundert nach einer rationalen Erklärung für dieses Phänomen. Nach einem Erdbeben in Italien 1223 berichtet der Autor: *Per diem integrum in Italia in plerisque locis sabulum minutum e nubibus pluendo cecidit, quod collectum et in aqua missum speciem sanguinis pretendebat atque in pluribus locis pro admiratione deportatum est, quod effusionem humani sanguinis portendere dicunt*[68].

Der Verfasser schildert also die Beobachtung, es habe 'winzigen Sand' aus den Wolken geregnet. Um diese aufgrund einer Sinneswahrnehmung getroffene Aussage zu überprüfen, führt der Coggeshaler Mönch einen Versuch (*experimentum* im mittelalter-

66 Annales Augustani, in: MGH, Scriptores 3, S. 134 (zum Jahr 1095).

67 Zu der folgenden Aufzählung von Annalen und Chroniken, die regelmäßige Beobachtungen von Witterung und Vegetation enthalten, ist zu bemerken, daß der angegebene Zeitraum jeweils auch von einzelnen Jahren unterbrochen werden kann, in denen derartige Beschreibungen fehlen: Cronica S. Petri Erfordensis moderna, in: MGH, Scriptores 30/1, S. 371–375 (zu den Jahren 1172–1178); Annales Colonienses maximi [Anm. 35], S. 760–847 (zu den Jahren 1143–1237); Annales Parmenses maiores [Anm. 34], S. 691–743 (zu den 1281–1307); Annales Placentini Gibellini, in: MGH, Scriptores 18, S. 563–571 (zu den Jahren 1276–1279); Annales Polonorum, in: MGH, Scriptores 19, S. 637–647 (zu den Jahren 1269–1281); Emo [Anm. 32], S. 454–523 (zu den Jahren 1204–1234); Menko [Anm. 33], S. 523–561 (zu den Jahren 1237–1273); Annales Pragenses I–III, in: MGH, Scriptores 9, S. 172–181 (zu den Jahren 1250–1278), S. 196–198 (zu den Jahren 1280/1281) u. S. 203–208 (zu den Jahren 1282–1283); Cronica Fratris Salimbene de Adam Ordinis minorum, in: MGH, Scriptores 32, S. 1–652 (zu den Jahren 1268–1286); Annales Basileenses [Anm. 8], S. 193–202 (zu den Jahren 1266–1277); Annales Colmarienses maiores [Anm. 9], S. 202–231 (zu den Jahren 1278–1305); Cosmas von Prag, in: MGH, Scriptores 9, S 124–131(zu den Jahren 1121–1125); Anselmi Gemblacensis Continuatio, in: MGH, Scriptores 6, S. 379–384 (zu den Jahren 1124–1134); Sigeberti Continuatio Aquicinctina [Anm. 28], S. 415–421 (zu den Jahren 1174–1182) und S. 429–436 (zu den Jahren 1192–1201). Annales Augustani [Anm. 66], S. 134f. (zu den Jahren 1093–1102); Annales Erphordenses, in: MGH, Scriptores 16, S 30–33 (zu den Jahren 1234–1239 [allerdings mit Unterbrüchen]); Lambert Waterlos [Anm. 12], S. 533–554 (zu den Jahren 1159–1170); Reineri Annales [Anm. 29], S. 651–679 (zu den Jahren 1194–1225 [mit wenigen Ausnahmen durchgehend]).

68 Ex Radulfi abbatis de Coggeshale Historia Anglicana, in: MGH, Scriptores 27, S. 358 (zum Jahr 1223).

lichen, mehrdeutigen Sinn des Wortes) an: Sammle man den 'winzigen Sand' und gebe ihn ins Wasser, so sehe es aus wie Blut; diese Erscheinung nun habe man als Zeichen für das Ausfließen von menschlichem Blut bewundert. Die Formulierung des Annalisten läßt eine Differenzierung zwischen der zeichenhaften Auslegung und der rationalen Erklärung der Erscheinung als Naturphänomen erkennen. Der beschriebene Beweis für die Erkenntnis, es handle sich beim 'Blutregen' um *sabulum minutum*, das aus den Wolken mit dem Regen herabfällt, steht der Argumentation eines Thierry von Chartres, eines Adelard von Bath oder (etwas später) eines Albertus Magnus in nichts nach: Eine aufgrund vorwissenschaftlicher Beobachtung, d. h. einfacher Sinnesanschauung (*secundum sensus experientiam*[69]) aufgestellte Hypothese wird mit Hilfe eines wiederholbaren Versuches unter einer definierten Anordnung verifiziert und deren Richtigkeit aus dem Vergleich zwischen dem ins Wasser gestreuten Staub und dem 'Blutregen' abgeleitet. Der Mönch bedient sich insofern einer logischen Beweisführung, als er vom Bekannten zum Unbekannten vorstößt, sein Vorgehen läßt sich mit dem von Albertus Magnus wenige Jahrzehnte später bestimmten Ziel des Philosophierens vergleichen: 'Die Logik ist also ein Teil dessen, was allgemein Philosophie genannt wird. Sie zielt darauf ab, die Wahrheit alles Staunenerregenden zu erfassen, und zwar nach Maßgabe dessen, wie es möglich ist, sie aus den Seinsbestandteilen der staunenerregenden Sache selbst zu begreifen'[70].

Mit seinem rationalen Ansatz bei der Erklärung des Phänomens 'Blutregen' steht der Annalist allerdings nicht allein, wenn wir den Blick auf andere Quellengattungen ausweiten. Wilhelm von Conches sucht der Erscheinung mit Hilfe der Transmutationslehre auf die Spur zu kommen: Ungewöhnlich starke Verdichtung und durch große Hitze bewirkte Entzündung des Regens erzeugten eine Röte und Dichte des Regens, die diesen als Blut erscheinen ließen. Daß es sich nicht um Blut handle, stellt Wilhelm genauso deutlich wie der Coggeshaler Mönch fest: 'Wenn Leute dies sehen, die von der Physik nichts verstehen, dann sagen sie, es regne Blut'[71]. – Das Substantiv *natura* wird im Kontext mit Naturphänomenen und deren Erklärung in den über 400 untersuchten historiographischen Quellen erst im 12. und 13. Jahrhundert gegenwärtig.[72] Dies zeigt,

---

69 Albertus Magnus: De caelo et mundo. Hrsg. von Paul Hoßfeld. Köln 1971 (Albertus Magnus. Opera omnia 5/1). S. 272 (Lib. 4, Tr. 2, C. 9).

70 *Est igitur logica una partium philosophiae generaliter dictae, quae omnis admirabilis intendit comprehendere veritatem secundum modum, secundum quem possibile est comprehendere eam ex propriis principiis ejus quod admiratur.* Albertus Magnus: Logica. Liber primus de praedicabilibus. Hrsg. von Auguste Borgnet. Paris 1890 (B. Alberti Magni Opera omnia 1). S. 4, Sp. 1 (Tr. 1, C. 2).

71 Wilhelm von Conches [Anm. 51], 3, §10.

72 Vgl. Magni Presbyteri Annales Reicherspergenses, in: MGH, Scriptores 17, S. 460 (zum Jahr 1145); Lambert Waterlos [Anm. 12], S. 553 (zum Jahr 1169); Roberti Canonici S. Mariani Autissiodorensis Chronicon, in: MGH, Scriptores 23, S. 271 (zum Jahr 1206); Emo [Anm. 32], S. 495 (zum Jahr 1221); Menko [Anm. 33], S. 524 (zum Jahr 1237), S. 542 (zum Jahr 1249) u. S. 552

daß der Natur von da an eine eigene Realität und eine relative Autonomie innerhalb der vom Schöpfer gewollten Ordnung zuerkannt wurden. Im personifikatorischen Gebrauch des Nomen *Natura* wurden diese Eigenheiten des Naturbegriffs noch erhöht.

III. Zusammenfassung

Die im 12. und 13. Jahrhundert aufkommenden Tendenzen zur Entsakralisierung der Natur, zur Wahrnehmung der Natur um ihrer selbst willen können anhand folgender Zusammenhänge erkannt werden:

1. Die Naturdeutung orientiert sich in den historiographischen Quellen stärker als zuvor an den Phänomenen selbst; sie ist dementsprechend nicht mehr ausschließlich religiös motiviert.
2. Die Mönche, die sich in ihren Klöstern mit der Geschichtsschreibung befaßten, begannen auf frühere profane Deutungen der Natur zurückzugreifen.
3. Die metaphorische und symbolische Bedeutungsebene tritt in Beobachtungen zurück, in denen das Verhalten von Tieren mit der Witterung in Zusammenhang gebracht wird. Diese weitreichende Entsakralisierung der Wahrnehmung gilt sogar gegenüber Lebewesen, die – wie Kröte, Fledermaus und Taube – in der christlichen Symbolsprache mit dem Teufel bzw. mit Gott identifiziert werden.[73]
4. Aus den ersten drei Punkten geht implizit hervor, daß die Sinneswahrnehmung (und an erster Stelle der Gesichtssinn) in einem Maße aufgewertet wird, daß ihr der Status der alleinigen Erkenntnisquelle zukommt. In den Naturbeschreibungen wird dies explizit in den Verben der Wahrnehmung deutlich, indem man sich nunmehr auf die eigene Anschauung und auf das Ich als Referenz der Aussage über die Natur stützt. Mit dem Bezug auf die eigene Sinneserfahrung verbindet sich eine Emanzipation des Ichs zu einem neuen Selbstverständnis.

Diese neuen Formen der Naturwahrnehmung, wie sie in der Historiographie des 12. und 13. Jahrhunderts begegnen, bereiteten den fundamentalen Thesen des aristotelischen Natur-Konzepts eine günstige Aufnahme. Insbesondere die Bereitschaft, die Natur verstandesmäßig zu erfassen, und die positive Einstellung gegenüber dem Gesichtssinn als Erkenntnisquelle stehen den erkenntnistheoretischen Voraussetzungen der aristotelischen Naturphilosophie entschieden näher als der grundsätzlich ablehnenden Haltung des Augustinus. Die Darstellung von Erscheinungen der belebten und unbelebten Natur zeugt davon, daß bei den klösterlichen Geschichtsschreibern ein Frageinteresse, ein Bedürfnis nach Erklärungen über die Natur vorhanden war. Zu den im Verständnis von

---

(zum Jahr 1267); Cronica fratris Salimbene de Adam ordinis Minorum [Anm. 67], S. 547 (zum Jahr 1284).

73 Vgl. Annales Colmarienses maiores [Anm. 9], S. 210 (zum Jahr 1283); Descriptio Alsatiae, in: MGH, Scriptores 17, S. 238.

Geschichte als Heilsgeschichte wurzelnden Motivationen für die schriftliche Überlieferung von Naturbeobachtungen und -ereignissen trat also seit dem 12. Jahrhundert neu das Interesse an der Natur an sich hinzu. Diese 'Entdeckung der Natur' hat nicht nur in der sog. Schule von Chartres und innerhalb der Universitäten, sondern insbesondere auch im Bereich der Klosterkultur stattgefunden. Zwischen den intellektuellen Beschäftigungen im mönchischen Leben und der neuen Wissenschaft an der Universität ist nämlich keine scharfe Trennlinie zu ziehen; dies um so weniger, als personelle wie institutionelle Verflechtungen zwischen der klösterlichen Welt – auch die Mönche verfügten in ihren Bibliotheken über aristotelische und pseudo-aristotelische naturphilosophische Schriften – und den an der Universität ausgebildeten bzw. tätigen Gelehrten bestanden.[74]

74 Vgl. hierzu Rainer C. Schwinges: Deutsche Universitätsbesucher im 14. und 15. Jahrhundert. Studien zur Sozialgeschichte des Alten Reiches. Stuttgart 1986.

SUSANN EL KHOLI

Skizzen zur Naturbildlichkeit in den Briefen Hildegards von Bingen

Natur und Naturrezeption lassen sich bei Hildegard von Bingen nicht nur im Kontext ihrer medizinischen und naturwissenschaftlichen Werke[1] verifizieren, sondern – auf ganz anderer Ebene – auch in ihrer Korrespondenz.[2] Darin werden Bilder u. a. aus verschiedenen Bereichen der Natur instrumentalisiert, um einzelne Inhalte zu verdeutlichen. An ausgewählten Beispielen sollen im Folgenden – da vermehrt auftretend – zunächst die Bereiche Himmelskörper, Tageszeiten und Witterungserscheinungen, sodann die Tierwelt besprochen werden.

1. Himmelskörper, Tageszeiten, Witterungserscheinungen

Die Bandbreite der Himmelskörper ist mit Sonne, Mond und Sternen vollständig vertreten. Ganz traditionell findet sich die Sonne als Christussymbol, so mit der auf Mal 3,20 zurückgehenden und seit Clemens von Alexandria in der Literatur vermehrt auftretenden Bezeichnung 'Sonne der Gerechtigkeit' in Ep. 5. Der Adressat Papst Eugen III., so

1 Vgl. hierzu Christel Meier: Hildegard von Bingen. In: Verfasserlexikon. Bd. 3 (^{2}1981). Sp. 1257–1280, hier Sp. 1271–1273 (7.); Rosel Termolen: Hildegard von Bingen. Biographie. Augsburg 1997. S. 205–227; Régine Pernoud: Hildegard von Bingen. Ihre Welt. Ihr Wirken. Ihre Vision. Freiburg, Basel, Wien ^{2}1997. S. 109–121; Änne Bäumer: Wisse die Wege. Leben und Werk Hildegards von Bingen. Eine Monographie zu ihrem 900. Geburtstag. Frankfurt a. M. u. a. ^{2}2000. S. 203–307.

2 Hildegardis Bingensis Epistolarium. Bd. 1–2 hrsg. von Lieven van Acker, Bd. 3 hrsg. von Dems. u. Monika Klaes-Hachmöller. Turnhout 1991–2001 (Corpus Christianorum, Continuatio Mediaevalis 91, 91A, 91B). – Übers.: Hildegard von Bingen. Briefwechsel. Nach den ältesten Handschriften übersetzt und nach den Quellen erläutert von Adelgundis Führkötter. Salzburg ^{2}1990 [Auswahl]; Hildegard von Bingen. Im Feuer der Taube. Die Briefe. Erste vollständige Ausgabe. Übersetzt u. hrsg. von Walburga Storch. Augsburg 1997. Alle nachfolgenden Übersetzungen aus Hildegard-Briefen nach dieser Ausgabe.

wünscht Hildegard, möge selbst mit dieser Sonne leuchten.[3] Abt Adam von Ebrach wird in Ep. 85R/A gesagt, daß er durch Ausübung von Tugenden wie Demut und Liebe sowie pflichtgemäße Amtsführung 'an der Sonne bleiben werde'.[4] Mit einer göttlichen Eigenschaft wird die Sonne auch in Ep. 85R/B in Zusammenhang gebracht: Hildegard legt demselben Adressaten hier dar, daß 'die Gnade Gottes wie die Sonne leuchte'.[5] Den Adressaten von Ep. 15R – vermutlich dem Kölner Klerus – wird vorgehalten, daß 'dem Firmament der göttlichen Gerechtigkeit in ihnen' das Licht der Sonne – und damit das Wesentliche – fehle.[6]

---

3 Hildegardis, Ep. 5 [Anm. 2], S. 12, 2. – Zu Ep. 5 vgl. Mariana Schrader u. Adelgundis Führkötter: Die Echtheit des Schrifttums der heiligen Hildegard von Bingen. Quellenkritische Untersuchungen. Köln, Graz 1956 (Archiv für Kulturgeschichte, Beiheft 4). S. 114; Hildegard von Bingen. Briefwechsel [Anm. 2], S. 34–37; Lieven van Acker: Der Briefwechsel der heiligen Hildegard. Vorbemerkungen zu einer kritischen Ausgabe. In: Revue Bénédictine Bd. 98 (1988). S. 141–168 u. Bd. 99 (1989). S. 118–154, hier S. 120 mit Anm. 134; Termolen [Anm. 1], S. 167 u. 175; Rudolf Holbach: Hildegard von Bingen und die kirchlichen Metropolen Mainz, Köln und Trier. In: Alfred Haverkamp (Hg.): Hildegard von Bingen in ihrem historischen Umfeld. Internationaler wissenschaftlicher Kongreß zum 900jährigen Jubiläum, 13.–19. September 1998, Bingen am Rhein. Mainz 2000. S. 71–115, hier S. 77 u. 85; Ursula Vones-Liebenstein: Hildegard von Bingen und der „ordo canonicus". In: Rainer Berndt (Hg.): „Im Angesicht Gottes suche der Mensch sich selbst". Hildegard von Bingen (1098–1179). Berlin 2001 (Erudiri sapientia. Studien zum Mittelalter und seiner Rezeption 2). S. 213–240, hier S. 221 u. 231; Bäumer [Anm. 1], S. 66f. – Zu Papst Eugen III. vgl. Johannes Laudage: Eugen III. In: Lexikon für Theologie und Kirche [LThK]. Bd. 3 (^{3}1995). Sp. 981; W[erner] Maleczek: Eugen III. In: Lexikon des Mittelalters [LexMA]. Bd. 4 (1989). Sp. 78–80. – Zur Sonnensymbolik vgl. Gerhart B. Ladner: Handbuch der frühchristlichen Symbolik. Gott. Kosmos. Mensch. Wiesbaden 1996. S. 36, 38 u. 53; J[osef] Engemann: Sonne, Sonne und Mond. In: LexMA Bd. 7 (1995). Sp. 2049f.; Bernhard Domagalski u. Doris Gerstl: Sonne, I.–II. In: LThK Bd. 9 (^{3}2000). Sp. 723–725; H[einrich] Laag: Sonne. In: Lexikon der christlichen Ikonographie [LCI]. Bd. 4 (1972). Sp. 175–178.

4 Hildegardis, Ep. 85R/A [Anm. 2], S. 205,79 – 206,88. – Zu Ep. 85R/A vgl. Termolen [Anm. 1], S. 189; Bäumer [Anm. 1], S. 78f. – Zu Demut und Liebe vgl. Paul Deselaers, Josef Weismayer u. Günter Virt: Demut, I.–III. In: LThK Bd. 3 (^{3}1995). Sp. 89–92; Thomas Söding, Joachim Drumm u. Konrad Hilpert: Liebe, III.–V. In: LThK Bd. 6 (^{3}1997). Sp. 910–920; J[ohann] Auer: Demut. In: LexMA Bd. 3 (1986). Sp. 693f.; L[udwig] Hödl u. P[eter] Dinzelbacher: Liebe, I.–II. In: LexMA Bd. 5 (1991). Sp. 1963–1967.

5 Hildegardis, Ep. 85R/B [Anm. 2], S. 207, 30f. – Zu Gnade vgl. Friedrich Diederich u. a.: Gnade, II. u. IV.–VI. In: LThK Bd. 4 (^{3}1995). Sp. 763–785; L[eo] Scheffczyk: Gnade, 1. In: LexMA Bd. 4 (1989). Sp. 1519–1521.

6 Hildegardis, Ep. 15R [Anm. 2], S. 37, 89f. – Zu Ep. 15R vgl. Susann El Kholi: Between Claim and Reality: the Clergy in the Correspondence of Hildegard of Bingen. In: Karla Pollmann (Hg.): Double Standards in the Ancient and Medieval World. Göttingen 2000 (Göttinger Forum für Altertumswissenschaften, Beihefte). S. 167–183, hier S. 168 (Lit.) u. 176f.; Holbach [Anm. 3], S. 103f.; Termolen [Anm. 1], S. 233; Elisabeth Stein: Das „pentachronon" Gebenos von Eberbach. Das Fortleben der Visionstexte Hildegards von Bingen bis ins 15. Jahrhundert. In: Berndt [Anm. 3], S. 577–591, hier S. 583; Bäumer [Anm. 1], S. 36f.

Auf den Morgenstern, ebenfalls ein traditionelles Christussymbol[7], wird in Hildegards Schreiben an Papst Alexander III. rekurriert. An ihn hatte sie sich mit der Bitte um Vermittlung im Streit mit dem Männerkonvent vom Disibodenberg um einen Propst gewandt. Alexander möge nun in der Kirche, die durch die Finsternis der Spaltung verwirrt ist, der Morgenstern sein, der dem Tageslicht vorauseilt.[8] Sterne, schon im Alten Testament Symbole der Schöpfungsordnung[9], finden sich auch in Ep. 16R im Zusammenhang gottgewollter Ordnung: Erzbischof Philipp von Köln (1167–1191) wird – so Hildegard – wegen seines Bischofsamtes ein 'heller Stern' genannt, kommt diesem Ideal aber nicht nach. Er verbirgt sein Licht, das sinnbildlich für die 'Worte der Gerechtigkeit' – also für Gott – steht, da er befürchtet, die Freundschaft seiner Untergebenen durch Mahnungen zu verlieren, und so lieber schweigt.[10] Idealiter soll Philipp jedoch, wie Hildegard an anderer Stelle ihres Briefes deutlich macht, 'auf dem Weg der Gerechtigkeit voranleuchten'.[11] Eingehend legt sie ihm die Pflichten seines Hirtenamtes dar und zeigt auf, wie er sich zu verhalten habe.[12] Schließlich kehrt die Äbtissin vom Rupertsberg zur Metaphorik des Ausgangspunktes zurück und stellt dem Kölner Oberhirten im Fall einer Befolgung ihrer Ratschläge in Aussicht, auf diese Weise als heller Stern in der ewigen Seligkeit zu strahlen.[13] Auch in dem Schreiben an Philipps Amtsbruder, Erzbischof Hartwig von Bremen, findet diese Bildlichkeit Verwendung: Hartwig solle 'ein heller Stern sein, der den verdorbenen Menschen in der nächtlichen Finsternis leuchtet'.[14] Eine Gleichsetzung mit Sonne, Mond und Sternen 'am Firmament

---

7 Zur Symbolik des Morgensterns vgl. Ladner [Anm. 3], S. 240; Herder-Lexikon der Symbole. Freiburg, Basel, Wien ^{4}1996. S. 113f. s. v.

8 Hildegardis, Ep. 10 [Anm. 2], S. 24, 19f. – Zu Ep. 10 vgl. Pernoud [Anm. 1], S. 83; Termolen [Anm. 1], S. 167 u. 176f.; Alfred Haverkamp: Hildegard von Disibodenberg-Bingen. Von der Peripherie zum Zentrum. In: Haverkamp [Anm. 3], S. 15–69, hier S. 66f.; Bäumer [Anm. 1], S. 39. – Zu Papst Alexander III. vgl. Johannes Laudge: Alexander III. In: LThK Bd. 1 (^{3}1993). Sp. 367f.; G[eorg] Schwaiger: Alexander III. In: LexMA Bd. 1 (1980). Sp. 372.

9 Zur Symbolik der Sterne vgl. Gerhard Voss: Sterne, Sternenkult. In: LThK Bd. 9 (^{3}2000). Sp. 992; M[arion] Grams-Thieme: Sterne, Sternbilder. In: LexMA Bd. 8 (1997). Sp. 135–137, hier Sp. 135; O[skar] Holl: Stern, Sterne. In: LCI Bd. 4 (1972). Sp. 214–216, hier Sp. 214 (I. D); Herder-Lexikon der Symbole [Anm. 7], S. 162 s. v.; Ladner [Anm. 3], S. 52–54, 82, 99f. u. 221.

10 Hildegardis, Ep. 16R [Anm. 2], S. 49, 13–50, 18. – Zu Ep. 16R vgl. El Kholi [Anm. 6], S. 167f. (Lit.) u. 177; Michael Embach: Beobachtungen zur Überlieferungsgeschichte Hildegards von Bingen im späten Mittelalter und in der frühen Neuzeit. Mit einem Blick auf die Editio princeps des „Scivias". In: Berndt [Anm. 3], S. 401–459, hier S. 413. – Zu Philipp von Heinsberg vgl. H[ubert] Seibert: Philipp I. In: LexMA Bd. 6 (1993). Sp. 2074f.

11 Hildegardis, Ep. 16R [Anm. 2], S. 50, 35.

12 Hildegardis, Ep. 16R [Anm. 2], S. 49, 13–50, 35.

13 Hildegardis, Ep. 16R [Anm. 2], S. 50, 36–44.

14 Hildegardis, Ep. 12 [Anm. 2], S. 27, 7f. – Zu Ep. 12 vgl. Hildegard von Bingen. Briefwechsel [Anm. 2], S. 100; Holbach [Anm. 3], S. 80f.; Vones-Liebenstein [Anm. 3], S. 221; Bäumer [Anm. 1], S. 19f. – Zu Hartwig von Bremen vgl. Helmuth Kluger: Hartwig I. v. Bremen-Hamburg. In: LThK Bd. 4 (^{3}1995). Sp. 1202; B[ernd] Schneidmüller: Hartwig I. In: LexMA Bd. 4 (1989). Sp. 1947.

der Gerechtigkeit und des göttlichen Gesetzes' liegt im Fall der Adressaten von Ep. 15R vor. Diese erfüllen aufgrund ihres Verhaltens diesen Anspruch allerdings nicht, sondern 'liegen wie Tote da'.[15] Nicht eingeschränkt auf Adressaten geistlichen Standes, sondern bezogen auf alle Menschen begegnen diese Himmelskörper an anderer Stelle. Ganz allgemein legt Hildegard hier dar, daß 'Gott den Menschen dem Firmament ähnlich gemacht habe, das Sonne, Mond und Sterne trägt, damit sie der ganzen Schöpfung leuchten und die Zeitabschnitte anzeigen'.[16]

Unter den Tageszeiten findet sich mit der Morgenröte, hier als Morgenröte der Gerechtigkeit näher bestimmt, wiederum ein Christussymbol.[17] Sie wird aufgehen, wenn die Fürsten und andere angesehene Personen Häretiker bekämpfen.[18] Anderweitig wird die Morgenröte auch zur Umschreibung einer positiven Eigenschaft verwendet: So sieht Hildegard in der Seele des Abtes von Busendorf drei Farben, darunter 'ein rötliches Morgenrot' gleichsam als Ausdruck 'der Gutwilligkeit und des zu Gott eilenden Seufzers'.[19]

In ihrem Schreiben an die fünf burgundischen Äbte macht die Visionärin von dem Gegensatzpaar Tag/Nacht Gebrauch, das hier auf die Überwindung des Bösen durch das Gute im Menschen angewendet wird. Der Mensch, so erläutert sie, ist wie Tag und Nacht. Wenn der Tag im Menschen die Nacht überwältigt, wird der Mensch ein guter Streiter genannt, weil er in kriegerischer Tapferkeit das Böse besiegt. Die Adressaten werden daher aufgefordert, Christus am Tage Kriegsdienst zu leisten; den negativ konnotierten Dunst, der den Tag verhüllt, sollen sie ebenso wie die nächtlichen Nachstellungen fliehen. Dem Idealzustand entspricht es, so zu sein wie der Tag, der frühmorgens vom fallenden Tau benetzt wird und sich später zu angenehmer Temperatur mildert. Dazu gehört konkret ein Handeln, das an Vernunft und *discretio* – eine monastische Grundtugend, die im Gesamtwerk Hildegards eine zentrale Stellung einnimmt – orientiert ist.[20] Auch Erzbischof Hermann von Konstanz, der seinen Seelsorgepflichten nicht angemessen nachkommt und dessen 'großsprecherische Aufgeblasenheit' gerügt wird, 'wandelt im Finstern'.[21] Mit 'Finsternis' wird ferner der Kölner Domklerus

15 Hildegardis, Ep. 15R [Anm. 2], S. 39, 156f.

16 Hildegardis, Ep. 61R [Anm. 2], S. 143, 6–9.

17 Zur Symbolik der Morgenröte vgl. Herder-Lexikon der Symbole [Anm. 7], S. 113 s. v.; Ladner [Anm. 3], S. 120 u. 240f.

18 Hildegardis, Ep. 15R [Anm. 2], S. 43, 256–258.

19 Hildegardis, Ep. 72R [Anm. 2], S. 158, 5–7.

20 Hildegardis, Ep. 70R [Anm. 2], S. 155, 35–42. – Zu Ep. 70R vgl. Hildegard von Bingen. Briefwechsel [Anm. 2], S. 146; Benoit Chauvin: Hildegard de Bingen et les Cisterciens. Notes sur les epistolae LXX et LXX R. In: Cîteaux 46 (1995). S. 159–164. – Zur Tag/Nacht-Symbolik vgl. J[oachim] Poeschke: Tageszeiten / Tag und Nacht. In: LCI Bd. 4 (1972). Sp. 237–239; Herder-Lexikon der Symbole [Anm. 7], S. 115 u. 165 s. v.; Ladner [Anm. 3], S. 70f. u. 83f.

21 Hildegardis, Ep. 35R [Anm. 2], S. 94, 4. 9–11. – Zu Ep. 35R vgl. Hildegard von Bingen. Briefwechsel [Anm. 2], S. 59; demnächst Susann El Kholi: Individuen: Hildegard von Bingen und ihre Korrespondenten [Erscheint in: Archiv für mittelrheinische Kirchengeschichte]. – Zu Hermann von Konstanz vgl. Hildegard von Bingen. Briefwechsel [Anm. 2], S. 57f. – Zur *discretio* bei Hil-

gleichgesetzt, der dem erwähnten Anspruch, Sonne, Mond und Sterne zu sein, nicht nachkommt. Die Visionärin sagt ihm zudem ganz explizit: 'Ihr müßtet Tag sein und seid Nacht'.[22]

Die Witterungserscheinungen sind mit zahlreichen Einzelphänomenen nachweisbar, darunter die Wolken.[23] In Ep. 5 an Papst Eugen werden Untergebene der Prälaten, die das Gebot der Keuschheit mißachten, als 'schwarze Wolken' bezeichnet.[24] Ebenfalls mit dem negativ konnotierten Epitheton 'schwarz' erscheint die Wolke in Ep. 61R ganz allgemein als Ausdruck des Schlechten. Würde eine solche Wolke das für die Schöpfung stehende Firmament mit Sonne, Mond und Sternen bedecken, müßte die Kreatur ihr Ende befürchten.[25] Positiv hingegen ist die Wolke mit dem Beiwort 'saphirfarben' in dem Schreiben an die Äbtissin von Herkenrode. Saphir, ein 'Baustein' des himmlischen Jerusalem, gilt wegen seiner blauen Farbe traditionell als Symbol des Himmels und ist bei Hildegard die Farbe, die für Christus verwendet wird. Die Adressatin soll dafür Sorge tragen, daß diese Wolke nicht durch Unbeständigkeit – die im Widerspruch zur *stabilitas* steht – verdeckt wird.[26]

Der Wind und seine gesteigerte Form Sturm, die neben der positiven Symbolik des göttlichen Geistes wegen ihrer Heftigkeit und Flüchtigkeit auch negativ konnotiert sein können, finden sich in negativer Ausformung.[27] Sie können isoliert oder in Verbindung mit anderen Witterungserscheinungen auftreten und werden zur Beschreibung der inneren Befindlichkeit eines Menschen eingesetzt. So wird in dem Schreiben an Propst

degard vgl. Otto Betz: Wirken mit Augenmaß. 'Opus / Operatio' und 'Discretio'– Schlüsselbegriffe im Denken Hildegards. In: Hildegard von Bingen. Prophetin durch die Zeiten. Zum 900. Geburtstag hrsg. von Äbtissin Edeltraud Forster und dem Konvent der Benediktinerinnenabtei St. Hildegard, Eibingen. Freiburg, Basel, Wien 1997. S. 238–248; Angela Carlevaris: Hildegard von Bingen. Urbild einer Benediktinerin? In: Hildegard von Bingen. Prophetin durch die Zeiten. [w. o.], S. 87–108, hier S. 98f.

22 Hildegardis, Ep. 15R [Anm. 2], S. 39, 155–157.

23 Zur Symbolik der Wolke vgl. Herder-Lexikon der Symbole [Anm. 7], S. 185 s. v.; Ladner [Anm. 3], S. 25, 49, 51–53, 56, 88 u. 214.

24 Hildegardis, Ep. 5 [Anm. 2], S. 12, 8f. – Zur Symbolfarbe Schwarz vgl. Red[aktion]: Farbensymbolik. In: LCI Bd. 2 (1970). Sp. 7–14, hier Sp. 10; Hans-Peter Müller, Hans-Walter Stork u. Hermann Reifenberg: Farben, Farbsymbolik, I.–III. In: LThK Bd. 3 (^{3}1995). Sp. 1179–1181, hier Sp. 1180; R[udolf] Suntrup: Farben, Färber, Farbensymbolik, III. In: LexMA Bd. 4 (1989). Sp. 289–291, hier Sp. 290; Herder-Lexikon der Symbole [Anm. 7], S. 149 s. v.; Ladner [Anm. 3], S. 113. – Zur Keuschheit vgl. Birgit Heller u. Heinz Giesen: Keuschheit, I.–II. In: LThK Bd. 5 (^{3}1995). Sp. 1418f.; L[udwig] Hödl: Jungfräulichkeit. In: LexMA Bd. 5 (1991). Sp. 808f.

25 Hildegardis, Ep. 61R [Anm. 2], S. 143, 7–10.

26 Hildegardis, Ep. 117R [Anm. 2], S. 290, 1–7. – Zu Ep. 117R vgl. El Kholi [Anm. 6], S. 174f. u. 177 (Lit.). – Zu *stabilitas* vgl. (Emmanuel v. Severus) u. Angelus A. Häussling: Stabilitas. In: LThK Bd. 9 (^{3}2000). Sp. 909f.; Georg Schwaiger: Stabilität, Stabilitas loci. In: Ders. (Hg.): Mönchtum, Orden, Klöster. Ein Lexikon. München 1993. S. 415. – Zum Saphir allgemein vgl. Herder-Lexikon der Symbole [Anm. 7], S. 137 s. v.; zum Saphir speziell bei Hildegard vgl. Bäumer [Anm. 1], S. 301–303.

27 Zur Symbolik des Windes vgl. Herder-Lexikon der Symbole [Anm. 7], S. 184 s. v.

Andreas von Averbode die Erschütterung durch Schwierigkeiten bei der Lenkung des Konvents mit der Einschüchterung durch einen Sturm verglichen.[28] Ähnlich ist es im Fall der Äbtissin Sophia von Altwick, die mit Schwierigkeiten zu kämpfen hatte und Hildegard um Rat fragte, ob sie ihr Amt niederlegen solle.[29] Hildegard sagt in ihrem Antwortschreiben, Sophias Geist eile 'durch die lärmenden Gewohnheiten derer, die nicht vor Gott leuchten', wechselhaft wie Wolken, die ein Sturm umhertreibt, dahin.[30] Auch die abgeschwächte Form des Windes, der Windhauch, findet sich in ähnlichem Kontext. So wird der Geist eines Mönchs aus Bischofsberg wegen einer nicht näher erklärten 'Unruhe seines Herzens' mit einem Windhauch verglichen, der auf den Wechsel von Sonnenschein und Unwetter reagiert.[31] Positiver hingegen sieht Hildegard den ebenfalls namentlich unbekannten Propst von Bonn, dessen Zustand ex negativo mit einer ganzen Fülle von Witterungserscheinungen beschrieben wird, jedoch ohne Wind und Sturm explizit zu nennen. In der Beherrschung seines Temperaments gleicht der Propst einer Witterung, die 'selten heiter und auch nicht sehr gefährlich ist'. Sein Geist ähnelt einer Wolke, die keinen Hagel und Regen bringt, sondern von der Sonne zerteilt wird. Er ist vor leichtfertigen Worten und Sitten sicher und hat daher 'keine Wolke mit Hagel wie Zorn und keinen Streit wie Regen'. Dennoch bedarf er der Mahnung: Er wird angehalten, sich in guten Werken zu üben.[32] Wind und Sturm sind ferner in anderen Zusammenhängen nachweisbar. In einem 'Wirbelsturm der Strafe Gottes' biegen sich diejenigen, die bisweilen durch Hochmut fallen, sich aber wieder erheben.[33] Als Medium des Teufels findet sich der Wind in Junktur mit anderen Witterungserscheinungen, die auch im Volksglauben mit bösen Geistern in Zusammenhang gebracht werden: Mit Hilfe von Wind, Blitz und Donner will der Teufel die Menschen so beeinflussen, daß sie all seine Wünsche erfüllen.[34]

Uneingeschränkt positiv hingegen ist der oben bereits en passant erwähnte Tau, 'ein Einfluß des Himmels auf die Erde'. So wünscht Hildegard ihrem Korrespondenten Hartwig von Bremen den 'Segen vom Tau des Himmels'[35] und an anderer Stelle den

28 Hildegardis, Ep. 54 [Anm. 2], S. 132, 1–6. – Zu Ep. 54 vgl. van Acker 1989 [Anm. 3], S. 144.

29 Hildegardis, Ep. 50 [Anm. 2], S. 121, 1–122, 25. – Zu Ep. 50 vgl. Giles Constable: Hildegard's Explanation of the Rule of St Benedict. In: Haverkamp [Anm. 3], S. 163–187, hier S. 185.

30 Hildegardis, Ep. 50R [Anm. 2], S. 122, 2–6. – Zu Ep. 50R vgl. Termolen [Anm. 1], S. 187; Constable [Anm. 29], S. 185.

31 Hildegardis, Ep. 65 [Anm. 2], S. 148, 1–3.

32 Hildegardis, Ep. 66R [Anm. 2], S. 150, 18–28. – Zu Ep. 66R vgl. van Acker 1989 [Anm. 3], S. 148.

33 Hildegardis, Ep. 83R [Anm. 2], S. 187, 19–188, 23. – Zu Ep. 83R vgl. John van Enghen: Letters and the public Persona of Hildegard of Bingen. In: Haverkamp [Anm. 3], S. 375–418, hier S. 414.

34 Hildegardis, Ep. 15R [Anm. 2], S. 40, 194–196. – Zu Blitz und Donner vgl. Stegemann: Blitz. In: Handwörterbuch des deutschen Aberglaubens. Bd. 1 (1927). Sp. 1399–1419, hier Sp. 1415f.

35 Hildegardis, Ep. 12 [Anm. 2], S. 28, 41.

Tau der göttlichen Gnade auf die Fürsprache der Heiligen hin.[36] In Junktur mit dem in verwandter Symbolik bekannten Regen, der bereits negativ genannt wurde, findet sich der Tau –ebenfalls im Kontext der Gnade Gottes – auch in Ep. 85R/B. Hildegard belehrt ihren Adressaten hier darüber, daß die Gnade Gottes über sein Wirken in seinem Konvent 'kraft ihrer Gaben die Wirksamkeit des guten Willens' sendet und es 'durch Tau und Regen grünen läßt'.[37] Der traditionell positiv konnotierte Schnee, wegen seiner Farbe u. a. ein Symbol der Reinheit, findet sich auch bei Hildegard in positivem Zusammenhang. In Ep. 85R/A beschreibt die Äbtissin vom Rupertsberg die äußere Erscheinung der Personifikation der göttlichen Tugend Liebe. Diese trägt einen Mantel, dessen Farbe 'weißer als Schnee und klarer als die Sterne' ist, da frei von Heuchelei und durch strahlendweiße Unschuld gekennzeichnet.[38]

2. Tierwelt

Die Belege aus der Tierwelt sind nicht immer eindeutig zu klassifizieren, bei einer Zuordnung ergeben sich häufig Überschneidungen. Deutlich läßt sich jedoch eine Gruppe mit ganz traditionellen Elementen, die aus der biblischen und theologischen Tradition vorgegeben sind, erkennen: darunter die seit der Patristik für Christus stehenden Metaphern Einhorn[39] und Widder[40] sowie der zum Quell des lebendigen Wassers eilende Hirsch, der in Anlehnung an Ps 41, 2 ein Bild für den zu Gott strebenden Gläubigen ist. Diesem Ideal soll nach Hildegards Mahnung auch Erzbischof Hartwig von Bremen entsprechen.[41]

---

36 Hildegardis, Ep. 13R [Anm. 2], S. 31, 29–31. – Zu Ep. 13R vgl. Hildegard von Bingen. Briefwechsel [Anm. 2], S. 99f.; Vones-Liebenstein [Anm. 3], S. 222 u. 230; Bäumer [Anm. 1], S. 22. – Zum Tau vgl. Herder-Lexikon der Symbole [Anm. 7], S. 166 s. v. (Zit.).

37 Hildegardis, Ep. 85R/B [Anm. 2], S. 207, 37–39. – Zu Ep. 85 R/B vgl. van Acker 1989 [Anm. 3], S. 141. – Zu Regen vgl. Peter Gerlitz: Regen. In: LThK Bd. 8 ([3]1999). Sp. 963; Herder-Lexikon der Symbole [Anm. 7], S. 131 s. v.

38 Hildegardis, Ep. 85R/B [Anm. 2], S. 203, 3f. u. 204, 24–26.

39 Hildegardis, Ep. 77R [Anm. 2], S. 19, 50. – Zu Einhorn vgl. Doris Gerstl: Einhorn. In: LThK Bd. 3 ([3]1995). Sp. 552; Ch[ristian] Hünemörder, D[irk] Kocks u. K[laus] Wessel: Einhorn, I.–III. In: LexMA Bd. 3 (1986). Sp. 1741f.; A[ndreas] Vizkelety: Einhorn. In: LCI Bd. 2 (1968). Sp. 590–593; Herder-Lexikon der Symbole [Anm. 7], S. 41 s. v.; Ladner [Anm. 3], S. 124.

40 Hildegardis, Ep. 78R [Anm. 2], S. 178, 71f. – Zu Widder vgl. J[osef] Engemann: Widder. In: LexMA Bd. 9 (1998). Sp. 63; S[igrid] Braunfels: Widder. In: LCI Bd. 4 (1972). Sp. 526–528, hier Sp. 527; Herder-Lexikon der Symbole [Anm. 7], S. 183 s. v.

41 Hildegardis, Ep. 12 [Anm. 2], S. 27, 8f. – Zu Hirsch vgl. Bernhard Domagalski: Hirsch. In: LThK Bd. 5 ([3]1996). Sp. 152; P[eter] Gerlach: Hirsch: In: LCI Bd. 2 (1970). Sp. 286–289; Ladner [Anm. 3], S. 22, 129, 138 u. 213; Herder-Lexikon der Symbole [Anm. 7], S. 75 s. v.

Einen eigenen Komplex bildet die allgemein reich belegte Symbolik des Schafes oder der Schafherde sowie die zugehörige Vorstellung vom Hirten der Schafe.[42] Diese Bildlichkeit findet sich in verschiedenen Zusammenhängen und auf allen Ebenen der geistlichen Hierarchie vom Papst bis zum Abt. Gerne wird diese Vorstellung im Kontext von Aufrufen zur ordnungsgemäßen Ausübung des Hirtenamtes eingesetzt, so z. B. bei Papst Eugen, den Hildegard an seine Pflichten gegenüber dem schwer bedrängten Mainzer Erzbischof Heinrich erinnert.[43] Bischof Cunrad von Worms trägt, wie Hildegard ihm schreibt, zur Lenkung seiner Schafe einen eisernen Stab in der Hand. Dies allein genügt jedoch nicht; notwendig sind auch der von Hildegard angemahnte Blick auf Christus und die Tugenden. Ein Hirte ist nämlich erst dann gut, so legt die Äbtissin erklärend dar, 'wenn seine guten Werke stets blühen', er also ein Vorbild ist und seine Schafe 'auf der richtigen Grünfläche weidet'.[44] Andererseits kann auch ein Bischof nicht nur in der Rolle des Hirten, sondern auch als Schaf, das von Gott als dem obersten Hirten geweidet wird, erscheinen. So wird Gunther von Speyer mit einer Anspielung auf Mt 18, 12 und Lc 15, 4 gesagt, Gott suche in ihm, 'was einst seine Aufmerksamkeit auf die Heimholung des verlorenen Schafes lenkte'.[45] Die unangemessene Amtsführung eines Abtes ist beispielsweise Ep. 118 zu entnehmen – einem Brief, der an den Vorsteher von Himmerod gerichtet ist. Der Adressat überschritt seine Kompetenzen, wie die der Visionärin geoffenbarten Worte 'Du Mensch, hüte dich höher hinaufzusteigen, als deine Möglichkeit reicht' nahelegen und was auch im Folgenden deutlich wird: Er ließ die bereits erwähnte *discretio*, die nach der Benediktregel 64, 19 dem Abt eigen sein sollte, vermissen und ging beim Tadeln der ihm Untergebenen über das zulässige Maß hinaus. Die Konsequenzen führt ihm Hildegard deutlich vor Augen: Ein Hirt, 'der den Stab der Zurechtweisung ohne Maßhaltung ergreift, mißfällt Gott und wird auch von seinen Schafen nicht geliebt, sondern gehaßt'.[46] Schließlich sei noch Ep. 52R erwähnt. Zur Rechtfertigung der strengen Auswahl ihrer eigenen Klostergemeinschaft sagt Hildegard hier in Anlehnung an die Benediktregel 28, 8, wo eine bei Hieronymus nach-

42 Zu der Vorstellung vom guten Hirten vgl. Bernd Willmes, Josef Zmijewski u. Genoveva Nitz: Hirt, Guter Hirt, I.–III. In: LThK Bd. 5 (^{3}1996). Sp. 155–158; J[osef] Engemann: Guter Hirt. In: LexMA Bd. 4 (1989). Sp. 1802f.; A[nton] Legner: Hirt, Guter. In: LCI Bd. 2 (1970). Sp. 289–299.

43 Hildegardis, Ep. 5 [Anm. 2], S. 12, 20 u. 13, 34–49.

44 Hildegardis, Ep. 45R [Anm. 2], S. 113, 1–6. – Zu Ep. 45R vgl. Hildegardis Epp. [Anm. 2], S. XIII.

45 Hildegardis, Ep. 41R [Anm. 2], S. 106,3f. – Zu Ep. 41R vgl. El Kholi [Anm. 6], S. 171, Anm. 28.

46 Hildegardis, Ep. 118 [Anm. 2], S. 291, 6–17. – Zu Ep. 118 vgl. El Kholi [Anm. 6], S. 175f. u. 177; Franz J. Felten: Zum Problem der sozialen Zusammensetzung von alten Benediktinerklöstern und Konventen der neuen religiösen Bewegung. In: Haverkamp [Anm. 3], S. 189–235, hier S. 54 u. 57.

weisbare Ausprägung dieses Motivs vorliegt[47]: 'Auch muß man ein räudiges Schaf beseitigen, damit nicht die ganze Herde angesteckt wird'.[48]

Auch die Taube, das Symbol des Heiligen Geistes und seiner Gaben, findet in Brieftexten zur geistlichen Amtsführung Verwendung. Erzbischof Philipp von Köln gegenüber legt Hildegard dar, daß es den Bischöfen zukommt, 'den himmlischen Tempel durch die erhabene Lehre des Bischofsamtes zu ersteigen'. Das Ersteigen des himmlischen Tempels wird dabei mit der Taube, 'die in die Höhe blickt', verglichen.[49] Auf die Gabe der Weisheit spielt Hildegard in ihrem Brief an Erzbischof Hillin von Trier an. Ihm, der deutlich an seine Aufgaben gemahnt wird, sagt sie: 'Das Bild der Taube belehrt dich und dem Wort Gottes mangelt es in dir nicht an Erkenntnis'.[50] Die Eigenschaft des Tröstergeistes wird in Ep. 86 angesprochen. Adam, dem Abt von Ebrach, stellt Hildegard hier in Aussicht, daß ihn die Taube ganz erfüllen werde, wenn sein Geist 'wegen seiner und anderer Nöte in Verwirrung gerät'.[51]

Die Ausrichtung des Menschen auf Gott wird mit dem Bild vom Adler, der in die Sonne blickt, verdeutlicht: ein in der patristischen und mittelalterlichen Literatur häufig benutztes Motiv, das christliche Auferstehungshoffnung symbolisiert. Die ideale Beziehung des Menschen zu Gott, die von uneingeschränktem Vertrauen geprägt ist und nicht durch zerbrechliche Hoffnungen auf Menschen überschattet wird, gestaltet sich – so erläutert Hildegard in ihrem Schreiben an Richardis von Stade – wie die Ausrichtung

---

47 Hieronymus, Ep. 2, 1; 16, 1; 130, 19. Vgl. Die Benediktusregel lateinisch / deutsch. Hrsg. im Auftrag der Salzburger Äbtekonferenz. Beuron 1992. S. 148.

48 Hildegardis, Ep. 52R [Anm. 2], S. 130, 61f. – Zu Ep. 52R vgl. Hildegard von Bingen. Briefwechsel [Anm. 2], S. 201 u. 203f.; van Acker 1988 [Anm. 3], S. 144–146; Alfred Haverkamp: Tenxwind von Andernach und Hildegard von Bingen. Zwei 'Weltanschauungen' in der Mitte des 12. Jahrhunderts. In: Lutz Fenske, Werner Rösner u. Thomas Zotz (Hgg.): Institutionen, Kultur, Gesellschaft im Mittelalter. Festschrift für Josef Fleckenstein zu seinem 65. Geburtstag. Sigmaringen 1984. S. 515–548; Haverkamp [Anm. 8], S. 18 u. 62f.; Constable [Anm. 29], S. 172f.; Felten [Anm. 46], S. 189–191, 213 (Anm. 120), 218, 221f., 224f. u. 228–230; Constant J. Mews: Hildegard, the Speculum Virginum and Religious Reform in the Twelfth Century. In: Haverkamp [Anm. 3], S. 237–239, hier S. 241f., 250, 252 u. 261–263; Bernard McGinn: Hildegard of Bingen as Visionary and Exegete. In: Haverkamp [Anm. 3], S. 321–350, hier S. 334 (Anm. 36); van Enghen [Anm. 33], S. 378, 392, 406 u. 411; Felten [Anm. 46], S. 54 (Anm. 92), 63 u. 75; Franz Staab: Hildegard von Bingen in der zisterziensischen Diskussion des 12. Jahrhunderts. In: Berndt [Anm. 3], S. 155–179, hier S. 178f.; Vones-Liebenstein [Anm. 3], S. 220, 227–229 u. 240.

49 Hildegardis, Ep. 17 [Anm. 2], S. 52, 26f. – Zu Taube und den Gaben des Heiligen Geistes vgl. Bernd Jochen Hilberath: Gaben des Heiligen Geistes. In: LThK Bd. 4 (^{3}1995). Sp. 253f.; Hans-Walter Stork: Taube, II. In: LThK Bd. 9 (^{3}2000). Sp. 1277f.; R[udolf] Haubst: Heiliger Geist. In: LexMA Bd. 4 (1989). Sp. 2022–2024, hier Sp. 2023; Ch[ristian] Hünemörder u. M[arion] Grams-Thieme: Taube, I.–II. In: LexMA Bd. 8 (1997). Sp. 491f.; J[oachim] Poeschke: Taube. In: LCI Bd. 4 (1972). Sp. 241–244.

50 Hildegardis, Ep. 26R [Anm. 2], S. 75, 34. – Zu Ep. 26R vgl. demnächst El Kholi [Anm. 21]. – Zu Hillin von Trier vgl. Franz-Josef Heyen: Hillin v. Fallemagne. In: LThK Bd. 5 (^{3}1996). Sp. 113.

51 Hildegardis, Ep. 86 [Anm. 2], S. 210, 25f. – Zu Ep. 86 vgl. van Acker 1988 [Anm. 3], S. 141.

des Adlers auf die Sonne.[52] Dem amtsmüden Abt von Busendorf wird aufmunternd zugerufen, in seinen Bemühungen als geistlicher Leiter nicht nachzulassen und mit dem ins Licht schauenden Adler zu fliegen, damit er nicht vom Widerwillen gepackt werde.[53] Nach dem Vorbild des Adlers soll auch Bischof Heinrich von Lüttich darauf bedacht sein, wie er 'die Trägen und Entfremdeten ins Vaterland zurückruft' und damit seiner Seele Leben bringt.[54]

Neben diesen traditionellen Elementen finden sich auch ganz andere, individuelle Beispiele. Instrumentalisiert werden hier Tiere, die den Haustieren zuzuordnen sind, und sonstige, die Hildegard wohl aus ihrer eigenen Erfahrungswelt kannte. So wird in Ep. 8 Kritik an der Amtsführung Papst Anastasius' IV. geübt. Konkreter Vorwurf ist, daß Anastasius die ihm untergebenen, prahlenden Menschen nicht zur Ordnung ruft und damit die Gerechtigkeit, die hier als 'Königstochter' umschrieben wird, vernachlässigt. Die Menschen in ihrer feindseligen Sittenroheit werden dabei mit Hunden, die bellen, und Hühnern, 'die zuweilen nachts zu gackern versuchen und alberne Töne von sich geben', verglichen. Beide Vergleiche werden noch einmal aufgegriffen und weiter ausgeführt. Diese Menschen sind, so Hildegard, Heuchler: Sie tragen äußerlich Frieden zur Schau, innerlich knirschen sie jedoch 'mit den Zähnen wie ein Hund, der seine bekannten Freunde mit dem Schwanz anwedelt, doch einen tüchtigen Soldaten, der im Dienst der Gerechtigkeit steht, mit seinen Zähnen beißt'. Ferner ziehen diese Menschen, deren schlechte Gewohnheiten Anastasius duldet, alles Schändliche an 'wie eine Henne, die nachts schreit und sich selbst Schrecken einjagt'.[55]

Sehr harsche Worte findet Hildegard auch für Abt Helenger vom Disibodenberg. Er hatte rhetorisch sehr ausgefeilt darüber geklagt, daß ihm die Ausübung seiner Pflichten schwerfalle[56], was Hildegard auf ebenso versierte Weise beantwortet. Sie legt dar, daß

---

52 Hildegardis, Ep. 64 [Anm. 2], S. 147, 7. – Zu Ep. 64 vgl. Hildegard von Bingen. Briefwechsel [Anm. 2], S. 97f.; Vones-Liebenstein [Anm. 3], S. 221; Bäumer [Anm. 1], S. 20f. – Zu Adler vgl. Genoveva Nitz: Adler. In: LThK 1 (^{3}1993). Sp. 159; Elisabeth Lucchesi-Palli: Adler. In: LexMA Bd. 1 (1980). Sp. 153; Lieselotte Wehrhahn-Stauch: Adler. In: LCI Bd. 1 (1968). Sp. 70–76, hier Sp. 70f.; Herder-Lexikon der Symbole [Anm. 7], S. 11 s. v.

53 Hildegardis, Ep. 71 [Anm. 2], S. 156, 1–7. – Zu Ep. 71 vgl. van Acker 1988 [Anm. 3], S. 143.

54 Hildegardis, Ep. 37R [Anm. 2], S. 96, 13–97, 1. – Zu Ep. 37R vgl. Schrader u. Führkötter [Anm. 3], S. 162 mit Anm. 25; Hildegard von Bingen. Briefwechsel [Anm. 2], S. 65; van Acker 1989 [Anm. 3], S. 140; van Enghen [Anm. 33], S. 400. – Zu Heinrich von Lüttich vgl. Hildegard von Bingen. Briefwechsel [Anm. 2], S. 64.

55 Hildegardis, Ep. 8 [Anm. 2], S. 19, 12–20, 3. – Zu Ep. 8 vgl. Schrader u. Führkötter [Anm. 3], S. 120–122; Hildegard von Bingen. Briefwechsel [Anm. 2], S. 38 u. 41; Pernoud [Anm. 1], S. 80–83; Termolen [Anm. 1], S. 175f.; Laurence Moulinier: Unterhaltungen mit dem Teufel. Eine französische Hildegard-Vita des 15. Jahrhunderts und ihre Quellen. In: Haverkamp [Anm. 3], S. 520–560, hier S. 525; Bäumer [Anm. 1], S. 68f. – Zu Anastasius IV. vgl. Johannes Laudage: Anastasius IV. In: LThK Bd. 1 (^{3}1993). Sp. 603; G[eorg] Schwaiger: Anastasius IV. In: LexMA Bd. 1 (1980). Sp. 572f. – Zu Hund vgl. Ch[ristian] Hünemörder u. G[eza] Jászai: Hunde, I.–II. In: LexMA Bd. 5 (1991). Sp. 213f.

56 Hildegardis, Ep. 76 [Anm. 2], S. 163, 1–164, 22. – Zu Ep. 76 vgl. demnächst El Kholi [Anm. 21].

auch derjenige, der wild wie ein Bär ist, Gott wohlgefällig sei, wenn er diese Wildheit ablege und sich Gott zuwende.[57] Es folgen weitere, rhetorisch sehr eindrucksvolle Ermahnungen, wobei Hildegard den Adressaten als Esel – ein in der mittelalterlichen Wirtschaft vielfach verwendetes Tier – bezeichnet, der nicht fürsorglich seinen Pflichten nachkomme, zudem verdrießlich und ungeschickt sei. 'Daher führe er manchmal die Bosheit des Bären nicht in Gottlosigkeit aus'. Überdies spricht sie Helenger, wie in Ep. 5 den Vergleich pejorativ verwendend, die 'Gewohnheiten manchen Geflügels' zu, 'das weder zur höheren noch zur untersten <Stufe> gehört, so daß die höhere es überflügelt und die untere ihm nicht schaden kann'.[58] Worauf genau hier angespielt wird, muß offen bleiben. Zum gewöhnlichen Hausgeflügel zählten jedenfalls Hühner und Gänse, für die Haltung von Enten und Tauben waren besondere Einrichtungen erforderlich; Ziervögel wie Pfauen gingen ebenso über das Gewöhnliche hinaus.[59]

Auch die Vorstellung vom Wiederkäuer, der in der Wertehierarchie vor dem Schwein rangiert, das keine besonderen Futteransprüche stellt[60], findet sich bei Hildegard. Philipp von Heinsberg wird nahegelegt, es nicht dem unziemlichen Betragen seiner Untergebenen gleichzutun, da sich so etwas nicht für seine Person gehöre. Verdeutlichend setzt Hildegard hinzu: 'Bedenke auch, daß reine Tiere, die wiederkäuen, abmagern würden, wenn man ihrem Futter Schweinefraß, durch den diese fett würden, beimengte.' So würde sich auch Philipp beflecken, wenn er sich dem schmutzigen Lebenswandel der Frevler beigesellte.[61]

Schlechte Gewohnheiten von Untergebenen werden in Ep. 9 an Papst Hadrian IV. kritisiert, hier jedoch zunächst anhand ganz anderer Tiere, nämlich exotischer, auf deren Eigenschaften rekurriert wird. Hildegard prophezeit dem Papst, er werde die 'schreckliche Grausamkeit der Löwinnen und die starke Kraft der Leoparden erdulden und aushalten'. Gemeint ist damit, so führt sie nachfolgend aus, der 'Ansturm der Bittsteller', die sich durch rohe Sitten auszeichnen. Um diese Menschen und Hadrians Verhalten ihnen gegenüber zu illustrieren, zieht Hildegard ein weiteres Bild heran, mit dem sie wieder auf Tiere aus ihrer persönlichen Erfahrungswelt zurückgreift: Hadrian

57 Hildegardis, Ep. 76R [Anm. 2], S. 164, 7–165, 10. – Zu Ep. 76R vgl. demnächst El Kholi [Anm. 21]. – Zu Bär vgl. Ch[ristian] Hünemörder, S[igrid] Schwenk u. D[irk] Kocks: Bär, 1.–3. In: LexMA Bd. 1 (1980). Sp. 1431f.; L[ieselotte] Wehrhahn-Stauch: Bär. In: LCI Bd. 1 (1968). Sp. 242–244; Herder-Lexikon der Symbole [Anm. 7], S. 22f. s. v.

58 Hildegardis, Ep. 76R [Anm. 2], S. 165, 15–21. – Zu Esel vgl. G[abriele] Zeitler-Abresch: Esel. In: LexMA Bd. 4 (1989). Sp. 13.

59 Vgl. hierzu Ch[ristian] Hünemörder: Hausgeflügel. In: LexMA Bd. 4 (1989). Sp. 1971f.

60 Vgl. hierzu Ch[ristian] Hünemörder u. D[ieter] Hägermann: Schwein, I.–II., In: LexMA Bd. 7 (1995). Sp. 1639f.; D[ieter] Hägermann: Viehhaltung, -zucht, -handel, I. In: LexMA Bd. 8 (1997). Sp. 1639–1641.

61 Hildegardis, Ep. 16R [Anm. 2], S. 50, 26–33.

wird durch 'seine starke Erregung darüber die Rennpferde, die nicht aufhören, plündernd des Weges zu ziehen, an der Mähne im Zaum halten'.[62]

Praktische Erfahrungen sprechen auch aus Hildegards Rechtfertigungsschreiben an die Schwestern in Andernach. Die Äbtissin vom Rupertsberg verteidigt die adelsstolze Auswahl ihrer Schwesterngemeinschaft damit, daß der Mensch auch nicht eine ganze Herde, nämlich Ochsen, Esel, Schafe und Böcke, in einem einzigen Stall versammeln könne, ohne daß sie aneinander gerieten. Diese Erfahrung berechtige dazu, auch nicht Menschen verschiedenen Standes zu einer Herde zu vereinigen, da so etwas nur Haß nach sich ziehe.[63] Kein konkretes Tier, sondern den hier negativ konnotierten Sammelbegriff 'Vieh' verwendet Hildegard in ihrer Mahnung an Erzbischof Konrad von Mainz. Die äußeren Ohren des unverständigen Viehs, das nur den Klang vernimmt, werden hier den inneren Ohren des Herzens als Sitz des körperlichen und geistigen Lebens[64], mit denen die Gläubigen hören sollen, antithetisch gegenübergestellt.[65]

Da Hildegards Briefe zu einem großen Teil Schelt- und Mahnschreiben sind, findet sich eine Vielzahl negativ konnotierter, u. a. giftiger Tiere, die zumeist auch als Teufelssymbole verwendet werden. Diese seien hier, ungeachtet einer möglichen Zuordnung zu den bereits genannten Beleggruppen, zusammengestellt. Reiches Material bieten die Schreiben an den Kölner Erzbischof Philipp von Heinsberg: In Ep. 16R wird der Habicht, ein Raubvogel, der auch als Symbol des Todes galt, zur Illustrierung herangezogen. Hildegard tadelt hier Philipps Verhalten gegenüber seinen Untergebenen, deren Fehler er stillschweigend duldet, um ihre Freundschaft nicht zu verlieren. Dieses Verhalten, so die Äbtissin vom Rupertsberg, ist unvorteilhaft für Philipp. Sie gibt ihm den Rat, die Untergebenen nicht mit dem Verweis auf seine bischöfliche Würde und seinen Adel 'wie ein Habicht zu vereinnahmen', sondern 'Worte der Gerechtigkeit' zu finden, Barmherzigkeit zu üben und Gottesfurcht zu lehren.[66] In Ep. 17 geißelt Hildegard im Kontext ihrer Vorstellungen vom idealen Bischof ein ganz konkretes Laster, indem sie wiederum auf den räuberischen Habicht rekurriert: Die Bischöfe 'dürfen nicht mit Habichtsaugen handeln', die – wie sie erklärt – sinnbildlich für die 'Gewohn-

62 Hildegardis, Ep. 9 [Anm. 2], S. 22, 1–10. – Zu Ep. 9 vgl. Schrader u. Führkötter [Anm. 3], S. 147; Hildegard von Bingen. Briefwechsel [Anm. 2], S. 41f.; van Acker 1988 [Anm. 3], S. 150; Moulinier [Anm. 55], S. 525; Bäumer [Anm. 1], S. 70. – Zu Papst Hadrian IV. vgl. Johannes Laudage: Hadrian IV. In: LThK Bd. 4 (^{3}1995). Sp. 1135f.; F[anz]-J[osef] Schmale: Hadrian IV. In: LexMA Bd. 4 (1989). Sp. 1823. – Zu Löwen und Leoparden vgl. Herder-Lexikon der Symbole [Anm. 7], S. 100 und 104f. s.v. – Zur Sozial- und Wirtschaftsgeschichte des Pferdes vgl. D[ieter] Hägermann: Pferd, II. In: LexMA Bd. 6 (1993). Sp. 2029f.

63 Hildegardis, Ep. 52R [Anm. 2], S. 129, 43–45.

64 Zu Herz vgl. Renate Brandscheidt u. Willigis Eckermann: Herz, I. – II. In: LThK Bd. 5 (^{3}1996). Sp. 49–51: H[ans] H. Lauer u. L[udwig] Hödl: Herz. In: LexMA Bd. 4 (1989). Sp. 2187–2189; Red[aktion]: Herz. In: LCI Bd. 2 (1970). Sp. 248–250.

65 Hildegardis, Ep. 18R [Anm. 2], S. 54, 5–7. – Zu Ep. 18R vgl. demnächst El Kholi [Anm. 21].

66 Hildegardis, Ep. 16R [Anm. 2], S. 50, 14–24. – Zu Habicht vgl. Herder-Lexikon der Symbole [Anm. 7], S. 67 s. v.

heiten der Welt' stehen. Explizit ruft sie Philipp von Heinsberg dazu auf, die 'groben Sitten der Habsucht' abzuschütteln, nämlich 'mehr zu sammeln als er besitzen soll'.[67] Die Habsucht, eine der Hauptsünden[68], wird ferner mit einem zerstörerischen Insekt in Verbindung gebracht. Sie wird als 'arm und bedürftig' qualifiziert, ohne jedoch 'die Freude des Bedürftigen zu haben, dem das Seine genügt'. Philipp wird daher nochmals aufgefordert, die schlechte Haltung 'wie Stroh zu zerstreuen und zu zertreten, da sie alle vornehmen Sitten zugrunde richtet wie die Motte ein Kleid'. Zur weiteren Erläuterung gebraucht Hildegard das Bild von einem kleinen Bauernhaus, das keinen Platz hat, um vornehme Sitten zu pflegen. Philipp sieht sie als 'Erdhügel, den Würmer unterwühlen, neben diesem Häuschen liegen'. Diese Würmer, so erklärt sie, stehen bildlich für die vielen Bischöfe, die sich auf ihren zeitlichen Besitz konzentrieren, 'jedoch nicht auf die Worte bedacht sind, die sie anderen sagen oder an denen sie sich selbst stärken sollen'.[69]

Die Würmer, wegen ihrer äußeren Erscheinung bisweilen mit der Schlange identifiziert und daher auch ein Teufelssymbol, waren kurz zuvor in demselben Schreiben schon einmal in diesem Zusammenhang erwähnt worden: Hildegard berichtet dort ihrem Adressaten, daß sie 'in ihrer Schau' sah, 'wie die Sonne in brennender Glut auf Kot voller Würmer schien', die zunächst vor Freude auflebten, die Gluthitze dann aber nicht ertragen konnten und sich in ein sicheres Versteck zurückzogen. Der Kot mit den Würmern, so legt sie dann dar, ist 'die erste Wurzel der Erbsünde, die aus dem Plan der alten Schlange hervorging'.[70] Zusammen mit der Schlange wird der Skorpion – neben einer Erscheinungsform des Teufels u. a. auch Sinnbild des Häretikers – herangezogen, um das Verhalten der Adressaten von Ep. 15R, insbesondere deren unsittlichen Lebenswandel, zu geißeln. Hildegard prophezeit ihnen, daß man sie aufgrund ihrer Sitten und Taten als Skorpione und Schlangen bezeichnen werde.[71] Als 'unheilvolles Schlangengift' werden auch üble Zustände im Schwesternkonvent von Clusin/St. Georg bezeichnet. Eine Konkretisierung der Vergehen liegt nicht vor, am Ende ihres Briefes umschreibt Hildegard diese Zustände jedoch allgemein mit *superbia*, der Kardinalsünde schlechthin.[72] Die Schwestern werden aufgefordert, das unheilvolle Schlangengift zu fliehen, da es sich nicht für ihren 'Vorsatz, mit dem sie Gott umarmt haben', ziemt, 'in

67 Hildegardis, Ep. 17 [Anm. 2], S. 52, 27–32.

68 Vgl. hierzu Hans Kramer: Habgier. In: LThK Bd. 4 (^{3}1995). Sp. 1127f.

69 Hildegardis, Ep. 17 [Anm. 2], S. 52, 32–41.

70 Hildegardis, Ep. 17 [Anm. 2], S. 51, 4–7. – Zu Würmern und Schlange vgl. Renate Brandscheidt u. Hans-Walter Stork: Schlange, I.–II. In: LThK Bd. 9 (^{3}2000). Sp. 153f.; Ch[ristian] Hünemörder u. G[éza] Jászai: Schlange, I.–II. In: LexMA Bd. 7 (1995). Sp. 1475–1477; W[olfgang] Kemp: Schlange. In: LCI Bd. 4 (1972). Sp. 75–81; Herder-Lexikon der Symbole [Anm. 7], S. 143f. u. 185 s. v.; Ladner [Anm. 3], S. 75f. u. 120f.

71 Hildegardis, Ep. 15R [Anm. 2], S. 40, 175f. – Zu Skorpion vgl. S[igrid] Braunfels: Skorpion. In: LCI Bd. 4 (1972). Sp. 170–172; Herder-Lexikon der Symbole [Anm. 7], S. 155 s. v.

72 Vgl. hierzu Hans-Günther Gruber: Hauptsünden. In: LThK Bd. 4 (^{3}1995). Sp. 1212; Wolfram Winger: Hybris. In: LThK Bd. 5 (^{3}1996). Sp. 350f.

Eitelkeit zu wandeln und Gift zu sprossen'.[73] Zusammen mit anderen Tieren wird in Ep. 123 an Abt Manegold von Hirsau eine bestimmte Schlangenart – nämlich die Natter, deren Bedrohlichkeit durch das Epitheton 'giftig' hervorgehoben wird – zur Verdeutlichung herangezogen. Der Abt hatte während seiner neunjährigen Amtszeit mit mancherlei Schwierigkeiten in seinem Konvent zu kämpfen, wie aus mehreren Schreiben hervorgeht.[74] Seine Bemühungen um die Wahrung der klösterlichen Zucht waren nicht von Erfolg gekrönt, doch Hildegard ermunterte ihn, trotzdem nicht aufzugeben. Die widrigen Elemente in seinem Konvent bezeichnet sie dabei sehr plastisch als wilde Bären, als Panther – ebenfalls für ihre Wildheit bekannt – und als giftige Nattern. Sie legt ihm dar, daß das 'Schwert Gottes' diese töten, und er selbst sich als 'erprobter Streiter' unter ihnen erheben werde. Die Weisung des 'wahren Lichtes' an Manegold lautet, jene nichtswürdigen Knechte, die 'wie Wölfe auf Raub ausgehen und ihm insgeheim wie stechende Spinnen' (wiederum ein Sinnbild des Teufels) nachstellen, zu schlagen.[75] In einem anderen Schreiben wird von Manegolds Widersachern gesagt, daß sie 'wie ein Bär mit den Zähnen knirschen'.[76]

Der Wolf, der schon früh als Symbol des Teufels, Verfolgers und Häretikers gedeutet wird, findet auch in Ep. 15R Erwähnung, verstärkt durch ein Epitheton: Hildegard prophezeit in diesem Schreiben, daß die Katharer von Fürsten und angesehenen Leuten wie tollwütige Wölfe getötet werden würden.[77] Mit raublustigen Wölfen identifiziert sie auch ungläubige Menschen, die Propheten töteten.[78] An anderer Stelle wird das in der christlichen Tradition reich belegte Gegensatzpaar Lamm/Wolf – ein Sinnbild für die Gläubigen und die bedrohlichen Mächte – zur Verdeutlichung herangezogen: Am Ende ihrer Mahnungen an Philipp von Heinsberg, die u. a. die erwähnte Habgier betreffen,

---

73 Hildegardis, Ep. 73 [Anm. 2], S. 159,19–21.

74 Hildegardis, Epp. 119–136 [Anm. 2], S. 292–309. – Zu Epp. 123– 136 vgl. Hildegard von Bingen. Briefwechsel [Anm. 2], S. 131; van Acker 1989 [Anm. 3], S. 138f.; Lieven van Acker u. Hermann-Josef Pretsch: Der Briefwechsel des Benediktinerklosters St. Peter und Paul in Hirsau mit Hildegard von Bingen. Ein Interpretationsversuch zu seiner kritischen Edition. In: Forschungen und Berichte der Archäologie des Mittelalters in Baden-Württemberg II/2. Stuttgart 1991. S. 157–172; Constable [Anm. 29], S. 169 (Anm. 21); Felten [Anm. 46], S. 57; Hermann-Josef Pretsch: Pastoralbriefe als Geschichtsquelle. Zum Hildegard-Briefwechsel mit „schwäbischen" Adressaten. In: Margot Schmidt (Hg.): Tiefe des Gotteswissens – Schönheit der Sprachgestalt bei Hildegard von Bingen. Internationales Symposium der Katholischen Akademie Rabanus Maurus Wiesbaden-Naurod vom 9. bis 12. September 1994. Stuttgart-Bad Cannstatt 1995. S. 85–98.

75 Hildegardis, Ep. 123 [Anm. 2], S. 297, 6–298, 13. – Zu Panther und Spinne vgl. V[áclav] Filip: Panther. In: LexMA Bd. 6 (1993). Sp. 1659f.; Ch[ristian] Hünemörder: Spinnen. In: LexMA Bd. 7 (1995). Sp. 2119; Herder-Lexikon der Symbole [Anm. 7], S. 59 u. 122 s. v.

76 Hildegardis, Ep. 122 [Anm. 2], S. 296, 8.

77 Hildegardis, Ep. 15R [Anm. 2], S. 43, 256f.

78 Hildegardis, Ep. 15R [Anm. 2], S. 39, 150f.

fordert Hildegard ihn auf, seinen Ruf zu ändern, also ein Lamm statt ein Wolf zu werden, 'da der Wolf gerne ein Lamm raube'.[79]

Zu den negativ konnotierten Tieren zählt auch die Fliege. Der biblische Beelzebub, dessen Name sich von hebräisch *Baal Zebub* ('Herr der Fliegen') ableitet, wurde oft als Fliege dargestellt, und so legt denn auch Hildegard in Ep. 15R dem Teufel in den Mund: 'Das Volk äußert zum Scherz, daß ich ihm wie tollwütige Tiere und Fliegen erscheine'.[80] Die Fliegen werden in Junktur mit anderem Ungeziefer, das Beelzebub ebenfalls untersteht, noch einmal aufgegriffen: Die 'Geister der Luft', die dem Teufel untertan sind, umschwirren manche Menschen 'in so großer Zahl wie Fliegen und Flöhe, die in ganzen Schwärmen angreifen'.[81]

Der Bereich des Aberglaubens wird mit dem 'Unglücksraben' und einem 'schrecklichen Untier' berührt. Hildegard selbst fühlte sich so von den Disibodenberger Mönchen behandelt, die Schwierigkeiten bei Besitzansprüchen machten. Und so klagt sie in ihrem Schreiben an Abt Kuno: 'Einige aus der Schar deiner Brüder knirschten über mich wie über einen Unglücksraben und wie über ein schreckliches Untier, und sie spannten ihren Bogen über mich, damit ich vor ihnen fliehe'.[82] In Ep. 103R werden 'kohlschwarze Vögel' im Kontext der Charakterisierung eines sündigen Menschen erwähnt. Hildegard legt hier ihrem Adressaten Wibert von Gembloux dar, daß ein Mensch, der weiß, daß er 'häßliche Fäulnis an sich hat' und nicht in der Lage ist, sich der Sündhaftigkeit zu enthalten, völlig von 'kohlschwarzen Vögeln' beschmutzt sei.[83]

---

79 Hildegardis, Ep. 17 [Anm. 2], S. 52, 45f. – Zu Lamm und Wolf vgl. J[osef] Engemann: Lämmerallegorie. In: LexMA Bd. 5 (1991). Sp. 1629f.; Ch[ristian] Hünemörder u. S[igrid] Schwenk: Wolf, I.–2. In: LexMA Bd. 9 (1998). Sp. 302f.; Red[aktion]: Lamm. In: LCI Bd. 3 (1971). Sp. 7–13; Sigrid Braunfels: Wolf. In: LCI Bd. 4 (1972). Sp. 536–539; Ladner [Anm. 3], S. 17, 130, 133f., 147f. u. 161; Herder-Lexikon der Symbole [Anm. 7], S. 98 u. 184f. s. v.

80 Hildegardis, Ep. 15R [Anm. 2], S. 40, 192–194. – Zu Fliege vgl. Herder-Lexikon der Symbole [Anm. 7], S. 54 s. v. – Zu Beelzebub vgl. Karl Kertelege: Teufel, 3. In: LThK Bd. 9 (^{3}2000). Sp. 1363–1365, hier Sp. 1363.

81 Hildegardis, Ep. 15R [Anm. 2], S. 40, 199–41, 1. – Zu Floh vgl. Riegler: Floh. In: Handwörterbuch des deutschen Aberglaubens. Bd. 2 (1929/30). Sp. 1631–1635, hier Sp. 1631.

82 Hildegardis, Ep. 75 [Anm. 2], S. 162, 3–6. – Zu Ep. 75 vgl. Hildegardis, Epp. [Anm. 2], S. XIV.

83 Hildegardis, Ep. 103R [Anm. 2], S. 259, 26–29. – Zu Ep. 103R vgl. van Acker 1989 [Anm. 3], S. 130; Hildegardis, Epp. [Anm. 2], S. 231–233; Haverkamp [Anm. 8], S. 62 (Anm. 172); McGinn [Anm. 48], S. 327–329. – Zu Wibert von Gembloux vgl. J[ean]-L[ouis] Kupper: Wibert v. Gembloux. In: LexMA Bd. 9 (1998). Sp. 58f.; Tilmann Struve: Wibert v. Gembloux. In: LThK Bd. 10 (^{3}2001). Sp. 1134. – Zu Rabe vgl. Ch[ristian] Hünemörder u. M[arianne] Rumpf: Rabe, I.–II. In: LexMA Bd. 7 (1995). Sp. 381f.; Sigrid Braunfels: Rabe. In: LCI Bd. 3 (1971). Sp. 489–491; Herder-Lexikon der Symbole [Anm. 7], S. 129 s. v.

3. Zusammenfassung

Die ausgewählten Belege zeigen ein breites Spektrum von Naturbildlichkeit in Hildegards Korrespondenz. Kontexte sind in der Mehrzahl der Fälle Schelt- und Mahnbriefe, die fehlerhaftes und ideales Verhalten thematisieren. In der ersten Beleggruppe sind die Himmelskörper mit Sonne, Mond und Sternen nachweisbar. Die Sonne findet sich in traditioneller Verwendung als Christussymbol sowie im Kontext der göttlichen Eigenschaft Gnade. Das Christussymbol Morgenstern wird als Bild für ideales Verhalten des Papstes verwendet. Sterne finden sich ferner als Ausdruck der Schöpfungsordnung Gottes allgemein für alle Menschen sowie speziell bezogen auf den Bischof und den Klerus bezüglich ihrer Lebensweise und Amtsführung. Die Tageszeiten können mit dem aus der Tradition bekannten Gegensatzpaar Tag/Nacht und dem Christussymbol Morgenröte im Zusammenhang von fehlerhaftem und vorbildlichem Verhalten belegt werden. Zahlreich vertreten sind auch Witterungserscheinungen: Wolken, durch die jeweiligen Epitheta entweder positiv oder negativ konnotiert, sowie Luftbewegungen in allen Stärken, vom Windhauch über den Wind bis zum Sturm, vor allem im Zusammenhang mit der inneren Befindlichkeit eines Menschen, jedoch auch als Medium des Teufels und zur Umschreibung für eine Strafe Gottes, bisweilen verbunden mit anderen Witterungserscheinungen wie Blitz, Donner, Hagel und Regen. Der traditionell positiv konnotierte Tau und der in seiner Symbolik verwandte Regen finden sich auch hier im positiven Zusammenhang mit der göttlichen Gnade, desgleichen der Schnee, der bei Hildegard im Hinblick auf die bekannte Farbsymbolik in positivem Sinn eingesetzt wird.

Von den reichen Belegen aus der Tierwelt läßt sich eine Gruppe der biblischen und theologischen Tradition zuweisen, darunter die Christussymbole Einhorn und Widder sowie der für den Gläubigen stehende Hirsch, der zur Quelle eilt. Eine eigene Einheit bildet die Symbolik des Schafes und der Schafherde sowie die ergänzende Vorstellung vom Hirten, mittels der an die Pflichten von Papst, Bischof und Abt im Rahmen von Mahnungen erinnert wird. Die Taube, Sinnbild des Heiligen Geistes und seiner Gaben, hier speziell im Hinblick auf Weisheit und Trost, findet ebenfalls im Kontext von Mahnungen und Ratschlägen für die Amtsführung von Bischöfen und Äbten Verwendung. Die Vorstellung vom Adler, der in die Sonne schaut, dient hingegen als Ausdruck der idealen Hinwendung des Menschen zu Gott. – Individuelle Beispiele liegen vor mit Haustieren und sonstigen Tieren, die Hildegards persönlicher Erfahrungswelt entstammen, wie Hunde, Geflügel, Bär, Esel, Wiederkäuer und Schweine, auf deren Gewohnheiten und Eigenschaften angespielt wird. Belegt sind zudem Rennpferde. Mit Löwinnen und Leoparden als Symbolen für Grausamkeit und Kraft begegnen in einem Fall auch Vertreter der exotischen Tierwelt. Der Sammelbegriff 'Vieh' wird zur Abgrenzung des Menschen vom unverständigen Tier eingesetzt. – Eine weitere Gruppe bilden negativ konnotierte, darunter giftige Tiere, die häufig auch Teufelssymbole waren: so der räuberische Habicht als Ausdruck von fehlerhaftem Verhalten gegenüber Untergebenen und von Habsucht; ferner die Motte, deren zerstörerische Kräfte ebenfalls im Kontext der Habsucht genannt werden, mehrfach belegt die Schlange und die bisweilen mit diesem Tier identifizierten Würmer zur Charakterisierung übler Zustände; demselben Zweck dienen auch wilde Bären, Panther, raublustige Wölfe und die stechende Spinne. Den tollwütigen Wolf benutzt Hildegard zur Bezeichnung der Häretiker und ungläubigen Menschen, das Gegensatzpaar Wolf/Lamm als Ausdruck anstößigen bzw. idealen Verhaltens. Fliegen finden traditionell als Erscheinungsform des Teufels und in Junktur mit anderem Ungeziefer Erwähnung. Aus dem Bereich des Aberglaubens schließlich sind der Unglücksrabe, ein nicht näher bezeichnetes schreckliches Untier und kohlschwarze Vögel im Kontext von persönlicher Feindseligkeit und Sündhaftigkeit vertreten.

ELISABETH SCHINAGL

Naturkunde-Exempel in den Predigten des Albertus Magnus

Die verstärkte Hinwendung zu den *res naturae*, die wir ab dem 12. Jahrhundert zweifellos in vielen Bereichen feststellen können, spiegelt sich auch in einer vermehrten Abfassung von Naturkunde-Enzyklopädien wider. Insbesondere Mitglieder der Bettelorden leisteten auf diesem Gebiet maßgebliche Arbeit. Als Beispiele hierfür seien 'De naturis rerum' des Alexander Neckam, die Enzyklopädie des Bartholomaeus Anglicus, die verschiedenen Fassungen des 'Liber de natura rerum' des Dominikaners und Albert-Schülers Thomas von Cantimpré sowie – als umfangreichstes Werk – das 'Speculum naturale' des Vinzenz von Beauvais genannt. Die Verfasser empfehlen ihre Werke dabei regelmäßig für die geistlich-moralische Erbauung des Lesers, zum besseren Verständnis der Heiligen Schrift und eben auch – wie z. B. Vinzenz von Beauvais sein 'Speculum naturale' – als Hilfsmittel für den Prediger:

> *Certus sum enim* [...] *hoc ipsum opus non solum mihi, sed omni studiose legenti non parum utilitatis afferre, non solum ad Deum per se et creaturas visibiles et invisibiles cognoscendum, ac per hoc diligendum, et cor suum in devotione* [...] *excitandum, verum ad praedicandum, ad legendum, ad disputandum* [...][1] (Ich bin nämlich sicher, [...] dass dieses Werk nicht nur mir, sondern jedem, der es aufmerksam liest, nicht wenig Nutzen bringt – nicht nur, um Gott selbst, seine sichtbaren und unsichtbaren Geschöpfe zu erkennen und ihn dadurch zu lieben und um sein Herz in Demut [...] zu üben, sondern auch für das Predigen, für die Lektüre, für das Gespräch [...]).

Umgekehrt fordern auch die Verfasser zeitgenössischer Predigttheorien, der sogenannten *artes praedicandi*, mindestens gewisse Grundkenntnisse des Predigers in 'Naturdingen', um mit ihrer Hilfe die Laien im Glauben unterweisen zu können:

> *Sufficit theologo res exteriores cognoscere secundum proprietates consequentes sensibiles, per tales ut sit instructio sensibilis, scilicet laicorum, quibus utilem Deus dedit librum, scilicet visibilem mundum istum*[2] (Es genügt für den Theologen, die äuße-

---

1 Vinzenz von Beauvais: Speculum naturale. Douai 1624. [Neudruck Graz 1964]. Kap. 4, S. 3.

2 Ps.-Bonaventura: Ars concionandi. In: Bonaventura: Opera omnia. Bd. 9. Quaracchi 1901. S. 8–21, hier S. 21.

ren Dinge zusammen mit ihren wahrnehmbaren Eigenschaften zu kennen, damit mit ihrer Hilfe eine sinnhafte Unterweisung der Laien stattfinden kann, denen Gott ein nützliches Buch geschenkt hat, nämlich diese sichtbare Welt).

Die Welt als Buch, in dem gerade der Laie zu seiner Erbauung lesen kann – dieser Gedanke geht auf Augustinus zurück und ist im 13. Jahrhundert längst nicht mehr neu. Die äußeren, sichtbaren Dinge sollen eine dahinterliegende (geistliche) Wahrheit verdeutlichen. Wilhelm von Auvergne (1180–1249), Lehrer der Philosophie und Theologie und Verfasser einer naturkundlichen Schrift 'De universo', erklärt in seinem Predigerhandbuch genauer, wie das zu verstehen ist:

> *Conveniens rerum similitudo multum valet ad loquendum, sicut videri potest, quando aliter rei natura sive proprietas explicatur. Et ad intellectum verbi propositi, causa similitudinis convenientis adducitur in hunc modum. Spiritus Sanctus aliquando dicitur ignis sive oleum, Christus vero sepe vocatur agnus sive sol, propter similitudinem, quam habent cum naturis istarum rerum. Horum inter se similitudines aptare debes et quae sint naturae ignis et olei, solis et agni, secundum quod ad Spiritum Sanctum [et ad Christum] referuntur, assignare*[3] (Eine übereinstimmende Ähnlichkeit von Dingen ist bei der Verkündigung sehr nützlich, wie man sehen kann, wenn die Natur eines Dinges oder seine Eigenschaft erklärt wird. Zum Verständnis des vorgelegten Schriftwortes wird die passende Übereinstimmung folgendermaßen herangezogen: Der Heilige Geist wird manchmal Feuer oder Öl genannt, Christus aber oft Lamm oder Sonne, wegen der Ähnlichkeit, die sie mit dem Wesen dieser Dinge haben. Diese wechselseitige Ähnlichkeit musst du genau anpassen und zuweisen, was die Eigenschaften des Feuers, des Öls, der Sonne und des Lamms sind, nach denen sie auf den Heiligen Geist und auf Christus bezogen werden).

Wie die Umsetzung dieser Theorie in der Praxis aussah, lässt sich nicht allgemein beantworten, da Umfang und Thematik derartiger Exempel bei den einzelnen Predigern je nach Interesse oder Kenntnisstand individuell sehr verschieden ausfallen[4]. Ich möchte im Folgenden die Verwendung von Naturkunde-*exempla* in den Predigten des Albertus Magnus (um 1200–1280) vorstellen, der in seiner Eigenschaft als Autor und Seelsorger eine Sonderstellung einnimmt.

Albert verfasste neben zahlreichen theologischen und moralphilosophischen Schriften ein ebenso umfangreiches naturwissenschaftliches Werk[5]: Um 1250 entstanden die 'Physica' in acht Büchern, gleichfalls um diese Zeit vier Bücher 'De caelo et mundo',

---

3 Zit. nach Alfred de Poorter: Un manuel de prédication médieval. In: Revue neo-scholastique de philosophie 25 (1923). S. 192–209, hier S. 198.

4 Vgl. dazu Elisabeth Schinagl: Naturkunde-Exempla in lateinischen Predigtsammlungen des 13. und 14. Jahrhunderts. Bern, Berlin, Brüssel 2001 (Lateinische Sprache und Literatur des Mittelalters 32).

5 Neue Literatur zu den verschiedenen Aspekten von Alberts Werk findet sich bei Walter Senner (Hg.): Albertus Magnus. Zum Gedenken nach 800 Jahren: Neue Zugänge, Aspekte und Perspektiven. Berlin 2001 (Quellen und Forschungen zur Geschichte des Dominikanerordens. Neue Folge 10).

zwei Bücher 'De generatione et corruptione', vier Bücher 'Meteora'[6] sowie fünf Bücher 'De mineralibus et lapidibus'. Noch vor 1260 verfasste Albert sieben Bücher 'De vegetabilibus' und 26 Bücher 'De animalibus' sowie zahlreiche kleinere Schriften zu den verschiedensten naturwissenschaftlichen Themen. Nur ein Teil dieser Werke (z. B. 'Physica' und 'De generatione et corruptione') ist bisher in der Kölner Gesamtausgabe erschienen. Der größte Teil der naturwissenschaftlichen Werke ist nur in der BORGNET-Ausgabe[7] bzw. in den Editionen von Ernst MEYER / Karl JESSEN[8] und Hermann STADLER[9] zugänglich.

Kompliziert erweist sich die Überlieferungslage der Predigten. In der BORGNET-Ausgabe findet sich zwar auch eine Predigtsammlung, doch stammt diese zweifelsfrei nicht von Albert. Johann Baptist SCHNEYER wies in der Handschrift 683 der Leipziger Universitätsbibliothek insgesamt 136 Predigten Albert zu[10], auf die ich mich im Folgenden beziehe. SCHNEYER selbst veröffentlichte aus dieser Handschrift einen Zyklus von sieben Predigten[11], eine weitere wurde von Paul HOSSFELD herausgegeben[12], ich selbst habe im Anhang zu meiner Dissertation fünf Sermones ediert[13], der Rest liegt weiterhin nur handschriftlich vor. Die Leipziger Sammlung ist schon von ihrem Aufbau her ungewöhnlich, weil sie nicht den üblichen 'De tempore'- und 'De sanctis'-Reihen entspricht und offensichtlich nicht als Sammlung von Musterpredigten konzipiert war. Es handelt sich vielmehr um mehr oder weniger breit angelegte Skizzen tatsächlich gehaltener Predigten Alberts. Das belegen die Rubriken, die zahlreichen Predigten beigefügt sind und in denen Ort und Zeit (d. h. der jeweilige Festtag, aber nicht das Jahr), z. T. auch die Sprache, in der die Predigt gehalten wurde, angegeben sind. Die Rubriken beweisen Alberts Predigttätigkeit in verschiedenen Kirchen in Köln, Augsburg und Regensburg. Die Handschrift enthält auch zahlreiche Marginalien in deutscher und lateinischer Sprache, was auf eine lebhafte Benutzung schließen lässt. Insgesamt wirkt die Sammlung, z. B. durch Anspielungen auf aktuelle politische Geschehnisse, aber auch auf persönliche Erlebnisse, weit lebendiger als die sonst üblichen Musterpredigten, doch ist sie dabei weit weniger volkstümlich als andere Predigtsammlungen. Exempel von Klerikern, Rittern, Königen, die uns eine farbige mittelalterliche Welt vor

---

6 Zu Inhalt und Aufbau vgl. Paul Hoßfeld: Das zweite Buch der Meteora des Albertus Magnus. In: Senner [Anm. 5], S. 413–426.

7 Albertus Magnus: Opera omnia. 38 Bde. Hrsg. von Auguste Borgnet. Paris 1890–1899.

8 Albertus Magnus: De vegetabilibus libri VII. Hrsg. von Ernst Meyer u. Karl Jessen. Berlin 1867. [Neudruck Frankfurt a. M. 1982].

9 Albertus Magnus: De animalibus libri XXVI. Hrsg. von Hermann Stadler. 2 Bde. Münster 1916–1920.

10 Vgl. Johann Baptist Schneyer: Predigten Alberts des Großen in der Handschrift Leipzig Univ. 683. In: Archivum Fratrum Praedicatorum 34 (1964). S. 45–106, bes. S. 45f.

11 Johann Baptist Schneyer: Alberts des Großen Augsburger Predigtzyklus über den hl. Augustinus. In: Recherches de theologie ancienne et mediévale 39 (1969). S. 100–147.

12 Paul Hoßfeld: Die Predigt des Hl. Albertus Magnus zu Honnef. Bad Honnef 1980.

13 Schinagl [Anm. 4], S. 251–272.

Augen führen, finden sich selten, dagegen nehmen Philosophie und Naturkunde breiten Raum ein.

Ein verhältnismäßig großer Teil der Predigten – nämlich 54, also etwa 40 Prozent – enthält derartiges Material aus den verschiedensten Bereichen. Dabei äußert sich Albert seinen Hörern gegenüber deutlich, wie er die Rückgriffe auf Naturkunde verstanden haben will. Die *res naturae* sind nämlich auch bei ihm nicht Selbstzweck, sondern dienen ausschließlich der moralischen bzw. religiösen Unterweisung:

> [...] *et ne credatis, quod velim vobis dicere naturas et non potius res divinas omnia predicta ad mores* [Hs: *moras*] *intendo trahere et doctrinam*[14] ([...] und damit ihr nicht glaubt, ich möchte euch Naturdinge und nicht eher religiöse Dinge verkünden, habe ich vor, alles Vorhergenannte auf die Moral und die geistliche Lehre zu beziehen).

Die Natur ist also ein Hilfsmittel, ein Umweg, über den der Schöpfer erkannt werden kann:

> *Si non possumus solem ipsum in rota intueri, id est deitatem comprendere et admirari, saltem videamus posteriora* [...], *scilicet creaturas eius, et illas admiremus et laudemus eum, qui fecit illas* [...][15] (Wenn wir die Sonne selbst in ihrer Kreisbahn nicht anschauen, das heißt, die Gottheit erfassen und bewundern können, sollen wir wenigstens die wahrnehmbaren Folgen [...], nämlich ihre Geschöpfe sehen und bewundern und den loben, der sie geschaffen hat).

Tatsächlich stehen alle von Albert angeführten Exempel im Dienste der religiösen Unterweisung, in direktem Zusammenhang mit der Auslegung einer Bibelstelle, doch lassen sich in seinen Predigten drei Besonderheiten feststellen.

Da ist zunächst einmal die Themenvielfalt: Albert verwendet Beispiele aus der Botanik, der Geologie, der Geographie, der Mineralogie – z. B. die Entstehung der Metalle in einer Art Verdauungsprozess aus Schwefel und Quecksilber oder die Entstehung und Wirkung von Salz im Zusammenhang mit der Bibelstelle Mt 5, 13 (*vos estis sal terrae*) – und vor allem aus der Physiologie, also der Lehre von den Lebensvorgängen. Hier werden Dinge wie die Zeugung, das Phänomen des Alterns, das Verhältnis von Schlaf- und Wachzustand, der Verdauungsprozess und die sinnliche Wahrnehmung, insbesondere das Sehen behandelt. Bei all diesen Themen greift Albert auf sein eigenes naturwissenschaftliches Werk zurück, ohne es aber zu nennen. Stets handelt es sich dabei um eine Auswahl und Zusammenfassung des im Fachbuch Gebotenen, wobei jeweils nur die *proprietates* genannt werden, die für die geistliche Auslegung relevant sind.

Auffällig ist zum anderen auch der Umstand, dass Albert auf ein Themengebiet – nämlich die Tierdeutung – in den Predigten völlig verzichtet. Das ist umso erstaunlicher, als die geistliche Tierdeutung der Bereich war, dem bis zum Ende des 12. Jahrhunderts die meisten *exempla* entstammten und der auch später noch bei zahlreichen

---

14 Schneyer [Anm. 11], S. 112.

15 Leipzig UB, Hs 683, Sermo 68, f. 153va.

Predigern anzutreffen ist. Mangelndes Wissen oder Interesse kann dafür nicht der Grund sein – Albert hat in den 26 Büchern 'De animalibus' gerade auch auf diesem Gebiet Besonderes geleistet, indem er über das Buchwissen der *antiqui* hinausging und eigenständige Beobachtungen anstellte. Außerdem hat Albert in seinem philosophischen Werk gerade dem Vergleich Mensch–Tier ausnehmend breiten Raum gegeben[16]. Angesichts des doch recht umfangreichen Predigtcorpus scheint es mir aber auch kein Zufall zu sein, dass wir in keiner einzigen Predigt eine geistliche Tierdeutung finden. Dieser Umstand ist für mich am ehesten so zu erklären, dass Albert sich ganz bewusst von dieser populären Thematik, die außerdem noch stark von der unwissenschaftlichen 'Physiologus'-Tradition geprägt war, absetzen wollte und ebenso bewusst anstelle dieses traditionellen Bereichs *exempla* verwendete, die von anderen Predigern nicht oder nur wenig beachtet wurden. Für diese These scheint mir auch zu sprechen, dass Albert beim Einarbeiten von Materialien aus Thomas von Cantimprés 'Liber de natura rerum' zwar die Darstellung von Sachverhalten übernahm, die in diesem Werk gebotenen allegorischen Deutungen aber überging[17]. Alberts Predigten sind ein Beleg dafür, dass prinzipiell jedes Wissensgebiet der geistlichen Erbauung dienen konnte.

Im Gegensatz zu anderen Predigern schließlich greift Albert dabei nicht nur auf Buchwissen zurück, sondern verweist seine Zuhörer wiederholt auf ihre eigene Wahrnehmung. Wir finden in den Predigten des öfteren die Wendung *videmus enim* – wo andere mit Formulierungen wie *sicut naturales dicunt* oder *sicut legitur* sich ausdrücklich nur auf Autoritäten berufen. Bei der Exegese der Bibelstelle Lc 10,23 (*Beati oculi, qui vident, quod vos videtis*) z. B. führt er grundlegende Bedingungen an, die das Sehen überhaupt erst ermöglichen, und überträgt diese auf das geistige Sehen:

> *Unde primo videri est, quomodo sit circa corporalem visum. Quo habito patebit per consequens, quomodo esse debeat circa visum spiritualem. Nota igitur, quod ad corporalem visum tria faciunt. Primo, quod oculi sint, sicut esse debent. Secundum est, quod in via visus nihil se opponat inter oculos et rem, que videri debet, scilicet quod aer sit perspicuus et aqua. Aliter enim oculi videre non possent. Et tercium, ut res, que videnda est, obiecta sit visui sive oculis. Porro ad hoc, quod oculi sint sicut esse debent. Quatuor requiruntur, que quilibet per se et in se probare potest. Primo enim, qui vult videre, debet habere oculos. Secundo oculi ipsius debent esse sani. Nam si infirmi essent aut aliquo malo humore repleti, licet haberet oculos, eis tamen videre non posset. Tercio oculi ipsius debent esse fortes, ut si aliquid valde luminosum debet quis videre, oportet quod habeat fortem visum. Unde aquila propter fortem visum potest intueri solem in loco, homo non nisi valde fortificetur visus in eo. Item quarto debet aperire oculos. Nam si omnia predicta habeat quis et non aperit oculos, adhuc nihil videret*[18] (Deshalb muss man zuerst betrachten, wie es

16 Vgl. dazu Theodor W. Köhler: Der Tiervergleich als philosophisch-anthropologisches Schlüsselparadigma – der Beitrag Alberts des Großen. In: Senner [Anm. 5], S. 437–454, bes. S. 442.

17 Vgl. dazu Köhler [Anm. 16], S. 447.

18 Leipzig UB, Hs 683, Sermo 59, f. 137vb. An diesem Beispiel sehen wir eine Schwierigkeit, die durchaus typisch für die Handschrift ist: dass es nämlich an einigen Stellen offensichtliche Ungereimtheiten gibt. So wird in diesem Exempel zunächst von drei, dann aber von vier Eigenschaften

um das körperliche Sehen bestellt ist. Wenn das geschehen ist, wird in der Folge klar werden, wie es um das geistige Sehen bestellt ist. Merke deshalb, dass zum körperlichen Sehen drei Dinge beitragen. Erstens, dass die Augen beschaffen sind, wie sie sein müssen. Das zweite ist, dass sich zwischen die Augen und die Sache, die man sehen will, nichts dazwischenstellt, dass nämlich Luft und Wasser durchsichtig sind. Anders könnten die Augen nämlich nicht sehen. Und drittens, dass die Sache, die man sehen will, dem Gesichtsfeld bzw. den Augen gegenüberliegt. Dazu kommt, dass die Augen sind, wie sie sein müssen. Vier Eigenschaften sind notwendig, die jeder selbst und an sich ausprobieren kann: Erstens, dass jeder, der sehen will, Augen haben muss. Zweitens, dass seine Augen gesund sein müssen. Denn wenn sie krank wären oder mit irgendeiner schlechten Flüssigkeit gefüllt, könnte er, auch wenn er Augen hätte, mit ihnen nicht sehen. Drittens müssen seine Augen kräftig sein, denn wenn jemand etwas sehr Helles anschauen will, braucht er ein kräftiges Sehvermögen. Deshalb kann ein Adler wegen seines guten Sehvermögens die Sonne ohne weiteres anschauen, der Mensch nur, wenn sein Blick dahingehend gekräftigt wird. Viertens muss er die Augen aufmachen. Denn wer die Augen nicht aufmacht, wird nichts sehen, wenn er auch alles Vorhergenannte hat).

Diese Erklärung mag zunächst trivial erscheinen, doch ist bemerkenswert, dass der Prediger hier gerade auf Erfahrungen der Zuhörer zurückgreift, die diese sich vielleicht noch gar nicht bewusst gemacht haben, bzw. dass jeder Zuhörer diesen Vergleich ohne irgendeine Vorkenntnis an sich selbst nachvollziehen kann und so zum Nachdenken, dem Beginn jedes Philosophierens, angeregt wird. Dass diese Passage von mittelalterlichen Lesern als bemerkenswert empfunden wurde, beweisen zwei Marginalien. – Noch deutlicher wird diese Methode, auf die eigene Wahrnehmung zurückzugreifen, an einer anderen Stelle, an der Albert seine Zuhörer sogar zu einer Art Experiment anregt und eben nicht auf ein Buchwissen *secundum philosophos* rekurriert:

> *Ponite baculum in aqua fluente, quia fluxus aque portabit baculum.* [...] *apparebit baculus curvus, quantumcumque rectus sit extra aquam. Sic stilla pluvie videtur, quod virga sit. Sic carbo agitatus videtur circulus igneus esse*[19] (Legt einen Stock in fließendes Wasser, so dass die Strömung des Wassers den Stock trägt. Der Stock wird gekrümmt erscheinen, obwohl er außerhalb des Wassers gerade ist. So scheint ein Regentropfen wie ein Zweig. So scheint ein geschleudertes Kohlestück ein feuriger Kreis zu sein).

Nach diesen kurzen Textbeispielen soll an einer längeren Passage aus Sermo 14 genauer gezeigt werden, wie naturkundliches Wissen in die Predigt eingefügt werden konnte:

> *Apud Seynam in die Clementis pape. Coloniis in vulgari. Vigilate, quia nescitis, qua hora dominus vester venturus sit. In verbo proposito, quod de sanctis episcopis, doctoribus et martiribus legitur, dicta nobis sunt sex valde notabilia et memoriter retinenda. Quorum primum est preceptum datum de vigilia, secundum est ratio huius precepti, et istud in quinque subdividitur secundum quinqueplicem rationem, propter*

---

gesprochen, die für das Sehen notwendig sind. Auf dieses Problem soll hier jedoch nicht näher eingegangen werden.

19 Leipzig UB, Hs 683, Sermo 113, f. 250va.

> *quam vigilandum nobis est. Est enim vigilandum, quia veniet, est vigilandum, quia occulte veniet, est vigilandum, qua hora sive breviter veniet, est vigilandum, quia magnifice veniet, et est vigilandum, quia in veniendo semper novos adventus faciet.* [...] *Circa primum nota, quod quinque sunt in vigilante, quorum contraria in dormiente reperiuntur: cum enim dormit animalis spiritus, calor naturalis et sanguis redeunt ad interiora corporis. Sed statim quando evigilat, primo incipiunt spiritus ad exteriora discurrere, secundo calor naturalis exterius ad membra effluere. Unde membra, que prius erant rigida et quasi mortua, efficiuntur mobilia. Tercio sanguis ad ea, que extra sunt, incipit ebullire. Item quarto sensus sicut visus, auditus, odoratus, gustus et tactus, qui antea clausi fuerant, etiam ad ex<t>eriora exeunt. Item anima quinto ad discretionem revertitur naturalem. Prius enim propter fumos de stomacho ad caput ascendentes non vidit nisi tetras quasdam imagines et phantasticas, sed evigilans incipit videre, quod nihil veritatis fuit in illis, sed quedam phantastica exstiterunt. Vult ergo deus, quod vigilemus, hoc est, quod totum spiritum nostrum ad ipsum vertamus*[20] (Bei Sion, am Tag des Papstes Clemens. In Köln, in der Volkssprache. Wacht, denn ihr wisst nicht, zu welcher Stunde euer Herr kommen wird [Mt 24,42]. Im vorliegenden Bibelwort, welches man über die heiligen Bischöfe, Kirchenlehrer und Märtyrer liest, wurden uns sechs sehr bemerkenswerte Dinge gesagt, die wir im Gedächtnis behalten müssen. Das erste davon ist der Ratschlag, der bezüglich des Wachens gegeben wurde, das zweite ist die Art und Weise dieses Ratschlags und dieser wird in fünf Aspekte unterteilt, gemäß der fünffachen Art und Weise, weswegen wir wachen müssen: Wir müssen nämlich wachen, weil er kommen wird, wir müssen wachen, weil er unbemerkt kommen wird, wir müssen wachen [aufpassen], zu welcher Stunde oder ob er bald kommen wird, wir müssen wachen, weil er prächtig kommen wird, und wir müssen wachen, weil er beim Kommen immer neue Ankunft bewirken wird [...]. Zum ersten Punkt merke, dass es fünf Eigenschaften beim Wachenden gibt, deren Gegenteil man beim Schlafenden findet: Wenn nämlich der Lebensgeist schläft, kehren die natürliche Wärme und das Blut ins Körperinnere zurück. Sobald man aber erwacht, beginnt der Geist zuerst nach außen sich zu verteilen, dann beginnt die natürliche Wärme nach außen zu den Gliedern zu fließen. Deshalb werden die Glieder, die vorher starr und gleichsam tot waren, beweglich. Drittens beginnt das Blut zu dem, was außen ist, zu strömen. Ebenso gehen viertens die Sinne wie Sehvermögen, Gehör, Geruchs-, Geschmacks- und Tastsinn, die vorher eingeschlossen waren, ebenfalls nach außen. Ebenso kehrt fünftens die Seele zu ihrem natürlichen Unterscheidungsvermögen zurück. Zuvor sah sie nämlich wegen der Dämpfe, die vom Magen in den Kopf aufsteigen, nichts als dunkle Bilder und Phantasiegestalten, erwachend aber sieht sie allmählich, dass in diesen nichts Wahres lag, sondern dass sie als Phantasien existierten. Gott will daher, dass wir wachen, das heißt, dass wir unseren Geist ganz auf ihn richten).

An diesem Beispiel sehen wir, wie ein physiologisches Phänomen – nämlich der Schlaf- bzw. Wachzustand – auf die religiöse Unterweisung: das Wachen oder das Warten auf Gott bezogen werden kann. In insgesamt vier Predigten (Sermo 14, 37, 47, 51) befasst sich Albert mit diesem Thema, dem er im übrigen auch die wissenschaftliche Abhandlung 'De somno et vigilia' gewidmet hat.

---

20 Leipzig UB, Hs 683, Sermo 14, f. $36^{ra/rb}$. – Bei *Seyna* bzw. Sion dürfte es sich um das Zisterzienserinnenkloster bei Köln handeln, das Graf Heinrich III. und seine Gemahlin 1215 gestiftet haben.

Abschließend möchte ich Folgendes festhalten: Naturkunde-Exempel spielen in den Predigten des 13. und 14. Jahrhunderts eine wichtige Rolle im Dienst der religiösen Unterweisung. Sie werden ausnahmslos zur näheren Erklärung einer Bibelstelle und/oder zur moralischen Belehrung herangezogen, doch lässt sich an ihnen eindeutig auch ein starkes Interesse an der Natur 'als solcher' konstatieren. Gerade bei Albert kann man einen besonders intensiven Gebrauch derartiger Exempel feststellen, wobei er interessanterweise auf das traditionelle Gebiet der geistlichen Tierdeutung völlig verzichtet und stattdessen auf neue, bis dahin weniger gebräuchliche Themen zurückgreift. Die zahlreichen Marginalien in der Leipziger Handschrift, die sich speziell auf die *exempla* beziehen, beweisen, dass zeitgenössische Leser diesen große Aufmerksamkeit geschenkt und sie wohl auch als Anregung aufgefasst haben.

JÜRGEN WERINHARD EINHORN

'Natur' und Naturerscheinungen in zwei mittelalterlichen Bilderhandschriften der Franziskus-Vita des Bonaventura

Das Thema des Symposiums kann einen Franziskaner naturgemäß nur interessieren[1], auch wenn er, wie alle Zeitgenossen, damit zu rechnen hat, dass der hier vorgestellte Naturbegriff vom neuzeitlichen Verständnis von 'Natur' in vieler Hinsicht abweicht. Diese Differenz herauszuarbeiten, macht aber gerade den Reiz gegenwärtiger Mediävistik-Forschung aus. Die Beschränkung des Beitragsumfangs ist eher ein Vorteil. Sie verhilft in unserem Falle zur Konzentration auf ein einziges Textdokument in zwei Handschriften. Es handelt sich dabei um zwei minierte Handschriften der 'Legenda maior' des Ordensgenerals Bonaventura (geb. ca. 1217 in Bagnoreggio bei Orvieto, gest. 1274 in Lyon): die eine im Archivo Ibero-Americano der Franziskaner in Madrid aus dem ersten Drittel des 14. Jahrhunderts, die andere im Museo Francescano der

1 Folgende Literaturauswahl zur Thematik im franziskanischen Kontext zeigt unter anderem auch das starke diesbezügliche Gegenwartsinteresse: Nature the Mirror of God. In: The Franciscan Educational Conference 36. Washington 1955; Hans-Joachim Werner: Eins mit der Natur. Mensch und Natur bei Franz von Assisi, Jakob Böhme, Albert Schweitzer und Pierre Teilhard de Chardin. München 1986. S. 13–37; Ders.: Franz von Assisi und die Philosophie der Geschöpflichkeit. In: Rolf Peter Sieferle (Hg.): Natur. Ein Lesebuch. München 1991. S. 39–49; Evangelista Vilanova: Naturaleza y gracia: ¿un nuevo equilibrio? In: Selecciones de Franciscanismo 17 (1988). S. 131–143; Oktavian Schmucki: Die Naturmystik des hl. Franziskus. In: Franziskuskalender 72 (1989). S. 82–87; Roger D. Sorrell: St. Francis of Assisi and nature. Tradition and innovation in Western christian attitudes toward the evironment. New York, Oxford 1988; Giuliana Cavallini: La natura e l'uomo. In: Salvatore Accardo u. a. (Hgg.): Francesco e Caterina. Rom 1991 (Quaderni del Centro Nazionale di Studi Cateriniani 5). S. 133–150; Maurizio P. Faggioni: L'uomo ancora signore del creato? Tracce di etica ambientale in 'Gaudium et spes'. In: Antonianum 70 (1995). S. 429–472; Ambrose Nguyen Van Si: Sorella Madre terra. Per una dimensione politica e teologica dell'ecologia. Rom 1995; Kurt Koch: Kolumbus oder Franziskus? Eine historische Annäherung an unseren Umgang mit der Schöpfung. In: Stimmen der Zeit 215 (1997). S. 147–159. – Vgl. des weiteren die Literatur speziell zu Bonaventura [Anm. 5] und zu Franziskus [Anm. 31]. – Im übrigen vgl. die Bibliographie bei Jacques Guy Bougerol (Hg.): S. Bonaventure 1274–1974. Bd. 5. Grottaferrata 1974. – Den Mitbrüdern des Collegio S. Bonaventura, Grottaferrata, danke ich für Gastfreundschaft und Arbeitsmöglichkeiten zum Thema.

Kapuziner in Rom von etwa 1457[2]. Die Beschränkung auf das biographische Hauptwerk 'Legenda maior' (unter Heranziehen von Parallelstellen aus dem Anhang 'Miracula' und aus der 'Legenda minor') ist auch deshalb sinnvoll, ja geradezu geboten, weil es bisher keine Untersuchung gibt, die sich unter der Fragestellung *natura* bewusst auf die 'Legenda maior' konzentriert und so deren Aussagepotenzial ausschöpft.

Lebensbeschreibungen des Franziskus von Assisi (geb.1181/82, gest.1226) werden bis in die frühe Neuzeit hinein in über 20 erhaltenen Handschriften von Bildern begleitet, die in ihrer Anzahl zwischen 2 und 240 schwanken, wobei Einzel- oder szenische Darstellungen in Andachts- und liturgischen Büchern nicht gerechnet sind[3]. Unter diesen illuminierten Handschriften befinden sich nicht die Lebensbeschreibungen 'Vita prima' (1228) und 'Vita secunda' (1246–48) des ersten Biographen Thomas von Celano; deren Verbreitung ist schmal, weil auf Beschluss des Generalkapitels des Ordens in Paris 1266 alle Handschriften der früheren Viten vernichtet werden sollten. Sie wurden durch die 'Legenda maior' und die 'Legenda minor' Bonaventuras ersetzt, nachdem das Generalkapitel von Narbonne 1260 den Auftrag zur Abfassung einer neuen Lebensbeschreibung gegeben hatte. Nachdem Bonaventura diese in den Jahren 1260–63 erarbeitet hatte, wurde sie 1263 vom Generalkapitel zu Pisa approbiert. Bonaventura sah als leitende Persönlichkeit der zweiten Franziskanergeneration die Notwendigkeit, den inzwischen in 34 Provinzen wirkenden Brüdern[4] eine Leitgestalt, „une modèle, une 'icone' de saint"[5] vor Augen zu stellen.

---

2 San Buonaventura: Leyenda Mayor. Edición: Conferencia de Ministros Provinciales Franciscanos de España (Enrique Chacon). Bd. 1: Facsimíl. Bd. 2: Estudios (Luis Pérez Simón, Jürgen Werinhard Einhorn). Madrid 1999 (deutschsprachige Fassung meiner Einführung in: Dieter Berg (Hg.): Jürgen Werinhard Einhorn: KunstErziehung. Literatur, Kunst und Schulpraxis in franziskanischer Perspektive. Festgabe zum 65. Geburtstag. Werl i. Westf. 1999 [Saxonia Franciscana 12]. S. 319–340, Abb. 100–143); Servus Gieben u. Vincenzo Criscuolo (Hgg.): Francesco d'Assisi attraverso l'immagine. Roma. Museo Francescano, Codice inv. nr. 1266. Rom 1992. – Von der 'Legenda minor' gibt es keine illuminierten Handschriften, weil diese Kurzform der Legende zur liturgischen Lesung im Chordienst der Bruderschaft gedacht war.

3 Zu den Zyklen vgl. Servus Gieben: Philip Galle's Engravings Illustrating the Life of Francis of Assisi. Rom 1977. S. 62, Anm. 172. Niederösterreichische Landesausstellung: 800 Jahre Franz von Assisi. Krems-Stein 1982. Nr. 10.17–10.26 (Elisabeth Vavra); Jürgen Werinhard Einhorn: Das Große Franziskusleben des hl. Bonaventura in zwei illuminierten Handschriften in Rom und Madrid. In: Collectanea Franciscana 62 (1992). S. 5–61 mit 56 Abb. – Hinzuzurechnen sind zwei französischsprachige Fassungen der 'Legenda maior' aus der ehemaligen Sammlung Hamilton: Ms. 106 in der Staatsbibliothek Berlin und Ms. 107 mit 62 Miniaturen im Kunsthandel Georges Wildenstein, Paris (bisher von mir nicht gefunden, nahezu unbekannt geblieben) sowie die Minaturen des Anjou-Legendarium; vgl. hierzu Gyöngyi Török: Problems of the Hungarian Angevin Legendary. A New Folio in the Louvre. In: Arte Cristiana 89 (2001). S. 417–426.

4 Vgl. hierzu Mariano D'Alatri: La presenza dei Francescani nella Chiesa al tempo del generalato di Bonaventura. In: Doctor Seraphicus 26 (1979). S. 33–44.

5 Jacques Guy Bougerol: Introduction à Saint Bonaventure. Paris 1988. S. 267. – Vgl. ferner Ders: Francesco e Bonaventura. La Legenda Major. Vicenza 1984. S. 87–95; Giovanni Miccoli: Bonaventura e Francesco. In: S. Bonaventura francescano. Todi 1974 (Convegni del Centro di

Eine methodische Zwischenbemerkung ist angebracht: Wir setzen Texte zu Bildern in Beziehung. Die Texte beschreiben das Persönlichkeitsbild, das Bonaventura bis 1263 von Franziskus entwickelt hat, der 1226 starb – aus einem Abstand von 37 Jahren; die Miniaturen zeichnen das Bild eines Franziskus am Beginn des 14. bzw. im mittleren 15. Jahrhundert, also aus einem Abstand von 100 bzw. 220 Jahren. Wie soll da sinnvoll, nicht windschief, von 'dem' Franziskus, von 'der' Sicht von *natura* gesprochen werden? Letztlich läuft diese Frage auf die sogenannte „franziskanische Frage" hinaus, die sich zugespitzt in der Frage Edith PASZTORs wiederfindet: „Chi è il Francesco della 'Legenda maior'"? [6] Uns begegnet ein Franziskusbild, das Bonaventura zeichnet, sowie ein Franziskusbild, wie es (wohl umbrische) Buchmaler im 14. bzw. 15. Jahrhundert gesehen haben oder – genauer gesagt – wie es ihnen der Tradierungsvorgang künstlerischer Formeln und Mittel in Feder und Pinsel hineingegeben hat. Und schließlich sind da wir selbst als Leser und Betrachter aus dem Abstand von Jahrhunderten. Das Erklärungsmuster der Intertextualität kann helfen, sich dieser Abstände und unterschiedlichen Sichtweisen bewusst zu sein, ohne dass wir sie hier reflektieren könnten.

Beide Handschriften stellen Text-Bild-Einheiten dar. Zu Begriff und Gestalt von *natura* bei Bonaventura sind also Text[7] und Bild zu befragen, und zwar in folgenden Schritten:

1. In der Lesefolge der 'Legenda maior' wird vorgestellt, was Bonaventura unter *natura* versteht; die zugehörigen Miniaturen werden dazu in Beziehung gesetzt,
2. soll die *natura*-Begrifflichkeit in eine systematische Ordnung gebracht werden,
3. ist die Frage nach dem Wortgebrauch von *natura* in den Schriften des Franziskus zu stellen,
4. ist zu fragen, ob auch ohne den Bezug auf Wort und Begriff *natura* das 'Natur'-Verständnis des Franziskus fassbar wird.

Da trotz der Beschränkung auf wenige Abbildungen mit der Bildwelt beider Handschriften bekannt gemacht werden soll, wird den einschlägigen Textstellen die jeweils aussagekräftigste Miniatur aus den Handschriften Madrid bzw. Rom beigegeben.

Studi sulla spiritualità medievale 14). S. 47–73; Johannes Beumer: Franziskus von Assisi und Bonaventura. In: Franziskanische Studien 58 (1976). S. 78–91; Herbert Cousins: The image of St. Francis in Bonaventure's 'Legenda maior'. In: Francisco de Asís Chavero Blanco (Hg.): Bonaventuriana. Miscellanea in onore di Jacques Guy Bougerol. Bd. 1. Rom 1988. S. 311–321; Alfonso Pompei: Influsso della persona di san Francesco sul pensiero Bonaventuriano. In: Gerardo Cardanopoli u. Martino Conti (Hgg.): Lettura biblico-teologica delle fonti francescane. Rom 1979. S. 281–291.

6 Edith Pasztor: S. Bonaventura: biografo di san Francesco? Contributo alla "questione francescana". In: Doctor Seraphicus 27 (1980). S. 83–107, hier S. 85.

7 Stellenverzeichnis bei Jean-François Godet: Sancti Bonaventurae Legendae maior et minor sancti Francisci. Löwen 1975 (Corpus des Sources Franciscaines 2). S. 215.

1. *Natura* in den Franziskuslegenden des Bonaventura

Im Prolog der 'Legenda maior' (2,10) stellt Bonaventura Franziskus als den Mann aus Assisi vor, der nicht nur ein Gewand in der Form des Kreuzes trug, sondern 'das Siegel der Ebenbildlichkeit mit dem lebendigen Gott, mit dem gekreuzigten Christus, das ihm nicht die Kraft der Natur oder ein schlauer Betrug, sondern die wunderbare Macht des lebendigen Gottes dem Leibe nach eingeprägt hat' (*signaculum similitudinis Dei viventis* [...] *impressum non per naturae virtutem vel ingenium artis*)[8]. *Natura* wird hier im Gegensatz zu *ars* im Sinne eines künstlichen Eingriffs gesehen, d. h. als Potenzial wirksamer Kräfte auf der geschöpflichen Ebene; als solches wird sie abgesetzt gegenüber dem *signaculum similitudinis*, einer Wortfügung aus Ezechiel 28,12.

Dem Prolog ist keine Miniatur zugeordnet; aber weil die gesamte Vita auf das Zentralereignis der Besiegelung in der Stigmatisation hin komponiert ist wie das Johannes-Evangelium auf Kreuzigung und Auferweckung Jesu, soll die Miniatur der Stigmatisation hier wenigstens in einer Beschreibung vorgestellt werden (Miniatur 154 der Handschrift Rom, f. 74; lateinischer Text XIII,3; die Vorgängerminiatur in der Handschrift Madrid ist herausgetrennt und verloren). Der Buchmaler des mittleren 15. Jahrhunderts, tätig vielleicht in einem Scriptorium in Assisi, wohl selbst kein Minderbruder, verlegt die Szene auf dem Berg La Verna in eine terrassenförmig geschichtete Berglandschaft auf ein Plateau unterhalb einer Einsiedelei. Der begleitende Bruder, im Bedeutungsmaßstab kleiner gegeben, liest beim dreimaligen Aufschlagen des Evangelienbuches jedes Mal die Passionsgeschichte Jesu: Nicht *natura* äußert sich hier als Zeichengeber, sondern 'Gottes Offenbarung' (*divinum oraculum*). Auf dem Boden dieses Bergausschnitts ereignet sich, ausgehend von einem schwebenden Seraph mit drei gekreuzten Flügelpaaren, die Besiegelung mit fünf goldenen Strahlen, die Hände, Füße und Seite treffen und verwunden. Was durch Bonaventura als *ingenium artis*, als technisches Bewerkstelligen, ausgeschlossen wird, macht der Buchmaler gleichwohl durch Strahlen instrumentell sichtbar. Bonaventura beschreibt dies nicht als einen Vorgang, sondern gibt nur das Ergebnis des Einwirkens (XIII,3,19) wieder: 'Sogleich wurden die Wundmale der Nägel sichtbar' (*apparere coeperunt signa clavorum*). Die Miniatur wird

8 Quellenangaben nach: Franziskus, Engel des sechsten Siegels. Sein Leben nach den Schriften des heiligen Bonaventura. Hrsg. von Sophronius Clasen. Werl i. Westf. 1962 (Franziskanische Quellenschriften 7). S. 249–436 ('Legenda maior' und 'Wunder nach seinem Tode') u. 437–447 ('Legenda minor'); lateinisch: Analecta Franciscana 10. Quaracchi, Florenz 1926–1941. S. 555–652 ('Legenda maior' und 'Miracula') u. 653–678 ('Legenda minor'). – Die Quellen werden in folgender Reihenfolge angegeben: deutsche Übersetzung: S. 253; lateinischer Text: Prologus 2,10 [=Kapitel, Abschnitt, Zeile]. – Zu den Texten Bonaventuras vgl. jetzt den überprüften Neudruck der Quaracchi-Ausgabe mit italienischer Übersetzung und mit ausführlichen Literaturangaben: Opere di san Bonaventura. Conferenza Italiana Ministri Provinciali OFM. Hrsg. von Jacques Guy Bougerol, Cornelio Del Zotto u. Leonardo Sileo. Bd. 14/1. Rom 1993 (Opuscoli Francescani 1). S. 193–407 ('Legenda maior' mit 'Miracula') u. S. 409–465 ('Legenda minor'). – Zu *similitudo* siehe Anm. 23.

durch die rote Rahmung, den Bogenfries und den Fond aus zerriebenem Lapislazuli von der Folie der geschriebenen Seiten abgehoben und spricht somit auf der Bildebene eine besondere Sprache: Der Buchmaler nutzt künstlerische Mittel, das *supernaturale* (zum Begriff s. unten) zum Ausdruck zu bringen: die goldenen Strahlen, die vitale Farbigkeit von Grün und Rot im Kontrast, die spannungsvolle Zuordnung des Seraphs und des knienden Heiligen.

Das 1. Kapitel der 'Legenda maior' stellt laut Überschrift 'das Leben des hl. Franziskus in der Welt' dar. Nach Bonaventura kannte dieser Gottes Absichten 'noch nicht' und war für deren Aufnahme wenig disponiert, weil er durch das Tuchgeschäft seines Vaters Bernardone gebunden war 'und ihn die Erbschuld abwärts zog' (*corruptione naturalis originis ad inferiora depressus* [S. 257; I,2,2]). *Naturalis origo* bedeutet hier den gottgeschaffenen Urzustand vor der erbsündlichen Verwundung, dem *status naturae lapsae*. Als Franziskus auf der Suche nach einer neuen Orientierung sich den Armen zuwandte und väterliches Eigentum verschenkte, handelte er nach dem Urteil des Vaters unrecht. In der 'Legenda minor' schlägt der Vater den Sohn und sperrt ihn ein – handelt also, als hätte er 'jede natürliche Zuneigung verloren' (*tamquam si naturalis miserationis esset oblitus* [S. 442; I,7,2]). Der *natura* des Menschen kommt demnach zu, dass sie Affekte wie Erbarmen, Zuneigung zeigen kann.

Der zum Leben nötige Unterhalt ist an sich der Natur geschuldet. Nach seiner *conversio* gönnt sich Franziskus kaum das Notwendige (*vix necessaria sumeret sustentationi naturae*), weil er 'an seinem Leibe die Rüstung des Kreuzes tragen' wollte, weshalb er 'kaum oder selten gekochte Speisen' aß; 'nahm er sie aber zu sich, so mischte er Asche darunter oder machte sie [...] durch Begießen mit Wasser unschmackhaft' (S. 289; V,1,9; fast wortgleich in 'Legenda minor' III,1,6). Der Buchmaler der Handschrift Madrid (Abb. 1) lässt den Heiligen Asche auf die Speise in der Schüssel streuen (Miniatur 57; f. 22^{v}); der kopierende Maler der Handschrift Rom (f. 27^{v}) hat dagegen den Text nicht beachtet und deutet das Aufstreuen zu einem Gesprächsgestus um.

Franziskus hatte sich in Ägypten eine Augenkrankheit, möglicherweise Trachoma, zugezogen[9]; die Ärzte rieten zur Beseitigung des eitrigen Flusses durch Veröden an den Schläfen, die sogenannte Kauterisation. Die 'Legenda minor' (S. 462; V,1,10) schreibt, er habe 'darin nicht nur ein Heilmittel für den Leib, sondern auch eine Gelegenheit zur Tugendübung erblickt' (auch hier die Polarität von *natura* und *gratia*!), das Gefühl

9 Zu den Krankheiten des Franziskus vgl. Oktavian Schmucki: Les maladies de saint François d'Assise, avant sa stigmatisation. In: Medicina nei secoli 9 (1972). S. 18–57; Ders.: Le malattie di Francesco durante gli ultimi anni della sua vita. In: Società internazionale di studi francescani (Hg.): Atti del IV. convegno internazionale sul tema: Francesco d'Assisi e Francescanesimo dal 1216 al 1226, Assisi 15–17 ottobre 1976. Assisi 1977. S. 317–362; Ders.: Das Phänomen Krankheit im Leben des hl. Franziskus von Assisi. In: Vita Fratrum 21 (1984). S.1–17; Giulia Barone: S. Francesco, S. Bonaventura e la malattia. In: S. Bonaventura francescano [Anm. 5], S. 269–278; Theo Grossmann: Über die Augenkrankheit des hl. Franz von Assisi (1182–1226) und seine Zeit. In: Julius-Hirschberg-Gesellschaft (Hg.): Nuntia Annotationes Documenta II/2001 [acht nicht nummerierte Seiten als Beilage].

'seines Fleisches' jedoch (*sensu vero carnis ipsius*) habe ihn 'mit natürlichem Schauern' (*naturali horrore*) vor dem glühenden Eisen des Arztes zurückschrecken lassen. Die 'Legenda maior' bietet in beiden Handschriften das Bild dazu (Miniatur 65; f. 31; Madrid f. 25^v; Abb. 2), in ihrem Text aber nicht den Begriff *natura*; statt dessen benutzt sie den des Körpers: *corpus iam horrore concussum* (S. 295; V,9,5), wodurch *natura*, *caro* und *corpus* zu einem Bedeutungsfeld zusammenrücken. Die Brüder verfolgen auf den Miniaturen das Geschehen gebannt, doch fröstelnd, die Hände in die Ärmel gesteckt; sie vernehmen wohl nicht, wie der Heilige in der Sprache seines Sonnengesangs das Feuer anredet: 'Mein Bruder Feuer, der Allerhöchste hat dich vor anderen Geschöpfen an Schönheit reicher bedacht und dich kraftvoll, schön und nützlich erschaffen. Sei mir in dieser Stunde geneigt, sei gut zu mir, [...] dass ich es aushalten kann' ('Legenda maior', S. 295f.; in der 'Legenda minor' nur im Berichtston). Naturerfahrung des Gottesmannes heißt *naturali horrore* deren Gesetze anzuerkennen und sie durch den Lobpreis als Gottes Geschöpfe aus dem bloßen *ordo naturalis* herauszuheben[10]. Hierin wie auch in der folgenden Begebenheit ist eine spezifisch franziskanische Note zu erkennen. 'Franziskanisch' könnte man zudem das Mitgefühl des jüngeren Buchmalers nennen: Er lässt auch Franziskus die Hände in den Ärmeln bergen. Die Handschrift Madrid hatte dagegen noch einen Redegestus angedeutet.

Das 5. Kapitel mit den beiden letztgenannten Begebenheiten und mit der folgenden steht bezeichnenderweise unter der Überschrift 'Sein strenges Leben und der Trost, den ihm die Geschöpfe bereiteten'. Hierzu gehört auch ein Becher Wein: Franziskus hatte ihn, als er bei der Einsiedelei Sant' Urbano in einem Schwächeanfall (*naturae defectum sentiens*) darniederlag, erbeten. Da kein Wein zur Hand war, gab man ihm Wasser. Er segnete den Becher mit dem Kreuzzeichen, und nach dem Modell der Hochzeit zu Kana und des Abendmahls wird das Wasser zu 'bestem Wein', der ihn sogleich gesunden lässt. Der Naturdefekt wird durch ein Versorgungsdefizit noch verschärft, um dann *supernaturaliter* behoben zu werden, und zwar im Zeichen eines *vinum optimum*. Der Wein wird zu seiner besonderen geschöpflichen Qualität als *vinum optimum* veredelt, um in einer Art Qualitätensprung das Einbrechen des Supernaturalen herauszustellen. Bonaventura arbeitet diese Stelle in dreimaliger Doppelung der Wort- und Bildfügungen aus, auf dem Hintergrund der Tauftheologie nach Kol 3, 9f.[11]. Dies wird deutlicher in der lateinischen als in jeder deutschen Fassung nachvollziehbar: *Ad eius gustum tanta protinus facilitate convaluit, ut saporis novitas et innovatio sanitatis, gustabile ac gustantem supernaturaliter innnovantes, perfectam in ipso exspoliationem veteris hominis et induitionem novi duplici attestatione firmarent* (wörtlich und die Wortstellung möglichst beibehaltend übersetzt: 'Mit dessen Genuss wurde er in wunderbarer Leichtigkeit sogleich gesund, wobei des Geschmackes Neuheit und die Erneuerung der

10 Vgl. hierzu Franco Cardini: Francesco e il fuoco. Dalla "creatura ignis" al Serafino fiammeggiante. In: Studi Francescani 80 (1983). S. 297–308.

11 Zum Einbezug biblischer Stellen vgl. Opere di San Bonaventura [Anm. 8], S. 469–473; Cardanopoli u. Conti [Anm. 5].

Gesundheit [Chiasmus!], den Trank und den Trinkenden übernatürlicherweise erneuernd, in ihm die vollkommene Entäußerung des alten Menschen und das Anziehen des neuen mit doppeltem Zeugnis bestätigten' [S. 297; V,10,1–8]). In der 'Legenda minor' (S. 462; V,2,3) fehlt diese Deutung, *naturae defectus* aber ist auch hier hervorgehoben. Die Miniatur Rom (66, f. 31^{v}) hebt den Becher zeichenhaft deutlich heraus (Abb. 3); die Miniatur Madrid (f. 26^{v}) bleibt strenger, unbeholfener in Körperhaltung und Ausbildung der Kopfform. Die Miniaturen zu Augenoperation und Heiltrank weisen zwar eine gewisse Bildspannung auf, indem sie sich auf das Wesentliche konzentrieren und die heilenden 'Instrumente' deutlich herausheben; im Grunde aber bleibt die nur vorganghaft abbildende Darstellung der sogenannten *historiae*[12] hinter Bonaventuras theologisch durchgestalteter Wortkunst zurück, wiewohl die *simplicitas* ihrer Darstellung auf eigene Weise überzeugt. – Das 7. Kapitel schließt mit einem Aufruf an die Brüder, der auch angesichts der im soeben besprochenen 5. Kapitel thematisierten Erfahrung gelten kann: nämlich keinerlei Mangel an Gottvertrauen zu zeigen, 'wenn es an Geld, Kunstfertigkeit und natürlichen Kräften fehlt' (*cum pecuniae et artis et naturae facultas defecerat* [S. 318; VII,13.9]).

Das 8. Kapitel ist der Anhänglichkeit 'der vernunftlosen Geschöpfe' an Franziskus gewidmet: Dieser habe 'auch die kleinsten Geschöpfe ‚Bruder' und ‚Schwester' genannt, wusste er doch, dass sie mit ihm den gleichen Ursprung hatten'; durch ihre 'naturgegebene Ähnlichkeit' (*similitudine naturali*) versinnbildlichten sie die Sanftmut Christi (S. 323; VIII,6,4; 'Legenda minor', S. 454; III,6,11). Unter diesen Geschöpfen genießt das Schafslamm ein besonderes Vorrecht, wie an drei Episoden deutlich wird. Franziskus kaufte öfter Lämmer los, die zur Schlachtbank getrieben wurden, weil er in ihnen den zum Kreuzestod geführten Christus versinnbildet sah (S. 323; VIII,6). Bei Gubbio musste er erleben, wie ein 'äußerst wildes Schwein' (*sus feroccissima*) ein eben geborenes Lamm zu Tode biss. Franziskus verfluchte das Tier, so dass es erkrankte und nach drei Tagen verendete (eine gegenbildliche Anspielung auf die Auferstehung am dritten Tage!); man warf es in den Klostergraben, wo es austrocknete, weil kein anderes Tier es fraß. Die anschließende geistliche Ermahnung ist eine kurze Gerichtsrede wie auch ein dankbarer Hinweis darauf, dass dem Heiligen selbst die Tiere (*natura brutorum*) anhingen (VIII,6,19; 'Legenda minor' III,6,13). In den Miniaturen (99; f. 42 u. f. 47) erscheinen Mutterschaf und Lamm trotz unterschiedlicher Schicksale in gleicher, statisch wirkender Position (Abb. 4). Franziskus blickt, die Hände erschreckt erhoben, auf die todbringende Szene. Die beiden Kontrahenten Franziskus und das Schwein erscheinen gedoppelt in Simultandarstellung. Das Schwein, bedeutungtragend schwarz, duckt sich unter dem Verdikt der Hand, in Haltung und Blick schon eher realistisch gegeben, in der Handschrift Rom der Körperbau von noch größerer Naturnähe. Ein

12 So werden die Miniaturen in der dem Manuskript Rom vorangestellten *tabula super historias* (f. 1) genannt. Die frühen Tafelbilder des stehenden Franziskus (und anderer Heiliger, z. B. Klaras), der von biographisch-szenischen Kleinbildern umgeben ist, werden als *tabulae historiatae* bezeichnet.

Betrachter der Handschrift Madrid hat offensichtlich Partei gegen das Schwein ergriffen und es durch Auskratzen bestraft, während Mutterschaf und Lamm verschont blieben.

Bei Sancta Maria de Portiuncula erhielt der Heilige ein Schaf als Geschenk; er nahm es dankbar an 'aus Liebe zur Unschuld und Einfalt, wie sie in der Natur des Schafes liegen' (*quas ovis natura praetendit* [S. 324; VIII,7,7]). Die Miniatur der Handschrift Madrid (101; f. 43) vor Augen (Abb. 5), lese man den weiteren Text Bonaventuras über das Schaf im liturgischen Dienst der Brüder und verfolge dabei, wie anschaulich der Bericht und wie lebhaft die Zeichengebung der Bilder ist: 'In seiner Güte ermahnte er das Lamm, Gott zu loben und den Brüdern nicht lästig zu fallen. Das Schaf befolgte nun getreu die Mahnung des Gottesmannes, als ob es seine gütigen Worte verstanden hätte. Hörte es nämlich die Brüder im Chore singen, dann eilte es zur Kirche, beugte, ohne dass es jemand aufforderte, seine Knie, blökte vor dem Altar der Jungfrau, der Mutter des Gotteslammes, als wollte es sie freudig begrüßen. Erhob bei der Feier der heiligen Messe der Priester den heiligsten Leib Christi, so verharrte das Tier auf den Knien, als wollte es durch seine Ehrfurcht die Unandächtigen wegen ihrer mangelnden Ehrfurcht tadeln und die Gläubigen Christi zur Ehrfurcht gegen das Sakrament auffordern'. Zunächst zum Bildlichen: Chorgesang und Messfeier sind textgetreu als zwei unterschiedliche liturgische Dienste in eine Miniatur gebracht. Beide Buchmaler können sich das Chorgebet nicht anders als in einem Gestühl vorstellen. Das Schaf auf den Stufen hat etwas legendenartig Anrührendes mit seinem zum Blöken geöffneten Maul. Der Text Bonaventuras allerdings zeigt keine Spuren einer Legende, er ist aufs Äußerste beherrscht und reflektiert: Dreimal heißt es in realistischem Zugriff 'als ob': 'als ob es verstanden hätte', 'als wollte es freudig begrüßen', 'als wollte es tadeln'. In doppelter Funktion, tadelnd und einladend, wird das Tier zum Erzieher stilisiert[13]. Bonaventuras Text kann ohne weiteres als Bildbeschreibung dienen: Der Text zeichnet, das Bild erzählt, eine franziskanisch-anschauliche Text-Bild-Einheit.

Der im 8. Kapitel verwendete Begriff *natura* hebt in der Verbindung *natura brutorum* lediglich ab auf das den vernunftlosen Geschöpfen von Geburt an Eigene – so mit gleichem Wortlaut auch im folgenden Abschnitt des Kapitels (S. 329; VIII,11,18): Hagelschlag verwüstet Felder und Weinberge, ein Rudel Wölfe bedroht Tiere und Menschen in Greccio (nicht also in Gubbio, wo [nach den Fioretti 21] Franziskus den einen Wolf mit den Einwohnern versöhnte). Die zugehörigen Miniaturen (111; f. 46 u. f. 51) stellen nicht diese Gefahrensituationen selbst dar, sondern setzen den Inhalt der Predigt ins Bild um: Franziskus steht zwischen den bedrohten Zuhörern und den Aggressoren, beide Gruppen sind in der Farbigkeit signifikant unterschieden, der Hagelschlag droht unmittelbar über den Köpfen (Abb. 6). Der Prediger sichert den Bußfertigen Gottes Erbarmen zu: Da sich die Menschen bekehrten, 'hielten sich Hagelschlag und Wölfe an das Versprechen des Gottesmannes und wüteten nicht mehr'. Wie im Falle der Wolfsplage von Gubbio, die in diesem Abschnitt quellengeschichtlich offen-

---

13 Bougerol [Anm. 5], S. 270: „La pédagogie est constamment présente". Vgl. auch Roberto Zavalloni: Pedagogia Francescana. Sviluppi e prospettive. Assisi 1995. S. 89–93.

bar vorgebildet ist, versöhnt Franziskus die Parteien untereinander – die Tiere und die Menschen – und beide mit Gott. Bonaventura resümiert: 'Das ist jene Frömmigkeit, die alle Geschöpfe miteinander versöhnte' (*cunctas sibi creaturas confoederans* [VI-II,11,19]). In diesem Text- und Bildzeugnis treffen wir somit nicht nur auf einen *natura*-Begriffsbeleg, sondern auf die Sache selbst: Die Versöhnung der Kreaturen auf derselben *natura*-Ebene wird aktional vorgeführt und zwar charakterisiert durch den Rechtsbegriff der *confoederatio*.

Das 9. Kapitel widmet sich unter der Überschrift 'Die Glut der Liebe' (*De fervore caritatis*) dieser Triebkraft eines versöhnenden Handelns. Bonaventura sagt vom Heiligen: 'Seine überströmende Hingabe und Liebe trug ihn so nach oben zu Gott, dass er sein mitfühlendes Herz allen erschloss, die mit ihm die gleiche Natur und Gnade teilten' (*naturae consortes et gratiae* [S. 332; IX,4,2]). Im Folgenden wird den 'Kreaturen', das heißt den vernunftlosen, jedoch 'Brüder' genannten Geschöpfen, die Schicksalsgemeinschaft (*consortes*) der Naturebene, aber den Menschen die der Gnade kraft der Erlösung zuerkannt, denn für sie sei Christus am Kreuz gestorben. Diese gedankliche und in der Erlösungstheologie begründete Unterschiedlichkeit der Geschöpfe wird indes durch die *ipsissima verba* des Franziskus – *frater* und *soror* – in der umbrischen Lebenswelt von Tier und Mensch aufgehoben[14].

Fünf Wunderberichte der 'Legenda maior' beschließen diesen 1. Teil; sie fassen unter dem Begriff *natura* sämtlich Wesen und Eigenschaften. Ein an Epilepsie erkrankter Bruder gesundete, als Franziskus ihm vom Brote gab, das er gerade aß; viele hielten die Krankheit eher 'für eine Züchtigung des Teufels als für ein natürliches Leiden' (*naturalis infirmitas* [S. 363; XII,11,2]). Unter den im Titel eigens zusammengefassten 'Wundern nach dem Tode des Heiligen', die in der Handschrift Madrid weder in Text noch Bild erhalten blieben, sind zu nennen: Bei Viterbo brachte eine Frau nach Anrufung des Heiligen ihr Kind gesund zur Welt, nachdem ärztliche Kunst die schwindenden Körperkräfte nicht stärken konnte (*naturae succumbente virtute* [S. 416; VI,4,2]). Vor dem Hafen von Barletta riss ein Seesturm einem Boot die Anker ab. Ein Mann der Besatzung mit Namen *Perfectus* rät höhnisch, den soeben heiliggesprochenen Mann aus Assisi anzurufen. Dies geschieht, und zwar im Ernst, und die Anker treiben auf dem Wasser, 'als hätte sich das schwere Eisen der Anker in leichtes Holz verwandelt' (*quasi*

14 Die Frage, ob und inwiefern die außermenschliche Schöpfung, also auch die Tiere an der Erlösung teilhaben, beantwortet Anselm von Canterbury wie folgt: 'Sie alle waren geschaffen, den Menschen, die Gott loben, untertan zu sein und ihnen zu dienen. Aber diese Würde war verlorengegangen, und sie alle waren wie tot; sie waren unterdrückt und verdorben durch die Götzendiener, für die Gott sie nicht gemacht hat. Nun sind sie zu dieser Würde gleichsam wiedererweckt und freuen sich ihrer, da sie nun wieder unter der Herrschaft derer stehen, die Gott loben, und wieder den Menschen dienen dürfen' (Zum lateinischen Text vgl. Migne, Patrologia Latina 158, 955f.). Vgl. auch Kyrill von Alexandrien zu Röm 8,19, in: Migne, Patrologia Graeca 74, 822f. – Vgl. hierzu ferner Joseph Bernhart: Die unbeweinte Kreatur. Reflexionen über das Tier. München 1961. S. 56–62, 105f., 150 u. 217f.; Eberhard Röhrig: Mitgeschöpflichkeit. Frankfurt a. M. 2000.

ferri natura versa foret in ligneam levitatem [S. 408; 'Miracula' IV,1,15])[15]. Der Hinweis auf den höhnischen Zuspruch des *Perfectus* – im Namen ironisch gebrochen – gibt dem Wunder dokumentarischen Charakter. Miniatur 177 (f. 94ᵛ; Miniatur der Handschrift Madrid verloren) zeigt Mastbruch, Gebet und treibende Anker simultan; die Farbe des Bootes ist leicht verwischt (Abb. 7). In Capua ertrank ein Knabe im Schlamm des Volturno und wird tot geborgen; Umstehende rufen den Heiligen um Hilfe an: 'Sogar Juden, die gekommen waren, sprachen aus natürlichem Mitleid [*naturali pietate commoti* (S. 398; 'Miracula' II,5,11)]: Heiliger Franziskus, gib doch dem Vater den Jungen zurück!'[16]. Der Leib des Franziskus selbst, dem alle diese Anrufungen gelten, leuchtete im Tode 'in strahlendem Weiß und zeigte die Herrlichkeit himmlischer Verklärung', während er zu Lebzeiten 'von Natur und infolge der Krankheit [*tam ex infirmitate quam ex natura* (S. 381; XV,2,9)] eher dunkel war'. Hier folgt Bonaventura der 'Vita secunda' des Thomas von Celano (*caro eius, naturaliter nigra prius* [217,35]), der diesen Wunderbericht wie die beiden vorgenannten verkürzt aus seiner 'Vita prima' (112, 20) übernommen hat[17]. Die dem XV. Kapitel der 'Legenda maior' unmittelbar vorangestellte Miniatur der Handschrift Rom (169, f. 81ᵛ; die aus Madrid ist nicht erhalten) zeigt den Heiligen auf dem Totenbett, aber seine Haut ist wie auch auf den folgenden drei Bildern des Leichnams von lebendiger Farbe, im Original mit feinstem Pinsel schraffierend aufgetragen (Abb. 8). Sie gehört zu den Bildern der Handschrift, die in eindrucksvoller Schlichtheit nur eine einzige Person, den Heiligen, zeigen. Mitdargestellt sind Lerchen, die – laut Text – über dem Dach des Totenhauses auf- und niedersteigen: 'Sie schwebten lange mit ungewöhnlichem Jubilieren hin und her', weil Franziskus sie so oft zum Lobe Gottes eingeladen hatte (S. 380; XIV,6,19)[18]. Ohne dass

15 Diese Formulierung hat Bonaventura wörtlich aus Thomas von Celano ('Tractatus de miraculis beati Francisci' [81,18]) übernommen. Vgl. Thomas von Celano: Leben und Wunder des heiligen Franziskus von Assisi. Hrsg. von Engelbert Grau. Werl i. Westf. ⁴1988. S. 456.

16 Die Zusammenstellung der Belege durch Georges Mailleux: Thesaurus Celanensis. Concordance, Index. Löwen 1974 (Corpus des Sources Franciscaines 1). S. 391 nennt für dieses Gebetszeugnis der Juden des Thomas von Celano 'Tractatus de miraculis' 44,16: *et Judei qui convenerant provocati naturali pietate dicebant.* Diese Version aus dem Nachtrag der Analecta Franciscana [Anm. 8], S. 723 hat Grau [Anm. 15], S. 444 nicht übernommen, weil sie in der Handschrift Madrid fehlt. Sie ist aber in der 'Legenda choralis umbra' enthalten ('Miracula S. Francisci' 6,16; Analecta Franciscana [Anm. 8], S. 551); vgl. dazu Opere di San Bonaventura [Anm. 8], S. 362, Anm. 3. – Zur Stellung Bonaventuras zu den *Iudaei* in den 'Collationes in Hexaëmeron' (3,4. S. 344a u. 15.24. S. 401b) vgl. Joseph Ratzinger: Die Geschichtstheologie des heiligen Bonaventura. München, Zürich 1959. S. 33 u. 65 [Neuauflage: San Bonaventura. La teologia della storia. Florenz 1991]; Dieter Berg: Servitus Judaeorum. Zum Verhältnis des Thomas von Aquin und seines Ordens zu den Juden in Europa im 13. Jahrhundert. In: Miscellanea Mediaevalia 19 (1988). S. 439–458; Horst von der Bey: Dunkles Erinnern. Juden und Franziskaner. In: Wissenschaft und Weisheit 59 (1996). S. 287–296.

17 Thomas von Celano [Anm. 15], S. 411 bzw. 187.

18 Vgl. hierzu Alfonso Marini: Sorores alaudae. Francesco d'Assisi. Il creato. Gli animali. Assisi 1989.

der Text dies verlangte, hat der Buchmaler ehrfurchtsvoll einen Vorhang vorgezogen, doch dieser scheint in steter Bewegung: Der Tote wird gezeigt und wieder verborgen und wieder gezeigt, ganz wie der Betrachter die Aktualität dieses Lebenszeugnisses für sich einschätzen mag. Horizontal und vertikal schwebend, künden die Lerchen von der *confoederatio* des Menschen Franziskus mit den Tiergeschwistern.

2. *Natura* bei Bonaventura in systematischer Ordnung

Unter den konsultierten Untersuchungen zum Begriff *natura* bei Bonaventura findet sich – wie einleitend bereits festgestellt – keine, die sich bewusst auf die 'Legenda maior' allein bezogen hätte. Jacques Guy BOUGEROL hat in seinem 'Lexique Saint Bonaventure' in knapper Form die Begrifflichkeit von *natura* und *gratia* bei Bonaventura zusammengestellt[19], dabei aber nur auf die Sentenzenkommentare, das 'Breviloquium', das 'Hexaëmeron' und die Traktate zu Trinität und Inkarnation Bezug genommen[20]. In seiner in mehreren Sprachen vorgelegten 'Introduction' in das Werk Bonaventuras nennt er die 'Legenda maior' eine „elaboration très etudiée"[21]. Und in der Tat lässt sich durch eine systematisierende Zusammenstellung der *natura*-Begrifflichkeit in der 'Legenda maior' (sowie zu Vergleichszwecken in den 'Miracula' und in der 'Legenda minor') zeigen, dass Bonaventura das Wort *natura* als Philosoph und Theologe in unterschiedlichen Bedeutungen gebraucht, die sich z. T. über Kontrast- und Komplementärbegriffe ausschärfen. Unter *natura* fasst Bonaventura, wie in folgender Übersicht aufgeführt: a.) die Essenz (das Wesen) der Dinge (*ipsa forma, qua unumquodque est id, quod est*) mit ihren Eigenschaften (*proprietates*), b.) *natura* im Status der erbsündlich gefallenen Natur (*status naturae lapsae*), c.) *natura* in Abgrenzung gegenüber *ars*

---

19 Jacques Guy Bougerol: Natura. In: Ders. (Hg.): Lexique Saint Bonaventure. Paris 1969. S. 101; dort Hinweise auf Joseph Ratzinger: Der Wortgebrauch von Natura und die beginnende Verselbständigung der Metaphysik bei Bonaventura. In: Paul Wilpert (Hg): Die Metaphysik im Mittelalter. Ihr Ursprung und ihre Bedeutung. Berlin 1963 (Vorträge des 2. Internationalen Kongresses für mittelalterliche Philosophie, Köln 1961). S. 483–498 und auf Feliciano Rivera de Ventosa: Doble fuente historica del concepto de naturaleza en san Buenaventura. In: La Filosophia della Natura nel Medioevo. Mailand 1966. S. 447–454. – Vgl. außerdem Kurt Zisché: Die Naturlehre Bonaventuras. In: Philosophisches Jahrbuch 21 (1908). S. 56–89 u. 156–189; Ernesto Jallonghi: Il sentimento della natura e della bellezza nel Dottor Seraphico. In: La Scuola Cattolica 42,V,5 (1914). S. 455–471; Winthir Rauch: Das Buch Gottes. Eine systematische Untersuchung des Buchbegriffs bei Bonaventura. München 1961; Joaquim Gonçalves Cerqueira: Noção e função da naturaleza na obra de São Boaventura. In: Jacques Guy Bougerol (Hg.): S. Bonaventura 1274–1974. Bd. 3. Grottaferrata 1973. S. 155–159; Ders.: Naturaleza e caminhos da paz em Itinerarium mentis in Deum de São Boaventura. In: Chavero Blanco [Anm. 5], S. 199–222; Alfonso Maierù: Natur. In: Historisches Wörterbuch der Philosophie. Bd. 6 (1984). S. 448f. (zu Bonaventura).

20 Bougerols Aufgliederung [Anm. 19: Natura] ist nicht leicht nachzuvollziehen; ich bleibe hier deshalb näher am Textbefund. P. Prof. Dr. Raynald Wagner OFM, München, danke ich für kritisch sichtende Hinweise.

21 Bougerol [Anm. 5: Introduction], S. 272.

(Kunstfertigkeit) und e.) in Abgrenzung gegenüber *gratia* („dans l'ordre surnaturel totalement gratuit"[22]). Unter d.) trifft Bonaventura mit Rückgriff auf a.) die Unterscheidung zwischen *naturalis* und *supernaturalis*, zwischen Naturnotwendigkeit nach seinem Verständnis und göttlicher Wunderfreiheit:

a.) *ipsa forma, qua unumquodque est id, quod est*: = das Wesen (*essentia*) und die Eigenschaften (*proprietates*) *secundum leges sibi inditas a Deo* = *cursus naturalis*		
Legenda major	V,1,9:	*vix necessaria sumeret sustentationi naturae* (=Leg.min. III,1,6)
	V,10,2:	*naturae defectum sentiens* (=Leg.min. V,2,3)
	VIII,6,4:	[*creaturae parvae* ...] *Christi mansuetudinem piam similitudine naturali praetendunt* (=Leg.min. III,6,11)
	VIII,6,19:	*ei applauderet suo modo etiam natura brutorum* (ähnlich Leg.min. III,6,13)
	VIII,7,7:	*quas ovis natura praetendit*
	VIII,11,18:	*brutorum naturam* [...] *ad sui obedientiam inclinaret*
	XII,11,2:	*naturalis infirmitas*
	XV,2,9:	*tam ex infirmitate quam ex natura*
Miracula	II,5,11:	*et Iudaei* [...] *naturali pietate commoti*
	IV,1,15:	*quasi ferri natura versa foret in ligneam levitatem*
	VI,4,2:	*naturae succumbente virtute*
Legenda minor	I,7,2:	*tamquam si naturalis esset miserationis oblitus*
	V,1,10:	*sensu vero carnis ipsius ad conspectum instrumenti* [...] *naturali quodam horrore concusso*
b.) *status naturae lapsae: culpa non personalis, sed naturalis*		
Legenda maior	I,2,2:	*corruptione naturalis originis ad inferiora depressus*
c.) *natura et ars* (ars = Produkt einer geschaffenen Intelligenz)		
Legenda maior	Prol. 2,10:	*signaculum similitudinis Dei viventis* [...] *impressum, non per naturae virtutem vel ingenium artis*
	VII,13,9:	*cum pecuniae et artis et naturae facultas defecerat*
d.) *naturalis et supernaturalis*: Naturnotwendigkeit und göttliche Wunderfreiheit = *cursus mirabilis sive supernaturalis*		
Legenda maior	V,10,7:	*Ad eius gustum tanta protinus facilitate convaluit, ut saporis novitas et innovatio sanitatis, gustabile ac gustantem supernaturaliter innovantes, perfectam in ipso expso-liationem veteris hominis et induitionem novi duplici attestatione firmarent.* (*supernaturaliter* vgl. IV,4,13; Leg.min. III,6,12; IV,3,2)
e.) *natura et gratia* = *ordo gratiae*		
Legenda maior	IX,4,2:	*eiusdem affectuosa benignitas ad naturae consortes et gratiae dilataret*

22 Bougerol [Anm. 19: Natura], S. 101. – Zu *natura* und *gratia* vgl. Willibrord Lampen: Natuur en bovennatuur volgens de scholastiek der oudere franciscaanse School. In: Collectanea Franciscana Neerlandica 3.7 (1937). S. 47–70, hier S. 53–59; Henri de Lubac: Sur Naturel. Études historiques. Paris 1946. S. 223f; Efrem Bettoni: Natura e sopranaturale nella scuola francescana. In: Sophia 18 (1950). S. 52–59.

Konkretisiert anhand der oben vorgestellten Textbefunde heißt dies im Einzelnen:

a.) Von der *natura* der Tiere, speziell des Schafes, und des Eisens spricht Bonaventura, insofern sie in der Ordnung des Seienden, ihrem Wesen (*essentia*) nach das sind, was sie sind, und als solche ihre Eigenschaften zeigen oder ihre Kräfte entfalten. In unseren Textbeispielen ist dies ablesbar an den 'natürlichen' Wirkkräften, am 'natürlicherweise' zu erwartenden väterlichen Mitleid, am geschwächten und erkrankten Leib, an der Eigenschaft der *mansuetudo pia*, der Sanftmut der 'kleinen Kreaturen', die eine *similitudo*, eine Ähnlichkeit mit der Tugend Christi darstellt – eine zentral franziskanische Art des Vergleichens[23]. *Natura* wird in dieser Unterscheidung über ihre Eigenschaften (*proprietates*) definiert. Hierbei ist nach Bonaventura mitgedacht, dass Gott der Natur ihre Gesetze eingelagert hat, dass er also providentiell und durch Wunder intervenieren kann, ohne dass die Naturordnung gestört würde: Gott kann auf die *natura* des Eisens einwirken, und die Anker schwimmen wie Holz an der Oberfläche.

b.) In unserem Text nur einmal vertreten, aber substantiell von Bedeutung ist der Hinweis darauf, dass der Vater des Franziskus in seinem Fehlverhalten beweise, dass der ursprüngliche Zustand der *natura* infolge der Erbschuld verderbt ist (die *corruptio naturalis originis* wird als *culpa naturalis* gekennzeichnet).

c.) und d.) *natura* und *ars* werden in ein und demselben Zusammenhang genannt – einmal als Gegensatz, einmal in gleicher argumentativer Richtung gegenüber dem supernaturalen Einwirken Gottes: Die Stigmata wurden nicht durch einen künstlichen Eingriff (*ingenium artis*) verursacht ('Legenda maior', Prol. 2,10); wo Geldmittel, Kunstfertigkeit und natürliche Kräfte versagen, kann Franziskus seinen gläubigen Wohltätern *mirabiliter*, jedoch nicht gegen die Naturordnung in der Deutung Bonaventuras, Speise, Trank und Herberge verschaffen ('Legenda maior' VII,13,9). Der Begriff *supernaturalis* erscheint zweimal ausdrücklich in Gegenüberstellung zu *naturalis* in der Episode, in welcher der Kranke das gereichte Wasser als 'besten Wein' genießt ('Legenda maior' V,10,2 mit 10,7; 'Legenda minor' III,6,11 mit 6,12)[24].

e.) Schließlich spricht Bonaventura von *natura* und *gratia* als kontrastiven, aber auch komplementären Begriffen [25]. 'Die gleiche Natur und Gnade teilen' wird als stehender Ausdruck für den erlösten Menschen gewählt, im Gegensatz zur *natura lapsa* ('Legenda maior' IX,4,2). Dabei ist es für die hier genannten

---

23 Vgl. Jean Pierre Rezette: Similitudo. In: Bougerol [Anm. 19: Lexique], S. 119.

24 Vgl. Godet [Anm. 7], S. 314; zwei weitere Stellen in 'Legenda maior' IV,4,13 (Vision vom feurigen Wagen) und 'Legenda minor' IV,3,2.

25 Vgl. hierzu Jean Pierre Rezette: Gratia. In: Bougerol [Anm. 19: Lexique], S. 74–77; ferner Ginepro Zoppetti: Grazia, dona, carisma. In: Ernesto Caroli (Hg.): Dizionario Francescano. Padua [2]1995. Sp. 787–826 u. 2407–2413.

sprachlichen Wendungen des Bonaventura bezeichnend, dass er einige Male den Begriff *natura* in einen gedanklichen Zusammenhang stellt, der auf das Einwirken Gottes durch die Gnade hin angelegt ist – so in den unter a.) aufgeführten Situationen: Wenn Franziskus vor dem Brenneisen des Arztes zusammenschrickt, wenn die Juden *naturali pietate* befangen bleiben, so sind beide Verhaltensweisen doch auf *gratia* hin offen. *Naturae consortes et gratiae* sind nach Bonaventura für Franziskus die Wesen, die in der geschaffenen Ordnung ihm 'Bruder' (*germanum*), in der Gnadenordnung der Erlösung 'mehr als Bruder' (*germaniorem*) sind.

An insgesamt 25 Textstellen ('Legenda maior' 14, 'Miracula' 3, 'Legenda minor' 8) artikuliert Bonaventura dieses Kräftespiel um *natura, supernaturalis* und *gratia.* Joseph RATZINGER erkennt in der Herausarbeitung „der beiden einander antithetisch zugeordneten Termini *natura* und *supernaturalis*" durch Bonaventura und damit in der „bedeutungsmäßigen Verfestigung des Begriffs *natura*" den „Prozeß der Verselbständigung der Philosophie gegenüber der Theologie"[26].

Von der besonderen sprachlichen Qualität dieser in Oppositionen sich steigernd entfaltenden Darstellung und Bildlichkeit bei Bonaventura war bereits die Rede. Auch von der anschau-lichen Art seines Schreibens haben wir uns überzeugen können, am plastischsten wohl in der Episode vom Schaf bei Chorgebet und Messfeier. Romano GUARDINI nennt Bonaventura einen „Logiker, aber auch Künstler, ein[en] Architekt[en] des Gedankens und Meister des Ausdrucks"[27]. Dies ist kein Widerspruch zu dem von Johannes B. FREYER benannten Befund: „Bonaventura spricht [in seinen nichtbiographischen Schriften; Verf.] nie von den Geschöpfen wie sein Ordensvater Franziskus als von Brüdern und Schwestern. Er benutzt theologische Kategorien seiner Zeit, um den Menschen, die Schöpfung und ihre gegenseitige Beziehung zu beschreiben"[28]. Es fügt sich dies zu unserer Beobachtung einer beherrscht akzentuierenden und komponierenden Weise der Darstellung. Vor allem: Bonaventura spricht als ein an der antiken Philosophie und ihren Nachfolgern geschulter Theologe.

---

26 Ratzinger [Anm. 19], S. 483. – Zum Naturbegriff vgl. außerdem Klaus Grubmüller: *Natûre ist der ander got.* Zur Bedeutung von *natûre* im Mittelalter. In: Alan Robertshaw u. Gerhard Wolf (Hgg.): Natur und Kultur in der deutschen Literatur des Mittelalters. Colloquium Exeter 1997. Tübingen 1999. S. 3–17; dort in Anm. 5 Hinweise auf Naturbegriff-Untersuchungen von Heinrich Schipperges, Tullio Gregory, Alfonso Maierù, Albert Zimmermann und Andreas Speer. – Vgl. auch die Übersichten bei Kurt Flasch: Das philosophische Denken im Mittelalter. Von Augustin bis Macchiavelli. Stuttgart ^{2}2000. S. 399f. und Hartmut Rosenau: Natur. In: Theologische Realenzyklopädie. Bd. 24 (1994). S. 98–107.

27 Romano Guardini: Die Lehre des hl. Bonaventura von der Erlösung. Düsseldorf 1921. S. 186 (auch zitiert von Bougerol, Introduction [Anm. 5], S. 121).

28 Johannes B. Freyer: Homo Viator: Der Mensch im Lichte der Heilsgeschichte. Eine theologische Anthropologie aus franziskanischer Perspektive. Kevelaer 2001. S. 113.

3. 'Natur' in den Schriften des Franziskus

In den Schriften des Franziskus selbst ist für eine gedankliche oder spirituelle Reflexion über *natura* kein Zeugnis belegt[29]. Das verwundert zunächst, denn nicht erst bei uns Heutigen weckt allein schon der Name des umbrischen Heiligen unmittelbar die Vorstellung von einem besonderen Einvernehmen mit den Dingen (*res*) der Natur. Allerdings fasst er dieses Einvernehmen nicht in den hier diskutierten (philosophischen) Begriff, sondern in die aufeinander verweisenden Begriffe von *creatura* und *creator*. Er spricht in seinen Schriften elfmal von der *creatura* (und unterscheidend von der *humana creatura*) in geschöpflicher Verwiesenheit auf den *creator* (zwölfmal, davon dreimal *creator* und *creatura* in demselben Zusammenhang). Die Häufigkeit der Nennungen derselben Begriffe bei Bonaventura ist vergleichbar[30]. Spätestens an dieser Stelle wird deutlich, dass das Herausarbeiten eines bestimmten Begriffs (hier: *natura)* zwar eine Untersuchung innerhalb spracheindeutig abgesteckter Grenzen ermöglicht, dass aber ein zutreffendes Bild von einer spirituellen Leitfigur nicht über 'punktgenaue' Signifikanten allein entsteht, sondern auch über bedeutungsverwandte Konnotationen und vor allem über das inspirierte Handeln des Protagonisten, wie es Biographen bezeugen. Deshalb sei in aller Kürze festgehalten, dass die Nähe des Heiligen zu 'Natur' und Naturgeschehen sich in seinen Schriften unter folgenden Wort-Zeichen für die Dinge (*res*) der Schöpfung fassen lässt: Sonne, Mond und Sterne, Wind, Luft und Wolken, heiteres und jegliches Wetter, Wasser, Feuer, Tag und Nacht, Mutter Erde mit Blumen und Kräutern; zusammenfassend: alle Kreaturen; eigens genannt, weil biblisch begründet: Schafe und Wölfe, wilde und ungezähmte Tiere; summarisch aufgeführt: Haustiere

29 Auch bei seiner Gefährtin Klara von Assisi ist der Begriff nur einmal belegt, und zwar – wie bei Bonaventura – in einem gedanklich streng durchgearbeiteten Brief des Jahres 1238 an Agnes von Prag, die Tochter König Ottokars I. von Böhmen und Schwester des Königs Wenzel I. Von Assisi aus schreibt sie ihrer Mitschwester im Orden zu Prag: 'Ich kann mich wirklich freuen und niemand soll mir eine solche Freude rauben können, weil ich das schon besitze, was ich unter dem Himmel begehrt habe. Ich sehe dich nämlich, wie du die Listen des schlauen Feindes, den verderblichen Hochmut der menschlichen Natur [*perditricem humanae naturae superbiam*] und die Menschenherzen betörende Eitelkeit schrecklich und unvermutet zu Fall bringst [...]' (Leben und Schriften der heiligen Klara. Hrsg. von Engelbert Grau. Werl i. Westf. [7]1997 [Franziskanische Quellenschriften 2]. 3. Brief [S. 211, lateinisch S. 210]; Neuausgabe von Engelbert Grau u. Marianne Schlosser. Kevelaer [8]2001. Seite 203, lateinische S. 202). In das Sprachgewand schwesterlicher Freude kleidet Klara hier einen hellsichtigen Hinweis auf die Gefahren, die eine in der Verborgenheit lebende, gleichwohl bekannte Frau zu bestehen hat. Klaras Natur-Begriff entspricht dem der bereits genannten Zeugnisse.

30 Vgl. die Stellenverzeichnisse bei Jean-François Godet u. Georges Mailleux: Corpus [Anm. 7] 1976. Bd. 5. S. 81, für Bonaventura Bd. 2. S. 83: *creator* zehnmal, *creatura* 19mal, dreimal in Verbindung miteinander; *creatura humana* ist nicht belegt. Gott als *natura naturans* erscheint bei Bonaventura außerdem unter den Begriffen *factor* (S. 130, dreimal) und *opifex* (S. 226, einmal) als eine gedankliche Übernahme aus Thomas von Celano [Anm. 38], wo dieser in gedoppelter Relation von *artificium* und *Artifex* wie auch von *facta* und *Factor* spricht.

und Vögel. Brot und Wein spielen im eucharistischen Kontext eine große Rolle, das Herz des Menschen ist oft sprachbildliches Deuteorgan. Bei dieser Übersicht fällt auf, dass die meisten dieser Natur-Dinge im 'Sonnengesang' zu finden sind[31]. Insgesamt allerdings ist die Ausbeute der auf Natur bezogenen und also anschaulichen Wort-Zeichen bei Franziskus selbst nicht groß. Dies erklärt sich dadurch, dass Franziskus sich in seinen Schriften in Weisung und Gebet mit dem inneren Leben auseinandersetzt und mit lebenspraktischen Fragen der Bruderschaft beschäftigt. Sein Leben und Handeln im Kontext der gottgeschaffenen Natur erhellt vielmehr vorrangig aus den biographischen Schriften des Thomas von Celano, des Bonaventura und anderer, womit wir auf einem kurzen Umweg wieder bei den 'bildgestützten' biographischen Texten angelangt sind.

4. Der Umgang des Franziskus mit der Schöpfung

An ausgewählten Beispielen der 'Legenda maior' sollen im Folgenden Gedanke und Lebenswirklichkeit der *confoederatio* des Franziskus mit den Geschöpfen vorgestellt werden. Die Begegnung mit dem Aussätzigen vor der Stadt Assisi (Miniatur 6, f.5, f.10; I,5) deutet der Heilige in seinem Testament selbst als ein Schlüsselerlebnis[32]. Bonaventura erinnert daran, dass Franziskus früher das *consortium* (I,6,2) der Aussätzigen gemieden habe. Vom Pferd steigend, umarmt nun der aus begütertem Hause stammende Kaufmannssohn einen Aussätzigen. Um ihn durch eine Gabe nicht zu beschämen, reicht er ihm nach Bonaventura die Münze mit einem Kuss (*pecuniam cum osculo* [I,5,6]),

31 Vgl. Die Schriften des heiligen Franziskus von Assisi. Hrsg. von Lothar Hardick u. Engelbert Grau. Werl i. Westf. ^{6}1980 (Franziskanische Quellenschriften 1). S. 210f. (zu den übrigen Belegen siehe das Register). – Nur angemerkt werden kann in diesem Zusammenhang, dass sich die franziskanische Naturliebe zwar aus der Quelle des Franziskus nährt, aber durch das geschichtlich sich ausprägende Leben von Generationen hindurchgegangen ist und so das Sympathiefeld bildet, das wir Heutigen noch in staunenswerter Lebendigkeit als 'franziskanisch' wahrnehmen. Schöpfung und Natur als Abbild Gottes sind auffallend oft Thema der Literatur: Vgl. etwa Cornelio Basilio Del Zotto: Creato, natura, imago Dei. In: Caroli [Anm. 25], Sp. 321–340 u. 2336–2339; Germano Cerafolgli: S. Francesco e la pace dai documenti del sec. XIII. Rom o. J. S. 157–226; C. Lejeune: La théologie de la nature de François d'Assise. In: Foi et Vie 81 (1982). n. 3. S. 63–73; Friedrich Ohly: Ausgewählte und neue Schriften zur Literaturgeschichte und zur Bedeutungsforschung. Hrsg. von Uwe Ruberg u. Dietmar Peil. Stuttgart, Leipzig 1995. S. 727–888 u. 944f. (zum Lesen im 'Buch der Natur'); Theo Zweerman: Prolegomena zur Lektüre von Texten Bonaventuras über das Buch der Schöpfung. In: Franziskanische Studien 71 (1989). S. 29–41; Bogdan Fajdek: L'amore di Francesco verso gli uomini e le altre creature. In: Vita Minorum 63 (1992). S. 237–250; Battista Mondin: Il mondo immagine di Dio. In: Città di Vita 47 (1992). S.115–138; Helmut Feld: Beseelte Natur. Franziskanische Tiererzählungen. Tübingen 1993; Ders.: Franziskus von Assisi und seine Bewegung. Darmstadt 1994. S. 215–234; Piero Stefani: Francesco, la lode, il creato e gli animali. In: Humanitas 53 (1998). S. 665–671; Freyer [Anm. 28], S. 46–59 u. 107–115; Elisabetta Grigioni Gulli u. Vittorio Pranzini: 'Natura sacra'. Ecologia spirituale e simbolica nel santino e nel libro religioso illustrato (secoli XV–XX). Ravenna [1996].

32 Die Schriften des heiligen Franziskus von Assisi [Anm. 31], S. 213.

wie es in einem psychologischen Handbuch der Menschenführung stehen könnte. Die Übergabe der Münze ist in der Handschrift Madrid deutlicher zu sehen. In beiden Miniaturen ist diese Begegnung zu einem stehenden Bild geworden. Nicht zufällig sind Darstellungen dieser zutiefst menschlichen, geistlichen Verbrüderung heute die am meisten verbreiteten Bilder zum Leben des Heiligen – anders als in der franziskanischen Frühe und bis in die Barockzeit hinein: Dort stand die Stigmatisation für die gesamte Lebensbotschaft. In den Fresken der Oberkirche zu Assisi etwa, von Giotto und seinen Schülern zwischen 1295 und 1300 geschaffen, ist die Szene der Begegnung mit dem Aussätzigen nicht dargestellt. Nur das Pferd, nicht fressend, sondern die Demutsgebärde seines Herrn nachvollziehend, ist aus dem Fresko der Bekleidung des armen Ritters in die Miniaturen übernommen. Dieser Bildvergleich zeigt außerdem, dass die Miniatur der Handschrift Rom keine autonome Erfindung ist, sondern die Handschrift Madrid kopiert, so wie diese die Fresken von Assisi zur unmittelbaren Vorlage hat[33].

Bei Greccio schenkte man Franziskus einen Hasen, der immer wieder auf den Schoß des Heiligen sprang. Er streichelte ihn 'in zärtlicher Liebe wie eine Mutter' (Miniatur 103; f.43^{v},48^{v}; VIII,8). Auch mit diesem Bild müssen sich Betrachter eingehend beschäftigt haben, denn der blaue Fond ist, vielleicht mit feuchtem Finger, über die Ohren des Tieres verwischt. Im Sumpfgebiet von Venedig werden die Brüder auf dem Predigtgang durch den Gesang der Vögel daran erinnert, dass es Zeit ist zum Gotteslob. Franziskus zu seinem Begleiter: 'Unsere Brüder, die Vögel, loben ihren Schöpfer. Darum wollen auch wir zu ihnen gehen und im Stundengebet dem Herrn lobsingen' (Miniatur 106; f. 44^{v}, 49^{v}; VIII,9)[34]. Auf dem Bild der Handschrift Rom sind Menschen und Vögel in dieselben schlichten Farben gekleidet (Abb. 9). Bei seinem Aufenthalt in La Verna hatte sich dem Heiligen ein Falke in besonderer Freundschaft verbunden (*magno se illi amicitiae foedere copulavit*); er weckte ihn zum Nachtgebet mit schallender Stimme. Den später krank in seiner Zelle Ruhenden schonte das Tier; es weckte ihn erst zur Morgendämmerung 'wie mit einem leichten Glockenschlag' (Miniatur 110; f.45^{v},50^{v}; VIII,10). Text und Bild sind gewiss in besonderer Weise anrührend. Auch hier ist der gestalterische Fortschritt der Miniatur aus Rom gut zu erkennen: Die Terrassen sind verschliffen, die Kugelbäume im Laub aufgelöst, die Faltenbildung stilisiert, die Komposition insgesamt in Form und Farbigkeit ausgewogen. Zwei Jahre nach seiner

---

33 Vgl. hierzu im einzelnen Einhorn [Anm. 3], S. 50–59; Ders. [deutschsprachige Fassung, Anm. 2], S. 332–339. – Zu den Fresken vgl. Gerhard Ruf: Franziskus und Bonaventura. Die heilsgeschichtliche Deutung der Fresken des Langhauses der Oberkirche von San Francesco in Assisi aus der Theologie des heiligen Bonaventura. Assisi 1974; Ronald Herzmann u. William R. Cook: Bonaventure's Life of St. Francis and the Frescoes in the Church of San Francesco. A Study in Medieval Aesthetics. In: Franziskanische Studien 59 (1977). S. 29–37.

34 Vgl. hierzu Roger D. Sorrell: Tradition and Innovation. Harmony and Hierarchy in St. Francis of Assisi's Sermon to the Birds. In: Franciscan Studies 43 (1983). S. 396–407; Oktavian Schmucki: Zur Überlieferung der Vogelpredigt des hl. Franziskus von Assisi. In: Theologische Zeitschrift 45 (1989). S. 142–151 (zur Vogelpredigt bei Bevagna, XII,3).

Stigmatisation bat der schwer Erkrankte, man möge ihn nach Portiunkula tragen; dort legte er sich nackt auf den nackten Boden (*super nudam humum se totum nudatum* [Miniatur 162; f.74^{v},79^{v}; XIV,3,8]), weil er seinen Geist dem Schöpfer zurückgeben wollte (Abb. 10). Mit dem *mundus*, der Welt im johanneischen Sinn, wollte er nichts gemein haben; der Erde, dem *humus*, verband sich der *humilis servus Dei*[35] ('der dem Erdboden nahe ist'). Bonaventura deutet diesen letzten Kampf mit einem Wort, das in seiner eschatalogischen Bedeutung zuerst bei Hieronymus nachweisbar ist: Nackt habe er mit dem Nackten ringen[36] wollen.

Bonaventura erkannte in der Stigmatisation den End- und Höhepunkt der Biographie des Franziskus. Dieser selbst pries vor dem Kreuzbild von San Damiano den Gott, der ganz Mensch wurde, und sah in der Geburt des Kindes Jesus das Eintrittsgeheimnis Jesu in diese Welt. In Greccio feierte er drei Jahre vor seinem Tod – in der Anspannung des Ringens um die endgültige Regel – mit dem Volk und den Tieren Ochs und Esel die Weihnacht (Miniatur 129; f.55^{v},60^{v}; X,7). Als Diakon singt er das Evangelium, kniend hebt er – aber nur in der inneren Schau eines frommen Mannes – das Kind aus der Krippe (Abb. 11). Der Buchmaler lässt dies den Visionär in Fingersprache bezeugen. Das Visionäre hat der Miniator der Handschrift Rom durch goldene Strahlen um das Haupt des Kindes deutlich hervorgehoben. Wenn Bonaventura bemerkt, Franziskus habe die Andacht zum Jesuskind neu beleben wollen, denn die Herzen der Menschen seien im Glauben an Christus erkaltet, so klingt dies für uns heute wie eine moralisch-erzieherische Nutzanwendung. Doch bezeichnen Krippenfeier und Kreuzverehrung des Franziskus in Wirklichkeit eine kulturgeschichtliche Wende: Dass nämlich der als herrscherlich begriffene Gott des frühen Mittelalters als Gott-Mensch 'anschaulich' erfahren wird[37].

35 Vgl. Die Schriften des heiligen Franziskus von Assisi [Anm. 31], S. 106–108 ('Ermahnungen' 17,1; 19,1; 23,1).

36 Vgl. hierzu Matthäus Bernards: Nudus nudum Christum sequi. In: Wissenschaft und Weisheit 14 (1951). S. 148–151; Jean Chatillon: Nudum Christum nudus sequere. Note sur les origines et la signification du thème de la nudité spirituelle dans les écrits spirituels de saint Bonaventure. In: Jacques Guy Bougerol (Hg.): S. Bonaventure 1274–1974. Bd. 4. Grottaferrata 1974. S. 719–772. – Zum Sterbebrauchtum des Auf-die-Erde-Legens vgl. Peter Assion: Sterben nach tradierten Mustern. Leichenpredigten als Quelle für die volkskundliche Brauchforschung. In: Rudolf Lenz (Hg.): Leichenpredigten als Quelle historischer Wissenschaften. Bd. 3. Marburg 1984. S. 227–248, hier S. 245 (freundlicher Hinweis von Prof. Dr. Dr. Gundolf Keil, Würzburg).

37 Vgl. hierzu grundlegend Oktavian Schmucki: Die Krippenfeier von Greccio in zeitgenössischer Beleuchtung. In: Sanct Fidelis 44 (1957). S. 8–20; Werner Dettloff: Franziskus und die Weihnachtskrippe. Der theologiegeschichtliche Hintergrund der Krippenfeier des hl. Franziskus von Assisi. In: Franziskanische Studien 70 (1988). S. 225–234.

5. Zusammenfassung

'Natur' und Naturerscheinungen in zwei Franziskus-Vita-Bilderhandschriften: Handwerkliche Buchmaler haben im Rahmen ihrer fachlichen Möglichkeiten versucht, die Lebensgeschichte des Franziskus als vorbildlich darzustellen, angeregt durch Giottos Figuren, die mit einer bis dahin nie gesehenen Lebendigkeit (Volumen, Konturen, Kolorismus, Komposition) in den Bildfeldern der Basilika zu Assisi agieren. In den Miniaturen erscheinen Personen und Naturdinge weitgehend typisiert; in der späteren Handschrift Rom sind ein stärkerer Realismus und eine gefällige Art der Darstellung zu beobachten. Die Beschränkung auf wenige Figuren und Naturdinge im Bildfeld hebt die jeweils zentrale Aussage deutlich und auch anrührend heraus. Die Bilder erzählen weniger, als dass sie zeigen: das heilende und lobpreisende Handeln des Franziskus in der *confoederatio* mit den Lebewesen der Schöpfung, das heilende und erlösende Handeln Gottes an seinem und durch seinen Diener Franziskus.

Zusammenfassend zum Ertrag der *natura*-Begrifflichkeit in einer Vita, nicht in einem philosophisch-theologischen Diskurs, ist somit festzustellen: In der biographisch-pragmatisch orientierten Gattung der Vita ist die gesamte, aus den oben genannten gelehrten Schriften bekannte *natura*-Begrifflichkeit Bonaventuras konzentriert versammelt. Das macht sie einerseits gedankenlastig, gibt ihr andererseits aber auch die hohe Dichte eines theologisch durchkomponierten, ordenspädagogisch orientierten Modells, das den Minderbruder zur Nachfolge des vorbildlichen Franziskus als der *forma minorum* auffordern will.

Das Wirken des Franziskus in und mit der Schöpfung geschieht nach Bonaventura in der kontingenten Ordnung des Seins: Der Heilige sieht die Naturdinge als auf den Schöpfer hin transparent. Dies ist bereits von Thomas von Celano in der 'Vita secunda', auf die sich Bonaventura bei seiner Neukonzeption stützte, eindrücklich in Worte gefasst worden: 'Franziskus, dieser glückliche Wanderer, hatte seine Freude an den Dingen, die in der Welt sind, und nicht einmal wenig. [...] In jedem Kunstwerk lobte er den Künstler; was er in der geschaffenen Welt fand, führte er zurück auf den Schöpfer. Er frohlockte in allen Werken der Hände des Herrn, und durch das, was sich seinem Auge an Lieblichem bot, schaute er hindurch auf den lebenspendenden Urgrund der Dinge'[38].

38 Thomas von Celano [Anm. 15], S. 365f. mit biblischen Anklängen (Joh 17,11,16; Weish 8,6; Ps 92,6); lateinisch: Analecta Franciscana 10 [Anm. 8], S. 225f.: *Mundum quasi peregrinationis exsilium exire festinans, iuvabatur felix iste viator iis quae in mundo sunt non modicum quidem. [...] In artificio quolibet commendat Artficem, quidquid in factis reperit, regerit in Factorem. Exsultat in cunctis operibus manuum Domini, et per iucunditatis spectacula vivificam intueatur rationem et causam.*

Abb. 1
Franziskus streut Asche auf seine Speisen. Handschrift Madrid

Abb. 2
Ein Arzt brennt die Schläfe des Franziskus. Hs. M

Abb. 3
Franziskus segnet den Becher Wasser. Handschrift Rom

Abb. 4
Franziskus straft das Schwein, das ein Lamm tötete. Hs. R

Abb. 5
Ein andächtiges Lamm bei Chorgebet und Messfeier. Hs. M

Abb. 6
Hagelschlag und Wolfsrudel weichen, als die Menschen sich bekehren. Hs. M

Abb. 7
Auf die Fürbitte des Franziskus treiben abgerissene Anker wie Holz auf dem Wasser. Hs. R

Abb. 8
In der Sterbestunde des Franziskus jubilieren Lerchen über dem Dach. Hs. R

Abb. 9
Vögel erinnern die Brüder an die Stunde des Psalmengebets. Hs. R

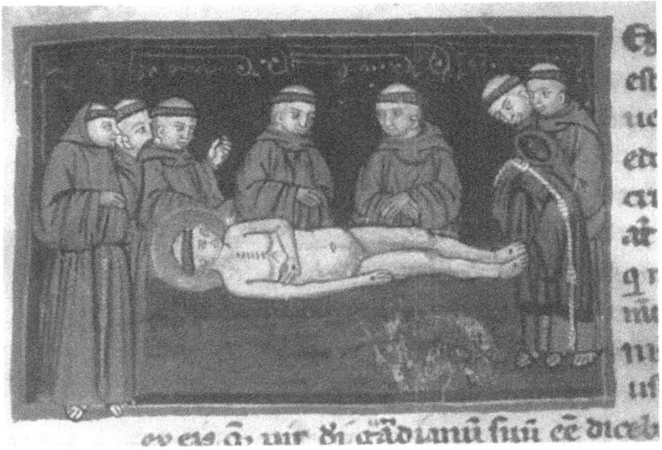

Abb. 10
Der sterbende Franziskus lässt sich nackt auf die Erde legen. Hs. M

Abb. 11
Franziskus feiert mit dem Volk die Krippennacht von Greccio. Hs. M

MICHAEL MENZEL

Die Jagd als Naturkunst. Zum Falkenbuch Kaiser Friedrichs II.

'De arte venandi cum avibus', das Falkenbuch[1] Kaiser Friedrichs II. († 1250), ist in der Forschungsliteratur schon häufig behandelt worden. Jagdkundliche[2], zoologische[3], wissenschafts-[4], kunst-[5] und textgeschichtliche[6], quellenkritische[7] und philologische[8]

---

1 Fridericus Romanorum imperator secundus: De arte venandi cum avibus. 2 Bde. Hrsg. von Carl A. Willemsen. Leipzig 1942. – Vgl. dazu Hermann Werth: Altfranzösische Jagdlehrbücher nebst Handschriftenbibliographie der abendländischen Jagdlitteratur überhaupt. In: Zeitschrift für romanische Philologie 12 (1888). S. 146–191 u. 381–415; 13 (1889). S. 1–34, hier S. 178–180; Hans Niese: Zur Geschichte des geistigen Lebens am Hofe Kaiser Friedrichs II. In: Historische Zeitschrift 108 (1912). S. 473–540, hier S. 508–510; Charles H. Haskins: Studies in the history of mediaeval science. Cambridge 1924 (Harvard historical studies 27). S. 299–326; Ders.: Studies in mediaeval culture. Oxford 1929. S. 112–114; Franco Cardini: Federico II e il 'De arte venandi cum avibus'. In: Sergio Gensini (Hg.): Politica e cultura nell'Italia di Federico II. Pisa 1986 (Collana di studi e ricerche 1). S. 213–232; David Abulafia: Herrscher zwischen den Kulturen. Friedrich II. von Hohenstaufen. Berlin 1991. S. 259–263; Baudouin v. d. Abeele: La fauconnerie au moyen âge. Namur 1994. S. 26–28.

2 Vgl. Heinz Brüll: Die Beizjagd. Hamburg 1962. S. 12; Erich Hobusch: Von der edlen Kunst des Jagens. Innsbuck ²1983. S. 77f.; Sigrid Schwenk: Die Jagd im Spiegel mittelalterlicher Literatur und Jagdbücher. In: Werner Rösener (Hg.): Jagd und höfische Kultur im Mittelalter. Göttingen 1997 (Veröffentlichungen des Max-Planck-Instituts für Geschichte 135). S. 407–464, hier S. 445f.

3 Vgl. Erwin Stresemann: Die Entwicklung der Ornithologie. Berlin 1951. S. 8–11; W. K. Kraak: Frederick II van Hohenstaufen als ornitholoog. In: Limosa 28 (1955). S. 71–96; 29 (1956). S. 19–38; George Sarton: Introduction to the history of science. Bd. 2. Baltimore 1931 [Neudruck Baltimore 1968]. S. 59; Jean Theodorides: Orient et occident au moyen âge: l'oeuvre zoologique de Frédéric II de Hohenstaufen. In: Oriente e occidente nel medioevo: filosofia e scienze. Rom 1971 (Accademia nazionale dei lincei. Atti dei convegni 13). S. 549–567; William B. Yapp: The illustrations of birds in the Vatican manuscript of 'De arte venandi cum avibus' of Frederick II. In: Annals of science 40 (1983). S. 597–634.

4 Vgl. Sarton [Anm. 3], S. 516f.; Johannes Zahlten: Medizinische Vorstellungen im Falkenbuch Kaiser Friedrichs II. In: Sudhoffs Archiv 54 (1970). S. 49–103; Ders.: Zur Abhängigkeit der naturwissenschaftlichen Vorstellungen Kaiser Friedrichs II. von der Medizinschule zu Salerno. In: Sudhoffs Archiv 54 (1970). S. 173–210; Paul T. Mountjoy: The 'De arte venandi cum avibus' of Frederick II. In: Studies in medieval culture 6/7 (1976). S. 107–115; Kurt Lindner: Tragödie der

Aspekte haben es zum Gegenstand verschiedenster Untersuchungen gemacht. Mit der Frage nach dem Umgang mit der Natur, dem reflektierten, auch ethischen Umgang, ist man aber noch nicht an das Werk herangetreten[9]. Will man das tun und den Text daraufhin befragen, welche Stellung er der Natur im Bereich der Beizjagd zuweist, dann dürften zwei Gesichtspunkte für die Analyse einschlägig sein: Wie nähert sich Friedrich der Natur intellektuell und wie legt er seine Interaktion mit ihr bei der Jagd dar? Das klingt relativ einfach und schnell beantwortbar, aber es wird sich zeigen, daß Friedrich durchaus keine vordergründigen Positionen einnimmt.

Methodisch kommt eine solche Analyse nicht ohne einen Seitenblick auf den historischen Kontext aus, in den Friedrich sein Falkenbuch hineinstellt. Die Beizjagd hat zu seiner Zeit bereits eine 3000 Jahre alte Geschichte hinter sich. Nach ihrer Entstehung in den Gebieten nördlich des Kaukasus und Kaspischen Meeres ist ihre Ausbreitung späte-

---

Monumentalität. Das Werk Friedrichs II. von Hohenstaufen in historischer Sicht. In: Deutscher Falkenorden (1976/77). S. 75–78; Baudouin v. d. Abeele: Inspirations orientales et destinées occidentales du 'De arte venandi cum avibus' de Frédéric II. In: Federico II e le nuove culture. Spoleto 1995 (Atti dei convegni del centro italiano di studi sul basso medioevo 8). S. 363–391, hier S. 386–389.

5 Vgl. Wolfgang F. Volbach: Le miniature del codice Vatic. pal. lat. 1071 'De arte venandi cum avibus'. In: Atti della pontificia accademia romana di archeologia (Serie 3), Rendiconti 15 (1939). S. 145–175; Philip Hofer: A newly discovered manuscript of Frederick Hohenstaufen's 'Art of falconry'. In: Harvard library bulletin 7 (1953). S. 19–31; Yapp [Anm. 3]; Andreas Bräm: Friedrich II. als Auftraggeber von Bilderhandschriften? In: Kai Kappel, Dorothee Kemper u. Alexander Knaak (Hgg.): Kunst im Reich Kaiser Friedrichs II. von Hohenstaufen. München 1996. S. 172–184. – Faksimile-Ausgaben: Fredericus II: De arte venandi cum avibus. Hrsg. von Franz Sauer, Josef Stummvoll u. Rudolf Fiedler. Graz 1969 (Codices Vaticani selecti 31); Das Falkenbuch Friedrichs II. Hrsg. von Dorothea Walz u. Carl A. Willemsen. Graz 2000 (Glanzlichter der Buchkunst 9).

6 Vgl. Jérôme Pichon: Du traité de fauconnerie composé par l'empereur Frédéric II. In: Bulletin du bibliophile 16 (1864). S. 885–900; Franz Unterkircher: 'De arte venandi cum avibus'. In: Festschrift Josef Bick: Die österreichische Nationalbibliothek. Wien 1948. S. 653–661; Michael Henss: Kaiser Friedrich der Zweite: Über die Kunst mit Vögeln zu jagen. In: Journal für Ornithologie 111 (1970). S. 456–481, hier S. 456–459; Florentine Mütherich: Handschriften im Umkreis Friedrichs II. In: Josef Fleckenstein (Hg.): Probleme um Friedrich II. Sigmaringen 1974 (Vorträge und Forschungen 16). S. 9–21; Abeele [Anm. 4], S. 381–384; Johannes Fried: Kaiser Friedrich II. als Jäger oder Ein zweites Falkenbuch Kaiser Friedrichs II.? In: Enrico Menesto (Hg.): Esculum e Federico II. Spoleto 1998. S. 31–86, hier S. 67f.; Wolfgang Stürner: Friedrich II. Bd. 2. Darmstadt 2000 (Gestalten des Mittelalters und der Renaissance). S. 433–440.

7 Vgl. Henss [Anm. 6], S. 471–473; Johannes Fried: ... correptus est per ipsum imperatorem. Das zweite Falkenbuch Friedrichs II. In: Rudolf Schieffer (Hg.): Mittelalterliche Texte. Hannover 1996 (MGH Schriften 42). S. 93–124; Ders. [Anm. 6].

8 Vgl. Giovanni Alessio: Note linguistiche sul 'De arte venandi cum avibus' di Federico II. In: Archivio storico pugliese 16 (1963). S. 84–149.

9 Allein Johannes Zahlten: Natura sua und Natura generans. Zwei Aspekte des Naturverständnisses Kaiser Friedrichs II. In: Albert Zimmermann u. Andreas Speer (Hgg.): Mensch und Natur im Mittelalter. Bd. 1. Berlin 1991 (Miscellanea Mediaevalia 21,1). S. 89–104 und Stürner [Anm. 6], S. 450–457 thematisieren die Naturauffassung.

stens seit dem 8. vorchristlichen Jahrhundert über die Kimmerier, Skythen, Meder und Perser nachweisbar. Durch die Vermittlung der Sarmaten gelangt sie zu den Germanen und mit der Völkerwanderung bis nach Spanien und Nordafrika[10]. Ein anderer Rezeptionszweig läuft über die arabisch-islamische Welt. Die Beizjagd ist also nicht neu zu Friedrichs Zeiten. Sie ist ein teures Vergnügen und wird nur in der adeligen Oberschicht praktiziert, aber sie erfreut sich durch die vielen beteiligten Leute wie Falkner, Jagdhelfer, Diener und wohl auch Zuschauer aus der breiteren höfischen Gesellschaft eines großen Bekanntheitsgrades. In der Historiographie und in anderen, beiläufig referierenden Quellen wird sie kontinuierlich erwähnt.

Wenn man der Jagdausübung die historische Fachliteratur an die Seite stellt, sieht das Bild anders aus. Die mittelalterlichen Traktate zur Falknerei setzen in Europa und in der arabischen Welt unterschiedlich früh ein. In Europa steht die Jagd bis in das 12. Jahrhundert literarisch unter keinem guten Stern, sondern unter einem theologischen Verdikt. Hieronymus († 419/20) leitet das damit ein, daß die Bibel nur Fischer, nicht aber Jäger als Heilige kenne[11]. Augustinus († 430) verschärft die Tendenz, indem er die Jagd in die Nähe heidnischer Zirkusspiele mit ihren Tierkämpfen rückt und die Jäger auf eine Stufe mit Gauklern und Dirnen stellt[12]. Die Jagd gilt als ein unmoralisches

10 Kurt Lindner: Ost-westliche Beziehungen in der Geschichte der Falknerei. In: Deutscher Falkenorden (1979). S. 79–82, hier S. 79f.; Abeele [Anm. 1], S. 20. – Speziell zur angelsächsischen Falknerei vgl. Robin S. Oggins: Falconry in anglo-saxon England. In: Mediaevalia 7 (1981). S. 173–208. – Vgl. allgemein auch Kurt Lindner: Beiträge zu Vogelfang und Falknerei im Altertum. Berlin 1973 (Quellen und Studien zur Geschichte der Jagd 12). S. 111–156.

11 Hieronymus presbyter: Tractatus in librum psalmorum (S. Hieronymi Opera. Bd. 2). Hrsg. von Germanus Morin. Turnhout 1958 (Corpus Christianorum, Series Latina 78). S. 3–447, hier S. 127, 14–19: *Multi sunt venatores in isto mundo, qui animam nostram venari conantur.* [...] *Nembroth* [...] *venator fuit, et Esau venator erat, quoniam peccator erat; et penitus non invenimus in scripturis sanctis sanctum aliquem venatorem. Piscatores invenimus sanctos.* – Vgl. dazu Philippe Buc: L'ambiguité du livre. Paris 1994 (Théologie historique 95). S. 113; Thomas Szabo: Die Kritik der Jagd. In: Werner Rösener (Hg.): Jagd und höfische Kultur im Mittelalter. Göttingen 1997 (Veröffentlichungen des Max-Planck-Instituts für Geschichte 135). S. 167–229, hier S. 171. – Zu Nimrod und Esau vgl. Otto Dietz: Biblische Notizen über das Jagdwesen im alten Israel. In: Festschrift Kurt Lindner: Et multum et multa. Berlin 1971. S. 61–72, hier S. 62; Werner Rösener: Der König als Jäger. In: Wolfram Martini (Hg.): Die Jagd der Eliten in den Erinnerungskulturen von der Antike bis in die frühe Neuzeit. Göttingen 2000 (Formen der Erinnerung 3). S. 15–37, hier S. 18.

12 Aurelius Augustinus: Enarrationes in psalmos. 3 Bde. (Aurelii Augustini Opera. Bd. 10, 1–3). Hrsg. von Eligius Dekkers u. Johannes Fraipont. Turnhout 1956 (Corpus Christianorum, Series Latina 38–40). Bd. 1. S. 403, 38–42: *Deliciae sanctae* [...] *neque enim sunt in auro et argento, in epulis atque luxuria, in venatibus et piscatibus, in ludo et ioco, in theatricis nugis, in affectandis et adprehendendis ruinosis honoribus*; Bd. 2. S. 653, 20–23: *Laudo deum* [...]. *Non enim quemadmodum laudatur ab studiosis theatricarum nugarum vel auriga, vel venator, vel quilibet histrio* [...]; Bd. 3. S. 1463f., 25–30 u. 38–41: *Qui venatoribus donant, quare donant, dicant mihi? Quare donat venatori? Hoc in illo amat, in quo nequissimus est; hoc in illo pascit, hoc in illo vestit, ipsam nequitiam publicam spectaculis omnium. Qui donat histrionibus, qui donat aurigis, qui donat meretricibus, quare donat?* [...] *Quomodo ergo qui venatori donat, non homini donat,*

Treiben, das der christlichen Grundlage entbehrt. Für Geistliche ist sie seit Anfang des 6. Jahrhunderts verboten[13]. Noch Jonas von Orléans († 843) und Ivo von Chartres († 1116) schließen sich dieser Linie an, wobei Jonas die Vernachlässigung der Armen und die Verletzung der Sonn- und Feiertagspflichten als zusätzliche Argumente einbringt: Jäger zögen das Hundegebell den kirchlichen Hymnen vor[14]. Süffisant schließt Johannes von Salisbury († 1180) die Untergrabung der jagdlichen Reputation ab: Jäger seien häufig unbeherrscht und würdelos und eigentlich nie in nüchternem Zustand (*sobrius numquam*) anzutreffen[15]. So vernichtende Urteile haben ihre literaturgeschichtlichen Folgen. In der christlichen Welt jagt der Adel zwar ungeniert, aber außerhalb der Historiographie oder kritischer Moraltraktate schreibt man nicht darüber. Erst in der unmittelbaren Vorzeit Friedrichs II. ändert sich das, und die Falkentraktate machen den Anfang[16]. Doch sind es kaum mehr[17] als vier Texte, die im Vorfeld Friedrichs erscheinen,

---

sed arti nequissimae; nam si homo tantum esset, et venator non esset, non donares; honoras in eo vitium, non naturam; Ders.: De catechizandis rudibus (Aurelii Augustini Opera. Bd. 13, 2). Hrsg. von I. B. Bauer. Turnhout 1969 (Corpus Christianorum, Series Latina 46). S. 115–178, hier S. 150, 43–56: *Studiis autem spectaculorum fiunt daemonibus similes, clamoribus suis incitando homines, ut se invicem caedant* [...]; *si autem horrendas adversus iviicem inimicitias eos exercere cognoverint,* [...] *sive scenici et thymelici, sive aurigae, sive venatores, quos miseros non solum homines cum hominibus, sed etiam homines cum bestiis in certamen pugnamque committunt, quo maiore adversus invicem discordia furere senserint, eo magis amant et delectantur* [...]. – Vgl. dazu Szabo [Anm. 11], S. 172f.

13 Seit dem Konzil von Agde im Jahre 506. Concilium Agathense. In: Charles Munier (Hg.): Concilia Galliae a. 314 – a. 506. Turnhout 1963 (Corpus Christianorum, Series Latina 148). S. 189–228, hier S. 226, 36f.: *Episcopis, presbyteris aut diaconibus canes ad venandum aut accepitres habere non liceat.* – Vgl. dazu Kurt Lindner: Die Jagd im frühen Mittelalter. Berlin 1940 (Geschichte des deutschen Weidwerks 2). S. 412 u. 418f.; Szabo [Anm. 11], S. 177–182; Peter Dinzelbacher: Mittelalter. In: Ders. (Hg.): Mensch und Tier in der Geschichte Europas. Stuttgart 2000. S. 181–292, hier S. 209.

14 Jona: De institutione laicali libri tres. In: Migne, Patrologia Latina 106. Paris 1851. Sp. 122–278, hier Sp. 215f.: *Existunt nihilominus quamplures, qui ob amorem canum et diversissimas venationes, quibus miserabiliter insistunt, et se et pauperum curas quodammodo negligunt* [...]. *Nam et hoc summae est dementiae, cum propter venationes quis dominicis et aliis festis diebus a solemnibus missarum celebrationibus et divinis laudibus vacat et propter hujuscemodi venationes salutem animae suae eorumque, quibus praeest et prodesse debuit, negligit; hi namque plus delectantur latratibus canum quam melodiis interesse hymnorum coelestium*; vgl. auch Sp. 216f. (Augustinus-Rezeption). – Ivo Carnotensis episcopus: Decretum. In: Migne, Patrologia Latina 161. Paris 1889. Sp. 59–1022, hier Sp. 505 u. 808f. – Vgl. dazu Lindner [Anm. 13], S. 415 u. 420–424; Hobusch [Anm. 2], S. 74; Szabo [Anm. 11], S. 185f., 190f. u. 195.

15 Ioannes Saresberiensis: Policraticus I–IV. Hrsg. von Katharine S. B. Keats-Rohan. Turnhout 1993 (Corpus Christianorum, Continuatio Mediaevalis 118). S. 35, I, 4, 154f.: *Raro invenitur quisquam eorum modestus aut gravis, raro continens, et, ut credo, sobrius numquam.* – Vgl. dazu Szabo [Anm. 11], S. 202.

16 Kurt Lindner: Über die europäische Jagdliteratur des 12. bis 15. Jahrhunderts. In: Zeitschrift für Jagdwissenschaft 1 (1955). S. 84–91, hier S. 86.

17 Zu einem anonymen Text aus Vercelli aus dem 10. Jahrhundert (Die älteste europäische Falkenmedizin. In: Bernhard Bischoff [Hg.]: Anecdota novissima. Stuttgart 1984 [Quellen und Untersu-

nämlich die Abhandlungen des Adelard von Bath († nach 1146)[18], des Guillelmus Falconarius (Mitte 12. Jahrhundert) und des Gerardus Falconarius (Mitte 12. Jahrhundert) sowie der 'Dancus rex' genannte Text (Mitte 12. Jahrhundert)[19]. Außer Adelard scheinen die Autoren alle aus dem Umkreis des sizilischen Normannenhofes unter Roger II. (†1154) und Wilhelm I. (†1166) zu stammen.

In der arabischen Welt sieht das anders aus. Dort hat schon im 8. Jahrhundert eine recht dichte Sequenz von Falkentraktaten eingesetzt[20]. Im Hinblick auf Friedrich II. ist vor allem eine Kompilation mit dem Namen 'Moamin' wichtig[21]. Der 'Moamin' schöpft aus der Tradition und ist ein Standardwerk der arabischen Falknerei zu Ende des 12. Jahrhunderts. Kennzeichnend ist, daß die arabische Literatur sich auf die medizinische Seite der Falkenkunde kapriziert, auf die Krankheiten und die artgerechte Pflege. Auch

---

chungen zur lateinischen Philologie des Mittelalters 7]. S. 171–182), dem 'Liber accipitrum' des Grimaldus, der überlieferungsgeschichtlich in das 11. Jahrhundert gehört (Le 'Liber accipitrum' de Grimaldus. Hrsg. von An Smets. Nogent-Le-Roi 1999 [Bibliotheca cynegetica 2]), und wenigen anderen aus dem 12. Jahrhundert (Grisofus medicus, Alexander medicus. Deux traités latins de fauconnerie du XIIe siècle. Hrsg. von Gunnar Tilander. Lund 1964 [Cynegetica 10]) vgl. Werth [Anm. 1], S. 160–165; Baudouin v. d. Abeele: Les traités de fauconnerie latins du XIIe siècle. In: Scriptorium 44 (1990). S. 276–286.; Ders.: Il 'De arte venandi cum avibus' e i trattati latini di falconeria. In: Pierre Toubet u. Agostino Paravicini Bagliani (Hgg.): Federico II e le scienze. Palermo 1994. S. 395–409; Ders. [Anm. 1], S. 20f., 23 u. 25f.; Ders. [Anm. 4], S. 365.

18 Adelard of Bath: De avibus tractatus. In: Charles Burnett (Hg.): Adelard of Bath. Conversations with his nephew. Cambridge 1998 (Cambridge medieval classics 9). S. 237–274. – Vgl. dazu Haskins 1924 [Anm. 1], S. 346–348; Ders. 1929 [Anm. 1], S. 111; Dafydd Evans: Adelard on falconry. In: Charles Burnett (Hg.): Adelard of Bath. London 1987. S. 25–27; Abeele [Anm. 1], S. 22.

19 Dancus rex, Guillelmus Falconarius, Gerardus Falconarius. Hrsg. von Gunnar Tilander. Lund 1963 (Cynegetica 9). – Vgl. dazu Werth [Anm. 1], S. 148–160; Haskins 1924 [Anm. 1], S. 348–350; Ders. 1929 [Anm. 1], S. 111; Zahlten [Anm. 4], S. 52; Abeele [Anm. 1], S. 23–25; Hubert Houben: Roger II. von Sizilien. Darmstadt 1997 (Gestalten des Mittelalters und der Renaissance). S. 111.

20 Im Detail vgl. dazu Detlef Möller: Studien zur mittelalterlichen arabischen Falknerliteratur. Berlin 1965 (Quellen und Studien zur Geschichte der Jagd 10). S. 19–117; Ders.: Zündendes Feuerzeug. Ein arabischer Falknereitraktat. In: Festschrift Kurt Lindner [Anm. 11], S. 241–247; Abeele [Anm. 4], S. 367–370. – Vgl. ferner Werth [Anm. 1], S. 171–174; Francois Viré: La fauconnerie dans l'islam médiéval. In: La chasse au moyen âge. Paris 1980 (Publications de la faculté des lettres et des sciences humaines de Nice 20). S. 189–197. – An Editionen sind zu nennen: Le traité de l'art de volerie, redigé vers 385/995 par le grand-fauconnier du calife fatimide al-Aziz billah. Hrsg. von Francois Viré. In: Arabica 12 (1965). S. 1–26, 113–139, 262–296 u. 13 (1966). S. 39–76; Al Gitrif ibn Qudama al-Gassani: Die Beizvögel. Hrsg. von Detlef Möller u. Francois Viré. Hildesheim 1988.

21 Volkssprachige Übersetzungen liegen ediert vor: Moamin et Ghatrif: Traités de fauconnerie et des chiens de chasse. Hrsg. von Hakan Tjerneld. Stockholm 1945 (Studia romanica holmiensia 1); Die Falkenheilkunde des 'Moamin' im Spiegel ihrer volgarizzamenti. 2 Bde. Hrsg. von Martin-Dietrich Glessgen. Tübingen 1996 (Beihefte zur Zeitschrift für romanische Philologie 269 u. 270). – Vgl. dazu Werth [Anm. 1], S. 174–178; Möller 1965 [Anm. 20], S. 118f.; Abeele [Anm. 1], S. 28f.; Ders. [Anm. 4], S. 370–377; Fried [Anm. 6], S. 53–55.

die ersten europäischen Traktate vor Friedrich II. wagen sich fast nur unter diesem Aspekt an die Beizjagd heran. Aber sie tun das nicht aus rein medizinischem Interesse, sondern weil es unter christlichen Vorzeichen heikel ist, sich mit der Jagd und ihren Tieren zu beschäftigen; man schreibt deshalb unverdächtige veterinärmedizinische Abhandlungen.

Als Friedrich II. in den ersten Jahrzehnten des 13. Jahrhunderts zur Feder greift[22], macht er etwas grundlegend Neues. Er beteiligt sich als Hochadeliger nicht nur selbstverständlich an der Beizjagd[23], sondern er wagt es auch, sich weit über den medizinischen Rahmen hinaus literarisch mit ihr zu beschäftigen. Er nimmt das Thema 'Beiz' bewußt anders in Angriff als seine Vorgänger, von denen er die europäischen unmittelbar kennt und aus dem arabischen Bereich vor allem den 'Moamin' in lateinischer Übersetzung besitzt[24]. Indem er sich nicht auf die veterinärmedizinische Begrenzung einläßt, wird sein Falkenbuch denn auch kein Werk zur Tiermedizin[25], das lehrt, die Raubvögel gesundheitlich in Gang zu halten, und sich ansonsten theologisch unverdächtig in einer fachlichen Nische versteckt. Vielmehr nimmt sich Friedrich die Vogelwelt insgesamt, systematisch und in umfassender Breite als einen Teil der Natur vor. Es ist der Teil, mit dem er sich auskennt, wobei sein Ziel ist, den Umgang mit der Natur hier in exemplarischer Weise als eine Naturlehre vorzuführen[26].

---

22 Zur Datierung vgl. Haskins 1924 [Anm. 1], S. 311; Antonio di Stefano: La cultura alla corte di Federico II imperatore. Bologna 1950. [Neudruck Mailand 1990]. S. 79; Mütherich [Anm. 6], S. 14; Cardini [Anm. 1], S. 220f.; Stürner [Anm. 6], S. 433 u. 437.

23 Zu Friedrichs Jagdrevieren auf Sizilien Henri Bresc: La chasse en Sicilie (XIIe–XVe siècles). In: La chasse au moyen âge [Anm. 20], S. 201–217, hier S. 204f.

24 Niese [Anm. 1], S. 507; Haskins 1924 [Anm. 1], S. 318; Ders. 1929 [Anm. 1], S. 111 u. 129; Sarton [Anm. 3], S. 648f.; Zahlten [Anm. 4], S. 53; J.-O. Benoist: La chasse au vol. In: La chasse au moyen âge [Anm. 20], S. 117–130, hier S. 118; Viré [Anm. 20], S. 190; John Cummins: The hound and the hawk. The art of medieval hunting. London 1988. S. 220; Dorothea Walz: Das Falkenbuch Friedrichs II. Graz 1994 (Ausstellung der Württembergischen Landesbibliothek 1994). S. 14; Charles Burnett: Master Theodore, Frederick II's philosopher. In: Federico II e le nuove culture. Spoleto 1995 (Atti dei convegni del centro italiano di studi sul basso medioevo 8). S. 225–285, hier S. 226 u. 238–241, vgl. auch 274–281; Fried [Anm. 6], S. 41; Stürner [Anm. 6], S. 424f. – Allgemein vgl. Abeele [Anm. 4], S. 377–381.

25 Die Querverweise in Fridericus [Anm. 1] *in tractatu nostro de egritudinibus* (Bd. 1. S. 65, 20), *in tractatu morborum* (Bd. 1. S. 193, 5), *in tractatu de morbis* (Bd. 1. S. 215, 10) und *in capitulo infirmitatis* (Bd. 2. S. 207, 26) lassen sich im Falkenbuch nicht verifizieren. – Auch Zahlten [jeweils Anm. 4] kann keine Inhaltsparallelen, sondern nur einige Ähnlichkeiten in Topoi und Strukturen mit medizinischen Texten zeigen.

26 Vgl. folgende Formulierungen aus dem Prolog zu Fridericus [Anm. 1], Bd. 1: *Nobiles et* [...] *pauperes* [...] *habebunt manifestationem operationum nature in avibus* (S. 3, 1–6); *est liber* [...] *inquisitivus ad manifestationem operationum nature in venatione, que fit per aves* (S. 3, 11–14); *legens enim hunc librum et intelligens plura secreta de operationibus nature* [...] (S. 4, 17f.). – Vgl. dazu Ernst Kantorowicz: Kaiser Friedrich der Zweite. Berlin 1927. [Neudruck Düsseldorf 1973]. S. 332; Walther Lammers: Der Falkner. In: Festschrift der Wissenschaftlichen Gesellschaft

Friedrich erschließt einen Mikrokosmos von paradigmatischem Wert. Er ignoriert nicht nur das theologische Verdikt über die Jagd und beschreibt die Beiz, wie er und seine Standesgenossen sie praktizieren, sondern er nimmt sie auch als ein Paradebeispiel für die Interaktion zwischen Mensch und Natur in Anspruch, das didaktisch besonders geeignet ist. Weiter stellt er heraus, daß die Natur unabhängig vom Menschen für sich existiert. Der Mikrokosmos der Vögel kommt ohne den Menschen aus. Er ist nicht erst durch einen anthropozentrischen Bezug in einer dem Menschen untertanen Welt von Bedeutung, sondern ein in sich abgeschlossenes Reich, bei dem der Mensch außen vor steht. Friedrich betont mehrfach die weite wesensmäßige Entfernung zwischen Vögeln und Menschen und streicht die Distanz besonders der Raubvögel heraus[27], sie suchen und brauchen ihn nicht. Auch wenn er in der Jagd zu ihnen in Kontakt tritt, sind Mensch und Vögel zwei voneinander getrennte Seiten. Die paradigmatische Bedeutung der Beizjagd für den Einstieg in die Natur einerseits und die Distanz zwischen Natur und Mensch andererseits sind die beiden wichtigsten Strukturen für das Verständnis des Falkenbuches. Nach dem Wortlaut des Prologs offenbaren sich an den Vögeln die *operationes nature* schlechthin[28]; und in diesen Vögeln steht die Natur weit vom Menschen entfernt (*non conversantur cum hominibus,* [...] *fugiunt naturaliter ab hominibus*[29]).

Friedrich entwickelt nun sein Werk mit großer Systematik. Schritt für Schritt bringt er die Natur auf der einen und den Menschen auf der anderen Seite in der Beizjagd wie in einer Art Kommunikation zusammen. Den Ausgangspunkt bildet dabei die Natur, wie sie sich ohne den Menschen darstellt. In der Natur herrscht die Jäger-Beute-Situation. Die Vögel jagen sich untereinander aus existentiellen Gründen, die Raubvögel jagen die Beutevögel, um von ihnen zu leben. Friedrich will das empirisch darstellen (*manifestare* [...] *ea, que sunt, sicut sunt*[30]). Die natürlichen Gegebenheiten sind das Grundlegende, was der Mensch wissen muß, wenn er in der Beizjagd am Naturgeschehen teilhaben will. Er dringt bei der Beiz von außen her in die Welt der Vögel ein, um sich auf eine Position mit den Raubvögeln zu stellen. Er muß daher ihr Handeln kennen, sonst kann er sich nicht naturgemäß verhalten. Ohne Kenntnisse darüber, was die Vögel aus sich heraus wissen und tun, kann er nicht mitmachen. Bei der Distanz zwischen Mensch und Natur ist er es, der lernen und sich auf die Natur zubewegen muß. Erst danach kann er sich in das Naturgeschehen einbringen und die Falken veranlassen,

---

an der Johann Wolfgang Goethe-Universität Frankfurt am Main. Wiesbaden 1981. S. 221–237, hier S. 228f.; Fried [Anm. 6], S. 85.

27 Fridericus [Anm. 1], Bd. 1: *Aves rapaces naturaliter magis absistunt ab hominibus quam cetere aves* (S. 5, 4f.); *non conversantur cum hominibus,* [...] *fugiunt naturaliter ab hominibus* (S. 5, 8–12); *et faciem hominis et conversari cum homine naturaliter abhorrent* (S. 5, 32f.).

28 Siehe Anm. 26.

29 Siehe Anm. 27.

30 Fridericus [Anm. 1], Bd. 1, S. 2, 19f. – Vgl. dazu August Nitschke: Friedrich II. Ein Ritter des hohen Mittelalters. In: Historische Zeitschrift 194 (1962). S. 1–36, hier S. 13; Fried [Anm. 6], S. 73.

mit ihm zu tun, was sie sonst nur für sich selber tun (*facere ad opus hominum, quod operabantur per se et ad opus suum*[31]).

Friedrich gliedert sein Werk wie einen didaktischen Ablauf[32]. In sechs Büchern gestaltet er mit großer Textregie den Einstieg des Menschen in das Naturgeschehen. Zunächst, in der Welt der Vögel allein, bleibt der Mensch außen vor und betrachtet aus der Ferne. Buch I[33] beschreibt nur die raubenden und die erbeuteten Akteure der gefiederten Welt, wobei der Schwerpunkt bei den Beutevögeln liegt[34]. Das ist dadurch begründet, daß die Eigenschaften der Beutevögel der Ausgangspunkt der natürlichen Jagd sind. Die Raubvögel müssen sich, wenn sie erfolgreich sein wollen, nach den Eigenschaften ihrer Opfer richten. In einem Überblick über die jagdbaren Wasser-, Land- und Sumpfvögel stellt Friedrich Dutzende von Vogelarten mit ihren Gewohnheiten vor. Es geht dabei um Nahrungssuche, Ruhe- und Schlafgewohnheiten, Brut, Aufzucht, Anatomie, Gefieder, Flugweisen und bei den Zugvögeln auch um die Flugformationen. Daneben beschreibt er die Frequenzen, Intervalle und Tageszeiten ihres Ausschwärmens, das Verhalten als Einzeltiere oder auch in Zügen und Gruppen. Das ist alles wichtig für die Raubvögel, die Beute machen wollen. Schließlich erörtert Friedrich auch die raubenden Vögel mit ihren Eigenschaften und ihrem Verhalten. Insgesamt entwirft er ein umfassendes Panorama. Buch I gerät somit zu einer veritablen Ornithologie und bei der empirischen Beschreibungsweise sogar zu einem ornithologischen Meilenstein[35]. So etwas hat es bis dahin noch nicht gegeben. Der Kaiser stellt die Welt der Vögel als einen abgeschlossenen Mikrokosmos umfassend dar und präsentiert das Ganze didaktisch als natürliches Grundwissen der Jagd. Er dokumentiert die Dinge, *que sunt, sicut sunt*[36]. Die Vögel haben dieses Grundwissen instinktiv, während es sich der Mensch, wenn er an der Jagd der Vögel auf Vögel teilhaben will, vorher aneignen muß. Mit dem Ende von Buch I hat er das getan. Zwar ist er vorerst nur der Betrachter von außen und bleibt der Natur gegenübergestellt, doch immerhin ist er mit seinem Wissensstand gleichauf.

Ab Buch II kommt er aktiv ins Spiel, er kann aufgrund seiner Kenntnisse an das Naturgeschehen herantreten. Sein Ziel, sich in der Beizjagd zum Mitakteur aufzuschwin-

---

31 Fridericus [Anm. 1], Bd. 1, S. 5, 33 – 6, 1.

32 Vgl. Henss [Anm. 6], S. 467; Carl A. Willemsen: Kaiser Friedrich der Zweite von Hohenstaufen als Wissenschaftler und Jäger. In: Göppinger Staufertage. Göppingen 1971 (Schriften zur staufischen Geschichte und Kunst 2). S. 31–66, hier S. 40.

33 Fridericus [Anm. 1], Bd. 1, S. 7–122: *De divisione generaliter avium in aquaticas, terrestres et medias, item in rapaces et non rapaces*. – Vgl. dazu Georgina Masson: Das Staunen der Welt. Friedrich II. von Hohenstaufen. Tübingen 1958. S. 221–223; Henss [Anm. 6], S. 459–465; Willemsen [Anm. 32], S. 36f.; Eberhard Horst: Friedrich der Staufer. Düsseldorf 1977. S. 197f.; Maria A. Coppola: Il 'De arte venandi cum avibus' dell' imperatore Federico II di Svevia. In: Helikon 31/32 (1991/92). S. 127–188, hier S. 151–157; Stürner [Anm. 6], S. 440.

34 Vgl. Schwenk [Anm. 2], S. 445f.

35 Vgl. Schwenk [Anm. 2], S. 445f. – Siehe auch Anm. 3.

36 Siehe Anm. 30.

gen und sich an die Seite der Raubvögel zu stellen, setzt aber noch einen wichtigen Schritt voraus. Friedrich verengt den Blick auf die zur Beiz geeigneten Raubvögel und stellt etliche Falkenarten zusammen, wobei er den Gerfalken, den Sakerfalken und den Wanderfalken als die besten heraushebt[37], um dann zum entscheidenden Punkt zu kommen: Wie gelangt der Mensch dahin, sich unter diese Falken zu mischen, an deren Seite er sich in der Jagd stellen will? Wenn später die Faust des Falkners Anfangs- und Endpunkt der Beizjagd sein soll, muß der Mensch zuvor in die Vogelwelt eindringen und ein Teil davon werden. Buch II und III[38] widmen sich diesem Punkt unter den Aspekten der Gewöhnung an den Menschen und der Rückkehr zu ihm. Der Hauptgedanke, der keinen echten Falkner überrascht, liegt darin, daß der Mensch sich der Jungvögel bemächtigt, sie aufzieht und sich über Pflege und Ernährung zu ihrer Bezugsperson macht. Er übernimmt für die kleinen Falken die Elternfunktion und reiht sich auf diese Weise in ihre Welt ein. Nur der umfassend naturkundige Ornithologe kann das, ohne ein detailliertes Wissen würde er sofort scheitern. Der Falkner muß reflektiert umsetzen, was die Falkeneltern instinktiv wissen. Durch gekonnte Pflege und Verköstigung[39] akzeptiert der Jungfalke den Menschen langsam und kehrt, wenn er fliegen kann, zu ihm zurück. Doch dem kleinen Falken muß auch zuteil werden, was die Eltern mit ihm einüben. Der Falkner muß ihm beibringen, was natürlicherweise in ihm steckt, und zwar so, wie seine Eltern es ihm beibringen würden. Friedrich gibt dafür ein anschauliches Beispiel[40]: Die Falkeneltern lehren ihre Kleinen das Jagen. Sie tun das anhand von verletzten Beutetieren, die sie nicht töten, sondern teilweise entfiedern, so daß sie nur noch begrenzt flugfähig sind; dann werden sie zum Übungsobjekt der Jungfalken, die daran ihre ersten Erfolgserlebnisse haben. Genau das Gleiche muß der Mensch nachinszenieren. So lernt der Jungfalke in diesem wie in anderen Beispielen aus der Hand des Menschen sein natürliches Verhalten und findet adäquat zu sich selbst.

Wenn der Austausch der Falkeneltern durch den kongenialen Falkner gelingt, ist der Kreis zwischen Natur und Mensch geschlossen und damit auch die Basis für die Beizjagd erreicht. Der Mensch gehört für den ausgewachsenen Falken per Gewohnheit zu seiner Welt dazu, er kann mit ihm in das jagdliche Naturgeschehen eintreten. Der Falke startet von der Faust und kehrt zu ihr zurück. Für die Beiz ist damit der ange-

37 Fridericus [Anm. 1], Bd. 1, S. 126–134.

38 Buch II (Fridericus [Anm. 1], Bd. 1, S. 123–256) ist eher nichtssagend mit *Lib[er] secund[us] de venatione et de eius particulis* überschrieben, während Buch III (Fridericus [Anm. 1], Bd. 2, S. 1–62) *De instrumentis, per que redeant falcones ad homines* handelt. – Vgl. dazu Masson [Anm. 33], S. 223f.; Willemsen [Anm. 32], S. 37f.; Horst [Anm. 33], S. 198f.; Walz [Anm. 24], S. 14; Stürner [Anm. 6], S. 440f.

39 Vgl. dazu explizit Fridericus [Anm. 1], Bd. 1, S. 166, 7–10: *Ex parte vero avis rapacis* [...] *aliquid esse oportet, quod sit quasi medium, per quod mutetur* [...]. *Illud autem est sensus gustus.*

40 Fridericus [Anm. 1], Bd. 1, S. 62, 21–31; Bd. 2, S. 43, 8 – 45, 23 u. 125, 9 – 128, 16; vgl. auch Bd. 2, S. 7, 1 – 8, 17. – Vgl. dazu Carl A. Willemsen: Kaiser Friedrich der Zweite. Über die Kunst, mit Vögeln zu jagen. Kommentar. Frankfurt a. M. 1970. S. 36.

strebte emphatische Punkt erreicht. Der Raubvogel jagt nicht mehr nur für sich selbst, sondern vom Menschen aus und für ihn mit; er macht *ad opus hominum*, was er sonst nur *per se et ad opus suum* tut[41]. Er läßt den Menschen teilhaben. Die Natur nimmt ihren normalen Lauf, die Vögel tun, was sie immer tun, aber sie tun es jetzt für den Menschen mit. Die Faust des Falkners wird zum Abflugs- und Landepunkt, der Mensch initiiert und bei ihm endet der dazwischenliegende Beuteflug, und damit hält er den Saum des jagdlichen Naturgeschehens in seiner Hand. Die Faust ist die Nuance, die er in den Ablauf hineinbringt, mit ihr nimmt er am Geschehen teil. Aber sie ist im wesentlichen auch die einzige Nuance[42]. Der Mensch hat sich durch den Austausch der Elternrolle zwischen die jungen Raubvögel gemischt und partizipiert bei den erwachsenen mit seiner Faust als Bezugspunkt an den Beuteflügen. Sie starten und landen bei ihm, sie akzeptieren auch die vorangehenden Gängelungen, ohne die der Mensch nicht mit ihnen umgehen kann[43]. Aber abgesehen von diesen Maßnahmen jagen die Vögel, wenn sie die Faust verlassen haben, völlig frei, *sui iuris*[44]. Diese Feststellung hat für Friedrich außerordentlichen Wert, darin liegt das Wichtigste der Beiz. Die Natur vollzieht sich frei, der Mensch hat nur einen Weg gefunden, daran teilzuhaben. Die Falken sind ihrer Natur nicht entfremdet, lediglich die Teilhabe des Menschen als Ausgangs- und Endpunkt der Jagd ist als Ergebnis von Gewöhnung und intimer Naturkenntnis dazugekommen.

Mit dem Ende von Buch III ist das Grundsätzliche über Mensch und Natur bei der Beizjagd gesagt, das Werk ändert sich. In Buch IV–VI[45] beschäftigt sich Friedrich nicht mehr mit der großen Perspektive, sondern mit einer Fülle praktischer Ratschläge bei der

41 Siehe Anm. 31. – Zu dieser Textstelle Nitschke [Anm. 30], S. 16f.; Buc [Anm. 11], S. 120; Stürner [Anm. 6], S. 445, die sie aber als Verhaltensänderung der Vögel ebenso fehldeuten wie eine andere Textpassage (siehe Anm. 53).

42 Durch die Initiation des Angriffsfluges bestimmt der Mensch das Jagdziel und seine Verfolgung allerdings mit: *Amplius omnes aves rapaces possunt doceri per hanc artem capere maiores aves ut grues, bistardas, anseres et maiores alterius maneriei, quam per se caperent, et minores aves non solum eo modo, quo caperent per se, sed pluribus aliis modis.* Fridericus [Anm. 1], Bd. 1, S. 5, 27–30; vgl. auch S. 124, 13–15 u. 125, 1–3.

43 Fridericus [Anm. 1], Bd. 1, S. 166, 16–23: *Nam quod detineantur ab homine, quod habeant iacticios laqueos in pedibus, quod stent ligati in sede sua, quod pascantur super manum hominis, quod cum homine stent, quod volentes recedere, ut earum moris est, de sede sua, prohibeantur recedere, quod teneant campanellam aut capellum* [...], *quod clausi detineantur in domibus, hec omnia contraria sunt nature sue.*

44 Fridericus [Anm. 1], Bd. 1, S. 166, 21: *Postquam iam dimissi sunt, liberati et sui iuris.* – Zu dieser Textstelle vgl. auch Kantorowicz [Anm. 26], S. 331; Carl A. Willemsen: Das Falkenbuch Kaiser Friedrichs II. In: Atti del convegno internazionale di Studi Federiciani. Palermo 1952. S. 449–459, hier S. 455; Ders.: Die Beize ist die edelste aller Jagdarten. In: Imagination 3 (1988). S. 13–15, hier S. 14; Horst [Anm. 33], S. 199f.; Lammers [Anm. 26], S. 232.

45 Buch IV: *De girofalco ad gruem, que et qualis fit venatio cum eo*; Buch V: *De falcone sacro ad airones*; Buch VI: *De venatione fienda ad aves de rivera cum falcone peregrino.* Fridericus [Anm. 1], Bd. 2, S. 63–122, 123–185 u. 186–253. – Vgl. dazu Coppola [Anm. 33], S. 163–166; Stürner [Anm. 6], S. 441f.

Jagd des Gerfalken auf Kraniche, des Sakerfalken auf Reiher und des Wanderfalken auf Wasservögel. Für den grundsätzlichen Umgang mit der Natur ist das nicht mehr aufschlußreich. Friedrich verläßt die naturphilosophisch interessante Ebene und stößt zu den Jagdpraktiken vor, die nur noch dem aktiven Falkner etwas sagen.

Es ist daher lohnender, noch einmal an die Ausgangsfragen nach der Annäherung an die Natur und der Interaktion mit ihr anzuknüpfen, um zur endgültigen Intention des Werkes zu kommen. Friedrichs Annäherung besteht in einer Objektivierung der Vogelwelt, wie die mittelalterliche Literatur sie bis dahin nicht kannte. Er setzt sich nicht nur über die medizinische Beschränkung und die theologischen Bedenken gegen ein jagdkundliches Thema hinweg, sondern er schildert den Mikrokosmos der Vögel umfassend, unabhängig vom Menschen und entsakralisiert[46]. Er dokumentiert die Dinge empirisch so, wie sie sind[47]. Ein Schöpfergott kommt nicht vor, und die Anthropozentrik unterbleibt zunächst. Der Mensch scheint bei der respektvollen, objektivierenden Distanz gar nicht zur Natur zu gehören. Sie ist ein in sich ruhender Kosmos, der des Menschen und der theologischen Deutung nicht bedarf. Wenn der gebildete Falkner in der Beizjagd dann in die Interaktion mit den Vögeln eintritt, tut er mehr, als im traditionellen Sinne zu jagen. Es geht Friedrich nicht um das materielle Beutemachen[48]. Was er will, ist vielmehr, den Ablauf der Natur, den die Beizjagd bietet, adäquat zu erleben. Der Reiz liegt in der Initiation und im Nachvollzug des Naturgeschehens durch den Menschen. Friedrich hebt immer wieder hervor, wie naturkonform diese Jagdart ist. Sie braucht keine Werkzeuge wie Netze, Schlingen, Pfeil und Bogen und auch keine stark

---

46 Gemeint ist keine Polemik wie die Kritik an der Autoritätsgläubigkeit des Aristotelismus (*fides enim certa non provenit ex auditu*), die eine Persiflage auf die Bibelstelle *ergo fides ex auditu* (Rom. 10, 17) darstellt (Fridericus [Anm. 1], Bd. 1, S. 1, 31f.), und auch im Gegenzug keine aristotelisch-theistische Einzelkritik am Falkenbuch wie die des Petrus de Hibernia († nach 1260), die erst nach Friedrichs Lebzeiten datiert. Magister Petrus de Ybernia: Determinatio magistralis rege coram Manfredo quaestionis disputatae „Utrum membra essent facta propter operationes vel operationes essent factae propter membra". Hrsg. von Clemens Baeumker. Löwen, Paris 1996 (Philosophes médiévaux 34). S. 245–250. – Vgl. dazu Kantorowicz [Anm. 26], S. 320f.; Nitschke [Anm. 30], S. 17–21; Willemsen [Anm. 40], S. 22f.; Walz [Anm. 24], S. 17 u. 21f.; Stürner [Anm. 6], S. 450f.

47 Vgl. dazu Stefano [Anm. 22], S. 74–78; Henss [Anm. 6], S. 473–478; Willemsen [Anm. 40], S. 18–20; Zahlten [Anm. 4], S. 93f.; Thomas C. v. Cleve: The emperor Frederick II of Hohenstaufen. Oxford 1972. S. 314; Walz [Anm. 24], S. 15–18; Giacomo Ferrau: Riflessioni per una storia della cultura sveva. In: Enzo Bentivoglio (Hg.): Federico II: cultura istituzioni arti. Reggio Calabria 1995. S. 49–62, hier S. 55; Stürner [Anm. 6], S. 447–450. – Vgl. die Betonung der *experientia* bei Fridericus [Anm. 1], Bd. 1, S. 1, 17 u. 25.

48 Vgl. Benoist [Anm. 24], S. 119. – Friedrichs Kritik an Beute, Besitz und jagdlichem Voyeurismus – *causa gule* [...], *causa lucri* [...], *causa delectamenti visus* – läßt nur die an Qualität und adäquatem Wohl ihrer Tiere interessierten Falkner gelten: *Ipsi enim habentes suas aves meliores, non abutuntur eis* [...], *modum sequuntur convenibilem magis arti, faciendo volare aves suas eo modo, quo non multum vexantur*, Fridericus [Anm. 1], Bd. 1, S. 165, 6f. u. 21–25. – Vgl. dazu Peter Hirschfeld: Mäzene. München 1968. S. 72; Willemsen [Anm. 40], S. 17; Lammers [Anm. 26], S. 234; Fried [Anm. 6], S. 84.

abgerichteten Tiere wie Hunde[49], sondern sie beschränkt sich auf die reinen *operationes nature*[50], die man durchschauen muß. Sie ist die scharfsinnigste, schwierigste, aber auch die edelste aller Jagdarten, wie er euphorisch sagt[51]. Heißt bei seinem älteren Zeitgenossen Guicenna (Anfang 13. Jahrhundert) noch die Drückjagd *domina omnium venationum*[52], so kommt nach Friedrich nur die Beiz für diesen Rang in Frage. Sie ist Natur pur und für den Menschen nur intellektuell erreichbar. Bei adäquaten Kenntnissen bietet sie ein authentisches Erlebnis. Auch wenn er die Falken letztlich instrumentalisiert, handelt der Mensch nicht gegen die Natur, sondern macht sich mit den Jagdfalken die natürlichen Vorgänge zugänglich. Der Falkner hat die Natur erlernt und taucht in sie ein, ohne ihre Eigengesetzlichkeiten anzutasten[53]; er erlebt sie vielmehr. Über die an ihn gewöhnten Vögel nimmt er am Naturgeschehen teil. Die Beizjagd ist der Nachvollzug der Natur durch den Menschen, die erwirkte Teilhabe an ihr. Aus Wissen resultierend, ist die Beiz hautnah erlebte Natur und edel.

Aus all dem zieht Friedrich nun sein Fazit. Die Beiz hat mit ihrem festen Bereich, der theoretischen Objektivierung und der erkenntnisgeleiteten Handlung strukturell alles, was eine Wissenschaft ausmacht. Das bringt Friedrich zum Kern seines Anliegens: *Intentio vero nostra est manifestare in hoc libro de venatione avium ea, que sunt, sicut sunt, et ad artis certitudinem redigere, quorum nullus scientiam habuit hactenus neque artem*[54], und etwas später: *Nobiles et* [...] *pauperes* [...] *habebunt manifestationem operationum nature in avibus. Supponitur autem scientie naturali*[55]. Der Rang als Wissenschaft kommt der Beizjagd aus strukturellen, geradezu epistemologischen und didaktischen Gründen zu. Sie ist ein unmittelbarer geistiger Zugang des Menschen zur Natur. Sie ist eine *ars* im wissenschaftlichen Sinne, als verstehende Teilhabe am Sein

49 Fridericus [Anm. 1], Bd. 1, S. 4, 8–11 u. 25–32.

50 Siehe Anm. 26.

51 Fridericus [Anm. 1], Bd. 1, S. 5, 22–25: *Aves vero, cum per aerem volent, non possunt capi vi, sed solo ingenio hominum et capi possunt et doceri. Propter hoc hec ars venandi difficilior est ceteris venationibus et dignior*. – Vgl. dazu Willemsen [Anm. 40], S. 14f.; Ders. [Anm. 32], S. 34f. – Nitschke [Anm. 30], S. 14–16 sieht in *dignior* nur ein soziales Motiv. Vgl. auch Stürner [Anm. 6], S. 445.

52 Guicenna: De arte bersandi. Hrsg. von Gunnar Tilander. Uppsala 1956 (Cynegetica 3). S. 18. – Vgl. dazu Fried [Anm. 6], S. 76. – Haskins 1929 [Anm. 1], S. 117f.

53 Der mitunter mißverstandene Satz *Necessaria est ars et instrumenta et artifex, per que priventur, quamvis non ex toto, aves rapaces ab hac natura sua, et per que suas proprietates desinant naturales et acquirant in se proprietates et mores artificiales standi cum homine et revertendi ad ipsum* (Fridericus [Anm. 1], Bd. 1, S. 166, 1–5) ist nicht pauschal zu verstehen, sondern bezieht sich explizit auf das einzige künstliche Element der Beiz, die Fixierung auf die menschliche Faust. – Vgl. dazu Nitschke [Anm. 30], S. 23; Zahlten [Anm. 9], S. 91 u. 103f.; Buc [Anm. 11], S. 120; Fried [Anm. 6], S. 84; Stürner [Anm. 6], S. 442. – Siehe auch Anm. 42.

54 Fridericus [Anm. 1], Bd. 1, S. 2, 19–21; vgl. auch S. 124, 1–5. Siehe auch Anm. 30. – Vgl. dazu Baudouin v. d. Abeele: La fauconnerie dans les lettres francaises du XIIe au XIVe siècle. Löwen 1990 (Mediaevalia lovaniensia 1, 18). S. 13.

55 Fridericus [Anm. 1], Bd. 1, S. 3, 1–7. – Siehe Anm. 26.

rückt sie zur Naturkunst auf. Hier geht es nicht um ein adeliges Freizeitvergnügen, theologisch fraglich und mit moralisch zweifelhaften Akteuren, wie man vorher meinte[56]. Auch die *ars* im vorwissenschaftlichen Sinne, als welche die Jagd bei Einhard († 840) oder im 'Ruodlieb' (Mitte 11. Jahrhundert) auftaucht, ist nicht gemeint[57]. Vielmehr geht es Friedrich mit der Falkenjagd um das geistige Eindringen des Menschen in das Naturgeschehen, um die Annäherung an die Natur und den Umgang mit ihr auf dem Fundament eines wissenschaftlichen Lehrgebäudes.

Sein Anliegen kommt nicht von ungefähr. Schon in den vorangehenden Falkentraktaten 'Dancus rex' und der Abhandlung des Guillelmus Falconarius wird die Beizjagd eine wissenschaftliche *ars* genannt[58]. Dahinter steht um die Mitte des 12. Jahrhunderts ein neuer Zeitgeist, dessen Epigone Friedrich ist. Der Pariser Wissenschaftssystematiker Hugo von St. Victor († 1141) führt ein wenig früher als die beiden Traktate in seinem 'Didascalicon' die Jagd erstmals als praktische Wissenschaft in den Kreis der *artes mechanicae* ein[59]. Einige Philosophen – angefangen bei seinen Konventskollegen Ri-

56 Siehe Anm. 11–15. – Auch in *Etenim nobiles et potentes, solliciti circa regimina mundanorum, per huius artis usum suis curis plerumque gaudia interponent* (Fridericus [Anm. 1], Bd. 1, S. 3, 2–4) sind die *gaudia* im Wortsinn als innere Befriedigung, als von der Kunst gewährter Genuß zu verstehen im Gegensatz etwa zur oberflächlichen *laetitia*. – Zur Textstelle vgl. auch Lammers [Anm. 26], S. 228.

57 Einhardus: Vita Karoli magni. Hrsg. von Oswald Holder-Egger. Hannover 1911 (MGH. Scriptores rerum Germanicarum in usum scholarum [25]). S. 27, 10–12; Ruodlieb. Bd. 2, 1. Hrsg. von Benedikt K. Vollmann. Wiesbaden 1985. S. 61, I, 94. – Vgl. dazu Fried [Anm. 6], S. 38.

58 Dancus rex [Anm. 19], S. 58 u. 136: *Ars falconum* bzw. *ars falchonum*.

59 Hugo de Sancto Victore: Didascalicon de studio legendi. Hrsg. von Charles Henry Buttimer. Washington 1939 (Studies in medieval and renaissance latin 10). S. 38, 27f.: *Mechanica septem scientias continet: lanificium, armaturam, navigationem, agriculturam, venationem, medicinam, theatricam*; vgl. auch S. 42, 1 – 43, 5. Die gleiche Aufzählung auch in Hugos Werk 'Epitome Dindimi in philosophiam' in: Hugonis de Sancto Victore Opera propaedeutica. Hrsg. von Roger Baron. Notre Dame 1966 (Publications in mediaeval studies 20). S. 165–247, hier S. 193, 2–4. – Vgl. dazu Franco Alessio: La filosofia e le 'artes mechanicae' nel secolo XII. In: Studi medievali (Serie 3) 6 (1965). S. 71–161, hier S. 114; Jean Châtillon: Le 'Didascalicon' de Hugues de Saint-Victor. In: La pensée encyclopédique au moyen age. Neuchâtel 1966. S. 63–76, hier S. 67 u. 71; Peter Sternagel: Die Artes mechanicae im Mittelalter. Kallmünz 1966 (Münchener historische Studien. Abteilung mittelalterliche Geschichte 2). S. 68; Gerhard Eis: Forschungen zur Fachprosa. Bern 1971. S. 262; George Ovitt: The status of the mechanical arts in medieval classifications of learning. In: Viator 14 (1983). S. 89–105, hier S. 92f.; Willemsen 1988 [Anm. 44], S. 14; Ria Jansen-Sieben: De Artes mechanicae. In: Dies. (Hg.): Artes mechanicae en Europe médiévale. Brüssel 1989 (Archives et bibliothèques de Belgique 34). S. 7–15, hier S. 12, Anm. 32; Elspeth Whitney: Paradise restored. The mechanical arts from antiquity through the thirteenth century. Philadelphia 1990 (Transactions of the american philosophical society 80). S. 83 u. 86; Laetitia Boehm: Artes mechanicae und artes liberales im Mittelalter. In: Festschrift Eduard Hlawitschka. Kallmünz 1993 (Münchener historische Studien. Abteilung mittelalterliche Geschichte 5). S. 419–444, hier S. 430f.; Fried [Anm. 6], S. 39; Stürner [Anm. 6], S. 442–444. – Zum Versuch, die Jagd als Kunst schon im 9. Jahrhundert antizipiert zu sehen, vgl. Christel Meier: Baumeister Europas? Die Rezeption antiker Zivilisationstechniken im Zeitalter Karls des Großen. In: Paul L.

chard († 1173) und Gottfried († 1194) – folgen ihm darin und tradieren es bis in Friedrichs Zeit[60]. Des Kaisers Idee, die Beizjagd als eine *ars* zu sehen, ist also nicht originell[61]. Aber Hugo hat nur den Anstoß gegeben, und Werke wie der 'Dancus rex' und der Text des Guillelmus Falconarius mit ihrer veterinärmedizinischen Ausrichtung befriedigen Friedrich nicht[62]. Er will die Beiz in großem Stil als *ars* etablieren. Es ist verblüffend, wie nah er dabei in Konzeption und Diktion an die viktorinischen Vorstellungen rückt[63]. Der Unabhängigkeit der Natur vom Menschen, ihrem entsakralisierten Status und der Beiz als gelehrtem Nachvollzug des Naturgeschehens, die im Umgang mit den *operationes nature* eine *ars* ist, liegen allesamt Positionen der Viktorinerschule zugrunde. Hugo liefert dem Kaiser mehr als nur ein Wissenschaftsschema[64]. Seine Unterscheidung des *opus naturae* vom menschlichen *opus artificis imitantis naturam*, was beides separiert vom *opus dei* dasteht, ist einschlägig[65]. Gott steht im engeren Sinne außerhalb der Beziehung von Mensch und Natur, nur diese beiden bilden die Seiten der Interaktion in der materiellen Welt, ganz wie im Falkenbuch[66]. Natur und Mensch verhalten sich zueinander als Vorbild und nachvollziehender

---

Butzer, Max Kerner u. Walter Oberschelp (Hgg.): Karl der Große und sein Nachwirken. 1200 Jahre Kultur und Wissenschaft in Europa. Turnhout 1997. S. 279–319, hier S. 293–300 u. 316–318.

60 Richard de Saint-Victor: Liber exceptionum. Hrsg. von Jean Châtillon. Paris 1958 (Textes philosophiques du moyen âge 5). S. 109, XIV, 2f.: *Mechanica septem habet species: lanificium, armaturam, navigationem, agriculturam, venationem, medicinam, theatricam*; vgl. auch S. 110, XIX, 1–7. Godefroy de Saint-Victor: Microcosmus. Hrsg. von Philippe Delhaye. Lille 1951 (Mémoires et travaux 56). S. 74, 5–8: *Mechanice quidem scientie species, cum sint multe, septem nobis enumerare sufficiat: prima armatura, secunda mercatura, tercia agricultura, quarta fabricatura, quinta lanifactura, sexta venatura, septima medicatura*. Vgl. z. B. auch noch aus dem 12. Jahrhundert einen anonymen 'Tractatus quidam de philosophia et partibus eius' (Paris, BN lat. 6570, f. 58rb) bei Alessio [Anm. 59], S. 156 sowie 123f. und aus dem 13. Jahrhundert Robert Kilwardby: De ortu scientiarum. Hrsg. von Albert G. Judy. Toronto 1976 (Auctores britannici medii aevi 4). S. 129, 13–16, beide mit einer engen Anlehnung an Hugo; ferner Vincentius Bellovacensis: Speculum doctrinale (Speculum maius 2). Douai 1624. [Neudruck Graz 1964]. Sp. 15, wo Hugo nur sehr allgemein referiert wird. – Vgl. dazu Sternagel [Anm. 59], S. 87f. u. 100; Maria S. Calò Mariani: Federico II e le 'Artes mechanicae'. In: Angiola M. Romanini (Hg.): Federico II e l'arte del ducento italiano. Bd. 2. Galatina 1980 (Collana di saggi testi 21). S. 259–275, hier S. 268; Monique Paulmier-Foucart u. Serge Lusignan: Vincent de Beauvais et l'histoire du Speculum maius. In: Journal des savants (1990). S. 97–124, hier S. 107f.; Whitney [Anm. 59], S. 103–123; Stürner [Anm. 6], S. 444.

61 Zu Friedrichs überkommenen Vorstellungen allgemein vgl. Nitschke [Anm. 30], S. 34; Ders.: Naturerkenntnis und politisches Handeln im Mittelalter. Stuttgart 1967 (Stuttgarter Beiträge zur Geschichte und Politik 2). S. 137.

62 Fried [Anm. 6], S. 71.

63 Vgl. dagegen Willemsen [Anm. 40], S. 16.

64 Vgl. dagegen Fried [Anm. 6], S. 74f., der Hugo unterschätzt.

65 Hugo [Anm. 59], S. 16,7f.

66 Stürner [Anm. 6], S. 455 sieht den Kaiser philosophische Positionen von Johannes Duns Scotus († 1308) und Wilhelm von Ockham († um 1348) vorwegnehmen, bei denen die Natur keine über-

artifex, dessen Tun *mechanicum* ist; Hugo vergleicht das menschliche Handeln einem Schlüssel[67]. Auch das paßt geradewegs auf das Falkenbuch. Hugo fährt fort, daß der Mensch sich durch Scharfsinn zugänglich machen muß, was den Dingen der Natur einfach von selbst zu eigen ist[68]; das könnte unmittelbar so bei Friedrich stehen. Es läßt sich nicht explizit zeigen, daß das 'Didascalicon' im Falkenbuch rezipiert wird, aber es ist augenscheinlich, daß der Kaiser auf Hugos Spuren wandelt. Das Falkenbuch ist geistesgeschichtlich ein Enkel der Viktorinerschule. Es ist die praktische Umsetzung eines wissenschaftstheoretischen Ansatzes, der aus der Wiege der aufblühenden Scholastik stammt. Diese historische Relativierung nimmt dem kaiserlichen Werk keineswegs den Charme. Friedrichs Versuche, die Beizjagd zu einer *ars* aufzuwerten, zeichnen sich nur konturierter ab.

Mit der rein wissenschaftlichen Etablierung der Beiz als eine der *artes mechanicae* ist für Friedrich das Thema jedoch noch nicht ausgereizt. Der Rang einer praktischen Wissenschaft erscheint dem Kaiser als abgesichert, aber die moralischen Zweifel an der Jagd seitens der Theologen sind noch unbeantwortet. Friedrich baut im Text Repliken ein, indem er die Selbstdisziplin, die Nüchternheit und Tadellosigkeit des Falkners besonders betont[69], ohne die dieser nicht versuchen sollte, an die Natur heranzugehen. Das zielt gegen die Vorwürfe, Jäger würden mit Gauklern und Dirnen auf einer Stufe stehen, seien unbeherrscht, würdelos und immerzu betrunken[70]. Aber Friedrich beläßt es nicht bei sporadischen Bemerkungen. Die ethische Seite der Mensch-Natur-Beziehung geht tiefer, und auch hier hat er einen didaktischen Prozeß im Auge. Auf eine biblische Diskussion läßt er sich nicht ein und wendet auch nicht so viel Raum für den ethischen Aspekt auf wie für den wissenschaftlichen. Aber er spitzt seinen Gedankengang zu. Die Beiz ist nicht nur eine Kunst, sondern auch die edelste der Jagdarten (*et ars est et ceteris venationibus nobilior et dignior et ideo prior*[71]). Sie kommt dem adeligen Standes-

---

geordnete Größe mehr braucht; doch ist Friedrichs Auffassung schon bei Hugo vorgegeben. – Vgl. allgemein Zahlten [Anm. 9], S. 91f. u. 100f. – Vgl. Wolfgang Stürner: Natur und Gesellschaft im Denken des Hoch- und Spätmittelalters. Stuttgart 1975 (Stuttgarter Beiträge zur Geschichte und Politik 7). S. 103–117.

67 Hugo [Anm. 59], S. 16, 16–18: *Opus humanum, quod natura non est sed imitatur naturam, mechanicum, id est adulterinum nominatur, quemadmodum et clavis subintroducta mechanica dicitur.* – Vgl. dazu Sternagel [Anm. 59], S. 73 und auch Zahlten [Anm. 9], S. 99.

68 Hugo [Anm. 59], S. 17, 10f.: *Illa, quae ceteris naturaliter data sunt, propria ratione sibi inveniret.*

69 *Debet esse perfecti ingenii* [...], *sit audax in tantum* [...], *non debet esse somnolentus* [...], *non sit gulosus* [...], *ebriosus* [...], *iracundus* [...], *piger aut negligens* [...], *girovagus*. Fridericus [Anm. 1], Bd. 1, S. 162, 14; 163, 9, 22, 27; 164, 2, 6, 12, 15. – Vgl. dazu Masson [Anm. 33], S. 224; Willemsen [Anm. 40], S. 17; Lammers [Anm. 26], S. 232f. – Schon Adelard [Anm. 18], S. 240 wehrt sich mit ähnlichen Ausführungen gegen die theologischen Vorwürfe. – Vgl. dazu Willemsen [Anm. 40], S. 242; Abeele [Anm. 54], S. 18.

70 Siehe Anm. 12 u. 15.

71 Fridericus [Anm. 1], Bd.1, S. 6, 18f.

genossen *ex sua sola nobilitate* zu[72]. Diese Verbindung der edelsten Jagdart mit der gesellschaftlichen *nobilitas* dient nicht der sozialen Aufwertung, um die Jagd vom Odium der Unwürde zu befreien; vielmehr steckt umgekehrt hinter dem Wortspiel von *nobilior* und *nobilitas* der didaktische Aspekt einer Nobilitierung. Die Teilhabe am reinen Naturgeschehen, an dem, was *prior*, *dignior* und *nobilior* ist, wirkt auf den *nobilis* ein. Wer zum Adel gehört und Verantwortung trägt, dem tut es gut, durch die edelste aller Jagdarten der Natur nahezukommen. Hier verleiht nicht der Adelige der Beiz eine Aufwertung, sondern es ist die Jagd, die im naturphilosophischen Sinne adelt. Friedrich läßt die Falknerei als eine Ausbildungsphase für die angehende staatstragende Schicht praktizieren[73]. Der *nobilis* soll in einem Reifungsprozeß durch die Falknerei einen Hauch der *operationes nature* abbekommen, deren ethische Wertigkeit außer Frage steht.

Die oft apostrophierte kaiserliche Jagdleidenschaft[74] erscheint damit in einem neuen Licht. Was Friedrich in 'De arte venandi cum avibus' beschreibt, ist zum einen ein wissenschaftlicher Nachvollzug der Natur, der den Menschen epistemisch an etwas Natürlich-Perfektem teilhaben läßt; zum anderen vermittelt die Beiz mit ihrer Eigenschaft, *nobilior et dignior et ideo prior* zu sein, ein Stück Wertvollkommenheit. Der Mensch als Schüler der Natur wird geistig gehoben, wenn er sie nachvollzieht; und es bringt ihn auch ethisch weiter, sie in ihrer ungeschminkten Wirklichkeit zu erfassen und die Dinge zu sehen, die so sind, wie sie eben sind[75]. Dem wahren *nobilis* kommt es *ex sua sola nobilitate* zu, von der Natur belehrt und gebildet zu werden und als Künstler mit ihr umzugehen. Moderne ökologische Begründungen der Jagd sehen anders aus, aber für Friedrich ist die Beiz eine intellektuelle und ethische Schulung.

Die späteren Kommentatoren des kaiserlichen Werkes haben das genau begriffen und kaprizieren sich je nach ihrer Einstellung effektvoll darauf. Die päpstliche Chronistik, die aus politischen Gründen dem Kaiser nicht wohlgesonnen ist, übergeht den wissenschaftlichen wie ethischen Anspruch des Falkenbuches; sie läßt ihn nicht gelten und verlegt sich ganz auf die alten negativen Attribute der Jagd, um Friedrich zu diffamieren[76]: Er habe seinen hoheitlichen Rang in ein Jagdamt verwandelt, sich nicht mit Waffen und Recht, sondern mit Hunden und Vogelgezeter gewappnet, aus dem Impe-

---

72 Fridericus [Anm. 1], Bd. 1, S. 2, 5.

73 Kantorowicz [Anm. 26], S. 290f.; ausführliche Quellenbelege im Ergänzungsband (Berlin 1931). S. 139f. – Willemsen [Anm. 40], S. 18; Abeele [Anm. 54], S. 28. – Siehe auch Anm. 56.

74 Zuletzt Dinzelbacher [Anm. 13], S. 188; Stürner [Anm. 6], S. 429–433.

75 Kantorowicz [Anm. 26], S. 332 beschreibt das markant mit der „Nüchternheit und Nacktheit, die nichts vor und nichts hinter den Dingen mehr sucht".

76 Bezeichnenderweise tut das noch nicht Innozenz III. († 1216), der die Jagdleidenschaft seines zeitweiligen Mündels Friedrich gekannt haben dürfte und die Jagd zu den *vanitates* zählt. Lotario dei Segni (Pope Innocent III): De miseria condicionis humane. Hrsg. von Robert E. Lewis. Athen 1978. S. 111, 33 u. 113, 12f., 35–37: *Mortales* [...] *piscantur, venantur et aucupantur* [...]. *Vidi in omnibus vanitatem et afflliccionem animi et nichil permanere sub sole.* – Vgl. dazu Whitney [Anm. 59], S. 100f.

rator einen *venator* gemacht, aus dem Szepter einen Jagdspieß, und anstatt des Strafgerichtes über die Feinde eine Hatz der Triumphadler auf Vögel veranstaltet[77]. Dieses Zerrbild bereichert das Urteil der Kurie über den Kaiser um eine jagdkundliche Variante. Ganz anders die prostaufische Chronistik, die die Wissenschaftlichkeit der Beiz unmittelbar in das Herrscherlob aufnimmt. Außer mit den Epitheta der Klugheit, Belesenheit und Vielsprachigkeit wird Friedrich als *omnium artium mechanicarum* [...] *artifex peritus* beschrieben, der *aucupiis avium maxime delectabatur*, worauf die herrscherliche Großzügigkeit und Freigebigkeit folgen[78]. Das Expertentum in den mechanischen Künsten und die Liebhaberei der Beizjagd werden den üblichen Topoi der Verehrung unmittelbar gleichgestellt. Das ist Jahrzehnte nach seinem Tod nicht mehr vom Kaiser gesteuert, sondern ein echtes Verständnis seines Anliegens, auch wenn der ethische Aspekt unerwähnt bleibt.

Dennoch ist die Nachwirkung des Falkenbuches marginal geblieben[79]. Autoren wie Albertus Magnus († 1280), Petrus de Crescentiis († um 1320) oder die Enzyklopädisten um Vinzenz von Beauvais († 1264) beherrschen die Szene[80], wenn es innerhalb der

---

77 Vita Gregorii papae IX. In: Rerum Italicarum scriptores. Bd. 3. Hrsg. von Ludovicus A. Muratori. Mailand 1723. S. 575–587, hier S. 580: *Hic majestatis titulum in officium venaturae commutans, non armis decoratus et legibus, sed canibus et avium garrulitate munitus, factus de imperatore venator, excellentiae sceptrum in ferarum venabula commutavit et hostium vindicta postposita in capturam avium solicitabat aquilas triumphales.* – Vgl. dazu Kantorowicz [Anm. 26], S. 290f.; Willemsen [Anm. 44], S. 450f.; Ders. [Anm. 40], S. 3; Ders. [Anm. 32], S. 31f.; Abeele [Anm. 4], S. 389.

78 Ricobaldus Ferrariensis: Historia imperatorum romano-germanicorum. In: Rerum Italicarum scriptores. Bd. 9. Hrsg. von Ludovicus A. Muratori. Mailand 1726. S. 107–144, hier S. 132: [...] *super homines prudens, satis literatus, linguarum doctus, omnium artium mechanicarum, quibus animum advertit, artifex peritus, aucupiis avium maxime delectabatur, satis liberalis dignis* [...]. Fast wortgleich Franciscus Pipinus: Chronicon. In: w. o. S. 587–752, hier S. 661. – Vgl. dazu Karl Hampe: Kaiser Friedrich II. in der Auffassung der Nachwelt. Berlin 1925. S. 16; Sternagel [Anm. 59], S. 60; Calò Mariani [Anm. 60], S. 260; Andrea Sommerlechner: Stupor mundi? Kaiser Friedrich II. und die mittelalterliche Geschichtsschreibung. Wien 1999 (Publikationen des Historischen Instituts beim Österreichischen Kulturinstitut in Rom 1, 11). S. 424f. – Vgl. auch Nicolaus de Jamsilla: Historia. In: Rerum Italicarum scriptores. Bd. 8. Hrsg. von Ludovicus A. Muratori. Mailand 1726. Sp. 493–584, hier Sp. 496: *Circa scientiam naturalem vigebat, librum composuit de natura et cura avium, in quo manifeste patet, in quantum ipse imperator studiosus fuerit philosophiae.* – Vgl. dazu Haskins 1924 [Anm. 1], S. 310.

79 Vgl. Friedrich J. Biehringer: Kaiser Friedrich II. Berlin 1912 (Historische Studien. Ebering 102). S. 273; dagegen Dinzelbacher [Anm. 13], S. 188.

80 Albertus Magnus: De animalibus libri XXVI. Bd. 2. Hrsg. von Hermann Stadler. Münster 1920 (Beiträge zur Geschichte der Philosophie des Mittelalters 16). S. 1453–1493. Vgl. dazu Werth [Anm. 1], S. 180–191; Sebastian Killermann: Die Vogelkunde des Albertus Magnus. Regensburg 1910; Heinrich Balss: Albertus Magnus als Zoologe. München 1928 (Münchener Beiträge zur Geschichte und Literatur der Naturwissenschaften und Medizin 11/12). S. 124f.; Ders. : Albertus Magnus als Biologe. Stuttgart 1947 (Große Naturforscher 1). S. 240f.; Pauline Aiken: The animal history of Albertus Magnus and Thomas of Cantimpré. In: Speculum 22 (1947). S. 205–225; Stresemann [Anm. 3], S. 11f.; Robin S. Oggins: Albertus Magnus on falcons and hawks. In: Ja-

Naturkunde im restlichen 13. und im 14. Jahrhundert um die Greifvögel und die Falknerei geht; und für diese Autoren sind Friedrichs tiefergehende Absichten kein Thema. Die kaiserlichen Intentionen lösen sich in Luft auf – immerhin das Element seiner Falken.

mes A. Weisheipl (Hg.): Albertus Magnus and the sciences. Toronto 1980 (Studies and texts 49). S. 441–462; Abeele [Anm. 1], S. 29f. – Petrus de Crescentiis: Ruralia commoda. Bd. 3. Hrsg. von Will Richter. Heidelberg 1998 (Editiones heidelbergenses 27). S. 169–196. Vgl. dazu Will Richter: Die Überlieferung der 'Ruralia commoda' des Petrus de Crescentiis im 14. Jahrhundert. In: Mittellateinisches Jahrbuch 16 (1981). S. 223–275. – Vincentius Bellovacensis: Speculum naturale (Speculum maius 1). Douai 1624. [Neudruck Graz 1964]. Sp. 1196–1199. Vgl. dazu Baudouin v. d. Abeele: Vincent de Beauvais naturaliste. In: Serge Lusignan u. Monique Paulmier-Foucart (Hgg.): Lector et compilator. Vincent de Beauvais. Grâne 1997. S. 127–151. – Willemsen [Anm. 40], S. 47–49; Walz [Anm. 24], S. 23f. und allgemein Gerhard Eis: Mittelalterliche Fachliteratur. Stuttgart 1962 (Sammlung Metzler). S. 33.

HAIKO WANDHOFF

swaz fliuzet oder fliuget oder bein zer erde biuget. Konkurrierende Naturkonzeptionen im Reichston Walthers von der Vogelweide

Im zweiten Spruch seines Reichstons (8, 28 Lachmann) stellt Walther von der Vogelweide der Zerrissenheit des Reiches zur Zeit des staufisch-welfischen Thronstreits das Bild einer von Gott eingesetzten Ordnung der Natur gegenüber. Er öffnet einen visionären Blick auf die kreatürliche Welt, in der die Tiere in funktionierende Herrschaftsordnungen eingebunden sind; sogar ein kleines und unbedeutendes Tier wie die *mugge* (2, II, V. 19)[1] sei dem deutschen Volk darin überlegen, daß es einen König habe – gemeint ist hier der Adler als Oberhaupt aller Flugtiere.[2] Walther vervollständigt sein Bild der geordneten Natur, indem er formelhaft verkürzt die Gesamtheit der irdischen Flora und Fauna benennt, die verschiedenen Gruppen von Pflanzen ebenso wie die Gattungen der Tierwelt:

> *Ich hôrte ein wazzer diezen*
> *unde sach die vische vliezen,*
> *ich sach, swaz in der welte was,*
> *velt, walt, loup, rôr unde gras.*
> *swaz kriuchet unde vliuget*
> *und bein zer erden biuget,*
> *daz sach ich unde sag iu daz:*
> *der dekeinez lebet âne haz* (2, II, V. 1–8).

1 Ich zitiere hier und im Folgenden, sofern es nicht auf die Lesarten ankommt, nach der Ausgabe: Walther von der Vogelweide: Leich, Lieder, Sangsprüche. 14., völlig neubearb. Aufl. der Ausgabe Karl Lachmanns mit Beiträgen von Thomas Bein und Horst Brunner. Hrsg. von Christoph Cormeau. Berlin, New York 1996. Die Lesarten der Handschriften zitiere ich in normalisierter Form nach dem Faksimile-Band: Horst Brunner, Ulrich Müller u. Franz Viktor Spechtler (Hgg.): Walther von der Vogelweide. Die gesamte Überlieferung der Texte und Melodien. Abbildungen, Materialien, Melodietranskriptionen. Göppingen 1977 (Litterae 7).

2 Vgl. hierzu Irmgard Meiners: Zu Walther 9, 10. In: Zeitschrift für deutsches Altertum und deutsche Literatur 99 (1970). S. 208–212; anders Oliver Sayce: Walther von der Vogelweide's Poem 'Ich hôrte ein wazzer diezen'. In: Modern Language Review 52 (1957). S. 398–402, der an das Bild des Bienenstaates denkt.

Auch unter den Tieren herrscht also naturgemäß Streit, doch führt dieser nicht ins Chaos, weil sie sich – anders als die Menschen – an das Recht halten und ihren *ordo* respektieren.[3]

Ich habe den Spruch nach der Ausgabe von Christoph CORMEAU zitiert, der ihm in seiner kritischen Edition die Lesart der Kleinen Heidelberger Liederhandschrift (A) zugrunde legt. Demselben Textzeugen gibt auch Silvia RANAWAKE in ihrer Neubearbeitung der Ausgabe von Hermann PAUL den Vorzug.[4] In der dritten neuen Walther-Ausgabe, die Günther SCHWEIKLE besorgt hat, ist der Reichston dagegen nach der Großen Heidelberger oder Manessischen Liederhandschrift (C) ediert, was an manchen Stellen zu einem abweichenden Text führt.[5] Mein Augenmerk gilt nun insbesondere der Ordnung der Tierwelt, denn anstelle der in A zu findenden Formel *swaz kriuchet unde vliuget / und bein zer erden biuget* liest man bei SCHWEIKLE: *swaz fliuzet oder fliuget / oder bein zer erde biuget* (V. 5f.). Die kriechenden Tiere werden also innerhalb der Dreierformel durch schwimmende Tiere ersetzt. In dieser Lesart stimmt C mit dem dritten Textzeugen des Reichstons, der Weingartner Liederhandschrift (B), überein. Beide Handschriften gehen hier offenbar auf eine gemeinsame Vorstufe zurück.[6]

Ich möchte mich im Folgenden dieser 'Unfestigkeit' in der Darstellung der Tierwelt widmen und zu zeigen versuchen, daß die hier zu beobachtende Textvarianz in der Überlieferung von Walthers Spruch eine Entsprechung in den zeitgenössischen Naturkonzeptionen hat. In der Parallelüberlieferung 'kriechende – fliegende – gehende Tiere' (A) versus 'schwimmende – fliegende – gehende Tiere' (*BC), so meine These, können zwei eigenständige Fassungen des Spruches gesehen werden[7], die auf unterschiedliche,

---

3 Diese Vorstellung hat Walther offenbar aus der antiken Naturfabel entnommen, um sie als neues Moment in ein traditionell-biblisches Naturbild einzublenden. Vgl. hierzu Wolfgang Mohr: Der Reichston Walthers von der Vogelweide. In: Der Deutschunterricht 5 (1953). S. 45–56.

4 Walther von der Vogelweide: Gedichte. 11. Aufl. auf der Grundlage der Ausgabe von Hermann Paul. Hrsg. von Silvia Ranawake, mit einem Melodieanhang von Horst Brunner. Teil 1: Der Spruchdichter. Tübingen 1998 (Altdeutsche Textbibliothek 1). Der zitierte Spruch wird hier als dritter (1, III) gezählt, der – wie in den Handschriften B und C – den Reichston abschließt. Auch die vorgängige, von Ranawake abgelöste ATB-Ausgabe von Friedrich Maurer (zuletzt Tübingen [3]1972) edierte den Spruch nach A.

5 Walther von der Vogelweide: Werke. Bd. 1: Spruchlyrik. Mittelhochdeutsch/Neuhochdeutsch. Hrsg., übersetzt und kommentiert von Günther Schweikle. Stuttgart 1994 (Universal-Bibliothek 819). S. 74. Vgl. hierzu den kritischen Apparat in der Walther-Ausgabe Cormeaus [Anm. 1], S. 12.

6 Ich benutze im Folgenden daher die eingeführte Bezeichnung *BC. – Zu den einzelnen Handschriften der Walther-Überlieferung vgl. zuletzt Franz-Josef Holznagel: Wege in die Schriftlichkeit. Untersuchungen und Materialien zur Überlieferung der mittelhochdeutschen Lyrik. Tübingen, Basel 1995 (Bibliotheca Germanica 32). Bes. S. 208–256. Vgl. ferner Thomas Bein (Hg.): Walther von der Vogelweide. Textkritik und Edition. Berlin, New York 1999.

7 Zum Problem der 'Unfestigkeit' mittelhochdeutscher Lyriküberlieferung, die sich in zahlreichen Mehrfachfassungen niederschlägt, vgl. vor allem Günther Schweikle: Minnesang. Stuttgart 1989 (Sammlung Metzler 244). S. 33 u. 70 sowie Thomas Bein: Fassungen – *iudicium* – editorische Praxis. In: Bein [Anm. 6], S. 72–80. – Zur Epiküberlieferung vgl. Joachim Bumke: Die vier Fassungen der 'Nibelungenklage'. Untersuchungen zur Überlieferungsgeschichte und Textkritik der höfi-

im 12. und 13. Jahrhundert gleichermaßen gängige Modelle für die Ordnung der Tierwelt rekurrieren. Es gab zu dieser Zeit nicht in dem Maße, wie vielfach angenommen wird, ein verbindliches Naturkonzept schlechthin, sondern verschiedene, miteinander konkurrierende Bilder und Formeln für die Gliederung der zoologischen Welt. Anhand der oben herausgestellten Lesarten des Reichstons – ich nenne sie fortan die *kriuchet*- bzw. die *fliuzet*-Fassung – wird im Folgenden zu entwickeln sein, daß es genau diese 'naturkundliche Unfestigkeit' ist, die sich in die Überlieferung einschrieb und zu einem 'unfesten' Text führte.

I

Da es in der Editionsgeschichte des Reichstons und insbesondere des zweiten Spruchs seit längerem einen Konsens gibt, die Lesart der Handschrift A derjenigen von *BC vorzuziehen, ist bis heute fast ausschließlich die *kriuchet*-Fassung von der Forschung ediert und interpretiert worden. Die *fliuzet*-Fassung wurde dagegen als Schreibfehler abgetan und kaum weiter behandelt. Charakteristisch für diese Entscheidung zugunsten von A ist die Argumentation von Richard KIENAST, der das *fliuzet* von *BC ausdrücklich als „Fehler" einstuft, „denn die schwimmenden Tiere und ihr Lebensbereich sind bereits 28/29 erwähnt"[8]. Erst die zweisprachige Walther-Werkausgabe Günther SCHWEIKLEs verschafft neuerdings der Lesart von *BC Aufmerksamkeit, doch zeigt sich der Herausgeber noch stark vom älteren Forschungskonsens beeindruckt: Nicht nur behält er gegen die Lesart seiner Leithandschrift C die aus A übernommene Strophenfolge bei, sondern ihm unterläuft auch das kuriose Mißgeschick, daß er zwar im Textteil die *fliuzet*-Fassung abdruckt, in seinen Anmerkungen jedoch die offenbar vertrautere *kriuchet*-Formel kommentiert.[9] Daran wird deutlich, wie fest der einmal kanonisierte Wortlaut des zweiten Spruchs nach der Kleinen Heidelberger Liederhandschrift im philologischen Gedächtnis verankert ist.

Nun hat diese Lesart ja auch durchaus einiges für sich: Die kriechenden, fliegenden und gehenden Tiere der Dreierformel fügen sich mit den im zweiten Vers genannten, im Wasser schwimmenden Fischen zu einem viergliedrigen Bild der irdischen Fauna, das – wie Richard KIENAST geltend macht – auf eine lange Tradition zurückzugehen scheint: Demnach unterscheide man von alters her vier Tierarten nach der Art ihrer Fortbewegung, nämlich *gressibilia* (Schreittiere), *volatilia* (Flugtiere), *aquatica* (Wassertiere)

---

schen Epik im 13. Jahrhundert. Berlin, New York 1996 (Quellen und Forschungen zur Literatur- und Kulturgeschichte 8 [242]). S. 1–88.

8 Richard Kienast: Walthers von der Vogelweide ältester Spruch im 'Reichston': ‚Ich hôrte ein wazzer diezen' (8,28 Lachmann). In: Siegfried Beyschlag (Hg.): Walther von der Vogelweide. Darmstadt 1971 (Wege der Forschung 112). S. 251–274, hier S. 255.

9 „Wieder eine der bei Walther häufigen Dreierreihen: fliegende, kriechende und gehende Tiere". Schweikle [Anm. 5], S. 340 (Kommentar zu V. 5f.).

und *reptilia* (Kriechtiere).[10] Dieses Ordnungsschema kann KIENAST etwa bei Hildegard von Bingen ('Physica'), Thomas von Cantimpré ('De natura rerum') oder Albertus Magnus ('De animalibus') nachweisen; er bescheinigt dem viergliedrigen zoologischen Modell darüber hinaus eine ungebrochene Tradition bis in das 16. Jahrhundert.[11]

KIENASTs naturgeschichtliche Verortung von Walthers Tierbild ist in der nachfolgenden Forschung weitgehend übernommen worden.[12] Thomas CRAMER hält die Vierteilung der Tierwelt im Mittelalter sogar für derart selbstverständlich, daß er kaum neue Belege für sie anführt, sondern vielmehr versucht, sie mit einem anderen viergliedrigen Naturkonzept zu harmonisieren, nämlich mit der Elementenlehre, in der er „das Fundament aller antiken und mittelalterlichen Naturwissenschaft" sieht[13]: „Wie alle Hervorbringungen der Schöpfung ist auch das Tierreich durch die Zuordnung zu den Elementen zu strukturieren bzw. sind umgekehrt die Elemente durch die zugehörigen Tierarten zu bezeichnen: zum Wasser gehören die Fische, zur Luft die Vögel, zur Erde die Landtiere und zum Feuer das *gewürme* (die Salamander, die Drachen und die Schlangen. Letztere können auch den Erdtieren zugeordnet werden)"[14]. CRAMER verweist zwar auf das Problem, daß die Elementenlehre nicht ohne weiteres mit der biblischen Schöpfungsgeschichte zu vereinbaren sei, in der bekanntlich von Wasser, Luft und Erde als den drei natürlichen Lebensräumen die Rede ist, keineswegs aber vom Feuer; die Kompatibilität beider Naturkonzeptionen werde jedoch in den naturwissenschaftlichen Schriften des Mittelalters durch Hinzuziehung anderer Bibelstellen hergestellt: So argumentierte etwa Hildegard von Bingen, das Gewürm sei bei Kains Brudermord aus dem Feuer der Hölle entstanden.[15] Die vier Tiergruppen repräsentieren für CRAMER daher auch bei Walther nicht bloß die Gesamtheit der kreatürlichen Welt, sondern stehen darüber hinaus stellvertretend für die elementare Ordnung und die Grundstruktur des Kosmos.[16] Diese These ist die Voraussetzung für seine weiterreichenden Überlegungen, dem Spruch eine bislang unentdeckte alchemistische Bedeutungskomponente zuzuweisen, die hier aber nicht verfolgt werden soll.

---

10 Kienast [Anm. 8], S. 264f. – Vgl. auch den Artikel 'Wurm' in: Deutsches Wörterbuch von Jacob und Wilhelm Grimm. Bd. 30 (= 14. Bd. II. Abt. Leipzig 1960). München 1984 [Neudruck]. Sp. 2226–2230, zu Walther – in der Fassung A – Sp. 2229.

11 Kienast [Anm. 8], S. 264f.

12 So etwa von Theo Schumacher: Walthers zweiter Spruch im Reichston. In: Rüdiger Schnell (Hg.): Die Reichsidee in der deutschen Dichtung des Mittelalters. Darmstadt 1983. S. 178–190, hier S. 179 und von Mohr [Anm. 3].

13 Thomas Cramer: Ich sach swaz in der welte waz. Die Ordnung des Kosmos in Walthers zweitem Reichsspruch. In: Zeitschrift für deutsche Philologie 104 (1985). S. 70–85, hier S. 72.

14 Cramer [Anm. 13], S. 72

15 Cramer [Anm. 13], S. 73.

16 Cramer [Anm. 13], S. 76. In einem zweiten Schritt versucht Cramer dann, auch die fünf genannten Pflanzenarten den vier Elementen zuzuordnen (S. 76f.).

Ich habe die Argumentation CRAMERs, die von RANAWAKE in den Kommentarteil ihrer Walther-Ausgabe übernommen wurde[17], im Hinblick auf das Bild der Natur bei Walther deshalb so ausführlich dargelegt, weil sie mir charakteristisch zu sein scheint für eine Sicht der mittelalterlichen Naturkonzeptionen, die zu einseitig auf die Lehre von den vier Elementen fokussiert. Gerade vor dem Hintergrund der volkssprachigen Literatur ist durchaus zu bezweifeln, ob ein viergliedriges Modell der tierischen Welt wirklich – wie CRAMER formuliert – „stereotyp für das gesamte mittelalterliche Schrifttum"[18] ist. Um dies zu untermauern, möchte ich im Folgenden eine alternative Lesart des in Frage stehenden Reichsspruchs vorstellen, die mit einem anderen, nämlich einem dreigliedrigen Naturkonzept arbeitet. Nach diesem ist es sehr wohl plausibel, an der besagten Stelle in Walthers Text nicht von kriechenden, sondern von schwimmenden Tieren zu reden.

II

Ein gewisser Schwachpunkt in der Argumentation für ein viergliedriges Modell der Tierwelt in Walthers Spruch liegt darin, daß man die in sich sehr kompakte Dreierformel 'kriechen – fliegen – Bein zur Erde biegen' gleichsam aufbrechen muß, um mit dem zuvor erwähnten *vliezen* (V. 2) die noch fehlende, vierte Fortbewegungsart des Schwimmens zu ergänzen. Diese unterscheidet sich von den drei in der Formel selbst zusammengefügten Bewegungsarten einerseits dadurch, daß die ihr zugeordnete Tiergattung, nämlich die der Fische, explizit genannt wird, während die anderen drei Fortbewegungsarten als solche die jeweiligen Tiergruppen repräsentieren; andererseits begegnet das *vliezen* im Infinitiv, wohingegen die Verben der Dreierformel in der dritten Person stehen. Diese Störelemente hat man bisher unter anderem deshalb in Kauf genommen, weil zu den oben skizzierten „vier Tiergattungen des mittelalterlichen Weltbildes"[19] keine Alternative zu sehen war; vielleicht aber auch, weil die Formulierung 'alles was kreucht und fleucht' in der Literatur des 18. und 19. Jahrhunderts weit verbreitet war und noch heute als Kürzel für die Gesamtheit des tierischen Lebens unmittelbar verständlich ist.[20]

Löst man sich indes vom vertrauten 'Kreuchen und Fleuchen' ebenso wie von der Fixierung auf eine viergeteilte zoologische Ordnung, dann wird ein anderer Blick auf die Dreierformel frei, bei dem diese keiner Ergänzung von außen mehr bedarf. Denn in der *fliuzet*-Fassung weist sie mit Schwimmen, Fliegen und Gehen ja alle wesentlichen

---

17 Ranawake [Anm. 4], S. 87: „Die Klassifizierung der gesamten Tierwelt und die Zuordnung der Tierarten zu den Elementen [...] sind Bestandteil der mittelalterlichen Naturlehre [...]".

18 Cramer [Anm. 13], S. 73.

19 Schumacher [Anm. 12], S. 179.

20 Vgl. hierzu Rudolf Krayer: Frauenlob und die Natur-Allegorese. Motivgeschichtliche Untersuchungen. Heidelberg 1960. S. 54–57.

Bewegungsarten auf, die man benötigt, um sich in den drei Lebensbereichen des Wassers, der Luft und des Landes zu orientieren. Lediglich das Kriechen als eine – wie schon CRAMER vermerkte – ebenfalls dem Bereich des Landes zuzuordnende Fortbewegungsweise würde in dieser Perspektive an Relevanz einbüßen und aus dem Text verschwinden. In der Fassung 'schwimmen – fliegen – Bein zur Erde biegen' deckt also bereits die Dreierformel allein die Gesamtheit der irdischen Fauna ab, indem sie metonymisch auf die drei bewohnbaren Bereiche der Natur verweist. Eine Ergänzung mit Hilfe der in Vers 2 genannten schwimmenden Tiere wird somit überflüssig. Die auf diese Weise 'freigegebenen' Fische in Vers 2 können dann vielmehr einer anderen Dreiergruppe zugeordnet werden, mit der außerhalb der Formel die drei Tiergattungen noch einmal – und nun direkt – benannt werden, auf die innerhalb der Formel durch ihre typische Fortbewegungsart verwiesen wird: erstens, wie gesagt, die Fische als Bewohner des Wassers in Vers 2; zweitens *daz wilt und daz gewürme*, also die in einem Vers zusammengefaßten Vierbeiner und Kriechtiere als Lebewesen des Landes in Vers 9; und drittens schließlich *die vogel* als Tiere der Lüfte in Vers 11.

Die dieser Lesart des Überlieferungskomplexes *BC zugrunde liegende, dreigliedrige Naturkonzeption ist nun durchaus prominent. Es handelt sich um die schon in der Antike verbreitete Vorstellung des *mundus triplex*, der drei belebten Naturräume der sublunaren Welt, die schließlich auch Eingang in den biblischen Schöpfungsbericht gefunden hat.[21] Liest man Walthers Spruch auf diesem Hintergrund, dann verweisen die drei Tiergattungen weniger auf die 'naturwissenschaftliche' Elementenlehre als vielmehr auf die biblische Konzeption des göttlichen Schöpfungsaktes und evozieren so „ein Bild der paradiesischen Schöpfungsordnung“[22] mit ihren drei originären Lebensräumen. Dafür spricht insbesondere, daß auch die Reihung Schwimmen–Fliegen–Gehen in *BC genau derjenigen folgt, in die die Genesis den Schöpfungsakt aufgliedert. Auch Gott hat bekanntlich zuerst die Wassertiere, dann die Vögel und schließlich die Tiere des Landes erschaffen (Gen. I, 20–26)[23], wobei er die letzte Gruppe wiederum unterteilte in *iumenta et reptilia et bestias terrae* (Gen. I, 24). Walthers Zusammenfassung von *wilt* und *gewürme* in einem Vers – wohingegen *die vische* und *die vogel* jeweils einen eigenen Vers für sich erhalten – hat also ebenfalls eine Grundlage in der Genesis. Indizien für eine Verbindung der Reptilien mit dem Element des Feuers lassen sich in dem mittelalterlichen Spruch dagegen ebensowenig aufweisen wie im biblischen Schöpfungsbericht.

Die in dieser Lesart zu konstatierende untergeordnete Bedeutung der Kriechtiere findet auch in den einschlägigen Genesis-Illustrationen der Zeit eine Bestätigung. Das

---

21 Zur Konzeption des *mundus triplex* vgl. Krayer [Anm. 20], S. 54–66.

22 Barbara Haupt: Literarische Bildbeschreibung im Artusroman – Tradition und Aktualisierung. Zu Chrestiens Beschreibung von Erecs Krönungsmantel und Zepter. In: Zeitschrift für Germanistik N.F. 9 (1999). S. 557–585, hier S. 579 (mit Blick auf die Darstellung der Camilla im 'Roman d'Eneas', die weiter unten besprochen wird).

23 Später wird diese Reihenfolge noch einmal wiederholt, wenn es heißt, daß der Mensch über Fische, Vögel und Landtiere herrschen solle (Gen. I, 28).

gewürme wird hier so gut wie nie mit ins Bild aufgenommen: „reptiles barely appear in illustrations“[24]. Man bekommt statt dessen in der Regel Fische, Vögel und vierbeinige Landsäugetiere zu sehen, die jeweils einen der drei natürlichen Lebensräume bevölkern. Exemplarisch zeigen dies etwa die Bilddarstellungen des fünften und sechsten Schöpfungstages im Nonnenchor des Klosters Wienhausen (Abb. 1 und 2), die zwar erst zu Anfang des 14. Jahrhunderts entstanden sind, denen aber zahlreiche Beispiele aus dem 12. Jahrhundert zur Seite gestellt werden können, die das gleiche Auswahlprinzip dokumentieren.[25] Kommen die landbewohnenden Reptilien also im Text des biblischen Schöpfungsberichts an durchaus prominenter Stelle vor, so bleiben sie in den mittelalterlichen Genesis-Illustrationen weitgehend ausgespart. Die drei belebten Naturräume werden hier zumeist durch drei Tiergattungen repräsentiert, wobei allein die vierbeinigen Säugetiere den Bereich des Landes vertreten; ihre Fortbewegungsart ist die des Gehens oder, wie bei Walther, des Bein-zur-Erde-Biegens.

Auch in der volkssprachigen Literatur trifft man häufig auf eine dreiteilige Formel zur Bezeichnung der Gesamtheit des tierischen Lebens, in der auf eine Erwähnung des *gewürmes* verzichtet wird. So heißt es in Wolframs ‘Parzival’, der Gral stifte seinen Besitzern, *swaz wildes underm lufte lebt, / ez fliege od louffe, unt daz swebt* (V. 470, 17f.)[26]. In Konrad Flecks Roman ‘Flore und Blanscheflur’ sind auf dem Grab der Blanscheflur viele Tiere zu sehen, alles *daz ûf der erden inder lebet, in wazzer oder in lüften swebet, zam oder wilde* (V. 1965–1967)[27]. In der ‘Minneburg’ ist davon die Rede, daß die Natur alles in Acht und Bann legen soll: *Vogel, fisch und tiren, / Waz lauffet, swymmet ader swebt* (V. 3986f.)[28]. Diese willkürlich herausgegriffene Beispielreihe ließe sich mühelos verlängern. Sie zeigt, daß Tier–Vogel–Fisch auch in der höfischen Literatur eine häufig benutzte Dreierformel zur Repräsentation des *mundus triplex* der sublunaren Welt darstellt. Und selbst in dem elaborierten, äußerst einflußreichen Bild, das Alanus ab Insulis in ‘De planctu naturae’ von der personifizierten Natur zeichnet (II, 148–278), kommen keine Kriechtiere vor. Auf den Kleidungsstücken der Natura ist eine Überfülle an Tieren zu sehen, die sich wiederum auf die drei bekannten Gruppen aufteilen lassen: Fische (und reptilienähnliche Tiere des Wasser, wie sie schon in der

24 The Words of Creation. Genesis 1–11. Translation from the Hebrew by Gianfranco Ravasi. Iconographic Project by Maria Grazia Ciardi Duprè Dal Poggetto and Massimo Bernabò. Turin 1998. Kommentar zu Abb. 46.

25 Einen umfassenden Überblick gibt Johannes Zahlten: Creatio Mundi. Darstellungen der sechs Schöpfungstage und naturwissenschaftliches Weltbild im Mittelalter. Stuttgart 1979 (Stuttgarter Beiträge zur Geschichte und Politik 13).

26 Wolfram von Eschenbach: Parzival. Text nach der 6. Ausgabe von Karl Lachmann. Berlin, New York 1999.

27 Konrad Fleck: Flore und Blanscheflur. Hrsg. von Emil Sommer. Quedlingburg, Leipzig 1846 (Bibliothek der gesammten deutschen National-Literatur 12).

28 Die Minneburg. Hrsg. von Hans Pyritz. Berlin 1950 (Deutsche Texte des Mittelalters 43). – Mhd. ‘sweben’ meint hier – anders als bei Wolfram – ‘fliegen’.

Genesis erwähnt werden), Vögel und vierbeinige Landsäugetiere.[29] Das enzyklopädische Bild der Natur bei Alanus zeigt aber auch, wie das *mundus triplex*-Modell mit der Elementenlehre harmonisiert werden kann. Der 'Lebensraum' des Feuers befindet sich hier nämlich in der supralunaren Sphäre des Sternenhimmels oder – um im Bild zu bleiben – auf dem Kopf der Natura, wo ein hell strahlendes und blinkendes Edelsteindiadem die Himmelssphären repräsentiert.[30]

III

Nun erscheint in der höfischen Dichtung aber nicht nur die auf den *mundus triplex* verweisende Dreierformel recht häufig, sondern es zeigt sich auch – wie ich im Folgenden an einer kleinen Versuchsreihe darlegen möchte –, daß die für den Reichston reklamierte 'Unfestigkeit' der Naturkonzeptionen durchaus kein Einzelfall ist. Im anglonormannischen 'Roman d'Eneas' gibt es eine Szene, in der die Amazonenkönigin Camilla, mit einem Purpurgewand bekleidet, einen wunderbaren bunten Zelter reitet. In ihr vielfarbiges Gewand haben drei Feen die drei einschlägigen Tiergattungen eingewebt, nämlich *peissons marages, oisels volanz, bestes salvages* (V. 4019f.)[31]. Die Meeresfische, fliegenden Vögel und wilden Vierbeiner repräsentieren hier einmal mehr den *mundus triplex* als Bild für die Gesamtheit der kreatürlichen Welt in ihrer paradiesischen Ordnung, die einer mächtigen Königin als Zeichen ihres universalen Herrschaftsanspruchs gleichsam auf den Leib geschrieben ist. Wie der Reichsspruch in der Fassung *BC hält sich auch der Eneas-Roman dabei genau an die Reihenfolge der Genesis. – Es ist unbestritten, daß bald darauf Chrétien de Troyes dem 'Roman d'Eneas' wichtige Anregungen für seinen Roman 'Erec et Enide entnommen hat. Auch darin wird ein textiles Welt-Bild beschrieben, denn Erec, der neue König, trägt gegen Ende der Erzählung einen kostbaren Mantel, auf dem die vier *artes* des Quadriviums zu sehen sind, wie sie die Welt vermessen. Zudem erhält Erec als Insignie seiner neuen Königsherrschaft von Artus ein smaragdgrünes Zepter, in das eine Vielzahl von Lebewesen eingraviert ist:

29 Vgl. Alanus ab Insulis: De planctu naturae. Hrsg. von Nikolaus M. Häring. In: Studi medievali, terza serie, 19 (1978). S. 797–879, hier S. 814–819. Vgl. auch Alain of Lille: The Plaint of Nature. Translation and Commentary by James J. Sheridan. Toronto 1980 (Medieval Sources in Translation 26).

30 Ich danke Christine Ratkowitsch, Wien, für Hinweise zu dieser Stelle.

31 Le Roman d'Eneas. Übersetzt von Monika Schöler-Beinhauer. München 1972 (Klassische Texte des romanischen Mittelalters in zweisprachigen Ausgaben 9).

La verité dire vos os
qu'an tot le monde n'a meniere
de poisson, ne de beste fiere,
ne d'ome, ne d'oisel volage,
que chascuns lonc sa propre ymage
n'i fust ovrez et antailliez (V. 6810–6819)[32].

Auch Chrétien zieht also zur Darstellung der Gesamtheit des irdischen Lebens in seiner paradiesischen Grundordnung – verdeutlicht in der Kugel als Symbol der Welt und dem Grün als Farbe des Paradieses – das Konzept des *mundus triplex* heran, das nun allerdings durch die Hinzunahme des Menschen in eine Viererordnung überführt wird, die aus Fischen, Vierbeinern, Menschen und Vögeln besteht. Auch diese 'Aufstockung' des Dreierschemas zu einer vierteiligen Ordnung läßt sich mit der biblischen Schöpfungsgeschichte in Einklang bringen, nach der Gott am fünften Tag Fische und Vögel, sodann am sechsten Landtiere und Menschen erschaffen hat.[33] – Hartmann von Aue endlich verzichtet in seiner mittelhochdeutschen Bearbeitung des Erec-Romans auf die Schlußkrönung des Helden am Artushof, läßt es sich aber keineswegs nehmen, auch seinem Text eine 'lebendige' Bilddarstellung des harmonisch geordneten Kosmos einzufügen. Bei ihm ist es das wunderbare Pferd der weiblichen Protagonistin Enite, das – unter Anleihen bei Chrétiens Krönungsszene – zu einer umfassenden Schau der Welt einlädt: Auf dem Sattel, der in Form einer Elfenbeinschnitzerei Darstellungen des Trojanischen Krieges zeigt, liegt eine Decke aus Seide und Gold, auf der in einer Vielzahl von Abbildungen *aller werlde wunder / und swaz der himel besliuzet* (V. 7589f.)[34] zu sehen sind. Dieses textile Welt-Bild ist nun aber – anders als Erecs Zepter bei Chrétien – nach den vier Elementen geordnet, die in ihren jeweiligen Farben leuchten und gemäß der antiken Auffassung in der Reihenfolge ihres Gewichts, nämlich vom Schweren zum Leichten, aufgezählt werden: zuerst die Erde, dann das Wasser, hierauf die Luft und schließlich das Feuer. Außerdem sind den Elementen jeweils Tiergattungen zugeordnet, von denen sie bewohnt werden: der Erde die Landtiere, dem Wasser die

---

32 Chrétien de Troyes: Erec et Enide. Altfranzösisch/Deutsch. Übersetzt und [nach der Ausgabe von Mario Roques] hrsg. von Albert Gier. Stuttgart 1987 (Universal-Bibliothek 8360). Danach auch die von mir leicht modifizierte Übersetzung: 'Ich wage es, euch die Wahrheit zu sagen, daß es auf der Welt keine Art von Fischen oder wilden Vierbeinern, Menschen oder fliegenden Vögeln gibt, die da nicht, eine wie die andere, nach ihrem Aussehen gearbeitet und eingeschnitten waren' (S. 383).

33 Die Notwendigkeit, die Dreierformel für den *mundus triplex* durch Hinzunahme des Menschen auf eine Viererformel hin zu verändern, ergibt sich bei Chrétien aus der grundlegend von der Vierzahl bestimmten Tektonik der gesamten Krönungsszene (vier Feen, vier Insignien, vier Künste usw.), die ich an anderer Stelle herausgearbeitet habe. Vgl. Haiko Wandhoff: Im virtuellen Raum des Textes. Bild, Schrift und Zahl in Chrétiens 'Erec et Enide'. In: Ulrich Schmitz u. Horst Wenzel (Hgg.): Wissen und neue Medien. Wissen / Medien / Mediengeschichte [Erscheint Berlin 2003].

34 Hartmann von Aue: Erec. Hrsg. von Albert Leitzmann u. Ludwig Wolff. 6. Aufl. besorgt von Christoph Cormeau u. Kurt Gärtner. Tübingen 1985 (Altdeutsche Textbibliothek 39).

Fische und Meerwunder, der Luft die verschiedensten Vögel und dem Feuer die Drachen sowie andere *sachen / die des viures müezen leben* (V. 7652).

Diese wenigen Beispiele aus dem Bereich der epischen Welt-Bilder dürften die für den Reichston reklamierte 'naturkundliche Unfestigkeit' weiter plausibilisieren. In den drei genannten Erzählungen geht es darum, mit Hilfe eines formelhaft verkürzten Naturkonzepts die Gesamtheit des tierischen Lebens darzustellen, um es zeichenhaft auf einen Herrscherkörper zu projizieren, wobei aber alle Texte offenbar bewußt die jeweilige Naturformel ihrer 'Vorlage' modifizieren. Die dreiteilige Grundform des *mundus triplex* aus dem 'Roman d'Eneas' verwandelt Chrétien in eine vierteilige Version desselben Modells, die Hartmann dann seinerseits umbaut, um die nicht-biblische, antike Elementenlehre in den Mittelpunkt zu rücken. Das hier zu beobachtende Phänomen der 'kosmologischen Varianz' reicht sogar bis in die Überlieferung des 'Erec' hinein und schlägt sich – ähnlich wie bei Walther – als Textdifferenz in den beiden gängigen Ausgaben von Hartmanns Artus-Roman nieder. An der Stelle nämlich, wo auf der Satteldecke das Element der Erde mit seinen Lebewesen zu sehen ist, folgen Christoph CORMEAU und Kurt GÄRTNER in ihrer Neubearbeitung der LEITZMANN-Ausgabe dem neu aufgefundenen Fragment K und finden dort lediglich Landtiere dargestellt, nämlich *tier in iegelîcher schaft* (V. 7606). Thomas CRAMER dagegen orientiert sich in seiner populären zweisprachigen Ausgabe an dem Text, den Albert LEITZMANN in seiner ersten Auflage des 'Erec' 1939 herstellte; dieser folgt dem Ambraser Heldenbuch (A), das an der entsprechenden Stelle neben den Landtieren auch Menschen abgebildet sieht, so daß bei ihm ein anderes Bild der Decke entsteht: *dâ stuont diu menschlîch geschaft* (V. 7606)[35]. Es gibt zur Zeit also zwei Erec-Romane, die dahingehend uneinig sind, ob auf der Satteldecke neben den Tieren auch lebensechte Abbildungen des Menschen erscheinen oder nicht.

IV

Es ging mir bei dem Nachweis der häufigen Verwendung der *mundus triplex*-Formel nicht vorrangig darum, dem bisherigen Konsens in der Walther-Forschung etwa mit der These entgegenzutreten, der Überlieferungskomplex *BC mit seinem dreigliedrigen Bild der Tierwelt habe den 'besseren' Text als A, wenn es dafür auch Anhaltspunkte gibt.[36] Interessanter scheint mir zu sein, auf welche Weise die in der Überlieferungsva-

35 Hartmann von Aue: Erec. Mittelhochdeutscher Text [nach der Ausgabe von Albert Leitzmann. Halle 1939] und Übertragung von Thomas Cramer. Frankfurt a. M. 1972 u. ö. – Die Lesart von A lautet: *die menschlich schafft*. Vgl. hierzu das Lesartenverzeichnis der Ausgabe von Cormeau und Gärtner [Anm. 34] zu den Versen 7606 und 7608.

36 Ich sehe diese vor allem in den „inhaltliche[n] und formale[n] Triaden", die den gesamten Reichston prägen, worauf Schweikle [Anm. 5], S. 335 (siehe auch S. 338 u. 340) zu Recht hinweist: drei Sprüche, bestehend aus je 22 Reimpaarversen und einer Waisenterzine; inhaltliche Dreiergruppen

rianz des untersuchten Reichsspruches sich niederschlagende 'naturkundliche Varianz' dazu führt, daß uns zwei Parallelversionen überliefert sind, die beide einen funktionierenden Text aufweisen. Im Sinne der Definition von Joachim BUMKE können sie als eigenständige Fassungen bezeichnet werden, weil „in ihnen ein unterschiedlicher Formulierungs- und Gestaltungswille sichtbar wird“[37]. Die *fliuzet*-Fassung mit ihrem dreigliedrigen Modell der Tierwelt, das auf die drei bewohnbaren Lebensräume der Natur rekurriert und dabei eine eigenständige Position der Kriechtiere nicht vorsieht, ist nicht weniger sinnvoll als die *kriuchet*-Fassung mit ihrer stärkeren Profilierung der Reptilien vor dem Hintergrund eines viergliedrigen, an der Fortbewegungsart der Tiere orientierten zoologischen Konzepts.

Entscheidend für die hier zu beobachtende Unfestigkeit der Naturkonzeptionen, die – wie gezeigt – weit über Walther hinausgeht, ist letztlich die Position der Kriechtiere. Das *gewürme* stellt eine Art Kippfigur in den mittelalterlichen Naturkonzeptionen dar, die im wesentlichen drei Varianten möglich macht. Orientiert man sich an den bewohnbaren Lebensräumen der sublunaren Welt und ordnet dabei, der Bibel folgend, die Reptilien den Landtieren zu, so erhält man ein dreigliedriges Bild der Tiergattungen, das die drei Bereiche des *mundus triplex* repräsentiert; durch die Hinzuziehung des Menschen kann dieses Welt-Bild zu einem viergliedrigen aufgestockt werden, wie bei Chrétien zu sehen war. Orientiert man sich dagegen an den Fortbewegungsarten der Tiere, so kommt man zu einer kategorialen Unterscheidung der kriechenden Kreaturen von denen, die fliegen, schwimmen oder laufen, und erhält auf diese Weise ein anderes, naturwissenschaftlich-taxonomisches Verermodell der zoologischen Welt. Dieses ist aber keineswegs gleichzusetzen mit einer dritten Variante, in der die vier Tiergattungen den vier Elementen zugeordnet werden, wie dies explizit etwa bei Hartmann von Aue der Fall ist[38]; hier stellen bestimmte Reptilien – zumeist Drachen und Salamander – allein deshalb eine eigene Tiergruppe dar, weil sie als Bewohner des Feuers bekannt sind, und nicht etwa aufgrund ihrer Fortbewegungsart.[39]

---

wie *ere, varnde guot* und *gotes hulde* usw. Dazu würde ein dreigliedriges Modell der Natur gut passen. Allerdings müßte dann auch das Bild der Flora mit den fünf genannten Pflanzenarten neu untersucht werden. Kienast [Anm. 8], S. 254 hat indes schon gezeigt, daß die Reihe der Pflanzen zumindest in einer Hinsicht ebenfalls eine triadische Ordnung aufweist: „Die metrische Kurve des Verses wird durch das Hinabdrücken der beiden Vollwörter *walt* und *rôr* in die Senkungen bestimmt. Dadurch wird der Versinhalt in drei Gruppen zerlegt: *velt walt – loup rôr – gras*“.

37 Bumke [Anm. 7], S. 32.

38 Ein weiteres Beispiel bietet Thomasin von Zerklaere: Der Wälsche Gast. Hrsg. von Heinrich Rückert. Quedlinburg, Leipzig 1852. [Neudruck Berlin 1965]. V. 2623–2632.

39 Zu einseitig für eine Vierteilung des Tierreiches plädiert auch der Artikel 'Wurm' im Deutschen Wörterbuch [Anm. 10], Sp. 2229: „die anschauung einer natürlichen vierteilung des tierreiches (nach den vier arten der fortbewegung: laufend – kriechend – fliegend – schwimmend) ist im alten testament vorgeprägt (gen. 1, 20–25) [...]. sprachlich entspricht der lat. vierergruppe *bestiae (iumenta) – aves (volucres) – reptilia (serpentes) – pisces* im dt. *tier (vieh) – vogel – wurm – fisch*“.

Man kann die Tiere also nach ihren Lebensräumen, nach ihrer Fortbewegungsart und nach ihrem Bezug zu den Elementen klassifizieren, ohne daß dabei ein Modell umstandslos in ein anderes zu übersetzen wäre. Es handelt sich hier vielmehr um konkurrierende Konzepte, die zwar aufeinander geöffnet werden können, zunächst aber aus unterschiedlichen Traditionen herrühren. Welche Naturkonzeption jeweils zugrunde liegt, muß somit am konkreten Einzelfall geprüft werden, wobei es sich empfiehlt, den Einfluß der antiken Elementenlehre nicht zu überschätzen. Zumindest im Hinblick auf die volkssprachige Dichtung scheint mir CRAMERs Diktum, wonach die Elementenlehre „derart verbindlich [ist], daß der biblische Bericht auf sie hin interpretiert werden muß“[40], kaum haltbar zu sein. Die Untersuchungen Johannes ZAHLTENs haben zudem gezeigt, daß auch in den gelehrten Genesis-Kommentaren zwar die ersten vier Schöpfungstage intensiv mit den naturwissenschaftlichen Vorstellungen der Zeit harmonisiert wurden, weit weniger jedoch die Erschaffung der Pflanzen-, Tier- und Menschenwelt am fünften und sechsten Tag.[41] Es bestand offenbar eine gewisse Notwendigkeit, die in der Bibel genannten Grundsubstanzen der Welt auf die Elementenlehre hin auszulegen; bei den irdischen Lebewesen aber, die an den letzten beiden, den ‘schmückenden’ Schöpfungstagen hervorgebracht wurden, war dies kaum zwingend erforderlich. So wurden die Tiere und die von ihnen bewohnten Lebensräume auch im ‘wissenschaftlichen’ 12. Jahrhundert weiterhin häufig durch eine dreigliedrige Formel repräsentiert, die auf den biblischen *mundus triplex* verweist.

40 Cramer [Anm. 13], S. 73.

41 Vgl. Zahlten [Anm. 25], S. 187–201.

Abb. 1 und 2 Darstellungen des fünften und sechsten Schöpfungstages im Nonnenchor des Klosters Wienhausen (1335)

ROMY GÜNTHART

Virtus est ratio: Natur und Naturkunde in der spätmittelalterlichen Fabelsammlung 'Speculum sapientiae' und ihren deutschen Übertragungen

Wie kaum eine andere Gattung ist die Fabel geprägt durch den Gegensatz und die wechselseitige Durchdringung von Natur und Kultur. Sie lebt von der Spannung zwischen 'natürlichem' und erkenntnishaftem, vernünftigem Handeln, zu dem einzig das *animal rationale* – so lehrt es die antike Philosophie –, einzig der Mensch nach dem Sündenfall – so lehrt es die christliche Theologie – befähigt ist. In der Fabel werden, soweit stimmen die Diskussionen zur Theorie der Gattung überein, Handlungen oder Vorgänge erzählt, „die von Tieren, seltener auch Pflanzen oder Erscheinungen (Gegenständen) der unbelebten Natur getragen werden"[1]. Die Charakterisierung der Akteure durch das semantische Merkmal 'nicht menschlich' als Kennzeichen der äsopischen Fabel wurde dem Mittelalter durch Isidor überliefert. In den 'Etymologiae' heißt es: *Aesopicae* [sc. *fabulae*] *sunt, cum animalia muta inter se sermonicasse finguntur, vel quae animam non habent, ut urbes, arbores, montes, petrae, flumina* [2]. Daß die Handlungen der nichtmenschlichen Akteure nach anthropomorphen Kategorien vollzogen werden und durch sie motiviert sind, führt zu einem weiteren Merkmal der Gattung, der in der Fabeltheorie stets genannten Fiktionalität: *fabulae vero sunt quae nec factae sunt nec fieri possunt, quia contra naturam sunt*[3], schreibt Isidor. Die Gattung 'Fabel' wird aber nicht nur durch ihre Handlungsträger aus belebter und unbelebter Natur sowie ihre Fiktionalität bestimmt, sondern auch – und dies ist für das zu behandelnde Thema

1 Klaus Grubmüller: Meister Esopus. Untersuchungen zur Geschichte und Funktion der Fabel im Mittelalter. Zürich, München 1977 (Münchener Texte und Untersuchungen zur deutschen Literatur des Mittelalters 56). S. 12.

2 Isidori Hispalensis Episcopi Etymologiarum sive Originum Libri XX. Hrsg. von Wallace M. Lindsay. New York [7]1987 (Oxford Classical Texts). I. 40. 2 [unpaginiert].

3 Isidor [Anm. 2], I. 44. 5; vgl. auch I. 40. 1: *Fabulas poetae a fando nominaverunt, quia non sunt res factae, sed tantum loquendo fictae.*

ebenso wichtig – durch ihre demonstrativ-didaktische Intention.[4] Nicht umsonst erfreute sich die Fabel großer Beliebtheit bei den mittelalterlichen Predigern, den Humanisten und Reformatoren wie bei den Autoren der Aufklärung. Bis heute gibt es kaum ein Schullesebuch, das ohne das Beispiel einer Fabel auskommt.[5]

Die handelnden Figuren der äsopischen Fabel sind typischerweise anthropomorphisierte Tiere, und zwar Tiere, die dem mittelalterlichen Publikum bekannt waren: Wolf und Lamm, Fuchs und Hahn, Ameise und Grille, Ochse und Frosch. Umweltfremde Tiere tauchen – abgesehen vom Löwen, dem als König der Tiere eine Sonderstellung zukommt – kaum auf. Der Grad der Vermenschlichung der Handlungsträger ist je nach Fabel durchaus verschieden. Sie bleibt aber immer darum bemüht, das Dargestellte, obgleich offenkundig fiktional, als reale Begebenheit erscheinen zu lassen; denn aus den erzählten Geschichten werden schließlich Folgerungen gezogen, die Geltung haben sollen.[6] Die Akteure der äsopischen Fabel sind weitgehend typisiert. Der Fuchs ist rot, schlau, jung; der Wolf grau, gefräßig und wild, wie Jacob GRIMM im Vorwort zum 'Reinhart Fuchs' festhielt.[7] Die Handlung der Fabel wird hauptsächlich durch die feststehenden Charaktere ihrer Protagonisten bestimmt. Zwei unterschiedliche Tiere stehen sich gegenüber und verifizieren in ihrem Handeln eine bestimmte These: Der schlaue Fuchs bringt den eitlen Hahn dazu, ihm seinen Hals darzubieten; die fleißige Ameise sorgt dafür, daß im Sommer die Vorratskammer gefüllt wird, während die leichtlebige Grille die schöne Jahreszeit genießt.[8] Treten Akteure auf, die wenig oder nicht typisiert sind wie etwa die Maus, wird die Situation, in der sich die Handlungsträger begegnen, entsprechend stärker prononciert: Die eine Maus lebt in der Stadt, die andere auf dem Land.[9] Nicht die Natur bzw. das naturkundliche Wissen bestimmt das Verhalten der Protagonisten der äsopischen Fabel, sondern die Tradition. Für die meisten unter dem Namen Äsop subsumierten Fabeln des Mittelalters ist das die literarische Tradition der Antike. Der Fabelplot bleibt über Jahrhunderte weitgehend derselbe. Alle Aktualität,

---

4 Zur Definition der Fabel vgl. Gerd Dicke u. Klaus Grubmüller: Die Fabeln des Mittelalters und der frühen Neuzeit. Ein Katalog der deutschen Versionen und ihrer lateinischen Entsprechungen. München 1987 (Münstersche Mittelalter-Schriften 60). S. XXII.

5 Zur Geschichte der Fabel vgl. Reinhard Dithmar: Die Fabel. Geschichte, Struktur, Didaktik. 7., völlig neu bearb. Aufl. Paderborn, München, Wien 1988. S. 11–154; Erwin Leibfried: Fabel. Stuttgart 1982 (Sammlung Metzler 66). S. 45–101.

6 Jacob Grimm beschrieb das Dilemma, in das die Fabel dadurch gerät, folgendermaßen: „[Die Fabel] muß die thiere darstellen als seien sie begabt mit menschlicher vernunft und in alle gewohnheiten und zustände unseres lebens eingeweiht [...]. Dann aber müssen daneben die eigenheiten der besonderen thierischen natur ins spiel gebracht und geltend gemacht werden". Jacob Grimm (Hg.): Reinhart Fuchs. Berlin 1834. S. VII.

7 Grimm [Anm. 6], S. XXXIV.

8 So in den Fabeln 'Fuchs und Rabe' bzw. 'Ameise und Grille'. Zur mittelalterlichen Überlieferung der beiden Texte vgl. Dicke u. Grubmüller [Anm. 4], S. 236–243 u. 42–47.

9 So in der Fabel 'Stadtmaus und Feldmaus'. Zur mittelalterlichen Überlieferung des Textes vgl. Dicke u. Grubmüller [Anm. 4], S. 617–622.

jeder konkrete zeitgenössische Bezug, alle Pädagogisierung und Moralisierung wird in die Auslegung des Textes, in das Pro- oder Epimythion verlagert.

Anders als die Äsopica, die größtenteils typisches Verhalten vorführen, folgen die Darstellungen der Eigenschaften und Aktionen der Protagonisten in den sogenannten 'cyrillischen Fabeln'[10] – von denen anschließend die Rede sein wird – nur in wenigen Ausnahmen der antiken Tradition. Sie orientieren sich vielmehr in hohem Maße an den naturkundlichen Beschreibungen, wie sie in den großen Enzyklopädien des 13. Jahrhunderts – in Werken wie 'De proprietatibus rerum' des Bartholomaeus Anglicus, dem 'Speculum naturale' des Vinzenz von Beauvais oder dem 'Liber de natura rerum' des Thomas von Cantimpré – tradiert werden. So sitzt etwa der cyrillische Rabe nicht mit einem Stück Käse auf dem Baum, sondern fliegt zu einem Fuchs, der sich totstellt, um dem vermeintlichen Kadaver die Augen auszupicken.[11] List wie Reaktion sind aus der naturkundlichen Literatur bekannt. Vom Hahn berichten die cyrillischen Fabeln unter anderem, daß er den Lauf der Gestirne kennt und daß er ein Ei legen kann, aus dem ein Basilisk schlüpft.[12] Kein Tier, das in dieser Sammlung erwähnt wird, besitzt technische Fähigkeiten wie der Frosch aus der Äsop-Fabel 'Frosch und Maus'[13], der der Maus eine Schnur ums Bein bindet, um sie über den Teich zu ziehen. Die Tiere handeln, wie es ihrer schriftlich festgelegten Natur entspricht.

Die 95 Fabeln umfassende Sammlung, die gewöhnlich unter dem Titel 'Speculum sapientiae Beati Cirilli Episcopi, alias Quadripartitus apologeticus vocatus' überliefert wird[14], entstand etwa zeitgleich mit Ulrich Boners 'Edelstein' und Konrads von Megenberg 'Buch der Natur' in der ersten Hälfte des 14. Jahrhunderts, weitgehend unabhängig von der antiken Tradition als mittelalterliche Neuentwicklung.[15] Nur vereinzelt sind Anlehnungen an die bekannten Tierdichtungen wie die Äsop-Fabeln oder den Reinecke Fuchs festzustellen.[16] Der Name Äsop bleibt in dieser Sammlung unerwähnt. Als Ver-

10 Folgende Ausgaben dieser Fabelsammlung wurden benutzt: [Speculum sapientiae]: Die beiden ältesten lateinischen Fabelbücher des Mittelalters. Des Bischofs Cyrillus Speculum Sapientiae und des Nicolaus Pergamenus Dialogus Creaturarum. Hrsg. von Johann Georg Theodor Grässe. Tübingen 1880 (Bibliothek des litterarischen Vereins in Stuttgart 148); Sebastian Münster. Spiegel der wyßheit. In: Romy Günthart: Sebastian Münster. Spiegel der wyßheit. Bd. 1: Einführung und Edition. München 1996. S. 31–149; Ulrich von Pottenstein: Buch der Natürlichen weiszheit. Augsburg 1490 (Benutztes Exemplar: Augsburg, Staats- und Stadtbibliothek, 2° Ink. 812). – Die Fabeltitel wurden aus dem Katalog von Dicke u. Grubmüller [Anm. 4] übernommen.

11 Vgl. Fabel I, 5 'Scheintoter Fuchs und Rabe'. In: Münster [Anm. 10], S. 43f. – Stellennachweis und weiterführende Angaben bei Romy Günthart: Sebastian Münster. Spiegel der wyßheit. Bd. 2: Kommentar. München 1996. S. 19.

12 Vgl. Fabel II, 15 'Fuchs und Hahn'. In: Münster [Anm. 10], S. 88f. und Fabel II, 19 'Maulpferd und Maulesel'. In: Münster [Anm. 10], S. 93. – Stellennachweis und weiterführende Angaben bei Günthart [Anm. 11], S. 71f. u. 75f.

13 Vgl. Dicke u. Grubmüller [Anm. 4], S. 185–191.

14 Vgl. Grässe [Anm. 10], S. 285f.

15 Vgl. Grubmüller [Anm. 1], S. 425.

16 Vgl. Dicke u. Grubmüller [Anm. 4].

fasser des Korpus, das meist geschlossen überliefert ist, wird im Prolog ein bisher nicht identifizierter Bischof Cyrillus genannt. Wer der wirkliche Autor der Sammlung war, ist bis heute nicht eindeutig geklärt.[17] Das lateinische 'Speculum sapientiae' erlebte eine reiche handschriftliche Überlieferung. Bis ins 17. Jahrhundert wurde es mehrmals gedruckt und in verschiedene Sprachen übersetzt.[18] Eine erste deutsche Übertragung des Korpus verfaßte der Kanoniker Ulrich von Pottenstein zu Beginn des 15. Jahrhunderts. Schon im Jahre 1490 publizierte der Augsburger Drucker Anton Sorg eine illustrierte Fassung dieses Werkes unter dem Titel 'Das buch der Natürlichen weiszheit'. Eine weitere Übertragung eines unbekannten Autors ist in einer einzigen Handschrift aus der Zeit um 1500 erhalten.[19] Eine dritte Übersetzung fertigte im Jahre 1520 der Basler Franziskaner Sebastian Münster unter dem Titel 'Spiegel der wyßheit' an. Im Folgenden wird vor allem auf die Fassung von Münster Bezug genommen, die im wesentlichen die lateinische Texttradition wiedergibt[20] und weit folgenreicher war als die frühere Adaption des 'Speculum' durch Ulrich von Pottenstein.[21]

Schon durch den Titel der Sammlung 'Speculum sapientiae' bzw. 'Spiegel der wyßheit' oder 'Buch der Natürlichen weiszheit'[22], aber auch im Aufbau des Buches und der einzelnen Fabeln, die ausschließlich in Prosaversionen überliefert sind, unterscheiden sich die cyrillischen von den äsopischen Fabeln. Die Cyrillusfabeln verweisen auf einen anderen Stellenwert der Natur und auf ein stärkeres Ineinander anstatt des bekannten Nebeneinanders von inszenierter Natur und Ethik. Das Titelbild der Augsburger Druckfassung: Ulrichs von Pottenstein 'Buch der Natürlichen weiszheit' unterstreicht diese Tendenz in aller Deutlichkeit. Es zeigt nicht etwa, entsprechend der bekannten Darstellung des buckligen Äsop im Szenarium seiner Vita, einen belehrend den Finger

17 Die Zuschreibung der Prosafabeln an den italienischen Dominikaner Bonjohannes von Messina gilt mittlerweile als „einigermaßen zuverlässig". Ulrike Bodemann: Cyrillus in Thüringen. Zu einer weiteren Übersetzung des 'Speculum sapientiae' ins Deutsche. In: Zeitschrift für deutsches Altertum und deutsche Literatur 124 (1995). S. 171–183, hier S. 171.

18 Zur Überlieferung vgl. Ulrike Bodemann: Die Cyrillusfabeln und ihre deutsche Übersetzung durch Ulrich von Pottenstein. Untersuchungen und Editionsprobe. München, Zürich 1988 (Münchener Texte und Untersuchungen zur deutschen Literatur des Mittelalters 93). S. 1–4.

19 Vgl. Bodemann [Anm. 17].

20 Selbstverständlich sind wie bei jeder Übersetzung Abweichungen unvermeidbar. Größere redaktionelle Eingriffe lassen sich vor allem im dritten Buch feststellen. Daneben fällt auf, daß Münster fast ausnahmslos auf die Schlußformeln verzichtet, „durch die die Figurenrede in den fiktiven Fabelverlauf integriert und ihr didaktischer Erfolg signalisiert wird". Bodemann [Anm. 18], S. 228.

21 Vgl. Bodemann [Anm. 18], S. 227.

22 Der 'Spiegel' ist als Metapher in den Buchtiteln des Mittelalters weit verbreitet. Die meisten Schriften mit solchen Titeln sind wie das 'Speculum sapientiae' Werke mit moralisch-didaktischer Intention. Sie zeigen vorbildliche Lebensregeln, exemplarische Viten oder warnen vor Laster. Vgl. hierzu Herbert Grabes: Speculum, Mirror und Looking-Glass. Kontinuität und Originalität der Spiegelmetapher in den Buchtiteln des Mittelalters und der englischen Literatur des 13. bis 17. Jahrhunderts. Tübingen 1973 (Buchreihe der Anglia. Zeitschrift für englische Philologie 16).

erhebenden Cyrillus, sondern acht Gelehrte, denen auf Spruchbändern, die sie in den Händen halten, die Haupttugenden und -laster zugeordnet sind: Es stehen dort *gerechtikait, messikait, weÿßheit* und *grosmuetikeit* der *vnmessikait, geytzikait, hoffart* und *torhaÿt* gegenüber.[23] Dieses Viererschema korrespondiert mit dem Aufbau der Sammlung, die – entsprechend den vier Kardinaltugenden bzw. den ihnen entgegengesetzten Lastern – in vier Bücher aufgeteilt ist[24], wobei die einzelnen Fabeln eines Buches verschiedene Aspekte der jeweiligen Tugend beleuchten.[25] Im Prolog wird diese Gliederung noch einmal explizit genannt. In der Übersetzung Sebastian Münsters lautet die Stelle: *Wil mich aber lenden uff die .iiii. angel tugent / mit namen / fürsichtigkeit / groβmuetikeit / gerechtikeit und messigkeit / angesehen daz ein recht geordnet leben in disen tugenden wirt begriffen.*[26] Es werden abweichend vom Quaternar *prudentia, fortitudo, iustitia, temperantia* die Tugenden *prudentia, magnanimitas, iustitia, modestia* als die vier *virtutes principales* eingeführt. Die Begrifflichkeit variiert auch in der Folge gelegentlich: Es wechseln *prudentia* mit *sapientia, magnanimitas* mit *potentia, constantia* und *humilitas, modestia* mit *moderamen, temperantia* und *munditia.*[27] Eine strenge terminologische Systematik wird im 'Speculum sapientiae' offensichtlich nicht verfolgt, das Konzept einer Gliederung des Buches nach den vier Kardinaltugenden

---

23 Zu den Illustrationen zu Ulrichs Übersetzung vgl. Jürgen Werinhard Einhorn: Der Bilderschmuck der Handschriften und Drucke zu Ulrich von Pottenstein 'Buch der natürlichen Weisheit'. In: Hans Fromm, Wolfgang Harms u. Uwe Ruberg (Hgg.): Verbum et Signum. Festschrift für Friedrich Ohly. München 1975. S. 389–424.

24 Die Kardinaltugenden, die sich in systematischer Ausgestaltung erstmals bei Platon finden, wirken auf das Mittelalter vor allem in Form spätantiker Exzerpte aus Seneca. Vollends in die christliche Morallehre integriert wird das Tugendquaternar durch Thomas von Aquin, der sie mit den drei theologischen Tugenden Glaube, Liebe, Hoffnung verbindet. Vgl. U. Klein: Kardinaltugenden. In: Historisches Wörterbuch der Philosophie. Bd. 4 (1976). S. 695f. – Zur Übernahme des stoischen Schemas der vier Kardinaltugenden durch die christliche Sittenlehre vgl. Johannes Stelzenberger: Die Beziehungen der frühchristlichen Sittenlehre zur Ethik der Stoa. Eine moralgeschichtliche Studie. München 1933. [Neudruck Hildesheim, Zürich, New York 1989]. S. 355–378. – In der mittelalterlichen Literatur werden die Kardinaltugenden auch sonst gelegentlich als Einteilungskonzept verwendet, insbesondere für Erziehungsschriften, deren Ziel es ist, weltliche Didaxe zu vermitteln. Vgl. Bodemann [Anm. 18], S. 16.

25 Zur Struktur des 'Speculum sapientiae' vgl. Günthart [Anm. 10], S. 11–14; Bodemann [Anm. 18], S. 23f.

26 Münster [Anm. 10], S. 33.

27 Zur uneinheitlichen Benennung der Tugenden, die Münster aus seiner Vorlage übernimmt, vgl. Bodemann [Anm. 18], S. 20f. – Gemäß Inhaltsverzeichnis, das Münster seiner Übersetzung voranstellt, behandeln die einzelnen Bücher folgende Themen: *Das erst teyl leret durch byspil unnd fabeln / wie man der wyßheit sol nachstellen.* [...] *Das ander teyl dises bůchs / leret hoffart zůfliehen / und nach demůtigkeit zů streben.* [...] *Das dritt teyl dises bůchs leret wie man messigkeit halten sol in begirden und neiglicheit zů der gytigkeit.* [...] *Das vierd teyl dises bůchs leret wie man erkennen und fliehen sol die ding / die zů der unmessigkeit dienen.* Münster [Anm. 10], S. 35–38.

aber durchaus im Auge behalten.[28] Ein wichtiges Strukturelement der Sammlung ist die Vierzahl, die – in Abgrenzung zur göttlichen Drei – in der christlichen Zahlensymbolik der Welt zugeordnet ist. So wie das ganze Werk in vier Bücher geteilt ist, läßt sich die „Zahl des als *orbis quadratus* geordneten Kosmos“[29] auch innerhalb der Fabeln immer wieder aufzeigen. Über die aus der Bibel vorgegebenen und in dieser Form zitierten Vierergruppen hinaus begegnen naturkundliche Korrelationseinheiten wie die vier Himmelsrichtungen, Erdteile, Winde und Elemente oder die vier Qualitäten der Humoralpathologie.[30] Immer wieder wird in Viererschritten argumentiert – auch dies ein Hinweis auf die Bedeutung der Ordnung der Welt für den Menschen und die intendierte, innerweltliche Funktion des Werkes.

Die zentralen Lehrsätze der einzelnen Texte werden im Register sentenzenartig formuliert aufgelistet und als Fabeltitel in ähnlicher Form wiederholt. Der ‘Spiegel der wyßheit’ beginnt mit der Exemplifizierung folgender Themen: *Biß in tod sol man lernen und der wyßheit anhangen; Ein mensch on wyßheit ist jm selbst unnütz; Ware wyßheit ist geziert mit einfaltiger unschuld; Alle ding sollen zů siner zyt und stat fürsichtiglich gehandlet und gesůcht werden; Allwegen und an allen orten sol man sich fo̊rchten; Jn sicheren dingen sol man noch zwyfeln; Man sol wandeln mit sicherer und bequemlicher bürden; Unsere hoffnung sollen wir hefften in die ewige gůter* [...].[31] Von den Fabelakteuren ist im Register nicht die Rede.[32] Es ist die Moral und nicht die Geschichte, die mit diesen sprichwortartig formulierten Zusammenfassungen der einzelnen Texte ins Zentrum gerückt wird. Die Inhaltsangabe des ‘Spiegel der wyßheit’ erscheint so als selbständiges ethisches Regelwerk, das durch die folgenden Fabeln illustriert und bestätigt wird. Es geht, wie allein schon das Titelbild der Sorgschen Ausgabe und das

---

28 Bodemann [Anm. 18], S. 16, Anm. 8 nennt als die bekanntesten mittelalterlichen Tugendschriften, die sich im Aufbau an den Kardinaltugenden orientieren, das ‘Moralium dogma philosophorum’ des Wilhelm von Conches, die ‘Aphorismata philosophica’ des Wilhelm von Duncaster und das ‘Breviloquium de IV virtutibus principum et philosophorum antiquorum’ des Johannes Guallensis.

29 Heinz Meyer u. Rudolf Suntrup: Lexikon der mittelalterlichen Zahlenbedeutungen. München 1987 (Münstersche Mittelalter-Schriften 56). S. 332f.

30 Zur Vierzahl vgl. Meyer u. Suntrup [Anm. 29], S. 332–402. Die Vier ist gemeinhin Zeichen der von Gott geschaffenen Welt und der von ihr geprägten räumlich-dinglichen Ordnung. Bereits nach antiker Auffassung basieren der Aufbau der Welt und die Grundsubstanzen des Menschen auf dieser Zahl. – Zur Bedeutung der Vierzahl in der mittelalterlichen Medizin vgl. den Beitrag von Ortrun Riha in diesem Band.

31 Münster [Anm. 10], S. 35. Vgl. Speculum sapientiae [Anm. 10], S. 119: *Semper disce et in extremis horis semper stude; Nihil sibi homo est sine sapientia; Prudentia vera est, quae simplicitatis innocentia decoratur; De melioribus rebus est uti providentia, qua suo loco et tempore cuncta quaeras et facias; Donec mortalis es, time ubique et semper; Vide, pedem cui tribuas, et in securioribus dubita; Semper cum tuto onere et suavi protectionis jugo possibili perge; Tuae spei ancoram in bonis perpetuis tantum fige.*

32 In der Sorgschen Edition der Übertragung Ulrichs von Pottenstein fehlt die Nennung der Akteure auch in den einzelnen Fabeltiteln.

Inhaltsverzeichnis zeigen, das dem Werk in der lateinischen Tradition beigegeben ist, um die Vermittlung eines „integralen Lehrsystems"[33]. Um das didaktische Ziel – die *sitlich underwysung*, wie es im Prolog heißt – zu erreichen, werden die dann folgenden Geschichten erzählt. Eine Rechtfertigung dafür, daß die ethischen Lehren mit Hilfe von Erzählungen und Beschreibungen aus der Natur vermittelt werden, gibt der Autor der Sammlung zu Beginn des Prologs: *WJewol nach dem spruch Arestotelis / in sitlichen underwysungen / man lustig ist zůzůnemen / so man bequeme byspil fürhelt / so ist doch das noch anmůtiger wenn man die tugent anzeigt mit glychnussen und eygenschafften der creaturen / glych als seht einer vor jm die tugent gemalet / nemlich so das mensch-lich leben sich mag bilden nach naturlichen sitten und eigenschafften der thiern / als nach lebendigen bilden / ia die gantz sichtbarlich welt sol dem menschen ein zuchtschůl sin / so alle ding darinn mit wyßheit sind verordnet.*[34] Der Gedanke, daß die von Gott geschaffene Natur als Spiegel für den Menschen dient, der aus ihr Regeln für sein Verhalten ablesen kann, ist durchaus traditionell und wird auch in anderen Fabelprologen formuliert.[35]

Den Aufbau der einzelnen Fabel beschreibt Münster in seiner von der lateinischen Vorlage unabhängigen Vorrede folgendermaßen: *Dise ordnung wirt aber von dem lerer in disem bůch gehalten / das er zům ersten fürgibt ein fabel / und das nach naturlichen eigenschafften der thier oder anderer dingen die in die fabel zogen werden / Darnach kert er sich zům sitlichen sinn / und gemeinlichen zücht er im end etliche naturliche glychnussen darzů/ mit denen er verstentlicher mach sin fürgenummen meynung etc.*[36] Die Normfabel besteht demnach im wesentlichen aus den Teilen Erzählung (von Münster als Fabel bezeichnet) und Auslegung.[37] In der erzählerischen Exposition wird eine

33 Bodemann [Anm. 18], S. 14. – Zu Inhalt und Intention der Fabellehren vgl. Bodemann [Anm. 18], S. 14–27. – Die fabelübergreifende Konzeption des Buches steht einer selektiven Rezeption der Texte tendenziell entgegen. Das 'Speculum sapientiae' wurde denn auch hauptsächlich als geschlossene Sammlung überliefert.

34 Münster [Anm. 10], S. 33. – Zum Prolog vgl. Bodemann [Anm. 18], S. 14–21.

35 Vgl. etwa Ulrich Boner: Der Edelstein. Hrsg. von Franz Pfeiffer. Leipzig 1844 (Deutsche Dichtungen des Mittelalters 4). S. 1: [...] *wir erkennen die getât, / die dîn hant geschaffen hât, / die du uns, hêrre, hâst gegeben / zeim spiegel, daz wir unser leben / richten ûf den hôhen grât / der tugenden und der êren phat: / wan uns lêrt alle krêatur, / si si denn guot oder sûr, / daz man dich, hêrre, minnen sol. Es sprechent ouch die meister wol / 'mê denne wort ein bîschaft tuot'.* – Zur theologischen Naturdeutung und zum Naturverständnis in der mittelalterlichen Philosophie vgl. die Beiträge von Wendelin Knoch und Christoph Kann in diesem Band.

36 Münster [Anm. 10], S. 32.

37 Bodemann [Anm. 18], S. 228 sieht in der Feststellung Münsters, die Fabeln hätten eine moralisch-allegorische Auslegung, den Versuch, die Cyrillusfabeln in die Nähe der kommentierten äsopischen Fabelausgaben zu rücken und sie damit in dieses äußerst populäre Genre einzureihen. – Denkbar ist allerdings auch, daß der zweite Teil der Fabeln: die *moralisatio* in ihrer historischen Konkretisierung beispielsweise im Schulunterricht oder als Predigtexempel zum Ausgangspunkt für weitere Ausführungen genommen werden konnte und Münsters Zweiteilung von außen her motiviert ist. Daß Münster die Texte nicht unbedingt als geschlossene Einheiten verstanden

Eigenschaft oder ein Verhalten eines Handlungsträgers gezeigt, das im Folgenden von einem zweiten Protagonisten in Frage gestellt wird. Daran schließt sich eine ausführliche Lehrrede an, in der mit großem argumentativen Aufwand die Gültigkeit der Titelsentenz dargelegt wird. Immer belehrt ein Wissender einen Unwissenden. In der lateinischen Überlieferung endet der Text mit einer Schlußformel, die den Erfolg dieser Unterweisung konstatiert.[38] Daß viele der Eigenschaften, welche die Protagonisten zeigen, und ein Großteil der Argumente für oder gegen einen Lehrsatz dem zeitgenössischen naturkundlichen Wissen entsprechen, wird eingangs als Prämisse vorausgesetzt und von Sebastian Münster in seiner Vorrede explizit formuliert.[39]

Die handelnden Figuren der cyrillischen Fabeln sind gegenüber den Äsopica deutlich erweitert. Als Protagonisten treten vermehrt auch exotische Tiere auf wie Krokodil, Kamel, Elefant und Strauß, ferner Drache und Phönix; des weiteren begegnen diverse Pflanzen, Edelsteine, Planeten, Körperteile und Abstrakta, wie der Wille oder die Begierde. Zweimal – und dies ist in der gesamten Fabeldichtung des Mittelalters und der frühen Neuzeit einzigartig[40] – erscheint die personifizierte Natur selber als handelnde Figur: das erste Mal in der 25. Fabel des ersten Buches mit dem Titel *Du solt in allen dingen wol geordnet und versamelt syn / das lert dise fabel von dem or / natur und aug.*[41] Die Fabel beginnt damit, daß sich das Ohr bei der Natur beklagt, daß es im Gegensatz zum Auge schutzlos den Einflüssen seiner Umwelt ausgeliefert sei, wo doch das Ohr *mer lust bringt weder das liecht / und das gehőr underwyset auch mer dann das gesicht.* Diesem Vorwurf antwortet – *mit wißheit,* wie es im Text heißt – *die fürsichtige natur irer beyder werckmeisterin / sprechend. Warlich sehestu und merckest uß dem liecht der vernunfft die ordnung und stat der glider / du dancketest mir vil mer / weder das du klag wider mich fűrtest.* Das Ohr sei, so fährt die Natur fort, durch seine Position am Kopf und durch die Ohrmuschel genügend geschützt. Dem widerspricht das Organ mit dem Hinweis, daß böse Worte dennoch ungehindert zum Herzen vordringen und Schaden anrichten könnten. *Meinstu daz minder schad durch das or geschicht / weder durch die augen?* fragt es die Natur. *Hastu nit gehőrt / das des ersten wybs geyl ungezempt or / hat zům ersten entpfangen der schlangen gifftige red / und also dem tod ein ingang gemacht in dise welt? Dann daz wort dringt stracks biß zůdem hertzen on alle verhindernuß.* Dem entgegnet die Natur: *Zůglycherwyß als man nit sol anschawen dann zimlich ding / also sol man auch nit hőren / es sey dann zimlich. Darum hab ich dich gesetzt mitten in das haupt / angesehen / das eines wysen werck und*

---

hat, lassen auch die gegenüber der Vorlage meist fehlenden Schlußsätze und einzelne Marginalien wie *Geistlich erklerung diser fabel* (Münster [Anm. 10], S. 67) vermuten.

38 Zum Aufbau der Cyrillusfabeln vgl. Günthart [Anm. 10], S. 12f. und Bodemann [Anm. 18], S. 8–14.

39 Vgl. hierzu Rolf Müller: Die cyrillischen Fabeln und ihre Verbreitung in der deutschen Literatur. Phil. Diss. [masch.] Mainz 1955. S. 165–174 u. 175–178.

40 Vgl. Dicke u. Grubmüller [Anm. 4], S. 886 (Register).

41 Münster [Anm. 10], S. 68; Speculum sapientiae [Anm. 10], S. 32f.: *In cunctis esto compositus // De aure, natura, oculo.*

wandel sol mit erberkeit geordnet syn / Und wie in dem himel kein lauff oder bewegung geschicht on ordnung der wyßheit / also sol auch kein ungeordnet werck geschehen durch die glider / die der vernünfftigen selen underworffen sind.[...] *Und diewil der mensch* – so endet die Argumentation der Natur mit einer Anspielung auf ein Bibelzitat[42] – *sol schnel syn zůhören / darumb hab ich dir kein thür angehengt die zůbeschliessen / aber so es not ist / hastu nit mangel / bequemlicher beschließung der oren uß kunst der vernunfft.*[43] In der lateinischen Tradition und der Bearbeitung Ulrichs von Pottenstein folgt noch der Schlußsatz: *Damit waz daz or gestilt.*[44]

Die im Mittelalter oft geführte Diskussion, ob das Auge oder das Ohr das kostbarere Organ sei, geht auch hier, wie meistens, zu ungunsten des letzteren aus. Hauptargument der Natur ist in der ersten und zweiten Replik der Verweis auf die Ordnung[45], nach welcher der gesamte Kosmos und jedes einzelne Geschaffene wohlstrukturiert und an einem ihm zukommenden Platz positioniert ist. Diese Ordnung zu erkennen und sich danach zu richten, sei – so die Natur – Aufgabe der Vernunft, die das Ohr allerdings nicht hat und als unbeseelter Körperteil auch nicht haben kann. Die abschließende Aufforderung der Natur, die Vernunft zu gebrauchen, richtet sich somit nicht an den Akteur der Fabel, sondern an deren Rezipienten. Das Zitat aus dem Jakobusbrief (1,19), mit dem die Natur ihre Argumentation beschließt, bleibt im Vergleich zum Hinweis auf die natürliche Ordnung wenig überzeugend gegenüber dem Hinweis des Ohrs auf den Sündenfall, zu dem es nie gekommen wäre, wenn Eva die Schlange nicht gehört hätte. Mit den Worten: *Darum hab ich dich gesetzt mitten in das haupt / angesehen / das eines wysen werck und wandel sol mit erberkeit geordnet syn* beschreibt die Natur die Bestimmung des Ohrs als Vor-Bild für den Menschen, der durch die Anschauung der natürlichen Dinge (*res naturales*) zu einem naturgemäßen Leben geleitet werden soll. Die Lektüre im 'Buch der Natur', so sie denn richtig betrieben wird, führt den Menschen zu einem guten, und das heißt gemäß der Fabel: zu einem vernünftigen Leben. Das Ohr und mit ihm der Rezipient der Fabel soll von der Natur lernen, was die Titelsentenz ankündigt: *Du solt in allen dingen wol geordnet und versamelt syn.* Die natürliche Ordnung wird so mit der sittlichen Ordnung in Übereinstimmung gebracht. Daß die Natur mit ihrer Argumentation auf den Vorwurf des Ohrs, daß es schutzlos sei, nicht eingeht, wird nicht weiter thematisiert. Von den natürlichen Eigenschaften des Ohrs wird einzig diejenige herausgegriffen, welche die *sitlich underwysung*[46] unterstützt: seine mittlere Position am menschlichen Kopf. – Die Natur wird in dieser Fabel charakteri-

42 Jakobus 1,19: 'Ein jeglicher Mensch sei schnell zum Hören, langsam zum Reden, langsam zum Zorn'.

43 Münster [Anm. 10], S. 68.

44 Ulrich von Pottenstein [Anm. 10], f. 28v.; Speculum sapientiae [Anm. 10], S. 33: *Quibus auditis mox pacata auris quievit.*

45 In der lateinischen Fassung ist in diesem Zusammenhang von *regula* die Rede. Vgl. Speculum sapientiae [Anm. 10], S. 33.

46 Münster [Anm. 10], S. 33.

siert als *fürsichtig* und *mit wyßheit* begabt. Sie ist die *werckmeisterin* von Ohr und Auge, aber nicht verantwortlich für die Bewegungen des Himmels. Diese werden bestimmt durch die *ordnung der wyßheit*, die nicht identisch ist mit der Natur. Die Natur, wie sie im 'Speculum sapientiae' vorgestellt wird, ist nicht die *wyßheit*, sondern sie hat *wyßheit*.

In der zweiten Fabel, in der die Natur als Protagonistin auftritt, erläutert sie selbst ihre Beziehung zur *wyßheit*. Gesprächspartner ist diesmal ein Maulwurf, der die Natur, die als *werckmeisterin* [...] *aller ding* angesprochen wird, dafür anklagt, daß sie ihm die Augen mit einer Haut überzogen habe, so daß er sich blind durchs Erdreich wühlen müsse.[47] Die Natur antwortet ihm: *Angesehen das ich alle ding verordne uß krafft und macht der hŏchsten wyßheit / magstu nit erfinden ia etwas darin du mich straffen mügest / so ich alle ding hab wol und ordenliche gemacht in der maß / zal / und gewicht.*[48] Die Natur steht somit, nach ihren eigenen Worten, im Dienst einer höheren Macht: der *hŏchsten wyßheit*. Ihr Werk beschreibt sie allerdings mit der Formulierung, mit der im biblischen Buch der Weisheit der Schöpfer gepriesen wird (Weish. 11, 20): 'Du aber hast alles nach Maß, Zahl und Gewicht geordnet'. Damit verschwimmt die Differenz zwischen dem Schöpfer – der Begriff wird im 'Spiegel der wyßheit' synonym zu Gott gebraucht – und der *werckmeisterin*, womit ausschließlich die Natur bezeichnet wird.[49]

Es ist dies keineswegs die einzige Stelle im 'Spiegel der wyßheit', an der die Position der Natur in bezug auf die Schöpfung und den Schöpfer unklar bleibt. Ein einheitliches Konzept des Begriffs 'Natur' auszumachen, das nicht nur für eine einzige Fabel oder einen einzigen Argumentationsschritt, sondern für die ganze Sammlung gilt, ist nur sehr beschränkt möglich. Zu sehr ist das Werk durchdrungen von verschiedenen philosophischen und theologischen Diskursen. Dabei sind vor allem aus der stoischen Naturphilosophie starke Einflüsse festzustellen, die manchmal, aber durchaus nicht immer, in Einklang mit den christlichen Positionen gebracht werden können.[50]

Das Nebeneinander unterschiedlicher philosophischer und theologischer Diskurse, das die ganze Sammlung durchzieht, illustriert besonders deutlich die 22. Fabel des ersten Buches mit dem Titel *Du solt alwegen halten das teyl der barmhertzikeit / das*

---

47 Vgl. Fabel III, 2 'Maulwurf und Natur'. In: Münster [Anm. 10], S. 107: *Warumb hastu mich also ein verspott thier gemacht / hast mir augen geben und kein gesicht dar in? Du hast die gifftigen augen des Basiliscus erlüchtet / und andre mer schedliche thier / aber mir der ich nymand schad bin / hastu abgeschlagen das sŭß liecht / und hast mir myn augen überzogen mit einem dicken hütlin.*

48 Münster [Anm. 10], S. 107.

49 Zur Natur als 'Werkmeisterin' vgl. den Beitrag von Mechthild Modersohn in diesem Band.

50 Zum philosophischen Hintergrund der Sammlung vgl. Günthart [Anm. 10], S. 19–23 und Anda Schippers: Ethiek in de Middelnederlandse fabelbundel 'Parabelen van Cyrillus'. In: Joris Reynaert (Hg.): Wat is wijsheid? Lekenethiek in de Middelnederlandse letterkunde. Amsterdam 1994 (Nederlandse literatuur en cultuur in de middeleeuwen 9). S. 322–336 [Text] u. 452–455 [Anmerkungen].

lert dise fabel von dem Beren und Thuben.[51] Die Fabel beginnt mit der Präsentation einer Taube, die beobachtet, wie ein junger Bär ein Lamm reisst: *Uf ein zyt do ein dub sahe / wie ein iunger Ber also tyrannisch umbging mit einem iungen lemmlin sprach sy zůim. Was wůtestu also in das arm thier? Antwůrt der iung Ber. Wenn du acht hettest myner geburt / myner sitten / und myner complexion / du gebest dir selbst antwůrt uff dyne frag. Dann ich bin einß beren kind / das nůn auch myne üsserlich gestalt anzeigt / darumb folg ich nach der Berischen natur. Sprach die dub. Du solt verlassen dyne bose geburt / solt überwinden dyn grimmige complexion / und solt von dir werffen dyn wilde natur. Dann der gůtig got hat dich erschaffen / und die milt natur ernert dich / das eben ertdrich tregt dich / du lebst in dem sůssen blůt / und wirst uffenthalten in der lybliche zůsammenůgung der glider / und wirst befestiget in der fridsamen vereinigung diner füchte / und kurtz // die gantz ordnung der natur zücht dich zůmiltikeit* [...]. Die Taube nennt noch einige andere Argumente und kommt dann zum Schluß: *Darum soltu verlassen den grimmen / solt abstellen din wůtery / und solt dich keren nach zůfolgen der miltikeit der gantzen natur. Der Ber ward gar wenig mit disen worten erweicht / darumb sprach er. Jch thåt dise ding alle / dazů du mich vermanest / wann ich hett die vernunfft / die alles übel zemen mag. Antwůrt wider die dub. Du hast recht geredt // dann all ruhe wůterey entspringt uß ungezemtem und fihischem gemůt.*[52] Es folgt eine ausführliche Rede der Taube darüber, daß der Weise durch seine Vernunft alle Widerwärtigkeiten überwinden kann. In der Fassung Ulrichs von Pottenstein schließt der Text entsprechend der lateinischen Überlieferung mit der lapidaren Bemerkung: *damit endet es sich.*[53]

In diesem Text treten sich, wie so oft in den cyrillischen Fabeln, zwei Protagonisten gegenüber, die nicht nur mit Sprache, sondern auch mit großem Wissen insbesondere um naturwissenschaftliche Zusammenhänge, aber auch um philosophische und theologische Dinge ausgestattet sind. Die gut unterrichteten Handlungsträger führen mit beachtlicher Eloquenz vor, was für ethische Schlüsse aus der natürlichen Ordnung zu ziehen sind und wie diese Moral effektiv doziert werden kann. Die Akteure der cyrillischen Fabeln handeln kaum, denken und sprechen dafür um so mehr; sie sind sogar befähigt zur Selbsterkenntnis, die eigentlich nur – das wird in den Lehrreden immer wieder betont – dem beseelten, vernünftigen Menschen zukommt. Das grundsätzliche Dilemma der Fabel, daß anthropomorphisierte Handlungsträger der belebten und unbelebten Natur als real dargestellt werden, bleibt somit einerseits bestehen: Bär und Taube sprechen miteinander, der Bär weiß sogar, wer er ist und formuliert dies auch: *Wenn du acht hettest myner geburt / myner sitten / und myner complexion / du gebest dir selbst antwůrt uff dyne frag. Dann ich bin einß beren kind / das nůn auch myne üsserlich gestalt anzeigt.* Andererseits bestehen die Protagonisten selber auf ihrer animalischen

51 Münster [Anm. 10], S. 64.

52 Münster [Anm. 10], S. 64.

53 Ulrich von Pottenstein [Anm. 10], f. 25r ; Speculum sapientiae [Anm. 10], S. 30: *Quibus digestis abiit.*

Natur, die sie vom vernunftbegabten Menschen klar trennt: *Ich thåt dise ding alle / dazů du mich vermanest / wann ich hett die vernunfft* antwortet der Bär, und die Taube gibt ihm Recht.

Die so formulierten Selbstreflexionen trennen die handelnden Figuren der cyrillischen klar von denen der äsopischen Fabeln und rücken sie insbesondere dann, wenn einzelne ihrer Eigenschaften Anlaß für Lehrreden sind, in die Nähe der Allegorie. Dabei werden aber die Deutungen und Vergleiche, wie es die Fabeldefinition fordert, stets von den Protagonisten selber formuliert. So erklärt beispielsweise der Phönix in einer Fabel[54] zum Lobe der Keuschheit der fragenden Natter, warum er geschlechtslos und der einzige seiner Gattung sei, mit den Worten: *Warumb vereynigen sich anderst menlin und wyblin mit freüden / dann das uß zweyen glych etwas eyntzig wirdt? O wie sueß unnd anmuetig ist die unzertrenlich einikeit / ein nachfolgerin der unabscheydlichen tugent. Darumb sichstu / diewyl ich allein bin in myner art / wird ich den hymmelischen verglichen* [...]. *Jch gebire mich mit dem luteren füer / on zerteylung oder befleckung / so ich alt verdrossen wird / und erstand wider uff new.* Der Vogel, der hier spricht, ist nicht nur allgemein moraltheologisch und philosophisch geschult; er kennt auch seine eigene Bildfunktion und argumentiert selber mit seinem Vergleichscharakter.

Die Akteure dieser Fabeln – das lehren die Texte des 'Speculum sapientiae' explizit und implizit – sollen Vorbilder für den Menschen sein, der durch die Kenntnis der Natur, die als Universalnatur als vollkommen gedacht wird, zu 'natürlichem' und das heißt: zu sittlich verantwortlichem, moralisch gutem Handeln geleitet werden soll. Die natürlichen Dinge sind in dieser literarischen Sammlung keine Zeichen, deren heilsgeschichtliche Bedeutung erschlossen werden muß, sondern geben – darin folgt der 'Spiegel der wyßheit' den Forderungen der stoischen Ethik – innerweltlichen Anschauungsunterricht. Im Nachvollzug der kosmischen Ordnung, die aufgrund der sittlichen Einsicht, zu der einzig die Vernunft führt, erreicht werden kann, gelangt der Mensch zur Tugend. Der stoischen Maxime 'Tugend ist Vernunft' [55] stimmt auch der Autor dieser Fabelsammlung zu. Die *fürsichtigkeit* ist ihm „Fundament der moralischen Urteilskraft, der Erkenntnis von Gut und Böse"[56]. Um ihre Vorbildfunktion erfüllen zu können, ist es unabdingbar, daß die handelnden Figuren aus belebter und unbelebter Natur so porträtiert werden, wie sie gemäß enzyklopädischem Wissen sind. Dabei zielt das naturkundliche Interesse nicht auf eine Erkenntnis der Welt aus theoretischer Neugier, sondern darauf, praktische Anleitung für ein glückliches Leben zu erwerben – ein

54 Vgl. Fabel IV, 8 'Phönix und Natter'. In: Münster [Anm. 10], S. 144–146.

55 Vgl. beispielsweise Lucius Annaeus Seneca: Ad Lucilium epistulae morales LXX–CXXIV (CXXV) / An Lucilius Briefe über die Ethik 70–124 (125). Übersetzt, eingeleitet und mit Anmerkungen versehen von Manfred Rosenbach. Darmstadt 1987 (Seneca, Philosophische Schriften, lateinisch-deutsch, Bd. 3). Brief 66, 32. S. 578: *nihil enim aliud est virtus quam recta ratio.*

56 Bodemann [Anm. 18], S. 20. – Bodemanns Feststellung, daß die *prudentia* „somit auch [...] unabdingbare Voraussetzung für die Anteilnahme am göttlichen Heil" sei, mag wohl in der Gesamtschau auf die Sammlung richtig sein; mit Blick auf die Einzelfabel aber ist ihr nur bedingt zuzustimmen. Die *prudentia* ist vielmehr Voraussetzung zur *ratio.*

durchaus stoischer Gedanke. Naturbetrachtung wird im 'Speculum sapientiae' einer ethischen Zielsetzung dienstbar gemacht.

Daß das Lamm in der Fabel 'Bär und Taube' nicht die ihm eigene Vollendung erreicht, stellt die Vollkommenheit des Universums, dem Bär, Taube, Lamm und Mensch angehören, im zweiten und abschließenden Teil der Fabel nicht in Frage. Innerhalb dieses Systems, das die Natur als absolutes Vorbild darstellt, gibt es für das Lamm keine Gnade. Anders hingegen das von der Taube im ersten Teil der Wechselrede entworfene Bild. Darin schildert sie einen im christlichen Sinn paradiesischen Zustand, in dem Löwe und Lamm beieinander liegen könnten. Der Bär soll durch den Hinweis auf die Vollkommenheit sowie auf die Schönheit und den Reichtum der Natur dazu gebracht werden, von seinem räuberischen Tun abzulassen, seine natürliche Disposition zu überwinden.

Auf diese christlich geprägte Naturkonzeption, die eine Überwindung des Animalischen durch Glaube, Hoffnung, Liebe (1 Kor 13) anstrebt, wird auch sonst immer wieder rekurriert. Sie bleibt aber mit Blick auf die ganze Sammlung gegenüber der stoisch-naturphilosophischen Konzeption die deutlich schwächere. Interessanterweise wird weder in den hier vorgestellten noch in den anderen Fabeln explizit Kritik an der einen oder anderen Position geübt. Es kommt auch nirgends zum Konflikt zwischen den zwei Konzepten. Beide bleiben nebeneinander bestehen mit dem gemeinsamen Ziel, dem Menschen ein 'Spiegel der wyßheit' zu sein.

RUTH FINCKH

'Natur' als politische Parole in Ulrichs von Etzenbach 'Alexander-Anhang'

1. Einführung

iuwerm künge saget ir,
wir weln dem dienen, der mit craft
die sunnen, mânen hât geschaft,
die naht vinster, lieht den tac,
der dem lufte gebieten mac,
regieret erde, wazzer, viur
der ein got ist der natiur.
der gewalt der tôtlicheit
hât und der êwikeit,
ze des gebote daz firmament,
alle stern, die planêten stênt,
irn louft vüeren in sîme gebot.
unser vrîheit hab wir von got,
niht von iuwerm künge sie,
noch wir im geben wellen die.
(V. 364–378)

(Sagt eurem König, daß wir demjenigen dienen
wollen, der mit seiner Kraft
Sonne und Mond geschaffen hat,
der die Nacht finster gemacht hat und hell den Tag,
der der Luft gebieten kann
und Erde, Wasser und Feuer regiert,
der ein Gott der Natur ist,
der Herrschaft über Sterblichkeit
und Ewigkeit hat,
zu dessen Gebot das Firmament,
alle Sterne und Planeten stehen,
die nach seinem Willen ihren Lauf richten.
Unsere Freiheit haben wir von Gott,
nicht von eurem König,
und wir wollen sie ihm auch nicht geben).

Solche Töne ist Alexander der Große wahrlich nicht gewohnt. Zwar wimmelt es in der breiten Überlieferung mittelalterlicher Alexanderromane von Kampf- und Eroberungsszenen, und es kommt mitunter durchaus vor, daß die Feinde des Makedonenkönigs vor ihrer endgültigen Niederwerfung noch renitente Reden führen. Doch weder im französischen 'Roman d'Alexandre' noch in der Vorauer oder Straßburger Fassung des deutschen Alexanderepos, weder bei Rudolf von Ems noch in Walters von Châtillon lateinischer 'Alexandreis' findet sich eine so grundsätzliche Infragestellung von Alexanders Recht, zu herrschen und zu erobern. Diese Fundamentalkritik nun gründet im Religiösen als einer Ebene außerhalb irdischer politischer Verstrickung – in einem Religiösen aber, das ausdrücklich und nachdrücklich durch das Walten der Natur bestimmt ist. Die Natur wird zum zentralen Argument einer politischen Debatte, zur Kronzeugin für das Bestehen einer höheren Macht, der allein die Menschen zu dienen bereit sind, vor der aber, so muß man schließen, auch Alexander für seine Taten Rechenschaft abzulegen hat.

Diese eigenwillige Stellungnahme wirft eine ganze Reihe von Fragen auf. Wer sind die Sprecher, die sich da so selbstbewußt den Weltherrschaftsambitionen des Makedonenkönigs in den Weg stellen und was bedeutet ihnen die Natur? In welchen Kontext gehört ihre Rede? Wie reagiert Alexander? Und, noch einen Schritt weiter zurück: Wer ist der Autor dieses Werkes und wer sein Publikum, wie ordnet es sich ein in seine Welt? Ich werde versuchen, diese Fragen in umgekehrter Reihenfolge zu beantworten und nähere mich dem Text daher in einem zweiten Anlauf, von außen kommend, wobei auch der Gang der Erzählung resümiert werden soll.

2. Verfasser, Datierung und Erzählstruktur

Ulrich von Etzenbach schrieb seine Werke um die Wende zum 14. Jahrhundert in Böhmen, und zwar zunächst in Prag am Hof der letzten Przemyslidenkönige. Im Dienst Ottokars II. und seines Sohnes Wenzel verfaßte er ab 1270 sein Hauptwerk, einen wahrhaft monumentalen Alexanderroman, der auf der 'Alexandreis' Walters von Châtillon basiert, aber zahlreiche weitere Ströme und Bäche der Überlieferung in sich aufnimmt und in epischer Breite mitführt, so daß er schließlich mit 30.000 Versen zu einer Art Alexander-Enzyklopädie gerät.[1] Gerade diese Qualität als traditionstreues, repräsentatives Mammutwerk entsprach sicher den Wünschen des königlichen Auftraggebers.

In drei erhaltenen Handschriften wird nun dieses gewaltige Werk noch um weitere 2100 Verse ergänzt: den sogenannten 'Alexander-Anhang'.[2] Dieser Text bildet ein in

1 Ulrich von Etzenbach: Alexander. Hrsg. von Wendelin Toischer. Tübingen 1888 (Bibliothek des Litterarischen Vereins in Stuttgart 183). Zu Ulrichs 'Alexander' allgemein vgl. vor allem Hans-Joachim Behr: Literatur als Machtlegitimation. Studien zur Funktion der deutschsprachigen Dichtung am böhmischen Königshof im 13. Jahrhundert. München 1989; Claudia Medert: Der 'Alexander' Ulrichs von Etzenbach. Studien zur Erzählstruktur und Gattungsproblematik. Göttingen 1989 (Palaestra 287); Markus Stock: Vielfache Erinnerung. Universaler Stoff und partikulare Bindung in Ulrichs von Etzenbach 'Alexander'. In: Jan Cölln, Susanne Friede u. Hartmut Wulfram (Hgg.): Alexanderdichtungen im Mittelalter. Kulturelle Selbstbestimmung im Kontext literarischer Beziehungen. Göttingen 2000. S. 407–448; Ruth Finckh: Ulrichs von Etzenbach 'Alexander' – ein böhmisches Lehr-Stück. In: Cölln, Friede u. Wulfram [w. o.]. S. 355–406.

2 Edition in Ulrich von Etzenbach [Anm. 1], S. 747–802. Auf diese Ausgabe beziehen sich im Folgenden alle Verszahlen ohne nähere Angabe. – Zum 'Alexander-Anhang' allgemein vgl. insbesondere Rainer Kohlmayer: Formkunst und Politik in den Werken Ulrichs von Etzenbach. Zahlenkomposition und politische Thematik in der 'Alexandreis', im 'Herzog Ernst D', im 'Wilhelm von

sich geschlossenes Buch, das als elftes an die zehn Bücher des Haupttextes anschließt. In der Vorrede gibt der Verfasser zu erkennen, daß ein gewisser zeitlicher Abstand zwischen den beiden Dichtungen liegt, und er nennt auch einen neuen Auftraggeber: Es handelt sich nicht mehr um einen der Przemyslidenkönige, sondern um den böhmischen Adeligen Borso von Riesenburg. Diese Angaben datieren das Werk auf die Zeit um oder kurz nach 1300. Einige Brisanz erhält die Widmung dadurch, daß der Großvater Borsos von Riesenburg als Gegner der Przemysliden hervorgetreten und deshalb auf Befehl König Ottokars hingerichtet worden war. Ulrich hatte also in der Zwischenzeit, nach dem Abfassen der Alexander-Enzyklopädie, in eklatanter Weise die politische Seite gewechselt. Das wird auch im Text des 'Alexander-Anhangs' deutlich. Dieser unterscheidet sich in vielfacher Hinsicht vom Hauptwerk – so sehr, daß in der älteren Forschung eine heftige Debatte darüber entbrannte, ob dieses Anhängsel überhaupt von demselben Verfasser stammen könne.[3] Viele Indizien sprechen jedoch dafür, so daß die Diskussion mittlerweile als erledigt gelten kann.[4]

Inhaltlich ist der 'Alexander-Anhang' vor allem dadurch bemerkenswert, daß er sich – ganz im Gegensatz zum Hauptwerk – von der Tradition löst und eine frei erfundene Erzählung auf der Basis des überlieferten Stoffes bietet. So etwas kommt ansonsten in der Alexander-Tradition nicht gerade häufig vor; meist sind es allenfalls Details, die abgewandelt werden. Die Forschung hat – vielleicht gerade deshalb – eher mit Irritation als mit Begeisterung auf dieses merkwürdige Kuckucksei von einem Alexandertext reagiert. Bereits Wendelin TOISCHER, der Herausgeber der noch heute maßgeblichen Ulrich-Edition, kommentiert im Vorwort zu seiner Ausgabe von 1888 den 'Alexander-Anhang' mit den Worten: „Es zeigt sich da ein bedeutendes nachlassen der geistigen kräfte des dichters [...]"[5].

In diesem Punkt nun möchte ich Widerspruch anmelden. Ich halte das Werk für ein bisher völlig unterschätztes kleines Juwel, das in seinen literarischen Qualitäten den fünfzehnfach längeren Haupttext des 'Alexander' weit hinter sich läßt. Gerade die Wahl

Wenden' und im 'Anhang' der 'Alexandreis'. In: Zeitschrift für deutsche Philologie 99 (1980). S. 355–384, bes. S. 375–382 sowie Behr [Anm. 1], S. 225–229.

3 Vgl. hierzu das Vorwort von Toischer zu Ulrich von Etzenbach [Anm. 1], S. XVI; Friedrich Repp: Der Anhang zum Alexander des Ulrich von Eschenbach. In: Zeitschrift für deutsches Altertum und deutsche Literatur 68 (1931). S. 33–66; Hans-Friedrich Rosenfeld: Zum Alexander-Anhang Ulrichs von Eschenbach. In: Zeitschrift für deutsches Altertum und deutsche Literatur 68 (1931). S. 275–283; Ders.: Der Kreuzfahrtdichter und Ulrichs von Eschenbach Anhang zum Alexander. In: Zeitschrift für deutsche Philologie 56 (1931). S. 395–410; Hans-Joachim Behr: Literatur und Politik am Böhmerhof. Ulrich von Etzenbach, 'Herzog Ernst D', und der sog. 'Anhang' zum 'Alexander'. In: Zeitschrift für deutsche Philologie 96 (1977). S. 410–429, hier S. 427–429. Eine Widerlegung von Behrs Argumenten findet sich unter anderem bei Kohlmayer [Anm.2], S. 375f.

4 Vgl. etwa Behr [Anm.1], S. 226; Ders.: Ulrich von Etzenbach. In: Verfasserlexikon. Bd. 9 (^{2}1995). Sp. 1256–1264, hier Sp. 1263; Kohlmayer [Anm.2], S. 376; Helmut de Boor: Die deutsche Literatur im späten Mittelalter. Teil 1: 1250–1350. 5. Aufl., neubearb. von Johannes Janota. München 1997 (Geschichte der deutschen Literatur von den Anfängen bis zur Gegenwart, III, 1). S. 107.

5 Toischer im Vorwort zu Ulrich von Etzenbach [Anm. 1], S. XVI.

der bescheidenen Startposition als 'Anhang' nämlich ermöglicht dem Dichter eine überraschend freie und kreative Entfaltung seiner Ideen. Diese Chance nutzt er dazu, ein komplexes Werk zu schaffen, das auf engstem Raum philosophische und politische Grundsatzüberlegungen in eine eingängige Handlungsstruktur übersetzt. Diese gewinnt durch das Auftreten der Figuren Alexander und Aristoteles historische Autorität, ist aber andererseits durch ein dichtes Netz von Bezügen mit Ulrichs Gegenwart verbunden. Nur anfangs beugt sich der Dichter der Notwendigkeit, seine Neuschöpfung als lediglich neuentdecktes kleines Seitenstück des Bekannten zu deklarieren. Dann folgt die erstaunliche Geschichte von Alexanders Auseinandersetzung mit den Bürgern einer ganz besonderen Stadt.

Es wird berichtet, wie der Makedonenkönig bei der Verfolgung des flüchtigen Darius vor die Hafenstadt Trîtôniâ gelangt. Nach einer repräsentativen Falkenjagd vor den Stadtmauern schickt Alexander einen Boten mit einer Vorladung in die Stadt. Abgesandte des städtischen Rates erscheinen daraufhin vor den Toren. Auf die Unterwerfungsforderung Alexanders reagieren sie mit einer Bitte um Aufschub: Sie müßten erst einen Entscheidungsprozeß innerhalb der städtischen *comûn* in Gang setzen (V. 265–286). Alexander nimmt all dies wenig ernst (*ir zogen daz ist doch umb sust* [V. 296]), läßt sich jedoch auf die Vertagung ein und nutzt die Zeit für eine weitere Falkenjagd. Allerdings fordert er beim nächsten Treffen nicht mehr nur formale Unterwerfung, sondern auch den überfälligen Zins und sofortiges Erscheinen in seinem Lager (V. 320–322). Die Bürger argumentieren dagegen mit der Tradition – die Stadt sei seit Tausenden von Jahren unabhängig – und mit dem Naturrecht:

in dem buoche der natûre wir lesen	(In dem Buch der Natur lesen wir
von der natûre rehte,	über das Naturrecht,
daz al menschlich geslehte	daß das ganze Menschengeschlecht
ist von rehte der natûre vrî [...].	vom Naturrecht her frei ist).
(V. 344–347)	

Die einzige Instanz, der die Bürger von Trîtôniâ zu dienen bereit sind, ist Gott – in seiner Rolle als Natur- und Schöpfergott. An diese Stelle gehört das eingangs angeführte Zitat, an das sich eine weitere Provokation anschließt:

unser vrîheit hab wir von got,	(Unsere Freiheit haben wir von Gott,
niht von iuwerm künge sie,	nicht von eurem König,
noch wir im geben wellen die.	und wir wollen sie ihm auch nicht geben.
sô lange und er liget hie vor,	Solange er uns belagert,
sô wesen offen unser tor:	werden unsere Tore offen sein:
er gebiet dâ er gebieten sol,	Er möge herrschen, wo es ihm zukommt,
daz vüeget sînen rehten wol.	das entspricht seinen Rechten).
(V. 376–381)	

Dem Angreifer wird damit nicht nur jede Berechtigung zur Einnahme der Stadt abgesprochen, sondern die Bürger bekunden mit herablassender Geste, daß sie sich nicht einmal die Mühe machen werden, die militärische Präsenz der Makedonen mit entsprechenden Verteidigungsmaßnahmen zu beantworten. Ihre Machtmittel liegen auf einer anderen Ebene, wie sich bald zeigt.

Alexander entschließt sich zur Erstürmung. Das Heer marschiert auf – doch plötzlich verweigern die Pferde den Gehorsam und sind nicht zum Weitergehen zu bewegen. Der Feldherr ist ratlos, befiehlt aber für den kommenden Tag einen Fußangriff. Am nächsten Morgen jedoch befindet sich plötzlich ein breiter, schiffbarer Fluß zwischen den Angreifern und ihrem Ziel. Es werden Boote gebaut, doch als diese sich den Stadttoren nähern, verschwindet das Wasser wieder und läßt die Flotte auf Grund laufen. Anschließend erhebt sich ein erstickender Nebel, der die Soldaten vertreibt und Krankheiten verbreitet. Die zurückgelassenen Schiffe werden von den Stadtbewohnern verbrannt. Empört nimmt sich Alexander vor, erst abzuziehen, wenn er die Stadt erobert und zerstört hat. Zwei städtische Boten, die mit Briefen an Darius ertappt werden, will er hinrichten lassen, woran ihn aber seine Berater hindern. Statt dessen verhört er die beiden. Sie erklären ihm den Hintergrund der städtischen Verteidigungstechnik: Es handelt sich bei Trîtôniâ um eine Art stadtgewordener Universität mit 'naturkundlichem' Schwerpunkt. Außer der zentralen Fächertrias Alchemie, Astronomie und Zauberei werden Rhetorik, Logik, Musik, Metaphysik, Philosophie, Jura und Sprachen betrieben, und auch die Auslegung des Alten Testamentes kommt nicht zu kurz. Mit Hilfe dieses angehäuften Wissens lasse sich, wie die Boten versichern, die Stadt gegen jeden Überfall schützen, so daß plumpe Gewalt wie der Angriff Alexanders keinerlei Aussicht auf Erfolg habe. Alexander hält trotz dieser unerwarteten Widerstände an seinem Vorsatz fest, Trîtôniâ zu besiegen, und schreibt deshalb einen Brief an seinen Lehrer Aristoteles, in dem er das naturkundliche Wissen der Bürger schildert, das sie zu gefährlichen Feinden mache. Er klagt über den 'unverschämten' Freiheitsanspruch der Stadtbewohner und bekräftigt seine Absicht, sie blutig zu unterwerfen. Der Weise aber antwortet mit der Erklärung, wer frei sei, dürfe nicht gewaltsam unterworfen werden. Da die Bürger von Trîtôniâ offensichtlich mit Weisheit begabt seien, würden sie sich, so Aristoteles, einem vernünftig begründeten Herrschaftsanspruch nicht verschließen; sie genössen aber als Kundige der Freien Künste grundsätzlich ein legitimes Freiheitsrecht. Alexanders Blutdurst findet daher keine Gnade vor den Augen des Meisters. Er richtet sich nach dem Rat des Weisen und mäßigt sich. Statt seine militärische Eroberungsstrategie fortzusetzen, schreibt er einen Brief an den Rat der Stadt, in dem er seinen Machtanspruch als göttlichen Auftrag und als Handeln im Sinne der Natur zu legitimieren sucht. In der Ratsversammlung von Trîtôniâ wird der Brief zur Diskussion gestellt. Ein alter Astrologe weist darauf hin, daß man schon lange in den Sternen von der bevorstehenden Ankunft eines Weltkaisers gelesen habe: Vielleicht sei damit Alexander gemeint; gerade dessen nunmehr so bescheidene Haltung spreche für eine solche

Deutung. Das Volk entschließt sich daraufhin einstimmig zur Übergabe der Stadt, und Alexander zieht feierlich ein.

Ulrichs Dichtung präsentiert ihre politische Theorie nicht in Form eines fertigen Modells, sondern als historischen Vorgang, in dessen Verlauf unterschiedliche Perspektiven auf das Problem der angemessenen Legitimation von Herrschaft vorgeführt werden können. Vier verschiedene Positionen lassen sich unterscheiden: Da ist zunächst der ursprüngliche Standpunkt Alexanders, der ihn selbst als unumschränkten Herrscher und die Stadt als passive politische Verfügungsmasse vorsieht. Im Gegensatz dazu steht – zweitens – die Haltung der Städter, die sich auf ihre angestammte Freiheit berufen. Vermittelnd, dabei jedoch theoretisch-distanziert äußert sich Aristoteles, indem er seinen Schüler zur Mäßigung anhält. Alexander greift anschließend in seiner revidierten Stellungnahme dessen Gedanken auf, untermauert sie mit weiteren Argumenten und setzt sie in einen neuen Überzeugungsversuch um, der von den Stadtbewohnern dann auch angenommen wird.

Indem Ulrich, wie erwähnt, der Stadt Trîtôniâ Züge einer mittelalterlichen Universität verleiht, stellt er selbst sein Werk in den Horizont gelehrter Auseinandersetzungen. Es liegt daher nahe, die Debatte zwischen Bürgern und eroberungswütigem König als Abwandlung einer formalisierten Disputation zu sehen, wie sie den mittelalterlichen Schulbetrieb prägte. Dabei wurden, teilweise in ebenso öffentlicher Form wie vor den Toren Trîtôniâs, eine These und eine Antithese von verschiedenen Sprechern miteinander konfrontiert und argumentativ begründet; den Schluß bildete die *Determinatio*, eine Lehrentscheidung durch den Magister.[6] These und Gegenthese werden in diesem Fall von Alexander bzw. den Stadtbewohnern vorgetragen; die *Determinatio* ist ersetzt durch den Brief des gelehrten Aristoteles. Die praktischen Konsequenzen aber, die sich aus dieser Entscheidung ergeben, und der versöhnliche Brief Alexanders an die Städter passen nicht mehr in das Disputationsschema und machen deutlich, daß es Ulrich um mehr geht als um das theoretische Abhandeln eines akademischen Streitpunktes. Die Grundlagen des Herrschens selbst werden in seiner Dichtung in Frage gestellt, und aus ihrer kritischen Durchleuchtung ergibt sich ein neues, bescheidenes Selbstbild des Regenten sowie ein verändertes Verhältnis zwischen ihm und seinen Untertanen. Dieses Ergebnis dürfte im übrigen durchaus dazu angetan gewesen sein, Ulrichs neue Gönner, den aufstrebenden böhmischen Hochadel, zufriedenzustellen.

6 Vgl. Jacques Verger: Disputatio(n), [3]. In Lexikon des Mittelalters. Bd. 3 (1986). Sp. 1119.

3. Naturvorstellung

Wie nimmt sich nun vor diesem Hintergrund die Bedeutung des Naturbegriffs aus? Welche Rolle spielt er für die Begründung der unterschiedlichen politischen Positionen? Welchen Stellenwert hat z. B. das eingangs angeführte Zitat, in dem die Trîtônier bekunden, nur dem 'Gott der Natur' gehorchen zu wollen? Auf den ersten Blick scheint es, als ließen sich diese Fragen leicht beantworten: Die Stadtbewohner berufen sich auf eine höhere Instanz, um Alexanders Herrschaftsanspruch zurückweisen zu können, und da die Geschichte ja in vorchristlicher Zeit spielt, wird Gott eben vage als Natur- und Schöpfergottheit umschrieben. Doch bei näherem Hinsehen wird deutlich, daß es sich bei dieser Äußerung keineswegs nur um ein Lippenbekenntnis handelt. Die Bewohner Trîtôniâs befinden sich im vollen Sinne des Wortes im Bunde mit der Natur. Ihrer Erforschung widmen sie einen Großteil ihrer wissenschaftlichen Bemühungen, auf ihre Kräfte verlassen sie sich aber auch bei der praktischen Verwaltung und Verteidigung der Stadt. Die städtischen Unterhändler, die Alexander dazu befragt, geben folgende Erklärung ab:

hêrre, unser stat
von kunst irn namen hât
Trîtôniâ,
quasi triplex sapientiâ:
von drîer hande wîsheit
ist der name ir geleit,
der die burger dar in
vorderlich volkomen sîn
vor andern künsten: der ist vil,
die ich nû lâzen wil
und iu sagen von drin,
die gar bereite wesen in.
die eine ist alchimîâ,
die ander astronomîâ.
dar nâch nigromancîe
[...].

von der alchimîen vil
sie haben guotes unde rîcheit,
von der astronomîen wîsheit,
von der wârn nigromancîen
vor vînden sint sie die vrîen:
waz in die sint ze vâre,
daz wegen sie gegen eim hâre,
sô vil sô sie beswæren
daz mac und erværen.
(V. 879–916)

(Herr, unsere Stadt
hat ihren Namen von der Wissenschaft:
Trîtôniâ,
quasi triplex sapientia,
nach der dreifachen Gelehrsamkeit
wurde der Name ihr gegeben,
in der ihre Bürger
ganz besonders vollkommen sind,noch mehr
als in anderen Künsten: davon gibt es viele,
von denen ich nun nicht sprechen will,
sondern nur die drei nennen,
die ihnen besonders zu Gebote stehen.
Die eine ist Alchemie,
die andere Astronomie,
die dritte Nigromantik
[...].

Durch die Alchemie haben sie viel
Besitz und Reichtum,
durch die Astronomie Wissen,
durch die echte Nigromantik
sind sie vor Feinden sicher:
Was die ihnen an Gefahr bringen können,
das wägen sie gegen ein Haar auf –
mehr kann es sie nicht belasten
und erschrecken).

Weil die angeführte naturkundliche Fächertrias in verschiedener Hinsicht eine tragende Rolle im Text spielt, lohnt es sich, ihre einzelnen Elemente etwas genauer zu betrachten. Da ist zunächst die Alchemie, die der Stadt nach Auskunft der Boten 'Besitz und Reichtum' verschafft. Diese Äußerung wirkt auf den ersten Blick unproblematisch – liegt es doch in einer so von Arkanwissen geprägten Gemeinschaft nahe, alchemistisch erzeugtes Gold zur Auffüllung des Stadtsäckels einzusetzen. Doch die bloße Behauptung, dieses sei möglich, berührt bereits einen heiklen Streitpunkt unter Ulrichs Zeitgenossen. Zwar bemühten sich weltliche und geistliche Machthaber aller Art vom Hochmittelalter bis ins 18. Jahrhundert hinein, mit Hilfe von Alchemisten ihr Einkommen aufzubessern[7]; doch gerade um 1300, als diese Praxis einen ersten Höhepunkt erreichte, traten auch zahlreiche Kritiker auf den Plan, die die Echtheit des alchemistisch hergestellten Goldes bestritten und verlangten, man solle den Falschmünzern das Handwerk legen.[8] Nicht zuletzt aufgrund dieser politischen Brisanz ließ zugleich die theoretische Beschäftigung mit der Metallumwandlung an den Universitäten merklich nach.[9]

Innerhalb des heiklen Spannungsfeldes für-oder-gegen-Alchemie positioniert Ulrich also mit seinem scheinbar harmlosen Vers die Stadtbewohner auf der Seite derjenigen, die das Goldmachen als reale und nützliche Kunst ansehen. Mit dieser Anspielung aber begnügt er sich nicht. Zunächst läßt er seinen Alexander in dem hilfesuchenden Brief an Aristoteles das Thema ausbauen. Ehrfürchtig schreibt der Makedonenkönig über die Trîtônier:

mit der wâren alchimîen	(Mit wahrer Alchemie
wâr silber sie von êre	machen sie echtes Silber aus Erz.
zuo bringen. sie tuon mêre,	Und noch mehr tun sie:
golt sie von blî machen	sie machen Gold aus Blei
mit rehter wârheit sachen,	und zwar tatsächlich,
niht als mit irn listen	nicht wie die unehrlichen Sophisten
die unwâren sophisten	es als unbeständige Substanz
ez zuo bringen unwerhaft:	zustandebringen.
ir werc sîn stæter craft.	Ihr Produkt ist dauerhaft).
(V. 1056–1064)	

7 Vgl. hierzu Will H. L. Ogrinc: Western society and alchemy from 1200 to 1500. In: Journal of Medieval History 6 (1980). S. 103–132.

8 Vgl. Barbara Obrist: Die Alchemie in der mittelalterlichen Gesellschaft. In: Christoph Meinel (Hg.): Die Alchemie in der europäischen Kultur- und Wissenschaftsgeschichte. Wiesbaden 1986 (Wolfenbütteler Forschungen 32). S. 33–59, hier S. 52f.

9 Vgl. Obrist [Anm. 8], S. 48–53.

Diese Aussage unternimmt einen ersten Schritt zur Differenzierung. Zwar gibt es ihr zufolge durchaus Scharlatane unter den Alchemisten, aber die grundsätzliche Möglichkeit des Goldmachens besteht nach Alexanders Ansicht dennoch, und sie wird von den Stadtbewohnern in höchster Vollendung genutzt. Die Position des Makedonen aber wird ihrerseits in der Antwort seines Lehrmeisters in Frage gestellt, und zwar mit so deutlichen Worten und so viel prestigeträchtiger Gelehrsamkeit, daß man in dieser abschließenden Darlegung möglicherweise eine Stellungnahme des Dichters sehen kann. Aristoteles befindet:

alchimisten der ist vil.
dar ûf ich nû niht wil,
hêrre, reden vürbaz.
ir meister suln wizzen daz
wie mit menschlîcher künste craft
alsus natiurlich geschaft
wârer künste nieman
mit nihte verwandeln kan.
die kunst gêt der natûre nâ:
noch sie begrîfet dâ,
doch sie sich arbeite vil.
ouch Sêneca daz alsô wil,
wie daz solicher künste list
ein affe der natûre ist.
ich wil selbe, daz ez sô sî.
blî muoz wesen blî,
ez mac kein golt niht gesîn,
daz selbe kupfer noch daz zin:
mit der wârheit geschiht
von sîner art manz bringet niht:
man verbez silber ûzerlich,
sîn art behelt ez innerlich.
(V. 1257–1278)

(Alchemisten gibt es viele,
Herr, darüber
will ich mich nicht weiter auslassen.
Ihre Meister sollen wissen, daß
mit der Kraft menschlicher Kunst
niemand die natürliche Schöpfung
der wahren [göttlichen] Kunst
auf irgendeine Weise verwandeln kann.
Die Kunst kommt der Natur nahe,
aber sie erreicht sie nicht,
so sehr sie sich auch bemüht.
Auch Seneca sieht das so,
nämlich, daß die Technik solcher Künste
eine Nachäffung der Natur ist.
Ich selbst bin auch der Meinung, daß es so sei.
Blei muß Blei bleiben,
es kann kein Gold werden,
ebenso weder Kupfer noch Zinn.
In Wirklichkeit
kann man seinen Charakter nicht verändern:
Man färbt es äußerlich silbern,
aber innen behält es seine Art).

Diese Passage erhielt für das Publikum erhebliches Gewicht durch die bloße Zuschreibung an Aristoteles, dessen überragende Autorität in naturkundlichen Dingen im Mittelalter außer Frage stand. Zusätzlichen Wahrheitsanspruch konnte der Text für den gelehrten Kenner aus der Tatsache gewinnen, daß er als Bearbeitung einer berühmten 'echten' Aristoteles-Stelle erkennbar war. In Wirklichkeit freilich handelt es sich um eine Äußerung des Avicenna, die durch den Übersetzer Alfredus Anglicus in die kommentierte lateinische Version der 'Meteorologica' eingeflossen war und im Mittelalter weite Verbreitung als aristotelisches Gedankengut fand. Der Kernsatz lautet:

> *Ars est debilior quam natura et non consequitur eam quamvis multum laboret. Quare sciant artifices alkimie species metallorum mutare non posse, sed similia facere possunt* [...].[10] (Die Kunst ist schwächer als die Natur und erreicht sie nicht, so sehr sie sich auch bemüht. Daher mögen die Handwerker der Alchemie wissen, daß sie die Arten der Metalle nicht verändern, sondern nur ähnliche herstellen können [...]).

Als würde zur Untermauerung der Alchemie-Kritik eine solche Ballung von gelehrter Autorität nicht ausreichen, unterstreicht Ulrich den Anspruch der Passage noch dadurch, daß er seinen Aristoteles auf die gleichlautende Meinung Senecas verweisen läßt, was freilich der – auch im Mittelalter bekannten – geistesgeschichtlichen Chronologie ins Gesicht schlägt. Aber darum geht es an dieser Stelle nicht. Vielmehr kommt es dem Dichter offenbar darauf an, der abschließenden kritischen Beurteilung der Alchemie ein möglichst großes Gewicht zu verleihen. Hier allerdings stellt sich erneut die Frage nach der Funktion dieses Manövers; denn schließlich geht es in Ulrichs Werk nicht vorrangig um naturkundliche Probleme, sondern um Fragen von Freiheit, Herrschaft und der richtigen Regierungsform.

Eine Antwort liegt vielleicht im inhaltlichen Zusammenhang des Aristoteles-Briefes. Die Alchemie-Passage ist nämlich recht überraschend an einer Stelle eingeschoben, die sich mit der Bedeutung der Freiheit beschäftigt und die Tatsache zu begründen sucht, daß angeborene Freiheit ein unverlierbares Gut darstellt, das auch durch Unterdrückung nicht zerstört werden kann (V. 1161–1256). Hier läßt sich leicht eine metaphorische Analogie herstellen zur Dauerhaftigkeit der ursprünglichen Eigenschaften der Metalle, zumal in beiden Fällen die Natur als Garantin der Stabilität erscheint, der gegenüber alle menschlichen Bemühungen zum Scheitern verurteilt sind.

Auf einer anderen Ebene trägt die aristotelische Alchemie-Kritik dazu bei, die Autorität sowohl der Städter als auch des Makedonenkönigs als begrenzt erscheinen zu lassen: Im Besitz der vollen Wahrheit ist allein der Gelehrte, und so wirkt es um so plausibler, wenn sich aufgrund seiner mäßigenden Einwirkung am Ende die Streitparteien auf einen Mittelweg einigen.

Nach dieser ausführlichen Diskussion der Alchemie nun zu den anderen beiden Hauptdisziplinen des trîtônischen Fächerkanons. Über die Astronomie bemerken die städtischen Boten lediglich, sie bringe den Bewohnern von Trîtôniâ *wîsheit*. Gemeint ist damit natürlich die astrologische Erkenntnis künftiger Ereignisse – und diese Fähigkeit

---

10 Avicennae de congelatione et conglutinatione lapidum, being sections of the Kitâb al-Shifâ'. Hrsg. von Eric J. Holmyard u. Desmond Ch. Mandeville. Paris 1927. S. 53f. – Vgl. zu diesem Komplex Obrist [Anm. 8], S. 43f.; Pieter L. Schoonheim: Aristotle's Meteorology in the Arabico-Latin Tradition. A Critical Edition of the Texts, with Introduction and Indices. Leiden, Boston, Köln 2000. S. XIX; Alfred of Sareshel's Commentary on the Metheora of Aristotle. Hrsg. von James K. Otte. Leiden u. a. 1988. S. 11f.; Bernhard Dietrich Haage: Alchemie im Mittelalter. Ideen und Bilder – von Zosimos bis Paracelsus. Zürich 1996. S. 132–134 und 161f.; Lynn Thorndike: A history of magic and experimental science during the first thirteen centuries of our era. Bd. 2. London 1923. S. 249f.

nötigt Alexander sogar noch größeren Respekt ab als die Alchemie, wie er in seinem Brief an Aristoteles bekennt:

sie wizzen der plânêten louf,	(Sie kennen den Gang der Planeten,
der luft môvieren und ir art,	die Bewegungen der Luft und ihr Wesen,
der sterne ganc und widervart.	den Gang und die Rückwärtsbewegung der Sterne.
in dem luft, als sie jehen,	Aus der Luft können sie, wie sie sagen,
sie vernemen waz vürbaz geschehe	herauslesen, was künftig geschehen
sol: uns ist besunder,	wird: als ganz besonderes Wunder
meister, daz ein wunder.	erscheint uns das, Meister).
(V. 1066–1072)	

Doch bei einer theoretischen Erörterung bleibt es nicht: Am Ende der Handlung läßt Ulrich die astrologischen Kenntnisse der Trîtônier eine wesentliche Rolle spielen; denn nach der Verlesung von Alexanders Brief an die Stadt wird die endgültige Entscheidung zur Kapitulation durch einen Gelehrten ausgelöst:

ein alder hêrre ûz dem rât,	(Ein alter Ratsherr,
der kunst bî wîsheit hât,	der praktische und theoretische Weisheit besaß,
ein wâr astronomus,	ein wahrer Astronom,
der sprach ze dem volke sus	der sprach so zum Volk:
'wir haben lange wîs	'Wir haben schon vor langer Zeit
ervunden daz in astrîs,	aus den Sternen gelesen,
[...]	[...]
daz ein keiser sulle komen,	daß ein Kaiser kommen solle,
der in allen rîchen	der in allen Reichen
nâch reht gewaldeclîchen	gerecht und mächtig
gar der werlde dieten	über alle Völker der Welt
sol vorderlich gebieten:	die Oberherrschaft haben solle:
der mac dirre hêrre sîn'.	Das könnte dieser Herr sein').
(V. 1663–1675)	

Diese Stellungnahme, die dem Volk von Trîtôniâ so sehr einleuchtet, daß es Alexander als Stadtherrn akzeptiert, mußte auch bei Ulrichs Publikum eine Reihe von überzeugungskräftigen Assoziationen auslösen. Schon seit dem frühen Mittelalter waren nämlich in ganz Europa Prophezeiungen im Umlauf, die die Figur des Makedonenkönigs mit einem künftigen Weltkaiser in Verbindung brachten[11], und darüber hinaus kursierten um 1300 in Böhmen auch entsprechende Texte, die der einheimischen Herrscherdy-

11 Vgl. hierzu Franz Kampers: Alexander der Große und die Idee des Weltimperiums in Prophetie und Sage. Grundlinien, Materialien und Forschungen. Freiburg 1901 (Studien und Darstellungen aus dem Gebiete der Geschichte Bd. I, 2 und 3).

nastie unter Anspielung auf Alexander diese Rolle zuschrieben.[12] Wie bei der Behandlung der Alchemie bewegt sich Ulrich also auch hier auf einem Terrain, das für die Zeitgenossen einige aktuelle Bedeutung besaß.

Etwas anders verhält es sich bei der dritten Kunst, der *nigromancîe*. Doch auch in Bezug auf diese Wissenschaft läßt es Ulrich nicht mit einer bloßen Erwähnung bewenden, sondern gibt ihr eine tragende Rolle in der Handlung. Die Abwehrmaßnahmen nämlich, die die belagerten Städter gegen die Offensive der Makedonen ergreifen, basieren durchgehend auf geschickt angewandter Zauberei, und Alexander führt dementsprechend gegenüber Aristoteles sein militärisches Scheitern auf die *nigromancîe* zurück (V. 1046–1051). Trotzdem wird deutlich, daß dieser Begriff bei Ulrich keineswegs mit einer negativen Bedeutung belastet ist. Die Stadtbewohner rühmen sich in aller Unschuld ihrer Kenntnis der Schwarzen Magie, und sie werden auch vom Dichter an keiner Stelle dafür getadelt. Sogar Aristoteles zählt die Nigromantik unter die Freien Künste (V. 1239). Die neutrale Verwendung des Wortes *nigromancîe* im Sinne von 'Magie allgemein' ist im Mittelhochdeutschen auch sonst verbreitet[13], so daß es wohl zumindest in diesem Bereich unangebracht ist, die angeblich anrüchige Nigromantik anderen, im Mittelalter ethisch akzeptableren Formen der Magie gegenüberzustellen, wie dies gelegentlich geschieht.[14]

Die *nigromancîe* der Stadtbewohner erscheint also in ihrer praktischen Anwendung gegenüber Alexander als zwar aggressiv getönte, aber im Grunde neutral beurteilte Nutzung gelehrten Wissens. Dabei steht, entsprechend der naturkundlichen Ausrichtung des trîtônischen Curriculums, der Einsatz natürlicher Kräfte im Mittelpunkt: Alexanders Pferde verweigern sich, scheuen und kehren um, ein Fluß ergießt sich vor den Mauern und verschwindet im geeigneten Moment wieder, ein übelriechender Nebel steigt auf, der Krankheiten ins makedonische Lager trägt.

Doch auch abgesehen von der praktischen Nutzung der Fächertrias Alchemie, Astronomie und Zauberei greifen die Stadtbewohner auf ihre enge Beziehung zur Natur zurück, um sich gegen Alexanders Ansprüche zur Wehr zu setzen. Auf argumentativer Ebene nämlich wird von ihnen die Schöpfungsordnung als Basis verwendet, um eine juristische Position aufzubauen, der zufolge jede gewaltsame Machtaneignung als illegitim anzusehen ist. Es heißt:

---

12 Vgl. hierzu Ruth Kestenberg-Gladstein: A Joachimite Prophecy Concerning Bohemia. In: The Slavonic and East European Review 34 (1955/56). S. 34–55.

13 Diese Tatsache läßt sich aus dem Belegmaterial des entstehenden neuen Mittelhochdeutschen Wörterbuches erschließen; vgl. z. B. die Beschreibung des bewundernswerten Zauberers Nektânabus bei Rudolf von Ems: *er waer al der liste vol / die man von wîsheit wizzen sol. / von nigromanzîe / und von astronomîe / kunde er waz er wolde.* (V. 125–129). Rudolfs von Ems 'Alexander'. Ein höfischer Versroman des 13. Jahrhunderts. Hrsg. von Victor Junk. Leipzig 1928/29 (Bibliothek des Litterarischen Vereins in Stuttgart 272/74). [Neudruck Darmstadt 1970].

14 Vgl. Guido Jüttner: Magia naturalis. In: Lexikon des Mittelalters. Bd. 6 (1993). Sp. 82.

in dem buoche der natûre wir lesen
von der natûre rehte,
daz al menschlich geslehte
ist von rehte der natûre vrî;
niemen des andern eigen sî
noch betwungen sulle sîn,
niur als die liute daz wellen in:
sie werden geborn alle vrî,
natiurlich daz alsô sî.
daz sî iu dâ bî merclich,
sô ir und wir gemeinlich
gelîcher geburt werden
geborn her ûf erden
und uns nimt ein gemeiner tôt,
und noch der künec noch sîn gebot
mac uns der geburt verirren
noch den tôt gevirren
noch wir von sînen gnâden leben;
wes sul wir uns im ze dienste geben,
der tôtlich ist als wir ?
(V. 344–363)

(In dem Buch der Natur lesen wir
über das Naturrecht,
daß das ganze Menschengeschlecht
vom Naturrecht her frei ist.
Niemand sei das Eigentum des anderen,
noch solle er beherrscht werden,
nur in dem Maße, wie es die Leute selbst wünschen:
Sie werden alle frei geboren,
so ist es von Natur aus.
Folgendes sollt Ihr dabei bedenken:
Wenn Ihr und wir gleichermaßen
und mit gleicher Geburt
zur Welt gebracht werden
und uns der gleiche Tod fortnimmt,
und weder der König noch seine Gesetze
uns die Geburt verweigern
oder uns vor dem Tod bewahren können,
und wir auch nicht von seinen Gnaden leben –
weshalb sollten wir uns dann jemandem zu Diensten
geben, der sterblich ist wie wir ?).

Diese Passage wirkt frappierend modern und erinnert in ihrer Diktion und Stoßrichtung an die amerikanische Unabhängigkeitserklärung. Auch für mittelalterliche Verhältnisse ist sie ungewöhnlich. Zwar sind bereits seit dem Frühmittelalter philosophische Gedankengänge überliefert, die von der modernen Forschung als „Naturrecht vor dem Naturrecht“ beschrieben werden[15], doch handelt es sich dabei durchweg um Argumente, die die persönliche Freiheit des Individuums betreffen und die Institution der Sklaverei in Frage stellen. Hier aber geht es darum, ein Gemeinwesen gegen politische Herrschaftsansprüche in Schutz zu nehmen – die Stadt Trîtôniâ selbst wird gewissermaßen zum Subjekt der Freiheit erhoben und die Natur avanciert zur Schutzpatronin bürgerlicher Freiheitsrechte, die in kodifizierter Form erst Jahrhunderte später vorliegen werden. Die einzige Instanz, die noch über der Natur steht, ist Gott in seiner Funktion als Herr des Geschaffenen, und ihm allein gegenüber sind die Trîtônier daher zu bedingungsloser Unterordnung bereit, wie ihre eingangs zitierte Stellungnahme deutlich macht.

15 Bernhard Töpfer: Naturrechtliche Freiheit und Leibeigenschaft. Das Hervortreten kritischer Einstellungen zur Leibeigenschaft im 13.–15. Jahrhundert. In: Jürgen Miethke u. Klaus Schreiner (Hgg.): Sozialer Wandel im Mittelalter. Wahrnehmungsformen, Erklärungsmuster, Regelungsmechanismen. Sigmaringen 1994. S. 335–351, hier S. 336. – Zu naturrechtlichen Konzeptionen in Antike und Früher Neuzeit vgl. Merio Scattola: Das Naturrecht vor dem Naturrecht. Zur Geschichte des „ius naturae“ im 16. Jahrhundert. Tübingen 1999.

Es stellt sich nun die Frage, wie im Vergleich zu dieser elaborierten und philosophisch anspruchsvollen Naturvorstellung die entsprechende Konzeption des Makedonenkönigs beschaffen ist. Der Unterschied könnte krasser nicht sein. Für Alexander ist Natur, zumindest in der ersten Hälfte des Textes, allenfalls als Staffage für höfische Repräsentation denkbar: So veranstaltet er vor den Stadtmauern Trîtôniâs gleich zweimal eine prunkvolle Falkenjagd, um seinen künftigen Besitz demonstrativ in Augenschein zu nehmen und um die – seiner Ansicht nach sinnlosen – Ratsversammlungen abzuwarten. Die Falkenjagd war im Mittelalter, schon wegen ihrer Kostspieligkeit, ein klassisches Selbstvergewisserungsritual höfischer Eliten, mit dessen Hilfe man sich bewußt von anderen gesellschaftlichen Gruppen absetzen konnte: „Ihr [der Falkenjagd] winkte ein Aufstieg sondersgleichen: von einer Form subsistenzsichernder Fleischversorgung, von notwendiger und nützlicher Geschicklichkeit zum Ausdruck adelig-höfischer Lebensform, innerer Zucht und neu errungener Wissenschaftlichkeit. Er lief parallel zur ‚Entwaffnung' und ‚Entjagdung' der Bauern und damit zur Entstehung des Rittertums, spiegelte diese, ja könnte ein Instrument und Vehikel der Verritterlichung des Adels gewesen sein"[16]. Daher ist die dichterische Entscheidung, ein solches Ritual gerade vor den Mauern einer belagerten Stadt stattfinden zu lassen, als Darstellung eines besonders geschickten Aktes „höfischer Machtkommunikation"[17] anzusehen; denn die Angreifer weisen durch diese Form der Prunkentfaltung nicht nur auf ihre überlegenen Mittel, sondern auch auf ihren Status als Adelige hin, der sie von den bürgerlichen Stadtbewohnern abhebt. Ulrich greift auf dieses Motiv auch im Haupttext seines Alexanderromans an einer Stelle zurück. Bei der Beschreibung der Belagerung Thebens heißt es dort:

ez gebôt der unverzagte	(Der Mutige befahl,
daz man den valkenern sagte.	daß man den Falknern Bescheid gebe.
man sach an im rîchez cleit.	Er trug ein prächtiges Gewand.
die valken wâren dô bereit:	Dann waren die Falken bereit:
man habt sie von dem gezelde,	Man holte sie aus dem Zelt,
er reit mit in ze velde	und er ritt mit ihnen auf das Feld
gegen der stat durch reizen	vor der Stadt hinaus – mehr um zu reizen
mêr dann durch beizen.	als um zu jagen).
('Alexander', V. 3401–3408)[18]	

Besonders die letzten Zeilen machen deutlich, worum es eigentlich geht: um soziale Statusaffirmation und nicht etwa um Nahrungsbeschaffung oder den sportlichen Um-

16 Johannes Fried: Kaiser Friedrich II. als Jäger. In: Werner Rösener (Hg.): Jagd und höfische Kultur im Mittelalter. Göttingen 1997 (Veröffentlichungen des Max-Planck-Instituts für Geschichte 135). S. 149–166, hier S. 151.

17 Ralf Schlechtweg-Jahn: Brechungen im Seriellen. Zur Diskussion von Macht und Herrschaft in deutschsprachigen Alexandertexten des Mittelalters. Habil.schrift [masch.] Bayreuth 2001. S. 167.

18 Vgl. hierzu Behr [Anm.1], S. 226.

gang mit Pferden und Falken. Die literarische Gegenüberstellung von *reizen* und *beizen* gewinnt aber eine zusätzliche Dimension, wenn man weiß, daß 'reizen' im Sinne von 'locken' auch Bestandteil der Jagdterminologie ist.[19] Und genau dieser Effekt ist es, den Alexanders Repräsentationsjagd vor Theben bewirkt: Die Stadtbevölkerung (einschließlich der Herzogin) wird von dem Schauspiel auf die Mauer hinaufgelockt; man bewundert den gegnerischen König für sein höfisches Verhalten und bedauert wortreich, daß er sich im Krieg auf der anderen Seite befindet ('Alexander', V. 3403–3460).

Die Trîtonier hingegen läßt das makedonische Jagdunternehmen völlig unbeeindruckt – sie sind mit ihrer Ratsversammlung beschäftigt, und vor dem Hintergrund ihrer subtilen naturphilosophischen Argumentation erscheint die Falkenjagd ohnehin lediglich als Relikt archaischen adeligen Hochmuts, das den Wertmaßstäben einer bürgerlich-gelehrten Welt nicht mehr gerecht wird. In dieser Einschätzung der Falkenjagd unterscheidet sich die Passage nicht nur von der Thebenepisode im Haupttext, sondern auch von den meisten Jagdschilderungen der mittelhochdeutschen Epik überhaupt.[20] Nimmt man die darin enthaltene Bewertung von Alexanders Naturauffassung zusammen mit der Tatsache, daß er in seinem Brief an Aristoteles zwar die Gelehrsamkeit der Stadtbewohner bewundert, aber zugleich ankündigt, diese samt und sonders ausrotten zu wollen (V. 1081–1086), so wird deutlich, daß Alexanders Haltung zur Natur und Naturforschung nicht gerade in freundlichem Licht dargestellt ist.

Ein Korrektiv dazu bildet die Position des Aristoteles. Bei der Schilderung der Vorgänge vor Trîtônia wird an einer Stelle klar, daß der Gelehrte bereits in seiner früheren Funktion als Erzieher des jungen Alexander darum bemüht war, seinen Schützling zur Bewegung unter freiem Himmel zu animieren – wenngleich hauptsächlich aus Gesundheitsgründen. Die Entdeckung des trîtônischen 'Zauberflusses' geschieht während eines Spaziergangs, den Alexander mit seinen Fürsten unternimmt. Dazu heißt es:

der edel Alexander,	(Der edle Alexander,
daz was sîn gewonheit	das war seine Gewohnheit –
(und ez gehœrt ze der gesuntheit,	und es gehört zur Gesundheitsvorsorge,
als in Aristotiles	wie ihn Aristoteles,
sîn meister het bewîset des	sein Meister, gelehrt hatte,
und ez der döuwunge hœret zuo),	und ist auch wichtig für die Verdauung –
daz er alle morgen vruo	daß er jeden Morgen –
(daz er nimmer tac verlie)	das unterließ er keinen Tag –
der sumerzît sich ergie	im Sommer spazierenging
oder ze velde ze mâze reit,	oder ein wenig draußen ausritt,
als im der meister het geseit,	wie es ihm der Meister geraten hatte,
und sich ermôvierde.	und sich Bewegung verschaffte).
(V. 572–583)	

19 Vgl. zu dieser Stelle Helmut Brackert: „deist rehtiu jegerîe". Höfische Jagddarstellungen in der deutschen Epik des Hochmittelalters. In: Rösener [Anm. 16], S. 365–406, hier S. 378.

20 Vgl. Brackert [Anm. 19], S. 380 u. passim.

Doch Aristoteles würde seiner Rolle als unangefochtene naturkundliche Autorität des Mittelalters[21] nicht gerecht, wenn er nicht auch auf theoretischer Ebene in seinem Brief an den Makedonenkönig auf den Maßstab der Natur verweisen würde. Nachdem er zunächst, wie bereits zitiert, den Glauben Alexanders an die Möglichkeit der alchemistischen Metall-Umwandlung kritisiert hat, wendet er sich der Auseinandersetzung mit Trîtôniâ zu und ermahnt seinen Schüler:

muget ir getuon dise driu:
daz êrste, ob ir sô vil tuget,
daz ir dem luft gebieten muget
und verkêren an ir geschaft;
daz ander, habt ir des die craft,
daz alle wazzer ir vliezen lân,
ze iuwerm gebote stille stân;
daz dritte (merket ez eben),
muget ir bezzer reht gegeben
und bezzern satz dann sie stên
den steten: sô lât vür sich gên
iuwern willen und iuwer gir;
ob ouch des niht vermuget ir,
sô twinget an guete
iuwer herte ungemuete.
(V. 1340–1354)

(Wenn Ihr diese drei Dinge tun könnt:
Erstens, wenn Ihr imstande seid,
die Luft zu beherrschen
und ihre Beschaffenheit zu ändern,
zweitens, wenn Ihr die Macht habt,
alles Wasser am Fließen zu hindern
und auf Euren Befehl stillstehen zu lassen
und drittens – merkt es Euch gut –
wenn Ihr den Städten besseres Recht
und eine bessere Verfassung geben könnt,
als sie haben, dann laßt
Euren Wunsch und Willen geschehen.
Wenn Ihr all das nicht könnt,
dann zwingt Euren wilden Jähzorn
zur Sanftmut).

Natürlich handelt es sich bei diesen Forderungen um ein rein rhetorisches Manöver, das dem König vor Augen führen soll, daß seine Macht im Vergleich zu den Kräften der Natur begrenzt ist und daß sein Herrschaftsanspruch zudem einer Rechtfertigung durch politische Kompetenz bedarf. Der Verweis auf den Maßstab der Naturgewalten Luft und Wasser spiegelt aber auch die Grundsatzrede der Trîtônier, in der sie sich ausschließlich Gott als dem Herrn der Elemente verpflichtet sehen; außerdem läßt sie sich auf den tatsächlichen Verlauf der Belagerung beziehen, bei der ja Wasser in Gestalt des magischen Flusses und Luft mit dem erstickenden Nebel eine wichtige Verteidigungsfunktion für die Stadtbewohner hatten. Im Gegensatz zu Alexander sind diese also in gewissem Umfang sehr wohl imstande, den beiden Elementen zu gebieten, so daß ihre Forderung nach politischer Autonomie selbst vor den rhetorisch überspitzten Ansprüchen des Aristoteles bestehen kann.

Nachdem all dies zur Deutung des Abschnittes gesagt ist, muß allerdings darauf hingewiesen werden, daß sämtliche beschriebenen Bezüge nicht dadurch entstehen, daß Ulrich in dem Aristoteles-Brief eine raffinierte künstlerische Erfindung aufbaut, son-

21 Vgl. hierzu Martin Grabmann: Aristoteles im Werturteil des Mittelalters. In: Ders.: Mittelalterliches Geistesleben. Bd. 2. München 1936. S. 63–102.

dern dadurch, daß er die literarische Tradition in geschickter Weise nutzt. Es handelt sich nämlich bei den beiden oben zitierten Stellen um fast wörtliche Entlehnungen aus dem pseudo-aristotelischen 'Secretum Secretorum', das seit dem 13. Jahrhundert in einer vollständigen Übersetzung aus dem Arabischen kursierte. In dieser sogenannten Philippus-Redaktion des 'Secretum' heißt es, als Antwort des Aristoteles auf Alexanders Ankündigung, einen persischen Stamm blutig unterwerfen zu wollen:

> *Si potes mutare illius terre aerem et aquam insuper et dispositionem civitatum, imple tuum inde propositum. Sin autem, dominare super eos cum bonitate et exaudies eos cum benignitate* [...] (Kap. 1, 14–16)[22]. (Wenn du die Luft und darüber hinaus das Wasser dieses Landes verändern kannst und die Verfassung der Bürgerschaften, dann führe dein Vorhaben durch. Wenn aber nicht, dann herrsche über sie mit Wohlwollen und höre sie mit Güte an [...]).

Auch für die Gesundheitsratschläge des Weisen findet sich eine genaue Entsprechung im 'Secretum':

> *Cum voluntas comedendi fuerit iuxta horam consuetudinis, utere labore corporis modico scilicet equitando vel deambulando vel aliquid tale faciendo, quia hoc corpori multum iuvat* (Kap. 31, 1)[23]. (Wenn du essen willst, dann sollst du dich um die gewohnte Essenszeit ein wenig körperlich betätigen, indem du reitest oder spazierengehst oder etwas Derartiges tust, denn das ist sehr hilfreich für den Körper).

Die literarische Collage-Technik, die hier sichtbar wird, war hervorragend dazu geeignet, in den Augen des mittelalterlichen Publikums – sofern es die Verweise überhaupt erkannte – den Rang der aristotelischen Stellungnahme zu unterstreichen. Denn das 'Secretum' galt ja als authentisches Werk des Stagiriten und besaß daher beträchtliche philosophische Autorität. Wenn Aristoteles also in politischer Hinsicht Partei für die Stadtbewohner ergreift und Alexander zu Bescheidenheit mahnt, dann ist damit die Disputation um die Legitimität von Herrschaft grundsätzlich entschieden. Tatsächlich lenkt der König ein und bemüht sich mit Hilfe seines Briefes an die Stadt, eine freiwillige Unterwerfung zu erreichen. Dabei verwendet er die einzig mögliche diplomatische Taktik: Er schwenkt auf die Denkweise der Trîtônier ein. Deren eigene himmlische Leitfiguren, die Natur und den göttlichen Schöpfer, läßt er zugunsten des makedonischen Herrschaftsanspruches aussagen. Dabei demonstriert er nun auch gelehrte Kenntnisse, die allein schon durch ihren Bildungsstatus geeignet sind, ihm die Türen des akademischen Widerstandsnestes zu öffnen. Bereits der erste Satz seines Briefes ist in diesem Sinne als außerordentlich geschickter Schachzug einzustufen. Nach einer allgemeinen Berufung auf den Willen Gottes erklärt Alexander:

---

22 Secretum Secretorum, in: Hiltgart von Hürnheim. Mittelhochdeutsche Prosaübersetzung des „Secretum Secretorum“. Hrsg. von Reinhold Möller. Berlin 1963 (Deutsche Texte des Mittelalters 56). S. 16 [Zeichensetzung von mir leicht angepaßt].

23 Secretum Secretorum [Anm. 22], S. 66.

ich var als er gewaldic got	(Ich führe meinen Kriegszug, wie der mächtige Gott
mir zuo sprach und gebôt	mir aufgetragen und befohlen hat
von sînen gnâden alsô	in seiner Gnade mit den Worten
'egredere ô Macedô,	'egredere o Macedo';
var ûz (sprach er ze mir),	'Zieh aus' sprach er zu mir,
al die werlt ich neige dir,	'die ganze Welt lege ich dir zu Füßen,
gar ir rîche und ir lant'.	all ihre Reiche und Länder').
(V. 1431–1437)	

Die eingeschobene lateinische Phrase *egredere o Macedo* erfüllt mehrere Funktionen zugleich: Bereits die Verwendung der lateinischen Sprache erweckt den Eindruck von Gelehrsamkeit und Authentizität. Zudem handelt es sich um das wörtliche Zitat einer Schlüsselstelle aus Walters von Châtillon 'Alexandreis', das beim Publikum einen Wiedererkennungseffekt erzeugen und so dazu beitragen konnte, Alexanders Berufung auf seine heilsgeschichtliche Sendung zu unterstützen. In einem zweiten Schritt folgt, ganz im Sinne der Trîtônischen Auffassung, ein Preis des Schöpfergottes:

der gebiutet den winden	(der den Winden gebietet,
daz sie scharfen unde linden;	daß sie sich verstärken und lindern;
der âne valscher künste guft	der ohne das Getöse falscher Künste
tuot ergiezen sich den luft;	die Luft sich ergießen läßt;
der gebiutet den plânêten	der den Planeten gebietet
und redet durch die prophêten [...].	und durch die Propheten spricht).
(V. 1441–1446)	

Dieser Schöpfergott nun hat, wie Alexander ausführt, Welt und Menschen nach einem einheitlichen Plan gestaltet:

Der ze himel die wunder	(Der, der im Himmel die Wunder
begêt, den himeln under	hervorbringt, hat unterhalb des Himmels
den menschen hât geformet er,	den Menschen geschaffen,
daz im ze dienste wese der,	damit er ihm diene,
und hât in im selben în	und hat innerhalb von diesem
gemachet einen künic sîn	einen König ,Geist'
gewaldegen vümf rîche	über fünf Reiche herrschen lassen
[...].	[...].
die vümf rîche die vümf sinne	Die fünf Reiche sind die fünf
sîn, die er dem menschen hât	Sinne, die er dem Menschen gegeben hat –
gegeben doch an cleiner stat	auf kleinem Raum zwar,
und begrîfen dâ bî wîte mâz.	doch damit einen weiten Bezirk erfassend).
(V. 1473–1487)	

Innerhalb des allegorischen Herrschaftsverbandes, der das menschliche Innenleben repräsentiert, gibt es auch noch eine Hauptstadt – das Herz, wo die 'Kaiserin Weisheit' das rege Treiben verschiedener allegorischer Tugenden ordnet. Der entscheidende Gesichtspunkt bei diesen Erläuterungen liegt darin, daß die Organisationsform der aufgeführten göttlichen 'Schöpfungen' durchweg eine zentralistische ist. Der Geist herrscht über die Sinne, diese wiederum erfassen den Raum um den Menschen herum, und über dem Ganzen thront die 'Kaiserin Weisheit'. Nur unter diesem strukturellen Aspekt wird überhaupt einsichtig, warum Alexander in seinen Brief eine solche Passage einfügt – denn auf den ersten Blick scheint es sich ja lediglich um eine anthropologische Grundsatzüberlegung zu handeln. Aber schon wenig später wird die Stoßrichtung des Argumentes deutlicher:

Alein sie gar rîche sî,	(Auch wenn die Stadt sehr mächtig ist
starc die stat, dar inne vrî	und stark, und ihre edlen Bürger
von natûre und ahtbære	von Natur aus frei
die edelen burgære;	und ehrbar sind,
sô wil sie doch der keiserîn,	so will sie sich doch gern der Kaiserin,
der wîsheit, und ir gebieterîn	nämlich der Weisheit, ihrer Gebieterin,
gern und unbetwungenlich	freiwillig und gehorsam
mit der gehôrsam neigen sich,	unterwerfen,
zins, den sie sol, ir geben	ihr den schuldigen Zins zahlen
und in ir gebiete leben.	und nach ihrem Gebot leben).
(V. 1555–1564)	

Die Formulierung *vrî von natûre* macht erkennbar, daß Alexander hier auf das 'Naturrechts'-Argument der Trîtônier anspielt und so die aktuelle politische Situation in seine Allegorie inkorporiert. Die widerborstige Gelehrtenstadt Trîtôniâ wird parallel gesetzt zu dem allegorischen Gemeinwesen, das als Verbildlichung des idealen menschlichen Herzens fungiert. Der Unterschied besteht nur darin, daß sich die Trîtônier weigern, dem postulierten göttlichen Ordnungssystem Genüge und der Zentralgewalt Gehorsam zu leisten. Dies wiederum würde schließlich nichts anderes bedeuten, als Alexander zu huldigen, denn der Makedonenkönig präsentiert sich selbst als das reale Gegenstück der allegorischen 'Kaiserin Weisheit'. – Während all diese Schlußfolgerungen zunächst noch unausgesprochen bleiben und nur verschleiert hinter den anthropologisch-theologischen Betrachtungen sichtbar werden, kommt Alexander am Ende des Briefes mit unverblümter Deutlichkeit auf sein eigentliches Anliegen zu sprechen:

sô und der himelkeiser hât	(Der Himmelskaiser nämlich hat
hie niden ûf ertrîche	hier auf Erden
ûz vorderlich ein rîche	ein bestimmtes Reich
vor allen rîchen gemaht,	über alle anderen überlegen gemacht
allem gewalde obe brâht,	und ihm alle Macht gegeben,
und alsô wen er dar an	und wen er in diesem Reich
im wil einen diener hân,	zu seinem Diener haben will
alsô er hât geordent daz,	– so hat er es bestimmt –
der selbe mac vürbaz	der darf weithin
gebieten allen rîchen wol	über alle Reiche herrschen,
nâch gote, als er sol,	in Übereinstimmung mit Gott, wie er es soll,
und nâch rehte dâ bî:	und auch mit dem Recht,
sô daz rîche ein reht von gote sî.	so daß das Reich eine Rechtssetzung Gottes ist).
(V. 1610–1622)	

Das Prinzip zentraler Organisation, das der göttlichen Schöpfung von vornherein innewohnt, wird also nun ganz offen als Argument herangezogen, um Alexanders Herrschaftsanspruch gegenüber den Stadtbewohnern zu untermauern. So überrascht es auch nicht, daß denjenigen, die Alexander Widerstand leisten, der Vorwurf gemacht wird, sich gegen Gott und die Natur zu versündigen, ja sogar die Freiheit selbst zu entweihen:

gotes gebot sie übergên,	(Sie übertreten Gottes Gebot,
die wirken der natûre wider	handeln gegen die Natur
und brechen ir vrîheit nider.	und zerbrechen ihre Freiheit).
(V. 1634–1636)	

Wie an anderen zentralen Stellen seiner Argumentation greift Ulrich auch hier auf Elemente der philosophischen Tradition zurück, die er geschickt miteinander kombiniert. Dabei bezieht er sich insbesondere auf die im Mittelalter weitverbreitete Überlieferung vom Menschen als Mikrokosmos. Typisch für literarische Anspielungen auf dieses Konzept ist die Gegenüberstellung von engem Raum am menschlichen Körper und Großräumigkeit der analogen Strukturen im Kosmos – eine Gedankenfigur also, wie sie im Rahmen des Alexanderbriefes in der Passage über die 'fünf Reiche' erscheint.[24]

Von besonderer Bedeutung ist für Ulrichs Ausführungen ein bestimmter Strang der Mikrokosmos-Tradition, nämlich das Hierarchiemodell des Calcidius und seiner Nachfolger.[25] In seinem Kommentar zu Platons 'Timaios' entwirft Calcidius eine dreigeteilte,

24 Daß der Mensch aufgrund seiner fünf Sinne als Mikrokosmos anzusehen sei, wird seit Augustinus häufig mit einer Zuordnung von Sinnen und Elementen begründet. Vgl. Ruth Finckh: Minor Mundus Homo. Studien zur Mikrokosmos-Idee in der mittelalterlichen Literatur. Göttingen 1999. S. 54.

25 Vgl. hierzu Finckh [Anm. 24], S. 34–37.

stufenförmig aufgebaute Welt. Der kosmischen Rangfolge von himmlischen, dämonischen und irdischen Mächten entspricht innerhalb des Menschen die Hierarchie von Ratio, Lebenskraft und Begierden. Die städtische Sozialordnung wiederum spiegelt dieses Muster in ihrer Ständegliederung und räumlich in der Stufenleiter von Burg, Mitte und Vorstädten. Bei alledem ist jeweils der höchsten Instanz das Befehlen, der zweiten das Vermitteln und der dritten das Gehorchen zugeordnet. Man erkennt, daß bereits hier wichtige Elemente von Alexanders Argumentation miteinander kombiniert sind: die Gegenüberstellung von Seelenleben und Stadtordnung und das Abzielen auf ein hierarchisch-zentralistisches Grundprinzip. Noch deutlicher zu erkennen ist die Parallele zu Ulrichs Werk in dem wirkungsmächtigsten Abkömmling des Calcidius-Entwurfs, nämlich der Mikrokosmos-Passage in 'De planctu naturae' des Alanus ab Insulis. Hier treten, wie in Alexanders Brief, im Rahmen einer allegorischen Stadt personifizierte Tugenden in hierarchischer Rangfolge auf (VI, 91–102), wobei *Sapientia* als Herrin in der Burg residiert und somit genau der Ulrichschen Kaiserin *wîsheit* entspricht.[26] Die direkte Übertragung dieser Überlegungen auf die Ebene der Politik freilich ist bei Alanus nicht vorgeprägt. Hier kann Ulrich auf ein anderes, ebenso prestigeträchtiges Muster zurückgreifen, nämlich die organologische Staatsauffassung, der zufolge das Verhältnis von König und Untertanen demjenigen von Haupt und Gliedern entspricht.[27] Besonders nahe an der Argumentation des Alexanderbriefes ist die Form, die dieser Gedanke in dem Fürstenspiegel 'De regimine principum' des Thomas von Aquin gewinnt. Thomas beginnt sein Werk mit einer grundsätzlichen Rechtfertigung von Herrschaft und bedient sich dabei des 'von Natur aus gegebenen' Hierarchie-Prinzips einschließlich der Körper-Analogie. Es heißt:

> *Ea, quae sunt ad naturam, optime se habent: in singulis enim operatur natura quod optimum est; omne autem naturale regimen ab uno est. In membrorum enim multitudine unum est quod omnia movet, scilicet cor; et in partibus animae una vis principaliter praesidet, scilicet ratio.* [...] *Quare* [...] *necesse est quod in humana multitudine optimum sit, quod per unum regatur* (cap. II)[28]. (Das, was der Natur entspricht, verhält sich ideal: Denn in allen Details erreicht die Natur das, was das Beste ist; aber alle natürliche Herrschaft geht von einem Einzelnen aus. Unter der Vielzahl der Körperteile ist es eines, das alle bewegt, nämlich das Herz; und unter den Teilen der Seele herrscht vor allem eine Kraft, nämlich die Vernunft. Daher besteht kein Zweifel, daß es für die Vielzahl der Menschen am besten ist, daß sie von einem Einzelnen regiert wird).

---

26 Alanus ab Insulis: De planctu naturae. Hrsg. von Nikolaus M. Haering. In: Studi medievali III, 19 (1978). S. 806–879, hier S. 827f.

27 Vgl. Ernst H. Kantorowicz: Die zwei Körper des Königs. Eine Studie zur politischen Theologie des Mittelalters. München ²1994. S. 218f.

28 Divi Thomae Aquinatis doctoris angelici De regimine principum ad regem Cypri. Hrsg. von Joseph Mathis. Turin ²1971. S. 3b. – Vgl. hierzu: Tilman Struve: Die Entwicklung der organologischen Staatsauffassung im Mittelalter. Stuttgart 1978. S. 149–165. Struve verweist auch (S. 178–196) auf die ähnlich gelagerten und sehr wirkungsmächtigen Überlegungen im Fürstenspiegel des Aegidius Romanus.

Die Anspielung auf verschiedene, unter Gelehrten bekannte Vorlagen ebenso wie die sorgfältig konstruierte Argumentation und deren aufwendige rhetorische Darbietung in Form einer Allegorie – all dies trägt dazu bei, dem Alexanderbrief beträchtliche Überzeugungskraft zu verleihen. Der Makedonenkönig hat eingesehen, daß es im Streit mit der Stadt nicht auf militärische Stärke ankommt, sondern darauf, das wichtige Schlagwort 'Natur' argumentativ zu besetzen. Er hat sich formal wie inhaltlich auf die Positionen der Gegner eingelassen und stellt nun der trîtônischen Berufung auf die 'Natürlichkeit der Freiheit' eine ebenso schlüssige Berufung auf die 'Natürlichkeit der Herrschaft' gegenüber. Das 'Natur'-Argument ist dadurch neutralisiert, und so spielt es bei der abschließenden Beratung der Kommune auch kaum noch eine Rolle. Ausschlaggebend ist vielmehr Alexanders maßvolle Haltung, die einerseits als Ausweis von politischer Kompetenz angesehen wird und andererseits, zusammen mit der Botschaft der Sterne, nunmehr den geschichtlichen Rang des Makedonenkönigs für die trîtônischen Astrologen erkennbar macht. Mit Hilfe seines versöhnlichen und gelehrt disputierenden Briefes erreicht Alexander also das Ziel, dem er mit militärischen Mitteln nicht näherkommen konnte: Er wird als Stadtherr anerkannt. Doch wenn er somit auch äußerlich triumphiert – durch sein argumentatives Einlenken hat er im Grundsatz die Forderung akzeptiert, seinen Machtanspruch rational begründen zu müssen. So erscheint er letztlich weniger als sieg- oder gar listenreicher Eroberer denn als gelehriger Schüler des weisen Aristoteles und der naturkundigen Einwohner der Gelehrtenrepublik Trîtôniâ.

CONSTANZE RENDTEL

Krankheit und Heilung im Spiegel der mittelalterlichen Wunderkonzeption

Eine Geschichte des Wunderglaubens im Mittelalter wurde bislang nicht geschrieben. Wohl zu Recht hat man die Komplexität des Begriffs *miraculum* für diese Forschungslücke verantwortlich gemacht.[1] Das 'Wunder' ist ein religionsgeschichtlicher Begriff und wird verstanden als direktes Eingreifen der Transzendenz in die Lebensrealität des Menschen.[2] Während die heute in der katholischen Kirche geltende Definition vom Wunder als Durchbrechung der Naturgesetze ausgeht, war das Wunderverständnis der Antike, insbesondere in der alttestamentlich-jüdischen und frühchristlichen Tradition, viel weiter gefaßt und bedeutend unschärfer. Das Wunder wurde verstanden als Zeichen göttlicher Kraft, die allgegenwärtig ist und sich jederzeit manifestieren kann.

Schon Augustinus distanzierte sich von der kritiklosen Wundergläubigkeit seiner Zeitgenossen und betonte, daß viele der angeführten Phänomene durchaus nicht mirakulös seien, sondern nur unsere Kenntnis natürlicher Abläufe überstiegen: [...] *quae quidem contra naturam plerumque appellantur, non quod naturae adversentur, sed quod naturae modum, qui nobis est usitatus, excedant.*[3] Die ganze Schöpfung sei voller Wunder, was jedoch von den Menschen in ihrer Abgestumpftheit kaum wahrgenommen werde: [...] *miracula eius quibus totum mundum regit universamque creaturam administrat, assiduitate viluerunt, ita ut pene nemo dignetur adtendere opera Dei mira et stupenda in quolibet seminis grano; secundum ipsam suam misericordiam servavit sibi quaedam, quae faceret opportuno tempore praeter usitatem cursum ordinemque naturae, ut non maiora, sed insolita videndo stuperent, quibus quotidiana viluerant.*[4] Freilich ist auch für Augustinus Gott als Schöpfer beständig in seiner Schöpfung tätig und

1 Vgl. Fritz Wagner: Miracula, Mirakel. In: Lexikon des Mittelalters. Bd. 6 (1993). Sp. 656-659.

2 Vgl. die religionswissenschaftlichen Erörterungen von Johann Figl u. a.: Wunder. In: Lexikon für Theologie und Kirche. Bd. 10 (2001). Sp. 1311–1319.

3 Aurelius Augustinus: Contra Faustum libri triginta tres. Lib. 29, cap. 2. Hrsg. von Joseph Zycha. Prag, Wien, Leipzig 1891 (Corpus Scriptorum Ecclesiasticorum Latinorum 25, VI, 1). S. 745.

4 Aurelius Augustinus: In Iohannis evangelium tractatus CXXIV. Tract. 24, cap. 1. Hrsg. von Radbod Willems. Turnhout 1954 (Corpus Christianorum, Series Latina 36, VIII). S. 244.

greift sogar zuweilen, wenn auch selten, direkt in das Leben der Menschen ein. So sammelte er selbst Berichte von zeitgenössischen Wunderheilungen in seiner näheren und weiteren Umgebung und publizierte sie in seinem Werk 'De civitate Dei'.[5] Diese Wunder Gottes sollten aufrütteln und die Menschen zum christlichen Glauben hinführen. Umgekehrt versuchten nach Augustinus' Auffassung Dämonen und die mit ihnen im Bunde stehenden Zauberer die Menschen mit allerlei Mirakeln zu täuschen und damit unter ihren Einfluß zu bringen.[6]

Die mittelalterliche Welt übernahm diese Vorstellungen ungeprüft. Erst im 12./13. Jahrhundert begannen die Theologen im Rahmen der Aristoteles-Rezeption, sich mit dem patristischen Erbe auseinanderzusetzen, und rangen um eine schlüssige Wunderdefinition. So erörterte Thomas von Aquin in seiner 'Summa theologica' das Wesen Gottes und fragte, ob Gott sich über die Naturordnung hinwegsetzen könne: *Utrum Deus possit facere aliquid praeter ordinem rebus inditum?*[7]. Für ihn, der Gott in Anlehnung an die aristotelische Naturphilosophie als das erste Bewegende (*primum movens*) bzw. als die erste Entstehungsursache (*causa efficiens prima*) der Schöpfung versteht[8], haben die erschaffenen natürlichen Dinge eine Ordnung, die für sich selbst besteht und in die Gott nicht eingreift: *Si ergo ordo rerum consideretur prout dependet a prima causa, sic contra rerum ordinem Deus facere non potest.*[9] Nach weiteren Überlegungen kommt Thomas aber zu dem Schluß, daß Gott als Schöpfer dieser Ordnung nicht an die Zweitursachen gebunden sei, d. h. den Lauf der existierenden Welt; er hätte nämlich ebensogut eine andere Ordnung einrichten können. Gemäß dem hierarchischen Prinzip stehe es Gott offen, nach seinem Belieben an der von ihm gesetzten Ordnung der Welt vorbei zu handeln und Wunder zu tun: *Si vero consideretur rerum ordo prout dependet a qualibet secundarum causarum, sic Deus potest facere praeter ordinem rerum; quia ordini secundarum causarum ipse non est subiectus: sed talis ordo ei subiicitur, quasi ab eo procedens, non per necessitatem naturae, sed per arbitrium voluntatis. Potuisset enim et alium ordinem rerum instituere. Unde et potest praeter hunc ordinem institutum agere, cum voluerit.*[10] Mit dieser Argumentation harmonisierte Thomas die christlich-jüdische Vorstellung vom allmächtigen Schöpfergott mit der aristotelischen Naturphilosophie. Das Wunder stellt nach dieser Auffassung die Naturgesetze nicht generell in Frage, sondern setzt sie nur für einen kurzen Moment außer Kraft.

---

5 Aurelius Augustinus: De civitate Dei libri XI–XXII. Lib. 22, cap. 8. Hrsg. von Bernard Dombart u. Alphons Kalb. Turnhout 1955 (Corpus Christianorum, Series Latina 48, XIV, 2). S. 815–827.

6 Aurelius Augustinus: De trinitate libri XV. Lib. 3, cap. 7/8 u. lib. 4, cap. 11. Hrsg. von W. J. Mountain u. Fr. Glorie. Turnhout 1968 (Corpus Christianorum, Series Latina 50, XVI, 1). S. 138–143 u. 179.

7 Thomas von Aquin: Summa theologica. Lib. 1, q. 105, art. 6. Hrsg. vom Katholischen Akademikerverband. Bd. 8. Salzburg, Leipzig 1934. S. 62.

8 Thomas von Aquin [Anm. 7], lib. 1, q. 2, art. 3. Bd. 1, S. 45f.

9 Thomas von Aquin [Anm. 7], lib. 1, q. 105, art. 6. Bd. 8, S. 64.

10 Thomas von Aquin [Anm. 7], lib. 1, q. 105, art. 6. Bd. 8, S. 64.

Durch die Schaffung eines juristisch verbindlichen Verfahrens für Heiligsprechungen in der ersten Hälfte des 13. Jahrhunderts erfuhr der Wunderbegriff auch an der päpstlichen Kurie eine Präzisierung.[11] Der in Bologna dozierende Kanonist Johannes Andreae (gest. 1348)[12] gab gegen Ende des 13. Jahrhunderts in seinem Kommentar zum päpstlichen Kanonisationsrecht[13] eine Definition dessen, was als Wunder in einem solchen Verfahren anerkannt werden sollte. Die von ihm formulierten Bestimmungen blieben nicht bloße Theorie, sondern wurden in spätmittelalterlichen Kanonisationsprozessen wie dem der hl. Birgitta von Schweden nachweislich benützt:

1) Da auch böse Mächte (Teufel, Zauberer und Häretiker[14]) scheinbar Wunder wirkten, mußte deren Eingreifen ausgeschlossen sein.
2) Das fragliche Geschehen mußte sich gegen den erwartbaren Lauf der Natur ereignet haben, so wie der Stab des Propheten Moses zur Schlange wurde (Ex. 3,1–3) oder der Esel des Bileam (Num. 22, 28–35) plötzlich zu sprechen begann.
3) Das Wunder mußte von Gott einzig wegen der Verdienste des Kanonisationskandidaten gewährt worden sein und nicht etwa kraft priesterlicher Worte, wie z. B. bei der Wandlung der Hostie in der Messe.
4) Schließlich mußte das Wunder erkennbar sein als ein Akt, durch den Gott den Glauben der Menschen stärken wollte.[15]

---

11 Vgl. hierzu Stephan Kuttner: La réserve papale du droit de canonization. In: Revue historique de droit français et étranger 17 (1938). S. 172–228; André Vauchez: La Sainteté en occident aux derniers siècles du Moyen Age d'après les procès de canonisation et les documents hagiographiques. Rom 1981.

12 Vgl. Hartmut Zapp: Johannes Andreae. In: Lexikon des Mittelalters. Bd. 5 (1991). Sp. 555.

13 Johannes Andreae: In tertium decretalium librum novella contentaria. Tit. 45, cap. 1. Venedig 1581. [Neudruck Turin 1963]. S. 230f. Vor ihm hatten bereits andere Kanonisten die päpstlichen Rechtsbestimmungen zur Heiligsprechung kommentiert; vgl. hierzu Francesco Antonelli: De inquisitione medico-legali supra miraculis in causis beatificationis et canonisationis. Rom 1962 (Studia Antoniana 18). S. 8f.

14 Katharer und Waldenser glaubten nicht an von katholischen Heiligen gewirkte Wunder, die sie für Werke des Teufels hielten. Gleichwohl waren sie überzeugt, daß ihre eigenen Märtyrer und Perfecti Wunder wirken konnten; vgl. Mariano D'Alatri: Culto dei santi ed eretici in Italia nei secoli XII e XIII. In: Collectanea Franciscana 45 (1975). S. 85–104, hier S. 89f.

15 Vgl. Acta et processus canonizacionis beate Birgitte. Hrsg. von Isak Collijn. Uppsala 1924–1931 (Samlingar utgivna av svenska fornskrift-sällskapet, ser. 2. Latinska skrifter 1). S. 605: *Et quantum ad hoc, quod sit miraculum, .iiij.or requiruntur: Primum quod ex Deo, non ex arte contingat nec ex dyabolo, nam miracula fiunt quandoque per malos .i., quest. .i., Teneamus et cap. Prophetavit, necesse est enim martires a Deo impetrasse, que mandant .l. distinccione [Si quis] prepostera. Secundum est, quod sit contra naturam sicut de virga Moysi mutata in colubrum et de asina loquente ad Balam, De hereticis, Cum ex iniuncto. Tercio quod non ex vi verborum sed hominis merito id contingat, nam panis et vinum potestate et virtute verborum transsubstanciantur in corpus et sanguinem Christi, supra, De celebracione missarum, Cum Marthe .§. Quesivisti. Quarto quod sit ad corroboracionem fidej herba cum ministerio hominis transit in vitrum, sed hoc nil ad corroboracionem fidej, et ideo ad canonizacionem, nisi hec .iiij.or concurrant, mi-*

Johannes Andreae wies zudem darauf hin, daß man ein Wunder nur indirekt beweisen könne, und zwar durch Ausschluß aller natürlichen Ursachen: *Sed in tali casu nulla causa naturalis potest assignari nec potest sensu percipi. Et ideo directe non potest probari sed probatur indirecte, nam cognito quod hoc non fit secundum naturam, cognoscitur, quod fit ultra, preter, et supra naturam.*[16] Offensichtlich war man im Spätmittelalter bestrebt, dem Wunder mit scholastisch geschärftem Verstand näherzukommen und dieses soweit wie möglich überprüfbar zu machen. Dies zeigt sich auch daran, daß die Kurie eine minutiöse und juristisch saubere Anhörung der Zeugen verlangte.[17] Auch grenzte das Papsttum die Mirakel immer mehr auf Wunderheilungen und Totenerweckungen ein, weil sich diese für einen Vergleich 'vorher – nachher' besonders eigneten. Wetterwunder, Rettung aus Gefangenschaft, das Wiederauffinden von verlorenen Gegenständen und glimpflich ausgegangene Unfälle wurden zwar vereinzelt noch in den Prozeßdossiers aufgeführt, fanden aber keine offizielle Anerkennung.[18]

Die folgenden Ausführungen beziehen sich auf eine inzwischen abgeschlossene Untersuchung von rund 500 Mirakelepisoden.[19] Die Texte stammen aus sieben Kanonisationsprozessen und umfassen die Zeit vom 13. bis zum 16. Jahrhundert. Die mittelalterliche Kirche unterschied zwischen den zu Lebzeiten eines Heiligen gewirkten Wundern (*miracula in vita*) und denjenigen, die sich nach dessen Tod ereignet hatten (*miracula post mortem*).[20] Das untersuchte Textmaterial gehört zur zweiten Kategorie und beinhaltet fast ausschließlich Krankenheilungen und sogenannte Totenerweckungen.[21] Im Rahmen einer angestrengten Heiligsprechung wurden diese Mirakelberichte, die zunächst am Grab des Heiligkeitskandidaten summarisch aufgezeichnet worden waren, zur Grundlage einer eingehenden Zeugenanhörung durch eine von Rom einberufene geistliche Kommission. Da zu jedem Mirakel nicht nur der Geheilte, sondern noch

---

racula non prodessent secundum summistas, quj hoc notant supra, eodem titulo. 2. cap., et modernj supra, De testibus, Venerabili.

16 Johannes Andreae, zit. nach: Acta et processus canonizacionis beate Birgitte [Anm. 15], S. 606.

17 Vgl. Vauchez [Anm. 11], S. 39–67.

18 Vgl. Vauchez [Anm. 11], S. 544–547.

19 Die Ergebnisse dieses in Zusammenarbeit mit Maria Wittmer-Butsch durchgeführten Projekts werden im Sommer 2003 als Monographie publiziert.

20 Zu den *miracula post mortem* vgl. Martin Heinzelmann: Une source de base de la littérature hagiographique latine: le recueil de miracles. In: Hagiographie, cultures et sociétés (IVe–XIIe siècles). Actes du Colloque organisé à Nanterre et à Paris (2–5 mai 1979). Paris 1981 (Centre de recherches sur l'Antiquité et le haut Moyen Age, Université de Paris 10). S. 235–257. – Einen Überblick über die gattungsspezifischen Probleme der Mirakelberichte bietet Alain Dierkens: Réflexions sur le miracle au haut Moyen Age. In: Miracles, prodiges et merveilles au Moyen Age. XXVe Congrès de la S.H.M.E.S. (Orléans, juin 1994). Paris 1995 (Série Histoire ancienne et médiévale 34). S. 10–30.

21 Vgl. hierzu die auf breitem Quellenmaterial basierende sozio-medizinische Analyse hochmittelalterlicher Heilungswunder von Pierre-André Sigal: L'Homme et le miracle dans la France médiévale (XIe–XIIe siècle). Paris 1985.

weitere Personen als Zeugen vernommen wurden, entstanden zuweilen interessante Parallelaussagen. Gemäß den Bestimmungen der römischen Zentrale sollten die Schilderungen der Zeugen wortgetreu aufgezeichnet werden: [...] *verba testium prout seriose ac diffuse prolata fuerint, fideliter redigantur in scriptis.*[22] Tatsächlich erweisen sich die überlieferten Texte als durchaus individuelle sprachliche Fixierungen des zur Diskussion stehenden Geschehens.

Obwohl es bei den Aussagen der Zeugen um die Schilderung von Vorgängen ging, die als mirakulös, also übernatürlich angesehen wurden, ist in dieser Quellengruppe nie explizit von Natur die Rede. Es scheint, daß wir uns hier in einem weitgehend theoriefreien Bereich befinden. Dasselbe gilt auch für moralische Kategorien, denn nur äußerst selten deuten die Betroffenen in Mirakelberichten Krankheit als Sündenstrafe. Der Beginn des Leidens wird in etwa zeitlich festgemacht und die Ursache, soweit sie überhaupt zur Sprache kommt, in äußeren Einwirkungen, wie z. B. in einer Verkühlung oder einem Sturz, gesucht. Erstaunlich oft (18 Prozent der Fälle) berichten die Betroffenen von der Konsultation eines oder mehrerer Ärzte (auch Chirurgen und Bader), von denen es im 13. und 14. Jahrhundert in den Städten Italiens und Frankreichs bereits viele gab. Sie wurden gemäß unseren Quellen im Krankheitsfall stets als erste Instanz konsultiert.[23] Daß die Mediziner fast immer eine ungünstige Prognose gestellt hatten, geht wohl auf die Textgattung als solche zurück, die damit die nachfolgende Heilung als besonders eindrücklich herausstreicht. In diesem Sinne wird mitunter auch auf Operationen hingewiesen (Amputationen und die Entfernung von Blasensteinen): Eingriffe, die jedoch vom Patienten und seinen Angehörigen als zu gefährlich abgelehnt worden waren.

Zweifellos verfügten auch medizinische Laien damals über ein Erfahrungswissen hinsichtlich des Verlaufs häufiger Krankheiten, so bescheiden es auch sein mochte. Nachweislich suchten sie die Wallfahrtsorte nicht für offensichtliche Bagatellbeschwerden wie Schnupfen oder Zahnschmerzen auf; erst bei schwereren Erkrankungen oder chronischen Leiden sowie bei massiven Behinderungen wie Blindheit oder Lähmung erbat man sich die Hilfe der Heiligen. Trotz der relativ häufigen Erwähnung von medizinischem Fachpersonal referierten die Betroffenen nur ausnahmsweise ärztliche Diagnosen. Genannt werden beispielsweise Diphtherie (*squilantia*), Malaria (*quartana*, seltener *tertiana*), Skrofeln und Epilepsie (*morbus caducus*). Die Viersäftelehre, die das Denken der mittelalterlichen Ärzte prägte, fand kaum Niederschlag in den Mirakelbe-

22 So lautet der Passus in der *forma interrogatorii*, die seit Anfang des 13. Jahrhunderts für die Kommissäre verbindlich war. Vgl. Vauchez [Anm. 11], S. 59, Anm. 70.

23 Im Heiligsprechungsprozeß des Thomas von Aquin werden in der Zeugenbefragung von 1321 in Fossanova acht Ärzte namentlich genannt. Von diesen praktizierten sechs in Piperno, einer Kleinstadt in der Nähe des Klosters Fossanova. Von den 50 Geheilten, die in diesem Dossier erwähnt werden, hatten 13 Personen zuvor einen Mediziner konsultiert (26 Prozent). Vgl. Johannes Rius Serra: Processus canonizationis beati Thomae peractus Fossanovae. In: Analecta sacri ordinis Fratrum Praedicatorum 44:4 (1936). S. 576–631.

richten. Die Schilderung des Gebrechens ging in der Regel nicht über eine lose Beschreibung von Einzelsymptomen hinaus. Auch über volksmedizinische Maßnahmen, etwa die Anwendung von Kräutern oder anderer Substanzen, erfahren wir nichts. Ebensowenig kommen magische Rituale und Beschwörungen zur Sprache, obwohl in den Zeugenanhörungen ausdrücklich danach gefragt wurde. Bei Erwähnung solcher 'Begleitumstände' wäre eine derartige Heilung freilich als Wunder abgelehnt worden.[24] Das läßt daran zweifeln, daß dieser Negativbefund der Texte der Realität entspricht. Einzig der Gedanke der Schonung im Sinne von Bettruhe kommt immer wieder zum Ausdruck, was sich freilich bei Bewegungsbehinderungen und Lähmungen ungünstig auswirken mußte.

Die Schlichtheit der Schilderungen, das Fehlen gelehrter medizinischer Theorien und theologischer Argumentationen sind ein zunächst unerwarteter Befund. Doch darf dies nicht darüber hinwegtäuschen, daß auch diesen Texten implizite Konzepte und Wahrnehmungsmuster zugrunde liegen. So hatte die Vorstellung vom Wunder als Eingriff Gottes in den erwartbaren, natürlichen Krankheitsverlauf Konsequenzen für das subjektive Erleben des Betroffenen. Denn das Wort 'Eingriff' ruft semantisch die Vorstellung von Überraschung bzw. von Schnelligkeit des Vorgangs auf. Tatsächlich tritt bei der großen Mehrheit der von uns untersuchten Mirakel die Heilung geradezu schlagartig ein; dazu das folgende Beispiel aus dem Dossier König Ludwigs des Heiligen (gest. 1270) vom Anfang des 14. Jahrhunderts: Es handelt von der 42jährigen Wäscherin Nicolaa de Riberci aus Paris, die über Nacht eine vollständige Lähmung ihres Körpers erlitten hatte. Ihre Beine waren derart ineinander verkrampft, daß man sie kaum zu trennen vermochte. Die Frau hatte nur noch in Zeige- und Mittelfinger der rechten Hand Empfindungen, sie konnte weder sprechen noch essen und bewegte den Mund wie ein Hase *(in modum leporis)*. Nach einigen Tagen besserte sich ihr Zustand ein wenig, und sie vermochte breiartige Speisen zu schlucken. Auch brachte sie langsam wieder einige Worte hervor. Alle diese Symptome weisen deutlich auf einen Schlaganfall oder eine andere Hirnläsion hin. Acht Wochen später wurde die immer noch völlig auf fremde Hilfe angewiesene Kranke nach Saint-Denis an das Grab des hl. Ludwig gebracht. Während der Messe, bei Lesung des Evangeliums, wurde sie plötzlich von heftigen Schmerzen ergriffen. Sie hatte das Gefühl, ihre Knochen würden gegeneinander verschoben, und sie vernahm ein Krachen, das so laut gewesen war, als breche das Kirchenschiff ein. Mit einem Mal stand Nicolaa auf ihren Füßen, ohne zu wissen wie. Im

24 Im Kanonisationsprozeß des Thomas de Cantilupe, zu dem 1307 in London und Hereford eine Zeugenanhörung stattfand, wurden die geistlichen Kommissäre angewiesen, wie folgt zu fragen: *Item quinto, si in operatione dictorum miraculorum fuerunt appositae herbae vel lapides, vel aliquae aliae res naturales et medicinales, et si incantationes vel superstitiones, vel fraudes aliquae intervenerunt in operatione dictorum miraculorum. Miracula s. Thomae de Cantilupe episcopi ex prozessu canonizationis.* Acta Sanctorum Octobris I (1765). S. 590.

selben Moment rückte auch ihr nach rechts verdrehter Kopf in die richtige Position zurück.[25] Aus eigener Kraft kehrte sie bald darauf nach Paris zurück.

Bekanntlich können kleinere Hirnläsionen dank der Plastizität dieses Organs weitgehend überwunden werden, so daß der Patient mit etwas Glück seine alten Fähigkeiten wiedererlangt. Vermutlich läßt sich der Fall der Nicolaa de Riberci auf diese Weise erklären, denn es wird ausdrücklich beschrieben, wie sie in einer ersten Phase der Rekonvaleszenz wieder zu sprechen begann. Nicolaa und ihre Begleiter übersahen jedoch zwangsläufig, was hirnphysiologisch nach den acht Wochen seit der ersten Besserung bereits wieder möglich war; physiotherapeutische Maßnahmen zur Aktivierung des Bewegungsapparats waren damals nämlich unbekannt. Der Gottesdienst in der Grabkirche des Heiligen stellte den Höhepunkt von Nicolaas Wallfahrt dar, alle seelischen Kräfte bündelten sich in diesem Moment. Der Glaube, hier Heilung zu finden, könnte die Frau veranlaßt haben, ihre Beine auszustrecken und aufzustehen. Dies war nach Wochen der Immobilität sehr schmerzhaft, aber offenbar wieder möglich.

In rund einem Fünftel der untersuchten Fallgeschichten wird die Wunderheilung dagegen als ein langwieriger Prozeß geschildert, der sich über Wochen, ja Monate erstreckte. Ein Beispiel aus den Mirakeln der hl. Elisabeth von Marburg (gest. 1231) möge dies veranschaulichen: Es handelt von einem 12jährigen Jungen aus Gelnhausen, der bucklig verunstaltet und über fünf Jahre bettlägerig war. Seine Unterschenkel schienen wie mit dem Gesäß verwachsen, die Knie klebten buchstäblich am Bauch, ein Auge war übermäßig aufgesperrt, das andere nach unten verzogen. An den Beinen hatte er 34 eitrige Fisteln.[26] Vermutlich litt er an Knochentuberkulose.[27] Die Mutter des Jun-

25 De miraculis sancti Ludovici cap. 15, nr. 295–301, ex Vita II, pars 2, auctore anonymo reginae Margaritae confessario. Acta Sanctorum Augusti V (1741). S. 616–672, hier S. 650: [...] *ubi evigilavit, ita se perditam reperit in omnibus corporis sui partibus, ut in iis nihil sentiret, nisi in duobus dumtaxat digitis manus dexterae* [...]. *Die sequenti dicta Nicolaa caput tenebat versus partem dexteram, collumque ita retortum, ut mentum esset supra humerum dexterum, neque illud ad aliam partem posset convertere* [...].*Ad haec pedes, crura, femora erant sicut duo ligna uni trunco imposita* [...] *movebat labia in modum leporis* [...]. *Deinde Sacro in memorata ecclesia, ubi inchoatum fuit Evangelium, eadem hora sensit dicta Nicolaa disrumpi ossa sua, sibique invicem collidi, et tunc primum sensit dolorem in carne, omnibusque membris suis, qui duravit in ea usque ad finem Evangelii. Finito Evangelio, videbantur dictae Nicolaae ossa sua mutuo collidi tanto cum strepitu, acsi fornix ecclesiae rumperetur. Ubi illud audivit, ut ei videbatur, loco infra arcam per se egressa est, nesciens quo modo, stetitque recta pedibus suis, caputque in locum, ubi esse debebat, derepente erat repositum.* [...]. *Tunc reversa est cum dictis feminis, quae eam fuerant comitatae, per se, recto super pedes corpore, sine baculo, sine alio humano subsidio, atque incedebat valide, expedite, celeriter, sana, valida, ac laeta* [...].

26 Miracula sancte Elyzabet. Lib. 1, nr. 82. Hrsg. von Albert Huyskens: Quellenstudien zur Geschichte der hl. Elisabeth Landgräfin von Thüringen. Marburg 1908. S. 222: [...] *dorso quasi fracto, gipposus et collo mirabiliter contra gippum retorto* [...] *Pedes habuit distortos, intantum, quod verse erant pedice versus plantam. Manus similiter contractas habuit.*

27 Vgl. die Diagnose in der medizinhistorischen Studie von Barbara R. Wendel-Widmer: Die Wunderheilungen am Grabe der Heiligen Elisabeth von Thüringen. Zürich 1987 (Zürcher medi-

gen unternahm mehrere Wallfahrten zur hl. Elisabeth nach Marburg. Als sie im August 1232 von der ersten Reise zurückkehrte, fand sie den Sohn in gebessertem Zustand vor: Er konnte die Beine wieder ausstrecken und begann auf einen Stock gestützt im Hause umherzugehen. Zu diesem Zeitpunkt hatte er laut Zeugenaussagen jedoch immer noch einen Buckel. Im Anschluß an eine zweite Wallfahrt der Mutter Mitte November desselben Jahres konnte der Sohn dann ohne Stock laufen. Als der Junge drei Monate später (Anfang 1233) vor der Heiligsprechungskommission zur Begutachtung erschien, waren alle Fisteln geschlossen und begannen zu vernarben, der Buckel hatte sich bereits vollständig zurückgebildet.[28]

Nach heutigem medizinischen Kenntnisstand macht diese Beschreibung durchaus Sinn, und zwar als natürlicher Heilungsprozeß nach Umstimmung des Immunsystems. Selbst schwere chronische Infektionskrankheiten können nämlich spontan wieder abklingen, wenn dies auch sehr selten geschieht. Neben anderen Einflüssen wirken sich bekanntlich psychische Faktoren auf die Leistungsfähigkeit des Immunsystems aus. Das Gebet am Wallfahrtsort intensivierte die Hoffnung auf Heilung und könnte in vielen Fällen eine derartige psychische Umstimmung eingeleitet haben, die schließlich zur Gesundung führte. In unserem Beispiel hatte die zweifache Wallfahrt der Mutter den Jungen offenbar so beeindruckt und mit neuer Zuversicht erfüllt, daß seine Immunkräfte aktiviert wurden. Es mag erstaunen, daß sogar sein Buckel schließlich verschwand. Doch muß diese Rückenverformung nicht unbedingt auf eine Knochendeformation zurückgehen, sie läßt sich ebensogut als großer Abszeß deuten. Ein Abszeß jedoch kann sich durchaus innerhalb von drei Monaten zurückbilden oder sich nach außen entleeren. — Wie bereits erwähnt, stellt nach mittelalterlichem Verständnis ein langer Heilungsprozeß den Wundercharakter der Genesung in Frage. Wohl aus diesem Grunde betonten die Betroffenen häufig, daß sich ihre Gesundung zwar insgesamt über eine längere Zeitspanne erstreckte, jedoch schlagartig nach der Anrufung des Heiligen eingesetzt habe. Dieser enge zeitliche Zusammenhang zwischen der Bitte um himmlische Hilfe und dem Einsetzen des Genesungsprozesses rettete in den Augen der damaligen Menschen manches Wunder.

Werfen wir zum Abschluß noch einen Blick auf die römische Kurie, wo die Maßstäbe etwas strenger waren. Vor jeder Heiligsprechung kam es zu einer Aussprache der Kardinäle über strittige Mirakel. Die Überlieferung ist hier leider nur schmal, doch wird in etwa erkennbar, wie man den abstrakten Wunderbegriff konkretisierte. Die Schlagartigkeit der berichteten Heilungen bildete für das Papsttum ein besonders wichtiges

zingeschichtliche Abhandlungen 194). S. 49: Chronische Osteomyelitis oder eitrige Sehnenscheidenentzündung evtl. tuberkulöser Genese.

28 Miracula sancte Elyzabet [Anm. 26]. Lib. 1, nr. 82. S. 222: [...] *Fistulae quae eruperant omnibus dictis partibus, nos auditores signa vidimus, ubi etiam crura natibus et genua ventri adheserant, et ubi pes distortus fuit et inversus in modum cicatricis, signa evidentissime apparent usque modo puero tamen sano* [...].

Kriterium. Ein anonymer Begleittext[29] zum Heiligsprechungsprozeß des Thomas de Cantilupe (gest. 1282) vom Anfang des 14. Jahrhunderts diskutiert mehrere Heilungen, die in dieser Hinsicht problematisch waren: Ein fünfjähriges Mädchen, das man eines Abends ohne Lebenszeichen aus dem Wasser gezogen hatte, kam nach Anrufung des Heiligen durch die Eltern am Morgen des folgenden Tages wieder zu sich. Kurz bevor sie aus dem Koma erwachte, hatte die Kleine leicht einen Fuß bewegt und dann am ganzen Körper zu zittern begonnen.[30] Der Verfasser des Textes, vermutlich ein Kurienkardinal angelsächsischer Herkunft, stellte sich die Frage, weshalb Gott das Kind nicht sogleich, sondern erst nach vielen Stunden wiedererweckt und wie man das Zittern zu verstehen habe; schließlich sei die Schwiegermutter des Petrus von Jesus so rasch vom Fieber geheilt worden, daß sie umgehend ihre Gäste bewirten konnte (Matth. 8, 14–15; Mark. 1, 29–31; Luk. 4, 38–39). Seine weitere Argumentation, die vermutlich der Verteidigung dieses Wunders bei der Aussprache der Kardinäle dienen sollte, orientierte sich ausschließlich an biblischen und hagiographischen Wundererzählungen. Nachdem der Kurialist zunächst die Totenerweckungen des Elias und Elisa (1. Kge 17, 17–24; 2. Kge 4, 32–35) diskutiert hatte, fand er in einem Wunder des hl. Benedikt aus den 'Dialogi' Gregors des Großen die überzeugendste Parallele zum Fall des ertrunkenen Mädchens. Dort wird beschrieben, wie ein totes Kind auf Benedikts Intervention am ganzen Körper zu zittern begann, bevor es wiederauflebte.[31] Der Kurialist räumte ein, daß Wunderheilungen zwar immer schlagartig seien, doch werde der göttliche Gnadenakt mitunter von besonderen Zeichen (*certis indiciis precedentibus*) angekündigt, wie eben dem Zittern; deshalb schien ihm der Fall als Wunder haltbar zu sein.

Vor diesem gedanklichen Hintergrund waren Heilungen, die sich nicht nur rasch, sondern geradezu in Form einer schmerzhaften Attacke vollzogen hatten, auch für die Kurie besonders glaubwürdig. Als untrügliche Merkmale eines Wunders galten das laute Knacken von bis dahin funktionsgestörten Gelenken, das Schreien der plötzlich von heftigen Schmerzen überwältigten Kranken, das Zu-Boden-Stürzen oder auch plötzliches Bluten aus Nase, Augen und Ohren. In derart dramatischen Szenen ließ sich der Eingriff Gottes gleichsam von außen beobachten und stärkte damit den Glauben. Als Papst Bonifaz VIII. den Kardinal Pietro Colonna zur Beurteilung eines Mirakels aus dem Dossier des hl. Ludwig aufforderte, argumentierte der Kardinal in diesem Sinne und äußerte sich folgendermaßen: Er schenke dem Bericht über die gelähmte Amelot de Chaumont deshalb Glauben, weil man bei deren Heilung ein lautes Knacken

29 Zu diesem Text, der kurz vor der Kanonisation des Thomas de Cantilupe im April 1320 niedergeschrieben wurde, vgl. Vauchez [Anm. 11], S. 569f.

30 Vgl. Vauchez [Anm. 11], S. 635–637. Das hier angesprochene Mirakel samt den dazugehörigen Zeugenaussagen findet sich im Dossier des Thomas de Cantilupe Acta Sanctorum Octobris I (1765) S. 610–696, hier S. 610–612. nr. 1–13.

31 Gregor der Große: Dialogi. Lib. 2, cap. 32. Hrsg. von Adalbert de Vogüé u. Paul Antin. Paris 1979 (Sources chrétiennes 260, II). S. 226–230.

der Knochen vernommen habe (*sonus et fragor ossium*[32]). – Ein weiterer Gesichtspunkt für die Anerkennung eines Wunders durch die Kurie war die Vollständigkeit der Genesung. Dahinter stand die Vorstellung, Gott erweise sich stets als omnipotent, halbe Sachen trügen nicht seine Handschrift. Auch dieses Problem diskutierte der angelsächsische Geistliche anhand eines Fallbeispiels: Alisia litt an einem offenen Knochenbruch im Fußgelenk, der nicht heilen wollte. Am Grab des Thomas de Cantilupe in Hereford hatte sie einen Traum, in dem der Heilige sie liebevoll am Fuß berührte. Nach dem Erwachen spürte Alisia eine deutliche Erleichterung. Den Aussagen der Zeugen ist zu entnehmen, daß die Frau nun zwar besser gehen konnte als vorher, ihre Behinderung jedoch nicht völlig behoben war. Auch hatte sich die Wunde am Fuß während der Zeit, die sie am Kultort verbrachte, nicht geschlossen. Alisia war offenbar nicht bereit, länger auf ihre vollständige Wiederherstellung zu warten, und ging nach Hause. Der Kurialist in Rom stellte bedauernd fest, daß man ihren Fall deshalb nicht als Wunder anerkennen könne: *Que postmodum apparente sibi in visu beato Thoma in parte est curata. Probatur per testes sed quia curata non invenitur in pede plene nec vulnera in tot clausa nec voluit morari usque ad plenam curationem, illi non est insistendum. Potius enim videtur quedam aleniatio quam curatio.*[33]

Gemäß dem damaligen Wunderverständnis hätte eigentlich in jedem Fall der Nachweis erbracht werden müssen, daß die Krankheit unheilbar gewesen, die Heilung also *praeter naturam* geschehen sei. In den Texten wird diese Problematik jedoch nicht erörtert. Erstaunlicherweise kamen bei der abschließenden Beurteilung des Heilungsverlaufs an der päpstlichen Kurie Mediziner als Fachleute nicht zu Wort – im Gegensatz zum modernen Heiligsprechungsverfahren.[34] Als behandelnde Ärzte später geheilter Personen sagten sie zwar mitunter vor der Kanonisationskommission aus und bezeugten die Schwere der Krankheit. Die Entscheidung, ob eine Heilung *praeter naturam* war, blieb hingegen völlig der Lebenserfahrung der medizinisch nicht geschulten Kardinäle in Rom überlassen. Die Diskussion der strittigen Fälle an der Kurie wurde jeweils durch Abstimmung unter den anwesenden Kardinälen zum Abschluß gebracht. Angesichts der Menge der für jeden Heiligkeitskandidaten eingereichten Mirakelberichte blieben immer etliche Fälle übrig, die den Kriterien Schlagartigkeit, Vollkommenheit und Unerwartbarkeit zu genügen schienen und deshalb als Beweis für den göttlichen Eingriff gelten durften. Aufgrund dieser anerkannten Wunder erfolgte schließlich die Kanonisation durch den Papst, wobei das Oberhaupt der Kirche die Heiligsprechung allerdings aus Gründen der politischen Inopportunität verweigern und damit für längere Zeit blockieren konnte.

---

32 Louis Carolus-Barré: Consultation du Pietro Colonna sur le IIe miracle de Saint-Louis. In: Bibliothèque de l'École des Chartes 117 (1959). S. 57–72, hier S. 72. Im Dossier des hl. Ludwig cap. 1, nr. 174–179 [Anm. 25], S. 617–619.

33 Vauchez [Anm. 11], Anhang 1, S. 645.

34 Vgl. hierzu Fabijan Veraja: Heiligsprechung. Kommentar zur Gesetzgebung und Anleitung für die Praxis. Innsbruck 1998.

Zusammenfassend läßt sich sagen, daß die Natur des menschlichen Körpers in den Mirakelberichten als ein Kontinuum verstanden wurde, das nur prozeßhafte, aber keine sprunghaften Veränderungen kennt. Alles, was diesem quasi vegetativen Prinzip zu widersprechen schien, wurde als Wunder aufgefaßt. Langsame Genesungsvorgänge galten auch im Volk nur dann als Mirakel, wenn sich ein enger zeitlicher Zusammenhang zwischen Gebet bzw. Anwesenheit am Wallfahrtsort und einer zumindest subjektiven Verbesserung der Befindlichkeit des Kranken ergab.

Silke Tammen

Marianischer und 'natürlicher' Uterus: Überlegungen zur Anatomie des Heils am Beispiel einer spätmittelalterlichen Heimsuchungsgruppe

'Maria aber machte sich auf in diesen Tagen und ging eilends in das Gebirge zu einer Stadt in Juda und kam in das Haus des Zacharias und begrüßte Elisabeth. Und es begab sich, als Elisabeth den Gruß Marias hörte, hüpfte das Kind in ihrem Leibe. Und Elisabeth wurde vom heiligen Geist erfüllt und rief laut und sprach: Gepriesen bist Du unter den Frauen und gepriesen ist die Frucht Deines Leibes! Und wie geschieht mir das, daß die Mutter meines Herrn zu mir kommt? Denn siehe, als ich die Stimme Deines Grußes hörte, hüpfte das Kind vor Freude in meinem Leibe. Und selig bist Du, die Du geglaubt hast! Denn es wird vollendet werden, was Dir gesagt ist von dem Herrn' (Lukas 1, 39–45).

Im Zentrum der folgenden Ausführungen steht eine Heimsuchungsgruppe aus ehemals farbig bemaltem Sandstein, die stilistisch der Salzburger Plastik des Weichen Stils zuzuordnen und um 1410–1420 entstanden ist; sie stammt sehr wahrscheinlich aus dem Passauer Benediktinerinnenkloster Niedernburg (Abb. 1)[1]. Maria und Elisabeth begrüßen sich in einer sachten Umarmung, die sich leicht auf einen frontalen Betrachterstandpunkt hin öffnet. Vielleicht richtete sich der Blick aus Marias einst aufgemalten Pupillen nach draußen, während Elisabeth – an ihrem Schleier als nicht mehr jungfräulich und als die Ältere identifizierbar – ihre tieferliegenden Augen wie prüfend-nachdenkend auf dem Gesicht Mariens ruhen läßt. Die Körper beider Frauen sind in Haltung, Gestik und Gewandung ansonsten auffällig gleich und symmetrisch wie die Schenkel eines Dreiecks angeordnet. Sie tragen Mäntel, die in üppigen Kräuseln in formaler Parallele zu Mariens Locken und Elisabeths Schleier hinabfallen und sich am Boden begegnen. Die Frauen umfassen sich an der Taille, wobei sie die Mäntel an die

1 Höhe: 96 cm, Tiefe: 33 cm, gesamte Breite: 89 cm. Auch die Rückseiten sind sorgfältig bearbeitet und weisen zwei große, allerdings später angebrachte Dübellöcher auf. An den Gewandsäumen befinden sich kleine Bohrlöcher, „wohl ehemals für vergoldete Zierkugeln aus Zinn“. Heinz Stafski (Bearb.): Kataloge des Germanischen Nationalmuseums. Die mittelalterlichen Bildwerke. Nürnberg 1965. S. 168. – Zum Problem des Aufstellungsorts siehe später im Text.

Leiber und leicht nach hinten drücken und so den Blick auf Unterkleider frei geben, die an Oberkörper und Armen eng anliegen und ab der Taille in schwere Falten auslaufen. Die diskrete *Revelatio*-Gestik lenkt den Blick auf die leicht gewölbten Leiber unterhalb der Hände. Unter dem sich aus den überkreuzten Armen und den hinteren Mantelkräuseln ergebenden 'Baldachin' aber findet ein ästhetischer Bruch mit der auf Ähnlichkeit und Symmetrie basierenden und einer zuvörderst über die Kleidung vermittelten Körperlichkeit statt, wie sie von den Schönen Madonnen vertraut ist: In die Gewandoberfläche sind mandorlenförmige Öffnungen eingeschnitten, an deren unterer Hälfte jeweils vier Röhrenfalten recht symmetrisch ansetzen. Eine Würdeform himmlischer Majestät wird zum Zeichen des Uterus[2], meint aber auch ein gnadenhaftes Gewahrwerden von Kindern und Müttern; insofern handelt es sich um ein 'visionäres Fenster'. In Mariens Leib steht das einen Segensgestus ausführende Christkind vor einer indistinkten Fläche, die Spuren eines aufgemalten Strahlenkranzes aufweist (Abb. 2). In Elisabeths Leib kniet anbetend das kleinere, heute stark beschädigte Johanneskind (Abb. 3), das als erster Mensch den Segen Christi empfängt. Doch anstelle von Lichtstrahlen ist es dicht umgeben von wurmartigen Gebilden, deren bewegte Krümmungen ein Echo in Elisabeths gekräuseltem Schleier finden. Das Innere der Höhlungen ist fein ausgeführt[3] und dürfte – durch die einstige Farbfassung klar akzentuiert – auch aus einem gewissen Abstand zu erkennen gewesen sein. Bohrlöcher an den Rändern deuten darauf hin, daß die jeweilige Höhlung durch einen Deckel oder ein Fenster verschlossen und ihr Innenleben somit nicht permanent sichtbar war.

Eine derartige Präsentation, die das Innerste nach Außen kehrt, Einblick in das gewährt, was die Medizin als *secretum mulieris* bezeichnete, und die Mütter zu fleischgewordenen Monstranzen[4] der Begegnung ihrer Söhne macht, ist in der Heimsu-

---

2 Vergleichbar ist die Ästhetisierung der Seitenwunde Christi, die ab dem 14. Jahrhundert isoliert und z. B. in *Arma-Christi*-Bildern auf den Kopf gestellt wird; sie läßt Assoziationen sowohl an eine Mandorla als auch an eine Vagina zu. Zwar ist eine 'vaginale Symbolik' im Sinne einer Wunde, die die Kirche gebiert oder aber die Seele einläßt, durchaus in schriftlichen Quellen belegt; wenig überzeugend ist jedoch der Versuch, dies als eine Feminisierung des Leibes Christi zu fassen. Vgl. Karma Lochrie: Mystical Acts, queer Tendencies. In: Dies., Peggy McCracken u. James A. Schultz (Hgg.): Constructing Medieval Sexuality. Minneapolis 1997. S. 180–200 und Flora Lewis: The Wound in Christ's Side and the Instruments of the Passion: Gendered Experience and Response. In: Jane H. M. Taylor u. Lesley Smith (Hgg.): Women and the Book. Assessing the Visual Evidence. London 1996. S. 204–228. Eher sollte man von einer Überlagerung von Vorstellungsschichten ausgehen, die nicht geschlechterfixiert sind, sondern eine Wunde zum bilderreichen Ort verschiedenster religiöser Erfahrung stilisieren.

3 Das Innere der Höhlungen wurde separat aus Ton geformt und ist nach restauratorischem Befund als zeitgenössisch einzustufen. Vgl. Stafski [Anm. 1], S. 168.

4 Man sollte über ein breiteres Phänomen spätmittelalterlicher Frömmigkeit und Bildlichkeit nachdenken, nämlich über den andächtigen und heiligen Körper als Bildträger – sei es, daß sich auf der Hautoberfläche das Göttliche einschreibt wie im Falle der Stigmata, sei es, daß das Herz bildlich transformiert wird (siehe Anm. 15) – oder aber als betonte Nähe von Träger und Bild wie im Falle der Veronika oder etwa der hl. Hedwig von Schlesien: Die Miniaturen des Hedwig-Codex (1353)

chungsikonographie um 1400 nicht ungewöhnlich[5]. Solche Darstellungen treten vor allem in Bayern, der Schweiz und Österreich in den unterschiedlichsten Bildmedien und Zusammenhängen, einzeln oder in einen Zyklus eingebunden, zwischen dem frühen 14. und dem ersten Viertel des 16. Jahrhunderts auf [6]. Der Bildtyp scheint hingegen selten im übrigen Europa und verschwindet unter dem Einfluß der Reformation und der nachtridentinischen Bemühungen um Reform des katholischen Bildes, was interessanterweise parallel zu einer zunehmenden medizinischen Erschließung des weiblichen Körperinneren erfolgt. Anscheinend trennen sich damals religiöser und medizinischer Körperdiskurs.

Exzeptionell an unserer *Visitatio* sind die Gebilde in Elisabeths Leib, auf die auch die Hand Mariens, die mit ihren leicht gespreizten Fingern stärker als die Elisabeths angespannt ist, förmlich hinzuweisen scheint: Während Egon VERHEYEN und Hildegard URNER-ASTHOLZ sie als „Eingeweide" deuten und darin zu Recht eine Differenzierung zwischen Menschenkind und Gottkind erkennen[7], bleibt Gregor M. LECHNER unent-

---

zeigen sie mit ihrer ständigen Begleiterin, einer kleinen elfenbeinernen Madonna mit Kind, die während der Exequien und Bestattung auf ihrem Bauch liegt. Die Darstellung erinnert stark an eine Anna Selbdritt. Vgl. Jeffrey Hamburger: The Visual and the Visionary. Art and Female Spirituality in Late Medieval Germany. New York 1998. S. 436 (Abb. 9.7). – Vermutlich steht dieses Phänomen im Zusammenhang mit einer in der Meditationsdidaktik formulierten Verinnerlichung und Ein-Bildung der tatsächlich gesehenen oder visualisierten Bilder. Zur reichen diesbezüglichen Literatur vgl. Thomas Lentes: Inneres Auge, äußerer Blick und heilige Schau. Ein Diskussionsbeitrag zur visuellen Praxis in Frömmigkeit und Moraldidaxe des späten Mittelalters. In: Klaus Schreiner (Hg.): Soziale, körperliche und visuelle Dimensionen mittelalterlicher Frömmigkeit. München 2002. S. 179–220.

5 Es sind wesentlich mehr Tafelbilder als Skulpturen überliefert, so daß Aussagen über Verbreitung oder Vorbilder unserer *Visitatio* nicht möglich sind. Vergleichbar scheint eine hölzerne *Visitatio* aus der Peter und Paul-Kirche in Görlitz an der Neiße aus dem frühen 15. Jahrhundert, wo sich die Kinder in Hohlräumen befinden, „in die man durch ein Fensterchen hineinschauen konnte". Hildegard Urner-Astholz: Die beiden ungeborenen Kinder auf Darstellungen der Visitatio. In: Zeitschrift für Schweizerische Archäologie und Kunstgeschichte 38 (1981). S. 29–58, hier S. 42.

6 Urner-Astholz [Anm. 5], S. 48f. leitet das Motiv aus dem ostkirchlichen Typus der *Maria Platytera* ab, bei dem der Christusknabe als Büste in einem *clipeus* vor der Brust Mariens schwebt. Zwar feiert der dazugehörige 'Akathistoshymnos' den umfangreichen Schoß Mariens, aber der *clipeus* ist vor der Brust zu sehen – vielleicht, um die göttliche von der normalen Schwangerschaft abzuheben. Ein Einfluß von *Platytera*-Ikonen ist im Westen allerdings nur in Venedig nachzuweisen. Die wenigen erhaltenen Skulpturen schwangerer Madonnen mit herausnehmbaren Kindern datieren nicht früher als die entsprechenden Heimsuchungsdarstellungen.

7 Egon Verheyen: An Iconographic Note on Altdorfer's Visitation in the Cleveland Museum of Art. In: Art Bulletin 46 (1964). S. 536–539, hier S. 538: „St. John, as a human being, is surrounded by intestines, Christ as a divine being, stands in a painted glory, [...]"; Urner-Astholz [Anm. 5], S. 34: „[...] in merkwürdiger Weise von Eingeweiden umgeben, die wohl sein gewöhnliches Menschsein von dem seines göttlichen Herrn deutlich abheben sollen". – Felix Mader: Stadt Passau. München 1919 (Kunstdenkmäler Niederbayerns 3). S. 138 bildet die *Visitatio* in einer nachmittelalterlichen Goldfassung ab, die die Öffnungen anscheinend verdeckt. Auch Rolf Hartmann: Passauer Plastik im ausgehenden Mittelalter. München 1941. S. 14f. erwähnt die Öffnungen nicht.

schieden: „Ob die [...] organischen Details als leibliche Organe Elisabeths zu bezeichnen sind [...], muß offen bleiben, da derartige Realistik zu dieser Zeit keine Parallelen hat“[8]. Alle drei gehen aber dem tieferen Sinn einer solchen Differenzierung nicht nach, was im Folgenden geschehen soll. Klarer läßt sich der Kontrast zwischen dem jungfräulich-reinen Ausnahmekörper der Gottesgebärerin und dem Inneren einer normalen, d.h. dem Diktat der Erbsünde unterworfenen Frau – und sei sie auch eine Angehörige der Heiligen Sippe – kaum formulieren. Doch handelt es sich mit LECHNER tatsächlich um Realistik, mithin um den Versuch, Einblick in die geheimnisvolle 'Natur' der Frau zu geben? Um die besondere Darstellung zu klären, müssen verschiedene Wege eingeschlagen werden, die das ausschnitthafte Bild vom weiblichen Körperinneren im Spannungsfeld von theologischen, frömmigkeitsgeschichtlichen und medizinischen Konzeptionen von Göttlichkeit und geschlechtlichem Körper verorten.

Weder aus dem Lukas-Bericht noch aus späteren Paraphrasierungen und Deutungen erfährt man etwas über die körperliche Verfaßtheit der Frauen: Im Zentrum des Interesses stehen Freude, Zärtlichkeit und Demut in deren Umgang miteinander, die prophetische Rede Elisabeths, das 'Magnificat' Marias, schließlich die Kinder selbst. Ambrosius zeigt sich in seinem Lukas-Kommentar fasziniert von den Symmetrien und Differenzen dieser Begegnung: 'Die Stimme bekommt Elisabeth zuerst zu hören; die Gnade indes Johannes zuerst zu fühlen. Jene hört sie kraft der Naturordnung, dieser hüpft auf kraft des Geheimnisses; jene fühlte Marias, dieser des Herrn Ankunft; die Frau die der Frau, das Kind die des Kindes. Die beiden ersteren sprechen, die beiden letzteren wirken im Inneren Gnade. Sie lassen die erste Frucht des Geheimnisses der Liebe ihren Müttern zugute kommen, und die Mütter weissagen durch ein Doppelwunder kraft des Geistes ihrer Kinder'[9]. Augustinus setzt den Akzent stärker auf die Unterschiede zwischen rein menschlichem und menschlich-göttlichem Mutter-Sohn-Paar[10]. Paraphrasierungen wie in der 'Legenda aurea'[11], den 'Meditationes Vitae Christi'[12] oder den 'Revelaciones' Birgittas von Schweden[13] heben die demütige Dienerschaft Mariens gegenüber der älteren, lange unfruchtbaren Schwangeren hervor. Niemals interessiert

8 Gregor M. Lechner: Maria gravida: zum Schwangerschaftsmotiv in der bildenden Kunst. München 1981. S. 351.

9 *Vocem prior Elisabet audivit, sed Iohannes prior gratiam sensit: illa naturae ordine audivit, iste exsultavit ratione mysterii, illa Mariae, iste domini sensit adventum, femina mulieris et pignus pignoris, istae gratiam loquuntur, illi intus operantur pietatisque mysterium maternis adoriuntur profectibus duplicique miraculo prophetant matres spiritu parvulorum.* Sancti Ambrosii Mediolanensis Opera. Pars IV: Expositio Evangelii secundum Lucam. Hrsg. von M. Adriaen. Turnhout 1957 (Corpus Christianorum, Series Latina 14). S. 40f. – Übersetzung von Kristin Vincke: Die Heimsuchung. Marienikonographie in der italienischen Kunst bis 1600. Köln 1997. S. 11.

10 Vgl. Vincke [Anm. 9], S. 10.

11 Die Legenda aurea des Jacobus de Voragine. Übers. von Richard Benz. Darmstadt [10]1984. S. 413.

12 Johannes de Caulibus: Meditaciones Vite Christi. Hrsg. von M. Stallings-Taney. Turnhout 1997 (Corpus Christianorum, Continuatio Mediaevalis 153). S. 24–27.

13 Sanctae Birgittae Revelaciones, Liber VI. Hrsg. von Birger Bergh. Stockholm 1991. S. 202f. (6. Buch, Kap. 59).

die Physis der Mütter, sondern nur das Gnadengeschehen einer doppelten Begegnung. Die *Visitatio*, seit 1263 ein franziskanisches Fest, erfüllte diverse Funktionen[14]. Heilsgeschichtlich verkörperten Maria und Elisabeth den Übergang vom Alten zum Neuen Testament; dogmatisch bestätigte die *Visitatio* die Inkarnation; kirchenpolitisch stellte sich die im Schisma gespaltene Kirche mit der Erhebung der *Visitatio* zum allgemeinen Kirchenfest im Jahre 1389 unter den Schutz der schwangeren Maria und damit eines *Concordia*-Sinnbildes; frömmigkeitsgeschichtlich sind drei Gedanken relevant, die in den adventlichen Interzessionsgebeten und Glieder-Mariae-Andachten formuliert werden: Lobpreisung des schwangeren Leibes der Jungfrau und gelegentliche Meditationen über ein geistliches Schwangergehen mit Christus; Maria und Elisabeth als Adressatinnen unfruchtbarer oder schwangerer Frauen; Anrufung Marias und des Johanneskindes als Interzessoren durch Männer und Frauen mit Blick auf das Jüngste Gericht: Maria, weil sie ihren Sohn im Namen der Barmherzigkeit an die lange Zeit erinnern würde, die sie ihn in ihrem Leib genährt hat; Johannes, um mit ihm seine Freude über das erste Erscheinen des Herrn auch bei dessen Wiederkehr am Ende aller Tage teilen zu können. Denkbar sind alle diese Sinndimensionen auch im Falle unserer Heimsuchungsgruppe. Selbst wenn man genauere Kenntnisse über das Geistesleben in Kloster Niedernburg, die liturgischen Praktiken und den Aufstellungsort des Bildwerks besäße, wird man sich allerdings kaum auf eine Kernaussage festlegen können. Doch angesichts der Tatsache, daß die unbekannten Konzeptoren unserer Skulpturengruppe besonderen Wert auf den Einblick in die Leiber und auf die Differenzierung zwischen marianischem und elisabethanischem Uterus legten, besteht zumindest der Verdacht, daß es ihnen vornehmlich um das Geheimnis der Inkarnation ging.

Die Mehrzahl aller erhaltenen Heimsuchungsdarstellungen verzichtet auf die Ansicht der Kinder, und dort, wo dies doch geschieht, wird das Gnadenhafte einer eigentlich unmöglichen und realiter tabuisierten Einsicht betont und damit die profane Neugier in ihre Grenzen verwiesen[15]. Ein vergleichender Blick auf andere derartige Heimsuchungen zeigt, daß es immer wieder um die Veranschaulichung eines Wunders geht, dessen

---

14 Vgl. hierzu Vincke [Anm. 9], S. 24f.; Lechner [Anm. 8], S. 56 u. 72; Frank O. Büttner: Imago pietatis. Motive der christlichen Ikonographie als Modelle zur Verähnlichung. Berlin 1983. S. 135.

15 Die Neugier wird als pervertierte Wißbegier im Rosenroman auf die Spitze getrieben, wo von Kaiser Nero die Rede ist, der den Bauch seiner Mutter aufschneiden läßt. Zu den diesbezüglichen Illustrationen des Rosenromans vgl. den Überblick von Philine Helas: Madensack und Mutterschoß. Zur Bildgeschichte des Bauches in der Renaissance. In: Claudia Benthien u. Christoph Wulf (Hgg.): Körperteile. Eine kulturelle Anatomie. Hamburg 2001. S. 173–193, hier S.176f. – Zum Kaiserschnitt vgl. Renate Blumenfeld-Kosinski: Not of Woman Born: Representations of Caesarian Birth in Medieval and Renaissance Culture. Ithaca 1991. – Eine fromme Neugier konnte allerdings auch zu Sektionen von Seligen führen, wie von Chiara da Montefalco, in deren Herz die *Arma Christi* eingeschrieben waren bzw. die Adern bei ihrer Autopsie entsprechend gelesen wurden, oder von Margharita di Città Castello, in deren Herz man Kugeln fand, die ihrerseits Bilder (u.a. eine Christkindwiege) enthielten. Vgl. Chiara Frugoni: *Domine, in conspectu tuo omne desiderium meum*: visioni e immagini in Chiara da Montefalco. In: Carlo Leonardi u. Enrico Menestó (Hgg.): S. Chiara da Montefalco e il suo tempo. Perugia 1984. S. 155–175.

erste Zeugen Johannes und Elisabeth sind, in ihrem Gefolge dann auch der Betrachter: Das Wort inkarniert sich im Leib einer Frau, nimmt Fleisch und Gestalt eines Menschenkindes an und wächst 'normal', aber bei vollem Bewußtsein seiner göttlichen Natur und Bestimmung dem Tag seiner Geburt entgegen. Schon im Mutterleib wirkt es ein erstes Wunder, indem es den ungeborenen Johannes segnet und ihn mit Bewußtsein erfüllt. Weder Schwangerschaft noch Geburt verändern und beschädigen den jungfräulichen Körper Mariens; er ist begnadet, auch wenn seine Erbsündenfreiheit umstritten war. Seine Unversehrbarkeit und Schönheit werden im theologischen Schrifttum betont, in ihm wird *natura* durch göttliche *gratia* überwunden. Elisabeth kann in diesem Zusammenhang immer nur als Kontrastfolie dienen.

Interessant ist nun, wie jeweils diese Differenz visuell inszeniert wird. Eine um 1320 entstandene Initiale eines Graduales aus dem Zisterzienserinnenkloster Wonnenthal bei Kinzingen stellt eines der frühesten überlieferten Exemplare dar (Abb. 4) und siedelt die Frauen im bauchigen Innenraum eines D an, das links ein frauenköpfiges Reptil als grotesken Kontrast und als Erinnerung an die Erbsündenträgerin Eva zeigt; weiter links kniet eine betende Nonne. Anders als Maria trägt Elisabeth einen um den Hals geführten Schleier. Beide Kinder sind nimbiert, aber das segnende Christkind ist durch den Kreuznimbus ausgezeichnet. Die Ansiedelung der Kinder in Brusthöhe läßt sich vielleicht auf die im mystischen Schrifttum verbreiteten Wünsche und Vorstellungen von einem spirituellen, im Herzen angesiedelten Schwangergehen mit Christus zurückführen[16]. Während hier und auch bei der etwa zeitgleichen Skulpturengruppe aus dem Dominikanerinnenkloster St. Katharinenthal bei Dießenhofen (Abb. 5)[17] eine große Ähnlichkeit der Frauen auffällt und der Akzent offenbar auf gleichberechtigter Begegnung, nicht auf Differenz liegt, ändert sich dies gegen Jahrhundertende. Gründe dafür mögen in einem generell zunehmenden Streben nach 'Naturalismus' liegen. Neben einer häufig deutlicheren Leibeswölbung der Frauen treten – ohne daß sich eine klare Entwicklung feststellen ließe – bald verschiedene Differenzierungen auf: Maria und Elisabeth werden vor allem durch Gesichtszüge, Kopfbedeckung und Kleidung, manchmal auch durch die Art bzw. das Fehlen eines Nimbus bei Elisabeth unterschieden. Die Kinder – immer in Haltung und Gestus klar hierarchisch aufeinander bezogen – schweben meist vor Brust oder Bauch: mal mit, mal ohne Umrahmung, mal beide in Strahlennimben, mal nur das Christkind allein (Abb. 6), mal beide als reine Lichtschnuppen (Abb. 7). Einen besonderen Fall stellt die Federzeichnung in einer 1465

16 Vgl. hierzu Rosemarie D. Hale: Imitatio Mariae: Motherhood Motifs in Devotional Memoirs. In: Mystics Quarterly 16 (1990). S. 193–203.

17 Die Kinder sind nicht mehr erhalten. Die mandorlenförmigen Höhlungen im Brust-Bauch-Bereich sind erst im 20. Jahrhundert durch Bergkristalle verschlossen worden. Vgl. Urner-Astholz [Anm. 5], S. 32.

illustrierten Marienlegende[18] dar (Abb. 8): Die nichtnimbierte Elisabeth trägt vor ihrem Gewand auf einer Falte unterhalb ihres Gürtels den knienden Johannes, während vor dem Gewand der nimbierten Maria das strahlende Christusmonogramm erscheint. Wohl unter dem Einfluß der Christi-Namensverehrung, die der Hl. Bernhardin von Siena popularisierte, wird hier *caro* gegen *verbum* ausgespielt: Die zwei Stufen der Inkarnation sind quasi getrennt und auf Christus und Johannes, der das Wort verkünden wird, verteilt. Streng genommen gibt eine solche Darstellung die Grundidee der Heimsuchung, nämlich die Verbildlichung der Fleischwerdung Christi, preis. Die hier auf die Spitze getriebene paradoxe Unkörperlichkeit derartiger Heimsuchungsbilder läßt sich indes auf schriftliche Quellen zurückführen. Während nach Susanne FRITSCH-STAAR seit der Antike eine „Tendenz zur Dämonisierung" des Uterus geherrscht und sich etwa in der volkstümlichen Vorstellung von der Gebärmutter als im Leib herumwandernder Kröte niedergeschlagen hat, regierte in der lateinischen und volkssprachlichen Hymnik und Lyrik des Mittelalters das Lob des marianischen Leibes als eines Kristalls, Glasgefäßes, Elfenbeinthrons oder Schreines[19]. In einer materiellen und medialen Ästhetik, die sich auf Reliquiare und liturgisches Gerät beziehen läßt, ersetzt kostbares, reines oder lichtdurchlässiges Material weibliches vergängliches Fleisch[20]. Und dort, wo die Vorstellung vom weichen Fleisch aufrechterhalten wird, preist Elisabeth es – etwa im Marienleben Walthers von Rheinau (vollendet 1388) – als *warez ingesigel, darin nach menschlicher art din gotheit gedrücket wart und an sich nam ir zeichen*, und als ein *oblatisen des lebenden himelbrotes*[21]. Während in den Schriftquellen vor allem die Gefäßmetaphorik eine große Rolle spielt, akzentuieren die Bilder eher die Lichtmetaphorik, vielleicht mit den ovalen und mandorlenförmigen Rahmungen der Kinder auch die des Siegels. Es fällt auf, daß kaum jemals versucht wurde, die Kinder als im Leib ihrer Mütter sitzend darzustellen oder wenigstens die Schauöffnungen organisch in die

18 Die Abschrift der vor 1460 entstandenen Marienlegende gehörte dem Luzerner Scholaren Jakob Amgrund. Vgl. Carl Benzinger: Eine illustrierte Marienlegende aus dem 15. Jahrhundert. Straßburg 1913.

19 Susanne Fritsch-Staar: *Uterus virgineus thronus est eburneus*. Zur Ästhetisierung, Dämonisierung und Metaphorisierung des Uterus in der mittelhochdeutschen Lyrik. In: Ingrid Bennewitz u. Helmut Tervooren (Hgg.): *Manlîchiu wîp, wîplich man*. Zur Konstruktion der Kategorien Körper und Geschlecht in der deutschen Literatur des Mittelalters. Berlin 1999. S. 182–202, hier S. 183. – Ab einem m. W. noch nicht genau bestimmten Zeitpunkt wird der Uterus Mariens nicht mehr ästhetisiert. So läßt etwa Martin von Cochem (1634–1712) die Passion Christi schon im *Kercker deß Mütterlichen Leibs* beginnen: *Wan ein Kind in seiner Mutter-Leib vollkomnen Verstand haben solte/was muste es nit leyden ond wie beschwärlich wird ihm dise Gefaengnuß fürkommen. Ist auch schier kein engerer/finsterer/feuchterer/ongemächlicher ond abscheulicher Kercker zufinden / als derjenige ist / darin ein jedes Kind neun monat lang muß gefangen ligen?* Zit. nach Lechner [Anm.8], S. 100 (mit Verweis auf Martin von Cochem. Das große Leben Christi. München 1969. S. 228).

20 Vgl. hierzu Clarissa Atkinson: ‚Precious Balsam in a Fragile Glass': the Ideology of Virginity in the Later Middle Ages. In: Journal of Family History 8 (1983). S. 131–143.

21 Zit. nach Lechner [Anm. 8], S. 67.

Gewänder zu integrieren. Vielleicht mied man den allzu sezierenden Blick ins Leibesinnere zugunsten einer symbolhaften und dem Wundersamen der Begegnung angemesseneren Inszenierung. Die Schwangerschaft nicht nur Mariens, sondern auch Elisabeths erscheint daher stilisiert, indem das Leibesinnere auf bzw. vor die Gewandoberfläche verlegt (Abb. 9) und als Lichterscheinung oder Siegelform ästhetisiert wird. Im Gegensatz zu unserer *Visitatio* geht es allenfalls hintergründig um eine Differenzierung zwischen übernatürlicher und natürlicher Schwangerschaft, primär aber um die Darstellung einer heilsgeschichtlich relevanten Begegnung.

Im Vergleich mit diesen Bildlösungen fällt die Passauer *Visitatio* nicht nur durch die differenzierende Gestaltung des Uterus aus der Reihe; vielmehr muß sie sich als plastisches Werk auch in ganz anderer Weise als ein gemaltes Bild dem Problem der 'Einsichtigkeit' stellen. Dies geschieht durch ein bewußtes Spiel mit der grundlegenden Metapher des Gewandes für menschliches Fleisch: Die *Revelatio*-Geste, das rahmende Gekräusel der Mäntel und die schwere Stofflichkeit der Kleider darunter fordern einen Blick, der schichtweise in die Tiefe dringt. Anders als bei den meisten Tafelbildern, die quasi vollendete Tatsachen auf oder vor den bekleideten Leibern präsentieren[22], muß das Auge hier einen haptisch geprägten Weg zurücklegen, der die Kindsregungen im Leibesinneren der Mütter nachvollziehbar macht. – Damit ist allerdings immer noch nicht das 'Gewürm' in Elisabeths Uterus erklärt, das mit der ansonsten auffallenden Ästhetik der Inszenierung kontrastiert. Will man die Gebilde nicht als Gedärm und damit als Zeichen der sehr alten, schmachvollen und Sterblichkeit konnotierenden Vorstellung vom weiblichen Körper als außen verlockendem, innen aber kot- und blutgefülltem Sack deuten[23], was doch ein wenig simpel und als dem Decorum einer heiligen Frau unangemessen erscheint, dann sind in einem nächsten Schritt anatomische Vorstellungen und Illustrationen vom Uterus zu befragen[24]. Eine Einschränkung sei

22 Eine berühmte Ausnahme stellt das um die Mitte des 15. Jahrhunderts von Piero della Francesca gemalte Fresko der Madonna del Parto in der Kapelle von Monterchi dar, wo die schwangere Maria mit einer Geste ihrer Hand den Blick durch ein von Engeln geöffnetes baldachinartiges Zelt auf einen Schlitz in ihrem Überkleid leitet.

23 Vgl. Helas [Anm. 15], S. 174. Eingeweide werden in Sektionsabbildungen ohnehin als große Schlaufen und nicht in der hier vorliegenden knorpeligen Form dargestellt. Zwar besitzt der Darm tatsächlich kammerartige Ausstülpungen, in denen der Nahrung Flüssigkeit entzogen wird, doch hat er nichts im Uterusinneren zu suchen.

24 Der aus der Sicht eines Mediziners verfaßte Aufsatz von Michel Laignel-Lavastine: Sur quelque visitation. A propos de la grossesse dans l'art. In: Aesculape 23 (1933). S. 50–55 (hier S. 55) enttäuscht, da er keine Heimsuchungen mit den sichtbaren Kindern bespricht. Der Autor interessiert sich nur für die Frage, ob die Künstler den dem jeweiligen Schwangerschaftsmonat entsprechenden Zustand korrekt (oder eben nicht) wiedergegeben haben. Er warnt zwar nicht zu Unrecht vor einem zu starken Mischen der fachlichen Diskurse („Art et obstétrique ne sont pas antagonistes; cependant l'une doit ne pas être trop appuyée pour participer de l'autre"), und auch Lechner [Anm. 8], S. 222f. sieht keine Abhängigkeit der *Maria gravida* von zeitgenössischen medizinischen Darstellungen bzw. spricht nur vage von „Parallelen im Profanbereich"; doch halte ich gerade im vorliegenden Fall eine Überprüfung aller möglichen Quellen für methodisch angeraten.

dabei vorweggenommen: Wie die Theologen den heiligen Leib konstruierten und sorgfältig ästhetisierten, so kannte auch der Blick der Mediziner seine ganz eigenen Grenzen: Wurde in der Praxis der schwangere Leib dem ärztlichen Auge nach Möglichkeit nicht ausgesetzt, sondern von Hebammen abgetastet, spähten Mediziner erst bei Obduktionen, ab dem frühen 14. Jahrhundert dann auch bei Lehrsektionen in den toten Frauenkörper, um dort eine Bestätigung der antik-arabischen Modelle zu finden[25]. Einem 'natürlicheren' Entwurf des Körperinneren wird man auch hier nicht begegnen[26]. Darstellungen der weiblichen Anatomie (Abb. 10)[27] und Kindslagenbilder (Abb. 11)[28] zeigen den Uterus als einfaches Behältnis für ein bis mehrere Föten, das ansonsten genauso glatt und 'leer' wie das Leibinnere Marias in unserer *Visitatio* erscheint[29]. In einer um 1300 entstandenen provençalischen Handschrift aber weist der Uterus kleine dunkle Kammern auf (Abb. 13)[30]. Der Abbildung liegt die u.a. durch Enzyklopädien verbreitete Vorstellung von den sieben Kammern zugrunde, die den Samen aufnehmen und – manchmal wird das Bild des Münzprägens dazu bemüht – ein oder mehrere Kinder modellieren[31]. Sind die Gebilde in Elisabeths Uterus etwa derartige Kammern? Dies ist unwahrscheinlich, da sie konvex sind und auch mehr als sieben zählen[32]. Vielleicht sind aber innere Zotten oder Behaarungen gemeint, die den Samen halten sollen und von denen in Schriften der Schule von Salerno und bei Wilhelm von Conches (†1150) im 'De matrice'-Kapitel der 'Philosophia mundi' die Rede ist[33]. Am sinnvoll-

---

25 Vgl. hierzu Claude Thomasset: Von der Natur der Frau. In: Christiane Klapisch-Zuber (Hg.): Geschichte der Frauen. Bd. 2: Mittelalter. Frankfurt a. M. 1993. S. 55–83.

26 Zu neuzeitlichen Leibmodellen und ihrer Abhängigkeit von Wissenschaftsparadigmen, diagnostischen und optischen Techniken vgl. Barbara Duden: Der Frauenleib als öffentlicher Ort. Vom Mißbrauch des Begriffs Leben. Hamburg 1991.

27 Vgl. Karl Sudhoff: Tradition und Naturbeobachtung in den Illustrationen medizinischer Handschriften und Frühdrucke vornehmlich des 15. Jahrhunderts. Leipzig 1907. S. 79 u. Tafel 20.

28 Vgl. Karl Sudhoff: Ein Beitrag zur Geschichte der Anatomie im Mittelalter, speziell der anatomischen Graphik nach Handschriften des 9. bis 15. Jahrhunderts. Leipzig 1908. S. 77 u. Tafel 23.

29 Eine schwer zu deutende Ausnahme bilden Situsbilder aus einer Handschrift des 13. Jahrhunderts, wo der Uterus mit floralen Ranken gefüllt ist (Abb. 12). Vgl. Sudhoff [Anm. 27], S. 72 u. Tafel 17. – Robert Herrlinger: Geschichte der medizinischen Abbildung von der Antike bis um 1600. München ²1967. S. 51 kann sich dies nur durch ein Mißverständnis arabischer Vorlagen und ihrer Beschriftungen erklären.

30 Vgl. Sudhoff [Anm. 28], S. 27 u. Tafel 3.

31 Vgl. Robert Reisert: Der siebenkammrige Uterus: Studien zur mittelalterlichen Wirkungsgeschichte und Entfaltung eines embryologischen Gebärmuttermodells. Pattensen 1986 (Würzburger medizinhistorische Forschungen 39). S. 45.

32 Ich danke Herrn Prof. Dr. Dr. Gundolf Keil, Würzburg, herzlich für die Überprüfung: Brieflich stimmte er zu, daß eine klare Identifizierung schwerfällt, mochte aber doch eine Vorbildhaftigkeit von Siebenkammerbildern nicht gänzlich ausschließen, wie sie bei Reisert [Anm. 31] wiedergegeben sind.

33 Die Gebärmutter ist demnach innen *villosa, ut melius semen retineat, septem habens cellulas, humana figura ad modum monetae impressas.* Zit. nach Reisert [Anm. 31], S. 67. Anders als die Kammern werden diese Zotten aber m.W. in anatomischen Illustrationen nicht dargestellt.

sten erscheint mir indes eine letzte Möglichkeit, mit der sich an den theologischen Diskurs anknüpfen ließe: Die Gebilde könnten Blutgefäße darstellen. Man dachte sich den Fötus als von einer Membran umgeben, in der sich laut Claude THOMASSET „zunächst ein Kanalsystem" entwickele; nach „Ausbildung der Leber, die den menschlichen Körper mit Blut" versorge, entstehe „eine Ader, die aus dem Zustrom des Menstruationsbluts den Fötus bis zur Niederkunft" nähre[34]. Nun blieb die Theologie nicht unbeeinflußt von dem ärztlichen Interesse an Empfängnis und Schwangerschaft; mußte sie die Erkenntnisse der Medizin doch mit dem Inkarnationsgeschehen abgleichen, worum sich Thomas von Aquin im 3. Buch der 'Summa theologiae' bemühte. In Artikel 5 zur Quaestio 31 fragt Thomas: 'Ist das Fleisch Christi aus dem allerreinsten Blut der Jungfrau empfangen?' und bestreitet, daß ein Kind – sei es Mensch oder Gottes Sohn – aus dem verbrauchten Menstruationsblut gebildet werde. Die Materie sei in jedem Fall reines Blut, das im Normalfall zwar durch die Begierde des Zeugungsakts verunreinigt werde, was bei Maria aber nicht geschehen sei[35]. Thomas' Darstellung Mariens als von der 'gleichen Natur wie die übrigen Frauen' und der Inkarnation Christi als 'natürlich, da er aus einem Weibe, übernatürlich, da er aus einer Jungfrau geboren wurde'[36], war allerdings so subtil, daß sie kaum Spuren bei Heimsuchungen wie der unseren hinterlassen haben dürfte; denn dort stehen sich – kaum überbrückbar – der bis auf das Gottkind 'leere', anscheinend nicht durchblutete und ein 'normaler', durchäderter Uterus gegenüber. Wie man auch die Gebilde in Elisabeths Leib identifizieren mag, so ist es doch keine Frage, daß wir es hier mit einer im Bilde quasi naturalisierten sakralen Differenz[37] im Zeichen der Typologie zu tun haben: Überbietung des elisabethanischen, erlösungsbedürftigen Leibes durch den Mariens, der den Retter des erbsündenbeladenen Menschengeschlechts trägt.

Nach diesem Abriß theologischer und medizinischer Vorstellungen sei abschließend nach der 'Lesbarkeit' der *Visitatio*, ihrem Ort und Publikum gefragt. Heimsuchungen,

---

34 Thomasset [Anm. 25], S. 67.

35 'Aus diesem Blute der monatlichen Reinigung, das bereits etwas Verbrauchtes und von der Natur Ausgeschiedenes darstellt, wird die Leibesfrucht nicht gebildet. Es ist vielmehr eine Art Reinigungsmittel [*purgamentum*] des guten Blutes, das durch eine besondere Entwicklung für die Leibesfrucht vorbereitet ist, gleichsam etwas reiner und besser als das andere Blut. Doch hat es bei der Empfängnis der anderen Menschen die Unreinheit der Begierlichkeit, [...]. Das geschah aber bei der Empfängnis Christi nicht, denn durch das Wirken des Heiligen Geistes ist dieses Blut im Mutterschoße der Jungfrau gesammelt und zur Leibesfrucht geformt worden'. Thomas von Aquin: Summa theologiae. Hrsg. von der Albertus-Magnus-Akademie Walberberg bei Köln. Köln 1956. S. 326.

36 Thomas von Aquin [Anm. 35], S. 325f.

37 Bei der Darstellung von Adam und Eva auf dem Genter Altar (1432) wird eine genaue, für Mann und Frau jeweils idealtypisch akzentuierte Naturbeobachtung in den Dienst einer „Naturalisierung der Geschlechterdifferenz" gestellt, indem Eva etwa die *linea alba* der Schwangeren aufweist und Adam eine rauhere Hautstruktur mit partieller Bräunung. Daniela Hammer-Tugendhat: Jan van Eyck – Autonomisierung des Aktbildes und Geschlechterdifferenz. In: kritische berichte 17 (1989). S. 78–99, hier S. 79f.

die permanent oder durch Anbringung von Verschlüssen an den Leibesöffnungen nur zeitweilig die ungeborenen Kinder zeigen, gegen alle Wahrscheinlichkeit und alltägliche Blicktabus das weibliche und überdies heilige Innere sichtbar machen, werden umstandslos als „mystic ‚Andachtsbild' " und *visio*[38], als Ausdruck der Volksfrömmigkeit[39] und eine „auf mittelalterlicher Mentalität beruhende Bildkonzeption"[40] gedeutet. Dabei wird kaum jemals nach Auftraggebern und Rezeptionskontexten gefragt noch Bild- von Visionserfahrung geschieden oder der Begriff des 'Andachtsbildes'[41] problematisiert, mit dem häufig und allzu einfach eine intime, auf Einfühlung und nicht auf Belehrung setzende Bilderfahrung konnotiert wird. Meines Erachtens stellen *Visitatio*-Verbildlichungen ihre Betrachter vor eine andere Aufgabe. Nicht erst die Überlegungen des Thomas von Aquin und Birgittas von Schweden zur Anatomie Mariens[42] bezeugen ein durchaus unsentimentales, intellektuelles Streben nach wortwörtlicher 'Einsicht'; vielmehr vermitteln schon der Lukas-Text und seine Paraphrasierungen das Mysterium des klarsichtigen, wechselseitigen Erkennens der Kinder und des Begreifens der Mütter über ein vielschichtiges und keinesfalls einfaches Zusammenspiel von Hören, Fühlen und Sprechen. In *Visitatio*-Bildern wird dieses Spiel den Müttern auf die Leiber geschrieben, während das Betrachterauge aufgerufen wird, das Geschehen zu verifizieren. Und mehr noch: Der Betrachter wird eingeladen, menschliches und durch göttliche Gnade ermöglichtes Erkennen miteinander zu vergleichen. Sind nicht das Nach-Innen-Horchen der Mütter und die Klarsichtigkeit des eingeschlossenen Johannes Bilder des Glaubens, die das einfache Sehen des Betrachters überbieten? Zwar ist eine derartige Deutung mangels zeitgenössischer Bilderfahrungsberichte ebenso ein kunstgeschichtliches Konstrukt wie die vielbeschworene Schaulust des mittelalterlichen Betrachters; grundsätzlich hält aber ein Bildwerk wie unsere *Visitatio* ein Inhalts- und Ausdruckspotential bereit, das kaum mit den stumpfen Begrifflichkeiten von bildgewordener Vision und Andachtsbild gefaßt werden kann.

---

38 Verheyen [Anm. 7], S. 537 und Urner-Astholz [Anm. 5], S. 52: „In den Konventen von Frauenklöstern, die sich nach der Weise der Mystik in die göttlichen Geheimnisse versenkten, wird in visionärer Erleuchtung die Schau der ungeborenen Kinder bei der *visitatio* gereift und losgelöst von der zyklischen Bindung das Andachtsbild entstanden sein [...]".

39 Ein Konglomerat von Spätmittelalter-Stereotypen findet sich bei Urner-Astholz [Anm. 5], S. 55: „Die Sehnsucht, das Göttliche unmittelbar vor Augen zu sehen und die schwer verständlichen und verschlungenen Aussagen der scholastischen Theologie in einfacher bildlicher Wiedergabe tröstlich zu erfassen, kennzeichnet auch das Spätmittelalter. In dem auf allen Gebieten aufgewühlten und zerrissenen 15. Jahrhundert regte sich ohnehin ein kräftiger Zug zum Realismus, der trotzdem mit Zügen der Mystik verwoben bleibt. Seit der Zeit um 1300 wuchs [...] die Aufnahmebereitschaft für die einfache und lebendige, aus dem Orient tradierte Volkskunst der christlichen Apokrypha".

40 Urner-Astholz [Anm. 5], S. 44.

41 Vgl. hierzu Karl Schad: Andachtsbild. Die Geschichte eines kunsthistorischen Begriffs. Weimar 1996.

42 Siehe Anm. 49.

Mit dem unscharfen Terminus 'Andachtsbild' hängt das Problem des visuellen Sinn- und Identifikationsangebots zusammen. Die Gefahr liegt nahe, Heimsuchungsdarstellungen umstandslos mit einer Frömmigkeit zu verknüpfen, die als weiblich, körper- und emotionsbezogen beschrieben wird[43], zumal wenn jene – wie andere Andachtsbilder, etwa Vesperbilder und Christus-Johannes-Gruppen – aus Frauenklöstern stammen. Man kann deshalb nur für ein sehr sorgfältiges Abwägen im Einzelfall plädieren, was hier durch den Umstand erschwert wird, daß ein Großteil der mittelalterlichen Kunst Passaus nicht mehr existiert und die Provenienz der erhaltenen Stücke meist ungeklärt ist[44].

Als Bischof Heinrich 1860/1861 die Ortenbergkapelle des Doms restaurieren ließ, stattete er sie mit Skulpturen unterschiedlichen Herkommens aus, unter ihnen auch unsere *Visitatio;* nach einer Vermutung Felix MADERs ist sie identisch mit einer von Alexander ERHARD erwähnten Heimsuchungsgruppe aus der Heiligkreuzkirche von Kloster Niedernburg [45]. Das Kloster besaß zwei Kirchen: Die eine war dem Heiligen Kreuz und Pantaleon geweiht und dürfte aufgrund ihrer Nonnenempore die eigentliche Klosterkirche gewesen sein; die andere war Maria geweiht und diente anscheinend seit dem Spätmittelalter auch als Pfarrkirche[46]. Ein Großteil der mittelalterlichen Ausstattungsgegenstände des Klosters wurde im Feuer des Stadtbrandes von 1662 vernichtet, und die kargen Informationen zu Niedernburg teilen nichts über eine besondere Verehrung der *Maria gravida* oder der *Visitatio* in Adventsliturgien oder Kapellenpatrozinien

43 So behauptet Walter Blank: Dominikanische Frauenmystik und die Entstehungsgeschichte des Andachtsbildes um 1300. In: Alemannisches Jahrbuch (1964/5). S. 57-86, hier S. 76 bezüglich der *Visitatio* aus Katharinenthal: „Nach der Versenkung in solche Werke glaubte manche Nonne, sie sei selbst schwanger mit dem Herrn [...]". – Einflußreich in neuerer Zeit ist Walker Bynum [Anm. 2] mit der hier nur verkürzt wiederzugebenden Hypothese, daß die weibliche Körperlichkeit im Laufe des Mittelalters insofern eine positive Umbesetzung erfahren habe, als sie zu einem Medium wurde, mittels dessen sich Frauen mit der Menschlichkeit Mariens und Christi identifizieren konnten. Kritisch dazu Susanne Bürkle: Weibliche Spiritualität und imaginierte Weiblichkeit. Deutungsmuster und -perspektiven frauenmystischer Literatur im Blick auf die Thesen Carolyn Walker Bynums. In: Zeitschrift für deutsche Philologie 113 (1994). S. 116–143; affirmativ hingegen Hale [Anm. 16], S. 198: „Along with this intensified value on the 'human', the realia of *imitatio Mariae* – traits such as compassion and maternal affection – began to appear iconographically". Eine differenziertere Darstellung, die auch die intellektuellen Dimensionen der Bilderfahrung berücksichtigt, bietet Hamburger [Anm. 4].

44 „Was von dem großen Stadtbrande 1662 nicht vernichtet wurde und was dem barocken Neubau des Domes von 1668 an entging, das wurde im 19. Jahrhundert von seinen alten Stellen genommen und entweder neugotischen Altären eingefügt oder an andere Orte versetzt, so daß [...] nicht bei einem einzigen behandelten Beispiele der freien Plastik der Ort der ursprünglichen Aufstellung feststellbar ist". Hartmann [Anm. 7], S. 7.

45 Vgl. Mader [Anm. 7], S. 144 mit Verweis auf Alexander Erhard: Geschichte der Stadt Passau. Bd. 2. Passau 1862. S. 136.

46 Offenbar weiß man nur, daß mit dem Kloster eine „kleine Pfarrei" verbunden war und es eine „Beschwerde von 1375 (?) gegen die vier Kapläne" der Kirche gab, „daß sie Funktionen ausüben, als ob die Kirche eine Pfarrkirche wäre. Hier tritt die Marienkirche deutlich als Laienkirche auf". Mader [Anm. 7], S. 239 (zur Heiligkreuzkirche) und S. 255 (zur Marienkirche).

mit. Es spricht nichts dagegen, daß unsere *Visitatio* die Nonnenempore geschmückt haben könnte: Vor der Skulpturengruppe hätten die Benediktinerinnen über geistliche Schwangerschaft meditieren, um Interzession bitten und mit Elisabeth den gesegneten Uterus verehren können, wie es Gebete aus anderen Klöstern überliefern[47]. Aber was für ein Interesse hätten Nonnen an der Darstellung eines 'natürlichen' Uterus gehabt? Hier ist zu bedenken, daß Mystikerinnen und Heilige des ausgehenden 14. Jahrhunderts wie Birgitta von Schweden, Margery Kempe oder Dorothea von Montau mehrfach Kinder geboren hatten, bevor sie sich einem geistlichen Leben zuwandten[48]; sie bezeugen in Schriften und Visionen ein lebhaftes Interesse an den Kontrasten zwischen 'natürlicher', marianischer und spiritueller Schwangerschaft und Geburt[49], zwischen verlorener Jungfräulichkeit und wiedererworbener geistlicher Virginität und wären damit ideale Rezipientinnen unserer *Visitatio* gewesen. Einfacher sind die Skulpturen in der Marienkirche vorstellbar, denn dort hätten sie nicht nur als Fokus der Andachten und Wünsche ihrer weltlichen Besucherinnen dienen können. Mehr noch: Die Bildformel der Begegnung zweier höchst unterschiedlicher, aber doch in guter Hoffnung vereinter

---

47 Eine Glieder-Maria-Gebetsfolge vom Advent bis Ostern ist für eine Zisterzienserin aus St. Margareth und Agnes in Straßburg um 1500 überliefert, in der die Nonne sich mit Elisabeth identifiziert, um *mitt aller begird zu umfahen* [...] *din seligen sießen vn iunckfrowliches buehlin* [= Bäuchlein]. Zit. nach Lechner [Anm. 8], S. 72.

48 Vgl. Hale [Anm. 16].

49 Während etwa der Zisterzienser Guerric von Igny in der ersten Hälfte des 12. Jahrhunderts sich auf den poetischen Vergleich der jungfräulichen Geburt mit einer duftausstoßenden Blüte beschränkt, offenbart die für die Weihnachtsikonographie einflußreiche Geburtsvision aus den 'Revelationes' Birgittas von Schweden Interesse am körperlichen Detail und eine für das Visionserleben typische Spannung zwischen Sehbegier und Sehentzug auf dem Höhepunkt des Visionsgeschehens und ästhetisiert die Geburt durch Bilder blendenden Lichts und körperlicher Unversehrtheit und Reinlichkeit: Maria zieht sich bis auf ihr Unterkleid aus. Birgitta sieht die Bewegung des Kindes im Uterus der Mutter, doch im nächsten Moment liegt es schon strahlend und sauber auf dem Boden, ohne daß die Visionärin unterscheiden konnte, wie und mit welchem Körperteil Maria gebar; sogar die Nachgeburt erscheint als sauber, Marias Bauch zieht sich zusammen, und sie kappt die Nabelschnur ohne Blutvergießen: [...] *vidi tunc ego movere iacentem in utero eius, et illico in momento et ictu oculi peperit filium, a quo tanta lux ineffabilis et splendor exibat, quod sol non esset ei comparabilis.* [...] *et tam subitus et momentaneus erat ille modus pariendi, quod ego non poteram advertere nec discernere, quomodo vel in quo membro pariebat. Verumptamen statim vidi illum gloriosum infantem iacentem in terra nudum nitidissimum. Cuius carnes mundissime erant ab omni sorde et immundicia. Vidi eciam pellem secundinam iacentem prope eum, involutam et valde nitidam.* [...] *Et statim venter virginis, qui ante partum tumidissimus erat, retraxit se et videbatur tunc corpus eius mirabilis pulchritudinis et delicatum.* [...] *Que tunc sedens in terra posuit filium in gremio et recepit cum digitis subtiliter umbilicum eius, qui statim abscisus est, nec inde aliquis liquor aut sanguis exivit.* Sanctae Birgittae Revelaciones, Liber VII. Hrsg. von Birger Bergh. Uppsala 1967. S. 188–190 (7. Buch, Kap. 21). – Zu Guerric vgl. Michael Menzel: Predigt und Geschichte. Historische Exempel in der geistlichen Rhetorik des Mittelalters. Köln, Weimar, Wien 1998. S. 72; zu Dorothea vgl. Johann von Marienwerder. Vita latina. Hrsg. von Hans Westpfahl. Köln 1964; zu Margery Kempe vgl. Clarissa W. Atkinson: Mystic and Pilgrim: the Book and the World of Margery Kempe. London 1983.

Frauen erscheint als geeignet, die besondere und vielleicht nicht immer einfache Situation zweier Kirchen auf dem Klostergrund symbolisch als Begegnung von Nonnen- und Pfarrkörperschaft zu harmonisieren.

Welches Publikum auch immer unsere *Visitatio* besaß und welcher Art auch immer ihre Aufgabe war: Ebensowenig wie sie als Beleg für Schaulust, Nonnen- oder Volksfrömmigkeit taugt, bietet sie sich ohne weiteres einer uneingeschränkten emotionalen Vereinnahmung durch ihr Publikum an. Sie ist zu sehr Trägerin eines theologischen Arguments, das seit der Patristik Schriften zur Schwangerschaft Mariens und zur Heimsuchung prägt: Christus inkarniert sich zwar auf (beinahe) natürliche Weise, aber überwindet gleichzeitig die in Elisabeth sichtbare menschliche – und das heißt hier vor allem: weibliche – Natur. Der erste Beweis dieser Naturüberwindung ist Johannes, der im Mutterleib zum 'Seher' gemacht wird[50]. Die oben skizzierten Distanzierungs- und Ästhetisierungsmechanismen, die in unterschiedlicher Weise für jede *Visitatio* gelten, leisten dazu das ihrige. In unserem besonderen Fall dient die Bildstrategie der 'Naturalisierung' von Elisabeths Uterus der Konstruktion und Veranschaulichung sakraler Differenz. Erst das Gefälle zwischen konstruierter 'Natur' Elisabeths und begnadetem Jungfrauenleib Mariens, zugleich aber auch die Dialektik von Distanz und Nähe der beiden Frauen untereinander und zu ihrem Publikum wird die Wirkmächtigkeit des sakralen Bildes ausgemacht haben. Die Spannung von Distanz und Nähe bestimmt auch den Betrachterblick. Die oben beschriebene, anschauliche Inszenierung von 'Einsicht' spricht eine behutsame Einladung aus, sich Maria und Elisabeth zu nähern, die sich leicht auf den Betrachter hin öffnen, wie um ihn in ihren Kreis zu ziehen. Steht er genau vor ihnen und hat ihr Leibesinneres nahsichtig inspiziert, wird er gewahr, daß sich zwischen den Frauen ein mandorlenförmiger Durchblick auftut, der durch die gewellten Mantelsäume weich gerahmt wird. Diese Öffnung läßt sich als rezeptionsästhetisches Signal deuten: Sie leitet den Betrachterblick in eine 'Leere', zugleich aber an den Punkt, an dem sich die wundersame Kommunikation zwischen den ungeborenen Kindern abspielt und das natürliche Sehen in Frage gestellt wird. So ließe sich von der prüfenden Inspizierung der Leiber auf eine spekulativere, fernsichtigere Ebene der Imagination fortschreiten, vom Bild zur Meditation, vielleicht hin zu einem Einbildungsprozeß, der das Christkind im Betrachterherzen inkarniert[51].

50 Johannes' Streben gegen die natürlichen Grenzen des Mutterleibes (Sehen, Hüpfen) betont z. B. Johannes Chrysostomos. Vgl. Lechner [Anm. 8], S. 225.

51 Vgl. hierzu H. Rahner: Die Gottesgeburt. Die Lehre der Kirchenväter von der Geburt Christi im Herzen der Gläubigen. In: Zeitschrift für katholische Theologie 59 (1935). S. 333–418. Siehe auch Anm. 4.

Abb. 1 Heimsuchung, ehemals Kloster Niedernburg (?); Nürnberg, Germanisches Nationalmuseum, um 1410–20

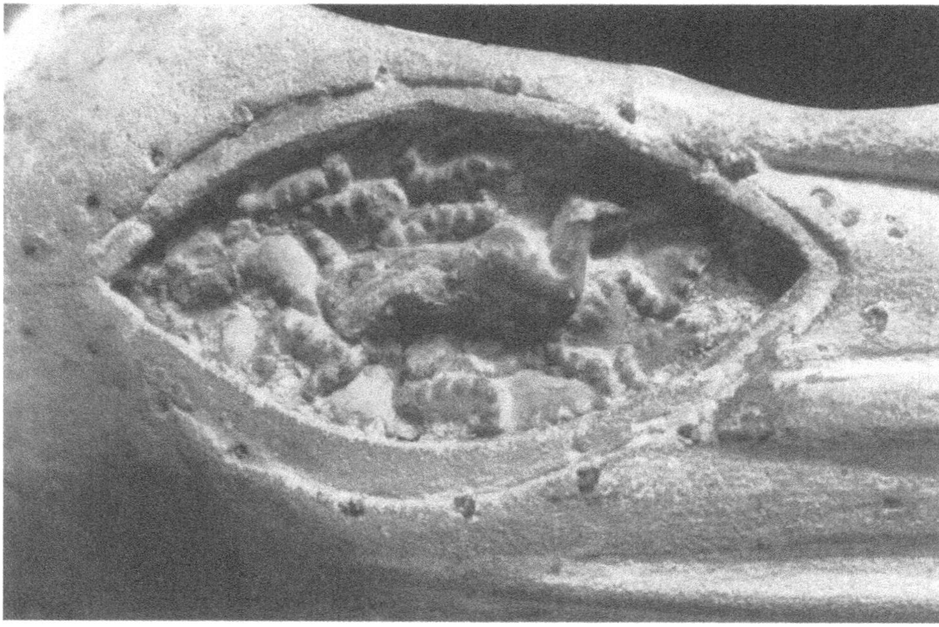

Abb. 3 Detail: Einblick in den Leib Elisabeths

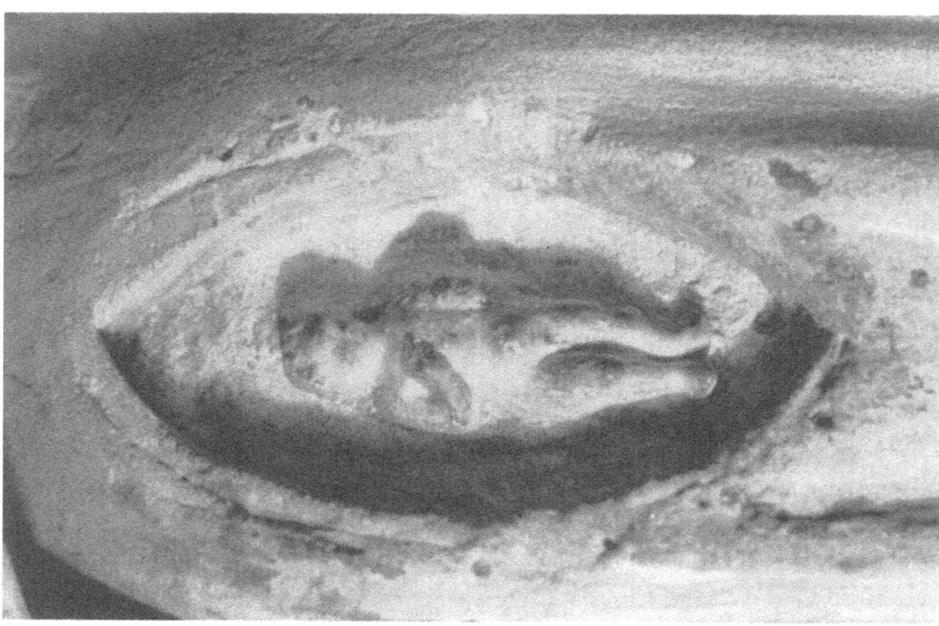

Abb. 2 Detail: Einblick in den Leib Mariens

Abb. 4 Heimsuchung, D-Initiale eines Graduales aus Wonnenthal; Karlsruhe, Badische Landesbibliothek, Ms. UH 1, f. 176v, um 1320

Abb. 5 Heimsuchung, ehemals Kloster St. Katharinenthal; New York, Metropolitan Museum, um 1320

Abb. 6 Heimsuchung aus Csegöld; Esztergom, Museum, um 1450–60

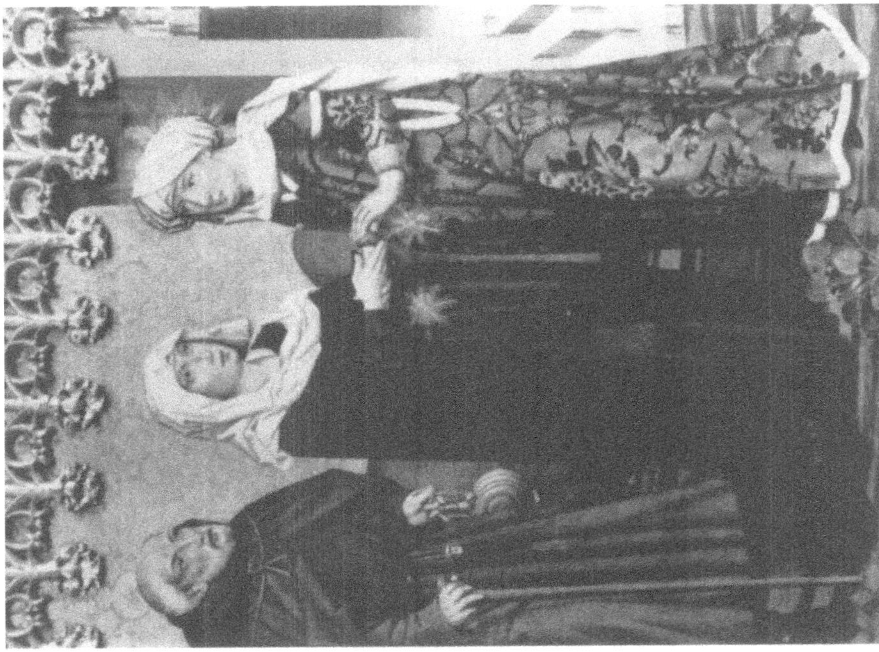

Abb. 7 Friedrich Herlin: Heimsuchung, Fragment des Georgsaltares; Nördlingen, Städtisches Museum, um 1462–66

Abb. 8 Heimsuchung; Bern, Burgerbibliothek, Ms. hist. Helv. X. 50, f. 131r, 1465

Abb. 9 Meister von Hohenfurt: Ringhoffer Heimsuchung; Prag, Nationalgalerie, um 1430

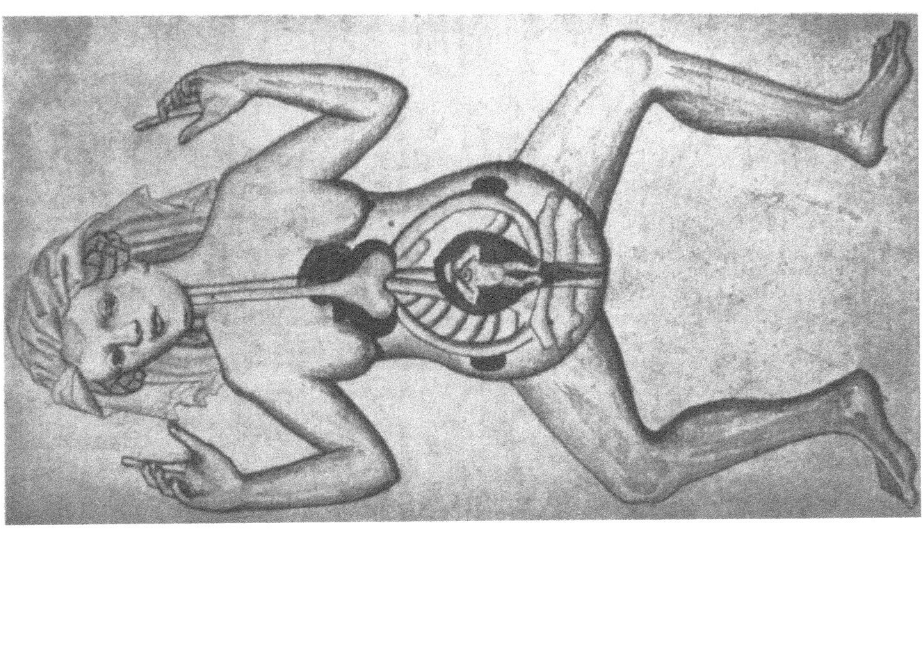

Abb. 10 Situsbild einer Schwangeren; Leipzig, Universitätsbibliothek, Ms. 1122, um 1400

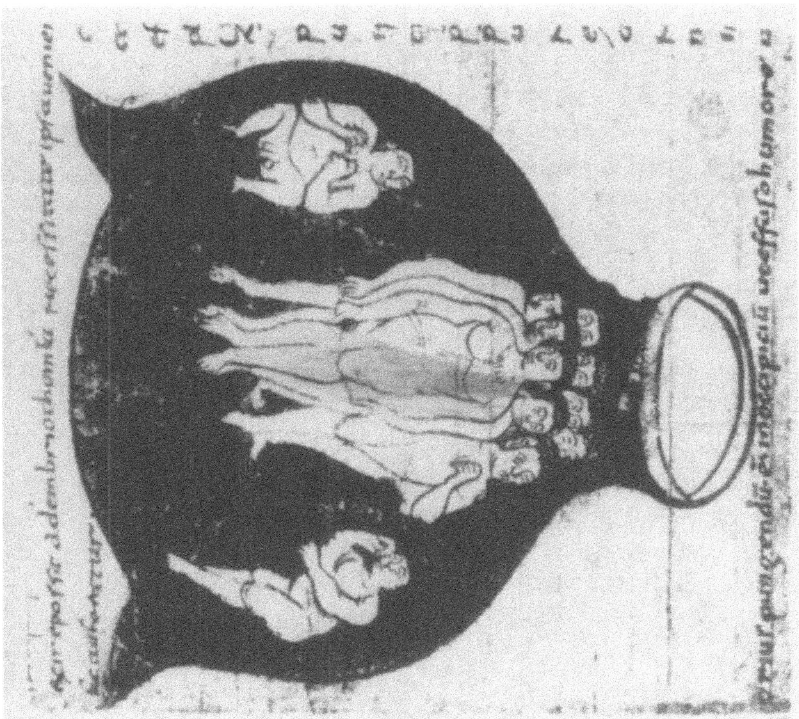

Abb. 11 Situsbild, Moschionhandschrift; Königl. Bibliothek Brüssel, Ms. 3714, f. 29r, Ende 9. Jahrhundert

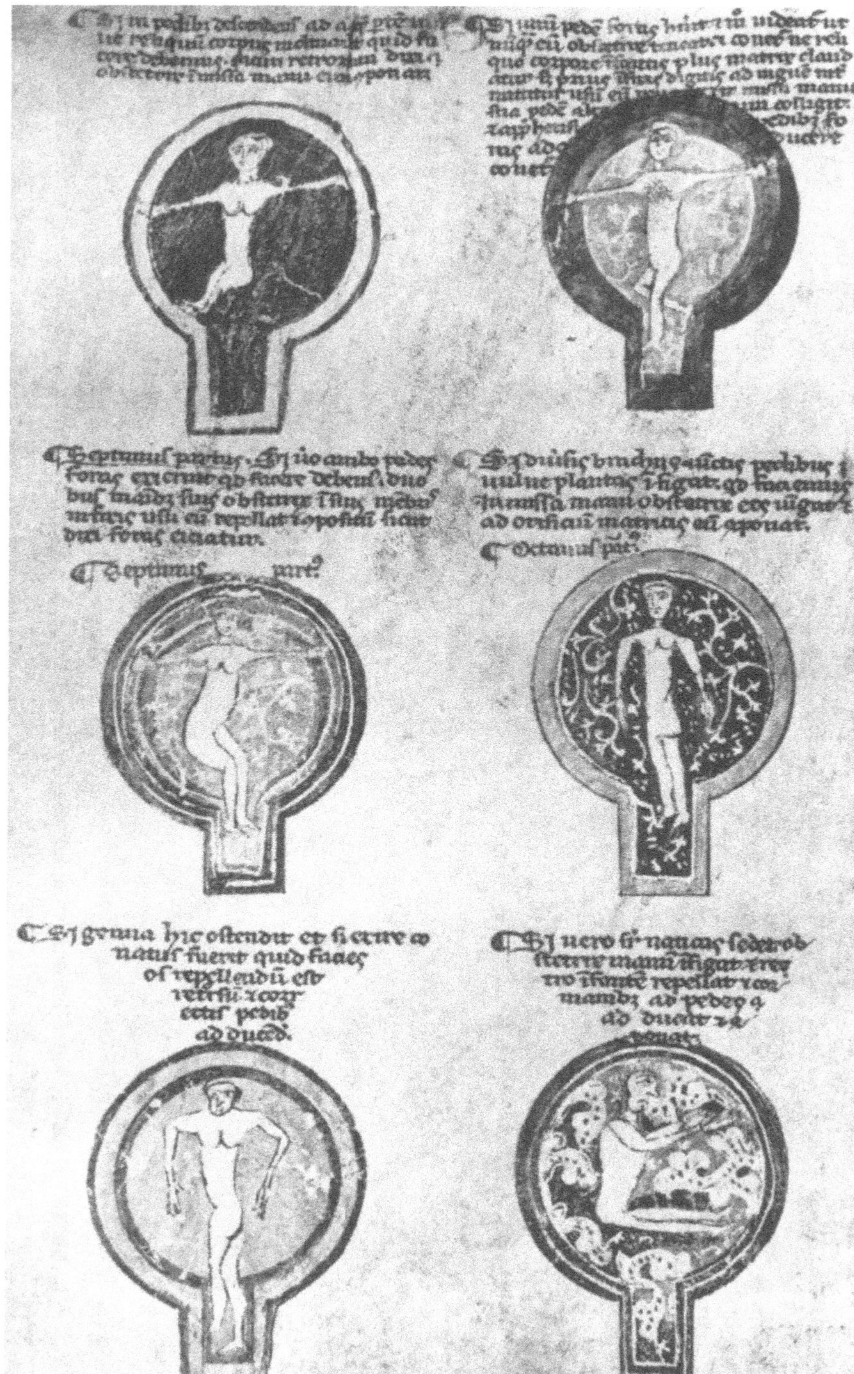

Abb. 12 Situsbilder; München, Bayer. Staatsbibliothek, Cod. lat. 161, f. 39v, 13. Jahrhundert

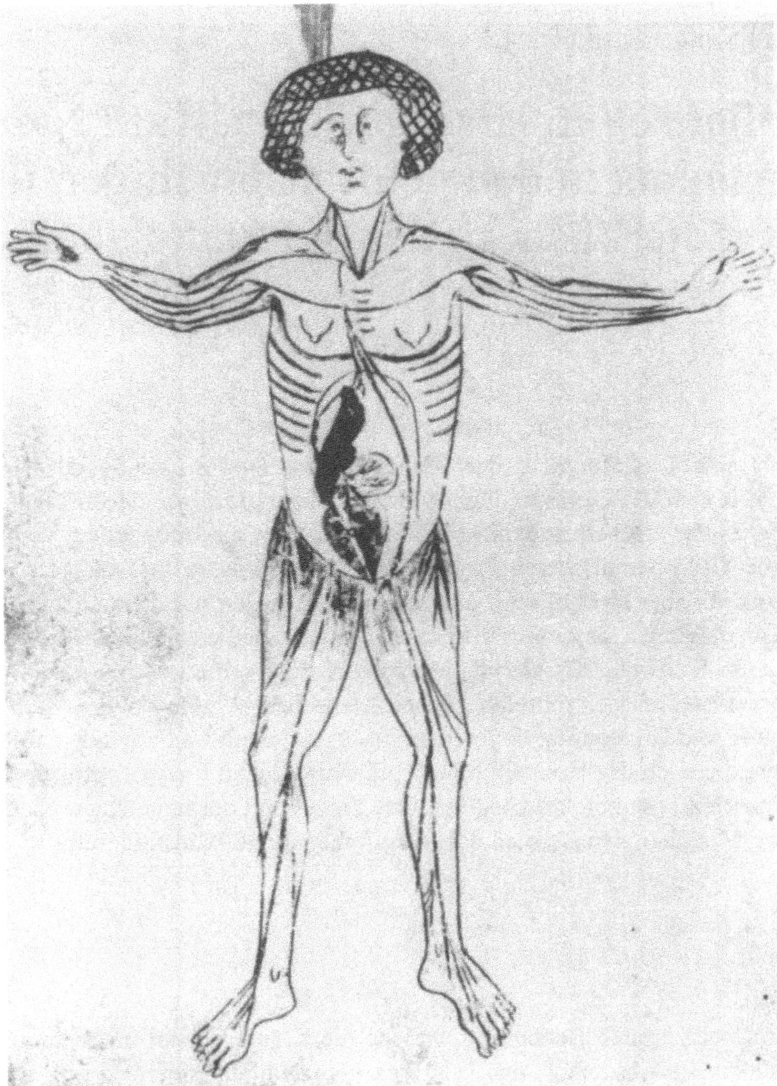

Abb. 13 Das Innere der Frau, provençalischer Anatomietraktat; Basel, Universitätsbibliothek, Ms. D II, 11, f. 170v, um 1300

BERNHARD SCHNELL

Pflanzen in Bild und Text. Zum Naturverständnis in den deutschsprachigen illustrierten Kräuterbüchern des Spätmittelalters

Für eine Untersuchung der Wahrnehmung und Erfahrung der Natur im Mittelalter bieten sich die naturkundlichen Schriften geradezu an, da ihr Gegenstand unmittelbar die 'Natur' zu sein scheint. Man erwartet, daß die Betrachtung der 'naturlichen dinge' eine Grundvoraussetzung dieser Textsorte darstelle und daß die Vermittlung dieses Wissens an das Publikum ein zentrales Anliegen der Texte sei, daß Flora und Fauna also möglichst naturgetreu beschrieben und dementsprechend abgebildet werden. An diesen Schriften läßt sich daher, so darf man vermuten, besonders unverstellt das Naturverständnis des mittelalterlichen Menschen ablesen. Wie es sich mit der Wahrnehmung und Darstellung der Natur verhält, zeige ich im Folgenden am Beispiel der Pflanzen, die nach der Vorstellung der mittelalterlichen Enzyklopädisten zusammen mit dem Komplex Himmel und Gestirne, den Tieren und der unbelebten Natur, also den Steinen und Metallen, den Bereich der 'naturlichen dinge' konstituieren.

I

Trotz der großen Bedeutung, welche die Kräuterbücher im Alltag des Mittelalters besaßen, ist die Erforschung dieser Texte – vor allem derjenigen, die vor dem Zeitalter des Buchdrucks liegen – immer noch in einem unwegsamen und verlassenen Niemandsland zwischen den angrenzenden Fächern Geschichte der Medizin, Pharmaziegeschichte, Botanik, Philologie und Kunstgeschichte angesiedelt, das zu betreten aus keiner Richtung einladend zu sein scheint, da es das Vertrautsein des Bearbeiters mit den Methoden und Erkenntnissen aller beteiligter Wissensgebiete erfordert.[1] Angesichts der fort-

1 Für den lateinischen Bestand an Kräuterbüchern fehlen bislang zusammenfassende Datenerhebungen. Auch die Darstellung bei Rudolf Schmitz: Geschichte der Pharmazie. Unter Mitarbeit von Franz-Josef Kuhlen. Bd. 1: Von den Anfängen bis zum Ausgang des Mittelalters. Eschborn 1998 vermag diese Lücke nicht zu schließen; ein erster Überblick findet sich hingegen bei: Der deutsche

schreitenden Spezialisierung und Wissensvermehrung in den einschlägigen Einzeldisziplinen kann dies nur Utopie bleiben. Hinzu kommt, daß sich die Erkenntnisse der beteiligten Fächer auf diesem Gebiet nicht einfach addieren lassen, da ihre Forschungsschwerpunkte unterschiedlich gelagert sind und sich daher Berührungspunkte nur schwer einstellen. Im allgemeinen werden in der Forschung die mittelalterlichen Kräuterbücher, vor allem die volkssprachlichen, überwiegend negativ eingeschätzt. Dabei wird in der Regel das hier vermittelte Wissen als 'volkstümlich' bzw. als ein Produkt der 'Volksmedizin' eingestuft und damit abgewertet.[2] Bei den illustrierten Kräuterbuchhandschriften wird, falls sie überhaupt wahrgenommen werden, insbesondere die 'Naturferne' der Illustrationen beklagt. Im Vordergrund der Fragestellung von Medizin-, Pharmazie- und Botanikhistorikern, die sich bisher vornehmlich mit dieser Thematik befaßt haben, steht nahezu ausschließlich das Bemühen um die Identifizierung bzw. Identifizierbarkeit der Pflanzen, das aber, wie sich zeigen wird, dem Gegenstand nicht angemessen zu sein scheint.

Um die Untersuchung überschaubar zu halten, soll im Folgenden von lateinischen Herbaren bzw. den Pflanzenbüchern der lateinischen Enzyklopädien weitestgehend abgesehen werden, um sich ganz auf den Ausschnitt der deutschsprachigen illustrierten spätmittelalterlichen Kräuterbücher konzentrieren zu können. Die Tradition der Illustrationen in den großen lateinischen Enzyklopädien soll hier auch deshalb getrost am Rande liegen gelassen werden, da sie Gegenstand jahrzehntelanger Forschungsarbeiten im Münsteraner Sonderforschungsbereich ist.[3]

Ausgangspunkt meiner Fragestellung ist das Kräuterbuch des Münchner Arztes und Literaten Johannes Hartlieb[4], und hier vor allem die Frage, welche Funktion die Pflan-

---

'Macer' (Vulgatfassung). Mit einem Abdruck des lateinischen Macer Floridus 'De viribus herbarum'. Kritisch hrsg. von Bernhard Schnell in Zusammenarbeit mit William Crossgrove. Tübingen 2003 (Texte und Textgeschichte. Würzburger Forschungen 50). – Wesentlich günstiger ist dagegen die Forschungssituation bei den Kräuterbüchern des 16. Jahrhunderts. Vgl. etwa Peter Dilg: Vom Ansehen der Arzneikunst. Historische Reflexionen in Kräuterbüchern des 16. Jahrhunderts. In: Sudhoffs Archiv 62 (1978). S. 64–79 [mit zahlreicher Literatur] sowie Wolf-Dieter Müller-Jahncke: Die Pflanzenabbildung im Mittelalter und in der frühen Neuzeit. In: Peter Dilg (Hg.): Inter folia fructus. Gedenkschrift für Rudolf Schmitz. Frankfurt a. M. 1995. S. 47–64.

2 Vgl. beispielsweise Heinrich Schipperges: Der Garten der Gesundheit. Medizin im Mittelalter. München, Zürich 1985. S. 118.

3 Zur Tradition der lateinischen Enzyklopädien vgl. Christel Meier: Illustration und Textcorpus. Zu kommunikations- und ordnungsfunktionalen Aspekten der Bilder in den mittelalterlichen Enzyklopädiehandschriften. In: Frühmittelalterliche Studien 31 (1997). S. 1–31; Dies.: Bilder der Wissenschaft. Die Illustration des 'Speculum maius' von Vinzenz von Beauvais im enzyklopädischen Kontext. In: Frühmittelalterliche Studien 33 (1999). S. 252–286; Heinz Meyer: Die Enzyklopädie des Bartholomäus Anglicus. Untersuchungen zur Überlieferungs- und Rezeptionsgeschichte von 'De proprietatibus rerum'. München 2000 (Münstersche Mittelalter-Schriften 77).

4 Zu dessen Leben und Werk vgl. Klaus Grubmüller: Hartlieb, Johannes. In: Die deutsche Literatur des Mittelalters. Verfasserlexikon. 2., völlig neu bearb. Aufl. [Bd. 1–8 unter Mitarbeit zahlreicher Fachgelehrter hrsg. von Kurt Ruh zusammen mit Gundolf Keil, Werner Schröder, Burghart Wa-

zenillustrationen dieses Werkes haben. Das Kräuterbuch, das vermutlich kurz vor der Mitte des 15. Jahrhunderts entstanden und bisher nur durch den Abdruck eines Fragments bekannt geworden ist, behandelt in der vollständigen Fassung knapp 170 Pflanzen.[5] Charakteristisch für das Werk sind die großformatigen Darstellungen sämtlicher Gewächse (Abb.1). Wie die einheitliche Überlieferung zeigt, sind sie ein integraler Bestandteil des Werkes. Bild und Wort bilden eine feste Einheit: Bei aufgeschlagenem Kodex findet der Leser auf der einen Seite den Text und auf der gegenüberliegenden die dazugehörige Abbildung. Die Bedeutung des Werkes liegt darin, daß es das einzige durchgehend illustrierte, selbständige Kräuterbuch in deutscher Sprache vor der Inkunabelzeit ist. Aus heutiger Sicht verblüffen jedoch vor allem die Pflanzenillustrationen, die – von Ausnahmen abgesehen – so naturfern, ja phantastisch sind, daß sie selbst von einem Fachmann der Botanik oft nicht identifiziert werden können, und dies obwohl der Name der Pflanze bekannt ist. Was sind die Gründe für die 'Naturferne' der Abbildungen? Liegen sie etwa im Unvermögen der Illustratoren? Der Vergleich mit anderen Kräuterbüchern des 15. Jahrhunderts zeigt allerdings einen ähnlichen Befund und warnt uns daher vor voreiligen Schlüssen. Wie läßt sich die naturferne Darstellung gerade in einem deutschen Kräuterbuch zu einer Zeit erklären, als beispielsweise in der Malerei die sorgfältige Beobachtung des Details bereits eingesetzt hat, welche die Maler zu Entdeckungen führte, die – so Lottlisa BEHLING – „den großen Aufbruch des naturwissenschaftlichen Interesses im Zeitalter Dürers vorzubereiten halfen"[6] ? Die Diskrepanz zwischen naturgetreuer Pflanzendarstellung in der bildenden Kunst und naturfernen Illustrationen in der einschlägigen deutschen Fachliteratur dieser Zeit könnte nicht größer sein.

Um diesen scheinbaren Widerspruch zu erklären, scheint es sinnvoll zu sein, zuerst den Blick kurz darauf zu richten, welches Bild die Menschen im Mittelalter allgemein von den Pflanzen hatten – genauer: welche Bilder ihnen etwa aus dem Bereich der Literatur und der bildenden Künste vermittelt worden sind bzw. welcher Erwartungshorizont in bezug auf Pflanzen bestand. Dabei wird im wesentlichen Bekanntes rekapitu-

---

chinger, Franz Josef Worstbrock. Redaktion Christine Stöllinger-Löser, Bd. 9-10 unter Mitarbeit zahlreicher Fachgelehrter hrsg. von Burghart Wachinger zusammen mit Gundolf Keil, Kurt Ruh, Werner Schröder, Franz Josef Worstbrock. Redaktion Christine Stöllinger-Löser. Berlin, New York 1978–1999; im Folgenden zitiert als VL]. Bd. 3 (1981). Sp. 480–496.

5 Als Textgrundlage diente in der Forschung bislang nur der Abdruck des Linzer Fragments durch Heinrich L. Werneck: Das Kräuterbuch des Johannes Hartlieb. Eine deutsche Bilderhandschrift aus der Mitte des 15. Jahrhunderts. Mit einer Einführung und Transkription. Hrsg. von Franz Spleta. Graz 1980; Wernecks Datierung des Werkes auf die Zeit zwischen 1436 und 1440, die in der Literatur oft ungeprüft übernommen wurde, ist freilich nicht bewiesen. Eine Neuausgabe ist in Vorbereitung; vgl. dazu Gerold Hayer u. Bernhard Schnell: Zu einer Neuedition von Johannes Hartliebs 'Kräuterbuch'. In: Anton Schwob (Hg.): Editionsberichte zur mittelalterlichen Literatur. Göppingen 1994 (Litterae 117). S. 277–283.

6 Lottlisa Behling: Entdeckungen des Wiener Schottenstiftmeisters auf dem Gebiete der Natur. In: Dies.: Zur Morphologie und Sinndeutung kunstgeschichtlicher Phänomene. Beiträge zur Kunstwissenschaft. Köln, Graz 1975. S. 111–117, hier S. 117.

liert und pointiert zusammengefaßt.[7] Im Mittelpunkt meiner Ausführungen stehen die deutschsprachigen mittelalterlichen Kräuterbücher. Zunächst wird anhand zweier zentraler Texte der Werkcharakter dieser Gattung dargelegt. Es folgt eine erste Zusammenstellung aller bekannten illustrierten deutschsprachigen Handschriften. Abschließend werden vier zeitgleiche Kodizes vorgestellt, die reine, d. h. textlose Sammlungen von Pflanzenabbildungen aufweisen.

II

Die Auswertung von etwa 100 repräsentativen Werken aus dem Bereich der deutschen Literatur, die zwischen 1050 und 1350 entstanden sind, zeigte, daß in der weltlichen Dichtung, d. h. zu dieser Zeit vor allem in der Lyrik und im höfischen Roman, nur ganz wenige Pflanzen erwähnt werden. Im Grunde sind nur fünf öfter belegt: Rose, Lilie, Klee, Veilchen und Zeitlose. Die Pflanzen dienen dabei meist nur als Kulisse oder spiegeln menschliche Gefühle; sie tauchen vor allem bei Vergleichen und insbesondere bei Schönheitsbeschreibungen auf, in welch letzteren Fällen seit dem Beginn der höfischen Literatur überwiegend die Rose Verwendung findet. Die in der höfischen Dichtung vorkommenden Pflanzen waren dem Publikum bestens bekannt und brauchten keine Erläuterungen; es reichte aus, wenn man ihren Namen nannte. Aus diesen poetischen Texten erfährt man konkret nur die Farbe der Blüten und das Faktum, daß die Rose Dornen besitzt.

In der geistlichen Dichtung ist dagegen die Welt der Pflanzen wesentlich reicher und ausgeprägter. Aber auch hier werden sie nur unspezifisch verwendet und nahezu ausschließlich bei der Auslegung christlicher Inhalte eingesetzt. So ist beispielsweise seit dem 11. Jahrhundert die Ausdeutung von Blumengruppen auf Tugenden bzw. christliche Verhaltensweisen hin häufig anzutreffen. Am beliebtesten war jedoch die Blumendeutung auf Maria. Vor allem ab dem 13. Jahrhundert gibt es eine wahre Flut von Sinnbildern und Beiworten Mariens, die aus dem Pflanzenbereich übernommen wurden.[8]

Eine besonders große Verbreitung und Wirkung erhielt die theologische Auslegung der Pflanzenwelt jedoch, als diese in Stein gemeißelt wurde und in vielfacher Weise die Sakralbauten des ganzen Abendlandes ausschmückte (Abb.2). Durch die grundlegende,

---

7 Zum Folgenden vgl. vor allem die ausführliche Darstellung bei Christoph Gerhardt u. Bernhard Schnell: In verbis in herbis et in lapidibus est deus: Zum Naturverständnis in den deutschsprachigen illustrierten Kräuterbüchern des Mittelalters. Trier 2002 (Mitteilungen und Verzeichnisse aus der Bibliothek des Bischöflichen Priesterseminars zu Trier 15). – Christoph Gerhardt, mit dem ich auch diesen Beitrag eingehend diskutieren konnte, habe ich für wichtige Anregungen und Hinweise zu danken.

8 Vgl. dazu vor allem Anselm Salzer: Die Sinnbilder und Beiworte Mariens in der deutschen Literatur und lateinischen Hymnenpoesie des Mittelalters. Mit Berücksichtigung der patristischen Literatur. Eine literarhistorische Studie. Seitenstetten 1886–1894. [Neudruck Darmstadt 1967].

1964 erschienene Monographie von Lottlisa BEHLING sind wir über die Pflanzenwelt der mittelalterlichen Kathedralen bestens informiert.[9] Der Reichtum an Pflanzen, der einem begegnet, wenn man eine gotische Kathedrale von außen umrundet oder das Innere betritt, zeigt sich beispielsweise an der Westfassade der Kathedrale von Paris: Das nördliche Westportal, das Marienkrönungsportal, um 1210/1220 geschaffen, steht ganz im Zeichen von Maria, der Patronin der Kirche. Es weist eine Fülle von Pflanzen auf, die – so das Resümee von BEHLING – alle Mariensymbole darstellen.[10]

Um ein erstes Fazit zu ziehen: Wenn der Mensch im Mittelalter eine Pflanze in den bildenden Künsten dargestellt sah oder in der Literatur von ihr hörte oder las, da hatte er es meist nicht mit bloßen Abbildern aus der Natur zu tun, sondern mit Metaphern, Symbolen oder Allegorien. Denn auch bei den Pflanzen handelt es sich – wie im Vorwort zu dem Sammelband 'Natura loquax' so treffend formuliert – um „Schriftzeichen aus dem Buch der Natur, das geschrieben ist mit dem Finger des Herren, damit allen und vor allem den Laien die Möglichkeit gegeben ist, von den sichtbaren Geschöpfen auf den unsichtbaren Schöpfer zu schließen“[11].

III

Welches Bild von der Pflanzenwelt erhielt man dagegen, wenn man die einschlägige Fachliteratur, also die Kräuterbücher, heranzog? Dem Versuch einer Antwort seien zunächst ein paar Worte zu der Textsorte 'Kräuterbuch' vorausgeschickt. In der Grundstruktur besteht ein mittelalterliches Kräuterbuch – dies gilt sowohl für die lateinischen als auch für die deutschen – in der Aneinanderreihung einzelner Pflanzenmonographien: Jeweils in einem Kapitel wird eine Pflanze vorgestellt. Dabei steht ihre medizinische Verwertbarkeit, d. h. ihre Anwendung bei der Behandlung von Krankheiten, im Vordergrund, nicht etwa die naturwissenschaftliche botanische Beschreibung. Nicht die Form und das Aussehen der Pflanze finden das Interesse der Autoren, sondern ihre Heilkraft, ihre *vires* und *virtutes*. Es gilt also grundsätzlich festzuhalten: Mittelalterliche Kräuterbücher sind Werke der Medizin und nicht der Botanik.

Wenn auch eine modernen Ansprüchen genügende Gesamtdarstellung der mittelalterlichen Kräuterbücher immer noch aussteht, so lassen sich doch aufgrund der in den letzten Jahren gewonnenen Forschungsergebnisse einige generelle Aussagen treffen. Das wichtigste Ergebnis scheint zu sein, daß nahezu alle aus dem Mittelalter überlieferten deutschen Kräuterbücher auf lateinischen Vorlagen beruhen. Es handelt sich

9 Lottlisa Behling: Die Pflanzenwelt der mittelalterlichen Kathedralen. Köln, Graz 1964.

10 Behling [Anm. 9], S. 55–64 mit Abb. LXVI-LXIXb.

11 Heimo Reinitzer u. Wolfgang Harms (Hgg.): Natura loquax. Naturkunde und allegorische Naturdeutung vom Mittelalter bis zur frühen Neuzeit. Frankfurt a. M. u. a. 1981 (Mikrokosmos 7). S. 7.

dabei, wie im Kontext von Fachliteratur nicht anders zu erwarten ist, um mehr oder minder selbständige Bearbeitungen und nicht um reine Übersetzungen. Der Wissenstransfer erfolgte nahezu ausschließlich über das Medium 'Buch' und keineswegs wurde aus dem 'mythischen' Wissen der Volksmedizin geschöpft. Uns sind etwa ein Dutzend genuine Kräuterbücher bekannt – vorausgesetzt, daß man nicht jede einzelne Handschrift als ein 'originales' Werk bezeichnen will und damit den Begriff des 'Originals' von Fassungen oder redaktionellen Bearbeitungen absetzt, die von leichten Eingriffen aller Art bis zu tiefergreifenden Umformungen, Kürzungen oder Erweiterungen reichen können, ohne daß sie die autorgebundene Konzeption des 'Originals' ersetzten.[12] Nach Ausweis der erhaltenen Handschriften dominieren zwei Werke: der deutsche 'Macer' und Konrads von Megenberg 'Kräuterbuch', das freilich vom Autor nicht als solches, sondern als Teil einer naturwissenschaftlich ausgerichteten Enzyklopädie konzipiert worden ist.[13] Diese beiden zentralen und traditionbildenden Texte aus dem 13. bzw. 14. Jahrhundert seien zunächst kurz vorgestellt, bevor ich mich den illustrierten Kräuterbüchern des 15. Jahrhunderts zuwende.

Das älteste umfangreiche Kräuterbuch in deutscher Sprache, der deutsche 'Macer', entstand etwa zeitgleich mit der Kathedrale von Notre-Dame in Paris, d. h. im zweiten Viertel des 13. Jahrhunderts im ostmitteldeutschen, wohl thüringischen Sprachraum.[14] Bis ins 16. Jahrhundert wurde der Text, entweder vollständig oder in Teilen, in über 130 Überlieferungszeugen tradiert; er ist damit das am weitesten verbreitete deutschsprachige Kräuterbuch des Mittelalters. Das Werk wurde von einem anonymen Verfasser nach verschiedenen lateinischen Quellen bearbeitet. Die Hauptquelle ist 'De viribus herbarum': ein hexametrisches Lehrgedicht, das Odo von Meung in der ersten Hälfte des 11. Jahrhunderts im Umkreis der Domschule von Orléans geschrieben hat und das im Mittelalter eines der erfolgreichsten Herbare des Abendlandes wurde. Der deutsche 'Macer' behandelt in knapp 100 Kapiteln ebenso viele Heilpflanzen. Auch in diesem Werk werden die Pflanzen nahezu ausschließlich unter dem Gesichtspunkt ihrer Verwendung als Heilmittel vorgestellt. Als Beispiel dafür sei das relativ kurze Kapitel 78 über den Pfeffer in meiner Übersetzung angeführt[15]:

> 'Piper heißt Pfeffer. Der ist heiß und trocken im dritten Grad. Es gibt drei verschiedene Arten: den weißen, den langen und den schwarzen Pfeffer. [...] Der schwarze Pfeffer, roh oder gesotten mit Honig gemischt und gegessen, macht, daß der Magen und die Leber gut verdauen. Er hilft gegen den Biß von giftigen Tieren. Er vertreibt

12 Vgl. dazu die tabellarische Übersicht bei Schnell u. Crossgrove [Anm. 1], S. 9-16.

13 Die Heilkräuter bilden dabei das V. Buch; voraus geht das Buch von den Bäumen. In der Überlieferung wurde das 'Kräuterbuch' gleichsam als ein eigenständiges Werk oft separat tradiert. Daher ist auch hier eine saubere sachliche Abtrennung des in den 'Kräuterbüchern' gespeicherten Pflanzenwissens von dem der 'Enzyklopädien' kaum möglich.

14 Vgl. Schnell u. Crossgrove [Anm. 1], bes. S. 60.

15 Vgl. dazu Bernhard Schnell: Gewürze in mittelalterlichen Kräuter- und Kochbüchern. In: 'Wo der Pfeffer wächst'. Ein Festival der Kräuter und Gewürze. Frankfurt a. M. 2000 (Palmengarten der Stadt Frankfurt a. M. Sonderheft 32). S. 81–90.

auch die Verdrossenheit. Mit Honig hilft der Pfeffer gegen viele Krankheiten in der Brust. [...] Pfeffer mit warmem Wein vertreibt das Gurgeln des Bauches. Pfeffer mit Pech aufgetragen, vertreibt Geschwulst. Menschenhaare verbrannt und gepulvert und mit gemahlenem Pfeffer vermischt und auf die Stelle gelegt, wo der Krebs schmerzt, ist besser als irgendein anderes Heilmittel'.

Wie jedes Kapitel setzt auch dieses mit der Bezeichnung der Pflanze ein; zunächst wird der lateinische Name angeführt, dem dann die deutsche Übersetzung folgt. An zweiter Position werden stets die Primärqualitäten der Drogen ('heiß' oder 'kalt'; 'feucht' oder 'trocken') mitgeteilt, denen bei der Therapie eine wichtige Rolle zukam. Nach der damaligen medizinischen Theorie, der sogenannten Humoralpathologie[16], die nahezu unverändert bis ins 19. Jahrhundert an den Universitäten gelehrt wurde, war die Gesundheit bzw. Krankheit des Menschen abhängig von der Zusammensetzung der Körpersäfte: Die Harmonie der vier Säfte, nämlich Blut, Gelbe und Schwarze Galle sowie Schleim, bewirkt Gesundheit, die Störung dieses Gleichgewichts führt dagegen zur Krankheit. Im Krankheitsfall wurden die Heilpflanzen nach dem Prinzip *contraria contrariis*, je nach ihren Eigenschaften, zur Gegensteuerung eingesetzt, um auf diese Weise wieder zur Harmonie zu gelangen.

Auffällig ist indes der Befund, daß über das Aussehen der Pflanzen, deren Vorkommen, Standort oder Sammelzeit nichts mitgeteilt wird. Es gibt ferner keinen einzigen handschriftlichen Textzeugen, der Illustrationen aufweist. Von Anfang an waren in den deutschen Kräuterbüchern keine Abbildungen vorgesehen und die Texte so formuliert, daß aus ihnen keine Illustrationen ableitbar waren. Die botanische Kenntnis der Pflanzen und damit ihre alltägliche Verfügbarkeit wurde ebenso wie die richtige Diagnose, die erst eine erfolgreiche Therapie erlaubt, schlicht vorausgesetzt.

Gemessen an den erhaltenen Handschriften war das um 1350 entstandene 'Buch der Natur' des Regensburger Domherren Konrad von Megenberg die erfolgreichste deutsche, die gesamte Natur umfassende Enzyklopädie des Mittelalters.[17] Sie hat die Darstellung des Kosmos, der Erde und ihrer Geschöpfe bis hin zu den Bäumen, Kräutern und Steinen zum Gegenstand. Konrad, der lange Jahre an der Sorbonne in Paris unterrichtet hatte, faßte hier im wesentlichen auf der Basis einer Bearbeitung von Thomas von Cantimpré das lateinisch geprägte Wissen seiner Zeit zusammen und bereitete es für ein deutschsprachiges Publikum auf.[18] In die Pflanzenkapitel hat Konrad neben

16 Vgl. dazu Klaus Bergdolt u. Gundolf Keil: Humoralpathologie. In: Lexikon des Mittelalters. Bd. 5 (1991). Sp. 211–213.

17 Vgl. dazu Georg Steer: Konrad von Megenberg: In: VL Bd. 5 (1985). Sp. 221–236; Gerold Hayer: Konrad von Megenberg. 'Das Buch der Natur'. Untersuchungen zu seiner Text- und Überlieferungsgeschichte. Tübingen 1998 (Münchener Texte und Untersuchungen zur deutschen Literatur des Mittelalters 110) .

18 Allerdings gilt es, für jedes einzelne Buch die Quellenuntersuchung gesondert zu führen. Vgl. dazu Helgard Ulmschneider: *Ain puoch von latein. daz hât Albertus meisterleich gesamnet.* Zu den Quellen von Konrads von Megenberg 'Buch der Natur' anhand neuer Handschriftenfunde. In: Zeitschrift für deutsches Altertum und deutsche Literatur 121 (1992). S. 36–63; Dies.: *Ain*

Thomas vor allem Abschnitte aus dem Werk des Albertus Magnus eingearbeitet.[19] Dabei zeigt sich ein grundlegender Unterschied bei den beiden Autoren: Während Thomas an erster Stelle die Primärqualitäten nennt und damit das medizinische Grundprinzip an den Anfang setzt, bietet Albert eingangs eine Beschreibung des Aussehens der Pflanzen. Diese Innovation Alberts, die das botanische Beschreibungsprinzip in den Vordergrund rückt, gerät in den folgenden Jahrhunderten freilich wieder in Vergessenheit. Im vierten und im fünften Buch, die den Pflanzen gewidmet sind, stellt Konrad etwa 80 Bäume und 90 Heilpflanzen vor, die in alphabetischer Reihenfolge nach den lateinischen Bezeichnungen angeordnet sind. Im Gegensatz zu den rein medizinisch ausgerichteten Kräuterbüchern, wie z. B. dem deutschen 'Macer', die sich nahezu ausschließlich auf die therapeutische Verwendung der jeweiligen Pflanzen konzentrieren, berichtet Konrad quellengemäß, aber auch entsprechend dem enzyklopädischen Prinzip – das nicht weniger z. B. für die Tier- oder die Steinkapitel gilt – besonders bei den exotischen Bäumen bzw. Pflanzen unter anderem über ihr Vorkommen und ihr Aussehen. So erfahren wir etwa über den Pfeffer (Buch IV, 24), daß es sich bei dieser Heilpflanze um einen Baum handelt, der in Indien bei dem Berg Caucasi wächst, und daß sein Holz und seine Blätter dem Wacholder gleichen.[20]

Ich muß es bei diesen wenigen Andeutungen belassen und wende mich nun den illustrierten deutschen Kräuterbuchhandschriften zu. Die lateinische Tradition soll hier, wie bereits betont, ebenso außer Betracht bleiben wie die Besprechung singulär überlieferter Pflanzenabbildungen in einzelnen Handschriften.

„Sicherlich erwarten uns gerade im 15. Jahrhundert noch manche Überraschungen, und es wäre an der Zeit, systematisch und mit allen modernen Hilfsmitteln [...] vor allem einmal eine umfassende Bestandsaufnahme der erhaltenen Handschriften vorzunehmen“[21]. Mit diesen Worten hatte schon 1966 Claus NISSEN, dem wir das Standardwerk zu den gedruckten botanischen Illustrationen verdanken, auf eine empfindliche Lücke in der Forschung hingewiesen. Seitdem hat es jedoch niemand gewagt, diesem Desiderat abzuhelfen und die Anfänge der illustrierten deutschen Kräuterbücher näher zu untersuchen. Allerdings hat sich in den letzten Jahrzehnten die Ausgangssituation für entsprechende Forschungen stark verbessert. Vor allem durch die fortschreitende Katalogisierung der Handschriftenbestände in Deutschland, Österreich und der Schweiz wurde unsere Kenntnis der erhaltenen Handschriften grundlegend erweitert. Einen wichtigen Beitrag leistete ferner die Aufarbeitung der Überlieferung einschlägiger

---

puoch von latein. Nochmals zu den Quellen von Konrads von Megenberg 'Buch der Natur'. In: Zeitschrift für deutsches Altertum und deutsche Literatur 123 (1994). S. 309–333.

19 Vgl. dazu Otto Matthaei: Konrads von Megenberg Deutsche Sphaera und die Übersetzungstechnik seiner beiden Prosawerke. Phil. Diss. Berlin 1912. S. 32f.

20 Vgl. Konrad von Megenberg. Das Buch der Natur. Die erste Naturgeschichte in deutscher Sprache. Hrsg. von Franz Pfeiffer. Stuttgart 1861. [Neudruck Hildesheim 1962]. S. 372–374.

21 Claus Nissen: Die botanische Buchillustration. Ihre Geschichte und Bibliographie. Stuttgart ^{2}1966. S. 25.

Werke, wie etwa Konrads von Megenberg 'Buch der Natur' oder des deutschen 'Macer'. Was die illustrierten deutschsprachigen Handschriften anbelangt, so wird der von der Bayerischen Akademie der Wissenschaften herausgegebene Katalog künftig die Forschung auf eine neue Grundlage stellen. Bislang ist hier vor allem der Artikel 'Buch der Natur' anzuführen, auf den ich mich im Folgenden stütze[22]; auf den Artikel 'Kräuterbuch' wird man indes noch lange warten müssen.

Auf der Basis der einschlägigen Forschungsliteratur[23] sowie der Sichtung der Überlieferung sollen hier erste Ergebnisse zu den Anfängen der handschriftlich tradierten illustrierten deutschsprachigen Kräuterbücher des Mittelalters formuliert werden:

Erstens: Die Anzahl der uns bekannten illustrierten deutschen Kräuterbuchhandschriften ist überaus gering. Insgesamt gibt es nur 14, die durchgehend Pflanzendarstellungen aufweisen.[24] Es sind dies:

- Fünf Textzeugen des 'Buchs der Natur' Konrads von Megenberg:
  Augsburg, Staats- und Stadtbibliothek, 2° Cod. 497 (A),
  Frankfurt a. M., Stadt- und Universitätsbibliothek, Ms. Carm. 1 (F),
  Heidelberg, Universitätsbibliothek, Cod. Pal. germ. 300 (H),
  Stuttgart, Württembergische Landesbibliothek, Cod. med. et phys. 2° 14 (S),
  Würzburg, Universitätsbibliothek, M. d. f. 265 (W);
- Eine Peter Königschlacher-Handschrift:
  Stuttgart, Württembergische Landesbibliothek, Cod. med. et phys. 2° 15 (S–K);
- Acht Hartlieb-Handschriften [25].

Zweitens: Alle illustrierten deutschen Kräuterbücher gehören ausnahmslos in das Umfeld der volkssprachlichen Rezeption der Enzyklopädie 'Liber de natura rerum' des Thomas von Cantimpré (ca. 1200 – ca. 1270).[26] Die Bearbeitung, die am erfolgreichsten

---

22 Katalog der deutschsprachigen illustrierten Handschriften des Mittelalters. Begonnen von Hella Frühmorgen-Voss, fortgeführt von Norbert H. Ott zusammen mit Ulrike Bodemann. Bd. 3. München 1998. S. 5–67 mit Abb. 1–49 [im Folgenden zitiert als KdiH]. – Vgl. ferner Norbert H. Ott: Wege zur Landschaft. Randbemerkungen zu den Illustrationen einiger spätmittelalterlicher Handschriften, insbesondere von Konrads von Megenberg 'Buch der Natur'. In: Alan Robertshaw u. Gerhard Wolf (Hgg.): Natur und Kultur in der deutschen Literatur des Mittelalters. Colloquium Exeter 1997. Tübingen 1999. S. 119–129 mit 8 Abb.

23 Zur bisherigen Sicht der Forschung vgl. beispielsweise Müller-Jahncke [Anm. 1], S. 53.

24 Nicht berücksichtigt wurden in der folgenden Auflistung zwei Handschriften, die das Kräuterbuch aus der Naturenzyklopädie des Nikolaus Frauenlob von Hirschberg überliefern und in denen Leerräume für Illustrationen ausgespart sind. Vgl. Gerold Hayer: *Elixir Nicolay Frawnlob von Hiersperg.* Untersuchungen zur Überlieferung eines spätmittelalterlichen heil- und naturkundlichen Hausbuches (mit Teiledition). In: Peter Stein (Hg.): Sprache – Text – Geschichte. Göppingen 1980 (Göppinger Arbeiten zur Germanistik 304). S. 185–265, hier S. 194 u. Nachtrag auf S. 265.

25 Vgl. dazu die Auflistung der Überlieferung bei Hayer u. Schnell [Anm. 5], S. 281; neu hinzugekommen ist: Schloß Anholt, Fürstlich Salm-Salmsche Bibliothek, Ms. 46.

26 Die Illustrationszyklen zu Thomas von Cantimpré sind bislang nicht aufgearbeitet; eine Handschrift ist im KdiH [Anm. 22], S. 63–67 beschrieben (mit weiterer Literatur). – Zur volkssprachli-

wurde, stammt von Konrad von Megenberg. Von den etwa 70 Handschriften, die das 'Buch der Natur' vollständig überliefern, sind etwa 25 mit Bildern, Initialen oder Marginalschmuck ausgestattet; aber nur die fünf oben angeführten Handschriften weisen Pflanzendarstellungen auf. Zur Thomas-Rezeption gehört auch Johannes Hartliebs 'Kräuterbuch', das unmittelbar auf den betreffenden Konrad von Megenberg-Kapiteln beruht. Ferner gibt es von Peter Königschlacher eine vollständige Bearbeitung des 'Liber de natura rerum', die er für Truchseß Georg III. von Waldburg (Württemberg) erstellte.[27] In der Rezeption des 'Liber de natura rerum' greifen wir daher die Anfänge der deutschen Kräuterbuchillustrationen. Der Grund, warum gerade diesem Werk und nicht einem anderen eine solche Vorreiterrolle bei den illustrierten Kräuterbüchern zukam, dürfte darin liegen, daß es „eines der eher seltenen Beispiele mittelalterlicher Überlieferung" ist, deren „Ikonographie die Grenzen zwischen lateinischer Originalfassung und volkssprachlichen Versionen überschreitet". Schon die lateinischen Ausgangsfassungen wurden in den Handschriften mit „Illustrationszyklen versehen, die das ikonographische Grundmuster für die volkssprachlichen Versionen [...] vorgaben"[28]. Die spezifische Textstruktur, dergemäß jeder *res* ein selbständiges Kapitel zukommt, begünstigt diese Art der Illustrierung.

Drittens: Die frühesten erhaltenen illustrierten deutschsprachigen Kräuterbücher stammen aus der ersten Hälfte des 15. Jahrhunderts. Zwar gibt es auch schon vorher Handschriften, die Pflanzenabbildungen aufweisen, doch handelt es sich bei diesen ausschließlich um Einzeldarstellungen, die in der Regel als Titelminiaturen die Werke einführen, nicht aber um Abbildungen, die den Text kontinuierlich erläutern. Der Beginn der Kräuterbuchillustrierung im 15. Jahrhundert ist daher etwa zeitgleich mit dem 'Auftreten der Pflanzenwelt' in der niederländischen bzw. deutschen Tafelmalerei anzusetzen. Das 'Paradiesgärtlein' eines oberrheinischen Meisters, das im Städel zu Frankfurt aufbewahrt wird und das um 1410 entstanden ist, gilt nach Lottlisa BEHLING als einer der ersten Höhepunkte der Pflanzendarstellung in der deutschen Tafelmalerei: „Als wäre die Welt erst jetzt auf einmal aufgeblüht und alles, was in der Kathedralenkunst des hohen Mittelalters schon an Pflanzenzier da gewesen war, vergessen und von neuem entdeckt, so wachsen hier nebeneinander dicht an dicht die zierlichen Blumen verschiedener Blühzeiten"[29]. Aus dem Jahr 1410 sind zwar keine Illustrationen aus Kräuterbüchern erhalten, jedoch weist eine 'Buch der Natur'-Handschrift, die um 1410

---

chen Rezeption der Enzyklopädie vgl. Christian Hünemörder u. Kurt Ruh: Thomas von Cantimpré. In: VL Bd. 9 (1995). Sp. 839–851, bes. Sp. 844; zu dem Abschnitt über die Kräuter vgl. Bernhard Schnell: *Von den wurzen*. Text- und überlieferungsgeschichtliche Studien zur pharmakographischen deutschen Literatur des Mittelalters. Med. Habil.schrift [masch.] Würzburg 1989. S. 184–202.

27 Vgl. Peter Stahl: Königschlacher, Peter. In: VL Bd. 5 (1985). Sp. 105f.

28 KdiH [Anm. 22], S. 5.

29 Lottlisa Behling: Die Pflanze in der mittelalterlichen Tafelmalerei. Köln, Graz 1967. S. 20.

geschrieben wurde, über 300 Leerräume für Illustrationen auf.[30] Um keine falschen Vorstellungen aufkommen zu lassen: Die Parallele zur Tafelmalerei erstreckt sich nur auf den Zeitpunkt des Aufkommens der Pflanzenbilder, dagegen keineswegs auf die Qualität der Darstellung.

Viertens: Die hier aufgelistete Überlieferung läßt gravierende Unterschiede im Bildprogramm der einzelnen Kräuterbücher deutlich werden. Zum einen lassen sich die Darstellungen in den Enzyklopädie-Handschriften der Konrad von Megenberg- bzw. der Königschlacher-Überlieferung zwei Typen zuordnen. Zum anderen heben sich diese merklich von den Illustrationen des medizinisch ausgerichteten 'Kräuterbuchs' des Johannes Hartlieb ab.

Die Abbildungen des Konrad von Megenberg-Corpus lassen zwei Grundtypen erkennen: „kleinformatige, meist nur spaltenbreite oder oft noch kleinere Einzeldarstellungen zu Beginn eines jeden Kapitels" oder ganzseitige „katalogartige" Schautafeln, welche die einzelnen Bücher der Großgliederung einleiten.[31] Den ersten Typus verkörpert die Augsburger Handschrift (A)[32], in der jeweils am Kapitelanfang eine eingerahmte heraldisch stilisierte Pflanzendarstellung eingerückt ist. Die objektbezogene Illustration hat hier die Funktion einer historisierten Initiale, die der Kapitelgliederung dient (Abb.3). Die Kräuterdarstellungen sind allein mit dem Pinsel ohne Vorzeichnung angelegt. Auffällig ist, daß die Heilkräuter durchwegs ohne die Wurzeln erscheinen. Eine naturnahe Abbildung der betreffenden Pflanzen wurde also nicht angestrebt. Zu diesem Typus gehört auch der Peter Königschlacher-Kodex (S–K)[33], der insgesamt über 600 briefmarkengroße, stark stilisierte kolorierte Federzeichnungen aufweist. – Zum zweiten Grundtypus, ganzseitige katalogartige Tafeln, zählen drei Konrad von Megenberg-Handschriften, die in der elsässischen Werkstatt Diebold Laubers um 1440 angefertigt wurden. Lauber, der als ein Vorläufer moderner Verleger gelten kann, ließ vor allem illustrierte Handschriften auf Vorrat kopieren, um sie dann mit Hilfe von Bücheranzeigen zum Verkauf anzubieten.[34] Das Gruppenbild fungiert hier gewissermaßen als Inhaltsverzeichnis[35], die Abbildungen – kolorierte Federzeichnungen – wurden nicht etwa durch Bezeichnungen bzw. durch Namen mit dem Text verzahnt. Wenn sich auch einige Pflanzen identifizieren lassen, so ist eine naturnahe Abbildung nicht angestrebt. Obwohl alle drei Handschriften zur gleichen Zeit und in der gleichen Werkstatt entstanden, sind die Schautafeln zum Kräuterbuch sehr unterschiedlich. In der heute in

30 Zu dieser Handschrift aus Göttweig, Stiftsbibliothek, Cod. 389 [rot] vgl. KdiH [Anm. 22], S. 24f., Nr. 22.1.8.

31 KdiH [Anm. 22], S. 5. Dieser Typ findet sich auch bei den übrigen Büchern des 'Buchs der Natur', beispielsweise bei den 'Meerwundern'; vgl. KdiH [Anm. 22], Abb. 21 u. 23.

32 Vgl. dazu KdiH [Anm. 22], S. 10–13, Nr. 22.1.1.

33 Vgl. dazu KdiH [Anm. 22], S. 58–63, Nr. 22.2.1.

34 Zu Lauber vgl. Lieselotte E. Saurma-Jeltsch: Spätformen mittelalterlicher Buchherstellung. Bilderhandschriften aus der Werkstatt Diebold Laubers in Hagenau. 2 Bde. Wiesbaden 2001.

35 Zur Tradition derartiger Gruppenbilder vgl. Meier [Anm. 3], bes. S. 18 u. Abb. 7–9, 11–12, 26–29.

Heidelberg aufbewahrten Handschrift (H)[36] werden in zwei Dreierreihen sechs verschiedene Heilkräuter, jeweils auf eigenem Bodenstück, vorgestellt. Ebenfalls ohne räumlichen Bezug sind in der Frankfurter Handschrift (F)[37] über die gesamte Seite 15 Heilkräuter verteilt. Das Titelbild der Stuttgarter Handschrift (S)[38] ist dagegen zwischen Überschrift und Textbeginn eingefügt. Auf einem Bodenstück sind etwa knapp ein Dutzend Heilpflanzen dargestellt, die einen räumlichen Bezug aufweisen. Diese Art der Illustration, d.h. die katalogartige Schautafel, wurde dann auch vom Buchdruck aufgegriffen.[39]

Eine Kombination aus den beiden Illustrationstypen weist die heute in Würzburg aufbewahrte Handschrift (W) auf. Wie bei den Titelbildern der Lauber-Handschriften wird jeweils eine ganze Gruppe von Pflanzen vorgestellt (Abb. 5, rechts). Im Gegensatz zu letzteren beziehen sich die Illustrationen jedoch nicht auf das gesamte Buch, sondern verweisen vielmehr auf die nachfolgende Kapitelgruppe; es handelt sich bei ihnen daher um Gruppendarstellungen und nicht um Titelbilder. Die Pflanzen ragen stets aus einem Bodenstück hervor und sind, „mit einer Tendenz zu symmetrischer Anordnung, neben- und hintereinander aufgereiht und stark stilisiert, mitunter geradezu heraldisch vereinfacht“[40].

In den Lauber-Handschriften finden sich außerdem Pflanzenillustrationen, in deren Mittelpunkt vielfigurige Personendarstellungen stehen, die geradezu typisch für diese elsässische Werkstatt sind. Nicht die Darstellung der Pflanze ist Zweck der Illustration; vielmehr gibt „ihre bildliche Vorstellung letztlich den Anlaß zu einer narrativen“ Darstellung, die auch „andere – allegorische, symbolische, mythologische, historische – Deutungsmöglichkeiten eröffnet“[41]. Da die Illustrationen überwiegend nach typisierten Schablonen angefertigt wurden, ließen sie sich unabhängig vom Text einsetzen; eine Abbildung konnte daher sowohl in einem Liebesroman oder in einer historischen Erzählung als auch – wie hier – in einem Baum-Kapitel verwendet werden.[42] Nur in Ausnahmefällen, wie etwa bei der Weinrebe, lassen sich die abgebildeten Pflanzen, die stets aus einem Bodenstück herauswachsen, identifizieren.

Der Illustrationszyklus von Johannes Hartliebs ‘Kräuterbuch’ mit seinen ganzseitigen Bildern, die dem Text gegenüberstehen, stellt dagegen einen völlig neuen Ansatz dar,

---

36 Vgl. dazu KdiH [Anm. 22], S. 25–28, Nr. 22.1.9.

37 Vgl. dazu KdiH [Anm. 22], S. 21–23, Nr. 22.1.7.

38 Vgl. dazu KdiH [Anm. 22], S. 45–48, Nr. 22.1.20.

39 Vgl. dazu KdiH [Anm. 22], Abb. 38–40.

40 Vgl. dazu KdiH [Anm. 22], S. 52–54, Nr. 22.1.24, hier S. 53 mit Abb. 22.

41 Ott [Anm. 22], S. 125.

42 Bei diesem Illustrationstyp besteht eine auffällige Parallelität zu den aus Italien stammenden ‘Tacuinum Sanitatis’-Illustrationen. Vgl. dazu Tacuinum Sanitatis. Das Buch der Gesundheit. Hrsg. von Luisa Cogliati Arano. Einführung von Heinrich Schipperges u. Wolfram Schmitt. München 1976; Das Hausbuch der Cerutti. Nach der Handschrift der Österreichischen Nationalbibliothek. Übertragung aus dem Lateinischen und Nachwort von Franz Unterkircher. Dortmund 1979 (Die bibliophilen Taschenbücher 130).

der zukunftweisend wurde. Der Münchner Arzt und Literat Hartlieb hatte am konsequentesten den Weg beschritten, das fünfte Buch aus Konrads von Megenberg Enzyklopädie zu einem eigenständigen Kräuterbuch auszubauen. Er übernahm nahezu alle Pflanzenkapitel aus dem 'Buch der Natur' und fügte gleich viele neue hinzu, so daß ein umfangreiches Werk entstand. Zukunftweisend war jedoch vor allem, daß er, wie bereits hervorgehoben, jedes Kapitel mit einer ganzseitigen Pflanzenabbildung versehen ließ. Meist handelt es sich dabei um gerahmte kolorierte Federzeichnungen vor farbigem neutralem Hintergrund. Die Heilpflanzen stehen auf einem flachen, durch eine Federlinie und breite Pinselstreifen markierten Bodenstück. Dabei sind in der Regel die Wurzeln sichtbar (Abb.1). Deren Abbildung ist jedoch ein typisches Kennzeichen für die Darstellung medizinisch verwendeter Pflanzen. Da sich die Heilkräfte in allen Teilen eines Gewächses finden können, wurden die Pflanzen im medizinischen Schrifttum seit der Antike nahezu ausnahmslos als Gesamtdarstellung, d. h. stets mit ihrer Wurzel, abgebildet.[43] Bei der überwiegenden Mehrheit der ca. 170 Pflanzenbilder besteht indes ein krasser Widerspruch zwischen Illustration und Beschreibung: Nur in knapp 20 Prozent stimmen Abbildung und Text überein, während man beim Rest allenfalls entfernte Kongruenz konstatieren kann.

Vergleicht man die beiden Bildprogramme im Werk Konrads von Megenberg und Johannes Hartliebs, so läßt sich folgendes Resümee für diese ersten deutschen illustrierten Kräuterbücher ziehen: Die unmittelbaren Vorlagen für die Konrad von Megenberg-Illustrationen sind nicht bekannt, sie dürften jedoch in der Tradition der illustrierten lateinischen Enzyklopädien zu finden sein. So zeigt der erste Grundtypus – kleinformatige Bilder zu Beginn eines jeden Kapitels – starke Ähnlichkeiten mit der lateinischen, noch nicht gründlich erforschten Thomas von Cantimpré-Tradition. Dies gilt ebenso für die Schautafeln, d. h. den zweiten Typus, für den sich Vorbilder seit dem antiken Dioskurides in illustrierten lateinischen Handschriften verschiedener Enzyklopädien finden, insbesondere in der Überlieferung des Bartholomaeus Anglicus.[44] Die Pflanzen sind in der Regel überaus naturfern und stets ohne die Wurzeln dargestellt. Die in Italien um 1400 aufkommenden lateinischen illustrierten 'Circa instans'-Handschriften[45] waren den Illustratoren offensichtlich nicht bekannt. Auch bei den

43 Vgl. Arnold Pfister: Die Pflanze und das Buch. Grundsätze ihrer Darstellung in Handschriften und Drucken älterer Zeiten. In: Librarium. Zeitschrift der schweizerischen Bibliophilen Gesellschaft 3 (1963). S. 147–184, hier S. 150. In diesem Zusammenhang ist besonders auf die Tradition der illustrierten Dioskurides-Handschriften zu verweisen, die bis in die Druckgeschichte hineinwirkt, vgl. dazu S. 162f. – Zu diesem Typus gehört beispielsweise die Abbildung auf Bl. 191^{v} der Würzburger Handschrift W (Abb. 5, links), die im Kontrast zum übrigen Bildprogramm steht.

44 Vgl. Anm. 35.

45 Vgl. dazu Arnold Pfister: De simplici medicinia. Kräuterbuch-Handschrift aus dem letzten Viertel des 14. Jahrhunderts im Besitz der Basler Universitäts-Bibliothek. Basel 1960 [Faksimile]. – Zur 'Circa instans'-Überlieferung vgl. ferner Nigel F. Palmer: Das Petroneller Kräuterbuch. In: Nigel F. Palmer u. Klaus Speckenbach (Hgg.): Träume und Kräuter. Studien zur Petroneller 'Circa instans'-Handschrift und zu den deutschen Traumbüchern des Mittelalters. Köln, Wien 1990 (Pic-

Hartlieb-Darstellungen kennen wir die Vorlagen nicht; sie weisen weder auf die Thomas von Cantimpré- noch auf die 'Circa instans'-Tradition. Die Pflanzen sind jedoch ganz im Stil der medizinischen Praxis mit ihrer Wurzel abgebildet. Die Illustrationen wurden zwar überwiegend nicht nach der Natur gezeichnet, doch ist bekannten, d. h. meist einheimischen Pflanzen – wie z. B. dem Hopfen – Naturnähe nicht abzusprechen.

Die Überlieferung der Hartlieb-Illustrationen zeigt, daß sich die einzelnen Abbildungen kaum voneinander unterscheiden – mit anderen Worten: Sie wurden stets unmittelbar von ihrer Vorlage übernommen. Fehler in der Darstellung, die nur aufgrund des Kopierens entstanden sein können, unterstreichen dies. Der Blick in die Natur, d. h. die Überprüfung der Vorlage anhand der Pflanze selbst wurde ganz offensichtlich nicht vorgenommen. Der Illustrationszyklus gehört auf jeden Fall dem Archetyp der Überlieferung an. Ob Hartlieb selbst die Abbildungen angeregt und welchen Einfluß er bei ihrer Gestaltung hatte, entzieht sich unserer Kenntnis. Im Idealfall konnten Autor, Illuminator und Schreiber zusammenarbeiten, häufiger aber wurden diese Tätigkeiten unabhängig voneinander durchgeführt. Der bei den Hartlieb-Handschriften gewonnene Befund unterstreicht nachhaltig die Richtigkeit der von Arnold PFISTER aufgestellten These: „Es gibt nichts Konservativeres als das Pflanzenbild im Buch“[46].

IV

In der zweiten Hälfte des 15. Jahrhunderts wurden im süddeutschen Raum verschiedene Versuche unternommen, zu naturgetreueren Darstellungen zu gelangen. Es handelt sich dabei um Sammlungen von reinen Pflanzenabbildungen, die ausschließlich mit medizinischen Texten überliefert wurden. Der sie begleitende 'Text' beschränkt sich dabei auf die Bezeichnung der Pflanzen bzw. die Auflistung von lateinischen und deutschen Synonymen. Obwohl in der Forschung die einzelnen Textzeugen bekannt sind, wurden die Handschriften bislang noch nicht als ein eigenständiger Illustrationstypus gesehen. Insgesamt sind in diesem Kontext drei Handschriften zu nennen:

- Colmar, Bibliothèque de la Ville, Ms. 81,
- Bad Berleburg, Fürstl. Sayn-Wittgensteinsche Schloßbibliothek, Cod. RT 2/6,
- München, Bayerische Staatsbibliothek, Clm 5905.

In der heute in Colmar aufbewahrten Handschrift wird neben deutschen medizinischen Texten eine Sammlung von 30 Pflanzendarstellungen überliefert.[47] Der Haupttext, die

tura et Poesis 4). S. 41–120, bes. S. 43–48 (dazu die Besprechung von Bernhard Schnell in: Beiträge zur Geschichte der deutschen Sprache und Literatur 118 [1996]. S. 305–312, bes. S. 308f.).

46 Pfister [Anm. 45], S. 169f.

47 Vgl. die Beschreibung der Handschrift in: Catalogue général des manuscrits des bibliothèques publiques de France. Bd. 56. Hrsg. von P. Schmitt. Colmar, Paris 1969. S. 149; ferner die Abb. 25

'Regel der Gesundheit', wurde von dem Augsburger Berufsschreiber Heinrich Lengefeld 1467 geschrieben.[48] Aufgrund des paläographischen Befundes der Beschriftungen der Pflanzenabbildungen dürften diese aus dem letzten Drittel des 15. Jahrhunderts stammen und damit etwa zeitgleich mit der Abschrift der 'Regel der Gesundheit' entstanden sein. Eine genaue Analyse der Handschrift steht noch aus. Dabei wäre vor allem zu klären, ob diese Sammlung aus einem eigenen Faszikel besteht, der ohne ausdrücklichen Zusammenhang mit dem Text in die Handschrift eingebunden wurde. Träfe diese Vermutung zu, so könnte es sich hier auch um ein Musterbuch für Maler bzw. Illuminatoren handeln. Ferner müßten noch die Kriterien für die Aufnahme der Pflanzen – beispielsweise die Frage, was diese miteinander verbindet – geklärt werden; gemäß einer ersten Sichtung sind sie weitgehend 'nach der Natur' gezeichnet.

Der Kodex aus Bad Berleburg, eine oberrheinische medizinische Sammelhandschrift aus dem dritten Viertel des 15. Jahrhunderts, tradiert vor allem den deutschen 'Macer', das 'Arzneibuch' Ortolfs von Baierland sowie zahlreiche medizinische Rezepte.[49] Die Handschrift war im Besitz des Mainzer Domherren Bernhard von Breidenbach, der als Initiator des 'Gart der Gesundheit'-Druckes (1485), aber nicht weniger als Co-Autor und Mäzen der im Jahr 1486 herausgegebenen 'Reise ins Heilige Land' bekannt ist. In das medizinische Umfeld dieser Handschrift wurde auch ein Herbar integriert, das auf 90 Blättern 86 Pflanzenabbildungen aufweist, die sich in der Regel auf den Recto-Seiten befinden. Auch hier ist das Anordnungsprinzip der Pflanzen bislang noch ungeklärt. Nach der Analyse von Wolf-Dieter MÜLLER-JAHNCKE sind von den 86 Abbildungen 33 Pflanzen „schematisiert" gezeichnet, 15 lassen ein „Schema mit Naturbeobachtung" erkennen, die übrigen 38 Pflanzen, meist ohne Wurzel, wurden „unmittelbar nach der Natur" dargestellt bzw. nach gepreßten Herbarexemplaren.[50] In den 'Gart' wurden insgesamt fünf Abbildungen aus diesem Kräuterbuch unverändert übernommen. Im Kodex Berleburg sind diese durch einen kleinen Kreis gekennzeichnet, wobei die Datierung der Markierung offen ist. Noch ungeklärt ist ferner, warum Herausgeber und

bei Pfister [Anm. 45]. – Für den Hinweis auf diese Sammlung habe ich Wolf-Dieter Müller-Jahncke zu danken, der eine Studie zu diesen Pflanzenabbildungen vorbereitet.

48 Zu Lengefeld vgl. Karin Schneider: Berufs- und Amateurschreiber. Zum Laien-Schreibbetrieb im spätmittelalterlichen Augsburg. In: Johannes Janota u. Werner Williams-Krapp (Hgg.): Literarisches Leben in Augsburg während des 15. Jahrhunderts. Tübingen 1995 (Studia Augustana 7). S. 8–26, hier S. 12f. u. 23.

49 Zu dieser Handschrift vgl. Älterer deutscher 'Macer' – Ortolf von Baierland 'Arzneibuch' – 'Herbar' des Bernhard von Breidenbach – Färber- und Maler-Rezepte. Die oberrheinische medizinische Sammelhandschrift des Kodex Berleburg. Berleburg, Fürstlich Sayn-Wittgenstein'sche Bibliothek, Cod. RT 2/6. Farbmikrofiche-Edition. Einführung zu den Texten, Beschreibung der Pflanzenabbildungen und der Handschrift von Werner Dressendörfer, Gundolf Keil u. Wolf-Dieter Müller-Jahncke. München 1991 (Codices illuminati medii aevi 13).

50 Wolf-Dieter Müller-Jahncke: Das Herbar des Kodex Berleburg. In: Älterer deutscher 'Macer' [Anm. 49], S. 75–98, hier S. 80.

Drucker des 'Gart der Gesundheit' nur auf wenige Abbildungen des Kodex Berleburg zurückgegriffen haben, obwohl ihnen die Handschrift offensichtlich bekannt war.

Das Herbar aus dem Clm 5905 in München verfaßte Vitus Auslasser, der aus der Gegend von Kufstein stammt und später Geistlicher im Benediktinerkloster Ebersberg (Oberbayern) war; um 1479 dürfte er sein Kräuterbuch gezeichnet haben, das nahezu 200 Pflanzenabbildungen enthält.[51] Das Herbar ist in einer lateinisch-deutschen Sammelhandschrift mit medizinischen Texten, die u. a. den lateinischen 'Macer Floridus' enthalten, überliefert. Wenn auch eine Reihe von Darstellungen auf Kopien uns unbekannter Vorlagen beruhen dürfte, so sind doch insbesondere die Pflanzen aus dem oberbayrischen Alpenvorland 'nach der Natur' gezeichnet. Ihre Anordnung scheint dem jahreszeitlichen Auftreten zu folgen, denn: „Unverkennbar ist das Vorwiegen der Frühjahrsblüher am Anfang und das der Sommer- und Herbstblüher am Ende des Buches"[52].

Zuletzt sei in diesem Kontext auf die Naturselbstdrucke verwiesen, die in einer umfangreichen astronomisch-medizinischen Sammelhandschrift der Universitätsbibliothek Salzburg unter der Signatur M I 36 aufbewahrt werden.[53] Sie gelten als der erste Nachweis für die Existenz von Naturselbstdrucken nördlich der Alpen.[54] Insgesamt wurden 84 Pflanzen (Blätter) mit grüner Farbe überstrichen und auf dem Papier abgepreßt (Abb.4). Aufgrund des paläographischen Befundes ihrer Beschriftung dürften sie im zweiten Viertel des 15. Jahrhunderts entstanden sein. Aus der Zeit um 1425 stammen auch die übrigen Teile dieser Handschrift; eine Analyse der Sammlung, die vielfach Pflanzen heimischer Herkunft enthält, fehlt. Die Bedeutung der Naturselbstdrucke wie auch die der drei angeführten 'Herbaria picta' liegt zum einen darin, daß die mittelal-

51 Zu Auslasser und seinem Herbar vgl. vor allem Hermann Fischer: Vitus Auslasser, der erste bayrische Botaniker und die Beziehungen seines Herbarius von 1479 zu den Anfängen der Bayrischen Botanik. In: Berichte der Bayerischen Botanischen Gesellschaft zur Erforschung der heimischen Flora. Bd. 18 (1925). S. 1–31; Ders.: Vitus Auslasser, der erste deutsche Florist, und sein Kräuterbuch vom Jahr 1479. In: Berichte der Deutschen Botanischen Gesellschaft. Bd. 42 (1924). S. 156–163; Lottlisa Behling: Exkurs: Pflanzendarstellungen in dem handschriftlich illustrierten Herbarius des Vitus Auslasser von 1479 und in der Inkunabel des Mainzer Gart der Gesundheit von 1485. In: Behling [Anm. 29], S. 85–100. – Abbildungen aus der Handschrift jetzt in: Höhepunkte der Klostermedizin. Der 'Macer floridus' und das Herbarium des Vitus Auslasser. Hrsg. mit einer Einleitung und deutschen Übersetzung von Johannes Gottfried Mayer u. Konrad Goehl. Leipzig [2001].

52 Fischer 1924 [Anm. 51], S. 161.

53 Eine Beschreibung der Handschrift findet sich bei Anna Jungreitmayer: Die deutschen Handschriften des Mittelalters der Universitätsbibliothek Salzburg. Wien 1988 (Österreichische Akademie der Wissenschaften, phil.-hist. Kl., Veröffentlichungen der Kommission für Schrift- und Buchwesen des Mittelalters 3,2). S. 8–19. – Abb. bei Hermann Fischer: Mittelalterliche Pflanzenkunde. München 1929. [Neudruck Hildesheim 1967]. Tafel 19 [dort noch mit der alten Signatur der damaligen Salzburger Studienbibliothek, der heutigen Universitätsbibliothek].

54 Vgl. Armin Geus: Natur im Druck – Geschichte und Technik des Naturselbstdrucks. Marburg 1995. S. 9.

terlichen Pflanzenbezeichnungen anhand dieser Zeugnisse überprüft werden können (was sonst kaum möglich ist); zum anderen belegen sie, daß es bereits im zweiten Viertel des 15. Jahrhunderts ein ausgesprochen botanisches Interesse an Pflanzen gegeben hat, daß also die empirische Naturbeobachtung dem Spätmittelalter nicht fremd war.

Am Ende dieser Übersicht über die frühen illustrierten deutschsprachigen Kräuterbücher sei noch kurz ein Blick auf das wohl bekannteste Kräuterbuch des 15. Jahrhunderts geworfen. Die Rede ist von dem 1485 bei Peter Schöffer in Mainz erschienenen 'Gart der Gesundheit', der – wie erwähnt – unter der Regie des Mainzer Domdechanten Bernhard von Breidenbach herausgegeben wurde.[55] Seinen Erfolg verdankt das Werk, das insgesamt 435 Kapitel umfaßt, vor allem den 380 in Holz geschnitzten Umrißzeichnungen, die – allgemeinem Usus entsprechend – in vielen Exemplaren nachträglich koloriert worden sind. Ganz offensichtlich stieß der 'Gart' zu dieser Zeit in eine Marktlücke, denn schon bald erfolgten zahlreiche weitere Ausgaben. Als Verfasser gilt der Frankfurter Stadtarzt Johann Wonnecke von Kaub, der aus verschiedenen mittelalterlichen Texten, u. a. aus dem deutschen 'Macer', sein Werk kompilierte. Darin faßt Wonnecke alle hier angesprochenen Traditionsstränge zusammen und bildet damit gleichsam den Abschluß der mittelalterlichen Kräuterbuchliteratur. Zukunftweisend war die Absicht, jeder Pflanzenbeschreibung möglichst eine naturgetreue Abbildung beizugeben, um dem Leser so die Bestimmung der Pflanzen zu erleichtern. Die Darstellungen sind dabei auf dem besten Weg, Eigenwert zu gewinnen. Text und Bild ergänzen sich in ihrem Informationsgehalt – ganz im Gegensatz etwa zu Hartlieb oder den Enzyklopädien, bei denen die Illustrationen keinen eigenständigen naturkundlichen Erkenntnisgewinn bringen.

V

Die eingangs gestellte Frage nach der Naturferne der Kräuterbuchillustrationen in den spätmittelalterlichen deutschen Handschriften läßt sich wohl vor allem mit dem Hinweis auf die Funktion der Texte beantworten: In den Herbaren bzw. den Pflanzenkapiteln von Enzyklopädien beschränkte sich das Interesse an der einzelnen Pflanze nahezu ausschließlich auf ihre Heilkraft, weshalb ihr Aussehen bis weit in das 15. Jahrhundert unwichtig war. Hinzu kommt, daß die Buchillustration gattungsgebunden ist. Die Bebilderung von Enzyklopädien, selbst von Naturenzyklopädien, war – vereinfacht gesagt – in erster Linie eine Frage der Buchgestaltung, der Inhaltsgliederung und der Kapiteleinteilung, und nur in zweiter Linie eine der Sinnerschließung. Dabei ist es, was die volkssprachlichen Kräuterbücher anbelangt, von untergeordneter Bedeutung, ob sich

55 Vgl. dazu Gundolf Keil: 'Gart der Gesundheit'. In: VL Bd. 2 (1980). Sp. 1072–1092; Ders.: 'Hortus sanitatis'. In: VL Bd. 4 (1983). Sp. 154–164; Ders.: 'Herbarius Moguntinus'. In: VL Bd. 3 (1981). Sp. 1017–1025.

die Pflanzenbilder als historisierte Initialen, als ganzseitige 'Porträts' oder gar auf Sammeltafeln finden. Die ikonographische Tradition war so stark ausgeprägt und funktional festgelegt, daß sie immun gegenüber allen äußeren Einflüssen der bildenden Künste gewesen ist. Die Pflanzendarstellungen auf zeitgleichen Tafelbildern, wie beispielsweise dem 'Frankfurter Paradiesgärtlein' oder dem 'Genter Altar', haben auf die Illustratoren der Enzyklopädien keinen erkennbaren Einfluß ausgeübt. Das Diktum Heinrich Wölfflins, von Ernst H. GOMBRICH mehrfach zitiert, bestätigt sich hier besonders eindrucksvoll: „Alle Bilder verdanken der Betrachtung anderer Bilder mehr als der direkten Beobachtung der Natur"[56].

Erst bei den vom Text losgelösten Pflanzendarstellungen bzw. den Naturselbstdrukken des 15. Jahrhunderts zeigt sich eine neue Entwicklung. Im Zentrum des Interesses steht hier nicht mehr die medizinische Heilwirkung der Pflanze, sondern ihr Aussehen, ihre Identifizierbarkeit mit den beigegebenen Pflanzenbezeichnungen. Doch erst den humanistisch-gelehrten, mit künstlerisch-naturgetreuen Abbildungen versehenen Kräuterbüchern des 16. Jahrhunderts[57] sollte die Zukunft gehören.[58]

56 Ernst H. Gombrich: Kunst und Illusion. Eine Studie über die Psychologie von Abbild und Wirklichkeit in der Kunst. Stuttgart, Zürich 1978. S. 349.

57 Vgl. dazu Müller-Jahncke [Anm. 1], S. 56.

58 Für zahlreiche Hinweise zur Identifizierung der Pflanzen in den Illustrationen bin ich Herrn Prof. Dr. Gerhard Wagenitz (Göttingen) zu Dank verpflichtet.

Abb. 1 (oben)
Linz, Oberösterreichisches Landesmuseum, Ms. 4, f. 58 v

Abb. 2 (unten links)
Reims, Kathedrale, Mittelschiff, Westwand

Abb. 3 (unten rechts)
Augsburg, Staats- und Stadtbibliothek, 2° Cod 497, f. 320 va

Abb. 4 Salzburg, Universitätsbibliothek, M I 36, f. 176 r

Abb. 5 Würzburg, Universitätsbibliothek, M. ch. f. 265, f. 191 v–192 r

WILLI ERZGRÄBER (†)

Wandel des Naturverständnisses im ausgehenden Mittelalter: Langland, Chaucer

Die epischen Werke William Langlands und Geoffrey Chaucers entstanden in den letzten vier Jahrzehnten des 14. Jahrhunderts. Die A-Version des 'Piers Plowman' wird um 1362 datiert, die B-Version um 1377 und für die C-Version wird das Jahr 1395 angesetzt. Chaucers erstes Werk 'The Book of the Duchess' entstand zwischen 1368 und 1372, 'The Parliament of Fowls' und 'The House of Fame' zwischen 1374 und 1380, die 'Canterbury Tales' werden auf die Jahre 1388 bis 1400 datiert.

Lenkt man die Aufmerksamkeit auf die Sprache der beiden Autoren, insbesondere auf das Wortfeld 'Natur', so ergibt sich, daß beide die Begriffe *kynde* und *nature* gebrauchen, daß aber bei Langland der aus dem Altenglischen stammende Begriff *kynde* weit häufiger verwendet wird. Weiterhin zeigt sich, daß beide Dichter gleiche Quellen verwenden: Wenn sie über die Natur und die Naturordnung sprechen, so gehen beide von des Alanus ab Insulis 'De planctu naturae'[1] aus, doch ist nicht zu übersehen, daß gerade vom Naturbegriff und der Naturdarstellung unterschiedliche geistige Haltungen, die für das 14. Jahrhundert kennzeichnend sind, erfaßt werden können.

I

Gehen wir von William Langland aus: Im XI. Passus des C-Textes[2] entwirft Wit in Grundzügen ihr Menschenbild; in diesem Zusammenhang heißt es:

1 Alanus ab Insulis: De planctu naturae. In: T. Wright (Hg.): The Anglo-Latin Satirical Poets and Epigrammatists of the 12th Century. Bd. 2. London 1872. [Neudruck Wiesbaden 1964]. S. 429–522.

2 Alle Zitate aus dem C-Text nach Walter W. Skeat (Hg.): The vision of William concerning Piers the Plowman in three parallel texts together with Richard the Redeless by William Langland. 2 Bde. Oxford 1886 [Neudruck London 1968].

Kynde is a creator, [...] *of alle kyne thynges,*
Fader and formour · of al that forth groweth,
The whiche is god grettest · that gynninge hadde neuere,
Lord of lyf and of lyght · of lysse and of payne (XI, 151–154).

Kynde bezeichnet hier den Schöpfergott, wird aber an anderen Stellen auch eindeutig mit der Schöpfung gleichgesetzt (vgl. XXIII, 76, 80, 97, 99, 109). Die allegorische Benennung des Schöpfers mit einem Begriff, der sich sonst auf die Schöpfung, die kreatürliche Ordnung bezieht, ist insofern von Bedeutung, als die Stelle, von der wir ausgingen (XI, 151–154), von der allegorischen Figur Wit gesprochen wird. Wenn die Figur Wit den Schöpfergott *kynde* nennt, deutet dies darauf hin, daß Wit selbst ganz im geschöpflich-natürlichen Bereich verankert ist. Dieser Zusammenhang wird dadurch noch besonders betont, daß Langland häufig die Wendung *kynde wit* und diese zugleich als Namen für die allegorische Figur gebraucht, die zusammen mit Reson und Conscience im Zentrum der 'Visio de Petro Plouhman' und der 'Visio de Do-Wel', d. h. der beiden ersten Teile der gesamten Dichtung steht[3]. Der Begriff *kynde wit* ist nach meiner Auslegung eine Entsprechung der lateinischen Wendung *ratio naturalis*, wie sie in der Sprache der Scholastik, beispielsweise bei Duns Scotus, vorkommt. Hervorzuheben ist weiterhin, daß *kynde wit* insbesondere in der 'Visio de Petro Plouhman' und in der 'Visio de Do-Wel' auf den Begriff the *lawe of kynde* bezogen wird. Es handelt sich dabei nicht um ein Naturgesetz im Sinne der neuzeitlichen Naturwissenschaft, sondern um die *lex naturalis*, das natürliche Sittengesetz, das von Thomas von Aquin auf die einfache Formel gebracht worden ist: *bonum est faciendum et prosequendum, et malum vitandum* (Summa theologiae, I–II, q. 94, a. 2). Der Zusammenhang zwischen der *ratio naturalis* und der *lex naturalis* wird von Thomas dahingehend bestimmt, daß er das Naturgesetz als einen Habitus der Vernunft definiert.

Kynde wit ist nach Langland zunächst die Basis für das individuelle wie das rechte gesellschaftliche Handeln. Hingewiesen sei in diesem Zusammenhang zum einen auf die Darlegungen von Janet COLEMAN, die feststellt: „[...] the triad of conscience, natural reason and natural law was regularly seen as comprising the governing components of the just and moral kingdom“[4]. Zum anderen sei vermerkt, daß dies eine Auffassung war, die sich in der englischen Literatur bis hin zu Shakespeares Tragödien, bis zu 'Hamlet' und 'King Lear', nachweisen läßt[5].

3 Vgl. hierzu Willi Erzgräber: William Langlands „Piers Plowman“. Eine Interpretation des C-Textes. Heidelberg 1957. S. 42ff. u. 60ff.

4 Janet Coleman: Piers Plowman and the Moderni. Rom 1981. S. 60.

5 Vgl. hierzu Willi Erzgräber: Natur bei Shakespeare. In: Ders.: Mittelalter und Renaissance in England. Von den altenglischen Elegien bis Shakespeares Tragödien. Freiburg i. Br. 1997. S. 543–566.

Die Debatten des Träumers mit Thought, Wit, Studie, Clergie und Scripture zeigen, daß er bei seiner Suche nach der Bedeutung von Do-Wel, Do-Bet und Do-Best in immer größere Bedrängnis gerät, weil die Vernunft – werde sie nun *reson* oder *kynde wit* genannt – als Basis für das *bonum agere* in Frage gestellt wird. Nach den weitausgreifenden Darlegungen des Träumers fehlt der Vernunft letztlich die verpflichtende Kraft, um Einsicht, Erkenntnis und Wissen zum Handeln zu treiben. Damit verbunden ist ein Vertrauensverlust bei dem nach Do-Wel, Do-Bet und Do-Best strebenden Dichter: Er muß sich fragen, ob natürliche Sittlichkeit, wie sie ihm in der 'Visio de Petro Plouhman' vorschwebte, überhaupt möglich ist. Und dieser Zweifel wird durch die Prädestinationslehre noch gesteigert.

Ausgelöst wurde die Diskussion der Prädestinationslehre in England vor allem durch Thomas Bradwardine, der in seiner Schrift 'De causa Dei' allen pelagianischen Tendenzen seiner Zeit entgegentrat. So heißt es beispielsweise in Buch II, Kap. 31:

> *Totus paene mundus, ut timeo et doleo, post hunc* [i. e. Pelagius] *abit, et erroribus eius favet, dum fere omnes communiter aestimant solius liberi arbitrii viribus se posse declinare a malo, facere bonum, servare mandata, mereri gratiam, perseverare finaliter, facere se praedestinatum et de numero salvandorum* [...][6].

Bradwardine formulierte die augustinische Lehre mit gleichsam mathematischem Scharfsinn neu, so daß sich in den theologischen Kontroversen die Auffassung von der absoluten Macht des göttlichen Willens und die von der Freiheit der menschlichen Entscheidung in radikaler Antithese gegenüberstanden[7].

Ein Wandel setzt im Träumer erst dann ein, als er in der Auseinandersetzung mit der Prädestinationslehre die Einsicht gewinnt, daß in seinem Pochen auf die sittliche Leistung *ex puris naturalibus* ein Element des Stolzes, der Sünde enthalten ist. Um die neue Sicht der Vernunft und ihres besonderen Platzes in der Schöpfung zum Ausdruck zu bringen, verwendet Langland das erzählerische Mittel des Traumes im Traum und er findet damit zugleich einen Weg, die Ideen des Alanus ab Insulis, wie sie insbesondere in dessen 'De planctu naturae' dargelegt sind, in die 'Visio de Do-Wel' zu integrieren. Im XIV. Passus zielen die Debatten zum einen auf die Rechtfertigung der natürlichen Sittlichkeit, zum anderen auf die des geistlichen Wissens und schließlich der Vernunft ab. Auch hier ist ein enger Zusammenhang zwischen Vernunft und Natur zu erkennen. Innerhalb des eingelagerten Traumes heißt es:

> [...] *Kynde cam · Clergie to helpen,*
> *And in the myrour of Myddel-erde · made hym eft to loke,*
> *To knowe by ech creature · Kynde to louye* (XIV, 131–133).

6 Thomas Bradwardine: De causa Dei contra Pelagium et de virtute causarum ad suos Mertonenses libri tres. Hrsg. von H. Savilius. London 1618. S. 602.

7 Vgl. hierzu Willi Erzgräber: Predestination in Langland and Chaucer. In: Ders. [Anm. 5], S. 179–201.

Derek PEARSALL bemerkt in seiner Ausgabe des C-Textes zu dieser Passage: „The world of Nature *(Kynde)*, or natural order, is the *myrour* of the order in the mind of its Creator“[8]. Langland folgt an dieser Stelle bei seiner Beschreibung der Schöpfungsordnung des Alanus ab Insulis 'De planctu naturae' insofern, als beide einen deutlichen Unterschied zwischen dem Tier- und dem Menschenreich machen. Im Tierreich herrscht eine ungebrochene 'natürliche' Ordnung, wie sie sich am deutlichsten im Verhalten der Tiere nach der Zeugung zeigt; die Menschen widersetzen sich dieser Ordnung. Bei Alanus löst ebendiese vom Menschen gestörte Naturordnung die Klage aus. Bildlich wird dies wie folgt verdeutlicht: Die *vestis*, das Gewand, auf dem die Vögel dargestelllt sind, ist unversehrt; die *tunica*, auf der der Mensch zu sehen ist, zeigt demgegenüber einen Riß. In der Sprache Langlands ausgedrückt:

Reson ich seih sothliche · suwen alle bestes
In etynge, in drynkyng · in gendrynge of kynde;
After cours of concepcion · non tok kepe of other [...] (XIV, 143–145).

Und weiterhin:

Ther was no kynne kynde · that conceyued hadde,
That ne lees the lykynge of lust · of flesch, as hit were,
Saue man and hus make; · and ther-of me wondrede (XIV, 151–153).

Mehrfach hebt Langland in diesem Kontext hervor, daß ein ungebrochener Zusammenhang zwischen der Vernunft und dem Verhalten der Tiere besteht, während bei den Menschen zu beobachten ist, daß sie sich nicht dem Gebot der Vernunft unterwerfen:

[...] *ich seih Reson · suwen alle bestes*
Saue man and mankynde; meny tymes me thouhte,
Reson rewelede hem nat · nother riche ne poure (XIV, 181–183).

Herausgeber des Textes haben sich im 19. und 20. Jahrhundert an der Verwendung des Begriffes *reson* an dieser Stelle gestört. Walter W. SKEAT zitiert WHITAKER aus dessen Edition von 1813: „He should have said by *instinct*, which would have removed the difficulty“[9]. Und in gleichem Sinne bemerkt Derek PEARSALL: „The dreamer is confusing the issue; animals are not ruled by reason, but by natural instinct. Man alone has the power of reason, and the power of choice to follow its law“[10]. Diesen Einwänden gegenüber ist hervorzuheben, daß die Tiere die von Gott geschaffene Lebensordnung – die vernünftig ist, weil sie von Gott stammt – in ihrer Art vollkommen erfüllen, so daß es scheint, als seien sie mit vernünftiger Einsicht begabt. Der Mensch aber steht, wiewohl ein Vernunftwesen, in der Erfüllung der göttlichen Lebensordnung unter den Tieren.

8 Derek Pearsall (Hg.): Piers Plowman by William Langland. An Edition of the C-text. London 1978. S. 228 (Anm. zu V, 131).

9 Skeat [Anm. 2], Bd. 2, S. 177 (Anm. zu XIV, 192).

10 Pearsall [Anm. 8], S. 230 (Anm. zu V, 190).

Es ist aufschlußreich zu sehen, wie Langland diese Problematik löst. Hier wie an mehreren anderen Stellen bietet er keine gelehrte theologische Disputation, sondern setzt eine Gegenposition zu der vom Träumer vertretenen an und führt das Gespräch auf dieser Basis weiter. Die Antwort der Vernunft, mit der der suchende Dichter in eine neue Richtung gelenkt wird, lautet:

> [...] *recche the neuere*
> *Whi ich suffre other nat suffre* [...] (XIV, 196 b–197 a).

Kynde und Reson zeigen im Dialog mit dem Träumer, daß die Vernunft – anders als im ersten Teil des 'Piers Plowman' – nicht in frageloser Gültigkeit dominiert, sondern in Bezug zu setzen ist mit dem stellvertretenden Leiden Christi. An die Stelle der stolzen Selbstgewißheit ist ein Wissen um die eigenen Grenzen, eine demütige Bescheidenheit getreten, die Langland *pacient pouerte* nennt. Diese Haltung bildet wiederum die Voraussetzung für *Do-Bet* (= charite) und *Do-Best,* für das verantwortungsbewußte Handeln, das die *reformatio* von Staat und Kirche zum Ziel hat.

Es ist bezeichnend für Langlands gesamte Weltsicht, daß er Kynde auch in den letzten Passus integriert hat; in der Darstellung des Kampfes mit dem Antichrist erscheint die Natur in doppelter Funktion: einer biologischen und einer moraltheologischen. Zum einen sind Krankheit, Alter und Tod die Waffen, die Kynde ergreift, um den Antichrist und sein Gefolge zu treffen; zum anderen bittet der Träumer und Ich-Erzähler die Natur um Rat, wie er sich jetzt verhalten sollte. Kyndes Antwort *lerne to loue* (XXIII, 208) ist nicht nur bei Langland die zentrale Botschaft der Natur; vielmehr läßt sich dieses einfache Gebot auch als Leitmotiv für Chaucers gesamtes Werk auffassen, wobei sich zeigt, daß er mit Langland von gleichen Voraussetzungen ausgeht, künstlerisch aber ganz eigene Wege einschlägt, was allein dadurch bedingt ist, daß er sich mit seinem Schaffen von Anfang an in die Tradition der höfischen Literatur stellte.

II

Untersucht man die Verwendung der Begriffe *kynde* und *nature* in Chaucers Jugenddichtungen, dann ergibt sich eine unterschiedliche Tendenz: (1) Chaucer bevorzugt *kynde,* wenn er einen Wertbegriff meint. (2) Wenn er Natur als schöpferische Kraft bezeichnen möchte, die allem Geschaffenen innewohnt, dann verwendet er ausschließlich den Begriff *nature.* Weiterhin fällt auf, daß er diese Kraft personifiziert und von ihr als *Dame Nature* spricht. Einen solchen Wortgebrauch kennt Langland nicht; von einer 'Göttin Natura' zu sprechen, würde seinem gesamten Weltbild zuwiderlaufen. Die beiden Verwendungsweisen, die sich bei Chaucer beobachten lassen, sollen im Folgenden erläutert werden.

Zu (1): In 'The Book of the Duchess' bezieht sich Chaucer auf die 'Metamorphosen' des Ovid und fügt hinzu:

And in this bok were written fables
That clerkes had in olde tyme,
And other poetes, put in rime
To rede and for to be in minde,
While men loved the lawe of kinde (BD, 52–56)[11].

Hier wird deutlich, daß Chaucer aus der gleichen Tradition schöpft wie Langland. Auch er kennt die *lex naturalis*. Bemerkenswert ist, daß er jedoch diesen Begriff mit der antiken Tradition, insbesondere mit der antiken Literatur in Verbindung bringt, der er eine erzieherische Funktion zuweist. Wiewohl die *lex naturalis* dem Menschen – genauer gesagt: der Vernunft – als Habitus eingeprägt ist, mißt Chaucer der Funktion der Literatur bei der Formung des menschlichen Bewußtseins besondere Bedeutung bei.

Die antike Episode, die Chaucer in 'The Book of the Duchess' eingebaut hat: die Erzählung von Ceyx und Alcyone, ist ein Beleg für den Rang, den man der *lawe of kynde* in der Antike zugewiesen hat: Alcyone handelt der *lex naturalis* zuwider; sie trägt keinerlei Sorge für die Erhaltung ihrer Person, sondern überläßt sich ihrem Leid (*sorwe*) und stirbt nach drei Tagen. Daß diese Wertvorstellung auch für das Mittelalter – die Gegenwart, in der der Ich-Erzähler spricht – ihre Gültigkeit besitzt, wird bereits in der Einleitung betont. Der Ich-Erzähler spricht in seiner Selbstvorstellung von dem Leid, das unerfüllte Liebe mit sich bringt, und er bemerkt dazu an den Leser gewandt:

And wel ye woot, agaynes kynde
Hyt were to lyven in thys wyse [...] (BD, 16–17).

Zu (2): Eine gänzlich anders geartete Sicht der Natur taucht in dem Porträt der verstorbenen Herzogin auf, das der Schwarze Ritter im Dialog mit dem Träumer entwirft. Als Beleg dafür seien die folgenden Verse zitiert:

And negh hir face was alderbest;
For certes, Nature had swich lest
To make that fair, that trewly she
Was hir chef patron of beaute
And chef ensample of al hir werk,
And moustre; [...] (BD, 907–912).

Drei Begriffe, die als Synonyme zu gelten haben, werden hier von Chaucer nebeneinander gestellt: *patron* (= ne. pattern), *ensample* (= ne. example) und *moustre* (= dt. Muster). Hier erscheint die Natur als *natura procreatrix* und *natura artifex*. Sie erschafft die Herzogin dergestalt, daß sie als Muster, Beispiel und vollendete Verkörperung der Schönheit gelten kann. Diese Vorstellung dürfte Chaucer aus dem 'Anticlau-

11 Alle Chaucer-Zitate nach Larry D. Benson (Hg.): The Riverside Chaucer. Third Edition. Based on The Works of Geoffrey Chaucer. Edited by F. N. Robinson. Oxford 1987.

dianus' des Alanus ab Insulis übernommen haben, wo die Begriffe *exemplar* und *exemplum* die Idee bezeichnen, nach der der vollkommene Mensch geschaffen wird[12].

Ausdrücklich bezieht sich Chaucer in 'The Parliament of Fowls' auf Alanus bei einer Beschreibung der Göttin Natura, die den Vorsitz beim Parlament der Vögel führt:

And right as Aleyn, in the Pleynt of Kynde,
Devyseth Nature of aray and face,
In swich aray men myghte hire there fynde.
This noble emperesse, ful of grace [...] (PF, 316–319).

Natura wird nicht nur *noble emperesse* (PF, 319), sondern auch *this noble goddesse Natura* (PF, 303) genannt. Schließlich heißt sie *the vicaire of the almyghty Lord* (PF, 379); dies wiederum steht im Einklang mit Alanus, der Natura auch *vicaria Dei* nennt. All dies sind Vorstellungen, die außerhalb der Langlandschen Naturdarstellung liegen, auch wenn er sich seinerseits auf Alanus bezieht. Chaucer und Langland stimmen insofern überein, als bei beiden die Tiere, die sich ungebrochen in die Naturordnung einfügen, ihre Partnerin erhalten; bei Chaucer geschieht dies – einem alten Brauch zufolge – am Valentinstag: *To every foul Nature yaf his make* (PF, 667).

Ein Konflikt entsteht im Vogelparlament dadurch, daß drei Adler ein Weibchen umwerben. Dieser Konflikt verdeutlicht die spezifisch menschlich-gesellschaftliche Sphäre, innerhalb der Langland die Problematik der Vernunft (*Resoun*) aufgewiesen hat. Auch hier zeigt sich, daß Chaucer andere Wege geht als Langland. Wenn die Göttin Natura dem Adlerweibchen einen Rat gibt und dabei an dessen Entscheidungsfreiheit appelliert, dann lautet dieser wie folgt:

But as for counseyl for to chese a make,
If I were Resoun, thanne wolde I
Conseyle yow the royal tercel take [...] (PF, 631–633).

Natura richtet sich bei diesem Rat nach der ritterlichen Norm und nach der Vernunft zugleich: *If I were Resoun* [...].

Die Gegenwelt zur Natura stellt Chaucer in 'The Parliament of Fowls' durch Venus dar. Die Bilder, die der Träumer im Venus-Tempel findet, sind antike und mittelalterliche Gestalten, die alle gegen die *lex naturalis* verstoßen haben. Es finden sich dort Porträts von Helena, Cleopatra oder von Candace, die sich des Inzests (mit ihrem Bruder) und des Vatermordes schuldig machte. Ihnen werden aus der mittelalterlichen Tradition u. a. Tristan und Isolde zur Seite gestellt. Die Darstellung und Bewertung der Venus bei Chaucer wird verständlich, wenn man bedenkt, daß er auch in dieser Beziehung von Alanus beeinflußt war. Bei Alanus ist Venus der Natura als *subvicaria* unterstellt, der die Regelung der Geschlechtsliebe übertragen ist. Venus bricht nach einiger Zeit aus schierem Überdruß aus diesem Aufgabenbereich aus und wendet sich Antiga-

12 Vgl. Willi Erzgräber: 'Kynde' und 'Nature' bei Chaucer: Zur Bedeutung und Funktion des Naturbegriffes in der Dichtung des ausgehenden Mittelalters. In: Gerd W. Weber (Hg.): Idee. Gestalt. Geschichte. Festschrift Klaus von See. Odense 1988. S. 117–135, hier S. 124.

mus, dem Ehefeind, zu, von dem sie einen Sohn namens Jocus hat. Durch das Verhalten der Venus entstehen auch bei den Menschen Neigungen zur widernatürlichen Liebe, wie beispielsweise zur Sodomie. Vor diesem Hintergrund ist auch die Ambiguität der höfischen Liebe zu deuten, und es ist nicht überraschend, daß sich im Tempel der Venus ein Porträt des Troilus findet. J.A.W. BENNETT bemerkt dazu: „[...] his love was inordinate (in the sense that he would not recognize human limitations), and inasmuch as it disregarded marriage and procreation might be said to be unlawful“[13].

Bei der Analyse von Chaucers Sprachgebrauch ist auch zu beobachten, daß er in seinen Jugenddichtungen den Begriff *kynde* im rein naturwissenschaftlichen Sinn benutzt. Auf dem Flug zum Haus der Fama erläutert der Adler in 'The House of Fame', auf welche Weise sich Klänge, jeder Laut, jedes Wort und jeder Schall, ausbreiten. Er knüpft an ein instruktives Beispiel an und lenkt zunächst die Aufmerksamkeit des Träumer-Erzählers Geffrey auf die Ausbreitung der Wasserwellen, die durch einen Steinwurf ausgelöst werden. In gleicher Weise ist auch die Ausbreitung des Schalls – in Form von 'Schallwellen' – zu verstehen:

And ryght thus every word, ywys,
That lowd or privee spoken ys,
Moveth first an ayr aboute,
And of thys movynge, out of doute,
Another ayr anoon ys meved;
As I have of the watir preved [...] (HF, 809–814).

In dieser Rede fällt auf, wie sich die Wörter *kynde* (HF, 824, 834, 836), *kyndeliche* (HF, 829) und *kyndely* (HF, 831, 841, 842, 852) häufen. Der Adler – als Dozent – möchte dem Zuhörer mit allen sprachlichen Mitteln einschärfen, was Natur und natürliche Ordnung bedeuten. Mit gleicher Häufigkeit verwendet er das Verbum *preve* (= beweisen; HF, 787, 808, 814, 826, 839, 854), mit dem das Substantiv *experience* verbunden wird. Der Satz *I preve hyt thus* [...] / *Be experience* (HF, 787–788) ist die zentrale These des Lehrvortrags, den der Adler – halb im ernsten, halb im heiteren Ton – hält. Der Schluß von 'The House of Fame' läßt erkennen, daß Chaucer als Dichter sich das gleiche Prinzip zu eigen gemacht hat; er entnimmt die Stoffe für seine Dichtungen dem Bereich der Erfahrung (vgl. dazu insbesondere den Prolog zu den 'Canterbury Tales'), obwohl er weiß, daß alle sprachliche Überlieferung, an die er anknüpft – geschehe sie nun mündlich oder schriftlich – auch eine Umformung, ja sogar Verformung des ursprünglichen Materials bedeutet.

In den 'Canterbury Tales' nimmt Chaucer im Prolog der Frau von Bath die These, die der Adler in 'The House of Fame' verkündet hatte, noch einmal auf. Sie beginnt mit folgender Feststellung:

Experience, though noon auctoritee
Were in this world, is right ynogh for me [...] (CT III [D], 1–2).

---

13 J.A.W. Bennett: The Parlement of Foules. An Interpretation. Oxford 1957. S. 103.

Die Erfahrung, die sie in fünf Ehen gewonnen hat, genügt ihr (angeblich), um die Wahrheit über die Natur der Männer und auch ihre Natur als Frau kundzutun. Untersucht man ihre Verteidigungsrede und die Rechtfertigung ihrer Sexualität und Sensibilität, dann zeigt sich, daß sie trotz aller *experience*, über die sie selbst verfügt, auch die unterschiedlichsten Autoritäten mitbenutzt. Hervorzuheben ist in diesem Zusammenhang die Auslegung ihres Charakters, ihrer weiblichen Natur, mit Hilfe einer im Mittelalter häufig gebrauchten 'Science': der Astrologie. Sie führt über ihre physische und psychische Konstitution aus:

For certes, I am al Venerien
In feelynge, and myn herte is Marcien.
Venus me yaf my lust, my likerousnesse,
And Mars yaf me my sturdy hardynesse;
Myn ascendent was Taur, and Mars therinne.
Allas, allas! That evere love was synne!
I folwed ay myn inclinacioun
By vertue of my constellacioun;
That made me I koude noght withdrawe
My chambre of Venus from a good felawe.
Yet have I Martes mark upon my face,
And also in another privee place (CT III [D], 609–620).

Die Frau von Bath erklärt ihren eigentümlich gemischten Charakter damit, daß sie durch Venus wie durch Mars von Geburt an beeinflußt ist. Daß sie von beiden Planeten geprägt wurde, zeigt sich allein schon an ihrer physischen Erscheinung:

Yet have I Martes mark upon my face,
And also in another privee place (CT III [D], 619–620).

Und weiterhin heißt es: *I hadde the prente of seinte Venus seel* (CT III [D], 604); es handelt sich dabei um Muttermale oder ähnliche Besonderheiten. Dementsprechend deutet die Frau von Bath auch ihre charakterliche Veranlagung: Ihre Emotionalität steht ganz im Zeichen der Venus, auf die sie ihre Begierde, ihre Lüsternheit, ihr ausschweifendes Leben zurückführt. Mars dagegen verdankt sie ihre Angriffslust. Ihr gesamtes Verhalten bringt sie auf die kurze Formel:

I folwed ay my inclinacioun
By vertu of my constellacioun (CT III [D], 615–616).

Das heißt aber: In ihrer Selbstdeutung bekennt sie sich zu einem astrologischen Determinismus; die Freiheit des Handelns ist damit in Frage gestellt, sie tut, wozu die Natur sie treibt:

I ne loved nevere by no discrecioun,
But evere folwede myn appetit [...] (CT III [D], 622–623).

Die Ironie des Erzählers gibt zu erkennen, daß Chaucer einer solchen Sicht der weiblichen Natur ebenso kritisch-skeptisch gegenübersteht wie den Autoritäten, auf welche die Frau von Bath sich beruft. Dies gilt grundsätzlich für seine geistige Einstellung, die sich durchgehend in den 'Canterbury Tales' (und vorher schon in seinen frühen Werken) spiegelt: Er begegnet aller Erfahrung wie allen Autoritäten mit skeptischer Vorsicht, ohne dabei die „Erkenntnisfähigkeit des Individuums"[14] in Frage zu stellen. Chaucer rückt damit deutlich in den Umkreis der Oxforder Franziskaner wie Roger Bacon oder William von Occam.

Chaucers Werk zeigt, wie sich im Spätmittelalter die Sicht auf die gesamte Schöpfung veränderte, wie die ritterliche Kultur und die Auseinandersetzung mit ihr den Blick auf den Wert und Rang des menschlich-diesseitigen Bereichs öffneten und wie mit der umfassenden Einbeziehung der Natura in die philosophisch-theologische Reflexion eine neue Sicht von Vernunft und Natur entwickelt wurde. Dabei gewannen im 14. Jahrhundert Einsichten und Überzeugungen an Raum, über die Chaucer in einer freien, künstlerisch-schöpferischen und zugleich spielerischen Weise verfügen konnte.

14 Wolfgang Riehle: Geoffrey Chaucer. Reinbek bei Hamburg 1994. S. 39.

KLAUS NIEHR

ad vivum – al vif. Begriffs- und kunstgeschichtliche Anmerkungen zur Auseinandersetzung mit der Natur in Mittelalter und früher Neuzeit

Wenn historische Begriffe in konzentrierter Anschaulichkeit etwas über das Verstehen von Zusammenhängen aussagen, dann bleibt die Eindeutigkeit dieser Aussage doch immer von zwei Bedingungen abhängig: Erstens von der Art und Weise, wie der Terminus verwendet wird; denn dessen Inhalt muss ja keineswegs eng festgelegt sein, so dass die Sinngebung wechseln kann. Zweitens von der Fähigkeit der Nachwelt, den Begriff zu verstehen, zu interpretieren und in seiner historischen Rolle zu definieren. Genau diese beiden Bedingungen aber sind es, die auch die Rekonstruktion des Ausdruckspotenzials von *ad vivum* und seiner lateinischen wie volkssprachlichen Parallelen, Synonyme bzw. verwandten Formulierungen mitsamt dem semantischen Umfeld extrem kompliziert machen. Denn angesichts vielfältiger Varianten und offensichtlich auch Auslegungsmöglichkeiten ist Eindeutigkeit alles andere als gegeben. Ein angemessener Umgang mit dem Begriff bleibt deshalb nach wie vor Desiderat.[1]

Das Problem, um das es hier geht, ist in der kunstgeschichtlich-mediävistischen Forschung des 20. Jahrhunderts lange überhaupt nicht erkannt worden. Als Julius von SCHLOSSER 1911 seine epochale Studie zu den Wachsbildnissen herausbrachte, führte er eine große Zahl von Nachweisen für *ad vivum*, *al vif* usw. aus dem 15. und 16. Jahrhundert an.[2] Nach SCHLOSSERs Vorstellung von einer Entwicklung der Künste bedeu-

---

1 Angesichts der überaus disparaten Quellen, die bis heute nicht vollständig gesichtet, geschweige denn systematisch ausgewertet wurden, sowie angesichts des an dieser Stelle nur begrenzt zur Verfügung stehenden Raums können auch die hier präsentierten Überlegungen nicht mehr als eine erste Orientierung bieten. Die Bezeichnung 'Anmerkungen' im Untertitel dieses Beitrags ist daher durchaus ernst gemeint. Sie soll auf die oftmals zufällige Auswahl der Texte wie die dadurch begründete subjektive Akzentuierung der Begriffsgeschichte verweisen. Eine ausführliche Studie zum Thema ist in Vorbereitung.

2 Vgl. Julius von Schlosser: Geschichte der Porträtbildnerei in Wachs. Ein Versuch. In: Jahrbuch der Kunsthistorischen Sammlungen des Allerhöchsten Kaiserhauses 29 (1911). S. 171–258, hier S. 193–196.

teten diese Formulierungen, dass man sich, das Mittelalter überwindend, zunehmend mit dem lebenden Modell beschäftigte und eine Mimesis etablierte, für die das Sehen der äußeren Gestalt immer mehr an Bedeutung gewann. *Ad vivum* usw. erhielt eine Funktion als Indikator für modernes Porträt, denn der Terminus zeigte an bzw. sollte anzeigen, dass der entscheidende Schritt vom „Gedankenbild" zum „Bild des Geschauten" getan oder doch zumindest eingeleitet war.[3] Dies schien auch historisch aus zwei Gründen naheliegend: Einmal, weil die Kunst des 14. und 15. Jahrhunderts teilweise einem „Realismus" huldigt, der in der Tat Abbild anstrebt; zum anderen, weil die genannten Begriffe häufig im Zusammenhang mit Darstellungen von Verstorbenen auftauchten, so dass man hier Porträtabsichten im Hinblick auf memorative Vergegenwärtigung annehmen durfte.

Doch mit solch eindeutigen Ergebnissen, die auf keinerlei Widerspruch stießen, wurde mehr verdeckt als wirklich erklärt. Erklärt oder – besser – behauptet wurde eine Entwicklung, die in linearem Fortschritt die europäische Kunst vom Mittelalter bis in die Neuzeit durchzog. Damit fand sich ein Denkbild bestätigt, das seit Vasari die Diskussion um den Gang der Künste bestimmte.[4] Weitgehend ignoriert wurde so allerdings eine historische Wirklichkeit, die sich kaum mit der modernen Vorstellung von einer Entfaltung künstlerischer Mimesis in Einklang bringen ließ. Aber erst gut zwanzig Jahre nach SCHLOSSERs Studie war man an einem Punkt, an dem dies offen zutage trat. 1935 publizierte Hans R. HAHNLOSER die bis heute umfangreichste Edition des um 1230/40 entstandenen sog. Bauhüttenbuchs des Villard de Honnecourt.[5] Anders als SCHLOSSER, der noch das Privileg besaß, mit Quellen operieren zu dürfen, für die es oftmals keine Kunstwerke mehr gab, musste HAHNLOSER nun Text und Bild berücksichtigen und versuchen, ein Konzept zu finden, in dem beide in einen sinnvollen Zusammenhang zu bringen waren. Gerade für *ad vivum* ergaben sich dabei allerdings Probleme. Auf Blatt 24 von Villards Skizzenbuch finden sich bekanntlich zwei Darstellungen von Löwen, nach der Beschriftung *contrefais al uif* (Abb. 1). Die ältere Forschung hatte es sich an diesem Punkt mit einer Erklärung oftmals leicht gemacht, indem sie den Wahrheitsgehalt der angeblichen Aussage – Arbeiten nach der Natur – schlichtweg in Abrede stellte. HAHNLOSER ist nun der erste, der die Inschrift als philologisches Problem ernst nimmt und zwei Möglichkeiten zu ihrer Übersetzung benennt:

---

3 Diese Formulierungen finden sich bereits zehn Jahre zuvor in Schlossers Aufsatz, der den Übergang vom Mittelalter zur Neuzeit behandelte: Julius von Schlosser: Zur Kenntnis der künstlerischen Überlieferung im späten Mittelalter. In: Jahrbuch der Kunsthistorischen Sammlungen des Allerhöchsten Kaiserhauses 23 (1902). S. 279–338, hier S. 280f.

4 Vgl. Norman Bryson: Tradition and Desire. From David to Delacroix. Cambridge 1984. S. 7–18.

5 Hans R. Hahnloser: Villard de Honnecourt. Kritische Gesamtausgabe des Bauhüttenbuches ms. fr 19093 der Pariser Nationalbibliothek [1935]. 2., rev. u. erw. Aufl. Graz 1972. Wichtig daneben die jüngste Untersuchung des Manuskripts: Carl F. Barnes Jr. u. Lon R. Shelby: The Codicology of the Portfolio of Villard de Honnecourt. In: Scriptorium 42 (1988). S. 20–48. – Vgl. für das Folgende bei Hahnloser bes. S. 146f., 268f. u. 374.

„Nach dem Leben wiedergegeben“, wie man es im 19. Jahrhundert las[6], oder aber „lebensähnlich“. Nach Beratung durch Literaturwissenschaftler entscheidet HAHNLOSER sich für die erste der Möglichkeiten, und zwar wohl nicht zuletzt auch deshalb, um Villard das Stigma vom unfähigen, an der Wiedergabe der Natur gescheiterten Künstler zu nehmen und über seinen Zeichnungen durchaus Mimesis im modernen Sinn auszurufen. Mit der Erfahrung expressionistischer Malerei und Graphik im Rücken 'erfindet' HAHNLOSER einen Zeichner des Mittelalters, der vom Sehen in der Natur zur Abstraktion der Form gelangt.

Nun ist ja gut zu verstehen, warum man sich mit Villards Löwen schwertun musste. Denn deren *al vif* – in welcher Interpretation auch immer – wird für den Betrachter des 20. Jahrhunderts kaum erkennbar. Was in die Augen springt, ist nämlich besonders bei dem frontal gesehenen Tier die konstruierte Gestalt. Die Entwicklung der spiegelsymmetrischen Vorderansicht aus geometrischen Elementen mit Kreisen für den Kopf scheint einschließlich der ornamental geordneten Haare im Hinblick auf die behauptete Lebensnähe höchst unpassend. Eine Orientierung an existierenden Exemplaren der Gattung Löwe, wie auch eine künstlerisch inszenierte Lebendigkeit ist für moderne Augen nur schwer zu finden. Aber das alles konterkariert *al vif* nicht im geringsten. Denn höchstwahrscheinlich wurde die Ansicht der Großkatze mit einer Vorstellung von der Realität geschaffen, die statt in experimenteller Beobachtung in kodifizierter Lehre fundiert war. Hierfür dürften allerdings weniger die immer wieder genannten, eher summarischen Angaben zu Verhalten und Charakter des Tiers nach dem 'Physiologus' von Bedeutung gewesen sein[7], als vielmehr die weit konkreteren Vorgaben aus der Tradition der pseudo-aristotelischen Physiognomik. Dort nämlich präsentierte sich der Löwe als beeindruckendes Lebewesen von gefährlicher Natur und entsprechendem Aussehen: Mit seinem großen Maul, dem rechteckigen Gesicht, den hochgezogenen Lefzen, der starken Nase, mit den gewaltigen Brauen über mandelförmigen Augen, dem langen Hals, der gekrausten Mähne und anderen bis ins Detail gehenden Spezifika des Körperbaus wird das Bild eines mächtigen, angsteinflößenden Tiers entworfen[8], wie es der Zeichner ganz ähnlich zu suggerieren sucht.

---

6 Das geht bis zu Spekulationen darüber, wo Villard den Löwen gesehen haben könnte, und mündet in die Vermutung, er habe die Menagerie eines ihm wohlgesonnenen Fürsten besucht. Vgl. Emile Mâle: L'art religieux du XIIIe siècle en France. Etude sur l'iconographie du moyen âge et sur ses sources d'inspiration. Paris 1898. S. 76f.

7 Darauf verwies zuletzt noch einmal Alexander Perrig: Der Löwe des Villard de Honnecourt. Überlegungen zum Thema 'Kunst und Wissenschaft'. In: Ronald G. Kecks (Hg.): Musagetes. Festschrift für Wolfram Prinz zu seinem 60. Geburtstag am 5. Februar 1989. Berlin 1991 (Frankfurter Forschungen zur Kunst 17). S. 105–121.

8 Der griechische Text mit der 'Interpretatio latina' des Bartholomaeus von Messina ist abgedruckt in: Scriptores Physiognomonici graeci et latini. Hrsg. von Richard Förster. Bd. 1. Leipzig 1893. S. 1–91, hier S. 48–51. – Die altfranzösische Übertragung nach Paris, Bibliothèque Nationale de France, Ms. fr 1812, f. 137ra findet sich bei Leo Jordan: Physiognomische Abhandlungen. In: Romanische Forschungen 29 (1911). S. 680–720b, hier S. 697.

Unser Anfangsbeispiel zeigt das Problem auf, um das es im Folgenden gehen soll. Denn die bei HAHNLOSER wenigstens angerissene Frage nach der korrekten Übersetzung von *al vif* ist auch mit dessen Entscheidung für den Einzelfall keineswegs gelöst. Gegen HAHNLOSERs Zuspitzung des Terminus auf ein Synonym für porträthafte Abschilderung der äußeren 'Realität' spricht nämlich nicht nur Villards Löwe selbst, sondern auch die Tatsache, dass *ad vivum* oder *al vif* als 'lebendig' bzw. 'lebensnah' auf eine überaus prominente und vor allem lange Geschichte zurückblicken kann. Die Wurzeln dieser Geschichte liegen in der Antike und hier in der Vorstellung vom Kunstwerk, das der Natur nicht nur nahekommt, sondern von ihr kaum mehr zu unterscheiden ist. Lateinische und volkssprachliche Texte des Mittelalters greifen das direkt auf und machen sich die Idee vom lebendigen Kunstwerk zu eigen. Entsprechend werden die Formulierungen gesetzt: *quasi viva, rehte sam sie lebeten, rehte dem geliche als ez leben solde, sam sie das leben han, sam sie kunden leben, als ez lebendic möhte gesin, comme s'il eust vif, qui samblent vives par nature, qui vives fussent li semblast, que fust cosi vivant.*[9] Solche und ähnliche, in großer Zahl zu findende Umschreibungen sind äquivalente Formulierungen des alten *ad vivum*, die den Rang der so charakterisierten Darstellung toposhaft verdeutlichen. Stets ist es der Anspruch auf Ununterscheidbarkeit von Malerei oder Skulptur und lebendiger Natur, der auf diese Weise zum Ausdruck gebracht wird. Mit der durch *ad vivum* gegebenen Qualität ist demnach auch eine Situation des Paragone zwischen Natur und Kunst beschrieben. Darüber hinaus kann hierin zugleich die Konkurrenz zwischen den Bildkünsten und der Literatur eingefangen sein. Beda Venerabilis z. B. wird das Bild zu einer *viva scriptura* erklären und es so über die Schrift hinaus zu einem unerreichbaren Medium in der Vermittlung von Lebendigkeit aufwerten. Auf diese Weise ließ sich dem Verdikt des Augustinus, Bilder seien sehr viel einfacher zu lesen als Geschriebenes, da sie keine zweite Sinnschicht transportierten, wenigstens eine ästhetische Position entgegensetzen, die statt in christlicher Dogmatik ihre Fundierung in der Tradition antiker Rhetorik besaß.[10]

Vor dem Hintergrund des geschilderten Anspruchs sind die in den Quellen mit dem Begriffsspektrum *ad vivum* usw. verbundenen Aussagen zu verstehen. Überblickt man die Verwendung des Terminus und seiner Varianten über einen Zeitraum von mehreren

---

9 Wir verzichten an dieser Stelle auf eine genaue bibliographische Erschließung und verweisen stattdessen auf die Darlegungen bei Schlosser und Hahnloser. – Vgl. außerdem Ernst Kris u. Otto Kurz: Die Legende vom Künstler. Ein geschichtlicher Versuch [1934]. Frankfurt a. M. 1980. S. 93f. – Weitere Beispiele bei I.V. Zingerle: Der goldene Baum in mittelhochdeutschen Gedichten. In: Germania 7 (1862). S. 101–110 sowie bei Otto Söhring: Werke bildender Kunst in altfranzösischen Epen. In: Romanische Forschungen 12 (1900). S. 491–640, hier etwa S. 513, 593 u. 601.

10 Beda Venerabilis, De templo libri II. In: Bedae Venerabilis Opera. Hrsg. von D. Hurst. Turnhout 1969 (Corpus Christianorum, Series Latina 119 A). S. 143–234, hier S. 213. – Sancti Aurelii Augustini in Johannis Evangelium Tractatus CXXIV. Hrsg. von Radbodus Willems. Turnhout 1954 (Corpus Christianorum, Series Latina 36). S. 244. – Die Formulierung Bedas wurde womöglich angeregt durch den Beispielsatz für *conmutatio* in der 'Rhetorica ad Herennium', Buch IV, 39, wo von *poëma* als *loquens pictura*, von *pictura* als *tacitum poëma* die Rede ist.

Jahrhunderten, so kann man wenigstens ansatzweise eine Entwicklung seiner Semantik ausmachen. Zunächst ist mit der Vokabel stets die Annäherung der Darstellung an den idealen Zustand der Lebendigkeit und Lebensnähe beschrieben; ein konkretes Muster, von dem man abmalt oder abformt, ist dafür keineswegs notwendig. Dieser Sachverhalt wird überall dort greifbar, wo die Orientierung am lebenden Modell *a priori* ausgeschlossen war. Wohl am eindeutigsten hierfür ist eine unscheinbare und eher abgelegene Quelle des frühen 14. Jahrhunderts: 1306 – so lesen wir in der Chronik des Benediktinerinnenklosters Kreuzburg an der Werra – habe die Subpriorin Clara von Gatterstedt sämtliche Äbte Fuldas gemalt, angefangen vom ersten, Sturmi, aus dem 8. Jahrhundert, bis zum fünfzigsten und noch residierenden, Heinrich von Wilnau, *quos etiam omnes ac singulos ad vivum ita expressit et delineavit, ut pulchrius non potuerit optari.*[11] Die Wiedergabe *ad vivum* ist demnach explizit eine künstlerische Fertigkeit, die bei jedem Bildnis erreicht werden kann und hier auch erreicht wurde, ganz gleich, auf welche Weise das dargestellte Objekt präsent war. Leider sagt die Quelle nichts darüber aus, inwieweit der Malerin Bildvorlagen zur Verfügung standen, ob sie schriftliche Aufzeichnungen benutzte oder sich gar allein ihrer Phantasie bediente. Alle drei Möglichkeiten wären denkbar, denn über ein *vivum* oder *vivam* entscheidet nicht die Beziehung zum Vorbild, sondern nur die Wirkung auf den Betrachter. So jedenfalls bezeugt es auch noch Petrarca ca. fünfzig Jahre später. Seiner Begeisterung über das Bildnis des hl. Ambrosius am Grab des Bischofs in Mailand gibt er ganz im Sinne der Tradition Ausdruck: Man glaube, den Heiligen lebend zu sehen (*imaginem* [...] *in saxo pene vivam spirantemque suspicio*), und es fehle lediglich die Stimme, um die Täuschung perfekt zu machen (*vox sola defuerit vivum ut cernas Ambrosium*[12]). Nicht Historizität und Beglaubigung überlieferter individueller Züge, sondern allein das Geschick des Malers im Hervorrufen von Lebendigkeit steht zur Diskussion. Eine Vielzahl von Quellen, die in diese Richtung gehen, ließe sich anführen, denn Petrarca war keineswegs der einzige, der immer wieder diesen Topos bediente. So berichtet etwa Filarete, dass auf dem Bildnis Eugens IV. von Jean Fouquet der Papst und zwei weitere Dargestellte zu sehen seien, *che veramente parevano vivi proprio.*[13] Enea Silvio Piccolomini kann Ähnliches über die Löwen am Grabmal des Passauer Fürstbischofs Leonhard von

11 Parva chronica monasterii S. Petri in monte crucis ad Werram ord. S. P. Benedicti. In: Rerum et antiquitatum germanicarum syntagma [...]. Hrsg. von Christian Franz Paullini. Frankfurt a. M. 1698. 3. Teil. S. 289–324, hier S. 299. Ein fehlerhafter Abdruck bei Joseph Rübsam: Zur Kunstgeschichte des 14. Jahrhunderts. In: Anzeiger für die Geschichte der deutschen Vorzeit 27 (1880). S. 339.

12 Francesco Petrarca: Le Familiari. Hrsg. von Vittorio Rossi. Bd. 3. Florenz 1937. S. 205f. Vgl. dazu Maurizio Bettini: Tra Plinio e sant'Agostino: Francesco Petrarca sulle arti figurative. In: Salvatore Settis (Hg.): Memoria dell'antico nell'arte italiana. Bd. 1: L'uso dei classici. Turin 1984 (Biblioteca di storia dell'arte, N. S. 1). S. 219–267, hier S. 222.

13 Vgl. die Edition von John R. Spencer (Hg.): Filarete. Treatise on Architecture. New Haven, London 1965. Bd. 1 (Faksimile: Buch IX, f. 69r) und Bd. 2 (englische Übersetzung: S. 120).

Laiming schreiben: Sie seien *tam vivis similes, ut terrorem ingererent aspicientibus.*[14] Und Cyriacus von Ancona kleidet sein Lob Rogiers van der Weyden in die Worte: *Quam vivos aspirare vultus videres, quos viventes voluit ostentare, mortuique similem defunctum* [...].[15]

Damit ist ein Strang der Überlieferung charakterisiert, der sich bis weit in die Neuzeit hinein verfolgen lässt. Doch die so eindeutige Semantik verwischt sich zusehends. Schon die seit dem 15. Jahrhundert häufig belegten Formulierungen *au vif, auprès du vif, sur le vif* oder auch *au naturel* bzw. *al naturale* usw. sind nämlich oftmals sehr viel schwerer inhaltlich zu bestimmen und zu übersetzen. Vereinzelt mögen sie durchaus bereits eine Wiedergabe nach dem 'lebenden' Modell bezeichnen, also von einem konkreten Vorbild aus gedacht sein; doch ist dies keineswegs immer klar. Unsicher sind wir schon, wenn wir den Auftrag für die Goldschmiede lesen, die 1481 die Grabfigur für König Ludwig XI. von Frankreich anfertigen sollten. Es wird eine Arbeit gefordert *le mieux et le plus près du vif qui sera possible.*[16] Zwar lebt der König noch, und man könnte daher vermuten, dass hier äußere Porträtähnlichkeit angestrebt wurde; doch wir kennen eben auch die Instruktionen für den Entwerfer, und diese geben ein bis in die Einzelheiten festgelegtes Idealschema vor, an das sich die Künstler zu halten hatten (Abb. 2). Dieses Schema aber entspricht vollkommen der damals üblichen Herrscherikonographie. Wahrscheinlich ist also auch hier noch wie in alter Zeit eine Lebendigkeit gefordert, die nichts mit vordergründiger Naturabschrift im modernen Sinn zu tun hat. Eindeutiger auf modernes Porträt zu verweisen scheint dagegen eine Formulierung, die 1485 anlässlich der Beschreibung des Einzugs von Karl VIII. in Rouen gewählt wurde: Auf einer Bühne sei zu sehen gewesen [...] *ung beau parsonnage representant ou figurant le roy nostre sire, choisi au plus prés de sa philozomie, ledit parsonnage richement aourné, vestu en habit royal de drap de soye de champ d'azur semé de fleurs de liz d'or. En sa main dextre, ung ceptre royal au chef couronné, le plus richement que faire soe povoit* [...].[17] Die Konzentration der Angaben auf herrscherliche Insignien legt allerdings auch hier den Verdacht auf idealisiertes Abbild nahe, zumal der Begriff

14 Brief vom 22. Juli 1444; abgedruckt bei Rudolf Wolkan (Hg.): Der Briefwechsel des Eneas Silvius Piccolomini. 1. Abt. Bd. 1. Wien 1909 (Fontes rerum Austriacarum, 2. Abt. Bd. 61). S. 432–438, Nr. 156, hier S. 433.

15 Zit. nach Alfred von Wurzbach: Niederländisches Künstlerlexicon. Bd. 2. Wien, Leipzig 1910. S. 875, Nr. XV. – Vgl. auch Paolo Torresan: Il dipingere di Fiandra. La pittura neerlandese nella letteratura artistica italiana del Quattro e Cinquecento. Modena 1981. S. 23f.

16 Le Comte de Laborde: La Renaissance des arts à la cour de France. Etudes sur le seizième siècle. Bd. 1: Peinture. Paris 1850. S. 59, Anm. 3 (S. 61). Vgl. auch Charles Sterling: La peinture médiévale à Paris 1300–1500. Bd. 2. Paris 1990. S. 92f.; ferner Klaus Niehr: Mimesis, Stilisierung, Fiktion in spätmittelalterlicher Porträtmalerei. Das sog. Gothaer Liebespaar. In: Marburger Jahrbuch für Kunstwissenschaft 25 (1998). S. 79–104, hier S. 92f.

17 Bernard Guenée u. Françoise Lehoux: Les Entrées royales françaises de 1328 à 1515. Paris 1968 (Sources d'histoire médiévale 5). S. 243.

philozomie im Hoch- und Spätmittelalter einen weitreichenden Bedeutungsumfang besitzt, der Charakter und Stand einer Person mit einschließt.[18]

In ebendiese Richtung weisen zudem andere bekannte Nachrichten, wie etwa die über die Bezahlung des Malers Jehannet de Milan *pour un tableau ou sont tirez auprès du vif le feu duc de Milan et son fils à présent duc de Milan.*[19] Der Verstorbene und der Lebende sind in der Darstellung hinsichtlich des *vif* gleich; die Unmittelbarkeit der Erscheinung ist dafür verantwortlich. Es mag sein, dass sich ein solches *vif* allein auf einen Aspekt der Darstellungen bezog, der in beiden Bildnissen vorhanden war. Bereits Lebensgröße konnte ein solches Moment sein, für das der entsprechende oder ein vergleichbarer Terminus eingesetzt wurde. So hat man 1535 in Dijon eine Rechnung ausgestellt *pour la façon de la pourtraiture et figure au vif du feu roi Louis fait sur le toile de la grandeur qu'il estoit en son vivant.*[20] Dabei ist, wie Quellen des 15. und 16. Jahrhunderts belegen, nicht etwa eine veristische Wiedergabe des Menschen nach seinem Dahinscheiden gemeint (einige sind schon seit langem tot, als man ihr Bildnis bestellt), vielmehr wird die Perpetuierung des Individuums als Lebender angestrebt. *Peindre* [...] *tout vif* charakterisiert das Anliegen in der Begrifflichkeit der Zeit. Georges Chastellain, der mit diesen Worten den Anspruch seines literarischen Porträts Karls des Kühnen formuliert, hat dabei genau die genannte Art der Memoriensetzung im Sinn.[21] Mit der Verwendung von Literatur und Malerei für Zwecke der Erinnerung aber lebt ein alter Topos weiter. In die moderne Theorie des Porträts war diese Vorstellung durch Leon Battista Alberti übernommen worden. Er sah bekanntlich den Sinn des Abbilds vom Menschen vor allem darin, dass es Abwesende, speziell Verstorbene, *quasi vivi* für die Nachwelt erhalte.[22] Das ging von der im Mittelalter häufig beschriebenen Erinnerungsfunktion des Bildes aus, spitzte aber im Hinblick auf eine jetzt auch künstlerische Qualität der Wiedergabe des Menschen zu. Noch Dürer hält an dieser Prämisse fest; sein Stich des Erasmus von Rotterdam, nach einem Gemälde Quinten Massys angefertigt, wird als *imago* [...] *ad vivam effigiem delineata* bezeichnet. Das lebende Bild – im

18 Vgl. Jordan [Anm. 8], S. 681 sowie Lorne Campbell: Renaissance Portraits. European Portrait-Painting in the 14th, 15th and 16th Centuries. New Haven, London 1990. S. 262, Anm. 30.

19 Le Comte de Laborde [Anm. 16], S. 65, Anm. 1.

20 Le Comte de Laborde [Anm. 16], S. 67, Anm. 2. – Vgl. auch Luke Syson: Introduction. In: Nicholas Mann u. Luke Syson (Hg.): The Image of the Individual. London 1998. S. 9. – Weitere Beispiele aus Italien und Burgund bei Campbell [Anm. 18], S. 162.

21 Œuvres de Georges Chastellain. Hrsg. von Baron Kervyn de Lettenhove. Bd. 7. Brüssel 1865. S. 227.– Das Weiterleben des Dargestellten im Bild wird allerdings übertroffen vom Weiterleben eines Menschen in einer anderen Person. In Karl sei – so Chastellain (S. 228f.) – der Vater über die Ähnlichkeit der Gesichtszüge *tout vif* präsent.

22 Leon Battista Alberti: Della pittura. Hrsg. von Luigi Mallè. Florenz 1950 (Raccolta di fonti per la storia dell'arte 8). S. 76. – Zu Albertis Porträtauffassung vgl. Luke Syson: Alberti e la rittrattistica. In: Joseph Rykwert u. Anne Engel (Hgg.): Leon Battista Alberti [Ausstellungskatalog]. Mailand 1994. S. 46–53 sowie Ulrich Pfisterer: 'Soweit die Flügel meines Auges tragen'. Leon Battista Albertis Imprese und Selbstbildnis. In: Mitteilungen des Kunsthistorischen Institutes in Florenz 42 (1998). S. 205–251.

frühen 16. Jahrhundert immer häufiger aufgerufen, um Authentizität zu suggerieren[23] – fungiert hier in doppelter Hinsicht als reale Quelle wie als anzustrebendes Ziel.

Dass im Laufe des 15. Jahrhunderts trotz solcher Tradierung der alten Semantik jedoch eine sehr genaue Vorstellung vom Arbeiten nach der Natur existiert und dementsprechend eine differenzierte Ausdrucksweise etabliert wird, zeigt sich dort, wo nebeneinander unterschiedliche Termini eingesetzt werden, um das Verhältnis des Kunstwerks zum Dargestellten deutlich zu machen. In dem um 1560 entstandenen 'Liure de l'ordre du Thoison D'or' des Wiener Ordensarchivs hat man vier der wiedergegebenen sechs ersten Ordenssouveräne näher charakterisiert: Während die Bildnisse von Karl dem Kühnen und Philipp dem Schönen, also längst verstorbener Personen, als *pourtraict au naturel* bezeichnet sind, wird das Konterfei des soeben verschiedenen Karl V. mit *au vif* in eine andere Klasse von Abbild eingruppiert. Die Miniatur Philipps II. ist schließlich als *pourtraict du Roy vif* nur äußerst vage hinsichtlich seiner Mimesis bestimmt.[24] Nehmen wir noch hinzu das 'lebende Bild' von der ersten Bühne beim Einzug Herzog Philipps in Antwerpen 1549, wo der Prinz *au vif pourtraict*[25] erschien, dann ist der Begriffsrahmen dermaßen ausgeweitet, dass eine korrekte Bestimmung des konkreten Sinngehalts für den Einzelfall kaum mehr möglich scheint.

Doch wie auch immer man derartige Feinheiten in den Ausdrucksweisen verstanden wissen wollte – eines blieb als Konstante erhalten: Die mit *au vif* und ähnlichen Begriffen behauptete Nähe des Kunstwerks zu einem Teil aus der Natur gelingt nie so weit, dass Urbild und Abbild deckungsgleich würden. Als paradigmatisch dafür konnte schon das Verhältnis des Menschen zu seinem Schöpfer gelten. Wenn die Stammeltern *ad imaginem et similitudinem* Gottes geschaffen worden waren (Gen. 1, 26/27), dann war damit neben der Ähnlichkeit doch immer auch die Kluft zwischen dem Erzeuger und seinem Produkt ausgedrückt. Theologen des Mittelalters hatten stets auf diesem Punkt beharrt und so den Aspekt der Verschiedenheit im Wesen betont.[26] Verschiedenheit dieser Art aber trat auch im alltäglichen Leben immer wieder zutage, und zwar dort, wo sinnenhafte Beziehungen zwischen zwei Dingen existierten. Zahlreiche Bauwerke, die nach den Quellen *ad similitudinem* vorbildgebender Architektur errichtet wurden,

---

23 So z. B. bei Hubert Goltz: Vivae omnium fere Imperatorum Imagines [...]. Antwerpen 1557 oder bei Otto Brunfels: Herbarum vivae eicones ad naturae imitationem [...] effigiatae [...]. Straßburg 1530.

24 Ernst Edler von Hartmann-Franzenshuld: Die Potence des Toison d'or und ein Wappenbuch des Ordens vom Goldenen Vließ. In: Jahrbuch der k.k. heraldischen Gesellschaft Adler zu Wien 10 (1883). S. XIX–XXIX, hier S. XXVIIff.

25 Jean Jacquot: Panorama des Fêtes et Cérémonies du Règne: Evolution des thèmes et des styles. In: Ders. (Hg.): Fêtes et cérémonies au temps de Charles Quint. Paris 1960 (Les Fêtes de la Renaissance 2). S. 413–491, hier S. 465.

26 Vgl. hierzu Stephan Otto: Die Funktion des Bildbegriffes in der Theologie des 12. Jahrhunderts. Münster 1963 (Beiträge zur Geschichte der Philosophie und Theologie des Mittelalters 40/1); Robert Javelet: Image et ressemblance au douzième siècle de Saint Anselme à Alain de Lille. Bd. 1. Paris 1967. S. 212ff.

trugen – gerade weil sie mit dem Modell nicht identisch waren – diese Differenz in und an sich. In vergleichbarer Weise musste auch jede bildkünstlerische Formulierung stets durch entscheidende Momente vom Lebewesen getrennt bleiben: Zum einen ist es die Sprache, zum anderen die Bewegung, welche die kreatürliche Natur auszeichnet und unerreichbar macht.

Die Differenzen in der Qualität zwischen künstlichem Produkt und Werk der Natur sind aber wenigstens für den Einzelfall und partiell zu überwinden. Anders als plastische Figuren aus Stein oder Holz oder Malereien, die als statische und sprachlose nachgeahmte Natur letztlich kaum mit lebendigen Wesen konkurrieren können, gelingt es Automaten, durch ihre Beweglichkeit, aber auch durch Laute, die sie ausstoßen, zumindest ansatzweise den Kriterien eines *ad vivum* besser gerecht zu werden. Nicht nur in der Epik wird eine solch märchenhafte Welt nahezu perfekter zweiter Natur geschildert; vielfach findet sich all dies auch in aktuelle Realität umgesetzt. Überdeutlich ist hierbei die Parallele des Künstlers oder des Mechanikers zum göttlichen Schöpfer, denn auch sie verleihen den von ihnen fabrizierten Gebilden Leben. *vif* und *artifice* bilden häufig ein unauflösbares Begriffspaar. Ein hohes Maß an Lebendigkeit ist Ausweis besonderer künstlerischer Fähigkeit. Zugleich aber hebt ein vollkommenes *vif* das Erkennen des künstlichen Charakters der Gegenstände weitgehend auf. Das Wissen um das eigentliche Wesen des Dings bleibt daher entscheidend, um seinen Wert würdigen zu können.

Doch es ist nicht nur real lebende Natur, die sich so verwandelt wiederfindet. Dingen, die keiner je gesehen hat, geht es ebenso. Fabelwesen z. B. sind davon betroffen, aber auch Tiere ideeller Art: Wenn bei der Hochzeit Karls des Kühnen und Margaretes von York 1468 in Brügge ein automatischer Greif auftritt, der Flügel und Kopf bewegt, *comme si il fust en vie*, und eine Rückseite aufweist, *si bien et parfaictement faict, qu'il sembloit en vie*[27], dann kann dahinter vielleicht noch der Glaube stehen, dass ein solches Tier wirklich existierte. Entscheidender ist indes doch wohl der Vergleich mit tatsächlich lebenden Vögeln. Was aber ist vom Lamm Gottes zu halten, das dem Chronisten beim Einzug Karls VIII. in Rouen 1485 *artificiellement auprés [!] du vif* erscheint? Es war Teil des Wappens der Stadt, plastisch angelegt (*treffort eslevé*) und konnte sich bewegen.[28] Wahrscheinlich ist es diese Fähigkeit, die für das *vif* maßgeblich war – wiederum also ein eingeschränkter Aspekt, der in Bezug auf die Qualität Bedeutung erhält und durch den Topos 'Lebendigkeit' ausgezeichnet wird. Das hiervon ausgelöste Staunen ist allerdings noch steigerungsfähig, und zwar dann, wenn die täuschend dargestellte Natur übertroffen scheint. Bei der genannten Hochzeit in Brügge waren automatische Tiere *en masse* aufgetreten; eines jedoch, ein Dromedar, schlug sie alle: Es

27 Mémoires d'Olivier de la Marche. Hrsg. von Henri Beaune u. Jules d'Arbaumont. Bd. 3. Paris 1883. S. 147. Eine knappe Zusammenfassung und erschöpfende Literaturangaben zum mittelalterlichen Automatenwesen jetzt bei Johannes Tripps: Das handelnde Bildwerk in der Gotik. Forschungen zu den Bedeutungsschichten und der Funktion des Kirchengebäudes und seiner Ausstattung in der Hoch- und Spätgotik. Berlin [2]2000. S. 13–15.

28 Guenée u. Lehoux [Anm. 17], S. 248f.

erschien *faict auprès le vif par tel artifice, qu'il sembloit mieulx vif que aultrement.*[29] Wo aber allein Kunstfertigkeit für das *vif* verantwortlich zeichnet, da können auch tote Gegenstände, sobald sie nur 'artgerecht' gearbeitet wurden, das entsprechende Prädikat erhalten und als *tout au plus près du vif que on pouvait faire la semblance* gelten, wie es von den Schiffen auf der Hochzeitstafel berichtet wird.[30]

Trotz einer mancherorts wenigstens annäherungsweise eruierbaren Sinngebung ist also nicht zu generalisieren. Die genaue Bedeutung von *al vif* usw. bleibt immer vom Kontext abhängig, in dem der Begriff auftaucht, und dieser Kontext garantiert für nicht geringe Schwankungen. Mancherorts ist der Sinnzusammenhang jedoch relativ gut bestimmbar, so etwa in Conrad Gessners 'Historia animalium'.[31] Hier geht es um das Problem der Beschreibung und Charakterisierung von Tieren und ihrer dementsprechenden Präsentation im Holzschnitt. Zwischen Text und Bild tun sich dabei Diskrepanzen auf, die durch ein behauptetes *vif* nur noch verstärkt werden. Wenn es heißt, dass alle Bilder *ad vivum* oder *ad naturam* gegeben seien, dann ist dies auch zu verstehen als eine Kategorie, die sich in doppelter Weise mit anderen Darstellungsformen auseinandersetzt und sie übertrifft: Einmal werden damit polare Möglichkeiten innerhalb bildkünstlerischer Formulierung angesprochen: *ad naturam* [...] *uel ad archetypum* ist die Kurzformel für diesen Konflikt. Zum anderen stehen die Sehweisen mündlicher bzw. literarischer und künstlerischer Vermittlung in kritischer Spannung: *ex narratione nautorum* gegen *ad vivum*. Der alte Täuschungsvorwurf, mit dem sich die Malerei immer wieder konfrontiert sah, ist hier endgültig aufgehoben, ja sogar umgekehrt. Gegenüber dem prekären Wahrheitsgehalt der Erzählung und seiner Umsetzung ins Bild beansprucht die lebensnahe Darstellung Authentizität.

Die damit wohl auch behauptete enge Beziehung zwischen dem Äußeren eines Dings oder Lebewesens und seinem Abbild wird in einer entscheidenden Differenzierung des *vif* weiter entfaltet und zur Anschaulichkeit gebracht. [*D'*] *après le vif* oder *dal* bzw. *di naturale* ändert die Richtung des Wirkens zwischen Lebendigkeit und Gegenstand. War es bis dahin zumeist das Arbeiten auf ein Ideal oder einen Standard hin, so wird dies mit der neuen Variante ersetzt durch die sichere Ableitung von einem gegebenen Faktum oder Zustand. Es fragt sich allerdings, ob und – wenn ja – wie jetzt genauer differenziert und unterschieden wird, ob der scheinbaren Verfeinerung des Ausdrucksvermögens auch eine 'exaktere' Wiedergabe des Gegenstandes parallel läuft. Zweifel daran sind schon vor längerer Zeit formuliert worden. Wenn von der Effigies für Karl VI. von Frankreich 1422 gesagt wird, dass Gesicht und Hände nach Abgüssen und *après le vif* hergestellt wurden, man zugleich aber die Kunstfertigkeit bei der Ausführung dieser Teile hervorhebt, die sich *le plus proprement qu'on a pu* präsentierten, so verweist dies

29 Marche [Anm. 27], S. 137.

30 Marche [Anm. 27], S. 134.

31 Vgl. hierzu Udo Friedrich: Naturgeschichte zwischen artes liberales und frühneuzeitlicher Wissenschaft. Conrad Gessners 'Historia animalium' und ihre volkssprachliche Rezeption. Tübingen 1995 (Frühe Neuzeit 21). Bes. S. 109 u. 114–116.

jedenfalls dann auf einen gewissen Dissens, wenn das *après le vif* als Porträt verstanden wird und nicht als kunsttheoretisch verankerter Standard.[32]

Ähnlich verhält es sich mit *naer het leven*: mit dem Ausdruck also, der [*d'*] *après le vif* oder *dal naturale* ersetzen kann und mindestens ebenso deutlich auf eine Gestaltung nach dem konkreten Modell oder auf eine Arbeit nach der Natur anzuspielen scheint. Aber auch mit dem niederländischen Begriff ist noch keineswegs sicher bestimmt, dass hier nun ausschließlich Mimesis vorliegt bzw. behauptet wird[33]; denn die terminologischen Varianten werden lange Zeit nebeneinander eingesetzt, so dass sich wieder die Frage nach einer Differenzierung stellt. Als man am 7. Mai 1552 Jan de Batteles Illustrationen für ein Ordensbuch vom Goldenen Vlies begutachtet, wird ausdrücklich gelobt, dass *aldair die princen van den beginsel derselver in settinge figurlijken gecontrefaict staen nae d'leven mit hueren wapenen*; in der Aufstellung der Kosten zum gleichen Anlass ist dann eigens vermerkt, wofür der Maler zu entlohnen sei, nämlich u.a. *pour avoir illuminé et fait au vif les V visaiges des princes cy-dessus*.[34] Ob bei der Unterscheidung der Bezug zunächst auf die ganze Figur, dann allein auf das Gesicht eine Rolle spielte, sei dahingestellt. Möglicherweise steht ja hinter ersterem noch die Idee vom 'Staatsporträt', während das zweite mehr auf persönlich-individuelle Ähnlichkeit abzielte. Doch selbst wenn es so wäre – angesichts der aus Ordensbüchern bekannten Herrscherdarstellungen ist kaum damit zu rechnen, dass wir es mit genauen Wiedergaben physischer Individualität zu tun haben, die sich aus direkter Anschauung ergaben; denn die historischen Persönlichkeiten standen dem Maler des 16. Jahrhunderts wie der Nonne um 1300 ja höchstens indirekt vor Augen. *Nae d'leven* gehörte demnach erneut in die Kategorie der Behauptung von Authentizität.

Wenngleich hier mit hoher Wahrscheinlichkeit also noch im alten semantischen Umfeld von *al vif* operiert wird, tritt aber doch nördlich der Alpen spätestens im 15. Jahrhundert die Vorstellung vom Arbeiten nach einem Modell in den Mittelpunkt. Andeutungsweise kommt dieser Umstand ins Spiel anläßlich der für den Einzug Philipps des Guten in Gent 1458 hergestellten Elefanten. Sie waren *zeere wel naer dlevende gemaect, want in't maken van desen waren twee wercghesellen, die levende olifanten gesien hadden*.[35] Der Beleg ist umso wichtiger als darin sehr früh und ausdrücklich das

---

32 Vgl. Ralph E. Giesey: The Royal Funeral Ceremony in Renaissance France. Genf 1960 (Travaux d'Humanisme et Renaissance 37). S. 100.

33 Claudia Swan: *Ad vivum, naer het leven*, from the life: defining a mode of representation. In: Word & Image 11 (1995). S. 353–372 stellt die wichtigsten Quellen vor, interpretiert sie aber zu einseitig als Zeugnisse moderner Naturschilderung, da sie die Geschichte des Begriffs im Mittelalter nicht kennt.

34 Zit. nach den Urkundenabschriften bei M.-J. Onghena: Enkele gegevens en opmerkingen betreffende twee zestiende eeuwse handschriften van het gulden vlies. In: Miscellanea Jozef Duverger. Bijdragen tot de kunstgeschiedenis der Nederlanden. Bd. 1. Gent 1968. S. 187–215, hier S. 209 u. 212.

35 Elisabeth Dhanens: De blijde inkomst van Filips de Goede in 1458. In: Mededelingen van de Koninklijke Academie voor Wetenschappen, Letteren en Schone Kunsten van België, Klasse der

Sehen eines Objektes in der Natur mit der Herstellung eines Abbilds von ihm in Verbindung gebracht wird. Aber noch mehr als hundert Jahre später ist die daraus zu folgernde neue Praxis des Malens nicht unbedingt festgelegt. Jan Brueghel d. Ä., der in mehreren Briefen an Kardinal Federico Borromeo seine Blumenstücke hervorhebt, nennt die dargestellten Pflanzen in holprigem Italienisch *fatta tutti del natturel*; immerhin sei er eigens nach Brüssel gereist, *per ritrare alcuni fiori del natural*, da sie in Antwerpen nicht zu sehen seien.[36] Das klingt eindeutig. Was sich aber genau hinter der Formulierung verbirgt, ist nur ungefähr zu erschließen. Denn neben der Exotik der Blumen und den Farben ihrer Blüten stellt Brueghel wiederum eine Qualität an die erste Stelle: *grando comme il natural*, d.h. eine Qualität, die zwar indirekt auf das Studium der Originale verweisen könnte, hinsichtlich der Ähnlichkeit aber doch eine eher sekundäre Eigenschaft bezeichnet.

Was in den zuletzt herangezogenen Belegen als möglicherweise 'moderne' Art der Auseinandersetzung mit der Wirklichkeit erscheint und durch eine entsprechende Begrifflichkeit angedeutet wird, setzt also unter Umständen ein gewandeltes Verständnis von der Tätigkeit des Malers voraus. Sehr viel genauer als im Norden lässt sich dies südlich der Alpen zeigen. Vor allen Dingen durch den Terminus *dal* oder *di naturale* und verwandte Formulierungen wird dort die neue Beschäftigung mit der Umwelt sprachlich markiert. Seit Lorenzo Ghibertis 'Commentarii' 1447 existiert die Geschichte vom Knaben Giotto, den Cimabue dabei beobachtet, wie er Schafe *dal naturale* zeichnet.[37] Damit ist in entscheidender Weise zugespitzt, was knapp hundert Jahre zuvor Giovanni Villani über den Künstler gesagt hatte: Er sei der Meister unter allen Malern seiner Zeit, und zwar deshalb, weil er Figuren und Szenen *al naturale* wiedergebe.[38] Es verdiente eine genauere Untersuchung, inwieweit die in den beiden Aussagen wirksam werdende geringfügige Verschiebung vom *al naturale* zum *dal naturale* konkrete Bedeutung hat. Immerhin ist nicht auszuschließen, dass der neue Begriff auch bei Ghiberti eine geänderte künstlerische Praxis spiegelt, die das Artefakt noch enger an die

---

Schone Kunsten 48.2 (1987). S. 53–89, hier S. 64 (Für den Hinweis auf diese Stelle danke ich Katharina Krause, Marburg).

36 B. Brenninkmeyer-de Rooij: Zeldzame bloemen, 'Fatta tutti del natturel' door Jan Brueghel I. In: Oud Holland 104 (1990). S. 218–248. Wir entnehmen die Zitate den dort in den Anm. 16–18 abgedruckten Briefen. – Vgl. jetzt Barbara Welzel: Wettstreit zwischen Kunst und Natur. Die Blumenstilleben von Jan Brueghel d. Ä. als Triumph des Bildes. In: Zeitschrift für Kunstgeschichte 65 (2002). S. 325–342.

37 Lorenzo Ghiberti: I Commentarii. Hrsg. von Julius von Schlosser. Bd. 1. Berlin 1912. S. 35. – Zur Evaluierung von Giottos Malerei in der frühen Neuzeit vgl. Michael Baxandall: Giotto and the Orators. Humanist observers of painting in Italy and the discovery of pictorial composition 1350–1450. Oxford 1971 (Oxford Warburg Studies). S. 51–120. – Eine nützliche Zusammenstellung der Quellen findet sich jetzt noch einmal bei Susanne König-Lein: Simile alla natura. Die Darstellung exotischer Tiere in der Florentiner Malerei des Quattrocento. Weimar 1997. S. 117–123.

38 Giovanni Villani: Cronica. Hrsg. von Francesco Gherardi Dragomanni. Bd. 3. Florenz 1845. S. 232.

Natur bindet und beispielsweise zur Herstellung von Pflanzen- und Tierabgüssen für Skulptur greifen ließ.[39]

Bekanntlich hat Giorgio Vasari gut ein Jahrhundert später die älteren Darlegungen in seine 'Vite' aufgenommen und daraus ein großes historisches Tableau von der Entwicklung der Malerei gestaltet. Die neue Kunst, die mit Giotto einsetze, sei – so Vasari – nicht nur natürlicher als die byzantinische Manier, sie basiere auch auf einer bis dahin nicht benutzten Technik, eben der Arbeit nach der Natur: Das *al naturale* ist demnach Resultat des *di naturale*.[40] Damit aber liegen die Begriffe eng beieinander, und Vasari demonstriert immer wieder, dass Natürlichkeit und Studium der Natur auf geradezu zwingende Weise zusammengehören. Für diesen Sachverhalt steht Masaccio als Musterbeispiel. Der eher unspezifische alte Topos 'nach dem Leben' oder 'lebensähnlich' wird hier auf Individualporträts bezogen, die in direkter Auseinandersetzung mit dem Modell geschaffen worden sind. Besonders dort – so Vasari – sei das offensichtlich, wo Masaccio in den Fresken der Brancaccikapelle Zeitgenossen darstelle: Bartolo di Angiolino Angiolini trete nach der Natur gemalt als hl. Paulus auf, und zwar dermaßen gewaltig und lebendig, *pare che la sola parola manche a questa figura*.[41] Ähnliches gelte für das Selbstporträt des Malers. *Di naturale* und verwandte Termini sollen ganz offensichtlich eine Praxis des Porträtierens bezeichnen, die statt nach Vorlagen eine Schilderung unmittelbar nach dem lebenden Modell zur Grundlage hat. Selbstverständlich schließt das wiederum tote Gegenstände mit ein: Nicht nur die Bürger und den Pförtner im Fresko des Kreuzgangs von Santa Maria del Carmine in Florenz habe Masaccio nach der Natur gemalt, auch die Tür sei von ihm auf diese Weise dargestellt worden.[42] Aber gerade Vasari argumentiert im Hinblick auf eine geschichtliche Entwicklung der Kunst. Von daher müssen alle Maler seit dem 14. Jahrhundert, die einen gewissen Standard aufweisen, *di naturale* arbeiten.

Welche Schlüsse lassen sich nun aus der hier notgedrungen kursorischen Durchmusterung eines Teils der Quellen ziehen? Wie sieht die Wirklichkeit aus, die die Schriftzeugnisse vermitteln? Es ist bezeichnend für *ad vivum*, seine Synonyma und Varianten, aber auch für Termini, die im weiteren Rahmen des semantischen Feldes benutzt werden, dass die Formulierungen sehr schnell zu feststehenden Ausdrücken gerinnen, die in bestimmten Wendungen und Gebrauchsfunktionen fast zwangsläufig erscheinen müssen. Insofern ist der Einsatz des Begriffs kaum mehr an eine tatsächliche Begutachtung des so bezeichneten Werks gebunden. *Ad vivum* usw. wird zu einem Qualitätskriterium,

39 Vgl. hierzu Norberto Gramaccini: Das genaue Abbild der Natur – Riccios Tiere und die Theorie des Naturabgusses seit Cennino Cennini. In: H. Beck u. P. C. Bol (Hgg.): Natur und Antike in der Renaissance [Ausstellungskatalog]. Frankfurt a. M. 1985. S. 198–225.

40 Giorgio Vasari: Le vite de' più eccelenti pittori, scultori et architettori, nelle redazione del 1550 e 1568. Testa a cura di Rosanna Bettarini. Commento secolare a cura di Paola Barocchi. Bd. 2. Florenz 1967. S. 97.

41 Vasari [Anm. 40], Bd. 3, S. 129.

42 Vasari [Anm. 40], Bd. 3, S. 130.

das den engen Konnex von menschlichem Produkt und Natur behauptet. Doch diese Behauptung steht in einem argumentativen Kontext, der wesentlich die Semantik prägt. Er ist bestimmt von der Situation des Paragone zwischen Kunst und Natur. Unter einer derartigen Schicht ästhetisch-offensiver Ausdrucksweise aber kann sich allmählich eine andere Konnotationsebene ausbilden: die Vorstellung von der Abschrift der Natur, die dem Arbeiten nach einem Typus überlegen ist und Authentizität wie Wahrheit für sich beanspruchen darf. Damit ist nicht allein dem alten Vorwurf von der Unzuverlässigkeit bildender Kunst begegnet, sondern zugleich auch die besondere Fähigkeit der Kunstschaffenden gegenüber ihren literarisch arbeitenden Kollegen herausgestellt.

Abb. 1 Paris, Bibliothèque Nationale de France, Ms. fr. 19093, f. 24 v: Löwe in Frontalansicht aus dem sog. Skizzenbuch des Villard de Honnecourt (Bildarchiv Foto Marburg)

Abb. 2 Paris, Bibliothèque Nationale de France, Ms. fr. 20493, f. 5 v: Entwurfszeichnung für das Grabmal Ludwigs XI. von Frankreich (Bildarchiv Foto Marburg)

Anschriften der Autorinnen und Autoren

PD Dr. ELKE FREIFRAU VON BOESELAGER
Cantianstraße 11
D-10437 Berlin

P. Dr. JÜRGEN WERINHARD EINHORN OFM
Westernstraße 19
D-33098 Paderborn

Dr. SUSANN EL KHOLI
Universität Heidelberg
Germanistisches Seminar
Hauptstraße 207–209
D-69117 Heidelberg

Prof. Dr. BRIGITTE ENGLISCH
Universität Paderborn
Fakultät I / Geschichte
D-33095 Paderborn

Prof. Dr. WILLI ERZGRÄBER (†)
Universität Freiburg
Englisches Seminar
Kollegiengebäude IV
D-79085 Freiburg i. Br.

Prof. Dr. MICHELE C. FERRARI
Universität Erlangen-Nürnberg
Institut für Alte Sprachen
– Lateinische Philologie des Mittelalters und der Neuzeit –
Kochstraße 4/3
D-91054 Erlangen

Dr. RUTH FINCKH
Mengershäuser Weg 3
D-37124 Rosdorf

PD Dr. UDO FRIEDRICH
Ludwig-Maximilians-Universität München
Institut für Deutsche Philologie
Schellingstraße 3
D-80799 München

Dr. ROMY GÜNTHART
Universität Zürich
Deutsches Seminar
Schönberggasse 9
CH-8001 Zürich

Prof. Dr. THOMAS HAYE
Universität Göttingen
Institut für Lateinische und
Romanische Philologie des Mittelalters
Humboldtallee 19
D-37073 Göttingen

Prof. Dr. CHRISTIAN HÜNEMÖRDER
Dorfstraße 57
D-24635 Rickling

Prof. Dr. CHRISTOPH KANN
Universität Düsseldorf
Philosophisches Institut
Universitätsstraße 1
D-40225 Düsseldorf

Prof. Dr. Dr. GUNDOLF KEIL
Universität Würzburg
Institut für Geschichte der Medizin
Oberer Neubergweg 10a
D-97074 Würzburg

Prof. Dr. WENDELIN KNOCH
Universität Bochum
Katholisch-Theologische Fakultät
– Dogmatik und Dogmengeschichte –
Gebäude GA 7/29–33
D-44780 Bochum

Univ.-Doz. Dr. ADELHEID KRAH
Universität Wien
Institut für Österreichische
Geschichtsforschung
Dr. Karl-Lueger-Ring 1
A-1010 Wien

PD Dr. MICHAEL MENZEL
Lustheimstraße 9
D-81247 München

Dr. MECHTHILD MODERSOHN
Schlüterstraße 64
D-20146 Hamburg

HD Dr. KLAUS NIEHR
Universität Marburg
Kunstgeschichtliches Institut
D-35032 Marburg

Prof. Dr. BERNHARD PABST
Brühlstraße 5a
D-90542 Eckental

Dr. CONSTANZE RENDTEL
Universität Zürich
Historisches Seminar
Karl-Schmid-Straße 4
CH-8006 Zürich

Prof. Dr. Dr. ORTRUN RIHA
Universität Leipzig
Karl-Sudhoff-Institut
für Geschichte der Medizin
und der Naturwissenschaften
Augustusplatz 10–11
D-04109 Leipzig

Prof. Dr. JÜRGEN SARNOWSKY
Universität Hamburg
Historisches Seminar
Von-Melle-Park 6
D-20146 Hamburg

Dr. ELISABETH SCHINAGL
Dr. Hans-Hutter-Straße 3
D-85072 Eichstätt

PD Dr. BERNHARD SCHNELL
Akademie der Wissenschaften
in Göttingen
Mittelhochdeutsches Wörterbuch
Papendiek 14 (UB-Altbau)
D-37070 Göttingen

Prof. Dr. Dr. h.c. PETER SCHREINER
Universität Köln
Institut für Altertumskunde
– Byzantinistik und Neugriechische
Philologie –
D-50923 Köln

Prof. Dr. JÜRGEN SCHULZ-GROBERT
Universität Marburg
Institut für Deutsche Philologie
des Mittelalters
D-35032 Marburg

Prof. Dr. KURT SMOLAK
Universität Wien
Institut für Klassische Philologie,
Mittel- und Neulatein
Dr. Karl-Lueger-Ring 1
A-1010 Wien

Prof. Dr. SILKE TAMMEN
Universität Gießen
Professuren für Kunstgeschichte
Otto-Behaghel-Straße 10/G
D-35394 Gießen

Dr. HAIKO WANDHOFF
Humboldt-Universität Berlin
Institut für deutsche Literatur
(Mosse-Zentrum)
Schützenstraße 21
D-10099 Berlin

Dr. MILÈNE WEGMANN
Beethovenstraße 28
CH-3073 Gumlingen bei Bern

Anschrift des Herausgebers

Prof. Dr. PETER DILG
Universität Marburg
Institut für Geschichte der Pharmazie
D-35032 Marburg

Personenregister

www.ingramcontent.com/pod-product-compliance
Lightning Source LLC
LaVergne TN
LVHW081356011026
849161LV00013BA/2831
* 9 7 8 3 0 5 0 0 3 7 7 8 3 *